Friedrich Ehrenberger

Quantitative organische Elementaranalyse

© VCH Verlagsgesellschaft mbH, D-6940 Weinheim (Bundesrepublik Deutschland), 1991

Vertrieb:
VCH, Postfach 10 11 61, D-6940 Weinheim (Bundesrepublik Deutschland)
Schweiz: VCH, Postfach, CH-4020 Basel (Schweiz)
United Kingdom und Irland: VCH (UK) Ltd., 8 Wellington Court, Cambridge CB1 1HZ (England)
USA und Canada: VCH, Suite 909, 220 East 23rd Street, New York, NY 10010–4606 (USA)

ISBN 3-527-28056-1

Friedrich Ehrenberger

Quantitative organische Elementaranalyse

Analysenmethoden zur Bestimmung der
Elemente im Makro-, Mikro- und Spurenbereich
in organischer und anorganischer Matrix

Mit Beiträgen von
E. Bankmann, A. M. Basedow, S. Gorbach,
H. R. Jenemann, H.-J. Ostmann und O. Weber

Weinheim · New York · Basel · Cambridge

Dr. Friedrich Ehrenberger
Amselweg 22
D-6233 Kelkheim

Das vorliegende Werk wurde sorgfältig erarbeitet. Dennoch übernehmen Autor und Verlag für die Richtigkeit von Angaben, Hinweisen und Ratschlägen sowie für eventuelle Druckfehler keine Haftung.

Lektorat: Dr. Hans F. Ebel und Katrin Wolf
Herstellerische Betreuung: Claudia Grössl

CIP-Titelaufnahme der Deutschen Bibliothek
Ehrenberger, Friedrich:
Quantitative organische Elementaranalyse : Analysenmethoden zur Bestimmung der Elemente im Makro-, Mikro- und Spurenbereich in organischer und anorganischer Matrix / Friedrich Ehrenberger.
Mit Beitr. von A. M. Basedow ... –
Weinheim ; New York ; Basel ; Cambridge : VCH, 1991
ISBN 3-527-28056-1

© VCH Verlagsgesellschaft mbH, D-6940 Weinheim (Bundesrepublik Deutschland), 1991
Gedruckt auf säurefreiem Papier

Alle Rechte, insbesondere die der Übersetzung in andere Sprachen, vorbehalten. Kein Teil dieses Buches darf ohne schriftliche Genehmigung des Verlages in irgendeiner Form – durch Photokopie, Mikroverfilmung oder irgendein anderes Verfahren – reproduziert oder in eine von Maschinen, insbesondere von Datenverarbeitungsmaschinen, verwendbare Sprache übertragen oder übersetzt werden. Die Wiedergabe von Warenbezeichnungen, Handelsnamen oder sonstigen Kennzeichen in diesem Buch berechtigt nicht zu der Annahme, daß diese von jedermann frei benutzt werden dürfen. Vielmehr kann es sich auch dann um eingetragene Warenzeichen oder sonstige gesetzlich geschützte Kennzeichen handeln, wenn sie nicht eigens als solche markiert sind.
All rights reserved (including those of translation into other languages). No part of this book may be reproduced in any form – by photoprint, microfilm, or any other means – nor transmitted or translated into a machine language without written permission from the publishers. Registered names, trademarks, etc. used in this book, even when not specifically marked as such, are not to be considered unprotected by law.
Einbandgestaltung: Annette Ehrenberger, Werbedesign Studio, D-6500 Mainz
Satz: K + V Fotosatz GmbH, D-6124 Beerfelden
Druck: Colordruck Kurt Weber GmbH, D-6906 Leimen
Bindung: Großbuchbinderei J. Schäffer, D-6718 Grünstadt
Printed in the Federal Republic of Germany

Geleitwort

Das vorliegende Buch hat Vorgänger: das Buch „Quantitative Organische Mikroanalyse", das noch aus der Feder von PREGL und ROTH stammte und schlechthin das Fachbuch für den Mikroanalytiker war, und das Buch von EHRENBERGER und GORBACH, das einerseits eine bewährte Tradition fortführte und andererseits die bedeutenden methodischen Fortschritte, die in den sechziger Jahren auf diesem Gebiet erzielt worden waren, ausführlich beschrieb. Inzwischen sind zwei weitere Jahrzehnte vergangen, in denen die Analytische Chemie in atemberaubendem Tempo eine methodische Weiterentwicklung erfuhr. Dieser gewaltige methodische Fortschritt führte auch zur Wandlung der wesentlichen Ziele der organischen Elementaranalyse. Während sie früher vor allem die synthesebegleitende Analytik des organischen Chemikers gewesen war, ist sie heute für die organische Synthese nur noch ein analytisches Werkzeug unter anderen. Dagegen hat die Elementaranalyse in organischen Matrices sowohl als Mikroanalyse, aber noch mehr als Spuren- und Ultraspurenanalyse vor allem in der Umweltanalytik und in der Qualitätskontrolle besondere Bedeutung gewonnen. Gerade auf diesem Gebiet haben sich zahlreiche neue Methoden etabliert.

Es ist daher erfreulich, daß Friedrich Ehrenberger sich der großen Mühe unterzogen hat, die Entwicklung der letzten beiden Dekaden in der vorliegenden Monographie vorzustellen, ohne dabei bewährte klassische Methoden zu vernachlässigen. Das Buch ist insbesondere bei der Lösung von Problemen in der täglichen Praxis eine wertvolle Informationsquelle und wird sicherlich von allen Fachkollegen begrüßt werden.

S. GORBACH

Vorwort

Das vorliegende Buch spiegelt den methodischen und apparativen Fortschritt der Organischen Elementaranalyse in den vergangenen 30 Jahren wider. Viele neue Meßprinzipien und Analysentechniken sind entwickelt worden, die zusammen mit moderner Datenverarbeitung zu einer großen Leistungsdichte und Vielseitigkeit elementaranalytischer Methoden geführt haben und zunehmend das Bild der Elementaranalyse-Labors in Forschung und Industrie prägen. Die Organische Elementaranalyse beschränkt sich heute nicht mehr auf die quantitative Elementbestimmung in reinen organischen Syntheseprodukten; vielmehr wurde ihr ein breites Aufgabengebiet bei der Untersuchung auch von technischen und natürlichen Produkten, vor allem im Spurenbereich, erschlossen.

Es werden daher neben den gängigsten Mikromethoden – je nach der zu analysierenden Matrix – auch Makro- und Spurenmethoden beschrieben. Beim Umfang dieses Arbeitsgebietes war es nicht mehr möglich, dieses Gebiet in einem einzigen Band erschöpfend zu behandeln. Aus der Fülle der mir bekannt gewordenen Entwicklungen habe ich die Methoden ausgewählt, von denen ich weiß, daß sie in Industrie- und Forschungslabors gepflegt und häufig angewendet werden. Aber auch altbewährte klassische Methoden, die ausführlich bei PREGL und ROTH (1958) und im Vorgängerbuch von EHRENBERGER und GORBACH (1973) nachzulesen sind, wurden nicht ausgespart und werden (allerdings in kurzgefaßter Form) beschrieben, weil sie als Absolutmethoden und zur Einführung in die Mikroanalyse noch immer von Wert sind.

Aus der Fülle des Gebotenen muß es weiterhin dem Geschick und der Erfahrung eines jeden Analytikers überlassen bleiben, für die Bearbeitung seines Problems die passende Methode oder Kombination von Methoden auszuwählen und problemgerecht anzuwenden. Für Anregungen und Hinweise, auch konstruktive Kritiken, die der Verbesserung des Vorliegenden dienen, bin ich dankbar und aufgeschlossen.

Einige Fachkollegen haben in liebenswürdiger Weise spezielle Kapitel für das Buch geschrieben und damit zu einer wesentlichen Bereicherung des Inhalts beigetragen; ihnen gilt mein besonderer Dank. Mein Dank gilt auch den Firmen, die durch Bereitstellung von Werbeillustrationen dieses Buch gefördert haben. Die Plazierung dieser Seiten innerhalb des Textes ist umso mehr gerechtfertigt, als sie textbezogen sind und ein großer Teil analytischer Forschung und Geräteentwicklung heute von privaten Firmen getragen wird.

Die Farbgestaltung der Titelgrafik hat meine Tochter, Annette Ehrenberger, übernommen. Als Grafik-Designerin konnte sie mich mit der Organisation und teilweisen Gestaltung der Werbeillustrationen kompetent unterstützen und damit Farbe in den Text bringen, die auf ihre Weise etwas von der Faszination dieses vielseitigen und interessanten Arbeitsgebietes vermittelt.

Ausdrücklich danke ich der VCH Verlagsgesellschaft und dort insbesondere Frau Claudia Grössl und Frau Katrin Wolf, die ein schwieriges Manuskript aufbereitet und, wie ich meine, zu einem ansehnlichen Buch geformt haben.

Ganz besonders gilt mein Dank Herrn Priv.-Doz. Dr. Hans F. Ebel für die aufgeschlossene und unkomplizierte Zusammenarbeit und nicht zuletzt dafür, daß er das Risiko nicht gescheut hat, ein Fachbuch und Nachschlagewerk dieser Art heute noch in deutscher Sprache erscheinen zu lassen.

Kelkheim, Januar 1991 F. EHRENBERGER

Über den Autor

Friedrich Ehrenberger wurde 1923 in Allhaming/Oberösterreich geboren. Nach Matura 1942 am Obergymnasium der Benediktiner zu Kremsmünster studierte er (ab 1946) Chemie an der Karl-Franzens-Universität in Graz und promovierte dort 1953 am Physiologisch-Chemischen und ehemaligen Fritz-Pregl-Institut bei Prof. Dr. Hans Lieb. Von 1954 bis 1984 betreute er die organische Mikroelementar- und Spurenanalyse innerhalb des Zentralen Analytischen Laboratoriums der HOECHST AG in Frankfurt am Main.

Inhaltsverzeichnis

	Einleitung	1
1	**Analysenvorbereitung**	3
1.0	Allgemeines	3
1.1	Analysenauftrag	3
1.2	Probennahme	4
1.3	Probenvorbereitung	6
2	**Reinheitsprüfungen**	12
2.0	Allgemeines	12
2.1	Die Bestimmung des Schmelzpunktes	12
2.2	Bestimmung des Siedepunktes mit kleinen Substanzmengen	18
3	**Substanztrocknung und Trockenverlust**	21
3.0	Einleitung	21
3.1	Gravimetrische Bestimmung des Trockenverlustes	21
3.2	Substanztrocknung in Kombination mit der Karl-Fischer-Titration	23
3.3	Bestimmung des Trockenverlustes und Trockengehaltes mit computerkontrollierter Thermogravimetrie	23
4	**Wasserbestimmung**	26
4.0	Einführende Bemerkungen	26
4.1	Wasserbestimmung nach KARL FISCHER	26
4.2	Thermokonduktometrische Bestimmung der Gasfeuchte in verflüssigten und komprimierten Gasen nach adsorptiver Anreicherung	32
4.3	Die Wasserbestimmung nach TAUSZ und RUMM (Azeotropdestillation mit Tetrachlorethan)	35
5	**Aschebestimmung**	38
5.0	Allgemeines	38
5.1	Bestimmung der Glühasche	39
5.2	Bestimmung der Sulfatasche (Mikrobestimmung)	41
5.3	Ascheaufklärung	43

6	**Grundprinzipien der wichtigsten Meßverfahren**	45
6.0	Allgemeines	45
6.1	Moderne Titrationstechnik	45
6.2	Mikrocoulometrie	47
6.3	Die konduktometrische Methode	52
6.4	Thermokonduktometrische Elementbestimmung	56
6.5	Photometrische Analyse	58
6.6	Photometrische Titration	61
6.7	Photometrische Analyse mit Hilfe der Infrarotabsorption	63
6.8	Potentiometrische Verfahren	69
6.9	Röntgenfluoreszenzanalyse	74
6.10	Das Massenspektrometer als Detektor	77

7	**Waage und Wägung**	79
7.0	Allgemeines	79
7.1	Anforderungen an die verwendbaren Waagen	81
7.2	Wägeverfahren an der Hebelwaage	82
7.3	Konstruktion der verwendeten Waagen	83
7.4	Gewichtsstücke (Prüfgewichte)	97
7.5	Auftriebskorrektur	99
7.6	Wägefehler	101
7.7	Terminologie bei Wägungen	103

8	**Signalauswertung und Datenverarbeitung**	108
8.0	Analog oder digital?	108
8.1	Digitalisierung	108
8.2	Meßwertanzeige	109
8.3	Schnittstellen	109
8.4	Übertragungsprotokoll	111
8.5	Rechner	111
8.6	Rechnernetze	112
8.7	Anwendungen	113
8.8	Auswertung der Analysenergebnisse und Aufstellen einer Summenformel	113
8.9	Bestimmung der molaren Masse	114
8.10	Referenzsubstanzen (Testsubstanzen)	114

9	**Statistische Beurteilung von Analysenergebnissen**	115
9.0	Einführung	115
9.1	Der Fehler	115
9.2	Erklärung der Begriffe Mittelwert und Standardabweichung	116
9.3	Die Normalverteilung	118
9.4	Das Schätzen der Standardabweichung	121
9.5	Erkennen abgelegener Ergebnisse – Ausreißertest	125

9.6	Sicherheit statistischer Aussagen	127
9.7	Vergleich von Standardabweichungen	129
9.8	Vergleich von Mittelwerten	131
9.9	Das Problem der Nachweisgrenze in der Spurenanalyse	133
9.10	Die Beurteilung von Analysenergebnissen in der täglichen Praxis	134
10	**Bestimmung von Kohlenstoff und Wasserstoff – CH-Bestimmung**	140
11	**Gravimetrische CH-Bestimmung**	141
11.0	Prinzip	141
11.1	Die klassische Pregl-Methode (modifiziert) in Mikro- und Halbmikroausführung	141
11.2	Spezielle gravimetrische CH-Analysen – CH-Bestimmung in Erdöldestillaten	154
11.3	Bestimmung des Kohlenstoff-Immissions-/Emissionswertes in der Luft mit der Silicagel-Röhrchenmethode	156
11.4	Analyse von fluororganischen Substanzen	157
11.5	Verbrennung organischer Substanzen, die Metalle und Metalloide enthalten	158
11.6	Gravimetrische CH-Bestimmung nach Verbrennung im Leerrohr	161
11.7	Anwendung physikalischer Meßprinzipien zur CH- und anderer Elementbestimmungen	164
12	**Konduktometrische und coulometrische CH-Bestimmung**	165
12.0	Einleitung	165
12.1	Konduktometrische Bestimmung des Kohlenstoffs	165
12.2	Coulometrische Bestimmung des Wasserstoffs mit der Keidel-Zelle	169
12.3	Mikroanalytische CH-Bestimmung in organischen Substanzen durch Kombination der konduktometrischen C-Bestimmung mit der coulometrischer H-Bestimmung	170
13	**Coulometrische und potentiometrische Kohlenstoff-(und Wasserstoff-)Bestimmung**	173
13.0	Allgemeines	173
13.1	Mikroanalytische CH-Bestimmung über eine coulometrische Wasserbestimmung nach KARL FISCHER	174
13.2	Coulometrische und potentiometrische Bestimmung des Kohlendioxids nach dem OELSEN-Prinzip	174
14	**CH-Bestimmung durch photometrische Titration des Kohlendioxids in nichtwäßrige Phase**	179
15	**Kohlenstoffbestimmung in C* markierten Substanzen**	183
15.0	Einführende Bemerkungen	183
15.1	Bestimmung des natürlichen Kohlenstoff-14-Gehalts in biologischem Material mit Hilfe der Flüssigkeitsszintillationsmessung	183

15.2 Mikroanalytische CH- und N-Bestimmung mit manometrischer Methode 186

16 Thermokonduktometrische Methoden der CHN-(und S-)Bestimmung ... 189

16.0 Einführende Bemerkungen 189
16.1 CHN-Bestimmung mit dem Perkin-Elmer Elemental Analyzer Modell 240 (A–D) und Modell 2400 189
16.2 Einwägen von festen und flüssigen Proben in Metallhülsen mit Dosiersystem mit Gasdusche – Die Kapseltechnik 200
16.3 Bestimmung von CHN-(O und S) mit dem Carlo-Erba-Elemental-Analyzer (Modell 1108 und NA 1500) 202
16.4 CHN-Bestimmung mit dem FOSS HERAEUS-Elementaranalysator CHN-Rapid 211

17 Methoden der CH-Bestimmung mit nichtdispersiver Infrarotabsorption (NDIR) 216

17.0 Einführende Bemerkungen 216
17.1 IR-spektrometrische CH-Bestimmung mit dem LECO-CHN-Determinator 216
17.2 Mikroanalytische CH-Bestimmung mit spezifischen IR-Detektoren 218

18 Multi-Elementbestimmung mit einem Klein-Massenspektrometer als Detektor 221

19 Methoden zur Spuren-Kohlenstoffbestimmung 225

19.0 Allgemeines 225
19.1 Spuren-Kohlenstoffbestimmung in Feststoffen 225
19.2 Bestimmung von Spuren-Kohlenstoff in Wässern 230
19.3 Bestimmung des gelösten organischen Kohlenstoffs (DOC) in Wässern – Manuelle Methode 235

20 Bestimmung des Sauerstoffs in organischen Substanzen 242

20.0 Allgemeines 242
20.1 Pyrolyse 243

21 Gravimetrische Bestimmung des Sauerstoffs über Kohlendioxid 247

22 Sauerstoffbestimmung mit coulometrischer oder potentiometrischer Endbestimmung des Kohlendioxids 254

23 Bestimmung des Sauerstoffs mit konduktometrischer Endbestimmung des Kohlendioxids 258

24	Bestimmung des Sauerstoffs durch Titration des Kohlendioxids in nichtwäßriger Phase	266
25	**Iodometrische Sauerstoffbestimmung**	269
25.0	Allgemeines	269
25.1	Iodometrische Sauerstoffbestimmung	269
25.2	Iodometrische Sauerstoffbestimmung mit potentiometrischer Endpunktanzeige	276
25.3	Iodometrische Sauerstoffbestimmung mit coulometrischer Iodtitration	276
26	**Thermokonduktometrische Sauerstoffbestimmung**	279
26.0	Allgemeines	279
26.1	Thermokonduktometrische Sauerstoffbestimmung als Kohlenmonoxid	279
26.2	Thermokonduktometrische Sauerstoffbestimmung als Kohlendioxid	285
27	**Sauerstoffbestimmung in organischen Substanzen mit Infrarotabsorption**	290
27.0	Allgemeines	290
27.1	IR-photometrische Sauerstoffbestimmung im strömenden System	290
27.2	IR-photometrische Sauerstoffbestimmung mit dem Foss Heraeus-(CHN)-O-Rapid	294
28	**Sauerstoffbestimmung in organischen und anorganischen Substanzen durch Heißextraktion und IR-photometrische CO-Bestimmung**	296
28.0	Allgemeines	296
28.1	Bestimmung des Sauerstoffs (und Stickstoffs) in vorwiegend metallischen Proben mit dem Analysengerät NOA 2003 der Fa. Leybold-Heraeus (jetzt Rosemount)	296
28.2	IR-spektroskopische Bestimmung des Sauerstoffs in organischen und anorganischen Substanzen nach Vakuumheißextraktion im Balzer-Exhalograph EAO-202	298
29	**Die Sauerstoff-Spurenbestimmung**	303
30	**Die Stickstoffbestimmung**	306
31	**Die gasvolumetrischen Methoden**	307
31.1	Nach Umsetzung in reiner CO_2-Atmosphäre (Methode nach Dumas und Pregl)	307
31.2	Bestimmung des Stickstoffs in organischen Substanzen nach Verbrennung im Sauerstoffstrom	314

32 Thermokonduktometrische N-Bestimmung ... 325

32.0 Allgemeines ... 325
32.1 Stickstoffbestimmung mit dem Carlo Erba N-Analyzer Modell (1300) 1400 ... 325
32.2 Die thermokonduktometrische Stickstoffbestimmung mit dem Foss Heraeus-Rapid-N ... 328
32.3 Die Stickstoffbestimmung mit dem PE 2410 N Nitrogen Analyzer ... 330
32.4 Die Stickstoffbestimmung mit dem Leco NP-28-Proteinanalysator ... 331
32.5 Thermokonduktometrische Stickstoffbestimmung in Feststoffen (Metall-, Keramik-, Erz-, Kohle-, anorganischen Verbindungen und ähnliche Proben) mit dem Ströhlein-Dinimat 450 (NSA-mat 450) ... 333

33 Die Stickstoffbestimung nach Kjeldahl – Der Aufschluß ... 336

33.0 Einführende Bemerkungen ... 336
33.1 Der oxidative Kjeldahl-Aufschluß mit Mischkatalysator ... 337
33.2 Der reduktive Kjeldahl-Aufschluß mit Iodwasserstoffsäure ... 348
33.3 Der automatisierte Kjeldahl-Aufschluß ... 349
33.4 Naßaufschluß von Nitril-Verbindungen ... 352
33.5 Der Kjeldahl-Aufschluß und die Bestimmung des Gesamt-Stickstoffs in Mischdüngern (Gemisch aus Ammoniumnitrat und Harnstoffderivaten) . 355
33.6 Bestimmung von Spuren-Stickstoff im unteren ppm-Bereich nach Kjeldahl-Aufschluß ... 356

34 Zur Stickstoffbestimmung nach Kjeldahl – Abtrennung des NH_3 ... 361

34.0 Die Ammoniakdestillation ... 361
34.1 Bestimmung des anorganisch gebundenen (Ammonium-)Stickstoffs neben organisch gebundenem Stickstoff (Destillation mit Magnesiumoxid) ... 364
34.2 Abtrennen des Ammoniaks durch Mikrodiffusion ... 364
34.3 Abtrennen des Ammoniaks durch Mikro-Vakuumdestillation ... 365

35 Zur Stickstoffbestimmung nach Kjeldahl – Ammoniakbestimmung ... 368

35.0 Die Methoden der Ammoniakbestimmung ... 368
35.1 Die acidimetrische Ammoniak-Titration ... 368
35.2 Die Ammoniak-Titration mit Hypobromit ... 369
35.3 Photometrische Ammoniakbestimmung mit Nessler-Reagenz ... 371
35.4 Photometrische Ammoniakbestimmung über die Indophenolblaureaktion ... 374
35.5 Photometrische Ammoniakbestimmung über die Ninhydrin-Reaktion ... 377

36 Bestimmung des Stickstoffs in organischen Substanzen durch katalytische Hydrierung zu Ammoniak und mikrocoulometrischer Titration ... 379

37	**Die Stickstoffbestimmung durch Pyrolyse und Chemilumineszenzdetektion**	382
38	**Die Bestimmung N-haltiger Ionen (NH_4^+, NO_3^-, NO_2^-, N^-) in wäßrigen Lösungen**	385
38.0	Allgemeines	385
38.1	Die Bestimmung N-haltiger Ionen mit Hilfe der IC	385
38.2	Bestimmung N-haltiger Ionen mit ionensensitiven Elektroden (ISE)	386
38.3	Maßanalytische Bestimmung von Nitrat und Nitrit	393
38.4	Photometrische Bestimmung von Nitrat und Nitrit über die Bildung von Azofarbstoffen	395
38.5	Bestimmung von Spuren-Nitrat in wäßrigen Probelösungen mit Hilfe der massenspektrometrischen Isotopenverdünnungsanalyse	396
39	**Bestimmung des Basen-Stickstoffs durch Titration im nichtwäßrigen Medium**	398
39.0	Allgemeines	398
39.1	Mikro- und Spuren-Methode zur Titration des Gesamt-Basen-Stickstoffs	398
40	**Methoden der Schwefelanalyse**	401
41	**Die Bestimmung des Schwefels als Schwefeldioxid**	402
41.0	Einführende Bemerkungen zur quantitativen SO_2-Umwandlung	402
41.1	Thermokonduktometrische Schwefelbestimmung mit dem Carlo-Erba-Elemental Analyzer (Modell 1108)	403
41.2	Schwefelbestimmung mit dem (für die Schwefelbestimmung modifizierten) Perkin-Elmer-Elemental Analyzer (Modell 240)	406
41.3	Schwefeldioxidbestimmung mit nichtdispersiver Infrarotabsorption (NDIR)	408
41.4	Schwefeldioxidbestimmung durch mikrocoulometrische Titration – Oxidative Mikrocoulometrie	412
42	**Oxidativer Substanzaufschluß und Bestimmung des Schwefels als Sulfat**	418
42.0	Einleitung	418
42.1	Perlenrohrverbrennung	418
42.2	Verbrennung im „leeren" Rohr	420
43	**Oxidativer Substanzaufschluß im Rohr mit Hilfsflamme – Die Knallgasverbrennung**	424
43.0	Einführende Bemerkungen	424
43.1	Substanzaufschluß mit der „WICKBOLD-Apparatur"	424

44	**Oxidativer Substanzaufschluß zu Sulfat in ruhender Sauerstoffatmosphäre (O_2-flask-method)**	436
45	**Schwefelbestimmung nach Substanzaufschluß in oxidierenden Salzschmelzen und durch Naßaufschluß**	441
45.1	Substanzaufschluß mit Natriumperoxid in der Nickelbombe	441
45.2	Substanzaufschluß in oxidierender Alkalischmelze	449
45.3	Schwefelbestimmung nach oxidierendem Naßaufschluß	449
45.4	Schwefelbestimmung nach Carius-Aufschluß	449
46	**Methoden der Sulfatbestimmung**	450
46.0	Allgemeines	450
46.1	Gravimetrische Bestimmung von Schwefel als Bariumsulfat	450
46.2	Direkte Titration der Schwefelsäure mit Bariumperchlorat gegen Thorin	456
46.3	Mikroanalytische Bestimmung von Halogen und Schwefel in einer Einwaage	459
46.4	Acidimetrische Sulfat-Titration	461
46.5	Maßanalytische Schwefelbestimmung nach ZINNEKE	461
46.6	Potentiometrische Sulfat-Titration mit Bleiperchloratlösung in dioxanischer Lösung	465
46.7	Sulfat-Titration mit Bleinitrat gegen Dithizon	466
46.8	Bestimmung von Sulfat-Spuren durch Trübungstitration	468
46.9	Ionchromatographische Bestimmung von Sulfat- und anderen Schwefel-Anionen	470
47	**Schwefelbestimmung nach reduktivem Substanzaufschluß zu Sulfid**	472
47.0	Allgemeines	472
47.1	Iodometrische Schwefelbestimmung nach Schmelzaufschluß mit Kalium	472
47.2	Schwefelbestimmung nach pyrolytischer Umsetzung der Substanz im Wasserstoffstrom	479
47.3	Reduktion von Sulfat zu Sulfid mit Iodwasserstoffsäure/unterphosphoriger Säure	482
48	**Methoden der Sulfidbestimmung**	488
48.0	Allgemeines	488
48.1	Photometrische Sulfidbestimmung über Methylenblau	488
48.2	Sulfidbestimmung durch Titration mit Hg^{2+} (Pb^{2+}, Cd^{2+}) gegen Dithizon	491
48.3	Sulfidbestimmung mit sulfidionen-sensitiven Elektroden	493
49	**Zerstörungsfreie Methoden der Schwefelbestimmung und Bestimmung von S-Kennzahlen in Umweltmatrices**	497
49.1	Schwefelbestimmung durch Röntgenfluoreszenz	497
49.2	Bestimmung von Schwefel-Kennzahlen in Umweltproben	498

50	**Substanzaufschluß in der Halogenanalyse**	501
50.0	Einführende Bemerkungen	501
50.1	Substanzaufschluß durch Rohrverbrennung im strömenden Sauerstoff (ohne Hilfsflamme)	501
50.2	Substanzaufschluß durch Rohrverbrennung mit Hilfsflamme – Die Knallgasverbrennung	502
50.3	Halogenidbestimmung nach Substanzaufschluß in der „Sauerstoffflasche" (O_2-flask)	508
50.4	Halogenbestimmung nach Substanzaufschluß in oxidierenden Salzschmelzen	508
50.5	Naßaufschlußmethoden	510
51	**Methoden der Chlorid-(und Bromid-)Bestimmung**	521
51.1	Bestimmung von Chlor (Brom) durch mikrocoulometrische Titration. Bestimmung der X-Kennzahlen in Wässern	521
51.2	Bestimmung von Chlorid (Bromid und Iodid) durch potentiometrische Titration	531
51.3	Argentometrische Titration der Halogene mit Iod-Stärke-Endpunkt	553
51.4	Mercurimetrische Titration von Chlorid (Bromid und Iodid)	555
51.5	Photometrische Bestimmung von Chlorid und Bromid	560
51.6	Halogentitration nach VOLHARD	567
51.7	Mikrogravimetrische Bestimmung von Halogen (und Schwefel)	569
51.8	Ionenchromatographische Bestimmung von Chlor, Brom, Iod und Fluor in organischen Verbindungen nach Alkalischmelze	572
51.9	Chlorid- und Bromidspurenbestimmung durch massenspektrometrische Isotopenverdünnungsanalyse (MS-IVA)	575
52	**Brombestimmung**	579
52.0	Allgemeines	579
52.1	Iodometrische Brombestimmung nach Oxidation zu Bromat	579
52.2	Brombestimmung durch Röntgenfluoreszenzanalyse	581
52.3	Zerstörungsfreie röntgenspektrometrische Bestimmung von Spuren-Gesamtchlor und -Brom und weiteren Heteroelementen und Metallen in Polymeren	583
53	**Iodbestimmung**	585
53.0	Einführende Bemerkungen	585
53.1	Das Grundprinzip der Iodometrie	585
53.2	Iodometrische Bestimmung von Iod in organischen Substanzen	586
53.3	Iodbestimmung über das Iodid-Ion	594
53.4	Iodidbestimmung durch Direktpotentiometrie mit der iodidselektiven Elektrode	596
53.5	Mikrocoulometrische Titration von Iodidspuren	603
53.6	Mercurimetrische Titration von Iodid	604

53.7	Ionenchromatographische Bestimmung von Iodid	605
53.8	Iodspurenbestimmung durch RFA	607
53.9	Bestimmung von Spuren-Iod nach der iodkatalysierten Reaktion von Cer(IV) mit Arsen(III) – Die Sandell-Kolthoff-Reaktion	609
53.10	Iodspurenbestimmung durch Thermionen-Massenspektrometrie	614

54 Fluorbestimmung ... 617

54.0	Allgemeines	617
54.1	Gravimetrische und maßanalytische Fluorbestimmung nach der Bleihalogenidfluorid-Methode	618
54.2	Maßanalytische Fluoridbestimmung	622
54.3	Photometrische Fluorbestimmung	627
54.4	Methoden zur Abtrennung der Fluorid-Ionen aus anorganischer Matrix	632
54.5	Fluoridbestimmung mit der fluoridsensitiven Elektrode	649
54.6	Ionenchromatographische Fluoridbestimmung	665

55 Phosphorbestimmung ... 666

55.0	Einführende Bemerkungen	666
55.1	Aufschluß mit Natriumperoxid in der Nickelbombe	667
55.2	Aufschluß im Schöniger-Kolben mit Ammoniumpersulfat als Zuschlag	668
55.3	Substanzverbrennung in komprimiertem Sauerstoff – Der Parr-Bombenaufschluß	670
55.4	Aufschluß durch Wickbold-Verbrennung	671
55.5	Naßchemischer Phosphoraufschluß	671

56 Gravimetrische Phosphorbestimmung ... 677

56.1	Gravimetrische Bestimmung von Phosphor als Ammoniumphosphormolybdat	677
56.2	Gravimetrische Bestimmung als Magnesiumpyrophosphat	679

57 Maßanalytische Phosphorbestimmung ... 681

57.1	Chinolinphosphormolybdat-Methode	681
57.2	Titration mit Cer(III)-Lösung gegen Eriochromschwarz T	683
57.3	Potentiometrische Titration	685
57.4	Ionenchromatographische Bestimmung von Orthophosphat	686

58 Photometrische Phosphatbestimmung ... 687

58.1	Phosphatbestimmung über den Vanadatmolybdat-Komplex	687
58.2	Photometrische Phosphorbestimmung über Phosphormolybdänsäure	692
58.3	Indirekte photometrische Phosphorbestimmung über Molybdänrhodanid	694
58.4	Die Phosphormolybdänblau-Methode	696

59 Spektrometrische Phosphorbestimmung ... 708

60	**Silicium**	710
60.0	Allgemeines	710
60.1	Aufschluß durch Trocken- oder Naßveraschung im offenen Tiegel	710
60.2	Alkaliaufschluß im offenen Tiegel	711
60.3	Aufschluß mit Natriumperoxid in der Nickelbombe	713
60.4	Flußsäureaufschluß	714
61	**Gravimetrische Siliciumbestimmung**	719
61.1	Aufschluß siliciumorganischer Verbindungen durch Rohrverbrennung und gravimetrische Siliciumbestimmung als Siliciumdioxid	719
61.2	Siliciumbestimmung als Siliciumdioxid nach Fällung	724
62	**Maßanalytische Siliciumbestimmung**	725
62.1	Bestimmung des Siliciums als „Oxin"-Komplex	725
62.2	Maßanalytische Bestimmung in Organosiliciumverbindungen nach Chromsäureaufschluß	727
63	**Photometrische Bestimmung des Siliciums als Siliciummolybdänsäure**	729
63.0	Allgemeines	729
63.1	Analyse über Siliciummolybdängelb	729
63.2	Analyse über Siliciummolybdänblau	735
64	**Spektrometrische Siliciumbestimmung**	739
65	**Bor**	740
65.0	Allgemeines	740
65.1	Der oxidierende Substanzaufschluß zu Borat	742
66	**Abtrennen der Borsäure aus der Aufschlußlösung**	749
66.0	Allgemeines	749
66.1	Abtrennen durch Extraktion	749
66.2	Abtrennen durch Mikrodiffusion	750
66.3	Abtrennung als Methylborat durch Destillation	751
67	**Titration der Borsäure als Mannitoborsäure**	757
68	**Photometrische Borbestimmung über Borat**	759
68.0	Einführende Bemerkungen	759
68.1	Bestimmung mit Carminsäure	759
68.2	Bestimmung mit Dianthrimid	760
68.3	Bestimmung mit Curcumin	762
68.4	Bestimmung mit Azomethin H	765

69	**Photometrische Borbestimmung über Fluoroborat**	**768**
69.0	Allgemeines	768
69.1	Bestimmung mit Methylenblau	769
69.2	Bestimmung mit Azur C	770
69.3	Bestimmung mit Nilblau A	770
70	**Metalle und Metalloide in organischen Verbindungen**	**771**
71	**Periodensystem Gruppe 1: Alkalimetalle und Kupfergruppe**	**776**
71.1	Alkalimetalle	776
71.2	Kupfer	777
71.3	Silber	777
71.4	Gold	778
72	**Periodensystem Gruppe 2: Erdalkalimetalle und Zinkgruppe**	**779**
72.1	Erdalkalimetalle	779
72.2	Zink und Cadmium	780
72.3	Quecksilber	781
73	**Periodensystem Gruppe 3: Aluminium und Seltene Erden**	**791**
73.0	Allgemeines	791
73.1	Aluminium	791
73.2	Lanthan	795
73.3	Cer	795
74	**Periodensystem Gruppe 4: Germanium, Zinn, Blei, Titan, Zirconium und Thorium**	**796**
74.1	Germanium	796
74.2	Zinn	796
74.3	Blei	799
74.4	Titan	801
74.5	Zirconium	802
74.6	Thorium	802
75	**Periodensystem Gruppe 5: Arsen, Antimon und Bismut**	**803**
75.1	Arsen	803
75.2	Antimon	808
75.3	Bismut	809

76	**Periodensystem Gruppe 6: Selen, Tellur, Chrom, Molybdän, Wolfram und Uran**	811
76.1	Selen	811
76.2	Tellur	814
76.3	Chrom	815
76.4	Molybdän	815
76.5	Wolfram	816
76.6	Uran	816
77	**Periodensystem Gruppe 7: Mangan**	817
77.1	Mangan	817
78	**Periodensystem Gruppe 8: Eisen, Kobalt, Nickel, Platinmetalle, Silber und Gold**	818
78.0	Einführende Bemerkungen	818
78.1	Bestimmung von Eisen als Oxinat	818
78.2	Bestimmung von Nickel als Oxinat	819
78.3	Einführende Bemerkungen zu Platinmetallen	820
78.4	Ruthenium	820
78.5	Osmium	820
78.6	Palladium und Platin	821

Literaturverzeichnis 831

Adressen von Hersteller- und Lieferfirmen 851

Register 855

Liste der Atommassen auf hinterer Einbanddecke

Einleitung

Die Analytische Chemie und mit ihr die Organische Elementaranalyse (OEA) hat sich in den vergangenen drei Jahrzehnten in ihrer Struktur stark verändert. Sowohl methodisch als auch apparativ war sie in einer recht stürmischen Entwicklung begriffen. Diese wurde entscheidend beeinflußt und begünstig – ja erst ermöglicht – durch das rasche Fortschreiten von Elektrotechnik und Elektronik. Vor allem die spektroskopischen und chromatographischen Methoden, die zu Beginn der fünfziger Jahre erst in ihren Anfängen steckten, wurden in dieser kurzen Zeit zu einer hohen Perfektion und Leistungsstärke gebracht. Die Elementaranalyse hatte bis zum Beginn dieser Entwicklung eine dominierende Rolle im analytischen Geschehen inne, stützten sich doch seit LIEBIGs Zeiten Synthesen und Konstitutionsbeweise speziell der organischen Chemie auf die Ergebnisse der organischen Elementaranalyse und ermöglichten damit die großen Erfolge bei der Aufklärung zahlreicher Naturstoffe.

Diese neuen analytischen Methoden haben die Elementaranalyse scheinbar in den Hintergrund gedrängt, sie aber nicht überflüssig gemacht oder ihren Wert gemindert, zumal sie sich im Zuge des technischen Fortschritts ebenfalls recht erfolgreich weiterentwickelt hat, wie diese Monographie aufzeigt. Sie erhöhen vielmehr, in sinnvoller Kombination angewendet, Sicherheit und Wert der analytischen Aussage wesentlich. Die Prozentwerte der Elemente und funktionellen Gruppen, aus denen sich eine Substanz zusammensetzt, gehören auch heute noch zu den charakteristischen Kennzahlen einer organischen Verbindung, und die Arbeitsrichtung, die sich mit der Bestimmung dieser Kennzahlen befaßt, die „Organische Elementaranalyse", bleibt immer noch Kernstück jeder organischen Analytik.

Die Quantitative Organische Elementaranalyse wird auch unter der Sammelbezeichnung „Verbrennungsanalyse" geführt, weil im Gegensatz zu anderen instrumentellen Methoden (MS, NMR, RFA), die normalerweise zerstörungsfrei ablaufen, die organisch gebundenen Elemente durch eine Verbrennung bzw. ganz allgemein durch einen Aufschluß in eine bestimmbare Form übergeführt werden.

Ihre Untersuchungsmethoden lassen sich im wesentlichen in die drei Teilschritte gliedern: Probennahme (Wägung), Umsetzung und Endbestimmung. Der erste Teilschritt – die Substanzeinwaage – wurde durch die Entwicklung der einschaligen Schneidenwaagen (METTLER 1946) bereits sehr erleichtert und beschleunigt. Revolutionierend auf diesem Gebiet war jedoch die Entwicklung der elektromagnetischen Waage, da sie einen

---

Hinweis: Um dem Leser eine Orientierungshilfe zu geben, werden in diesem Buch wiederholt Lieferfirmen genannt, von denen Geräte, Chemikalien usw. bezogen werden können. Diese Angaben sind rein exemplarisch zu verstehen und bedeuten keineswegs, daß nicht gleichwertige Produkte auch von anderen Firmen geliefert werden. **Ein Verzeichnis der Lieferfirmen findet sich am Schluß des Buches.**

lang geträumten Wunsch erfüllte, nämlich die digitale Auswertung des Wägeergebnisses über elektrische Meßgrößen. Da diese Waagen bei gleicher oder höherer Genauigkeit keine kritischen Ansprüche an die Laborbedingungen stellen und die Wägezeiten mit ihnen wesentlich kürzer sind, werden sie die mechanischen Waagen zunehmend aus den Labors verdrängen. Die Entwicklung und der heutige technische Stand auf dem Waagesektor sind in Kap. 7 von BASEDOW und JENEMANN ausführlich dargestellt.

Die Umsetzung – der zweite Teilschritt in der elementar-analytischen Bestimmung – ist durch Entwicklung wirksamer Aufschlußmethoden und intensive Bearbeitung der Verbrennungsanalyse sehr stark verbessert worden. Das war deswegen so wesentlich, weil der Aufschluß in der Analyse meist der zeitaufwendigste, arbeitintensivste und kritischste Schritt ist. Bei den Genauigkeitsansprüchen, die man im allgemeinen an Elementaranalysen stellt (die Standardabweichungen routinemäßig erstellter Elementaranalysenwerte liegen überlicherweise unter 0.2% abs.), muß der Substanzaufschluß besser als 99.6% sein.

Durch Einführung physikalischer Meßprinzipien (in Kap. 6 näher beschrieben) zur Endbestimmung – dem dritten Teilschritt in der Analysenausführung – ist nun die letzte Hürde auf dem Weg zur Automatisierung elementaranalytischer Methoden gefallen.

Da bei der thermischen Umsetzung organischer Substanzen hauptsächlich gasförmige Reaktionsprodukte entstehen, bietet sich die Anwendung der Wärmeleitfähigkeitsmessung und Messung durch nichtdispersive Infrarotabsorption (NDIR) in der Endbestimmung an. Mit Hilfe dieser Meßprinzipien wurde in neuerer Zeit die Automatisierung der CHN-O- und auch S-Analyse recht erfolgreich durchgeführt. Zahlreiche Analysengeräte dieser Art sind bereits handelsüblich und prägen zunehmend die Elementaranalyse in den Industrielabors. Mit einem Substanzbedarf um 1 mg und weniger erweisen sich solche Methoden dann als besonders wertvoll, wenn nur kleine Substanzmengen zur Verfügung stehen, wie z. B. nach Auftrennung von Substanzgemischen über die analytische Dünnschichtplatte oder Gastrennsäule. Auch in derartiger Kombination vermag die organische Elementaranalyse heute einen wesentlichen Beitrag zur Identifizierung unbekannter Substanzen zu leisten. Ebenso die vielfältigen Methoden der Spektroskopie und die in jüngster Zeit entwickelten Methoden der Ionenchromatographie.

Der besondere Vorteil elementaranalytischer Methoden liegt darin, daß sie Absolutwerte mit hoher Genauigkeit zu liefern vermögen, die in kurzer Zeit vorliegen – die Analysenzeiten sind auf wenige Minuten geschrumpft –, und daher vergleichsweise kostengünstig arbeiten.

In diesem Buch wird neben der Ultramikro- auch die Spurenbestimmung der Elemente relativ ausführlich behandelt, weil sie im elementaranalytischen Arbeitsbereich bereits einen recht breiten Raum einnimmt. Die Reinheit von Ausgangs- und Endprodukten der organischen Synthese wird häufig über Spurenelementbestimmungen kontrolliert. Des weiteren werden in der Umweltanalytik Spurenanalysen in großen Serien durchgeführt, da Summen-Kennzahlen charakterischer Elemente (C, N, S, Halogene, Hg) ein sicheres Maß für die Umweltbelastung sind. Auf diesem Gebiet vermag z. B. die moderne Mikrocoulometrie hervorragende Dienste zu leisten.

In einem aktuellen Kapitel (Kap. 8) informiert O. WEBER über die verschiedenen Möglichkeiten der *Datenverarbeitung* in der OEA.

Das Kapitel (9) über die „Statistische Bewertung von Analysenergebnissen" will helfen, die Ergebnisse der quantitativen OEA einheitlich und objektiv zu interpretieren.

1 Analysenvorbereitung

1.0 Allgemeines

Die zu bestimmenden Elemente in einer Probe können in geringsten Spuren bis zu hohen Prozentgehalten in einer Matrix vorliegen, die rein organisch (Ausgangs- oder Endprodukte der organischen Synthese, tierische oder pflanzliche Inhaltsstoffe), anorganisch (mineralische Stoffe, Wasser, Luft) oder gemischt organisch-anorganisch (Chelate, metallorganische Verbindungen, physiologische Lösungen) sein kann. Je nach Konzentration des Elementes in der Matrix wird zu seiner Bestimmung eine Makro-, Mikro- oder Spurenmethode angewendet. Nicht immer ist eine passende Analysenmethode vorhanden und abrufbereit. In diesem Fall müssen entweder vorhandene Methoden erst adaptiert und problemgerecht angewendet oder neue Methoden entwickelt werden.

Bei der Makromethode werden im allgemeinen hohe Elementkonzentrationen in Probenmengen von etwa 0.1 bis 1 g bestimmt. Die Analyse in diesem Bereich ist arbeitsaufwendig; deshalb wird, falls die Probe ausreichend homogen ist, den weitaus rationelleren Mikromethoden mit einem Probenbedarf von 0.1 bis 30 mg der Vorzug gegeben. Ultramikromethoden mit Substanzeinwaagen von 0.01 bis 0.5 mg finden nur in speziellen Fällen (kostbare Substanz oder geringe Substanzausbeute) Anwendung. Mit den Spurenmethoden bestimmt man kleine Elementkonzentrationen (ppm und darunter) bei hohem Probeneinsatz. Die hier vorgenommene Abgrenzung der Methoden ist nicht streng; ihr Anwendungsbereich ist fließend.

1.1 Analysenauftrag

Die Analyse beginnt mit dem Ausschreiben des Analysenauftrages. Dieser ist zumindest im Großbetrieb das Hauptkommunikationsmittel zwischen Synthetiker und Analytiker; der persönliche Kontakt unterbleibt meist aus logistischen Gründen. Das ist sicher bedauerlich, denn für den Synthetiker ist es schon aus psychologischen Gründen vorteilhaft, wenn er mit dem Analytiker engen Kontakt hält und für die Bearbeitung seines Problems dessen Interesse weckt. Oftmals ließe sich dadurch unnötiger Mehraufwand vermeiden, außerdem hätte der Analytiker Anteil am Erfolgserlebnis seines Auftraggebers, was wiederum der Zusammenarbeit wesentlich zugute käme.

Auf dem Analysenschein sollte der Synthetiker dem Analytiker die notwendigen und für die Analyse unerläßlichen Informationen über die zu analysierenden Substanzen zur Verfügung stellen.

Nach der persönlichen und betrieblichen Adresse des Auftraggebers, sowie den für die Analysenverwaltung erforderlichen Daten folgt eine genaue *Bezeichnung der Probe:* Anzugeben sind, soweit bekannt, mögliche oder erwartete Bruttoformel, Molgewicht, Art der Verbindung, ihre Struktur und Sollwerte der in ihr enthaltenen Elemente. Sind die erwarteten Prozentwerte der Elemente bekannt, dann genügt es in den meisten Fällen, die Reinheit der Substanz durch Einzelbestimmungen zu kontrollieren. Weicht eine oder der Durchschnittswert mehrerer Einzelbestimmungen über das zulässige Maß von 100% vom Sollwert ab, sind die Analysen in jedem Fall zu wiederholen. Bei Substanzen unbekannter Zusammensetzung und wichtigen Analysen sollten stets Doppelbestimmungen ausgeführt werden und zwar, um die Sicherheit zu erhöhen, von zwei verschiedenen Analytikern und parallel auf verschiedenen Apparaturen. Eine noch größere Zuverlässigkeit versprechen übereinstimmende Ergebnisse, die mit verschiedenen Methoden erhalten wurden.

Über besondere Eigenschaften der Substanz sind präzise Aussagen notwendig, da sie in vielen Fällen den Analysengang wesentlich beeinflussen. So ist es wichtig zu wissen, ob die Substanz empfindlich ist gegen Luft (Sauerstoff), Feuchtigkeit, Licht oder Wärme; ist sie explosiv (Perchlorate, Peroxide), hygroskopisch, toxisch oder kanzerogen? Soll sie unter Inertgas gehandhabt werden? Hat der Einsender für Substanznachforderungen noch ein Rückstellmuster? Erwartet er die Rücksendung der übrigbleibenden Substanz?

Da jeder Analysenschritt Kosten verursacht, ist es – um späteren Ärger zu vermeiden – erforderlich, vorher den Analysenumfang exakt festzulegen. Wird eine Expreßanalyse (100% Aufschlag), eine Eilanalyse (30% Aufschlag) oder eine Normalanalyse gewünscht? Soll eine Einzel- oder Doppelbestimmung durchgeführt werden, oder eine Doppelbestimmung nur dann, wenn die Analysenwerte von den Sollwerten um ± der einfachen, zweifachen oder dreifachen Standardabweichung (s) abweichen? Ist eine Vollanalyse (Summe der Elementwerte = 100% ± 1%) erforderlich? Soll die Substanz vorher homogenisiert und/oder getrocknet werden, wenn ja, unter welchen Bedingungen (Temp. [°C], Normaldruck, Vakuum oder Hochvakuum)? Ist vorher eine Wasserbestimmung und/oder die Bestimmung der Glühasche bzw. Sulfatasche durchzuführen?

Wird eine unbekannte Substanz oder eine Substanz, die aschebildende Elemente enthält, zur Analyse gegeben, dann ist es in jedem Fall sinnvoll, vor den eigentlichen Elementbestimmungen Trocknung, Wasser- und Aschebestimmung vorzuschalten. Im Zweifelsfall sollte nach Rücksprache mit dem Auftraggeber auch eine Ascheaufklärung erwogen werden, denn die Kenntnis der Aschebestandteile gibt oft wichtige Hinweise auf fehlerhafte Prozeßabläufe oder Patentverletzungen.

1.2 Probennahme

Bedenkt man, welch abenteuerlichen Weg Analysenproben oft hinter sich haben, ehe sie in die Hände des Analytikers gelangen, dann ist die oben erhobene Forderung des kritischen (das sollte er immer sein) Analytikers nach genauer Information über Ursprung und Werdegang der zur Analyse eingesandten Substanz verständlich. Bei der heute weit fortgeschrittenen Rationalisierung in Betrieb und Forschung wird die Probennahme nur noch selten vom Analytiker selbst durchgeführt. Umso wichtiger ist es für ihn, über Art und Menge der Gesamtprobe, Ort und Art der Probennahme, sowie über alle Schritte der Probenvorbereitung genau unterrichtet zu sein. Nur so kann er beurteilen, ob mit der ihm vorgelegten Laboratoriumsprobe und durch die von ihm verlangten Analyse das zu beurteilende Gesamtobjekt – z. B. eine Schiffsladung Steinkohle, ein Kesselwagen Kunststoffgranulat oder ein Bottich voll Farbstoff – hinreichend gekennzeichnet wird. Zweckmäßigerweise wird bei der Planung einer Probennahme der Analytiker mit zu Rate gezogen.

Für die Aussagekraft einer Analyse ist die Probennahme von größter Bedeutung. Auch gut reproduzierbare Analysenwerte sind noch keine Gewähr für ihre Richtigkeit, wenn bei der Probennahme (*Entnahme der Teilmenge aus der zu beprobenden Gesamtmenge*) entscheidende Fehler unterlaufen sind. Denn eine Analyse kann höchstens so gut sein wie die Probennahme selbst. Deshalb sollte in Zukunft sowohl in der analytischen Literatur als auch im analytischen Ausbildungsgang auf den Fach- und Hochschulen die Probennahme stärkere Gewichtung erfahren, umso mehr als in der Analytik allgemein und in der Mikro-Elementaranalyse im besonderen der Trend zu den Methoden mit kleinerem Substanzbedarf geht.

Richtige Probennahme heißt: der zu bewertenden Gesamtheit eines Stoffes eine solche – für die Analyse bestimmte – Teilmenge zu entnehmen, die ihr bezüglich der zu messenden Größe (des zu bestimmenden Elementes) voll entspricht. Die Analysenprobe muß repräsentativ für die Gesamtmenge sein, der sie entstammt. Dies gilt für die Entnahme der Rohprobe aus der zu prüfenden Gesamtheit und für alle nachfolgenden Teilungsoperationen, denen diese unterliegt, bis hin zur Entnahme der wenigen Milligramm, die letztendlich analysiert werden. Diese Aufgabe ist umso leichter zu lösen, je homogener das Material und umso schwieriger, je heterogener es ist. Besonders problematisch ist die Probennahme von festen Stoffen, besonders von stückigem Material wie etwa mineralischem Gestein, oder von flüssig/festen Mischungen (z. B. von Schlämmen in der Umweltanalytik, die z. T. auch noch gasförmige Komponenten enthalten).

Im allgemeinen wird durch Verjüngung (Teilungsoperationen) und Zerkleinerung (Brechen, Reiben, Rühren) eine für den Labormaßstab geeignete Probe gewonnen. Eine Aussage über die Gesamtheit des zu analysierenden Objektes ist aber nur möglich, wenn bei der Entnahme der Einzelproben und bei der Teilung der Proben eine Zufallsauswahl (statistische Auswahl) erfolgt. Bei dieser Zufallsauswahl muß jedes Teilchen der Gesamtheit die gleiche Chance haben, in die Probe zu gelangen (WILRICH und LEERS 1974). Die meisten Angaben über die Probennahme basieren heute noch auf empirischen Erfahrungen. Eine umfassende, auf statistischen Grundlagen beruhende Anleitung für die Probennahme fehlt bislang noch. Praktische Hinweise für die Probennahme spezieller Güter findet man in verschiedenen Lehrbüchern (KÖSTER 1979) und DIN-Normen (DIN 51 061, Teil 2).

Im Betriebsalltag ist man immer wieder mit der Sorglosigkeit konfrontiert, mit der Meß- und Analysenergebnisse verarbeitet werden, ohne den Ursprung der Proben zu berücksichtigen. Es ist zwar mühsam (aber immer wieder notwendig) darauf hinzuweisen, daß eine sinnvolle Auswertung von Meß- und Analysenergebnissen grundsätzlich erst dann möglich ist, wenn die Probennahme aufgrund einer vorherigen präzisen Frage- und Aufgabenstellung erfolgt ist.

1.3 Probenvorbereitung

Der übertriebene Ehrgeiz, Analysenzeiten immer weiter zu verkürzen, aber auch die Bequemlichkeit des Ausführenden verhindern oft die optimale Vorbereitung einer Probe. Da dies aber für die Zuverlässigkeit einer Analyse Voraussetzung ist, muß der Probenvorbereitung in einer Analyse die dafür notwendige Zeit und das ihr gebührende Gewicht eingeräumt werden. Sie umfaßt den gesamten Vorgang, angefangen von der Entnahme der Rohprobe bis zur fertigen, zur Analyse einwägbaren Analysenprobe.

Feste, vorwiegend mineralische Stoffe (KÖSTER 1979): Die Entnahme der Rohprobe und ihre schrittweise Zerkleinerung mit Hilfe geeigneter Geräte wird in den seltensten Fällen vom Analytiker vorgenommen, sollte aber bereits von erfahrenen, mit den Problemen der Probennahme vertrauten Fachleuten durchgeführt werden. Die feinzerkleinerte Probe, eine Teilmenge von 200 bis 500 g der ursprünglichen Rohprobe, die zur Analyse gelangt, sollte in der Korngröße des Materials 1 bis 2 mm nicht mehr überschreiten. Diese Probe wird in mehreren Partien in einer Schwingscheibenmühle mit Achatmahlbecher aufgemahlen. Nach HERRMANN (1975) soll die gesamte Probenmenge unter wiederholtem Sieben und Mahlen des Überkorns auf Korngrößen kleiner als 0.125 mm Durchmesser gebracht werden; nach DIN 51 062 muß bis auf Korngrößen unter 0.06 mm Durchmesser aufgemahlen werden.

Die gemahlene Laboratoriumsprobe wird durch Mischen homogenisiert, am besten mit Hilfe eines Mixers im geschlossenen Gefäß, um ein Verstauben des feinen Pulvers zu verhindern. Die gemahlene und homogenisierte Probe wird so vorsichtig ins Vorratsgefäß umgefüllt, daß hierbei Entmischungen nicht auftreten. Daraus wird die Analysenprobe durch Teilung der Laboratoriumsprobe (mittels Laborriffelteiler, automatischem Probenteiler oder durch Viertelung von Hand) entnommen.

Die gewonnene Analysenprobe wird im geöffneten Wägeglas bei 110 °C bis zur Gewichtskonstanz getrocknet und im verschlossenen Wägeglas im Exsikkator über einem Trockenmittel (meist Silicagel) aufbewahrt. Die Analyseneinwaagen werden von dieser Analysenprobe entnommen.

Hygroskopische Silicatgesteinsproben wie etwa Tone sollen nicht bei 110 °C oder gar höheren Temperaturen getrocknet werden. Sehr viele getrocknete Tonproben nehmen bei der Analyseneinwaage so rasch Feuchtigkeit auf, daß eine zuverlässige Einwaage und erst recht eine H_2O-Analyse unmöglich werden. Bei Tonen geht man von lufttrockenen oder am besten über gesättigter Magnesiumnitratlösung aufbewahrten Analysenproben aus.

Am Beispiel der *Steinkohle*, des wohl wichtigsten Rohstoffs der heutigen Energie- und Chemiewirtschaft, haben VAN DER LAARSE und LÄDRACH (1981) gezeigt, daß bei entsprechender Homogenisierung des von Natur aus sehr inhomogenen Produkts die rationellen und kostengünstigen Arbeitsmethoden der Mikro-Elementaranalyse angewendet werden können. Durch Homogenisieren der Kohleproben auf Korngrößen < 85 µm wurde bei den Elementanalysen von Steinkohle im Mikromaßstab dieselbe Genauigkeit wie mit den wesentlich zeitaufwendigeren internationalen Standardmethoden (im Makromaßstab) erreicht.

Organische Synthesepräparate: Bei Synthesepräparaten aus den organischen Forschungslabors ist die Probenvorbereitung im allgemeinen unproblematisch, da bei der Synthese im Labormaßstab die Substanzausbeute vergleichsweise klein und die Substanz daher leicht homogenisierbar und analysierbar ist – im Gegensatz zur großtechnischen Synthese, wo die zu bewertende Gesamtmenge mehrere Zehnerpotenzen größer ist.

In aller Regel wird der organische Synthetiker seine Substanz reinigen und homogenisieren, bevor er sie zur Analyse weitergibt. Dies geschieht durch Umkristallisieren, (fraktionierte) Destillation, Sublimation, Extraktion oder mit Hilfe präparativer chromatographischer Methoden. Selbst dann ist in den wenigsten Fällen eine Substanz im analytischen Sinne absolut rein.

Reinigen der Substanz durch Umkristallisieren: Lösliche Kristalle, die häufig Mutterlauge mechanisch einschließen, werden durch Umkristallisieren gereinigt. Dabei ist zu berücksichtigen, daß kleine Kristalle stets reiner sind als große, die sich langsam aus der Lösung ausscheiden. Man stört daher die Kristallisation durch rasches Abkühlen und Rühren der heißgesättigten Lösung, wobei man die Substanz in Form eines feinen Kri-

Reibschalen-Fassung	**Reibschale**	**Reiber**
Stahl verchromt	monokristalliner Korund oder Achat	monokristalliner Korund oder Achat, mit Griff und Gummikappe

A

B

1 **Mörser-Einsatz** Volumen: max. 5 ml
Nutzinhalt: max. 3 ml

2 **Auswerfer**

3 **Gummi-Fuß** (zum Festhalten des Mörsers auf dem glatten Labortisch)

Material	Monokristalliner Korund
Struktur	Einkristall hexagonal 99.99% Al_2O_3
Dichte	3.99 g/cm^3
Abriebfestigkeit	abriebfester als Hartglas, Hartporzellan, Sinterkorund, Achat, Zirkonoxid u. Wolframcarbid
Ritzhärte (nach Mohs)	9

Abb. 1-1. Mikro-Handmörser mit Pistill („Pulverisette 4", Fa. FRITSCH).
(A) Originalansicht, (B) Querschnitt des Mikro-Handmörsers.

stallpulvers erhält, das auf einer Nutsche scharf abgesaugt und zwischen dickem, glatten Filterpapier abgepreßt wird. Sodann breitet man sie in dünner Schicht auf einer Unterlage von mehreren Bogen Filterpapier aus, bedeckt sie mit einem mit Filterpapier bespannten Holzrahmen und läßt sie bei Raumtemperatur lufttrocknen. Bilden sich hierbei Klümpchen, werden diese mit einem Spatel aus Glas oder Reinnickel zerdrückt. Weil beim Trocknen (z. B. über konzentrierter Schwefelsäure oder Calciumchlorid) die Kristalle verwittern können, wird die Substanz vorteilhafterweise lufttrocken analysiert und die evtl. noch anhaftende Feuchtigkeit (Kristallwasser) gesondert bestimmt.

Filterfasern haften oft den Substanzkristallen noch an. Sie sind im günstigsten Fall schon mit bloßem Auge, sonst mit einer Lupe oder unter dem Mikroskop, z. B. bei der Schmelzpunktbestimmung nach KOFLER (1942), gut zu erkennen.

Die Substanzreinigung und -vortrocknung liegt bei organischen Forschungspräparaten gewöhnlich in den Händen des Synthetikers, da er das Verhalten seiner Substanz am besten kennt. Wird die Trocknung dem Analytiker übertragen, dann ist es notwendig, ihm genaue Substanzkenntnis zu vermitteln und mit ihm, wie oben schon gefordert, die Bedingungen für die Trocknung vorher exakt festzulegen.

Schwierig zu homogenisieren sind meist plastische Stoffe, z. B. Kunststoffe. In manchen Fällen gelingt es, diese Stoffe durch Tiefgefrieren (flüssiger Stickstoff) zu verspröden und dann zu pulverisieren (Vorsicht beim Reiben in geschlossenen Mühlen!).

Abb. 1-2. Achatmörser mit Pistill (Fa. FRITSCH).
Material: Achat (brasil.), gewachsener Edelstein, SiO_2
Richtanalyse: SiO_2 99.91%
  Al_2O_3 0.02%
  Na_2O 0.02%
  Fe_2O_3 0.01%
  K_2O 0.01%
  MnO   0.01%
  CaO   0.01%
  MgO   0.01%
Mohs'sche Ritzhärte: 7
Abriebfestigkeit: minimal; wird nur vom monokristallinen synthetischen Korund (s. Abb. 1-1 Mikro-Handmörser) übertroffen.
Schmelzpunkt: 1800–2000 °C.
Chemische Resistenz: Wird nur von HF angegriffen.

Auch bei Proben, die aus zwei oder mehreren Phasen bestehen (Umweltproben), ist die Probennahme und -vorbereitung oft recht komplex und problematisch. Optimal wäre, die Phasen durch Zentrifugieren, Gefriertrocknung oder andere Trennoperationen zu separieren und anschließend die Phasen einzeln zu analysieren.

Über Theorie und Praxis der Probennahme verschiedenster Probematerialien informiert recht eingehend der unter dem Titel „Probennahme" herausgegebene Berichtsband

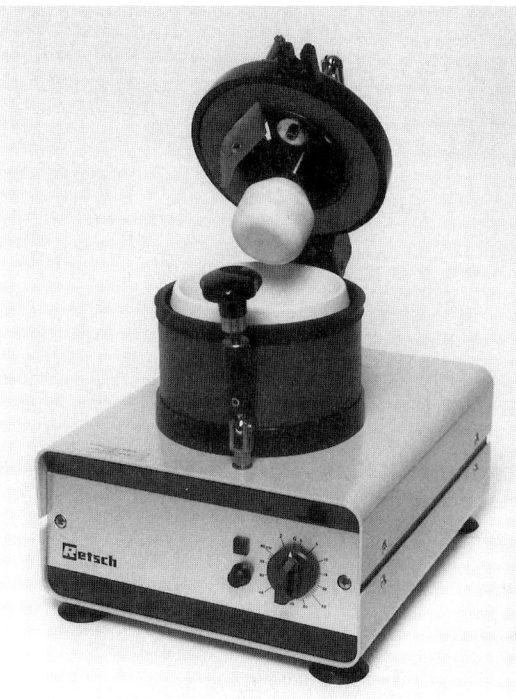

Abb. 1-3. Labor-Mörsermühle mit verschiedenen Mahlgarnituren (Fa. RETSCH).
Wahl der Mahlgarnituren: Bei normaler Beanspruchung (weiche bis mittelharte Substanzen) genügen meist Mahlgarnituren aus Hartporzellan. Bei härteren Materialien und höherer Endfeinheit empfehlen wir Garnituren aus Achat, Zirkonoxid, Sinterkorund, Stahl oder Hartmetall, – je nachdem, welcher evtl. Abrieb sich nicht störend auf das Analysenergebnis auswirkt.

Mahlgarnituren	Analyse	Härtegrad	Abrieb
Hartporzellan	63% SiO_3, 29% Al_2O_3	8 Mohs	stark
Sinterkorund	99.8% Al_2O_3	9 Mohs	schwach
Spezialstahl	86% Fe, 13% Cr	64 RC	mittel
Rostfreier Stahl	68% Fe, 19% Cr, 9% N	60 RC	mittel
Hartmetall-	87% W, 5.8% C, 6% Co	90 RC	sehr schwach
Achat-	99.9% SiO_2	7 Mohs	sehr schwach
Zirkonoxid-	97% ZrO_2	8.5 Mohs	sehr schwach

Tab. 1-1. Übersichtstabelle der Zerkleinerungsgeräte und ihrer Einsatzschwerpunkte der Fa. RETSCH.

	Steine, Erden, Erze	Chem.-pharm. Produkte	Pigmente, Füllstoffe	Kunststoffe, Gummi	Holz, Pappe, Papier	Faserstoffe, Leder	Nahrungsmittel, Gewürze	Fleisch-Wurstwaren	Futtermittel, Getreide	Haus-Industriemüll	Klärschlamm, Böden	Pflanzliche, tierische Stoffe	Metallpulver	Max. Aufgabekorngröße* mm	Erreichbare Endfeinheit* mm	Leistung*
Backenbrecher	●	●	◉	○	–	–	○	–	–	○	–	○	–	150	1.00	0.1–600 kg/h
Schlagkreuzmühle	◉	●	◉	○	◉	◉	◉	–	◉	◉	◉	◉	○	20	0.07	0.05–80 kg/h
Schlagrotormühle	◉	◉	◉	◉	◉	◉	◉	–	●	◉	○	◉	○	15	0.07	0.05–360 kg/h
Schneidmühle	–	○	○	●	●	●	●	○	●	○	–	●	–	80	<0.50	0.05–120 kg/h
Ultra-Zentrifugalmühle	◉	●	●	◉	–	○	◉	◉	◉	◉	◉	◉	●	10	<0.04	5 g–5 kg
Mörsermühlen	●	●	●	○	○	○	○	○	○	○	●	◉	●	8	0.001	5 g–2.5 kg
Mikro-Schnellmühle	●	●	●	○	○	○	◉	○	◉	○	●	◉	●	6	<0.001	1–100 g
Fliehkraft-Kugelmühlen	●	●	●	○	◉	◉	◉	○	◉	○	◉	◉	●	8	0.001	2–600 g (2×)
Planeten-Schnellmühle	●	●	●	○	◉	◉	◉	○	◉	◉	●	◉	●	8	<0.001	2–600 g (4×)
Schwingmühle	●	●	●	○	◉	◉	◉	○	◉	○	●	◉	●	4	0.001	1–16 g (2×)
Vibrationsmühle	●	●	●	○	○	○	◉	○	○	○	◉	◉	◉	6	0.002	2–25 g

● gut geeignet; ◉ geeignet; ○ bedingt geeignet; – nicht geeignet; * je nach Mahlgut, Mahldauer, Geräte-Typ, usw.

vom 9. Metallurgischen Seminar des GDMB-Fachausschusses für Metallhüttenmännische Ausbildung (GDMB 1980). Über die Technik der Probennahme von Wasser, die in der Umweltanalyse eine besondere Rolle spielt, referieren SCHEIDER, über die Probennahme von Gasen KELKER und HEIL im oben zitierten Band (GDMB 1980) ausführlich.

Über die Wirksamkeit verschiedener Konservierungsverfahren wäßriger Proben zum Fixieren von Wasserinhaltsstoffen über einen längeren Zeitraum berichtet dort FUNK.

Geräte zum Zerkleinern, Mahlen und Sieben von Proben: Zum Zerkleinern und Homogenisieren von Probesubstanzen sind zahlreiche unterschiedliche, dem jeweiligen Aufgabenbereich angepaßte Geräte auf dem Markt. Einen Überblick über ein handelsübliches Geräteprogramm gibt Tabelle 1-1. Bei grobkörnigem, stückigem Gut wird nach Vorzerkleinerung, z. B. in einer Retschmühle, das vorgemahlene Gut durch Viertelung auf 30 bis 50 g gebracht und erst danach die Feinmahlung dieser Probenmenge in der Kugelmühle durchgeführt. Zur Siebung der Proben nach jedem Mahlvorgang werden Stahlsiebe mit V2A-Stahlsiebgewebe oder Plexiglassiebe verwendet.

Bei der Wahl der Mahlgarnitur achte man allerdings darauf, daß beim Mahlvorgang die Substanz durch Abrieb nicht mit Elementen kontaminiert wird, die man nachher in der Substanz nachweisen möchte (s. Kap. 5.3 Ascheaufklärung).

Zur Standardausrüstung eines Elementaranalyse-Labors zählen Mikro-Handmörser mit mehreren Ersatzreibschalen, Achatreibschalen und evtl. eine Mörsermühle mit verschiedenen Mahlgarnituren, Geräte wie sie in den Abb. 1-1 bis 1-3 dargestellt sind.

Beim Einsatz von Mikromethoden zur Analyse von mineralischen Proben (z. B. Kohle) ist es erforderlich, von Siebfraktionen der Probe mit entsprechend kleinen Korngrößen (< 100 µm) auszugehen, um bei Substanzeinwaagen von 1 bis 2 mg einen repräsentativen Querschnitt der Probe zu garantieren.

2 Reinheitsprüfungen

2.0 Allgemeines

Die zunehmende Fähigkeit, Verunreinigungen zu erkennen – die technischen Möglichkeiten dazu sind heute zahlreich und vielfältig – entlarvt die „reine Substanz" von gestern als die kontaminierte Substanz von heute. Damit ist beträchtliche Verantwortung verbunden. Es gilt den notwendigen Reinheitsgrad festzulegen ohne übertriebene Anforderungen, die sich ja auch in den Kosten niederschlagen, zu stellen.

Wichtige Reinheitsprüfungen, denen eine zu analysierende Substanz (das gilt in erster Linie für organische Feinchemikalien) unterzogen werden soll, sind die Bestimmung des Schmelzpunktes, des Siedepunktes, des Trockenverlustes bzw. des Wassergehaltes sowie die Prüfung auf Glührückstand und die Bestimmung der Aschebestandteile.

2.1 Die Bestimmung des Schmelzpunktes

In der Literatur wird der Schmelzpunkt mit den Buchstaben Fp (Flüssigkeitspunkt) oder F (Fusionspunkt) bezeichnet.

Der Schmelzpunkt ist eine charakteristische Kennzahl für eine Substanz und ein wichtiges Kriterium für ihre Reinheit; denn schon kleine Verunreinigungen erniedrigen den Schmelzpunkt zumeist erheblich. Da die Schmelzpunktbestimmung nach verschiedenen Methoden meist nicht exakt denselben Wert ergibt, sollte bei Angabe des Schmelzpunktes auch die Methode angemerkt werden, nach der er bestimmt wurde.

2.1.1 Visuelle Schmelzpunktbestimmung im Kapillarröhrchen

Die Substanz wird in saubere und trockene Kapillarröhrchen mit einem inneren Durchmesser von 0.8 bis 1.0 mm eingefüllt. Solche Kapillaren sind handelsüblich, man kann sie sich leicht aus einem 5 mm weiten Glasrohr in einer Bunsenflamme selbst ziehen. Durch Eintauchen des offenen Endes des Röhrchens in die aufgehäufte Substanz wird eine genügende Menge aufgenommen, die sich durch den elastischen Aufstoß von selbst auf dem Kapillarröhrchenboden festdrückt, wenn man das Röhrchen mit der eingefüllten Substanz durch ein langes Glasrohr frei herunterfallen läßt.

Das so vorbereitete Schmelzpunktröhrchen wird an einem Thermometer befestigt und mit diesem in den, im einfachsten Falle selbsthergestellten, Schmelzpunktapparat einge-

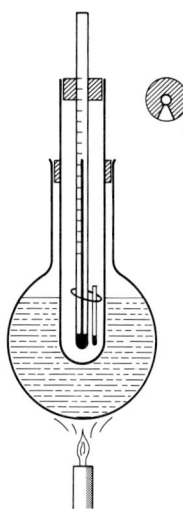

Abb. 2-1. Selbsthergestellter Schmelzpunktapparat.

führt (Abb. 2-1). Der Apparat besteht aus einem Rundkolben mit kurzem Hals, in dem sich die Badflüssigkeit (konz. Schwefelsäure oder Siliconöl) befindet. **Schutzbrille!** In der Nähe des Schmelzpunktes wird das weitere Aufheizen der Badflüssigkeit nur noch sehr langsam vorgenommen.

Als *Schmelzpunkt* ist jene Temperatur anzusehen, bei der die Substanz nach der Meniskusbildung vollkommen klar und durchsichtig erscheint. Man nennt einen Schmelzpunkt konstant, wenn er sich durch weitere Reinigung der Substanz (Umkristallisieren) nicht mehr verändern läßt. Verändert sich die Substanz beim Schmelzen, dann spricht man nicht vom Schmelz-, sondern vom *Zersetzungspunkt*. Ist der Schmelzpunkt unscharf, wird man auf das Vorliegen eines Substanzgemisches schließen. Unscharf heißt, daß sich das Schmelzen über einige Grade erstreckt; präzise wird man das als *Schmelzbereich* bezeichnen.

Apparativ aufwendiger, dafür mit neuester Technik ausgestattet, sind die von der Fa. BÜCHI für die Schmelzpunktbestimmung angebotenen Geräte (B-512 und B-520), mit denen auch der Siedepunkt und mit einem als Option erhältlichen Zusatz der *Tropfpunkt* nach UBBELOHDE bestimmt werden kann. Das Meßprinzip dieser Geräte ist in Abb. 2-2 dargestellt.

Das im Ölbad **1** stehende Probenröhrchen **2** wird, ausgehend von einer zu bestimmenden Starttemperatur, geregelt aufgeheizt **3**. Durch den Rührer **4** und den speziellen Strömungskörper **5** erfolgt die Wärmeverteilung gleichmäßig und reproduzierbar. Die Probe wird durch eine Lichtquelle **6** blendfrei ausgeleuchtet. Der thermische Vorgang kann durch die Lupe **7** gut beobachtet werden. Die entsprechende Temperatur kann am eintauchenden Thermometer **8** oder beim BÜCHI 520 an der LED-Anzeige **9** abgelesen werden. Bei diesem Gerät können die Meßwerte auch gespeichert und später wieder abgerufen werden. Anschließend kann mit dem Kühlventilator **10** auf die nächste Starttemperatur abgekühlt werden.

Durch die großzügig dimensionierte Lupe kann der thermische Vorgang genau beobachtet werden. Schmelzbereiche, Phasenumwandlungen und Zersetzungen können vom

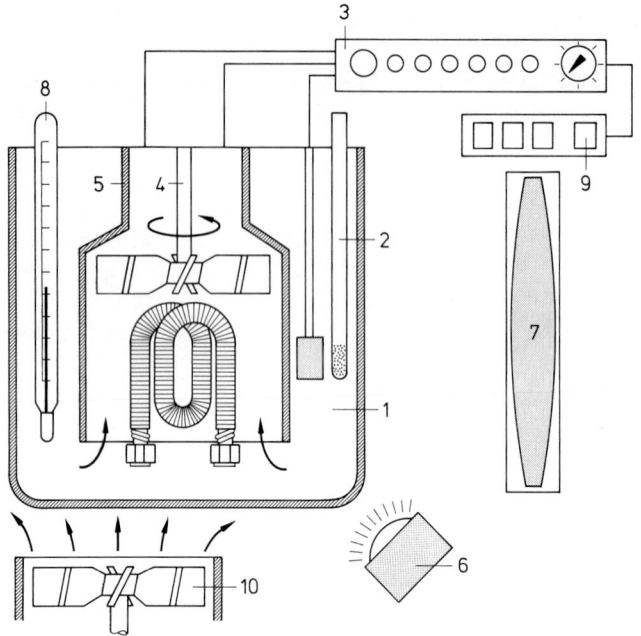

Abb. 2-2. Schmelzpunktbestimmung mit den Geräten B-512 und B-520 der Fa. BÜCHI.

Benutzer mitverfolgt werden und erlauben wichtige Rückschlüsse auf die zu untersuchende Substanz.

Der Temperaturbereich erstreckt sich von Raumtemperatur bis 300 °C. Das Probenaufnahmegefäß enthält Siliconöl als Wärmeübertragungsmedium, welches elektrisch beheizt wird. Die Gleichmäßigkeit der Wärmeverteilung im Bereich der Proben und der Temperaturerfassung wird durch die besondere Form des Rührers und den Einbau eines speziellen Metalleinsatzes gewährleistet.

Das Ölgefäß kann drei Proben gleichzeitig aufnehmen. Dadurch ist es möglich, Mischschmelzpunkte zu bestimmen oder Referenzsubstanzen mitzumessen.

Für *sehr hohe Temperaturen* (bis 600 °C) benutzt man zur Bestimmung des Schmelzpunkts einen Messing- oder Aluminiumblock von etwa 8 cm × 4 cm × 4 cm. Der Metallblock besitzt zwei vertikale Bohrungen zur Aufnahme des (Quarz)-Thermometers und des Schmelzpunktröhrchens, zwei horizontale Bohrungen, eine als Beobachtungs- und eine als Beleuchtungskanal. Der Metallblock wird von unten mit einer spitzen Gasflamme aufgeheizt.

Damit ist es möglich, das thermische Verhalten hochschmelzender Organika wie z. B. von Pigmentfarbstoffen, die sich erst bei Temperaturen >400 °C zersetzen, oder von Salzschmelzen zu studieren.

2.1.2 Thermoelektrische Bestimmung im Kapillarröhrchen

Prinzip des Meßverfahrens. Das Prinzip dieses von WALISCH und EBERLE (1967) entwickelten Meßverfahrens und des als „Fus-O-mat" eingeführten Gerätes der Fa. HERAEUS veranschaulicht Abb. 2-3.

Der Substanz im Schmelzpunktröhrchen wird mittels einer Regelanordnung eine konstante Heizleistung zugeführt, so daß der in der Probe befindliche Temperaturfühler (ein NiCr-Ni-Thermoelement) zunächst einen linearen Temperaturanstieg anzeigt. Beim Einsetzen einer endothermen Umwandlung, z. B. Schmelzen oder Sieden, wird dagegen die zugeführte Wärme durch den Umwandlungsprozeß verbraucht, die Temperatur in der Probekapillare bleibt konstant. Diese Umwandlungstemperatur (*Schmelzpunkt, Siedepunkt* usw.) wird als elektrische Spannung gemessen und auf der in Grad Celsius geeichten, in zwei Meßbereiche unterteilten Skala eines linearisierten Drehspulinstruments direkt als Temperatur angezeigt.

Zu diesem Zweck enthält der Fus-O-mat einen bei 40 °C thermostatisierten Metallblock, der die Bezugstemperatur zum Messen der Thermospannung liefert. Die gemessene EMK wird zugleich differenziert und die Änderungsgeschwindigkeit der Temperatur von einem zweiten Drehspulinstrument angezeigt.

Beim Aufheizen zeigt diese differentielle Anzeige einen gleichmäßig hohen Ausschlag, beim Einsetzen des Schmelzens reiner Substanzen geht dieser Ausschlag jedoch praktisch auf Null zurück; erstreckt sich dagegen die Umwandlung über einen größeren Temperaturbereich, so ist der Ausschlagsrückgang entsprechend kleiner. Das Zurückgehen der Aufheizgeschwindigkeit löst frühzeitig einen Summer aus, so daß genügend Zeit bleibt, die Umwandlungstemperatur abzulesen. Ist ein vorgegebener Temperaturwert überschritten, schaltet sich die Ofenheizung selbsttätig ab.

Die Konstanz der zugeführten Heizleistung wird dadurch erzielt, daß die Temperaturdifferenz zwischen Probefühler und Ofenfühler auf einen konstanten vorgegebenen Wert

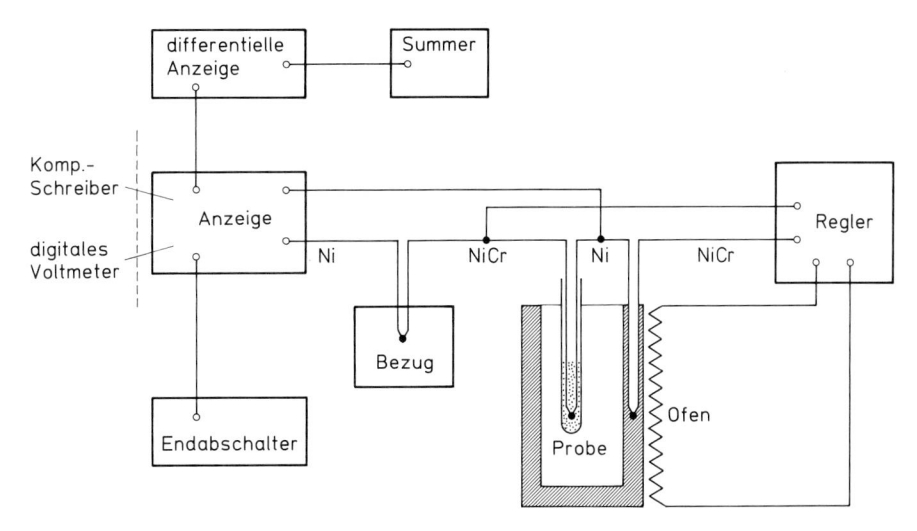

Abb. 2-3. Prinzipschaltbild des Fus-O-mat der Fa. HERAEUS.

geregelt wird. Dies hat neben dem linearen Temperaturanstieg während des Aufheizens zur Folge, daß die vom Ofen aufgenommene Leistung während einer Umwandlung reduziert wird.

Die mechanische und elektronische Ausrüstung der Apparatur ist so gehalten, daß selbst eine Aufheizgeschwindigkeit von 100 K/min noch zu annehmbaren Meßergebnissen führt. Für genauere Messungen empfiehlt sich eine der ebenfalls vorgesehenen niedrigeren Aufheizgeschwindigkeiten von 60 K/min, 40 K/min, 20 K/min und 10 K/min. Das Bestimmen von Umwandlungspunkten wird besonders einfach und genau, wenn man während der Messung die Probetemperatur und das Differential der Probetemperatur in Abhängigkeit von der Zeit registriert. Hierzu befinden sich an der Rückwand der Apparatur Anschlüsse für Registrierpotentiometer sowie für ein digitales Voltmeter, das in Verbindung mit einem handelsüblichen Drucker das Ausdrucken der Meßwerte ermöglicht. Das Kommando hierzu wird von der differentiellen Anzeige gegeben.

Meßvorgang. Eine Schmelzpunktkapillare wird mit einigen Milligramm Substanz gefüllt, das Thermoelement in die Probe gesteckt und beides in den Ofen eingesetzt. Durch Tastendruck wird dann die gewünschte Aufheizgeschwindigkeit vorgegeben, anschließend werden am Potentiometer die obere Abschalttemperatur des Ofens eingestellt und die Starttaste betätigt. Bei Ausschlag der Differentialanzeige nach links (Ertönen des Summerzeichens) liest man den Schmelzpunkt (oder Siedepunkt) am Anzeigegerät ab. Während der Ofen abkühlt (hierzu sind höchstens 3 min erforderlich), reinigt man den Probefühler mit Lösungsmittel und füllt die nächste Schmelzpunktkapillare.

2.1.3 Die Schmelzpunktbestimmung mit dem Kofler-Mikro-Schmelzpunktapparat

Der *Mikro-Schmelzpunktapparat* nach KOFLER – eine marktübliche Ausführung des Gerätes bietet die Fa. REICHERT-JUNG (Wien) an – besteht aus einer elektrisch beheizten Platte, die auf den Objekttisch eines Mikroskopes aufgesetzt ist. Gegen die umgebende Luft ist der Apparat durch einen an der Peripherie der Heizplatte angebrachten Metallring geschützt, auf den eine Glasplatte plan aufgelegt wird. In einer seitlich angebrachten Bohrung der Heizplatte steckt ein Thermometer, das mit Hilfe geeigneter Testsubstanzen (Tabelle 2-1) geeicht wird. Der Heiztisch wird mit Niederspannung (bis maximal 40 Volt) betrieben, die über einen Regeltransformator variabel dem Gerät zugeführt wird.

Eine Weiterentwicklung des Mikro-Schmelzpunktapparates ist das *Thermomikroskop* nach KOFLER (GABLER 1955), das zusätzlich zum Heiztisch von +20°C bis +360°C mit einem Hochtemperaturblock bis 750°C und einem Höchsttemperaturtisch mit Schutzgaseinrichtung für Temperaturen bis +1500°C ausgerüstet ist.

Zur Grobabschätzung des Schmelzbereichs einer organischen Substanz dient auch die *Kofler-Heizbank* (KOFLER 1950). Zur Schmelzpunktbestimmung bringt man die Substanz auf ein verchromtes, einseitig elektrisch beheiztes Metallband (360 mm × 40 mm), auf dem ein annähernd lineares Temperaturgefälle (270°C bis 50°C) besteht und liest die Grenze flüssig fest ab.

Ausführung der Schmelzpunkt-Mikrobestimmung: Eine kleine Menge der fein gepulverten Substanz (ungefähr 0.1 mg oder noch weniger), deren Schmelzpunkt bestimmt wer-

Tab. 2-1. Testsubstanzen zum Kofler-Mikroskop.

Testsubstanz	Schmelzpunkt °C
β-Naphthol-Ethyl-Ether	+35
Azobenzol	+68
Naphthalin	+81
Benzil	+95
Acetanilid	+115
Phenacetin	+135
Benzanilid	+163
Salophen	+190
Dicyandiamid	+210
Saccharin	+228

den soll, liegt fein verteilt zwischen Objektträger und Deckglas auf der Heizplatte des Heiztisches und wird bei 60- bis 100facher Vergrößerung im durchfallenden oder polarisierten Licht beobachtet. Die elektrische Heizung – durch einen variablen Widerstand reguliert – wird so eingestellt, daß die Temperatur im Bereich des Schmelzpunktes ungefähr um 4 °C/min ansteigt.

Man kann den Schmelzpunkt unter dem Mikroskop entweder nach der „durchgehenden" Methode oder mit Hilfe des „Gleichgewichtes" bestimmen. Im ersteren Fall läßt man die Temperatur des Heiztisches ohne Unterbrechung bis zum vollständigen Schmelzen der Substanz ansteigen. Bei der Schmelztemperatur zerfließen zuerst die kleinsten Splitter, dann die größeren Kristalle, bei denen man ein Abrunden der Ecken und Kanten und ein allmähliches Zerfließen beobachtet. Als Schmelzpunkt gilt die Temperatur, bei der die letzten Kristalle eben zerfließen.

Bei der Schmelzpunktbestimmung mit Hilfe des „Gleichgewichtes" stellt man die Heizung des Apparates ab, bevor die Substanz ganz geschmolzen ist. In den größeren Schmelztropfen noch schwimmende Kristallreste beginnen beim Sinken der Temperatur wieder zu wachsen, um bei neuerlichem Erhitzen wieder abzuschmelzen. Durch beliebiges Wiederholen dieses Vorganges kann man bei unzersetzt schmelzenden Stoffen das Gleichgewicht zwischen fester und flüssiger Phase immer wieder einstellen.

Nur wenige Substanzen verhalten sich vor Erreichen des Schmelzpunkts konstant. Die meisten verändern sich während des Erhitzens, entweder durch Sublimationsvorgänge oder, wenn Hydrate vorliegen, durch Entweichen des Kristallwassers. Manche Substanzen zersetzen oder verfärben sich beim Erhitzen oder zeigen, wie z. B. Flüssigkristalle, Phasenumwandlungen, die im polarisierten Licht besonders eindrucksvoll zu beobachten sind. Verunreinigungen (wie etwa Filterfasern) lassen sich unter dem Mikroskop gut erkennen, ebenfalls das Vorliegen anorganischer Bestandteile. Diese bleiben nach dem Schmelzen der organischen Substanz und bei weiterem Erhitzen als ungeschmolzene Rückstände zurück. Auch der Mischschmelzpunkt, zu dessen Bestimmung sich das „Koflermikroskop" vortrefflich eignet, ist ein Kriterium für die Reinheit einer organischen Substanz.

Die zahlreichen Möglichkeiten, die diese Methode zur Identifizierung und Charakterisierung von Substanzen in der organischen Chemie bietet, hat KOFLER (1954) in seinem Handbuch „Thermo-Mikromethoden zur Kennzeichnung organischer Stoffe und Stoffgemische" beschrieben.

Die als Zubehör zum Kofler-Mikroskop gelieferten Testsubstanzen (Tab. 2-1) dienen zur Bestimmung der eutektischen Temperatur gemeinsam mit zu prüfenden Substanzen, deren Identifikation dadurch erleichtert oder überhaut erst ermöglicht wird. Eine wichtige Hilfe dazu sind die von KOFLER (1954) erstellten Identifizierungstabellen.

2.1.4 Fotoelektrische Schmelz- und Siedepunktbestimmung

Das von der Fa. METTLER entwickelte Geräteprogramm zur Bestimmung thermischer Kennzahlen besteht im wesentlichen aus dem Steuergerät (FP5), kombiniert mit einem Gerät zur Schmelzpunkterfassung (FP51) oder Tropfpunktbestimmung (FP53), sowie einem Mikroskopheiztisch (FP52) für thermomikroskopische Untersuchungen mit isothermer Arbeitsweise, ähnlich dem Koflermikroskop (s. Kap. 2.1.3). Die Schmelzpunkterfassung erfolgt hier fotoelektrisch mit digitaler Anzeige der Temperaturwerte. Das Arbeitsprinzip der einzelnen Geräte der oben angeführten Gerätekombination veranschaulichen die Abb. 2-4 bis 2-6.

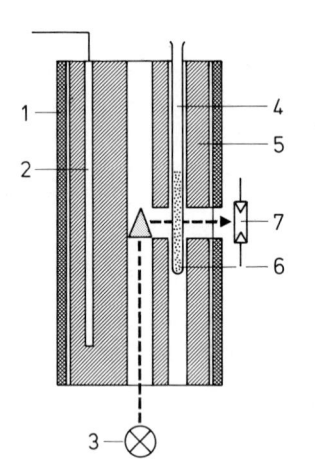

1 Heizung
2 Platin-Widerstandsthermometer
3 Lampe
4 Probenröhrchen
5 Ofen
6 Probe
7 Fotowiderstand

Abb. 2-4. Schmelzpunkterfassung mit dem FP51 der Fa. METTLER. – Ein Lichtstrahl wird durch die Probe auf einen Fotowiderstand geleitet. Während des Schmelzvorgangs nimmt die Intensität des von der Substanz durchgelassenen Lichtes zu. Bei einer bestimmten Lichtintensität (Schwellwert) gilt die Substanz als geschmolzen, und die Ofentemperatur wird im Resultatspeicher automatisch festgehalten. Für Substanzen, die sich beim Erhitzen zersetzen oder verfärben ist die Methode nicht geeignet.

2.2 Bestimmung des Siedepunktes mit kleinen Substanzmengen

In der Literatur wird der Siedepunkt „Kp." (Kochpunkt) abgekürzt.
Der Siedepunkt wird gewöhnlich durch Destillation bestimmt. Als Siedepunkt bezeichnet man hierbei jene Temperatur, bei der das Thermometer für eine bestimmte Zeit auf einem Strich verweilt. Diese Methode erfordert aber relativ große Substanzmengen;

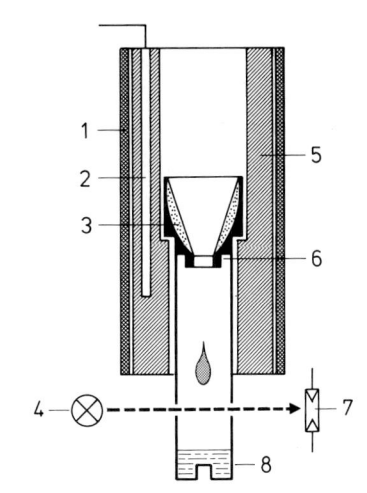

1 Heizung
2 Platin-Widerstandsthermometer
3 Probe
4 Lampe
5 Ofen
6 Nippel
7 Fotowiderstand
8 Auffanghülse

Abb. 2-5. Tropfpunkterfassung mit dem FP53 der Fa. METTLER. – Das Fallen des ersten Tropfens wird fotoelektrisch erfaßt und die entsprechende Ofentemperatur digital angezeigt.

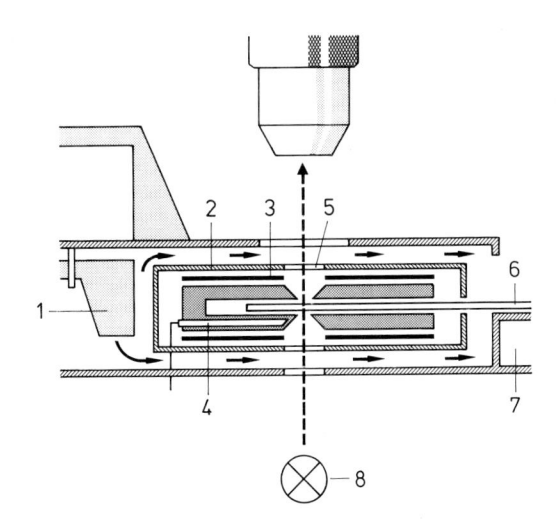

1 Ventilator
2 Innengehäuse
3 Metallplatten mit Heizdrähten
4 Platin-Widerstandsthermometer
5 Wärmeschutzfilter
6 Objektträger
7 Kreuztisch
8 Mikroskoplampe

Abb. 2-6. Mikroskopheiztisch FP52 der Fa. METTLER. – Der Objektträger mit der Substanz befindet sich in einem flachen, rechteckigen Probenraum des aus zwei Metallplatten bestehenden Ofenheizkörpers und kann während der Untersuchung durch einen Kreuztisch verschoben werden. Von Schmierfetten läßt sich mit dem FP53 der Tropfpunkt nach modifizierter ASTM- bzw. DIN-Methode bestimmen. Darüber hinaus können Tropf- bzw. Erweichungspunkte von Speisefetten, Paraffinen, Wachsen, Bitumen, Harzen u. a. automatisch bestimmt werden. Für die automatische Bestimmung des Erweichungspunktes von Pechen gilt die METTLER-Methode als offizielle ASTM-Standardmethode (D3104-72).

sind diese nicht verfügbar, kann man den Siedepunkt ebenso genau mit Hilfe einer Mikromethode bestimmen. Dazu eignen sich, die in den Kap. 2.1.1 und 2.1.2 zur Mikroschmelzpunktbestimmung beschriebenen Apparate.

Mit einer noch einfacheren Apparatur kann der Siedepunkt im Mikrobereich nach SCHLEIERMACHER (1891) in der Ausführung von ROTH (1958) bestimmt werden. Sie ermöglicht es, den Siedepunkt flüssiger und fester Substanzen mit 2 mg bis 3 mg im Bereich von 30 °C bis 250 °C auf ±0.1 °C genau zu bestimmen. Folgendes Prinzip liegt zugrunde: Die über Quecksilber eingeschmolzene Substanz wird auf jene Temperatur erhitzt, bei der ihr Dampfdruck gleich dem herrschenden Atmosphärendruck ist (gleiche Höhen der Quecksilberkuppen). Die so ermittelte Temperatur entspricht dem Siedepunkt der Substanz. Die apparativen Hilfsmittel dazu und die Ausführung der Bestimmung beschreibt ROTH ausführlich.

3 Substanztrocknung und Trockenverlust

3.0 Einleitung

Die Erfahrungen in Laboratorien für Organische Elementar- und Gruppenanalyse zeigen, daß viele sogenannte „Fehlanalysen" durch einen Lösemittelgehalt der Substanz erklärbar sind.

Das gängigste Lösemittel, das als Verunreiniger der Analysenprobe in Frage kommt, ist *Wasser*. Es kann als Konstitutions- oder Kristallwasser, eingebaut in ein Gel oder absorptiv gebunden oder als grobe Feuchtigkeit vorliegen. Auch Substanzen, die aus organischen Lösemittel umkristallisiert werden, enthalten nach ungenügender Trocknung häufig noch verunreinigendes Wasser. Deshalb wird die Probe, soweit die Substanz es zuläßt, vor Ausführen der Elementaranalyse, unter definierten Bedingungen bis zur Gewichtskonstanz getrocknet und der Trockenverlust quantitativ bestimmt. Mit der so getrockneten, vor Luftfeuchtigkeit geschützten, Substanz werden anschließend die Elementaranalysen ausgeführt.

3.1 Gravimetrische Bestimmung des Trockenverlustes

Prinzip. Die der Probe anhaftende Feuchtigkeit wird durch Trocknung unter adäquaten Bedingungen (Temperatur, Vakuum oder Hochvakuum) bis zur Gewichtskonstanz entfernt. Aus der Gewichtsdifferenz der Probe vor und nach dem Trocknen wird der Trockenverlust berechnet.

Bei der Trocknung fein pulverisierter Substanzen wird schneller Gewichtskonstanz erreicht als bei groben Kristallen, deshalb geht man bei der Trocknung von der fein geriebenen, analysenfertigen Probe aus.

Wenn vom Analytiker spezielle Trockenbedingungen nicht gefordert sind, wird die Substanz im allgemeinen etwa 20 bis 30 °C unter ihrem Schmelzpunkt getrocknet. Eine verbindliche Regel dafür existiert nicht. Wenn die Substanz unter den Trockenbedingungen sublimiert, ist das meist schon äußerlich zu erkennen, zumindest daran, daß keine Gewichtskonstanz erreicht wird.

Geräte zur Substanztrocknung: Zur Trocknung größerer Substanzmengen, die in entsprechend großen Wägegläschen abgefüllt werden, eignet sich gut ein handelsüblicher Vakuumtrockenschrank, bei dem die gewünschte Trockentemperatur bequem vorgewählt und das nötige Vakuum angelegt werden kann. Einzelne Substanzeinwaagen im Platinschiffchen oder Serien trocknet man in sogenannten „Trockenpistolen" mit einem Aluminiumeinsatz, auf dem man die Schiffchen abstellt und damit in den Trockenraum schiebt. Die Temperatur solcher Trockenpistolen ist entweder durch den Siedepunkt der am Rückfluß kochenden und als Heizflüssigkeit verwendeten Lösungsmittel (z. B. Methanol 65 °C, Benzol 80 °C, Wasser 100 °C, Toluol 111 °C, Eisessig 118 °C, Xylol 139 °C) gegeben, oder sie wird in elektrisch beheizten Trockenpistolen mit Paraffinöl oder Siliconöl als Umlaufflüssigkeit mit Hilfe von Heizwartreglern (Fa. DESAGA) stufenlos geregelt. Auch der „Pregl-Regenerierungsblock" (ROTH 1958) ermöglicht auf apparativ einfache Weise einzelne Substanzeinwaagen zu trocknen und, vor Luftfeuchtigkeit geschützt, bis zur Analyse aufzubewahren. Zur Trocknung stark hygroskopischer Substanzen, bei denen jeder Kontakt mit feuchter Luft vermieden werden muß, ist der „Hochvakuum-Mikroexsikkator" von WIESENBERGER (1955) zu empfehlen. Im allgemeinen bevorzugt man heute zur Trocknung elektrisch beheizte Metallblöcke, weil sie rationelles Arbeiten erlauben. Sie sind zur Aufnahme der Trockenpistolen aus Glas – ein entsprechendes Muster zeigt Abb. 3-1 – genügend weit aufgebohrt. Als Trockenmittel benutzt man hier nach Bedarf Phosphorpentoxid oder Kaliumhydroxid (Kristallalkohol). In den meisten Fällen reicht das Vakuum einer Ölumlaufpumpe aus.

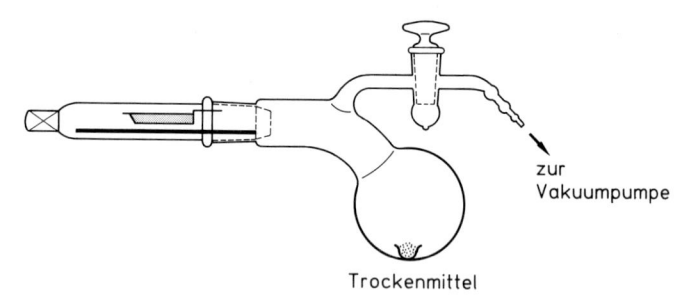

Abb. 3-1. Trockenpistole aus Glas.

Das Auswägen hygroskopischer Substanzen nach der Trocknung muß unter Ausschluß von Luftfeuchtigkeit erfolgen, wozu man zweckmäßigerweise Mikrowägegläschen („Schweinchen") benutzt, wie sie Abb. 3-2 beispielhaft zeigt.

Eine Mikrobestimmung des Feuchtigkeitsverlustes von hygroskopischen oder kristallwasserhaltigen Substanzen in Kombination mit der in der automatischen CHN-Bestimmung angewandten „Kapsel-Einwägetechnik" (s. Kap. 16.2) hat AMSLER (1983) beschrieben.

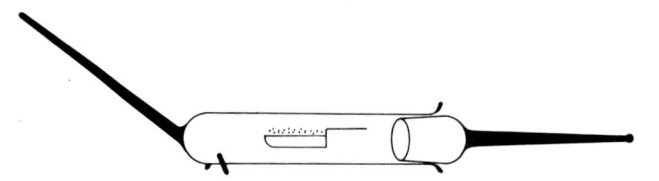

Abb. 3-2. Wägegläschen aus Glas („Schweinchen") für hygroskopische Substanzen (natürliche Größe).

3.2 Substanztrocknung in Kombination mit der Karl-Fischer-Titration

Das in Abb. 3-3 skizzierte Trocknungssystem erlaubt Gasregelung und -reinigung mittels eines Trocknungsofens mit variabler Temperatureinstellung in Verbindung mit einem KF-Titrator. Die während der Trocknungsphase abgeführte Feuchtigkeit kann nach der im folgenden Kapitel beschriebenen KF-Titrationsmethode kontinuierlich und quantitativ bestimmt werden. Diese Trocknungsweise empfiehlt sich dann, wenn für eine feste Probe kein geeignetes Lösungs- oder Extraktionsmittel gefunden werden kann oder wenn die Probe mit der Karl-Fischer-Lösung reagiert und das Wasser in der Probe damit nicht direkt titriert werden kann. Das Wasser wird thermisch ausgetrieben und in einem trockenen Gasstrom in die Titrierzelle übergeführt.

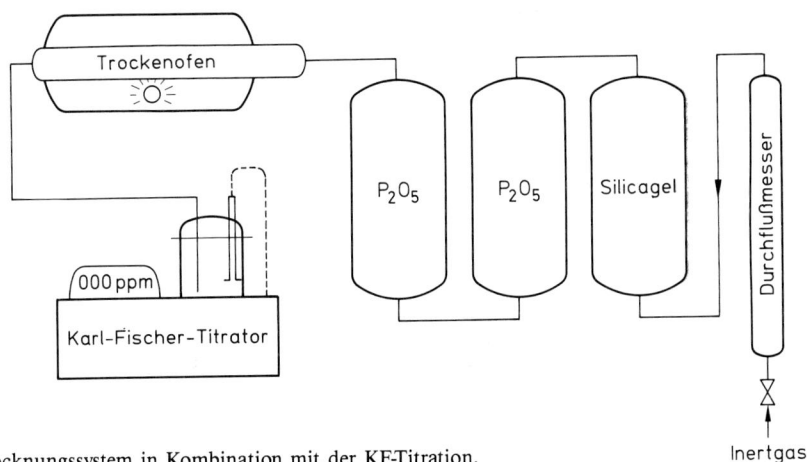

Abb. 3-3. Trocknungssystem in Kombination mit der KF-Titration.

3.3 Bestimmung des Trockenverlustes und Trockengehaltes mit computerkontrollierter Thermogravimetrie

Zur Bestimmung des Trockengehaltes und Trockenverlustes spezieller Produkte, vornehmlich fossiler Brennstoffe und mineralischer Proben, aber auch thermisch stabiler organischer Produkte wird auch die Methode der Thermogravimetrie (TG) erfolgreich angewendet. Die thermogravimetrische Methode in Form des von der Fa. PERKIN-ELMER entwickelten computerkontrollierten Systems erlaubt, etwa in Kohleproben, neben dem Feuchtegehalt, auch die Summe flüchtiger Anteile, den prozentualen C-Gehalt und den Aschegehalt in einem Analysengang innerhalb von 30 min vollautomatisch zu bestimmen. In Abb. 3-4 ist die Pyrolyse- bzw. die Verbrennungsvorrichtung des computerkontrollierten thermogravimetrischen Systems (TGA-7 Analyzer) der Firma PERKIN-ELMER

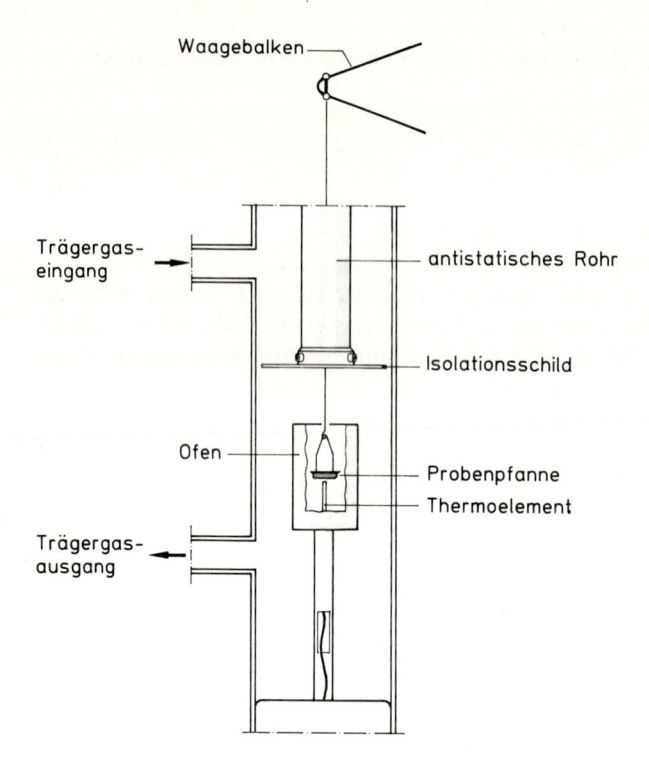

Abb. 3-4. Verbrennungsrohr mit Gasspülung des TGA-Analyzers der Fa. PERKIN-ELMER.

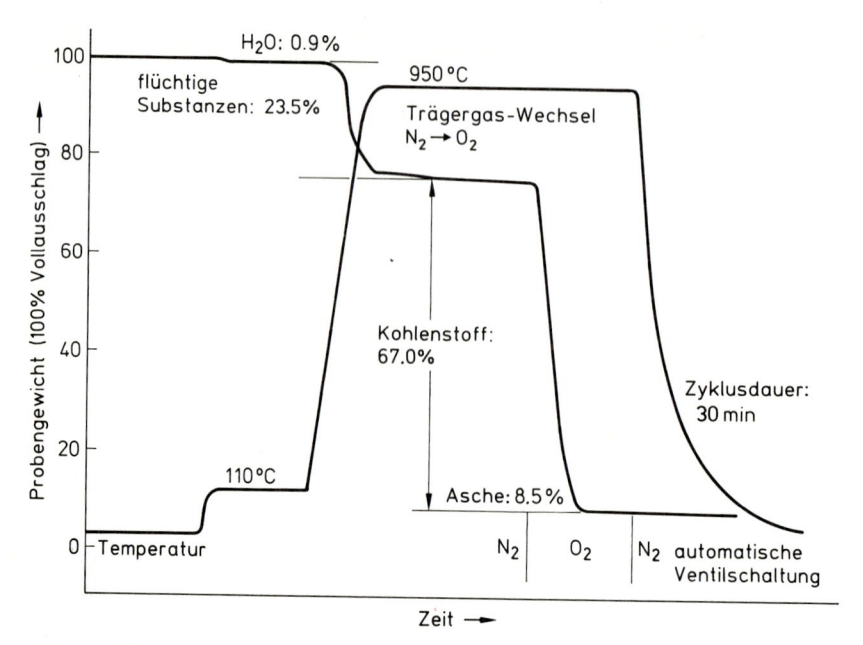

Abb. 3-5. Ein typisches Schreiberdiagramm einer Kohleanalyse mittels computerkontrollierter Thermogravimetrie.

schematisch dargestellt; Abb. 3-5 zeigt ein Schreiberdiagramm einer Kohleanalyse mit diesem Gerät. Aus den beiden Abbildungen ist auch das Prinzip der Ausführung ersichtlich.

Vergleichbar gute Ergebnisse in der Brennstoffanalyse werden mit der Thermowaage TG 760 der Fa. STRÖHLEIN und dem MAC-TGA-400 Determinator der Fa. LECO erzielt.

4 Wasserbestimmung

4.0 Einführende Bemerkungen

In der CH-Analyse wird der Wasserstoffgehalt einer organischen Substanz nach oxidativer Umsetzung quantitativ als Wasser bestimmt. Die Endbestimmung des Wassers erfolgt gravimetrisch, coulometrisch, thermokonduktometrisch oder infrarotspektrometrisch. Diese Methoden sind in Kap. 10 beschrieben.

Die rasche und routinemäßige Bestimmung des Wassergehaltes einer Substanz – adsorptiv oder als Kristallwasser – ist ebenfalls häufig gefordert. Sie erfolgt (s. Kap. 3) durch Trocknen der vorher fein geriebenen Substanz bis zur Gewichtskonstanz und Bestimmung als Gewichtsverlust.

Rascher und selektiver ist die Wasserbestimmung nach der bekannten Karl-Fischer-Methode. In Gasen erfolgt die Wasserbestimmung mit Vorteil gravimetrisch nach Absorption an Phosphorpentoxid oder gaschromatographisch, wenn Gasfeuchtegehalte im ppm-Bereich bestimmt werden müssen. Gelegentlich wird noch die Destillationsmethode (mit Tetrachlorethan) nach TAUSZ und RUMM zur Wasserbestimmung, z. B. in Waschmitteln oder Ölemulsionen, angewendet.

4.1 Wasserbestimmung nach KARL FISCHER

Prinzip. Die von KARL FISCHER (1935) entwickelte Analysenmethode basiert auf der Bunsen-Reaktion, wonach Iod und Schwefeldioxid nur in Gegenwart von Wasser miteinander reagieren. Das Wasser wird dabei quantitativ umgesetzt:

$$I_2 + SO_2 + 2H_2O \rightleftharpoons 2HI + H_2SO_4 \ .$$

Die entstehenden Säuren bindet man durch Zusatz von Pyridin (oder einem anderen Amin), als Lösemittel benutzt man Methanol.

MITCHEL und SMITH (1948) prüften das Molverhältnis der im KF-Reagenz angewendeten Reaktionskomponenten. Sie setzten das Molverhältnis von Schwefeldioxid und Pyridin zu Iod schrittweise herab, bis Iod bei der Titration nicht mehr entfärbt wurde. So wurden die Mindestmengen ermittelt. Sie stellten außerdem fest, daß Methanol nicht nur als Lösungsmittel sondern auch als Reaktionspartner fungiert. Es ergab sich folgendes Molverhältnis:

Riedel-de Haën

Karl-Fischer-Titration perfekt!

Die HYDRANAL®-Reagenzien:
- weltweit patentiert
- pyridin- und methylglykolfrei
- schnelle Titrationen, stabile Endpunkte, genaue Ergebnisse

Das HYDRANAL®-Praktikum:
- 1000 Arbeitsvorschriften z.B.
- modifizierte KF-Titration zur Beseitigung von Matrix-Effekten
- Wasserbestimmungen in Gasen
- Titrationen in siedendem Methanol
- methanolfreie Arbeitsmedien
- Wasserbestimmungen in Mercaptanen und Siloxanen

Der HYDRANAL®-Guide PC:
- über 1000 Arbeitsvorschriften auf Diskette
- alphabetisches Stichwort- und Stoffgruppen-Register
- eingeben, archivieren und abrufen eigener Arbeitsvorschriften
- für alle IBM-kompatiblen PC's
- in 3½", 720 KB (Art.-Nr. 37839, DM 30,—) oder 5¼", 360 KB (Art.-Nr. 37838, DM 30,—) lieferbar

Das HYDRANAL®-Service-Labor:
- Problemlösungen: Tel. (05137) 707-353 (Fr. Hoffmann)
- Workshops und Seminare: Tel. (05137) 707-248 (Fr. Wöhner)

Riedel-de Haën
Aktiengesellschaft
Wunstorfer Str. 40, D-3016 Seelze 1
Telefon (05137) 707-0, Telefax (05137) 707123
Telex 9 21 295 rdhs d

Im Ausland vertreten durch die Verkaufsorganisation der Hoechst AG

Riedel-de Haën informiert:

HYDRANAL®

Wasserreagenzien für die Karl-Fischer-Titration nach Eugen Scholz

Die Vorteile:

- stabiler Endpunkt
- hohe Titrationsgeschwindigkeit
- hervorragende Reproduzierbarkeit
- pyridinfrei
- methylglykolfrei

Das Programm:

- **Volumetrische Reagenzien**

    Einkomponentenreagenzien
    NEU: Auch für die volumetrische Mikrotitration

    Zweikomponentenreagenzien

    Spezialreagenzien für Ketone und Aldehyde

- **Coulometrische Reagenzien**

    Standard-Reagenzien

    Reagenz für die diaphragmafreie Coulometrie

    Spezialreagenzien für Ketone

- **Hilfsmittel für die Karl-Fischer-Titration**

    Eichstandard

    Urtitersubstanz

    Check-Solution für die Coulometrie

    Arbeitsvorschriften und Applikationen

Fordern Sie ausführliches Informationsmaterial an! Unsere Frau Wöhner hilft Ihnen gern (Tel. 0 51 37/707-248).

**Riedel-de Haën
Aktiengesellschaft
Wunstorfer Str. 40
D-3016 Seelze 1
Telefon (0 51 37) 707-0
Telefax (0 51 37) 707 123
Telex 9 21 295 rdhs d**

$H_2O : I_2 : SO_2 : Py : CH_3OH = 1 : 1 : 1 : 3 : 1$.

Voraussetzung für einen stöchiometrisch korrekten Ablauf der KF-Reaktion scheint nach heutigen Erkenntnissen eine vollständige Überführung des Schwefeldioxids in den Alkylester zu sein, wodurch die Bunsen-Reaktion ausgeschaltet wird. Die Geschwindigkeit der KF-Reaktion wird vom pH-Wert der Reaktionslösung, beeinflußbar durch die Auswahl des Amins, bestimmt.

Für alkoholische Lösungen wird die KF-Reaktion folgendermaßen formuliert:

$ROH + SO_2 + R'N \rightarrow (R'NH)SO_3R$,

$H_2O + I_2 + (R'NH)SO_3R + 2R'N \rightarrow (R'NH)SO_4R + 2(R'NH)I$.

ROH ist in dieser Formulierung ein „reaktiver" Alkohol und R'N eine „geeignete" Base.

KF-Lösungen ohne Pyridin wurden von SCHOLZ (1984) entwickelt und sind unter der Bezeichnung „Hydranale" handelsüblich. Pyridin wurde darin durch ein weniger geruchsbelästigendes Amin ersetzt; wegen seiner guten Lösungseigenschaften ist auf Pyridin jedoch nicht immer zu verzichten.

Über Grundlagen und Ausführung der Karl-Fischer-Titration informieren eingehend MITCHEL und SMITH (1948), EBERIUS (1954, 1958, 1961) sowie MACDONALD (1960). Den neuesten Stand der KF-Forschung vermittelt die Monographie „Karl-Fischer-Titration" von SCHOLZ (1984).

Reagenzien (für die KF-Titration). KF-Lösungen, sowohl als Einkomponenten- als auch Zweikomponentenreagenz, liefern heute alle größeren Chemikalienfirmen, aber auch Hersteller von KF-Titriergeräten. Bekannt sind vor allem die von der Fa. RIEDEL DE HAEN unter dem Handelsnamen „Hydranale" vertriebenen und die von der Fa. BAKER unter dem Handelsnamen „Reaquant" angebotenen KF-Reagenzien.

Titersubstanzen: Oxalsäure·$2H_2O$ (28.58% H_2O), Dinatriumtartrat-Dihydrat (15.66% H_2O).

Geräte (für die KF-Titration)

Volumetrisch arbeitende Geräte:
KF-Titrator DL 18 mit Polarisationsstromquelle für „dead-stop"-Titration
(Fa. METTLER);
KF-Automat 633 (low-cost-Gerät der Fa. METROHM);
KF-Prozessor (high-class-Gerät), bestehend aus Steuergerät mit Mikroprozessortechnik, zwei Dosimaten, Titrierzelle und Absaugpumpe (701 Titrino von der Fa. METROHM).

Geräte mit *coulometrischer* Reagenzerzeugung:
KF-Coulometer 684 (Fa. METROHM);
Aquatest II (Fa. PHOTOVOLT).

Die volumetrischen Geräte werden in erster Linie zur Bestimmung höherer Wassergehalte (über 1 mg H_2O absolut) eingesetzt, die Geräte mit coulometrischer Reagenzerzeugung eignen sich zur Wasserbestimmung auch im äußersten Spurenbereich.

Ausführung. Die KF-Titration kann nach verschiedenen Methoden durchgeführt werden. Am gebräuchlichsten ist die volumetrische Arbeitsweise. Es kann mit dem Einkomponenten- oder Zweikomponenten-Reagenz (beide handelsüblich), mit visueller oder „dead-stop"-Indikation titriert werden; mit letzterer vor allen Dingen dann, wenn die visuelle Indikation gestört ist (Farbstoffe u. a.). Für Spuren- und Präzisionsbestimmungen empfiehlt sich der Einsatz von KF-Titriergeräten mit eingebauter Coulometervorrichtung. Das Titrierreagenz wird dabei elektrisch erzeugt. Bei ausreichender Sorgfalt lassen sich auch mit geringem Geräteaufwand exakte Analysenwerte erhalten. Im Betrieb wird meist in einem 20 bis 100 ml fassenden Erlenmeyerkölbchen, das mit einem durchbohrten Gummistopfen verschlossen ist und durch dessen Bohrung die Titrierkapillare in das Titriergefäß ragt, gearbeitet. Unter manuellem Schütteln oder magnetischer Rührung erfolgt die visuelle oder „dead-stop"-Indikation (wenn zwei Platinelektroden in das Kölbchen eingeschmolzen sind). Als Büretten werden heute fast ausschließlich Motorkolbenbüretten verwendet, da in diesen das Reagenz gut gegen Außeneinflüsse, vor allem Feuchtigkeit, geschützt ist.

Titration mit einem Einkomponenten-Reagenz: Dieses Reagenz enthält alle Komponenten (Iod, Schwefeldioxid, ein Amin und Methanol) in einer Lösung. In der Routine verwendet man vorrangig das Einkomponentenreagenz, unabhängig von der Untersuchungsmethode (manuelle oder automatische Titration, visuelle oder elektrometrische Indikation). Im Titriergefäß werden je nach Größe 10 bis 100 ml Methanol oder ein anderes geeignetes Lösungsmittel vorgelegt. Bis zum Erreichen eines *stabilen Endpunktes* wird das Methanol bzw. das vorgelegte Lösungsmittel mit KF-Reagenz *vortitriert* und damit vollständig entwässert.

In das so getrocknete Methanol wird die Probe eingebracht. Flüssige Proben werden einpipettiert oder durch ein Septum injiziert. Feststoffe werden meist direkt eingewogen, häufig benutzt man dazu Titriergefäße mit Wägelöffel (Abb. 4-1). Man kann auch Feststoffe, in einem geeigneten Lösungsmittel gelöst, injizieren. In diesem Fall muß der Blindwert des Lösungsmittels in einer zweiten Titration ermittelt und rechnerisch berücksichtigt werden.

Aus dem bei der Titration verbrauchten Volumen an KF-Lösung in Verbindung mit ihrem Titer wird der Wassergehalt der Probe berechnet. Der Titer der KF-Lösung wird durch Titration verschieden großer Einwaagen einer Testsubstanz mit definiertem Wassergehalt (wie Oxalsäure·$2H_2O$ oder Dinatriumtartratdihydrat) ermittelt und in mg H_2O pro ml KF-Lösung angegeben.

Eine Variante der KF-Titration ist die *proceeding titration*. Dabei wird nach dem Austitrieren der ersten Probe sofort die nächste zugesetzt. Die austitrierte Lösung übernimmt dabei die Funktion des vorentwässerten Lösungsmittels. Auch die in der Maßanalyse übliche „Rücktitration" wird verwendet, wenn die Direkttitration verzögert abläuft. Dabei wird die Probe oder Probelösung mit überschüssigem KF-Reagenz versetzt und der Überschuß nach einer Wartezeit mit Methanol mit einem definierten Wassergehalt zurücktitriert. Diese Arbeitstechnik wird sowohl mit Ein- als auch Zweikomponenten-Reagenz benutzt.

Titration mit dem Zweikomponenten-Reagenz: Wegen der schlechten Lager- und Titerbeständigkeit des Einkomponenten-Reagenz wird die KF-Lösung vom Hersteller vorwie-

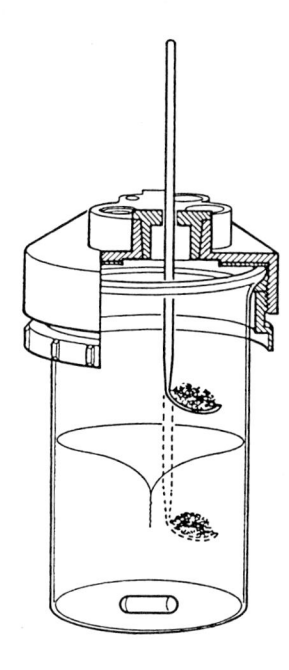

Abb. 4-1. Titriergefäß mit Wägelöffel (Ausrüstung für feste und pastöse Proben).

gend in zwei Komponenten angeboten. Komponente A ist eine Lösung von Schwefeldioxid und Amin in Methanol, Komponente B eine Lösung von Iod in Methanol. Die Lösungen werden vor Gebrauch vereinigt und dann als Einkomponenten-Reagenz benutzt.

Bei der Wassertitration mit dem Zweikomponenten-Reagenz wird Komponente B (Titrant) in die Bürette gefüllt. Die Komponente A (Solvent) wird als Lösungsmittel im Titriergefäß vorgelegt und durch eine Vortitration mit der Titrantkomponente entwässert. Dann wird die Probe in die Titrierzelle injiziert und anschließend der Wassergehalt mit der Titrantkomponente austitriert. Aus reaktionskinetischer Sicht hat sich die Zweikomponenten-Technik als vorteilhafter erwiesen. Die Titration ist damit schneller und die Ergebnisse präziser.

Endpunktindikation: Durch die Iodfärbung der Lösung ist die KF-Titration selbst indizierend und *visuell* ausführbar. Während der Titration färbt sich das Reaktionsmedium chromatgelb; die Intensität der Färbung nimmt mit Annäherung an den Äquivalenzpunkt zu, so daß die Beurteilung des Endpunktes individuell etwas variiert. Objektiver ist die Indikation mit polarisierten Elektroden. Diese als *dead-stop-Titration* bekannte Methode wird heute vielfach angewendet. Zur Titration werden zwei Platinelektroden in die Lösung getaucht und durch eine konstante Spannung von 10 mV bis 500 mV polarisiert. Wenn in der Lösung ein reversibles Redoxpaar vorliegt – hier I_2/I^- – fließt über beide Elektroden ein Strom. Fehlt das freie Iod in der Lösung, wird die Kathodenreaktion (Reduktion von Iod zu Iodid) unmöglich. Die Kathode wird polarisiert, der Stromfluß unterbrochen. Das Amperometer fällt auf null; das bezeichnet man dann als „dead stop".

Der geschilderte Ablauf gilt für die sog. „Rücktitration". Bei der direkten KF-Titration ist die Ablauffolge umgekehrt. Bei Erreichen des Äquivalenzpunktes entsteht im

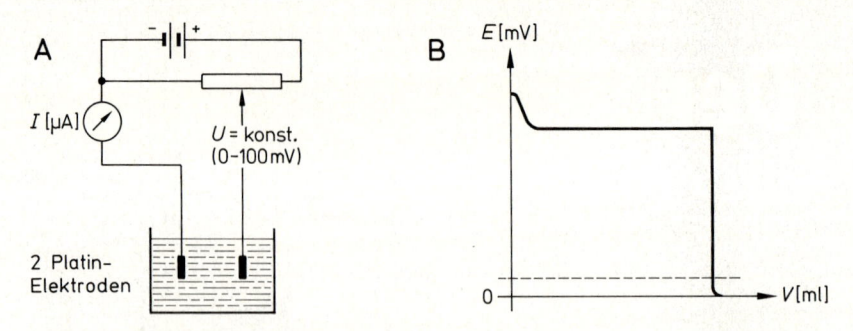

Abb. 4-2. „Dead-stop"-Titration. (A) Schaltbild, (B) theoretischer Spannungsverlauf einer Karl-Fischer-Titration (--- vorgewählter Endpunkt).

Reaktionsmedium freies Iod, und es kann ein Polarisationsstrom fließen. Durch die instrumentelle Indikation wird, wie Abb. 4-2 veranschaulicht, die Erkennung des Titrationsendpunktes objektiviert. Eine einfache Titriervorrichtung zur Wasserbestimmung im Mikrobereich (Abb. 4-3) nach der „dead-stop"-Methode wurde von DIRSCHERL und ERNE (1962) beschrieben.

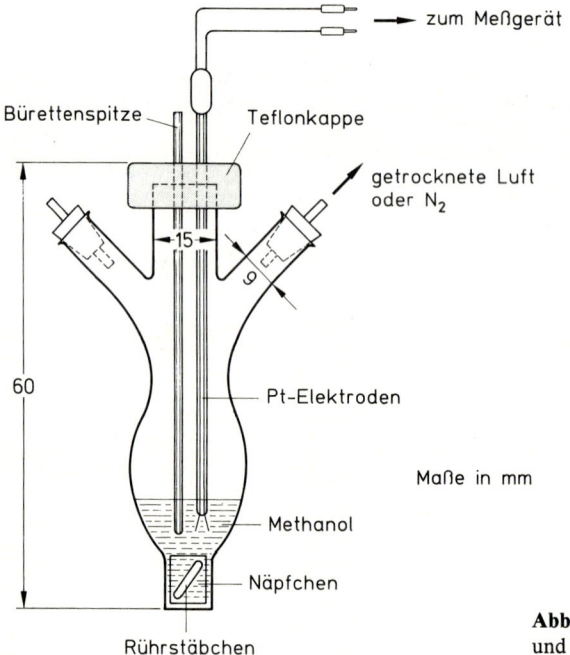

Abb. 4-3. Mikrotitrierzelle nach DIRSCHERL und ERNE (1962).

Coulometrische Wasserbestimmung (Abb. 4-4): Bei der coulometrischen Titration wird das Iod in einer iodidhaltigen Lösung durch anodische Oxidation erzeugt. Das Prinzip der mikrocoulometrischen Titration wird in Kap. 6.2 erläutert. Die Meßzelle besteht aus

Höchstleistungen auf kleinstem Raum.
Der neue KF-Titrino 701

Karl Fischer hätte seine Freude dran.
Der KF-Titrino 701 ist kaum grösser als dieses Blatt. Keiner ist kleiner. Das spart teuren Laborplatz. Dagegen wurde dem Preis/Leistungsverhältnis viel Platz eingeräumt.

Methodische Fortschritte durch neue Eigenschaften
Die neue, für die KF-Titration optimierte Regelung erlaubt sehr schnelle und trotzdem hochpräzise Wasserbestimmungen. Das neue Driftkriterium zum besseren Erkennen des Titrationsendes trägt viel dazu bei. Die Regelung ist zudem auf alle KF-Reagenzien abgestimmt.

Vollgepackt mit technischen Raffinessen
Seriemässig vorhanden sind Anschlüsse für Waage, Drucker, Analogschreiber und RS 232 -Schnittstelle. Als KF-Workstation am Rechner ist der Titrino ebenso kommunikativ wie im Einzeleinsatz. A propos Kommunikation: Der KF-Titrino spricht English, deutsch, français und español. Olé.

KF-Wasserbestimmung — ganz einfach mit Metrohm

Ω Metrohm
Messen in der Chemie
Weltweit mit Metrohm

METROHM AG
CH-9101 Herisau
Telefon 071 / 53 11 33
Telefax 071 / 52 11 14
Telex 88 27 12 metr ch

DEUTSCHE METROHM
In den Birken
D-7024 FILDERSTADT
Telefon (0711) 7 70 88-0
Telefax (0711) 7 70 88-55
Telex 7 255 855

KF-Titrino 701 – der kleinste Karl-Fischer-Titrator, den's je gab!

Die Wasserbestimmung nach Karl Fischer hat eine sehr grosse Anzahl von Anwendungen in vielen verschiedenen Gebieten. Hier eine kleine Auswahl:

Technische Produkte
Fettsäuren
Gefrierschutz-
  mittel
Gelatine
Heizöl
Holzmehl
Melasse
Motorenöl
Textilien

Organische Lösungsmittel
Aceton
Benzol
Chloroform
Eisessig
Ethanol
Glycerin
Methanol
Phenol

Salze
Ammoncitrat
Ammonium-
  perchlorat
Bariumchlorid
Calciumchlorid
Dinatriumtartrat
Magnesiumacetat
Natriumacetat
Zinksulfat

Genussmittel
Kakaopulver
Kakaoschnitzel
Mandeln
Marzipan
Schokolade
Schnittabak
Sirup
Tabakpulver

Lebensmittel
Butter
Kondensmilch
Malz
Margarine
Milchpulver
Reis
Teigwaren
Trockengemüse

Kosmetika
Gesichtsmilch
Gesichtswasser
Haarwasser
Handcrème
Handseife flüssig
Mundwasser
Tagescrème
Zahnpasta

Metrohm
Messen in der Chemie

METROHM AG
CH-9101 Herisau
Telefon 071/53 11 33
Telefax 071/52 11 14
Telex   88 27 12

DEUTSCHE METROHM
In den Birken
D-7024 Filderstadt
Telefon (0711) 7 70 88-0
Telefax (0711) 7 70 88-55
Telex   7 255 855

Abb. 4-4. Handelsübliche Meßzelle zur coulometrischen Wasserbestimmung nach KF (METROHM).
 1 Titriergefäß-Oberteil
 2 Titriergefäß-Unterteil
 3 Generatorelektrode
 4 Indikatorelektrode
 5 Schraubnippel mit Septum (der andere Schraubnippel ist nicht eingezeichnet)
 6 Trockenrohr mit Molekularsieb (als Trockenmittel)
 7 Kathodenraum mit Katholyt und Kathode
 8 Anode der Generatorelektrode
 9 Anodenraum mit Anolyt
 10 Doppel-Platindrahtelektrode
 11 PTFE-Rührstäbchen
 12 Diaphragma

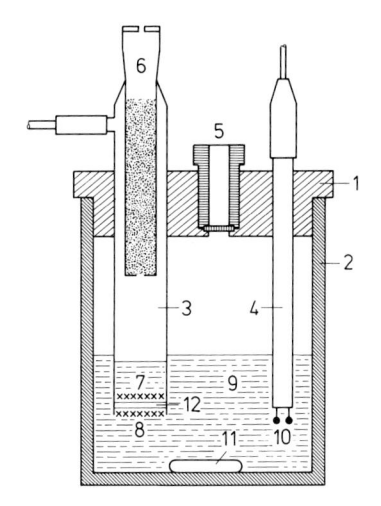

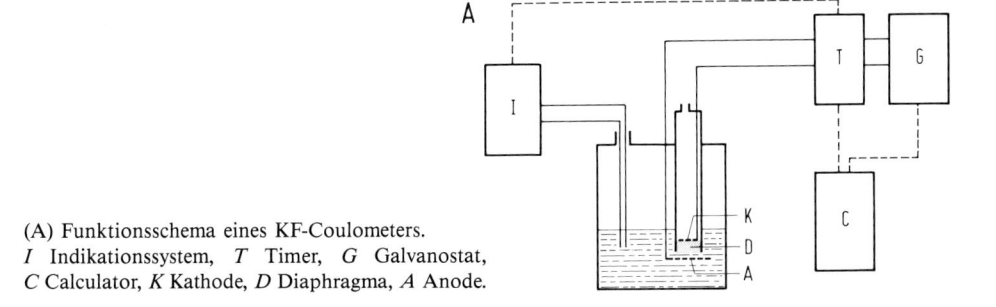

(A) Funktionsschema eines KF-Coulometers.
 I Indikationssystem, T Timer, G Galvanostat,
 C Calculator, K Kathode, D Diaphragma, A Anode.

einem großen Anodenraum und einem kleinen Kathodenraum, die durch ein Diaphragma getrennt sind. Die beiden Generatorelektroden (aus Platin), über die der Arbeitsstrom durch die Zelle fließt, tauchen in die Lösung des Kathoden- und Anodenraums. Die Probelösung wird unter Rühren in die Anodenlösung injiziert und der Generatorstrom eingeschaltet. An der Anode wird Iod erzeugt, das sofort mit dem vorhandenen Wasser reagiert. Ist das Wasser verbraucht, entsteht ein Iodüberschuß, der über eine dead-stop-Schaltung das Titrationsende indiziert und den Generatorstrom abschaltet. Aus der verbrauchten Strommenge (Coulomb) wird die Wassermenge berechnet. Eine Eichung ist nicht erforderlich, die Strommenge wird absolut gemessen.

Nach Entwicklung moderner Geräte mit Mikroprozessoren, die eine schnelle und präzise Auswertung des Coulometerstromes gewährleisten, gewinnt die coulometrische Methode zunehmend an Bedeutung. Vor allem zur Wasserbestimmung im Spuren- und extremen Spurenbereich ist sie heute unentbehrlich. Im praktischen Betrieb wird aus arbeitstechnischen und rationellen Gründen in geräumigen Meßzellen ein größeres Volumen Anodenflüssigkeit vorgelegt und diese Lösung durch eine Vortitration vollständig getrocknet, was einige Zeit (deshalb am besten über Nacht) in Anspruch nimmt. Anschließend werden die Probelösungen der Reihe nach injiziert und analysiert, vorausgesetzt, die einzelnen Proben in der Reaktionslösung beeinflussen sich nicht gegenseitig. Ein neues Prinzip der KF-Coulometrie, das ohne Diaphragma auskommt, beschreibt SCHOLZ (1989). Das Reagenz ist dabei nur ein Einkomponenten-Reagenz, ein gesonderter Katholyt ist nicht erforderlich. Damit konnte die „Langzeitdrift" (Blindstrom der Titrierzelle) auf ein Minimum begrenzt werden, was sich in der Spurenbestimmung besonders vorteilhat auswirkt.

Anwendungsbeispiele und Erfahrungswissen der KF-Titration vermitteln die eingangs angegebenen Monographien sowie Berichte der Lieferfirmen von KF-Geräten.

4.2 Thermokonduktometrische Bestimmung der Gasfeuchte in verflüssigten und komprimierten Gasen nach adsorptiver Anreicherung

Einführende Bemerkungen: An verflüssigte und komprimierte Gase (z. B. Olefine, Kühlgase, Eichgase für analytische und meßtechnische Zwecke) werden heute bezüglich Feuchtegehalt extrem hohe Anforderungen gestellt. Die für die Gasfeuchtebestimmung bisher üblichen Methoden, wie die gravimetrische (P_2O_5-)Methode oder die coulometrische KF-Methode und die coulometrische Bestimmung mit Hilfe der Keidel-Zelle (Kap. 12.2) arbeiten im *extremen Spurenbereich* (<10 ppm H_2O) nicht mehr rationell (große Probenmengen, lange Analysenzeiten) und liefern Werte mit großer Fehlerbreite. In diesem extremen Spurenbereich wird die unten beschriebene, gaschromatographische Methode mit Vorteil angewendet, allerdings unter der Voraussetzung, daß sich das Probegas inert verhält und keine Komponenten enthält, die mitangereichert werden und den Wasserpeak stören. Das Prinzip der Methode veranschaulicht das Fließschema in Abb. 4-5.

Prinzip (HEIL, unveröffentlicht). Die Feuchtigkeitsspuren aus dem Probegas werden erst im Anreicherungssystem, das über einen Umschalthahn mit einem Gaschromatographen verbunden ist, bei Raumtemperatur an Porasil® adsorptiv gebunden. Nach Wahl der Hahnstellung wird die Anreicherungssäule entweder vom Trägergas oder Probegas durchströmt. Die Desorption des Wassers erfolgt bei ca. 300°C, bei einer Ofentemperatur von ca. 350°C durch indirekte Beheizung des Anreicherungsrohres von außen mit Hilfe eines elektrisch beheizten Öfchens. Das freigesetzte Wasser gelangt mit dem Trägergas in die Trennsäule des Gaschromatographen und wird dort von Spuren anderer adsorbierter Komponenten und Restmengen des Probegases getrennt. Die Auswertung erfolgt entweder über die Peakflächen des Schreiberdiagramms oder digital-integral und mit Hilfe absoluter Wassereichfaktoren.

Apparate und Reagentien. Isothermes *GC-Gerät mit Wärmeleitfähigkeitsdetektor* (WLD). Ein solches Gerät kann aus einem kleinen Trockenschrank selbst hergestellt werden durch Einbau einer Wärmeleitfähigkeitszelle, ausgerüstet mit Stufenschalter für Empfindlichkeitsumschaltung, Nullpunkteinstellung, stabilisiertem Netzgerät zur Zellenbeheizung und Milliamperemeter.

4.2 Thermokonduktometrische Bestimmung der Gasfeuchte

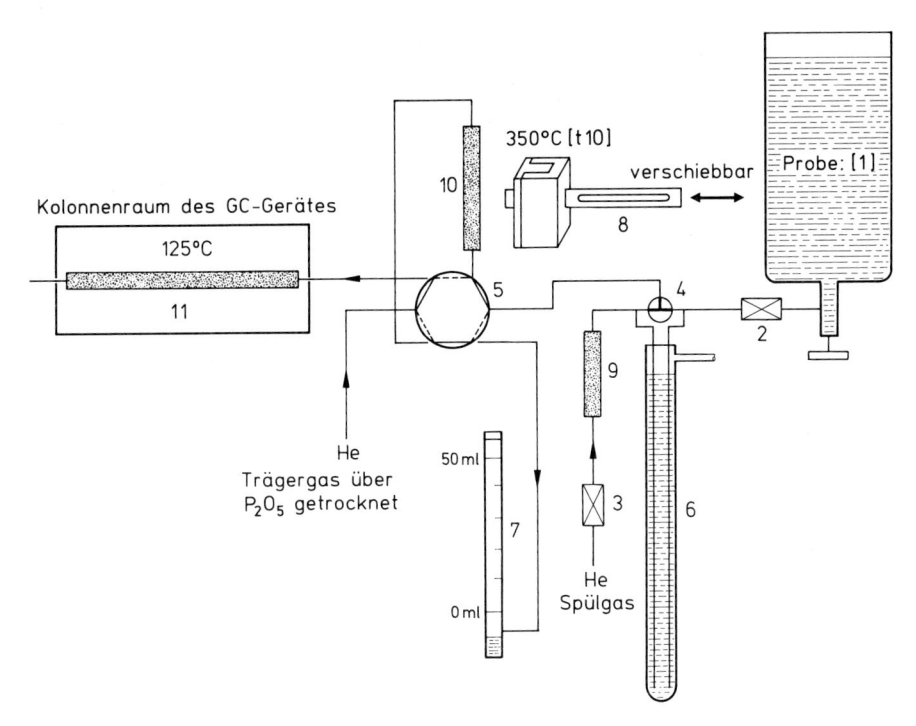

Abb. 4-5. Gasfließschema zur thermokonduktometrischen Wasserbestimmung in verflüssigten und komprimierten Gasen. Alle verbindenden Teile wie Rohre, Schläuche und Fittings sind aus Stahl, Glas und Teflon®.
1 Probegas (in Flüssig- oder Gasphase), *2, 3* Reduzierventile, *4* Dreiwegehahn, *5* Umschalthahn, *6* Druckausgleichgefäß mit Siliconöl gefüllt, *7* Strömungsmesser, *8* Heizofen (ca. 350 °C ± 10 °C), *9* P_2O_5-Trockenrohr, *10* Anreicherungsrohr (Porasil® C), *11* GC-Trennsäule (Porapak® T).

Anreicherungssystem, bestehend aus Umschalthahn (5), Anreicherungssäule (10) und elektrisch beheiztem Öfchen (8).

Zur Komponentenanreicherung und Desorptionsschritten sind inzwischen Geräte im Handel, die sich leicht mit GC-Geräten koppeln lassen, wie der „Component-Concentrator SKC INC 215", ein mit Mikrowellen beheizter Desorber der Fa. ANALYTICAL LABORATORY SYSTEMS.

Die genauen Anreicherungs- und Trennbedingungen sind aus den Legenden zu den Abb. 4-5 und 4-6 ersichtlich.

Eichlösung: 1.13 g H_2O in 50 ml wasserfreiem Ethanol Aufgabemenge (Eichlösung): 5.0 µl (mit 10-µl-Spritze) Aufgabemenge H_2O: 0.113 mg.

Ausführungsbeispiel. *Der Anreicherungsschritt:* Die Probengasflasche (1) ist über eine Schliffkupplung mit dem System verbunden. Während das Anreicherungsrohr (10) 5 min bei 300 °C im Trägergasstrom ausgeheizt und danach mit einem Luftgebläse auf Raumtemperatur abgekühlt wird, werden die Gaszuleitungen mit Probegas und getrocknetem Helium gespült. Je nach Stellung des Hahnes (4) werden die Spülgase entweder über das

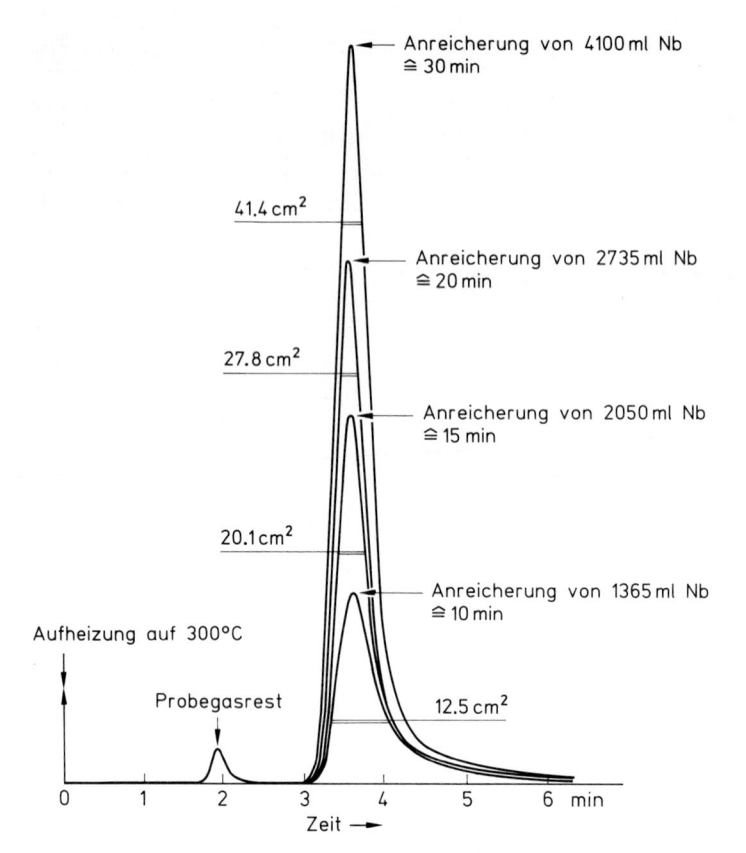

Abb. 4-6. Gemessene Wasserwerte in Frigen®-22 in Abhängigkeit von der eingesetzten Gasmenge (ml Nb).

Arbeitsbedingungen:

GC-Gerät:
Säule: Porapak® T mit Wärmeleitfähigkeitszelle
Länge: 100 cm
Durchmesser: 6 mm außen
Material: Glas
Temperatur: 125 °C isotherm
Trägergas: Helium (nicht getrocknet)
Durchsatz: 30 ml×min
Zellentemp.: 120 °C
Heizstrom: 150 mA
Schreiberbereich: 4 mV
Vorschub: 1 inch×min^{-1}

Anreicherungsrohr (10):
Tube-Füllung: Porasil® C
Mesh: 100–150
Akt. Oberfl.: 50 m^2/g
Füllung: 0.5 g
Anreicherung: Raumtemperatur
Austreibung: 300 °C
Aufheizdauer: 16 s
Dauer der Frigen®-22 Austreibung bei Raumtemperatur: 3 min
Dauer der Wasseraustreibung von Aufheizung bis Elutionsende: 6 min
Dauer der Anreicherung: 10 bis 30 min
Blindwert des Trägergases: 0,4 cm^2×min^{-1} (Wasserzone)

Druckausgleichsgefäß (6) oder über den Seifenblasenströmungsmesser (7) ins Freie geleitet. Die Gasströme werden über die Ventile (2) und (3) so einreguliert, daß ein Durchsatz von etwa 200 ml/min erfolgt. Nachdem das Anreicherungsrohr (10) Raumtemperatur angenommen hat, wird das Probegas über die Hähne (4) und (5) durch das Anreicherungsrohr (10) geführt. Ein geringer Gasüberschuß entweicht über das Tauchrohr des Druckausgleichgefäßes.

Dadurch wird bei stabilem Staudruck im Rohr (10) und Vordruck im Gefäß (6) ein zeitlich konstanter Gasdurchsatz erreicht, der mit Hilfe des Seifenblasenströmungsmessers (7) gemessen wird. Die Tauchtiefe in (6) beträgt ca. 90 cm, der Gasdurchsatz während der Anreicherung 150 bis 200 ml/min, die Dauer der Anreicherung liegt zwischen 10 und 15 min. Ist eine für die Bestimmung ausreichende Probegasmenge durchgeleitet, schaltet man Hahn (4) auf Spülgas und spült in 2 min die Hauptmenge des Probegases aus dem Anreicherungssystem. Das adsorbierte Wasser bleibt quantitativ auf der Säule. Währenddessen kann das Probegas über das Tauchrohr (6) entweichen.

Der Desorptionsschritt: Nach 2 min Ausspülen mit Helium über Ventil (4) wird Hahn (5) auf Aufgabe geschaltet und der Heizofen (8) über das Anreicherungsrohr (10) geschoben. Das adsorbierte Wasser wird desorbiert und mit dem Trägergas des GC-Gerätes auf die Trennsäule (11) gespült. Dort erfolgt die Abtrennung des Wassers von weiteren Spurenkomponenten und der Probegasrestmenge aus dem Anreicherungssystem. Unter den angegebenen Bedingungen liegt das Durchbruchvolumen des Wassers am Anreicherungsrohr bei etwa 7 bis 8 l Probegas.

Das Gaschromatogramm in Abb. 4-6 zeigt beispielhaft eine Wasserbestimmung in Frigen® in Abhängigkeit von der eingesetzten Probegasmenge. Dazu kann auch ein handelsüblicher Gaschromatograph mit einem „Component-Concentrator" gekoppelt werden. Die Steuerung der Gasströme erfolgt dann automatisch nach Programm und die Desorption tiefenwirksam mit Hilfe eines Mikrowellen-Erhitzungsprinzips.

Bestimmung des Systemblindwertes: Die im Anreicherungsrohr verbliebene Gasprobe wird vor der thermischen Desorption des Wassers mit dem Trägergas des GC-Gerätes ausgespült. Bei nicht völlig trockenem Trägergas wird während der benötigten Spülzeit zusätzlich Wasser adsorbiert. Werden bei den mit dieser Spülzeit durchgeführten Blindversuchen Wasserpeakflächen registriert, die 3% des Wassergehalts des Probegases übersteigen, muß das Trägergas vorgetrocknet werden. Dies erfolgt zweckmäßig mit einer Trockenpatrone mit Molekularsieb 5 Å als Füllung.

Anwendungsbereich. Die beschriebene Methode kann zur Feuchtebestimmung in folgenden Gasen verwendet werden: O_2, N_2, CO_2, H_2, CH_4, C_2H_6, C_3H_8, N_2O, alle Edelgase, NO, R_{12}, R_{13}, R_{21}, R_{22}, R_{23}, R_{502}, $R_{12}B_1$, R_{115}, SO_2, CH_3Cl, R_{c318}; die Bestimmung ist nicht ausführbar in den Gasen R_{114} und $R_{12}B_2$ (gleiche Retentionszeit wie Wasser). Erfassungsgrenze: 0.1 Gew.-ppm H_2O (R = Refrigerant-Kühlgas; chem. FCKW).

4.3 Die Wasserbestimmung nach TAUSZ und RUMM (Azeotropdestillation mit Tetrachlorethan)

Allgemeines. Diese optimal im Makrobereich arbeitende Methode wird angewendet zur Wasserbestimmung in vorwiegend heterogenem Probematerial wie *kosmetischen Präparaten*, in *Waschmitteln*, die anorganische Bestandteile enthalten, in *Mineralölen*, *Ölemul-*

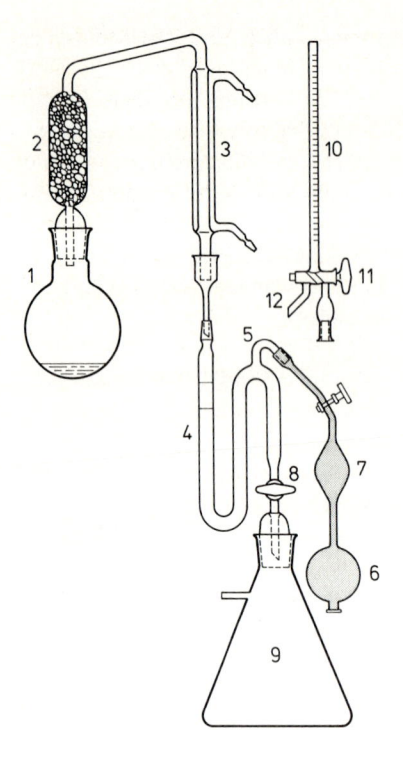

Abb. 4-7. Wasserbestimmung nach TAUSZ und RUMM (Zeichenerklärung im Text).

sionen und *Ölsaaten*. Ein spezieller Anwendungsbereich ist auch die Wasserbestimmung in stark schäumenden Stoffen, wie *Seifen*, *Waschpulvern*, *Alkylsulfaten* etc. Die Methode ist geeignet für Produkte, die bis 145 °C stabil bleiben.

Prinzip. Das in Tetrachlorethan aufgeschlämmte Probegut wird in einer Destillationsapparatur zum Sieden erhitzt und das in der Probe enthaltene Wasser dampfförmig mit dem Tetrachlorethan in den Kühler und die Vorlage übergetrieben. Die sich in der Vorlage gesammelte klare Wassermenge wird in eine feingraduierte Meßkapillare hochgedrückt und damit das genaue Volumen ermittelt. Die Destillationsapparatur zeigt Abb. 4-7. Sie wird im Text der Ausführung genau erläutert. Alternativ zur volumetrischen Methode kann das aus dem Kühler ablaufende Azeotrop in reinem Methanol aufgefangen werden und die Wasserbestimmung in der methanolischen Lösung anschließend nach KF durchgeführt werden. Diese Arbeitsweise empfiehlt sich dann, wenn das Probegut nur einen geringen Wassergehalt aufweist.

Ausführung der Bestimmungen. 10 g der zu untersuchenden Probe – je nach Fall auch mehr oder weniger – werden in den Kurzhalsrund- oder Kurzhalsstehkolben (1) eingewogen. Nach Zugabe von 100 bis 125 ml Tetrachlorethan (Siedepunkt 145 °C) und einigen Siedesteinchen – bei schaumerzeugenden Substanzen außerdem noch von 10 bis 15 ml Ölsäure oder 3 bis 5 g Kolophonium – und gutem Aufschlämmen wird der Destillationsaufsatz (2) mit Kühler (3) auf den Schliffkolben (1) aufgesetzt. Die Abtropfkapillare des

Kühlers (3) wird in den Schliffkern der vorher bei geöffnetem Hahn (8) bis zum Überlauf mittels eines Schlifftrichters mit Tetrachlorethan gefüllten Auffangvorrichtung (4) ohne Wandberührung eingeführt. Der Glasrohrschenkel mit Hahn (8) mündet in einen Schliff-Erlenmeyer-Kolben (9) von 1000 ml mit Seitenstutzen.

Der Kolbeninhalt wird zum Sieden erhitzt und das Wasser, das sich in den Raschigringen des Destillationsaufsatzes (2) zunächst ansammelt, langsam in die Auffangvorrichtung (4) überdestilliert. Gehen die letzten Wasserspuren über, trübt sich das bisher klar mitübergehende Tetrachlorethan etwas.

Jetzt destilliert man mit größerer Flamme rascher, um im Rohr des Kühlers (3) eventuell noch haftende Wassertröpfchen wegzuschwemmen, und beendet die Destillation, wenn reines Tetrachlorethan wieder klar aus der Abtropfkapillare ausläuft. Zur vollkommenen Wasserübertreibung genügt eine überzudestillierende Tetrachlorethanmenge von 20 bis 40 ml.

Nach Löschung der Flamme beziehungsweise Entfernen der Heizquelle wird Kolben (1) mit Destillationsaufsatz (2) hochgehoben und der Kühler (3) zur Seite geschwenkt. Die Schliffhülse des gereinigten Meßkapillaraufsatzes (10) wird mit etwas noch in der Abtropfkapillare des Kühlers (3) haftendem Tetrachlorethan benetzt und auf den Schliffkern der Auffangvorrichtung (4) aufgesteckt. Zur Auswahl des geeigneten 2 oder 8 ml fassenden Meßkapillaraufsatzes (10) ist der nach oben offene Teil der Auffangvorrichtung (4) mit einer 2 ml-Marke versehen.

Nun wird, so weit noch nicht geschehen, das Gummigebläse (6) mit Schraubquetschhahn (7) an den Rohrstutzen (5) der Auffangvorrichtung (4) angeschlossen. Hahn (8) wird geschlossen, Hahn (11) des Meßkapillaraufsatzes (10) in Stellung Schliff/Meßkapillare gebracht und Schraubquetschhahn (7) so gedrosselt, daß bei Betätigung des Gummigebläses (6) die in sich geschlossene Wasserschicht beziehungsweise Wassersäule sehr langsam in den Meßkapillaraufsatz (10) aufsteigt. Hat das obere Ende der Wassersäule die 0-Marke oder eine bestimmte Marke über dieser und das untere Ende den kapillaren Teil erreicht, wird Quetschhahn (7) geschlossen, die Wassersäule durch entsprechenden Fingerdruck auf das Schlauchstück zwischen Schraubquetschbahn (7) und Rohrstutzen (5) genau eingestellt und die Anzahl ml abgelesen. Diese ergeben zum Beispiel mit 10 g Einwaage mit zehn vervielfacht den Wassergehalt in Prozenten.

Zur Entleerung des Meßkapillaraufsatzes (10) wird Hahn (11) in Stellung Meßkapillare/Seitenrohrstutzen (12) gedreht und das in der Kapillare befindliche Wasser durch den Seitenrohrstutzen (12) in ein Becherglas abgelassen. Die Meßkapillare wird dann von oben nach unten mit wenig Aceton ausgespült. Nach kurzem Durchsaugen oder Durchblasen von Luft zur Trocknung der Kapillare werden Hahn (8), Schraubquetschhahn (7) geöffnet und Hahn (11) in Stellung Schliff/Meßkapillare gebracht. Hierdurch fällt die Tetrachlorethanfüllung in der Auffangvorrichtung (4) in ihre Ausgangsstellung zurück. Damit ist Auffangvorrichtung (4) und Meßkapillaraufsatz (10) für die nächste Bestimmung wieder betriebsfähig.

Die im Kolben (1) anfallenden Tetrachlorethanrückstände werden in einer zu verschließenden Flasche gesammelt und nach eventueller Filtration unter Verwendung eines 2000-ml-Schliffkolbens und des Destillieraufsatzes (2) mit Kühler (3) nach Entfernung des etwaig wasserhaltigen Vorlaufs durch Destillation regeneriert.

5 Aschebestimmung

5.0 Allgemeines

Viele organische Verbindungen enthalten entweder konstitutionell oder als Verunreinigung von Synthese, Aufarbeitung oder Reinigung (über Dünnschicht- oder präparative Säulen-Chromatographie) her metallische bzw. anorganische Bestandteile. Zur Erstellung einer Gesamtbilanz (Summenformel) muß dieser Anteil durch eine Aschebestimmung ermittelt werden.

Bei der Aschebestimmung unterscheidet man grob zwischen „Trocken"- und „Naß"-Veraschung. Letztere wird vorwiegend dann ausgeführt, wenn in der Asche flüchtige Anteile enthalten sind und diese quantitativ bestimmt werden sollen. Ansonsten wird die einfache „Trockenveraschung" bevorzugt. Dabei unterscheidet man grob wieder in „Glühasche" und „Sulfatasche".

Nach quantitativen Untersuchungen von GORSUCH (1962) sind bei der Trockenveraschung und Veraschungstemperaturen um 600 °C in Gegenwart von Chloriden (NaCl, NH_4Cl) zahlreiche Metall-Ionen (Sb, Cr, Fe, Pb, Zn) schon merklich flüchtig. Erdalkalicarbonate werden beim Erhitzen mit NH_4Cl fast vollständig in Chloride umgewandelt. Um diese Verluste auszuschließen, ist es sicherer, falls Chloride in der Probe nicht auszuschließen sind, die metallischen Elemente in die hitzebeständigeren Sulfate überzuführen und eine sog. „Sulfatasche" auszuführen. Dabei ist zu beachten, daß einige Metalle (Edelmetalle) keine Sulfate bilden oder sich schon bei tieferen Temperaturen zersetzen und in der Asche als Oxide oder Metalle vorliegen. Enthält die Probesubstanz Phosphor, liegen die Metalle auch als Phosphate oder Pyrophosphate vor.

Existiert nur ein Metall im Molekül, kann sein Gehalt häufig direkt aus der Glühasche (wenn es als Metall oder ein definiertes Oxid vorliegt) oder der Sulfatasche (z. B. bei Alkali- und Erdalkalien) quantitativ bestimmt werden.

Eine schonende und verlustfreie Veraschung gewährleistet die sog. „Kaltveraschung"-Verbrennung im „aktivierten Sauerstoff", die in speziellen Fällen, z. B. zur Bestimmung von Spurenelementgehalten (auch flüchtigen Elementen wie Hg, Se, Te, I, As, Sb, Zn, Cd), in organischen und biologischen Matrizes angewendet wird (KAISER et al. 1971; RAPTIS et al. 1986). Geeignete Geräte für den Trocken- und Naßaufschluß sind bei der Fa. KÜRNER-Analysentechnik handelsüblich.

Zusammensetzung von Verbrennungsrückständen: Bei Verbrennung in Luft- oder Sauerstoffatomsphäre bestehen die Aschen entweder aus stabilen freien Metallen, Metalloxiden oder Metallsulfaten (und auch -phosphaten, wenn die Probe Phosphor enthielt).

Salpetersäure muß zuweilen für die Metalloxidbildung zugesetzt werden, um Kohlenstoff quantitativ wegzuoxidieren. In der Regel liegen die folgenden Metalle in der Glüh- oder Sulfatasche, wie in der Tab. 5-1 aufgelistet, vor.

Tab. 5-1. Bestimmungsformen der Metalle in Aschen.

Freies Metall	Oxid	Sulfat	
Ag	Fe_2O_3	Na_2SO_4	⎫
Au	Al_2O_3 hygrosk.	K_2SO_4	⎪
Platinmetalle (1)	CuO	Li_2SO_4	⎬ hygrosk.
Co, Ni (2)	SnO_2	Rb_2SO_4	⎪
Se (3)	SiO_2	Cs_2SO_4	⎭
	MgO	$MgSO_4$	
	Cr_2O_3	$CaSO_4$	
	ZnO	$BaSO_4$	
	La_2O_3	$SrSO_4$	
	ZrO_2	$CdSO_4$	
	V_2O_5	$MnSO_4$	
	TiO_2		
	U_3O_8	$PbSO_4$ (4)	

(1) Pt geht durch direktes Glühen gleich in Metall über; Rh, Ir, Ru, Os, Pd bilden intermediär auch Oxide; werden nach oxidativer Veraschung und Verdrängen des Sauerstoffes durch CO_2 im H_2-Strom geglüht.
(2) Kobalt- oder Nickelsalze werden in Platin- oder Porzellanschiffchen im H_2-Strom geglüht.
(3) Nach oxidativer Veraschung im SO_2-Strom reduziert.
(4) Vorsichtige Veraschung (!) mit HNO_3.

Im allgemeinen wird die Veraschung in zwei Stufen durchgeführt: Glühen bei 700 bis 800 °C (nach dem Aufheizen) und Nachglühen bei 1000 °C. Bei 750 °C werden Eisen, Kupfer, Zinn und Zink in ihre stabilen Oxide übergeführt. Dagegen erfordern Aluminium, Silicium und Magnesium zur Bildung stabiler Oxide Glühtemperaturen von 1000 °C. Die Sulfate von Magnesium, Cadmium, Calcium, Strontium, Barium und Blei bilden sich bereits bei Veraschungstemperaturen von 500 °C quantitativ, wogegen die Sulfate von Natrium und Kalium bei Temperaturen unter 750 °C teilweise noch als Bisulfate vorliegen können.

Hygroskopische Aschen (wie Alkalisulfate, Aluminiumoxid, Berylliumoxid) werden vor Luftfeuchtigkeit geschützt und in sog. „Schweinchen" gewogen.

5.1 Bestimmung der Glühasche

Prinzip. Die Probe (1 mg bis 10 g) wird in einem, der eingewogenen Substanzmenge angepaßten, entsprechend großen Tiegel oder Schiffchen aus Platin (evtl. auch Porzellan oder Quarz) in strömender oder ruhender Sauerstoff- oder Luftatmosphäre bei konstanter Temperatur (500 bis 800 °C) kontrolliert verascht und der Rückstand ausgewogen. Da der Glühaschegehalt oft von der Höhe der Veraschungstemperatur abhängt, ist diese mit dem Aschewert stets anzugeben.

Reagenzien: Salpetersäure, 50 Vol.-% ⎫
Schwefelsäure, 20 Vol.-% ⎬ in Fläschchen mit Tropfkapillare.

Geräte. Platinschiffchen (4 mm × 4 mm × 15 mm) mit 5 mm langem Griff mit Öhr, aus 0.15 mm dickem Platinblech (s. gravimetrische CH-Bestimmung – Kap. 11); Mikrotiegel mit Deckel aus Platin; alternativ: Schiffchen oder Tiegel aus Quarzglas oder Porzellan (vorteilhaft zur Veraschung von Bleiverbindungen oder wenn Aschen am Ende reduktiv nachbehandelt werden); Glühmuffel oder Veraschungsofen (elektrisch oder gasbeheizt); CH-Verbrennungsofen; Verbrennungsrohr aus Quarzglas (CH-Verbrennungsrohr, $\varnothing$ außen 13 mm).

Ausführung (Mikrobestimmung). Für die Veraschung von kleinen Substanzmengen wird die Probe in einem Platinschiffchen eingewogen und die Veraschung in einem leeren Quarzrohr durchgeführt. Dazu wird ein ausgeglühtes Platinschiffchen erst leer und dann nach Beschickung mit 1 bis 10 mg Substanz auf ±0,001 mg genau gewogen. Das Probeschiffchen wird in ein leeres, noch unbenutztes Quarzrohr eingeschoben. Die Substanz wird im Sauerstoff- oder Luftstrom vorsichtig (s. Kap. 11.1) durch Erhitzen von außen mit einer Gasflamme oder einem elektrisch beheizten Wanderbrenner einer CH-Verbrennungsapparatur verdampft. Die Substanzdämpfe werden im vom Langbrenner beheizten Teil des Quarzrohres, der mit Quarzwolle gefüllt sein kann, vollständig umgesetzt.

Ist die Substanz verascht, wird der Rückstand mit dem auf die Endtemperatur eingeregelten, elektrisch beheizten Wanderbrenner noch 10 min nachgeglüht. Man läßt das Schiffchen auskühlen, bringt es in einen Exsikkator und wägt den Rückstand aus. Im Zweifelsfall (Kohle im Rückstand) wird der Rückstand nach Zugabe eines Tropfens Salpetersäure und bei höherer Endtemperatur nachgeglüht bis der Glührückstand Gewichtskonstanz erreicht hat.

Substanzen, die sich beim Erhitzen stark aufblähen oder heftig reagieren, versucht man anfangs im Inertgasstrom und anschließend unter Zudosieren von Sauerstoff umzusetzen. Als Alternative bietet sich die Veraschung im Mikroplatintiegel an.

Bestimmung der Glühasche in Polymeren. Die Bestimmung der Glühasche in Polymeren (Katalysatorrückstand) ist häufig erforderlich und wird meist (zur Kontrolle der Qualität des Kunststoffes) in großen Serien durchgeführt. Da die Gehalte oft sehr gering (<1% bis 0.001%) sind, müssen größere Probenmengen (1 bis 50 g) verascht werden, um eine auswägbare Menge Glührückstand zu erhalten.

Prinzip. Die Probe wird bei niederen Temperaturen (300 bis 500 °C) depolymerisiert und der Rückstand bei 700 bis 1000 °C bis zur Gewichtskonstanz geglüht und ausgewogen.

Geräte. Veraschungstiegel (oder Schalen) aus Porzellan, Quarzglas oder vorzugsweise aus Platin; letztere gewährleisten eine schnellere und bessere Gewichtskonstanz und sind für Aschegehaltsbestimmungen <0.01% unbedingt erforderlich.

Halbmikrowaage, Tiegelzange mit Platinspitzen, Gasbrenner (Bunsen) und elektrisch beheizter Muffelofen mit guter Luftzirkulation und Temperatureinstellung bis 1000 °C (für Serienanalysen haben sich sog. „Schnellverascher" sehr bewährt), Oberflächenstrahler (zum Erhitzen des Probegutes von oben).

Ausführung. In den Veraschungstiegel – durch mehrmaliges Glühen und Kühlen auf eine Gewichtskonstanz von ±0.1 mg gebracht – werden 5 bis 10 g Probe auf 0.1 mg genau eingewogen. Der Tiegelinhalt wird nun (auf der oberen Etagere des Schnellveraschers) langsam und vorsichtig durch Erwärmen von unten (und evtl. von oben mit Hilfe eines Oberflächenstrahlers) unter einem gutziehenden Abzug erhitzt, bis die Substanz sich zu verflüchtigen beginnt und sich von der Oberfläche her gegebenenfalls entzündet. Bei gedämpfter Wärmezufuhr läßt man die Substanz ruhig abbrennen. Wird die Flamme zu stark, dämpft oder erstickt man die Flamme, um Verluste zu vermeiden, durch kurzes Auflegen des Deckels. Schließlich verbrennt man den an der Tiegelwand noch anhaftenden Kohlenstoff mit Hilfe einer rauschenden Bunsenflamme oder durch Einbringen des Tiegels in den auf etwa 900 °C beheizten Muffelofen (Schnellverascher) bis der Kohlenstoff restlos verschwunden ist.

5.2 Bestimmung der Sulfatasche (Mikrobestimmung)

Auf die wie zur Glühaschebestimmung ins Platinschiffchen eingewogene Substanz wird aus einer etwa 20 cm langen Kapillare (1 bis 2 mm Durchmesser), die zu einer feinen Spitze ausgezogen ist, 1 Tropfen verdünnter Schwefelsäure gegeben, so daß damit die ganze Substanz benetzt ist. Nach Einbringen des Probeschiffchens ins Verbrennungsrohr, beginnt man dieses im O_2-Strom mit der Flamme eines Bunsenbrenners langsam und vorsichtig so zu erhitzen, daß nach jedem Erhitzen ganz schwache Schwefeltrioxidschwaden entweichen. Ist die Schwefelsäure abgeraucht, wird schließlich mit kräftiger Flamme oder mit einem elektrisch beheizten Wanderbrenner auf 900 bis 1000 °C geglüht, um Hydrogensulfat quantitativ in Sulfat überzuführen. Ist noch Kohle zurückgeblieben, fügt man einen Tropfen Salpetersäure hinzu und glüht erneut, bis der Rückstand kohlefrei ist. Dann wird ein weiterer Tropfen Schwefelsäure zugegeben und wie zuvor geglüht. Es sei empfohlen, zweimal mit Schwefelsäure abzurauchen und auf Gewichtskonstanz zu prüfen. Entweichende Dämpfe werden in einen Abzug abgeführt oder ausgewaschen.

Substanzen, die sich beim Abrauchen mit Schwefelsäure aufblähen oder schäumen, verascht man besser im Platintiegel. Desgleichen und mit größeren Einwaagen, wenn Natrium und Kalium aus der Sulfatasche quantitativ bestimmt werden sollen.

Bestimmung von Natrium und Kalium aus der Sulfatasche (Makrobestimmung). In einen Platintiegel geeigneter Größe (10 bis 20 ml Inhalt) werden je nach zu erwartendem Aschegehalt 20 bis 200 mg Substanz eingewogen. Die ganze Substanz durchfeuchtet man nun mit 3 bis 5 Tropfen verdünnter Schwefelsäure (50 Vol.-%), bedeckt den Tiegel und läßt die Schwefelsäure bis zu 1 h auf die Substanz einwirken. Nun stellt man den Platintiegel in einen Porzellantiegel und hängt diesen in ein Loch der oberen Etagere eines Schnellveraschers (Fa. RETSCH). Man heizt jetzt vorsichtig auf und läßt die Schwefelsäure langsam abrauchen (**Abzug!**) bei einer Temperatur von etwa 400 °C.

Ist die Schwefelsäure abgeraucht, stellt man den Tiegel in den Schnellverascher und/oder glüht mit einer rauschenden Bunsenflamme die restliche Kohle bei einer Temperatur bis 900 °C restlos weg. In hartnäckigen Fällen befeuchtet man den (erkalteten) Rückstand mit 1 Tropfen Salpetersäure und glüht erneut. Dieser Vorgang wird wiederholt, bis der Rückstand kohlefrei ist. Sodann bringt man noch einen Tropfen Schwefelsäure auf den Rückstand und diesen erneut auf Glühtemperatur. Dann läßt man den Tiegel im Exsikkator erkalten und wägt aus. Das Aschegewicht wird auf Natrium oder Kalium umgerechnet.

Zur Sicherheit raucht man bei jeder Bestimmung zweimal mit Schwefelsäure ab und prüft auf Gewichtskonstanz.

Berechnung

$$\% \text{ K} = \frac{\text{mg Sulfatasche} \times 44.87}{\text{mg Einwaage}}$$

$$\% \text{ Na} = \frac{\text{mg Sulfatasche} \times 32.38}{\text{mg Einwaage}}$$

Sulfataschebestimmung in Polymeren (Polyolefine). Zur Aufklärung der Katalysatorrückstände in Polymeren (meist ppm-Mengen) wird die Sulfatasche in modifizierter Form bestimmt. Dazu werden größere Probemengen mit einem Schwefelsäure/Eisessig-Gemisch befeuchtet (um Metallverflüchtigungen durch anwesende Chlorid-Ionen zu verhindern) und vorsichtig verascht. Nach Aufschmelzen des Ascherückstandes mit Kaliumpyrosulfat und Lösen der Schmelze werden die Metallspuren (z. B. Al, Ti) in der Reaktionslösung photometrisch bestimmt (s. Kap. 5.3).

Ausführung. In einer (durch Pyrosulfatschmelze) gereinigten Platin-Abdampfschale (>75 ml Füllvolumen) werden mindestens 25 g Probe auf ±0.1 g genau abgewogen und mit 20 ml einer Schwefelsäure/Eisessig-Mischung (10 ml H_2SO_4 in 400 ml Eisessig) angefeuchtet. Die Abdampfschale wird auf ein Quarzdreieck auf Dreifuß gestellt und mit einer Bunsenflamme die Veraschung eingeleitet. Unter dosierter Wärmezufuhr läßt man die Probe ruhig abbrennen, stellt die Schale schließlich in einem Muffelofen und glüht den Rückstand noch 30 min bei 800 °C.

Nach Zuschlag von etwa 1 g $KHSO_4$ wird der Rückstand klar aufgeschmolzen, die Schmelze mit 25 ml 1 N H_2SO_4 unter Digerieren in der Wärme gelöst und die Lösung mit dest. Wasser in einen 100 ml fassenden Maßkolben übergespült und bis zur Marke aufgefüllt. Parallel dazu wird eine Blindbestimmung (dieselbe Prozedur ohne Probe) durchgeführt. Bei Vorliegen sehr geringer Metallspuren kann es erforderlich sein, mehrere Veraschungen durchzuführen und die ganze Reaktionslösung für die Bestimmung zu nutzen.

Rußbestimmung in Polymeren (Polyolefinen). Ruß wird häufig als Füllstoff oder Pigment in Kunststoff einpolymerisiert. Zur Bestimmung des Rußgehaltes in Polymeren verbietet sich die oxidative Veraschung. Deshalb wird zur Bestimmung des Rußgehaltes die Depolymerisation im von Sauerstoffspuren gereinigten Inertgasstrom (Stickstoff oder Helium) vorgenommen (Abb. 5-1). Der Ruß kann dann direkt aus dem Rückstand – falls keine weiteren Aschebestandteile vorhanden sind – gravimetrisch (aus der Differenz zwischen Probeschiffchen mit Rückstand und Gewicht des Leerschiffchens) bestimmt werden. Andernfalls wird nach Auswägen des Pyrolyserückstandes der Ruß im

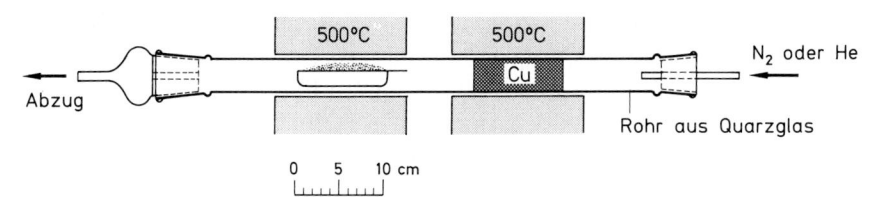

Abb. 5-1. Apparatur zur Depolymerisation von Polymeren.

Sauerstoffstrom bei 700 bis 900 °C weggeglüht und der Rußgehalt aus der Gewichtsdifferenz des Schiffchens vor und nach dem oxidativen Glühen berechnet.

5.3 Ascheaufklärung

Bei Proben unbekannter Herkunft hat eine genaue Ascheanalyse oft erhebliche Aussagekraft (Patentverletzung?). Art und Zusammensetzung der Asche geben oft wichtige Hinweise auf Reinheit und Herkunft einer Substanz; sie lassen zuweilen wichtige Rückschlüsse auf (kontinuierliche) Prozeßabläufe zu. Aus diesem Grund kommt der Ascheanalyse oft erhebliche Bedeutung zu. In der Regel liegt die Asche, wenn nicht große Probemengen verascht wurden, in Mikrogrammengen vor, weshalb für die Ascheaufklärung Mikro- und Spurenmethoden im Vordergrund stehen. Man prüft erst auf Aussehen und Farbe und nach Anfeuchten mit einem Tropfen Wasser die pH-Reaktion. Ist die Asche nicht rein weiß, bringt eine C-Bestimmung Gewißheit, ob noch unverbrannter Kohlenstoff und/oder Carbonat-Kohlenstoff vorliegt. Reagiert die Asche „sauer" oder „alkalisch" (Aufbrausen nach Säurezugabe zu beobachten?), dann kann man im ersteren Fall auf säurebildende Oxide (z. B. P_2O_5) schließen, im zweiten Fall auf Alkali- oder Erdalkalicarbonate. Enthält die Asche Kieselsäure (SiO_2), kann ihr Gehalt aus dem Gewichtsverlust, der beim Abfluorieren mit H_2SO_4/HF eintritt, bestimmt werden (Kap. 60.4.2 – dest. Abtrennung von SiO_2 mit HF).

Liegt in der Asche ein Gemisch von Elementen vor, die analysiert werden sollen, bringt man die Elemente durch einen geeigneten Aufschluß (Säure- oder Schmelzaufschluß) erst in Lösung oder setzt sie, wie im Fall der Rohrverbrennungsmethoden, durch geeignete Schmelzzuschläge aus der organischen Bindung frei (Kap. 11, Gravimetrische CH-Bestimmung).

Metalle, die konstitutioneller Bestandteil organischer Verbindungen sind, werden nur zum geringen Teil direkt aus der Asche bestimmt, sondern genauer und zuverlässiger nach einem geeigneten Aufschluß der metall-organischen Verbindung gezielt mit Hilfe einer für das Metall spezifischen Methode. In den nachfolgenden Kapiteln werden für die wichtigsten und am häufigsten in organische Verbindungen eingebauten Metalle geeignete Bestimmungsmethoden beschrieben.

Zur Aufklärung von unbekannten und in der Asche meist in Spuren vorliegenden metallischen Bestandteile wird heute die Röntgenfluoreszenzanalyse bevorzugt und zur quantitativen Bestimmung die Atomspektroskopie (Emissions- und Absorptions-Spektroskopie) herangezogen. In kleineren Labors, die nicht mit diesen zwar leistungsstarken aber aufwendigen Geräten ausgerüstet sind, werden Metallbestimmungen nicht minder genau und empfindlich spektralphotometrisch durchgeführt. Ein umfangreiches Methodenarsenal dafür findet man z. B. in der Monographie. Die Chemische Silicatanalyse von KÖSTER (1979) und im Handbuch für Spurenanalyse von KOCH-DEDIC (1986).

6 Grundprinzipien der wichtigsten Meßverfahren

6.0 Allgemeines

Neben Gravimetrie, Gasvolumetrie und Maßanalyse, den drei klassischen Endbestimmungsmethoden in der Organischen Elementaranalyse, werden heute in zunehmendem Maße physikalische Meßverfahren eingesetzt, deren Prinzipien sich auf einfache physikalische Gesetze zurückführen lassen. Zum leichteren Einstieg in diese neuen Techniken werden ihre Grundprinzipien vereinfacht dargestellt. Zur Vertiefung der Kenntnisse empfiehlt sich das Studium des Buches von R. BOCK (1980): Methoden der Analytischen Chemie, Band 2, Teil 1–3 (Verlag Chemie).

6.1 Moderne Titrationstechnik

Im Gegensatz zur Gravimetrie und Gasvolumentrie hat sich die Titrationsanalyse, auch als „Maßanalyse" bezeichnet, in den zurückliegenden Jahren erstaunlich weiterentwickelt. Die Auslaufbüretten wurden durch neu entwickelte Kolbenbüretten ersetzt, die auch mit diffusionsmindernden Bürettenspitzen eine genauere Volumendosierung der Reagenzlösung ermöglichen (Abb. 6-1). Außerdem wurden neue Methoden zur Endpunkterkennung entwickelt. Ein großes Sortiment von ionensensitiven Elektroden bietet uns heute die Möglichkeit, fast jedes Element durch potentiometrische Titration zu bestimmen. Mit der Photodiode konnte der früher visuell festgestellte Indikatorumschlag

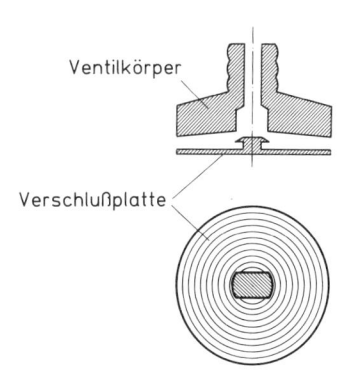

Abb. 6-1. Aufbau des Mikroventils der diffusionsmindernden Bürettenspitze EA 1118-32 (METROHM).

objektiviert werden. Elektrische Indizierung des Endpunkts, wie sie in der potentiometrischen und photometrischen Titration erfolgt, war Voraussetzung für die Steuerung des gesamten Titrationsverlaufs. Das führte zu automatisierten Titriergeräten, die bei gleichmäßiger Titriergeschwindigkeit den Kurvenverlauf als Funktion einer konstanten Reagenzzugabe aufzeichnen. Den größten Fortschritt erzielte der Einsatz von Mikroprozessoren. Erst durch sie konnte man die elektrische Meßgröße mit der Reagenzdosierung koppeln und die Titriergeschwindigkeit der Kurvensteilheit anpassen. Der Mikroprozes-

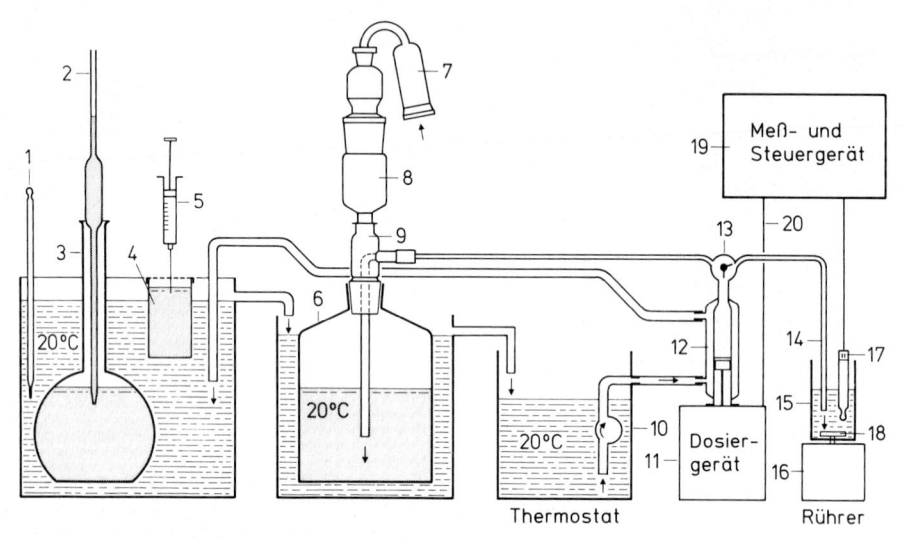

Abb. 6-2. Versuchsaufbau für Präzisionstitrationen.

Geräteliste zum Versuchsaufbau für Präzisionstitrationen:
1 Eintauchthermometer, 0–50 °C, 1/10-Grad Teilung (Goldbrand)
2 Vollpipette, Kl. AS, 10 ml (Blaubrand)
3 Meßkolben mit Analysenlösung, Kl. A, 2000 ml (Blaubrand)
4 Becherglas mit Analysenlösung verschlossen mit einer Kunststoffolie, 150 ml, breite Form (Schott)
5 Injektionsspritze, 10 ml (Ersta)
6 Steilbrustflasche mit Maßlösung, 2000 ml, Borsilicatglas mit Braunglasbeschichtung (Schott)
7 Trockenrohr mit Mallcosorb (EA 960-14, Metrohm)
8 Trockenaufsatz mit Maßlösung (EA 1076 B, Metrohm)
9 Flaschenaufsatz, Ansaugrohr wurde verlängert (EA 983/2 B, Metrohm)
10 Thermostat (Typ U3 58/12, Lauda)
11 Dosimat (E 535, Metrohm) zu E 536 und E 526
12 Bürettenzylinder, thermostatisierbar, 10 ml (EA 982 Th, Metrohm)
13 Wechseleinheit mit Dreiwegehahn (EA 552, Metrohm)
14 Bürettenspitze (EA 985-32 oder EA 1118-32, Metrohm)
15 Becherglas mit Titriervorlage, 150 ml, hohe Form, mit Volumeneinteilung (Schott)
16 Rührer (EA 549 oder EA 649, Metrohm)
17 Einstabmeßkette (EA 121, EA 217 oder EA 246, Metrohm)
18 Magnetrührstab, 25 mm×5 mm, rund
19 Titroprozessor (E 636, Metrohm), Titrierstand E 638-10 Th Potentiograph (E 536, Metrohm) mit Rechner (HP 97 S, Hewlett Packard) Endpunkttitrator (E 526, Metrohm)
20 Verbindungskabel für die elektronische Kopplung (EA 980-153, EA 980-90 oder EA 980-75, Metrohm)

Ganz vorne: Titroprocessor 670

Titroprocessor 670 verbert unsere neueste Titrangeneration: Er zeichnet durch eine Leistungsfähigaus, welche unsere lange Erfahrung im Titrieren erspiegelt. Wo schon bemen Sie selbst den Ablauf r Methoden mit allen Hilfs- ktionen?

nschen Sie z.B.:
laren Dialog mit dem Ge- it über eine Schreib- aschinentastatur? omplette Problemlösun-

gen, die Sie einfach an Ihre Bedürfnisse anpassen können, auch für automatische Titrationen?
– Resultatausgaben, mit Bezeichnungen und Kommentaren, die Sie selbst formulieren können?
– Live-Informationen am Bildschirm über die ablaufenden Vorgänge während der Titration?
– Ausdrucke im Format A4 auf einem eingebauten Thermoprinter/-plotter?

– Speicher für 68 komplette Methoden
– Hohe Auflösung der Reagenzdosierung 1/10 000 des Bürettenzylindervolumens
→ Vielseitige Automationsmöglichkeiten mit Probenwechslern

Dies alles und noch viel mehr ist möglich mit dem Titroprocessor 670.

Ω Metrohm
Messen in der Chemie
Weltweit mit Metrohm

METROHM AG
CH-9101 HERISAU Schweiz
Telefon 071 / 53 11 33
Telefax 071 / 52 11 14
Telex 88 27 12 metro ch

Der Titroprocessor 670 erschliesst neue Dimensionen
- des Methodenaufbaus
- der Automation
- der Benutzerfreundlichkeit

Eine Bestimmungsmethode kann mit dem Titroprocessor 670 mittels weniger Befehle aus Bausteinen zusammengesetzt werden. Beim Aufruf eines Bausteins erscheinen automatisch die zugehörigen Parameter und mit den gesetzten Werten. Sie entscheiden dann, ob sie die Parameter übernehmen oder verändern wollen. Für den Baustein ‹Titrationsart› bietet Ihnen die Ablaufprogrammierung umfassende Möglichkeiten:

- Sie wählen die Messeingänge

- Sie verkürzen die Titrationszeit, indem Sie ein Startkriterium eingeben:
  ● schnelles Dosieren eines bestimmten Volumens
  ● schnelles Vordosieren, bis ein bestimmter Messwert erreicht ist

- Sie bestimmen die Art der Messwertübernahme:
  ● driftkontrolliert (Gleichgewichtstitration)
  ● nach fester Wartezeit

- Sie legen fest, wann die Titration abzubrechen ist:
  ● nach einem bestimmten Dosiervolumen
  ● sobald ein bestimmter pH- oder Spannungswert erreicht ist
  ● sobald die vorgegebene Anzahl von Endpunkten gefunden ist

Mit der gleichen Flexibilität nützen Sie die vielen Dosiermöglichkeiten für Hilfsreagenzien, bauen logische Entscheidungen in den Titrationsablauf ein (IF statement), legen automatische Abläufe mit Probenwechsler, Ventilen und Pumpen fest, um nur die wichtigsten zu nennen.

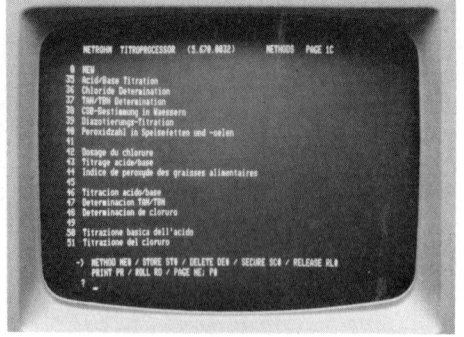

Metrohm
Messen in der Chemie

METROHM AG
CH-9101 Herisau
Telefon 071/53 11 33
Telefax 071/52 11 14
Telex   88 27 12

DEUTSCHE METROHM
In den Birken
D-7024 Filderstadt
Telefon (0711) 7 70 88-0
Telefax (0711) 7 70 88-55
Telex   7 255 855

sor ermöglicht es außerdem, Titrationen aufgrund vorgewählter Kriterien zu steuern. So kann das Steuergerät individuell auf unterschiedliche Bedingungen im Titriergefäß und an der Elektrode (bzw. Photodiode) reagieren. Die Titration auf konstante Potentialschritte anstelle konstanter Volumenschritte erhöht wesentlich die Genauigkeit der Titrationswerte; dies zeigt sich auch in der Anzahl der neu auf den Markt gekommenen mikroprozessor-gesteuerten Titrationssysteme. Über diese „dynamische Steuerung" der Volumenschritte berichten EBEL und REYER (1982) ausführlich.

Mit dieser neuen Technik hat die Titration in der Elementbestimmung ihre Führungsrolle bei den Endbestimmungsmethoden zurückerobert. Zusätzlich hat sie noch den wesentlichen Vorteil, daß sie eine Absolutmethode darstellt.

Systematische Untersuchungen zur Genauigkeit von Titrationen haben GASSNER et al. (1979) durchgeführt und wertvolle Anregungen für die Ausführung von Präzisionstitrationen (Versuchsaufbau s. Abb. 6-2) gegeben. Bezüglich Genauigkeit und Reproduzierbarkeit hat die Präzisionstitration einen hohen Stellenwert; sie ist universell anwendbar, hat einen großen linearen Arbeitsbereich und ist vor allem bei hohen Elementkonzentrationen die Methode der Wahl.

Die zahlreichen Titrationsarten und chemischen Reaktionen, die den einzelnen Bestimmungen zu Grunde liegen, werden in den Arbeitsvorschriften zur Bestimmung der einzelnen Elemente erläutert. Das Arbeiten mit ionensensitiven Elektroden, die in der modernen Titriertechnik einen wichtigen Platz einnehmen, beschreibt CAMMANN (1977, 1982, 1985) eingehend.

6.2 Mikrocoulometrie

Einführende Bemerkungen: Da zunehmend kleine und kleinste Elementkonzentrationen in organischen Matrizes bestimmt werden müssen, gewinnt die Coulometrie − insbesondere die mikrocoulometrische Titration − in der „Organischen Elementaranalyse" als eigenständige Analysenmethode zunehmend an Bedeutung. Diese vielseitige Methode wird heute bereits zur Mikro- und Spurenbestimmung von C, H, O, H_2O, N, Cl, Br, I und S in organischen Substanzen in breitem Umfang angewendet. Sie steht besonders in der Umweltanalytik, wo zur Bestimmung von Summenkennzahlen (TOC, TOX, TOS, TON) nach Aufschluß der organischen Matrix sehr kleine Elementkonzentrationen bestimmt werden müssen, im Vordergrund des Interesses.

Das Mikrocoulometer, ursprünglich als GC-Detektor entwickelt, wird immer häufiger zur Endbestimmung in der Organischen Elementaranalyse eingesetzt, nachdem geeignete Aufschlußmethoden gefunden, an die Eigenheiten der coulometrischen Titration adaptiert und mit Hilfe von Mikroprozessoren einfache und bedienungsfreundliche Mikrocoulometer entwickelt wurden.

Die großen Vorteile der Mikrocoulometrie sind Empfindlichkeit, Selektivität und Schnelligkeit, Linearität der Anzeige und, nach Entwicklung moderner Geräte, auch geringe Störanfälligkeit. Sie ist eine echte Mikrotechnik, da sie nur Mikrogramm- oder Nanogramm-Mengen an Substanz erfordert und in Gasen, Flüssigkeiten sowie Festproben (allein oder in Kombination mit z. B. Verbrennung und Hydrierung) angewandt werden kann. Im Vergleich mit anderen physikalischen Meßmethoden ist sie eine echte Absolutmethode, da sie auf dem „Faraday-Gesetz" basiert und Umsetzung und Auswertung streng diesem Gesetz folgen.

Man mißt bei der Coulometrie die Elektrizitätsmenge, die für einen praktisch 100%igen Stoffumsatz an einer Arbeitselektrode erforderlich ist und berechnet danach mit Hilfe des Faraday-Gesetzes die Masse des umgesetzten Stoffes.

Den großen Anwendungsbereich coulometrischer Methoden zur Bestimmung des Schwefels, der Halogene und des Stickstoffes in organischen Matrizes hat KILLER (1977) zusammenfassend dargestellt.

A) Theorie der coulometrischen Titration

Entsprechend dem Faraday-Gesetz ist die Menge der Elektrodenreaktion direkt proportional der Strommenge Q in Coulomb (1 C = 1 Amperesekunde) gemessen als Zeitintegral der Stromstärke I:

$$Q = \int_0^1 I \, dt \ .$$

Wenn W das Gewicht (in g) der Probe ist, umgewandelt von der Ladung Q (in Coulomb), M das Mol- oder Atomgewicht der Substanz und n die Anzahl der Elektronen, die pro Mol an der Elektrodenreaktion beteiligt sind, dann erhalten wir:

$$W = \frac{Q \cdot M}{n \cdot F} \ ,$$

wobei F die Faraday-Konstante ist. Der Wert von F entspricht annähernd 96 500 Coulomb pro Äquivalent (z. B. 35.46 g Cl→107.87 g Ag→1 F = 96 484 C).

Die Bestimmung der umgewandelten Substanzmenge durch Messung der dazu aufgewendeten Elektrizitätsmenge ist die Basis der coulometrischen Analyse, dazu ist eine quantitative Gesamt-Titrationsreaktion mit 100%iger Stromausbeute für die erfolgreiche Anwendung der Methode Voraussetzung.

Die zu bestimmende Substanz muß direkt an einer der Elektroden (Primärprozeß) oder in der Lösung mit einer anderen Substanz reagieren, die durch eine Elektrodenreaktion ein coulometrisches Zwischenmedium erzeugt (Sekundärprozeß).

Die Mikrocoulometrie basiert auf letzterem Prinzip, da sie Titriermittel verwendet, die im oder aus dem Elektrolyt coulometrisch erzeugt werden.

Die Diffusion sichert eine ständige Versorgung mit Reagenz, so daß ein konstantes Elektrodenpotential aufrechterhalten wird, was wiederum eine 100%ige Stromausbeute gewährleistet.

Die Elementbestimmungen werden entweder bei konstantgehaltenem Potential (potentiostatische Coulometrie unter Messung von Q gegen die Zeit t) oder bei konstantgehaltenem Strom (coulometrische Titration unter Messung des Potentials gegen die Zeit) vorgenommen.

B) Prinzip der mikrocoulometrischen Titration

Große Empfindlichkeit und schnelles Ansprechen des Mikrocoulometers (Abb. 6-3) werden mit der Gleichgewichtscoulometrie bei günstiger Zellenkonstruktion und Elektrolytzusammensetzung erreicht.

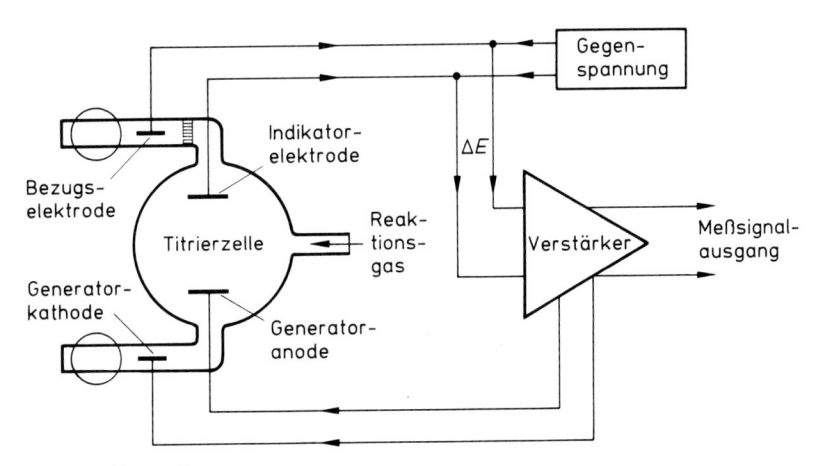

Abb. 6-3. Prinzip eines Mikrocoulometers.

Die Referenzelektrode (Bezugselektrode) gewährt ein konstantes Potential als Bezugsspannung (eine direkte Funktion der Ionenkonzentration der Elektrodenoberfläche). Sie ist üblicherweise durch eine Diffusionsschranke vom Zellenraum, wo die Titration stattfindet, getrennt, ohne den elektrischen Kontakt mit der Sensorelektrode (Indikatorelektrode) zu unterbinden, die im Zellenraum – vom Elektrolyt umspült – angeordnet ist. Dieses Indikator-Elektrodenpaar erzeugt ein Signal am Verstärker, an dem eine externe Spannung anliegt, die so gewählt ist, daß sie einer sehr kleinen Konzentration des Titriermittels (im Mikromolbereich) im Elektrolyten entspricht.

Sobald beide Spannungen gleich sind, wird das Signal ΔE am Verstärker gleich Null, ebenso das Verstärkerausgangssignal, und es fließt kein Strom I zwischen den Generatorelektroden mehr. *Das System ist im Gleichgewicht:*

$E_{ref} + E_{sens} = E$ (Gleichgewichtsspannung)

$\Delta E = 0$, $I = 0$.

Tritt die Substanzkomponente in die Zelle ein, die mit dem Titrier-Ion reagiert, ändert sie die Konzentration der Titrier-Ionen und folglich das Potential der Sensorelektrode.

Im Ergebnis wird die Netto-Ausgangsspannung des Indikatorelektrodenpaares vom Gleichgewichtspotential abweichen und ein Spannungssignal ΔE ($\neq 0$) am Verstärkereingang auftreten. Der Verstärker wiederum wird mit einer verstärkten Spannung am Generator-Elektrodenpaar anliegen und ein Strom I, *entsprechend der Größe von ΔE*, fließt in der Titrierzelle und erzeugt Titrier-Ionen. Dieser Prozeß setzt sich fort bis genügend

Titrier-Ionen vorhanden sind, um das Gleichgewicht von Referenz- zur Gegenspannung, d. h. die ursprüngliche Titrierionenkonzentration im Elektrolyten, wiederherzustellen.

$E_{ref} + E_{sens} \neq E$ (Gleichgewichtsspannung)

$\Delta E \neq 0$, $I = f(\Delta E)$.

So kann man – im Gegensatz zur klassischen „Konstant-Strom-Coulometrie" – diese Mikrocoulometrie als „Variabel-Strom-Coulometrie" charakterisieren.

Den mikrocoulometrischen Titrationsverlauf für eine bestimmte Probe zeigt Abb. 6-4, wie er vom Schreiber aufgezeichnet wird.

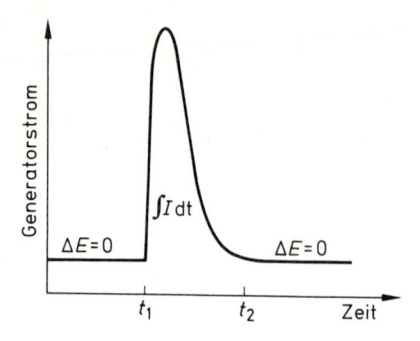

Abb. 6-4. Mikrocoulometrische Titrationskurve.

Eine gerade Linie (Basislinie) bedeutet, daß das Mikrocoulometer sich im Gleichgewicht befindet, d. h. die Konzentration des Titriermittels in der Zelle ist konstant und entspricht der Gleichgewichtsspannung.

Tritt eine Stoffkomponente, die Titrier-Ionen verbraucht, zum Zeitpunkt t_1, in die Zelle ein, steigt der Generatorstrom scharf an, flacht dann ab und erreicht zum Zeitpunkt t_2 wieder den ursprünglichen Ausgangswert, der zur Aufrechterhaltung der vorher festgelegten Ionenkonzentration erforderlich ist.

Das Flächenintegral $\int I dt$ ist ein Maß für den Stromfluß [C/s], der bei der Umsetzung verbraucht wird und der titrierten Substanzmenge proportional ist.

Wird die Stoffkomponente, die titriert werden soll, in einem kontinuierlichen und konstanten (Gas-)Strom der Zelle zugeführt, steigt der Generatorstrom an und verbleibt während der Zufuhr titrierbarer Substanz auf einem höheren Niveau.

Um ein Maximum an Empfindlichkeit und hoher Ansprechgeschwindigkeit zu erreichen, müssen Zellvolumen und Konzentration des Titriermittels klein gehalten werden. Das Zellvolumen kann z. B. vermindert werden, indem die an der Titration nicht direkt beteiligten Elektroden (Bezugselektrode und Generatorhilfselektrode) in Seitenarmen des Zellraumes angeordnet werden. Des weiteren muß die Substanz den Zellraum auf dem kürzesten Weg erreichen, um unnötige Verdünnung und Vermischung, die zu einer Peakverbreiterung führen, zu vermeiden. Geht der Titration ein Verbrennungs- oder Pyrolyseschritt voraus, wie es in den meisten Anwendungen der Mikrocoulometrie der Fall ist, wird die zu titrierende Stoffkomponente mit dem Gastrom, der aus dem Verbrennungsrohr austritt, in die Zelle gespült. Der Gasstrom sorgt für ein Durchrühren der Lösung, denn das Durchmischen bei konstanter Geschwindigkeit sichert die Homogenität des Elektrolyten, ebenso 100%ige Stromausbeute und definierte Diffusionsschichtstärke.

Die Rolle der Elektrolytzusammensetzung erklärt sich am besten anhand der Titration von Chlorid- mit Silber-Ionen (COULSON und CAVANAGH 1960). In diesem Beispiel bestehen Sensorelektrode und Generatoranode aus metallischem Silber, die Bezugselektrode aus Silberacetat und die Generatorkathode aus Platin. Verdünnte Essigsäure wird statt reinem Wasser als Elektrolyt verwendet, um die Löslichkeit des Silberchlorids herabzusetzen, die in Wasser 10^{-5} M/l beträgt, hingegen nur 10^{-7} M/l in 80%iger Essigsäure.

Die Reaktionen an der Generatoranode und der Sensorelektrode in der Zelle sind für beide:

$$Ag^0 \rightleftharpoons Ag^+ + e^- \ .$$

Wie oben beschrieben, befindet sich das Mikrocoulometer im Gleichgewicht, wenn die Potentialdifferenz zwischen den Bezugs- und Sensorelektroden gleich der von außen angelegten Gegenspannung E ist, die so groß gewählt ist, daß die Silber-Ionenkonzentration ungefähr der Löslichkeit des Silberchlorids entspricht. Unter diesen Bedingungen sind Chlorid- und Silber-Ionenkonzentration annähernd gleich, so daß das Potential der Silber-Sensorelektrode sich sehr schnell bei geringen Veränderungen im Silber- (oder Chlorid-)Ionengehalt der Lösung ändert.

Kommt als Elektrolyt Wasser zur Anwendung, erfolgt dies bei 10^{-5} M/l, in 80%iger Essigsäure bei 10^{-7} M/l. So bewirkt die gleiche Chloridmenge, die in die Zelle eintritt, in letzterem Fall eine größere Veränderung der Silber-Ionenkonzentration.

Tab. 6-1. Titrationszellencharakteristik.

	5 ml	20 ml
Zellenvolumen	5 ml	20 ml
Zeitkonstante	2 bis 5 s	10 bis 20 s
kleinste detektierbare Chloridmenge	2×10^{-9} g	2×10^{-8} g

Das Zellenvolumen hat einen ähnlichen Effekt auf die Empfindlichkeit (Tab. 6-1). Die Zugabe von 5 ng (5×10^{-9} g) Silber in eine mikrocoulometrische Zelle, die etwa 5 ml Elektrolyt mit 10^{-7} M/l Silber enthält, entspricht einem Anstieg von 1×10^{-8} M/l oder 10%. Wenn nun die Zelle 20 ml desselben Elektrolyten enthält, würde dies nur einem Anstieg von 2.5% in der Silber-Ionenkonzentration entsprechen. So beeinflußt das Zellenvolumen nicht nur die Empfindlichkeit, sondern auch die Ansprechgeschwindigkeit, die eine wichtige Zellencharakteristik darstellt, wenn das Mikrocoulometer als gaschromatographischer Detektor eingesetzt wird.

Das Prinzip eines Mikrocoulometers ist in Abb. 6-3 skizziert. Weitere apparative Ausführungen von mikrocoulometrischen Titriergeräten werden bei den entsprechenden Elementbestimmungen beschrieben.

6.3 Die konduktometrische Methode

Prinzip. Mit dieser Methode werden quantitative Elementbestimmungen durch Messen des Leit- oder Widerstandswertes von Elektrolytlösungen oder indirekt durch Messen der Leitfähigkeitsänderung durchgeführt.

Die elektrische Leitfähigkeit von Elektrolytlösungen (BOCK 1980, WEISS 1985, OEHME 1961, 1974, 1977): Für den elektrischen Widerstand einer Elektrolytlösung gilt ganz allgemein das Ohm-Gesetz, d. h.

$$R = \frac{U}{I}$$

R = Widerstand
U = Spannung
I = Stromstärke

Da der Widerstand von der Art des Leiters abhängt, definiert man den spezifischen Widerstand ϱ als materialeigene Größe durch untenstehende Gleichung

$$\varrho = R \frac{A}{l}$$

ϱ = spezifischer Widerstand
A = Querschnitt
l = Länge des Leiters

Der Kehrwert des spezifischen Widerstandes ist die elektrische Leitfähigkeit κ

$$\kappa = \frac{1}{\varrho}$$

κ = elektrische Leitfähigkeit
ϱ = spezifischer Widerstand [Siemens·cm^{-1}]

Die elektrische Leitfähigkeit der Elektrolyte ist stark konzentrationsabhängig. Um das Leitvermögen verschiedener Elektrolytlösungen zu vergleichen, dividiert man die elektrische Leitfähigkeit durch die Äquivalentkonzentration c_{ev} und erhält die Äquivalentleitfähigkeit Λ [Siemens·cm^2·val^{-1}].

$$\Lambda = \frac{\kappa}{c_{ev}} \quad \text{oder} \quad \kappa = \Lambda \cdot c_{ev}$$

Λ = Äquivalentleitfähigkeit
κ = elektrische Leitfähigkeit
c_{ev} = Äquivalentkonzentration

Λ setzt sich aus der Summe der Ionenbeweglichkeit I_+ des Kations und I_- des Anions eines Elektrolyten zusammen. Die elektrische Leitfähigkeit einer Lösung hängt somit von Konzentration und Beweglichkeit der enthaltenen Ionen ab. Da die Ionenbeweglichkeiten bei gegebener Temperatur und vorgegebenem Lösungsmittel konstant sind, ändert sich κ nur mit der Konzentration der Ionen. In stark verdünnten Elektrolytlösungen, in denen analytisch meist gearbeitet wird, ist die Beziehung von κ zu c linear. Untenstehend zum Vergleich die Äquivalentleitfähigkeiten einiger bestimmungsrelevanter Ionen (25 °C, $c = 0$):

Λ_{H^+} = 350 (S·cm^2/val)
Λ_{OH^-} = 199
Λ_{Cl^-} = 76
$\Lambda_{1/2 SO_4^{2-}}$ = 80
$\Lambda_{1/2 CO_3^{2-}}$ = 69
$\Lambda_{NO_3^-}$ = 71

Die Äquivalentleitfähigkeiten liegen erfahrungsgemäß im Bereich zwischen 50 und 80 S·cm^2·val^{-1}. Die hohen Werte für die H$^+$- und OH$^-$-Ionen in wäßriger Lösung werden vermutlich durch Hydratation verursacht.

Die Meßzelle: Zur Messung des Leitwertes tauchen in der Regel zwei Platinwendeln- oder Platinblech-Elektroden mit einem Querschnitt von z. B. 1 cm^2 in die Elektrolytlösung. Die Elektroden werden in einer *Wheatstone-Brücke* angeordnet und, um die Polarisation der Elektroden weitgehend zu vermeiden, mit Wechselstrom von 50 bis etwa 1000 Hz betrieben (Abb. 6-5). Wird die Brücke durch Abgleich von R_1 stromlos, gilt: $R_x/R_1 = R_2/R_3$; werden, wie üblich, R_2 und R_3 gleich groß gewählt, dann ist nach dem Abgleich der Brücke $R_x = R_1$.

Abb. 6-5. Meßanordnungen zur Bestimmung des Leitwertes von Elektrolytlösungen.
(A) Wheatstone-Brücke; (B) Brücke mit Kompensation des Kapazitätsstromes.

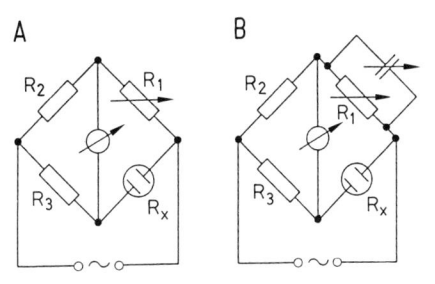

Abb. 6-6 zeigt die Abnahme des Leitwertes von 0.005molarer NaOH-Lösung durch Absorption von CO_2 aus dem Verbrennungsgasstrom (s. Kap. 12.1).

In der Flüssigkeitschromatographie werden zur Detektion ionischer Verbindungen spezielle Leitfähigkeitsmeßzellen (Mikrozellen) verwendet. Zur Veranschaulichung ist in Abb. 6-7 der Hochleistungs-Leitfähigkeits-Detektor zum Metrohm-Ionenchromatographen 690 skizziert.

Anwendungen: Die konduktometrische Methode war bisher zur Reinheitskontrolle von Brauchwasser, z. B. Kesselspeisewasser, prädestiniert, wobei der Leitfähigkeitsmeßwert ein Maß für die Summe der ionischen Belastung des Wasser darstellte. Auch in der Kohlenstoffanalyse wird die Methode routinemäßig angewendet (s. Kap. 12.1).

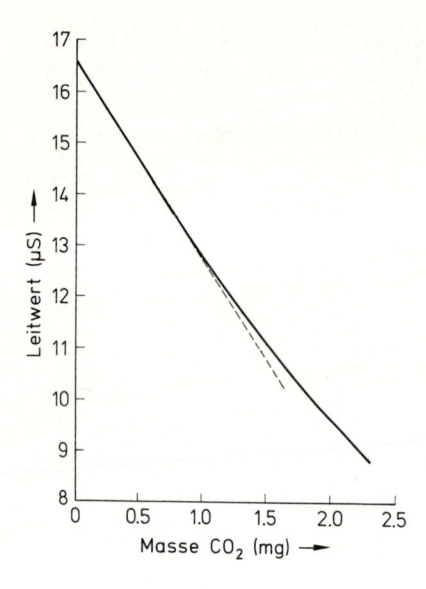

Abb. 6-6. Abnahme des Leitwertes einer 0.005 N NaOH-Lösung durch Aufnahme von CO_2 (nach Schmidt und Bartscher 1961) (s. Kap. 12.1).

Handelsübliche Konduktometer (Fa. WTW und Metrohm) sind auf dem Prinzip der Wheatstone-Brückenschaltung aufgebaut. Eingebaute AD-Wandler gestatten heute eine digitale Meßwertanzeige.

Bei der *konduktometrischen Titration* wird die Änderung des Leitwertes gegen den Titriermittelverbrauch aufgezeichnet und der Endpunkt durch Extrapolation der Titrier-

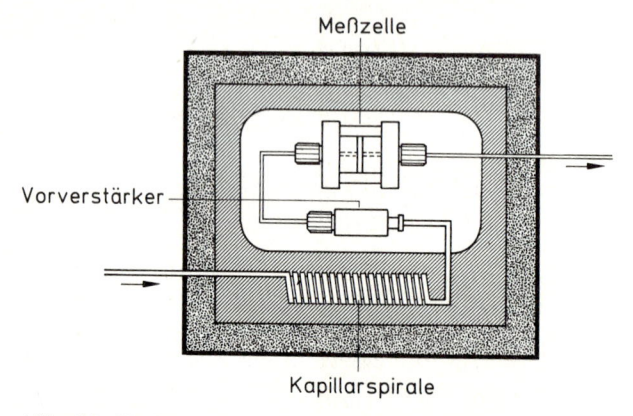

Abb. 6-7. Hochleistungs-Leitfähigkeits-Detektor (Metrohm 690 Ionenchromatograph). Der auf dem Zwei-Elektroden-Prinzip beruhende Leitfähigkeits-Detektor des Ionenchromatographen 690 ist so konstruiert, daß elektronische und thermische Störungen des Meßsignals (Rauschen, Drift) weitgehend eliminiert werden. Meßzelle und Vorverstärker sind in einem thermostatierten, wärmeisolierten Heizblock eingebaut. Das Eluat wird vor dem Eintritt in die Meßzelle in einer Kapillarspirale auf die Blocktemperatur aufgeheizt. Das Volumen der Meßzelle beträgt weniger als 1.5 µl und garantiert damit eine sehr hohe Sensitivität. Der gemessene Leitfähigkeitswert wird automatisch auf die Standardtemperatur von 20 °C korrigiert, was auch ein Arbeiten ohne Heizung ermöglicht.

Ionenchromatographie mit System – ganz einfach mit Metrohm.

IC 690:
Mit hochempfindlichen Leitfähigkeitsdetektor und elektronischer Kompensation der Hintergrundleitfähigkeit

IC-Pumpe 697:
Gebaut und optimiert für die IC

IC-Autosampler 698:
Für die Routineanalytik: fasst bis zu 64 Proben

IC-Säulen:
Für alle Ansprüche; Metrohm SUPER-SEP für die hohe Schule der Ionenanalytik, z.B. die simultane Bestimmung von ein- und zweiwertigen Kationen (nach Schomburg)

IC-Tandem:
Eröffnet neue Möglichkeiten, z.B. parallele Anionen- und Kationen-Analyse

IC-Auswertung:
Mit Schreiber, Integrator oder PC

IC-Service:
Weit über hundert ausgearbeitete Applikationen, dazu Sonderdrucke, IC-Literatur sowie Beratung, Applikationshilfe und Kundendienst. Weltweit.

Ionenanalytik — ganz einfach mit Metrohm

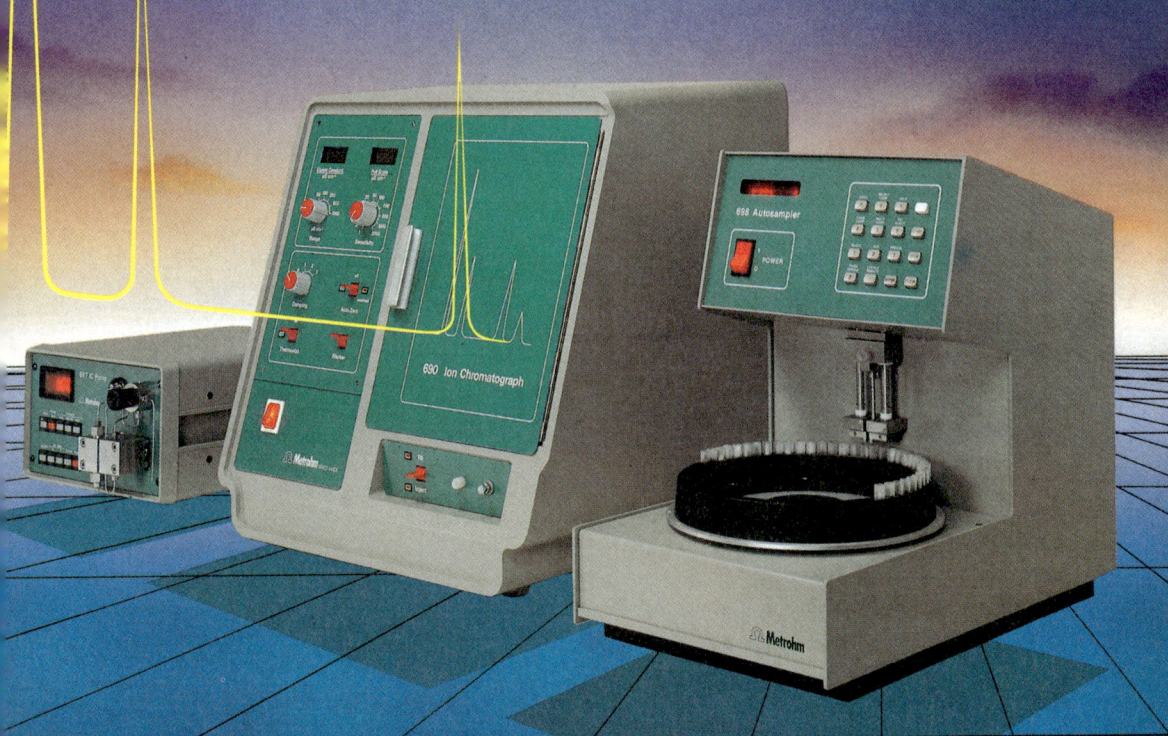

Metrohm
Messen in der Chemie
Weltweit mit Metrohm

METROHM AG
CH-9101 Herisau Schweiz
Telefon 071 / 53 11 33
Telefax 071 / 52 11 14
Telex 88 27 12 metr ch
Telex 7 255 855

Der Ionenchromatograph 690 auf einen Blick

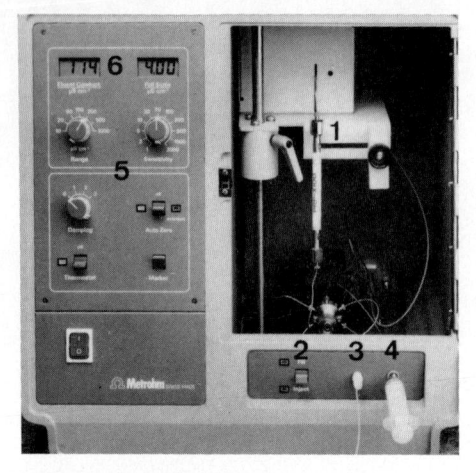

Säule und Detektor (1)
METROHM liefert eine Auswahl von Trennsäulen für die ionenchromatographische Analyse. Der IC 690 kann jedoch auch mit allen anderen handelsüblichen Säulen betrieben werden.
Die Detektion erfolgt mit einem thermostatierten Leitfähigkeitsdetektor, der ein Zellvolumen von 1,5 µL aufweist und mit einer Messfrequenz von 1 kHz betrieben wird. Unter normalen Laborbedingungen schwankt die Temperatur des Detektorblocks um weniger als ±0,01 °C. Die gemessene Leitfähigkeit wird vom Gerät auf 20 °C umgerechnet.

Probenzugabe (2, 3, 4)
Manuelle Probenzugabe: Schalter (2) auf ‹Fill› stellen; Ansaugschlauch (3) in Probenlösung eintauchen, Probenlösung mittels Spritze (4) ansaugen und so die Probenschleife füllen; Schalter auf ‹Inject› stellen, womit die Probe auf die Säule gegeben wird. Die Probenschleife hat einen Inhalt von 100 µL; eine 10 µL-Probenschleife ist als Option erhältlich.

Automatische Probenzugabe:
Diese erfolgt mit dem als Option erhältlichen Probengeber 698.

Bedienungselemente (5)
Range	Messbereich, einstellbar von 10 ... 1000 µS/cm
Sensitivity	Empfindlichkeit, Bereich 1 ... 2000
Damping	Stufen 0 ... 3 einstellbar
Auto Zero	Ein- und Ausschalten der elektronischen Hintergrundkompensation
Marker	Ereignismarkierung
Thermostat	Ein-Aus-Schalter für den Thermostaten des Leitfähigkeits-Detektors

Anzeigen (6)
Zwei dreieinhalbstellige LCD-Anzeigen:
Eluent	Eluent-Leitfähigkeit
Conduct.	Bereich 0 ... 1000 µS/cm
Full Scale	Arbeitsbereich in µS/cm, definiert durch ‹Range› und ‹Sensitivity›: Full Scale = Range/ Sensitivity

Gehäuse
Das Gehäuse des Ionenchromatographen 690 besteht aus Polyurethan-Hartschaum. Injektor, Säule und Detektor befinden sich im Innenraum, der elektrisch abgeschirmt und thermisch isoliert ist.

Elektrische Ein- und Ausgänge
Je ein Anschluss für die Steuerung des Injektors durch den Probengeber 698 und den automatischen Start des Integrators, ein Analogausgang für den Anschluss eines Linienschreibers oder Integrators sowie Anschlussbuchsen für die externe Ansteuerung der Ereignismarkierung und für die externe Ansteuerung der elektronischen Hintergrundkompensation sind vorhanden.

Metrohm
Messen in der Chemie

METROHM AG
CH-9101 Herisau
Telefon 071/53 11 33
Telefax 071/52 11 14
Telex 88 27 12

DEUTSCHE METROHM
In den Birken
D-7024 Filderstadt
Telefon (0711) 7 70 88-0
Telefax (0711) 7 70 88-55
Telex 7 255 855

6.3 Die konduktometrische Methode

kurve ermittelt. Bei einer Säure/Base-Titration ist der Äquivalenzpunkt erreicht, wenn die elektrische Leitfähigkeit der Reaktionslösung am geringsten bzw. der Widerstand (mit der Wheatstone-Brückenschaltung meßbar) am höchsten ist. Der Äquivalenzpunkt wird durch einen Wendepunkt im Titrierdiagramm indiziert (BOCK 1980, Bd. 2/3, Kap. 6.2.3.4). Diese Titrationsmethode kommt häufig zum Einsatz, wenn Indikatoren nicht verwendet werden können.

In neuerer Zeit hat der Leitfähigkeitsdetektor neben anderen Detektoren in der *Ionenchromatographie* (IC) ein breites Anwendungsgebiet gefunden. Um Bandenverbreite-

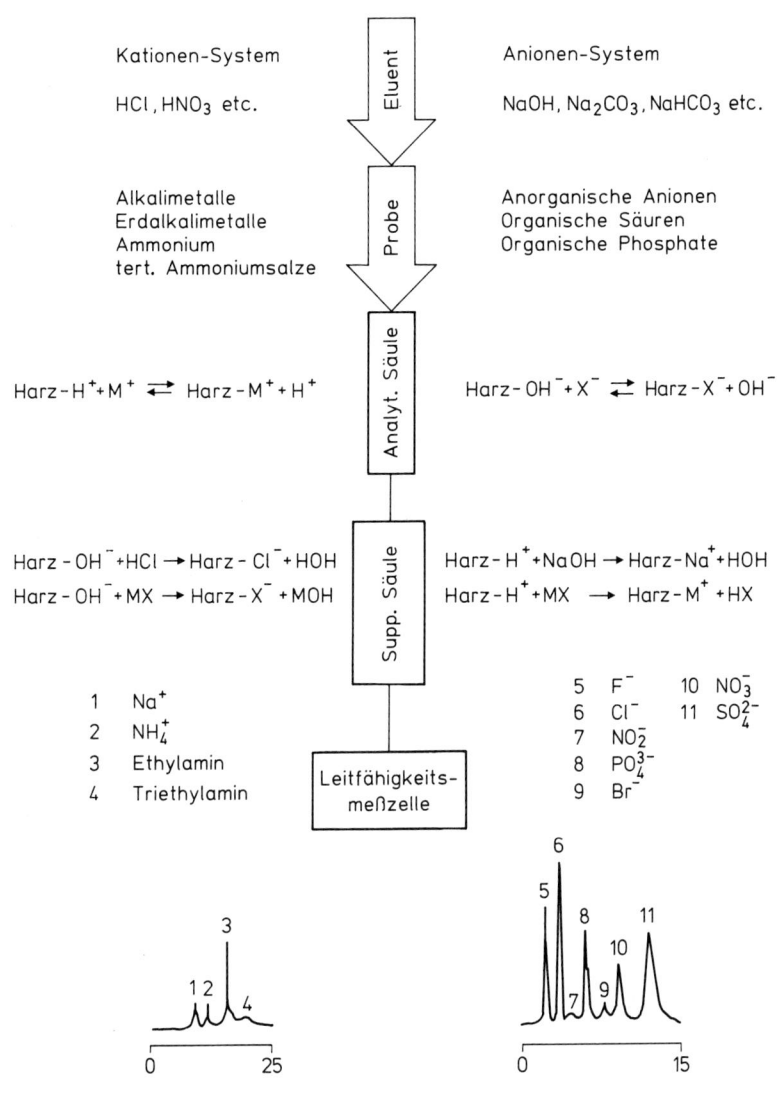

Abb. 6-8. Fließschema der Ionenchromatographie.

rungen zu vermeiden, arbeitet man mit sog. Mikrozellen (s. Abb. 6-7). Nach Auftrennung der Ionen über eine analytische Austauschersäule und Neutralisation des Puffers über eine sog. „Suppressorsäule" werden die eluierten Ionen sukzessiv durch Leitfähigkeitsmessung bestimmt und als Chromatogramm aufgezeichnet, was das Beispiel in der Abb. 6-8 veranschaulicht. Haupteinsatzgebiet dieser neuen analytischen Methode ist die Wasseranalytik, wo sie mit großem Nutzen z. B. zur Analyse des „sauren Regens" angewendet wird. Die hohe Leistungsfähigkeit der Ionenchromatographie (IC) heute verdanken wir den bahnbrechenden Arbeiten von SMALL et al. (1975), die definierte und reproduzierbare Ionenaustauscherharze mit niedriger Kapazität und hoher Trennleistung synthetisierten.

Der Leitfähigkeitsdetektor ermöglicht die kontinuierliche automatische Aufzeichnung der Meßsignale und den Nachweis der aus der Säule austretenden Ionen. Die elektrischen Signale der Meßzelle werden dabei integral/digital ausgewertet. In bestimmten Fällen kann die Leitfähigkeitsdetektion simultan mit der amperometrischen oder photometrischen (UV/VIS) Ionenspektroskopie erfolgen. Theorie und den heutigen technischen Stand dieser vielseitig anwendbaren Analysentechnik beschreibt WEISS (1985) in seiner Monographie „Handbuch der Ionenchromatographie" (VCH Verlagsgesellschaft) ausführlich und umfassend.

Ionenchromatographen liefern die Firmen DIONEX und METROHM. Beide Hersteller verfügen auch über eine umfangreiche Bibliographie praktischer Anwendungen dieser Methode (SCHÄFER 1988).

6.4 Thermokonduktometrische Elementbestimmung

Bei der Verbrennung organischer Substanzen entstehen gasförmige Reaktionsprodukte, die quantitativ gemessen werden müssen. Dafür bietet sich der Wärmeleitfähigkeitsdetektor an.

Der hohe technische Stand dieser Meßmethode gestattet heute eine schnelle und genaue Endbestimmung in der CHN-O-S-Analyse. Dieser Detektor hat gegenüber den klassischen Auswertemethoden den großen Vorteil, daß keine Reagenzien mehr erforderlich sind, sondern die Auswertung auf trockenem Wege über elektrische Meßgrößen erfolgt; eine entscheidende Voraussetzung für die weitere Mechanisierung und Automatisierung der wichtigsten elementaranalytischen Methoden, die in den vergangenen Jahren in schneller Folge entwickelt wurden.

Der WLD-Detektor, der universellste unter den in der Gaschromatographie verwendeten Detektoren, arbeitet nach dem Ohm-Gesetz. Das Meßprinzip beruht darauf, daß, je nach der Wärmeleitfähigkeit der durchlaufenden Gase, die erhitzten Widerstände einer Wheatstone-Brückenschaltung verschieden schnell abkühlen. Dieser Effekt beruht auf der unterschiedlichen Wärmeleitfähigkeit zwischen reinem Trägergas (in der Elementanalyse meist Helium) und dem mit der zu messenden Reaktionskomponente beaufschlagten Trägergas bei einer gegebenen Temperaturdifferenz. Abb. 6-9 zeigt ein einfaches Schaltbild des WLD-Detektors.

Um Druck- und Temperaturschwankungen weitgehend zu kompensieren, enthält die Detektorzelle normalerweise zwei oder vier der in einer Brückenschaltung verbundenen

6.4 Thermokonduktometrische Elementbestimmung

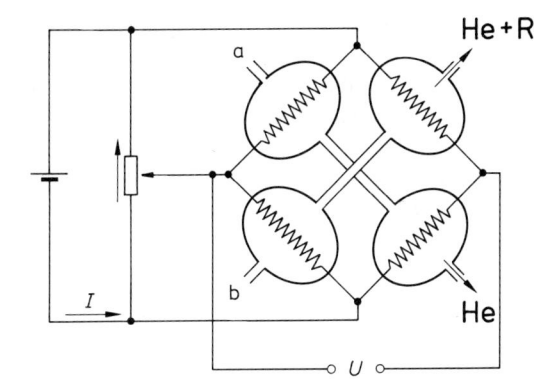

Abb. 6-9. Wärmeleitfähigkeitsdetektor (WLD). *a* Vergleichsgas-Eingang zur Säule; *b* Trägergas-Eingang von der Säule; *U* Ausgangsspannung; *R* die zu messende Reaktionsgaskomponente

Heizelemente (filaments), deren Widerstände temperaturabhängig sind. Die Filaments dienen gleichzeitig als Wärmequelle und zur Temperaturmessung. Sie sind, um den Widerstand zu erhöhen, als Einfach- oder Doppelhelix geformt und bestehen meist aus Wolfram (W2X), Nickel, Platin oder einer Legierung aus diesen Metallen.

Die Elution einer Verbindung mit anderer Wärmeleitfähigkeit als das Trägergas führt zu einer Temperaturdifferenz am Filament, welche durch die Veränderung des Widerstandes den gemessenen Spannungsabfall bewirkt. Dieser ist proportional zur Probenmenge und liefert das Ausgangssignal, das nach Verstärkung und Wandlung digital ausgewertet wird.

Die Auswertung dieser Gleichspannungssignale erfolgt, wie die Abb. 6-10 und 6-11 veranschaulichen, im dynamischen System durch Integration der Spannung über die Zeit, im statischen System durch Messung der Spannung. Bei Kombination der Signalauswertung aus Meßzelle und elektronischer Waage können am Ende des Analysenlaufes gleich die Prozentwerte der Elemente ausgedruckt werden (s. automatische CHN-O-S-Bestimmungen).

Über in der Gaschromatographie gebräuchliche Detektoren berichten JENTSCH und OTTE (1970), ŠEVČIK (1976) und KAISER (1980).

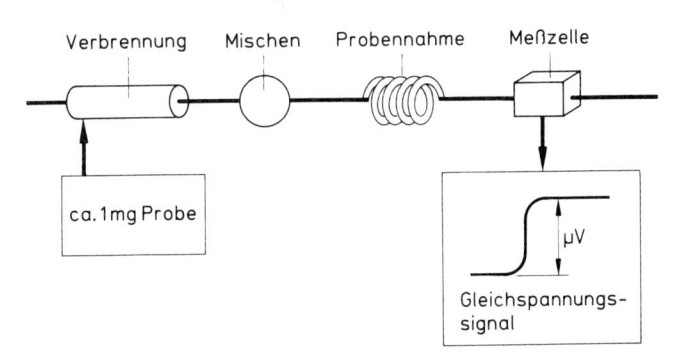

Abb. 6-10. Schematische Darstellung der *statischen* Messung der Gleichspannungssignale der TC-Zelle (s. thermokonduktometrische CHN-Bestimmung Kap. 16.1).

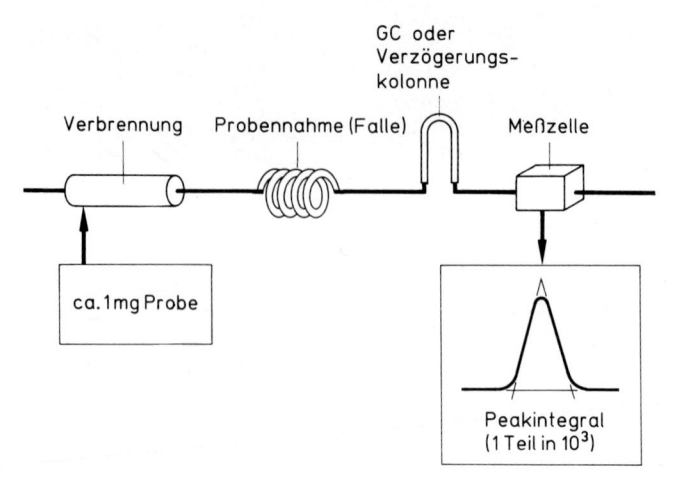

Abb. 6-11. Schematische Darstellung der *dynamischen* Messung der Gleichspannungssignale der TC-Zelle (s. thermokonduktometrische CHN-Bestimmung Kap. 16.3).

6.5 Photometrische Analyse

Die photometrische Analyse, auch in Form der photometrischen Titration, ist ein wichtiges und häufig genutztes Analysenverfahren zur Endbestimmung von Elementkonzentrationen. Für diese Bestimmungen sind die Wellenlängen im UV- und sichtbaren Bereich wichtig. Auch der nahe IR-Bereich wird in der OEA zunehmend zur quantitativen Bestimmung kleiner Moleküle (CO, CO_2) genutzt.

Wellenlänge λ		
UV-Bereich	180 – 400 nm	Anregung der Außenelektronen
sichtbarer Bereich	400 – 800 nm	Elektronenspektren
IR-Bereich	800 nm – 400 µm	Molekülschwingungen

Prinzip. Als photometrische Analyse bezeichnet man ein Verfahren, bei dem die Absorption des zu bestimmenden Stoffes oder einer Verbindung, in die ein Element übergeführt wird (z. B. S in Methylenblau oder N in Indophenolblau u. a.), mit Licht von genügend kleiner spektraler Bandbreite bei geeigneter Wellenlänge gemessen wird. Die spektrale Bandbreite ist genügend klein, wenn sich der gemessene Transmissionsgrad bei weiterer Verringerung der Bandbreite nicht mehr ändert. Der Grenzfall verschwindend kleiner Bandbreite, das monochromatische Licht, kann näherrungsweise (s. u.) aber nicht exakt verwirklicht werden. Das Ergebnis der photometrischen* Messung bei der Wellenlänge

---

* Siehe Fußnote S. 59.

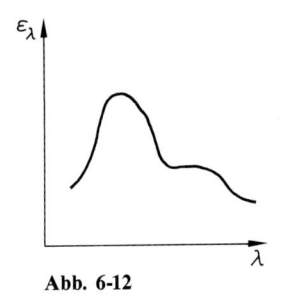

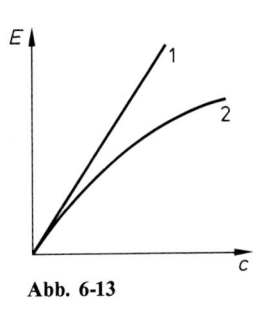

Abb. 6-12. Spektraler Verlauf des Extinktionskoeffizienten ε_λ (schematisch).

Abb. 6-13. Abhängigkeit der Extinktion E von der Konzentration c. (1) Lambert-Beer-Gesetz. (2) Empirische Eichkurve.

λ (mit genügend kleiner Bandbreite $\Delta \lambda$) ist der spektrale Transmissionsgrad T_λ bzw. die daraus abgeleitete Extinktion E_λ.

Grundlegend für die Auswertung der Messung sind
a) der spektrale Verlauf der Absorption
b) der Zusammenhang zwischen Absorption und Konzentration des zu bestimmenden Stoffes.

Der spektrale Verlauf der Absorption wird zweckmäßig dargestellt als Absorptionskoeffizient ε_λ in Abhängigkeit von der Wellenlänge, wie Abb. 6-12 veranschaulicht. Die Beziehung zwischen Absorption und Konzentration ist im einfachsten Fall durch das *Lambert-Beer-Gesetz*

$$E_\lambda = \varepsilon_\lambda \cdot c \cdot d$$

gegeben, dessen graphische Darstellung die Gerade in Abb. 6-13 ergibt oder, falls kein linearer Zusammenhang zwischen E und c besteht, eine gekrümmte „Eichkurve". Für qualitative Analysen ist der spektrale Verlauf von ε_λ wichtig. Für quantitative Analysen beschränkt man sich auf die Messung bei einer Wellenlänge, bei der ε_λ ein Maximum besitzen sollte, da dort die Empfindlichkeit der Methode groß und die Änderung von ε_λ bzw. E_λ mit der Wellenlänge gering ist, so daß die Einstellung der Wellenlänge am Meßgerät unkritisch ist.

Bestimmung der Extinktion (Spektralphotometrie)

Lichtquelle $\xrightarrow{I_0}$ [Küvette d] $\xrightarrow{I}$.

---

* Im Unterschied zur Photometrie wird der Begriff „Kolorimetrie" eng beschränkt auf den visuellen Farbvergleich einer Probe mit einer Standardlösung, bei dem ein breiter Spektralbereich, das ganze sichtbare Spektralgebiet, wirksam ist.

Man mißt die Intensität des eingestrahlten, monochromatischen Lichts I_0 und die Intensität des nach Durchlaufen einer Küvette bestimmter Schichtdicke (d) austretenden, geschwächten Lichtes I. Den Quotienten I/I_0 bezeichnet man als Transmission T:

$$T = \frac{I}{I_0} \cdot 100 \; [\%] \; .$$

Die logarithmische Abhängigkeit der Transmission ist die sog. Extinktion E, eine wichtige Meßgröße in der Analytik:

Extinktion E:

$$E = -\log T = \log \frac{1}{T} = \log \frac{I_0}{I} \; .$$

Die Extinktion ist eine dimensionslose Größe. Wird bei einer definierten Wellenlänge gemessen, so besteht zwischen Extinktion E, Schichtdicke d und Konzentration c eine direkte Proportionalität, das

Lambert-Beer-Gesetz: $E = \varepsilon \cdot c \cdot d$

$\varepsilon_\lambda = \dfrac{E_\lambda}{c \cdot d}$ = spez. molarer Extinktionskoeffizient

$$I = I_0 \cdot 10^{-\varepsilon \cdot c \cdot d} \; \text{bzw.} \; \log \frac{I_0}{I} = \varepsilon \cdot c \cdot d \; .$$

Die Größe $\log I_0/I$ ist die von BUNSEN definierte „Extinktion" E; sie hängt (bei konstanter Schichtdicke) linear von der Konzentration c ab. Die betr. Gerade geht wegen $\log I_0/I = 0$ für $I = I_0$ (keine Absorption) durch den Koordinatenanfangspunkt (s. Abb. 6-13).

Die Konstante ε ist für die absorbierende Stubstanz charakteristisch, ihr Wert eine Aussage über die Stärke der Absorption. Der Zahlenwert von ε (bei gegebener Substanz) hängt von der gewählten Konzentration ab; rechnet man c in M/l, wird ε als „molarer dekadischer Extinktionskoeffizient" bezeichnet* (dekadisch, weil der dekadische Logarithmus verwendet wird). ε ist die Extinktion, die eine 1 M Lösung in einer Schichtdicke von 1 cm besitzt (sofern das Beer-Gesetz bis zu dieser Konzentration gültig ist).

Meßvorgang. Die mittels einer Wolfram-(VIS-Bereich) oder Deuterium-Lampe (UV-Bereich) erzeugte kontinuierliche Strahlung wird durch ein Prisma zerlegt und die erforder-

---

* Dieses Gesetz gilt nur für monochromatisches Licht und stark verdünnte Lösungen; außerdem sollten photometrische Messungen stets bei einer Wellenlänge durchgeführt werden, bei der die Substanz ein Absorptionsmaximum aufweist.
  Wird die Messung bei kontinuierlich veränderter Wellenlänge vorgenommen und E als Funktion von λ aufgetragen, so erhält man die für die Substanz charakteristische Extinktionskurve (= Absorptionsspektrum, Abb. 6-12)

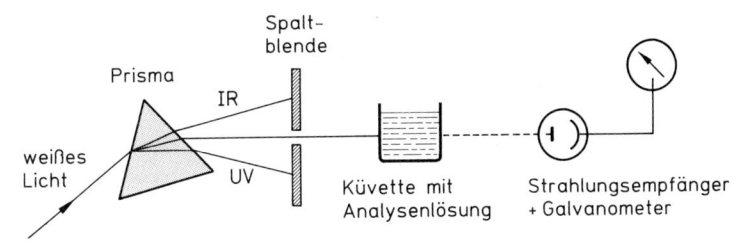

Abb. 6-14. Schematischer Aufbau eines Photometers und Strahlengang.

liche Wellenlänge mit einer Spaltblende herausgefiltert. Dieser Lichtstrahl fällt durch die in der Küvette befindliche Analysenlösung, wird geschwächt, im Strahlungsempfänger (Photozelle) in elektrische Energie umgewandelt und mit Hilfe eines Galvanometers als Meßwertanzeige sichtbar gemacht. In modernen Zweistrahlgeräten wird dabei gleichzeitig die Extinktion des reinen Lösungsmittels als Blindwert gemessen; als Meßanzeige erscheint dann sofort der Vergleichswert. Die Geräte sollten einen Meßbereich von 210 bis 1000 nm umfassen; die erforderlichen Küvetten bestehen im sichtbaren Bereich aus Glas, im UV-Bereich aus Quarz. Wellenlängen- und Photometerskala müssen von Zeit zu Zeit mit geeigneten Standardlösungen überprüft werden.

Die Einführung des Mikroprozessors und anderer hochintegrierter Bauelemente im Photometerbau hat zu einer starken Innovation auf diesem Gebiet geführt, die dem Anwender viele entscheidende Vorteile (Preis der Geräte, Bedienungskomfort und Genauigkeit der Meßergebnisse) bietet.

Über diese Entwicklung informiert SPREITZHOFER (1978) eingehend. Zum weiterführenden Studium der photometrischen Messung empfiehlt sich u. a. ein Artikel von HÖFERT (1964) und die Monographie von BOCK (1980). Den hohen technischen Stand der Atom- und Molekülspektroskopie heute beschreiben ausführlich BROEKART und SCHRADER (1989). GAUGLITZ (1989) gibt dort eine Marktübersicht gängiger UV/VIS-Spektrometer.

6.6 Photometrische Titration

Prinzip. Bei der photometrischen Titration wird die Extinktion der Reaktionslösung gemessen. Für monochromatisches Licht, das durch die Lösung tritt, gilt das Lambert-Beer-Gesetz. Wird die Titration in einem Gefäß mit konstanter Schichtdicke durchgeführt, ist die Extinktion der Konzentration der absorbierenden Substanz proportional (lineare Abhängigkeit).

Absorbieren bei der Durchführung der Titration entweder der Titrant, die zu titrierende Substanz oder die entsprechenden Reaktionsprodukte, so entstehen typische Titrationskurven, wenn die Extinktion gegen das Volumen des Titranten aufgetragen wird. Aus ihnen kann der Endpunkt als Schnittpunkt zweier Geraden bestimmt werden.

Die unterschiedlichen Kurventypen sind ausführlich von GODDU und HUME (1954) diskutiert worden. Die Methode der photometrischen Titration ist nicht auf eine be-

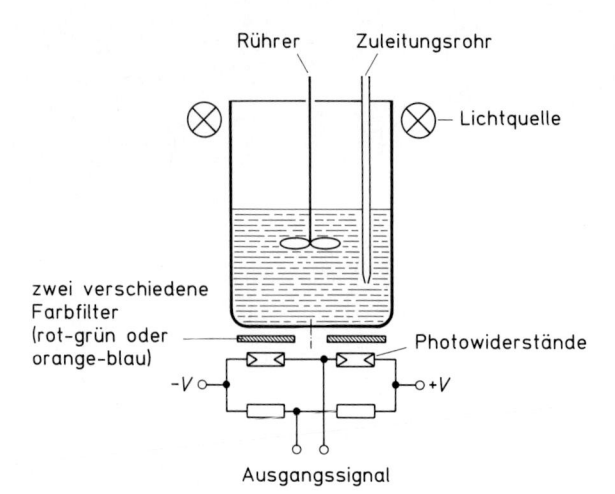

Abb. 6-15. Meßanordnung des Radiometer-Titrators PMT 1.

stimmte Art der Titration beschränkt. Sie gestattet die Durchführung von Säure-Basen-Titrationen, Titrationen von Redox-Systemen, komplexometrischen Titrationen, Fällungsreaktionen, coulometrischen Titrationen mit photometrischer Endpunktbestimmung und die Anwendung auf andere Systeme. Gegenüber visuellen Titrationen hat die photometrische Titrationsmethode verschiedene Vorteile; sie ist auch dann noch anwendbar, wenn die absorbierende Substanz nur schwach oder aber im UV oder NIR absorbiert. Die Anwesenheit anderer Substanzen, die im selben Wellenlängenbereich absorbieren, stört kaum, da Änderungen der Extinktion gemessen werden. Ferner ist die Genauigkeit größer, da meist mehrere Meßpunkte ausgewertet werden können und schließlich ist die Methode für Reaktionen anwendbar, die nahe dem Endpunkt unvollständig verlaufen.

Zur Durchführung photometrischer Titrationen kann, wie von PHILLIPS (1959) beschrieben, im Prinzip jedes Spektralphotometer nach Ausrüstung mit einer Probenkammer benutzt werden. Verschiedene Geräte zur photometrischen Titration (System TTA 4 und PMT 1) wurden von der Fa. RADIOMETER auf den Markt gebracht. Das PMT 1-System (Abb. 6-15) ist im sichtbaren Bereich, wenn eine Reihe ähnlicher Titrationen möglichst rasch durchgeführt werden muß, rationell einsetzbar.

Der Zeitbedarf pro Titration ist gering und die Umprogrammierung von einer Titrationsart auf eine andere in Sekundenschnelle möglich. Das Licht durchdringt bei dieser Anordnung die gesamte Lösung, wobei ein kleiner Teil auf die Photowiderstände fällt. Je zwei Widerstände sind parallel angeordnet, um den Einfluß von in der Probe befindlichen Teilchen abzuschwächen. Eine Titration ist nur möglich, wenn zwei geeignete sich in der Farbe unterscheidende Filter zwischen Probelösung und Photowiderständen angeordnet sind. Dann ist das Ausgangssignal eine Funktion der Farbe der Lösung. Dieses Prinzip liegt auch der von BRODKORB und SCHERER (1969) beschriebenen Endpunktindikation zugrunde, die zur Steuerung einer Motorkolbenbürette genutzt wird (s. Kap. 14.1). Weitere Geräte zur photoelektrischen Indizierung von Titrationsabläufen sind der Phototitrator der Fa. METROHM und die Phototroden DP 550 und DP 660 der Fa. METTLER. Das Meßprinzip der letzteren veranschaulicht Abb. 6-16.

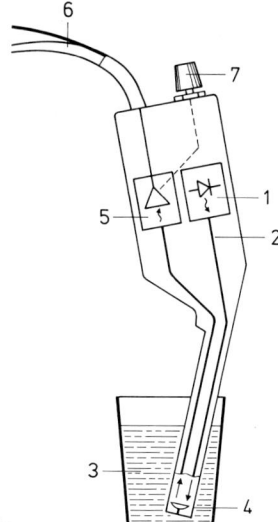

Abb. 6-16. Meßprinzip der Mettler-Phototrode.

Meßprinzip der Mettler-Phototrode: Die in der Sonde eingebaute Photodiode (1) strahlt durch den Lichtleiter (2) moduliertes Licht aus, das die Probeflüssigkeit (3) durchläuft. Das vom Hohlspiegel (4) reflektierte Licht wird vom Detektor (5) in ein elektrisches Signal umgewandelt, verstärkt und über den Anschluß (6) einem Meßgerät zugeführt (zum Beispiel dem Mettler-Memo-Titrator DL40RC). Die Signalverstärkung kann mit dem Drehknopf (7) reguliert werden. Durch die hochfrequente Lichtmodulation werden Störungen durch externe Lichtquellen nahezu ausgeschaltet.

6.7 Photometrische Analyse mit Hilfe der Infrarotabsorption

Zur quantitativen Bestimmung niedermolekularer Reaktionsgase wie CO_2, CO, SO_2 und Wasser wird in der Elementaranalyse zunehmend auch die Absorption im NIR-Bereich genutzt. Auch in der Umweltanalytik wird diese Analysenmethode u. a. zur Konzentrationsbestimmung dieser Gase mit Erfolg angewendet.

Die Oxide von Kohlenstoff (CO, CO_2) und Schwefel (SO_2, SO_3) zeigen im Infrarotspektrum charakteristische Absorptionsbanden, die sich von den Absorptionsspektren anderer Reaktionsgaskomponenten in geeigneter Weise unterscheiden (s. Abb. 6-17). Dadurch ist es möglich, die Infrarotmessung zur Konzentrationsbestimmung dieser Gase einzusetzen. Die dafür verwendeten Gasanalysatoren arbeiten nach dem *Prinzip* der nichtdispersiven IR-Absorption (NDIR).

Diese Analysenmethode zeichnet sich durch hohe Selektivität, Empfindlichkeit und hohe Nullkonstanz der verfügbaren Analysengeräte aus. Daher kann dieses Verfahren auch automatisiert werden. Die Messung kann sowohl im statischen als auch strömenden System erfolgen. Da die Länge der Meßküvette variabel sein kann, ist der dynamische Bereich dieser Meßmethode sehr groß.

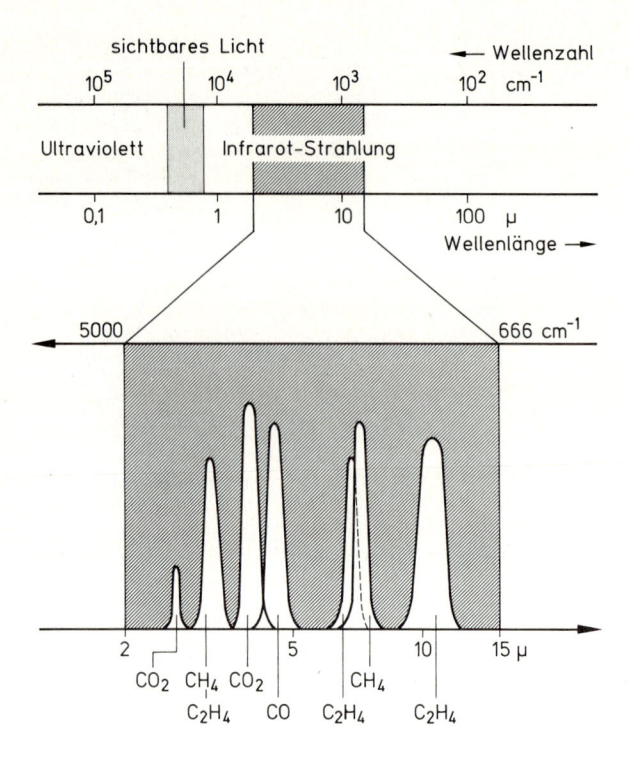

Abb. 6-17. Absorptionsspektren im Infraroten.

Zum *Aufbau* der Geräte s. Abb. 6-18. Sie bestehen aus einem breitbandigen IR-Strahler (optimal ist ein Schwarzkörperstrahler), der Meßküvette (die von dem zu analysierenden Gas durchströmt wird) und dem Detektor. Durch die entsprechende Optik wird die vom Strahler ausgehende Strahlung auf die Detektoroberfläche fokussiert, so daß bei gegebener Gaskonzentration für das Signal/Rausch-Verhältnis des Detektors gilt:

$$S = R \frac{(P_0 - P_1)}{N_0} \tag{1}$$

S = Empfindlichkeit
P_0 = modulierte Strahlungsleistung auf der Detektoroberfläche bei leerer Küvette
P_1 = modulierte Strahlungsleistung auf der Detektoroberfläche bei durchströmter Küvette
R = sog. „responsivity" des Detektors (V/W)
N_0 = Detektorrauschen

Die Empfindlichkeit des Gasanalysators und somit die Nachweisgrenze wird also durch das Detektorrauschen bestimmt. Die Parameter P_0 und P_1 sind durch die Strahlungsleistung des IR-Strahlers, die optische Strahlenführung und die Filtercharakteristik gegeben.

Ein für die Detektion von CO_2 und CO in Gasströmen (die entsprechenden Absorptionsbanden dieser Komponenten liegen bei 4.26 µm und 4.68 µm) geeigneter Sensor ist

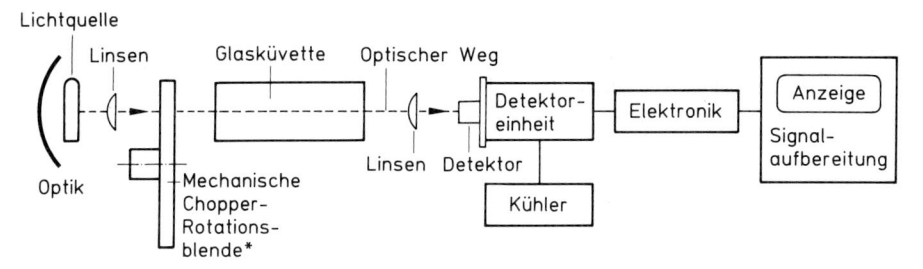

6.7 Photometrische Analyse mit Hilfe der Infrarotabsorption

Abb. 6-18. Prinzipschaltbild eines NDIR-Gasanalysators.
* Der Chopper fällt weg, wenn eine modulierte bzw. gepulste IR-Quelle verwendet wird.

u. a. der PbSe-Sensor. Seine Detektivität D ($D = R/N_0$) ist in Abb. 6-19 für verschiedene Temperaturen gegen die Absorptionsbanden von CO_2 und CO-Gasen aufgetragen. Bei niedriger Arbeitstemperatur (durch entsprechendes Kühlen des Sensors) nimmt die Detektivität im Empfindlichkeitsbereich des PbSe-Sensors (3 bis 5 µm) zu. Ein Abkühlen des Sensors verbessert auch die Unterdrückung des gesamten Rauschpegels des Gasanalysators. Das am Detektorausgang entstehende elektrische Signal wird in der elektronischen Schaltung verstärkt, gleichgerichtet und zur Signalaufbereitung dem angeschlossenen Rechner bzw. PC zugeführt. Die Anzeige erfolgt in %C. Im allgemeinen liegt das zu detektierende Signal in der Größenordnung von einigen hundert Mikrovolt.

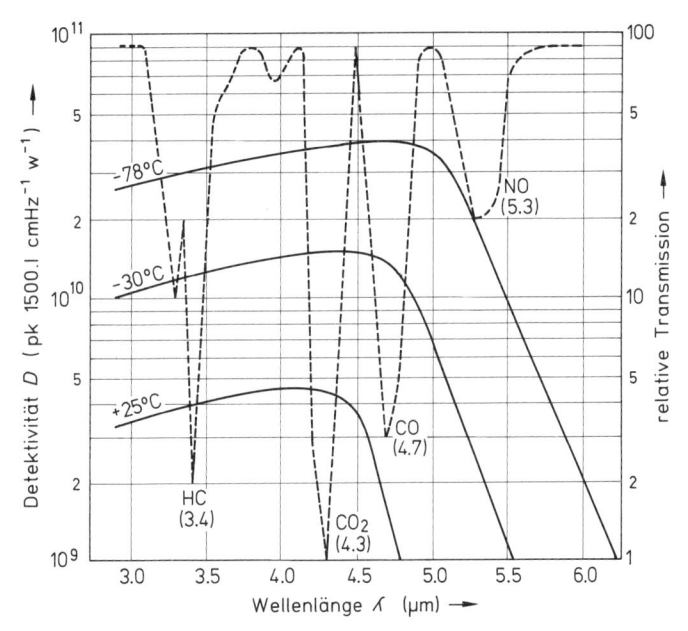

Abb. 6-19. Detektivität D eines empfindlichen PbSe-Detektors als Funktion der Wellenlänge bei Arbeitstemperaturen von $+25\,°C$, $-30\,°C$ und $-70\,°C$ gegen die Absorptionsspektren häufig vorkommender gasförmiger, Luftverunreinigunger aufgetragen.

Durch die Modulation der Strahlungsquelle und eine entsprechende Detektion (z. B. mit Hilfe eines Lock-in-amplifiers) wird eine Störpegelunterdrückung erreicht, dadurch auch das S/R-Verhältnis verbessert und die elektronische Drift der Detektorgrundlinie vermindert.

NDIR-Gasanalysatoren sind auf die Messung einer fest gewählten Gaskomponente konzipiert; mit diesen können heute nahezu 70 verschiedene Gasarten aus unterschiedlichen Anwendungsbereichen selektiv erfaßt und exakt gemessen werden. Die Konzentration des Meßgases ergibt sich aus der Durchlässigkeit [$P_0 - P_1$ in Gl. (1)] der mit der jeweiligen Gaskomponente gefüllten Küvette. Die Messung folgt streng dem Lambert-Beer-Gesetz (Gl. 2):

$$I = I_0 \cdot e^{-\kappa c l} \tag{2}$$

κ = Extinktions(Absorptions)-Koeffizient
c = Konzentration (z. B. in g/m^3)
l = Länge der Küvette
I = durchgelassene Strahlungsintensität
I_0 = Strahlungsintensität beim Eintritt in die Küvette

Der Extinktionskoeffizient κ hängt sowohl von der Wellenlänge als auch der zu messenden Gaskomponete (CO_2, CO, SO_2 u. a.) ab. Löst man Gl. (2) nach c auf, erhält man

$$c = \frac{1}{\kappa \cdot l} \ln (I_0/I) \tag{3}$$

Gl. (3) zeigt die Abhängigkeit der Konzentration c vom natürlichen Logarithmus der Transmission $T = I/I_0$. Die Signalauswertung findet nach Beziehung (3) automatisch mit Hilfe einer hardwaremäßigen Linearisierung der Analysatorkennlinie oder (wie in den neuesten Gasanalysatoren) softwaremäßig im dazu angeschlossenen PC statt.

Querempfindlichkeiten: Aus der teilweisen Überlappung der Absorptionsbanden unterschiedlicher Gase ergeben sich Querempfindlichkeiten benachbarter Gase. Mit Selektivierungsmaßnahmen, wie optische Filterung, lassen sich diese Störeinflüsse erheblich reduzieren oder vermeiden.

Zwei Ausführungen der Geräte zur nichtdispersiven Infrarotanalyse sind im Handel (Ein- und Zweistrahlgeräte*).

Als Empfänger werden vor allem („solid-state") Fotozellen (PbSe-, PbS-, HgCdTe-, Si-Zellen) verwendet. Die nachfolgend kurz beschriebene NDIR-Meßzelle „BINOS" (Baureihe der Fa. LEYBOLD-HERAEUS – jetzt ROSEMOUNT arbeitet als Detektor mit einem Strömungsfühler, der NDIR-Analysator „UNOR" (Baureihe der Fa. MAIHAK) zur Detektion mit einem Membrankondensator.

Eine Marktübersicht über verfügbare NDIR-Gasanalysatoren wurde von GRISAR und PREIER (1983) zusammengestellt; auch GAUGLITZ (1989) gibt in seiner Marktübersicht gängiger UV/VIS-Spektrometer Hinweise auf NDIR-Meßzellen und deren Hersteller.

---

*Der Begriff „Einstrahlverfahren" bezieht sich weniger auf den gesamten optischen Strahlengang, sondern viel mehr auf den Strahlengang im Empfänger.

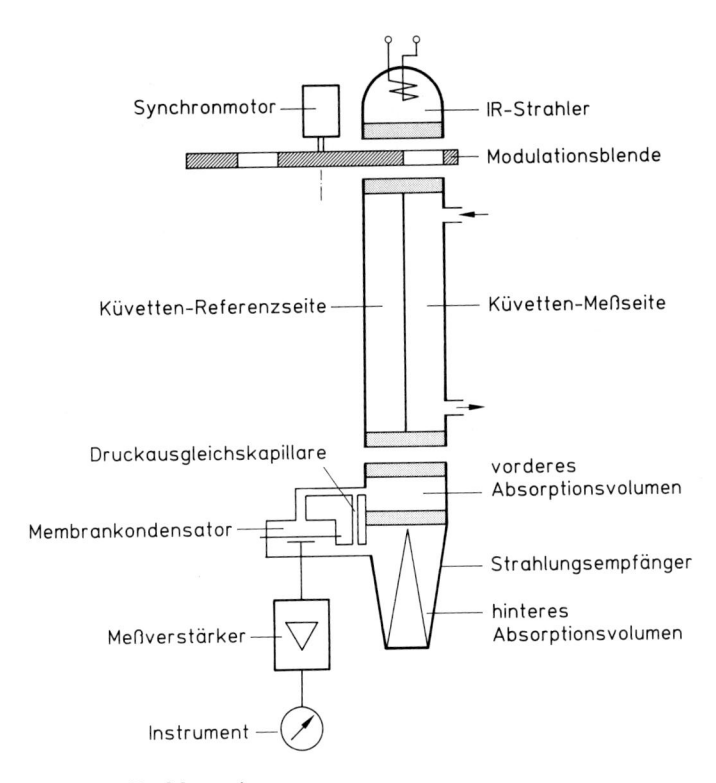

6.7 Photometrische Analyse mit Hilfe der Infrarotabsorption

Abb. 6-20. Funktionsschema des UNOR (Fa. MAIHAK).

Unten werden kurzgefaßt die Funktionsprinzipien der NDIR-Meßzellen „UNOR" und „BINOS" beschrieben, die in elementaranalytischen Methoden häufig zur Endbestimmung der, nach oxidativer oder pyrolytischer Umsetzung der Probe, entstehenden Reaktionsgase genutzt werden. Optoelektronische Gasanalysengeräte werden schwerpunktmäßig in der Umweltanalytik, der Emissionsüberwachung und der industriellen Prozeßgasanalyse eingesetzt.

Das Meßprinzip eines Einstrahlgerätes (UNOR 2-5 von der Fa. MAIHAK-AG) zeigt Abb. 6-20.

Funktionsprinzip des UNOR: Die von einem Strahler ausgehende Infrarotstrahlung wird von einer Rotationsblende in intensitätsgleiche, gegenphasig modulierte Anteile zerlegt, die abwechselnd die Analysenhälfte (Meßseite) und die Vergleichshälfte (Referenzseite) des zweigeteilten Küvettenrohres durchstrahlen. Beide Strahlungsanteile treten in einen Doppelschichtempfänger ein, der die zu messende Gaskomponente enthält. Die beiden Schichten des Empfängers liegen im Strahlengang hintereinander und stehen über zwei Kanäle mit der Membrane eines Meßkondensators in Verbindung. Die aufgenommenen Energien erwärmen das Gas in diesen Schichten, und die hierdurch eintretende Änderung des Gasdruckes wirkt auf die Membrane. Durchsetzt die Strahlung in der Analysenhälfte ein Gasgemisch, das die Meßkomponente enthält, so wird ein Teil der spezifischen Strahlung vorabsorbiert. Die druckproportionale Auswölbung der Membrane hat dann eine dem Meßeffekt entsprechende Kapazitätsänderung zur Folge. Diese wird von einem Verstärker in einer Brückenschaltung zu einer amplitudenmodulierten Hochfrequenzspannung umgewandelt. Nach Demodulation und selektiver Verstärkung des Niederfrequenzsignals wird daraus ein proportionaler Gleichstromwert gewonnen, der auf dem Instrument angezeigt wird.

Der UNOR 5 N mißt kontinuierlich Konzentrationen von Gaskomponenten im Vol.%- und ppm-Bereich. Er eignet sich sowohl für die Luftüberwachung, die Kontrolle von Abgasen und chemischen Prozessen als auch für den Einsatz im Labor.

Bekannte Zweistrahlgeräte sind der URAS (LUFT 1943), der Liston-Becker-CO_2-IR-Analyzer (SIGGIA 1959) und, in neuerer Zeit entwickelt, der BINOS (SCHUNK 1976) von LEYBOLD-HERAEUS (jetzt ROSEMOUNT), dessen Funktionsprinzip anschließend kurz beschrieben wird.

Funktionsprinzip des BINOS-Analysators: Der Gasanalysator BINOS ist ein nichtdispersiver Infrarotanalysator mit folgendem physikalischen Grundaufbau (hierzu Abb. 6-21): Ein Infrarotstrahler 1 erzeugt die nötige Strahlungsintensität. Die Heizwendel des Strahlers ist von einem Keramikmantel umgeben, der ein Bedampfen des Reflektors und der Wände verhindert. Die Strahlung durchläuft je zur Hälfte die Meßküvette 2 und die Vergleichsküvette 3. Eine daran anschließende Filterküvette 4 siebt störende Strahlungsbereiche aus dem Strahlungsspektrum aus und sorgt für die Anpassung an den Öffnungsquerschnitt des Detektors 7. Unter der Filterküvette läuft das Lichtzerhackerrad 5. Seine besondere Formgebung führt zu einer hohen Empfindlichkeitsstabilität. Das Lichtzerhackerrad läuft in einem gasdichten Gehäuse und wird über 2 Wirbelstrommagnete 6

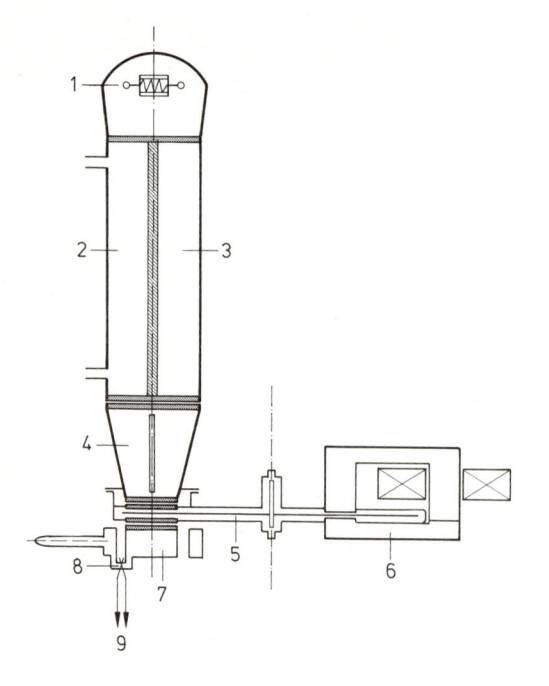

Abb. 6-21. Physikalischer Aufbau des BINOS-Analysators.
1 Strahler
2 Meßküvette
3 Vergleichsküvette
4 Filterküvette
5 Lichtzerhackerrad
6 Wirbelstromantrieb
7 Strahlungs-Detektor
8 Meßfühler für Strömung
9 Meß-Signal

BINOS® von Rosemount

für die ZUKUNFT
– die PERSPEKTIVE
für die GASANALYSE

ROSEMOUNT

Meßtechnik
Automatisierung
Analytik
Ventile

Rosemount GmbH & Co. (RAE)
Geschäftsbereich Analysentechnik
Wilhelm-Rohn-Str. 51 · D-6450 Hanau 1
Tel. (06181) 364-0 · Fax (06181) 364-109

Die BINOS®-Familie von Rosemount

das Gasanalysen-Programm

BINOS® 1
1/2-19" Tisch-/Einschubgehäuse
- Für Messungen im IR-Bereich, die keine Thermostatisierung erfordern.

BINOS® 2
19" Feldgehäuse (IP 65) auch als 19" Einschub verwendbar
- Für den stationären Einsatz unter erschwerten Umweltbedingungen. Physik- und Elektronikteil sind getrennt angeordnet.

BINOS® 3
19" Einschub
- Die verkürzte Bautiefe erlaubt ausschließlich den Einbau in Analysenschränke oder entsprechende Schutzgehäuse (z.B. IP 55).

BINOS® 4
19" Tisch-/Einschubgehäuse
- Möglichkeit zur Thermostatisierung, dadurch besonders geeignet für den UV- und VIS-Bereich.

BINOS® 5
Hochtemperatur-Analysator im 19" Gehäuse
- Für Messungen im Hochtemperaturbereich, max. 180 °C.

BINOS® 6
1/2-19" Tisch-/Einschubgehäuse Lungenfunktionsanalysator
- Zur Messung von CO_2 in Atemluft.

BINOS® 100
Kompaktes nur 1/4-19" Tisch-/Einschubgehäuse
- µP-gesteuert für die Erfassung von CO_2, CO, CH_4 und C_6H_{14}.

BINOS® 1001
1/2-19" Tisch-/Einschubgehäuse
- Leistungsstarker, µP-gesteuerter Gasanalysator für Messungen im IR-Bereich.

BINOS® 1002
19" Feldgehäuse
- µP-gesteuerter Gasanalysator für den stationären Einsatz unter erschwerten Umweltbedingungen. Physik- und Elektronikteil sind getrennt angeordnet.

BINOS® 1004
19" Tisch-/Einschubgehäuse
- µP-gesteuerter Gasanalysator mit der Möglichkeit zur Thermostatisierung, dadurch besonders geeignet für Messungen im UV- und VIS-Bereich.

OXYNOS® 100
1/4-19" Tisch-/Einschubgehäuse
- µP-gesteuerter Sauerstoffanalysator der Kompaktbauweise.

HYDROS® 100
1/4-19" Tisch-/Einschubgehäuse
- Zur kontinuierlichen Wasserstoffbestimmung.

ROSEMOUNT

Meßtechnik
Automatisierung
Analytik
Ventile

Rosemount GmbH & Co. (RAE)
Geschäftsbereich Analysentechnik
Wilhelm-Rohn-Str. 51 · D-6450 Hanau 1
Tel. (06181) 364-0 · Fax (06181) 364-109

angetrieben. Der pneumatische Strahlungsdetektor 7 erfaßt selektiv die vom Lichtzerhackerrad modulierte Strahlung und setzt sie in eine zur Intensität proportionale Spannung um. Seine wellenlängenabhängige Empfindlichkeit wird durch eine entsprechende Gasfüllung erreicht. Der Detektor besteht aus einer gasgefüllten Absorptionskammer, die über ein Fenster von der Infrarotstrahlung beleuchtet wird, sowie aus einer Ausgleichskammer, die die erste ringförmig umgibt. Beide Kammern stehen über einen Kanal miteinander in Verbindung. Grundsätzlich wird der Detektor mit dem gleichen infrarotaktiven Gas gefüllt, das auch vom Analysator gemessen werden soll, so daß er nur innerhalb des vom Füllgas bestimmten schmalen Wellenlängenbereiches für Strahlung empfindlich ist.

Wird ein Teil der Strahlung vom Gas absorbiert, erwärmt sich das Gas, dehnt sich aus und strömt dabei zum Teil durch den Verbindungskanal in die Ausgleichskammer. Diese Strömung wird von einem Strömungsmesser erfaßt und in elektrische Spannung umgesetzt. Der Verbindungskanal ist so dimensioniert, daß er die Ausgleichsströmung durch Drosselung nicht wesentlich behindert. Die Lichtzerhackerscheibe sorgt dafür, daß sich der Strömungsvorgang periodisch wiederholt, da bei Abdunklung der Strahlungsquelle eine Erkaltung des Gasvolumens zu einer Rückströmung führt. Beim Analysengerät BINOS wird ein neuartiger Strömungsmesser verwendet, der bis zu etwa 1 kHz Pulsfrequenz einen frequenzproportionalen Empfindlichkeitsanstieg aufweist.

6.8 Potentiometrische Verfahren

Elektrochemische Verfahren spielen in der Laboranalytik heute eine große Rolle. Mit der potentiometrischen Titration werden zahlreiche (vor allem Hetero-)Elemente, routinemäßig in großer Zahl bestimmt. Die Entwicklung zahlreicher ionensensitiver Elektroden und leistungsstarker Titrierautomaten in letzter Zeit hat die potentiometrische Analyse stark gefördert.

Prinzip der potentiometrischen Titration (OEHME und VON WERRA 1977). Die Änderung der Ionenkonzentration bzw. -aktivität (die in verdünnter Lösung der Konzentration entspricht) wird im Verlauf einer Titration durch stromlose Messung des elektrischen Potentials (Spannungsdifferenz) zwischen einer Meß-(Indikator-)elektrode und einer Bezugs(Vergleichs-)elektrode verfolgt und in einem Diagramm (mV/ml Titrierlösung) aufgezeichnet. Der Zusammenhang zwischen elektrischem Potential und Ionenaktivität ist durch die *Nernst-Gleichung* gegeben, wonach das Potential dem Logarithmus der Aktivität direkt proportional ist.

Neben der Bestimmung des pH-Wertes (der Aktivität der H^+-Ionen) können damit Endpunkte von Säure/Base-, Redox-, Fällungs- und Komplexbildungs-Titrationen durch einen „Potentialsprung", d. h. durch eine sprunghafte Änderung des Potentials zwischen Meß- und Bezugselektrode, angezeigt werden. Der Äquivalenzpunkt wird auf dem Schreiberblatt eines mV-Schreibers graphisch, in modernen mikroprozessorgesteuerten Titrierautomaten automatisch/digital ermittelt.

Das Arbeiten mit ionenselektiven Elektroden beschreibt CAMMANN (1977, 1982, 1985) ausführlich.

Nernst-Gleichung. Sie beschreibt den Zusammenhang zwischen dem Einzelpotential ε und der Ionenaktivität a, einer auf die Ionenart i ideal ansprechenden Meßelektrode. In der allgemeinen Gleichung

$$\varepsilon = \varepsilon_0 \pm (RT/nF) \cdot \ln a_i$$

ist ε_0 das sich für $a_i = 1$ ergebende Standardpotential der Elektrode. Das Vorzeichen vor der Klammer ist für Kationen +, für Anionen −. Für praktische Zwecke wird der natürliche Logarithmus ln in den dekadischen Logarithmus log umgerechnet:

$$\varepsilon = \varepsilon_0 \pm 2.303 \, (RT/nF) \cdot \log a_i \; .$$

Der Ausdruck 2.303 (RT/F) wird als *Nernst-Faktor N* − nach DIN 19261 auch als Nernst-Spannung − bezeichnet. Die einzelnen Glieder des Faktors haben folgende Bedeutungen, Werte und Dimensionen:

R = allgemeine Gaskonstante 8.3144 [Joule·Kelvin^{-1}·Mol]
F = Faraday-Konstante 96484 [Coulomb/Val]
T = absolute Temperatur 273.16+ϑ [Kelvin]
n = Ionenwertigkeit [Mol/Val]

Für eine Temperatur von $\vartheta = 25\,°C$ folgt $T = 298$ K, für einwertige Ionen ist $n = 1$. Damit errechnet sich der Nernst-Faktor N zu

$$N = \frac{2.303 \cdot 8.3144 \cdot 298}{1 \cdot 96484} = 0.05914 \; [\text{Volt}] \; .$$

Üblicherweise wird N jedoch in Millivolt (mV) angegeben. Dann ergeben sich für einige diskrete Temperaturen die folgenden Werte:

ϑ (°C)	N (mV)	ϑ (°C)	N (mV)
0	54.17	40	62.13
10	56.18	50	64.12
20	58.16	75	69.08
25	59.16	100	74.04
30	60.15	125	79.01

Eine Kenntnis des Nernst-Faktors ist in mehrfacher Hinsicht von Wichtigkeit. So gibt er die Temperaturabhängigkeit des Potentials einer potentiometrischen Meßkette an. Dieses ändert sich beispielsweise pro Grad um 0.1984 mV.

Der für eine bestimmte Temperatur gültige Nernst-Faktor N entspricht weiter der Potentialänderung einer Meßkette, die sich für eine Änderung der Ionenaktivität oder auch der Ionenkonzentration bzw. um den Faktor 10 (= 1 Dekade) bzw. eine Änderung des pH-Wertes um $\Delta \text{pH} = 1$ ergibt. Bei einem n-wertigen Ion muß mit N/n gerechnet werden.

Der Wert von N/n wird auch als *Steilheit der Meßkette* bezeichnet.

Damit ergeben sich folgende wichtige Aussagen:
1. Der Nernst-Faktor ist temperaturabhängig
2. Für Ionen der Wertigkeit $n = 2$ wird der Nernst-Faktor zu $N/2$, für $n = 3$ zu $N/3$
3. Bei jeder Änderung der Ionenaktivität a_i um den Faktor 10 (= 1 Dekade) ändert sich das Einzelpotential der Meßelektrode um ein Vielfaches von N/n
4. Zwischen dem Einzelpotential ε und der Ionenaktivität a_i besteht ein logarithmischer Zusammenhang.

Diese Aussagen behalten auch dann ihre Gültigkeit, wenn die Meßelektrode durch Zuschalten einer Bezugselektrode zu einer Meßkette ergänzt wird. Bei nicht zu großen Temperaturänderungen lassen sich das Standardpotential ε_0 und das Standardpotential ε_B der Bezugselektrode zur Konstanten E_0 zusammenfassen. Damit wird

$$E = E_0 \pm (N/n) \cdot \log a_i.$$

Kommt die Nernst-Gleichung für eine Meßkette zum Bestimmen von pH-Werten zur Anwendung, so gilt mit

$$\text{pH} = -\log a_{\text{H}^+}$$

für das 1wertige *Wasserstoffion* H^+ für das Meßkettenpotential

$$E = E_0 - N \cdot \text{pH} .$$

Elektroden. Als Meß- oder Indikatorelektroden werden ionenselektive Elektroden verwendet, die speziell auf eine Ionenart ansprechen:

Platinelektrode ⎫
Chinhydronelektrode ⎬ Redoxtitrationen
Wasserstoffelektrode ⎭

Silberelektrode Ag^+-Bestimmungen

Glaselektrode   Säure/Base-Titrationen, pH-Messung

Als Bezugselektroden dienen Elektroden mit bekanntem, während der Messung konstant bleibendem Potential:

Normalwasserstoffelektrode   [Pt/H_2(1 atm)/H_3O^+(a_{H^+} = 1 mol/l)]

Kalomelelektrode   [Cl^-/Hg_2Cl_2/Hg]

Silber/Silberchlorid-Elektrode [Ag/AgCl/Cl^-]

Für Säure/Base-Titrationen (auch im wasserfreien Medium) wird heute hauptsächlich die Glaselektrode in Verbindung mit einer Kalomelelektrode verwendet. Einfacher ist die Anwendung sog. Einstabmeßketten, wo Meß- und Bezugselektrode in einem Elektrodenkörper untergebracht sind. Abb. 6-22 zeigt den Aufbau einer modernen Glaselektrode (GE) mit integrierter Ag/AgCl-Elektrode.

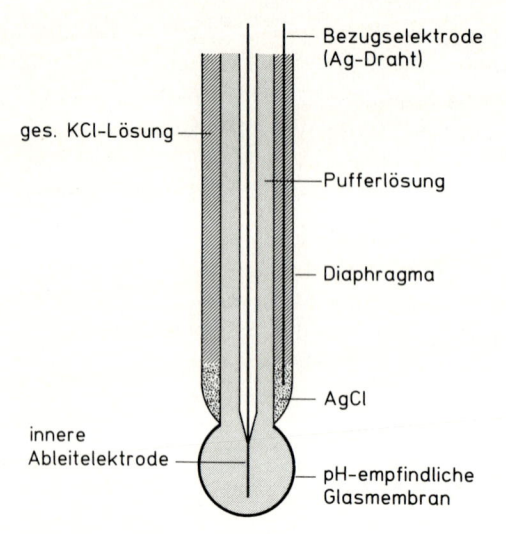

Abb. 6-22. Glaselektrode. Prinzip: Zwischen einer Glasmembran und der sie umgebenden Lösung tritt eine ph-abhängige Potentialdifferenz auf. Innerhalb der aus speziellem natriumreichen, leitfähigen „Mac-Innes-Glas" bestehenden Membran, die einige Zeit in Wasser „quellen" muß, um in der Membranoberfläche eine konstante H^+-Konzentration zu sichern, befindet sich eine pH-konstante, gepufferte Chloridlösung, in die als innere Ableitelektrode eine Ag/AgCl-Elektrode eintaucht. In der Wandlung befindet sich die äußere Bezugselektrode, meist ebenfalls Ag/AgCl in einer gesättigten KCl-Lösung. Die Vorgänge in der Glaselektrode sind sehr komplex; das Gesamtpotential setzt sich aus zahlreichen Einzelpotentialen zusammen, von denen nur das Phasengrenzpotential der äußeren Glasmembran während der Titration variabel ist und damit die Messung bestimmt.

Die *Glaselektrode* ist geeignet für Bestimmungen bei pH 2 bis 12; für absolute pH-Messungen muß sie zuvor mit NBS-Standardpufferlösungen geeicht werden. Durch spezielle Techniken kann die Glasmembran für verschiedene Metalle (Li^+, K^+, Ca^{2+} etc.) ionenselektiv gestaltet werden, so daß heute auch komplexometrische Titrationen mit der GE durchgeführt werden können.

Meßanordnung. Abb. 6-23 zeigt eine einfache Meßanordnung mit Einstabmeßkette, automatischer Bürette und Schreiber. Die Bürettenspitze sollte nicht in die Analysenlösung eintauchen, da sonst Meßfehler durch Diffusionsvorgänge auftreten können. Die Mes-

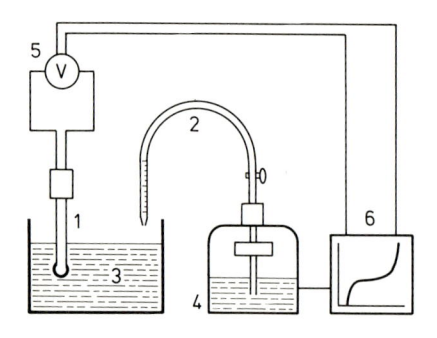

Abb. 6-23. Meßanordnung für eine potentiometrische Titration.
1 Einstabmeßkette
2 automat. Bürette
3 Analysenlsg.
4 Titrationslsg.
5 Voltmeter
6 Schreiber

sung sollte stromlos erfolgen, was durch hochohmige elektronische Schaltkreise möglich ist. Die gemessenen Potentiale werden durch Millivoltmeter oder digital angezeigt und direkt auf den Schreiber übertragen (s. dazu 6.1, Moderne Titrationstechnik).

Auswertung der Titrationskurve. Verschiedene Möglichkeiten für die graphische Auswertung der Titrationskurve (ml Maßlösung gegen Potential in mV) zur Ermittlung des Äquivalenzpunktes, die strenggenommen nur für ideale, symmetrische Kurven geeignet sind, zeigt Abb. 6-24.

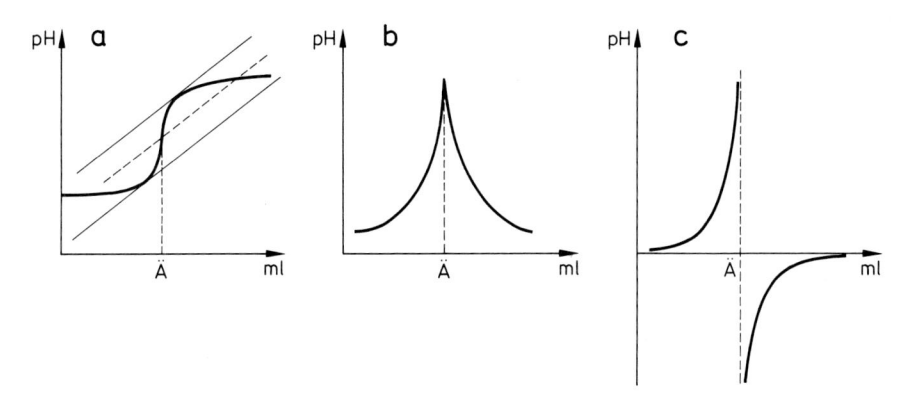

Abb. 6-24. Ermittlung des Äquivalenzpunktes einer Säure/Base-Titration; (a) Tangentenverfahren, (b) 1. Ableitung (Ä = Maximum, (c) 2. Ableitung (Ä = Nullstelle)

Dieser Fall tritt jedoch nur bei der Titration starker Säuren mit starken Basen ein (sogar hier verläuft die Kurve durch Volumenänderung während der Titration etwas asymmetrisch).

In Abb. 6-25 wird am Bespiel einer Redoxtitration die Auswertung einer asymmetrischen Kurve dargestellt. Für alle hier beschriebenen Auswertungen gilt, daß der Wendepunkt der Kurven nur in den wenigsten Fällen (bei sehr steilem Kurvenverlauf, d. h. bei großen Potentialsprüngen) dem wirklichen Äquivalenzpunkt entspricht, da Volumenänderungen während der Titration nicht berücksichtigt werden.

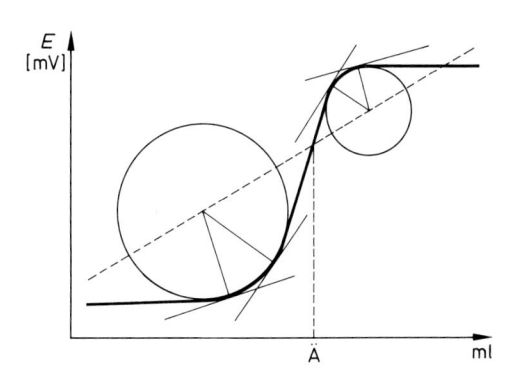

Abb. 6-25. Auswertung einer asymmetrischen Titrationskurve.

6.9 Röntgenfluoreszenzanalyse

E. BANKMANN[1]

Einführende Bemerkungen: Die Röntgenfluoreszenzspektralanalyse (RFA) ist eine der universellsten Methoden zur Elementbestimmung. Sie eignet sich zur qualitativen und quantitativen Analyse der Elemente bis etwa hinunter zur Ordnungszahl $Z = 9$ (Fluor) in festen und flüssigen Proben. Die Methode zeichnet sich durch einen großen dynamischen Bereich aus, es lassen sich in einer Probe Konzentrationen über einen Bereich von vielen Größenordnungen und gleichzeitig mehrere Elemente direkt bestimmen. Sie ist daher sowohl für den Makro- als auch Mikro- bis zum untersten Spurenbereich geeignet. Die Bestimmungsgrenzen liegen, allerdings matrixabhängig, im unteren ppm- bis ppp-Bereich; selbstverständlich spielt hierbei die Art der Probenvorbereitung zusätzlich eine große Rolle. Reproduzierbarkeit und Genauigkeit der Messungen sind sehr hoch. Dabei arbeitet die Methode weitgehend *zerstörungsfrei* und liefert ihre Ergebnisse überwiegend unabhängig vom chemischen Bindungszustand der Elemente in der zu analysierenden Probe.

Die Röntgenfluoreszenzspektren sind im Vergleich zu den „optischen" Emissionsspektren einfach aufgebaut und linienarm. Die Wellenlängen der charakteristischen Elementstrahlungen sind nach MOSELEY von der Ordnungszahl Z abhängig und folgen einer strengen Systematik.

Bei einer Bewertung der heute üblichen Verfahren zur Elementanalyse bezüglich Schnelligkeit, Variabilität und Automatisierungsgrad, steht die RFA ganz im Vordergrund. Aus einer Probe können durch schnelle sequentielle Messungen (bei entsprechender Gerätekonfiguration auch simultan) viele Elemente, sogar in sehr unterschiedlichen Konzentrationsbereichen, gleichzeitig und automatisch bestimmt werden. Ein Rechner mit maßgeschneiderter Betriebssoftware übernimmt Steuerung, Überwachung und Auswertung. Die RFA ist damit auch eine der preiswertesten Multielementbestimmungs-Methoden. Sind Elemente im extremen Spurenbereich mittels RFA zu bestimmen, gelingt dies nicht mehr mit der Analysenprobe direkt, sondern erst nach Adaption geeigneter chemischer Trenn- und Anreicherungsverfahren, unter Eingriff in die ursprüngliche Probe, an die Meßmethode. Gelingt es die zu bestimmenden Komponenten letztendlich in sehr dünnen Schichten zu messen, z. B. durch Konzentrieren auf einem geeigneten Membranfilter (s. Kap. 53.7), dann erreicht man über den Anreicherungsfaktor hinaus zusätzlich einen erheblichen Empfindlichkeitsgewinn. Auf diesem sehr zukunftsträchtigen Feld der Probenvorbereitung, selbstverständlich unter sehr sorgfältiger Beachtung von Verlustmöglichkeiten und vor allem Kontaminationsgefahren, sind dem Geschick, dem Einfallsreichtum und der Phantasie des Analytikers kaum Grenzen gesetzt. Es muß aber ausdrücklich davor gewarnt werden: Die Röntgenspektrometrie ist trotz aller aufgezeigter Vorzüge nicht die immer wieder erträumte sog. „black box"!

Die RFA ist wie alle leistungsfähigen instrumentellen Analysentechniken keine Absolutmethode, sondern muß für quantitatives Arbeiten stets geeicht werden, sei es mit Hilfe von Referenzstandardproben (s. Kap. 8.3) oder durch Vergleich mit zuverlässigen Analysenwerten, die mit anderen z. B. chemisch-analytischen Methoden erhalten worden sind.

---

[1] Dr. E. BANKMANN, Theresenstr. 43, D-6233 Kelkheim/Ts.

SIEMENS

Röntgenfluoreszenzanalyse im ppm-Bereich mit dem Sequenz-Röntgenspektrometer SRS 303

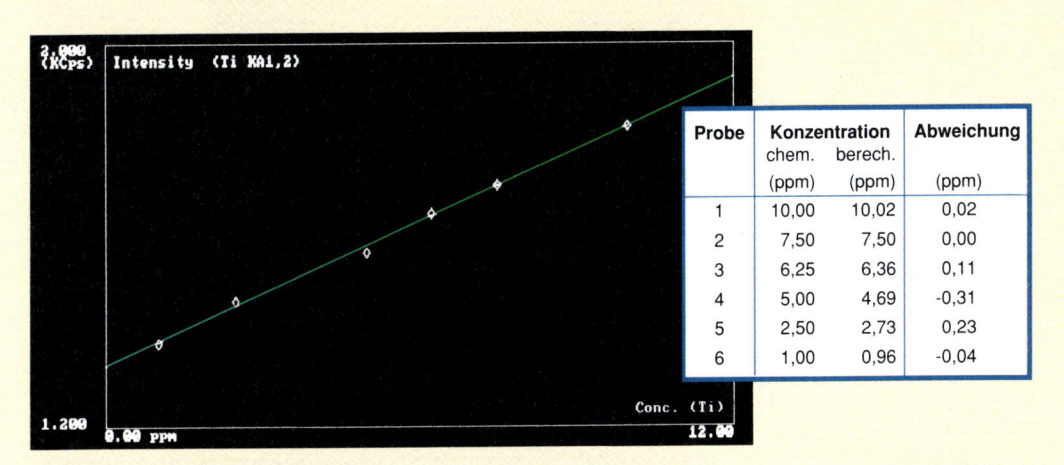

Probe	Konzentration chem. (ppm)	Konzentration berech. (ppm)	Abweichung (ppm)
1	10,00	10,02	0,02
2	7,50	7,50	0,00
3	6,25	6,36	0,11
4	5,00	4,69	-0,31
5	2,50	2,73	0,23
6	1,00	0,96	-0,04

Titan in Polymeren: Nachweisgrenze (LLD): 0,19 ppm
(für 3 σ und 100 s Meßzeit)
Standardabweichung: 0,18 ppm

Einfache Probenvorbereitung

Kunststoffe:
direkt oder heiß pressen

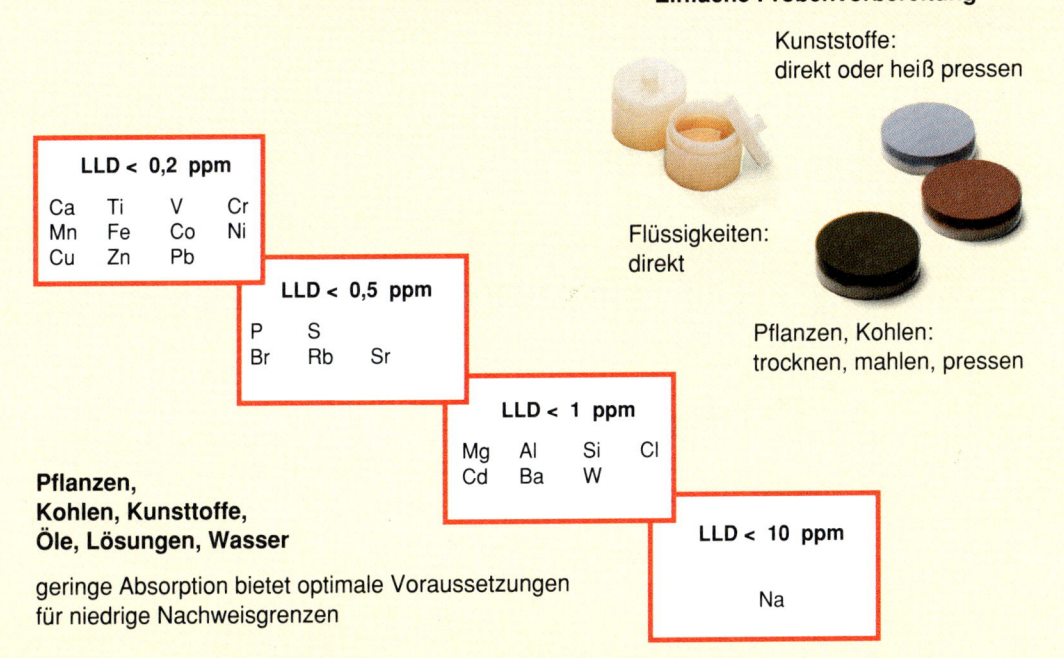

Flüssigkeiten:
direkt

Pflanzen, Kohlen:
trocknen, mahlen, pressen

LLD < 0,2 ppm
Ca Ti V   Cr
Mn Fe Co Ni
Cu Zn Pb

LLD < 0,5 ppm
P   S
Br Rb Sr

LLD < 1 ppm
Mg Al Si Cl
Cd Ba W

LLD < 10 ppm
Na

Pflanzen, Kohlen, Kunststoffe, Öle, Lösungen, Wasser

geringe Absorption bietet optimale Voraussetzungen für niedrige Nachweisgrenzen

Siemens AG • Abt. AUT V353 • Postfach 211262 • D-7500 Karlsruhe 21 • Tel. (0721) 595-4295 • FAX (0721) 595-4506

SIEMENS

Sequenz-Röntgenspektrometer SRS 303

Zink 0,5 ± 0,1 ppm

Uran 34 ± 1 ppm

Kupfer 67,8 ± 0,08%

Universelle Elementanalyse

- alle Elemente von Bor bis Uran
- vom ppm-Bereich bis 100%
- quantitativ, qualitativ, semiquantitativ
- minimale Probenvorbereitung

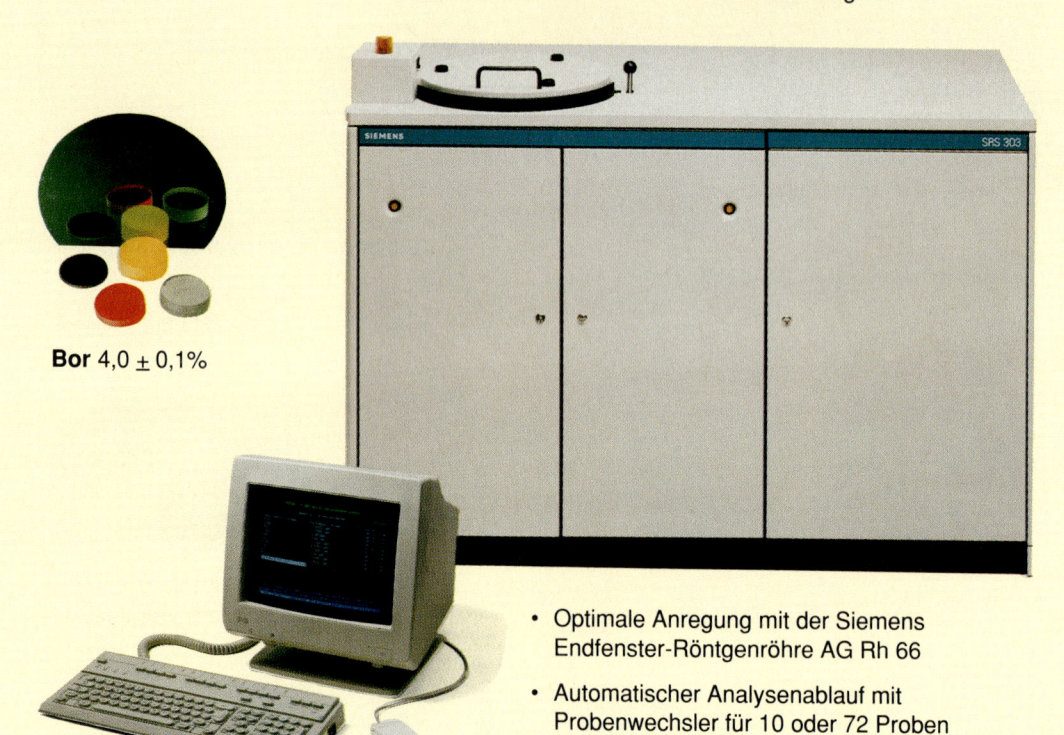

Bor 4,0 ± 0,1%

- Optimale Anregung mit der Siemens Endfenster-Röntgenröhre AG Rh 66
- Automatischer Analysenablauf mit Probenwechsler für 10 oder 72 Proben
- Einfache und komfortable Handhabung über PC-Software
- Zusatzprogramme für Fundamental-Parameter und Semiquantitative Analyse

Siemens AG • Abt. AUT V353 • Postfach 211262 • D-7500 Karlsruhe 21 • Tel. (0721) 595-4295 • FAX (0721) 595-4506

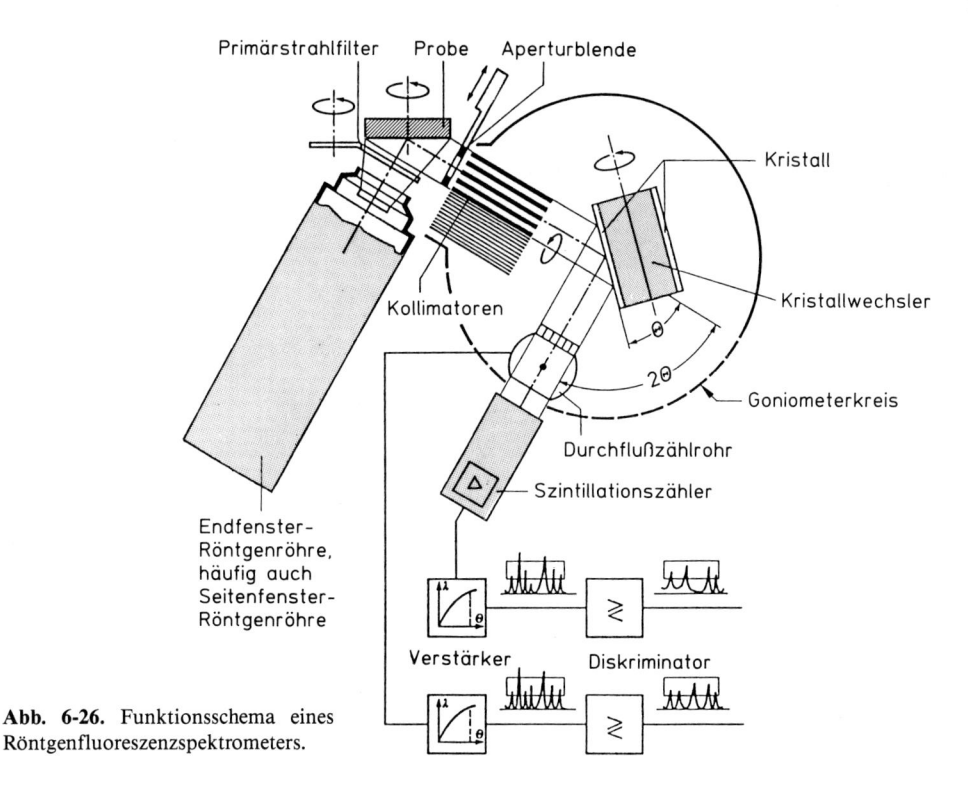

Abb. 6-26. Funktionsschema eines Röntgenfluoreszenzspektrometers.

Gerade auf diesem Gebiet kann die interdisziplinäre Zusammenarbeit beim Aufspüren und Eliminieren von Fehlerquellen in der Analytik sehr fruchtbar sein. Es sei noch angemerkt, daß die häufig auftretenden Matrixeffekte in der Röntgenfluoreszenzmessung, d. h. die gegenseitige Beeinflussung der gemessenen Intensitäten, durch die verschiedenartige Zusammensetzung der Probe bedingt (Absorption oder zusätzliche Fluoreszenzanregung u. a.), bei dem heutigen Stand der Computertechnik durch Korrekturrechnungen, wie die Fundamentalparametermethode, gut beherrschbar sind.

Prinzip der Methode. Es wird mit Hilfe von Abb. 6-26, die den prinzipiellen Aufbau eines *wellenlängendispersiven* Kristall-Röntgenspektrometers (SIEMENS SRS) zeigt, kurz erklärt. Die in der Probe enthaltenen Elemente werden durch hochenergetische, primäre Röntgenstrahlen zur Emission ihrer charakteristischen Fluoreszenzlinien angeregt. Ein als Photoelektron abgestrahltes Atomelektron hinterläßt eine Lücke in einer inneren Schale, welche unter Aussendung der charakteristischen Eigenstrahlung aufgefüllt wird (s. Abb. 6-27). Diese sekundären Röntgenfluoreszenzstrahlen werden durch einen Kollimator parallelisiert und von einem Analysatorkristall gemäß der Bragg-Beziehung

$$n \cdot \lambda = 2\,\mathrm{d} \cdot \sin\theta$$

reflektiert. Zu jeder Röntgenlinie mit der Wellenlänge λ gehört ein spezifischer Reflektionswinkel 2θ, die Intensität ist proportional zur Konzentration. Die Bestimmung der

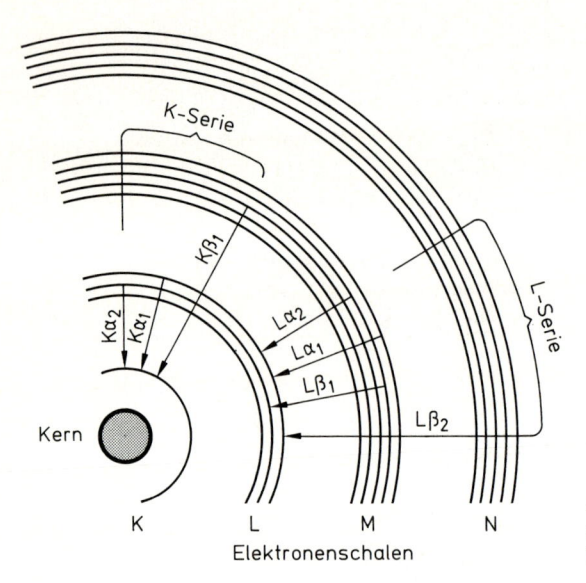

Abb. 6-27. Schema der wahrscheinlichsten Elektronensprünge in den inneren Elektronenschalen eines Ag-Atoms.

quantitativen Zusammensetzung einer Probe erfordert die Einstellung der Wellenlänge λ und die Messung der Intensität dieser Strahlung.

Die Bragg-Beziehung wird in Abb. 6-28 illustriert. Auflösung und Reflektionsvermögen sind die Kriterien für die Auswahl der Analysatorkristalle. Zur Reflektion kurzwelliger Strahlung sind Kristalle mit kleinen Netzebenenabständen, für langwellige Strahlung große Netzebenenabstände erforderlich. Übliche Kristalle sind u. a. Lithiumfluorid LiF 100, Germanium oder Pentaerythrit PET und die neuen Schichtkristalle der Firma OVONIX.

Die vom Kristall reflektierte Strahlung wird mit einem Detektor gemessen. Im Detektor werden die Röntgenquanten in elektrische Impulse umgewandelt. Als Detektoren werden Szintillationszähler und/oder Durchflußproportionalzählrohre, für den mittleren Ordnungszahlbereich häufig auch in Tandemanordnung, eingesetzt. Aus den gemessenen Intensitäten (Impulse/s) werden mit der nachgeschalteten Meßelektronik und einem Computer die Konzentrationen ermittelt.

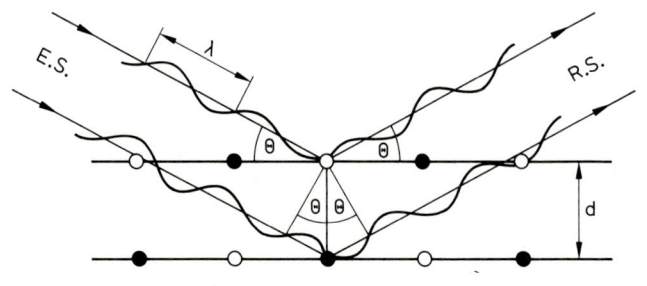

Abb. 6-28. Ableitung der Bragg-Beziehung; E.S. = Einfallender Strahl, R.S. = Reflektierter (gebeugter) Strahl, d = Netzebenen-Abstand (Gitterkonstante), $\circ$ = Cl^-, $\bullet$ = Na^+, θ = Einfalls-, Beugungs-, Bragg-Winkel.

Anmerkung: Bei der sog. *energiedispersiven RFA* wird die aus der Probe emittierte Sekundärröntgenstrahlung durch einen Si(Li)-Detektor insgesamt unmittelbar erfaßt und in einem nachgeschalteten Vielkanalanalysator in ihre Einzelenergien zerlegt.

In Abb. 6-28 ist die Reflektion kohärenter Röntgenstrahlen an einzelnen Atomen der verschiedenen im Abstand *d* voneinander befindlichen Netzebenen eines NaCl-Kristalls dargestellt. Bei der Interferenz der reflektierten Teilstrahlen tritt eine Verstärkung nur dann auf, wenn deren Wegunterschiede ganzzahlige Vielfache (n) der Wellenlänge (λ) sind, was wiederum nur unter einem bestimmten Einfallswinkel (θ, Bragg- od. Glanzwinkel) möglich ist. Eine ausführliche Ableitung der *Bragg-Gleichung* od. *Reflektionsbedingung* $n\lambda = 2d \cdot \sin\theta$, in der n auch als Beugungsordnung bezeichnet wird, findet man bei KELLER (1982).

6.10 Das Massenspektrometer als Detektor

Das Massenspektrometer wird in der OEA in erster Linie zur Bestimmung des Molekulargewichtes (höchster Massenpeak) eingesetzt. Mit Hilfe eines leistungsstarken Kleinmassenspektrometers ist es, wie in Kap. 18 beschrieben, bereits möglich nach Verbrennung der Probe im Rohr, mehrere Elemente (C, H, N, S, X) gleichzeitig zu bestimmen. Massenspektrometer in spezieller Ausführung (Thermionen-MS) werden zunehmend und erfolgreich zur Spurenbestimmung zahlreicher Elemente eingesetzt. Anwendungen dieser Spezies werden in der Methodenbeschreibung verschiedener Elemente aufgeführt. Das Funktionsprinzip der für allgemeine analytische Zwecke eingesetzten Laborspektrometer ist unten kurz beschrieben.

Funktionsprinzip von Massenspektrometern nach dem in Abb. 6-29 skizzierten *elektrometrischen Prinzip*. Die zu analysierende Probe wird meist durch Aufheizung in den gasförmigen Zustand überführt und strömt z. B. durch eine Öffnung von molekularen Dimensionen in die Ionenquelle. Dort werden die Moleküle des Probengases z. B. durch Beschuß mit schnellen Elektronen elektrisch geladen, mit Hilfe einer Beschleunigungsspannung auf hohe Geschwindigkeit gebracht und durch ein System elektrostatischer Linsen und Spalte zu einem Ionenstrahl gebündelt, der in das senkrecht zur Flugrichtung angeordnete Magnetfeld des Analysators eintritt. Aufgrund der im Magnetfeld auf geladene und bewegte Teilchen wirkenden Kräfte werden die Flugbahnen aller Teilchen mit jeweils gleicher Masse m, gleicher Ladung (meist 1e, selten 2e) und deshalb gleicher Geschwindigkeit wiederum zu einem abgelenkten Ionenstrahl gebündelt, dessen Drehwinkel von der Magnetfeldstärke und dem Verhältnis m/e abhängt, und dessen Focus in der Ebene des Empfängerspaltes liegt, wo bei den Spektrographen die Photoplatte angeordnet ist. Durch die kontinuierliche Änderung der Magnetfeldstärke, z. B. durch die Drehung eines Monochromators, kann man erreichen, daß nacheinander alle Strahlbündel der verschiedenen Massen durch den Empfängerspalt auf einen Ladungssammler treffen, so daß die den jeweiligen Massen zugehörenden Intensitäten gemessen und z. B. auf einem Schreiber registriert werden können. Die im Massenspektrum abzulesenden Intensitäten sind ein Maß für die Anzahl der in der Probe enthaltenen Teilchen mit der betreffenden Masse.

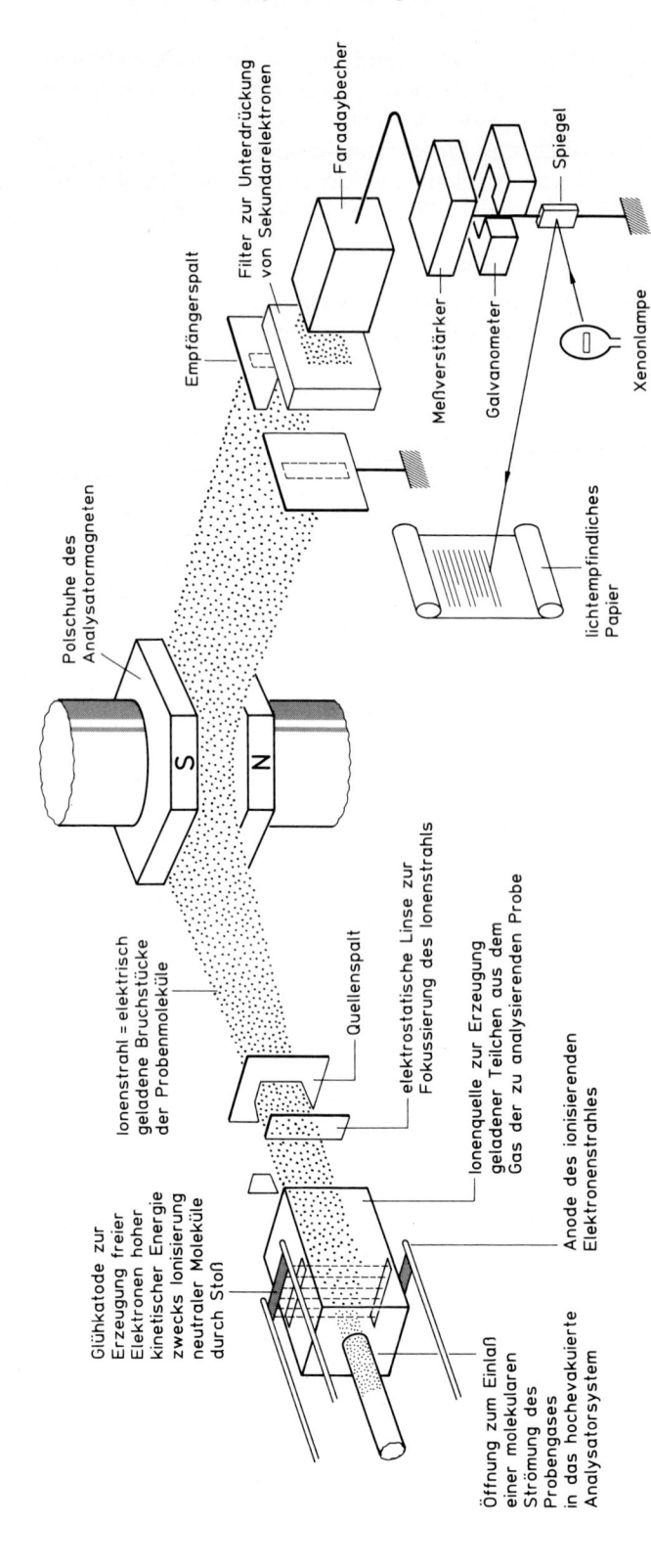

Abb. 6-29. Funktionsschema eines Massenspektrometers (Fa. PERKIN-ELMER).

7 Waage und Wägung

A. M. Basedow[1] und H. R. Jenemann[2]

7.0 Allgemeines

Unter Verwendung einer den Anforderungen entsprechenden Waage entnimmt der Analytiker der analysenfertigen Probe eine geeignete *Masse*, die Einwaage.

Die Masse m eines Körpers ist eine nicht direkt meßbare Größe. Sie äußert sich im Trägheitsverhalten dieses Körpers gegenüber einer Änderung seines Bewegungszustandes und in der Anziehung auf einen anderen Körper, über die Schwere. Die Masse ist eine der sieben Basisgrößen des Internationalen Einheitensystems (SI*). Ihre Grundeinheit ist das Kilogramm; die davon abgeleiteten Einheiten sind in Tab. 7-1 angegeben.

Die Funktionsweise von Waagen beruht durchweg auf der Schwere; die Gewichtskraft einer Masse wird mit einer zweiten, bekannten Kraft verglichen. Auf einen Körper der Masse m resultiert infolge der Fallbeschleunigung eine von Ort zu Ort verschiedene Gewichtskraft G ($G = m \cdot g$).

Die auf einen (ruhenden) Körper wirkende Fallbeschleunigung g ist örtlich unterschiedlich und abhängig von seiner Entfernung zum Erdmittelpunkt und von der Zentrifugalkraft infolge der Erdrotation. Mit zunehmender geographischer Breite nimmt die Fallbeschleunigung zu, einerseits infolge der Abnahme der der Schwerkraft entgegen wirkenden Komponente der Zentrifugalkraft, andererseits wegen der Abplattung der Erde

Tab. 7-1. Die Basiseinheit Kilogramm und davon abgeleitete Einheiten.

Einheit	Einheitenzeichen	Beziehung zur Basiseinheit
Picogramm	pg	1 pg = 10^{-15} kg
Nanogramm	ng	1 ng = 10^{-12} kg
Mikrogramm	µg	1 µg = 10^{-9} kg
Milligramm	mg	1 mg = 10^{-6} kg
Gramm	g	1 g = 10^{-3} kg
Kilogramm	kg	Basiseinheit
Tonne	t	1 t = 10^{3} kg

---

[1] Prof. Dr. Arno M. Basedow, Physikalisch-Chemisches Institut der Universität Heidelberg, Im Neuenheimer Feld 253, D-6900 Heidelberg.
[2] Dipl.-Chem. Hans R. Jenemann, Schwedenstr. 7e, D-6203 Hochheim/Main.
* Système International d'Unités, abgekürzt SI (DIN 1301).

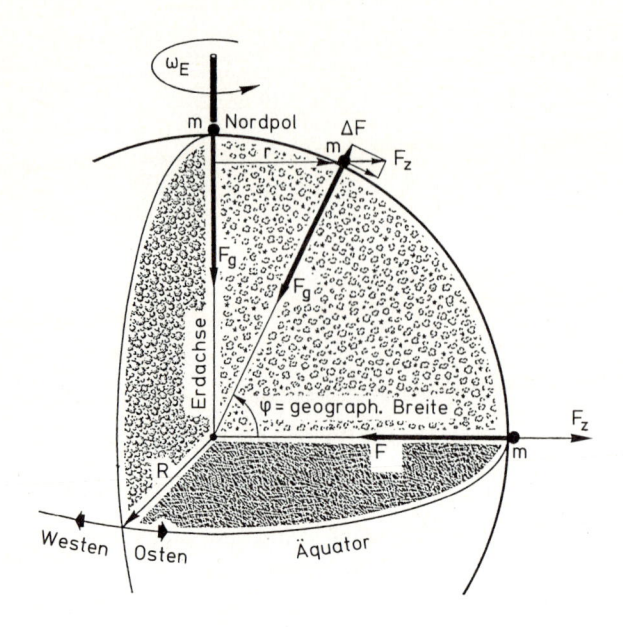

Abb. 7-1. Die auf einen Körper der Masse *m* wirkende Fallbeschleunigung *g* in Abhängigkeit von der geographischen Breite φ: Die der Schwerkraft F_g entgegen wirkende Zentrifugalkraft F_z ist am Äquator am größten; an den Polen wird sie gleich Null. Infolge der Abplattung der Erde nimmt *g* außerdem nach den Polen hin zu. Am Äquator beträgt *g* näherungsweise 9.78 m·s^{-2}, an den Polen 9.83 m·s^{-2}. (Quelle: A. SIGG).

(Erdradius am Äquator: 6378 km; Entfernung des Erdmittelpunktes zu den Polen: 6357 km). Beide Effekte wirken sich in mittleren Breiten im Verhältnis von etwa 2:1 aus (Abb. 7-1). Außerdem wird die Fallbeschleunigung von der unterschiedlichen örtlichen Höhe gegenüber dem Meeresspiegel beeinflußt.

Zur *Konstruktion von Waagen* nutzt man verschiedene physikalische Gesetzmäßigkeiten, von denen hier diejenigen genannt seien, die bei den im analytischen Laboratorium verwendeten Instrumenten von Bedeutung sind:

− Das *Hebelgesetz* bei der Gewichtewaage (gleicharmige, ungleicharmige Waagen oder Laufgewichtswaagen),
− das *Pendelgesetz* bei der Neigungswaage mit Zeiger und Skala,
− das *Elastizitätsgesetz* bei der Feder- und Torsionswaage oder Waagen mit Dehnungsmeßstreifen,
− das *Gesetz der Hydrostatik* bei den verschiedenen Arten der Senkwaage und
− die *Gesetze des Elektromagnetismus* bei der elektrodynamischen Waage.

Die genannten Grundtypen können in zwei Gruppen unterteilt werden, in *ortsabhängige* und *ortsunabhängige* Waagen. Bei ortsabhängigen Waagen wird die Gewichtskraft der zu wägenden Masse mit einer anderen Kraft verglichen, die unabhängig von der örtlichen Fallbeschleunigung ist. Bei ihnen muß, um ein richtiges Ergebnis der Masse zu erzielen, die Skala der Waage direkt am Wägeort justiert werden (unter Verwendung von Gewichtsstücken genau bekannter Masse) (JENEMANN 1982).

Tab. 7-2. Die Benennung der im Laboratorium verwendeten Feinwaagen.

Benennung der Waage	Höchstlast	Teilungswert
Makrowaage	größer als 100 g	meist 0.1 mg
Halbmikrowaage	meist 50 bis 100 g	meist 0.01 mg
Mikrowaage	meist 5 bis 50 g	meist 0.001 mg
Ultramikrowaage	kleiner als 5 g	meist 0.0001 mg

Hebel- oder Balkenwaagen arbeiten nach dem Hebelgesetz: Im Gleichgewicht sind die Drehmomente von Last- und Kraftarm der Waage gleich. Die Fallbeschleunigung an beiden Hebelarmen kann als gleich betrachtet werden, so daß sie sich aus der Gleichung der Drehmomente herauskürzt. Die Hebelwaage ist daher ortsunabhängig.

Trotz gültiger Normen (DIN 8120) werden Waagen oft nach nicht einheitlichen Richtlinien bezeichnet. Für den Analytiker ausschlaggebende Kriterien sind die höchste noch bestimmbare Last und die kleinste noch wägbare Masse. Tab. 7-2 gibt eine Übersicht, wobei es sich immer um Feinwaagen der Genauigkeitsklasse I handelt.

Eine Marktübersicht der heute gebräuchlichen Laborwaagen bis zu einer Höchstlast von 10 Kilogramm hat BERG (1990) zusammengestellt und mit einem einleitenden Beitrag über die Grundlagen und die verschiedenen Methoden des Wägens ergänzt.

7.1 Anforderungen an die verwendbaren Waagen

Die Organische Elementaranalyse geht in ihren Grundlagen – der Bestimmung der in organischen Verbindungen meist als Hauptbestandteile vorliegenden Elemente C, H und N durch das Verbrennungsverfahren – auf JUSTUS VON LIEBIG (1803–1873) und auf JEAN BAPTISTE ANDRE DUMAS (1800–1884) zurück, wobei Einwaagen von 300 bis 600 mg notwendig waren. FRITZ PREGL (1869–1930) übertrug diese Makromethoden in den Mikromaßstab und reduzierte die Substanzeinwaagen auf etwa 3 bis 5 mg. Um Genauigkeiten in den Ergebnissen auf 0.5% (abs.) und besser zu gewährleisten, werden zur Ausführung solcher Einwaagen Waagen benötigt, die bei dieser Differenzwägung ein bis zwei Mikrogramm sicher anzeigen; ihre Tragkraft braucht dazu nicht größer als die Masse des Einwägegefäßes zu sein; besonders hochauflösende Waagen werden zur Einwaage nicht benötigt. Es ist auch nicht erforderlich, eine absolut genaue Wägung über den gesamten Bereich auszuführen – das heißt, die Vorbelastung (das Taragefäß) muß nicht unter Ausschluß aller nur denkbaren Fehlermöglichkeiten bestimmt werden: Etwaige Abweichungen von der absolut richtigen Masse des Taragefäßes werden bei der Differenzbildung für die Einwaage wieder eliminiert, da sie zweimal genau gleich auftreten.

Die „klassische" Methode der Organischen Elementaranalyse, unter Wägung der absorbierten Verbrennungsprodukte H_2O und CO_2, wird heute nur noch relativ selten angewendet. Solange jedoch gewichtsanalytisch gearbeitet wurde, war die Wägung der relativ großen „toten" Masse der Absorptionsgefäße stets das Hauptproblem der Methode. Die Entwicklung von bis zu 20 g belastbaren Hochleistungsbalkenwaagen mit gleichzeitig bis in den unteren Mikrogrammbereich reichenden Anzeigekapazitäten ließ die Anforderungen erfüllen (Kuhlmann- oder Bunge-Mikrowaagen; JENEMANN 1988).

Im Zuge der Verdrängung der gleicharmigen Waage mit drei Schneiden durch die Substitutions-Zweischneidenwaage (JENEMANN 1983, 1984) wurde diese auch als hochauflösende *mechanische* Mikrowaage dominierend. Mit der Einführung der instrumentellen Analysenverfahren wurden jedoch zunehmend *elektromechanische* Waagen eingesetzt, insbesondere solche mit elektromagnetischer Kraftkompensation. Diese bieten den Vorteil, daß nach dem Auflegen der Last der Wägevorgang ohne weiteres Zutun des Wägenden abläuft: Die mittlerweile zu hoher Leistungsfähigkeit entwickelte Elektronik steuert den Meßvorgang, überträgt das Wägeergebnis auf die LED- oder LCD-Anzeige oder führt den Meßwert über BCD-Ausgang direkt instrumentellen Analysensystemen oder der Weiterverarbeitung durch EDV zu (s. dazu Kap. 8).

Ist bei der Mikroanalyse Grundbedingung, mit größtmöglicher *Genauigkeit* zu arbeiten, ist es bei der Spurenanalyse zunehmend erforderlich, auf absolute *Sauberkeit* zu achten. Im Hinblick auf die verwendete Waage bedeutet dies, daß sie bei der Spurenanalyse fast zum zweitrangigen Requisit wird: Meist genügt eine Waage von relativ geringer Auflösung.

7.2 Wägeverfahren an der Hebelwaage

Die Kompensations- oder Proportionalwägung: Bei Instrumenten vom zweischaligen Typus können verschiedene Wägeverfahren angewendet werden. Eines davon ist die *Kompensationswägung:* Die Gewichtskraft der zu bestimmenden Last wird durch diejenige von Gewichtsstücken auf der Gegenseite ausgeglichen. Die beiden Armlängen des Waagebalkens können unterschiedlich lang, ihr Verhältnis zueinander muß aber bekannt sein. Meist werden jedoch, vor allem bei anspruchsvolleren Wägungen, sogenannte gleicharmige Waagen verwendet. Wenn Gleicharmigkeit besteht, entspricht die Masse der zu bestimmenden Last derjenigen der Gewichtsstücke; Voraussetzung ist dabei, daß die Einwirkung des Luftauftriebs korrigiert wird. Werden höhere Anforderungen an das Wägeergebnis gestellt − etwa im Verhältnis $1:10^6$ und besser −, ist es in der Praxis nicht möglich, beide Arme einer Hebelwaage absolut gleich lang zu machen. Differieren an einer Balkenwaage von 200 mm Balkenlänge die beiden Hebelarme von je 100 mm Länge nur um 1 µm, resultiert daraus bei einer Masse von 100 g bereits eine Abweichung von 1 mg im Ergebnis. Um eine einwandfreie Massebestimmung durchzuführen, bedient man sich daher verfeinerter Wägeverfahren, der *Transpositions-* oder der *Substitutionswägung*. In der Organischen Mikro-Elementaranalyse war − solange gravimetrisch gearbeitet wurde − der Armlängenfehler der Waage ohne Einfluß auf das Ergebnis, da sowohl Einwaage als auch Auswaage mit dem gleichen Armlängenfehler behaftet waren. Bei der Berechnung des Endergebnisses kürzt sich dieser Fehler der Waage wieder heraus.

Transpositions- oder Vertauschungswägung: Die erstmalige Anwendung der Transpositionswägung wurde CARL FRIEDRICH GAUSS (1777−1855) zugeschrieben; es läßt sich jedoch nachweisen, daß sie bereits lange vor Gauss gebräuchlich war. Die Transpositionswägung ist gewissermaßen eine doppelte Kompensationswägung: Last und Gewichtsstücke werden auf den beiden Schalen der gleicharmigen Waage vertauscht, und dann wird erneut gewogen. Das geometrische Mittel der beiden Einzelwägungen (m_1, m_2) führt zum wahren Ergebnis: $m = \sqrt{m_1 \cdot m_2}$. Bei kleinen Differenzen kann auch arithmetisch gemittelt werden: $m = (m_1 + m_2)/2$. Der Armlängenfehler der Waage wird bei diesem Verfahren eliminiert.

Substitutionswägung: Die Substitutionswägung wird nach JEAN-CHARLES DE BORDA (1733–1799) benannt; auch sie ist bereits früher angewendet worden (JENEMANN 1982). Es gibt zwei Hauptvarianten: mit wechselnder oder mit stets konstanter Gesamtbelastung. Beide können mit einer normalen Dreischneidenwaage ausgeführt werden. Keine benötigt auch nur annähernd gleiche Armlängen des Waagebalkens.

Bei der Variante mit *wechselnder Belastung* wird das Wägegut zunächst durch eine Tariermasse (materialunabhängig) auf der Gegenseite ausgeglichen. Anschließend wird es durch Gewichtsstücke ersetzt, während die Taramasse unverändert bleibt. Diese Gewichtsstücke entsprechen genau der Masse des Wägegutes. Bei der Variante mit stets *konstanter Belastung* wird die Lastschale mit einem Gewichsstück G belastet, dessen Masse größer ist als alle zu bestimmenden Lasten; auf der Gegenseite wird ein einziges Mal tariert. Zur Wägung wird das Gewichtsstück G entfernt, nach Auflage des Wägegutes werden soviele kleinere Gewichtsstücke hinzugefügt, bis die Waage wieder im Gleichgewicht ist. Die Differenz zwischen dem ursprünglich vorhandenen Gewichtsstück G und den bis zum Ausgleich hinzugefügten Gewichten entspricht der zu bestimmenden Masse. In modernen Substitutionswaagen sind die der Höchstlast entsprechenden Gewichtsstücke als kompletter Gewichtssatz eingebaut; soviele Gewichte, wie dem Wägegut analog sind, sind durch externe Schaltköpfe abzuheben.

7.3 Konstruktion der verwendeten Waagen

Die an die Organische Mikroelementaranalyse gestellten Anforderungen werden nur von zwei Arten von Waagen erfüllt, der *mechanischen Hebelwaage* und der *elektrodynamischen Waage*. Geräte mit elastischem Meßglied (Feder- und Torsionswaagen), die zu früherer Zeit gelegentlich zu Sonderaufgaben benutzt wurden, sind weitgehend bedeutungslos geworden. Auch die bisherigen „klassischen", auf dem Hebelgesetz beruhenden Waagen werden zunehmend durch Instrumente mit elektromagnetischer Kraftkompensation – die sogenannten elektronischen Waagen – verdrängt. Je nach Größe der Probeneinwaagen werden Halbmikro-, Mikro- oder Ultramikrowaagen verwendet. Die Konstruktionsprinzipien stimmen dabei innerhalb der beiden genannten Hauptgruppen jeweils weitgehend überein.

7.3.1 Die mechanische Waage mit Waagebalken

a) Gleicharmige Balkenwaage mit drei Schneiden. Die klassische Mikroanalysenwaage besteht aus einer Kombination von Gewichtewaage (0.01 g bis 20 oder 30 g), Laufgewichtswaage (0.1 mg bis 10 mg) und Neigungswaage (0.001 bis 0.1 mg). Die ursprünglich manuelle Gewichtsauflage wurde teilweise oder vollständig durch Schaltgewichtseinrich-

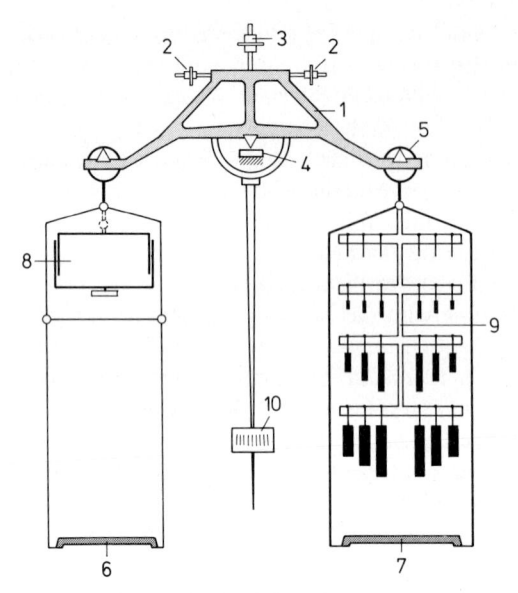

Abb. 7-2. Skizze einer gleicharmigen Dreischneidenanalysenwaage mit mechanischer Gewichtsauflage, Luftdämpfung und optischer Projektion im Neigungsbereich. Das Gehäuse mit an ihm angebrachten Bedienungselementen und die Arretiervorrichtung sind nicht dargestellt; die Säule wird durch ihren oberen Abschluß, die Mittelpfanne, symbolisiert, auf der sich der Waagebalken mit seiner Hauptschneide dreht. (Quelle: PTB-Prüfregeln).
 1 Waagebalken mit Mittel- und zwei Endschneiden (ohne Justierschräubchen für die Schneiden)
 2 Laufmutter (Reguliergewicht) für die Nullstellung
 3 Laufmutter (Reguliergewicht) für den Skalenwert (Empfindlichkeitsgewicht)
 4 Mittelpfanne
 5 Zwischengehänge
 6 Lastschale
 7 Gewichtsschale
 8 Dämpfungseinrichtung der Lastschale (nicht dargestellt: Dämpfung der Gewichtsschale)
 9 Mechanische Gewichtsauflage
 10 Optische Projektion (Anzeige im Neigungsbereich, konstruktiv verwirklicht durch im Zeiger eingelassene Mikroskala, deren Einstellung auf eine Mattscheibe projiziert wird)

tungen ersetzt. Das Prinzip einer solchen Waage veranschaulicht Abb. 7-2. Der *Waagebalken*, das Kernstück jeder Hebelwaage, besteht bei der gleicharmigen Bauart aus zwei symmetrischen Armen. Er ist um eine horizontale Achse, die Mittelschneide, auf einer ebenen Unterlage, der sogenannten Mittelpfanne, drehbar gelagert. Damit die Waage funktionsfähig ist, muß sich der Waagebalken immer im stabilen Gleichgewicht befinden, sein Schwerpunkt also tiefer als die Drehachse liegen. Für eine ausreichende Empfindlichkeit ist ein möglichst geringer Abstand zwischen Drehachse und Schwerpunkt erforderlich. Außerdem soll die Empfindlichkeit unabhängig von der Belastung sein, daher müssen die drei Achsen des Balkens – die Mittelschneide und die beiden (nach oben gerichteten) Endschneiden – in einer sie verbindenden Ebene liegen. Mit den am Waagebalken angebrachten Regulierschräubchen kann die Massenverteilung auf beiden Seiten geändert und der Zeiger damit genau eingestellt werden; durch eine vertikal verstellbare

Schraube kann der Schwerpunkt des Balkens verlagert und dadurch die Empfindlichkeit auf einen vorgegebenen Wert festgelegt werden.

Die als *Drehachsen* fungierenden *Schneiden* sind so angeordnet, daß ihre Lage durch Justierschräubchen nach Seite und Höhe verändert werden kann. Dadurch kann einerseits (weitgehend) genaue Gleicharmigkeit des Waagebalkens erreicht, andererseits können die drei Schneidenkanten in eine Ebene gebracht werden.

Die *Waagschalen* hängen nicht direkt am Waagebalken, sondern an Zwischengehängen, damit sie bei ihrem Pendeln keine Stöße auf den Balken ausüben. In der *Säule der Waage*, die auch die Pfanne für die Mittelschneide trägt, ist ein *Arretierschieber* angebracht, der dafür sorgt, daß die empfindlichen Schneiden geschont und stets nur während der Wägung beansprucht werden.

Anstelle der früher üblichen *manuellen Gewichtsauflage* sind modernere mechanische Waagen mit extern bedienbaren, in Dekaden angeordneten *Schaltgewichten* ausgestattet. Die geschalteten Gewichte werden an den Drehknöpfen angezeigt oder ihr Wert wird auf Zahlenrollen übertragen, so daß das Ergebnis der Wägung in direkter Zahlenfolge ablesbar ist.

Seit längerem verfügen auch mechanische Mikrowaagen grundsätzlich über eine Dämpfung – meist *Luftdämpfung*.

Die heutige Form der *optischen Projektion im Neigungsbereich* wird bevorzugt mit einem *optischen Mikrometer* kombiniert. Die Stellung des Mikrometers wird – ähnlich wie die der Gewichtsschaltknöpfe – auf eine Zahlenrolle übertragen (optisch-mechanische Digitalanzeige). Diese Form der Anzeige zeigt Abb. 7-3.

Das *Gehäuse* umhüllt die eigentliche Waage und schützt sie vor Staub, Korrosion, Luftzug und direkter Temperatureinwirkung. Es ist teilweise verglast und besteht bei den modernen Konstruktionen meist aus Leichtmetall. Außerdem sind an ihm die zuvor genannten Bedienungselemente und die Nivellierschrauben angebracht, mit denen das Gehäuse in Wägestellung genau waagrecht – in Verbindung mit der Anzeige durch eine Dosenlibelle – einjustiert werden muß.

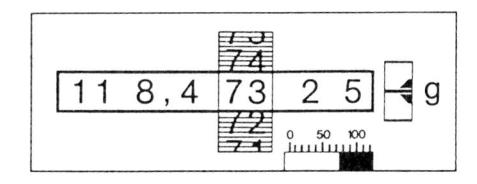

Abb. 7-3. Anzeige des Wägeergebnisses an einer Semimikro-Analysenwaage in fortlaufender Ziffernfolge (sogenannte optisch-mechanische Digitalanzeige):
1. die drei Stellen vor und die erste Stelle nach dem Komma an mechanischen Ziffernrollen als Anzeige für die geschalteten Einbaugewichte;
2. die zweite und dritte Stelle nach dem Komma als Einstellung der projizierten Mikroskala;
3. die vierte und fünfte Stelle nach dem Komma als Einstellung des optisch-mechanischen Mikrometers, nachdem die doppelteilige Markierung genau auf den auf der Mattscheibe angebrachten waagrechten Strich einreguliert wurde.

Bei Mikrowaagen ist die Einteilung entsprechend: zwei Stellen vor und zwei Stellen nach dem Komma als Anzeige an Ziffernrollen, zwei weitere Stellen als Anzeige der optischen Projektion, die zwei letzten Stellen als Anzeige des Mikrometers. (Quelle: METTLER Wägelexikon).

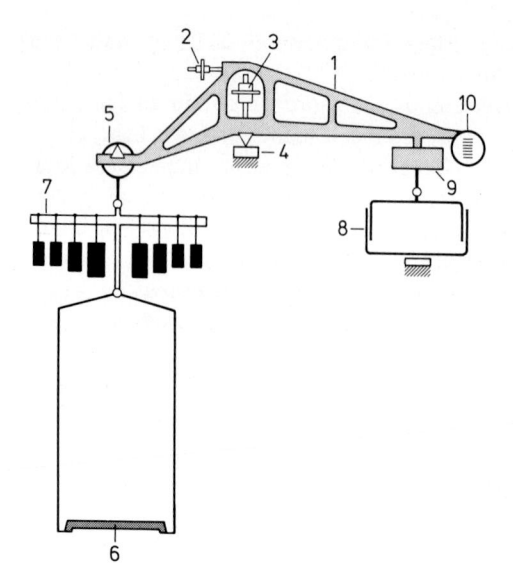

1 Waagebalken mit Hauptschneide und Lastschalenschneide
2 Laufmutter (Reguliergewicht) für die Nullstellung
3 Laufmutter (Reguliergewicht) für den Skalenwert (Empfindlichkeitsgewicht)
4 Pfanne für die Hauptschneide
5 Zwischengehänge
6 Lastschale
7 Schaltgewichtssatz (mechanische Gewichtsabhebung)
8 Dämpfungseinrichtung
9 Gegengewicht
10 Mikroskala der optischen Projektion

Abb. 7-4. Substitutions-Zweischneidenwaage mit ungleicharmigem Waagebalken. (Quelle: PTB-Prüfregeln).

b) Substitutions-Balkenwaage mit zwei Schneiden. Die einschalige Zweischneidenwaage, bei der die Schaltgewichte auf derselben Seite wie die zu bestimmende Last angeordnet und nach deren Auflage beim Wägevorgang abzuheben sind, ist ausschließlich für Substitutionswägungen konstruiert. Sie kann als Sonderfall der allgemeinen Hebelwaage aufgefaßt werden, indem Endschneide und Waagschale auf der einen Seite entfernt und durch ein festes Gegengewicht ersetzt worden sind. In Abb. 7-4 ist das Prinzip dieser Waage dargestellt. Abgesehen von der Konstruktion des Balkens und der Anordnung der Schaltgewichte unterscheidet sie sich prinzipiell weder durch ihre Bestandteile noch durch ihr Zubehör von der allgemeinen dreischneidigen Hebelwaage. Sie hat aber nicht nur den Vorteil, daß kein Armlängenfehler auftreten kann. Zusätzlich wird auch der Fehler im Neigungsbereich eliminiert, da ständig unter konstanter Höchstbelastung gearbeitet wird und damit die Empfindlichkeit über den gesamten Wägebereich konstant bleibt.

7.3.2 Die elektrodynamische Waage

Die elektromechanische Waage hat die früher dominierende Hebelwaage bereits in weiten Bereichen verdrängt. Ihr besonderer Vorteil beruht darin, daß die in der Wägezelle infolge der Lastauflage auftretenden mechanischen Änderungen elektrisch gemessen und damit elektronisch weiterverarbeitet werden können. Sie wird heute oft als „elektronische" Waage bezeichnet, da – zusätzlich zum jeweils angewendeten physikalischen Prinzip – während der Wägung zahlreiche elektronische Bauteile in Funktion treten, sei es zur Stabilisierung der Spannung, zur Steuerung des Kompensationsstromes, zu dessen genauer Messung oder zur üblichen digitalen Sieben-Segment-Anzeige mit der Möglichkeit, verschiedene Funktionen der Waage zu programmieren oder auf angeschlossene Analysensysteme zu übertragen. Da der Begriff *elektronische* Waage über die in der Waage ablaufenden Vorgänge nichts aussagt, werden nachfolgend Bezeichnungen benutzt, die der physikalischen Funktion der Waage korrekt entsprechen.

Es gibt eine Anzahl verschiedener physikalischer Prinzipien, nach denen elektromechanische Waagen konstruiert werden können (JENEMANN 1985, 1987). Für die Aufgaben des Laboratoriums sind, wegen der hohen Anforderungen an die Genauigkeit, bis heute fast nur Instrumente mit elektromagnetischer Kraftkompensation einsetzbar. Die Funktion dieser elektromagnetischen – heute meist als elektrodynamisch bezeichneten – Waagen beruht darauf, daß sich in der Umgebung eines stromdurchflossenen Leiters ein Kraftfeld ausbildet. Die Intensität dieses Feldes ist der Stromstärke proportional. Die dadurch erzeugten magnetischen Kräfte stehen mit den mechanischen Gewichtskräften, die der Masse des jeweils aufgelegten Wägegutes proportional sind, im Gleichgewicht.

a) Elektrodynamische Waage mit Spannbandlagerung. Die Mikrowaage mit Spannbandlagerung hat einen fein gestalteten, meist gleicharmigen Waagebalken, der mit einer Drehspule fest verbunden ist. Waagebalken mit Drehspule sind beidseitig über Spannbänder gelagert, die gleichzeitig die Drehspule mit Gleichstrom versorgen. Bei der Wägung wird das durch die Last hervorgerufene Drehmoment in der Drehspule elektrisch kompensiert. Die Auslenkung und Rückführung des Waagebalkens wird elektromagnetisch (induktiv) überwacht. Der durch die Drehspule fließende Gleichstrom ist der Gewichtskraft der Last proportional; nach erfolgter Strom/Masse-Kalibrierung wird die Masse an einem Strommeßinstrument angezeigt (GAST 1949) (s. Abb. 7-5). Die Auslenkung und Rückführung des Balkens kann auch mit Hilfe einer Photozelle kontrolliert werden. Auch hier ist der Spulenstrom ein Maß für das Drehmoment und somit für die Masse

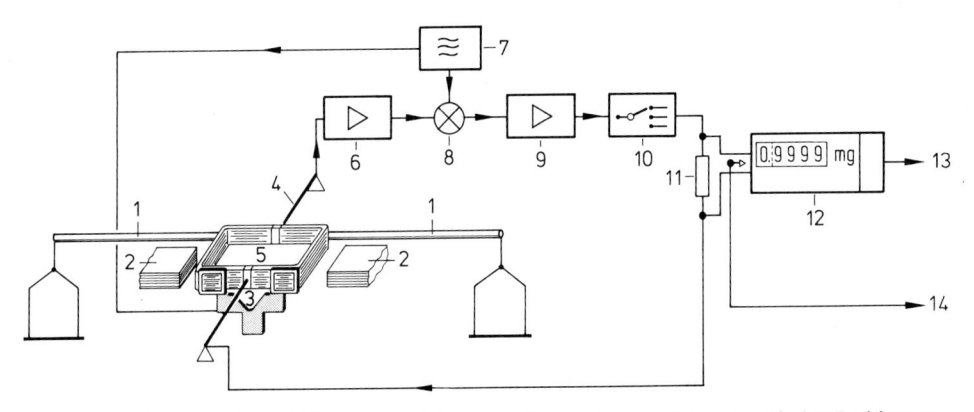

Abb. 7-5. Elektrodynamische Mikrowaage mit Spannbandlagerung und elektromagnetischer Positionsanzeige der Auslenkung des Waagebalkens. (Quelle: SARTORIUS GmbH).
1 Waagebalken, *2* Permanentmagnet, *3* Brillenspulenpaar (ortsfest), *4* Spannband, *5* Drehspule, *6* HF-Verstärker, *7* HF-Oszillator, *8* Phasenempfindlicher Gleichrichter, *9* Gleichstromverstärker, *10* Bereichsumschaltung, *11* Meßwiderstand, *12* Digitales Spannungsmeßgerät, *13* Digitalausgang zum Anschluß an EDV etc., *14* Analogausgang zum Anschluß an Schreiber etc.

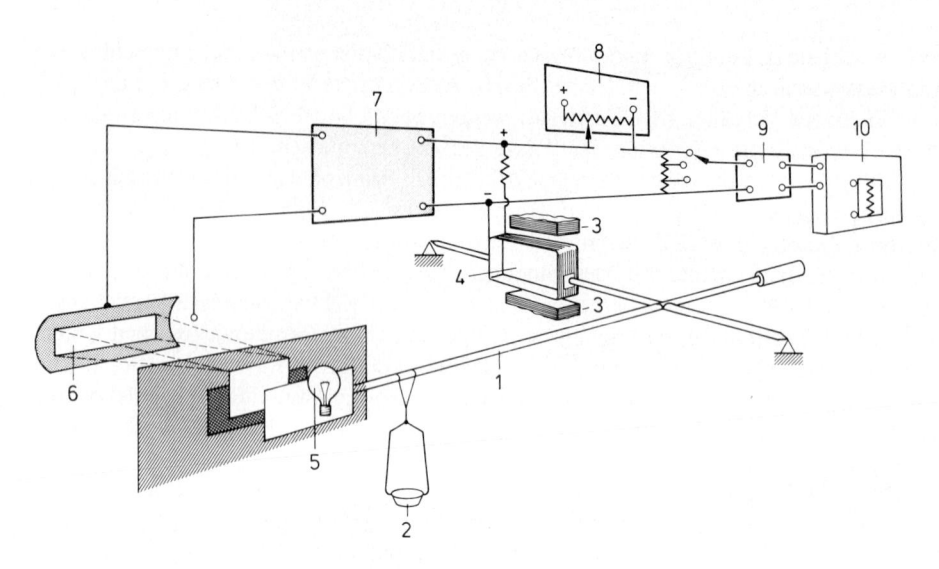

Abb. 7-6. Elektrodynamische Mikrowaage mit Spannbandlagerung und photo-elektrischer Positionsanzeige der Auslenkung des Waagebalkens. (Quelle: Dechema-Monographien, Band 44 (1962), Vortrag von Lee Cahn, Theorie der elektromagnetischen Waage).
1 Waagebalken, *2* Wägegut, *3* Magnet, *4* Drehspule, *5* Lampe, *6* Photozelle, *7* Verstärker, *8* Nullpunktunterdrückung, *9* Filter, *10* Registriergerät.

(CAHN 1962). Diese Waage ist in Abb. 7-6 schematisch dargestellt. In der Mikroanalyse sind Waagen mit Spannbandlagerung inzwischen weitgehend durch nach dem Tauchspulenprinzip arbeitende Instrumente ersetzt worden.

b) Elektrodynamische Waage nach dem Tauchspulenprinzip. Die Wägezelle, in der die Gewichtskraft in ein elektrisches Signal umgewandelt wird, besteht aus einem Zylinder aus magnetischem Material, dem Topfkernmagneten, und einer sich darin befindlichen stromdurchflossenen Spule, die mit der Waagschale mechanisch verbunden ist. Wird die Schale mit einer Masse belastet, ändert die Spule durch die einwirkende Gewichtskraft ihre Stellung innerhalb des Magnetfeldes. Wird dann der durch die Spule fließende Strom so reguliert, daß das daraus resultierende Kraftfeld der Gewichtskraft genau entgegenwirkt, wird die Spule in ihre ursprüngliche Lage zurückgetrieben. Je größer die aufgelegte Masse ist, desto stärker ist der zur Gewichtskompensation erforderliche Strom. Die gemessene Stromstärke ist ein Maß für die gewogene Masse. Am System ist ein Positionsgeber angebracht – etwa eine elektrische Lichtschranke oder ein induktiver Wegaufnehmer –, durch den die geänderte Stellung an die Steuerelektronik gemeldet wird. Der kompensierende Strom bewirkt dann, daß die Spule faktisch nicht ausgelenkt wird. Das Prinzip dieser Waage ist in Abb. 7-7 skizziert.

Da Zeitabstände elektronisch wesentlich genauer meßbar sind als die Stromstärke eines der Gewichtskraft proportionalen elektrischen Stroms, ersetzt man den kontinuierlichen Strom durch einzelne Impulse von gleichbleibender Stromstärke, jedoch veränderlicher Dauer, und leitet diese mit einer bestimmten Frequenz durch die Kompensationsspule. Der Wägevorgang wird so auf den Vergleich zwischen der Zeitdauer von

Vieles beflügelt uns erst, wenn wir es in Aktion sehen. Die METTLER AT-Analysenwaage zum Beispiel.

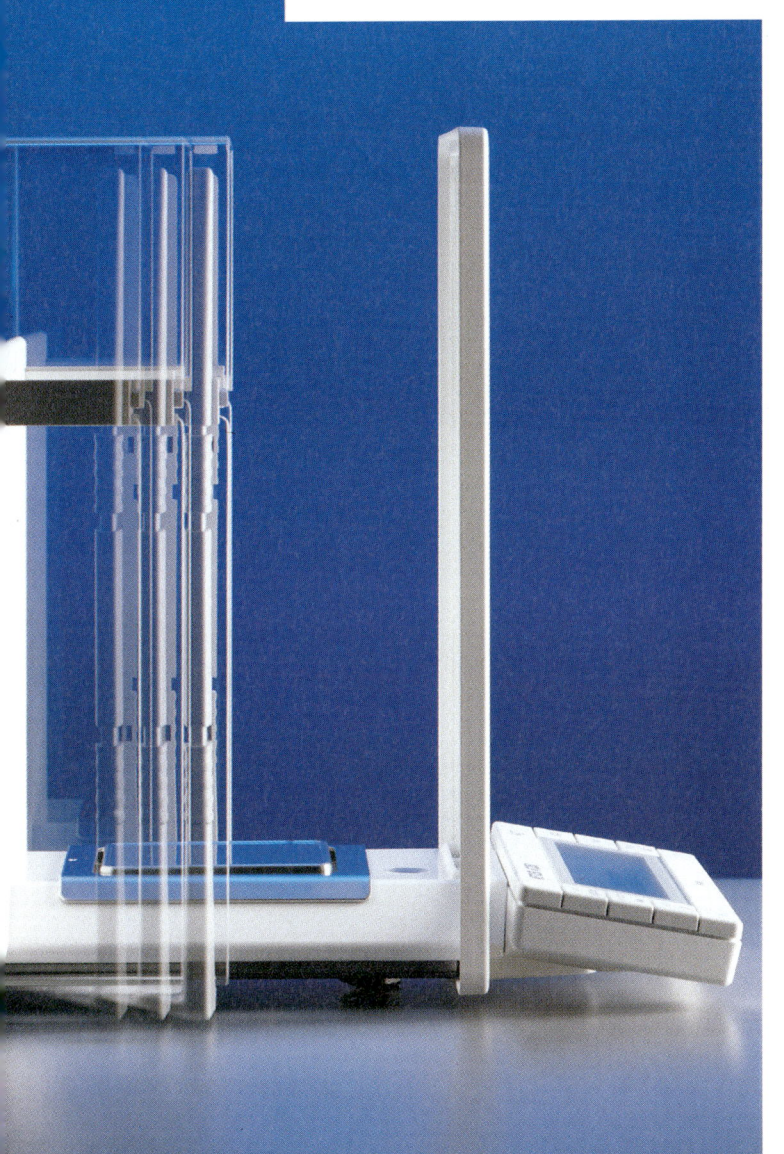

Erst wer die METTLER AT in Aktion sieht, erkennt mit einem Schlag, was sie an Fortschritt und Erleichterung bringt. Jede ihrer automatischen Bewegungen sitzt. Und jede macht die AT zum aktiven Wäge-Mitarbeiter.

Dem rhythmischen Flügelschlag gleich öffnet und schließt der Windschutz fürs Wägen und Tarieren automatisch. So reduziert die AT die Arbeitsschritte beim routinemäßigen Einwägen auf einen Schlag von neun auf fünf.

Doch die Halbierung der Schritte ist nur das eine. Das andere: Der Arbeitsfluß wird ruhiger, gleichmäßiger, souveräner. Keine unnötigen Aufregungen, kein Kräfteverschleiß, kein Zeitverlust mehr. Mit der AT schwingen Sie sich zu neuen Höhen auf: die Effizienz steigt, die Präzision bleibt. Nerven und Energie werden geschont, und das beflügelt bestimmt auch Sie. Gerne sagen wir Ihnen mehr, rufen Sie uns an.

Mettler Instrumente GmbH
Ockerweg 3, 6300 Giessen 11
Tel. (0641) 507-311
Telefax (0641) 5 29 51
Telex 482912

METTLER

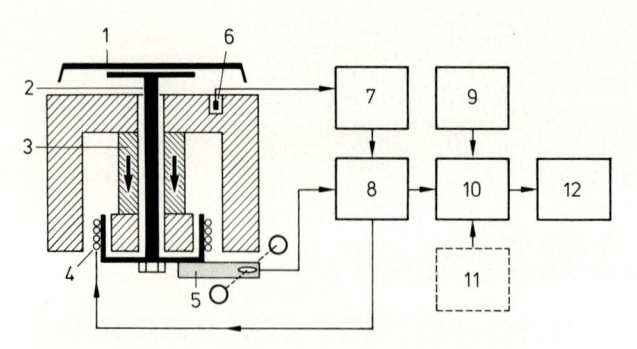

Abb. 7-7. Elektrodynamische Waage nach dem Tauchspulenprinzip (ältere Ausführung). (Quelle: METTLER).
1 Waagschale, *2* Schalenträger, *3* Magnet, *4* Spule, *5* Abtaster, *6* Temperaturfühler, *7* Konstantstromquelle/Temperaturkompensation, *8* Regler/Schalter, *9* Tarierung, *10* Mikroprozessor, *11* Funktionseinheit, *12* Digitalanzeige.

Stromimpulsen und einer von der Impulsfrequenz vorgegebenen Referenzzeit reduziert. Durch neue Konstruktionen und schaltungstechnische Maßnahmen ist mittlerweile ein sehr hoher Leistungsstandard erreicht worden.

Heute werden nach dem Tauchspulenprinzip arbeitende kraftkompensierende Waagen, die zu Wägungen im Makro- und Halbmikrobereich geeignet sind, fast ausschließlich in oberschaliger Bauart hergestellt. Früher wurden vielfach Bauarten mit hängender Waagschale benutzt, vor allem die sogenannten *Hybridwaagen* (s. Abb. 7-8), bei denen das klassische Substitutionsprinzip der rein mechanischen Wägung mit der elektromagnetischen Kraftkompensation kombiniert war: Während der Hauptteil der zu bestimmenden Last, etwa oberhalb einem oder zehn Gramm, durch Gewichtsstücke ausgeglichen wurde, wurden die darunter liegenden Anteile über die Kraftkompensation ermittelt. Für den Mikro- und Ultramikrobereich werden auch heute noch Hybridwaagen hergestellt.

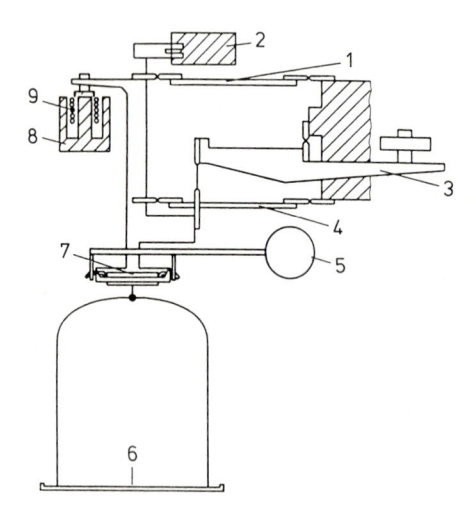

Abb. 7-8. Elektrodynamische Hybrid-Makroanalysenwaage in unterschaliger Bauweise (Kombination der Gewichtewaage mit der elektrodynamischen Kraftkompensation). (Quelle: SARTORIUS).
1 Oberer Lenker
2 Lagenindikator
3 Totlast-Kompensationsarm
4 Unterer Lenker
5 Gewichtsschalt-Motor
6 Waagschale
7 Schaltgewichte
8 Permanentmagnet
9 Kompensationsspule

Die neue Sartorius Analytic.

Schnelle Routine und analytischer Verstand. In MC 1-Technologie.

MC 1 – die neue Qualität.

Mit MC 1 startet Sartorius in das 3. Zeitalter der Wägetechnik. Nach dem Schritt von der mechanischen zur elektronischen Waage folgt jetzt der Sprung in eine neue Leistungsklasse. Ein erneuter Beweis unseres Knowhows in Forschung und Entwicklung, der sich gleich viermal dokumentieren läßt.

Neue Schnelligkeit.

Weil Zeit Geld ist, haben wir großen Wert darauf gelegt, die Meßzeit deutlich zu verkürzen. So helfen wir Ihnen, Kosten zu sparen. Dazu haben wir die digitale Filterung verbessert. Das macht Sie noch schneller, denn Sie können die Anzeige praktisch verzögerungsfrei ablesen. Unser IQ-Mode setzt dann noch »eins« obendrauf. Da rentiert sich MC 1 schnell.

Neue Sichtweise.

Ein weiteres auffälliges Merkmal unserer MC 1-Waagen ist das neue reflektive, hinterleuchtete LC-Display. Es paßt sich allen Lichtverhältnissen »unaufgefordert« an und garantiert fehlerfreies Ablesen. Zusätzliche Informationen in der Anzeige führen den Bediener sicher durch die Arbeitsschritte. Wir denken, das sind beste Aussichten.

Neue Sparsamkeit.

Höchste Zuverlässigkeit und Ergebnissicherheit sind wichtige Anforderungen an Ihre Waage und zwei herausragende Leistungsmerkmale von MC 1. Mit der Computerdiagnose und weltweitem CAS (computer aided service) haben wir die Verfügbarkeit der MC 1-Analysenwaagen noch effizienter gestaltet.
Eine neue Form der Sparsamkeit.

Neue Persönlichkeit.

Mit optimierter Anpassung an individuelle Einsatzbedingungen geben wir der neuen Waagengeneration Profil. Die ganze Palette der Routine-Applikationen für Labor und Betrieb steht Ihnen zur Verfügung. Mit IAC (Integrierter Anwendungs-Computer) und 10er-Tastatur sichern Sie sich weitere leistungsstarke, komfortable Programme – und einen einfachen Zugriff.

Wir würden Ihnen gern das komplette Programm präsentieren. Überzeugen Sie sich von den MC 1-Qualitäten. Sprechen Sie mit uns über die neue Sartorius Analytic.

sartorius

3400 Göttingen/West Germany
Postfach 32 43, Tel. (05 51) 308-0

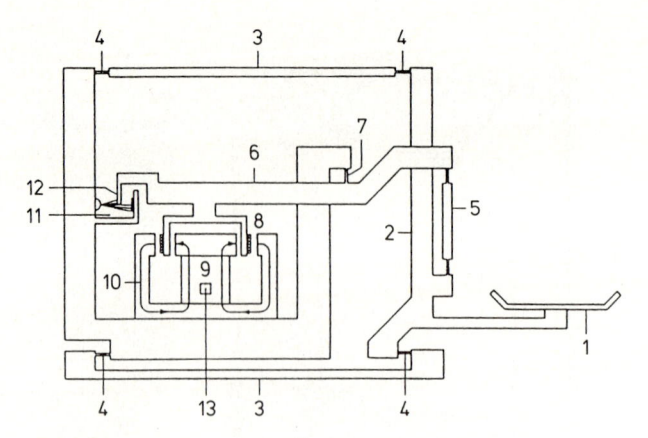

Abb. 7-9. Elektrodynamische Makroanalysenwaage, neuere Ausführung mit Kraftübertragung durch Biegelager und mit tiefliegender Waagschale. (Quelle: METTLER).

Lastaufnahmeteil:

1 Waagschale mit Ausleger

Lastübertragungsteil:

2 Gehänge (Schalenträger), *3* Lenker (Parallelogramm), *4* Biegelager, *5* Koppel, *6* Hebel, *7* Biegelager des Hebels,

Lastvergleichsteil:

8 Kompensationsspule, *9* Dauermagnet, *10* magnetischer Fluß, *11* Positionsgeber, bestehend aus Lichtquelle, Lichtsensor und *12* Positionsfahne, *13* Temperaturfühler.

Bei den heutigen Laborwaagen erreicht das Auflösungsvermögen der Kraftkompensation bis zu drei Millionen „Wägeschritte" und geht teilweise noch darüber hinaus. Waagen, die bis 200 g belastbar sind, zeigen das Zehntel mg noch reproduzierbar an. Die nächste Stelle wird noch erfaßt, um die letzte, noch angezeigte Ziffer des Ergebnisses auf- oder abrunden zu können. Solche Geräte entsprechen damit in der Leistung den klassischen mechanischen Analysenwaagen. Die neuen Konstruktionen sind so konzipiert, daß nicht mehr die gesamte Gewichtskraft direkt auf die Meßzelle einwirkt: Die Waagschale ist getrennt vom Spulensystem angeordnet. Im mechanischen Teil ist eine mit elastischen Bauteilen, sog. Biegelagern, montierte Führung des Waagschalenträgers angebracht. Über eine Hebelübersetzung wird dadurch die Gewichtskraft so auf die Wägezelle übertragen, daß diese nur mit einem Teil davon belastet wird. Das Prinzip dieses Wägesystems zeigt Abb. 7-9.

Die modernen elektronisch gesteuerten Waagen sind in ihrem konstruktiven Aufbau wesentlich einfacher als die älteren mechanischen Geräte: keine bewegten und verschleißbaren Teile, keine Arretierung, keine Gewichtsauflage, keine mechanische Dämpfung, kein einzustellendes optisches Zubehör. Der Wägevorgang benötigt nur Sekunden und wird durch zusätzliche elektronische Vorrichtungen, wie additive und subtraktive Tarierung oder zeitweises Ausblenden der letzten Stelle während der Phase der schnellen Substanzzugabe, erleichtert. Die Richtigkeit des Wägeergebnisses wird dadurch gesichert, daß die Anzeige der Waage jederzeit gegen ein eingebautes Kalibriergewicht abgeglichen

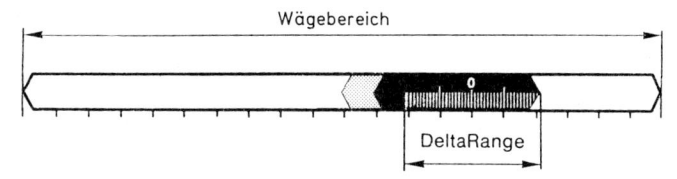

Abb. 7-10. Prinzip einer Waage mit „rangierbarer" Genauigkeit (*DeltaRange:* geschützter Begriff der Firma METTLER). (Quelle: METTLER Wägelexikon).

werden kann: Sobald ein Kalibrierschalter betätigt wird, belastet das Gewicht die Wägezelle und stellt den Wägebereich genau auf die örtliche Erdbeschleunigung ein. Die Anzeige ist, mit einer Abweichung von nicht mehr als einem Wägeschritt, über den gesamten Wägebereich linear.

Das Tauchspulenprinzip ist auch auf den Halbmikrobereich übertragen worden. Solche Waagen zeigen auf 10 mg an und reichen damit an den oberen Arbeitsbereich der mikroanalytischen Methoden heran. Teilweise werden Halbmikrowaagen – wie verschiedene andere elektrodynamische Waagen auch – mit *rangierbarer Genauigkeit* angeboten. Der Feinbereich solcher Waagen ist meist zehnmal genauer als der Grobbereich. Der Feinbereich kann über den gesamten Wägebereich durch Tastendruck abgerufen werden. Er erfaßt meist ein Zehntel des gesamten Wägebereiches. Das Prinzip einer Waage mit „rangierbarer" Genauigkeit illustriert Abb. 7-10 (s. dazu auch Anmerkung 9 in Tab. 7-3). Diese Waagen können mit einer höheren Taralast vorbelastet werden, wobei bei Bedarf während des Einwägens der Feinbereich benutzt werden kann.

Auch bei den heutigen *Mikrowaagen*, die nach dem Tauchspulenprinzip konstruiert sind, hat es sich als sinnvoll erwiesen, die elektromagnetische Wägung mit der Gewichtsabhebung durch Substitution zu kombinieren: Der Hauptteil der Last des Taragefäßes wird manuell durch eingebaute Schaltgewichte substituiert, das Restgewicht nach Betätigung einer Nulltaste durch Kraftkompensation automatisch tariert. Anschließend erfolgt die eigentliche Einwaage im elektrodynamischen Bereich. Hierbei handelt es sich ebenfalls um *Hybridwaagen*. Das Prinzip dieser Waage in Hybrid-Bauweise veranschaulicht Abb. 7-11.

Die eingebauten Schalt- und Kalibriergewichte aller eichfähigen Waagen, die nach dem 1. Januar 1981 hergestellt worden sind, sind gemäß der Eichordnung vom 1. Januar 1975 so abgestimmt, als würden sie bei einer Luftdichte von 1.2 kg/m^3 aus einem Material der Dichte 8000 kg/m^3 bestehen (vgl. 7.4 Gewichtsstücke). In Tab. 7-3 sind die Leistungsdaten der wichtigsten in den Laboratorien verwendeten Feinwaagen aufgeführt.

Vereinzelt werden Spezialausführungen von Waagen mit elektromagnetischer Kraftkompensation für Prüfstellen und Eichbehörden gebaut. Solche Instrumente höchster Präzision arbeiten mit einem noch höheren Auflösungsverhältnis als die in den normalen Laboratorien verwendeten Waagen. Diese *Komparatorwaagen* zum Vergleich von Massestandards zeigen für 1 kg-Normale noch auf 10 µg (SARTORIUS 1985), neuerdings sogar auf 1 µg, reproduzierbar an (METTLER 1987). Sie lösen also im Verhältnis von 1 : 10^8 bis 1 : 10^9 auf und haben damit auch in diesem Bereich die Leistung der früher verwendeten Spezialkonstruktionen erreicht. Auch bei ihnen handelt es sich um *Hybridwaagen*, in denen ein genau bestimmtes 1 kg-Vergleichsnormal eingebaut ist, wobei der elektrodynamische Bereich ca. 1 g beträgt.

Tab. 7-3. Leistungsdaten von Makro-, Semimikro-, Mikro- und Ultramikro-Analysenwaagen (1).

	Makro			Semimikro			Mikro (3)		Ultramikro (4)
	mechanisch	hybrid (2)	elektro-dynamisch	mechanisch	hybrid (2)	elektro-dynamisch	mechanisch	hybrid (2)	hybrid (2)
Höchstlast (g)	200	170	200	100	166	30	30	ca. 4 (5)	ca. 4 (5)
Ablesbarkeit/Teilungswert (mg)	0.1	0.1	0.1	0.01	0.01	0.01	0.001	0.001	0.0001
Optischer Bereich (mg) (einschl. Mikrometer)	0.1–1000	–	–	0.01–100	–	–	0.001–10	–	–
Elektrodynamischer Bereich (g)	–	10	200	–	16	30	–	0.300	0.120
Standardabweichung/Reproduzierbarkeit (mg)	$\leq \pm 0.05$	$\leq \pm 0.1$	$\leq \pm 0.1$	$\leq \pm 0.01$	$\leq \pm 0.02$	$\leq \pm 0.02$	$\leq \pm 0.001$	$\leq \pm 0.001$	$\leq \pm 0.0002$
Linearitätsabweichung im optischen oder elektrodynamischen Bereich (mg)	$\leq \pm 0.1$	$\leq \pm 0.1$	$\leq \pm 0.2$	$\leq \pm 0.01$	$\leq \pm 0.02$	$\leq \pm 0.03$	$\leq \pm 0.001$	$\leq \pm 0.001$	$\leq \pm 0.0001$

7.3 Konstruktion der verwendeten Waagen 95

Tarierung im opt. Bereich (additiv) (mg)	0.1–1000	–	–	–	–	–	–
Tarierung im elektro-dynamischen Bereich (subtraktiv) (g)	–	10	200	–	16	– (8)	–
					30 (9)		0.120
Mechanische bzw. automat. Gewichtsschaltung (Substitution) (g)	1–199	10–160	–	0.1–99.9	10–150	0.01–29.99	0.300
							ca. 4
Genauigkeit des Gewichtssatzes (mg)	±0.1	±0.1	–	±0.1 (6)	±0.1 (6)	±0.006 pro Dekade (7)	±0.006 pro Dekade (7)
							±0.006 pro Dekade (7)

Anmerkungen zu Tabelle 7-3

(1) Die Aufstellung zeigt den Entwicklungsstand der mechanischen Analysenwaage von etwa 1980 und den der elektrodynamischen von etwa 1987. Bei den Hybridwaagen beziehen sich die Angaben für die (heute nicht mehr gefertigten) Makro- und Semimikro-Analysenwaagen auf etwa 1980, für die Mikro- und Ultramikro-Analysenwaagen auf den Stand von 1987.
(2) Hybridwaage: Analysenwaage, bei der das Prinzip der Substitutionswaage für den höheren Lastbereich mit dem der elektrodynamischen Waage für den unteren Lastbereich kombiniert ist.
(3) Für die Aufgaben der organischen Mikro-Elementaranalyse sind bisher Mikrowaagen ausreichend hoher Auflösung, die allein nach dem elektrodynamischen Prinzip arbeiten, noch nicht auf dem Markt (Stand 1987). Die Entwicklung solcher Geräte ist aber zu erwarten – und zwar für Aufgaben, die keine sehr hohe Tarabelastung bedingen. Gegenüber dem bisherigen Stand dürfte der elektrodynamische Bereich noch um einen gewissen Betrag erweitert werden können.
(4) Mechanische Ultramikrowaagen werden seit längerem nicht mehr angeboten. Ein sehr leistungsfähiges Instrument war das Modell 25 UM der Firma BUNGE.
(5) Die gleicharmige elektrodynamische Mikrowaage mit Spannbandlagerung, die vor allem für Aufgaben im Forschungslaboratorium verwendet wird, kann (beidseitig) bis 25 g – die entsprechende Ultramikrowaage bis 3 g – zusätzlicher Tara belastet werden.
(6) Die Genauigkeit des Schaltgewichtssatzes mechanischer Semimikrowaagen kann durch Verwendung von Gewichtsstücken einer höheren Genauigkeitsklasse (s. 7.4 Gewichtsstücke) verbessert werden.
(7) Über die Genauigkeit der Schaltgewichte von Mikrowaagen siehe 7.4 Gewichtsstücke.
(8) Nach dem Substitutionsprinzip arbeitende mechanische Mikrowaagen werden vereinzelt auch mit der Tariermöglichkeit im optischen Bereich angeboten. Da sie für Aufgaben zum Einwägen inzwischen großenteils durch elektrodynamische Waagen verdrängt worden sind, haben diesbezüglich Hersteller auf den Einbau der optischen Tarierung verzichtet.
(9) Die heutigen elektrodynamischen Semimikrowaagen werden – wie andere elektrodynamische Laboratoriumswaagen auch – meist mit „rangierbarer" Genauigkeit (Mettler-DeltaRange; Sartorius-Sartorange) hergestellt. Solche Waagen haben den Vorteil, daß sie im höheren Lastbereich als Makro-Analysenwaagen arbeiten, im unteren Lastbereich aber eine Stelle mehr anzeigen. Diese höhere Genauigkeit kann auch dann benutzt werden, wenn die Waage bereits mit einer höheren Tara vorbelastet ist, so daß zum Einwägen der Feinbereich bei höherer Grundbelastung zur Verfügung steht.

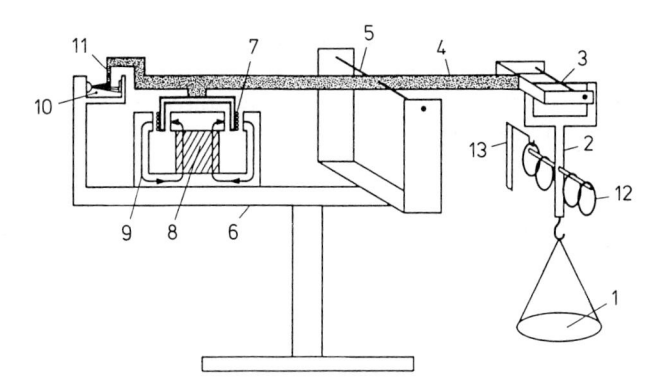

Abb. 7-11. Elektrodynamische Mikro-Analysenwaage nach dem Tauchspulenprinzip in *Hybrid-Bauweise* (Fa. METTLER). (Quelle: METTLER).

Lastaufnahmeteil:
1 Waagschale (hängend)

Lastübertragungsteil:
2 Gehänge, *3* Gehängelager (Kreuzlager), *4* Waagebalken (Hebel), *5* Hauptlager (Spannbandlager), *6* Systemplatte,

Lastvergleichsteil:
7 Kompensationsspule, *8* Dauermagnet, *9* magnetischer Fluß, *10* Positionsfühler, bestehend aus Lichtquelle, Lichtsensor und *11* Positionsblende

Substitutionsvorrichtung:
12 Substitutions-Gewichte, *13* Abhebebügel.

7.4 Gewichtsstücke (Prüfgewichte)

Zu analytischen Wägungen mit älteren mechanischen Waagen gleicharmiger Bauart werden die Gewichtsstücke – Bestandteile eines kompletten Gewichtssatzes – manuell mit Hilfe einer Pinzette auf die Gewichtsschale aufgelegt. Die Gewichte sind so abgestuft, daß durch die Kombination von vier Einzelgewichten eine ganze Gewichtsdekade abgedeckt wird; dabei variiert die Unterteilung bei den einzelnen Herstellern. Die Wägungen sollten mit der geringstmöglichen Anzahl von Gewichtsstücken durchgeführt werden. Kleinere Gewichtsstücke als 10 mg werden meist nicht verwendet; der Bereich unterhalb 10 mg bis zu 0.1 mg wird durch die Reiterverschiebung abgedeckt, und die darunter liegenden Gewichtsanteile werden im Neigungsbereich der Waage ermittelt.

Bei Waagen mit integrierten Schaltgewichten können diese mittels externer Drehknöpfe bedient werden. Entsprechend der Höchstlast der Waage gehen die Schaltgewichte bei der Makrowaage herunter bis 1 g, bei der Semimikrowaage bis 0.1 g, bei der Mikrowaage bis 10 mg und schließlich bei der Ultramikrowaage bis 1 mg. Bei allen Geräten neuer Bauart werden dann die letzten vier Dezimalstellen im Neigungsbereich der Waage ermittelt.

Bei den als Hybridwaagen ausgeführten neueren Mikro- und Ultramikrowaagen werden – bei den einzelnen Herstellern unterschiedlich – die Bereiche oberhalb 150 bis

300 mg bzw. 15 bis 120 mg durch Schaltgewichte abgedeckt. Werden – vor allem bei der Ausführung von Einwaagen für Mikroanalysen – Gewichtsstücke (Einzel- oder Schaltgewichte) verwendet, sind, wegen deren Justiertoleranzen, die größeren lediglich als ‚Tara' für das Einwägegefäß zu benutzen. Die Einwaage wird möglichst im optischen oder elektrodynamischen Bereich durchgeführt. Sind für die Einwaage kleinere Schaltgewichte erforderlich, sind dafür Korrekturtabellen (unter Verwendung besonders sorgfältig justierter Massestandards) zu erstellen, und damit ist der abgelesene Wägewert zu korrigieren.

Unter keinen Umständen sollten während des Einwägevorgangs die als Taragewichte fungierenden größeren Gewichtsstücke gewechselt werden, etwa dann, wenn die Tara gerade im Übergangsbereich zweier Schaltgewichte liegt. Man hilft sich hier durch eine kleine, zusätzliche Tara.

Bei modernen Analysenwaagen werden Gewichtsstücke nur noch gelegentlich zur Überprüfung der Waagen (Kalibrierung der Schaltgewichte, Prüfung der Linearität des elektrodynamischen oder optischen Bereiches) benötigt. In vielen Fällen reichen sorgfältig ausgewählte Einzelgewichte an Stelle eines vollständigen Satzes aus. Die Überprüfung einer Waage muß immer mit einem Gewichtssatz der nächsthöheren Genauigkeitsklasse als dem in der Waage eingebauten erfolgen; Makro- oder Semimikrowaagen erfordern zur Kalibrierung Gewichtsstücke der Klasse E_2 oder sogar E_1, Mikro- und Ultramikrowaagen eigens dafür kalibrierte Gewichtsstücke.

Da es die Genauigkeit im optischen oder elektrodynamischen Bereich ohne weiteres gestattet, geringere Abweichungen als die zulässigen Fehlergrenzen der einzelnen Gewichte dieser besten Genauigkeitsklassen (natürlich in Abhängigkeit von deren Nennwerten) eindeutig und reproduzierbar festzustellen, muß für jeden Prüfgewichtssatz eine individuelle Korrekturtabelle angefertigt werden.

Bei Mikro- und Ultramikrowaagen sind die Abstimmung der Schaltgewichte „unter sich" und die Übereinstimmung mit dem elektrodynamischen Bereich genauer als die Fehlergrenzen aller handelsüblichen Prüfgewichte. Zur Überprüfung von Absolutgewichten ist bei diesen Waagen ein von der Physikalisch-Technischen Bundesanstalt, Braunschweig, mit entsprechender Genauigkeit „nachgewogener" Gewichtssatz erforderlich.

Seit der Einführung der neuen Eichordnung (Eichordnung EO-8-6 von 1975) gilt für Gewichtsstücke aller Genauigkeitsklassen, daß ihr Nennwert nicht mehr die eigene Masse ist, sondern der sog. *konventionelle Wägewert*. Dazu wurden drei Randbedingungen festgelegt: die Dichte 8000 kg/m^3 für das Bezugsgewicht, die Luftdichte 1.2 kg/m^3 und die Meßtemperatur $20\,°C$. Für ein Gewichtsstück der Dichte 8000 kg/m^3 sind somit konventioneller Wägewert und Masse identisch.

Es liegt also nahe, Gewichtsstücke von einem Material der Dichte 8000 kg/m^3 zu verwenden, um eventuelle Auftriebskorrekturen zu vermeiden. Dazu werden zur Zeit weitgehend unmagnetische, korrosionsbeständige Stähle der Dichte 7800 bis 8100 kg/m^3 eingesetzt. Lediglich im Bruchgrammbereich werden andere Legierungen verwendet.

Die Luftdichte in der Bundesrepublik Deutschland weicht in der Regel um weniger als $\pm 10\%$ vom Wert 1.2 kg/m^3 ab, so daß Auftriebskorrekturen bei Bezugsgewichten untereinander weniger als ein Viertel des Betrages der festgelegten Fehlergrenzen der Gewichte ausmachen. Für die Praxis hat die Einführung des konventionellen Wägewertes daher zwei Vorteile:

– Bei der Prüfung von Gewichtsstücken brauchen die Eichämter Differenzen beim Luftauftrieb nicht mehr zu berücksichtigen.
– Der Benutzer braucht die wirkliche Dichte seiner Gewichtsstücke nicht zu kennen; in den Korrektionsformeln für den Luftauftrieb wird der festgelegte Dichtewert von 8000 kg/m^3 eingesetzt.

Messing mit der Dichte 8400 kg/m^3 ist somit als Werkstoff für Gewichtsstücke der Klassen E_2 und E_1 nicht mehr zulässig. Bemerkt sei noch, daß an Orten, an denen die Luftdichte außerhalb des Bereiches (1.2 ± 10%) kg/m^3 liegt, der Begriff des konventionellen Wägewertes seinen Sinn verliert. Der konventionelle Wägewert darf nur Gewichtsstücken zugeordnet werden. Für Wägegüter beliebiger Art existiert dieser Begriff nicht; hier ist allein die Masse die maßgebliche Größe.

Die Eichfehlergrenzen der konventionellen Wägewerte sind in Tab. 7-4 zusammengestellt. Auf die Wiedergabe der Klasse F_2 wird verzichtet, da Gewichtsstücke dieser Klasse, obwohl für die Verwendung in Makrowaagen zulässig, nicht als Prüfgewichte für diese Waagen herangezogen werden dürfen.

Tab. 7-4. Eichfehlergrenzen der Gewichtsstücke der Fehlergrenzklassen E_1, E_2 und F_1 (gem. Eichordnung (EO), v. 15. 01. 1975, Anlage 8).

Nennwert	Fehlergrenzen in mg		
	Klasse E_1	Klasse E_2	Klasse F_1
1 mg	± 0.002	± 0.006	± 0.020
2 mg	± 0.002	± 0.006	± 0.020
5 mg	± 0.002	± 0.006	± 0.020
10 mg	± 0.002	± 0.008	± 0.025
20 mg	± 0.003	± 0.010	± 0.03
50 mg	± 0.004	± 0.012	± 0.04
100 mg	± 0.005	± 0.015	± 0.05
200 mg	± 0.006	± 0.020	± 0.06
500 mg	± 0.008	± 0.025	± 0.08
1 g	± 0.010	± 0.030	± 0.10
2 g	± 0.012	± 0.040	± 0.12
5 g	± 0.015	± 0.050	± 0.15
10 g	± 0.020	± 0.060	± 0.20
20 g	± 0.025	± 0.080	± 0.25
50 g	± 0.030	± 0.10	± 0.30
100 g	± 0.05	± 0.15	± 0.5
200 g	± 0.10	± 0.30	± 1.0

7.5 Auftriebskorrektur

In der Laborpraxis wird meist der Luftauftrieb nicht korrigiert, da beim Wägen üblicher Substanzen (Dichte 1000 bis 3000 kg/m^3) für Waagen, die mit Prüfgewichten der Dichte 8000 kg/m^3 geeicht sind, die Unterschiede zwischen scheinbarer und wahrer Masse unter

0.1 % liegen. Bei genaueren Massebestimmungen muß jedoch der Luftauftrieb von Wägegut und Gewichtsstücken rechnerisch ermittelt und berücksichtigt werden.

Der *Auftrieb* wirkt wie eine scheinbare Verminderung der Massen des Wägegutes (Masse m, Dichte ϱ, Volumen V) und der Gewichtsstücke (Masse m_g, Dichte ϱ_g, Volumen V_g) um die Beträge $\varrho_L \cdot V$ bzw. $\varrho_L \cdot V_g$, wobei ϱ_L die Dichte der Luft ist. Es gilt:

$$m - \varrho_L \cdot V = m_g - \varrho_L \cdot V_g{}^* \ .$$

Daraus folgt:

$$m = m_g + \varrho_L (V - V_g) \ . \tag{1}$$

Formel (1) ist im Prinzip direkt anwendbar, wenn das Volumen V des Wägegutes und das Volumen V_g der Gewichtsstücke bekannt sind. In der Praxis ist es zweckmäßiger, die Volumina als Funktion der Dichten auszudrücken. Man erhält dann:

$$m = m_g + \varrho_L \left(\frac{m}{\varrho} - \frac{m_g}{\varrho_g} \right)$$

oder durch Umformen:

$$m = m_g \left(\frac{1 - \varrho_L/\varrho_g}{1 - \varrho_L/\varrho} \right) \ . \tag{2}$$

Gleichungen (1) und (2) sind allgemein ohne Einschränkungen für sämtliche Waagentypen gültig: Selbst wenn bei speziellen Waagen keinerlei Anwendung oder Austausch von Gewichten erfolgt, wird bei ihrer Kalibrierung immer ein Bezugsgewicht der Dichte 8000 kg/m^3 impliziert. Der Wert m_g ist dann identisch mit der Anzeige der Waage; wird die Waage mit Prüfgewichten geeicht, so entspricht m_g deren konventionellen Wägewerten m_k. Für diesen Fall (ϱ_g = 8000 kg/m^3; ϱ_L = 1.2 kg/m^3) reduziert sich Gl. (2) zu:

$$m_k = m \left(\frac{\varrho - 1.2}{0.99985 \cdot \varrho} \right) \quad [\varrho] \text{ in kg/m}^3 \ . \tag{3}$$

Gleichung (3) ist die Definitionsgleichung für den konventionellen Wägewert m_k eines Gewichtsstücks der Masse m und der Dichte ϱ.

Der Benutzer von Waagen und Gewichtsstücken beliebiger Dichte kann also immer mit Hilfe von Gleichung (2) den Auftrieb bei beliebiger Luftdichte exakt korrigieren. Werden jedoch geeichte Waagen und Gewichtsstücke neuerer Bauart (ab 1981) verwendet, muß für die Dichte der Gewichtsstücke immer der konventionell festgelegte Bezugswert von 8000 kg/m^3 eingesetzt werden, unabhängig von der wahren Dichte der Gewichtsstücke.

Die Luftdichte ϱ_L während der Wägung kann entweder in Abhängigkeit von der Raumtemperatur, dem Barometerstand und der relativen Feuchte den üblichen Tabellenwerken (CRC-Handbook of Physics and Chemistry) entnommen oder nach folgender empirischen Formel berechnet werden (METTLER 1982):

---

* Da die Schwerkraft gleichermaßen auf Wägegut und Gewichtsstücke einwirkt, kürzt sich die Fallbeschleunigung heraus.

$$\varrho_L = \frac{0.34844 \cdot p - \phi\,(0.00252 \cdot t - 0.02058)}{(273.2 + t)}$$

ϱ_L = Luftdichte in kg/m³
t = Raumtemperatur in °C
p = Luftdruck in mbar
ϕ = relative Luftfeuchtigkeit in %.

In Tab. 7-5 sind die relativen Fehler [F = $(m - m_g)/m$] für einige typische Materialien angegeben, wenn der Luftauftrieb bei der Wägung nicht korrigiert wird.

Die positiven Abweichungen zeigen, daß die wahre Masse des Materials größer als die Anzeige der Waage ist; bei den negativen Abweichungen ist die wahre Masse kleiner als die Anzeige der Waage. Es ist erkennbar, daß sich der Luftauftrieb bei jeder auf Analysenwaagen durchgeführten Wägung auswirkt. Selbst die Verwendung von Messinggewichten erfordert auf einer auf konventionelle Wägewerte abgestimmten Waage eine Korrektur.

Tab. 7-5. Relative Fehler F [$F = (m - m_g)/m$] bei Wägung in Luft ohne Berücksichtigung einer Auftriebskorrektur.

Material	Dichte ϱ (in kg/m³)	F bei Wägung in Luft der Dichte $\varrho_L = 1.2$ kg/m³	F bei Wägung in Luft der Dichte $\varrho_L = 1.1$ kg/m³
Platin	21 500	$-9.4 \cdot 10^{-5}$	$-8.6 \cdot 10^{-5}$
Quecksilber	13 600	$-6.2 \cdot 10^{-5}$	$-5.7 \cdot 10^{-5}$
Messing	8 400	$-7.1 \cdot 10^{-6}$	$-6.5 \cdot 10^{-6}$
Edelstahl	8 000	0	0
Aluminium	2 700	$2.9 \cdot 10^{-4}$	$2.7 \cdot 10^{-4}$
Glas (Kalk-Natron-Glas)	2 400	$3.5 \cdot 10^{-4}$	$3.2 \cdot 10^{-4}$
Wasser	1 000	$1.05 \cdot 10^{-3}$	$0.96 \cdot 10^{-3}$

7.6 Wägefehler

Bei jeder Wägung wird vorausgesetzt, daß eine für die jeweilige Aufgabe optimal angepaßte Waage verwendet wird, da sonst unzumutbar hohe Wägefehler zu erwarten sind. Die Waage muß sich in technisch einwandfreiem Zustand befinden und darf keine Konstruktionsmängel aufweisen. Außerdem muß sie sachgemäß aufgestellt und behandelt werden und vor Störeinwirkungen aller Art geschützt sein.

Falls elektrodynamische Waagen kein eingebautes Kalibriergewicht besitzen, müssen sie am jeweiligen Aufstellungsort auf die dort herrschende Fallbeschleunigung eingestellt werden; das gilt auch bei einem Wechsel des Aufstellungsortes von nur wenigen Metern Höhendifferenz. Die genaue Einstellung auf die örtliche Schwerkraft ist regelmäßig zu überprüfen.

Grobe Fehler, wie Armlängenfehler und lastabhängige Empfindlichkeitsfehler von Dreischneidenwaagen, Abweichungen bei den Schaltgewichten, Ecklastfehler und Linearitätsfehler von elektrodynamischen Waagen sind leicht mit Hilfe eines Prüfgewichtssatzes festzustellen und sollen hier nicht weiter behandelt werden. Zu ihrer Beseitigung ist in jedem Fall der zuständige Wartungsdienst heranzuziehen.

Bei der Korrektur des Luftauftriebs, häufig auch als „Auftriebsfehler" bezeichnet, handelt es sich nicht um eine Fehlerkorrektur im eigentlichen Sinn, sondern um eine mit großer Genauigkeit erfaßbare, *systematische Korrektur*. Lediglich Fehler in den Zahlenwerten der Dichten der Luft und des Wägegutes wirken sich als Auftriebsfehler aus; deren Größenordnung ist leicht abzuschätzen. Im folgenden werden einige typische Einflußgrößen aufgezählt, die *unkontrollierte Wägefehler* mit sich bringen können:

1. Standort

Ein Wägeraum ist bei den moderneren Waagen weitgehend überflüssig. Analytische Waagen können im Laboratorium, wie andere Meßinstrumente auch, aufgestellt werden. Zu beachten ist allerdings, daß sie vor korrosiven Einwirkungen und Staub geschützt sind. Zu vermeiden sind Durchgangszonen, Luftturbulenzen (Nähe von Ventilatoren oder Klimaanlagen), direkte Sonneneinstrahlung (Nähe von Fenstern) und Feuchtigkeitsquellen. Am günstigsten werden Waagen in Raumecken aufgestellt.

2. Wägetisch

Moderne Waagen sind um ein Vielfaches unempfindlicher gegenüber Vibrationen als ihre Vorgänger. Gerade bei elektrodynamischen Waagen ist die Integrationszeit meist variabel einzustellen. Treten während des Wägens Störungen auf, wird die Anzeige automatisch blockiert. Grundsätzlich müssen alle Waagen mit Hilfe einer am Gehäuse angebrachten Libelle einnivelliert werden. Fehler durch Schrägstellung sind jedoch bei kleineren Neigungswinkeln gering; es muß lediglich der Nullpunkt neu eingestellt oder neu kalibriert werden.

Nach wie vor gilt die Regel, daß Wägeergebnisse so gut (oder so schlecht) sind wie der Wägetisch. Makrowaagen können jedoch auf jeden massiven und verbiegungsfreien Labortisch aufgestellt werden. Empfindlichere Waagen erfordern einen vibrationsfrei angebrachten antimagnetischen und gegen statische Aufladungen geschützten Wägetisch, z. B. eine massive Steinplatte.

3. Temperaturdrift

Waagen sollten nur möglichst geringen Temperaturschwankungen ausgesetzt sein. Die Nähe von Wärmequellen jeglicher Art ist zu vermeiden. Ultramikrowaagen müssen thermokonstant ($\pm 1\,°C$) aufgestellt werden. Als Anwärmzeit sollte mindestens 30 min vorgesehen werden; sie entfällt bei Waagen mit Stand-by-Schaltung. Einzelheiten über den eigenen Temperaturfehler der Waage sind den Herstellerangaben zu entnehmen.

4. Luftfeuchtigkeit

Optimale Ergebnisse werden bei relativen Luftfeuchten von 45 bis 65% erhalten. In sehr trockener oder feuchter Atmosphäre können infolge des durchaus wägbaren – und variablen – Wasserfilmes auf großflächigen Gegenständen, insbesondere Glas, Abweichungen auftreten. Bei hygroskopischen Substanzen sind spezielle Vorsichtsmaßnahmen und schnelles Wägen erforderlich.

5. Elektrostatische Einflüsse

Gute Isolatoren – wie Plastik, Glas, trockene Pulver, Granulate, aber auch Kleidungsstücke des Bedienungspersonals – werden leicht elektrostatisch aufgeladen. Dadurch können gravierende Wägefehler entstehen. Man kann diesen begegnen, indem sämtliche betroffenen Teile (auch die Waagschale) geerdet werden, die Luftfeuchtigkeit erhöht wird oder sog. Antistatik-Pistolen verwendet werden.

6. Magnetische Einflüsse

Die Wägung magnetischer Körper ist immer problematisch, da ferromagnetische Teile (z. B. Schrauben, Tischarmierungen) oft nicht völlig von der Waage ferngehalten werden können. Kann das zu wägende Teil nicht entmagnetisiert werden, ist es bei der Wägung vollständig abzuschirmen, z. B. durch Mu- oder Mikrometall (RÖMPP 1985).

7.7 Terminologie bei Wägungen*

Die anschließend wiedergegebenen wägetechnischen Begriffe lehnen sich an DIN 8120 (1981) an. Zusätzlich sind noch weitere gebräuchliche Begriffe erläutert, die dort nicht enthalten sind. Für einige Begriffe konnte das von der Fa. METTLER Instrumente AG herausgegebene *Wägelexikon* (1982) herangezogen werden. Im übrigen gelten bei Wägungen die Richtlinien nach DIN 1319 (1985–1987).

Ablesbarkeit: kleinste an der Waage ablesbare Massedifferenz. Bei Waagen mit *Analoganzeige* ist die Ablesbarkeit gleich dem kleinsten Bruchteil eines *Skalenteils*, der noch mit ausreichender Sicherheit geschätzt oder mit einem Hilfsmittel (z. B. Nonius) bestimmt werden kann. Bei Waagen mit Zahlenanzeige (*Digitalanzeige*) ist die Ablesbarkeit gleich dem *Ziffernschritt*; s. a. *Wägeschritt*.

Analoganzeige: die *Anzeige* erfolgt stufenlos aus der Stellung einer Indexmarke (Strich, Zeiger) gegenüber einer meist bezifferten Strichskala. Im Vergleich zur *Digitalanzeige* besteht eine höhere Wahrscheinlichkeit von Ablesefehlern.

Anzeige: Vorrichtung eines Gerätes zur Darstellung eines *Meßwertes*; der Begriff wird auch im Sinne des angezeigten Meßwertes verwendet. Es wird zwischen *Analoganzeige* und *Digitalanzeige* unterschieden.

Auflösung, absolute: nicht mehr zu verwendender Begriff, der durch *Empfindlichkeit* ersetzt ist.

Auflösung, relative (Auflösungsverhältnis): Verhältnis zwischen der (durch die *Standardabweichung*) gesicherten *Ablesbarkeit* und der *Höchstlast*; vgl. auch *Wägebereich*.

---

* Die kursiv gesetzten Begriffe sind durch ein eigenes Stichwort erläutert.

Beweglichkeit einer Waage: Fähigkeit einer Waage, auf kleine Änderungen der *Last* zu reagieren. Die Beweglichkeit ist durch mechanisch-konstruktive Eigenschaften der Waage bedingt. Eine gute Beweglichkeit ist Voraussetzung dafür, eine ausreichend hohe *Empfindlichkeit* zu erreichen.

Digitalanzeige: sprungweise fortschreitende, diskontinuierliche Anzeige, ausschließlich in Form von Ziffern, wobei die letzte Stelle (aufgrund der Erfassung der nächsten, nicht mehr angezeigten) richtig gerundet sein sollte; s. auch *Analoganzeige*.

Ecklastfehler (auch Seitenlastfehler genannt): Abweichung des *Meßergebnisses*, wenn eine *Last* in der Mitte oder an beliebigen Stellen am Rand der Waage aufgelegt wird.

Eichwert: in Masseneinheiten ausgedrückter Wert der Teilung, der bei der Eichung der Waage zur Festlegung der Fehlergrenze zugrundegelegt wird.

Empfindlichkeit einer Waage: Änderung der *Anzeige* der Waage durch die sie verursachende Änderung der (zusätzlich aufgelegten kleinen) *Last*. Die Empfindlichkeit S ist gleich der Änderung der Anzeige ΔL, dividiert durch die Änderung der Last Δm: $S = \Delta L / \Delta m$. Bei Waagen mit Ziffernanzeige (s. *Digitalanzeige*) tritt an die Stelle von ΔL die Anzahl der Ziffernschritte ΔZ.

Eine hohe Empfindlichkeit ist, für sich allein betrachtet, kein Kriterium für die Leistungsfähigkeit einer Waage (s. *relative Auflösung, Standardabweichung*). Zu früherer Zeit finden sich häufig andere Definitionen der Empfindlichkeit, die heute gelegentlich noch verwendet werden. Der Begriff Empfindlichkeit wird auch im rein qualitativen Sinne verwendet, z. B. wenn eine Waage auf äußere Einflüsse „empfindlich" reagiert.

Fehler, absoluter: Unterschied zwischen dem angezeigten Wert X_a und dem durch Vergleich mit einem auf anderem Wege ermittelten *richtigen* oder *wahren* Wert X_r der Meßgröße. Bei Wägungen ist der absolute Fehler die Differenz zwischen dem *Wägeergebnis* und dem „richtigen" Meßwert der zu bestimmenden Last, gemessen in der Einheit der Masse.

Fehler, relativer: Verhältnis zwischen dem *absoluten Fehler* und dem jeweiligen *Meßergebnis*. Bei analytischen Bestimmungen wird der relative Fehler oft in Prozenten oder in Promille angegeben.

Fehler, statistischer (oder **zufälliger**): durch nicht erfaßbare und nicht beeinflußbare Änderungen der Waage, der Störgrößen, des Wägegutes und der Verhaltensweise des Beobachters hervorgerufener Fehler. Er verursacht die *Streuung* des *Wägeergebnisses* und ist mit Hilfe statistischer Methoden quantifizierbar.

Fehler, systematischer: durch Unvollkommenheit der Waage, der Gewichtsstücke, des Wägeverfahrens, des Wägegutes sowie von meßtechnisch erfaßbaren Einflüssen der Störgrößen hervorgerufener Fehler. Er ist im allgemeinen nach Betrag und Vorzeichen erfaßbar und kann durch Korrekturen rechnerisch berücksichtigt werden.

7.7 Terminologie bei Wägungen

Fehlergrenze: vereinbarte Höchstbeträge für (positive oder negative) Abweichungen. Sie dürfen auch durch zufällige Abweichungen nicht überschritten werden.

Genauigkeit: qualitativer Begriff für die Fähigkeit eines Meßgerätes, einen *Meßwert* (s. a. *Meßergebnis*) nahe dem *richtigen Wert* zu ermitteln. Der Begriff Genauigkeit sollte nicht in Verbindung mit einer Zahlenangabe benutzt werden; s. *Reproduzierbarkeit, Veränderlichkeit, Meßunsicherheit, Standardabweichung, Fehlergrenze*.

(Norm)-Gewichtskraft: Produkt aus der *Masse* eines Körpers und der Fallbeschleunigung am „Normort" ($g_0 = 9.8067$ m/s^2); Maßeinheit: NEWTON.

Gewichtskraft, örtliche: Produkt aus der *Masse* eines Körpers und der örtlichen Fallbeschleunigung; Maßeinheit: NEWTON.

Höchstlast: obere Grenze des *Wägebereiches* einer Waage, ohne Berücksichtigung einer zusätzlichen *Taralast*, z. B. für das Einwägegefäß.

Integrationszeit (auch Meßzeit genannt): Zeitdauer, die eine elektrodynamische Waage benötigt, um einen definierten *Meßwert* zu bilden und anzuzeigen.

Last: allgemeiner Begriff für einen Körper, der eine *Gewichtskraft* ausübt und dessen *Masse* durch *Wägung* bestimmt werden soll.

Luftauftrieb: Auftriebskraft, die der *Gewichtskraft* eines in Luft befindlichen Körpers entgegenwirkt. Bei Präzisionswägungen ist der Luftauftrieb grundsätzlich als Korrektion am *Wägewert* zu berücksichtigen, um zu dem *Wägeergebnis* zu gelangen.

Masse eines Körpers: Eigenschaft eines Körpers, infolge der Anziehung durch die Erde eine *Gewichtskraft* auszuüben („Schwere") oder in seinem derzeitigen Bewegungszustand zu beharren („Trägheit").

Meßabweichung: s. *Fehler, absoluter*.

Meßabweichung, relative: s. *Fehler, relativer*.

Meßergebnis: ergibt sich als *Meßwert* der Messung unter zusätzlicher Berücksichtigung von Korrektionen (bei Wägungen insbesondere des *Luftauftriebs*) und der *Meßunsicherheit*.

Meßgröße: physikalische Größe, die durch eine Messung erfaßt wird, ggf. auch durch Messung anderer Größen und anschließendem rechnerischen Rückschluß.

Meßunsicherheit: die Meßunsicherheit eines Meßergebnisses umfaßt die zufälligen Fehler (s. *statistischer Fehler*), rechnerisch ausgedrückt durch die *Standardabweichung* oder durch den *Vertrauensbereich* aller Einzelvariablen, aus denen das Meßergebnis berechnet wird, sowie zusätzlich nicht erfaßte (weil nur abschätzbare) *systematische Fehler*. Soweit möglich, sind die systematischen Fehler zu berücksichtigen.

Meßwert: der aus der *Anzeige* eines Meßgerätes ermittelte Wert, angegeben als Zahlenwert und zugehöriger Einheit. Um das *Meßergebnis* zu erhalten, muß, falls notwendig (z. B. bei bestimmten Anforderungen an die *Genauigkeit*), der Meßwert zusätzlich korrigiert werden. Bei Wägungen wird der Meßwert als *Wägewert* bezeichnet.

Mindestlast: Begriff im eichpflichtigen Verkehr. Bei Unterschreitung können die *Wägeergebnisse* mit einem zu hohen *relativen Fehler* belastet sein; Wägungen dürfen in diesem Bereich nicht ausgeführt werden.

Reproduzierbarkeit einer Wägung: Ausmaß der Übereinstimmung in den Ergebnissen der mehrfach wiederholten Wägung ein und derselben *Last* auf derselben Waage unter gleichen Meßbedingungen. Weichen die Ergebnisse erheblich voneinander ab, ist die Reproduzierbarkeit gering und die *Veränderlichkeit* der Waage groß. Reproduzierbarkeit und Veränderlichkeit werden zahlenmäßig nicht angegeben, sondern können durch die *Standardabweichung* der *Streuung* ausgedrückt werden.

Skalenteil: Intervall zwischen zwei aufeinanderfolgenden Teilungsmarken der Skala. Bei Strichskalen (s. *Analoganzeige*) ist der Skalenteil gleich dem Abstand zwischen zwei aufeinanderfolgenden Teilstrichen, bei Ziffernskalen (s. *Digitalanzeige*) gleich dem Unterschied zwischen zwei benachbarten Skalenwerten (s. *Ziffernschritt*).

Skalenwert: Wert eines *Skalenteils* in der Einheit der zu bestimmenden Größe, bei Wägungen in der Einheit der *Masse*.

Standardabweichung: Rechengröße zur Beurteilung einer Messung hinsichtlich *Reproduzierbarkeit*. Sie ist definiert durch

$$S = \sqrt{\frac{1}{n-1} \cdot \sum_{i=1}^{n} (x_i - \bar{x})^2}$$

wobei n = Anzahl der Einzelergebnisse x_i, $\bar{x}$ = Mittelwert aus den Einzelergebnissen x_i.

Statistische Sicherheit: Aussagesicherheit, mit der eine bestimmte Anzahl von *Meßwerten* innerhalb eines bestimmten Streubereiches zu erwarten ist.

Streuung: qualitativer Begriff, der bei Messungen jeder Art durch die *Standardabweichung* quantifiziert wird.

Tara, Taralast: Masse der Verpackung des Wägegutes, bei Einwägungen die Masse des Einwägegefäßes.

Teilungswert: in gesetzlichen Masseneinheiten ausgedrückter Wert des kleinsten *Skalenwertes* (bei *Analoganzeigen*) oder des kleinsten *Ziffernschrittes* (bei *Digitalanzeigen*).

Unsicherheit: *Meßunsicherheit* des *Meßergebnisses*.

Veränderlichkeit einer Waage: Änderung der *Anzeige*, wenn dieselbe Last auf derselben Waage mehrfach unter den gleichen Bedingungen gewogen wird; s. *Reproduzierbarkeit*.

Vertrauensbereich: Streubereich des Mittelwertes einzelner *Meßwerte*, der unter der Voraussetzung einer Normalverteilung der Meßwerte mit einer bestimmten statistischen Sicherheit zu erwarten ist; s. *Meßunsicherheit*.

Wägebereich: Begriff im eichpflichtigen Verkehr: Bereich, innerhalb dessen eine Waage benutzt werden darf; s. *Mindestlast, Höchstlast*.

Wägeergebnis: *Meßergebnis* der *Wägung*.

Wägeschritt: Meist nur bei Waagen mit *Digitalanzeige* verwendeter Begriff; s. *Ziffernschritt*.

Wägewert einer Last: auf *Wägungen* bezogener *Meßwert*, definiert als der Meßwert, der von der Anzeigevorrichtung der kalibrierten Waage angezeigt wird. Er ist keine Konstante, sondern abhängig vom *Luftauftrieb* und entspricht somit näherungsweise der *Masse*.

Wägewert einer Last, konventioneller: Masse eines Bezugsgewichtes von konventionell festgelegter Dichte ($8000\,kg/m^3$), das bei Wägung in Luft von festgelegter Dichte ($1.2\,kg/m^3$) der zu wägenden Last bei einer festgelegten Temperatur ($20\,°C$) das Gleichgewicht hält. Definitionsgemäß sind für alle Körper der Dichte $8000\,kg/m^3$ bei $20\,°C$ konventioneller Wägewert und Masse identisch.

Wägung: Bestimmung der *Masse* eines Körpers durch Vergleich der von ihm ausgeübten *Gewichtskraft* mit einer zweiten, als bekannt vorausgesetzten Kraft. Bei den Waagetypen ist zu unterscheiden zwischen ortsunabhängigen (z. B. Hebelwaage) und ortsabhängigen (z. B. Federwaage oder elektrodynamische Waage) Geräten. Bei der Hebelwaage bleibt die örtliche Fallbeschleunigung ohne Einfluß auf das Ergebnis der Wägung, da sie auf Last und Gewichtsstücke gleichermaßen wirkt. Bei ortsabhängigen Waagen ist die örtliche Fallbeschleunigung zu berücksichtigen, da sie einseitig nur auf die Last wirkt. Durch Kalibrierung der Waage am Wägeort wird das Meßergebnis direkt in der Einheit der Masse angegeben.

Wahrer oder richtiger Wert: unter Ausschluß aller nur denkbaren Fehler mit einem Normalgerät ermitteltes *Meßergebnis*.

Ziffernschritt (= Zahlenschritt): Differenz zwischen den jeweils letzten Ziffern von zwei aufeinanderfolgenden Anzeigen.

8 Signalauswertung und Datenverarbeitung

O. WEBER[1]

8.0 Analog oder digital?

Nahezu alle in der OEA verwendeten Meßgeräte stellen ihre Ergebnisse in der Form von elektrischen Spannungen zur Verfügung. Dabei sind Meßwerte, die als elektrische Impulse anfallen, von Hause aus digitalisiert, d. h. sie können über einen bestimmten Zeitraum aufsummiert werden und liefern dann ein in diskreten Zahlenwerten darstellbares Ergebnis. Hierzu gehören Geräte wie die Röntgenfluoreszenz und die Massenspektrometer.

Bei anderen Geräten erhält man eine Gleichspannung, die im Prinzip über ein geeignetes analoges Voltmeter ablesbar wäre. Doch genügt diese Form der Meßwertverarbeitung nicht mehr den heutigen Ansprüchen an Genauigkeit und zuverlässige, fehlerfreie Arbeit. Darüber hinaus ist eine Weiterverarbeitung der Ergebnisse auf einem Rechner nur möglich nach einer vorhergehenden Digitalisierung. Zum Glück haben auch auf diesem Gebiet die Fortschritte der Mikroelektronik dazu geführt, daß hierzu kleine, preiswerte Mikroschaltungen verfügbar sind, die die unförmigen Kästen früherer Jahre ersetzen.

8.1 Digitalisierung

Die Verfahren zur Digitalisierung von elektrischen Spannungen lassen sich im wesentlichen auf drei Grundverfahren zurückführen, die mit Abweichungen von fast allen Wandlern benutzt werden:

a) die Spannungskompensation,
b) die Ladungskompensation,
c) das Rampenverfahren.

Bei der Spannungskompensation wird der gemessenen Spannung eine interne Spannung entgegengeschaltet, bis beide Spannungen gleich groß sind und die Spannungsdifferenz Null geworden ist. Die Gegenspannung wird stufenweise aufgebaut, wobei jede Stufe die halbe Spannung der vorhergehenden darstellt. Bevor die nächste Stufe dazugeschaltet wird, wird verglichen, ob der Meßwert schon erreicht oder überschritten wurde. Den digitalen Wert erhält man, wenn man das Gewicht der einzelnen Stufen addiert und auf den

---

[1] Dipl.-Ing. OTMAR WEBER, Billtalstr. 30, D-6231 Sulzbach.

Meßbereich überträgt. Die Vergleichsvorgänge laufen in sehr kurzen Zeiten ab, so daß, wenn nötig, Hunderte oder Tausende Digitalisierungen/s erzielt werden können.

Bei dem Verfahren der Ladungskompensation wird die gegebene Meßspannung durch eine elektrische Schaltung integriert und liefert an dem Integrationskondensator eine ansteigende Spannung. Diese wird jedesmal, wenn ein vorgegebener Grenzwert überschritten wird, so durch einen Impuls von genau definierter Spannung und Zeitdauer zurückgesetzt, daß die Anzahl der Impulse/Zeiteinheit ein Maß für die gemessene Spannung ist. Es ist also außer einer sehr stabilen Spannung bei dieser Methode auch ein exakter Zeitgeber notwendig, der durch die Anwendung von Schwingquarzen realisiert wird. Die Integration ist ein Vorzug dieses Verfahrens, weil hierdurch kleine Schwankungen der Meßspannung, wie Rauschen oder kleine Netzstörungen, ausgemittelt werden.

Auch beim Rampenverfahren wird die anstehende Spannung integriert, allerdings in einem Zug bis zum vorgegebenen Endwert. Anschließend wird mit einer Spannung von umgekehrter Polarität auf den Ausgangspunkt zurückintegriert, wobei die Zeit gemessen wird, die das Maß der vorhandenen Spannung ergibt.

Die Analog-/Digital-Wandler setzen eine Eingangsspannung im Voltbereich voraus, so daß meist eine Vorverstärkung des Meßsignals notwendig ist. Auch für diesen Zweck stehen heute kleine, preiswerte Mikroschaltungen zur Verfügung.

8.2 Meßwertanzeige

Soll das Analysengerät auch ohne Rechner betrieben werden können, muß eine Ablesemöglichkeit für den Meßwert vorgesehen sein. Verwendet werden *Fluoreszenz-* und *LED-* (Light Emitting Diode-)Anzeigen sowie neuerdings *LCDs* (Liquid Crystal Displays).

LCDs setzen eine ausreichende Raumbeleuchtung voraus, weil die Anzeigen im reflektiven Modus arbeiten. Die beiden anderen Arten sind selbstleuchtend.

Bei den Rechnern dominiert nach wie vor die Kathodenstrahlröhre als Anzeigeelement. Bei den kleinen, tragbaren Rechnern (Laptops) werden wegen des Gewichts und der flachen Bauform Elektrolumineszenz- und LCD-Bildschirme verwendet. Farbbildschirme gibt es nur bei den Kathodenstrahlröhren. Sie sind inzwischen weit verbreitet, weil die Preisunterschiede gegenüber grünen oder bernsteinfarbenen Bildschirmen nicht mehr allzugroß sind und sie die Möglichkeit bieten, die Benutzerführung durch eine geeignete farbliche Darstellung zu verbessern.

8.3 Schnittstellen

Wenn die Daten außerhalb des eigentlichen Analysengerätes verarbeitet werden sollen, dann ist es notwendig, daß man die Meßgrößen an einem Anschluß des Analysengeräts abgreifen kann. Für diesen Anschluß mitsamt der evtl. dazugehörenden Elektronik hat sich auch bei uns der Ausdruck *Interface* eingebürgert, was als Gattungsbegriff für eine Zahl von unterschiedlichen Schnittstellen oder „Interfaces" betrachtet werden muß. Die gebräuchlichsten sind:

a) das Analog-Interface,
b) das IEEE-Interface,
c) das BCD-Interface,
d) das RS232-Interface,
e) das Current-Interface,
f) das Parallel-Interface.

Das *Analog-Interface* ist nichts weiter als eine Buchse, an der man die Meßspannung des Analysengerätes abgreifen kann. Eine Weiterverarbeitung in einem Rechner ist möglich, wenn man diese Spannung auf eine Analog-Digital-Wandler-Karte weiterführt, wie sie für PCs und Vergleichbare, z. B. von den Firmen ANALOG DEVICES und KEITHLEY, geliefert wird. Außer den Karten bieten die Firmen auch geeignete Programme an, die sowohl die Datenübernahme steuern als auch eine Weiterverarbeitung der Daten vorsehen. Meist sind statistische Auswertungen nach verschiedenen Verfahren vorgesehen sowie die grafische Darstellung der Werte über einen längeren Zeitraum.

Auch beim *IEEE-Interface*, das von den Firmen HEWLETT-PACKARD und PHILIPS entwickelt wurde, ist die Verwendung einer entsprechenden Adapterkarte im Rechner nötig. Vorteilhaft bei dieser Betriebsweise ist die Möglichkeit, an diese eine Schnittstelle bis zu 14 unterschiedliche Geräte anzuschließen, wie Plotter oder Drucker. Allerdings benötigt hier auch das Analysengerät eine IEEE-Schnittstelle, die z. B. in einem entsprechenden Voltmeter vorhanden sein kann. Neben der Steuerung der Meßwerterfassung können mit dem IEEE-Interface noch weitere, interne Funktionen des Meßgerätes geändert werden. So kann man beispielsweise vom Rechner aus den Meßbereich des Voltmeters umschalten. Einen charakteristischen Hinweis auf das Vorhandensein eines IEEE-Interfaces bietet der Anschlußstecker, der in den Normungsvorschlag mitaufgenommen wurde und in dieser Form nur hier verwendet wird. Ein europäischer Normvorschlag für einen 25poligen Stecker für das IEEE-Interface konnte sich nicht durchsetzen, so daß dieser Stecker keine Verwendung fand.

Beim *BCD-Interface* wird die im Analysengerät bereits digitalisierte Spannung am Anzeigespeicher des Voltmeters abgegriffen. Hier stehen die Werte in „binär-dezimaler Kodierung" zur Verfügung. Aus dem entsprechenden englischen Ausdruck ist der Name dieser Schnittstelle abgeleitet. Dieses Interface hat durch die Entwicklung der Mikroelektronik etwas von seiner früheren Bedeutung verloren und wird daher nur noch selten eingebaut.

Das *RS232-* oder *V24-Interface* ist seit vielen Jahren in der Telefontechnik üblich und wird für die Verbindung von Rechnern untereinander sowie von Rechnern mit Druckern u. dgl. verwendet. Die Datenübertragung erfolgt seriell über je eine Leitung in beiden Richtungen, weitere Leitungen können für die Steuerung einer ordnungsgemäßen Übertragung verwendet werden. Die Auslegung dieser Schnittstelle wird von den Firmen sehr großzügig gehandhabt, was sich daran zeigt, daß zwischen 3 und 9 Leitungen benutzt werden und die Form, nicht aber die Stiftzahl des verwendeten Steckers einheitlich ist. Es werden Stecker mit 9, 15 oder 25 Stiften verwendet. Diese Differenzen, in Verbindung mit der Verwendung von unterschiedlichen Protokollen bei der Übertragung, lassen mitunter die V24-Schnittstelle für den ungeübten Anwender zum Alptraum werden. Nichtsdestotrotz zählt sie neben der Parallel-Schnittstelle zur Standardausrüstung der meisten Tischrechner.

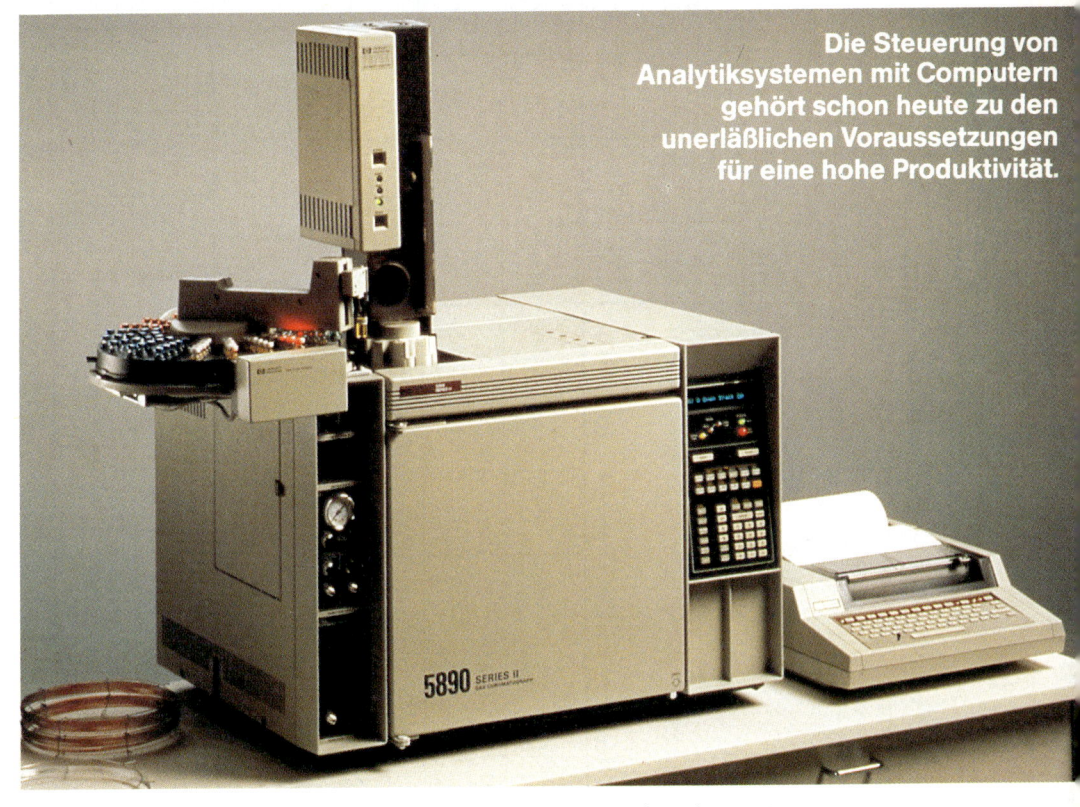

Herausforderungen an das Labor von morgen:

Die Steuerung von Analytiksystemen mit Computern gehört schon heute zu den unerläßlichen Voraussetzungen für eine hohe Produktivität.

Verstärkte Regulierungen durch die Bestimmungen für eine gute Laborpraxis, ein noch höherer Probendurchsatz und das Streben nach weiteren Produktivitätserhöhungen machen eine Automatisierung des gesamten Analysenprozesses unerläßlich. Dies läßt sich nur durch eine computerisierte Steuerung aller Instrumente und eine Datenerfassung in Echtzeit erreichen.

Die einzelnen Instrumente müssen also vernetzt und in ein Labor-Informations-System integriert werden. Die heterogene Instrumentierung der Labors stellt große Anforderungen an die Anbieter von Netzwerken.

Hewlett-Packard GmbH
Vertriebszentrale Deutschland
Hewlett-Packard-Straße · D-6380 Bad Homburg
Telefon (0 61 72) 16-0

Periodensystem der Elemente
mit Elektronenkonfigurationen im Grundzustand

Periode	IA	IIA		IIIA	IVA	VA	VIA	VIIA	VIII			IB	IIB	IIIB	IVB	VB	VIB	VIIB	O
1	1 H $1s^1$																		2 He $1s^2$
2	3 Li [He]$2s^1$	4 Be [He]$2s^2$												5 B $2s^2 2p^1$	6 C $2s^2 2p^2$	7 N $2s^2 2p^3$	8 O $2s^2 2p^4$	9 F $2s^2 2p^5$	10 Ne $2s^2 2p^6$
3	11 Na [Ne]$3s^1$	12 Mg [Ne]$3s^2$												13 Al $3s^2 3p^1$	14 Si $3s^2 3p^2$	15 P $3s^2 3p^3$	16 S $3s^2 3p^4$	17 Cl $3s^2 3p^5$	18 Ar $3s^2 3p^6$
4	19 K [Ar]$4s^1$	20 Ca [Ar]$4s^2$		21 Sc $3d^1 4s^2$	22 Ti $3d^2 4s^2$	23 V $3d^3 4s^2$	24 Cr $3d^5 4s^1$	25 Mn $3d^5 4s^2$	26 Fe $3d^6 4s^2$	27 Co $3d^7 4s^2$	28 Ni $3d^8 4s^2$	29 Cu $3d^{10} 4s^1$	30 Zn $3d^{10} 4s^2$	31 Ga $4s^2 4p^1$	32 Ge $4s^2 4p^2$	33 As $4s^2 4p^3$	34 Se $4s^2 4p^4$	35 Br $4s^2 4p^5$	36 Kr $4s^2 4p^6$
5	37 Rb [Kr]$5s^1$	38 Sr [Kr]$5s^2$		39 Y $4d^1 5s^2$	40 Zr $4d^2 5s^2$	41 Nb $4d^4 5s^1$	42 Mo $4d^5 5s^1$	43 Tc $4d^5 5s^2$	44 Ru $4d^7 5s^1$	45 Rh $4d^8 5s^1$	46 Pd $4d^{10}$	47 Ag $4d^{10} 5s^1$	48 Cd $4d^{10} 5s^2$	49 In $5s^2 5p^1$	50 Sn $5s^2 5p^2$	51 Sb $5s^2 5p^3$	52 Te $5s^2 5p^4$	53 I $5s^2 5p^5$	54 Xe $5s^2 5p^6$
6	55 Cs [Xe]$6s^1$	56 Ba [Xe]$6s^2$	57 * La $5d^1 6s^2$	72 Hf $5d^2 6s^2$	73 Ta $5d^3 6s^2$	74 W $5d^4 6s^2$	75 Re $5d^5 6s^2$	76 Os $5d^6 6s^2$	77 Ir $5d^7 6s^2$	78 Pt $5d^9 6s^1$	79 Au $5d^{10} 6s^1$	80 Hg $5d^{10} 6s^2$	81 Tl $6s^2 6p^1$	82 Pb $6s^2 6p^2$	83 Bi $6s^2 6p^3$	84 Po $6s^2 6p^4$	85 At $6s^2 6p^5$	86 Rn $6s^2 6p^6$
7	87 Fr [Rn]$7s^1$	88 Ra [Rn]$7s^2$	89 † Ac $6d^1 7s^2$	104 Unq –	105 Unp –	106 Unh –	107 Uns –												

	58	59	60	61	62	63	64	65	66	67	68	69	70	71
*	Ce $4f^1 5d^1 6s^2$	Pr $4f^3 6s^2$	Nd $4f^4 6s^2$	Pm $4f^5 6s^2$	Sm $4f^6 6s^2$	Eu $4f^7 6s^2$	Gd $4f^7 5d^1 6s^2$	Tb $4f^9 6s^2$	Dy $4f^{10} 6s^2$	Ho $4f^{11} 6s^2$	Er $4f^{12} 6s^2$	Tm $4f^{13} 6s^2$	Yb $4f^{14} 6s^2$	Lu $4f^{14} 5d^1 6s^2$
	90	91	92	93	94	95	96	97	98	99	100	101	102	103
†	Th $6d^2 7s^2$	Pa $5f^2 6d^1 7s^2$	U $5f^3 6d^1 7s^2$	Np $5f^4 6d^1 7s^2$	Pu $5f^6 7s^2$	Am $5f^7 7s^2$	Cm $5f^7 6d^1 7s^2$	Bk $5f^8 6d^1 7s^2$	Cf $5f^{10} 7s^2$	Es $5f^{11} 7s^2$	Fm $5f^{12} 7s^2$	Md $5f^{13} 7s^2$	No $5f^{14} 7s^2$	Lr $5f^{14} 6d^1 7s^2$

*† Der Grundzustand einiger Lanthaniden- und Actinidenelemente ist nicht genau bekannt.

Das *Current-Interface* ist eine Abwandlung des V24-Interface, bei dem statt mit Spannungen mit einem Leitungsstrom von meist 20 mA gearbeitet wird. Diese Schnittstelle erlaubt größere Kabellängen für die Anschlußleitungen als die V24-Schnittstelle. Sie wird als Standardausrüstung bei den Waagen von METTLER verwendet.

Das *Parallel-Interface* leitet seinen Namen von der Tatsache ab, daß die Übertragung der einzelnen Zeichen nicht nacheinander auf einer Leitung, sondern gleichzeitig auf mehreren Leitungen erfolgt. Dazu benötigt man 2mal 8 Leitungen für die Daten und einige Leitungen für die Steuerung der Übertragung. Dies ergibt gegenüber dem seriellen Interface eine wesentlich höhere Übertragungsgeschwindigkeit. Allerdings ist hierbei die maximale Länge der Anschlußleitungen auf wenige Meter begrenzt. Anschlußstecker und Steuerung halten sich in der Regel an ein von der Druckerfirma CENTRONICS geschaffenes Modell. Daher wird diese Schnittstelle auch mitunter als Centronics-Interface bezeichnet.

8.4 Übertragungsprotokoll

Wie bereits bei der V24-Schnittstelle angedeutet, muß die Verwendung der richtigen Schnittstelle mit den passenden Steckeranschlüssen noch nicht die Gewähr bieten, daß nun die Datenübertragung einwandfrei läuft. Man muß auch noch darauf achten, daß beide Geräte nach dem gleichen „Protokoll" miteinander „verkehren". Hier findet man eine strenge Normung nur bei der relativ jungen IEEE-Schnittstelle, die auf Grund ihrer genormten Eigenschaften eine steigende Verbreitung erfährt. Ziemlich problemlos läßt sich auch meist ein Drucker an eine Parallel-Schnittstelle anschließen. Mehr Schwierigkeiten hat man häufig mit der V24-Schnittstelle, weil hier nicht nur die Stift- oder Buchsenbelegungen übereinstimmen müssen, sondern auch die Übertragungseigenschaften (Baudrate, Wortlänge, Parity). Dazu kommen die Vorgaben, die festlegen, wie der Ablauf der Übertragung gesteuert wird. So ist es z. B. häufig notwendig, den Datensender kurz anzuhalten, wenn der Empfänger in der Geschwindigkeit nicht mitkommt, was bei Druckern die Regel ist. Dies kann dadurch erfolgen, daß eine der Steuerleitungen ihren Pegel verändert, der laufend vom Drucker abgefragt wird, oder zwischen den übertragenen Daten regelmäßig Steuerbefehle eingefügt werden, die ebenfalls für einen Gleichlauf von Sender und Empfänger sorgen. Bei dieser Programmsteuerung wird in der Regel eins von zwei Protokollen verwendet, die als XON-/XOFF-Protokoll oder als DC1-/DC3 Protokoll bezeichnet werden. Diese Verfahrensweisen können im Rahmen dieses Buches nur angeschnitten werden und müßten bei Bedarf in der Fachliteratur nachgesehen werden.

8.5 Rechner

Das wichtigste Bauelement der ganzen Datenauswertung ist der Rechner. Hier hat sich in der letzten Zeit das Erscheinungsbild stark gewandelt. Noch vor wenigen Jahren konnte man auf Tagungen und Konferenzen heiße Debatten erleben, ob man ein „dedicated System" verwenden oder im „timesharing" arbeiten sollte. Dabei wurde mit *dedicated*

System ein Rechner bezeichnet, der ganz speziell auf seine Anwendung hin entwickelt wurde, während der Begriff *timesharing* die Mitverwendung eines größeren Rechners beschrieb, der von vielen Anwendern benutzt wurde. Bei dieser Arbeitsweise wird die Rechenzeit in der Form von kleinen Zeitscheibchen auf die Benutzer aufgeteilt, von denen jeder den Eindruck hat, daß er alleine am Rechner arbeite.

Auch auf diesem Gebiet hat die technische Entwicklung der letzten Jahre einen Wandel gebracht durch die Bereitstellung von leistungsfähigen Tischrechnern zu Preisen, die niedriger sind als der Betrag, den man früher für ein Bildschirmterminal ausgeben mußte. Den Anstoß hierzu gab die Einführung des Personal Computers, mit dem IBM seinen Einstieg in den Kleinrechnermarkt vollzog und der durch eine Unzahl von Nachahmern zu stetig sinkenden Preisen dieser Rechner bei gleichzeitig steigender Leistung führte. Durch die weite Verbreitung des PCs ergab sich in der Folge ein enorm angewachsenes Angebot an Anwenderprogrammen, bei denen bis vor kurzem die kaufmännischen Anwendungen in der Überzahl waren, doch findet man inzwischen auch genügend Programme für technische Anwendungen. Ebenfalls verfügbar sind leistungsfähige Programmiersprachen für diese Rechner, die nicht allzuschwer zu erlernen sind. Dabei wurde das am Anfang meist benutzte BASIC inzwischen vor allem durch PASCAL verdrängt, bei dem ein übersichtlicherer Programmaufbau möglich ist.

Gesunken sind auch die Preise für die Speichermedien, so daß die Ausrüstung mit einer Festplatte von mindestens 20 MB neben der Verwendung der Floppy-Disk-Laufwerke zum Standard gerechnet werden muß. Ein sehr wichtiger Gesichtspunkt besonders bei der Verwendung der Festplatte ist die Datensicherung, die regelmäßig vorgenommen werden muß, will man nicht bei einem Defekt der Platte den Verlust sämtlicher Daten in Kauf nehmen. Leider ist dies ein Punkt, bei dem man meist erst durch den Schaden klüger wird.

8.6 Rechnernetze

Die Personal Computer haben dem Anwender eine weitgehend freie Verfügbarkeit über seine Hilfsmittel beschert, ohne daß ihm irgendwelche Leute von weit entfernten Datenverarbeitungsabteilungen hineinreden konnten. Inzwischen ist man aber zu der Überzeugung gekommen, daß diese Insellösungen auch Nachteile haben, die man durch eine Vernetzung der PCs überwinden kann. Das kann bedeuten, daß mehrere Anwender sich ein nur gelegentlich benutztes Ausgabegerät, wie z. B. einen großen Plotter oder einen Laserdrucker, teilen, es kann aber auch sein, daß man einem Proben-Einsender, der ebenfalls über einen PC verfügt, die Analysendaten direkt übermitteln will, ohne den Umweg über einen Versand des Analysenprotokolls zu wählen. Auch die Probenverwaltung und Kostenabrechnung in einem größeren Labor kann den Wunsch nach einer Vernetzung von Labor-PCs, evtl. unter Verwendung eines größeren Leitrechners, wach werden lassen. Die technischen Möglichkeiten der Vernetzung sind vorhanden, es ist aber z. Zt. noch nicht klar erkennbar, welcher Standard sich hierbei durchsetzen wird. Sicher wird sich dieses Bild durch die Entwicklungen bei den Großfirmen bald klären.

8.7 Anwendungen

Die Anwendung der Datenverarbeitung in der OEA wird sich nicht auf die Berechnung der Analysenergebnisse und deren Ausgabe beschränken. Die universellen Rechner der heutigen Generation sind damit bei weitem nicht ausgelastet, so daß eine weitere Verwendung sich geradezu anbietet. Hierzu gehören sicherlich statistische Auswertung der Meßwertreihen und deren graphische Darstellung ebenso wie die Ergänzung des Meßprotokolls durch Bemerkungen zu den Ergebnissen, die mit einem Programm zur Textverarbeitung vorgenommen werden können, das natürlich auch für den sonstigen Schriftverkehr verwendet werden kann. Eine weitere Möglichkeit ergibt sich für die Abrechnung der Arbeitskosten sowie für die Buchführung über Gerätekosten und Reparaturen. Ganz sicher wird man in der Zukunft auch verstärkten Gebrauch von Datenbanken mit analytischen Kenngrößen machen, die für die Strukturaufklärung wesentliche Hilfen bieten können. Diese können sowohl lokal aufgebaut als auch über das Telefonnetz von kommerziellen Anbietern genutzt werden. Eine bisher ebenfalls kaum genutzte Möglichkeit bietet die Steuerung von kleineren Robotern durch die Rechner, die gewisse monotone oder gefährliche Arbeiten in der Analytik übernehmen können. Man muß kein Prophet sein, um vorherzusagen, daß wir in der Anwendung der Datenverarbeitung in der OEA erst am Anfang stehen, und daß auf diesem Gebiet noch weitreichende Umwälzungen zu erwarten sind.

8.8 Auswertung der Analysenergebnisse und Aufstellen einer Summenformel

Die Quantitative Organische Elementaranalyse liefert die Prozentzahlen der an einer Verbindung beteiligten Elemente. Aus diesen kann, wie am Beispiel der Tab. 8-1 gezeigt wird, die *Summenformel* auf folgendem Wege berechnet werden:

Tab. 8-1

Elemente	% gefunden	% Werte/ Atomgewicht =	(1) X	(2) X/0.29	(3) berechnet	(4) % berechnet
C	58.95	58.95/12.01	4.92	16.9	C 17	58.90
H	4.30	4.30/1.008	4.27	14.7	H 15	4.36
O	9.14	9.14/16.00	0.57	1.97	O 2	9.24
N	8.12	8.12/14.01	0.58	2.02	N 2	8.08
S	9.36	9.36/32.07	0.29	1.0	S	9.25
Cl	10.16	10.16/35.46	0.29	1.0	Cl	10.23

(1) Die Prozentwerte werden durch das Atomgewicht des betreffenden Elementes dividiert.
(2) Um ganze Zahlen zu erhalten, wird durch die kleinste Zahl aus (1) (hier 0.29) dividiert. Man erhält dadurch
(3) das Atomverhältnis der Elemente in der Verbindung. Sie ergeben eine Summenformel = $C_{17}H_{15}O_2N_2SCl$.
(4) Die aus der Summenformel berechneten Prozentwerte der Elemente stimmen mit den gefundenen Werten weitgehend überein.

8.9 Bestimmung der molaren Masse

Bei *hochmolekularen Verbindungen* sind die Unterschiede in den Prozentzahlen häufig so gering, daß sie sich den Fehlergrenzen der Elementaranalysen nähern. Eine Entscheidung zwischen solchen Formeln ist elementaranalytisch schwer zu treffen. Man kann sich in diesen Fällen so helfen, daß man schwere Atome oder Radikale, z. B. Brom, in das Molekül einführt, wodurch die Unterschiede in den Prozentzahlen größer werden. Aus den Analysenwerten kann die „empirische" Formel ermittelt werden, nicht dagegen die Molekularformel; diese kann ein Vielfaches der empirischen Formel sein. Es muß also noch die *molare Masse* bestimmt werden. Auf rein chemischem Wege lassen sich bereits Anhaltspunkte für die untere Grenze der *molaren Masse* gewinnen. Um die molare Masse genau zu ermitteln, muß man physikalische Methoden anwenden. Im Routinebetrieb wird die molare Masse organischer Verbindungen *kryoskopisch* (FAJANS und WÜST 1935; RAST 1922; ROTH 1958; BREITENBACH und GABLER 1961), durch *Dampfdruck* und *Membranosmometrie* (Fa. KNAUER) (CANTOW 1961; SIMON und TOMLINSON 1962; TOMLINSON 1961; DERGE 1966, 1967), *ebullioskopisch* (FAJANS und WÜST 1935; BREITENBACH und GABLER 1961), sowie nach Methoden der isothermen Destillation (ROTH 1958; BARGER 1904; RAST 1921; BERL und HEFTER 1930; SIGNER 1930; BREITENBACH und GABLER 1961) bestimmt. Zunehmend wird heute die *massenspektrometrische Bestimmung* (BEYNON 1960; KIENITZ 1968) angewendet. In speziellen Fällen wird die molare Masse mit Hilfe der Ultrazentrifuge (WIEDEMANN 1961) oder mit Hilfe der Röntgenkleinwinkelstreuung (CANTOW 1961) ermittelt.

8.10 Referenzsubstanzen (Testsubstanzen)

Funktionsfähigkeit einer Analysenapparatur und Zuverlässigkeit einer Methode werden mit Referenzsubstanzen getestet. Dies trifft in besonderem Maße für alle Relativmethoden zu, in denen die Endbestimmung mit Hilfe physikalischer Detektoren durchgeführt wird, die erst mit entsprechenden Testsubstanzen geeicht werden müssen. An diese Testsubstanzen werden hinsichtlich Reinheit, Stabilität und Zusammensetzung, welche für die zu analysierende Probenpalette repräsentativ sein muß, besondere Anforderungen gestellt.

Mit der Entwicklung solcher Testsubstanzen und auch Reagenzien zum Gebrauch in der OEA haben sich regionale und überregionale Arbeitsgruppen befaßt, deren Empfehlungen und Ergebnisse vom COMMUNITY BUREAU OF REFERENCE* (BCR) zusammengefaßt und dem Anwender auf Wunsch zur Verfügung gestellt werden.

Über Entwicklung und Zertifizierung von Referenzmaterialien für die OEA im Rahmen des BCR-Programms berichteten BUIS et al. (1981). Eine umfangreiche Liste empfohlener Testsubstanzen und Reagenzien für die Organische Mikro-Elementaranalyse wurde auch von der MICROCHEMICAL METHODS GROUP und dem ANALYTICAL STANDARDS SUB-COMMITTEE OF THE ANALYTICAL METHODS COMMITTEE OF THE SOCIETY FOR ANALYTICAL CHEMISTRY (1972) veröffentlicht. Die dort aufgeführten Testsubstanzen und Reagenzien können von den Firmen BRITISH DRUG HOUSES* und HOPKINS AND WILLIAMS LIMITED bezogen werden.

---

* Commission of the European Communities, Directorate-General Research, Science and Education, Rue de la Loi, B-1049 Brussels.

9 Statistische Beurteilung von Analysenergebnissen

S. GORBACH[1] und H.-J. OSTMANN[2]

9.0 Einführung

Über das Elementverhältnis in einer synthetischen Substanz besteht eine hypothetische Vorstellung, und erst die Ergebnisse der Elementaranalyse gestatten es, diese Hypothese anzunehmen oder zu verwerfen. Analysenergebnisse sind vom Verfahren her und den damit verknüpften Messungen stets mit einem – wenn auch noch so kleinen – Fehler behaftet. Die Ergebnisse stimmen einerseits fast nie vollkommen mit der Hypothese überein, andererseits widersprechen sie ihr nicht immer eindeutig. In solchen Fällen ist eine Entscheidung zu treffen, die nur dann objektiv und von persönlichen Vorurteilen frei sein kann, wenn sie mit Hilfe der mathematischen Statistik gefällt wird.

Die statistische Beurteilung von Analysenergebnissen wurde in den späten 50er Jahren hauptsächlich durch Arbeiten von KAISER und SPECKER (1956) sowie von DOERFFEL (1957) und GOTTSCHALK (1958) in die analytische Chemie eingeführt. Bis dahin wurden aufgrund langjähriger Erfahrungen Elementaranalysenergebnisse, die von zwei verschiedenen Personen und Apparaturen erarbeitet worden waren, nur dann als richtig anerkannt, wenn sie um nicht mehr als 0.3% abs. voneinander abwichen. Andernfalls mußte eine dritte und ggf. eine vierte Bestimmung ausgeführt werden.

9.1 Der Fehler

Als Fehler bezeichnet man die Differenz (d) zwischen dem gemessenen Wert, „Istwert" (x), und dem Sollwert, „wahrer Wert" (μ). Der Betrag der Differenz, auch absoluter Fehler genannt, wird häufig auf den wahren absoluten Wert (μ) bezogen. Den Quotienten ($\mu-x)/\mu$ bezeichnet man als den relativen Fehler oder, mit 100 multipliziert, als den prozentualen Fehler.

9.1.1 Der Zufallsfehler

Wird eine Messung mehrmals wiederholt, so findet man, daß sie nicht streng reproduzierbar ist. Die Werte streuen zufällig und häufen sich um einen mittleren Wert ($\bar{x}$). Die-

---

[1] Dr. SIEGBERT GORBACH, Am Woogberg 3, D-6239 Eppstein.
[2] Dr. HANS-J. OSTMANN, Am Wolfsgraben 45, D-6233 Kelkheim/Taunus.

sen Fehler nennt man den *zufälligen Fehler*. Er wird während der Messung durch nicht beherrschte Änderungen des Maßgegenstandes, der Maßverkörperung, der Meßgeräte, der Umwelt und der Beobachter hervorgerufen. Er ist regellos, also ungleich nach Betrag und Vorzeichen, und macht das Ergebnis unsicher.

9.1.2 Der systematische Fehler

Systematische Fehler werden durch bleibende Unvollkommenheiten der Maßverkörperungen, der Meßgeräte und Verfahren sowie des Meßgegenstandes hervorgerufen.

Der Sachverhalt wird in Abb. 9-1 dargestellt, wobei anzumerken ist, daß der wahre Wert μ in Wirklichkeit nicht bekannt ist. Mit der Abbildung können für die Bewertung von Ergebnissen zwei wichtige Begriffe erläutert werden:

a) *Die Reproduzierbarkeit*. Die Ergebnisse mehrerer Bestimmungen stimmen untereinander gut überein.

b) *Die Richtigkeit*. Das Ergebnis stimmt mit dem wahren Wert gut überein.

In Abb. 9-1a haben die Ergebnisse eine geringe Streuung, und das Mittel ist angenähert richtig; in Abb. 9-1b haben die Ergebnisse geringe Streuung, das Mittel ist nicht richtig; in Abb. 9-1c haben die Ergebnisse eine breite Streuung, das Mittel ist aber angenähert richtig.

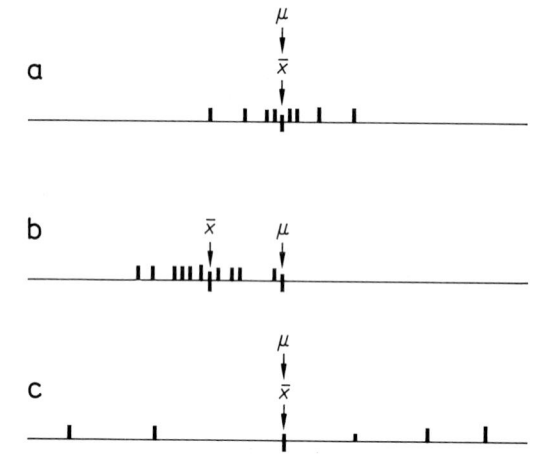

Abb. 9-1. Veranschaulichung der Begriffe Reproduzierbarkeit und Richtigkeit.

9.2 Erklärung der Begriffe Mittelwert und Standardabweichung

Das Wesen der Streuung soll am

Beispiel 1

veranschaulicht werden. Es sind an ein und derselben Apparatur 25 Kohlenstoff- und Wasserstoffanalysen einer verhältnismäßig schwer zu analysierenden Substanz ausge-

9.2 Erklärung der Begriffe Mittelwert und Standardabweichung

Tab. 9-1. Urliste der Kohlenstoffwerte in %. Substanz: N-(4-Methylbenzolsulfonyl)-N'-cyclopentylharnstoff. Theoretischer Kohlenstoffgehalt: $\mu = 55.29\%$.

Analyse Nr.	C-Gehalt %	Analyse Nr.	C-Gehalt %	Analyse Nr.	C-Gehalt %
1	55.62	10	55.23	19	55.37
2	55.20	11	55.61	20	55.45
3	55.13	12	55.73	21	55.19
4	55.41	13	55.08	22	55.32
5	55.54	14	55.49	23	55.28
6	55.34	16	55.01	24	55.21
7	55.44	16	55.57	25	55.34
8	55.17	17	55.27		
9	55.37	18	55.02		

führt worden. Die Analysenergebnisse sind in chronologischer Reihenfolge in der sog. Urliste (Tab. 9-1) angegeben. Wir wollen die Untersuchung nur für die Kohlenstoffergebnisse näher erläutern. Die Liste weist den niedrigsten Wert mit 55.01%, den höchsten Wert mit 55.73% auf. Sehr häufig sind Werte zwischen 55.2% und 55.5%. Einen Überblick über die Häufigkeitsverteilung geben Tab. 9-2 und Abb. 9-2. Zeichnet man die relativen Häufigkeiten in einem Diagramm über die Mitte der Klassenbreiten, so erhält man einen eingipfligen Streckenzug. Stünden sehr viele Meßergebnisse zur Verfügung und wählte man dann sehr kleine Klassenbreiten, so würde der gesamte Streckenzug die Form eines glockenförmigen Kurvenzuges annehmen.

Man erkennt, daß sich die Werte um das Dichtemittel (D) 55.27 (errechnet 55.30) in der Form einer eingipfligen Verteilung scharen. Vergleicht man das Dichtemittel mit dem arithmetischen Mittel $\bar{x} = \frac{1}{n}(x_1 + x_2 + x_3 \ldots + x_n) = 55.34$, so ist ersichtlich, daß es nicht übereinstimmt; die Differenz $\bar{x} - D$ ist jedoch kleiner als 1% des Betrages von $\bar{x}$.

Man kann sich nun fragen, wieviel Prozent aller gefundenen Werte beispielsweise im Intervall $\bar{x} + s$ und $\bar{x} - s$ liegen.

Wählt man willkürlich s zu 0.2, so erhält man die Grenzen

$55.34 + 0.2 = 55.54$
$55.34 - 0.2 = 55.14$

Tab. 9-2. Relative Häufigkeit und Summenhäufigkeit der Ergebnisse von Kohlenstoffbestimmungen.

Intervall	Häufigkeit		Summenhäufigkeit %
	absolut	relativ %	
54.90 – 55.04	2	8	8
55.05 – 55.19	4	16	24
55.20 – 55.34	8	32	56
55.35 – 55.49	6	24	80
55.50 – 55.64	4	16	96
55.65 – 55.79	1	4	100

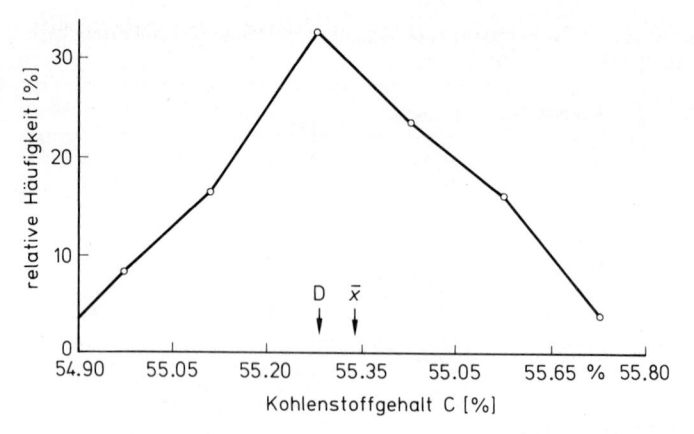

Abb. 9-2. Schaubild der Häufigkeitsverteilung der Meßwerte von Beispiel 1.

In Tab. 9-1 liegen 17 von 25 Werten innerhalb der angegebenen Grenzen, das sind 68%! Fragt man weiterhin, welcher Prozentsatz in den Grenzen $\bar{x} \pm 2s = 55.34 \pm 0.4$ liegt, findet man, daß alle Werte innerhalb dieser Grenzen liegen. Man kann nun als Güteziffer für die Reproduzierbarkeit des Analysenverfahrens zur Bestimmung des Kohlenstoffes s heranziehen, wobei die Bedingung gestellt wird, daß im Bereich $\bar{x} \pm s$ stets 68% aller Meßwerte angetroffen werden sollen, wenn die Verteilung um den Mittelwert ähnlich ist wie in unserem Beispiel. Ist die Reproduzierbarkeit des Verfahrens gut, dann wird s klein sein. s wird im Sprachgebrauch der Statistik als *Standardabweichung s* der Stichprobe bezeichnet und stellt einen Schätzwert für die Standardabweichung σ der Gesamtheit aller Werte bei Vorliegen von unendlich vielen Werten (in der Praxis: 100 oder mehr) dar.

Wichtig ist die Feststellung, daß sich das Verhältnis der innerhalb und außerhalb der Grenzen $\bar{x}+s$ und $\bar{x}-s$ liegenden Analysenresultate kaum mehr wesentlich veränderte, wenn man unter den gleichen experimentellen Bedingungen z. B. 100 Bestimmungen ausgeführt hätte. Die Wahrscheinlichkeit (P), ein Ergebnis im Intervall $\bar{x} \pm s$ anzutreffen, wäre ca. 68%. Bildet man umgekehrt zu jedem einzelnen Analysenresultat der Liste in Tab. 9-1 den Bereich $x_i \pm s$ (x_i = irgendein Analysenresultat), so wird man feststellen, daß 68% aller Bereiche den theoretisch vorgegebenen Wert 55.29 überdecken. Von den Bereichen $x_i \pm 2s$ wird der vorgegebene Wert sogar in 96% aller Fälle überdeckt. Die Ausnahme ist der Bereich des Wertes Nr. 12, dessen Bereichsgrenzen 55.33 und 56.13 den vorgegebenen Wert 55.29 nicht einschließen. Aus dem Gesagten ergibt sich, daß Standardabweichung und Mittelwert sehr wichtige Charakteristiken von Analysenergebnissen sind. Im folgenden sollen nun die Rechenvorschriften besprochen werden, die zur Berechnung der Größe von s benutzt werden können.

9.3 Die Normalverteilung

Stünden anstelle der 25 Werte in Tab. 9-1 über 100 Werte zur Verfügung und wählte man dann sehr kleine Klassenbreiten, so würde der Streckenzug in Abb. 9-2 eine glockenförmige Gestalt annehmen, die durch die Kurven der Standardnormalverteilung approximiert werden könnte.

Die allgemeine Form der Gleichung einer Glockenkurve wird durch

$$y = a e^{-bx^2}$$

dargestellt, wobei die Parameter a, $b > 0$ sind.

Analog ist die Form der Gleichung der Normalverteilung

$$y = \frac{1}{\sigma\sqrt{2\pi}} \cdot e^{-\frac{1}{2}\left(\frac{x-\mu}{\sigma}\right)^2} . \tag{1}$$

Diese Formel enthält neben den beiden Variablen x und y die Parameter σ und μ sowie die beiden Konstanten e (≈ 2.7182) und π (≈ 3.1415). Die Ordinate y ist die Wahrscheinlichkeitsdichte des jeweiligen Wertes, den x einnimmt (s. Abb. 9-3). Die Normalverteilung ist durch die beiden Parameter σ und μ vollständig charakterisiert. μ, der Mittelwert, bestimmt die Lage der Verteilung auf der x-Achse und σ, die sog. Standardabweichung, die Form der Kurve. Je größer die Standardabweichung σ, um so flacher ist der Kurvenverlauf, und um so niedriger liegt das Maximum der Kurve.

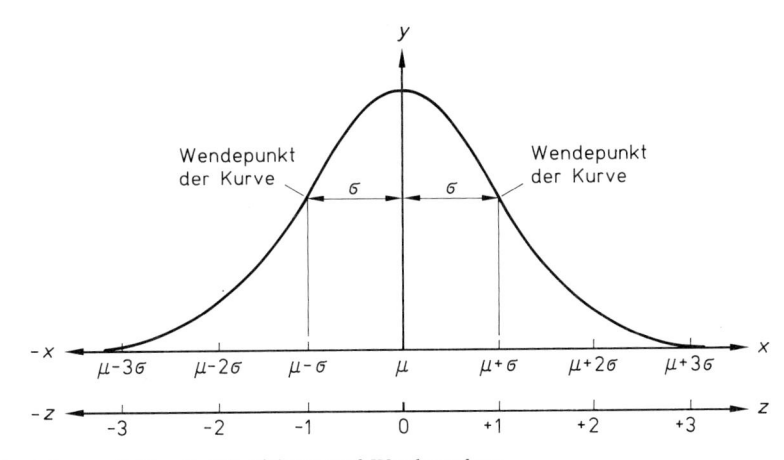

Abb. 9-3. Normalverteilung mit Standardabweichung und Wendepunkten.

Die Eigenschaften der Kurve der Normalverteilung sind:
a) Die Kurve ist symmetrisch um μ.
b) Für sehr großes x ($x \to +\infty$) und sehr kleines x ($x \to -\infty$) geht y gegen 0.
c) Die Standardabweichung der Normalverteilung ist durch die Abszissen der Wendepunkte gegeben ($x = \pm \sigma$).

In 68.27% aller Fälle liegt eine Beobachtung zwischen den Ordinaten der Wendepunkte und in 95.45% aller Fälle zwischen den Ordinaten $\pm 2\sigma$. Die Größe von σ kann durch die Beziehung

$$\sigma = \sqrt{\frac{\Sigma(x_i - \bar{x})^2}{n-1}}$$

abgeschätzt werden, wobei $\bar{x}$ das arithmetische Mittel aller Werte x_i ist (n = Stichprobenumfang).

Vergleicht man die Eigenschaften der Normalverteilung mit der Verteilung der Resultate in Abb. 9-2 unseres Beispiels, so erkennt man eine gewisse Übereinstimmung. Wie es für die Normalverteilung zutrifft, liegen im Bereich

$\bar{x} \pm 0.675\,s \approx 52\%$ aller Werte
$\bar{x} \pm s \quad\ \approx 68\%$ aller Werte
$\bar{x} \pm 3\,s \quad > 99\%$ aller Werte

Damit sind die sog. *σ-Regeln* erfüllt, die besagen, daß σ durch den Schätzungswert s approximiert werden darf, wenn 50% aller Abweichungen vom Mittelwert im Bereich $\bar{x} \pm 0.675\,s$, 68% im Bereich $\bar{x} \pm s$ und 99.7% im Bereich $\bar{x} \pm 3\,s$ liegen. Eine weitere Prüfungsmöglichkeit auf Normalverteilung bietet das sog. *Wahrscheinlichkeitsnetz*.

Das Wahrscheinlichkeitsnetz ist eine besondere Art Zeichenpapier; es ist so eingerichtet, daß sich beim Einzeichnen der in Prozent ausgedrückten jeweils fortlaufend addierten relativen Häufigkeiten beim Vorliegen einer Normalverteilung eine Gerade ergibt.

Die in Tab. 9-2 aufgeführten Summenhäufigkeiten unseres Beispiels, eingetragen in ein solches Netz, ergeben in guter Näherung eine Gerade (Abb. 9-4), und daher darf eine Normalverteilung unterstellt werden.

Daraus folgt, daß in unserem Beispiel für die Behandlung des Ergebnismaterials die Rechenregeln benutzt werden dürfen, die für die Normalverteilung gelten. **Vor statistischen Berechnungen, die Normalverteilung voraussetzen, muß stets auf Vorliegen der Normalverteilung geprüft werden**, wenn dies nicht bereits aus früheren Messungen bekannt ist.

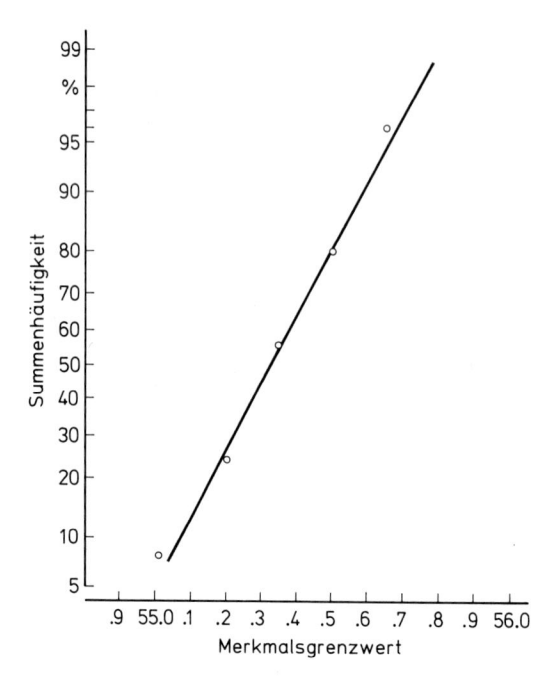

Abb. 9-4. Wahrscheinlichkeitsnetz.

9.4 Das Schätzen der Standardabweichung

9.4.1 Schätzen der Standardabweichungen bei Vorliegen der Normalverteilung

a) Abschätzen von s aus Mehrfachbestimmungen an einer Probe

Stehen viele normalverteilte Messungen zur Verfügung, dann ist eine gute Abschätzung der Standardabweichung aus den quadrierten Abweichungen vom Mittelwert $\bar{x}$ möglich.

Für die praktische Berechnung benutzt man, wenn nur wenigstellige Einzelwerte vorliegen oder ein Rechner zur Verfügung steht, die Formeln

$$s = \sqrt{\frac{\Sigma(x_i - \bar{x})^2}{n-1}} \tag{2}$$

bzw.

$$s = \sqrt{\frac{\Sigma x_i^2 - (\Sigma x_i)^2/n}{(n-1)}} \; . \tag{3}$$

Bei manueller Berechnung und Vorliegen von vielstelligen Einzelwerten werden zur Vereinfachung der Berechnung die Werte transformiert: es wird ein vorläufiger Mittelwert oder Durchschnitt D^* so gewählt, daß die Differenzen $x_i - D^*$ so klein wie möglich und durchweg positiv werden.

$$\bar{x} = D^* + \frac{\Sigma(x_i - D^*)}{n} \quad \text{und} \quad s = \sqrt{\frac{\Sigma(x_i - D^*)^2 - [\Sigma(x_i - D^*)]^2/n}{n-1}} \; .$$

Durch Multiplikation aller x–Werte und des Durchschnittes D^* mit einer geeigneten Potenz von 10 lassen sich zur weiteren Vereinfachung der Aufgabe ganze Zahlen erreichen.

$$z_i = x_i \cdot k \quad D = D^* \cdot k$$

$$\bar{x} = \frac{1}{k} \cdot \left[D + \frac{\Sigma(z_i - D)}{n} \right] = \frac{1}{k} \cdot \bar{z}$$

$$s_z = \sqrt{\frac{\Sigma(z_i - \bar{z})^2}{n-1}} \quad \text{bzw.} \quad s_z = \sqrt{\frac{\Sigma(z_i - D)^2 - [\Sigma(z_i - D)]^2/n}{n-1}}$$

$$s = \frac{1}{k} \cdot s_z \; .$$

Beispiel 2

Die Standardabweichung der Kohlenstoffwerte der Substanz aus Beispiel 1 soll berechnet werden. Wir wählen $D^* = 55$, $k = 100$.

$z_i - D = k(x_i - D^*) = 100(x_i - 55)$

x_i	$z_i - D$	$(z_i - D)^2$
55.62	62	3 844
55.20	20	400
55.13	13	169
55.41	41	1 681
55.54	54	2 916
55.34	34	1 156
55.44	44	1 936
55.17	17	289
55.37	37	1 369
55.23	23	529
55.61	61	3 721
55.73	73	5 329
55.08	8	64
55.49	49	2 401
55.01	1	1
55.57	57	3 249
55.27	27	729
55.02	2	4
55.37	37	1 369
55.45	45	2 025
55.19	19	361
55.32	32	1 024
55.28	28	784
55.21	21	441
55.34	34	1 156
	$\Sigma(z_i - D) = 839$	$\Sigma(z_i - D)^2 = 36 947$

$$\frac{1}{n}[\Sigma(z_i - D)]^2 = \frac{839^2}{25} = 28\,157$$

$$s_z = \sqrt{\frac{36\,947 - 28\,157}{24}} = \sqrt{366.25} = 19.1$$

$$s = \frac{s_z}{100} = 0.191$$

b) Abschätzen von s aus Doppelbestimmungen an mehreren Proben

Zur Abschätzung der Standardabweichung aus Doppelbestimmungen wird die folgende Formel benutzt:

$$s = \sqrt{\frac{\Sigma(x_{1j} - x_{2j})^2}{2m}} \tag{4}$$

x_{1j} und x_{2j} = die beiden zur j-ten Probe gehörenden Einzelergebnisse
m = Anzahl der Proben

Beispiel 3

Probe	Analysenergebnisse		$x_{1j}-x_{2j}$	$(x_{1j}-x_{2j})^2$
m_1	76.34	76.02	0.32	0.1024
m_2	71.08	71.21	−0.13	0.0169
m_3	82.61	83.03	−0.42	0.1764
				0.2957

$$s = \sqrt{\frac{0.2957}{6}} = 0.22 \; .$$

Hierbei ist zu beachten, daß Analysenergebnisse, die von demselben Analytiker unmittelbar nacheinander an demselben Gerät erhalten werden, in der Regel nicht normalverteilt sind und zu niedrige Standardabweichungen vortäuschen. Um zu realistischen Größen zu gelangen, sollten die Parallelbestimmungen möglichst von zwei Beobachtern an verschiedenen Geräten oder von einem Beobachter an verschiedenen Tagen ausgeführt werden.

c) Abschätzen von s aus Mehrfachbestimmungen an mehreren Proben

Für die Abschätzung der Standardabweichung benutzt man die sog. gewogene Standardabweichung

$$s = \sqrt{\frac{s_1^2(n_1-1)+s_2^2(n_2-1)\ldots+s_k^2(n_k-1)}{n-k}} \qquad (5)$$

n_1 = Anzahl der Parallelbestimmungen der ersten Probe
n_2 = Anzahl der Parallelbestimmungen der zweiten Probe
n_k = Anzahl der Parallelbestimmungen der k-ten Probe
$n\; = n_1+n_2+n_3\ldots+n_k.$

Beispiel 4

Probe	Analysenergebnisse			s_m	n_m
m_1	73.15	73.29	73.07	0.110	3
m_2	76.34	76.02		0.230	2
m_3	82.61	83.03		0.296	2
m_4	70.75	70.40	70.54	0.177	3
m_5	71.08	71.21		0.088	2

$$s = \sqrt{\frac{2\cdot 0.110^2 + 1\cdot 0.230^2 + 1\cdot 0.296^2 + 2\cdot 0.177^2 + 1\cdot 0.088^2}{12-5}}$$

$$= \sqrt{\frac{0.2351}{7}} = 0.18$$

Voraussetzung für die Anwendbarkeit ist, daß sich die Streuungen s_1^2, s_2^2, ... s_k^2 nicht signifikant voneinander unterscheiden (s. 9.7).

d) Abschätzen von s aus der Mehrfachbestimmung einer Probe, wenn über die Form der Verteilung keine Kenntnis besteht

Aus der *Spannweite* kann die Standardabweichung (maximale Standardabweichung) abgeschätzt werden, auch wenn über die Form der vorliegenden Verteilung nichts ausgesagt werden kann. GUTERMANN (1962) gibt hierfür die folgende Formel an:

$$s \leq \frac{w}{2}\sqrt{\frac{n}{n-1}}. \tag{6}$$

Diese Formel kann immer dann benutzt werden, wenn kleine Meßreihen vorliegen und die Prüfung auf Normalverteilung der Ergebnisse nicht vorgenommen wird. Ein wichtiger Vorteil der Formel ist der geringe Rechenaufwand.

Beispiel 5

Die ersten 4 Kohlenstoffwerte aus der Liste in Tab. 9-1 der Größe nach geordnet sind:

x_1	x_2	x_3	x_4
55.13	55.20	55.41	55.62

$w = 55.62 - 55.13 = 0.49$
$n = 4$
$s_{max} = \dfrac{0.49}{2} \cdot \sqrt{\dfrac{4}{3}} = 0.28$.

9.4.2 Schätzen von Streuungsmaßen aus der Spannweite

Das einfachste aller Streuungsmaße ist die Spannweite, auch Extrembreite oder Variationsbreite genannt. Sie ist die Differenz zwischen dem größten und dem kleinsten Wert einer Meßreihe (Ergebnisreihe).

Die Verfahren zur Berechnung der Streuungsmaße aus der Spannweite, vor allem bei Meßreihen geringer Ergebnisanzahl, besitzen den Vorteil eines nur geringen Rechenaufwandes; sie verwerten aber nur die beiden außenliegenden Ergebnisse als Information. Sie haben jedoch durch das weite Vordringen von Arbeitsplatzrechnern und preiswerten Taschenrechnern an Bedeutung stark eingebüßt und werden in der Praxis kaum noch angewendet. Wir beschränken uns daher an dieser Stelle auf Literaturhinweise. Auch diese Verfahren setzen eine annähernde Gültigkeit der Normalverteilung voraus.

Folgende Verfahren sind hier zu nennen:
1. Schätzen der Standardabweichung aus Mehrfachbestimmungen an einer Probe nach DEAN und DIXON (1951).
2. Schätzen der Standardabweichung aus Doppelbestimmungen an mehreren Proben nach DAVID (1951).

3. Schätzen der Standardabweichung aus Mehrfachbestimmungen an mehreren Proben nach DAVID (1951).

9.5 Erkennen abgelegener Ergebnisse – Ausreißertest

Die Prüfung auf abgelegene Ergebnisse und ggfs. deren Aussonderung muß vor Errechnung der Standardabweichung erfolgen. Naturgemäß ist die Abschätzung von s mit Hilfe der Formeln, in denen die Spannweite benutzt wird, diesbezüglich besonders anfällig.

9.5.1 4-s-Schranke

Eine allgemeine Regel besagt, daß bei mindestens 10 Einzelwerten dann ein Wert als Ausreißer angesehen werden darf, wenn er außerhalb des Bereiches $\bar{x} \pm 4s$ liegt, wobei Mittelwert und Standardabweichung ohne den ausreißerverdächtigen Wert berechnet werden. Der „4-Sigma-Bereich" umfaßt bei Normalverteilung 99.99% der Werte, bei beliebigen Verteilungen immer noch 94% aller Werte.

Beispiel 6

$s = 0.21$
$\bar{x} = 55.39$
$x_A = 54.78$
$\Delta x = \bar{x} - x_A = 0.61$
$4s = 0.84 > \Delta x = 0.61$

Das Ergebnis x_A kann nicht als Ausreißer bezeichnet werden.

9.5.2 Prüfvorschrift nach DIXON (1951)

Diese Prüfvorschrift ist geeignet, Extremwerte aus den Ergebnissen von Mehrfachbestimmungen an einer Probe auszusondern, wenn die Anzahl der Meßwerte $n = 29$ nicht übersteigt. Die für die jeweils vorliegende Anzahl von Messungen (Stichprobenumfang n) anzuwendenden Berechnungsformeln und Tabellenwerte zeigt Tab. 9-3. Welche der beiden Formeln jeweils anzuwenden ist, hängt davon ab, ob man einen nach oben oder nach unten abgelegenen Wert vermutet. Die Analysenergebnisse müssen nach steigender Größe geordnet und numeriert werden, so daß

$x_1 \leq x_2 \leq x_3 \ldots \leq x_n$

ist. Der berechnete Prüfwert Q_1 bzw. Q_n wird mit einer tabellierten Größe Q (vgl. Tab. 9-3) verglichen. Ist Q_1 bzw. $Q_n > Q$, darf das Ergebnis als Ausreißer betrachtet werden.

Tab. 9-3. Tabellenwerte und Formeln zur Berechnung der Prüfwerte für den Ausreißertest nach DIXON (1951).

Stichproben-umfang n	Tabellenwerte Q für Signifikanzniveau		Prüfwerte für Ausreißer	
	$\alpha = 0.05$	$\alpha = 0.01$	Q_1 nach unten	Q_n nach oben
3	0.941	0.988		
4	0.765	0.889		
5	0.642	0.780	$\dfrac{x_{(2)} - x_{(1)}}{x_{(n)} - x_{(1)}}$	$\dfrac{x_{(n)} - x_{(n-1)}}{x_{(n)} - x_{(1)}}$
6	0.560	0.698		
7	0.507	0.637		
8	0.554	0.683	$\dfrac{x_{(2)} - x_{(1)}}{x_{(n-1)} - x_{(1)}}$	$\dfrac{x_{(n)} - x_{(n-1)}}{x_{(n)} - x_{(2)}}$
9	0.512	0.635		
10	0.477	0.597		
11	0.576	0.679	$\dfrac{x_{(3)} - x_{(1)}}{x_{(n-1)} - x_{(1)}}$	$\dfrac{x_{(n)} - x_{(n-2)}}{x_{(n)} - x_{(2)}}$
12	0.546	0.642		
13	0.521	0.615		
14	0.546	0.641		
15	0.525	0.616		
16	0.507	0.595		
17	0.490	0.577		
18	0.475	0.561		
19	0.462	0.547		
20	0.450	0.535		
21	0.440	0.524	$\dfrac{x_{(3)} - x_{(1)}}{x_{(n-2)} - x_{(1)}}$	$\dfrac{x_{(n)} - x_{(n-2)}}{x_{(n)} - x_{(3)}}$
22	0.430	0.514		
23	0.421	0.505		
24	0.413	0.497		
25	0.406	0.489		
26	0.399	0.482		
27	0.393	0.475		
28	0.387	0.469		
29	0.381	0.463		

Beispiel 7

Es wurden die Werte 55.39% und 54.78% C gefunden. Zwei weitere Bestimmungen ergaben die Werte 55.29% und 55.40%. Wir ordnen nun die Werte nach steigender Größe und testen mit $\alpha = 0.05$:

x_1	x_2	x_3	x_4
54.78	55.29	55.39	55.40

Die Größenverteilung der Werte läßt vermuten, daß x_1 der abgelegene Wert ist, und wir benutzen die Formel

$$Q_1 = \frac{x_2 - x_1}{x_4 - x_1}$$

$$Q_1 = \frac{55.29 - 54.78}{55.40 - 54.78} = 0.84 \ .$$

In Tab. 9-3 ist für $Q_{(n=4)}$ der Wert 0.765 angegeben. Da $Q_1 > Q_{(n=4)}$ ist, darf der Wert 54.78 als ausreißerverdächtig unberücksichtigt bleiben. Bei Stichprobenumfängen ≥ 30 wird der Ausreißertest nach GRUBBS (1972) durchgeführt.

9.6 Sicherheit statistischer Aussagen

Der Sachverhalt läßt sich am Beispiel Vertrauensbereich erklären. Aus einer Reihe von Analysenergebnissen einer Probe wird der Wert $\bar{x}$ errechnet. $\bar{x}$ ist nur ein Schätzwert für den wahren Wert μ. Zu diesem Schätzwert läßt sich ein Intervall angeben, das sich über die nächstgrößeren und nächstkleineren Werte erstreckt und mit einer gewissen Wahrscheinlichkeit P den gesuchten wahren Wert μ enthält. Dieses Intervall um $\bar{x}$, das μ einschließen soll, heißt Vertrauensbereich (Konfidenzbereich, engl. confidence interval).

Die Größe des Vertrauensbereichs kann mit Hilfe eines Faktors (z. B. z) verändert werden, und es läßt sich damit festlegen, wie sicher die Aussage ist, daß der Vertrauensbereich den Wert μ enthält.

Allgemein gilt für das Vertrauensintervall

$$q = \bar{x} \pm z \frac{\sigma}{\sqrt{n}} \ . \tag{7}$$

Der Wert z ist einer Tabelle der Standardnormalverteilung zu entnehmen. Sigma (σ) ist die bekannte oder aus sehr vielen Ergebnissen von einer Probe ($N_\sigma > 100$) geschätzte Standardabweichung und n die Anzahl der Ergebnisse, aus denen $\bar{x}$ berechnet ist.

Wählen wir den Faktor z so, daß die Aussage in 95% aller Fälle zu Recht und in 5% aller Fälle zu Unrecht besteht, dann können wir sagen: „Mit einer statistischen Sicherheit von 95% enthält der angegebene Vertrauensbereich den wahren Wert μ, und in 5% aller Fälle wird man sich irren."

Die statistische Sicherheit P ist demnach gleich der Wahrscheinlichkeit 100% abzüglich der Irrtumswahrscheinlichkeit.

Tab. 9-4. Vertrauensbereich, statistische Sicherheit P und Irrtumswahrscheinlichkeit.

Vertrauensbereich für den Mittelwert μ einer normalverteilten Grundgesamtheit	Statistische Sicherheit P	Vertrauensniveau $1-\alpha$	Irrtumswahrscheinlichkeit $100-P$	Signifikanzniveau α
$\bar{x} \pm 0.675 \ \sigma/\sqrt{n}$	50.0%	0.50	50.0%	0.50
$\bar{x} \pm 1.000 \ \sigma/\sqrt{n}$	68.3%	0.68	31.7%	0.32
$\bar{x} \pm 1.96 \ \sigma/\sqrt{n}$	95.0%	0.95	5%	0.05
$\bar{x} \pm 2.576 \ \sigma/\sqrt{n}$	99.0%	0.99	1%	0.01

Aus Tab. 9-4 erkennen wir: Je größer die statistische Sicherheit P ist, um so größer wird bei gegebener Standardabweichung und bei gegebenem Umfang der Messungen (Anzahl von Analysen) der Vertrauensbereich.

Daraus folgt: Sichere Aussagen sind unscharf, scharfe Aussagen sind unsicher. Für scharfe Aussagen mit großer statistischer Sicherheit muß σ klein und der Ergebnisumfang n groß sein, d. h. für die Praxis: Die Reproduzierbarkeit der Analysenmethode muß gut und die Anzahl der Bestimmungen zur Abschätzung von σ groß sein.

Übliche statistische Sicherheiten (P) sind 95% und 99% (Vertrauensniveaus von 0.95 und 0.99), entsprechend den Irrtumswahrscheinlichkeiten 5% und 1% (Signifikanzniveaus 0.05 und 0.01).

9.6.1 Vertrauensbereich

Der Vertrauensbereich für einen Mittelwert aus einer begrenzten Anzahl von Messungen wird nach folgender Formel berechnet:

$$q = \bar{x} \pm t \cdot s / \sqrt{n} \ . \tag{8}$$

Hierbei sind: s die Standardabweichung, berechnet nach Formel (2), n die Anzahl der Bestimmungen von einer Probe und t der sog. Student-Faktor. Der Zahlenwert von t hängt ab von der Anzahl der ausgeführten Bestimmungen (Messungen) und dem gewünschten Vertrauensniveau. Die Werte für t für die Vertrauensniveaus 0.95 und 0.99 enthält Tab. 9-5. Der Faktor t wird mit dem Faktor z identisch, wenn die Anzahl der Messungen, aus denen s ermittelt wurde, unendlich groß wird ($s \rightarrow \sigma$).

Anmerkung: Beim Berechnen von Vertrauensbereichen wird üblicherweise mit den t-Werten für den zweiseitigen Test gerechnet; die in den beiden rechten Spalten der Tab. 9-5 angegebenen einseitigen Werte werden zur Abschätzung von Nachweisgrenzen (s. 9.9) gebraucht.

Beispiel 8

Die ersten fünf Ergebnisse aus Beispiel 1 sind:

$\quad$ 55.62
$\quad$ 55.20
$\quad$ 55.13
$\quad$ 55.41
$\quad$ 55.54

$\bar{x} = 55.38$
$s = 0.21$
$q = \bar{x} \pm s \cdot t / \sqrt{n} = \bar{x} \pm s \cdot t(0.05; 4) / \sqrt{n}$
$ = 55.38 \pm 0.21 \cdot \dfrac{2.78}{\sqrt{5}}$
$ = 55.38 \pm 0.26 \ .$

t für $5-1 = 4$ Freiheitsgrade und die statistische Sicherheit 95% ($\alpha = 0.05$) ist 2.78.

Tab. 9-5. Signifikanzschranken der Student-Verteilung (*t*-Verteilung).

Freiheits-grade	zweiseitig		einseitig	
	$\alpha = 0.05$	$\alpha = 0.01$	$\alpha = 0.05$	$\alpha = 0.01$
1	12.706	63.657	6.314	31.821
2	4.303	9.925	2.920	6.965
3	3.182	5.841	2.353	4.541
4	2.776	4.604	2.132	3.747
5	2.571	4.032	2.015	3.365
6	2.447	3.707	1.943	3.143
7	2.365	3.499	1.895	2.998
8	2.306	3.355	1.860	2.986
9	2.262	3.250	1.833	2.821
10	2.228	3.169	1.812	2.764
11	2.201	3.106	1.796	2.718
12	2.179	3.055	1.782	2.681
13	2.160	3.012	1.771	2.650
14	2.145	2.977	1.761	2.624
15	2.131	2.947	1.753	2.602
16	2.120	2.921	1.746	2.583
17	2.110	2.898	1.740	2.567
18	2.101	2.878	1.734	2.552
19	2.093	2.861	1.729	2.539

9.7 Vergleich von Standardabweichungen

Für viele Probleme ist es notwendig, objektiv zu beurteilen, ob sich Standardabweichungen voneinander signifikant unterscheiden. Das gilt z. B. für die Prüfung, ob mit einem Verfahren B weniger streuende Analysenresultate erzielt werden als mit der ursprünglichen Methode A; ferner für den Vergleich zweier Meßreihen von zwei Laboratorien oder zweier Meßreihen von zwei Bearbeitern usw. Nicht zuletzt ist die Prüfung auf Übereinstimmung zweier Standardabweichungen die Voraussetzung für die fehlerfreie Beurteilung eines gesicherten Unterschiedes zweier zu vergleichender Mittelwerte $\bar{x}_1$ und $\bar{x}_2$. Für den Vergleich zweier empirisch ermittelter Standardabweichungen aus zwei Meßreihen größeren Umfangs (Normalverteilung wird vorausgesetzt) wird allgemein der sog. *F-Test* empfohlen.

Man bildet zum *F*-Test das Verhältnis

$$F = \frac{s_1^2}{s_2^2} \tag{9}$$

und prüft, ob der Quotient die für f_1 und f_2 tabellierte Schranke erreicht oder überschreitet (s. Tab. 9-6). $f_1 (= n_1 - 1)$ und $f_2 (= n_2 - 1)$ stellen die Anzahl der Freiheitsgrade dar. Dabei muß immer $F > 1$ sein, d. h. die größere Standardabweichung im Zähler stehen.

Beispiel 9

Von zwei Analytikern sind in einer Probe folgende Kohlenstoffwerte (%) gefunden worden:

A	B
55.62	55.11
55.20	54,87
55.13	55.20
55.41	54,93
55.54	55.23

$s_A = 0.211$
$s_B = 0.161$

$$F = \frac{s_A^2}{s_B^2} = \frac{0.0445}{0.0259} = 1.72$$

Aus der Tab. 9-6 entnimmt man für $f_A = f_B = 4$ den Wert 15.98, wenn die Sicherheit der Aussage $P = 99\%$ ($\alpha = 0.01$) sein soll. Da der gefundene Wert 1.72 kleiner als der entsprechende tabellierte Wert 15.98 ist, sind die beiden Streuungen nicht signifikant voneinander verschieden. Die beiden Analytiker arbeiten mit der gleichen Reproduzierbarkeit, oder in der Sprache der Statistik: Ein Unterschied in der Reproduzierbarkeit ist statistisch nicht gesichert.

Tab. 9-6. F-Werte für $1 - \alpha = 0.99$.

f_2	$f_1 = 1$	2	3	4	5	6	7	8	9	10
1	4052	4999	5403	5625	5764	5859	5929	5981	6023	6056
2	98.49	99.00	99.17	99.25	99.30	99.33	99.35	99.36	99.38	99.40
3	34.12	30.81	29.46	28.71	28.24	27.91	27.67	27.49	27.34	27.23
4	21.20	18.00	16.69	15.98	15.52	15.21	14.98	14.80	14.66	14.54
5	16.26	13.27	12.06	11.39	10.97	10.67	10.44	10.27	10.14	10.05
6	13.74	10.92	9.78	9.15	8.75	8.47	8.26	8.10	7.97	7.87
7	12.25	9.55	8.45	7.85	7.46	7.19	6.99	6.84	6.72	6.62
8	11.26	8.65	7.59	7.01	6.63	6.37	6.18	6.03	5.91	5.82
9	10.56	8.02	6.99	6.42	6.06	5.80	5.61	5.47	5.35	5.26
10	10.04	7.56	6.55	5.99	5.64	5.39	5.20	5.06	4.94	4.85

Ein Verfahren zum Vergleich von zwei Standardabweichungen auf Basis der Spannweiten der Meßreihen wurde von PILLAI und BUENAVENTURA (1961) angegeben.

Für derartige Testverfahren ist die sachgerechte Wahl der statistischen Sicherheit (des Vertrauensniveaus) wichtig. Diese Wahl ist eine Sache gegenseitiger Übereinkunft und richtet sich nach den Folgen, die eine Fehlentscheidung nach sich ziehen kann. Für ein Gutachten vor Gericht wird man daher eine höhere statistische Sicherheit ansetzen als z. B. für eine innerbetriebliche Entscheidung geringerer Tragweite.

Für den allgemeinen Gebrauch in der analytischen Chemie haben sich folgende Regeln eingebürgert:

1. Wenn sich der geprüfte Unterschied mit weniger als 95% Sicherheit nachweisen läßt (der aus den Ergebnissen berechnete t-Wert liegt unter dem Tabellenwert für 95% stati-

stische Sicherheit), wird er als nicht bestehend angesehen; zwischen den geprüften Standardabweichungen, Mittelwerten, usw. besteht nur ein zufälliger Unterschied.
2. Läßt sich der geprüfte Unterschied mit mehr als 99% Sicherheit nachweisen, wird er als gesichert angesehen; es besteht ein signifikanter Unterschied.
3. Liegt die berechnete statistische Sicherheit zwischen 95 und 99%, muß ein signifikanter Unterschied in Erwägung gezogen werden; aufgrund des vorliegenden Zahlenmaterials kann aber noch keine Entscheidung getroffen werden. Man muß dann weitere Untersuchungen anstellen (die Zahl der Freiheitsgrade erhöhen), um den einen oder anderen Schwellenwert zu erreichen; ist dies nicht möglich, wird die Wahl der ungünstigeren Interpretation empfohlen.

9.8 Vergleich von Mittelwerten

Für den Analytiker ist es immer wichtig, prüfen zu können, ob die Unterschiede der Mittelwerte zweier Meßreihen, gewonnen von einer Probe, aber mit zwei Methoden oder aus zwei Laboratorien, von zwei Bearbeitern usw., nur von zufälligen Fehlern herrühren oder ob systematische Abweichungen vorliegen.

9.8.1 Vergleich von Mittelwerten mit Hilfe des *t*-Testes

Man verwendet die Formel

$$t = \frac{|\bar{x}_A - \bar{x}_B|}{s^*} \sqrt{\frac{n_A \cdot n_B}{n_A + n_B}}, \tag{10}$$

wobei s^* die „gemeinsame" Standardabweichung ist:

$$s^* = \sqrt{\frac{s_A^2(n_A - 1) + s_B^2(n_B - 1)}{n_A + n_B - 2}} \qquad \text{siehe (5)}$$

und die Anzahl der Freiheitsgrade $f = n_A + n_B - 2$ ist.

Der nach dieser Formel errechnete Wert wird mit dem entsprechenden tabellierten *t*-Wert für die gegebene Anzahl von Freiheitsgraden und gewünschter statistischer Sicherheit verglichen.

Überschreitet der Wert von *t* den entsprechenden in Tab. 9-5, sind Unterschiede statistisch (mit der gewählten Sicherheit *P*) nachgewiesen.

Voraussetzung für die Anwendung des Testes ist, daß die Standardabweichungen der einzelnen Meßserien vorher auf Übereinstimmung geprüft wurden (s. 9-7). Die Größe von *t* für eine gegebene Wahrscheinlichkeit ist von der Fragestellung abhängig und ist daher in Tab. 9-5 für einseitige und zweiseitige Fragestellung tabelliert. Ist nur eine Abweichung möglich, z. B. $\bar{x}_A \geq \bar{x}_B$ oder $\bar{x}_A \leq \bar{x}_B$, spricht man von einer einseitigen Fragestellung (s. z. B. 9.9). Sind beide Abweichungen möglich, $\bar{x}_A \neq \bar{x}_B$, so spricht man von einer zweiseitigen Fragestellung.

132   9 Statistische Beurteilung von Analysenergebnissen

Beispiel 10

Wir benutzen die Meßreihen aus Beispiel 9. Für die beiden Standardabweichungen wurde im Beispiel 9 kein gesicherter Unterschied nachgewiesen ($P = 99\%$). Der Mittelwertsvergleich darf also ausgeführt werden.

Meßserien:

A	B
55.62	55.11
55.20	54,87
55.13	55.20
55.41	54,93
55.54	55.23
$\bar{x}_A = 55.38$	$\bar{x}_B = 55.07$
$s_A = 0.21$	$s_B = 0.16$

$$s^* = \sqrt{\frac{0.21^2(5-1) + 0.16^2(5-1)}{5+5-2}} = 0.187$$

$$t = \frac{|55.38 - 55.07|}{0.187} \sqrt{\frac{5 \cdot 5}{5+5}} = 1.658 \cdot 1.581$$

$$t = 2.62$$

In Tab. 9-5 finden wir für $n_A + n_B - 2 = 8$ Freiheitsgrade und eine statistische Sicherheit von $P = 99\%$ den tabellierten Wert 3.355. Da der errechnete Wert kleiner als der tabellierte ist, besteht auf dem Vertrauensniveau $1 - \alpha = 0.99$ kein statistisch gesicherter Unterschied zwischen $\bar{x}_A$ und $\bar{x}_B$.

Für den Vergleich von Mittelwerten zweier Meßreihen vom gleichen, aber geringen Umfang ($n_A = n_B \leq 20$) unter Verwendung der Spannweiten kann das Berechnungsverfahren nach LORD (1950) herangezogen werden.

9.8.2 Vergleich eines Mittelwertes einer Meßreihe mit einem vorgegebenen Wert μ_0

Dieser Fall ist zum Beispiel gegeben, wenn der Mittelwert der Analysenergebnisse von einer Probe auf Übereinstimmung mit dem für die Probe theoretisch vorgegebenen Gehalt an dem bestimmten Element geprüft werden soll.

Wir benutzen die Formel

$$t = \frac{|\bar{x} - \mu_0|}{s} \cdot \sqrt{n} \ . \tag{11}$$

Die Größe t für den Freiheitsgrad $f = n - 1$ und für die geforderte statistische Sicherheit kann wieder aus Tab. 9-5 entnommen werden.

Beispiel 11

Die ersten fünf Ergebnisse im Beispiel 1 sind:

55.62
55.20
55.13
55.41
55.54

$\bar{x} = 55.38 \quad s = 0.21$.

Da es sich bei der analysierten Substanz um den N-(4-Methylbenzolsulfonyl)-N'-cyclopentylharnstoff mit dem theoretischen Kohlenstoffgehalt $\mu_0 = 55.29\%$ handelt, soll geprüft werden, ob der gefundene Mittelwert $\bar{x} = 55.38\%$ mit dem vorgegebenen Wert übereinstimmt oder nicht.

$$t = \frac{55.38 - 55.29}{0.21} \cdot \sqrt{5} = 0.96 \ .$$

Für $n - 1 = 4$ Freiheitsgrade und eine statistische Sicherheit von 95% ist der tabellierte Wert $t = 2.776$. Da $0.96 < 2.776$ ist, kann der gefundene Mittelwert $\bar{x} = 55.38$ als mit der Theorie übereinstimmend bezeichnet werden.

9.9 Das Problem der Nachweisgrenze in der Spurenanalyse

Ein Spurenelement gilt als nachgewiesen, wenn die erhaltenen Meßresultate die *Nachweisgrenze* überschreiten. Die Nachweisgrenze ist nicht allein von der Empfindlichkeit der Methode abhängig, sondern auch vom Blindwert und dessen Reproduzierbarkeit. Nähert sich der Meßwert der Analysenprobe dem Streubereich der Blindwerte, ist es nur mit Hilfe statistischer Methoden möglich zu entscheiden, ob der Nachweis des Spurenelements nach Abzug des Blindwertes noch gesichert ist.

Zur Lösung dieses Problems haben sich seit den bahnbrechenden Arbeiten von KAISER und SPECKER (1956) die von diesen Autoren aufgestellten $3\text{-}\sigma$-*Regeln* eingebürgert. Diese Regeln gingen für den Blindwert davon aus, daß als Blindprobe im Idealfall eine Probe genau gleicher Zusammensetzung wie die zu analysierende Probe, aber ohne das zu bestimmende Element, unter Ausführung des kompletten Analysenverfahrens untersucht wurde und daß die Blindwertstreuung von der Streuung der Analysenmeßwerte nicht signifikant unterschieden war. Zahlreiche Autoren wie auch Hersteller von Analysengeräten haben jedoch diese Betrachtungsweise auf die Ermittlung rein instrumenteller Nachweisgrenzen übertragen, wobei anstelle der Blindwertstreuung lediglich das Geräterauschen untersucht und die Streuung der Analysenwerte nahe der Nachweisgrenze nicht berücksichtigt wurde; zuweilen werden sogar – im Interesse der Angabe möglichst niedriger Nachweisgrenzen – auf 2σ beruhende Werte veröffentlicht und damit unrealistisch niedrige Werte in die Diskussion gebracht.

In letzter Zeit ist unter Analytikern und Statistikern die Diskussion über die Thematik Nachweis- und Bestimmungsgrenze wieder aufgelebt und hat ihren Niederschlag in

Aktivitäten verschiedener Fachausschüsse (DFG, DIN etc.) gefunden. Diese z. T. recht kontroverse Diskussion ist zum jetzigen Zeitpunkt noch keineswegs abgeschlossen, so daß hier zur Zeit kein Modell vorgestellt werden kann, das in irgendeiner Weise gültige Verbindlichkeit beanspruchen könnte.

Während das 3-σ-Modell in den Festlegungen einiger Gremien weiterhin erscheint (IUPAC) (DIN 51401/1 1983) (EG 1987), wird zur Zeit neben dem Blindwertverfahren ein neueres Modell diskutiert: das „Kalibrierkurvenverfahren" nach Vorschlägen von FUNK (1985) und MÜCKE (1985). Auch die von der Deutschen Forschungsgemeinschaft für die Rückstandsanalyse von Pflanzenbehandlungsmitteln veröffentlichte Richtlinie (DFG 1972) wird zur Zeit im Sinne der bevorzugten Anwendung des Kalibrierkurvenverfahrens überarbeitet.

Es kann daher zur Zeit nur auf die in absehbarer Zeit erscheinenden Arbeitsergebnisse der im folgenden genannten Ausschüsse hingewiesen werden. Es sind dies:

- Unterausschuß 5 (Informationsverarbeitung in der chemischen Analytik) des DIN-Arbeitsausschusses Chemische Terminologie (DIN-AChT), [DIN 32645].
- Deutsche Forschungsgemeinschaft, Senatskommission für Pflanzenschutz-, Pflanzenbehandlungs- und Vorratsschutzmittel.
- Bundesgesundheitsamt, Arbeitsgruppe Statistik der Kommission zur Durchführung des § 35 LMBG.

Die Nachweisgrenze wird in den Vorhaben der genannten Gremien überall in ähnlicher Weise folgendermaßen definiert:

„Die Nachweisgrenze ist der kleinste Gehalt an einem Bestandteil einer Probe, für den man unter jeweils festgelegten Vorgaben Meßwerte erhält, die sich statistisch signifikant von solchen Meßwerten unterscheiden, die sich ergäben, wenn der Bestandteil in der Probe nicht enthalten wäre.

Diese Vorgaben sind:
- das Analysenverfahren einschließlich Probenvorbereitung,
- die Matrix,
- die Anzahl der Meßwerte,
- die Irrtumswahrscheinlichkeit,
- das Arbeiten unter Wiederhol- bzw. Vergleichsbedingungen."
(DIN-AChT 5, 1987).

Zu diesem Konzept haben auch Mitarbeiter des DIN-NAW (Normenausschuß Wasserwesen), insbesondere FUNK und HUBER, erheblich beigetragen.

9.10 Die Beurteilung von Analysenergebnissen in der täglichen Praxis

Die wichtigste Frage an den Analytiker ist stets die der Zuverlässigkeit der erzielten Ergebnisse.

Der Begriff der Zuverlässigkeit von Analysenergebnissen ist nicht leicht zu definieren. Im wesentlichen sind es jedoch folgende Begriffsinhalte:

1. *Spezifität:* Das zu bestimmende Element muß unter Ausschluß anderer Elemente erfaßt werden.
2. *Richtigkeit:* Die in der Probe enthaltene wahre Menge des betreffenden Elements muß quantitativ erfaßt werden.
3. *Reproduzierbarkeit* oder *Präzision:* Das Ergebnis muß gut reproduzierbar sein.

Es ist die Aufgabe dieses Buches, Methoden zu beschreiben, die diesen Zuverlässigkeitskriterien gerecht werden, das heißt, mit denen die betreffenden Elemente in einer Probe sowohl spezifisch als auch quantitativ und reproduzierbar erfaßt werden können. Jede Analysenmethode muß daher, bevor sie empfohlen werden darf, auf ihre Zuverlässigkeit hin geprüft werden.

Ganz allgemein geht man bei der Ausarbeitung einer Methode so vor, daß zuerst an Hand einer einfachen, sehr gut bekannten Substanz untersucht wird, wie spezifisch, quantitativ und reproduzierbar das betreffende Element bestimmt werden kann. Sodann dehnt man die Prüfungen auf mehrere Proben von unterschiedlichen Stoffklassen aus. Letztlich wird dann der Schluß gezogen: Ist die Menge eines Elements mit der betreffenden Methode in Proben der unterschiedlichsten Stoffklassen zuverlässig bestimmbar, dann wird dies auch in Proben anderer, bisher unbekannter Stoffklassen der Fall sein, ohne daß dies im einzelnen bewiesen worden ist.

Letztlich gibt diesem Vorgehen die bisherige Erfahrung recht, denn die organische Chemie hat ihre Synthesen und Konstitutionsbeweise seit LIEBIG zu einem großen Teil auf die Ergebnisse der Elementaranalyse gestützt, wobei man den oben angeführten Schluß stets dann ziehen mußte, wenn über die Stoffklasse der neu synthetisierten Verbindung nur lückenhafte oder keine Kenntnis bestand.

Der erste Schritt der Erprobung einer Analysenmethode ist die wiederholte Analyse einer Substanz, die das betreffende Element in genau bekannter Menge in einfacher und möglichst häufig vorkommender Bindungsform enthält. Sodann wird man aus der Reihe von Analysenergebnissen den Mittelwert, die Standardabweichung und den 95%-Vertrauensbereich ausrechnen und den Mittelwert mit Hilfe des *t*-Testes daraufhin prüfen, ob er statistisch gesichert mit dem vorgegebenen (theoretischen) Wert übereinstimmt oder nicht.

Auch wenn die Prüfung die Übereinstimmung des gefundenen Mittelwertes $\bar{x}$ mit dem theoretischen Wert μ ergäbe, so ist dieser Befund dennoch kritisch zu beurteilen. Dies sei an einem Beispiel erläutert.

Beispiel 12

Man habe eine Probe mit dem theoretischen Kohlenstoffgehalt von 55.91% (μ_0) fünfmal gemäß der zu prüfenden Analysenvorschrift analysiert und den Mittelwert $\bar{x} = 55.51\%$ ($n = 5$) und die Standardabweichung $s = 0,4$ [abgeschätzt aus den 5 Ergebnissen z. B. mit der Formel (2)] gefunden. Prüft man nun den gefundenen Mittelwert auf Übereinstimmung mit der Theorie, so wird man feststellen, daß μ_0 nicht gleich $\bar{x}$ ist. Die Frage, ob die Abweichung nur zufällig oder statistisch gesichert ist, wird nach Formel (11) mit Hilfe des *t*-Testes geprüft. Führt man die Prüfung analog dem Beispiel 11 aus, findet man die Prüfgröße $t = 2.24$. Für 4 Freiheitsgrade ($n-1 = 4$) und ein Signifikanzniveau von $\alpha = 0.05$ ist der Tabellenwert 2.776 (zweiseitiger Test).

Der Schluß $\bar{x} = \mu_0$ ist also berechtigt, und die gemessene Differenz $\bar{x} - \mu_0 = 0.4$ ist als eine nur zufällige Abweichung aufzufassen. Den erfahrenen Analytiker kann diese Antwort jedoch nicht befriedigen. Wird die getroffene Aussage in der statistisch korrekten Form gegeben, so muß sie lauten: „Der Unterschied $\bar{x}-\mu_0 = 0.4$ ist statistisch nicht gesichert".

Der Sinn des statistischen Testes ist es nämlich, die Gültigkeit der Nullhypothese $\bar{x}=\mu_0$ zu prüfen und ggfs. die Alternativhypothese $\bar{x}\neq\mu_0$ anzunehmen. Ist die Ablehnung der Nullhypothese auf Grund des vorliegenden Zahlenmaterials nicht möglich, so muß dieses überprüft und erweitert werden, damit die Frage $\bar{x}=\mu_0$ erneut unter verschärften Bedingungen gestellt werden kann.

Im angeführten Falle müßte z. B. die Reproduzierbarkeit der Werte verbessert werden. Gelingt es, s von 0.4 auf 0.25 zu verringern, errechnet sich bei angenommen unverändertem $\bar{x}$ ein t-Wert von 3.6. Das tabellierte t für $\alpha = 0.05$ und 4 Freiheitsgrade ist 2.776. Da die berechnete Prüfgröße den Tabellenwert übersteigt, kann nunmehr auf diesem Signifikanzniveau die Nullhypothese $\bar{x}=\mu_0$ abgelehnt werden. Nach den in 9.7 dargestellten Regeln muß jetzt in Erwägung gezogen werden, daß zwischen $\bar{x}$ und μ_0 ein signifikanter Unterschied besteht. Statistisch gesichert ist er jedoch nicht, da der berechnete t-Wert kleiner als der Tabellenwert für die statistische Sicherheit 99% ($\alpha = 0.01$; $t = 4.60$) ist. Für unser Beispiel müßten wir daraus den Schluß ziehen, daß im Verfahren noch ein systematischer Fehler stecken kann, der beseitigt werden muß. Gesichert nachzuweisen wäre dieser systematische Fehler aber nur durch weitere Erhöhung der Präzision oder der Anzahl der Ergebnisse.

Übrigens hätte man die Nullhypothese $\bar{x}=\mu_0$ auf Grund der ersten Ergebnisse ($\bar{x}=55.51$; $s=0.4$) ebenfalls ablehnen können, wenn man anstelle der Irrtumswahrscheinlichkeit von 5% eine solche von 10% ($\alpha = 0.1$) in Kauf genommen hätte. Der Tabellenwert t für $\alpha = 0.1$ und 4 Freiheitsgrade ist nämlich 2.13 und damit kleiner als die berechnete Prüfgröße 2.24.

Im Falle der Erprobung einer Methode, besonders dann, wenn erst wenige Messungen vorliegen, ist es zweckmäßig, die Irrtumswahrscheinlichkeit größer als 10% ($\alpha > 0.1$) zu wählen. Allerdings wird dann öfter irrtümlicherweise ein Mittelwert $\bar{x}$ gefunden, der nicht mit dem wahren Wert übereinstimmt (Fehler 1. Art, α-Fehler). Diese Fehlentscheidung bewirkt jedoch einen erneuten Versuch, die Analysenmethode zu verbessern, und wirkt sich letztlich positiv auf deren Zuverlässigkeit aus.

Diese Art der Risikobewertung sollte bei der Ergebnisbeurteilung stets mit berücksichtigt werden. In Gutachten vor Gericht sollten Fehler zweiter Art (β-Fehler), wie man die Beibehaltung der falschen Nullhypothese nennt (z. B.: Thallium ist nachgewiesen, obwohl tatsächlich nicht vorhanden), möglichst klein gehalten werden. Das aber erhöht natürlich das Risiko, die richtige Nullhypothese ungerechtfertigt öfter abzulehnen.

Nachdem die erste kritische Überprüfung der neuen Methode erfolgt ist, darf diese erst dann als erprobt bezeichnet werden, wenn an Hand zahlreicher Proben verschiedenster Stoffklassen nachgewiesen worden ist, daß das Analysenverfahren unempfindlich gegen wechselnden Gehalt des zu bestimmenden Elements, gegen dessen Bindungsart im Molekül und gegen Störeinflüsse durch andere Elemente im Molekül ist. Ferner ist zu prüfen, ob die Methode gegen besondere chemische und physikalische Unterschiede im Probengut empfindlich ist. Hierher gehören z. B. bestimmte Störeinflüsse, wie besonders leichte Entzündlichkeit mit Sauerstoff, Hygroskopizität, hohe Flüchtigkeit usw.

Erst dann, wenn sich die Methode als weitgehend unempfindlich gegen derartige Substanzeigenschaften erwiesen hat, darf die an Testsubstanzen gezeigte Zuverlässigkeit

(Spezifität, Richtigkeit, Reproduzierbarkeit) auf die Analysenergebnisse von Proben, deren Zusammensetzung nicht völlig bekannt ist, übertragen werden.

Stets sollte der Analytiker vor der Analyse möglichst umfassend über die Substanzeigenschaften informiert werden, insbesondere über evtl. störende Elemente (z. B. Phosphor oder Fluor bei der Sauerstoffbestimmung in organischen Substanzen).

Nur unter diesen Voraussetzungen darf für die Analysenresultate einer weitgehend unbekannten Probe dieselbe Zuverlässigkeit angenommen werden, wie sie für die Testsubstanzen gilt. In vielen Fällen ist es auch ohne Kenntnis des wahren Gehaltes der untersuchten Probe möglich, verfälschende systematische Fehler und Einflußgrößen nachzuweisen. Zur Anlage und Auswertung der dafür notwendigen Versuche wird auf das Buch Analyticum 1971 verwiesen. Die Zuverlässigkeit der Analysenmethode muß auch im Routinebetrieb stets aufs neue überprüft werden. Es ist unerläßlich, täglich mehrere möglichst verschiedene Testproben zu analysieren und die Ergebnisse mit den bisher erzielten zu vergleichen. Hierfür haben sich sog. Kontrollkarten bewährt. Zur Veranschaulichung sei hier die Kontrollkarte für die Substanz N-(4-Methylbenzolsulfonyl)-N'-cyclopentylharnstoff (s. Beispiel 1) beschrieben. Diese Substanz wurde in Beispiel 1 insgesamt 25mal analysiert und hierbei nachgewiesen, daß eine Normalverteilung der Ergebnisse unterstellt werden darf. Die Standardabweichung betrug $s = 0.19$.

An Hand von $\bar{x} = 55.34$ und $s = 0.19$ wird nun eine Kontrollkarte konstruiert. Nach dem Beispiel in Abb. 9-5 werden auf Millimeterpapier (Abszisse: Analysen-Nr.; Ordinate: Analysenergebnis) im Abstand $\pm s$ und $\pm 2s$ vom Mittelwert $\bar{x}$ die Grenzlinien für die Warn- und Kontrollgrenzen eingezeichnet. Wir wissen, daß beim Vorliegen der Normalverteilung ca. 68% aller Beobachtungswerte im Bereich $\bar{x} \pm s$ und ca. 95% aller Werte im Bereich $\bar{x} \pm 2s$ liegen sollten. Daher erwarten wir, daß bei täglichen Kontrollanalysen von 100 Bestimmungen etwa 32 außerhalb von $\bar{x} \pm s$ und etwa 5 außerhalb von $\bar{x} \pm 2s$ liegen

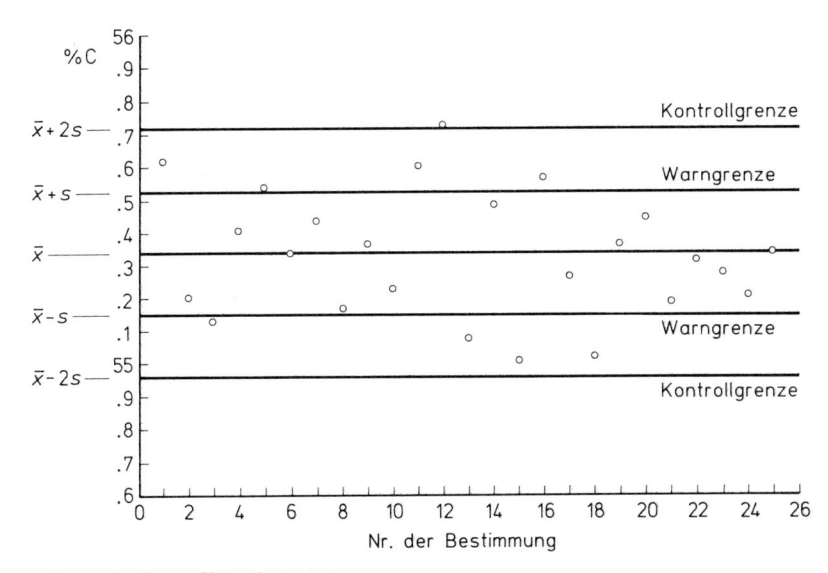

Abb. 9-5. Kontrollkarte Kohlenstoff-Bestimmungen.

werden. In der Kontrollkarte liegen 24 von 25 Werten innerhalb des Bereiches $\bar{x}\pm 2s$; das Verfahren war also in der angegebenen Zeit unter Kontrolle.

Solche Kontrollkarten sollte jeder Analytiker für sein Verfahren/Apparatur anlegen. In größeren Laboratorien, in denen z. B. mehrere Analysenautomaten zur Kohlenstoff-/Wasserstoffbestimmung, Stickstoffbestimmung usw. stehen, ist es vorteilhaft, die Resultate der jeweiligen Tests von allen Apparaturen und Bearbeitern zu sammeln und hinsichtlich ihrer Verteilung zu überprüfen und in Kontrollkarten einzutragen. Wir erhalten auf diese Weise einen Überblick über die Streuung von Analysenresultaten unter Vergleichsbedingungen. Dies ist notwendig; denn es ist in der täglichen Praxis anzuraten, die Proben grundsätzlich von zwei verschiedenen Analytikern an verschiedenen Apparaturen analysieren zu lassen. Ein solches Verfahren vermindert zwar etwas die Präsision der Ergebnismittelwerte, erhöht aber die Zuverlässigkeit insgesamt dadurch, daß systematische Fehler leichter erkannt werden. Vor allem aber läßt erst die Kenntnis der Zuverlässigkeit unter Vergleichsbedingungen den gewünschten Rückschluß zu, welche Zuverlässigkeit der Bestimmung einer beliebigen Substanz beigemessen werden kann, wenn sie zu einem beliebigen Zeitpunkt durch einen beliebigen Mitarbeiter im Team an einer der vorhandenen Apparaturen analysiert wird.

Die unter Vergleichsbedingungen auftretende Streuung der im Routinebetrieb täglich anfallenden Analysen kann auch aus den täglich zu analysierenden Proben abgeschätzt werden. Wir gewinnen hierbei den Vorteil, schon nach kürzester Zeit über ein sehr großes Ergebnismaterial zu verfügen, so daß die Schätzungen von s sehr zuverlässig werden. Geht man hierbei ausschließlich von Doppelbestimmungen aus, kann man σ nach der Formel (4) berechnen. Wir können hier mit σ arbeiten, da in der Regel über 40, meist sogar hundert und mehr Ergebnispaare verfügbar sind und $s \rightarrow \sigma$ geht.

Beispiel 13

Die Standardabweichung unter Vergleichsbedingungen (σ_v) [errechnet nach Formel (5)] der Kohlenstoffbestimmung hatte in einem großen Laboratorium mit ca. 10 CH-Automaten, 5 bis 7 Analytikern und Proben von verschiedenen Stoffen wie hochfluorierte Kohlenwasserstoffe, Kunststoffe, Pharmazeutika, Zwischenprodukte, Organometallverbindungen die Größe $\sigma_v = 0.35$. Die Standardabweichung war praktisch in ihrer Größe unabhängig vom C-Gehalt der Proben. Der 95%-Vertrauensbereich eines Mittelwertes einer Doppelbestimmung betrug [nach Gleichung (7)]:

$$q = \bar{x} \pm \frac{2 \cdot 0.35}{\sqrt{2}} \qquad q_{(95\%)} = \bar{x} \pm 0.5$$

(Irrtumswahrscheinlichkeit 5%; $\alpha = 0.05$).

Daß dieser Vertrauensbereich angenähert stimmt, läßt sich aus Abb. 9-6 entnehmen. Hier sind die relativen Häufigkeiten der Spannweiten von 231 Doppelbestimmungen in einzelne Spannweitenklassen eingetragen. Wir sehen, daß in ca. 90% aller Fälle die Spannweiten den Wert von 0.1 nicht überschreiten.

Zur Beurteilung von Analysenergebnissen ist noch folgendes anzumerken: Es soll stets vor der Ausführung einer Analyse geprüft werden, ob die Präzision der Ergebnisse überhaupt ausreichend ist, die gewünschte Fragestellung zu beantworten.

9.10 Die Beurteilung von Analysenergebnissen in der täglichen Praxis

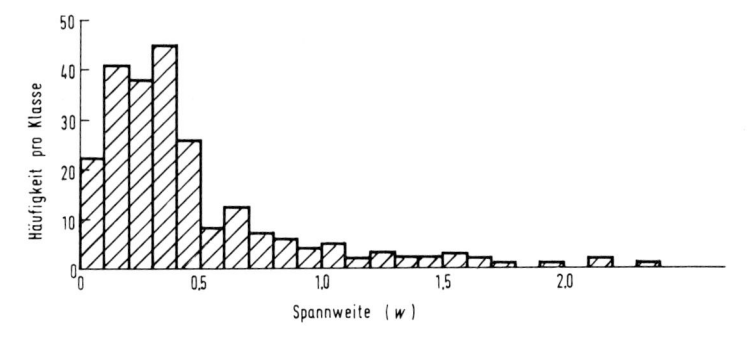

Abb. 9-6. Schaubild der Häufigkeitsverteilung der Spannweiten von Doppelbestimmungen der Kohlenstoffbestimmung.

Soll z. B. an Hand einer Analysenmethode mit einer Standardabweichung σ zwischen zwei Alternativen entschieden werden, deren Unterschied $|\mu_1 - \mu_2| = 4\sigma$ ist, kann man mit dieser Analysenmethode nur dann eine zuverlässige Entscheidung treffen, wenn mindestens zwei Bestimmungen ausgeführt werden. Der Vertrauensbereich des Mittelwertes beträgt ($P = 99\%$, $\alpha = 0.01$) bei zwei Bestimmungen $\bar{x} \pm 1.8\,\sigma$, bei drei Bestimmungen $\bar{x} \pm 1.5\,\sigma$.

Für das Beispiel der Kohlenstoff-Bestimmung mit der beschriebenen Vergleichsstandardabweichung $s_v = 0.35$ müßten sich die beiden theoretischen Alternativen um mindestens $5.2 \times 0.35 = 1.8\%$ C unterscheiden, wenn die Entscheidung mit einer Einzelbestimmung herbeigeführt werden soll.

10 Bestimmung von Kohlenstoff und Wasserstoff – CH-Bestimmung

Allgemeines. Seit LIEBIG, dem Schöpfer der quantitativen Verbrennungsanalyse (1831), wurden die beiden Hauptelemente organischer Verbindungen Kohlenstoff und Wasserstoff, nach einer Rohrverbrennung zu CO_2 und H_2O, in einem Analysengang gleichzeitig gravimetrisch bestimmt. PREGL (1917) übertrug diese gravimetrische Makromethode (DENNSTEDT 1903) in den Mikromaßstab und entwickelte damit die quantitative Mikroelementaranalyse, die bis zur Konzeption moderner Methoden mit Hilfe physikalischer Meßprinzipien in neuerer Zeit in der CH-Analyse dominierend blieb. Mit den heute üblichen automatisierten Methoden werden, bei einem Substanzbedarf von nur etwa 1 mg, zusätzlich zu Kohlenstoff und Wasserstoff auch Stickstoff und Schwefel bestimmt.

Durch diese Entwicklung wurde die klassische, gravimetrische Methode der CH-Bestimmung in den Hintergrund gedrängt. Sie ist aber, obwohl vergleichsweise zeitaufwendig, in speziellen Proben (z. B. in festen und flüssigen Brennstoffen, in Betriebs- und Umweltproben, in Proben mit geringem Kohlenstoff- und hohem Salzgehalt) und vor allem in Proben problematischer Matrix immer noch unentbehrlich.

Reiner Kohlenstoff, wie er in verschiedenen Kohlearten und seinen Oxiden, auch gebunden in Carbonaten vorliegt, wird im allgemeinen der anorganischen Chemie zugerechnet. Analytisch wird aber auch dieser Kohlenstoff nach den nachfolgend beschriebenen Methoden bestimmt und deshalb in diese Methodenbeschreibung miteinbezogen.

11 Gravimetrische CH-Bestimmung

11.0 Prinzip

Kohlenstoff und Wasserstoff einer organischen Verbindung werden im reinen Sauerstoffstrom im Rohr über einem glühenden Oxidationskontakt quantitativ zu Kohlendioxid und Wasser verbrannt. Störende Reaktionsgase werden mit geeigneten Kontaktsubstanzen aus dem Reaktionsgasstrom entfernt und Kohlendioxid nach Absorption an Natronasbest, Wasser nach Absorption an Magnesiumperchlorat gravimetrisch bestimmt.

$$2\ NaOH + CO_2 \rightarrow Na_2CO_3 + H_2O$$

$$Mg(ClO_4)_2 \cdot x\,H_2O + y\,H_2O \rightarrow Mg(ClO_4)_2 \cdot (x+y)\,H_2O \ .$$

11.1 Die klassische Pregl-Methode (modifiziert) in Mikro- und Halbmikroausführung

Einführende Bemerkungen. Die Modifizierung der nachfolgend beschriebenen klassischen Pregl-Methode betrifft im wesentlichen die Absorption der bei der thermischen Umsetzung N-haltiger Substanzen entstehenden Stickoxide. Ein besonders kritischer Punkt seiner Methode war das Entfernen der Stickoxide aus dem Gasstrom mit Bleidioxid (bei 180 °C), da dieses beträchtliche Mengen Wasser und geringe Mengen Kohlendioxid vorübergehend absorbiert und bei längerem Durchleiten von trockenem Gas allmählich wieder abgibt. Durch Einsatz anderer, Stickoxide zerlegender oder bindender Mittel wurde Bleidioxid in der Rohrfüllung überflüssig und daher die häufigste Fehlerquelle der ursprünglichen Pregl-Methode eliminiert.

Absorption oder Zerlegung von Stickoxiden. Stickoxide, die bei der CH-Verbrennung entstehen, werden heute üblicherweise aus dem Reaktionsgasstrom entfernt:

a) mit konzentrierter Schwefelsäure (BÜRGER 1953),
b) mit aktivem Mangandioxid (VECERA et al. 1960; KAINZ et al. 1961–1964),
c) oder durch Reduktion mit Kupfer.

Methode c) setzt voraus, daß als Spülgas Stickstoff oder Helium verwendet wird und der zur Verbrennung notwendige Sauerstoff zudosiert wird; ansonsten würde der Kupferkontakt zu schnell verbraucht und die Arbeitsweise unrationell. Eine von MONAR (1965,

1966) entwickelte gravimetrische CH-Bestimmung, die auch für die N-Bestimmung nach DUMAS geeignet ist, arbeitet mit dieser Art der Stickoxidzerlegung. Alle modernen CHN-Analysenautomaten mit thermokonduktometrischer Endbestimmung (s. Kap. 16) arbeiten nach demselben Prinzip der Stickoxidzerlegung über metallisches Kupfer.

Absorption der halogen-, schwefel- und phosphorhaltigen Reaktionsprodukte. Halogen- und schwefelhaltige Reaktionsprodukte werden am besten an Silber gebunden. Als Silberkontakt wird Silberwolle, Silberdrahtnetz, Elektrolytsilber, das thermische Zersetzungsprodukt von Silberpermanganat (KÖRBL 1956) oder Silber auf Trägersubstanzen wie Silberbimsstein, Silbervanadat oder Silberwolframat auf Magnesiumoxid verwendet. Letztere absorbieren auch phosphorhaltige Reaktionsprodukte. Silberbimsstein zeigt gegenüber Silberwolle und Elektrolytsilber den Vorteil, daß das daraus entstehende Halogensilber die Rohrwandung des Verbrennungsrohres weniger angreift.

Kontaktsubstanzen und Reagenzien. Die für die Bestimmung erforderlichen und gebräuchlichen Kontaktsubstanzen (Tab. 11-1) und Referenzsubstanzen können von den meisten Lieferfirmen für Chemikalien sowie Bezugsfirmen für Elementaranalysegeräte analysenfertig bezogen werden.

Tab. 11-1. Kontaktsubstanzen und ihre Verwendung.

Kontaktsubstanz	Verwendungszweck
Natronasbest [R], gekörnt	Absorption von CO_2
Mangandioxid, Körnung 0.5 bis 2.0 mm	Absorption von Stickoxiden
Magnesiumperchlorat, gekörnt. Wird es als Trihydrat mit einem Wassergehalt von etwa 19% geliefert, dann muß es vor Verwendung im Vakuum bei 80 bis 90°C (Sandbad) zum Dihydrat (ca. 12% H_2O) entwässert werden	Absorption von H_2O

Der zuverlässigste *Oxidationskontakt* für die gravimetrische CH-Bestimmung ist nach wie vor Kupferoxid. Dabei sollte der Oxidationskontakt in zwei Zonen unterteilt werden. Die erste Zone, für die Hauptoxidation, soll widerstandsfähig sein, da sie durch ständige Reduktion und Oxidation stark beansprucht wird. Dafür ist das technische, sowohl drahtförmige als auch granulierte Kupferoxid geeignet. Daran schließt sich die zweite Zone an, in der restliche unzersetzte Reaktionsprodukte quantitativ oxidiert werden. Hierzu verwendet man Mischkontakte aus gefälltem Kupfer-Kobaltoxid oder thermisch behandeltes Silberpermanganat (KÖRBL 1956).

Abb. 11-1. Verbrennungsapparatur. (A) Mikrobestimmung, (B) Semimikrobestimmung. CH-Bestimmung nach einer modifizierten Pregl-Methode (mit Stickoxidabsorption an Mangandioxid).
1 Quarzwollebausch, *2* Kontakt für die Gasreinigung (Platin-Quarzwolle oder Silberpermanganat oder Kolbaltoxid), *3* Magnesiumperchlorat, *4* Askarit, *5* Platinschiffchen, *5a* Quarzzylinder mit Platinschiffchen, *6* Platindrahtnetzrolle, *6a* Drahtnetzrolle aus Kupferoxid, *7* Magnesiumoxid (granuliert), *8* Oxidationskontakt (CuO oder Co_3O_4), *9* Silberkontakt (Silberbimsstein oder Silberwolle und Elektrolytsilber), *10* Silberdraht, *11* Goldwolle, *12* Absorptionskontakt für Stickoxide (aktives Mangandioxid).

143

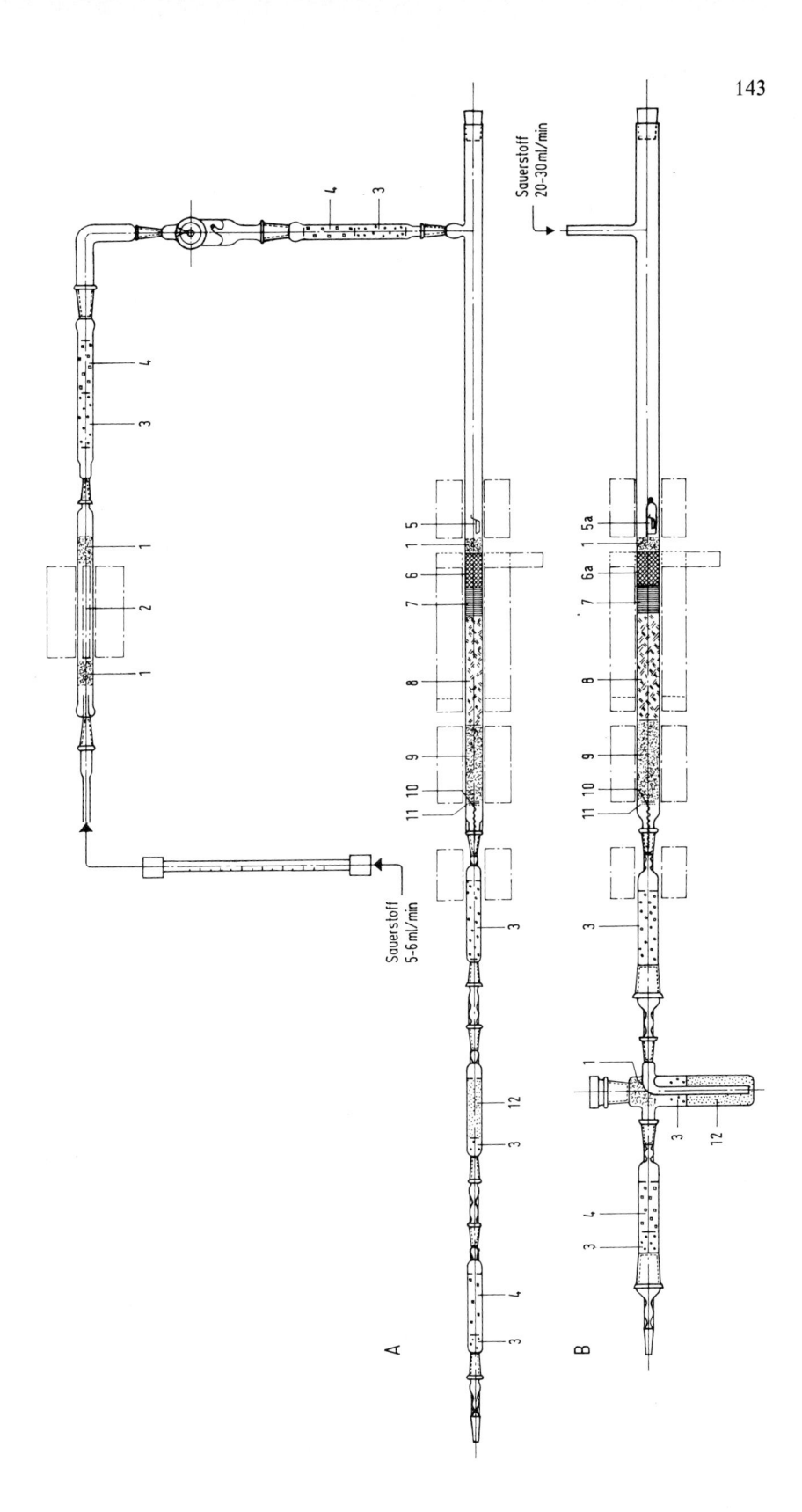

Sauerstoff
20-30 ml/min

Sauerstoff
5-6 ml/min

A

B

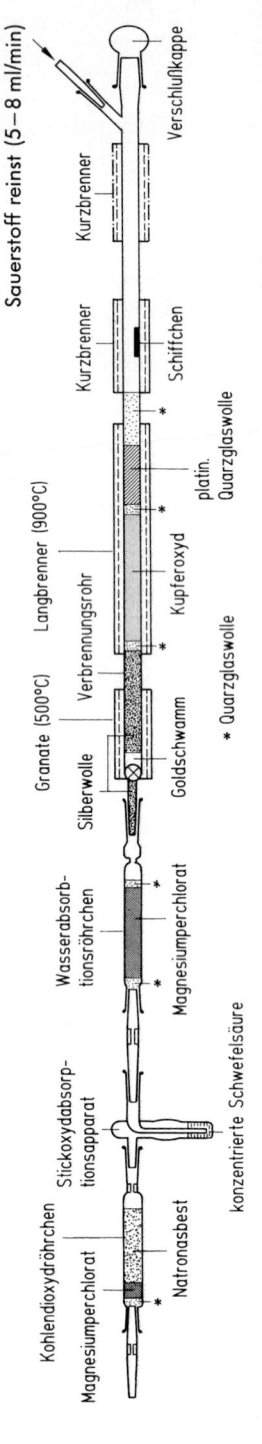

Abb. 11-2. Mikroanalytische Bestimmung von Kohlenstoff und Wasserstoff nach Stickoxidabsorption in konzentrierter Schwefelsäure (BÜRGER 1953).

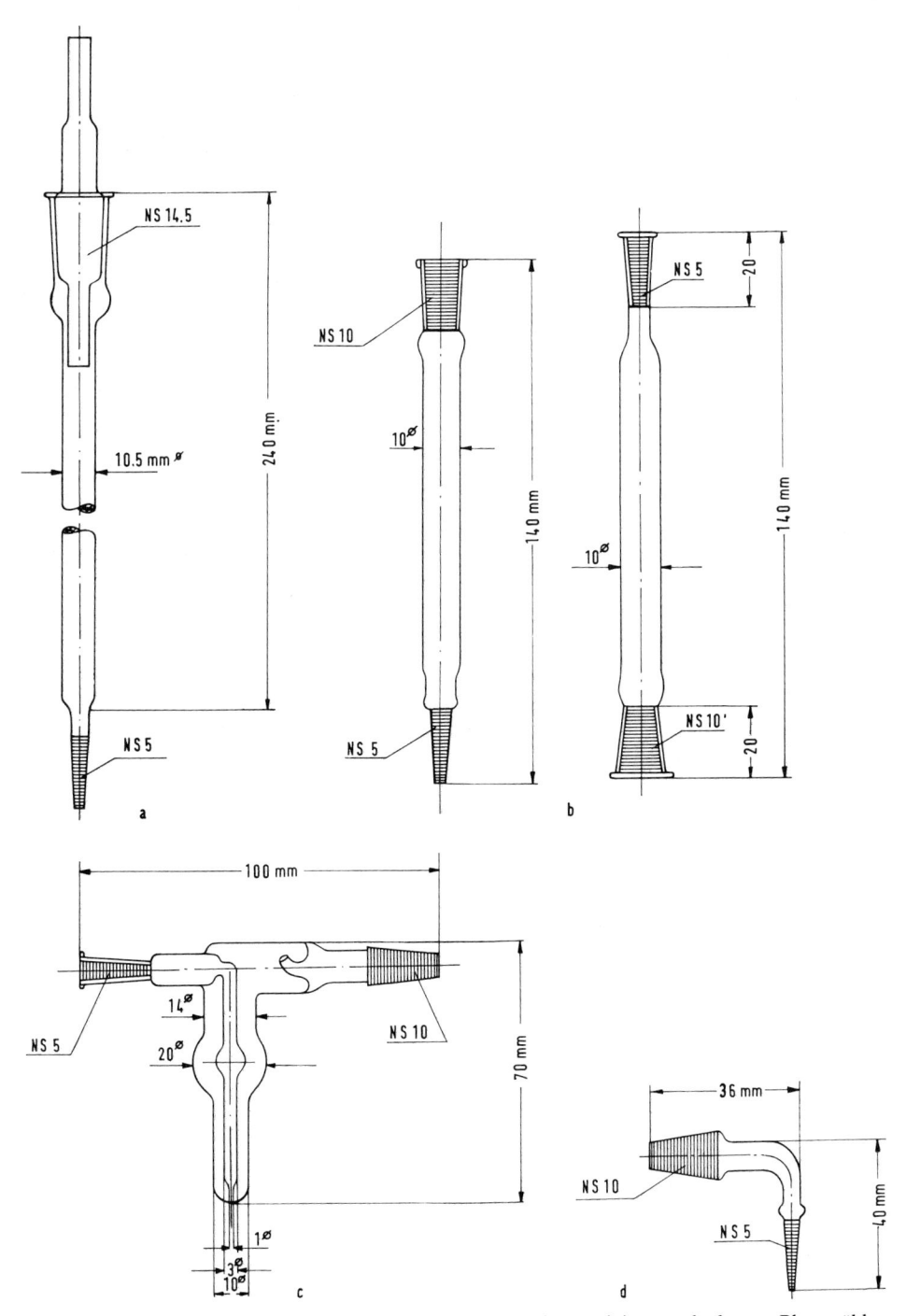

11.1 Die klassische Pregl-Methode (modifiziert) in Mikro- und Halbmikroausführung

Abb. 11-3. Glasgeräte zur Gasreinigung. *a* Katalysatorrohr, *b* Gasreinigungsröhrchen, *c* Blasenzähler, *d* Verbindungswinkel mit Kernschliff.

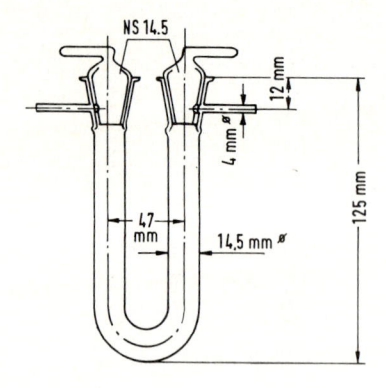

Abb. 11-4. Gasreinigungsröhrchen zur CH-Halbmikrobestimmung.

Apparatur. Sie ist sowohl für die Mikroausführung A) als auch für die Mikro/Halbmikro-Ausführung B) in Abb. 11-1 skizziert. Sie besteht im wesentlichen aus

a) der Gasquelle mit Strömungsanzeige und Gasvorreinigung,
b) dem Verbrennungsrohr mit dazugehöriger Beheizung,
c) dem Absorptionsteil für die bei der Verbrennung entstehenden Reaktionsgase Kohlendioxid, Stickoxide und Wasser.

a) *Gasdosierung:* Die Substanz wird in reinem Sauerstoff verbrannt und die Absorptionsröhrchen mit Sauerstoff gefüllt zur Wägung gebracht. Der Sauerstoff wird mit geeigneten Gasdosiereinrichtungen (MESSER-Griesheim; AIRLIQUIDE) einer Stahlflasche entnommen, die Strömung eingeregelt und kontrolliert.

b) *Verbrennungsrohr und Beheizung:* Die Verbrennung wird in Rohren aus Quarzglas (s. Abb. 11-5 und 11-6) durchgeführt.

Der elektrische Verbrennungsofen: Zum Beheizen der Kontaktsubstanzen im Rohr werden heute ausschließlich elektrisch beheizte Verbrennungsöfen verwendet, die es gestatten, die einzelnen Verbrennungskontakte individuell auf eine bestimmte Temperatur zu beheizen und die Verdampfung sowie die Verbrennung der organischen Substanz automatisch durchzuführen. Sie sind außerdem mit optischen und akustischen Signalanlagen ausgerüstet, so daß Apparatur und Analysenablauf nicht mehr dauernd beobachtet werden müssen und während der Verbrennung bereits die nächste Analyse vorbereitet werden kann. Diese Verbrennungsautomaten sind außer zur Bestimmung von Kohlenstoff und Wasserstoff meist universell auch zur Bestimmung von Stickstoff und Sauerstoff einsetzbar. Sie umfassen ein Sortiment von verschieden langen elektrischen Heizbrennern mit unterschiedlich großen Heizrohrdurchmessern, die nach dem Baukastenprinzip angeordnet sind. Dadurch ist es möglich, die Verbrennungsapparatur der individuellen Arbeitsweise des Analytikers und der zu lösenden Aufgabe anzupassen.

Für die im folgenden beschriebene Analysenmethode umfaßt die Ofenkombination 5 Heizbrenner, die auf einen Armaturen-Unterbau, der die elektrischen Schalt- und Regelgeräte aufnimmt, aufgeschraubt sind. Sie besteht aus einem Vorverbrennungsofen zur Gasreinigung, etwa 100 mm lang und mit von 500 bis 800 °C einstellbarem Temperaturbereich, dem Hauptverbrennungsofen zur Beheizung des Oxidationskontaktes, Länge

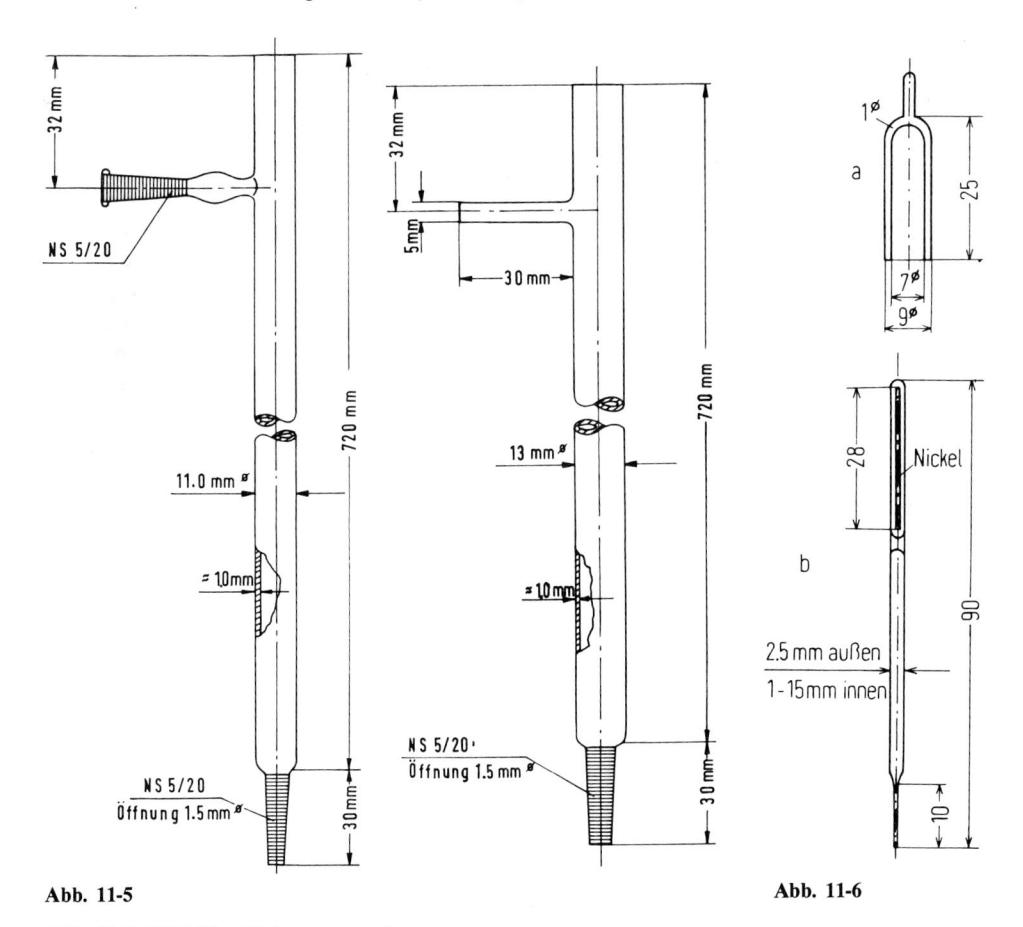

11.1 Die klassische Pregl-Methode (modifiziert) in Mikro- und Halbmikroausführung

Abb. 11-5

Abb. 11-6

Abb. 11-5. CH-Mikro-Verbrennungsrohr.

Abb. 11-6. CH-Halbmikro-Verbrennungsrohr. *a* Quarzzylinder, *b* Quarzkapillare mit eingeschmolzenem Nickelkern zum Einwägen von Flüssigkeiten.

200 mm, Temperatur einstellbar bis 1200 °C, daran anschließend noch einem zweiten Heizbrenner zum Beheizen eines weiteren Oxidationskontaktes und des Silberkontaktes mit einer Länge von 100 mm und auf 400 bis 800 °C einstellbarer Temperatur. Der Rohrausgang und das vordere Drittel des Wasser-Absorptionsrohres werden durch einen kleinen Heizofen von 50 bis 60 mm Länge auf 100 °C erwärmt, um die Kondensation von Reaktionswasser in diesen Teilen zu verhindern. Zum Substanzverdampfen ist ein beweglicher Brenner von 60 bis 70 mm Länge aufgebaut, der mittels Synchronmotor fortbewegt wird. Die Wandergeschwindigkeit des Brenners ist zwar stufenlos variabel, er läuft aber bei einer bestimmten Einstellung mit gleichmäßiger Geschwindigkeit über das Substanzschiffchen an den stationären Hauptverbrennungsofen heran und berücksichtigt nicht das individuelle Verbrennungsverhalten verschiedener Substanzen. Bei dieser Art von Automatik ist es daher von Vorteil, das Verbrennungsverhalten der Substanz in den ersten Minuten zu beobachten. Auf diese Weise kann der Verbrennungsablauf bei schnellem

Vergasen der Substanz durch Bremsen des automatischen Brennervorschubs oder durch Zurückstellen des Wanderbrenners von Hand noch korrigiert werden. Für ein störungsfreies Arbeiten müssen die Kontakttemperaturen im angegebenen Temperaturbereich auf mindestens ±10 °C konstant gehalten werden. Dies wird durch die eingebaute Temperaturregelung erreicht. Da das oftmalige Aufheizen und Abkühlen den Rohrfüllungen schadet, werden die Verbrennungsöfen nachts nicht abgeschaltet, sondern nur schwach gedrosselt; sie sind daher bei Arbeitsbeginn schnell einsatzbereit. Sie werden nur zum Wochenende außer Betrieb gesetzt. Konstante Arbeitstemperaturen werden auf einfache Weise auch dadurch erreicht, daß man mit Hilfe eines magnetischen Spannungskonstanthalters die Netzspannung stabilisiert und die erforderlichen Arbeitstemperaturen mit Hilfe von Regel- oder Stöpseltransformatoren einstellt, wie in Abb. 11-9 schematisch dargestellt. Es ist auch ungefährlicher, die Öfen mit Niederspannung (35 bis 45 V) zu beheizen.

Verbrennungsapparaturen, wie sie für die unten beschriebene Arbeitsweise erforderlich sind, können, wenn handelsübliche Geräte nicht zur Verfügung stehen, aus Heizbrennern entsprechender Leistung und Dimension, wie in Abb. 11-9 skizziert, selbst aufgebaut und zusammengestellt werden.

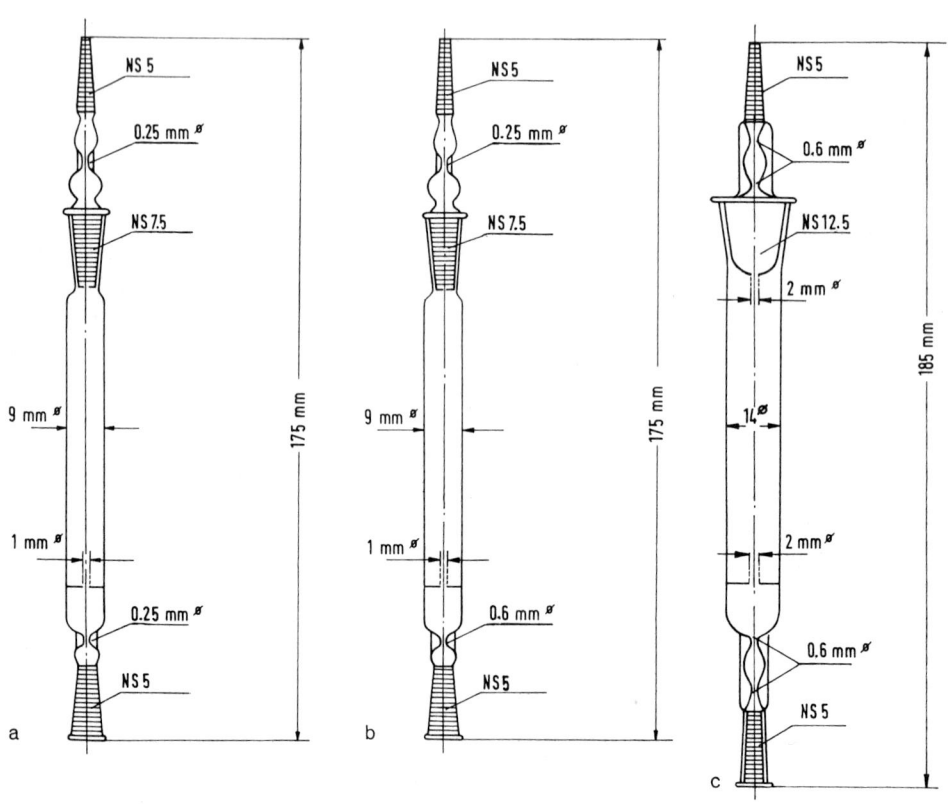

Abb. 11-7. Absorptionsröhrchen für die Kohlenstoff- und Wasserstoffbestimmung. *a* NO_2- und CO_2-Röhrchen für die CH-Mikroanalyse, *b* H_2O-Röhrchen für die CH-Mikroanalyse, *c* CO_2- und H_2O-Röhrchen für die Halbmikroanalyse.

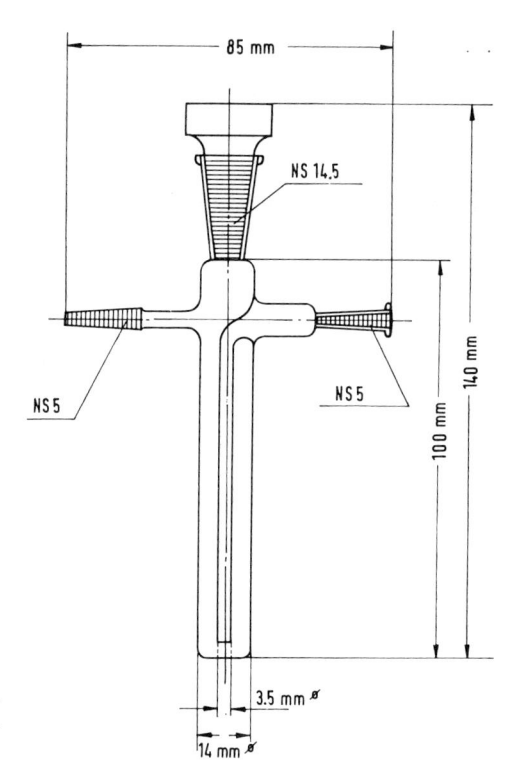

11.1 Die klassische Pregl-Methode (modifiziert) in Mikro- und Halbmikroausführung

Abb. 11-8. Absorptionsröhrchen für die Kohlenstoff- und Wasserstoffbestimmung. NO_2-Röhrchen für die CH-Halbmikroanalyse.

c) *Absorptionsteil* für die bei der Verbrennung entstehenden Reaktionsgase *Kohlendioxid, Stickoxide* und *Wasser*: Die genauen Maße für die einzelnen Absorptionsröhrchen, wie sie sich in der Praxis bewährt haben, sind in den Abb. 11-4 bis 11-8 eingezeichnet. Die bei der Verbrennung von organischen Substanzen entstehenden Reaktionsprodukte, Kohlendioxid und Wasser, werden mit dem Sauerstoff in die Absorptionsapparate (Abb.11-7) gespült und aus der Gewichtszunahme der Absorptionsröhrchen die je Umsetzung entstehenden Gewichtsmengen Kohlendioxid und Wasser ermittelt. Diese Gewichtsmengen (2 bis 20 mg) sind im Vergleich zum Gewicht der gefüllten Absorptionsapparate (ca. 15 g) sehr klein; daher muß mit größter Sorgfalt gearbeitet werden. Bei der Wahl der Absorptionsapparate ist darauf zu achten, daß die kapillaren Verengungen in den vorgeschriebenen Grenzen liegen. Bei einer Länge der kapillaren Verengung von

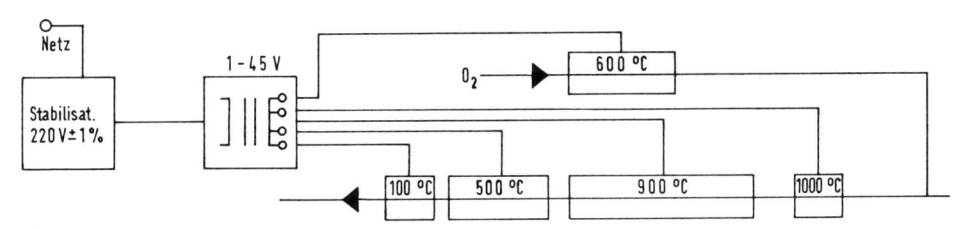

Abb. 11-9. Beheizung der Verbrennungsöfen mit stabilisierter Niederspannung.

5 mm soll die Weite der Kapillaren 0.20 bis 0.25 mm betragen. Am Wasser-Absorptionsröhrchen soll die Weite der kapillaren Verengung an der Gaseingangsseite jedoch 0.6 mm betragen, um Stauungen zu vermeiden, wenn Substanzen mit hohem Wasserstoffgehalt umgesetzt werden und Reaktionswasser in der Kapillare kondensiert. Im übrigen haben die Absorptionsröhrchen für Kohlendioxid, Wasser und auch Stickoxide, wenn diese ausserhalb des Verbrennungsrohres an MnO_2 oder PbO_2 absorbiert werden, die gleichen Maße: bei einer Gesamtlänge von 170 bis 180 mm beträgt der äußere Durchmesser 9 mm. Die Röhrchen sind aus dünnwandigem Glas. An der Gaseingangsseite befindet sich eine Schliffhülse NS 5, die in die kapillare Verengung übergeht; daran schließt sich eine Vorkammer von 10 bis 12 mm Länge an, die durch eine Lochplatte (Durchtrittsöffnung ⌀1 mm) vom Innenraum getrennt ist. Auf der anderen Seite des Absorptionsrohres bildet ein Schliff-(NS 7.5)-Stopfen von 10 bis 12 mm Länge eine zweite Vorkammer. Der Hohlraum dieses Stopfens ist durch ein 0.5 bis 1.0 mm weites Loch mit dem Innenraum des Röhrchens verbunden, geht dann in die kapillare Verengung über und trägt am Ende einen Schliffkern NS 5 mm.

Bei der *CH-Bestimmung im Halbmikro-Maßstab* wird zur Wasser- und Kohlendioxidabsorption nur eine Sorte von Röhrchen (Abb. 11-7c) verwendet, die im Prinzip wie die Mikro-Absorptionsapparate gebaut sind, jedoch größere Maße haben; ihre Länge beträgt 180 bis 190 mm, ihr äußerer Durchmesser 14.0 ± 0.2 mm.

Das *Stickoxid-Absorptionsgefäß* in Abb. 11-2 besteht aus einem Blasenzähler mit 2 Schliffansätzen (Abb. 11-3c). Der Konus desselben ist an der dem Natronasbeströhrchen zugewandten, der Tubus an der dem Wasserröhrchen zugekehrten Seite angebracht. Die Füllung des Blasenzählers erfolgt mittels einer Kapillarpipette. Zur Füllung (ca. 1/3 des Volumens des Blasenzählers) wird konzentrierte Schwefelsäure verwendet, die vorher bis zum Auftreten von Schwefeltrioxid-Schwaden erwärmt und dann unter Feuchtigkeitsausschluß abgekühlt wurde.

Wie die Betriebserfahrung ergab, bindet die Schwefelsäure im Stickoxid-Absorptionsapparat die Stickoxide aus mindestens 10 Analysen; selbst dann, wenn nur Nitro-Körper verbrannt werden. Für weitere Analysen, zweckmäßig jeweils zu Beginn der analytischen Arbeit am Morgen, kann sie auf folgende Art regeneriert werden: man schließt das Wasserabsorptionsröhrchen und den Blasenzähler mit der am Vortage gebrauchten Schwefelsäure an das Verbrennungsrohr an und erwärmt die Säure mit Hilfe eines Gasbrenners unter gleichzeitigem Durchleiten von Sauerstoff auf 180 bis 200 °C. Man kann das Entweichen reichlicher Mengen von Stickoxiden aus der Schwefelsäure wahrnehmen, welches nach kurzer Zeit abklingt. Im allgemeinen reicht eine Erwärmungsdauer von etwa einer Viertelstunde aus. Auf diese Weise kann dieselbe Schwefelsäure für einen weiteren Analysentag benützt werden. Um einen Bruch bei der direkten Erwärmung des Blasenzählers durch Hitze zu vermeiden, wurde dieser aus hitzebeständigem Duranglas gefertigt. Einfacher ist es zwei Blasenzähler bereitzuhalten und den gebrauchten jeweils gegen Ende der Arbeitszeit mit frischer ausgekochter Schwefelsäure neu zu füllen.

Häufiger wird zur Absorption der Stickoxide jedoch aktives Mangandioxid oder ein Mischpräparat aus Mangandioxid und Bleidioxid verwendet. Auch diese Kontaktsubstanzen werden zwischen die beiden Absorptionsröhrchen geschaltet. Die Absorptionsleistung dieser stickoxid-bindenden Kontakte ist bei der praktischen Verwendung sehr stark von der Herstellung, der Korngröße des Präparats und seinem Wassergehalt abhängig. Über die Herstellung aktiver Präparate, ihre Vorbereitung, Prüfung der Absorptionsleistung und über den Reaktionsmechanismus, der bei der Absorption von Stickoxiden an diesen Kontakten abläuft, wurden von KAINZ et al. (1961–1964) sowie von VECERA et al. (1960) umfangreiche Untersuchungen durchgeführt.

Ausführung der Bestimmung. Die Apparatur wird in der Anordnung, wie in Abb. 11-1 und 11-2 skizziert, zusammengestellt und zur Analyse vorkonditioniert. Dem Unerfahrenen sei empfohlen, sich vor Analysenausführung über die Grundoperationen der gravimetrischen CH-Analyse in der umfangreichen Basis-Literatur (ROTH 1958; EHRENBERGER-GORBACH 1973) zu informieren.

Bevor eine Apparatur bzw. Rohrfüllung zur Analyse unbekannter Substanzen eingesetzt wird, muß sie durch Analyse von Testsubstanzen auf ihre Zuverlässigkeit (Einsatzfähigkeit) geprüft werden. Als Testsubstanzen sollen Substanzen eingesetzt werden, die einen höheren Schwierigkeitsgrad aufweisen. Geeignete Testsubstanzen wurden vom BRC (s. Kap. 8.3) zusammengestellt. In einer Reihe hintereinander ausgeführter Leerverbrennungen wird außerdem der Blindwert (B.W.) von Wasser und Kohlendioxid bestimmt. Bei der hier beschriebenen Form der CH-Bestimmung liegt der Wasserblindwert in der Grössenordnung von 0.05 bis 0.10 mg und muß bei der Berechnung berücksichtigt werden. Der Kohlendioxidblindwert ist meist vernachlässigbar gering (<0.02 mg CO_2). Liegen die bei der Testanalyse erhaltenen CH-Werte außerhalb der gestatteten Fehlergrenze, sollte man zuerst an Hand des Analysenheftes feststellen, wieviel Analysen bisher mit der Rohrfüllung durchgeführt wurden und ob die Füllung durch Verbrennung von stickstoff-, halogen-, phosphor- oder schwefelhaltigen Substanzen stark beansprucht worden ist. Diese Störungen zeigen sich aber erst deutlich, wenn Testsubstanzen analysiert werden, die diese Heteroelemente enthalten. Außerdem sollten Gasströmung (am Ausgang des CO_2-Röhrchens) sowie Ofentemperaturen kontrolliert und die Schliffverbindungen auf Dichtheit geprüft werden. Prinzipiell wird das Askaritröhrchen jeden Tag, das Magnesiumperchlorat- und das Mangandioxidröhrchen nach jedem zweiten Arbeitstag erneuert. Vor der ersten Analyse wird das Askaritröhrchen vorn an der Reaktionszone mit einem Spiritusflämmchen leicht angewärmt. Durch diese Maßnahme diffundiert Wasser aus dem Innern an die Oberfläche der Askaritkörner, und Kohlendioxid wird von der ersten Verbrennung an quantitativ absorbiert. Sowohl bei Natronasbest als auch bei Natronkalk muß eine gewisse Menge Wasser an der Oberfläche des Präparats vorhanden sein, damit Kohlendioxid quantitativ absorbiert wird.

Sobald die Öfen die Arbeitstemperatur erreicht haben, bei angeschlossenen Absorptionsapparaten den Gasstrom nochmals kontrollieren, ggf. nachstellen, Absorptionsapparate abnehmen, Mangandioxidröhrchen verschließen, Kohlendioxid- und Wasser-Absorptionsröhrchen auf die Mikrowaage legen und austarieren (Taragläschen mit Bleischrot), Röhrchen an das Verbrennungsrohr anschließen, Gummistopfen vom Rohrende abnehmen und Substanzschiffchen, beschickt mit einigen Kristallen (nicht gewogen) einer Testsubstanz (Acetanilid, Benzoesäure, Cholesterin) in das Rohr bis zum Quarzwollebausch führen, das Rohr wieder verschließen und Vorverbrennung ausführen. Ist die Substanz im Ofen verdampft, wird bei jeder Analyse prinzipiell noch 10 min mit Sauerstoff gespült. Zehn min nach Analysenbeginn Wanderbrenner zurückstellen, den Heizblock (100 °C) vom Wasserröhrchen zurückschieben. Nach 15 min Analysenzeit Röhrchen abnehmen, auf das Drahtgestell legen, Mangandioxidröhrchen verschließen und Röhrchen zur Waage bringen. Kohlendioxidröhrchen und die dazugehörige Tara auf die

Waage bringen und nach genau 3 min − gerechnet vom Zeitpunkt des Abnehmens der Röhrchen vom Verbrennungsrohr − wägen. Anschließend das Wasserröhrchen und die dazugehörige Tara auf die Waage bringen und nach genau 6 min Gewicht ablesen. Röhrchen wieder an die Apparatur anschließen, die Schliffe mit sanftem Druck festziehen, das leere Schiffchen aus dem Rohr entfernen und die Substanzeinwaage, die während der Vorverbrennung vorbereitet wurde, auf folgende Weise ins Rohr führen:

Mit der einen Hand hebt man den Kupferblock, auf dem das Schiffchen steht, so vor die Rohrmündung, daß er den Rand des Verbrennungsrohres von unten berührt, erfaßt das Schiffchen mit einer Platinspitzenpinzette und hebt es in genau horizontaler Lage in das Rohr. Mit einem Glas- oder Metallstab, dessen Ränder entschärft sind, wird das Schiffchen vorsichtig bis auf etwa 1 bis 4 cm an die Rohrfüllung herangeschoben. Niedrigschmelzende und flüchtige Substanzen werden nicht so nah an die glühende Rohrfüllung herangeführt, um eine vorzeitige Verdampfung durch Wärmestrahlung vom Langbrenner her zu verhindern. Notfalls wird das Rohr an der Stelle, wo das Substanzschiffchen steht oder sich die mit Substanz gefüllte Kapillare befindet, von außen mit Kohlensäureeis gekühlt.

Nach Verschließen des Rohres den Wanderbrenner in Position bringen − etwa 8 cm vom Langbrenner und 3 cm vom Schiffchen entfernt − und den automatischen Brennervorschub einschalten. Die Heizpatrone (100 °C), die den vorderen Teil des Wasserröhrchens beheizt und dadurch eine frühzeitige Kondensation von Reaktionswasser und Bildung von Salpetersäure verhindert, nach vorne ziehen. Feststoffe werden überlicherweise in Platinschiffchen, Flüssigkeiten in Kapillaren zur Analyse eingewogen.

Die Substanzverdampfung: Von PREGL wird für jede Substanz eine individuelle Substanzverdampfung, die der Flüchtigkeit und dem Verbrennungsverhalten der Substanz angepaßt ist, gefordert. Dieser Punkt ist wesentlich für das Gelingen einer Analyse und sollte vom Ausführenden besonders beachtet werden. Nach PREGL muß die Vergasung der Probe so durchgeführt werden, daß die Geschwindigkeit des Gasstromes durch die Rohrfüllung stets annähernd konstant bleibt. Dadurch gelangen je Zeiteinheit nur geringe Substanzmengen in die Rohrfüllung und werden ohne Schwierigkeiten quantitativ verbrannt. Die Substanzverdampfung bei den üblichen Verbrennungsautomaten mit automatischem Vorschub des Wanderbrenners ist nicht als individuell einzustufen, da der Wanderbrenner mit gleicher, vorher eingestellter Geschwindigkeit über das Substanzschiffchen hinweg an den Langbrenner heranläuft. Dadurch tritt schnelle Vergasung ein, und die Rohrfüllung wird stark beansprucht; außerdem besteht die Gefahr der unvollständigen Verbrennung. Deshalb wird bei diesen Geräten empfohlen, die Substanzverdampfung, die bereits nach 3 bis 4 min beendet ist, zu beobachten und, wenn notwendig, den automatischen Brennervorschub zu stoppen oder den Wanderbrenner von Hand ein Stück zurückzustellen.

Man sollte vermeiden, mit dem Wanderbrenner zu rasch vorzurücken, da sonst Substanzdämpfe hinter die heiße Zone des beweglichen Brenners gelangen können. Die Analyse ist dann in den meisten Fällen verloren, und das Rohr muß vor der folgenden Analyse von der Mündung an mit einer Bunsenflamme durchgeglüht werden. Besonders vorsichtig sind Substanzen zu verdampfen, die vor dem Langbrenner als Flüssigkeitströpfchen kondensieren, welche plötzlich vergasen, wenn sich der Wanderbrenner zu rasch nähert. Schwer verbrennbare Substanzen zersetzen sich meist unter Abscheidung von Kohle, die sich ohne Schwierigkeit im Platinschiffchen verbrennen läßt, wenn man nach längerem Glühen den Brenner für kurze Zeit entfernt und das abgekühlte Schiffchen wieder beheizt. Die Kohleteilchen verbrennen dann unter Aufleuchten.

Bei der Semimikro-Bestimmung wird das Substanzschiffchen in einen einseitig offenen Quarzzylinder (Abb. 11-6a) (2.5 cm lang, ⌀ innen 6 bis 7 mm, mit Öhr und 1 mm Bohrung am Zylinderboden) gestellt. Dadurch tritt beim Verdampfen der Substanz primär eine Pyrolyse und damit eine Dämpfung der Umsetzung ein. Obwohl bei der Semimikro-Methode mit höherem Sauerstoffgasstrom gearbeitet wird und das Volumen des Oxidationskontaktes entsprechend größer dimensioniert ist, ist auch hierbei eine sorgfältige Handhabung der Substanzverdampfung die Grundvoraussetzung für eine genaue Analyse. Bei einiger Übung wird man schon im ersten Stadium der Verbrennung erkennen, wie man diese am besten steuern muß.

Die individuelle Verbrennung kann gut reproduziert und automatisiert werden, indem die Druckschwankungen, die beim Vergasen auftreten, ausgenutzt werden, die Vergasung zu steuern. Die Steuerung kann praktisch über die Vorschubgeschwindigkeit oder die Heiztemperatur des Wanderbrenners durchgeführt werden. Im ersten Fall wird mit Hilfe eines Strömungsmessers mit eingebauten Elektroden (KAINZ 1959, 1963/64) zur Druckindikation und durch ein Relais bei richtiger Strömungsgeschwindigkeit der Vorschub des Wanderbrenners gestartet und bei verminderter Strömungsgeschwindigkeit – wenn die Substanz also schnell vergast (erhöhter Druck im System) – gestoppt. Bei der Substanzvergasung zeigt der Motor meist zwei Haltepunkte: Einmal wenn die Substanz aus dem Schiffchen herausdestilliert und zum anderenmal, wenn sie in den Ofen hineinvergast. Eine individuelle Substanzvergasung durch Steuerung der Heiztemperatur des Wanderbrenners wird von WHITE et al. (1958) beschrieben. Die Heizung des Brenners ist über ein Quecksilbermanometer mit einem Gebläse gekoppelt. Bei Druckanstieg – durch Verdampfen der Substanz – schaltet sich automatisch die Heizung des Wanderbrenners ab und zur Kühlung das Gebläse ein.

Auch OITA and BABCOCK (1980) steuern bei ihrer CH-Bestimmung in Erdöldestillaten (Makromethode) die Substanzvergasung programmiert über die Temperatur (s. Kap. 11-2).

Hat der bewegliche Brenner den Langbrenner erreicht, wandern beide gemeinsam noch etwa 2 cm in Stromrichtung, um auch den Teil der Rohrfüllung intensiver zu beheizen, der sich am Übergang zwischen beiden Brennern befindet, wo der Temperaturabfall naturgemäß sehr hoch ist. Durch ein akustisches Signal wird angezeigt, wenn die beiden Brenner den linken Anschlag erreicht haben. Nach Abschalten des Brennertransportes bleiben beide Brenner noch etwa 5 min in dieser Stellung, dann wird der bewegliche Brenner abgeschaltet und zurückgeklappt. Die (100 °C) Heizpatrone wird ebenfalls zurückgeschoben. Die Substanzvergasung ist bei der Mikromethode meist nach 4 bis 6 min, bei der Semimikromethode meist nach 8 bis 10 min beendet. Von diesem Zeitpunkt an wird bis zum Abnehmen der Absorptionsröhrchen noch genau 10 min mit Sauerstoff gespült, so daß eine *Gesamtverbrennungszeit von 15 bis 20 min* erreicht wird. Dauert die Substanzvergasung länger (bei explosiven Substanzen, Flüssigkeiten etc.), verlängert sich auch die Gesamtanalysendauer um dieselbe Zeit. Während der Ausspülzeit wird die nächste Substanzeinwaage vorbereitet und die vorhergehende Analyse ausgewertet.

Die Röhrchen werden nicht mit bloßen Händen berührt, sondern mit Hilfe von Rehlederläppchen oder Baumwollhandschuhen abgenommen und auf dem Drahtgestell abgelegt. Das Mangandioxidröhrchen wird verschlossen, CO_2- und H_2O-Röhrchen werden offen zur Waage gebracht. Zuerst wird das CO_2-Röhrchen auf die Waage gelegt und nach genau 3 min das Gewicht abgelesen. Anschließend kommt das H_2O-Röhrchen zur Wägung – das Gewicht wird nach genau 6 min abgelesen. Nach der Wägung werden die Röhrchen zusammen mit dem Mangandioxidröhrchen sofort wieder an die Apparatur angeschlossen. Mit Hilfe eines Drahtes mit Transporthaken wird das leere Schiffchen aus dem Rohr gezogen und eine neue Substanzeinwaage ins Rohr geführt. Der Heizblock (100 °C) wird an das H_2O-Röhrchen herangezogen, der Wanderbrenner über das Verbrennungsrohr geklappt und die nächste Analyse gestartet.

Bei der gravimetrischen CH-Bestimmung müssen kleine Gewichtszunahmen von verhältnismäßig schweren Absorptionsröhrchen genau bestimmt werden. Dazu eignen sich am besten mechanische Präzisionswaagen, da diese bei der erforderlichen hohen Empfindlichkeit (10^{-6}) auch den entsprechend großen Wägebereich (10^5) besitzen. Der heute technisch hohe Stand dieser Waagen garantiert auch ein schnelles Wägen.

Die gravimetrische CH-Bestimmung wurde von TRUTNOVSKI (1966, 1967) erfolgreich automatisiert. Mit Hilfe einer von ihm entwickelten Konstruktion (Fa. PARR) sind die Absorptionsgefäße für CO_2 und H_2O in eine Mikrowaage fest eingebaut. Die zu bestimmenden Reaktionsgase werden über Teflonleitungen in die Absorptionsröhrchen gespült und die Gewichtszunahmen abgelesen.

Berechnung:

$$\%H = \frac{(mg\ H_2O - B.W.) \cdot 0.1119 \cdot 100}{mg\ Substanzeinwaage}$$

$$\%C = \frac{mg\ CO_2 \cdot 0.2729 \cdot 100}{mg\ Substanzeinwaage}.$$

11.2 Spezielle gravimetrische CH-Analysen – CH-Bestimmung in Erdöldestillaten

In der Erdölindustrie werden wesentlich genauere Werte, vor allem H-Werte, gefordert – der Wasserstoffgehalt ist preisbestimmend für diese Produkte. OITA und BABCOCK (1980) haben die CH-Verbrennung für diese Produktgruppe entsprechend modifiziert. Eine schematische Darstellung dieser Verbrennungseinrichtung zeigt Abb. 11-10, die als wesentliche Neuerung eine temperaturprogrammierte Substanzverdampfung enthält.

Prinzip. Die Probe (etwa 50 mg) wird im mit den üblichen Kontaktsubstanzen (Tab. 11-1) gefüllten Quarzrohr ($\varnothing$ 13 mm außen) temperaturprogrammiert im N_2-Strom sukzessiv verdampft und dann mit Sauerstoff quantitativ verbrannt. Die Endbestimmung erfolgt gravimetrisch.

CH-Werte mit $s \leq 0.03$ (s = Standortabweichung) können mit dieser Arbeitsweise erreicht werden.

11.2 Spezielle gravimetrische CH-Analysen – CH-Bestimmung in Erdöldestillaten

A Hilfsofen (360 °C), *B* Hauptofen (850 °C), *C* Heizspirale für Substanzverdampfung, *D* Stromquelle für Heizspirale, *E* Schalter für Heizspirale, *F* Schalter für Zeitprogramm der Stromquelle, *G* Schalter, *H* Zylinderspulenklappe für Anfangsstickstoff, *I* Zylinderspulenklappe Endstickstoff, *J* Zylinderspulenklappe für Sauerstoff, *K* Strömungsmessernadelventil, *L* Startschalter, *M* Summer

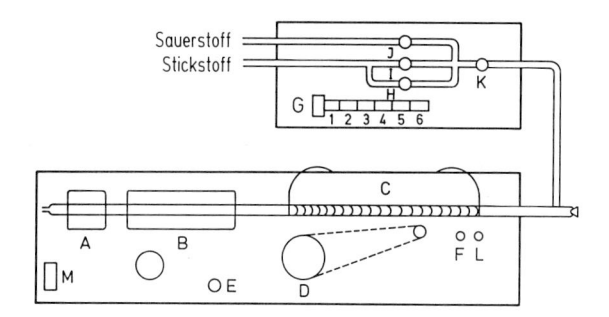

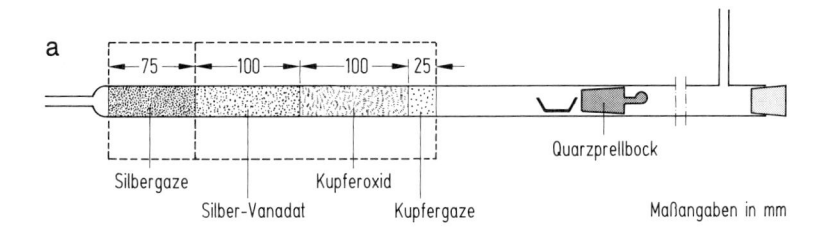

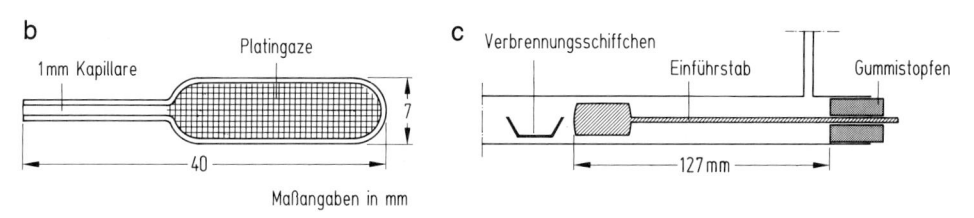

Abb. 11-10. Schematisches Diagramm der Verbrennungsapparatur.

Die Apparatur ist in Abb. 11-10 schematisch dargestellt; statt dem sog. „Kurzbrenner" ist sie mit einer Heizspirale ausgestattet, die zur Substanzverdampfung den Teil des Rohres mit Hilfe eines Temperaturprogramms innerhalb von 15 min von Raumtemperatur auf 500 °C aufheizt. Im übrigen entspricht die Apparatur der in Abb. 11-1 skizzierten Anordnung. Zur Absorption des Kohlendioxids wird – weil aktiver – Lithiumhydroxid (LITHIUM CORP. OF AMERICA) verwendet.

Kurzbeschreibung der Ausführung. Von der Probe werden etwa 50 mg in ein Platinboot oder bei flüchtigen Substanzen in die in Abb. 11-10b skizzierte Quarzampulle eingewogen und mit dem Einführstab im Rohr positioniert, der durch seine Verdickung auch ein Rückschlagen von Substanzdämpfen verhindert. Zur Analyse sehr flüchtiger Verbindungen, z. B. Slopbenzine, wird vor Einführung der Flüssigampulle das Rohr von außen mit Kohlensäureeis gekühlt. Nach Anschluß der vorgewogenen Absorptionsröhrchen wird ein Stickstoffstrom von 50 ml/min über die Probe geführt und die Substanz temperaturprogrammiert verdampft und zur Verbrennung über den Oxidationskontakt geführt. Zur

Nachverbrennung wird auf Sauerstoff, ebenfalls mit einer Strömung von 50 ml/min, umgestellt.

11.3 Bestimmung des Kohlenstoff-Immissions-/Emissionswertes in der Luft mit der Silicagel-Röhrchenmethode

Prinzip. (IXFELD und BUCK 1969; BERNERT und ENGSTFELD 1971). Ein gemessenes Luftvolumen wird durch ein mit Silicagel gefülltes Röhrchen gesaugt und die in der Luft enthaltenen organischen Substanzen am Sorptionsmittel fixiert. Nach Ausspülen des mitadsorbierten Kohlendioxids durch ein Inertgas werden die organischen Komponenten durch Erwärmen des Silicagel desorbiert und in einem CH-Verbrennungsrohr quantitativ verbrannt. Das bei der Verbrennung entstehende Kohlendioxid wird vom Natronasbest absorbiert und gravimetrisch bestimmt. Die daraus errechnete Kohlenstoffmenge ist ein Maß für die organische Schadstoffbelastung der Luft, d. h. des Kohlenstoff-Immissions-/Emissionswertes der Luft.

Das eingesetzte Sorptionsmittel (Kieselgel E, 0.5 bis 1.0 mm Körnung; Lieferfirma: MACHERY, NAGEL u. Co.) erfaßt alle organischen Substanzen mit Ausnahme der niederen, unverzweigten Kohlenwasserstoffe (C_1 bis C_4); niedere Kohlenwasserstoffe mit funktionellen Gruppen (z. B. Formaldehyd u.a.m.) dagegen werden ebenfalls quantitativ erfaßt.

Ausführung. Bei der Probenahme wird mit einem geeigneten Gerät innerhalb 10 Minuten ein Probeluftvolumen von 20 l durch das mit dem Sorptionsmittel gefüllte Probenahmesystem (Abb. 11-11) gesaugt. Dabei wird ein Teil des in der Außenluft enthaltenen Kohlendioxids ebenfalls vom Kieselgel sorbiert. Daher muß nach Beendigung der Probenahme das Sorptionsrohr mit ca. 5 l gereinigter kohlendioxidfreier Luft gespült werden, um so den größten Teil des festgehaltenen Kohlendioxids auszutreiben. Anschließend wird das Sorptionsrohr gut verschlossen in einen Spezialbehälter mit weitgehend CO_2-freier Atmosphäre gegeben. Dieser Probenbehälter, der außerdem ein Kohlendioxid-Absorbens enthält, wird nach Abschluß der Meßfahrt ebenfalls mit CO_2-freier Luft gespült, so daß die Probenrohre bis zur analytischen Bestimmung in CO_2-freier Atmosphäre gelagert werden können.

Zur Bestimmung der sorbierten organischen Substanzen wird das Probenahmerohr in eine beheizbare Halterung eingelegt und über eine Schliffverbindung an die Bestim-

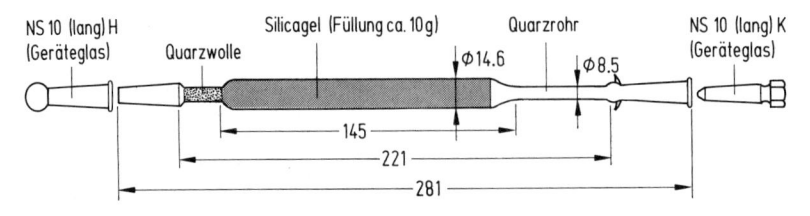

Abb. 11-11. Mit Silicagel gefülltes Probenahmesystem.

mungsapparatur angeschlossen. Das freie Ende des Sorptionsrohres wird mit der Sauerstoffzufuhr verbunden. Nach einer Spülung der Sorptionsschicht mit ca. 1 l reinstem Sauerstoff (innerhalb 3 min) zur Vertreibung des Rest-CO_2-Gehaltes in der Probe wird mit dem Beheizen des Rohres (auf etwa 500 °C) begonnen. Hierbei werden die fixierten organischen Substanzen desorbiert und zu Kohlendioxid verbrannt. Um organische Substanzen quantitativ zu verbrennen, passiert der Gasstrom einen auf etwa 900 °C aufgeheizten Platinkontakt und Kupferoxidkontakt. An einem dem Kupferoxidkontakt nachgeschalteten, auf 500 °C erhitzten Silberwollekontakt werden die Halogen- und Schwefelverbindungen aus dem Gasstrom eliminiert, der dann in die eigentliche Analysenapparatur eingeleitet wird. Die Bestimmung des bei der Verbrennung der organischen Stoffe entstandenen Kohlendioxids erfolgt, wenn viel CO_2 anfällt (z. B. bei Emissionsmessungen), gravimetrisch. Bei kleinen Gehalten (Immissionsmessungen) mißt man das CO_2 besser mit einer empfindlichen physikalischen Meßmethode (coulometrisch, thermokonduktometrisch oder durch IR-Absorption).

Zur Verbrennung der am Silicagel adsorbierten organischen Luftschadstoffe eignet sich die in Abb. 11-12 skizzierte Apparatur in modifizierter Form. Das beladene Silicagelröhrchen wird mittels Schliff mit dem Oxidationsrohr verbunden, die organischen Inhaltsstoffe im Sauerstoffstrom mit dem elektrischen Wanderbrenner ausgetrieben und im Oxidationsrohr über Pt/CuO/Ag zu CO_2 verbrannt. Dieses CO_2 wird dann entweder am Ausgang des Verbrennungsrohres nach dem Wäscher und Trockenröhrchen an Natronasbest (CH-Röhrchen) absorbiert und gravimetrisch bestimmt oder – wenn nur kleine CO_2-Mengen anfallen (Immission) – wie in Abb. 19-1 skizziert, thermokonduktometrisch bestimmt. Auf diese Weise lassen sich 10 µg C noch exakt bestimmen.

Die zur Spülung verwandte Luft wird unter Verwendung eines Aktivkohle-Natronkalk-Filters gereinigt.

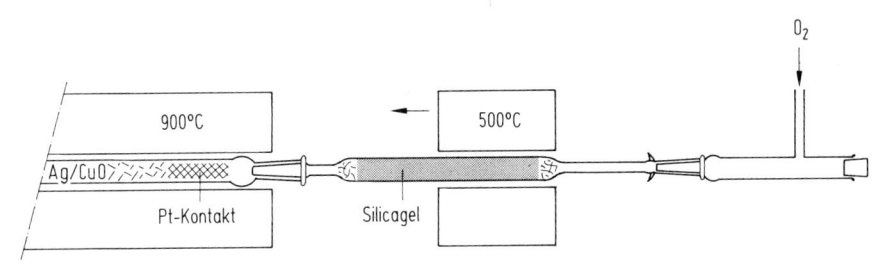

Abb. 11-12. Desorptions- und Verbrennungsapparatur.

11.4 Analyse von fluororganischen Substanzen

Bei der Analyse von organischen Fluorverbindungen müssen bestimmte Vorkehrungen getroffen werden, um Analysenfehler zu vermeiden. Da diese Substanzen thermisch sehr stabil sind und sich schwer aufschließen lassen – besonders, wenn sie CF_3-Gruppen enthalten –, besteht die Gefahr, daß Minuswerte erhalten werden. Im allgemeinen werden aber zu hohe Analysenwerte erhalten, verursacht durch Fluorwasserstoff und Siliciumtetrafluorid, die bei der Umsetzung von organischen Fluorsubstanzen entstehen und in den Absorptionstrakt gespült werden, wenn sie nicht über zusätzliche und spezifische Kontakte im Rohr zerlegt und gebunden werden. Fluorwasserstoff wird am Silberkontakt (500 °C) quantitativ festgehalten, Siliciumtetrafluorid durch Magnesiumoxid (WOOD 1960; ALICINO 1965) gebunden, das als zusätzlicher Kontakt in die Rohrfüllung aufgenommen wird. Bei feiner Körnung (0.5 bis 2 mm) genügt eine etwa 3 cm lange Schicht, die vor oder hinter dem Oxidationskontakt angeordnet werden kann und auf 750 bis 900 °C beheizt werden muß. Bei Anwesenheit dieser Oxide in der Rohrfüllung ist eine längere Vorkonditionierung der Rohrfüllung erforderlich, da sie nur langsam dehydratisiert werden. Die Absorption des Siliciumtetrafluorids kann im Rohr auch durch eine Schicht Natriumfluorid (BELCHER und GOULDEN 1951) erreicht werden, das auf 270 °C erhitzt wird. Nach Arbeiten von INGRAM (1961) sowie BISHARA et al. (1974) können bei der CH-Verbrennung, vor allem bei der Verbrennung im „leeren Rohr" (s. Kap. 11.6), entstehende fluorhaltige Reaktionsgase auch außerhalb des Verbrennungsrohres absorbiert werden.

11.5 Verbrennung organischer Substanzen, die Metalle und Metalloide enthalten

Im Industrielabor werden häufig auch technische Produkte analysiert, die zumindest in Spuren anorganische Bestandteile enthalten. In den meisten Fällen ist dem Analytiker die Zusammensetzung der zu untersuchenden Substanz nicht bekannt. Aus diesem Grund wird bei diesen Substanzen zu jeder Substanzeinwaage prinzipiell ein Zuschlag gegeben, um von vornherein Kohlenstoffverluste, die bei Anwesenheit von anorganischen Elementen durch Carbonatbildung eintreten würden, zu verhindern. Zunehmend kommen auch metallorganische Verbindungen zur Analyse, die meist sehr luft- und feuchtigkeitsempfindlich sind, so daß Abfüllen der Substanz in Schiffchen oder Kapillaren, Wägung und Rohrbeschickung unter Ausschluß von Luftsauerstoff und Luftfeuchtigkeit durchgeführt werden müssen.

Bei der CH-Bestimmung von Organometallverbindungen können Störungen eintreten durch Bildung von Metallcarbonaten, -carbiden oder flüchtigen -oxiden. Letztere können sich an kühleren Stellen des Rohres absetzen und Kohlendioxid oder Wasser festhalten. Weitere Störungen treten durch Vergiftung der Kontaktsubstanzen auf. Das Verhalten der einzelnen Metalle bei der thermischen Zersetzung ist weitgehend bekannt, so daß durch geeignete Rohrfüllungen und Zuschläge Störungen in den meisten Fällen vermeidbar sind.

Die störungsfreie Bestimmung von C und H in Substanzen, die Metalle oder Metalloide enthalten, wurde von ROTH (1958), GAWARGIOUS et al. (1962) und NEWMANN (1964) beschrieben.

Kohlenstoff in verschiedenen Sintercarbiden (W, Fe, Mn, Mo, Ta, Cr, Nb, Zr, B, Si, Ti, V) bestimmt YOUNG (1982) mit verschiedenen Zuschlägen nach Rohrverbrennung ebenfalls gravimetrisch. Auf demselben Weg bestimmt er auch *freien Kohlenstoff* nach Naßaufschluß dieser Matrizes, Abfiltrieren und Verbrennung des freien Kohlenstoffes zu Kohlendioxid.

Au, Ag, Pt-Metalle: Bei Anwesenheit von Silber, Gold und Platinmetallen ist die CH-Bestimmung auch in Gegenwart von Halogenen ohne Schwierigkeit durchführbar. Ein Zuschlag ist nicht erforderlich, und die Metalle können durch einfache Rückwägung bestimmt werden.

Fe, Cr, Al, Cu, Be, Sn, Mg, Pb, Cd: Organische Eisen-, Chrom-, Aluminium-, Kupfer-, Cadmium-, Beryllium- und Zinnsalze zersetzen sich beim starken Glühen im Sauerstoffstrom zu Oxiden. Das Metall kann als Eisen(III)-oxid, Chrom(III)-oxid, Aluminiumoxid, Kupfer(II)-oxid, Cadmium(II)-oxid, Berylliumoxid und Zinnoxid durch Rückwägung bestimmt werden. Wird nicht zu heftig geglüht, lassen sich auch Magnesium als Magnesiumoxid und mitunter Blei als Blei(II)-oxid nach der Verbrennung auswägen.

Alkali-, Erdalkali-Metalle: Alkali- und Erdalkaliverbindungen bilden bei der Umsetzung thermisch stabile Carbonate. Bei diesen Substanzen ist ein saurer Zuschlag (V_2O_5, $K_2S_2O_8$, $K_2Cr_2O_7$) erforderlich. Um zu verhindern, daß das Gemisch über den Rand des Schiffchens kriecht und auf das Rohr gelangt, schützt man das Rohr, indem man das Schiffchen in einen Platin- oder Quarzzylinder stellt.

Bor: Organische Borverbindungen werden nach gutem Durchmischen mit V_2O_5 analysiert. Die Schmelze verhindert die Bildung des Borsäureskeletts und die damit verbundenen Substanzeinschlüsse. Erhöhte Zersetzungstemperaturen und auch ein Zuschlag von WO_3 werden vorgeschlagen (MIZUKAMI und JEKI 1963; RITTNER und CULMO 1962). Boroxid, das sich im Oxidationskontakt ablagert, hat keinen Einfluß auf die nachfolgenden Analysen.

Si, Sn: Bereiten silicium- oder zinnorganische Verbindungen bei der direkten Umsetzung Schwierigkeiten (evtl. Carbidbildung), so empfiehlt sich auch für diese die Analyse in der Vanadinpentoxid-Schmelze. Zur Analyse von *Siliciumcarbid* wird auch Pb_3O_4 als Zuschlag und eine Umsetzungstemperatur von 1200 °C (20 min) empfohlen (FUNK und SCHAUER 1954).

Mn, Co, Ni: Organische Mangan-, Kobalt- und Nickelverbindungen können ohne Zuschläge analysiert werden. Die Metalle können jedoch nicht gleichzeitig durch Rückwägung bestimmt werden, da sie Oxide mehrerer Oxidationsstufen nebeneinander bilden. Mangan bildet neben Mangan(II)- auch Mangan(IV)-oxid, Nickel und Kobalt gehen in Gemische von Oxidul und Oxid über.

Zn: Zinkoxid ist zu flüchtig, um eine Bestimmung des Metalloxids im Glührückstand durchführen zu können. Bei der Analyse von zink-organischen Verbindungen ist es notwendig, Zinkoxid durch Zuschlag von WO_3 zu binden und die Verflüchtigung zu verhindern, da sonst die Rohrfüllung durch flüchtiges Zinkoxid schnell inaktiv wird und als Folge Fehlresultate auftreten. Schwefel und Halogene stören nicht.

Mo: Molybdänverbindungen bilden flüchtiges Molybdäntrioxid, das sich am Anfang der Rohrfüllung absetzt und niedrige Kohlenstoffwerte verursacht. Durch Zuschlag von WO_3 wird die Verflüchtigung des Molybdäntrioxids weitgehend unterbunden. Bei Ausführung einer größeren Analysenserie dieser Substanzen ist es jedoch erforderlich, nach 5 oder 6 Analysen den Quarzwollepfropf am Eingang zur Rohrfüllung zu erneuern.

Hg: Quecksilbersalze (HOLMES und LAUDER 1965) in größerer Menge schädigen die Rohrfüllung stark. Einerseits wird die Rohrfüllung vergiftet, was sich bei den folgenden Analysen in einem Kohlenstoffdefizit bemerkbar macht, andererseits destilliert Quecksilber durch den Schnabel des Verbrennungsrohres in das Wasserabsorptionsröhrchen und täuscht dadurch einen höheren Wasserstoffwert vor. Um dies zu verhindern, bringt man vor das Schnabelende des Rohres eine 0.5 bis 1 cm lange Schicht feiner Goldwolle, auf der sich der Quecksilberdampf niederschlägt und als Amalgam gebunden wird. Dieser Teil der Rohrfüllung muß jedoch gegen die nachfolgende Silberschicht mit einem Quarzwollebausch begrenzt werden und soweit aus dem Heizbrenner herausragen, daß eine starke Erwärmung dieser Kontaktschicht nicht möglich ist. Kommt metallisches Quecksilber in geringer Menge bei der Analyse von Quecksilbersalzen in die Rohrfüllung, ist noch kein merkbarer Einfluß auf die Kohlenstoff- und Wasserstoffwerte zu befürchten. Der Goldkontakt kann durch Erhitzen (in einem Abzug) wieder von Quecksilber befreit und erneut verwendet werden. SAKLA et al. (1978) bestimmen neben CH und Hg auch noch Halogene und Schwefel in einem Verbrennungsgang gleichzeitig.

Ga, Ge: Substanzen, die Gallium oder Germanium (PIETERS und BUIS 1964) enthalten, werden mit WO_3 als Zuschlag verbrannt, da sich sonst zum Teil flüchtige Verbindungen bilden, die zu niedrige Kohlenstoffwerte verursachen.

Ti, Pb, Bi, V, Nb, Ta, U: Bisher sind keine Schwierigkeiten bekanntgeworden, die sich bei der Analyse von Verbindungen ergeben, die Bismut, Titan, Blei, Vanadin, Niob, Tantal oder Uran organisch gebunden enthalten. Auch ohne Zuschlag werden richtige CH-Werte erzielt.

P: Bei der Analyse von phosphororganischen Substanzen werden das Quarzrohr und die Rohrfüllung stark beansprucht. Deshalb versucht man, den Phosphor bereits im Substanzboot durch Zuschläge zu binden oder durch geeignete zusätzliche Rohrfüllungen vor dem Oxidationskontakt abzufangen. Als Zuschläge werden hauptsächlich WO_3, V_2O_5, als phosphorbindende Rohrfüllungen Pb_3O_4 (hergestellt durch Glühen von Bleidioxid im elektrischen Verbrennungsofen), Wolframtrioxid, Cerdioxid, Zirconiumdioxid oder Magnesiumoxid verwendet. Diese Kontakte werden in gekörnter Form in einer Länge von etwa 3 cm vor dem eigentlichen Oxidationskontakt angeordnet und auf 750 bis 900 °C beheizt.

As, Sb: Arsen- und antimonorganische Verbindungen verhalten sich bei der thermischen Zersetzung ähnlich wie die Phosphorsubstanzen, auch sie verursachen eine Vergiftung der Röhrfüllung. Diese läßt sich am wirksamsten durch eine 3 cm lange Schicht Magnesiumoxid vermeiden, das in gekörnter Form vor dem Oxidationskontakt angeordnet ist und auf 900 °C beheizt wird.

Se, Te: Bei der Analyse von selen- und tellurorganischen Substanzen scheidet sich das entsprechende Selen- bzw. Tellurdioxid im kälteren Teil der Silberfüllung ab. Eine Schädigung der Rohrfüllung konnte nicht festgestellt werden. Auch konnten die Oxide im Absorptionstrakt nicht nachgewiesen werden. Nach einer modifizierten Rohrverbrennung bestimmen FUTEKOV et al. (1977) in einem Arbeitsgang C, H und Se gravimetrisch.

11.6 Gravimetrische CH-Bestimmung nach Verbrennung im Leerrohr

Die Verbrennung

A) im strömenden System (empty-tube-Methode)
B) im stationären System (Flashverbrennung)

A) Verbrennung im strömenden System (empty-tube-Methode)

Einführende Bemerkungen. Die „Leerrohrverbrennung" wurde von BELCHER et al. (1943) erstmals beschrieben und von INGRAM (1948) weiterentwickelt; diese als „empty-tube" bekannt gewordene Methode wurde vor allem im angelsächsischen Raum lange Zeit zur gravimetrischen Mikro-CH-Bestimmung verwendet. Später hat SALZER (1961) mit Hilfe dieses Verbrennungsprinzips eine handelsübliche Verbrennungsapparatur ent-

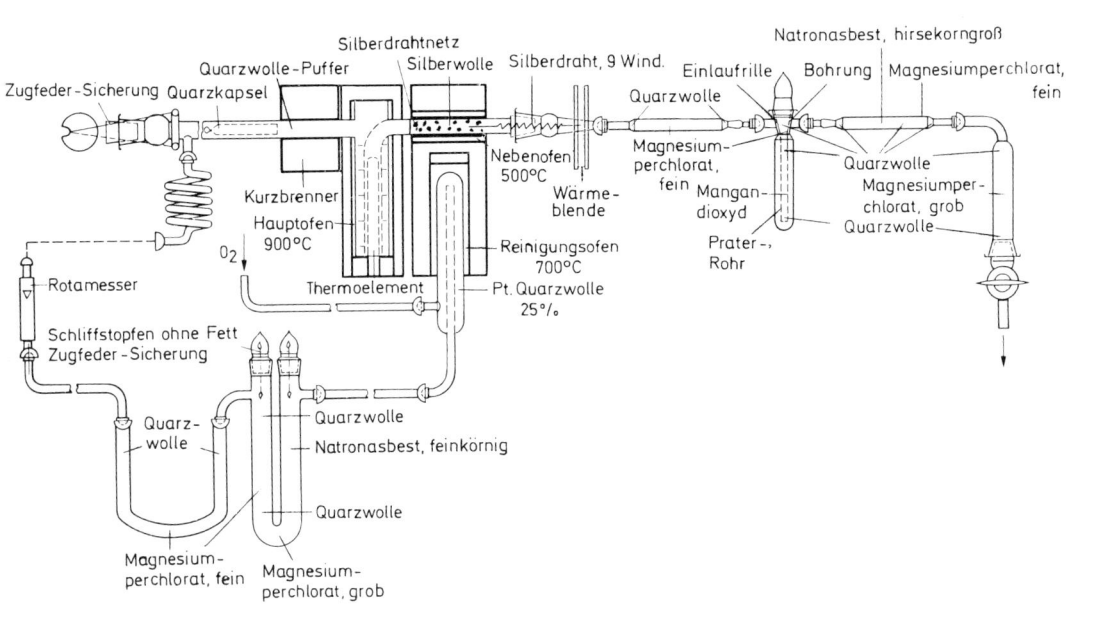

Abb. 11-13. Apparatur „Mikro-R" zur gravimetrischen Bestimmung von C und H nach Verbrennung im „leeren Rohr".

wickelt und dazu für die gravimetrische CH-Bestimmung eine genaue Analysenvorschrift ausgearbeitet.

Prinzip (SALZER 1961). Die Substanz wird in einem Quarzrohr in eine erweiterte Verbrennungskammer hineinverdampft, die zur besseren Durchmischung der Substanzdämpfe mit dem Sauerstoff mit Prallplatten ausgerüstet ist. Diese Verbrennungskammer wird auf 900 bis 1000 °C beheizt und darin eine quantitative Substanzverbrennung durchgeführt. Die Reaktionsgase verlassen durch ein Gegenstromrohr die Brennkammer und werden zur Absorption der schwefel- und halogenhaltigen Reaktionsgase über einen Silberkontakt geleitet. Bei diesem Verfahren wird zwar auf den Oxidationskontakt verzichtet, aber zum Entfernen und Binden der die Endbestimmung störenden Reaktionsgase müssen in den Endteil des Verbrennungsrohres geeignete Kontakte und Absorptionsmittel eingebaut werden. Die Endbestimmung von Kohlendioxid und Wasser kann gravimetrisch erfolgen, wobei die Stickoxide außerhalb des Verbrennungsrohres an Mangandioxid absorbiert werden. Sie kann aber auch nach einer anderen Endbestimmungsmethode durchgeführt werden, wie von SALZER (1964) später beschrieben, durch konduktometrische Bestimmung des Kohlendioxids und coulometrische Bestimmung des Reaktionswassers mit Hilfe der Keidel-Zelle (KEIDEL 1959). Die Anordnung der Verbrennungsanlage ist in Abb. 11-13 skizziert. Zur Ausführung der Bestimmung siehe Originalliteratur und die Ergebnisse einer kritischen Untersuchung der Methode durch KAINZ (1962, 1963).

B) Verbrennung im stationären System (Flash-Verbrennung)

Einführende Bemerkungen. Die Verbrennung im „Leerrohr" wurde von INGRAM (1961) so modifiziert, daß die Verbrennung nicht mehr im strömenden Sauerstoff, sondern in einem geschlossenen System, ähnlich der Kolbenverbrennung, erfolgt. FRANCIS et al. (1964) haben nach diesem Prinzip eine zuverlässige Labormethode und ein handelsübliches Analysengerät entwickelt (A. H. THOMAS COMP).

Prinzip. Mittels einer Einführungsmechanik wird die Substanz in eine Erweiterung des Verbrennungsrohres eingeworfen, die auf mindestens 900 °C erhitzt und mit Sauerstoff gefüllt ist. Nach nur 60 s ist die Verbrennung beendet, und die Reaktionsgase CO_2, H_2O und NO_2 können in die Absorptionsröhrchen gespült werden, die dann gewogen werden.

Ein Fließschema dieser apparativen Anordnung zeigt Abb. 11-14. Reaktionsrohr und Heizofen sind vertikal angeordnet. Der erweiterte und leere Teil des Rohres wird auf 900 °C und der untere, mit Kontakten gefüllte, Teil auf 650 °C beheizt. Die Substanzeinbringung ins Rohr erfolgt mit Hilfe eines Schleusenhahnes. Wegen der starken Wärmeabstrahlung des Ofens nach oben ist dieser Teil wassergekühlt. Zwischen Verbrennungsrohr und Absorptionsteil ist ein Kippventil zwischengeschaltet, das während der Umsetzung den Gasstrom kurz unterbricht.

Arbeitsvorschrift. Von festen Substanzen werden 3 bis 10 mg in ein Boot aus dünner Silber- oder Aluminiumfolie eingewogen und evtl. mit etwas gepulvertem Kobaltoxid überschichtet. Dann wird das Boot oben mit einer Pinzette zusammengedrückt. Flüssig-

11.6 Gravimetrische CH-Bestimmung nach Verbrennung im Leerrohr

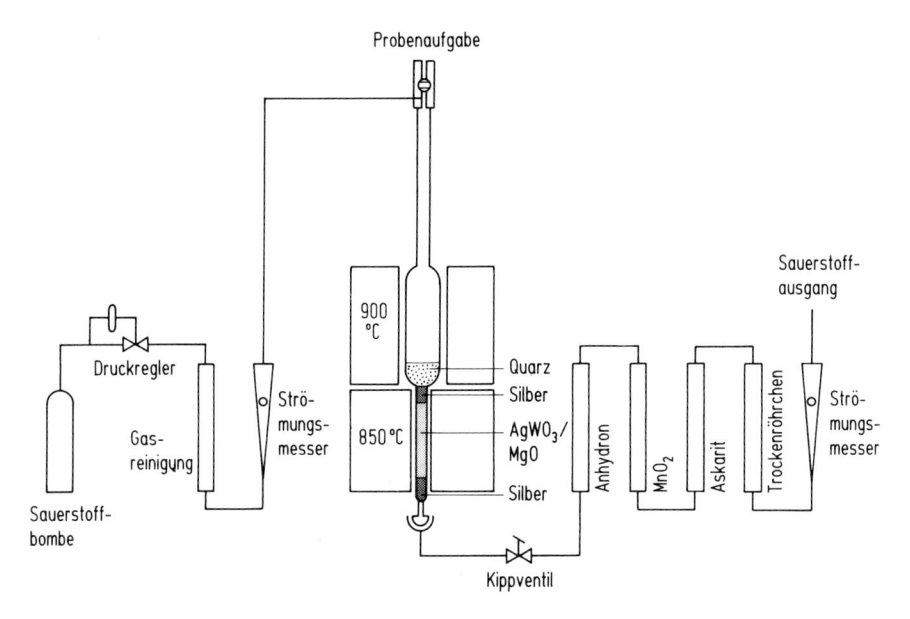

Abb. 11-14. Micro-Carbon-Hydrogen-Analyzer. Modell 35 der A. H. THOMAS CORP., Fließbild.

keiten werden in eine Kapillare, die etwa 5 mg Kobaltoxid enthält, eingeschmolzen. Nach Anschließen der vorkonditionierten Absorptionsröhrchen wird das Kippventil geschlossen und die Substanzeinwaage durch den Probeneinlaß ins Reaktionsrohr geworfen. 60 s nach der explosionsartigen Umsetzung wird das Kippventil geöffnet, und die Reaktionsgase werden mit Sauerstoff bei einer Strömung von 100 ml/min in die Absorptionsröhrchen gespült. Nach 3 min Spülzeit wird das Kippventil wieder geschlossen, die Absorptionsröhrchen zur Waage gebracht und nach der 2. und 3. min die Gewichtszunahme des Kohlendioxid- und Wasserröhrchens bestimmt.

Als Absorptionsröhrchen haben sich bei dieser Methode Flaschenträgerröhrchen (Flaschenträger 1926) bewährt.

Eine modifizierte *Flashverbrennung* wurde von WOJNOWSKI und OLSZEWSKA-BORKOWSKA (1962) erfolgreich zur CH-Bestimmung (semimikro) in schwefelhaltigen Si-organischen Verbindungen eingesetzt.

Diskussion der „Leerrohr-Verbrennung". Dieses Prinzip des Substanzaufschlusses ist für den Mikrobereich gut geeignet, universell anwendbar und nicht nur auf die CH-Bestimmung begrenzt. Es wurde auch schon mit Erfolg zur Stickstoff-Bestimmung nach DUMAS (MERZ 1968) angewendet. Auch dort konnte durch den momentanen Substanzaufschluß eine wesentliche Verkürzung der Analysenzeit und Vereinfachung der Methode erreicht werden.

Für die gravimetrische CH-Bestimmung hat dieses Verbrennungsprinzip nur noch geringe Bedeutung, es war jedoch richtungsweisend für die Entwicklung der modernen automatischen Elementaranalyse. Besonders vorteilhaft war diese Art der Verbrennung für die CHN-Bestimmung mit thermokonduktometrische Endbestimmung.

11.7 Anwendung physikalischer Meßprinzipien zur CH- und anderer Elementbestimmungen

Die gravimetrische Auswertung der Reaktionsprodukte Kohlendioxid und Wasser in der, im vorhergehenden Kapitel beschriebenen, modifizierten Pregl-Methode ist der zeit- und arbeitsaufwendigste Teil und stand bislang einer weiteren Automatisierung der CH-Analyse im Wege. Ein wesentlicher Nachteil war auch das große Mißverhältnis der, für die Elementbestimmung zu ermittelnden, Auswaage zum Gesamtgewicht der Absorptionsröhrchen (etwa 1 : 1000), das genauere gravimetrische CH-Analysen nicht zuließ. Aus diesem Grund wurde die Einführung physikalischer Meßmethoden zur Auswertung der Reaktionsprodukte in der Verbrennungsanalyse intensiv vorangetrieben, die zu wesentlich rationeller arbeitenden Analysenmethoden in der CH-Bestimmung geführt hat, mit denen gleichzeitig auch andere Elemente, wie Stickstoff und Schwefel, bestimmt werden können. Diese Methoden werden heute routinemäßig zunehmend angewendet; sie werden in den nachfolgenden Kapiteln ausführlicher beschrieben.

12 Konduktometrische und coulometrische CH-Bestimmung

12.0 Einleitung

Kohlenstoff im unteren Milligramm- und im Mikrogramm-Bereich kann sehr genau konduktometrisch bestimmt werden; den Wasserstoff bestimmt man, nach oxidativer Verbrennung zu Wasser und Absorption in Phosphorpentoxid, mit Vorteil coulometrisch. Die Kombination beider Meßprinzipien hat zur Entwicklung exakter Analysenmethoden geführt.

12.1 Konduktometrische Bestimmung des Kohlenstoffs

Prinzip. Das bei der Verbrennung von Kohlenstoff entstehende Kohlendioxid wird in verdünnter Natronlauge (0.05 N) absorbiert und die entsprechend der Gleichung

$$2\,OH^- + CO_2 \rightleftharpoons CO_3^{2-} + H_2O$$

entstehende Abnahme der Hydroxylionenkonzentration über die damit verbundene Abnahme der elektrischen Leitfähigkeit gemessen.

Das *Grundprinzip* der *konduktometrischen Messung* wird in Kap. 6.3 näher erläutert.

Über die Grundlagen der konduktometrischen Kohlenstoffbestimmung informiert eine Arbeit von SCHMIDTS et al. (1961). Von diesen Autoren wurde auch ein handelsübliches Gerät, die sog. Geberapparatur, entwickelt, die in Abb. 12-1 schematisch dargestellt ist.

Bei diesem Gerät besteht die eigentliche Meßzelle aus 2 Glaswendeln (Abb. 12-2), in die zwei Elektrodenanordnungen eingebaut sind. Die eine Meßstrecke wird von der frischen, die zweite von der begasten Lauge umspült. Durch ein Pumpensystem wird pro Zeiteinheit stets die gleiche Gasmenge (≈ 78 ml/min) durch die Zelle gesaugt, die in der Reaktionswendel befindliche Meßlauge (10 ml 0.05 N NaOH) umgewälzt und so die erforderliche Konstanz des Reaktionsablaufes erreicht. Die Apparatur (Abb. 12-1) besteht aus Pumpenaggregat, CO-Verbrennungsofen (nur vorhanden, wenn das Gerät zur Sauerstoffbestimmung eingesetzt wird), Laugevorratsbehälter mit Kolbenmeßbürette, Spiralabsorber und Leitfähigkeitsmeßzellen.

Die zur Dosierung der Zusatzluft erforderliche Pumpe H_6 fördert 49 ml/min. Dieses Zusatzgas, das bei P_1 dem Reaktionsgas zugemischt wird, kann auch über den Dreiweghahn 2 abströmen. Wird das Zusatzgas bei P_1 zugemischt, so werden durch das Verbren-

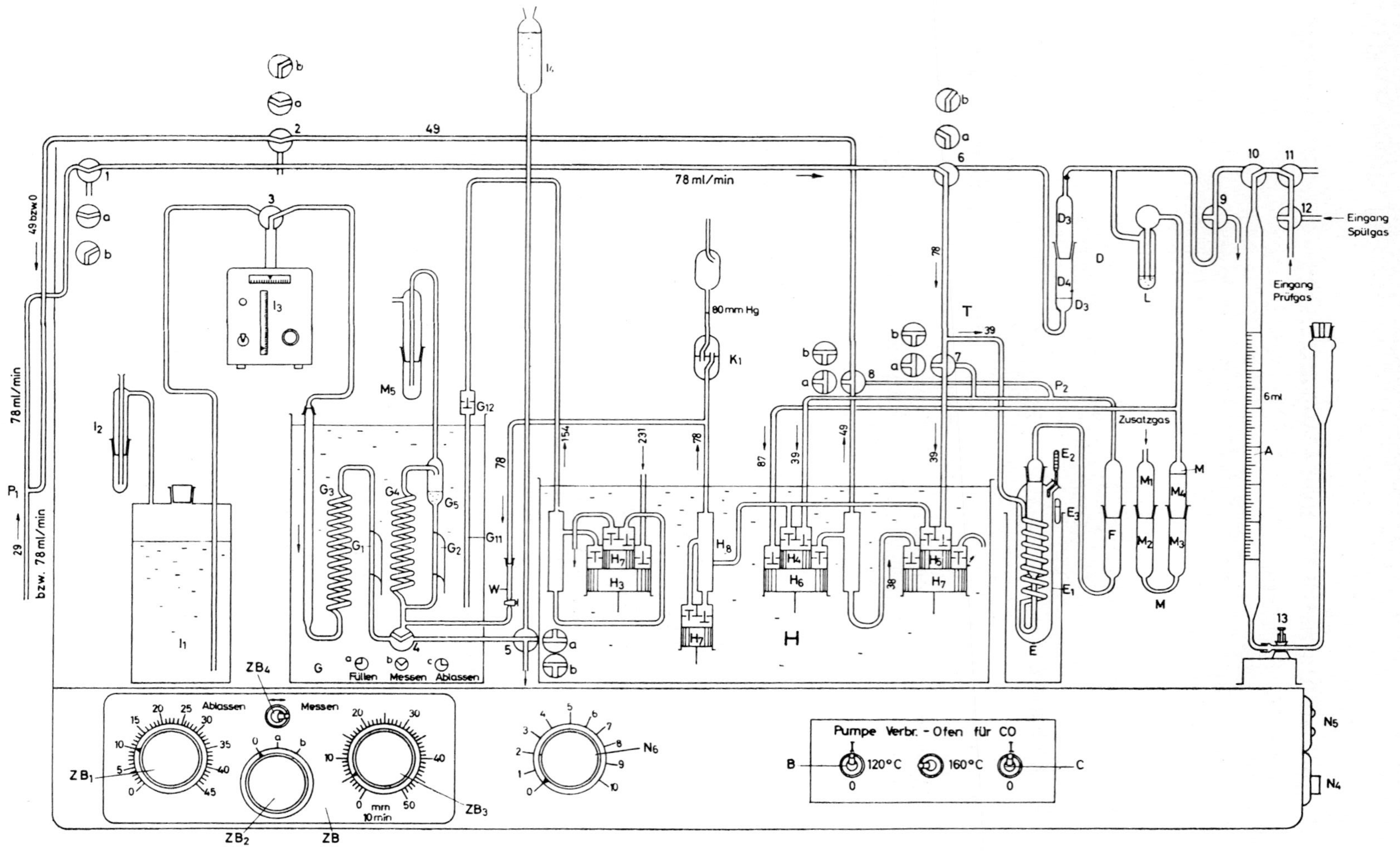

Eingang Spülgas
Eingang Prüfgas
78 ml/min
49 bzw 0
bzw. 78 ml/min
80 mm Hg
Zusatzgas
6 ml
Füllen
Messen
Ablassen
Pumpe Verbr. - Ofen für CO
120°C
160°C
mm
10 min

nungsrohr 29 ml Sauerstoff bzw. Trägergas/min gesaugt. Strömt das Zusatzgas über den Hahn H_2 ab, dann werden 78 ml Trägergas/min durch das Reaktionsrohr gesaugt. Zur Entnahme der Meßlauge aus dem Vorratsbehälter wird eine Kolbenmeßbürette benutzt. Beim Durchsaugen durch die enge Glaswendel wird das Reaktionsgas mit der gesamten Laugemenge gut durchmischt. Zur Verbesserung der Meßgenauigkeit wird der Absorber und die Leitfähigkeitsmeßzelle nach jeder Analyse mit dest. Wasser gespült (über J_4). Die sich in Abhängigkeit von der eingeleiteten Kohlendioxidmenge einstellende Leithfähigkeitsdifferenz wird in einer Wheatstone-Brückenschaltung gemessen. Die dabei auftretende Brückenspannung wird von einem Kompensationslinienschreiber registriert. Da die Leitfähigkeitsmessung stark temperaturabhängig ist (2%/°C), tauchen beide Meßstrecken in dasselbe Ölbad, so daß geringe Temperaturänderungen die Genauigkeit der Messung kaum beeinflussen. Durch Konzentrationsänderung der Lauge kann die Empfindlichkeit dieser Meßmethode variiert und dem jeweiligen Verwendungszweck angepaßt werden. Die Funktion der Leitfähigkeitsänderung zur absorbierten CO_2-Menge verläuft linear, wenn die zu absorbierende Kohlendioxidmenge 1 mg nicht übersteigt. Mit zunehmender CO_2-Konzentration ist dies jedoch nicht mehr der Fall. Aus diesem Grund ist diese Methode optimal anwendbar zur Spuren-CO_2-Bestimmung, z. B. in Gasen, zur C-Analyse in Stählen, Abbränden (KOCH et al. 1958) und in organischen Substanzen (SALZER 1964), vorausgesetzt die Substanzeinwaage übersteigt 1 mg nicht wesentlich. Auf diesem Weg kann auch Sauerstoff in organischen Substanzen (SALZER 1962) gemessen werden, wenn das bei der Pyrolyse entstehende Kohlenmonoxid zu Kohlendioxid oxidiert wird (s. Methode 23). SCHOCH et al. (1974) bestimmen Kohlenstoff- und Schwefelgehalte im ppb-Bereich ebenfalls konduktometrisch. Auch zur chemischen Analyse von Siliciumcarbiden wird die konduktometrische C-Bestimmung empfohlen (s. DIN-51075; April 1983). Zur Bestimmung von Kohlenstoff in Refraktärmetallen (µg C/g Metall) haben GRALLATH et al. (1981) neue Wege zur Verminderung systematischer Fehler aufgezeigt. Nach spezieller Probenvorbereitung und thermischer Umsetzung der Probe im O_2-Strom (mit und ohne Zuschläge) werden die CO_2-Spurenmengen, wie oben beschrieben, konduktometrisch gemessen. MALISSA et al. (1976), sowie PUXBAUM und REINDL (1983) verwenden dieses System, apparativ modifiziert, zur Messung von Kohlenstoff in luftgetragenen Stäuben. Die Parallelbestimmung von Kohlenstoff und Schwefel ist möglich; die bei der Verbrennung entstehende Schwefelsäure wird ebenfalls konduktome-

---

Abb. 12-1. Geberapparatur, Hersteller: Fa. WÖSTHOFF o.H.G.. *A* CO-Eichgasmeßbürette, *B* Schalter für Dosierpumpen, *C* Schalter für Iodpentoxidheizung, *D* Gasreinigung, D_3 Natronasbest, D_4 Blaugel, *E* CO-Verbrennungsofen, E_1 Iodpentoxidgefäß, E_2 Thermometer, E_3 Kontaktthermometer, *F* Gefäß mit Silberwolle, *G* Meßzellen, G_1 Elektrodenstrecke für Frischlauge, G_2 Elektrodenmeßstrecke für gebrauchte Lauge, G_3 Glaswendel für Temperierung der Lauge, G_4 Spiralabsorber, G_5 Gasabscheider, G_{11} Einblasrohr für Luft zur Ölumwälzung, G_{12} Druckventil, *H* Pumpenaggregat, H_3 Lufteinblasung ins Pumpenölbad, H_4 und H_5 Förderung von je 50% Meßgas, H_6 Zumischung von Zusatzgas, H_7 Ölabscheidekolben, H_8 Gasmischpumpe, J_1 Laugevorratsbehälter, J_2 Natronasbest, J_3 Kolbenmeßbürette für Meßlauge, J_4 Spülung mit dest. Wasser, K_1 Quecksilbermanometer, *L* Quecksilbersperrventil für Spülluft, *M* Zusatzluftreinigung, M_1 Blaugel, M_2 Hopkalit, M_3 Natronasbest, M_4 Blaugel, M_5 Natronasbest, N_4 Netzanschluß, N_5 Schreiberanschluß, N_6 Grobeinstellung für Nullpunkt, P_1 Zumischung des Zusatzgases, P_2 Zumischung des Zusatzgases, wenn 100% des Reaktionsgases über I_2O_5 gehen, *T* Gasteilung, *W* Wattefilter, *ZB* Blindwertkompensator mit Schalter ZB_4 für Schreiber-Nullstellung.

168   12 Konduktometrische und coulometrische CH-Bestimmung

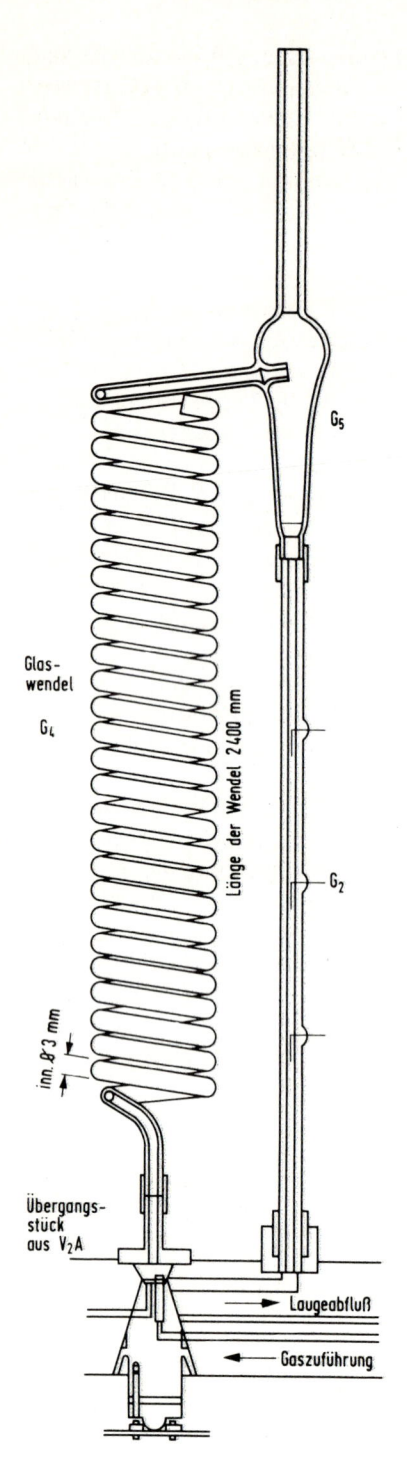

Glas-
wendel
G_4

Länge der Wendel 2400 mm

inn. ∅ 3 mm

G_5

G_2

Übergangs-
stück
aus V_2A

← Laugeabfluß

← Gaszuführung

Abb. 12-2. Meßzelle der Geberapparatur.

trisch gemessen. MALISSA (1961) bestimmt auch den Wasserstoff auf diese Weise, indem das bei der Verbrennung entstehende Reaktionswasser mit Calciumcarbid zu Acetylen umgesetzt, dieses zu Kohlendioxid verbrannt und dann ebenfalls über die Leitfähigkeit gemessen wird. Zur gleichzeitigen Analyse von Kohlenstoff und Wasserstoff kombinierte SALZER (1964) die konduktometrische Kohlendioxidbestimmung mit der coulometrischen Bestimmung des Wasserstoffes mit Hilfe der Keidel-Zelle (KEIDEL 1959). Diese CH-Bestimmungsmethode wird in Kap. 12.3 kurz beschrieben.

12.2 Coulometrische Bestimmung des Wasserstoffs mit der Keidel-Zelle

Prinzip. Diese Zelle besteht aus einer feinen Platinwendel, die mit P_2O_5 beschichtet ist. Das bei der Verbrennung organischer Substanzen gebildete Reaktionswasser wird von P_2O_5 absorbiert und anschließend coulometrisch gemessen. Der dabei fließende Elektrolysestrom ist ein genaues Maß für die Menge des absorbierten Reaktionswassers.

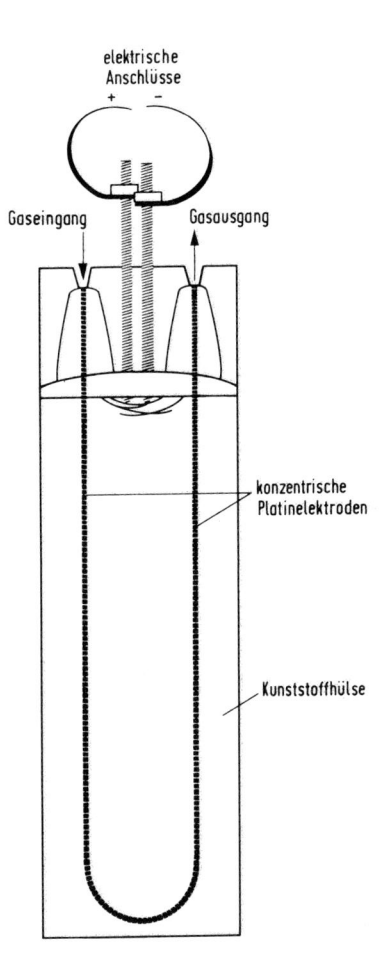

Abb. 12-3. Schemazeichnung der Keidel-Zelle (CEC-Zelle). Lieferfirma: CONSOLIDATED ELEKTRODYNAMICS CORP.

Diese Zelle, ursprünglich zur Gasfeuchte-Analyse entwickelt, ist unter gewissen Voraussetzungen auch zur mikroanalytischen Bestimmung des Wasserstoffes in organischen Substanzen nach Oxidation zu Wasser geeignet. HABER et al. (1962) bestimmen neben Wasserstoff auf dieselbe Weise auch Kohlenstoff, indem sie Kohlendioxid über Lithiumhydroxid bei 250 °C zu Wasser umsetzen. Wird die Keidel-Zelle zur elementaranalytischen H-Bestimmung eingesetzt, dürfen keine größeren Wassermengen auf die Zelle aufgegeben werden, da sie sonst überflutet und durch Kurzschluß unbrauchbar wird. Stickoxide stören die Bestimmung.

Abb. 12-3 zeigt eine Schemazeichnung der Elektrolysezelle, Abb. 12-4 die Zelle in der Anwendung zur CH-Bestimmung nach HABER et al. (1962).

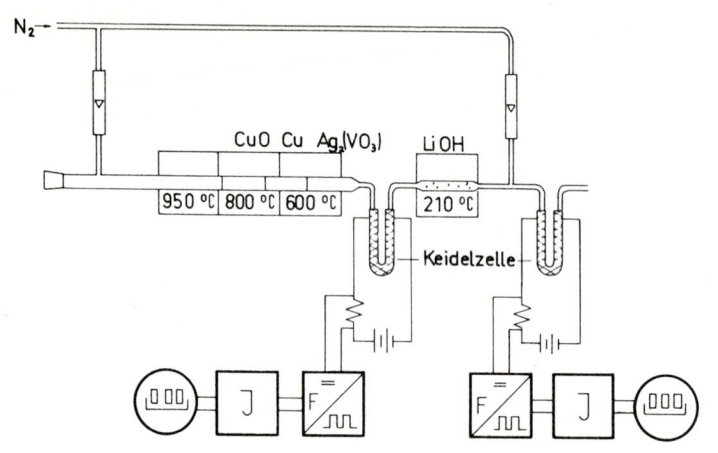

Abb. 12-4. Coulometrische CH-Bestimmung nach HABER et al. (1962).

12.3 Mikroanalytische CH-Bestimmung in organischen Substanzen durch Kombination der konduktometrischen C-Bestimmung mit der coulometrischer H-Bestimmung

Prinzip (SALZER 1964). Die Substanz wird im strömenden Sauerstoff im „leeren" Rohr verbrannt, das dabei entstandene Kohlendioxid konduktometrisch und das Reaktionswasser mit der Keidel-Zelle coulometrisch bestimmt.

Die Apparatur (Abb. 12-5) besteht aus einer Kombination aus der in Kap. 11.6A beschriebenen, Leerrohr-Verbrennung, dem Leitfähigkeitsmeßgerät (Abb. 12-1 und 12-2) und der Keidel-Zelle (Abb. 12-3).

Arbeitsvorschrift. Auf einer Mikrowaage wägt man etwa 1 mg der Festsubstanz in ein Platinschiffchen ein und schiebt dieses in die Quarzkapsel. Sobald der H-Integrator start-

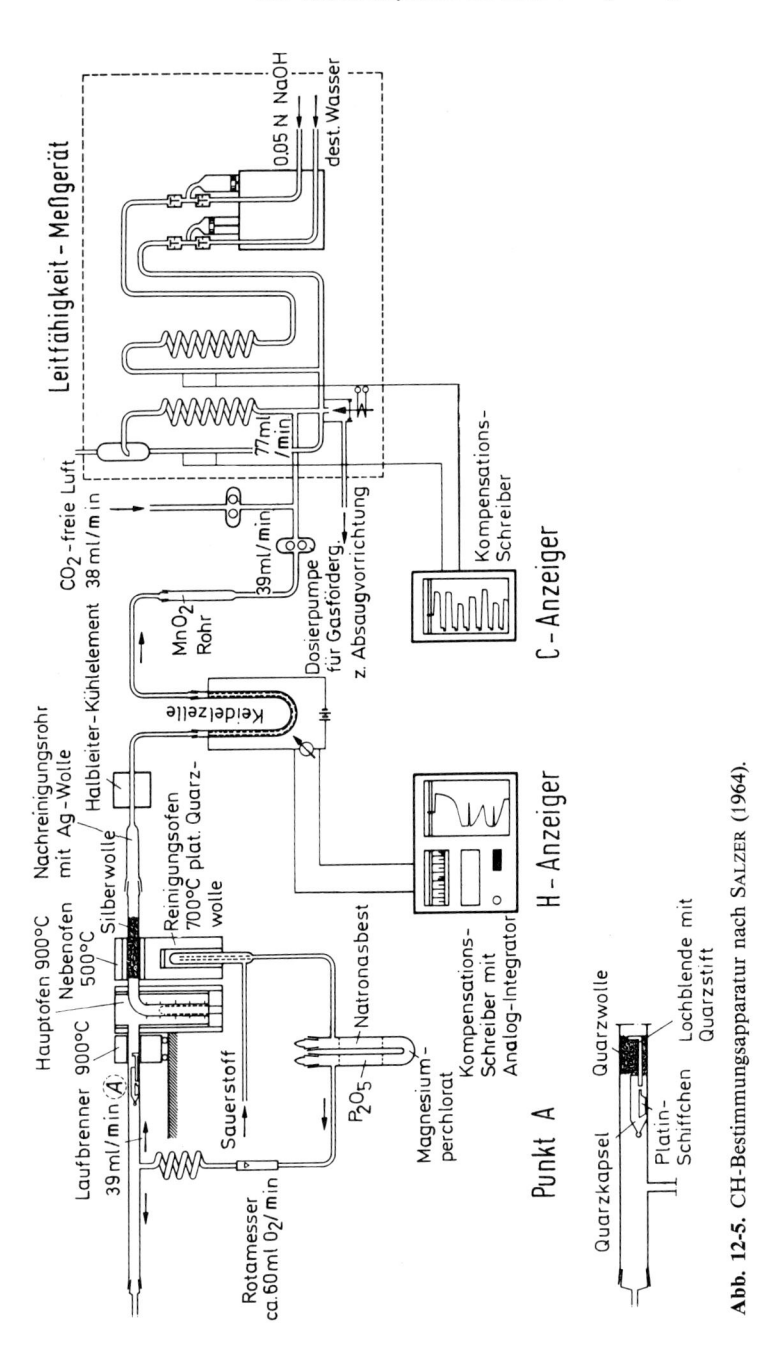

12.3 Mikroanalytische CH-Bestimmung in organischen Substanzen

Abb. 12-5. CH-Bestimmungsapparatur nach SALZER (1964).

bereit ist, drückt man die Drucktaste für die Spül- und Füllautomatik des Leitfähigkeitsmeßgerätes und schiebt die Quarzkapsel mit einem Nickeldraht in das Verbrennungsrohr bis kurz vor die Sauerstoffzuleitung. Dort bleibt sie 1 min stehen, um an der Quarzkapsel haftendes Wasser abzuspülen. Dann wird die Quarzkapsel völlig in das Verbrennungsrohr eingeschoben, bis das Platinschiffchen nahezu an den Quarzstift im Rohr anstößt. Der Laufbrenner wird in Gang gesetzt. Damit sind alle für die Bestimmung erforderlichen Handgriffe erledigt. Das Bedienungspersonal kann nun die nächste Einwaage vorbereiten. Inzwischen läuft der Kurzbrenner in etwa 3 min vom Hauptofen weg über das Schiffchen bis zu einem Anschlag, bleibt dort 2 min stehen und läuft dann in weiteren 3 min wieder zum Hauptofen zurück. Nach weiteren 2 min ertönt ein Signal, welches das Ende der Verbrennung anzeigt. Das Triebwerk des Brenners wird abgeschaltet. Der Ofen bleibt stehen, bis er für die nächste Verbrennung erneut in Gang gesetzt wird.

Die Auswertung der C- und H-Werte erfolgt mit Hilfe von Eichfaktoren, die durch vorherige Verbrennung von Testsubstanzen erhalten wurden. Ausführliche Beschreibung siehe Originalliteratur.

Diskussion der Methode. Sie ist universell anwendbar, schnell und liefert genaue Analysenwerte. Nachteilig ist der relativ hohe apparative Aufwand und vor allem die Verwendung von Lösungen. Da für den Mikrobereich bereits rationellere Methoden zur Verfügung stehen, wird sie nur noch selten verwendet.

13 Coulometrische und potentiometrische Kohlenstoff-(und Wasserstoff-)Bestimmung

13.0 Allgemeines

Da Kohlenstoff auch im unteren µg-Bereich bestimmt werden muß, hat die mikrocoulometrische Analysenmethode zunehmend auch für die Kohlenstoffbestimmung an Bedeutung gewonnen. Verschiedene Methoden wurden dazu beschrieben. Die **coulometrische und potentiometrische C-Bestimmung** ist z. B. möglich

a) *Nach dem von OELSEN et al. (1949) entwickelten Meßprinzip:* Kohlendioxid wird in verdünnter Barytlauge absorbiert und der Verbrauch an Barytlauge entweder potentiometrisch-maßanalytisch bestimmt oder das CO_2 in derselben Lösung coulometrisch titriert.

b) *Nach einer von RÖMER et al. (1971, 1973, 1974, 1975) entwickelten CH-Bestimmungsmethode:* Kohlendioxid wird – ähnlich dem in a) skizzierten Meßprinzip – ebenfalls nach Absorption in verdünnter Barytlauge mit Hilfe einer pH-geregelten Titrations- oder Coulometervorrichtung bestimmt. Der Wasserstoff wird ebenfalls als Kohlendioxid titriert nach quantitativer Konversion des bei der Verbrennung entstehenden Reaktions-

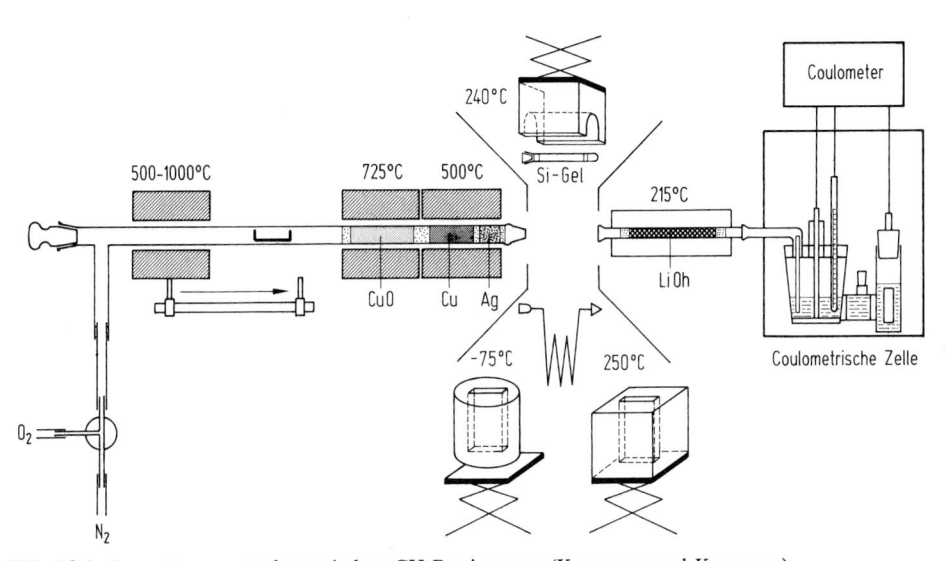

Abb. 13-1. Apparatur zur coulometrischen CH-Bestimmung (KARLSSON und KARRMAN).

wassers zu Kohlendioxid mit Hilfe von in α-Naphthylisocyanat gelöstem 1,4-Diazabicyclo-(2,2,2)octan.

Für den Mengenbereich von 0.5–10 µg C haben RÖMER et al. (1974, 1975) eine spezielle Coulometerzelle konzipiert und eine handelsübliche Coulometeranordnung (DOHRMANN) für die Bestimmung so kleiner C-Mengen adaptiert.

c) *Durch quantitative Konversion des Kohlendioxids über Lithiumhydroxid zu Wasser* (HABER 1962),

$$CO_2 + 2\,LiOH \rightleftarrows H_2O + Li_2CO_3$$

das entweder nach Absorption in P_2O_5 mit Hilfe der Keidel-Zelle coulometrisch bestimmt – die Methode wurde bereits in Kap. 12.2 kurz skizziert – oder nach einem Prinzip von KARLSSON und KARRMAN (1971, 1972, 1974) coulometrisch nach KARL FISCHER titriert wird (Abb. 13-1). Über die Grundlagen der mikrocoulometrischen Analyse informiert Kap. 6.2.

13.1 Mikroanalytische CH-Bestimmung über eine coulometrische Wasserbestimmung nach KARL FISCHER

Prinzip (KARLSSON KARRMAN 1971, 1972, 1974). Zunächst wird bei der Verbrennung das Reaktionswasser an Kieselgel adsorbiert oder ausgefroren, anschließend das Kohlendioxid, nach Umsetzung mit LiOH zu Wasser, coulometrisch nach KARL FISCHER titriert. Danach wird das dem Wasserstoff äquivalente Reaktionswasser ausgeheizt und in derselben Zelle titriert. Um Luftfeuchtigkeit auszuschließen, wird das Coulometer in einer Trockenbox installiert. Die Methode ist zur CH-Bestimmung und H-Bestimmung allein sowohl im Milli- als auch Mikrogramm-Bereich geeignet. Ausführliche Beschreibung der Bestimmung siehe Originalarbeiten.

13.2 Coulometrische und potentiometrische Bestimmung des Kohlendioxids nach dem OELSEN-Prinzip

Prinzip (OELSEN et al. 1949, 1951, 1952). Das bei der Verbrennung kohlenstoffhaltiger Substanzen im Sauerstoffstrom entstehende Kohlendioxid wird fein verteilt in die Meßzelle eingeleitet, die als Absorptionslösung verdünnte Barytlauge enthält. Die Indikatorelektrode – eine Glas- bzw. Platinelektrode – und die Bezugselektrode (gesätt. Kalomelelektrode), die beide in die Absorptionslösung tauchen, haben bei einem pH von ca. 11 dasselbe Potential. Die Absorptionslösung ist in diesem pH-Bereich basisch genug (ca. 0.01 N), um bei entsprechender Zellenausführung Kohlendioxid quantitativ zu absorbieren. Wird nun durch Einleiten von CO_2 in die Absorptionslösung Barytlauge verbraucht, fällt $BaCO_3$ aus, das pH der Lösung sinkt, und das Potential der Indikatorelektrode ändert sich. Als Folge davon tritt zwischen den beiden Elektroden eine Potentialdifferenz auf. Es gibt nun zwei Möglichkeiten den Verbrauch an Barytlauge und die da-

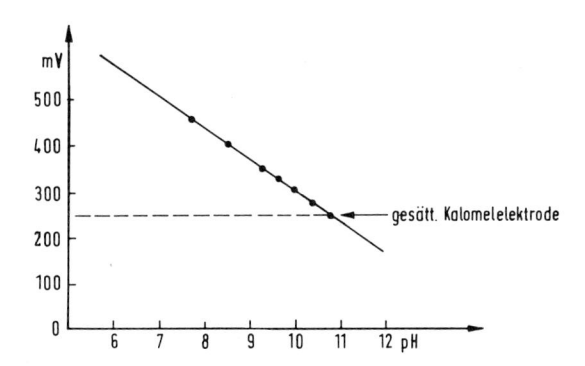

Abb. 13-2. pH-Abhängigkeit der EMK der Ba(OH)$_2$/H$_2$O$_2$-Lösung.

mit verbundene Potentialdifferenz auszugleichen, entweder durch Zusatz von Barytlauge von bekanntem Wirkwert (*potentiometrische Methode*) oder durch elektrolytische Erzeugung von OH-Ionen (*coulometrische Methode*). In ersterem Fall ist der Verbrauch an Titrierlösung, im zweiten Fall der verbrauchte Elektrolysestrom ein Maß für die Menge des absorbierten Kohlendioxids. Beide Möglichkeiten werden heute mit Vorteil zur Bestimmung kleiner Kohlendioxidmengen angewendet.

Die pH-Messung erfolgt wegen des hohen pH-Wertes nicht mit einer Glaselektrode, sondern einer pH-abhängigen Kette Pt/H$_2$O$_2$/OH$^-$-gesättigte Kalomelelektrode. In Abb. 13-2 ist das Redoxpotential der Ba(OH)$_2$-H$_2$O$_2$-Lösung in Abhängigkeit vom pH-Wert nach Messungen von GORBACH und EHRENBERGER (1961) graphisch dargestellt.

A) Coulometrische Kohlenstoffbestimmung

Prinzip (ABRESCH und CLAASSEN 1961). Der Reaktionsgasstrom (z. B. nach thermischer Oxidation der Probe) mit dem zu messenden Kohlendioxid wird in die Elektrolysezelle geführt und zur besseren Absorption fein zerstäubt. Die Zelle ist mit Bariumperchloratlösung beschickt, die auf einen schwach basischen pH-Wert vorelektrolysiert ist, so daß die Potentialdifferenz der Indikator- und Bezugselektrode gerade Null ist. Wird Kohlendioxid absorbiert, nimmt die Alkalität der Lösung infolge Ausfällung von Bariumcarbonat ab. Die Lösung wird elektrolytisch wieder auf den Ausgangs-pH-Wert titriert. Die dabei verbrauchte Elektrizitätsmenge ist ein absolutes Maß für die absorbierte Kohlendioxidmenge.

Für die coulometrische C-Bestimmung ist der „*Coulomat 702*" (der Fa. Ströhlein) handelsüblich und Bestandteil verschiedener Normen (DIN 51075, 38409-H3). Der STRÖHLEIN-Coulomat, der in Abb. 13-3 in Verbindung mit einem Verbrennungsofen skizziert ist, mißt die Elektrizitätsmenge mit einem Meßmotor, der Stromstärke und Zeit integrierend erfaßt. Der Meßmotor mißt die für eine Titration erforderliche Elektrizitätsmenge und setzt diese für die digitale Anzeige in Impulse um. Die Steuerspannung wird von der Glas-Kalomel-Eistabmeßkette geliefert.

Anwendungsbeispiele der Methode z. B. zur C-Bestimmung in verschiedenen Werkstoffen oder Umweltproben sind in den DIN-Vorschriften enthalten; sie werden auch vom Ge-

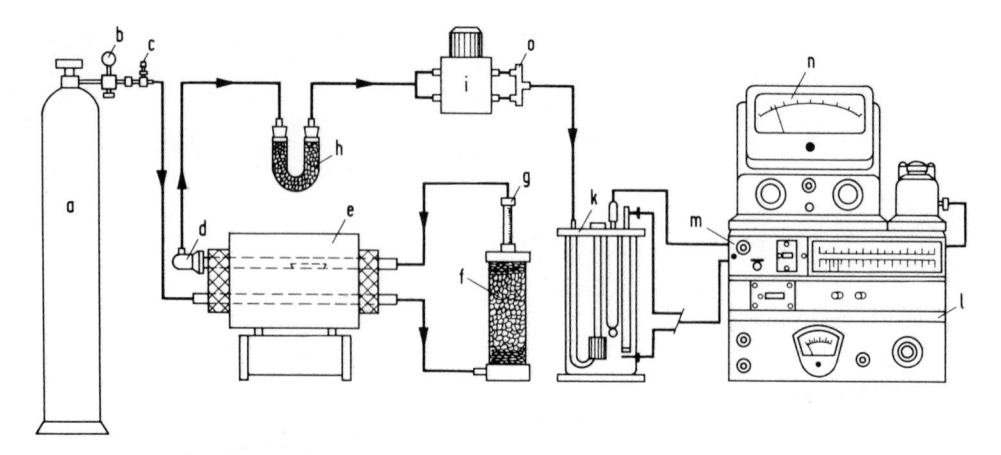

Abb. 13-3. Funktionsschema der Kohlenstoffbestimmung mit dem „Coulomat". Lieferfirma: STRÖHLEIN. *a* Sauerstoffflasche, *b* Reduzierventil, *c* Fein-Regelventil, *d* Wattefilter, *e* Ofen, *f* Natronkalkvorlage, *g* Strömungsmesser, *h* Perhydritvorlage, *i* Dosierpumpe, *k* Absorptionsgefäß, *l* Coulometer, *m* Steuerteil, *n* Labor-pH-Meter, *o* Kolbenhahn.

räteher des „Coulomat" zur Verfügung gestellt, der über eine umfangreiche Bibliographie verfügt.

B) Potentiometrische Kohlendioxid-Titration

Prinzip. Die Titration des zu Kohlendioxid umgesetzten Kohlenstoffes erfolgt potentiometrisch mit Barytlauge nach dem zu Beginn des Kapitels beschriebenen Prinzip von OELSEN (1951). Barytlösung (pH 11) absorbiert CO_2 bei ausreichender Verweilzeit des Gasgemisches quantitativ. Dabei fällt Bariumcarbonat aus, und der pH-Wert sinkt. Da nur bei pH 11 und höher vollständig absorbiert wird, muß laufend Bariumhydroxidlösung von bekanntem Gehalt nachdosiert werden. Zu Ende der Analyse wird mit Barytlauge genau auf das Ausgangspotential zurücktitriert. Der Verbrauch an Bariumhydroxid entspricht der absorbierten Kohlendioxidmenge.

Der Kohlendioxid-Titrator: Eine Titriervorrichtung mit automatischer Titriermittelzugabe wurde von GORBACH und EHRENBERGER (1961) konzipiert; sie ist in Abb. 13-4b schematisch dargestellt. Je nach Konzentrationsbereich des zu messenden CO_2 wird entweder Zelle A oder B verwendet.

Titrierzelle A absorbiert 0.1 bis 0.2 mg CO_2/min noch quantitativ und hat eine Erfassungsgrenze von ca. 2 µg CO_2, Zellenvolumen 20 ml. Diese Zelle ist besonders für die Spuren-CO_2-Bestimmung geeignet (Abb. 13-4a).

Titrierzelle B (Umlaufzelle, Abb. 13-4b) absorbiert bis 0.5 mg CO_2/min quantitativ und hat eine Erfassungsgrenze von ca. 5 µg CO_2.

In dieser Zelle wird das Absorptionsmittel durch den aus einer Fritte aufsteigenden Gasstrom (15–20 ml/min) hochgedrückt und in eine kreisende Bewegung gebracht, wo-

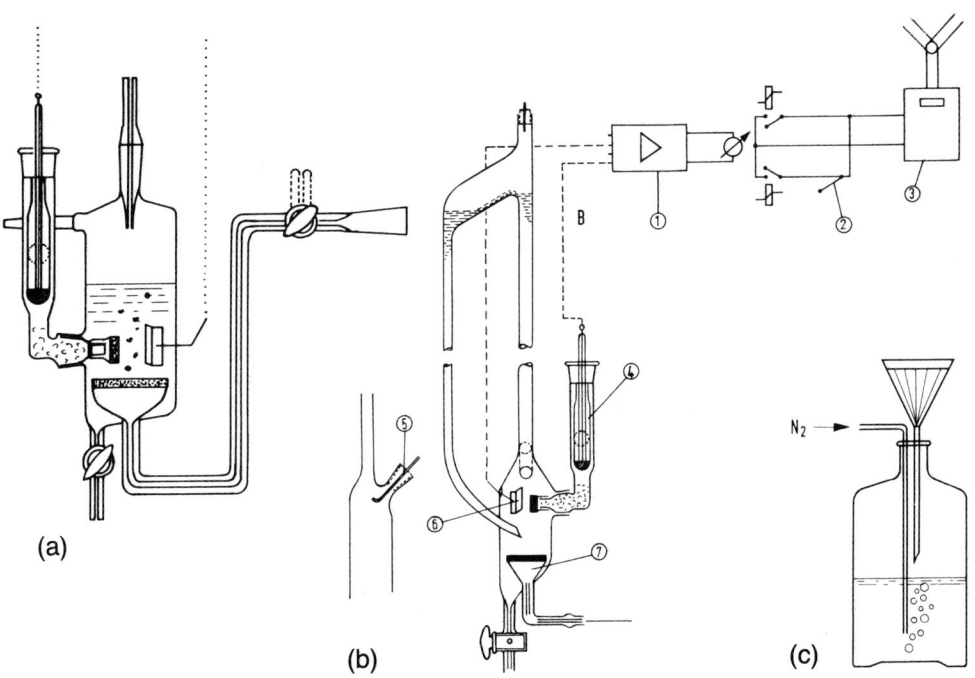

13.2 Coulometrische und potentiometrische Bestimmung des Kohlendioxids

Abb. 13-4. Kohlendioxid-Titrator. (a) Mit Titrierzelle A; (b) mit Titrierzelle B; (c) Vorratsgefäß für die Titrierlösung mit Filtrationsvorrichtung.
1 Meßverstärker mit Regler, *2* Drucktaste, *3* Motorkolbenbürette, *4* Kalomel-Bezugselektrode, *5* Büretteneingabe, *6* Platinelektrode, *7* Glasfritte.

durch eine dauernde Durchmischung des Zelleninhaltes und eine quantitative Absorption des ankommenden Kohlendioxids erreicht wird.

Anzeigegerät: Das Anzeigegerät enthält einen zuverlässigen Transistor-Verstärker von großer Nullpunktkonstanz, einen Kleinregler mit Drehspulmeßwerk und 2 induktiven Abtasteinrichtungen. Nach dem Einschalten ist das Gerät sofort einsatzbereit. Es arbeitet nahezu wartungsfrei.

Motorkolbenbürette: Als Bürette wird eine Motorkolbenbürette mit einem Bürettenvolumen von 10 ml verwendet; sie zeigt das verbrauchte Bürettenvolumen digital an.

Lösungen. Zur Titration werden 3 Lösungen benötigt:

1. Absorptionslösung (Lösung A) 50 g $BaCl_2$ werden in destilliertem Wasser gelöst, mit 25 ml C_2H_5OH und 3 ml H_2O_2 (30%ig) versetzt und mit destilliertem Wasser auf 5 l aufgefüllt. Diese Lösung braucht weder filtriert noch gegen Kohlensäure aus der Luft geschützt werden. Zum Gebrauch wird diese Lösung vorteilhafterweise in eine 500 ml Polyethylenspritzflasche gefüllt.

2. Titrierlösung (Lösung B) 10 g BaCl$_2$ und 3 bis 4 g NaOH p.a. werden in 5 l ausgekochtem dest. Wasser gelöst und zur Alterung der Lösung mindestens 3 Tage verschlossen stehengelassen. Danach wird diese Lösung unter Stickstoff als Schutzgas über einen Faltenfilter in die 5 l fassende Vorratsflasche filtriert, auf die dann ein doppelt durchbohrter Gummistopfen aufgesetzt wird (s. Abb. 13-4c). Zur Absorption der Luftkohlensäure wird durch die eine Bohrung ein Askaritröhrchen und durch die andere Bohrung das Steigrohr bis ca. 3 cm über den Boden der Flasche geführt. Der Titer der Lösung B wird durch Verbrennung einer Anzahl Testsubstanzen (z. B. Acetanilid, Benzoesäure, Acetylsalicylsäure, Weinsäure) ermittelt (oder durch Umsetzen einer Sodalösung von bekanntem Gehalt mit verdünnter Schwefelsäure).

Der theoretische Kohlenstoffgehalt der Substanzeinwaage in µg, dividiert durch das Volumen der verbrauchten Titrierlösung in ml, ergibt den Faktor µg C/ml Titrierlösung.

3. Gesättigte Kaliumchloridlösung: 2 l destilliertes Wasser werden in der Wärme (60 bis 80 °C) mit Kaliumchlorid gesättigt. Die klare Lösung wird nach dem Erkalten von den Kristallen getrennt und in eine Polyethylenspritzflasche gefüllt.

Wird die Zelle außer Betrieb gesetzt, wird sie über den Ablaßhahn mit destilliertem Wasser ausgespült, mit gesättigter Kaliumchloridlösung gefüllt und bis zur nächsten Inbetriebnahme stehengelassen. Ein leichter Gasstrom durchspült die Zelle, damit keine Lösung durch die Fritte gedrückt werden kann. Einmal wöchentlich wird die Zelle mit verdünnter Salzsäure (ca. *N*/50) gespült, um anhaftendes Bariumcarbonat abzulösen.

Arbeitsweise des Titrators. Im Elektrodenraum ankommendes Kohlendioxid verbraucht Bariumhydroxid, dadurch sinkt der pH-Wert in der Absorptionslösung. Als Folge tritt zwischen den Elektroden eine Potentialdifferenz auf, die mit dem Meßverstärker verstärkt und in den Kleinregler eingegeben wird.

Der Kleinregler besteht aus einem Drehspulengalvanometer, zwei induktiv arbeitenden Abtastvorrichtungen, die über die Skala des Galvanometers gegeneinander verschiebbar sind, und zwei Relais mit Ruhe- und Arbeitskontakten. Der Galvanometerzeiger kann sich innerhalb der beiden Schranken frei bewegen. Erreicht die Spannung und damit der Galvanometerzeiger einen Skalenwert, auf den die erste Schranke eingestellt ist, erhält der Bürettenmotor über das Relais und einen im Millivoltmeter eingebauten Impulsgeber Stromimpulse, so daß eine intermittierende Dosierung des Titriermittels erfolgt. Erreicht die Spannung einen Wert, auf den die zweite Schranke eingestellt ist, erhält der Bürettenmotor eine Dauerspannung, die über einen Widerstand regulierbar ist. Auf diese Weise sind zwei Dosiergeschwindigkeiten gegeben. Über die Drucktaste kann der Motor unabhängig von der Regelvorrichtung in Betrieb genommen werden.

Die Anwendung der potentiometrischen CO$_2$-Titration ist für die quantitative Bestimmung kleiner C- und CO$_2$-Mengen (< 1 mg C) in den verschiedensten Matrizes geeignet. Zahlreiche Beispiele wurden von EHRENBERGER et al. (1963) beschrieben.

14 CH-Bestimmung durch photometrische Titration des Kohlendioxids in nichtwäßriger Phase

Prinzip (MERZ 1969). Nach Verbrennung der organischen Probe im strömenden Sauerstoff wird das Kohlendioxid in Dimethylformamid absorbiert, dem zur Erhöhung der Absorptionskraft geringe Mengen Monoethanolamin zugesetzt sind. Letzteres bindet das Kohlendioxid chemisch unter Bildung von Hydroxyethylcarbaminsäure, die nachfolgend mit Tributylmethylammoniumhydroxid gegen Thymolphthalein titriert wird. Der Farbumschlag des Indikators von farblos nach blau ist sehr exakt; er wird zur photoelektrischen Steuerung einer Motorkolbenbürette ausgenutzt. Der Wasserstoff wird durch Konversion des bei der Verbrennung entstehenden Reaktionswassers über glühende Kohle zu Kohlenmonoxid und nachfolgender Oxidation zu Kohlendioxid auf dieselbe Weise titriert

$$\begin{array}{c} CH_2 \cdot CH_2 \cdot OH \\ | \\ NH_2 \end{array} + CO_2 \rightarrow \begin{array}{c} CH_2 \cdot CH_2 \cdot OH \\ | \\ NH \cdot COOH \end{array} + CH_3 \cdot (C_4H_9)_3 \, N \cdot OH \rightarrow$$

$$\rightarrow \begin{array}{c} CH_2 \cdot CH_2 \cdot OH \\ | \\ NH \cdot COON(C_4H_9)_3 \, CH_3 \end{array} + H_2O \; .$$

Als Alternative zur Umsetzung des Reaktionswassers über glühende Kohle empfiehlt CAMPIGLIO die *Umsetzung mit N,N'-carbonyldimidazol* entsprechend untenstehender Reaktionsgleichung zu Kohlendioxid und anschließender Titration mit Tetra-n-butylammoniumhydroxid.

$$H_2O + \underset{=}{\overset{N=}{\left|\underset{=}{\overset{}{\bigcirc}}\right.}}\!\!N - \overset{\overset{O}{\|}}{C} - N\!\!\underset{=}{\overset{=N}{\left|\underset{=}{\overset{}{\bigcirc}}\right.}} = CO_2 + 2 \, \underset{=}{\overset{N=}{\left|\underset{=}{\overset{}{\bigcirc}}\right.}}\!\!N - H \; .$$

Das Grundprinzip der photometrischen Titration ist in Kap. 6.6 beschrieben.
Die Bestimmung von Kohlendioxid durch Titration in nichtwäßrigen Lösungsmitteln wurde erstmals von BLOM et al. (1955, 1962) und später von diesen auch zur Bestimmung von Kohlenstoff in Stahl vorgeschlagen. Diese Methode wurde dann von BLOM und KRAUS (1964) zur Bestimmung von Kohlenstoff, Wasserstoff und Sauerstoff in organischen Substanzen, des C/H-Verhältnisses in gaschromatographisch abgetrennten Komponenten und in modifizierter Form von VAN DER LAARSE und VAN LEUVEN (1966)

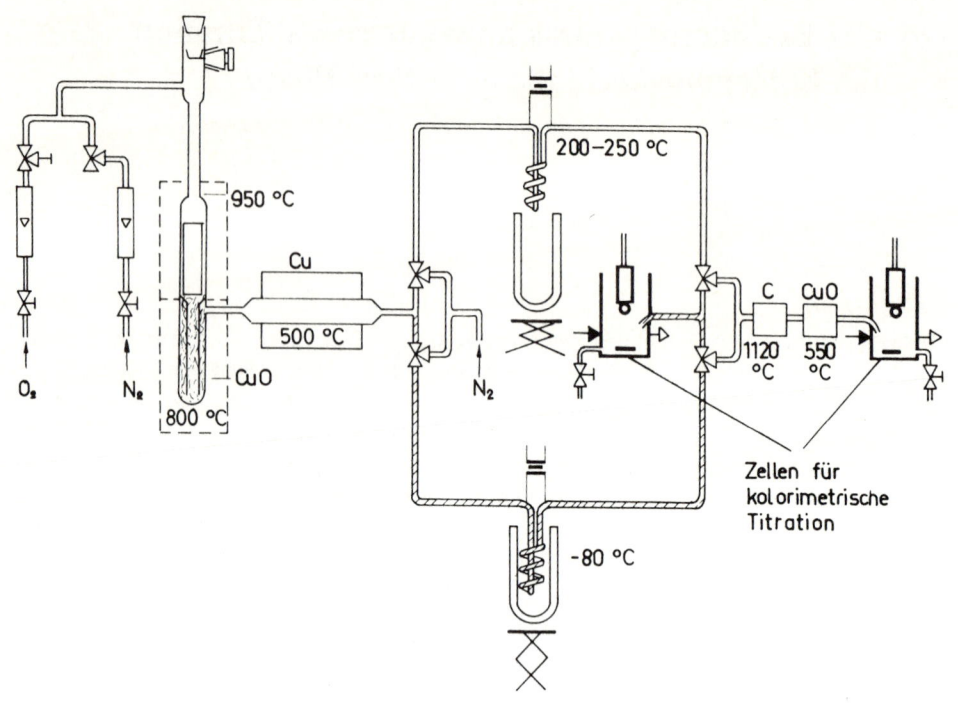

Abb. 14-1. CH-Bestimmung mit dem photoelektrischen Kohlendioxid-Titrator.

zur Ermittlung des C/C^{14}-Verhältnisses in kleinen Substanzmengen verwendet. SNOEK und GOUVERNEUR (1967) haben durch Ausnutzung des Indikatorumschlages zur photoelektrischen Steuerung der Motorkolbenbürette den Titriermittelzulauf automatisiert.

Apparatives. Abb. 14-1 zeigt den von MERZ (1969) konzipierten CH-Analysenautomaten mit photometrischer CO_2-Titration als Endbestimmung. Die Verbrennungsapparatur besteht aus Probeneinschleusvorrichtung, senkrecht angeordnetem Verbrennungsrohr mit Verbrennungskammer, Oxidationsteil und seitlichem Abgang sowie Reduktionsrohr. Der Oxidationskatalysator Kupferoxid wird auf 800 °C erhitzt. Halogene und Schwefeldioxid werden an Silberwolle absorbiert, die auf 500 bis 600 °C gehalten wird. Das Kupfer im Reduktionsrohr wird auf 500 °C erhitzt. Die Verbrennungskammer, in die zur Erhöhung der Lebensdauer des Rohres eine Quarzhülse eingesetzt ist, wird auf 950 °C erhitzt. Wegen dieser hohen Temperatur ist es notwendig, die Kupferoxidschicht im Oxidationsteil tiefer beginnen zu lassen, um ein Sintern zu verhindern. Der entsprechende Raum bis zur eingesetzten Quarzhülse wird mit Quarzsplittern ausgefüllt. Das System zur Auftrennung von Kohlensäure und Wasser besteht aus zwei Spiralen aus Silberrohr als Kühlfallen, die umschichtig (wechselseitig) aufgeheizt und gekühlt werden. Vier Magnetventile schalten abwechselnd die gekühlte Spiralfalle in den mit etwa 50 ml/min von der Verbrennungsapparatur kommenden Gasstrom ein, während gleichzeitig die aufgeheizte Falle von einem separaten Stickstoffstrom (90 ml/min) ausgespült wird. Das ausgetriebene Wasser

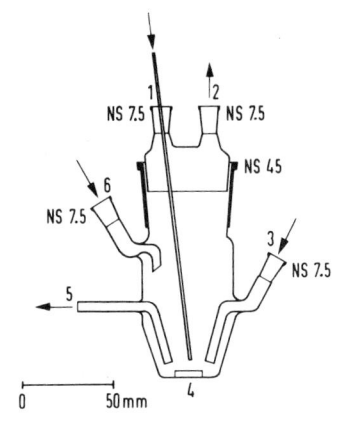

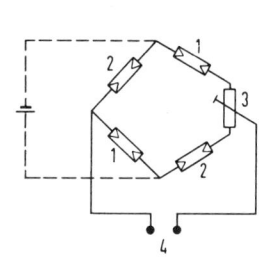

Abb. 14-2. Titriergefäß. *1* Zulauf der Titrierlösung, *2* Gasaustritt (N_2), *3* Gaseintritt ($CO_2 + N_2$), *4* Magnetrührer, *5* Absaugung von Absorption- und Titrierlösung mittels Unterdruck, *6* Zulauf der Absorptionslösung.

Abb. 14-3. Brückenschaltung des Titrators. Über den Fotowiderständen *1* und *2* sind die Interferenzfilter von 470 (1) und 610 nm (2) angeordnet, *3* Potentiometer zur Sollwerteinstellung des Farbtones, *4* Anschluß zum Steuergerät.

wird durch Überleiten des Wasserdampfes über Kohle bei 1120 °C und Oxidation des gebildeten Kohlenmonoxides in einer nachgeschalteten Kupferoxidschicht in Kohlendioxid übergeführt.

Zur Endbestimmung wird der von BRODKORB und SCHERER (1969) beschriebene Automat zur kolorimetrischen Titration in einer stark vereinfachten Ausführung verwendet. Das Wesentliche an diesem Titrator ist das automatische Abstellen der Titration beim Erreichen eines bestimmten Farbtones. Als Titrierlösung wurde hier Tributylmethylammoniumhydroxid gewählt. Ebenfalls geeignet ist Tetrabutylammoniumhydroxid. Als Indikator hat sich Thymolphthalein am besten bewährt.

Die verwendeten Titrierstände sind speziell für diese kolorimetrische Titration der Kohlensäure entwickelt. Das Titriergefäß (Abb. 14-2) faßt etwa 20 ml Dimethylformamid, dem zur Erhöhung der Absorptionskraft geringe Mengen Monoethanolamin zugesetzt sind.

Die Steuerung (Abb. 14-3) erfolgt über vier in einer Brückenschaltung zusammengefaßte lichtempfindliche Widerstände, denen jeweils ein Filter zugeordnet ist.

Bei farbloser Lösung, im sauren Bereich also, werden alle vier Photowiderstände gleich belichtet. Im Äquivalenzpunkt wird die Lösung blau, was bedeutet, daß die beiden Photowiderstände unter den Gelbfiltern von 610 nm plötzlich weniger Licht erhalten als die Photowiderstände unter den Blaufiltern von 470 nm (Abb. 14-4). Dies führt naturgemäß zu einer Verstimmung der Brücke. Die dabei auftretende Diagonalspannung ist gleichzeitig Eingangssignal für das Steuergerät der Motorbürette. Die gesamte Anordnung ist von einem Schutzgehäuse umgeben, das auch die Lichtquelle für das notwendige diffuse Licht enthält. Der gesamte Analysenzyklus, einschließlich der Endbestimmung,

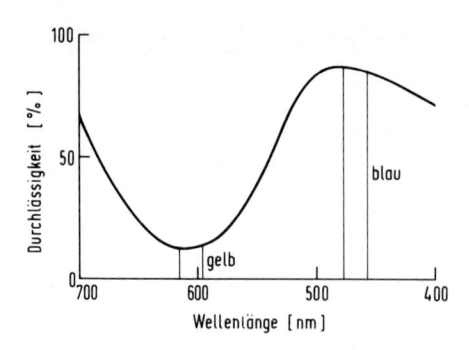

Abb. 14-4. Absorptionskurve von Thymolphthalein.

läuft automatisch ab. Das digital angezeigte Volumen der Titrierlösung kann ausgedruckt oder direkt einem Rechner zugeführt werden. Zu beachten ist dabei allerdings, daß der CO_2-Wert aus dem Wasser nicht von der laufenden Analyse, sondern von der vorhergegangenen Verbrennung stammt. Der Analysenzyklus ist also phasenverschoben.

Ein Zyklus dauert beim derzeitigen Stand der Automation 8 min. Diese Zeit beinhaltet ausreichend Sicherheitsreserven für schwer verbrennbare Substanzen und umfaßt auch die Vorbereitung der beiden Titrierzellen einschließlich der Vortitration auf den eingestellten Blauwert, wozu 2 min erforderlich sind.

Reagenzien

Absorptionslösung: 150 Teile Dimethylformamid (destilliert), 1 Teil Monoethanolamin und 1 Teil Thymolphthalein (0.2%ig in Ethylalkohol).

Titrierlösung: Etwa 0.02 N Tributylmethylammoniumhydroxid in tert.-Butylalkohol, dem 5 bis 10% Benzol zugesetzt sind. Tributylmethylammoniumhydroxid kann als 40%ige, wäßrige Lösung von der Fa. FLUKA bezogen werden.

Die Bestimmung des Wirkwertes der Titrierlösung erfolgt durch Titration einer definierten Menge CO_2 aus einem Rezipienten bekannten Volumens.

Die Analysenausführung ist in den Originalveröffentlichungen detailliert beschrieben. Die Methode ist universell anwendbar und liefert sehr genaue Analysenwerte, ist aber vergleichsweise apparativ aufwendig. Der wesentliche Nachteil der Methode ist das Arbeiten mit Lösungen, hier mit flüchtigen organischen Lösungsmitteln, weshalb sie als Routinemethode nur noch geringes Interesse findet.

15 Kohlenstoffbestimmung in C* markierten Substanzen

15.0 Einführende Bemerkungen

Radioaktiver Kohlenstoff (^{14}C) entsteht durch Kernreaktionen der kosmischen Strahlungsneutronen mit Stickstoff

$$^{14}N(n, p) \rightarrow {}^{14}C$$

jährlich in großen Mengen. Er geht mit einer Halbwertszeit von 5717 ± 40 Jahren unter Aussendung von β-Strahlen geringer Energie wieder in $^{14}_{7}N$ über. Durch oberirdische Kernwaffenversuche und Betreiben kerntechnischer Anlagen werden zusätzliche Mengen freigesetzt, die routinemäßig analytisch überwacht werden müssen. Dazu wurde die unten beschriebene Methode von MÜLLER und FISCHER (1980) entwickelt.

Auch die manometrische Endbestimmung ist zur Analyse von C* markierten Substanzen anwendbar. Sie ist zwar in der Handhabung schwierig und apparativ aufwendig, aber genau.

15.1 Bestimmung des natürlichen Kohlenstoff-14-Gehalts in biologischem Material mit Hilfe der Flüssigkeitsszintillationsmessung

Prinzip (MÜLLER und FISCHER 1980). Nach Verbrennung der Probe (Makro-CH-Verbrennung) und Absorption des gebildeten Kohlendioxids in Natronlauge wird das CO_2 als $BaCO_3$ ausgefällt, anschließend mit Phosphorsäure wieder freigesetzt, in 1-Aminopropanol-(2) unter Carbamatbildung gebunden und nach Zusatz eines geeigneten Szintillationssystems die C-14-Aktivität im Flüssigkeitsszintillationsspektrometer gemessen. Die Nachweisgrenze liegt bei 1.2 pCi/g Kohlenstoff.

Zur Absorption von 1 M CO_2 werden 2 M 1-Aminopropanol-(2) benötigt. Nach folgender Reaktion bildet sich Carbamat, das in Methanol und dem Szintillationssystem löslich ist:

$$2\,CH_3-CHOH-CH_2-NH_2 + CO_2 \rightarrow$$
$$CH_3-CHOH-CH_2-NH-CO-HN-CH_2-CHOH-CH_3 + H_2O \,.$$

Für die *Tritium-Bestimmung* wurde die unten beschriebene Verbrennungsapparatur zur Gewinnung des Verbrennungswassers ebenfalls verwendet (MLINKO et al. 1972).

a) Verbrennungsapparatur

Die Verbrennungsapparatur ist in Abb. 15-1 skizziert. Die unter *1* bis *6* aufgeführten Geräte dienen der Reinigung der für die Pyrolyse verwendeten Luft, die CO_2-frei ins Pyrolyserohr gelangt. Im Pyrolyserohr werden abhängig vom Trockensubstanz-Gehalt 8 bis 150 g der gegebenenfalls zerkleinerten biologischen Probe, die sich im Quarzschiffchen *9* befindet, nach einem für sie geeigneten Temperaturprogramm thermisch zersetzt. Die Pyrolysegase passieren anschließend den auf 900 °C erhitzten Platinkatalysator D, wobei Kohlenmonoxid im Sauerstoffstrom quantitativ zu Kohlendioxid umgesetzt wird. Reinigung des Sauerstoffs von Rest-CO_2 und Dosierung der Sauerstoffzufuhr erfolgen während des Durchflusses durch die Teile *17* bis *19*. Die mit insgesamt 600 ml 2 N Natronlauge gefüllten Absorptionsgefäße *13* und *15* absorbieren das bei der Verbrennung gebildete Kohlendioxid quantitativ. Die Natronlauge muß frei von CO_2 bzw. Carbonaten sein. Das mit *12* bezifferte Gefäß ist ein 1-l-Kolben mit Waschflascheneinsatz, der so angeschlossen wird, daß die im Störungsfalle zurückfließende Natronlauge dort aufgefangen werden kann. Für den Betrieb der Apparatur ist ein leichter Unterdruck in den Absorptionsgefäßen erforderlich, der von der Membranpumpe *16* erzeugt wird. Nach Abschluß der Verbrennung wird der Natronlauge zur Pufferung eine äquimolare Menge an Ammoniumchlorid zugesetzt, mit überschüssiger Bariumchloridlösung das Bariumcarbonat ausgefällt und wie bei der gravimetrischen Analyse das $BaCO_3$ isoliert und bestimmt.

Zum thermischen Substanzaufschluß und zur „Flüssig-Szintillationsmessung" des bei der Probenoxidation entstehenden Tritium-Wasserdampfes (^3H_2O) und des radioaktiven $^{14}CO_2$ ist bei Fa. CANBERRA-PACKARD GmbH ein vielseitiges Geräteprogramm handelsüblich.

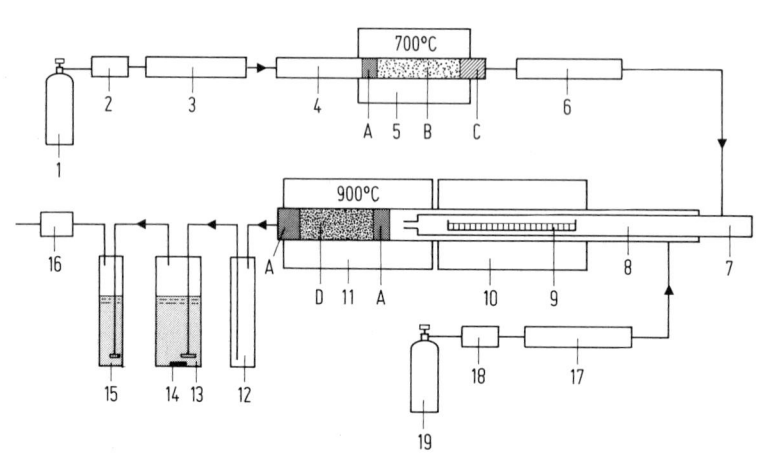

Abb. 15-1. Verbrennungsapparatur für die Kohlenstoff-14-Bestimmung. *1* Preßluftflasche; *2* Strömungsmesser; *3* Absorptionsrohr mit Molekularsieb; *4* Luftreinigungsrohr aus Quarz, A Quarzwolle, B Kupferoxiddraht, C Quarzstückchen; *5* Vorverbrennungsofen; *6* CO_2-Absorptionsrohr mit NaOH-Plätzchen; *7* Pyrolyserohr aus Quarz; *8* Oxidationsrohr aus Quarz, A Quarzwolle, D Platinkatalysator auf Keramikkugeln; *9* Quarzschiffchen; *10* Pyrolyseofen; *11* Oxidationsofen; *12* Sicherheitsfalle; *13* 1-l-Kolben; *14* Magnetrührer; *15* Waschflasche; *16* Membranpumpe; *17* CO_2-Absorptionsrohr mit NaOH-Plätzchen; *18* Strömungsmesser; *19* Sauerstoffflasche.

b) Probenbereitung für die Flüssigkeitsszintillationsmessung

Die für die Probenbereitung entwickelte Apparatur zeigt Abb. 15-2. Im 100-ml-Zweihalskolben mit Magnetrührstäbchen werden 9.5 g $BaCO_3$ in 60 ml CO_2-freiem Wasser aufgeschlämmt und im Tropftrichter 40 ml konz. Phosphorsäure vorgelegt. Während ein schwacher Stickstoffstrom die Apparatur passiert, werden in das Absorptionsrohr zuerst 6 ml Methanol, anschließend 7.4 ml 1-Aminopropanol-(2) bzw. 6 ml Ethanolamin eingefüllt. Die Aminoalkohole müssen frisch destilliert sein. Bevor die Phosphorsäure zugetropft wird, ist der Magnetrührer in Betrieb zu setzen und die Stickstoffzufuhr zu unterbinden. Für den einwandfreien Betrieb der Apparatur ist die richtige Dosierung der Phosphorsäurezugabe Voraussetzung. Die Blasenentwicklung an der D4-Fritte darf nicht zu stark sein, da sonst CO_2 nicht quantitativ absorbiert wird. Zur vollständigen Freisetzung des CO_2 werden etwa 2 bis 3 h benötigt. Anschließend wird noch 3 h lang Stickstoff durch die Apparatur geleitet, wodurch alles CO_2 übergetrieben wird.

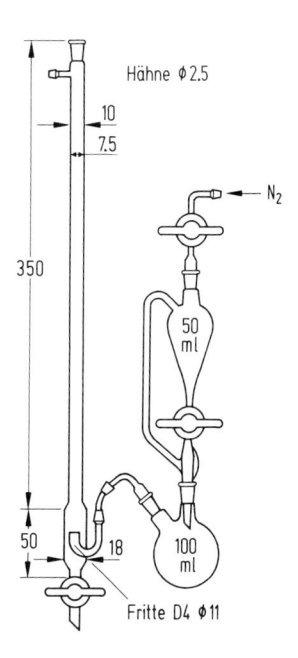

Abb. 15-2. Apparatur zur Probenbereitung für die C-14-Flüssigkeitsszintillationsmessung.

Zur Bereitung der Meßprobe läßt man noch unter Stickstoffzufuhr die Absorptionslösung in ein Polyethylenfläschchen zur Flüssigkeitsszintillationszählung ablaufen, spült das Absorptionsrohr mit 2.6 ml Methanol (bei Verwendung von Ethanolamin mit 4 ml) nach und setzt unabhängig vom verwendeten Aminoalkohol 4 ml Szintillatorlösung der Zusammensetzung 20 g PPO (2,5-Diphenyloxazol), 0.3 g POPOP [2,2'-p-Phenylenbis(5-phenyloxazol)] und 200 g Naphthalin in 1 l Toluol zu.

Die Nullwertprobe wird in der gleichen Weise aus C-14-freiem $BaCO_3$ bereitet. Dabei erwiesen sich sowohl handelsübliches als auch aus Marmor gewonnenes $BaCO_3$ geeignet.

c) Optimierung der Meßbedingungen

Im low level-Meßbereich ist die optimale Einstellung des zur Verfügung stehenden Flüssigkeitsszintillationsspektrometers auf das verwendete Szintillationssystem von größter Bedeutung. Für das Packard-Gerät „Tri-Carb", Modell 3390/544 ergab die Einstellung Gain 40% und Kanalbereich 50 bis 600 den Maximalwert für E^2/B (E = Meßeffizienz, B = Background).

Als Mindestmeßzeit sollten 4×100 min gewählt werden. Die Meßproben zeigen für etwa 20 h nach der Bereitung stabile Meßwerte, danach steigen die Impulsraten kontinuierlich an.

Für jede zu untersuchende Probe sollte mindestens eine Doppelbestimmung durchgeführt werden.

Ausführung. Die Einwaagen von 8 bis 150 g werden so gewählt, daß mindestens 50 g $BaCO_3$ vorliegen. Diese Einwaagen sind daher vom Wassergehalt der Proben abhängig. Eine am kohlenstofffreien Ascherückstand erkennbare quantitative Verbrennung kann nur mit jeweils den Proben angepaßten Temperaturprogrammen erzielt werden. Für pflanzliche Produkte und Lebensmittel sind Umsetzungstemperaturen bis 750 °C erforderlich. Die optimale Verbrennungstemperatur muß für die einzelnen Matrizes empirisch ermittelt werden. Als Nachweisgrenze gilt bei 400 min Meßzeit für das System mit 1-Aminopropanol-(2) 1.2 pCi/g Kohlenstoff und mit Ethanolamin 1.3 pCi/g Kohlenstoff.

Propanolamin wird gegenüber Ethanolamin bevorzugt, da dadurch der Nulleffekt von 12.0 auf 11.4 Ipm gesenkt und gleichzeitig die Zählausbeute für C-14 von 63.1 auf 65.6% erhöht wird. Propanolamin liefert außerdem stabilere Meßproben.

15.2 Mikroanalytische CH- und N-Bestimmung mit manometrischer Methode

Prinzip (PFAB und MERZ 1964, 1966). Die Substanz wird im Helium-Sauerstoffstrom in einer entsprechend dimensionierten Pregl-Apparatur umgesetzt, überschüssiger Sauerstoff gebunden, Stickoxide mit Kupfer reduziert und anschließend die Reaktionsgase Wasser, Kohlendioxid und Stickstoff nacheinander durch fraktionierte Kondensation getrennt. Jedes der drei Kondensationsgefäße ist mit einem Zwillingsmanometer gasdicht verbunden. Zur Messung werden die Manometer gegeneinander abgesperrt, die Reaktionsgase verdampft und aus der Höhe des Druckanstieges der Gehalt an C, H und N berechnet.

Apparatur bestehend aus Gasvorreinigung, dem Verbrennungsteil und der manometrischen Meßanordnung, ist in Abb. 15-3 dargestellt.

Um Blindwerte auszuschalten, ist eine intensive Gasvorreinigung notwendig. Wenn erforderlich, wird das Brenngas vor Eintritt in die Gasreinigungsanlage noch über erhitztes Kupferoxid geleitet. Das Verbrennungsrohr enthält mit Kupferoxid, Magnesiumoxid,

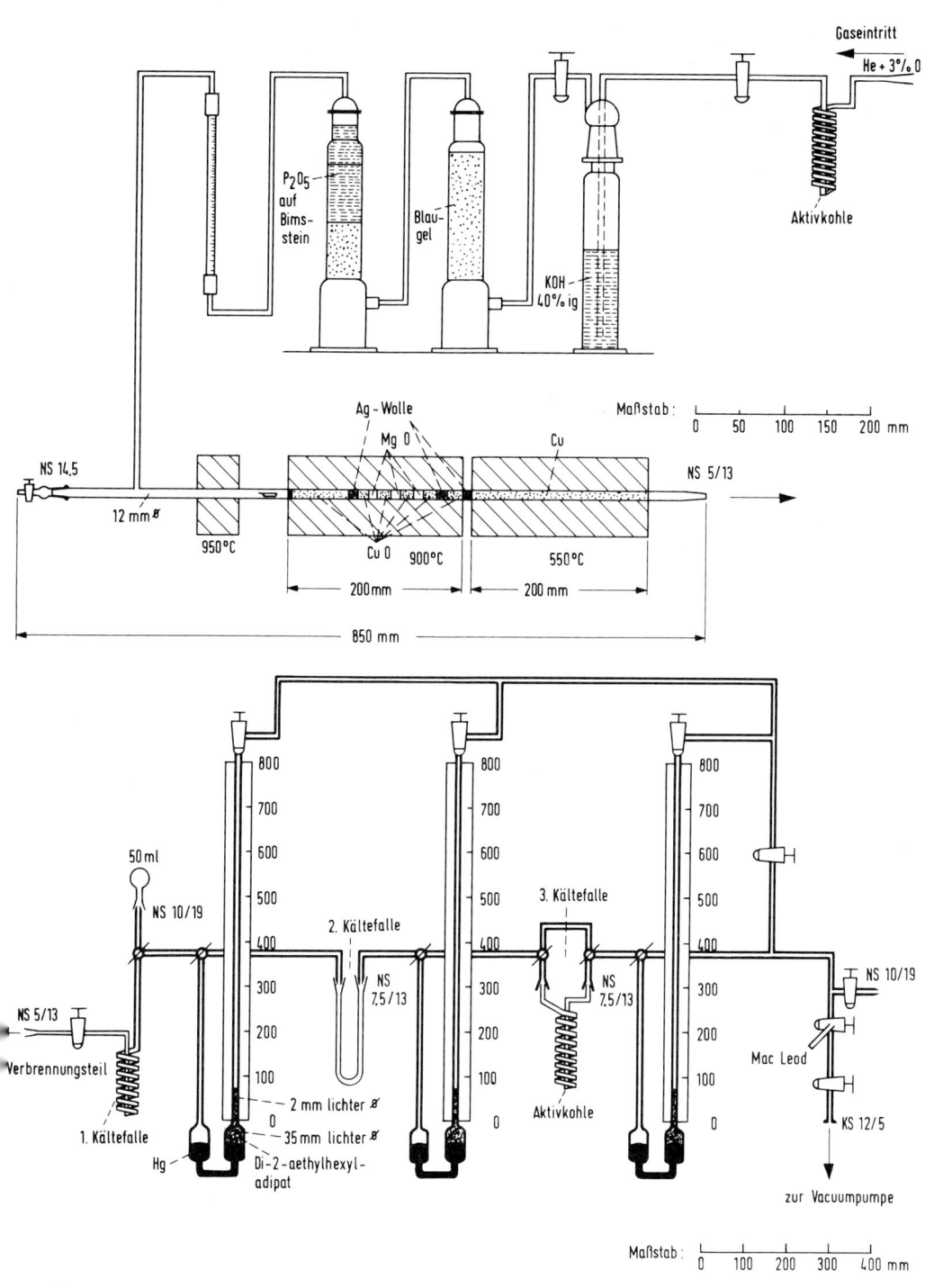

15.2 Mikroanalytische CH- und N-Bestimmung mit manometrischer Methode

Abb. 15-3. Die Bestimmung von Kohlenstoff, Wasserstoff und Stickstoff auf manometrischem Weg.

Silber und Kupfer die klassische Universalfüllung. In der ersten Kältefalle wird das Reaktionswasser bei $-78\,°C$ ausgefroren, in der zweiten das Kohlendioxid bei $-195.8\,°C$ und in der dritten der Stickstoff bei $-195.8\,°C$ über Aktivkohle. Um Verluste durch Aerosolbildung zu verhindern, ist es vor allem beim Kohlendioxid wichtig, daß die Kühlstrecke eine gewisse Mindestlänge besitzt. Die Manometer enthalten Quecksilber als schwere Phase und Di-2-ethylhexyladipat, mit Azobenzol angefärbt, als leichte Phase. Optimale Empfindlichkeit wird erreicht durch richtige Dimensionierung des Steigrohr- und Quecksilbergefäßdurchmessers. Zum Parallaxen-Ausgleich sind hinter den Manometerrohren außenseitig graduierte Langspiegel angebracht.

Arbeitsvorschrift. Der Gasstrom wird auf 20 ml/min eingestellt, das Substanzboot mit 0.4 bis 1.0 mg Substanzeinwaage ins Rohr geschoben und die Verbrennung eingeleitet. Die Verbrennung dauert etwa 10 min. Anschließend wird nach Umsetzung von stickstofffreien Substanzen 10 bis 15 min, von stickstoffhaltigen 20 bis 30 min gespült. Bei sehr wasserstoffreichen Verbindungen ist aus Sicherheitsgründen die Spülzeit ebenfalls zu verlängern. Störende Reaktionsgase werden von Silber und Magnesiumoxid festgehalten und der überschüssige Sauerstoff am Kupferkontakt gebunden. Die Reaktionsgase Kohlendioxid, Wasser und Stickstoff werden in die konstant evakuierte Meßapparatur gespült und dort fraktioniert in den entsprechenden Kühlfallen kondensiert und quantitativ gesammelt. Ist die Umsetzung beendet, werden die einzelnen Kühlfallen mit den entsprechenden Manometern verbunden, die Kältebäder entfernt, bei Raumtemperatur der Druckanstieg abgelesen und daraus der CH- und N-Gehalt ausgerechnet. Die Eichung der Meßapparatur für Kohlendioxid und Wasser geschieht durch Kondensation einer bestimmten Menge Kohlendioxid und für Stickstoff mit einer bekannten Stickstoffmenge. Da das Meßvolumen auf Grund der Quecksilberverdrängung beim Druckanstieg größer wird, besteht zwischen der C-, H- und N-Menge (m) und dem Druck (p) eine nichtlineare Beziehung entsprechend der Gleichung:

$$m = ap^2 + bp \ .$$

Die Konstanten a und b werden durch Eichung ermittelt.

16 Thermokonduktometrische Methoden der CHN-(und S-)Bestimmung

16.0 Einführende Bemerkungen

Seit den ersten Veröffentlichungen über CHN-Bestimmungen mit dem WLD-Detektor durch DUSWALT und BRAND (1960) sowie SUNDBERG und MARESCH (1960) sind zahlreiche Methoden und Geräte für die CHN-Bestimmung entwickelt worden.
   Die Arbeitsprinzipien der bekanntesten Entwicklungen haben EHRENBERGER und GORBACH (1973) in ihrer Monographie beschrieben. In den nachfolgenden Jahren berichteten HOZUMI (1966) und REZL et al. (1975, 1976) über weitere Geräteentwicklungen, die an bekannte Arbeitsprinzipien anknüpfen. Auch der von FRAISSE et al. (1978) entwickelte „Automatic-CHN-Microanalyzer", der nach dem Walisch-Prinzip (1961) arbeitet, ist heute im Handel.
   In der Elementaranalyse werden zur CHN- und auch O- und S-Bestimmung heute weltweit die Geräte der Firmen PERKIN-ELMER, CARLO-ERBA und der Firma FOSS HERAEUS eingesetzt. Die Arbeitsweise dieser Geräte wird in den Kap. 16.1 bis 16.4 genauer beschrieben.
   Darüber hinaus wird der WL-Detektor mit großem Nutzen auch zur Spurenbestimmung der oben genannten Elemente (z. B. s. Bestimmung der C-Kennzahlen, Kap. 19) und zur Bestimmung funktioneller Gruppen (z. B. von Alkoxyl-Gruppen, EHRENBERGER 1965, BARTELMUS et al. 1977) eingesetzt.
   Das Prinzip der Wärmeleitfähigkeitsmessung (Thermokonduktometrie) ist in Kap. 6.4 beschrieben.

16.1 CHN-Bestimmung mit dem Perkin-Elmer Elemental Analyzer Modell 240 (A–D) und Modell 2400

Allgemeines. Das oben bezeichnete Gerät ist eine laborreife Ausführung des von SIMON et al. (1963) sowie CLERC et al. (1963) konzipierten Arbeitsprinzips. Dieses wurde in den PE-Forschungslabors von CONDON (1966), PREZIOSO (1966) und CULMO (1968, 1972, 1980, 1981) zum CHN-Elemental Analyzer Modell A bis D für den Routineeinsatz weiterentwickelt. Im Unterschied zu anderen, auch mit dem WLD-Detektor arbeitenden, Geräten, werden in diesem System die von der Meßzelle abgegebenen Gleichspannungssignale statisch gemessen (Abb. 16-1).

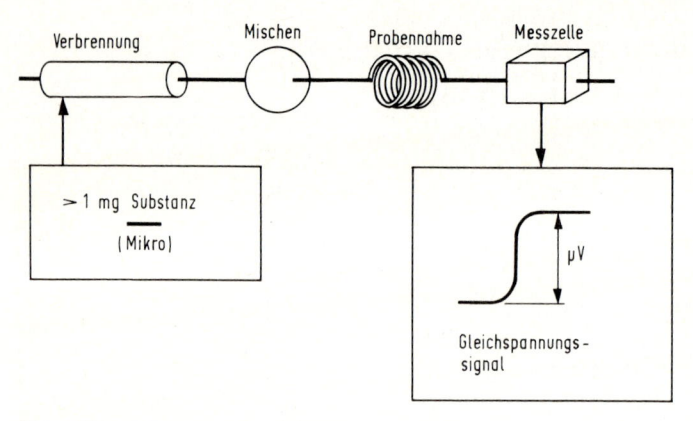

Abb. 16-1. Schematisches Fließbild des Kohlenstoff-, Wasserstoff- und Stickstoff-Analysators von PERKIN-ELMER, Modell 240.

Prinzip. Substanzmengen von 1 bis 3 mg werden im Verbrennungsrohr mit „klassischer" Füllung (Kupferoxid, Silberwolframat auf Magnesiumoxid, Silbervanadat und metallisches Silber) in ruhender Sauerstoffatmosphäre verbrannt. Anschließend werden die Reaktionsgase mit Helium in ein Mischgefäß gespült, wobei an Kupfer der überschüssige Sauerstoff gebunden und Stickoxide reduziert werden. Das Mischgefäß wird mit Helium auf einen Druck von etwa 1.5 atm. aufgefüllt. Nach Mischung und Temperierung läßt man das Gasgemisch durch ein langes Rohr über den Meßteil, der aus einem System von 3 Wärmeleitfähigkeitsmeßzellen besteht, auf fast Normal-Druck entspannen. Das Rohr ist von engem Querschnitt und relativ lang, so daß sein Inhalt vom Heliumstrom als langer Pfropfen in den Katharometerteil gedrückt werden kann, ohne daß sich die Zusammensetzung des Gasgemisches ändert. Die Messung der Reaktionsgase Wasser, Kohlendioxid und Stickstoff erfolgt statisch nach dem in der Abb. 16-2 gezeigten *Subtraktionsprinzip*. Nach Substanzeinbringung in das Rohr von Hand oder über die Probenschleuse (Autosampler) werden bis zum Ausdrucken der den Meßgaskonzentrationen entsprechenden Impulszahlen alle Arbeitsschritte von einem Programmschaltwerk selbsttätig gesteuert. Die Umrechnung der Ergebnisse in Gewichtsprozente erfolgt nach Eichung mit reinen Testsubstanzen mit Hilfe des angeschlossenen Rechners. Wird die elektronische Mikrowaage mit dem Rechner gekoppelt, dann wird die Substanzeinwaage von der Waage direkt übernommen und bis zur Endrechnung gespeichert.

Die Verbrennungsanordnung, in Abb. 16-3 schematisch dargestellt, besteht aus 2 getrennt beheizten Verbrennungsöfen. Das Oxidationsrohr wird auf etwa 950 °C, das Reduktionsrohr auf 650 °C erhitzt. Zur Nachverbrennung befindet sich vor dem Oxidationsofen noch zusätzlich eine Heizspirale, die nach der Umsetzung nur kurze Zeit auf etwa 1000 °C aufgeheizt wird, Oxidations- und Reduktionsrohr sind aus reinem Quarzglas; das Oxidationsrohr hat einen Außen-/Innendurchmesser von 11/9 mm, das Reduktionsrohr von 22/20 mm. Die beheizten Zonen sind je 30 cm lang. Als Rohrfüllungen werden die üblichen Kontaktsubstanzen Kupferoxid/Kobaltoxid, Magnesiumoxid mit Silberwolframat beschichtet, Silberwolle und Silbervanadat, und drahtförmiges Kupfer verwendet.

Kohlenstoff, Wasserstoff und Stickstoff schneller und sicherer bestimmen

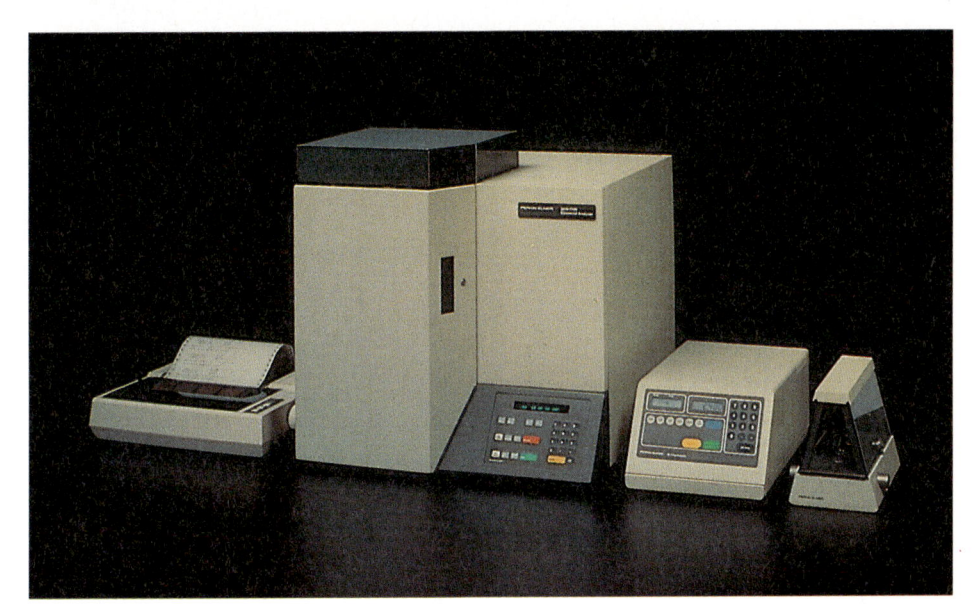

Der Elementar-Analysator 2400 bestimmt Kohlenstoff, Wasserstoff und Stickstoff simultan in organischen und anorganischen Proben. Dabei werden die Proben unter reiner Sauerstoffatmosphäre verbrannt, um somit die optimalen Bedingungen für eine große Anzahl unterschiedlichster Materialien zu erhalten.

Die wichtigsten Eigenschaften des CHN-Analysators in Kurzform:

SCHNELL
5 min für die simultane CHN-Bestimmung.

LEISTUNGSFÄHIG
Bis zu 60 Proben vollautomatisch.

AUSBAUFÄHIG
Sauerstoff-Bestimmung mit einem besonderen Zubehör möglich.

EINSATZBEREICH
Von organischen Fest- und Flüssigproben über Polymere, Kohlefasern, Ölprodukten bis hin zu Sedimenten, Ölschiefer und geologischen Materialien können schnell und sicher analysiert werden.

SICHERHEIT
Elektronische Steuerung und Überwachung aller Funktionen.

DATENVERARBEITUNG
Die Auswertung mit der prozentualen Berechnung ist eingebaut, für Datenspeicherung und statistische Auswertungen kann zusätzlich ein PC angeschlossen werden.

Nutzen Sie unsere Erfahrung aus den unterschiedlichen Anwendungsbereichen der Elementaranalyse. Entsprechende Literatur senden wir Ihnen gerne auf Anforderung zu.

Weitere Informationen erhalten Sie von
Bodenseewerk Perkin-Elmer GmbH
Postfach 10 11 64, D-7770 Überlingen
Telefon (07551) 81 35 41
Telex 7 33902, Telefax (07551) 16 12

PERKIN ELMER

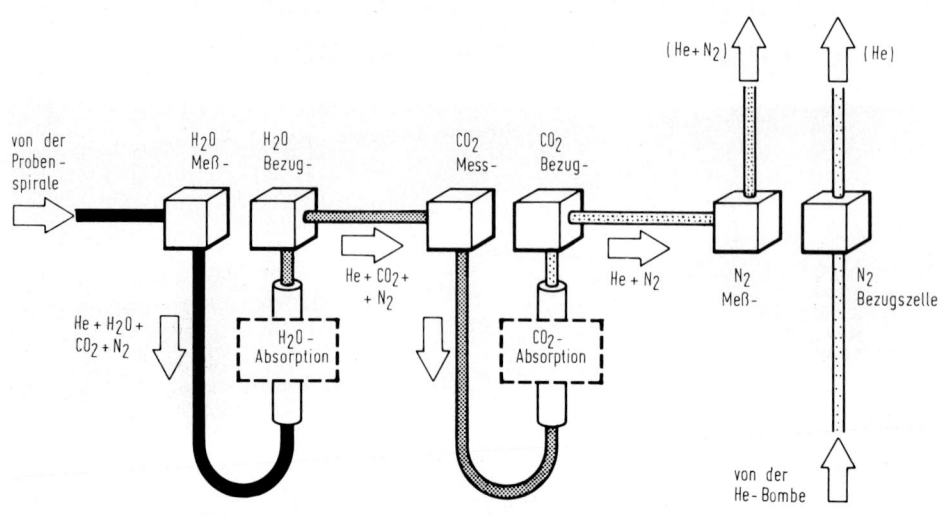

Abb. 16-2. Fließbild-Darstellung des Detektorteiles der Apparatur von PERKIN-ELMER, Modell 240.

Dünne Metallrohrleitungen verbinden die Rohre untereinander und mit dem Meßteil; die Dichtung erfolgt mit O-Ringen. Die Substanz wird mit Hilfe eines Quarzlöffels mit Magnetkern am hinteren Ende in die heiße Zone eingefahren.

Der Meßteil (Abb. 16-2) ist in einem Thermostaten (70 °C) untergebracht. Er enthält das 300 ml fassende Mischgefäß, die Meßzellen und den Druckschalter, der unabhängig von Luftdruckschwankungen bei einem Druck von 1500 mm Quecksilber mit einer Reproduzierbarkeit von 0.1% schaltet. Das Probennahmerohr hat ein Fassungsvermögen von etwa 175 ml und besteht aus einer Kupferspirale von annähernd 4 m Länge und einem äußeren Rohrdurchmesser von ca. 9 mm. Die Meßanordnung setzt sich aus 3 in Serie geschalteten Wärmeleitfähigkeitszellen zusammen. Jede dieser drei Meßzellen hat zwei Heizwendeln, die mit 270 mA gespeist werden und in einer Brückenschaltung verbunden sind. Die Heizelemente der Wasser- und Kohlendioxidzelle sind durch eine chemische Absorptionsfalle getrennt. Jede der drei Meßbrücken ist elektrisch unabhängig. Um gute Temperaturkonstanz sicherzustellen, ist die Meßzellenanordnung gut isoliert.

Das Wasser-Absorptionsrohr, gefüllt mit Magnesiumperchlorat, und das Kohlendioxid-Absorptionsrohr, gefüllt mit Natronasbest, sind wie die Gasreinigungsröhrchen für Helium und Sauerstoff an der Außenseite des Thermostatengehäuses montiert. Diese Rohre haben eine Länge von ca. 200 mm und einen Außen-/Innendurchmesser von 12/10 mm. Sie tragen auf beiden Seiten O-Ringverbindungen. Alle Magnetventile sind Zweiwegeventile und im Normalzustand geschlossen. Zur Verbrennung wird *reinster Sauerstoff** und als *Trägergas reines Helium** verwendet. Die beiden Gasströme sind druckgeregelt. Die *Auswertung* der Meßzellenspannung erfolgt mit Hilfe eines Digitalvoltmeters und Druckers. Mit einem empfindlichen 0 bis 1 mV Schreiber kann das Meß-

---

* Reinstqualität (4.9) MESSER GRIESHEIM.

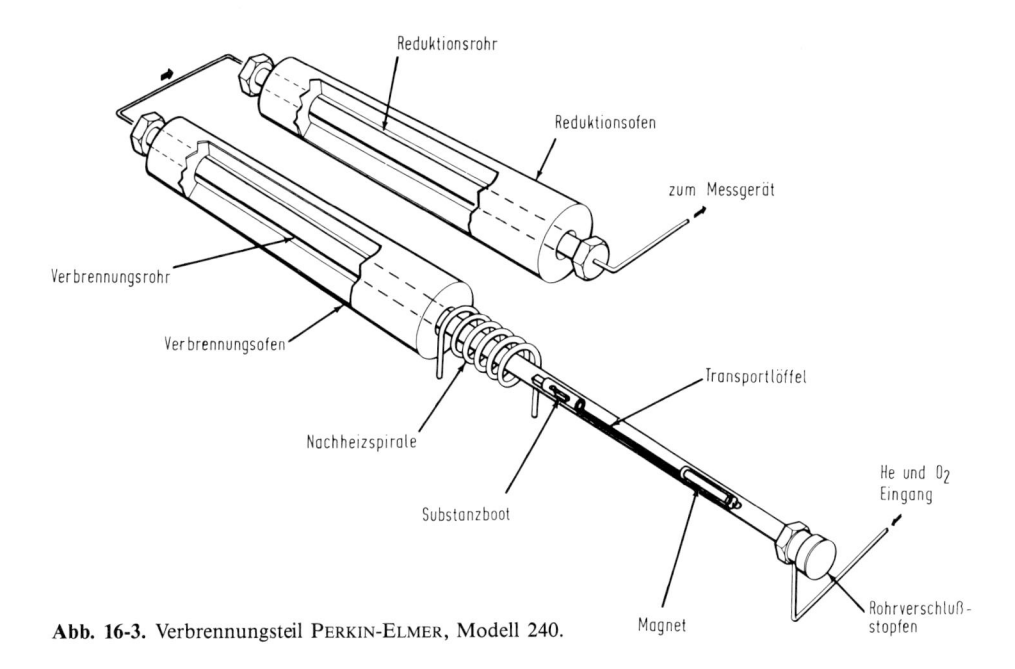

16.1 CHN-Bestimmung mit dem Perkin-Elmer Elemental Analyzer Modell 240 (A–D)

Abb. 16-3. Verbrennungsteil PERKIN-ELMER, Modell 240.

profil mitgeschrieben werden. Die einzelnen Brückenspannungen können über Integrator und/oder Schreiber ausgewertet werden. Ein spezieller Programmschalter verbindet das DVM bzw. den Schreiber mit den einzelnen Brückenausgängen, wenn die Gleichspannungssignale der einzelnen Meßzellen abgefragt werden.

Kontakte und Reagenzien. Alle üblichen Kontaktsubstanzen werden vom Hersteller des Geräts analysenfertig geliefert.

Um die Aktivität des metallischen Kupfers (zur Absorption des überschüssigen Sauerstoffs und zur Reduktion der Stickoxide als Kontaktsubstanz) zu erhöhen und damit die Lebensdauer des Reduktionsrohres wesentlich zu verlängern, empfiehlt DIRSCHERL (1982) ein aktives Kupferpräparat, das nach untenstehender Arbeitsweise selbst hergestellt werden kann, als Füllung des Reduktionsrohrs.

Herstellung des aktiven Kupferpräparats. 1 kg Kupferoxid* in Drahtform wird in einer Kugelmühle 7 bis 8 min lang gemahlen. Die Anteile, deren Korngröße zwischen den Sieben 37.9 und 68.6 mesh ASTM E 11-61 liegt, werden zur Reduktion mit Wasserstoff verwendet. Der Anteil an Kupferoxidstaub (ca. 30%) wird verworfen. Man verwendet zweckmäßig ein Quarzrohr von 20 mm Innendurchmesser für die Reduktion.

Es wird ein Wasserstoffstrom von ca. 80 bis 100 ml/min eingestellt und mit eben entleuchteter Flamme eines Bunsenbrenners erhitzt, so daß es nicht zum Aufglühen der Kupferschicht infolge aufgestauter Reduktionswärme kommt. Man läßt im Wasserstoffstrom erkalten und verwendet das Produkt umgehend zur Füllung der Verbrennungsrohre.

---

* Kupferoxid in Drahtform, MERCK.

A Kohlendioxidabsorptions- He- und O₂ Reinigungsrohr

Leer 6 mm
Quarz- oder Glaswolle 12 mm
Lithasorb 112 mm
Quarz- oder Glaswolle Schichtdicke < 2 mm
Magnesiumperchlorat 54 mm
Quarz- oder Glaswolle 12 mm
Leer 6 mm

B Wasserabsorptionsrohr

Leer 6 mm
Quarz- oder Glaswolle 12 mm
Magnesiumperchlorat 165 mm
Quarz- oder Glaswolle 12 mm
Leer 6 mm

C Reduktionsrohr

Leer 6 mm
Silberdrahtnetz 12 mm
Quarzwolle <2 mm dick
Kupfer 60/100 Maschen 300 mm
Silberdraht 6 mm
Quarzwolle <2 mm dick
Leer 6 mm

D Verbrennungsrohr

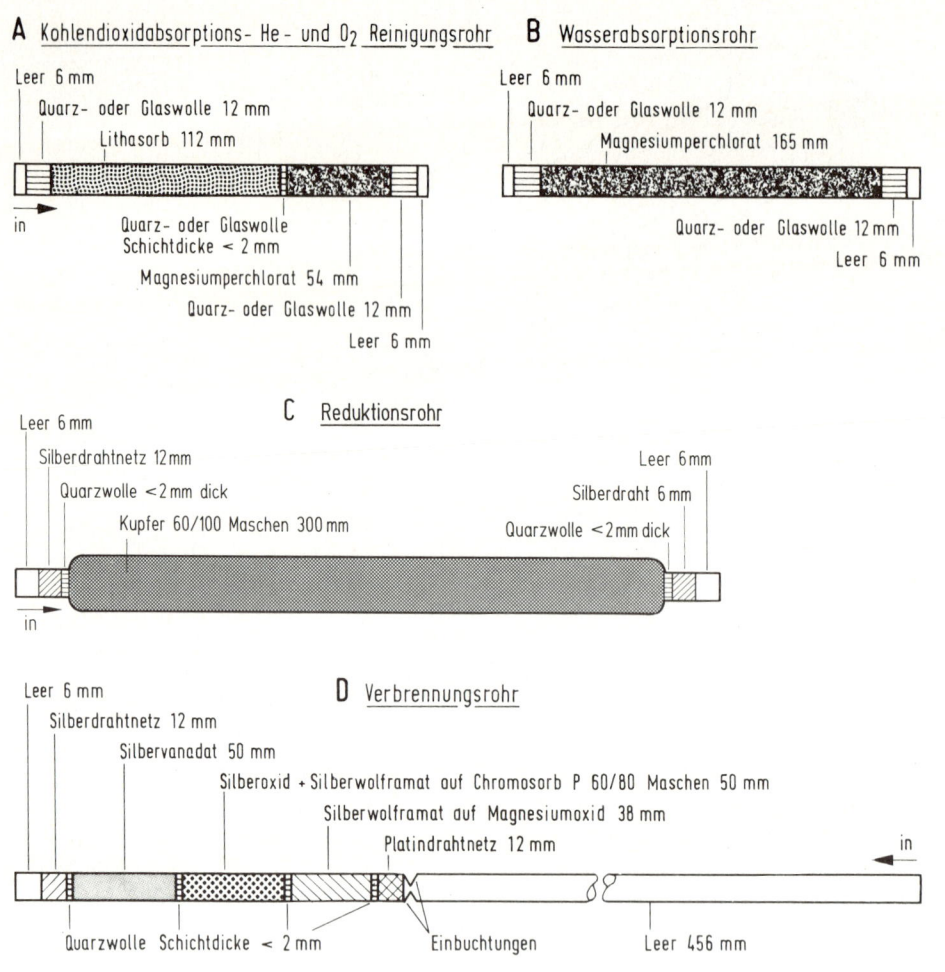

Leer 6 mm
Silberdrahtnetz 12 mm
Silbervanadat 50 mm
Silberoxid + Silberwolframat auf Chromosorb P 60/80 Maschen 50 mm
Silberwolframat auf Magnesiumoxid 38 mm
Platindrahtnetz 12 mm
Quarzwolle Schichtdicke < 2 mm
Einbuchtungen
Leer 456 mm

Abb. 16-3. (A–D) Verbrennungs- und Gasreinigungsrohre PERKIN-ELMER, Modell 240. (C) Reduktionsteil des Verbrennungsrohres mit Segmenten aus Kupfergrieß.

Die ca. 200 mm lange Kupferschicht im Reduktionsrohr wird 7 bis 8mal durch schmale Pfropfen aus Quarzwolle* unterteilt (Abb. 16-3C).

Arbeitsvorschrift und Analysenablauf. Zur *Substanzeinwaage* ist jede empfindliche Waage geeignet, mit der 1 bis 3 mg Substanz mit einer Genauigkeit von 0.1% gewogen werden können; dazu werden heute ausschließlich elektronische Mikrowaagen mit BCD-Ausgang verwendet, die auch mit dem Rechner kompatibel sind. Bei manueller Substanzeinbringung ins Rohr werden feste Substanzen in kleine Boote aus Platin eingewogen

---

* Quarzwolle, geglüht zur Elementar-Analyse, HERAEUS QUARZGLAS GmbH.

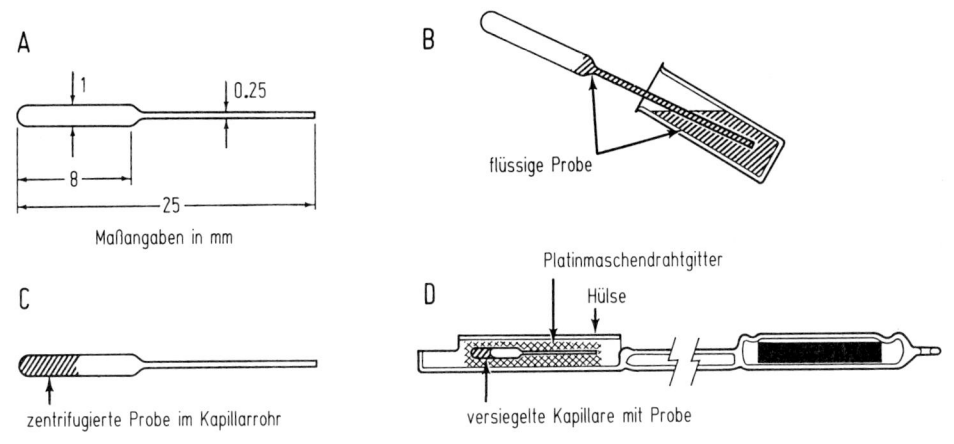

16.1 CHN-Bestimmung mit dem Perkin-Elmer Elemental Analyzer Modell 240 (A–D)

Abb. 16-4. Abfüllen und Analyse von flüssigen Proben.

oder in dünne Silber- oder Aluminiumfolie eingefaltet. Flüssigkeiten werden meist in Quarzkapillaren eingesaugt (s. Abb. 16-4) und so umgesetzt. Oder die Flüssigkeiten werden mit Hilfe von Metallhülsen aus Aluminium, Silber, Nickel oder Zinn zur Einwaage gebracht; sie werden nach Substanzbeschickung gasdicht kalt verschweißt und dann gewogen. Diese Einwägetechnik, die sog. „Kapseltechnik" – im nachfolgenden Kapitel ausführlich beschrieben – hat sich in der organischen Elementaranalyse weitgehend durchgesetzt, vor allem dort, wo mit automatischen Probeaufgebern (Autosamplern) gearbeitet wird. Die so vorbereiteten Substanzeinwaagen können im Probenmagazin längere Zeit gelagert werden, ohne daß ein Substanzverlust durch Verdampfen befürchtet werden muß.

Zur Substanzeinwaage speziell für den *Perkin-Elmer-Autosampler*, bei dem das Einschieben der Probe in die Verbrennungszone und das Rückführen des leeren Probebehälters horizontal erfolgt – Abb. 16-5 zeigt ein Schema dieser *Probenaufgabeautomatik* –, werden Probebehälter aus Platin und Nickel verwendet. Auf den Platinbehälter ist auf einer Seite ein Platindrahtnetz aufgeschweißt, auf das ein Bausch Aluminiumoxidwolle festgedrückt wird. Darauf wird die Probe gelagert, die mit Zuschlag versehen und mit Aluminiumoxidwolle abgedeckt wird. Diese Probezylinder gewährleisten bei der Umsetzung den Sauerstoffdurchgang und damit die quantitative Verbrennung auch von Substanzen, die nicht verdampfen.

Nickelbehälter werden für hygroskopische und halbfeste Proben benutzt. Die so vorbereiteten Probekapseln werden in das Probemagazin eingelegt, das 60 Einwaagen aufnehmen kann. Diese werden automatisch zur Umsetzung geführt, nach der Analyse aus der Verbrennungszone entfernt und ausgeworfen.

Analysenablauf (Modell 240). Bei *manueller Probenaufgabe* wird nach Öffnen des Bajonettverschlusses des Rohrendstückes der Quarzlöffel aus dem Rohr gezogen, das Substanzboot eingebracht, der Quarzlöffel ins Rohr zurückgeführt, das Rohr wieder gasdicht verschlossen und das Programm gestartet. Die einzelnen Arbeitsschritte des Analysenablaufs lassen sich mit Hilfe des vereinfachten Fließdiagramms und des Schaltplans vom Programmschrittwerk leicht verfolgen (Abb. 16-6).

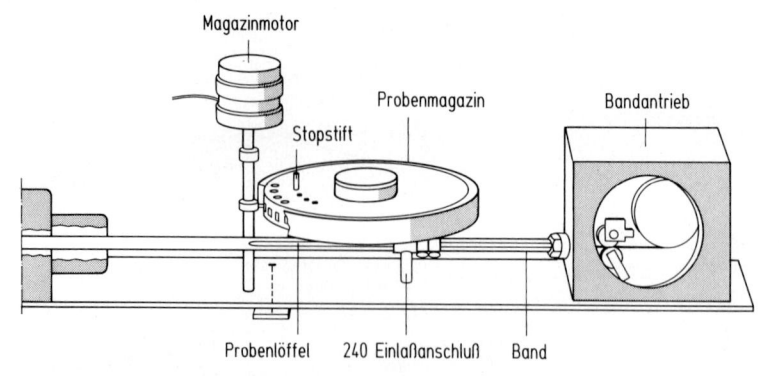

Abb. 16-5. Schema der Probenaufgabeautomatik (Autosampler).
1. Das kreisförmige Magazin enthält 60 Plätze für Probenbehälter und 60 zugeordnete Stecklöcher für Stopstecker.
2. Der Magazinmotor lädt die Probe mit Behälter aus dem Magazin auf den Ladelöffel und entleert ihn nach der Analyse.
3. Ein Transportband fährt die Probe auf dem Ladelöffel in das Verbrennungsrohr des Modells 240 hinein und nach der Analyse aus dem Rohr heraus. Das Reibradgetriebe mit Motor bewegt ein mit dem Quarz-Ladelöffel verbundenes Förderband.

Nachdem sich die Magnetventile A, D, F öffnen und wenig später die Ventile C, E und G, wird am Anfang des Programms der ganze Verbrennungs- und Meßteil vom Helium durchspült. Nach 30 s schließt Ventil G, nun durchströmt das Helium auch die in Serie geschalteten Meßzellen. Nach 90 s schließt Ventil A und öffnet für 30 s Ventil B. Das Verbrennungsrohr füllt sich mit reinem Sauerstoff, während Helium über Ventil C noch das Sammelgefäß und die Meßzellen durchspült. Nach 120 s schließt Ventil B, und der Programmer wird gestoppt. Nun wird von Hand der Quarzlöffel mit dem Substanzboot in die heiße Zone eingefahren und durch Drücken der Starttaste das Weiterlaufen des Programmers befohlen. Die Substanz verbrennt in ruhender Sauerstoffatmosphäre. Der dabei eintretende Druckanstieg im Verbrennungsteil wird über die noch offenen Ventile D und E abgebaut. Nach 160 s schließt Ventil D, die Oxidationsphase dauert noch an. Nach 180 s schließt Ventil F, und nach 220 s wird der Nachverbrennungsofen eingeschaltet; er glüht eine Minute. Währenddessen schließt nach 230 s Ventil E. Verbrennungs- und Meßteil sind nun gegeneinander abgeschlossen, die Meßzellen werden weiter über Ventil C mit Helium bespült. Nach 240 s öffnet Ventil D und gibt den Reaktionsgasen den Weg frei zum Sammelgefäß, in das sie nach Öffnen von Ventil A nach 250 s mit Helium gedrückt werden. Nach 300 s wird das Programm gestoppt, bis der Druck im Mischgefäß 1.5 atm erreicht hat, der Druckschalter sich öffnet und damit das Schließen des Ventils D und den Weiterlauf des Programms auslöst. Im gleichen Augenblick schließt auch Ventil A. Von der 320. bis zur 390. Sekunde sind die zu messenden Reaktionsgase zur Homogenisierung und zum Temperaturausgleich im Sammelgefäß eingeschlossen. Während dieser Zeit werden die Null-Signale der noch von reinem Helium durchflossenen Meßzellen abgefragt. Nach 400 s schließt Ventil C und öffnet Ventil G. Nach 410 s öffnet Ventil F, wodurch das Gasgemisch über die Probenspirale expandieren kann. Nach 490 s schließen die Ventile F und G. Nach 500 s öffnet Ventil C, und das Helium drückt das Meßgas

MESSER GRIESHEIM

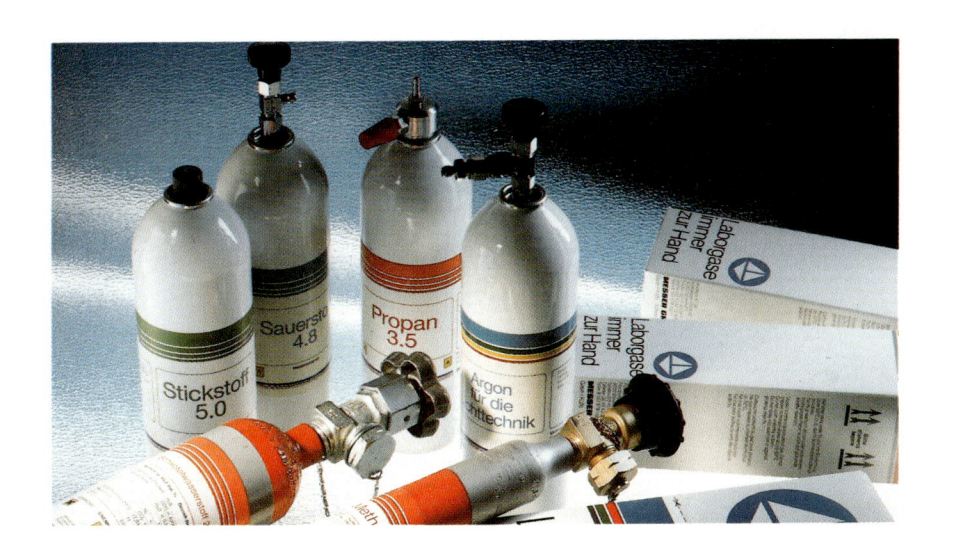

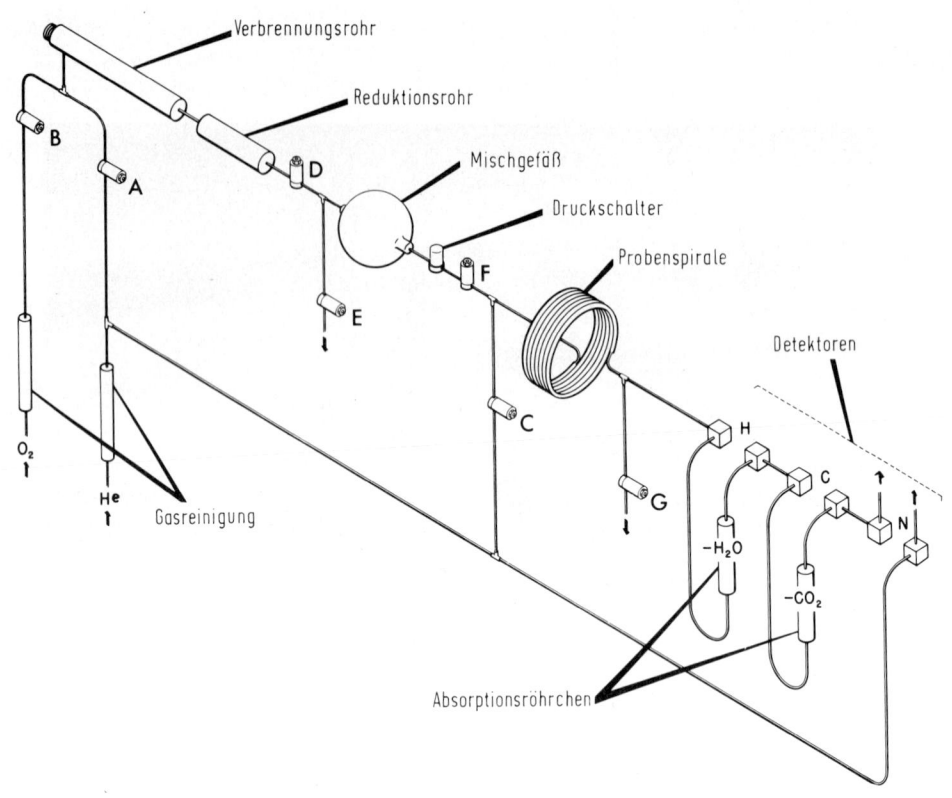

Abb. 16-6. PERKIN-ELMER, Modell 240. Analysenprogrammablauf, erläutert an einer schematischen Darstellung der Apparatur.

als langen Pfropf durch die Meßzellen. Von der 600. bis 700. s werden die Gleichspannungssignale von den drei Meßbrücken abgefragt und ausgewertet. Nach 710 s öffnen die Ventile A, D, F und schließt Ventil C. Die ganze Apparatur wird nun von reinem Helium durchströmt. Nach 720 s ist das Programm beendet und für den nächsten Lauf bereit.

Auswertung. Die an den Meßzellen auftretenden Gleichspannungssignale (µV), die den Meßgaskonzentrationen entsprechen, werden „on line" von jeder Meßzelle mehrmals hintereinander abgefragt und nach Umsetzung über einen Spannungs-Frequenzwandler als Impulssummen ausgedruckt. Diese dürfen für jedes Element bei störungsfreiem Lauf nur wenig voneinander abweichen. Aus dem Mittelwert der Impulssummen, den Eichfaktoren für C, H und N, die aus Analysenläufen mit Testsubstanzen vorher ermittelt wurden, und der im Rechner gespeicherten Substanzeinwaage werden die Prozentwerte für C, H und N berechnet und ausgedruckt.

Über die vollständige Computersteuerung des Geräts mit einer IBM 1800 hat NICOLSON (1970) seinerzeit berichtet; sie ist heute mit jedem Laborrechner mittlerer Kapazität möglich (s. dazu Kap. 8, Signalauswertung und Datenverarbeitung in der OEA).

16.1 CHN-Bestimmung mit dem Perkin-Elmer Elemental Analyzer Modell 240 (A–D)

Diskussion der Methode. Die Umsetzung erfolgt in ruhender reiner Sauerstoffatmosphäre und ist damit der bewährten Pregl-Verbrennungsweise optimal angenähert. Das Substanzboot mit darin evtl. verbliebenem Verbrennungsrückstand wird nach jeder Analyse aus dem System entfernt, damit sind Memory-Effekte von vorhergegangenen Umsetzungen weitgehend ausgeschlossen. Für die CHN-Bestimmung ist die Methode als *universelle* Analysenmethode einzustufen, da auch feste, nicht verdampfbare Stoffe, wie Kohleproben und mineralische Stoffe, damit zufriedenstellend analysiert werden können. Die statische Messung der von den Meßzellen abgegebenen Gleichspannungssignalen hat sich als sehr vorteilhaft erwiesen. Ihre Digitalisierung und Auswertung ist problemlos und liefert *sehr genaue* Elementwerte mit kleinen Standardabweichungen für alle drei Elemente (± 0.1 bis 0.2% abs.). Da die N-Eichkurve im oberen und unteren Bereich gekrümmt ist, (trifft für alle thermokonduktometrischen Methoden zu), müssen für hohe und niedere Stickstoffkonzentrationen Eichungen mit entsprechenden Testsubstanzen vorgenommen werden oder für den hohen und niederen N-Bereich mit Korrekturgliedern gerechnet werden.

Der „Autosampler" des CHN-Analyzer, Modell 240, enthält eine ausgefeilte aufwendige Mechanik, die Störungen während des Betriebes verursachen kann. Diese Art der automatischen Probeneinschleusung verhinderte außerdem weitere Rationalisierungen und somit noch kürzere Analysenzeiten. Im unten beschriebenen Nachfolgemodell, dem PE-2400 CHN Elemental Analyzer, wurde daher wieder auf das ursprüngliche, von SIMON et al. (1963) konzipierte, vertikale Umsetzungsprinzip zurückgegriffen und mit Hilfe der heute verfügbaren technischen und elektronischen Möglichkeiten von CULMO und SWANSON (1987) ein vollautomatischer CHN-Analyzer entwickelt, mit dem im Serienbetrieb die Analysenzeiten nur noch 4 bis 5 min betragen.

16.1.1 CHN-Bestimmung mit dem Perkin-Elmer Elemental Analyzer, Modell 2400

Prinzip (CULMO und SWANSON 1987, CULMO 1989). Im neukonzipierten Gerät, dessen Arbeitsprinzip Abb. 16-7 illustriert, fallen die in Zinnhülsen eingekapselten Probeneinwaagen mikroprozessorgesteuert und -kontrolliert in das vertikal gestellte Verbrennungsrohr und werden dort spontan (flash) in reiner Sauerstoffatmosphäre umgesetzt. Die gas-

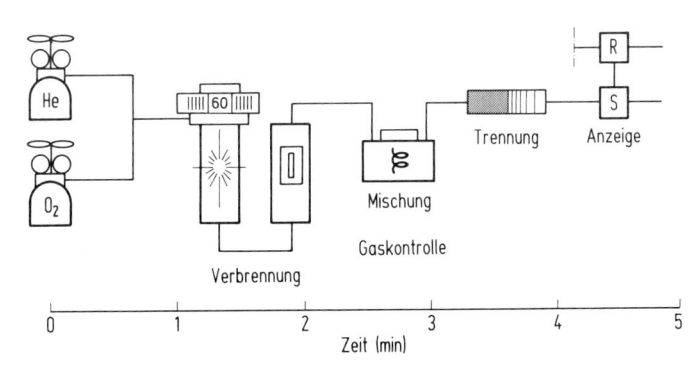

Abb. 16-7. PE-2400 CHN Elemental Analyzer (Fließschema).

förmigen Verbrennungsprodukte durchströmen anschließend das Reduktionsrohr, in dem Stickoxide reduziert und überschüssiger Sauerstoff gebunden wird; sie werden dann mit Helium in das Mischgefäß gespült, wo sie schnell (20 s) equilibriert und zur Einstellung exakter Gleichgewichtsbedingungen für die nachfolgende TC-Messung auf einen bestimmten Druck komprimiert werden.

Die equilibrierte Gasmischung wird dann mit konstanter Strömung über die Trennsäule geführt, wo die zu bestimmenden Gaskomponenten durch Frontal-GC aufgetrennt werden, allerdings nicht vollständig, sondern nur gegeneinander verzögert. Die im Detektor erzeugten, statisch stufenweise auftretenden Meßsignale werden vom Computer übernommen und mit Hilfe der − von den Eichläufen mit Testsubstanzen bekannter Zusammensetzung gespeicherten − Eichfaktoren und den von der Waage eingespeisten Substanzgewichten die Prozentwerte für C, H und N errechnet. Die Analysenergebnisse werden am Bildschirm angezeigt und/oder ausgedruckt. Nach Einlegen der Probenkapseln in das Magazin analysiert das Gerät nach Auslösen des Startimpulses eine Serie von 60 Verbrennungszyklen inklusive Blindwertkontrolle und vorprogrammierter Ermittlung der Eichfaktoren vollautomatisch.

Ein typisches Meßprofil der Detektoranzeige einer CHN-Analyse zeigt Abb. 16-8.

Von dem oben beschriebenen Modell 2400 wurde eine spezielle Ausführung für die N-Bestimmung allein (s. Kap. 32.3) und ebenso für die O-Bestimmung (s. Kap. 26.2.1) entwickelt.

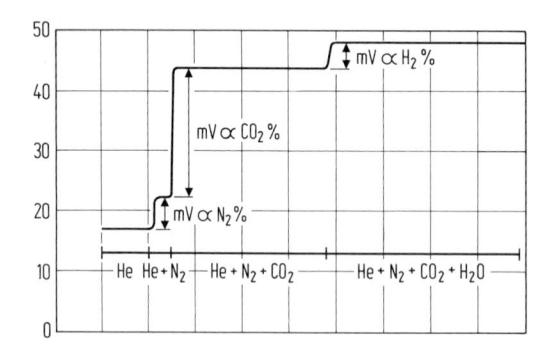

Abb. 16-8. PE-2400 CHN Elemental Analyzer. Meßprofil der Detektoranzeige.

16.2 Einwägen von festen und flüssigen Proben in Metallhülsen mit Dosiersystem mit Gasdusche − Die Kapseltechnik

Fehlerfreie Probendosierung und verlustfreie längere Lagerung der Substanzeinwaagen sind wichtige Voraussetzungen für den Einsatz von Probenmagazinen und Probenschleusen (Samplern) in automatischen Analysengeräten. Geeignete Vorrichtungen zum gasdichten Einkapseln von Substanzen werden daher von den meisten Lieferfirmen von „Elementanalyzern" angeboten. Abb. 16-9 zeigt die von KÜBLER (1974) erstmals beschriebene Abfüll- und Schließvorrichtung.

Prinzip. Feststoffe werden mit einem Spatel direkt auf den Boden der Metallhülse gegeben, Flüssigkeiten mit einer Spritze aus einem Vorratsgefäß in eine austauschbare kali-

Abb. 16-9. Abfüllvorrichtung für Metallhülsen.

brierte Kapillare aufgesaugt und von dort in eine gewogene, einseitig geschlossene Metallhülse (aus Aluminium, Silber, Nickel oder Zinn) ausgestoßen. Während des Verschließens der oberen Öffnung zwischen zwei Klemmbacken (Kaltverschweißung) kann die Luft durch einen gerichteten Gasstrom (He, O_2) aus der Hülse verdrängt werden. Die geschlossene Hülse wird darauf erneut gewogen und damit die Substanzeinwaage ermittelt. Ist die elektronische Mikrowaage mit dem Rechner „on line", kann das Substanzgewicht von diesem direkt übernommen werden. Die verbrauchte Kapillare wird verworfen und für die nächste Einwaage durch eine neue ersetzt. Man erspart sich so das zeitraubende Reinigen der Mikrospritze.

AMSLER (1983) beschreibt eine Technik, die es erlaubt, die in die Metallhülsen abgefüllten Substanzeinwaagen vor der CHN-Bestimmung zu trocknen bzw. deren Trockenverlust zu bestimmen. Diese Arbeitsweise ist auch bei Substanzen nützlich, die sich nach der Trocknung sofort wieder mit Feuchtigkeit beladen, wie z. B. Zellwolle.

Beschreibung und Handhabung der Apparatur. Die Beschreibung eines Abfüllvorganges für eine CHN-Analyse soll Aufbau und Funktion der Apparatur verdeutlichen: Ein 5-μl-Kapillarröhrchen A wird in eine an einem Hebelarm B befestigte Steckkupplung C von unten eingeführt. Durch Betätigen der seitlich angebrachten Mikrospritze D, die über einen Kapillarschlauch und die Steckkupplung mit dem Kapillarröhrchen verbunden ist, werden etwa 2 μl Probe in das Röhrchen eingesaugt. Eine zuvor gewogene Aluminiumhülse wird nun, in einer Lochplatte E steckend, unter das gefüllte Kapillarröhrchen geschoben. Dort rastet die Lochplatte ein. Durch Niederdrücken des Hebelarmes B wird die Kapillarenspitze bis auf den Boden der Hülse gesenkt und die Probe in die Hülse ausgestoßen. Nach Anheben der geleerten Kapillare wird die Hülse mit der Lochplatte zwischen die Klemmbacken F geschoben, wo die Lochplatte wieder einrastet. Durch erneutes Niederdrücken des Hebelarmes B wird ein daran befestigtes Gaseinleitungsrohr G soweit über die Hülse gesenkt, daß es diese fast berührt. Der aus dem Rohr austretende Sauerstoffstrom von 10 ml/min verdrängt in wenigen Sekunden die Luft aus der Hülse. Anschließend wird, unter fortgesetzter Gasspülung, der aus der Lochplatte herausragende Teil der Hülse durch Niederdrücken des seitlichen Hebelarmes H von den Klemmbacken zusammengequetscht und verschlossen. Die Hülse wird darauf aus der Lochplatte ausgestoßen und gewogen. Das verunreinigte Kapillarröhrchen wird aus der Steckkupplung gezogen, verworfen und durch ein neues ersetzt.

Für den Benutzer eines Perkin-Elmer CHN-Analyzers ergibt sich der zusätzliche Vorteil, daß die Aluminiumhülse infolge ihrer günstigen Abmessungen in die Quarzhülse des dort verwendeten Probenhalters geschoben werden kann. Ein danach in die Quarzhülse eingeführter kleiner Keramikzylinder verhindert das Herausgleiten der Aluminiumhülse und das Beschädigen des Verbrennungsrohres durch verspritzte Aluminiumtröpfchen. Da sich der Probenhalter mit der Aluminiumhülse nur wenige Minuten im Verbrennungsofen befindet, erreicht die Quarzhülse des Probenhalters eine zufriedenstellende Lebensdauer.

Selbstverständlich können auch feste Substanzen in die Aluminiumhülsen eingewogen und die Hülsen mit dieser Vorrichtung verschlossen werden. Überschichtet man die eingewogene Substanz zusätzlich mit einem Cobaltoxid-Wolframoxid-Gemisch, können rückstandhaltige Proben bequem und ohne Verschmutzung des Verbrennungsrohres verbrannt werden.

16.3 Bestimmung von CHN-(O und S) mit dem Carlo-Erba-Elemental-Analyzer (Modell 1108 und NA 1500)

Einführende Bemerkungen. Charakteristisch für dieses System ist die vertikale Anordnung der Reaktionsrohre, die Substanzverbrennung im Heliumstrom mit Sauerstoffdosierung, die Trennung der Reaktionsgase über eine GC-Säule und die dynamische Integration der Meßgaspeaks. Das Analysengerät umfaßt zwei analytische Kanäle. Mit entsprechenden Rohrfüllungen kann wahlweise auf einem Kanal CHN (oder auch N allein, CNS oder CHNS) bestimmt werden oder auf dem anderen Kanal O- oder S-Analysen durchgeführt werden. Der Heliumgasstrom durch den O-Kanal ist bei der CHN-Bestimmung der Referenzgasstrom und umgekehrt. Abb. 16-10 veranschaulicht Prinzip und Arbeitsweise der Methode.

Seit Einführung dieses Analysenprinzips in die elementaranalytische Routine (als Modell 1100 seit 1970 im Handel) ist dieses in der Zwischenzeit durch PELLA und COLOMBO (1973, 1978), sowie BIANDRATE und COLOMBO (1980) mehrfach verbessert sowie auf die gleichzeitige Bestimmung von CHN und S erweitert worden. Interessante Beiträge vor allem zur thermokonduktometrischen S-Bestimmung, hat auch KIRSTEN (1979) geliefert. Die thermokonduktometrische Bestimmung des Schwefels allein mit dem Carlo-Erba-Gerät (Modell NA 1500) wird in Kap. 41.1 genau beschrieben.

In einer kritischen Arbeit haben sich PELLA et al. (1984) mit der Datenanalyse (Eichung, Blindwertanalyse) thermokonduktometrischer Elementbestimmungen befaßt.

Prinzip (CHN-Analyzer Modell 1108). Substanzmengen im Bereich von 1 mg werden in Zinnhülsen eingekapselt und in die Probenschleuse eingesetzt. Nach vorher festgelegtem

Elementaranalysator
EA 1108 C-H-N-S-O
NA 1500 C-N-S

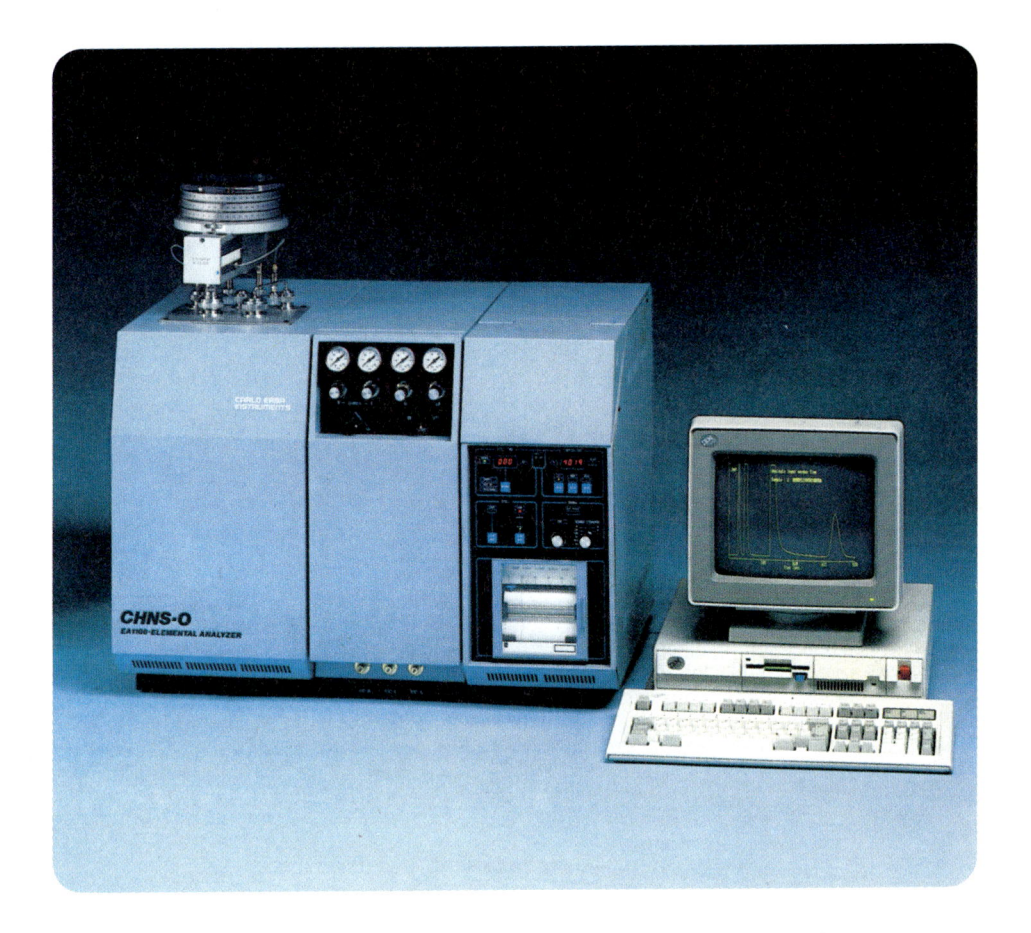

CARLO ERBA INSTRUMENTS

Nordring 30 · Postfach 11 26 · 6238 Hofheim/Ts.
Telefon (0 61 92) 20 96-0 · Telefax (0 61 92) 83 50
Telex 4 072 212 erba d

FISONS

„Spontan"-Verbrennung – die zündende Idee

Das Grundprinzip der Elementaranalysatoren von Carlo Erba ist die „Spontan"-Verbrennung der Probe. Sie erfolgt im Verbrennungsreaktor in einer mit reinem Sauerstoff angereicherten Atmosphäre bei 1800 bis 2000 °C, wodurch eine quantitative Oxidation aller organischen und anorganischen Substanzen gewährleistet ist. Die entstehenden Gase werden chromatographisch getrennt und nacheinander mit einem Wärmeleitfähigkeitsdetektor nachgewiesen. Sie werden weder verdünnt noch gesplittet, so daß ein anderer Detektor, z. B. ein Massenspektrometer, angeschlossen werden kann.

Die gesamte Analyse läuft vollautomatisch ab. Eine Auswahl an automatischen Probengebern (für flüssige und feste Proben) und Datenauswertesystemen steht zur Verfügung. Mit ihnen sind unbeaufsichtigte Analysen von bis zu 196 Proben möglich.

Spezifikationen: Elementaranalysator 1108

Elemente:	C, H, N, S, oder O
Meßbereich:	100 ppm bis 100 %
Detektionsgrenze:	10 ppm
Genauigkeit:	≤ 0,3 % absolut
Reproduzierbarkeit:	≤ 0,2 % absolut
Probeneinwaage in Kapseln:	0,1 - 100 mg probenabhängig
direkte Flüssiginjektion:	0,1 - 25 µl
Analysenzeit:	CHNS < 12 min
	CHN < 7 min
	O < 4 min
Detektor:	
Standard für CHNS-O:	Wärmeleitfähigkeitsdetektor (WLD)
Option für Schwefelspurenbestimmung:	Elektroneneinfangdetektor (ECD)
Signalausgänge:	
Schreiber:	0 - 1 / 0 - 10 mV Gleichstrom
Integrator:	0 - 1 / 0 - 10 V Gleichstrom
ext. Steuerung:	Start/Stop

Spezifikationen: Nitrogenanalysator 1500

Elemente:	N, CN oder CNS
Meßbereich:	100 ppm bis 100 %
Genauigkeit: bei 1 % Gehalt	1 %
bei 10 % Gehalt	0,5 %
bei 100 % Gehalt	0,3 %
Reproduzierbarkeit:	< ± 0,1 % absolut
Probeneinwaage in Kapseln:	0,1 - 100 mg
direkte Flüssiginjektion:	0,1 - 25 µl
Analysenzeit:	N < 3 min
	NC < 6 min
	NCS < 9 min
Detektor:	
Standard für CNS:	Wärmeleitfähigkeitsdetektor (WLD)
Option für Schwefelspurenbestimmung:	Elektroneneinfangdetektor (ECD)
Signalausgänge:	
Schreiber:	0 - 1 / 0 - 10 mV Gleichstrom
Integrator:	0 - 1 / 0 - 10 V Gleichstrom
ext. Steuerung:	Start/Stop

Auswertung:

Datenprozessor DP 200

Der DP 200 ist ein speziell für die Elementaranalyse entwickelter Rechnerintegrator. Er druckt einen kompletten analytischen Report mit Chromatogramm, Retentionszeiten, Peakflächen, Gewichtsprozenten, K-Faktoren und Flächenverhältnissen für bis zu 4 Elemente. Bei jeder Analyse werden automatisch die Basisliniendrift korrigiert und die Blindwerte subtrahiert.
Jede Blindwert- und Eichmessung fließt in die Korrekturfaktoren ein, die zur Berechnung unbekannter Proben verwendet werden. Dies geschieht automatisch, auch bei unbeaufsichtigtem Betrieb. Nach ca. 50 Analysen werden Eichproben eingewogen, die die Korrekturfaktoren aktualisieren.
Der DP 200 erlaubt die Neuberechnung aller unbekannten Proben mit geänderten Parametern. Über eine Schnittstelle RS-232 können die Daten in zentrale Rechner übertragen werden.

Eager 200 zur Auswertung der Elementaranalyse

Das Erbacard-Interface ist zum Einbau in einen Personalcomputer vorgesehen. Zusammen mit der Software Eager 200 entsteht so ein vielseitiges Rechnersystem für die Elementaranalyse.
Entwickelt wurden Erbacard und Eager 200, um Daten zu sammeln, zu integrieren und zu berechnen. Es lassen sich auch die Rohdaten abspeichern, so daß die Chromatogramme mit geänderten Faktoren neu berechnet werden können. Die Ergebnisse (mit Chromatogramm) lassen sich ausdrucken und/oder speichern. Einwaagen können von der Waage direkt übernommen werden.
Das Programm enthält spezielle Berechnungen, z. B. Mittelwerte, Standardabweichungen, Proteingehalte, Heiz- und Brennwert. Eine Erweiterung auf 2 Kanäle ist als Option erhältlich.

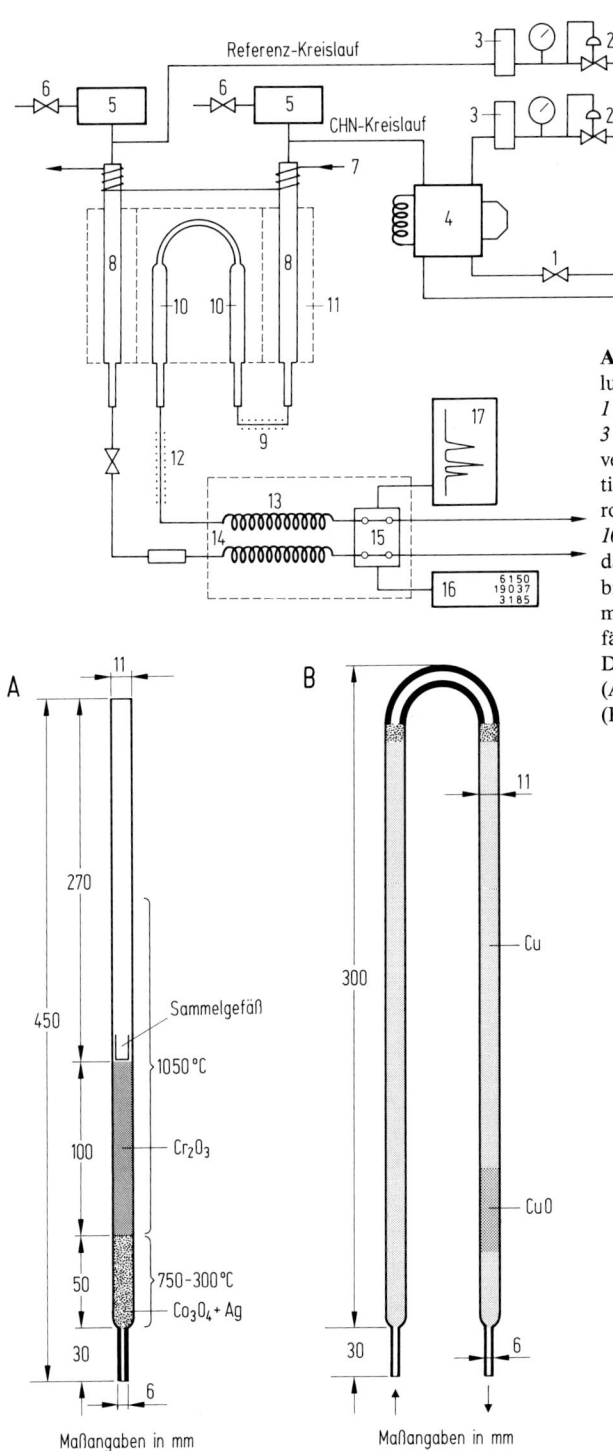

16.3 Bestimmung von CHN-(O und S) mit dem Carlo-Erba-Elemental-Analyzer

Abb. 16-10. Schematische Darstellung des Modells 1108.
1 Druckregler, *2* Strömungsregler, *3* Gasreinigung, *4* Sauerstoffeinlaßventil, *5* Probengeber, *6* Gasspülventil, *7* Wasserkühlung, *8* Oxidationsrohr, *9* beheiztes Verbindungsrohr, *10* Reduktionsrohr, *11* Heizofen für das Oxidationsrohr, *12* beheiztes Verbindungsrohr, *13* Trennsäule, *14* Thermostatisierter Ofen, *15* Wärmeleitfähigkeitsdetektor, *16* Integrator/Drucker, *17* Schreiber.
(A) Oxidationsrohr, Modell 1108.
(B) Reduktionskontakt, Modell 1108.

Zeitprogramm fallen die Probekapseln von der Schleuse in das auf etwa 1000 °C beheizte Reaktionsrohr, wo im Heliumgasstrom, dem im Zeitpunkt der Umsetzung reiner Sauerstoff zudosiert wird, spontane Substanzverbrennung eintritt. Die Umsetzung wird durch die exotherme Oxidation der Zinnkapsel verstärkt. Die Reaktionsgase durchströmen zur vollständigen Verbrennung den Cr_2O_3-Oxidationskontakt, anschließend, um Schwefel und Halogene zu binden, den mit Ag dotierten Kobaltoxidkontakt; sie werden dann, um restlichen Sauerstoff zu binden und Stickoxide zu reduzieren, durch den Reduktionsreaktor – eine auf 650 °C erhitzte Kupferfüllung – geführt und von dort auf die PORAPAK QS-Trennsäule (120 °C) gespült. Die Reaktionsgase werden dort gaschromatisch getrennt und durchlaufen einzeln, in der Reihenfolge N_2-CO_2-H_2O, die TC-Zelle, von der sie angezeigt und ihre Konzentrationen quantitativ gemessen werden. Nach digitaler Eingabe des Substanzgewichtes in den Rechner oder direkter Übernahme von der elektronischen Waage werden die Prozentwerte von N, C und H am Analysenende ausgedruckt. Der Analysenablauf wird durch einen mitlaufenden Spannungsschreiber kontrolliert. Die Eichung erfolgt mit Testsubstanzen.

Prinzip (CHN-S-Analyzer Modell NA 1500). Zur gleichzeitigen Bestimmung von CHN und Schwefel wird die Probe, mit WO_3 gemischt, in die Zinnhülse eingekapselt und im Heliumstrom unter Sauerstoffzudosierung, wie bereits beschrieben, spontan umgesetzt. Auch als Oxidationsfüllung im Rohr wird Wolframoxid – auf etwa 1000 °C beheizt – verwendet, das die vollständige Umsetzung auch des anorganisch gebundenen Schwefels zu SO_2 bewirkt. Im anschließenden Reduktionskontakt – auf 850 °C beheiztes z. T. mit Silber beschichtetes Kupfer – wird der Restsauerstoff gebunden, Stickoxide zu Stickstoff und *SO_3 quantitativ zu SO_2* – Voraussetzung für eine genaue Analyse – reduziert. Nach Auftrennen der Reaktionsgaskomponenten N_2, CO_2, H_2O* und SO_2 an der PORAPAK QS-Säule werden diese in der obigen Reihenfolge eluiert und die entsprechenden, an der TC-Zelle auftretenden Gleichspannungssignale digital-integral ausgewertet.

Apparatives. Die Apparatur für die gleichzeitige Bestimmung von CH und N ist in Abb. 16-10, von CN und S in Abb. 16-12 skizziert. Substanzverbrennung, Trennung der Reaktionsgase und thermokonduktometrische Messung erfolgen bei beiden Geräten nach dem dynamischen System. Der Helium-Referenzgasstrom wird permanent durch den O-Kanal geführt. Die Reaktorseite hat zwei Gaszuführungen, die eine für Helium, das ständig durch das Verbrennungsrohr strömt, die andere für Sauerstoff, der mit Hilfe eines Dispensierventils mit Gasschleife periodisch zudosiert wird. Der automatische Probenaufgeber (Sampler) ist über dem Verbrennungsrohr angeordnet und mit diesem fest verbunden. Der Reduktionskontakt Abb. 16-10B ist im Modell 1108 in einem U-förmigen Quarzrohr, im Modell 1500 im Verbrennungsrohr direkt hinter dem Oxidationskontakt (Abb. 16-12) angeordnet. Die Trennsäule und der TC-Detektor sind in einen Thermostaten eingebaut und die Meßzelle ist mit der Auswerteeinheit leitend verbunden.

Gasversorgung. Trägergas ist reines Helium (0.8 kg/cm² Vordruck), das druckreguliert konstant mit 25 ml/min durch beide Kanäle strömt. Wenn erforderlich wird das Träger-

---

* In der Routine werden, weil problemloser, nur C, N und S bestimmt.

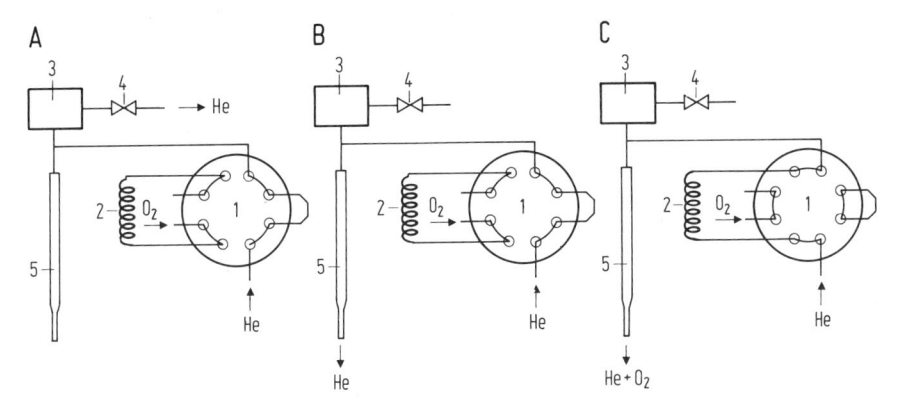

16.3 Bestimmung von CHN-(O und S) mit dem Carlo-Erba-Elemental-Analyzer

Abb. 16-11. Funktionsweise des Dosierventils innerhalb des Analysevorgangs: (A) Reinigungsphase, (B) Grundeinstellung, (C) Sauerstoffeinleitungsphase.
1 Einlaßventile, *2* Dosierschleife, *3* Probengeber, *4* Auslaßventil, *5* Reaktor.
(A) zeigt die Stellung des Probengebers während der Spülphase mit Helium (300 ml/min, 2 min), während des Analysevorgangs strömt das Trägergas am Probengeber vorbei, die Probe verbleibt unter Helium. Außerdem wird mit Wasser gekühlt, das in der Außenwand zirkuliert.

gas über Askarit/Lithasorb, Magnesiumperchlorat und Sikapent gereinigt. Die angegebene Gasqualität enthält als Verunreinigung nur etwa 10 ppm H_2O, so daß eine Vorreinigung nicht erforderlich ist. Das Sauerstoffdispensierventil kontrolliert die Zudosierung bestimmter Volumina Reinstsauerstoff. Abb. 16-11 zeigt seine Funktion. In Stellung C wird der Heliumgasstrom über die mit Sauerstoff gefüllte Dosierschleife in den analytischen Kanal geführt. Die Schaltung des Sauerstoffdosierventils nach Stellung A, B und C erfolgt pneumatisch. Je nach Größe der Substanzeinwaage wird die 5 oder 10 ml fassende Sauerstoffdosierschleife vorgewählt. Der Sauerstoff wird als Gaspfropf in die Reaktionszone gespült; die Durchflußzeit beträgt etwa 30 s, lokal wird eine maximale Konzentration von 60 bis 70% im Trägergas erreicht.

Im *automatischen Probengeber (Sampler)* werden die Substanzeinwaagen in Heliumatmosphäre bis zur Analyse gelagert. Der Probengeber ist über dem Verbrennungsrohr befestigt und besteht aus dem kreisrunden Gehäuse mit Deckel, Sichtfenster und Gasspülung. Im Gehäuse befindet sich eine bewegliche Scheibe – der Rotor – mit 24 oder 49 numerierten Bohrungen zur Aufnahme der Probenkapseln. Zeitprogrammiert wird der Rotor um 15° pneumatisch weiterbewegt, so daß die nächste Probekapsel exakt über dem Reaktionsrohr zu stehen kommt und die Kapsel direkt in die Reaktionskammer fallen kann.

Das *Verbrennungs- bzw. Oxidationsrohr* ist aus Quarzglas gefertigt, seine Abmessungen und Kontaktfüllungen sind aus den Abbildungen ersichtlich. Im eigentlichen Reaktionsraum, wo die blitzartige (flash) Umsetzung stattfindet, ist zusätzlich ein Schutzrohr, ein Sammelgefäß aus Quarzglas oder ein Nickelzylinder, eingebaut. Kurzzeitig entstehen bei der Spontanumsetzung Temperaturen bis ca. 1500 °C, die lokal zu starken Korrosionen des Verbrennungsrohres führen. Daher wird statt CuO, dem klassichen Oxidationskontakt, das thermisch stabilere Cr_2O_3 oder WO_3 als Oxidationskontakt verwendet, die im Gegensatz zu CuO bei den auftretenden Umsetzungstemperaturen noch nicht zum

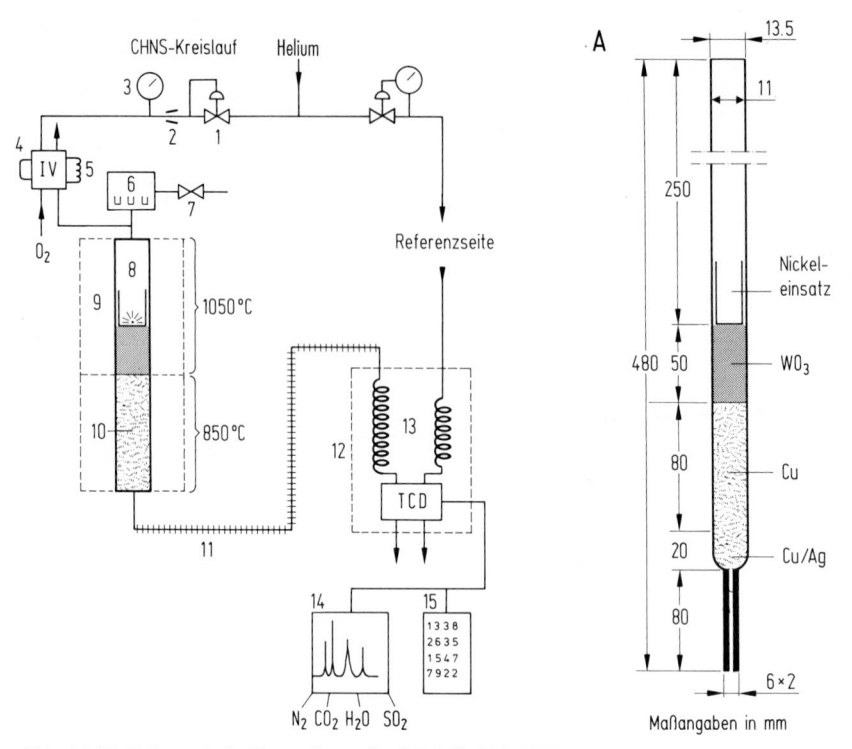

Abb. 16-12. Schematische Darstellung des Modells NA 1500.
1 Druckregler, *2* Strömungsregler, *3* Gasreinigung, *4* Sauerstoffdosierventil, *5* Dosierschleife, *6* Probengeber, *7* Gasspülventil, *8* Oxidationsreaktor, *9* Verbrennungsofen, *10* Reduktionsreaktor, *11* beheiztes Verbindungsrohr, *12* Ofenthermostat, *13* Trennsäule, *14* Schreiber, *15* Integrator/Drucker.
(A) Gefüllter Reaktor.

Sintern neigen. Zwecks Volumenrestriktion ist das Rohrende verjüngt und mit einem auf 120 °C beheizten Silberrohr (4/2 mm) und durch Viton-O-Ringe und Metallverschraubungen mit dem Reduktionsrohr gasdicht verbunden.

Der *Verbrennungsofen* für die *CNS*-Bestimmung weicht im Aufbau von der Verbrennungsanordnung für CHN ab. Er stellt zwei unterschiedlich hoch beheizte Zonen nebeneinander zur Verfügung. Die obere (15 cm lang) wird über die ganze Länge auf 1000 bis 1100 °C beheizt, die untere (10 cm lang) auf einer konstanten Temperatur von 800 bis 900 °C gehalten. Die Abmessungen des Reaktionsrohres und der integrierten Kontaktfüllungen zeigen die entsprechenden Abbildungen. Der Oxidationskontakt in der oberen Zone wird auf etwa 1050 °C, der Reduktionskontakt in der unteren Zone gleichmäßig auf 850 °C erhitzt.

Das *Reduktionsrohr* in Modell 1108 ist ein U-förmiges Quarzrohr, das beidseitig mit Kontaktsubstanzen beschickt wird. Es wird aufrechtstehend angeordnet und auf 640 °C beheizt und ist mittels eines auf 120 °C beheizten Silberrohrs mit der chromatographischen Säule gasdicht verbunden.

Die *chromatographische Säule*, ein Stahlrohr (6.5 mm × 3 m), ist dicht gefüllt mit PORAPAK Q (80 bis 100 mesh). Sie wird auf 120 °C ± 0.05 °C beheizt.

Reaktionsrohr und Trennsäule werden bei der *CNS-Geräteversion* mit Teflonrohren (0.5 mm Wandstärke, Durchmesser 1 mm; Al-beschichtet) verbunden und auf ca. 100 °C erwärmt. Die Trennsäule (Teflon 2 m Länge, 1 mm Wandstärke, Durchmesser 4 mm), ist gefüllt mit vorkonditioniertem PORAPAK QS (Arbeitstemperatur 85 °C, Druckabfall 0.6 kg/cm^2).

Der *Detektor* ist, um das CO_2-Signal um den Faktor 4 abzuschwächen, mit einem automatischen Signalabschwächer ausgerüstet. Parallel zur elektronischen Signalauswertung mittels Integrator und Drucker wird die Zellspannung zusätzlich von einem mV-Schreiber aufgezeichnet.

Die *Meßzelle* ist mit 4 WX Re-Wo 9225 Filaments ausgestattet (GOW-MAC INSTRUMENTS CO.), die mit einer auf 20 V stabilisierten Spannungsquelle zu einer Wheatstone-Brücke zusammengeschaltet sind. Der Brückenstrom beträgt 120 mA. Mittels eines eingebauten Schreibers ist die Kontrolle von Verbrennungs- und Zeitablauf der einzelnen Arbeitsschritte möglich.

Als *Integrator* dient ein einfacher Spannungs-Frequenzwandler, der direkt mit der Meßbrücke verbunden ist. Da die Grundlinie gerade und driftfrei verläuft, erübrigen sich außer einer automatischen Nullpunkteinstellung weitere Korrekturglieder.

Reagenzien

Helium 99.998%; MESSER GRIESHEIM.
Sauerstoff 99.998%; MESSER GRIESHEIM.
Aluminium- und Zinnfolien, 0.005 mm; zur Herstellung der Substanzboote.
„Lithasorb" 16 bis 25 mesh; FISHER.
„Sicapent" 7 bis 16 mesh; SCHUCHARDT.
Cr_2O_3 25 bis 60 mesh.

Herstellung. 200 g $Cr(NO_3)_3 \cdot 9 H_2O$ p.a. in 1500 ml dest. H_2O lösen, unter Rühren langsam 150 ml 32%ige Ammoniaklösung zutropfen und nach Ausfällung des Hydroxids die Lösung noch etwa 15 min kochen. Den Niederschlag über einen Gooch-Tiegel abfiltrieren und mehrmals mit dest. H_2O waschen. Danach 12 h bei 120 °C im Ofen trocknen und dann bei 1100 °C im Sauerstoffstrom glühen. Das geglühte Oxid wird unter einem Druck von 1500 kg/cm^2 zu Tabletten gepreßt, die Tabletten granuliert und das Granulat von 0.7 bis 0.25 mm ausgesiebt.

Co_3O_4/Ag 25 bis 60 mesh; Herstellung nach HORÁČEK und KÖRBL (1958): Vor Gebrauch wird es 2 h im Sauerstoffstrom bei 750 °C geglüht.

Cu mit Ag-Beschichtung. 25 bis 45 mesh. Handelsübliches CuO wird zerstoßen und die Fraktion von 0.4 bis 0.7 mm ausgesiebt. Davon werden 100 g mit gesättigter Silbernitratlösung getränkt (7.5 ml). Die Mischung wird unter Rühren in einer Abdampfschale bis zur vollständigen Zerstörung des Nitrats erhitzt. Das erhaltene Reagenz wird im CO-Strom bei 300 °C reduziert und dann 2 h auf 700 °C erhitzt.

PORAPAK Q 80 bis 100 mesh (WATERS ASSOC. INC.). Vor Gebrauch wird das Produkt 5 h bei 230 °C im Heliumstrom gespült.

Wolframoxid 25 bis 60 mesh; WO_3 p.a. wird 3 h in 10%igem Eisessig gekocht, filtriert und mehrere Male mit dest. H_2O gewaschen, dann 12 h bei 120 °C getrocknet, 3 h im Sauerstoffstrom bei 1050 °C geglüht und auf eine Korngröße von 0.7 bis 0.25 mm granuliert.

Kupfer 30 bis 50 mesh. Handelsübliches Kupferoxid wird zerstoßen, die Fraktion von 0.3 bis 0.5 mm ausgesiebt, im CO-Strom reduziert, dann 4 h bei 850 °C im Stickstoffstrom vorkonditioniert.

PORAPAK QS, Vinylbenzol-Divinylbenzol polymerisiert.

Analysenablauf. Bei organischen Syntheseprodukten werden 0.5 bis 1.0 mg in zylindrischen Kapseln aus Al (≈ 1.8 mg) oder Sn (≈ 6 mg), die vorher mit organ. Lösemitteln fettfrei gewaschen, anschließend getrocknet und leicht vorgeglüht wurden, eingewogen (s. Kap. 16.2). Zinnkapseln sollten in jedem Fall dann verwendet werden, wenn die Probe Alkalimetalle, B, P oder andere schwer verbrennbare Bestandteile enthält. Die gasdicht verschlossenen Kapseln werden in den numerierten Bohrungen der Schleusentrommel gelagert. Zur Probennahme flüchtiger Flüssigkeiten verwendet man Silberkapillaren (6 mm hoch, Außen-/Innendurchmesser 2/1 mm), die ebenfalls mittels der Kapselpresse gasdicht verschlossen und anschließend gewogen werden. Ein Analysenzyklus umfaßt 23 Substanzverbrennungen einschließlich 2 bis 3 Testverbrennungen. Mit dem größeren „Sampler" können Substanzeinwaagen nachgeladen werden, ohne das Instrument anzuhalten; es ist lediglich eine kurze Zeitspanne erforderlich, um das Gleichgewicht wiederherzustellen.

Die mit Einwaagen beschickte Trommel wird in den „Sampler" eingesetzt, die Abdeckung festgeschraubt und die Schleuse luftfrei gespült. Nach 2 min Spülzeit wird das Gasventil geschlossen und das Trägergas durch den Analysekanal geleitet, so daß der ur-

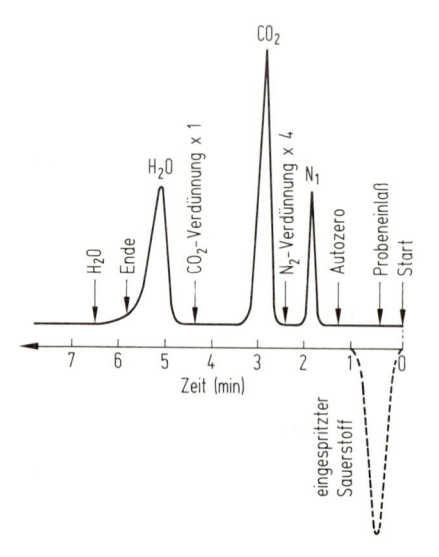

Abb. 16-13. Signalanzeige einer CHN-Bestimmung (Modell 1108).

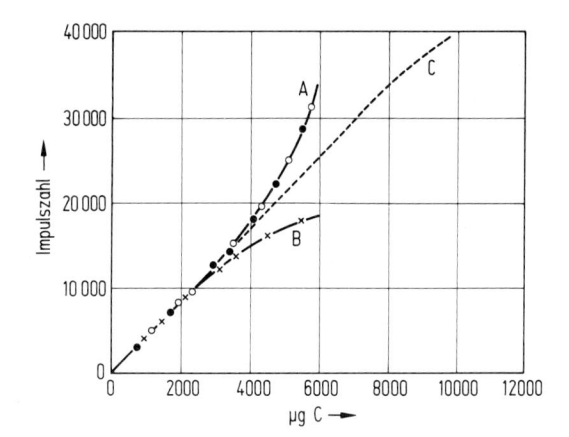

16.3 Bestimmung von CHN-(O und S) mit dem Carlo-Erba-Elemental-Analyzer

Abb. 16-14. Linearität der Signalanzeige im Falle der Verbrennung von: *A* CHO Eichsubstanz (○ Benzoesäure, ● Phenolphthalein), *B* Kohlenstoff, *C* Einleitung definierter Mengen CO_2.

sprüngliche Gasdruck von etwa 0.8 kg/cm² wieder vorliegt. Der Trägergasstrom von 25 ml/min wird am Ausgang der beiden Kanäle gemessen und notfalls korrigiert.

Nun wird der Analysenzyklus von 23 (AS 23) oder 49 Verbrennungen (mit dem Sampler AS 50) gestartet. Abb. 16-13 zeigt graphisch die Folge der Teilschritte bei der CHN-Analyse; Abb. 16-15 zeigt die Peak-Folge bei der Simultanbestimmung von CHN und S. Der Verbrennungsablauf wird über das Schreiberdiagramm kontrolliert. Die aus dem Integrator fließende Impulssumme wird ausgedruckt und zur Endrechnung eingesetzt. Die Impulssumme (*Ix*) mit dem Eichfaktor (*fx*) multipliziert, geteilt durch die Substanzeinwaage (*E*) in µg ergibt den %-Gehalt des Elements:

$$\%X = \frac{Ix \cdot fx}{E} \ .$$

Die Eichfaktoren (*fx*) werden durch Testverbrennungen bestimmt und entsprechen µg Element/100 Impulse.

Ein Blindwert wird in der Regel nur bei der H-Bestimmung berücksichtigt. Ein typischer Blindwert ist 20 Impulse, das entspricht etwa 1.4 µg H_2O.

Die lineare Beziehung zwischen den µg C und Signalanzeige – im Anwendungsbereich gilt das auch für N_2 und H_2O – veranschaulicht Abb. 16-14.

Im unteren Grenzbereich (sehr kleine Mengen N_2, CO_2 und H_2O) müssen auch für N_2 und CO_2 die Blindwerte in die Ergebnisrechnung miteinbezogen werden; für diesen speziellen Bereich muß die Anzeige mittels Testanalysen linearisiert werden. Oder die Endrechnung muß, wie PELLA et al. (1984, 1989) vorgeschlagen haben, mit zusätzlichen Korrekturgliedern vorgenommen werden. Die Größe des Blindwertes hängt weitgehend von der Reinheit des zudosierten Sauerstoffes ab. Die Werte betragen im Durchschnitt bei Dosierung von 6 bis 7 ml O_2 und mit einer 2,8,2-Abschwächung 15 Impulse für N_2, 6 für CO_2 und 60 für H_2O.

Analysenablauf der C,N,S-Bestimmung. Theoretisch können, wie das Chromatogramm in Abb. 16-15 zeigt, CHN und S in einem Analysengang gleichzeitig bestimmt werden (PELLA und COLOMBO 1978). Praktisch werden, weil unkomplizierter, aber nur C,N,S

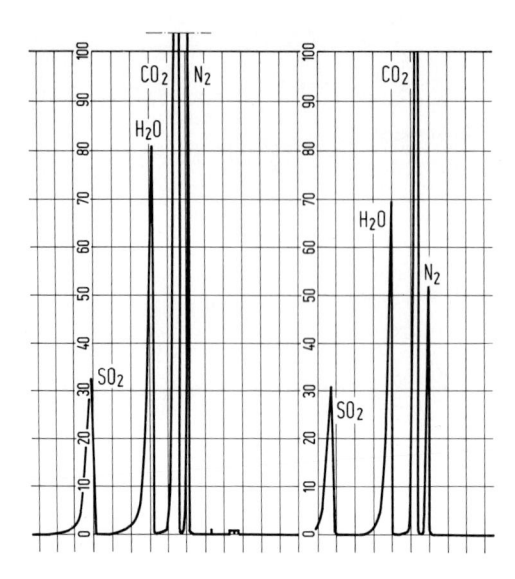

Abb. 16-15. Signalanzeige einer CHN-S-Bestimmung (Modell NA 1500).

bestimmt und auf die gleichzeitige Bestimmung des Wasserstoffes verzichtet. Das Gerät (Modell 1500) ist in erster Linie zur Analyse von Eiweißen, Futtermitteln und Umweltproben, in Substanzen, in denen das C-N-S-Verhältnis interessiert, konzipiert. Die N- und S-Bestimmung mit dem Erba-Gerät wird in den Kapiteln 30 und 40 beschrieben.

Praktische Anwendungsbeispiele. Der Anwendungsbereich der beschriebenen Geräte ist sehr vielseitig (der Hersteller verfügt über eine umfangreiche Bibliographie von Anwendungsbeispielen). Auch zur Analyse von Proben mit extremer Matrix sind die beiden Elmentalanalyzer EA 1108 und NA 1500 aplizierbar. So bestimmen GIORGI et al. (1989) CN und S in Schwarzpulver (Gemisch aus KNO_3 + Holzkohle und Schwefel) mit guter Reproduzierbarkeit. Zur Bestimmung von TOC/TC in Bodenproben, Sedimenten, Komposten und anderen festen Umweltproben wurden die Geräte von BACANTI und COLOMBO (1989) modifiziert und im Serienbetrieb angewendet. Danach werden die Proben in eine spezielle Silberkapsel eingewogen, nach Ansäuern mit einem Tropfen verd. HCl *in situ* der Carbonat-C ausgetrieben und bestimmt. Nach Abtrocknen des Wassers aus der Ag-Kapsel bei 80–100 °C wird anschließend der Gesamt-C durch thermische Umsetzung bei 1000 °C auf dem üblichen Wege bestimmt. Den Ablauf der Analyse zeigt schematisch Abb. 16.16.

Auch in Organo-Metallverbindungen ist die simultane Bestimmung von NCH und S problemlos durchführbar. Allerdings in PF_6^-, BF_4^-, CF_3^--Derivaten organischer und metallorganischer Verbindungen, die bei der Verbrennung sehr viel HF abspalten, ist es nach Mitteilungen von BORDA (1989) erforderlich, vor die übliche Co_2O_3-Oxidationsfüllung im Verbrennungsrohr eine 4.0 cm lange Schicht aus granuliertem CeO_2/MgO (1:1) vorzuschalten und das Trägergas vor dem Eingang zum „Sampler" mit kleinen Wassermengen zu sättigen. Auf diese Weise konnten Veränderungen an der Trennleistung der Porapak-Säule, verursacht durch durchschlagendes HF, erfolgreich vermieden werden und die erhaltenen NCHS-Werte waren korrekt.

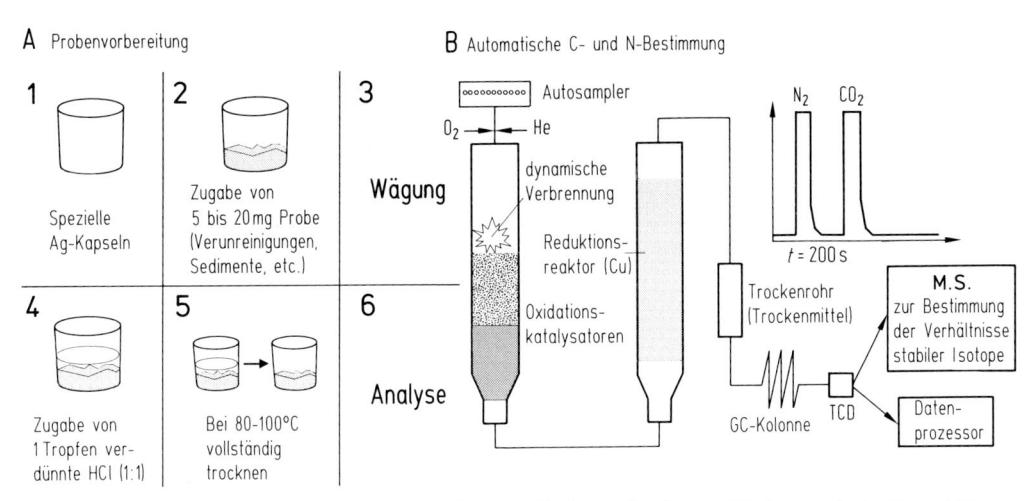

Abb. 16-16. TOC-Bestimmung in Umweltproben. (A) Probenvorbereitung, (B) Automatische C- und N-Bestimmung

Auch der „Heizwert", eine wichtige analytisch zu bestimmende Kennzahl zur Charakterisierung und Preisbestimmung von flüssigen und festen Brennstoffen ist nach DE BOT et al. (1989) routinemäßig und in wesentlich kürzerer Zeit als nach klassischen Methoden indirekt über die Simultanbestimmung von NCHS mit dem EA-1108 exakt bestimmbar.

16.4 CHN-Bestimmung mit dem FOSS HERAEUS-Elementaranalysator CHN-Rapid

Prinzip (WESER 1983). Bei der Analyse mit dem FOSS HERAEUS-Gerät werden, ähnlich wie mit den bereits beschriebenen Modellen, die Proben in Zinnhülsen eingekapselt, über eine Schleuse ins vertikal gestellte Verbrennungsrohr eingeworfen und im Heliumgasstrom unter Sauerstoffzudosierung umgesetzt. Die Trennung der Reaktionsgaskomponenten N_2, CO_2 und H_2O erfolgt hier adsorptiv/desorptiv an Silicagel. Die Meßpeaks der TC-Zelle werden als Flächenintegrale ausgewertet und als Prozentwerte ausgedruckt. Diese Methode wurde im wesentlichen für die *CHN-Analyse im Halbmikrobereich* (Substanzeinwaagen bis 25 mg) speziell in technischen und Umwelt-Proben entwickelt. Bei hohen Elementkonzentrationen wird die Signalanzeige mit Korrekturfaktoren linearisiert.

Das Gerät kann auch nur zur Stickstoffbestimmung (O- oder S-Bestimmung) allein eingesetzt werden. In diesem Fall werden CO_2 und H_2O vor der TC-Zelle aus dem Reaktionsgasstrom durch Absorption gebunden. Die Analysenzeit verkürzt sich dann von 9 bis 14 min bei der gleichzeitigen CHN-Bestimmung auf 4 bis 5 min (s. Kap. 32.2). Dieses Gerät ist im wesentlichen eine Weiterentwicklung der Stickstoffbestimmung nach MERZ (1968), in dem das „Azotometer" durch eine TC-Meßzelle ersetzt wurde.

Apparatives. Die Apparatur (Abb. 16-17) besteht aus dem Verbrennungsteil mit Probengeber und dem kombinierten Trenn- und Meßteil mit Auswerteeinheit. Als Verbrennungsofen wird ein Dreirohrofen zur Beheizung des Verbrennungs- und Reduktionsrohres verwendet, der im Prinzip dem von MERZ (1968) entwickelten Verbrennungsofen RAPID-N für die Stickstoffbestimmung nach DUMAS (s. Kap. 31.2 b) entspricht. Die Temperaturen der einzelnen Heizzonen sind regelbar.

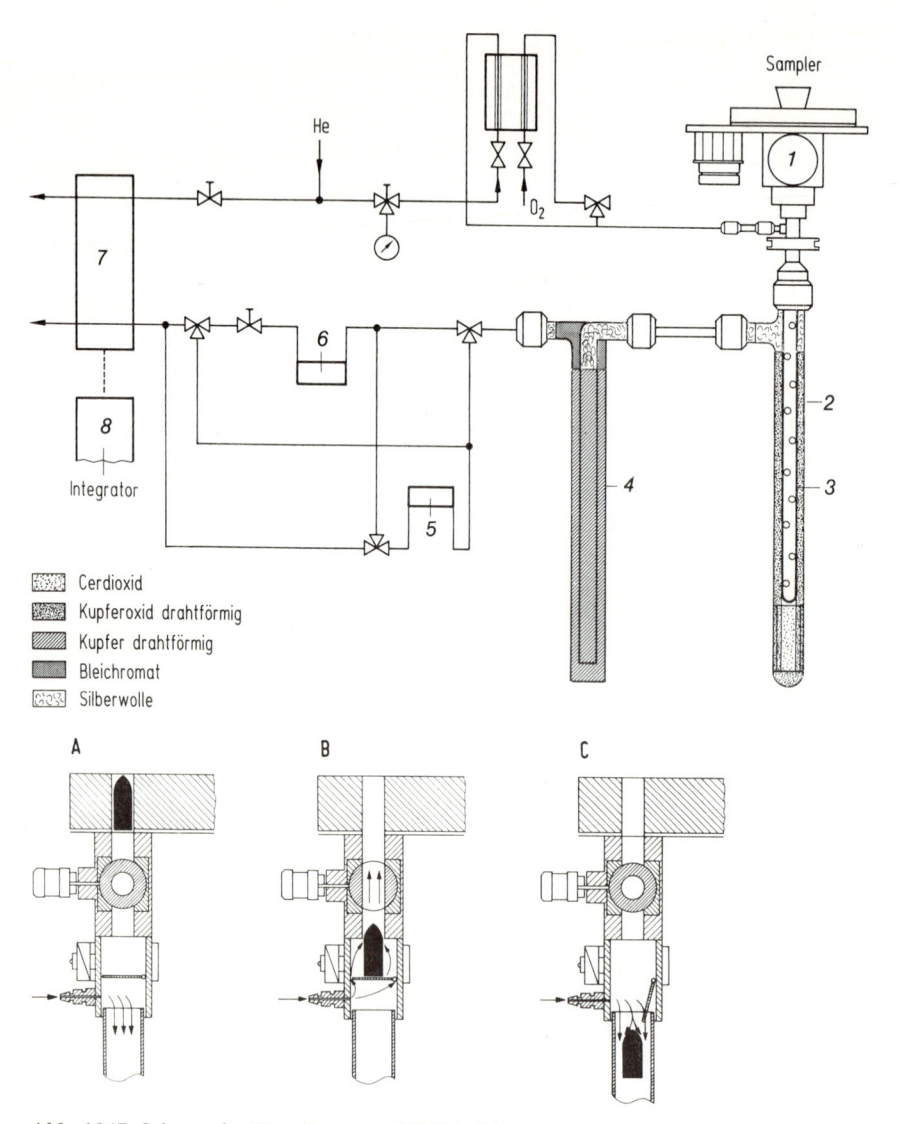

Abb. 16-17. Schema des FOSS HERAEUS CHN-Rapid.
(A–C) Funktionsweise des Kugelhahnes im „Sampler".
1 Probengeber, *2* Oxidationsrohr, *3* Probeaufnahmerohr, *4* Reduktionsrohr, *5* Absorptionsspirale für H_2O, *6* Absorptionsspirale für CO_2, *7* TC-Detektor, *8* Auswerteeinheit.

Der Probengeber enthält die Einschleusvorrichtung, die Steuerung und das abnehmbare Probenmagazin für 49 Proben. Die Steuerung umfaßt den Probenvorwahlzähler, die Einstellmöglichkeit für die Einwurfverzögerung und einen Kippschalter zur manuellen oder automatischen Betätigung des Probengebers sowie die variable Einstellung der Verbrennungszeit. Der Trenn- und Meßteil beinhaltet die Adsorptionsspiralen – gefüllt mit Silicagel* –, sowie Steuer- und Auswertelektronik. Die Auswertelektronik besteht bei einfacher Ausrüstung aus einem Integrator mit Drucker, der die Meßgaspeaks der TC-Zelle als Flächenintegrale auswertet. Wird das Gerät zur Signalauswertung mit einem entsprechend leistungsstarken Laborrechner (z. B. HP 185) kombiniert, können größere Analysenserien vollautomatisch durchgeführt werden. Die Gewichte der Substanzeinwaagen werden dazu vorher, laufend numeriert, per Knopfdruck in den Rechner eingegeben oder von der elektrischen Waage direkt übernommen und dort gespeichert.

Reagenzien. Außer den in Abb. 16-17 aufgelisteten Kontaktsubstanzen sind Sauerstoff und Helium in Reinstgasqualität (99.995%) erforderlich.

Analysenausführung. Die zu analysierenden Substanzen werden in Einwegschiffchen (Zinnkapseln) eingewogen und in das Probenmagazin eingesetzt. Das mit Substanzeinwaagen beschickte Magazin wird auf die Apparatur aufgesetzt und der Analysenzyklus gestartet. Ein unter dem Magazin angeordneter Kugelhahn öffnet sich (s. Abb. 16-17 A–C); gleichzeitig dreht sich das Probenmagazin um eine Position weiter, und die erste Probe fällt durch den Kugelhahn auf einen Probenfänger (Abb. 16-17 B). Unterhalb des Probenfängers strömt Helium in das System, so daß bei geöffnetem Hahn keine Luft eindringen kann. Der Kugelhahn schließt sich. Nach Ablauf einer Einwurfverzögerung von 0 bis 1 min, während der die Verbrennungskammer mit einem Sauerstoff-Helium-Gemisch gefüllt wird, läßt der Probenfänger die Probe in die Verbrennungskammer fallen (Abb. 16-17 C).

Die Probe verbrennt explosionsartig bei einer Ofentemperatur von 950 °C. Durch die bei der Verbrennung des Zinns zusätzlich freiwerdende Wärme steigt die Temperatur in unmittelbarer Probenumgebung weit über 950 °C an (ungefähr 1600 bis 1800 °C). Nach Ablauf der Verbrennungszeit (ca. 3 min) wird die Sauerstoffzufuhr automatisch abgeschaltet. Zur quantitativen Oxidation werden die Verbrennungsprodukte mittels Helium über wirksame Oxidationskatalysatoren, wie Cerdioxid und Kupferoxid, geleitet und anschließend in das mit reduziertem Kupfer gefüllte Reduktionsrohr gespült. Hier werden, bei Temperaturen zwischen 550 und 700 °C, die bei der Verbrennung entstandenen Stickoxide in elementaren Stickstoff umgewandelt und überschüssiger Sauerstoff absorbiert. Störende Komponenten, wie Halogene oder Schwefel, werden im gasförmigen Zustand durch Bleichromat und Silberwolle aus dem Gemisch entfernt.

Die Temperatur im Verbrennungsrohr kann bei Verwendung anderer Rohrfüllungen auf 1050 °C erhöht werden.

Das im Verbrennungsteil entstandene Gasgemisch (Helium, Stickstoff, Kohlendioxid und Wasserdampf) wird im Trenn- und Meßteil getrennt; die Komponenten werden nacheinander dem Meßteil zugeführt. In einer mit Silicagel gefüllten Silberspirale, die etwas

---

* Siebfraktion des Silicagels ist 0.5 mm.

über Zimmertemperatur erwärmt ist, wird das Wasser quantitativ adsorbiert. Die restlichen Gaskomponenten werden in eine ebenfalls mit Silicagel gefüllte Kupferspirale weitergespült. Bei Zimmertemperatur wird hier die Kohlendioxidkomponente stark verzögert. Hingegen tritt der Stickstoff zusammen mit dem Trägergas Helium sofort in die Wärmeleitfähigkeits-Meßzelle ein. Nach Beendigung der Stickstoffmessung wird durch Erwärmen des Silicagels in der Kupferspirale Kohlendioxid desorbiert und in der Meßzelle erfaßt. Wasser wird, als dritte Komponente, durch Erhitzen der Silberspirale auf etwa 250 °C ausgetrieben und nach Umschalten der Magnetventile direkt in die Meßzelle geleitet. Der jeweilige Desorptionsvorgang wird erst dann ausgelöst, wenn die vorangegangene Gaskomponete vollständig erfaßt ist. Dadurch ist die Analysendauer gehaltsabhängig und die Analysenresultate bleiben von Memory- und Tailingeffekten weitgehend unbeeinflußt.

Messung (s. a. Kap. 6.4). Der Wärmeleitfähigkeitsdetektor besteht aus zwei getrennten Gasführungen mit je einem eingesetzten Heizdraht. Diese Drähte sind in Brückenschaltung angeordnet. Zwischen einem reinen Heliummeßstrom (Probenseite) und einem Heliumvergleichsstrom (Referenzseite) ist die Brücke abgeglichen. Jede Fremdgaskomponente im Heliummeßstrom ergibt eine Verstimmung der Brücke und damit ein Signal, das durch einen im Gerät eingebauten Integrator sofort summiert wird. Die als Peakflächen erhaltenen Meßwerte werden angezeigt, einem Tischrechner zugeführt oder bei Verwendung des Einbaudruckers als Integralzahl ausgedruckt. Nach Beendigung der drei Integrationen wird die nächste CHN-Analyse automatisch eingeleitet.

Auswertung. Da sich die Form der Meßpeaks je nach Substanzart und Analysenbedingungen etwas ändert, kann man die Höhe der Peaks allein nicht als Maß für den Gehalt der jeweiligen Komponente ansehen. Auch beim Erfassen der Meßpeaks durch Integration ist der Zusammenhang zwischen der Konzentration einer Gaskomponente und der Integralzahl nur innerhalb eines begrenzten Bereichs linear. Es kann auch im früher normalen Einwaagebereich von 0.5 bis 3 mg mit linearen Eichkonstanten gearbeitet werden. Soll in einem großen Einwaagebereich analysiert werden, hat man den nichtlinearen Zusammenhang zu berücksichtigen. Die benötigten Eichfaktoren werden mit Testsubstanzen ermittelt; sie sind sehr langzeitstabil. Benutzt man den CHN-Rapid mit einem Drucker, werden die Integralzahlen für N, C und H ausgedruckt. Die Umrechnung in

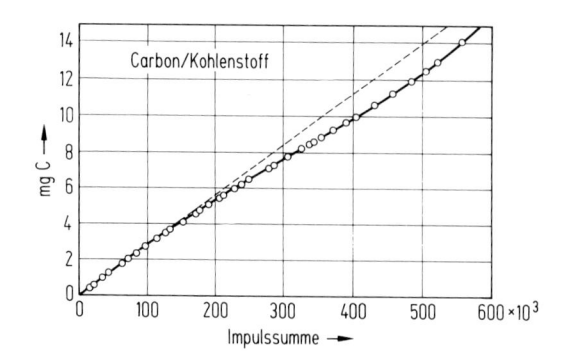

Abb. 16-18. Linearität der Signalanzeige für Kohlenstoff. Eichsubstanz: Nitroanilin, theoretisch 52.17% C, 20.29% N und 4.38% H. Einwaagen von 0.8 bis 25 mg.

Prozentgehalte wird vom Anwender durchgeführt. Bei Anschluß eines Rechners werden die Integralzahlen mit den festgelegten Eichfaktoren und dem Probengewicht automatisch in Prozentgehalte von N, C und H umgerechnet. Die dazugehörigen Programme werden vom Gerätehersteller beigestellt.

In Abb. 16-18 ist der Zusammenhang zwischen der (berechneten) Menge Kohlenstoff in mg und der vom Integrator ermittelten Peakfläche (Integralzahl) für Eichmessungen an Nitroanilin dargestellt. Ähnliche Kurven wurden für Stickstoff und Wasserstoff erhalten.

Nichtlinearitätseffekte, d. h. Abweichungen von den Geraden, die aus den Meßpunkten bei kleinen Einwaagen extrapoliert wurden (gestrichelte Linie), beobachtet man für alle drei Elemente. Die ausgeprägteste Nichtlinearität zeigt Kohlenstoff: Die Meßpunkte liegen auf einer Kurve mit Wendepunkt.

Die üblicherweise benutzte lineare Abhängigkeit

$$M = F \cdot I \quad (F = \text{Proportionalfaktor}) \tag{1}$$

zwischen der Absolutmenge M von C, N bzw. H und der Integralzahl I ist also nur bei kleinen Einwaagen gültig. Bei größeren Einwaagen, d. h. für den Halbmikrobereich, müssen höhere Korrekturterme eingeführt werden.

17 Methoden der CH-Bestimmung mit nichtdispersiver Infrarotabsorption (NDIR)

17.0 Einführende Bemerkungen

Das Meßprinzip der photometrischen Analyse mit Hilfe der *NDIR-Absorption* wurde bereits im Kap. 6.7 erläutert.

Die Vorteile der IR-Absorption wurden schon sehr früh von KUCK et al. (1962) zur Kohlenstoffbestimmung und später von THÜRAUF und ASSENMACHER (1972) zur Kohlen- und Wasserstoffbestimmung in organischen Substanzen genutzt, wobei auch Wasserstoff nach Konversion des Verbrennungswassers über glühende Kohle zu CO und nach Aufoxidation als CO_2 bestimmt wurde. Das bei der CH-Verbrennung aus dem Wasserstoff entstehende Wasser kann aber auch direkt im NDIR spezifisch bestimmt werden, da es in diesem Wellenlängenbereich charakteristische Absorptionsbanden besitzt (RIEMER und RÖSS 1980). Nach Entwicklung geeigneter Meßgeräte wird daher die NDIR-Messung zur Messung der Wasserfeuchte zunehmend für unterschiedliche Aufgabenstellungen eingesetzt, da sie die Voraussetzung für hohe Genauigkeit, gute Selektivität und kontinuierliches Messen bietet.

Eine CH-Bestimmungsmethode mit direkter NDIR-Messung des Reaktionswassers unter Einsatz zweier spezifischer IR-Detektoren, die unten kurz beschrieben wird, entwickelten ALLAIN und FRANCOIS (1982).

In luftgetragenen Stäuben bestimmen TANNER et al. (1982) die kleinen Kohlendioxidmengen, nach thermischer Umsetzung des organischen Anteils, NDIR-spektrometrisch.

Auch die LECO-CHN-Determinatoren (CHN-600 Makro und CHN-900 Mikro) arbeiten mit zwei spezifischen IR-Detektoren für die CO_2- und H_2O-Bestimmung. Der Stickstoff wird zusätzlich thermokonduktometrisch bestimmt. Der Einsatz der CHN-600-Analysengeräte ist schwerpunktmäßig die Brennstoffanalyse. Abb. 17-1 veranschaulicht das Funktionsprinzip beider Analysensysteme.

17.1 IR-spektrometrische CH-Bestimmung mit dem LECO-CHN-Determinator

Arbeitsprinzip des CHN-600-Makro. Das LECO CHN-600 ist ein vollautomatisches Analysengerät zur Schnellbestimmung von Kohlenstoff, Wasserstoff und Stickstoff in Kohle, Koks und anderen organischen Materialien. Es arbeitet nach dem Prinzip der Verbren-

17.1 IR-spektrometrische CH-Bestimmung mit dem LECO-CHN-Determinator

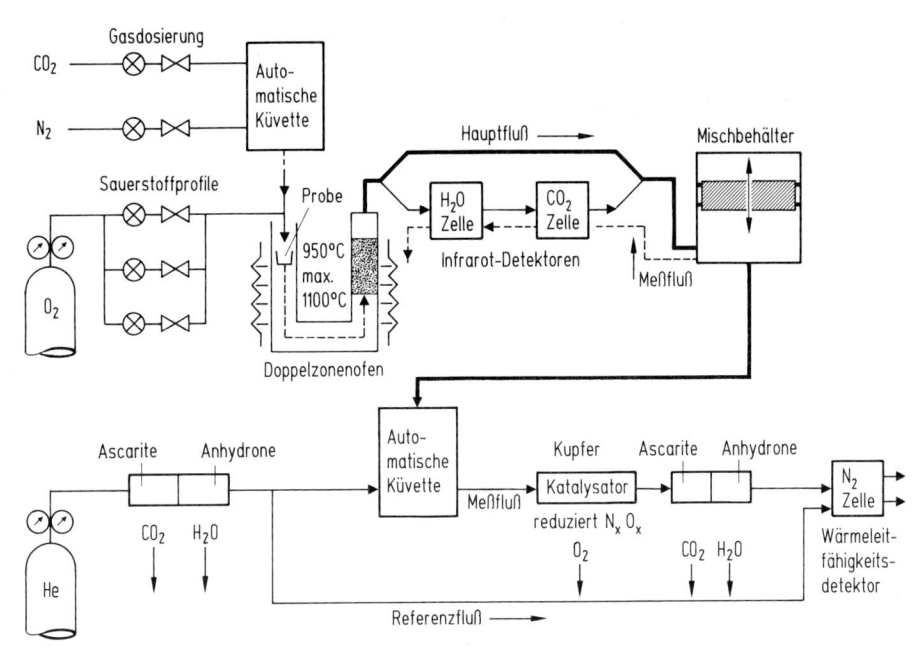

Abb. 17-1. Funktionsdiagramm CHN-600 Makro (LECO).

nung unter Sauerstoff, wobei der Kohlenstoff als CO_2 und der Wasserstoff als H_2O durch eine Infrarot-Meßzelle erfaßt wird. Der Stickstoff als N_2 wird über eine spezifische Wärmeleitfähigkeits-Zelle gemessen (Abb. 17-1).

Das Gerät arbeitet mit einer Makroeinwaage zwischen 100 und 200 mg, bei bestimmten nichtflüchtigen Proben können allerdings auch Einwaagen bis zu 500 mg verwendet werden. Das Mikrogerät (CHN-900 Mikro) arbeitet mit Einwaagen um 2 mg.

Als Verbrennungsrohr dient ein U-förmiges Quarzrohr, wobei der eine Schenkel des Quarzrohres den Primär- und der andere den Sekundärofen darstellt. Die Temperatur dieser beiden Öfen kann auf jede gewünschte Temperatur programmiert werden und liegt normalerweise bei 1000 °C. Als Schmelztiegel wird ein Keramiktiegel verwendet, der sich im Primärofen befindet. Die zu analysierende Probe wird in einer Zinnkapsel eingewogen und in die Probenschleuse gegeben. Nach dem Vorspülen des Systems wird die Zinnkapsel mit dem eingewogenen Probegut automatisch aus der Probenschleuse in den Schmelztiegel geworfen. Die Probe wird nun unter Sauerstoff verbrannt; das Verbrennen der flüchtigen Stoffe erfolgt im Sekundärofen. Ein Auswechseln des Keramiktiegels ist nach ca. 40 Bestimmungen erforderlich.

Die Verbrennungsprodukte werden nun von einem Gasometer-ähnlichen Speicherbehälter aufgenommen. Hierbei dient die Infrarot-Meßzelle für die CO_2-Bestimmung gleichzeitig als Überwachung, wann der Verbrennungsvorgang abgeschlossen ist.

Nur ein Teil des im Speicherbehälter befindlichen Gemisches wird über ein Spezialventil zur Stickstoff-Bestimmung (N_2) herangezogen. Die Bestimmung selbst erfolgt nach Absorption des Wassers und des CO_2 in einer Wärmeleitfähigkeits-Zelle.

17.2 Mikroanalytische CH-Bestimmung mit spezifischen IR-Detektoren

Prinzip (ALLAIN und FRANCOIS 1982). Die Substanz (etwa 1 mg) wird im Sauerstoffstrom im vertikal angeordneten Verbrennungsrohr spontan (Flashverbrennung) umgesetzt, störende Reaktionsgase im Rohr gebunden und Kohlendioxid und Wasser nach Verdünnen mit Sauerstoff in zwei hintereinander geschalteten spezifischen IR-Detektoren gemessen. Die Meßsignale werden automatisch digital-integral ausgewertet. Analysenzeit etwa 3 min.

Apparatives. Wie in Abb. 17-2 skizziert, besteht die *Verbrennungseinheit* aus einem Zweizonenofen. Der obere Teil des Verbrennungsrohres mit dem inneren Verdampfungsrohr, in dem die Flashverbrennung stattfindet, wird auf etwa 1050 °C beheizt, die unmittelbar anschließende zweite Verbrennungszone (zur Nachverbrennung und zur Chemisorption schwefel- und halogenhaltiger Reaktionsgase) wird mit Kupferoxid und Silberkontakten gefüllt und auf 850 °C erhitzt.

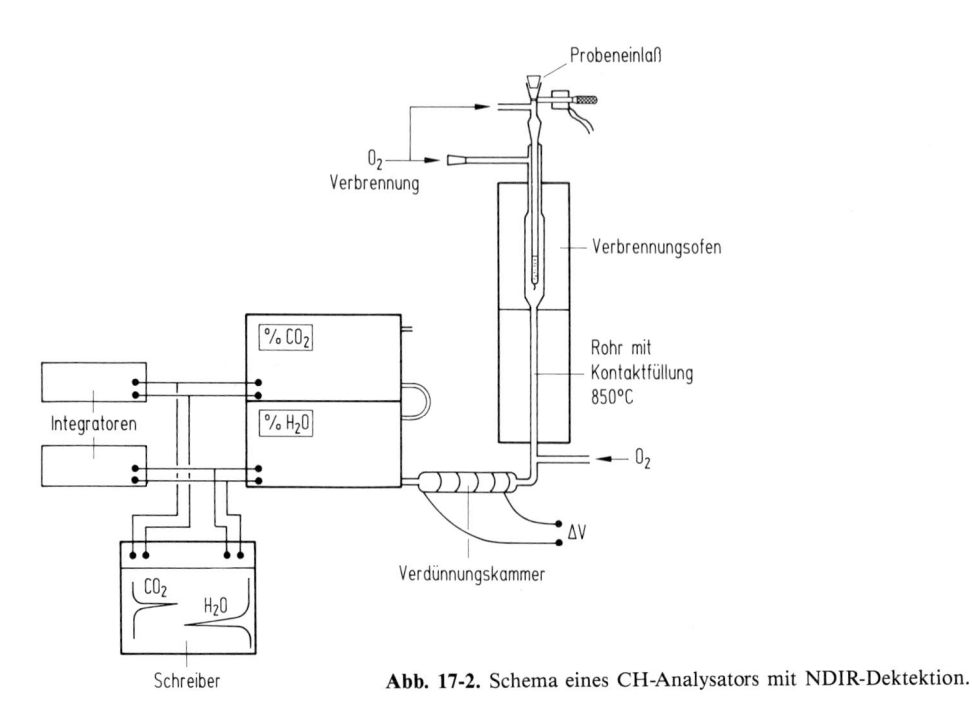

Mit der neuen Gerätevariante CHN-932 wird gleichzeitig auch der Schwefel (wie C und H) IR-spektrometrisch bestimmt.
Die Analysenzeit liegt bei ca. 3 bis 5 min. Die Meßwerte werden auf der Kontrollkonsole angezeigt und gleichzeitig vom Zweifarben-Nadeldrucker ausgeschrieben.

Abb. 17-2. Schema eines CH-Analysators mit NDIR-Dektektion.

17.2 Mikroanalytische CH-Bestimmung mit spezifischen IR-Detektoren   219

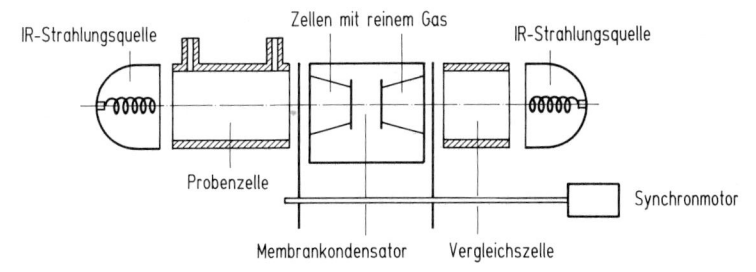

Abb. 17-3. Schema eines spezifischen IR-Detektors (UNOR®, s. Kap. 6.7).

Die Meßeinheit: Jeder der beiden nichtdispersiven IR-Detektoren besteht aus zwei identischen IR-Strahler und vier Zellen (Abb. 17-3). Eine Zelle enthält ein nichtabsorbierendes Referenzgas, durch die zweite Zelle strömen die Verbrennungsgase. Die Strahlung der zwei Strahlungsquellen wird in den zwei Zellen verschieden stark absorbiert und die durchgehende Strahlung führt zu einer verschieden starken Erwärmung des zweiten Zellenpaares, das das reine Probegas enthält und durch Membrane vom Membrankondensator (Prinzip UNOR®) getrennt wird. Die auftretende Temperaturdifferenz erzeugt eine Druckdifferenz und dadurch eine relative Änderung der Membranstellung und der Kapazität des Kondensators. Die IR-Strahlen werden in Phase untereinander moduliert – durch einen in den Strahlengang eingebauten und von einem Synchronmotor angetriebenen Zerhacker – und erzeugen so ein Wechselstromsignal vom Kondensator. Die Verbrennungsgase durchströmen beide hintereinander angeordnete Detektoren, zuerst den H_2O-Detektor, dann den CO_2-Detektor. In der Anzeige sind die Detektoren gut linear.

Verdünnungskammer: In der Verdünnungskammer wird der Anteil der Verbrennungsgase so verringert, daß eine Kondensation des Wassers vor dem Durchfluß durch den Detektor sicher vermieden wird. Bei Raumtemperatur ist in Sauerstoff die Sättigungsgrenze für das Wasser wesentlich höher als 2%, deswegen werden die Verbrennungsgase mit Sauerstoff soweit verdünnt, daß sowohl die CO_2-Konzentration als auch die H_2O-Konzentration im Gasgemisch höchstens 2% betragen; die Empfindlichkeit der IR-Detektoren wird so eingestellt, daß bei dieser Konzentration der Meßkomponenten Vollausschlag angezeigt wird. Die Verdünnungskammer hat ein Volumen von 110 ml und wird elektrisch beheizt. Auf diese Weise kann eine Probenmenge mit einem Gehalt von 1200 µg C und 220 µg H verbrannt und die Gehalte der beiden Elemente gemessen werden.

Strömungsbedingungen des Sauerstoffs: Die Sauerstoffströmung muß den Erfordernissen sowohl der Verbrennung als auch des Detektionssystems entsprechen. Sie muß stark genug sein, um die Detektoren (ohne die Analyse zu verzögern) durchzuspülen, aber auch nicht zu stark, weil hierdurch die Reaktionszeit und die Chemisorption der Störkomponenten gemindert würde. Der Sauerstoffstrom wird daher so reguliert, daß 80 ml/min in das Verbrennungssystem und 200 ml/min in die Verdünnungskammer einströmen. Zur Kontrolle der Sauerstoffströmung sind Strömungsregler erforderlich. Kleine Schwankungen, die durch den Verbrauch bei der Verbrennung eintreten, sind zu gering, um sich auf die Detektoren auszuwirken.

Anzeige und Auswertung: Die elektrischen Signale der Meßzellen werden zur Kontrolle von einem Spannungsschreiber als Kurven aufgezeichnet und von einem geeigneten Laborrechner digital integral ausgewertet.

Ausführung. Die Proben werden in Silberhülsen eingekapselt, in das Verbrennungssystem eingeschleust und im Sauerstoffstrom spontan umgesetzt. Die Verbrennungsgase, mit Sauerstoff verdünnt, durchströmen zur Messung die Detektoren. Abb. 17-4 zeigt ein typisches Schreiberdiagramm einer Analyse.

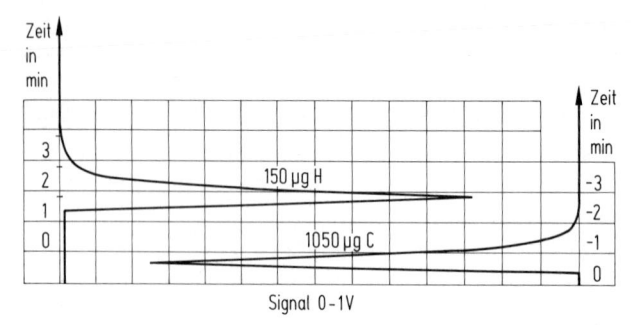

Abb. 17-4. Schreiberdiagramm für CO_2- und H_2O-Bestimmung.

Zur Analyse von Substanzen mit hohem C- und H-Gehalt (wie von Erdölprodukten) wird die Methode im Routinebetrieb bereits erfolgreich angewendet mit einem relativen Fehler von 0.5% für den CO_2- und 1% für den H_2O-Detektor. Die Genauigkeit der CH-Werte ist somit – bei wesentlich kürzerer Analysenzeit – vergleichbar mit der thermokonduktometrischer Methoden.

18 Multi-Elementbestimmung mit einem Klein-Massenspektrometer als Detektor

Einführende Bemerkungen. Zur Detektion der Elementkomponenten in der Reaktionsgasmischung nach Verbrennung der organischen Substanz im Sauerstoffstrom hat VAN LEUVEN (1973) ein Klein-Massenspektrometer eingesetzt und damit einen Multi-Elementanalyser entwickelt. Mit dem von ihm entwickelten Gerät können 8 Elemente (C, H, N, S, Cl, Br, I, F) in einer organischen Substanz nach thermischer Umsetzung gleichzeitig in nur 2 min bestimmt werden.

Daß diese vorteilhafte Multi-Elementbestimmung „in praxi" noch nicht entsprechend genutzt wird, liegt weniger am vergleichsweise hohen Geräteaufwand, sondern eher daran, daß die Genauigkeit der Analysenwerte noch nicht dem Standard neuer Meßtechniken, z. B. der thermokonduktometrischen Messung, entspricht.

Die massenspektrometrische Multi-Elementbestimmung hätte Vorteile, wenn die serienweise Ausführung von Gesamtanalysen gefordert würde. In der Praxis aber begnügen sich die Synthetiker nicht zuletzt aus Kostengründen mit Teilanalysen, die mit anderen Methoden sehr genau erstellt werden können.

Prinzip (VAN LEUVEN 1973). Wenige Milligramm Substanz werden spontan im Sauerstoffstrom über Platingaze als Katalysator quantitativ umgesetzt. Eine kleine Teilmenge der Verbrennungsgase wird direkt in ein einfaches Quadrupol-Massenspektrometer eingespeist, das 12 verschiedene m/e-Werte erfaßt (Abb. 18-1). Mit einem Multiplexer werden die Signale einzeln integriert und die Ergebnisse direkt in Prozenten ausgedruckt. Analysenzeit 2 min. Die relative Genauigkeit der mit dieser Methode erhaltenen Analysenwerte liegt in der Größenordnung einiger Prozente.

Apparatives. Das komplette Gerätesystem ist in Abb. 18-2 schematisch dargestellt. Als Detektor kommt ein Quadrupol Massenspektrometer zur Anwendung (Gerät Q 806 der Fa. CENTRONIC), das mit Hilfe eines Multiplexers oder „peak selectors" die simultane Auswertung von 12 verschiedenen Massenpeaks ermöglicht (s. Abb. 18-1). Durch das vertikal gestellte Verbrennungsrohr wird ein schneller Sauerstoffgasstrom gegen die den Strömungsfluß in die Hilfsrotationsölpumpe restringierende Kapillare geführt. Sauerstoff wird im Überschuß zugeführt, um den Lufteintritt in das offene Rohr zu verhindern. Die in Aluminiumhülsen eingewogene und eingekapselte Probe wird in das Rohr geworfen und dort spontan umgesetzt.

Platindrahtnetz, auf 950 °C erhitzt, katalysiert die quantitative Verbrennung ohne Adsorptionseffekte. Nach Durchströmen des Reaktionsgasgemisches durch die Quarzkapillare wird bei einem Druck von angenähert 10 mmHg eine sehr kleine Teilmenge des Gasgemisches kontinuierlich über eine zweite – als Splitter wirkende – Kapillare ins Quadrupol Massenspektrometer eingespeist.

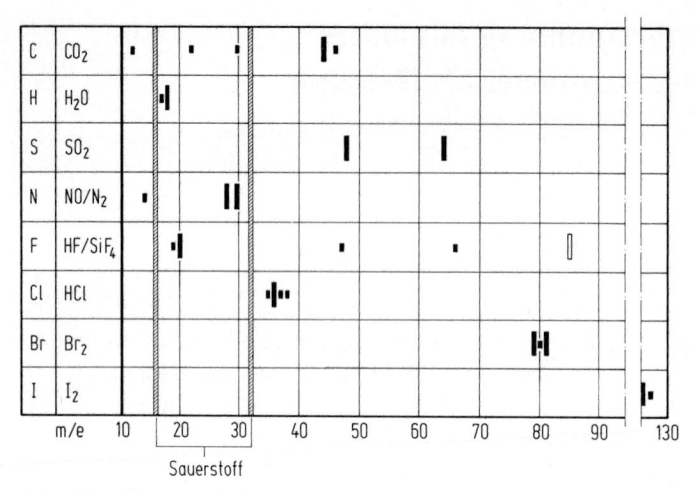

18 Multi-Elementbestimmung mit einem Klein-Massenspektrometer als Detektor

Abb. 18-1. Elemente, Verbrennungsprodukte, größere und kleinere Massen-Peaks.

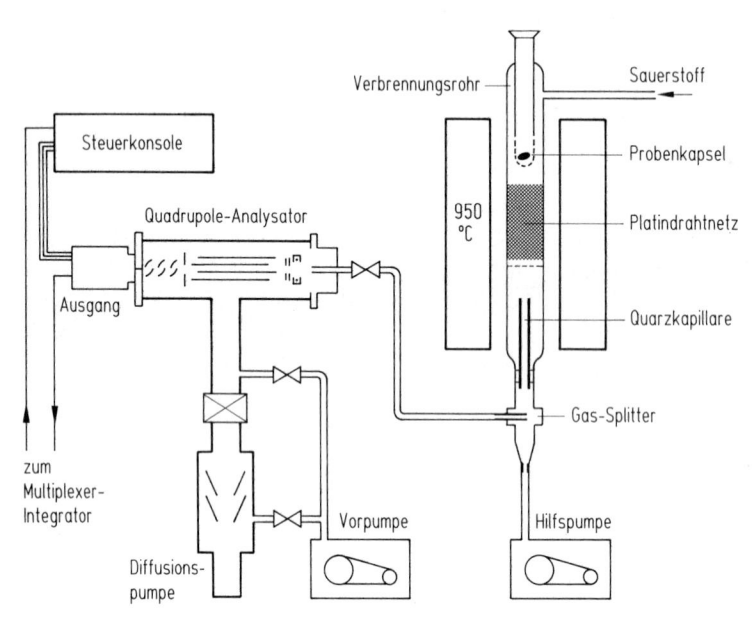

Abb. 18-2. Gerätesystem für Multielementanalysen.

Verbrennungsprodukte, größere und kleinere Massen-Peaks.

Durch Anlegen einer Reihe von Spannungen von außen zur Quadrupol Steuerkonsole wird das Gerät schnell auf die 12 vorgewählten m/e-Werte geschaltet (mit einer Wiederholungsrate von 8 Serien pro Sekunde). Die entsprechenden Ausgangssignale werden im Analogintegrator (Abb. 18-3) gesammelt und die Integrationswerte 1 bis 2 min nach der Substanzverbrennung automatisch ausgedruckt. Die typische Form eines Wasser-Peaks

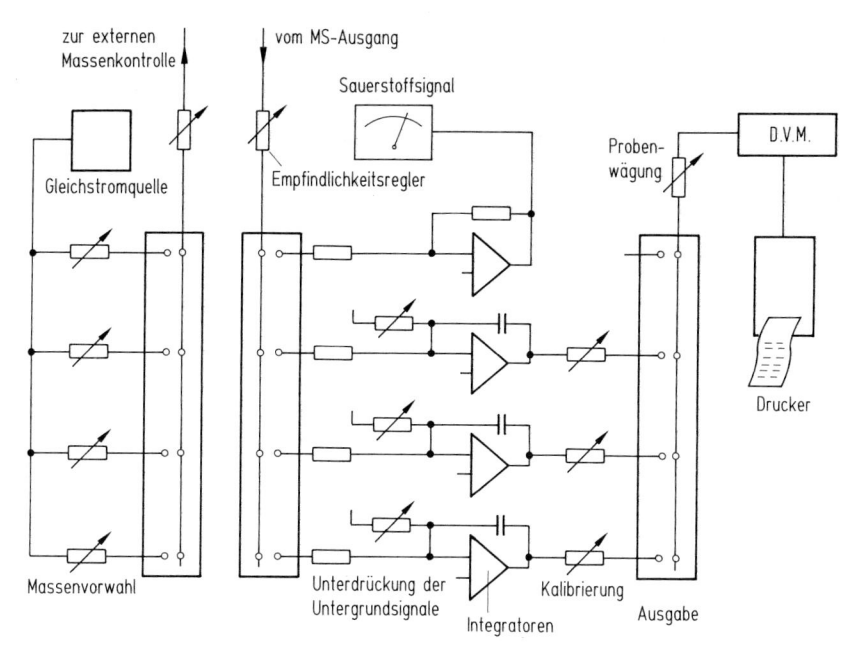

18 Multi-Elementbestimmung mit einem Klein-Massenspektrometer als Detektor 223

Abb. 18-3. Vereinfachte schematische Darstellung des datenverarbeitenden Systems.

zeigt Abb. 18-4. Es wurde vorgesehen, die Untergrundsignale zu unterdrücken und das Substanzgewicht in die Endrechnung miteinzubeziehen. Nach Testverbrennungen von Substanzen bekannter Zusammensetzung können die Ausgangskanäle leicht so geeicht werden, daß die Ergebnisse als Prozentwerte der entsprechenden Elemente in der Probe ausgedruckt werden können. Die kontinuierlich auftretenden Ausgangssignale für den

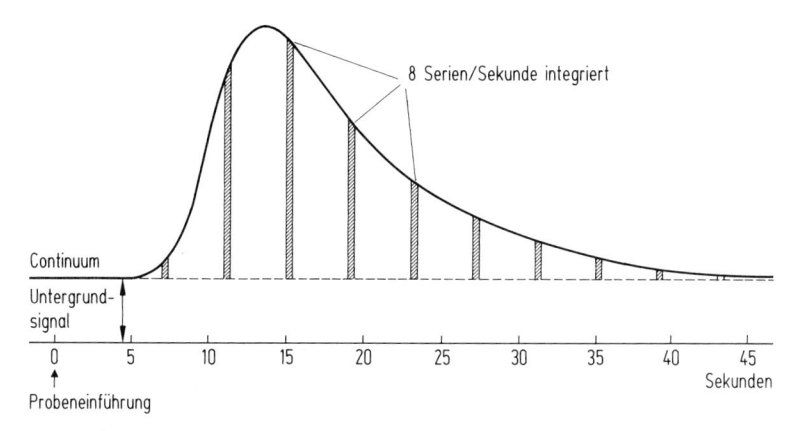

Abb. 18-4. Typische Form eines Wasser-Peaks.

Sauerstoff (bei m/e = 16) werden genutzt, um die Empfindlichkeit des gesamten Systems (einschließlich Gassplitter, Ionenquelle, Elektronenmultiplier etc.) zu prüfen. Falls erforderlich, kann diese auch von Hand, mittels eines Empfindlichkeitsreglers am Ausgang des Massenspektrometers, auf einen bestimmten Wert eingeregelt werden.

19 Methoden zur Spuren-Kohlenstoffbestimmung

19.0 Allgemeines

Kleine und kleinste C-Gehalte (organisch und/oder anorganisch gebunden) in den verschiedensten Matrizes sind analytisch oft von großem Interesse. Bestimmungen in Feststoffen (wie Stählen, Kiesen, Kontakten, Stäuben, Salzen oder auch reinem Schwefel), in Flüssigkeiten (Prozeßsäuren, Laugen, Solen, Rein- und Abwässern oder anorganischen Säurehalogeniden) sowie in Gasen sind mittlerweile Routine. Analytischer Schwerpunkt der Bestimmung in *Feststoffen* ist die C-Bestimmung in Proben der metallerzeugenden und -verarbeitenden Industrie. Hier wird der C-Gehalt in großen Serien bestimmt.

Bei *Flüssigkeiten* liegt der Schwerpunkt auf dem Gebiet der Wasseranalyse, weil sich über den C-Gehalt die organische Wasserbelastung am schnellsten und einfachsten abschätzen läßt. Meist handelt es sich um die *Bestimmung sehr kleiner Kohlenstoffmengen, um µg C/g Feststoff oder mg C/l wäßriger Probe.*

19.1 Spuren-Kohlenstoffbestimmung in Feststoffen

a) Proben der metallerzeugenden und metallverarbeitenden Industrie (beim Umfang dieser Industrie weltweit ein großes analytisches Arbeitsgebiet). Die Kohlenstoffbestimmung in diesen Proben wird in großen Serien meist gleichzeitig mit einer Spuren-Schwefelbestimmung durchgeführt, da der Kohlenstoff- und der Schwefelgehalt die Qualität dieser Materialien wesentlich beeinflußt. Für diese Probenspezies sind leistungsstarke, mikroprozessorgesteuerte Analysengeräte handelsüblich. Sie arbeiten alle etwa nach demselben Prinzip − *spontane thermische Umsetzung der Probe im O_2-Strom durch Induktionsheizung und selektive IR-spektrometrische Messung von CO_2 und SO_2.*

Geräte dieser Art:

CS-mat 650 (STRÖHLEIN); C/S-Analysator-Modell 444 (LECO); Analysenautomat CSA 2003 Baureihe 302 (LEYBOLD-HERAEUS; jetzt ROSEMOUNT).

b) Luftgetragene Stäube. Nach TANNER et al. (1982) werden die Staubteilchen auf Quarzfilter niedergeschlagen, der in den Stäuben enthaltene organisch gebundene, sowie der elementare Kohlenstoff thermisch zu CO_2 umgesetzt und dieses durch IR-Messung bestimmt.

MALISSA et al. (1976) sowie PUXBAUM und REINDL (1983) bestimmten den Kohlenstoff in diesen Proben konduktometrisch (s. Kap. 12.1).

c) Feste und flüssige Proben mit häufig wechselnder extremer Matrix. Auch in solchen Proben (Claus-Schwefel zur Schwefelsäurefabrikation, NH_4NO_3, $POCl_3$, konzentrierte Mineralsäuren u. ä.) werden häufig Spuren-Kohlenstoffbestimmungen gefordert. Dafür eignet sich nicht die spontane Umsetzung, wie sie in den bereits beschriebenen Analysenautomaten für Feststoffe durchgeführt wird, sondern es wurde eine Labormethode (EHRENBERGER 1973) entwickelt, die eine dosierte, der Matrix individuell angepaßte, Umsetzung ermöglicht und zugleich eine selektive und genaue Bestimmung sehr kleiner C-Mengen (µg C/g Probe) gestattet.

Da bei der thermischen Umsetzung im Rohr kaum mehr als 1 g Probe umgesetzt werden kann, die Umsetzung bei problematischer Matrix in jedem Fall dosiert erfolgen muß und zeitaufwendig ist, wird, um so kleine CO_2-Mengen thermokonduktometrisch oder auch infrarotphotometrisch messen zu können, das bei der Verbrennung entstehende Kohlendioxid „*punktförmig angereichert*" und dann „*spontan desorbiert und gemessen*".

Würde die Messung gleichzeitig mit der Verbrennung erfolgen, würde das Meßsignal im Untergrundrauschen verschwinden und nicht auswertbar sein.

Spurenbestimmung des Gesamtkohlenstoffes (TC) durch klassische Rohrverbrennung, punktförmige Anreicherung des CO_2 und thermokonduktometrische Messung

Prinzip (EHRENBERGER 1973). Der Kohlenstoff der Probe wird im Sauerstoffstrom zu Kohlendioxid verbrannt, Carbonat-Kohlenstoff durch saure Zuschläge ausgetrieben und mitbestimmt. Halogene und Schwefel werden an Silber gebunden, Stickoxide über Kupfer reduziert, das auch den überschüssigen Sauerstoff bindet. Die Reaktionsgase werden anschließend mit Helium ausgetrieben, über konz. Schwefelsäure, Magnesiumperchlorat und Phosphorpentoxid getrocknet und das Kohlendioxid an Molekularsieb adsorbiert. Ist die Umsetzung beendet, wird der Meßgasstrom über die Molekularsiebsäule geführt, durch Erwärmen das Kohlendioxid desorbiert und durch WL-Messung quantitativ bestimmt. Die der Kohlendioxidmenge proportionale Impulszahl wird auf einen Zähler übertragen und vom Drucker ausgedruckt. Die Auswertung der Katharometersignale erfolgt auf üblichem Weg digital/integral mittels Rechner. Das CO_2 kann statt thermokonduktometrisch auch IR-photometrisch gemessen werden.

Auf diese Weise können die Umsetzung relativ großer Probeneinwaagen (bis zu 1 g) und die Messung sehr kleiner Kohlendioxidmengen jeweils unter optimalen Bedingungen durchgeführt werden. Die nach dieser Arbeitsweise auftretenden Blindwerte und Blindwertschwankungen sind gering, außerdem ist die Meßmethode so empfindlich, daß es möglich ist, z. B. in Abwässern den Kohlenstoffgehalt im unteren ppm-Bereich schnell und zuverlässig zu bestimmen. Wird der Carbonat-C (TIC) separat naßchemisch ermittelt, dann kann aus der Differenz (TC−TIC = TOC) der gesamte organisch gebundene Kohlenstoff (TOC) bestimmt werden.

Reagenzien

Gasreinigung:	BTS-Kontakt, Askarit, Magnesiumperchlorat, Phosphorpentoxid.
Oxidationsrohr:	Drahtförmiges Kupferoxid, Silber; V_2O_5 p.a.
Reduktionsrohr:	Drahtförmiges Kupfer.
Spiralabsorber:	Konzentrierte Schwefelsäure (oder 5%iges H_2O_2, falls viel SO_2 anfällt).
Molekularsiebsäule:	Molekülsieb 5 Å, Körnung 0.43 bis 0.60 mm.
Trockenröhrchen:	Magnesiumperchlorat, Phosphorpentoxid.
Weinsäure	p.a. (32.01% C).
Weinsäuretestlösungen:	1 g Weinsäure/100 ml (100 µl = 320 µg C), 0.1 g Weinsäure/100 ml (100 µl = 32.0 µg C).
Gasströmung:	Umsetzung: 30 ml O_2/min, 40 ml He/min; Messung: 60 ml He/min.

Teflon-Rohrverschraubungen (PTFE-Labor-Fittings) der Fa. C. HUTH & SÖHNE.

Apparatives. Die Apparatur ist in Abb. 19-1 dargestellt. Sie besteht im wesentlichen aus Verbrennungsteil und Meßteil. Verbindungsstück ist die Glasbrücke, bestehend aus den 2 Vierwegehähnen (H_2, H_3) mit der zwischengeschalteten und teilbeheizten Molekularsiebsäule (200 mm langes Glasrohr, ⌀ außen/innen = 8/6 mm, auf 80 mm Länge mit Molekularsieb 5 Å, 0.43 bis 0.50 mm Körnung, gefüllt).

Der Verbrennungsteil entspricht im Prinzip der in der klassischen CH- und N-Analyse heute üblichen apparativen Anordnung.

Die Ofenkombination umfaßt:

1 Wandbrenner, 65 mm lang, aufklappbar, Heizrohr ⌀ 18 mm;
1 Langbrenner I, 250 mm lang;
1 Langbrenner II, 160 mm lang, beide haben einen Heizrohrdurchmesser von ebenfalls 18 mm;
1 Reduktionsofen, 320 mm lang, Heizrohr ⌀ 30 mm, aufklappbar;
1 Heizwiderstand, Heizrohr ⌀ 9 mm, heizt mit 40 V die Molekularsiebzone auf 200 °C.

Das Oxidationsrohr (800 mm lang, ⌀ außen 15 mm, mit Schnabel 40 mm lang, ⌀ 8 mm) enthält den auf 900 °C beheizten Kupferoxidkontakt und zur Absorption der Halogen- und Schwefeloxide eine auf 500 °C beheizte, ausreichend dimensionierte Silberzone, da in diesen Proben mit einem hohen Heteroelementgehalt gerechnet werden muß.

Das Reduktionsrohr (300 mm lang, ⌀ außen 20 mm, mit beidseitigem Schnabel 50 mm lang, ⌀ 8 mm, gefüllt mit drahtförmigem Kupfer und auf 500 °C beheizt) ist mit Hilfe einer Teflonverschraubung mit dem Oxidationsrohr gasdicht verbunden. Um die Kondensation von Reaktionswasser zwischen beiden Rohren zu vermeiden, ist der Übergang durch ein eingelegtes Silberrohr, das in die beiden beheizten Zonen hineinragt, indirekt beheizt. An das Reduktionsrohr schließt sich das Spiralrohr an, in dem konz. Schwefelsäure den Hauptteil des Reaktionswassers bindet. Letzte Feuchtigkeitsspuren werden im anschließenden Trockenröhrchen mit Magnesiumperchlorat und Phosphorpentoxid aus dem Reaktionsgasstrom entfernt.

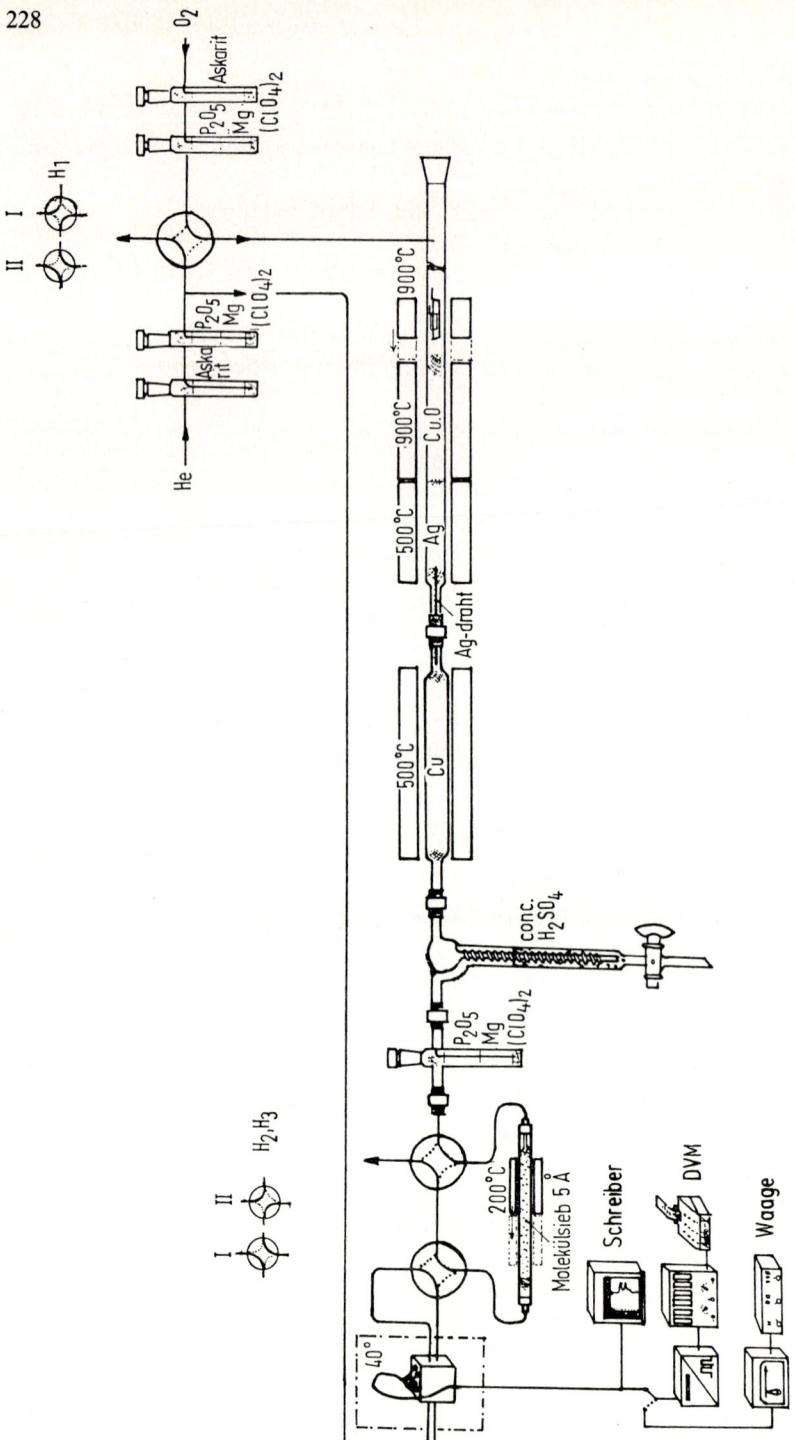

Abb. 19-1. Apparatur zur C-Bestimmung.

Die Molekularsiebsäule (180 mm langes Glasrohr, ⌀ außen/innen = 8/6 mm, in der Mitte etwa 10 cm mit Molekularsieb dicht gefüllt, auf beiden Seiten mit einem Quarzwollebausch begrenzt) ist zwischen Hahn H_2 und H_3 geschaltet. Eine Hälfte des Molekularsiebs ist mit einem Heizwiderstand (60 mm lang, Heizrohr ⌀ 10 mm) immer auf etwa 200 °C beheizt. Zur Desorption des Kohlendioxids wird der Heizwiderstand über die andere Hälfte des Molekularsiebs nach vorne geschoben. Als Wärmeleitfähigkeitsmeßzelle wird eine GowMac-Zelle, Typ Pretzel, mit W-2-X-Drähten (Wolfram-Rhenium) verwendet; sie wird auf 60 °C thermostatisiert. Zur Stromversorgung der Zelle dient ein Transistor-Netzgerät. Dieses Gerät ist auf eine feste Spannung eingestellt und enthält als veränderliches Element nur ein Wendelpotentiometer zum Brückenabgleich.

Arbeitsvorschrift. Alle Bauelemente der Apparatur werden, wie in Abb. 19-1 skizziert, mit Teflonverschraubungen gasdicht miteinander verbunden. Der Spiralwäscher wird etwa zur Hälfte mit konz. Schwefelsäure gefüllt. Sobald die Heizöfen die Arbeitstemperaturen erreicht haben, werden die Gasströme einreguliert und das Molekularsieb mit einer Spiritusflamme oder einer schwachen Bunsenflamme (300 bis 400 °C) unter Durchleiten von Helium entwässert (die Hähne H_{1-3} in I), so daß es beim Erhitzen auf 200 °C keine Feuchtigkeit mehr abgibt. Anschließend wird der erste Blindwert bestimmt. Dazu wird das Substanzschiffchen halb mit ausgeglühtem Silberpulver gefüllt, dieses in ein geräumiges Quarzschiffchen gestellt, mit diesem zusammen ins Rohr geschoben und der Wanderbrenner gestartet. Erst strömt 10 min lang Sauerstoff (Hahn $H_1 \rightarrow II$) durch das Oxidationsrohr, dann wird auf Helium umgestellt ($H_1 \rightarrow I$) und ausgetrieben.

Der überschüssige Sauerstoff wird vom Kupfer gebunden und nur Helium strömt über das Molekularsieb und die Hahnbrücke und von dort ins Freie. Der Meßgasstrom ist in dieser Zeit über Hahn H_3 kurz geschlossen. Nach insgesamt 20 min Verbrennungszeit wird erst Hahn H_2 und dann Hahn H_3 um 90° gedreht (H_2, $H_3 \rightarrow II$) und dadurch der Meßgasstrom über die Hahnbrücke und die Molekularsiebsäule geführt. Nach Absinken der Anzeige auf die Nullinie wird der kleine Heizwiderstand über die kalte Zone des Molekularsiebs nach vorne geschoben und das Kohlendioxid ausgetrieben. Das desorbierte Kohlendioxid wird vom Helium durch die Meßzelle gespült und die auftretende Gleichspannungsdifferenz, die der CO_2-Menge proportional ist, digital ausgewertet.

Nach einer Vorverbrennung mit 1 bis 2 mg Weinsäure zur Vorkonditionierung des Verbrennungstraktes werden zur Eichung 2 bis 3 Testverbrennungen gefahren. Man wägt dazu auf einer Mikro-Waage etwa 1 mg Weinsäure ein oder dosiert 100 µl Weinsäuretestlösung mit einer genauen Dosierspritze in das Verbrennungsschiffchen und führt die Verbrennung, wie oben beschrieben, durch.

Aus der Impulszahl und der eingesetzten Kohlenstoffmenge wird der Eichfaktor µg C/1000 Impulse berechnet.

Von Substanzproben, deren Kohlenstoffgehalt man auch größenordnungsmäßig nicht kennt, wägt man für die erste Analyse 10 bis 20 mg ein, und wählt für die zweite Analyse nach Möglichkeit eine so große Substanzmenge, daß 50 bis 500 µg C zur Umsetzung kommen. Feststoffe werden mit einem *Zuschlag von Vanadiumpentoxid* versehen. Enthält die Probe auch Carbonat, so wird dieser Kohlenstoff natürlich mitbestimmt. In diesem Fall muß der Carbonatkohlenstoff getrennt bestimmt und der organisch gebundene Kohlenstoff aus der Differenz errechnet werden. Auch wäßrige Lösungen wägt man im Platin- oder Quarzschiffchen ein oder man dosiert, wenn die Dichte der Lösung bekannt ist, mit einer genauen Dosierspritze je nach C-Gehalt 20, 50 oder 100 µl in das Verbrennungsschiffchen. Im Rohr steht das Substanzschiffchen in einem zweiten geräumigen Quarzschiffchen, damit durch Verspritzen des geschmolzenen Rückstandes das Rohr nicht verunreinigt wird. Dasselbe kann man auch erreichen, wenn man die Substanz mit einem Quarzwollebausch abdeckt.

Konzentrierte Mineralsäuren müssen langsam verdampft werden, damit die Kontakte nicht überladen werden und Stickoxide oder Schwefeloxide bis ins Molekularsieb durchschlagen. In diesem Fall folgen auf dem Schreiberblatt unmittelbar nach dem CO_2-Peak weitere Peaks, die auf fehlerhafte Umsetzung hinweisen. Durch Ausheizen des Molekularsiebs mit einer schwachen Bunsenflamme (300 bis 400 °C) kann man die Störung wieder beseitigen. Bei der Analyse des Claus-Schwefels wurde der Wäscher anstatt mit konz. H_2SO_4 mit 5%iger Wasserstoffperoxidlösung gefüllt. Ist der Kupferkontakt verbraucht, wird er mit Wasserstoff-Heliumgasgemisch wieder reduziert. Das Kupfer wird zur Reduktion der Stickoxide benötigt. Werden nur Proben analysiert, die keinen Stickstoff enthalten, ist der Kupferkontakt überflüssig, und es kann während der gesamten Umsetzungszeit mit Sauerstoff gespült werden. Sauerstoff stört die Messung nicht, da er, bevor das Kohlendioxid desorbiert wird, mit dem Helium aus dem Molekularsieb ausgespült wird.

Diskussion der Ergebnisse. Feststoffe und Flüssigkeiten lassen sich nach dieser Methode gleich gut analysieren. Wobei für C-Gehalte von 0.01% bis 1% etwa 300 bis 10 mg Substanz eingewogen werden. In Abwässern mit geringer Säure- oder Salzbelastung und in Salzen und Feststoffen, die bei der Umsetzung weitgehend im Rückstand bleiben, die Kontakte also kaum belasten, können mit höheren Substanzeinwaagen (bis etwa 1 g) noch wesentlich kleinere C-Gehalte bestimmt werden. In diesem Bereich ist natürlich der Blindwertanteil, der durch die Luft oder durch gelöste Kohlensäure verursacht wird, zu berücksichtigen. Außerdem müssen die Verbrennungskontakte mit ähnlich hohen Kohlenstoffgaben vorkonditioniert werden, da das relativ große Kontaktvolumen einen nicht zu vernachlässigenden Rückhalteeffekt zeigt. Diese Fehler heben sich aber weitgehend auf, wenn Vorverbrennungen mit entsprechend verdünnten Weinsäuretestlösungen vor der eigentlichen Analyse gefahren werden.

Es hat sich gezeigt, daß der oben beschriebene Weg des Konzentrierens der bei der Umsetzung anfallenden Kohlendioxidspuren im Molekularsieb und die anschließende *en bloc-Aufgabe* auch für die Kohlendioxidtitration mit potentiometrischer, coulometrischer oder photometrischer Endpunktsanzeige mit Vorteil begangen werden kann. Auf diese Weise können nämlich die Meßzeiten verkürzt und Fehler bzw. scheinbare Blindwerte vermieden werden, die z. B. durch die Elektrodendrift bei sonst längeren Meßzeiten verursacht werden. Die Endbestimmung des Kohlendioxids über die Wärmeleitfähigkeitsmessung hat gegenüber den vorher genannten den großen Vorteil, daß keine Absorptionslösungen benötigt werden. Sie ist auch aus diesem Grunde weniger störanfällig.

19.2 Bestimmung von Spuren-Kohlenstoff in Wässern

Allgemeines. Zur Reinheitskontrolle von natürlichen Wässern und zur Beurteilung der Umweltbelastung von Brauch- und Abwässern wird die *Spuren-Kohlenstoffbestimmung*

Tab. 19-1. Wasser-Kennzahlen.

Englische Bezeichnung			Deutsche Bezeichnung
TOD	Total Oxygen Demand		Gesamtsauerstoffbedarf
COD	Chemical Oxygen Demand	CSB	Chemischer Sauerstoffbedarf
		CSV	Chemischer Sauerstoffverbrauch
BOD	Biological Oxygen Demand	BSB	Biologischer Sauerstoffbedarf
		BSB_5	Biologischer Sauerstoffbedarf in 5 Tagen
TC	Total Carbon		Gesamtkohlenstoff
TIC	Total Inorganic Carbon		Gesamter anorganischer Kohlenstoff (auch TAC)
TOC	Total Organic Carbon		Gesamter organisch gebundener Kohlenstoff
DOC	Dissolved Organic Carbon		Gelöster organisch gebundener Kohlenstoff
VOC	Volatile Organic Carbon		Flüchtiger organisch gebundener Kohlenstoff (teilweise auch als „purgeable" d.i. ausstripbarer Kohlenstoff bezeichnet)
NVOC	Non Volatile Organic Carbon		Nichtflüchtiger organisch gebundener Kohlenstoff
ROC	Residual Organic Carbon		Organisch gebundener Kohlenstoff im Abdampfrückstand
POC	Particulate Organic Carbon		Organisch gebundener Kohlenstoff der in der Probe enthaltenen Feststoffteilchen
OCEF	Organic Carbon Extraction Efficiency		Eine bereits gebräuchliche deutsche Übersetzung lehlt. Vorschlag: Extraktionswirksamkeit des organisch gebundenen Kohlenstoffs

in großem Umfang angewendet, weil sich über die sog. *C-Kennzahlen* die organische Belastung von Wässern am schnellsten und einfachsten abschätzen läßt.

Wegen der Vielzahl der organischen Inhaltsstoffe im Wasser ist man fast immer auf das Messen summarischer Größen angewiesen, da die selektive Bestimmung der einzelnen organischen Verbindungen zumindest sehr aufwendig und zeitraubend, in vielen Fällen praktisch gar nicht möglich ist.

In den weitaus meisten Fällen wird die Wasserqualität neben anderen Parametern durch Bestimmung der Sauerstoffbedarfs- oder der Kohlenstoffkennzahlen kontrolliert. Die auch in der Literatur gebräuchlichen Bezeichnungen der Wasser-Kennzahlen sind in Tab. 19-1 aufgeführt.

Der TOC-Wert umschließt alle (gelösten) organischen Verbindungen, und seine Bestimmung wird durch die Anwesenheit anderer Elemente nicht verfälscht.

Zur Übersicht sind in Tab. 19-2 die ungefähren TOC-Werte einiger ausgewählter Wasser- und wäßriger Proben aufgeführt. Wenn es sich nicht gerade um stark belastete Industrieabwässer oder kommunale Abwässer handelt, so liegen – wie die Übersicht in der Tab. 19-2 deutlich zeigt – die TOC-Gehalte meist weit unter 10 mg C je Liter. Diese Konzentrationen zuverlässig zu bestimmen, gelingt nicht mit allen beschriebenen Geräten und Methoden, vor allem nicht mit solchen, in denen die Umsetzung thermisch erfolgt, mit denen nur wenige Mikroliter der Wasserprobe umgesetzt werden können und die nicht über eine empfindliche und selektive CO_2-Detektion verfügen.

Tab. 19-2. Mögliche TOC-Gehalte von Wasser- und wasserhaltigen Proben.

Industrieabwässer	5 bis 10000 mg TOC/l
Prozeßsäuren	10 bis 10000 mg TOC und darüber
Betriebswasser	2 bis 5 mg TOC
Flußwasser	2 bis 5 mg TOC
Trinkwasser	0.5 bis 2 mg TOC
Entsalztes Wasser	0.1 bis 0.8 mg TOC
bidest. Wasser	0.1 mg TOC und darunter

Bestimmung des organisch gebundenen Kohlenstoffes in Wasser- oder wäßrigen Proben (TOC, DOC)

Prinzip. Alle Methoden zur TOC-Bestimmung beruhen auf der **naßchemischen oder thermischen** (Rohrverbrennung) Umsetzung der organischen Inhaltsstoffe und der quantitativen Oxidation des organisch gebundenen Kohlenstoffs zu Kohlendioxid, das nachher auf chemischem oder physikalischem Wege bestimmt wird.

A) Aufschluß

Die **Naßoxidation** wird durchgeführt:

a) mit Chromschwefelsäure oder mit Iodsäure/Phosphorsäure,
b) mit schwefelsaurer Peroxydisulfat-/Silbernitratlösung,
c) im mit Hilfe von UV-Licht an Ozon angereicherten Sauerstoffstrom.

Da große Probemengen – bis 100 ml – analysiert werden können, außerdem geringe und mittlere Säure- und Salzgehalte nicht grundsätzlich stören, *eignet sich die Naßoxidation mit Vorteil zur DOC-Bestimmung in Rein- und Reinstwässern.*

Von Nachteil ist, daß zwar die meisten, jedoch nicht alle organischen Substanzen quantitativ aufgeschlossen werden und die Naßoxidation für die Automation nicht sehr geeignet ist. Trotzdem scheint die Naßoxidation in den meisten Fällen der thermisch-katalytischen Umsetzung gleichwertig zu sein.

Thermische Umsetzung (Rohrverbrennung) in der Dampfphase wird mit Vorteil zur Analyse von Wasserproben mit höheren TOC-Gehalten (> 10 mg C/l) und stark wechselnder Zusammensetzung angewandt, wie sie in einem Industrielabor gemeinhin anfallen. Sie ist nämlich universell anwendbar und ermöglicht selbst bei extremer Säure- oder Salzbelastung der Proben noch eine quantitative Oxidation. Die thermische Umsetzung im Rohr ist überdies automationsgerecht.

Organische Immissionen und Emissionen werden heute ebenfalls durch eine Kohlenstoffbestimmung mittels Rohrverbrennung analysiert (s. Kap. 11.3).

Von Nachteil ist bei den Verbrennungsverfahren jedoch, daß sich die anorganischen Anteile der Probe im Rohr ablagern und stark saure Proben aggressive Nebel bilden, die, weil sie die Messung stören würden, vorher quantitativ aus dem Reaktionsgasstrom entfernt werden müssen.

B) CO_2-Messung

Nach den verschiedenen Methoden der TOC-Analyse wird das Kohlendioxid wie folgt bestimmt:

- gravimetrisch:
  (Röhrchenmethode) klassische C-Analysengeräte, Immission, Emission
- titrimetrisch:
  a) mit visueller
  b) mit photometrischer
  c) mit photoelektrischer Endpunktbestimmung
- konduktometrisch
- coulometrisch
- thermokonduktometrisch:
  a) mit Hitzdrahtdetektor
  b) mit Flammenionisationsdetektor (FID) nach Hydrierung des CO_2 zu CH_4
- infrarot-spektrographisch.

Die angeführten Methoden der CO_2-Messung sind in der CH-Analyse üblich und wurden in den Kap. 10 bis 17 bereits ausführlich beschrieben.

Zur Endbestimmung des Kohlendioxids wird bevorzugt die IR-Messung herangezogen. Kohlendioxid zeigt nämlich im Infrarotspektrum charakteristische Absorptionsbanden, die sich von denen anderer Reaktionsgaskomponenten deutlich unterscheiden. Daher ist es möglich, die Infrarotmessung zur Konzentrationsbestimmung von Kohlendioxid einzusetzen. Nach Entwicklung geeigneter IR-Meßzellen (s. Kap. 6.7) wird die nichtdispersive Infrarotabsorption zur Spuren-CO_2-Messung in zunehmendem Maße angewandt. Diese Analysenmethode zeichnet sich durch hohe Selektivität und Empfindlichkeit aus, den dafür verfügbaren Analysengeräten ist überdies eine hohe Nullkonstanz eigen, so daß sie sich sehr gut auch zur Automatisierung eignen. Die Messung kann sowohl im statischen als auch im strömenden System erfolgen. Da die Länge der Meßküvette auch variabel sein kann, ist der dynamische Bereich dieser Methode sehr groß.

Ähnlich empfindlich ist die CO_2-Messung mit Hilfe des FID nach Konversion des CO_2 zu CH_4, aber auch die Messung mit Hilfe des Wärmeleitfähigkeits-Detektors, diese vor allem dann, wenn die bei der Umsetzung entstehenden CO_2-Spuren an einer Kieselgelsäule aufkonzentriert werden und nach der Umsetzung durch Erwärmen desorbiert und „en bloc" im WL-Detektor gemessen werden (s. Abb. 19-1 und 19-2). Bei dieser Methode kann die Umsetzung – dem Problem angepaßt – variiert werden.

Außer durch die Probennahme und Probenvorbereitung wird das Meßergebnis auch entscheidend durch die klare Differenzierung zwischen carbonat- und organisch gebundenem Kohlenstoff beeinflußt.

C) Abtrennung des Carbonat-Kohlenstoffs (TIC)

In wäßrigen Proben liegt der anorganische Kohlenstoff als Carbonat, Bicarbonat oder als gelöstes Kohlendioxid vor, er wird beim Ansäuern und Oxidieren der Probe zusammen mit dem TOC als Kohlendioxid in Freiheit gesetzt. Um den TOC-Wert allein zu erhalten, wird der Gesamtkohlenstoff (TC) und getrennt der Carbonatkohlenstoff (TIC) bestimmt, aus der Differenz ergibt sich der TOC-Wert: TOC = TC−TIC (= **Differenzmethode**).

Oder der Carbonat-C wird, da er selten interessiert, aus der vorher angesäuerten Probe ausgetrieben und dann der TOC oxidiert (= **Ausgasemethode**).

Beide Methoden können mit handelsüblichen Geräten durchgeführt werden. Die Differenzmethode wird im allgemeinen dann angewandt, wenn − wie in Industrieabwässern − der TOC-Gehalt hoch ist. Die Anwendung der Ausgasemethode ist dagegen von Vorteil, wenn der TOC-Gehalt gering ist und der TIC-Gehalt ihn um ein Mehrfaches übersteigt; das ist der Fall bei natürlichen und Reinstwässern.

Nach der Ausgasemethode wird das Kohlendioxid bei pH 1 bis 2 mit einem CO_2-freien Gas aus der Probe ausgetrieben. Nachteilig ist hierbei, daß mit dem Kohlendioxid auch flüchtige organische Verbindungen (z. B. hydrophobe Verbindungen, wie Kohlenwasserstoffe) ausgetrieben werden, was zu großen TOC-Minderbefunden führt. Dies kann man aber weitgehend vermeiden, indem man die flüchtigen Komponenten ausfriert oder adsorptiv an einer Trennsäule festhält und nacher gesondert zu Kohlendioxid umsetzt und mißt (= VOC). Enthält eine Wasserprobe Schwebeteilchen, so trennt man diese durch Zentrifugieren oder Filtrieren ab und bestimmt den gelösten Kohlenstoff in der wäßrigen Phase (= DOC) und den Kohlenstoffgehalt des Feststoffanteils (POC) getrennt.

Der TOC bildet die Summe aus DOC und POC und ergibt zusammen mit dem TIC den TC.

Analysengeräte zur Bestimmung der C-Kennzahlen in Wässern. Zum Bestimmen des Kohlenstoffgehaltes in Wässern wurden zahlreiche Methoden entwickelt und Analysengeräte auf den Markt gebracht. Die Geräteentwicklung auf diesem Gebiet wird weiterhin stark vorangetrieben. Eine übersichtliche Zusammenstellung von bis dahin handelsüblichen Geräten wurde von KÜBLER (1977) und später von EHRENBERGER (1979, 1980) veröffentlicht. Die Güte der einzelnen Geräte hängt nicht zuletzt von der jeweiligen Problemstellung sowie von der Erfahrung des sie handhabenden Analytikers ab. Die Angaben über den Anwendungsbereich und die Genauigkeit der auf dem Markt angebotenen Geräte sind in jedem Fall kritisch zu prüfen. Vor allem für den TOC-Bereich < 10 mg/l sind die Angaben der Hersteller mit Vorbehalt zu werten, denn sie sind nur z. T. realistisch. Darauf haben auch REIJNDERS et al. (1977) in einer Studie hingewiesen.

Bei neueren Geräten kommt in erster Linie die NDIR-Messung des thermisch oder durch Naßoxidation zu CO_2 oxidierten organisch gebundenen Kohlenstoffes zur Anwendung, da die IR-Messung des Kohlendioxids weitgehend selektiv und daher wenig störanfällig ist; sie ist außerdem bis in den untersten Spurenbereich sehr empfindlich und dynamisch (s. Kap. 6.7).

Geräteprogramme auf der Basis dieser modernen und empfindlichen Meßtechnik wurden in neuerer Zeit von der Fa. DOHRMAN (TOC-Analysator DC-80, DC-85 und

DC-90) und der Fa. SHIMADZU (TOC-Analyzer 500) auf den Markt gebracht. Auch im TOC-Analysator „Liquid-TOC" der Fa. FOSS HERAEUS, der sich ursprünglich zur Endbestimmung der photoelektrischen CO_2-Titration bediente, konnte durch Anwendung der NDIR-Messung zur Endbestimmung die Empfindlichkeit der Methode wesentlich gesteigert werden. Im Handel sind außerdem TOC-Analyzer mit dem NDIR-Detektor der Firmen BECKMAN INSTRUMENTS, IONICS, MAIHAK, OCEANOGRAPHY INT. CORP., ASTRO sosie HARTMANN & BRAUN, die sich im wesentlichen nur in der Aufschlußtechnik unterscheiden. Im TOC-Analyzer (TCM 480) der Fa. CARLO ERBA erfolgt nach Konversion des CO_2 zu CH_4 die Endbestimmung mit dem Flammenionisationsdetektor.

D) Bestimmung des Chemischen Sauerstoffbedarfs (CSB, engl. COD)

Neben der Bestimmung der C-Kennzahlen wird zur Abwasserkontrolle auf oxidierbare Inhaltsstoffe vielfach auch noch der CSB(COD)-Wert bestimmt. Dieser Wert gibt eine annähernd quantitative Aussage über die Masse der in Wässern enthaltenen oxidierbaren Inhaltsstoffe.

Prinzip (DIN 38409-H 43). Die in der Wasserprobe enthaltenen organischen Stoffe werden in stark schwefelsaurer Lösung in der Siedehitze mit Kaliumdichromat im Überschuß und Silbersulfat als Katalysator zu CO_2 oxidiert. Störende Clorid-Ionen werden mit Hg(II)-Ionen maskiert. Der nicht verbrauchte Chrom(VI)-Überschuß wird anschließend mit Eisen(II)-Lösung zurücktitriert.

Die Masse an verbrauchtem Kaliumdichromat ist der volumenbezogenen Masse an Sauerstoff äquivalent, die unter den Arbeitsbedingungen des Verfahrens mit den in der wäßrigen Probe enthaltenen oxidierbaren Stoffe reagiert.

$$1 \text{ mol } K_2Cr_2O_7 = 1.5 \text{ mol } O_2 \ .$$

Reagenzien für die CSB-Bestimmung liefert die Fa. MERCK. Ein komplettes Gerätesystem für diese Bestimmung (CSB-Probenwechsler 676 in Verbindung mit dem Titroprozessor 682) ist bei der Fa. METROHM marktüblich.

Auch die Firmen STRÖHLEIN und COLORA bieten ein komplettes Geräteprogramm zur CSB-Bestimmung an.

19.3 Bestimmung des gelösten organischen Kohlenstoffs (DOC) in Wässern − Manuelle Methode

Einführende Bemerkungen. Die Güte von Reinstwässern wird nach dem DOC-Wert gemessen. Da es sich hier meist um Kohlenstoffwerte handelt, die im Bereich 1 mg C/l und oft auch weit darunter liegen, ist es erforderlich, für die Bestimmung von einer größeren Probenmenge (10 bis 100 ml) auszugehen, um zu einer bestimmbaren Menge Kohlenstoff zu kommen. Als Aufschlußmethode eignet sich hierfür die Naßoxidation am besten; dabei wird meist die Oxidation mit Peroxidisulfat/Silbernitrat (ABRAHAMCZIK et al. 1970) bevorzugt, weil diese in relativ verdünnt schwefelsaurer Lösung und bei Temperaturen unter 100 °C abläuft. Die Peroxidischwefelsäure ($H_2S_2O_8$) geht bei der Hydrolyse entsprechend untenstehender Gleichung über die Stufe der Peroximonoschwefelsäure ($H_2S_2O_5$) hinweg in Schwefelsäure und Wasserstoffperoxid über, das im „statu nascendi" die eigentliche Oxidation des organisch gebundenen Kohlenstoffes bewirkt. Die Reaktion wird von Silberionen katalysiert.

$$H_2S_2O_8 + 2H_2O \xrightarrow{\text{Hydrolyse}} H_2O_2 + 2H_2SO_4$$

$$C_{\text{organ.}} + 2H_2O_2 \xrightarrow{Ag^+} CO_2\uparrow + 2H_2O \ .$$

Zur Bestimmung des C-Gehaltes im unteren ppm-Bereich ist die Peroxidisulfatmethode der Chromsäuremethode vorzuziehen, da wegen des fehlenden Verdünnungseffektes bei der Peroxidisulfatmethode eine theoretisch beliebig hohe Einwaage gewählt werden kann. Nur auf diese Weise ist es möglich, die Erfassungsgrenze der Kohlenstoffbestimmung auf 0.05 mg C/l herabzudrücken.

Thermokonduktometrische Bestimmung der DOC-Kennzahl in Reinstwässern nach der Naßoxidation mit Peroxidisulfat/Silbernitrat

Prinzip (EHRENBERGER 1975). Der Kohlenstoff der organischen Substanz, der im Reinstwasser eventuell in Spuren gelöst vorliegt, wird mit Peroxidisulfat-/Silbernitratlösung zu Kohlendioxid oxidiert, dieses während der Oxidationsphase an Molekularsieb adsorbiert, anschließend durch Erwärmen desorbiert und dann durch Wärmeleitfähigkeitsmessung bestimmt.

Reagenzien

Testlösungen: Natriumbicarbonatlösung; Weinsäurelösung. Es wird jeweils soviel Testsubstanz in ausgekochtem reinstem destilliertem Wasser gelöst, daß 100 ml Testlösung 50 oder 100 µg Kohlenstoff enthalten.

Silbernitrat: 10%ige wäßrige Lösung; (40%ige Lösung, wenn die Probe viel Cl enthält); Kaliumperoxydisulfat, gesättigte wäßrige Lösung; Schwefelsäure, mit destilliertem Wasser 1 : 3 verdünnt; Universalverbrennungskatalysator nach KÖRBL zur Mikroanalyse. Molekularsiebsäule: Molekularsieb 5 Å, Körnung 0.43 bis 0.60 mm.

Gasreinigungsröhrchen: Magnesiumperchlorat, Phosphorpentoxid, Braunstein.
Gasströmung: Messung und Umsetzung je 60 ml Helium/min.
PTFE-Rohrverschraubungen (PTFE-Labor-Fittings) (Fa. C. HUTH).

Apparatives. Die Apparatur ist in Abb. 19-2 übersichtlich dargestellt. Sie besteht im wesentlichen aus der Aufschlußapparatur mit Gasreinigung und dem Meßteil.

Der Aufschlußkolben, vorteilhafterweise aus Quarzglas, hat ein Volumen von 200 bis 300 ml und wird mit Hilfe eines Kugelschliffes mit dem Rückflußkühler verbunden.

Die Reagenzzugabe erfolgt aus der Säurebürette (50 ml), die auf der Gaseinleitkapillare sitzt, die in den unteren Teil des Rückflußkühlers fest eingeschmolzen ist. Die Gas-

19.3 Bestimmung des gelösten organischen Kohlenstoffs (DOC) in Wässern

einleitkapillare reicht nahezu bis auf den Boden des Aufschlußkolbens. Das verlängerte Kühlerende ist mit dem Absorber verbunden, in dem die Reaktionsgase mit konz. H_2SO_4 weitgehend vorgetrocknet werden. Enthält die Probe Sulfit oder halogenabspaltende Substanzen, setzt man in einem Spiralwäscher (anstelle des Absorbers) der konz. H_2SO_4 noch 5%iges Perhydrol und etwas Silbersulfat zu, um abgespaltenes SO_2 und X^- hier schon aus dem Reaktionsgasstrom zu entfernen. Auf den Spiralabsorber folgt die Oxidationszone – ein Quarzrohr (300 mm lang, innen/außen ⌀ 11/13 mm) gefüllt mit einer etwa 80 mm langen Schicht des CuO/Ag-Kontaktes, der auf 550 °C mit Hilfe eines 100 mm langen Heizbrenners beheizt wird. Dieser Kontakt dient zur Nachoxidation eventuell flüchtiger organischer Anteile und ist zugleich ein bewährtes Absorptionsmittel, um Halogene und Schwefeloxide aus dem Gasstrom zu entfernen.

Danach ist das Gasreinigungsröhrchen befestigt, das zur Trocknung des Gasstromes mit Magnesiumperchlorat/Phosphorpentoxid gefüllt wird. Werden bei der Reaktion Stickoxide frei, wird der Reaktionsgasstrom, um die Stickoxide zu reduzieren, noch über einen auf 500 °C beheizten Kupferkontakt geführt und als Trägergas Helium verwendet.

Zur *Carbonatbestimmung in Nitriten* wird die Probe (circa 100 mg) in eine ausgekochte (bis zur Blindwertfreiheit) schwefelsaure Permanganatlösung (25 ml 10 N H_2SO_4 + 40 ml 10 N KMnO$_4$) eingeworfen. Mineralische Proben, vor allem wenn sie Erdalkalielemente enthalten, kocht man zur CO_2-Abspaltung besser mit halbkonzentrierter Salzsäure am Rückfluß in der in Abb. 19-2 skizzierten Destillationsapparatur.

Arbeitsvorschrift. Nach Einregulieren der Gasströme wird zur *Bestimmung des Reagenzienblindwertes* der Aufschlußkolben über die Säurebürette mit 25 ml verdünnter Schwefelsäure (1:3) beschickt (der Hahn H_1 wird dazu von I→III gedreht) und das CO_2 unter Durchleiten von Helium und mäßigem Erwärmen 10 min lang ausgetrieben und vom Molekularsieb adsorbiert. Dann wird der Meßgasstrom über das Molekularsieb geführt, das CO_2 ausgeheizt und thermokonduktometrisch gemessen (Impulssumme, I), anschließend wird über die Säurebürette (H_1→III) das Oxidationsreagenz zugegeben, erst 10 ml 15%ige Silbernitratlösung und gleich anschließend 50 ml der gesättigten Kaliumperoxydisulfatlösung. Die Reaktionslösung wird mit dem Heizpilz bis nahe Siedetemperatur erwärmt – die Lösung färbt sich durch Ausscheiden von molekularem Silber vorübergehend dunkelbraun – und treibt das entstehende Kohlendioxid auf die Molekularsiebsäule. Nach etwa 20 min Reaktionszeit wird das CO_2, wie oben bereits beschrieben, ausgeheizt und gemessen (Impulssumme II).

Zur anschließenden Blindwertbestimmung des bidestillierten Wassers werden jeweils 100 ml Wasserprobe im Aufschlußkolben vorgelegt, der Kolben mit dem Rückflußkühler verbunden, 25 ml verdünnte Schwefelsäure zugegeben (1:3), anschließend 10 min das Kohlendioxid ausgetrieben und dann das CO_2, das dem Carbonat-C entspricht, gemessen (Impulssumme III). Hierauf wird die Oxidationslösung zugedrückt, 20 min auf 80 bis 90 °C erwärmt und das bei der Naßoxidation entstehende Kohlendioxid auf das Molekularsieb gespült, anschließend desorbiert und gemessen (Impulssumme IV).

In derselben Weise werden nun Wasserproben analysiert. Man setzt dafür statt des bidestllierten Wassers 100 ml Wasserprobe ein und erhält für den Carbonat-C die Impulssumme V und für den organ.-C die Impulssumme VI. Nach Blindwertabzug wird daraus der Gehalt an Carbonat-C und organisch bebundenem Kohlenstoff ausgerechnet. Vor der Analyse wird die *Meßanordnung* mit Testlösung von bekanntem Carbonat-C-Gehalt

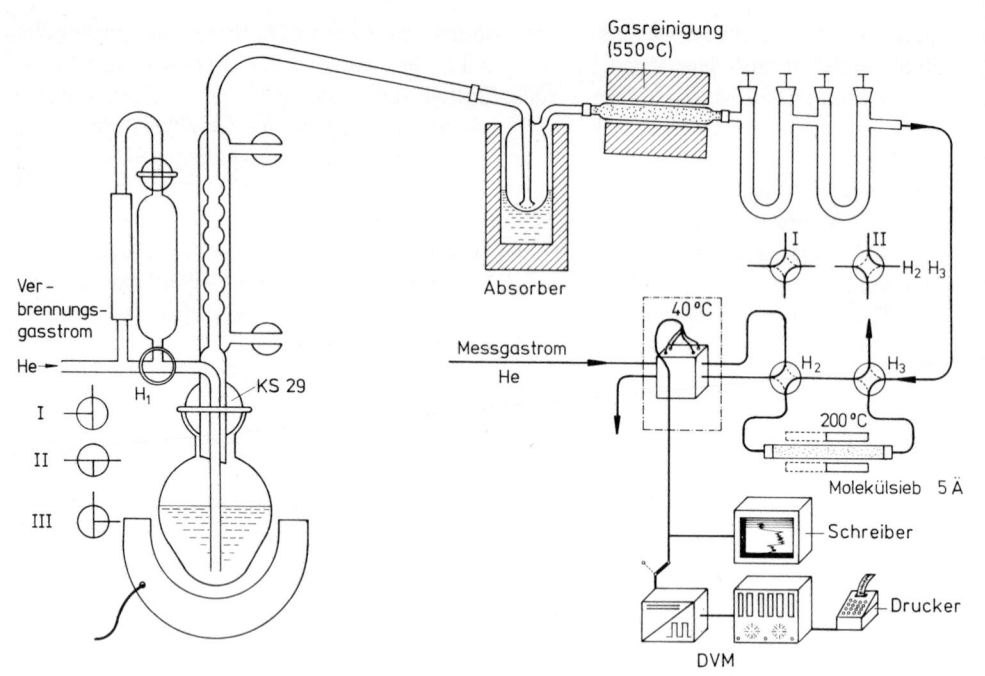

Abb. 19-2. Apparatur zur Bestimmung des Kohlenstoffgehaltes in Reinstwässern.

(z. B. Natriumbicarbonatlösung) oder von bekanntem organischen C-Gehalt (z. B. Weinsäurelösung) geeicht. Dazu werden 100 ml Testlösung, die etwa 100 µg Kohlenstoff z. B. als Carbonat-C enthalten im Aufschlußkolben vorgelegt, dann läßt man 25 ml verdünnte Schwefelsäure (1:3) zufließen damit wird das Kohlendioxid in Freiheit gesetzt, das 10 min lang ausgetrieben wird, schließlich wird das Kohlendioxid gemessen (Impulssumme V). Aus dieser Impulssumme (vermindert um den Carbonat-Blindwert des destillierten Wassers und der bekannten Menge Kohlenstoff, die in Form der Testlösung vorgelegt wurde) wird der Eichfaktor µg C/1000 Impulse errechnet. Bei der Eichung mit der organischen Testlösung wird die Impulssumme, die nach der Oxidation erhalten wird (Impulssumem VI), zur Faktorberechnung eingesetzt.

Auswertung

$$fC/1000 \text{ Impulse} = \frac{\mu g \text{ C vorgelegt} \times 1000}{\text{Impulssumme V}-\text{III}} \quad \text{mit Natriumbicarbonatlösung als Testlösung}$$

$$fC/1000 \text{ Impulse} = \frac{\mu g \text{ C vorgelegt} \times 1000}{\text{Impulssumme VI}-\text{IV}} \quad \text{mit Weinsäurelösung als Testlösung}$$

$$\text{ppm organ. C} = \frac{\text{Impulssumme VI}-\text{IV} \times fC}{100 \text{ (g Einwaage)} \times 1000}$$

$$\text{ppm Carbonat C} = \frac{\text{Impulssumme V}-\text{III} \times fC}{100 \text{ (g Einwaage)} \times 1000}$$

19.3 Bestimmung des gelösten organischen Kohlenstoffs (DOC) in Wässern

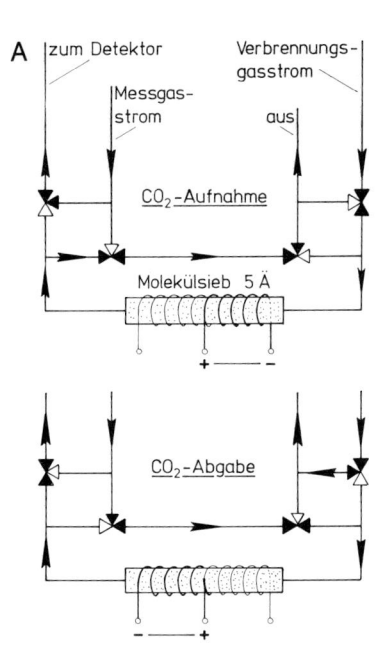

Abb. 19.2. (A) Ventilschaltplan.

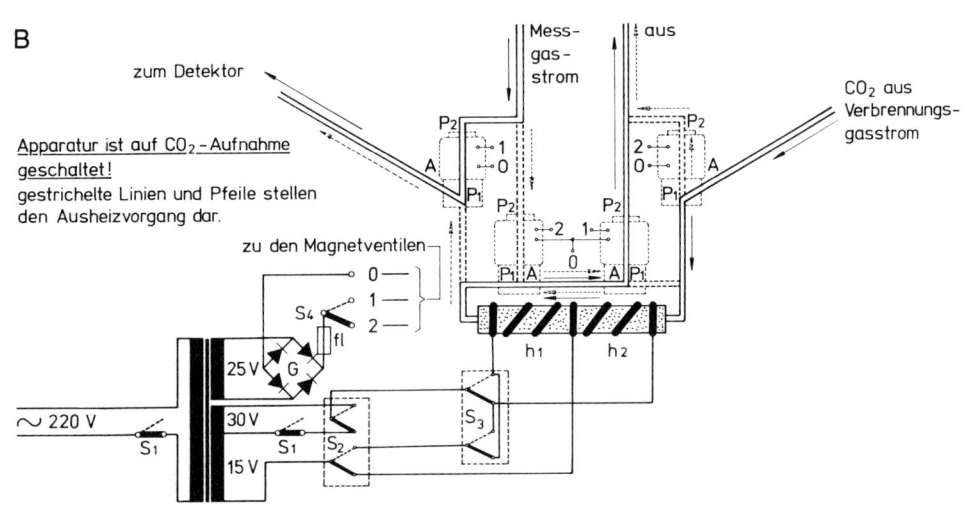

Abb. 19.2. (B) Schaltplan des Steuergeräts. Transformator: KsL-EN 12 oder Engel ET1; Gleichrichter (G): BY 122 (TTL) oder MDA 920A-2 (MOTOROLA); Magnetventile: SP 650019/24 V = (KUHNKE) Nullstellung: geschlossen; S_1 doppelpoliger Ein/Aus-Schalter; S_2 doppelpoliger Umschalter für Gesamtheizung h_1/h_2; S_3 doppelpoliger Umschalter für Heizung h_1/h_2; S_4 Umschalter für Magnetventile; f_1 Feinsicherung 500 mA, flink; h_1/h_2 Heizwicklung (je 60 cm Widerstandsdraht mit 17 Ω/m bei 600 °C). A Eingänge, P Ausgänge der Magnetventile.

Diskussion der Methode. Im bidestillierten Wasser entspricht die bei der Blindwertbestimmung für den organischen Kohlenstoff erhaltene Impulssumme etwa 20 µg C; dies erscheint relativ hoch. Bezogen auf 100 ml Wasserprobe sind es umgerechnet allerdings nur 0.2 ppm. Dieser Blindwert ist gut reproduzierbar und seine Schwankungen können so klein gehalten werden, daß die Bestimmungsgrenze für den organisch gebundenen Kohlenstoff noch unter 0.05 ppm liegt. Wenn erforderlich, kann auch mit noch größeren Probemengen oder, wenn der C-Gehalt 2 ppm wesentlich übersteigt, mit sehr viel kleineren Probemengen gearbeitet werden.

Der Carbonat-C kann bei dieser Methode mitbestimmt werden oder, da dieser Wert in der Regel nicht interessiert, durch Ausblasen aus saurer Lösung ohne Endbestimmung entfernt werden.

Flüchtige Substanzen, falls vorhanden, können in einer Ausfrierfalle mit Trockeneis/Methanol gekühlt, festgehalten und nach dem Ausblasen des Carbonat-C oxidiert und bestimmt werden. Dies gilt aber erfahrungsgemäß nur für flüchtige hydrophile Substanzen (z. B. Methanol), da sie sich in dem ebenfalls überdestillierten Wasser lösen. Dagegen brechen flüchtige hydrophobe Substanzen, wie Benzol, weitgehend durch und sind auf diesem Wege nicht bestimmbar.

In reinen und auch natürlichen Wässern sind flüchtige organische Substanzen kaum zu erwarten.

In Abwässern, vor allem Industrieabwässern, ist aber mit flüchtigen auch hydrophoben organischen Substanzen zu rechnen. Auch ohne Ausfrieren kann man nach den Erfahrungen der Autoren den flüchtigen organischen Kohlenstoff (VOC) mit guter Näherung bestimmen, indem man erst VOC+TIC als Summe, dann den Carbonat-C (TIC) allein bestimmt und aus der Differenz den VOC berechnet.

Die Summe (VOC+TIC) erhält man mit der Impulssumme V, wenn man nach Säurezugabe am Rückfluß kocht, die flüchtigen organischen Anteile mit dem Carbonat-C mitaustreibt und den VOC über dem Oxidationskontakt zu CO_2 oxidiert.

Den TIC allein erhält man durch eine doppelte Säuredestillation. Bei der ersten Destillation fängt man gleich hinter dem Rückflußkühler den Carbonat-C in Normallauge auf, wobei die flüchtigen Anteile im allgemeinen nicht festgehalten werden. Die alkalische Vorlagelösung mit dem gebundenen TIC wird nochmals sauer destilliert und der TIC, wie oben beschrieben, gemessen. Der Blindwert der vorgelegten Lauge muß berücksichtigt werden.

Von den untersuchten Substanzen, unabhängig ob aliphatischer oder aromatischer Natur, konnte mit wenigen Ausnahmen ein Konversionsgrad von 100% erreicht werden, wenn sie sich in Wasser klar gelöst hatten. Substanzen, die sich im Wasser nicht oder nur schwer lösten oder beim Erhitzen ausflockten, zeigten in der Regel einen geringeren Konversionsgrad. Benzoesäure, Phenole und viele Farbstoffe z. B. wurden erst dann quantitativ oxidiert, nachdem sie mit einem Tropfen Natronlauge in das Natriumsalz umgewandelt und auf diese Weise klar in Lösung gebracht werden konnten. Ein wichtiges Ergebnis unserer Untersuchungen ist die Feststellung, daß nur der Kohlenstoff von in Wasser klar gelösten organischen Verbindungen quantitativ zu Kohlendioxid oxidiert wird. Da in der Praxis in erster Linie die Menge der im Wasser gelösten Kohlenstoffverbindungen interessiert und schwer- oder unlösliche Substanzen relativ leicht aus dem Wasser entfernt werden können, kann die vorliegende Methode in bestimmten Problemfällen zur Wasseranalyse von großem Nutzen sein.

Die Methode ist so empfindlich, daß damit schon Blindwertunterschiede von verschiedenen Chargen des bidestillierten Wassers festgestellt werden können. Bidestilliertes Wasser, mehrere Tage in Polyethylenkanistern aufbewahrt, zeigt bereits den zwei- bis dreifachen Blindwert an organisch gebundenem Kohlenstoff. Alle Reagenzlösungen dürfen daher nur in Glasflaschen aufbewahrt werden. Ganz allgemein ergeben sich aus diesem Befund Konsequenzen für die Verwendung von Kunststoffen vor allem auf dem Nahrungsmittelsektor.

Nach Lagerversuchen von Kunststoffplatten und Lackfilmen in reinstem Wasser konnten wir durch Bestimmung des organisch gebundenen Kohlenstoffes mit derselben Methode die Menge des organischen Anteils abschätzen, der aus dem Kunststoff in die wäßrige Phase diffundiert war.

Wie zu erwarten, war je nach der Natur des Kunststoffes die Menge des in das Wasser migrierten organischen Anteils unterschiedlich groß.

20 Bestimmung des Sauerstoffs in organischen Substanzen

20.0 Allgemeines

Die direkte Bestimmung des Sauerstoffs in organischen Substanzen ist erst verhältnismäßig spät gelungen. SCHÜTZE (1939) hat als Erster eine gangbare Methode mit der erforderlichen Analysengenauigkeit ausgearbeitet. Bis dahin mußte der Sauerstoffgehalt nach dem Nachweis der An- oder Abwesenheit anderer Elemente noch immer aus der Differenz auf hundert Prozent berechnet werden. Folgendes Prinzip (SCHÜTZE 1939) (im Halbmikromaßstab) kommt zur **Anwendung**: Die mit Kohle gemischte Substanz wird im Stickstoffstrom vercrackt und die entstehenden Dämpfe werden durch einen auf 1000 °C erhitzten Kohlekontakt geleitet. Dort wird der gesamte Sauerstoff der Substanz quantitativ in Kohlenmonoxid übergeführt, das durch Iodpentoxid bei Raumtemperatur nach der Gleichung

$$I_2O_5 + 5\,CO \rightarrow 5\,CO_2 + I_2$$

unter Ausscheidung von Iod zu Kohlendioxid oxidiert wird. Nach SCHÜTZE wird der Sauerstoff dann als Kohlendioxid gravimetrisch bestimmt.

Von ZIMMERMANN (1939) wurde die Methode in den Mikromaßstab übertragen. Daraus hat UNTERZAUCHER (1940) seine blindwertfreie iodometrische Präzisionsmethode entwickelt. Er bestimmte den Sauerstoff über das nach der obigen Reaktion entstehende Iod. Inzwischen wurden beide Methoden weiter verbessert, der Anwendungsbereich erweitert, und noch bestehende Fehlerquellen konnten aufgedeckt und beseitigt werden.

Zudem wurden rationellere Wege der Endbestimmung gefunden und mit Hilfe der Massenspektrometrie und Gaschromatographie ein größerer Einblick in das Reaktionsgeschehen gewonnen. Trotzdem ist die Methode nicht so universell anwendbar, wie etwa die Methode der CH-Bestimmung, sondern gehört noch immer zu den schwierigen elementaranalytischen Arbeiten. Sie erfordert sowohl apparativ als auch methodisch eine individuelle Anpassung an die Substanz und ihre Zusammensetzung und zwingt immer wieder zu einer Modifizierung. Die Ursache liegt nicht zuletzt darin, daß die Umsetzung des organisch gebundenen Sauerstoffs über den glühenden Kohlekontakt zu Kohlenmonoxid eine heterogene chemische Reaktion ist, die nicht vollständig abläuft (Boudouard-Gleichgewicht: $CO_2 + C \rightleftharpoons 2\,CO$; bei 1000 °C liegt nur ein Verhältnis von 0.7% CO_2/99.3% CO vor). Um reproduzierbare Analysenwerte zu erhalten, ist es nicht nur notwendig, die Reaktionsbedingungen in engen Grenzen konstant zu halten, sondern auch den Kohlekontakt mit Testsubstanzen, die ähnlich wie die zu analysierende Substanz zusammengesetzt sind, vorzukonditionieren.

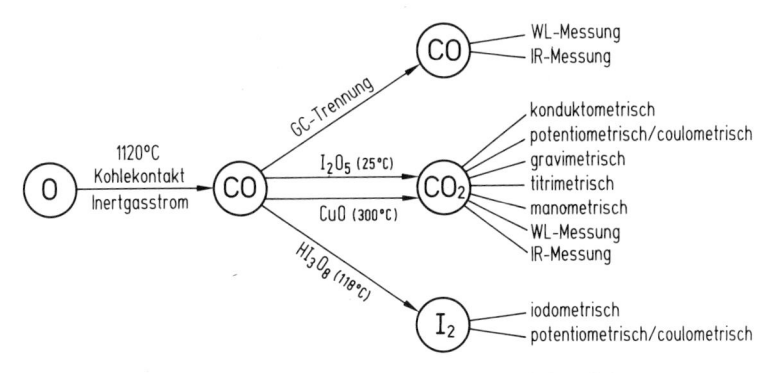

Abb. 20-1. Überblick der Bestimmungsmöglichkeiten von Sauerstoff in organischen Substanzen.

Einen Überblick über die wichtigsten heute verfügbaren Methoden zur Sauerstoffbestimmung gibt das Schema in Abb. 20-1. Es zeigt, daß alle Modifikationen auf dem ursprünglich von SCHÜTZE (1939) entwickelten Umsetzungsprinzip beruhen, wonach der organisch gebundene Sauerstoff im Inertgasstrom über glühende Kohle zu Kohlenmonoxid oxidiert wird. Als optimale Pyrolysetemperatur wurde $1120 \pm 20\,°C$ empirisch gefunden. Bei Verwendung von Platin und Nickelgasruß ist die Umsetzung zu Kohlenmonoxid schon bei etwas tieferen Temperaturen fast immer quantitativ. Als Trägergas verwendet man normalerweise Stickstoff. Von BÜRGER (1957) wurde auch Wasserstoff als Trägergas vorgeschlagen, der nach eigenen Erfahrungen die Pyrolyse zweifelsohne begünstigt, allerdings die iodometrische Endbestimmung ausschließt. Das Arbeiten mit reinem Wasserstoff hat noch ander Nachteile, weshalb man zweckmäßigerweise als Trägergas ein Gemisch aus Stickstoff und Wasserstoff (z. B. 98% N_2 + 2% H_2) verwendet, das die für die Pyrolyse vorteilhaften reduktiven Eigenschaften hat, während die Nachteile des reinen Wasserstoffs weitgehend ausgeschaltet sind. Auch Helium, im Prinzip jedes Inertgas, das die Endbestimmung nicht stört, ist als Trägergas geeignet.

Das bei der Reaktion über glühender Kohle entstehende Kohlenmonoxid kann direkt oder nach Oxidation als Kohlendioxid oder über die bei der Oxidation über Anhydroiodsäure freiwerdende Iodmenge quantitativ bestimmt werden. Alle drei Bestimmungsmöglichkeiten werden in den nachfolgenden Kapiteln einzeln behandelt.

Allen Methoden aber liegt die vorherige Umwandlung des organisch gebundenen Sauerstoffes im ruhenden oder strömenden Inertgas über glühende Kohle zu Kohlenmonoxid zugrunde.

20.1 Pyrolyse

Die Umsetzung des organisch gebundenen Sauerstoffs zu Kohlenmonoxid kann bei 1120 bis 1140 °C über einen Gasruß oder bei Temperaturen über 950 °C über Nickel- und Platingasruß erfolgen. Letztere katalysieren jedoch die Bildung niederer Kohlenwasserstoffe;

SALZER (1962) konnte zeigen, daß in einigen Fällen die Reaktionstemperatur trotzdem erhöht werden muß, wodurch der Vorteil, nämlich die Rohr und Ofen schonende Temperatur, wieder teilweise aufgehoben wird.

Voraussetzung für eine quantitative Umsetzung des Sauerstoffes zu Kohlenmonoxid ist auch eine Mindestverweilzeit der Crackgase am Kohlekontakt. Das Volumen des Kohlekontaktes richtet sich deshalb in erster Linie nach der Geschwindigkeit des Pyrolysegasstromes. *Als grober Richtwert für die Dimensionierung des Kohlekontaktes kann gelten, daß das Volumen des Kohlekontaktes etwa den Millilitern Trägergas entsprechen soll, die pro Minute durch den Kontakt strömen, d. h. etwa 30 ml Kohlekontakt, wenn der Trägergasstrom 30 ml beträgt.*

Organisch gebundener Sauerstoff, der primär zu Wasser oder gleich zu Kohlenmonoxid pyrolysiert, setzt sich relativ schnell quantitativ um, wesentlich langsamer jedoch, wenn bei der Pyrolyse Kohlendioxid (Polycarbonsäuren) abgespalten wird oder der Sauerstoff in der zu analysierenden Probe an Schwefel oder Stickstoff gebunden vorliegt.

Der Pyrolyse-Kontakt muß über seine ganze Länge gleichmäßig beheizt werden; die Reaktionstemperatur darf an den Kontaktenden nicht wesentlich abfallen. Um gut reproduzierbare Analysenwerte zu erhalten, muß außerdem die Kontakttemperatur konstant gehalten werden. Dies kann entweder durch Stabilisierung der Netzspannung mit einem magnetischen Wechselspannungsstabilisator und Einstellen der Kontakttemperaturen durch Abgriff der erforderlichen Spannungen an einem Stöpseltransformator oder durch eine thermoelektrische Regelung erreicht werden. Die Verbrennungsöfen sollten auch in den betriebsfreien Stunden beheizt werden; sie sind bei Arbeitsbeginn dann sofort wieder einsatzbereit und blindwertfrei. Sie werden nur bei mehrtägigen Betriebspausen ausgeschaltet.

Der Kohlekontakt. Die Kohle, die als Kontaktsubstanz verwendet wird, soll weitgehend aschefrei sein. Die reinsten gängigen Gasrußsorten enthalten noch einen Ascheanteil von 0.02 bis 0.4% und einen Schwefelanteil von einigen hundertstel Prozent. Der Gasruß wird daher vor seiner Verwendung mit Salzsäure ausgekocht und nach dem Granulieren mit Wasserstoff bei 1000 °C begast. Der Schwefelwasserstoffgeruch verfliegt erst nach mehreren Tagen. Für diese verzögerte Schwefelwasserstoffabgabe ist vermutlich die Asche, insbesondere deren Kupfergehalt (DIXON 1958) verantwortlich. Wird über einen so entschwefelten Kohlekontakt während der Sauerstoffbestimmungen eine schwefelhaltige Substanz vercrackt, kann man noch nach 2 Tagen am Ausgang des Pyrolyserohres deutlich Schwefelwasserstoff feststellen, weil sich das in der Kohle erneut gebildete Kupfer(I)-sulfid offenbar nur sehr langsam zersetzt. Durch Zwischenschalten der Gasreinigung nach dem Pyrolyserohr hat diese langsame Schwefelabgabe zwar keinen Einfluß auf die Sauerstoffbestimmung, trotzdem sollte eine weitgehend aschefreie und entschwefelte Kohle verwendet werden. Der Kohlekontakt kann im Pyrolyserohr horizontal angeordnet werden. Aufgrund der geringen Dichte von Ruß besteht die Gefahr der Gangbildung im Kontakt, wodurch Substanzdämpfe unzersetzt durch den Kontakt gelangen und Fehler verursachen. Um diese Fehlerquelle auszuschließen, muß, je nach Stärke der Bodenerschütterung, das Pyrolyserohr verhältnismäßig oft aus dem Ofen gezogen und der Kontakt zusammengeklopft werden. Danach dauert es einige Zeit, bis die Apparatur wieder blindwertfrei arbeitet. Nach EHRENBERGER (1962) wird die Gangbildung im Kohlekontakt von vornherein dadurch ausgeschlossen, daß zur Pyrolyse ein T-förmiges Quarzrohr verwendet wird, in dem der Kontakt vertikal angeordnet ist, so daß die Substanzdämpfe von oben nach unten durchgeleitet werden. Der Kontakt ist bei dieser Anordnung immer dichtest gepackt, eine Gangbildung kann nicht eintreten. Zur Beheizung des T-förmigen Pyrolyserohrs dient ein Verbrennungsofen, der 4 getrennt einstellbare Heizzonen besitzt und dadurch ermöglicht, die einzelnen Kontaktsubstanzen auf die optimale Arbeitstemperatur zu beheizen. Zur Beheizung eines Pyrolyserohres mit horizontaler Anordnung des Kohlekontaktes ist jeder Verbrennungsofen geeignet, der die für die Beheizung des Pyrolysekontaktes erforderliche Temperaturkonstanz gewährleistet.

Störungen und Nebenreaktionen. Bei der Pyrolyse organischer Substanzen entstehen neben Kohlenmonoxid auch weitere Reaktionsgase, die die Endbestimmung stören können. So wird bei Verwendung von Stickstoff als Trägergas am Kohlekontakt auch dann HCN gebildet, wenn die zu analysierende Substanz keinen Stickstoff enthält. Die HCN-Bildung ist nach Mitteilungen von SALZER (1962) temperaturabhängig; sie nimmt mit steigender Reaktionstemperatur zu. Da die Blausäure von I_2O_5 oxidiert wird und einen Sauerstoffgehalt vortäuschen würde, ist die Absorption des bei der Pyrolyse gebildeten Cyanwasserstoffes hinter dem Pyrolysekontakt unerläßlich. Außerdem geht die Oxidation des Cyanwasserstoffes am Schütze-Kontakt sehr schleppend vor sich. Bei der Umsetzung halogen-organischer Verbindungen entstehen neben freiem Halogen auch Halogenwasserstoffe, die wie Cyanwasserstoff durch Absorption an Askarit® (Natronasbest) aus dem Reaktionsgasstrom entfernt werden. Damit dies stets quantitativ geschieht, muß das Askarit® von Zeit zu Zeit (wöchentlich) etwas angefeuchtet werden.

Bei der Analyse schwefelorganischer Substanzen treten Schwefelkohlenstoff, Kohlenoxidsulfid und Schwefelwasserstoff als Reaktionsgase auf. Diese wurden von MAYLOTT et al. (1950) massenspektrometrisch nachgewiesen. Bei Anwesenheit von Wasserstoff im Trägergas bildet sich dabei hauptsächlich Schwefelwasserstoff; ist jedoch kein Wasserstoff vorhanden, wird mehr Schwefelkohlenstoff gebildet, wie BELCHER et al. (1965) nachweisen konnten. Die schwefelhaltigen Reaktionsgase werden nur allmählich wieder aus dem Pyrolysekontakt ausgespült; sie sind nach Tagen im Reaktionsgasstrom noch nachweisbar und werden nach OITA et al. (1954) sowie nach OLIVER (1955) durch einen auf 900 °C erhitzten Kupferkontakt wirksam zerlegt und in Sulfid übergeführt, das ebenfalls vom Natronasbest festgehalten wird.

Die Umsetzung erfolgt nach DIXON (1958) nach untenstehenden Reaktionsgleichungen:

$H_2S + 2Cu \rightarrow Cu_2S + H_2$
$CS_2 + 4Cu \rightarrow 2Cu_2S + C$
$COS + 2Cu \rightarrow Cu_2S + CO$

Bei der Pyrolyse entstehen neben Wasserstoff, Stickstoff, Blausäure und Halogenwasserstoffsäuren auch niedere Kohlenwasserstoffe, vor allem Methan in größeren Mengen, wenn Platin- oder Nickelgasruß als Kontakt und Wasserstoff oder ein Gemisch von Stickstoff und Wasserstoff als Trägergas verwendet werden. Nach Untersuchungen von PELLA (1966) hat auch die Natur des Trägergases wesentlichen Einfluß auf die Pyrolyse. Nach seinen Ergebnissen ist Argon als Trägergas wirksamer als Helium und Stickstoff. Das pyrolytische Verhalten verschiedener organischer Substanzen in der Sauerstoffbestimmung wurde von BELCHER et al. (1968) eingehend studiert.

Die Störung der Sauerstoffbestimmung durch bei der Pyrolyse entstehende Crackgase ist vergleichsweise gering und bei genauem Einhalten der Analysenbedingungen weitgehend beheb- und vermeidbar. Wesentlich häufiger und gravierender sind Störungen, die dadurch auftreten, daß die Probe Elemente enthält, die mit dem Quarzglas des Pyrolyserohres reagieren und somit Sauerstoff in die Reaktion einbringen. Das trifft schon bei hohen Chlorgehalten zu, wenn die Probe Alkali und Erdalkalien enthält − in starkem Maße auch bei Vorhandensein von Phosphor und Fluor. Deshalb wurde schon versucht, zur Analyse von fluor- und phosphororganischen Verbindungen das Pyrolyserohr aus Quarzglas durch Metallrohre zu ersetzen. EHRENBERGER et al. (1963) führten die Pyrolyse in Reinnickelrohren, IMAEDA (1973) in Platinrohren durch. Ideale Lösungen waren aber auch diese Modifikationen nicht. Die Lösung des Problems war die Abkehr von der klassischen Pyrolyse im Quarzrohr und die Anwendung neuer Pyrolysetechniken, wie etwa der Heißextraktion im Graphittiegel.

21 Gravimetrische Bestimmung des Sauerstoffs über Kohlendioxid

Prinzip. Die Umsetzung des Sauerstoffs zu Kohlenmonoxid erfolgt wie bereits beschrieben. Nach Zerlegung und Absorption störender Reaktionsgase an geeigneten Kontaktsubstanzen wird das Kohlenmonoxid entweder über Kupferoxid bei Temperaturen über 250 °C oder über den Schütze-Kontakt bei Raumtemperatur nach der Gleichung

$$I_2O_5 + 5\,CO \rightarrow 5\,CO_2 + I_2$$

unter Ausscheidung von Iod zu Kohlendioxid oxidiert. Das Kohlendioxid wird vom Trägergas in das Natronasbeströhrchen gespült und dort chemisch entsprechend der Gleichung

$$2\,NaOH + CO_2 \rightarrow Na_2CO_3 + H_2O$$

gebunden. Die Gewichtszunahme des Röhrchens ist proportional dem Sauerstoffgehalt der umgesetzten Substanz. Die für die Methode notwendigen Reagentien sind in Tab. 21-1 aufgelistet.

Tab. 21-1. Reagenzien und Kontaktsubstanzen.

Reagenzien und Kontaktsubstanzen	Verwendungszweck	Lieferfirma
Reinstickstoff oder ein Gemisch von 98% Reinstickstoff und 2% Wasserstoff in Stahlflaschen	Trägergas	Messer
Reines Heliumgas in Stahlflaschen	Trägergas	Messer
Natronasbest (Askarit®), hirsekorngroß	Gasreinigung	Merck
Magnesiumperchlorat, gekörnt (Wird es als Trihydrat mit einem Wassergehalt von etwa 19% geliefert, muß es vor Verwendung im Vakuum bei 90 °C (Sandbad) zum Dihydrat (ca. 12% H_2O) entwässert werden)	Gasreinigung	Merck
Phosphorpentoxid, in gekörnter Form, wird unter Ausschluß von Luftfeuchtigkeit in das Gasreinigungsröhrchen gefüllt	Gasreinigung	F. Linster
BTS®-Kontakt; dieser hochaktive Katalysator auf Kupferbasis wird in harten Tabletten 5×5 mm geliefert. Er wird auf eine Korngröße von 3 bis 5 mm zerkleinert und in das Gasreinigungsröhrchen eingefüllt. Dieses wird in einem elektrischen Ofen auf ca. 120 °C erhitzt[1]	Gasreinigung	BASF
Schützekontakt (Iodpentoxyd-Kieselgur-Schwefelsäure-Monohydrat)	Oxidationskontakt	BASF
Nickeldrahtnetz, feinmaschig	Vorpyrolyse	Heraeus

Tab. 21-1 (Fortsetzung).

Reagenzien und Kontaktsubstanzen	Verwendungszweck	Lieferfirma
Quarzgrieß, behandelt mit 10%iger Flußsäure	Rohrfüllung	Heraeus-Quarzglas
Kontaktkohle, Ruß CK 3, in Perlenform, wird ausgesiebt, mit HCl (1:1) ausgekocht, gründlich gewaschen, getrocknet, gekörnt und mit Wasserstoff bei 1000 °C einige Tage begast, bis kein Schwefelwasserstoffgeruch mehr festzustellen ist	Pyrolysekontakt	Degussa
Reduziertes Kupfer in Drahtform, 1 bis 3 mm lange Stücke[2]	Reinigungskontakt für schwefelhaltige Reaktionsgase	Merck
Silberwolle oder Elektrolytsilber	Reinigungskontakt für halogenhaltige Reaktionsgase	Heraeus/ Edelmetalle
Kupfer, pulverförmig im H_2-Strom reduziert und Nickel, pulverförmig im He-Strom erkalten lassen	Zuschläge Silberchlorid, pulverförmig, im He-Strom getrocknet	Riedel de Haen
Indulinbase RM[3] (Polyaminophenylphenazinverbindung)[4]		Heraeus
Nickelboot (22/5/3.8 mm aus reinem Nickelblech, 0.5 mm stark)	zur magnetischen Substanzeinschleusung	Heraeus
Platinschiffchen	Einwägegefäß	Heraeus
Quarzkapillaren mit eingeschmolzenem Nickelkern (s. Abb. 11-6b)	Einwägegefäß	Heraeus-Quarzglas
Quarzwolle	zur Begrenzung der Kontaktschichten	Heraeus-Quarzglas
Flußsäure 40%ig	Reinigung des Quarzrohres	Merck
Krönig-Glaskitt[5]		

[1] Man entlüftet das Röhrchen zunächst mit Stickstoff und setzt dann steigende Mengen Wasserstoff zu. Schließlich reduziert man mit reinem Wasserstoff. Die Katalysatortemperatur darf während der Reduktion 150 °C nicht übersteigen.
[2] Drahtförmiges Kupferoxid wird mit verd. Essigsäure ausgekocht, abfiltriert, mit dest. Wasser gewaschen, getrocknet und im Sauerstoffstrom durchgeglüht. Das so gereinigte Kupferoxid wird dann in ein Quarzrohr gefüllt und im langsamen Wasserstoffstrom bei 500 °C so vorsichtig reduziert, so daß ein Aufglühen unter allen Umständen vermieden wird. Vorteilhafter ist es, die Reduktion bei 250 °C mit Kohlenmonoxid vorzunehmen. Das dabei erhaltene Kupfer hat eine wesentlich höher Aktivität.
[3] Als Zuschlag (3:1) zu P- u. Me-organ. Substanzen (b. 40°/Vakuum getrocknet).
[4] Von Unterzaucher (1952) als Zuschlag empfohlen.
[5] 1 Teil Bienenwachs + 4 Teile Kolophonium zusammengeschmolzen und (in Reagenzgläsern) zu Stangen gegossen.

Die Apparatur (Abb. 21-1) für die gravimetrische und potentiometrische Kohlendioxidendbestimmung besteht im wesentlichen aus dem Pyrolyseofen, dem T-förmigen Pyrolyserohr mit der Schleusengabel, dem Absorptionstrakt zur Vorreinigung des Trägergases, dem Absorptionstrakt zur Beseitigung störender Reaktionsgase, dem Oxidationskontakt und dem Natronasbeströhrchen.

Die Umsetzung (auch im Horizontalrohr durchführbar) wird vorteilhafterweise in einem T-förmigen Quarzrohr durchgeführt und zur Beheizung der Kontakte im Rohr die Pyrolyseapparatur Type Mikro E* verwendet. Die Heizzonen des Pyrolyseofens werden in der auf Abb. 11-9 skizzierten Anordnung mit stabilisierter Niederspannung versorgt. Das Pyrolyserohr ist aus reinem durchsichtigen Quarzglas (Quarzqualität OHF oder NS der Firma HERAEUS-QUARZGLAS gefertigt. Im vertikalen Schenkel des Rohres, der eine Länge von 150 mm und einen äußeren bzw. inneren Durchmesser von 15 bzw. 13 mm hat, ist der Kohlekontakt angeordnet, so daß die Substanzdämpfe den Kontakt von oben nach unten durchsetzen und die Reaktionsgase ihn im Gegenstrom durch das dünne Rohr in der Mitte verlassen. Die beiden horizontalen Schenkel des Rohres haben eine Länge von 250 mm und einen Außen- bzw. Innendurchmesser von 11 bzw. 9 mm. An der Gaseingangsseite ist das Rohr mittels Kugelschliff 18 mm gasdicht mit der Schleusengabel verbunden.

Die *Schleuse* ist eine gabelförmige Rohrverzweigung und trägt in der Mitte den sog. Schleusenhahn mit einer Bohrung von 10.5 mm. Der eine Schenkel ist über den Mikrohahn mit der Trägergaszufuhr verbunden, der andere, über den die Substanzschiffchen in die Ausspülgabel eingeführt werden, mündet in einen NS 14 mm Schliffkern, auf den während des Entlüftens eine Schliffkappe mit Blasenzähler aufgesetzt wird.

Die Schleusengabel ermöglicht es, während der Verbrennung einer Probe bereits die nächste Substanzeinwaage in sie einzuführen und luftfrei zu spülen. Sie verkürzt bei Serienbestimmungen die Dauer der Analysen beträchtlich, da die Wartezeiten zwischen den Analysen wegfallen und keine Luft in das Verbrennungsrohr gelangen kann. Außerdem muß das Trägergas beim Ausspülen nicht die heiße Kontaktzone passieren, wie bei der früher üblichen Umkehrspülung.

Einwägung, Einschleusung und Substanzvorspülung. Feststoffe werden in Platinschiffchen eingewogen und diese in ein Nickelschiffchen (22/5/3.8 mm aus reinem Nickelblech, 0.5 mm stark) gestellt. Nach Abnahme der Verschlußkappe wird das beschickte Nickelschiffchen mit einer Pinzette in die Schleusengabel eingeführt und nach Aufsetzen der Verschlußkappe mit Trägergas sauerstofffrei gespült. Nach etwa 10 min Entlüftung wird der Hahn der Verschlußkappe geschlossen, der Schleusenhahn geöffnet, das beschickte Nickelschiffchen mit einem Magnet ins Rohr gezogen und nach Schließen des Schleusenhahnes die Umsetzung ausgeführt. Das Substanzschiffchen wird soweit wie möglich an den stationären Ofen herangeführt, um die Verbrennungszeit abzukürzen.

Während die erste Substanz im Rohr verbrannt wird, kann bereits eine zweite in der Ausspülgabel entlüftet werden. Ist die Analyse beendet, wird durch den Schleusenhahn das im Rohr befindliche Verbrennungsschiffchen magnetisch in den einen Schenkel der Schleusengabel zurückgezogen, das im anderen Schenkel bereitstehende Substanzschiffchen ins Rohr geschleust und die zweite Umsetzung ausgeführt.

---

* Sonderanfertigung der Fa. W. C. HERAEUS.

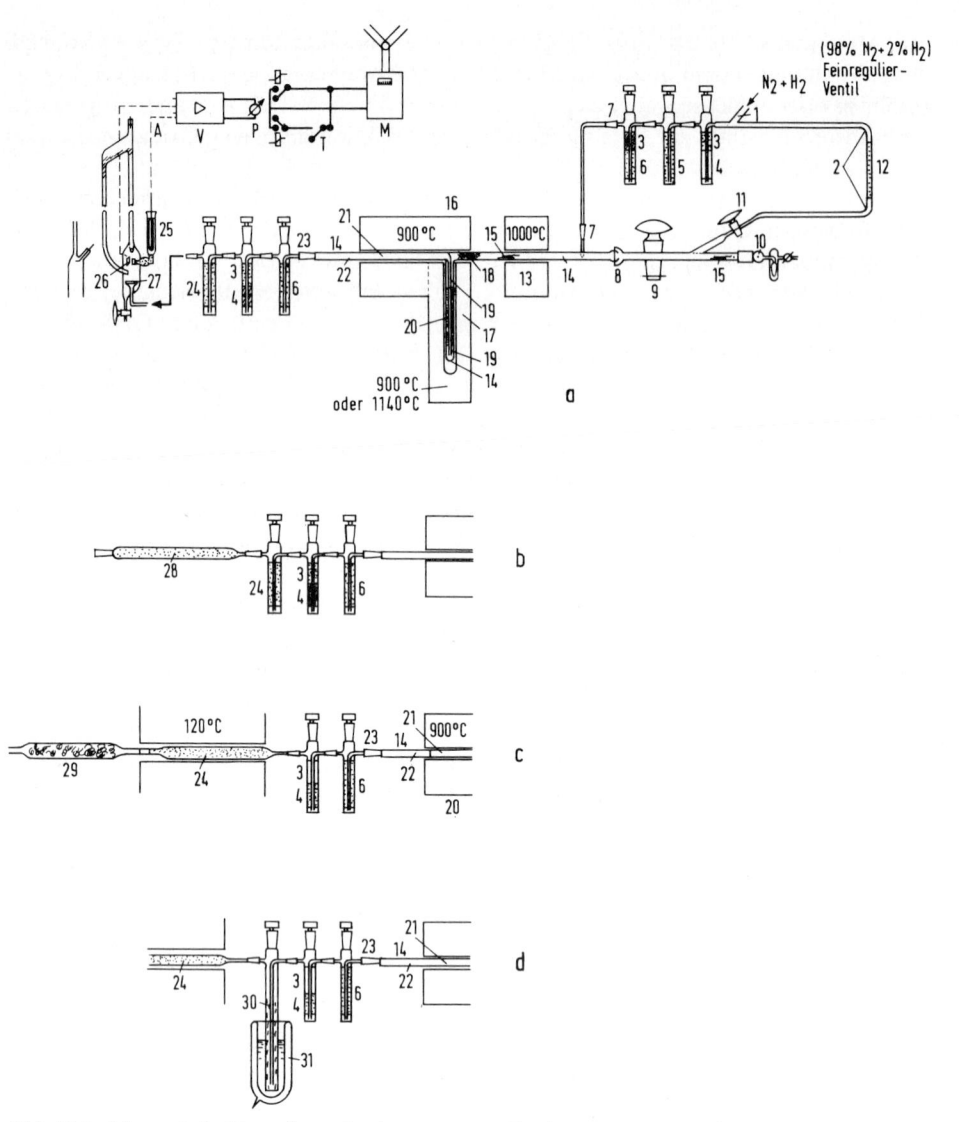

Abb. 21-1. Schematische Darstellung der Apparatur zur Bestimmung von organisch gebundenem Sauerstoff. *a* mit potentiometrischer, *b* gravimetrischer, *c* iodometrischer, *d* Ausfriervorrichtung und iodometrischer Endbestimmung.
1 Eingang des Trägergases, *2* Schlauchverbindungen, *3* Phosphorpentoxid auf Bimsstein, *4* Magnesiumperchlorat, *5* BTS®-Kontakt, *6* Akarit®, *7* NS-5-mm-Schliffe, *8* 18-mm-Kugelschliff, *9* Schleusenhahn (Bohrung 10.5 mm), *10* Schliffkappe mit Blasenzähler und Absperrbahn, *11* Mikrohahn, *12* Gasreinigungsröhrchen (Askarit® + Magnesiumperchlorat), *13* Wanderbrenner, *14* Pyrolyserohr (T-förmig), *15* Nickelboot mit Substanzschiffchen, *16* aufklappbarer Teil des stationären Pyrolyseofens, *17* stationärer Ofen, *18* Nickeldrahtnetzrolle, *19* Quarzchipsfüllung, *20* Kohlekontakt, *21* Kupferkontakt, *22* Silberwollefüllung, *23* NS-7.5-mm-Schliffhülse, *24* Schützekontakt, *25* Kalomelelektrode, *26* Platinelektrode, *27* G_4-Fritte, *28* Natronasbeströhrchen, *29* Iodabsorptionsrohr, *30* Ausfrierfalle, *31* Dewar-Kältebad.

Flüssigkeiten werden in feinen Quarzkapillaren, die für den magnetischen Transport einen Eisen- oder Nickelkern tragen, eingewogen. Bei der Analyse von leicht flüchtigen Substanzen werden diese – in Kapillaren gefüllt – während der Entlüftung in der Schleusengabel von außen mit Kohlensäureschnee gekühlt.

Trägergas und Gasreinigung. Die Absorptionsmittel (zur Gasvorreinigung sowie zur Beseitigung störender Reaktionsgase) und der Oxidationskontakt werden in T-förmigen Absorptionsröhrchen von gleicher Größe angeordnet. Als Trägergas wird Stickstoff oder ein Gemisch von Stickstoff und Wasserstoff (98% N_2 + 2% H_2) verwendet. Zur Absorption des zu bestimmenden Kohlendioxids wird bei gravimetrischer Endbestimmung das in der Mikro-CH-Analyse verwendete Kohlenstoffröhrchen verwendet. Form und Maße des CO_2-Röhrchens sowie der T-förmigen Reinigungsröhrchen sind in den Abb. 11-7 und 11-8 skizziert.

Das Trägergas wird nicht, wie früher üblich, mit Hilfe von Kupfer (500 °C) gereinigt, sondern über einen feinkörnigen BTS®-Kontakt geleitet und dadurch von letzten Sauerstoffspuren befreit. Dieser Kontakt ist zur Reinigung sowohl von Stickstoff als auch Wasserstoff gleichgut geeignet. Vor und nach Passieren des Kontaktes wird das Trägergas mit Magnesiumperchlorat und Phosphorpentoxid/Bimsstein getrocknet. Der BTS®-Kontakt wird wöchentlich erneuert und vor Gebrauch bei 150 °C im Wasserstoffstrom reduziert. Er ist dann hochaktiv, so daß schon bei Zimmertemperatur geringste Sauerstoffspuren aus dem Trägergas entfernt werden und die Apparatur blindwertfrei arbeitet.

Vorbereitung des Pyrolyserohres und der Absorptionsröhrchen. Das aus reinem Quarzglas (Bergkristall) hergestellte Rohr wird erst mit 40%iger Flußsäure behandelt, indem man es mit der Säure vollgefüllt etwa 1 h lang stehen läßt. Es erhält hierdurch ein kristallklares Aussehen.

Wenn zur Herstellung einwandfreies Quarzmaterial verwendet wurde, zeigen derart vorbehandelte Rohre bei der Arbeitstemperatur von 1120 °C keine nachweisbare Reaktion des Siliciumdioxids mit der Kontaktkohle. Reaktionsrohre, die diese Eigenschaft nicht besitzen, sind für die blindwertfreie Arbeitsweise nicht geeignet, jedenfalls nicht für die später beschriebene iodometrische Endbestimmung.

Nach den Erfahrungen von ROTH (1958) können durch Überhitzung bei Temperaturen um 1200 °C schon in 2 bis 3 Tagen Schäden an der inneren Oberfläche der Reaktionsrohre eintreten, die an der Bildung weißer Punkte entlang der Kohleschicht und gleichzeitig erscheinenden Blindwerten zu erkennen sind. Dieselben Erscheinungen, vermutlich durch Metallspuren verursacht, stellen sich zuweilen auch nach längerem Gebrauch bei der vorgeschriebenen Arbeitstemperatur von 1120 °C ein. Auf die schädigende Einwirkung von Eisen auf Quarz bei hohen Temperaturen hat OTTING (1951) hingewiesen. In einzelnen Fällen gelingt es, solche unbrauchbar gewordenen Reaktionsrohre durch mehrstündige Flußsäurebehandlung wiederverwendbar zu machen.

Anordnung und Länge der Kontaktschichten ergibt sich aus der Skizze in Abb. 21-1. Bei der Füllung des Rohres wird erst das drahtförmige Kupfer und anschließend der Silberkontakt in das Rohr gebracht. Der vertikale Teil des Rohres wird über den anderen Schenkel des Rohres gefüllt. Über einer etwa 15 mm hohen Schicht von mit Flußsäure behandeltem Quarzgrieß wird der Kohlekontakt angeordnet und unter nur schwachem Klopfen gleichmäßig verteilt. Bis zum Übergang in den horizontalen Teil des Rohres wird etwa 1 bis 2 cm mit Quarzgrieß aufgefüllt und als Abschluß davor eine Nickeldrahtnetzrolle geschoben.

Die T-förmigen Absorptionsröhrchen werden nach der Füllung mit dem jeweiligen Absorptionsmittel mit Schliffstopfen und -kappen gasdicht verschlossen und so bis zum Einbau in die Apparatur aufbewahrt. Vor allem das Füllen des Absorptionsröhrchens mit Schütze-Kontakt muß weitgehend unter Ausschluß von Luftfeuchtigkeit erfolgen. Da dieser Kontakt nur in größeren Einheitspackungen geliefert wird, ist es von Vorteil, gleich die ganze Menge in Absorptionsröhrchen abzufüllen und den Kontakt bereits in gebrauchsfertiger Form in den gasdicht verschlossenen Kontaktröhrchen auf Vorrat zu halten.

Das Füllen, Vorkonditionieren und Wägen des Natronasbeströhrchens erfolgt wie unter Abschnitt 11.1 (CH-Bestimmung) bereits beschrieben.

Inbetriebnahme einer Apparatur. Die einzelnen Heizzonen des Pyrolyseofens werden, bevor das gefüllte Reaktionsrohr eingesetzt wird, auf die erforderlichen Arbeitstemperaturen eingeregelt und mindestens 24 h auf Temperaturkonstanz kontrolliert. Erfahrungsgemäß ist speziell für den Kohlekontakt die absolute Höhe der Arbeitstemperatur nicht so wichtig wie die genaue Konstanthaltung derselben innerhalb eines Bereiches von $\pm 5\,°C$.

Kleine Temperaturschwankungen über lange Zeiträume beeinflussen die Genauigkeit der Methode kaum. Dagegen wirken sich kurzfristige Schwankungen, wie sie bei der Ein-Aus-Temperaturregelung (Stromhahn) auftreten, sehr nachteilig aus. Deshalb müssen die Kontakttemperaturen über eine Proportionalregelung konstant gehalten werden.

Das Pyrolyserohr wird in den Ofen (in unbeheiztem Zustand) eingeführt und spannungsfrei auf der Apparatur befestigt. Die Schleuse wird über den Kugelschliff mit dem Rohr gasdicht verbunden (gedichtet mit Glaskitt); dabei ist auf ebenen Durchgang zu achten. Die Absorptionsröhrchen zur Gasvorreinigung werden ebenfalls mittels Schliff an die Apparatur angeschlossen und mit der Gasbombe und dem Gasströmungsmesser verbunden. Auch die Schleuse wird über den Mikrohahn mit der Gaszufuhr verbunden. Der Mikrohahn wird so eingestellt, daß ca. 5 ml Gas/min über die Schleuse geführt werden. Nach Einregulieren der Gasströmung auf 12 bis 18 ml/min wird der Pyrolyseofen angeheizt. Das beheizte Pyrolyserohr wird erst einige Stunden begast, und auch die leeren Teile des Rohres werden mit einer starken Bunsenflamme durchgeglüht.

An den Ausgang des Rohres werden nun die beiden Gasreinigungsröhrchen und das Kontaktröhrchen mit dem Schütze-Kontakt angeschlossen. Nach Ausführung einiger Vorverbrennungen mit einer Testsubstanz (Acetanilid) werden bereits die ersten Testanalysen gefahren und in Leerversuchen die Apparatur auf Blindwertfreiheit geprüft. Der Schütze-Kontakt arbeitet richtig, wenn sich nach der Umsetzung eine scharfe Reaktionszone von ausgeschiedenem Iod zeigt.

Arbeitsvorschrift bei gravimetrischer Endauswertung. Es wird mit der Analyse erst begonnen, wenn die Gewichtszunahme des Natronasbeströhrchens bei Leerverbrennungen < 0.02 mg ist.

Die Größe der einzuwägenden Substanzmenge richtet sich im allgemeinen nach dem vermuteten Sauerstoffgehalt und sollte im Bereich von 2 bis 4 mg liegen.

Nach Anschließen des Natronasbeströhrchens an die Apparatur mittels Schliff wird das in der Schleuse vorgespülte Substanzschiffchen oder die Substanzkapillare (bei leicht flüchtigen und Kristallwasser enthaltenden Substanzen wird während des Entlüftens die Stelle, an der sich die Substanz befindet, von außen mit Trockeneis gekühlt) magnetisch ins Rohr geschleust und die Substanzvergasung mit Hilfe des Wanderbrenners eingeleitet. Innerhalb von 10 min ist dieser an den stationären Ofen herangelaufen. Dort bleibt er noch 5 min stehen und wird dann abgeschaltet und zurückgeschoben. Inzwischen wird eine neue Substanzeinwaage vorbereitet und zur Vorspülung in die Schleusengabel eingeführt. Nach 30 min − vom Beginn der Umsetzung an gerechnet − wird das Natronasbeströhrchen abgenommen und auf einer genauen Mikrowaage die Gewichtszunahme ermittel (s. Absch. 11.1). Das Kohlendioxid-Absorptionsröhrchen wird nach der Wägung sofort wieder mit der Apparatur verbunden, das leere Schiffchen im Rohr in den einen Schenkel der Schleuse geführt und das im anderen Schenkel bereitstehende Substanzschiffchen in das Rohr geschleust und die nächste Umsetzung ausgeführt.

Bei der vorgegebenen Länge des Kohlekontaktes und Geschwindigkeit der Gasströmung besteht bei höheren Einwaagen die Gefahr, daß die Umsetzung nicht vollständig abläuft. Bei größerer Dimensionierung der Pyrolysevorrichtung ist es im Prinzip jedoch möglich, die Bestimmung auch im Halbmikromaßstab durchzuführen.

Berechnung

$$\% \ O = \frac{\text{mg CO}_2 * \cdot 0.3636 \cdot 100}{\text{mg Substanzeinwaage}}.$$

Die gravimetrische Endbestimmung ist apparativ einfach und wird bevorzugt dort angewendet, wo nur gelegentlich Sauerstoffanalysen ausgeführt werden müssen.

Für den Dauerbetrieb ist es trotz des größeren apparativen Aufwandes gegenüber der gravimetrischen Methode wesentlich rationeller, die Endbestimmung automatisch durchzuführen, wie in den nächsten Abschnitten beschrieben.

---

* Gewichtszunahme des Natronasbeströhrchens.

22 Sauerstoffbestimmung mit coulometrischer oder potentiometrischer Endbestimmung des Kohlendioxids

Allgemeines. Der organisch gebundene Sauerstoff, der am glühenden Kohlekontakt zu Kohlenmonoxid umgesetzt und über Iodpentoxid bei Raumtemperatur oder über Kupferoxid bei 300 °C zu Kohlendioxid oxidiert wurde, kann auf verschiedenen Wegen auch coulometrisch oder potentiometrisch titriert werden. Die potentiometrische und coulometrische Titration des Kohlendioxids nach dem Oelsen-Prinzip wurde bereits bei der C-Bestimmung in Kap. 13 (CH-Bestimmung) beschrieben; sie beruht auf dem Prinzip einer selbsttätigen pH-Regelung. In eine Bariumhydroxidlösung mit einem pH von ca. 11 wird die zu messende Kohlendioxidmenge mit dem Trägergasstrom eingeleitet. Der dabei absinkende pH-Wert wird mit Bariumhydroxidlösung von bekanntem Wirkwert auf den Ausgangswert zurücktitriert. Der Verbrauch an Maßlösung entspricht der absorbierten Kohlendioxidmenge.

Eine andere potentiometrische Variante wurde von RÖMER et al. (1972) beschrieben, deren apparative Anordnung in Abb. 22-1 skizziert ist.

Prinzip. Nach Pyrolyse der organischen Substanz im Inertgasstrom und Oxidation des dabei entstandenen CO über Kupferoxid zu CO_2 wird dieses in ein Titrationsgefäß geleitet, das mit einer Absorptionslösung aus Bariumchlorid, tert.-Butanol und Wasser beschickt und mit Natronlauge vorher auf einen *pH von etwa 10* vortitriert wurde. Bei Eintritt von CO_2 in diese Lösung bildet sich gemäß der Gleichung

$$Ba^{2+} + H_2O + CO_2 \rightleftharpoons BaCO_3\downarrow + 2H^+$$

Säure, die laufend mit Natronlauge aus einer automatischen Bürette auf den Ausgangs-pH-Wert zurücktitriert wird (pH-Stat-Regelung).

Reagenzien. Für die Pyrolyse wie unter Kap. 21 beschrieben.

Absorptionslösung: Als Absorptionslösung im Titrationsgefäß dient eine 0.5-M-Lösung von Bariumchlorid in einer Mischung (1 : 1) von tert.-Butanol (10 Vol.-%) und Wasser 90 Vol.-%). Titriert wurde mit 0.1-N-Natriumhydroxid in dem gleichen Lösungsmittelgemisch.

Apparatur (s. Abb. 22-1). Mittels eines Dreiwegehahnes (H) kann, wenn der Gasstrom aus den Öfen unterbrochen werden muß, sofort ein zweiter Gasstrom in das Titrationsgefäß (T) geleitet werden, um das Zurücksteigen der Absorptionslösung aus dem Titrationsgefäß in das Rohr D zu vermeiden.

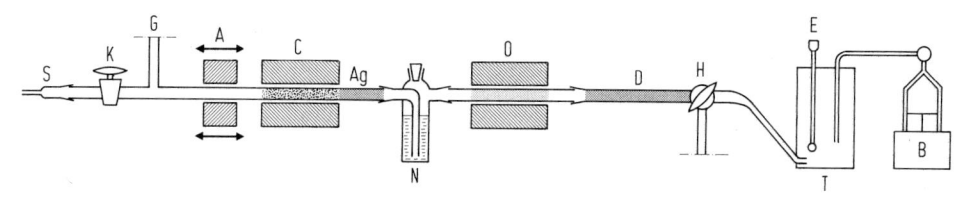

Abb. 22-1. Apparative Anordnung zur Sauerstoffbestimmung nach RÖMER et al. (Zeichenerklärung im Text).

Der Ofen C ist mit Kohleschichten von je 4 cm (Gesamtlänge etwa 16 cm; Innendurchmesser 1 cm) gefüllt; diese sind durch Quarzwolle (je etwa 1 cm) voneinander getrennt. Ofen A ist beweglich und wird zur Pyrolyse der Probe benötigt. Im Ofen O findet die Oxydation des Kohlenmonoxids durch Kupferoxid statt. Die Temperatur der Öfen A, C und O beträgt 1000 °C, 1120 °C und 300 °C.

Am Ende des Ofens C und im ersten Teil des Glastraktes hinter dem Ofen befindet sich ein Pfropf Silberwolle (Ag), zwischen den Öfen C und O Natronasbest (N) und hinter dem Ofen O eine Anhydronschicht (D) mit einer Länge von etwa 5 cm.

Der vorher gereinigte Stickstoff wird bei G in die Apparatur eingeleitet. Ein zweiter kohlendioxidfreier Stickstoffstrom kann durch den Hahn H in das Titrationsgefäß geleitet werden. Die Probe wird nach Öffnen des Kapillarschliffes S (Kapillardurchmesser etwa 2 mm) und des Hahnes K in die Apparatur eingeführt. Im Titrationsgefäß T, das mit Kühlwasser auf einer möglichst konstanten Temperatur gehalten wird, steckt die Einstabmeßkette E und die Polyethylenkapillare der Bürette B. Die Titration verläuft automatisch, wenn ein entsprechender Titrierautomat mit pH-Stat-Einrichtung verwendet wird.

Bei konzentrierten alkalischen Lösungen ist eine Motorkolbenbürette mit gläsernem Aufsatz erforderlich (Schläuche werden von der Lauge angegriffen).

Die Titration kleiner CO_2-Mengen muß unter Ausschluß von Luftkohlensäure durchgeführt werden. Außerdem muß der Widerstand der Referenzelektrode niedrig gehalten werden, um ein rauscharmes und reproduzierbares Signal zu erhalten. Dazu sollte man im Zweitageabstand die Kaliumchloridlösung (3 M) in der Bezugselektrode ersetzen und die Kontaktmembran säubern. Zugleich soll die Absorptionslösung erneuert werden. Wenn größere Mengen Kohlendioxid innerhalb kurzer Zeit anfallen (z. B. blitzartige Verbrennung), sinkt der pH-Wert schnell. Erfahrungsgemäß ist in diesem seltenen Fall das Analysenergebnis zu niedrig. Möglicherweise entweicht ein wenig Kohlendioxid oder es werden Bicarbonat-Ionen okkludiert. Dieser Fehler ist durch kurzfristige Verminderung der Geschwindigkeit des Trägerstromes vermeidbar.

Arbeitsweise. Die Geschwindigkeit des Gases wird vor der Analyse auf 7.5 ml/min eingestellt. Durch Hahn H wird kohlendioxidfreier Stickstoff in das Titriergefäß T eingeleitet. Dann wird der Hahn K geöffnet und der Kapillarschliff S entfernt. Die Probe (mit 0.4 bis 1.5 mg O) im Platinschiffchen wird in die Schleuse zwischen K und G gestellt, der Kapillarschliff S befestigt und 3 min gespült, um die Luft zu verdrängen. Dann wird die Verbindung zum Titriergefäß geöffnet. Die Probe ist etwa 3 cm vor den Ofen C zu stellen.

Man pyrolysiert wie üblich. Sobald die ersten Anteile Kohlendioxid in das Titrationsgefäß gelangen, beginnt die Titration.
Eine Bestimmung benötigt durchschnittlich 10 bis 15 min.

Diskussion der Methoden 21 und 22. Blindwerte und ihre Beseitigung, Störungen und Anwendungsbereich der Methode.

Die Endbestimmung mit Hilfe eines Titrierautomaten ermöglicht bei klassischer Pyrolyseführung ein kontinuierliches Arbeiten und hat außer der Zeit- und Arbeitsersparniss noch den großen Vorteil, daß sie einen gewissen Einblick in den Ablauf der Verbrennung zuläßt. Die Apparatur kann einfach und schnell auf Blindwertfreiheit geprüft werden. Mit der Analyse wird erst begonnen, wenn der pH-Wert innerhalb von 10 bis 15 min konstant ist. Der Beseitigung von Blindwerten muß besonderes Augenmerk geschenkt werden.

In einigen Arbeiten, die sich mit diesem Thema befassen, wurde als Blindwertursache die Reduktion von Quarz durch Kohle oder bei Umsetzung von hochhalogenierten Substanzen eine Reaktion von Quarz mit Halogen gefunden. Nach den Erfahrungen der Autoren treten bei Verwendung von Verbrennungsrohren aus reinem Quarzglas (Naturquarz) Blindwerte nicht auf. Wird kein reines Quarzglas verwendet, ergeben sich Schwierigkeiten, die darauf zurückzuführen sind, daß solches Quarzglas bei hohen Temperaturen leicht porös wird (Entglasung).

Als weitere Blindwertursachen kommen noch in Betracht:
Ungenügende Gasreinigung, wenn z. B. der BTS®-Kontakt verbraucht ist. Kleine Fehler im Quarzglas in Form von feinen Kanälen, durch die Luft eindringen kann. Um diese Kanäle bilden sich kreisrunde rußfreie Stellen, wodurch sie zu erkennen sind. Zu trockener Askarit® führt zu erhöhten Werten, vor allem wenn hochhalogenierte Substanzen umgesetzt werden. Das Askarit® wird daher jeweils zu Beginn der Woche mit einem Tropfen Wasser angefeuchtet. Flüchtige organische Substanzdämpfe werden vom Schütze-Kontakt z. T. festgehalten, falls beispielsweise die Umsetzung infolge zu hoher Einwaage oder zu großer Gasgeschwindigkeit unvollständig ist. Sie werden vom Iodpentoxid langsam zu Kohlendioxid oxidiert und verursachen dadurch einen erheblichen bleibenden Blindwert. Auch bei Verbrennung fluor-organischer Substanzen gelangen störende Reaktionsgase bis zum Schütze-Kontakt. In diesen Fällen zeigt sich nach gewisser Zeit an der Reaktionszone im Kontakt ein grüner Ring. Die Störung, die bei der Analyse von schwefel-organischen Substanzen auftritt, wird beseitigt, indem man die Reaktionsgase nach Passieren des Kontaktes über auf 900 °C erhitztes Kupfer leitet, wodurch Kohlenoxidsulfid und Schwefelkohlenstoff zerlegt und in Sulfid übergeführt werden. Man kann die schwefelhaltigen Reaktionsgase auch in einer Kältefalle mit flüssigem Stickstoff ausfrieren, wie in Abb. 21-1d skizziert. Wasserstoff im Trägergas begünstigt die quantitative Überführung des Schwefels in Schwefelwasserstoff, der vom Askarit® gut absorbiert wird. Bei Anwesenheit von Wasserstoff ist die Bestimmung des Sauerstoffes auch in metallhaltigen Verbindungen durchführbar, in denen das vorher oder intermediär gebildete Oxid bei 900 °C durch Wasserstoff reduzierbar ist. Dies ist der Fall bei allen edleren Metallen, wie Kupfer, Silber etc., aber auch bei Eisen, Mangan, Zinn, die nach bisherigen Erfahrungen den Sauerstoff quantitativ abgeben. Dagegen hält Aluminium Sauerstoff zurück. In alkali- und erdalkalihaltigen Substanzen verläuft die Bestimmung ebenfalls quantitativ, wenn diese Substanzen (nach einem Vorschlag von HUBER 1959) durch einen Zuschlag

von Silberchlorid in ihre Chloride übergeführt werden. So sind in Alkali- und Erdalkalicarbonaten, -sulfaten, -oxalaten sowie anderen organischen Salzen dieser Metalle mit der Theorie übereinstimmende Werte erhalten worden. In Gegenwart von Metallen wird die Probe in jedem Fall mit einem Zuschlag (Gasruß, Kupfer-, Nickelpulver) versehen. In Cadmiumverbindungen z. B. erhielten IMAEDA et al. (1977) erst durch Zuschlag von Gasruß oder Naphthalin befriedigende Sauerstoffwerte. Erhebliche Störungen der direkten Sauerstoff-Bestimmung treten bei Anwesenheit von Fluor und Phosphor auf, da diese beiden Elemente mit dem Quarzglas des Verbrennungsrohres reagieren und dadurch zusätzlich Sauerstoff in die Analyse bringen.

23 Bestimmung des Sauerstoffs mit konduktometrischer Endbestimmung des Kohlendioxids

Prinzip. Nach Umsetzung des organisch gebundenen Sauerstoffes über dem glühenden Kohlekontakt in einer Spezial-Pyrolyseapparatur werden die aus dem Reaktionsofen austretenden und von störenden Crackprodukten gereinigten Pyrolysegase zur Oxidation des Kohlenmonoxids über I_2O_5 und anschließend durch eine mit verdünnter Lauge gefüllte Leitfähigkeitsmeßzelle gesaugt und die durch Absorption des Kohlendioxids verursachte Leitfähigkeitsänderung gegenüber frischer Lauge in der Vergleichsmeßzelle gemessen. Die Leitfähigkeitsdifferenz wird auf einem Kompensationslinienschreiber mit elektronischem Verstärker angezeigt.

Grundprinzip und Anwendung der *konduktometrischen Messung* werden in den Kap. 6.3 und 12.1 erläutert. Die unten beschriebene Methode der Sauerstoffbestimmung mittels konduktometrischer CO_2-Messung wurde von SALZER (1962) entwickelt und dokumentiert (Abb. 23-1).

Tab. 23-1

Reagenzien und Kontaktsubstanzen*	Verwendungszweck	Lieferfirma
Reinstickstoff (in Stahlflaschen)	Trägergas	MESSER
BTS®-Katalysator	Gasreinigung	BASF
Gasruß VA 416	Reaktionskontakt	BAYER
Iodpentoxid, gekörnt, zur Rauchanalyse. Das Reagenz kann sofort verwendet werden. Eine Überführung in Anhydroiodsäure ist nicht erforderlich	Oxidationskontakt	MERCK
Silberwolle	Iodabsorption	HERAEUS/ Edelmetalle
Kalilauge (ca. 0.018 N) 900 ml frisch hergestellte 0.1 N Kalilauge werden mit ausgekochtem dest. Wasser auf 5 l aufgefüllt	Meßlauge	MERCK

* Konditionierung der Kontaksubstanzen wie in Kap. 21 beschrieben.

Apparatur. Abb. 23-1 zeigt ein vereinfachtes Schema der Apparatur, die aus der Pyrolyseeinrichtung, der Geberapparatur und der eigentlichen Meßvorrichtung besteht.

Die Geschwindigkeit des Trägergasstromes durch das Reaktionsrohr und die Meßzellen ist durch das Pumpenaggregat der Geberapparatur festgelegt, das 78 ml Gas/min ansaugt. Davon werden 29 ml Gas/min durch das Reaktionsrohr geführt und die übrigen 49 ml Gas/min hinter dem Pyrolysekontakt angesaugt. Wegen dieser hohen Strömungsgeschwindigkeit des Trägergases sind Gasvorreinigung, Pyrolyseanordnung und Gasreinigung, abweichend von der klassischen Arbeitsweise, entsprechend groß dimensioniert.

Die Pyrolyseeinrichtung. Als Trägergas wird Stickstoff verwendet, der über dem BTS®-Kontakt von Sauerstoffspuren gereinigt wird (Abb. 23-1 A) und im Überschuß dem Reaktionsrohr zugedrückt wird. Ein Teil des gereinigten Trägergases wird mit Hilfe eines Meßpumpenaggregats, das in der Geberapparatur untergebracht ist, durch das Reaktionsrohr gesaugt. Der überschüssige Trägergasanteil strömt über einen zweiten Rotamesser am Rohrende bei B ab. Eine Messung des Überschußgases empfiehlt sich, um rechtzeitig die Verstopfung des Reaktionsrohres durch die Rußbildung bei der Crackung zu erkennen.

In den engeren Teil des Reaktionsrohres (Abb. 23-2) wird die Quarzhülse mit Platinschiffchen und Substanz eingeschoben. Die Verdampfung bzw. Crackung wird mit einem auf 900 °C beheizten, aufklappbaren und auf einem Schlitten nach hinten wegschiebbaren Laufbrenner vorgenommen, der sich mit einer Geschwindigkeit von 15 mm/min zum stationären Ofen hinbewegt. Der im stationären Ofen auf ca. 1120 °C beheizte Rohrteil ist erweitert und faßt 50 ml, von denen 30 ml mit einem gekörnten Gasruß gefüllt sind. Die Heizung des stationären Reaktionsofens (HERAEUS) wird mit Niederspannung betrieben. Auf eine ständige Temperaturregelung kann verzichtet werden, wenn die Spannung im Primärkreis konstant gehalten wird.

In den weiten Teil des Quarzrohres ist ein auswechselbarer Rußfänger eingeschoben. Dieser ist aus Platinnetz mit Platinblech und -drahtversteifungen hergestellt und wird mit Quarzwolle gefüllt. Er hält den bei der Crackung gebildeten Ruß teilweise fest.

Das aus dem stationären Reaktionsofen herausragende Rohrende ist kapillar verengt. An dieses Rohrende ist eine mit flüssigem Stickstoff gekühlte Kältefalle und ein mit Natronasbest und Phosphorpentoxid gefülltes U-Rohr angeschlossen (Abb. 23-3). Mit dem Absorptionsrohr werden alle sauren und basischen Anteile des Reaktionsgases festgehalten.

In der Kältefalle, die bei der Untersuchung *schwefelhaltiger Substanzen* unerläßlich ist, wird auch Schwefelkohlenstoff kondensiert.

Die Geberapparatur (WÖSTHOFF). Bestehend aus dem Pumpenaggregat, dem CO-Verbrennungsofen, dem Laugevorratsbehälter mit Kohlenmeßbürette, dem Spiralabsorber und den Leitfähigkeitsmeßzellen ist in Kap. 12.1 genau beschrieben und auf Abb. 12-1 schematisch dargestellt. Für die Sauerstoffbestimmung ist das Pumpenaggregat dahin abgestimmt, daß die zur Dosierung der Zusatzluft erforderliche Pumpe H_6 jetzt 49 ml/min fördert. Dieses Zusatzgas, das bei P_1 dem Reaktionsgas zugemischt wird, kann auch über den Dreiweghahn 2 abströmen. Wird das Zusatzgas bei P_1 zugemischt, so werden durch das Reaktionsrohr 29 ml Trägergas/min gesaugt (Pyrolysephase). Strömt das Zusatzgas über Hahn 2 ab, so werden 78 ml Trägergas/min durch das Reaktionsrohr gesaugt (Spülphase). Der Ofen für das Iodpentoxidrohr wird auf 120 °C geheizt. Auf das CO-Verbrennungsrohr ist ein mit Silberwolle gefülltes Röhrchen aufgesetzt, um das freigewordene Iod zu binden.

Der in die Geberapparatur eingebaute Blindwertkompensator ZB wird bei der Sauerstoffbestimmung nicht benötigt, da kein Blindwert auftritt.

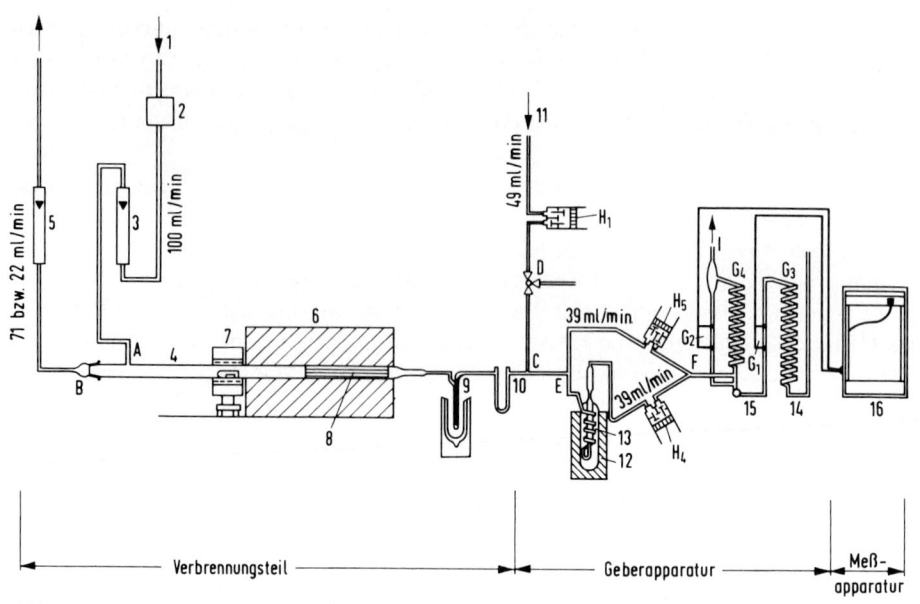

260 23 Bestimmung des Sauerstoffs mit konduktometrischer Endbestimmung des Kohlendioxids

Abb. 23-1

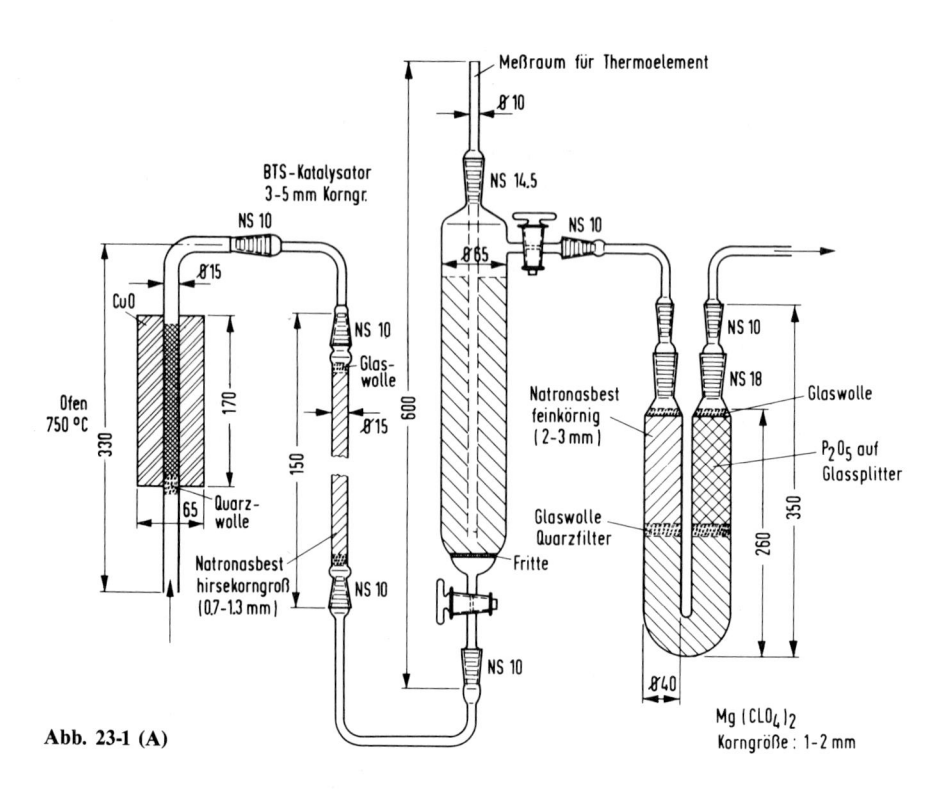

Abb. 23-1 (A)

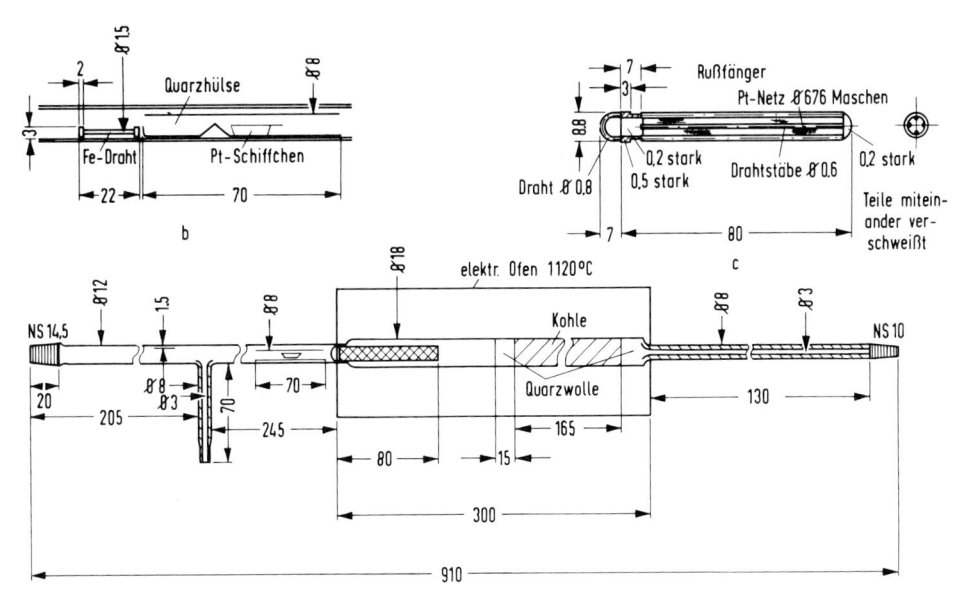

23 Bestimmung des Sauerstoffs mit konduktometrischer Endbestimmung des Kohlendioxids

Abb. 23-2. Reaktionsrohr mit Quarzhülse (b) und Rußfänger (c).

Die elektrische Meßapparatur. Die Änderung der elektrischen Leitfähigkeit wird als Differenzwert auf dem von SCHMIDTS et al. (1961) beschriebenen Kompensationslinienschreiber angezeigt. Befindet sich in beiden Meßstrecken frische Lauge, stellt sich der Zeiger auf Null ein. Geringe Abweichungen können mit einem Potentiometer (Nullpunktkorrektur) ausgeglichen werden. Durch ein zweites Potentiometer (Endpunktkorrektur) läßt sich der Prüfwert an Hand von Testanalysen einstellen, so daß der Schreiber in seiner Endstellung direkt den Sauerstoffgehalt in mg O anzeigt. Auf Grund der Schaltungsanordnung kann man die Endpunktkorrektur ändern, ohne den Nullpunkt zu ändern. Es ist deshalb möglich, eine Abweichung der Laugekonzentration elektrisch auszugleichen. Man kann auch durch unterschiedliche Laugekonzentrationen die Meßbereiche ändern. Das vorliegende Gerät ist mit zwei elektrischen Meßbereichen 0 bis 1 mg und 0 bis 0.2 mg ausgestattet. Die Empfindlichkeit der Anzeige kann so ohne Laugewechsel im Verhältnis 1 : 5 variiert werden.

Abb. 23-1. Schema der Apparatur zur Sauerstoffbestimmung nach dem Prinzip der Leitfähigkeitsmessung.
1 Trägergaszuführung, *2* Trägergasreinigung, *3* Rotamesser für zugeführtes Trägergas, *4* Reaktionsrohr, *5* Rotamesser für überschüssiges Trägergas, *6* Reaktionsofen, *7* Laufbrenner, *8* Reaktionskohle, *9* Kältefalle, gekühlt mit flüssigem Stickstoff, *10* Absorptionsrohr mit Natronasbest+Phosphorpentoxid, *11* Zuführung gereinigter Zusatzluft, *12* Iodpentoxid, *13* Iodabsorption mit Silberwolle, *14* Leitfähigkeitszelle für Frischlauge, *15* Absorber und Leitfähigkeitszelle für gebrauchte Lauge, *16* Meßapparatur mit Kompensationslinienschreiber.
H_1 Dosierpumpe für Zusatzluft, H_4 und H_5 Dosierpumpen für je 50% Meßgas, G_1 Elektrodenmeßstrecke für frische Lauge, G_2 Elektrodenmeßstrecke für gebrauchte Lauge, G_3 Glaswendel für Laugetemperierung, G_4 Spiralabsorber für Reaktionsgas, *I* Gasabscheider.

Abb. 23-1. (A) Trägergasvorreinigung.

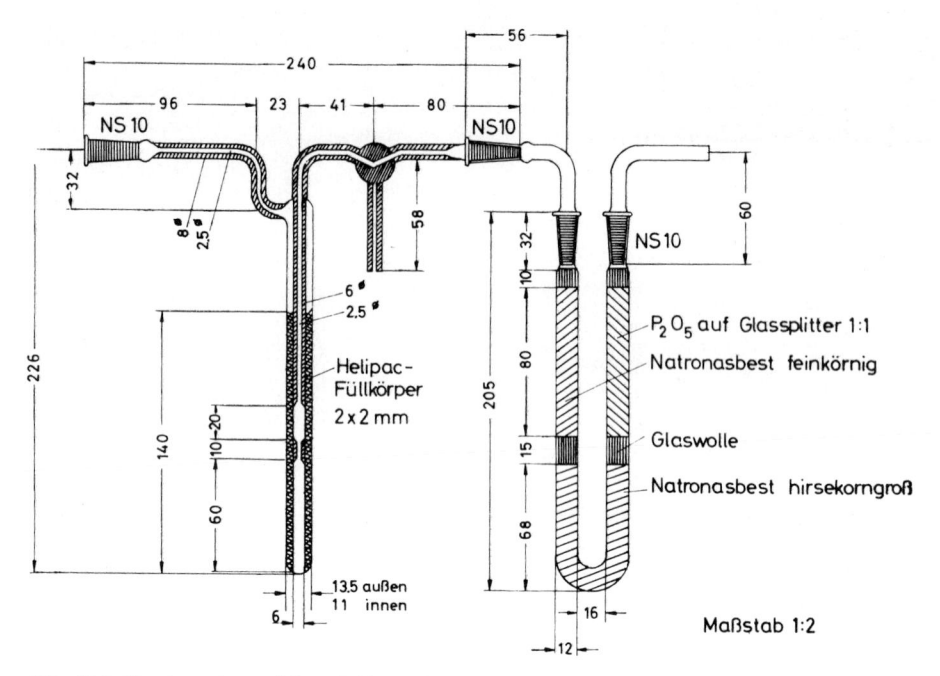

Abb. 23-3. Kondensationsgefäß und Absorptionsvorlage zwischen Reaktionsrohr und Geberapparatur.

Arbeitsvorschrift. Nach Füllung des Verbrennungsrohres und der Absorptionsvorlagen wird die Apparatur luftfrei gespült. In das Verbrennungsrohr leitet man ca. 100 ml gereinigten Stickstoff pro Minute ein und saugt mit dem Pumpensystem 78 ml/min durch das Verbrennungsrohr und die nachgeschaltete Geberapparatur (Hahnstellung 1a, 2b, 7a und 8a in Abb. 12-1), während das restliche Trägergas durch das offene Rohrende bei B (Abb. 23-1) abströmt. Der Reaktionsofen wird angeheizt und auf 1120 °C eingestellt. Der CO-Verbrennungsofen wird auf 120 °C beheizt.

Die Meßzellen G_3 und G_4 werden von der Motorbürette mit Lauge beschickt. Die Zelle G_4 wird mehrmals mit frischer Lauge gefüllt und entleert. Die Füllung und Entleerung geschieht folgendermaßen: Man dreht Hahn 4 (Abb. 12-1) in Stellung a „Füllen" und drückt mit der Motorbürette ca. 6 ml Lauge in den Absorber. Hahn 4 wird in Stellung c „Ablassen" gedreht und die Lauge mit einer an Hahn 5 angeschlossenen Wasserstrahlpumpe wieder aus dem Absorber abgesaugt. Dieser Vorgang wird so lange wiederholt, bis die Gasblasen den Absorber in gleichen Abständen und ohne Unterbrechung durchlaufen. Der gleichmäßige Lauf ist auch am Flüssigkeitsspiegel des Gasabscheiders G_5 zu erkennen, der nur in engen Grenzen schwanken darf. Die Apparatur ist nun für die Einlaufverbrennung betriebsbereit. Bei einem neuen Rohr oder nach Ausglühen des Rußfängers ist eine Einlaufverbrennung erforderlich, um das Rohr und die Quarzwolle zu graphitieren. Im allgemeinen genügt eine Einlaufverbrennung, bei der ca. 10 mg Paraffinöl, wie weiter unten beschrieben, gecrackt werden, um Blindwertfreiheit zu erreichen. Die Meßzelle wird entleert. Der Behälter J_4 wird mit ca. 18 ml dest. Wasser gefüllt. Diese Menge reicht aus, um den Absorber mit der Meßzelle dreimal zu spülen. Bei Hahnstellung 4c und 5a wird der Absorber mit ca. 5 ml dest. Wasser gefüllt und dann Hahn 4 in Stellung b „Messen" gebracht. Nach kurzzeitigem Umlauf wird das Wasser abgesaugt. Diese Spülung wird mit einer gleich großen Menge Wasser wiederholt. Die restlichen 8 ml Wasser für die dritte Spülung werden nicht mit der Wasserstrahlpumpe abgesaugt. Man läßt, ohne zu saugen, sorgfältig ablaufen, um anschließend einen schnelleren Temperaturausgleich zu erreichen. Nun wird der Absorber mit 6.00 ml Meßlauge gefüllt und der Hahn 4 auf „Messen" gestellt.

Nach 1 bis 2 min Wartezeit ist der Temperaturausgleich erfolgt. Schalter ZB_4 wird auf „Messen" geschaltet. Die Schreibfeder wird mit der Grobeinstellung N_6 an der Geberapparatur und der Nullpunktfeineinstellung am Schreiber auf die Nullinie einreguliert. Der Schreiber muß bei Blindwertfreiheit in der Nullstellung bleiben. Das Gerät ist betriebsbereit; mit der eigentlichen Messung kann begonnen werden.

Feste oder schwer flüchtige Substanzen werden in Platinschiffchen, flüchtige Flüssigkeiten in Kapillaren eingewogen, die in Pt-Schiffchen eingelegt werden. Das Luftvolumen der Kapillaren soll möglichst klein sein. Das Pt-Schiffchen schiebt man in die beiderseitig offene Quarzhülse und führt diese während der Zeit des Temperaturausgleichs des Absorbers in das Verbrennungsrohr bis kurz vor die Gaszuleitung A (Abb. 23-1, Strecke AB) ein. Hinter das Röhrchen wird ein kleiner Eisenkern gelegt. Die Schliffkappe bei B wird aufgesetzt und festgestellt, ob genügend Trägergas über den Rotamesser dahinter ausströmt.

Die Quarzhülse bleibt ca. 1 min in dieser Lage, um die eingeschleppte Luft auszuspülen. Zumindest bei leichter flüchtigen Substanzen ist das Reaktionsrohr bereits vor der Substanzeinführung durch Aufsetzen eines mit Trockeneis gefüllten Kühlschiffchens auf das Rohrstück AB zu kühlen.

Nach beendeter Spülung wird die Quarzhülse mit der Substanzeinwaage mit einem Magneten so weit in das Verbrennungsrohr eingeschoben, daß sie von Trägergas bespült wird. Der Hahn 2 für die Zusatzluft (Abb. 12-1) wird in Stellung a gebracht, so daß 29 ml Trägergas/min durch das Rohr gesaugt und bei P_1 mit 49 ml Zusatzluft/min gemischt werden. Die Quarzhülse wird nun so weit in das Reaktionsrohr eingeschoben, daß die Zunge des Schiffchens etwa 25 mm vom Reaktionsofen entfernt ist. Der Eisenkern wird mit dem Magneten in das Rohrstück AB zurückgezogen. Der auf 900 °C vorgeheizte Laufbrenner wird über das Reaktionsrohr geschoben, so daß er eben an die Quarzhülse heranreicht. Mit einem Synchronmotor wird er mit einer Geschwindigkeit von 15 mm/min über die Quarzhülse bis an den Reaktionsofen herangeführt. Etwa 6 min nach Ingangsetzen des Laufbrenners bewegt sich die Schreibfeder des Kompensationsschreibers von der Nullinie weg. Sie wandert gleichmäßig nach rechts, bis nach ca. 3 bis 4 min die Geschwindigkeit verlangsamt wird und die Registrierkurve umbiegt. Nun wird Hahn 2 in Stellung b gebracht und damit die Zusatzluft nach außen abgeleitet. Das Reaktionsrohr wird dann mit einer Trägergasgeschwindigkeit von 78 ml/min gespült.

Etwa 12 bis 14 min nach Aufsetzen des Brenners auf das Reaktionsrohr läuft der Schreiber ein. Es tritt keine Änderung der Leitfähigkeit mehr ein, die Bestimmung ist beendet. Im allgemeinen läßt man den Schreiber noch ca. 4 min laufen, um sich vom sauberen Einlauf zu überzeugen.

Der Laufbrenner wird aufgeklappt, nach hinten vom Rohr weggeschoben und die Quarzhülse mit einem Draht in den Raum AB zurückgeholt. Bereits jetzt wird auf dieses Rohrstück ein mit Trockeneis gefülltes Kühlschiffchen aufgesetzt, wenn als nächstes eine flüchtige Substanz umgesetzt wird.

Der Schreiber wird mit Schalter ZB_4 abgeschaltet und der Spiralabsorber entleert, dreimal mit dest. Wasser gespült und erneut mit 6 ml Meßlauge gefüllt. Nach weiteren 2 min wird der Schalter ZB_4 wieder auf „Messen" gestellt.

Während dieser 2 min wird das Quarzröhrchen aus dem Reaktionsrohr herausgeholt und die Quarzhülse nach Herausnehmen des Platinschiffchens in den Exsiccator gelegt. Das zweite Schiffchen mit der neuen Substanzeinwaage wird in eine andere, im Exsiccator aufbewahrte Hülse eingeführt und in das Reaktionsrohr in den Raum AB eingeschoben und dort, wenn nötig, gekühlt.

Die Eichung des Schreibers kann mit Hilfe eines Eichgases mit bekanntem CO-Gehalt erfolgen. Einfacher ist es, einige Testverbrennungen mit Testsubstanzen durchzuführen und hieraus den Faktor für die Lauge zu bestimmen. Als Eichsubstanz verwendet man für den großen Meßbereich Zimtsäure, für den kleinen Bereich Cholesterin. Der einmal für beide Meßbereiche festgelegte Faktor gilt für den ganzen Laugenvorrat, der für etwa 20 Arbeitstage ausreicht. Den Faktor kontrolliert man jeden Morgen, um sich von dem betriebsbereiten Zustand der gesamten Apparatur zu überzeugen. Mit den beiden Meßbereichen läßt sich die Empfindlichkeit im Verhältnis 1:5 variieren. Außerdem läßt sich die Empfindlichkeit im Verhältnis 1:10 steigern, wenn das Zusatzgas erst hinter dem CO-Verbrennungsofen bei P_2 dem Reaktionsgas zugemischt wird und damit das gesamte Reaktionsgas mit einer Geschwindigkeit von 29 ml/min durch das Iodpentoxid gesaugt wird. In diesem Fall sind die Hähne 7 und 8 (Abb. 12-1) in Stellung b zu bringen. Der Schreiber zeigt dann den doppelten Sauerstoffwert an, da das gesamte Kohlenoxid oxidiert wird und dabei nochmals die gleiche Sauerstoffmenge aus dem Iodpentoxid hinzukommt. Bei Substanzen, die keinen Schwefel enthalten, braucht die Kältefalle nicht mit flüssigem Stickstoff gekühlt zu werden. Hier genügt allein das Absorptionsrohr zur Bindung der sauren und basischen Anteile des Crackgases. Man kann aber auch nur mit flüssigem Stickstoff kühlen, das Absorptionsrohr ist dann überflüssig.

Ergebnis und Diskussion der Methode. Die Methode eignet sich gut zur Analyse von festen und flüssigen Substanzen. Besonders leicht flüchtige Flüssigkeiten lassen sich mit gleichbleibender Technik zufriedenstellend analysieren.

Der Sauerstoffgehalt kann auch in solchen Substanzen bestimmt werden, die neben C, H und O noch Halogene (außer Fluor), Stickstoff und Schwefel, auch in größeren Mengen, enthalten. Schwefelhaltige Reaktionsgase werden nach dem Kohleofen in einer mit flüssigem Stickstoff gekühlten Kältefalle aus dem Reaktionsgasstrom entfernt. Dabei wird der geringe Fehler, der durch Absorption von COS entsteht, in Kauf genommen.

Die relativ-konduktometrische Endpunktbestimmung erlaubt eine kontinuierliche Arbeitsweise; sie zeigt objektiv die Blindwertfreiheit der Apparatur bzw. das Ende einer Analyse an. Bei Messung im empfindlichsten Bereich (0 bis 0.2 mg O) für die Bestimmung kleiner Sauerstoffgehalte (0.02% bis 0.2%) ist sie hervorragend geeignet. Bei einer Einwaage von 5 mg einer Substanz, die 0.02% O enthält, wird noch ein Schreiberausschlag von 1.25 mm erhalten. Bei geringen Sauerstoffgehalten wird zweckmäßigerweise das gesamte Reaktionsgas über das Iodpentoxid geleitet, wodurch der Effekt verdoppelt wird. Sind ausschließlich Spurenbestimmungen durchzuführen, kann zusätzlich die Normalität der Lauge bis auf 0.005 N verringert werden. Dadurch läßt sich die Empfindlichkeit nochmals um etwa das Dreifache steigern. Im allgemeinen wird die einmal gewählte Laugekonzentration genügen, um Sauerstoffgehalte von 0.02% aufwärts mit maximal

23 Bestimmung des Sauerstoffs mit konduktometrischer Endbestimmung des Kohlendioxids 265

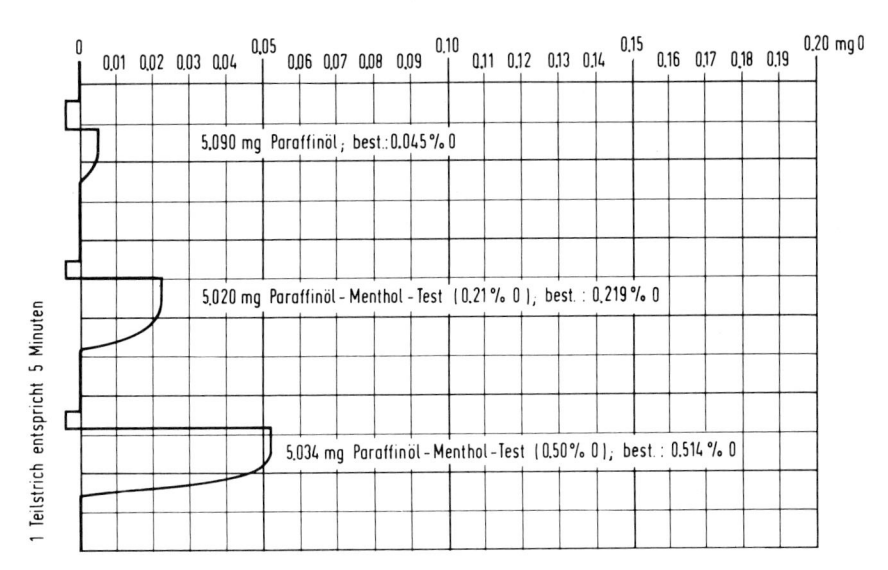

Abb. 23-4. Registrierkurven einiger Sauerstoffbestimmungen in Substanzen mit niedrigem Sauerstoffgehalt (Meßbereich 0 bis 0.2 mg O; gesamtes Reaktionsgas über I_2O_5, Eichfaktor: 0.991).

5 mg Einwaage zu bestimmen. Die Substanzeinwaagen für Spurenbestimmungen zu erhöhen, wie dies mehrfach, zuletzt von OITA (1960) vorgeschlagen wurde, hat den großen Nachteil, daß sich das Reaktionsrohr sehr schnell mit Crackruß verstopft und dann ausgewechselt werden muß.

In Abb. 23-4 sind Registrierkurven, die bei Messung im kleinen Bereich und bei Oxidation der gesamten Crackgasmenge erhalten werden, aufgezeichnet.

24 Bestimmung des Sauerstoffs durch Titration des Kohlendioxids in nichtwäßriger Phase

Einführende Bemerkungen. Das bei der Pyrolyse entstehende Kohlenmonoxid wird über einen Oxidations-Kontakt zu Kohlendioxid oxidiert und dieses vom Trägergasstrom in eine Titrierzelle gespült, die zur Absorption des Kohlendioxids Monoethanolamin in Dimethylformamid gelöst enthält.

Die durch die Absorption entstehende Hydroxyethylcarbaminsäure wird mit Tributylmethylammoniumhydroxid gegen Thymolphthalein titriert und der Endpunkt photoelektrisch indiziert.

Der Reaktionsgleichung, die der Titration zugrunde liegt, die geschichtliche Entwicklung der Methode sowie Einzelheiten der Titriereinrichtung und die für die Titration erforderlichen Reagenzien sind bereits im Kap. 14 eingehend beschrieben. MERZ (1970) hat seinen für die CH-Bestimmung entwickelten photometrischen Kohlendioxid-Titrator erfolgreich auch zur Sauerstoffbestimmung angewendet, nachdem er schon bei der CH-Bestimmung den Wasserstoff, – nach Konversion des Reaktionswassers über glühender Kohle zu CO und anschließender Oxidation – als CO_2 in nichtwäßrigem Medium mit photoelektrischer Endpunktsanzeige titrierte. Sein für die Sauerstoffbestimmung entwickeltes automatisches Analysengerät mit doppelter Pyrolyseeinheit und doppeltem Titrierstand ist im Prinzip mit dem für die CH-Bestimmung weitgehend identisch.

Auch YOSHIMORI et al. (1982) bestimmen nach Pyrolyse den Sauerstoff durch Titration des Kohlendioxids in nichtwäßriger Phase, allerdings unter Anwendung eines neuen Umsetzungsprinzips, der sog. Heißextraktion im Trägergasstrom. Damit lassen sich auch Substanzen analysieren, die mit klassischer Pyrolyse im Quarzrohr nicht störungsfrei umgesetzt werden konnten.

Prinzip (YOSHIMORI et al. 1982). Die Probe, in Goldfolie eingefaltet, wird in einem Graphittiegel im Argongasstrom bei Temperaturen über 1800 °C pyrolysiert. Die Crackgase werden über Natronasbest und erhitztem Kupferkontakt gereinigt und das CO, nach Oxidation über Kupferoxid zu CO_2, in einer Lösung von 2-Aminoethanol in Dimethylformamid absorbiert und mit einer Standardlösung von Tetra-n-butylammoniumhydroxid in Benzol mit wenig Methanol titriert, wobei Thymolphthalein als Indikator verwendet wird.

Reagenzien. Tetra-n-butylammoniumhydroxid (TBAH).

Als *Titrierlösung* wird eine $1 \cdot 10^{-3}$ oder $2 \cdot 10^{-3}$ M Tetrabutylammoniumhydroxid-Lösung verwendet. Zur Bereitung dieser Lösung wird handelsübliches TBAH (10%ige methanolische Lösung) in Benzol gelöst. Diese Lösung wird täglich mit Benzoesäure (in

24 Bestimmung des Sauerstoffs durch Titration des Kohlendioxids in nichtwäßriger Phase

Toluol) als Eichlösung neu hergestellt. Ein Mol TBAH entspricht genau sowohl einem Mol Kohlendioxid als auch Benzoesäure.

Absorptionslösung: 2 ml 2-Aminoethanol werden mit 40 ml N,N-dimethylformamid (DMF) verdünnt und mit 2 Tropfen Indikatorlösung versetzt. Die Lösung wird täglich frisch angesetzt. Zu Analysenbeginn wird die Absorptionslösung auf schwachen Blauton vortitriert.

Indikatorlösung: 50 mg Thymolphthalein werden in 100 ml DMF gelöst. Die Lösung ist über Monate haltbar. Substanzboote werden aus Goldfolie gestanzt, da diese erfahrungsgemäß den geringsten Feuchtigkeitsfilm und dadurch auch nur kleine Blindwerte aufweist.

Apparatives und Analysenausführung. Die Apparatur ist in den Abb. 24-1 und 24-2 skizziert. Das zur Pyrolyse verwendete Argon-Trägergas wird über Cu(II)-oxid − auf 780 °C erhitzt −, Natronasbest, Magnesiumperchlorat, Phosphorpentoxid und Titanschwamm (700 °C) vorgereinigt. Die zylinderförmige Graphitkapsel mit einer engen inneren (8 mm) Bohrung wird mit Hilfe eines Hochfrequenzoszillators (5 kW) auf die erforderlichen Pyrolysetemperaturen von 1800 bis 2000 °C aufgeheizt. Vor Analysenbeginn sollte die Graphitkapsel mehrere Stunden im Argonstrom bei 2000 °C ausgeheizt werden. Dann wird die Pyrolysetemperatur auf 1800 °C abgesenkt und der Blindwert bestimmt. In Abständen von 10 bis 15 min wird der Titriermittelverbrauch in der Absorptionslösung festgestellt. Ist der Blindwert konstant, kann mit der Probenanalyse begonnen werden. Dazu werden kleine Substanzeinwaagen in Goldfolie eingefaltet und durch kurzes Öffnen des

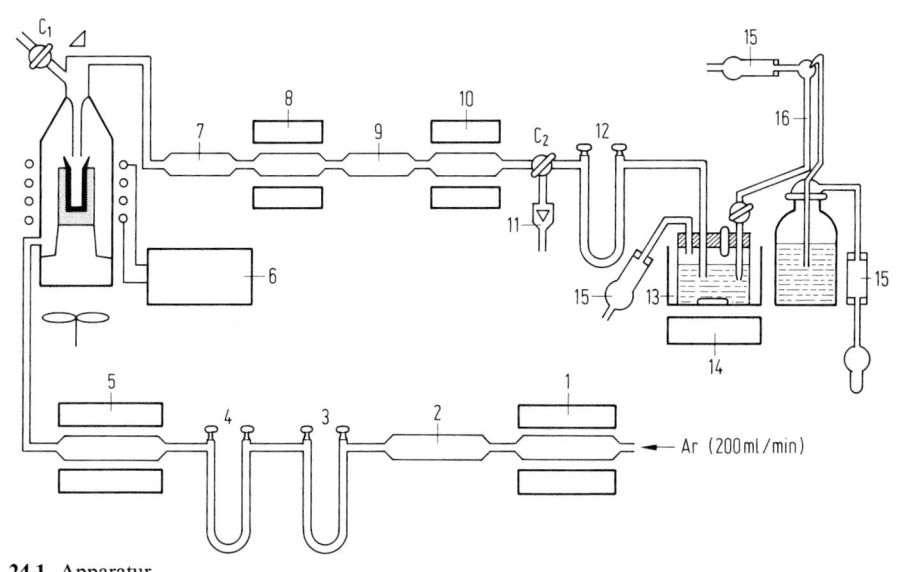

Abb. 24-1. Apparatur.
1, 10 CuO Ofen (780 °C), *2, 7, 9* Natronasbest, *3, 12* $Mg(ClO_4)_2$, *4* P_2O_5, *5* Titanschwamm, *6* Hochfrequenzoszillator (5 kW), *8* Kupferdraht (600 °C), *11* Durchflußmesser, *13* Titrationszelle (Eisgekühlt), *14* Magnetrührer, *15* NaOH-Röhrchen, *16* Mikrobürette (2 ml). C_1 Probeneinlaßhahn, C_2 Dreiweghahn.

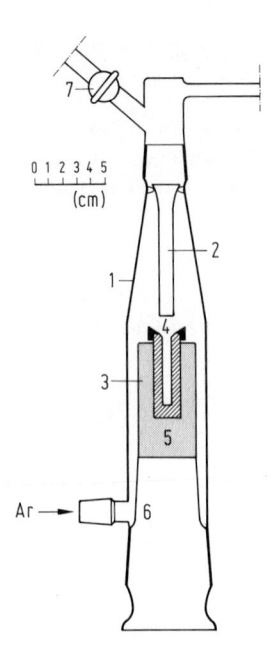

Abb. 24-2. Pyrolyseeinrichtung.
1 Quarzrohr, *2* Quarzadaptor für, *3* Quarzkapsel, *4* Graphittiegel, *5* Graphitpulver (<500 mesh), *6* Quarzständer, *7* Probeneinlaßhahn.

Probeneinlaßhahnes in die Pyrolysevorrichtung eingeschleust und in den Graphittiegel eingeworfen. Die entstehenden Pyrolysegase durchströmen zur Reinigung erst den auf 600 °C beheizten Kupferkontakt, dann das Natronasbeströhrchen, schließlich den auf 780 °C erhitzten Cu(II)-oxidkontakt, wo CO quantitativ zu CO_2 oxidiert wird. Nach Trocknung des Reaktionsgasstromes über Magnesiumperchlorat wird er zur Titration des Kohlendioxids in die Titrierzelle gespült. Die Titration erfolgt wie in Kap. 14 bereits ausführlich beschrieben.

Diskussion der Methode. Die pyrolytische Umsetzung des organisch gebundenen Sauerstoffes und die Titration des zu CO_2 aufoxidierten Kohlenmonoxids ist stöchiometrisch, die Endbestimmung eine Absolutmethode. Die Anwesenheit von N, S und Halogenen (inklusive F) stört die Bestimmung nicht. Die Methode ist in der oben beschriebenen apparativen Dimensionierung optimal zur Sauerstoffbestimmung in organischen Substanzen im Mikrogrammbereich anwendbar. Sie wurde von YOSHIMORI et al. (1979, 1980) auch zur Sauerstoffbestimmung in Eisen- und Stahllegierungen genutzt.

25 Iodometrische Sauerstoffbestimmung

25.0 Allgemeines

Das bei der Umsetzung gemäß Gleichung

$$I_2O_5 + 5\,CO \rightleftharpoons 5\,CO_2 + I_2 \xleftarrow{\begin{array}{l}\text{iodometrisch}\\\text{potentiometrisch}\\\text{coulometrisch}\end{array}}$$

entstehende Iod kann nach der ursprünglichen Methode nach UNTERZAUCHER (1940) iodometrisch, nach CALME (1969) potentiometrisch oder nach KARRMAN und KARLSSON (1974) coulometrisch titriert werden.

25.1 Iodometrische Sauerstoffbestimmung

Prinzip (UNTERZAUCHER 1940, 1956). Die Substanz wird im Stickstoffstrom thermisch gespalten und der organisch gebundene Sauerstoff beim Überleiten der Crackgase über den glühenden Kohlekontakt zu Kohlenmonoxid umgesetzt, das mit Anhydroiodsäure (HI_3O_8) zu Kohlendioxid oxidiert wird. Die bei der Oxidation entwickelte äquivalente Iodmenge wird aus dem Anhydroiodsäurekontakt ausgetrieben, in Alkali aufgefangen, mit Brom zu Iodat oxidiert und die bei der Umsetzung der Iodsäure mit dem im Überschuß zugesetzten Kaliumiodid entstehende Iodmenge mit 0.02 N Natriumthiosulfatlösung gegen Iod-Stärke-Endpunkt titriert.

Die Umsetzung des Kohlenmonoxids über HI_3O_8 (UNTERZAUCHER 1956) erfolgt nach der Gleichung:

$$15\,CO + 2\,HIO_3 \cdot I_2O_5 = 15\,CO_2 + 3\,I_2 + H_2O \;.$$

Reaktionsverlauf der Iodoxidation (s. Kap. 53.2):

$$I^- + Br_2 \rightarrow IBr + Br^-$$

$$IBr + 2\,Br_2 + 3\,H_2O \rightarrow IO_3^- + 6\,H^+ + 5\,Br^-$$

$$IO_3^- + 5\,I^- + 6\,H^+ \rightarrow 3\,I_2 + 3\,H_2O \;.$$

Aufgrund des günstigen Umrechnungsfaktors, der sich aus der maßanalytischen Bestimmung des Iods ergibt, ist diese Methode sehr empfindlich und wurde bisher fast ausschließlich zur Sauerstoffbestimmung eingesetzt. Erst in neuerer Zeit, nach Entwicklung

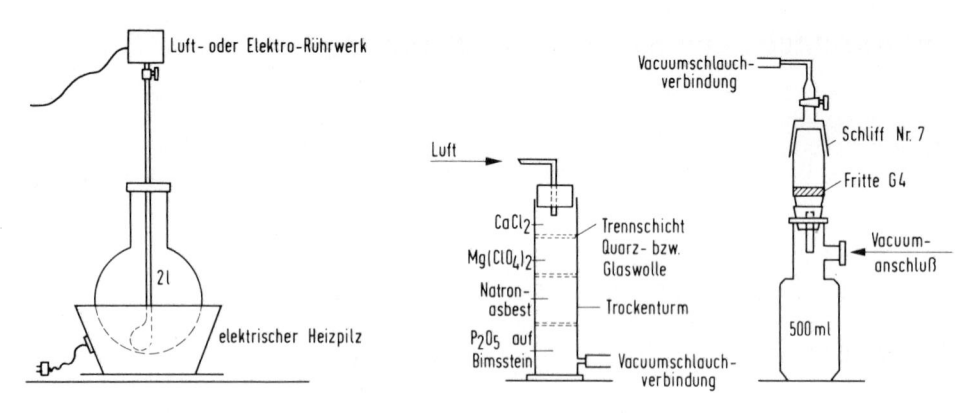

Abb. 25-1. Apparative Hilfsmittel zur Herstellung der Anhydroiodsäure.

empfindlicher physikalischer Meßmethoden, ist die Endbestimmung über Kohlendioxid bzw. Kohlenmonoxid wieder mehr in den Vordergrund gerückt.

Es wird nachfolgend die Methode von UNTERZAUCHER (1940, 1956) in der von MONAR (1965) modifizierten Form beschrieben.

Herstellung von Anhydroiodsäure. Hierzu werden die in Abb. 25-1 skizzierten apparativen Hilfsmittel und die in Tab. 25-1 aufgeführten Reagenzien verwendet. Die Metallteile des Elektrorührers werden mit einer Kunststoffolie abgedeckt, damit sie vor Korrosion geschützt werden.

Es wird so viel Iodpentoxid (Gemisch von Anhydroiodsäure in Iodsäure) in Pulverform in siedende 60%ige Salpetersäure portionsweise eingetragen, daß unter Fortsetzen des Kochens und dauerndem Rühren bei etwas ungelöst bleibendem Überschuß eine gesättigte Lösung erhalten wird. Hierbei werden von 1000 ml Salpetersäure etwa 80 bis 110 g Substanz aufgenommen, wozu ungefähr 3 h erforderlich sind. Die siedend heiße Lösung, die bei verunreinigtem Ausgangsmaterial milchig trüb erscheint, wird schnell durch einen Glasfilter (SCHOTT 17 G3, Durchmesser 150 mm) abgesaugt. Glasfilter und Saugflasche wärmt man am besten vorher an, um das Auskristallisieren des Präparates im Filter zu verhindern. Das Filtrat mit den schon auskristallisierten Anteilen wird in einen zweiten 2-l-Rundkolben übergeführt, erneut unter kräftigem Rühren aufgekocht, bis alles wieder in Lösung ist und dann unter schwachem Rühren langsam erkalten gelassen und die Lösung im Dunkeln bei Raumtemperatur der Kristallisation überlassen (1 bis 2 Tage). Die Anhydroiodsäure kristallisiert in feinen farblosen Kristallen aus. Der Hauptteil der Mutterlauge – sie muß vollkommen klar sein – wird in den ersten 2-l-Rundkolben dekantiert und für den nächsten Ansatz benutzt. Das Kristallisat wird in eine Kristallisierschale (50 mm hoch, $\varnothing$ 100 mm) gefüllt. Man achte darauf, daß die Kristalle mit Mutterlauge bedeckt sind, und bewahre sie im Dunkeln auf. Man sammelt etwa drei bis vier Kristallisationsmengen und deckt sie zu. Die gesammelten Kristallisate werden unter Lichtabschluß auf einen mit dunklem Papier verkleideten Absaugtrichter gegeben und unter Aufsetzen einer Verschlußkappe und Vorschalten eines mit Natronasbest und Phosphorpentoxid-Bimsstein gefüllten Trockenturms zur vollständigen Trockenheit abge-

Tab. 25-1

Reagenzien und Kontaktsubstanzen	Verwendungszweck	Lieferfirma
Pyrolysekontakte (wie in Kap. 21)		
Bimsstein, hirsekorngroß, wird gesiebt (Korngröße 2 mm), bei 800 °C geglüht und gut verschlossen aufbewahrt	Trägermaterial	MERCK
Phosphorpentoxid wird mit geglühtem Bimsstein 1:1 gemischt und luftdicht verschlossen aufbewahrt	Gastrocknung	MERCK
Natriumhydroxid p.a. (20%ig)	Absorption des Iods	MERCK
Kaliumiodid p.a. bei 100 °C getrocknet		MERCK
Eisessig p.a.		RIEDEL DE HAEN
Brom p.a.		MERCK
Kaliumacetat p.a.		RIEDEL DE HAEN
Brom-Eisessiglösung: In 1 l heißem Eisessig werden unter Rühren 100 g Kaliumacetat (wasserfrei) zugefügt und kurz aufgekocht. Nach dem Erkalten werden 4–5 ml Brom zu der 10%igen Kaliumacetat-Eisessiglösung gegeben.		
Zur Herstellung von kristallierter Anhydroiodsäure:		
Iodpentoxid oder Iodsäure p.a.		MERCK
60%ige Salpetersäure: Wird durch Verdünnen von rauchender Salpetersäure p.a. mit dest. Wasser hergestellt, oder konz. Salpetersäure (ca. 65%ig, D_{20} = 1.39) wird in einem 2-l-Rundkolben unter kräftigem Rühren so lange erhitzt, bis sie klar und farblos ist		

saugt (ca. 3 bis 4 h). Das lufttrockene Kristallisat wird anschließend in einer Trockenpistole im Vakuum bei 120 °C über Phosphorpentoxid getrocknet, bis es nicht mehr nach nitrosen Gasen riecht (ca. 24 h). Die Trocknung ist als beendet zu betrachten, wenn eine Probe beim längeren Erhitzen auf 120 °C unter Durchleiten von Stickstoff das ursprünglich reine weiße Aussehen unverändert beibehält. Eine leichte Rosatönung macht das Präparat jedoch nicht unbrauchbar. Das fertige Produkt wird in einem evakuierten Exsikkator über Phosphorpentoxid und Ätzkali im Dunkeln aufbewahrt. Bei der Herstellung ist darauf zu achten, daß grelles Tageslicht sowie Feuchtigkeit und Staub von den Kristallen ferngehalten werden. Als Ausgangsmaterial kann auch Iodsäure oder Iodpentoxid verwendet werden. Aus einem Ansatz mit 1000 ml 60%iger Salpetersäure und Einsatz von ca. 110 g Iodpentoxid werden etwa 75 g Anhydroiodsäure erhalten. Die Mutterlaugen können wieder zum Umkristallisieren verwendet werden, wobei sich die Zugabe von Ausgangsmaterial entsprechend verringert.

Zur Erzielung einer möglichst gleich großen wirksamen Oberfläche der Anhydroiodsäure in den Oxidationsrohren wird das grobe Kristallgut in einem Achatmörser zerkleinert und von der passenden Korngröße die gröberen und feineren Anteile durch zwei Siebe von 100 Maschen/cm^2 und 400 Maschen/cm^2 abgetrennt. Ein frisch beschicktes Oxidationsrohr wird – angeschlossen an die Apparatur – so lange mit dem durchströmenden Stickstoff gespült, bis sich im Leerversuch völlige Blindwertfreiheit ergibt, was 3 bis 4 h in Anspruch nimmt.

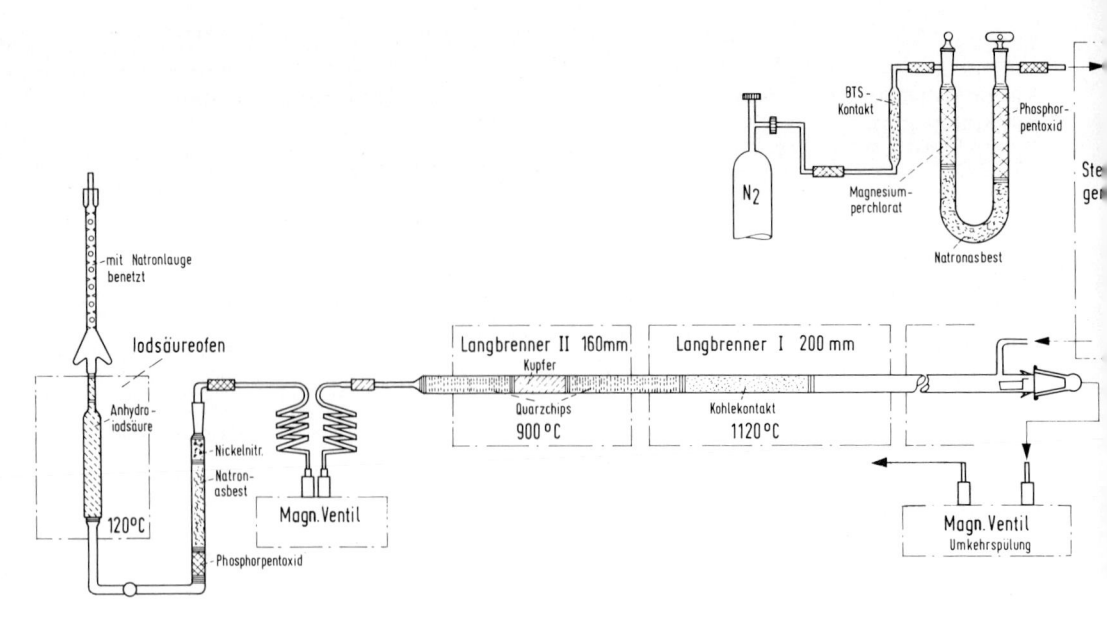

Abb. 25-2. Schematische Darstellung der Apparatur zur iodometrischen Bestimmung des Sauerstoffs.

Apparatur. Die von MONAR (1965) verwendete Apparatur (Abb. 25-2) besteht im wesentlichen aus der Pyrolysevorrichtung und einem Steuergerät, um mit Hilfe der Magnetventile den Trägergasstrom zur Substanzeinschleusung umzukehren. Die Substanzpyrolyse wird über den horizontal angeordneten Kohlekontakt durchgeführt und die Substanzeinwaage unter Luftausschluß mit Hilfe der sog. „Umkehrspülung" ins Rohr geschleust. Bei der horizontalen Anordnung des Kohlekontaktes muß darauf geachtet werden, daß keine Gangbildung im Kohlekontakt eintritt. In nicht erschütterungsfreien Räumen ist es sicherer, wie in Kap. 21 beschrieben, über einen vertikal gestellten Pyrolysekontakt umzusetzen und die Substanzeinschleusung, wie dort skizziert, vorzunehmen.

Die *Pyrolysevorrichtung* umfaßt die beiden Langbrenner, die den Kohle- und den Kupferkontakt beheizen, den Wanderbrenner für die Substanzvergasung und den Iodsäureofen zum Erwärmen der Anhydroiodsäure. Die Pyrolysevorrichtung wird ergänzt durch ein Steuergerät, das den Trägergasstrom während des Analysenprogramms automatisch reguliert.

Das *Pyrolyserohr* aus reinem Quarzglas (Bergkristall) hat eine Wandstärke von 1.0 bis 1.2 mm und einen Außendurchmesser von etwa 15 mm. Es ist 790 mm lang, trägt am Ende eine 40 mm lange Kapillare ($\varnothing$ 4 mm), am Anfang einen Schliffkern NS 14.5 und 80 mm vom Rohranfang entfernt den Gaseinlaßstutzen ($\varnothing$ 4 mm). Das Rohr wird vor dem Füllen 10 min mit konz. Flußsäure gefüllt, stehen gelassen, dann gründlich mit Wasser, anschließend mit Methanol gespült, unter Vakuum gut getrocknet und zum Schluß noch durchgeglüht. In das so vorbehandelte Rohr wird vom Kapillarrohrende beginnend nacheinander eingefüllt: 1 cm lange Quarzwolleschicht, 6 cm lange Schicht mit gewaschenen und ausgeglühten Quarzsplittern ($\varnothing$ 2 bis 3 mm), dann eine 0.5 cm lange Quarzwolleschicht, anschließend ein 5 cm langes Stück mit frisch reduziertem drahtförmigem

Kupfer, wieder 0.5 cm Quarzwolle, dann werden 10 cm mit Quarzsplittern aufgefüllt, wieder 0.5 cm Quarzwolle, darauf werden 12 bis 13 cm mit CK_3-Ruß unter leichtem Klopfen und Drehen des Rohres aufgefüllt. Abschluß und Begrenzung des Kohlekontaktes bildet eine 4 cm lange Quarzwolleschicht. Das Rohr wird in die Langbrenner eingeschoben, so daß der Kupferkontakt in der Mitte von Langbrenner II und der Kohlekontakt in der Mitte von Langbrenner I zu liegen kommt. Vor dem Anschließen an die Gasvor- und -nachreinigung wird das Rohr erst im Wasserstoffstrom und dann im Stickstoffstrom durchgeglüht, bis die Feuchtigkeit ausgetrieben ist und nennenswerter Schwefelwasserstoffgeruch nicht mehr wahrgenommen wird.

Das *Anhydroiodsäureröhrchen* wird unter Klopfen mit soviel feinkristalliner Anhydroiodsäure (Korngröße 0.5 bis 1 mm) gefüllt, daß der Schliffkern bis zur Hälfte gefüllt ist; die andere Hälfte des Schliffkernes wird noch mit Quarzwolle aufgefüllt. Nach etwa 100 Analysen wird die Anhydroiodsäure im Röhrchen zusammengeklopft und mit frischem Präparat wieder bis zur Hälfte des Schliffkerns aufgefüllt.

Das *Trägergas* wird über den BTS®-Kontakt, Natronasbest und Phosphorpentoxid auf Bimsstein, der *Reaktionsgasstrom* über Nickelnitrat, Natronasbest und Phosphorpentoxid auf Bimsstein gereinigt.

Das Anhydroiodsäureröhrchen wird am Ausgang des Pyrolyserohres hinter dem Reaktionsgasreinigungsröhrchen vertikal angeordnet. Das innen mit Lauge benetzte Absorptionsrohr wird mittels Schliff mit dem Anhydroiodsäureröhrchen verbunden. Nach Dichtigkeitsprüfung der gesamten Apparatur werden die Heizöfen auf die individuellen Arbeitstemperaturen einreguliert, die Strömungsgeschwindigkeiten des Trägergases für die Einschleus- und Pyrolysephase mit den Handventilen, die Länge der einzelnen Phasen mit den Zeitrelais und die Laufgeschwindigkeit des Wanderbrenners mit dem Drehwiderstand eingestellt. Dann wird die Schliffkappe vom Rohrende abgenommen, ein Substanzboot bis kurz vor den seitlichen Rohransatz ins Rohr eingeführt, hinter das Schiffchen ein 20 mm langer und 3 mm dicker Eisenstift eingelegt und das Rohr nach Bedienen des Startknopfes mit der gut gefetteten Schliffkappe verschlossen. Der automatische Analysenablauf beginnt, wobei die bei der Rohrbeschickung eingeschleuste Luft durch die Umkehrspülung ausgeblasen wird. Mit dem Handregelventil a_1 wird der Stickstoffstrom auf 12 bis 15 ml/min, mit dem Handregelventil b_1 auf etwa 50 ml/min eingestellt. Mit Hilfe der 3 Zeitrelais wird die Dauer der Umkehrspülung (1 bis 2 min), der Pyrolyse und des Ausspülens eingestellt.

Arbeitsvorschrift. Die Magnetventile des Steuergeräts werden erst mit 50 bis 60 ml gereinigtem Stickstoff/min luftfrei gespült und dann erst der Gasauslaß des Steuergeräts mit dem Gaseinlaß des Pyrolyserohres verbunden. Der Stickstoff wird über den BTS®-Kontakt von Sauerstoffspuren befreit und über das Steuergerät dem Pyrolserohr zugeleitet. Mit Hilfe des Magneten wird das Schiffchen bis etwa 40 mm vor den Heizofen I geführt, der Eisenstift in seine Ausgangsstelle zurückgebracht und der Laufbrenner etwa 100 mm vom Heizofen I entfernt über das Pyrolyserohr geschoben.

Der Laufbrenner wird auf etwa 1100 °C beheizt und wandert mit einer Geschwindigkeit von 20 mm/min an den Langbrenner I heran, den er noch 1.5 cm mitführt, verharrt dort etwa 2 min und beheizt in dieser Stellung das Substanzboot. Nach Beendigung der ersten Blindwertanalyse wird das Absorptionsröhrchen abgenommen, ein neues, benetztes Röhrchen aufgesetzt und die nächste Blindwertbestimmung gestartet. Während des automatischen Ablaufs wird der Blindwert, wie unten beschrieben, iodometrisch bestimmt. Die Apparatur ist blindwertfrei, wenn nach Zusatz aller Chemikalien zu einer „Leerverbrennung" innerhalb von 1 Minute keine Blaufärbung auftritt. Voraussetzung hierzu ist natürlich, daß die verwendeten Chemikalien auch allein keine Blaufärbung ergeben. Zeigt die Apparatur keinen Blindwert mehr, wird die erste Substanzeinwaage (2 bis 5 mg) bis zum seitlichen Rohransatz ins Rohr eingeführt, der Eisenstift eingelegt, die Automatik eingeschaltet und das Rohr mit der Schliffkappe verschlossen. Nach Beendigung der Umkehrspülung wird das Substanzboot mit Hilfe des Magneten bis etwa 40 mm vor den Ofen I geschoben, der Kurzbrenner in Startposition gebracht und die Pyrolyse eingeleitet. Während des automatischen Ablaufs wird die nächste Substanz eingewogen, die Titration der vorhergehenden Analyse ausgeführt und der Sauerstoffgehalt ausgerechnet. Der Summton zeigt das Ende des automatischen Analysenablaufes (Substanzpyrolyse, Konversion zu Kohlenmonoxid und Absorption des ausgeschiedenen Iods) an. Das Absorptionsröhrchen wird vom Oxidationsrohr abgenommen, ein anderes, frisch mit Natronlauge benetzt, angeschlossen, das Pyrolyserohr mit einer neuen Substanzeinwaage beschickt und das Analysenprogramm neu gestartet. Werden flüchtige Substanzen analysiert, dann wird die Substanzeinwaage während der Umkehrspülung durch Aufsetzen eines mit Trockeneis gefüllten Kühltroges auf das Rohr von außen gekühlt.

Titrationsvorschrift (s. Kap. 53.2). Der Inhalt des Absorptionsrohres wird mit dest. Wasser in einen weithalsigen, 200 ml fassenden Titrierkolben gespült. Man fügt nun 10 ml der Brom-Eisessig-Kaliumacetat-Lösung hinzu, schwenkt um und setzt tropfenweise soviel Ameisensäure ($\approx$ 1 ml) zu, daß die Färbung durch das Brom unter Umschütteln verschwindet und die Lösung wasserhell ist. Nach etwa 3 bis 4 min fügt man 2 ml verdünnte Schwefelsäure (1:1) und etwa 300 mg Kaliumiodid zu, schwenkt kurz um und titriert rasch mit 0.02 N Natriumthiosulfat bis zum schwachgelben Farbton. Nun tropft man etwa 1 ml Stärkelösung zu und titriert mit Stärke als Indikator zu Ende. Zur Dosierung der Iodkaliumzugabe von 300 mg benutzt man am besten ein an einem Glasstab angeschmolzenes Glasnäpfchen, dessen Fassungsvermögen rund 0.16 ml beträgt. Das Volumen der zu titrierenden Lösung soll stets etwa 120 ml betragen.

Berechnung. 1 ml 0.02 N Natriumthiosulfat entspricht 0.1333 mg Sauerstoff

$$\%O = \frac{ml\ 0.02\ N\ Na_2S_2O_3 \cdot 0.1333 \cdot 100}{mg\ Substanzeinwaage}.$$

Diskussion der Methode. Aufgrund des günstigen Umsetzungsfaktors der dem Sauerstoffgehalt äquivalenten Iodmenge ist die vorliegende Methode sehr empfindlich. So können mit Substanzmengen bis herunter zu etwa 0.3 mg noch brauchbare Analysen durchgeführt werden, vorausgesetzt das Substanzgewicht wird mit hinreichender Genauigkeit bestimmt. Man titriert dann mit 0.01 N Natriumthiosulfat. Zur Bestimmung von Sauerstoffspuren werden mindestens 20 mg Substanz zur Analyse eingesetzt. In der vorliegenden Form eignet sich die Methode ohne Schwierigkeiten für organische Substanzen, welche Kohlenstoff, Wasserstoff, Stickstoff, Chlor, Brom, Iod, Schwefel, Arsen und Quecksilber enthalten.

Substanzen, die Phosphor und Fluor enthalten, können bei Verwendung von Pyrolyserohren aus Quarzglas im allgemeinen nicht störungsfrei analysiert werden. Nach MONAR (1965) können phosphorhaltige Verbindungen noch erfolgreich bestimmt werden, wenn diese in mit Flußsäure, behandelten, gewaschenen und ausgeglühten Quarzschiffchen eingewogen werden. Die vorliegende iodometrische Methode ist auf organische Metallsalze nur dann anwendbar, wenn die den Salzen zugrunde liegenden Metalloxide unter den gegebenen Bedingungen durch Kohle reduziert werden. Man kann den Sauerstoff auch in Alkalisalzen bestimmen, wenn nach SCHÜTZE (1939, 1944) Kohlepulver oder nach UNTERZAUCHER (1956) eine sauerstofffreie Substanz, z. B. Indulinbase, zur Analysensubstanz hinzugefügt wird, die zunächst schmilzt, hierbei die Analysensubstanz durchdringt und beim Verkracken im Substanzschiffchen reichlich Kohlenstoff abscheidet. Sehr wirksam ist nach HUBER (1959) ein Zuschlag von Silberchlorid.

Da neben Kohlenmonoxid auch andere Reaktionsgase (H_2, C_2H_4, COS, CS_2, H_2S) mit der Anhydroiodsäure reagieren und Iod ausscheiden, ist die vorliegende Methode relativ störanfällig und erfordert eine genaues Einhalten der Reaktionsbedingungen. Schon die Reinheit des zur Herstellung der Pyrolyserohre verwendeten Quarzglases ist eine wesentliche Voraussetzung zur Erreichung einer vollständigen Blindwertfreiheit. Es dürfen nur Rohre aus reinem Bergkristall verwendet werden. Nachteilig wirkt sich auch die zeitaufwendige Herstellung der Anhydroiodsäure aus, die sehr gut gereinigt und vor dem Gebrauch vorkonditioniert werden muß. Bei vergleichenden Untersuchungen der Aktivität von Anhydroiodsäure und Iodpentoxid haben KAINZ et al. (1964) festgestellt, daß Iodpentoxid zur Oxidation von Kohlenmonoxid zu Kohlendioxid wesentlich aktiver ist als die Anhydroiodsäure. Bei Verwendung von Iodpentoxid genügt eine kurze Schicht, um Kohlenmonoxid quantitativ zu oxidieren, von der Anhydroiodsäure ist eine 18 cm lange Schicht (ca. 32 g) erforderlich; außerdem muß vorher noch mit Kohlenmonoxid aktiviert werden, um einen Oxidationswert von 100% zu errreichen. KAINZ et al. (1964) haben darüber hinaus den Einfluß der Schichtlänge und der Strömungsgeschwindigkeit auf die Oxidation von Kohlenmonoxid an Iodpentoxid und Anhydroiodsäure untersucht. Sie haben in einer anderen Arbeit (1964) die Oxidation verschiedener Pyrolyseprodukte an Iodpentoxid und Anhydroiodsäure untersucht und dabei festgestellt, daß über Iodpentoxid die Pyrolyseprodukte (C_2H_4, C_2H_2, COS, CS_2, H_2) eine wesentlich höhere Iodausscheidung bewirken als über eine gleich große Schicht von Anhydroiodsäure und aus diesem Grund für die iodometrische Sauerstoffbestimmung die Oxidation des CO zu CO_2 doch über die relativ inaktive Anhydroiodsäure durchgeführt werden muß. Schwefelhaltige Crackprodukte (CS_2, COS, H_2S) verursachen jedoch auch an Anhydroiodsäure eine starke Iodausscheidung und stören die Bestimmung empfindlich; deshalb ist es bei der Analyse von schwefel-organischen Substanzen erforderlich, diese Reaktionsgase über einen auf 900 °C beheizten Kupferkontakt zu zerlegen oder durch eine Kältefalle aus dem Reaktionsgasstrom zu entfernen. Die iodometrische Sauerstoffbestimmung ist im ganzen gesehen zwar sehr empfindlich und ergibt gut reproduzierbare Analysenwerte, aber sie ist störanfälliger als die Bestimmung über Kohlendioxid.

25.2 Iodometrische Sauerstoffbestimmung mit potentiometrischer Endpunktanzeige

Prinzip (CALME 1969). Das Iod, welches durch Umsetzung von Kohlenmonoxid im Anhydroiodsäurekontakt entsteht, wird vom Trägergas in einen kegelförmigen Iodabsorptionsapparat übergetrieben, dort in Kaliumiodidlösung absorbiert und in der Titrierzelle, die mit dem Iodabsorptionsapparat verbunden ist, mit Thiosulfatlösung potentiometrisch-automatisch titriert. Als Elektrodenpaar wird die Kombination Platin-Kalomelelektrode verwendet.

Reagenzien

Kaliumiodidlösung 15%ig.
Natriumthiosulfatlösung 0.01 N.

Apparatur (Abb. 25-3 A und B). Die Pyrolyseapparatur bis einschließlich des Anhydroiodsäurekontaktes entspricht der von MONAR im vorhergehenden Abschnitt (25.1) beschriebenen Anordnung. Die Titrierzelle (Abb. 25-3 b) ist mit Hilfe des Absorptionskegels mit dem Ausgang des Anhydroiodsäurekontaktes gasdicht verbunden. Die Platin- und die Kalomelelektrode sowie die Titrierkapillare sind mittels Schliffen in die Titrierzelle eingesetzt. Letztere ist mit der Motorkolbenbürette, die beiden Elektroden mit dem Potentiometer verbunden.

Arbeitsweise. Die Titrierzelle wird mit 15%iger Kaliumiodlösung so weit gefüllt, daß die Absorptionslösung den Absorptionskegel durchströmen kann. Am Potentiometer werden als Endpotential 130 mV vorgewählt und durch Zutropfen von Thiosulfatlösung ein evtl. bestehender Potentialunterschied ausgeglichen. Die Pyrolyse wird nun in der im vorhergehenden Kapitel beschriebenen Reihenfolge durchgeführt.

Die aus dem Anhydroiodsäurekontakt ausgetriebenen Ioddämpfe werden in der durch den Absorptionskegel im Kreislauf strömenden Kaliumiodidlösung gebunden und das dadurch auftretende Potential durch Zutitrieren von Thiosulfatlösung fortlaufend ausgeglichen. Der Verbrauch der Thiosulfatlösung ist der umgesetzten Sauerstoffmenge proportional.

25.3 Iodometrische Sauerstoffbestimmung mit coulometrischer Iodtitration

Prinzip (KARRMAN und KARLSSON 1974). Das bei der Konversion von Kohlenmonoxid im Anhydroiodsäurekontakt entstehende Iod wird vom Trägergasstrom in den Kathodenraum der Elektrolysezelle geführt und dort an einer rotierenden Platinelektrode bei kontrolliertem Potential reduziert. Der verbrauchte Elektrolysestrom wird digital-integral ausgewertet; er entspricht dem Sauerstoffgehalt der pyrolysierten Substanz. Das Prinzip der mikrocoulometrischen Titration wird im Kap. 6.2 erklärt.

25.3 Iodometrische Sauerstoffbestimmung mit coulometrischer Iodtitration

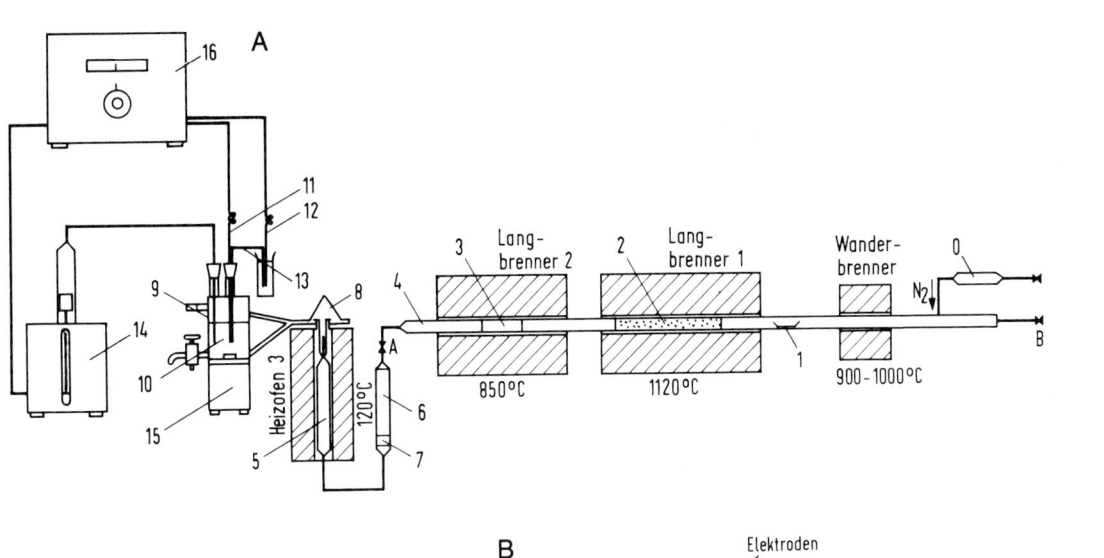

Abb. 25-3. (A) Apparatur zur Sauerstoffbestimmung nach CALME et al.
0 BTS®-Kontakt, *1* Substanzboot, *2* Kohlekontakt (CK-3-Ruß von Fa. DEGUSSA), *3* Kupferkontakt, *4* Quarzchips, *5* Anhydroiodsäure, *6* Natronasbest, *7* Magnesiumperchlorat, *8* Absorptionskegel, *9* Titrierzelle, *10* Absorptionslösung (15%ige Kaliumiodidlösung), *11* Platinelektrode, *12* Kalomelelektrode, *13* Kaliumnitrat-Agarbrücke, *14* Motorkolbenbürette, *15* Magnetrührer, *16* Potentiometer mit Regler.
(B) Titrierzelle.

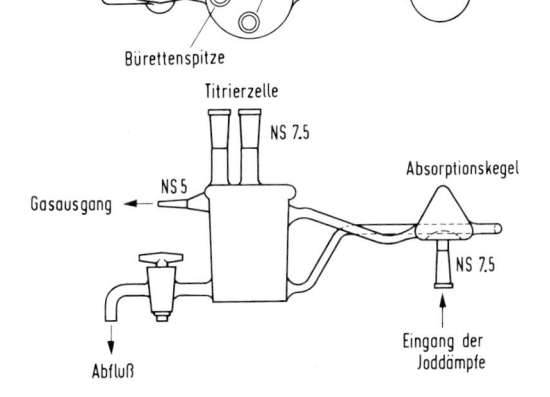

Reagenzien und Apparatives (Beschreibung im Text). Die Pyrolyse erfolgt analog nach der in Kap. 21.1 beschriebenen Arbeitsweise. Die aus dem Anhydroiodsäurekontakt austretenden Ioddämpfe werden vom Pyrolysegasstrom (10 ml N_2/min) über das von außen elektrisch beheizte Glasrohr A in die Elektrolysezelle, die in Abb. 25-4 skizziert ist, gespült; die Zelle ist mit je 5 ml einer 2 M Natriumiodidlösung und Natriumperchloratlösung beschickt. Die Coulometerzelle wird, um Erwärmung der Elektrolytlösung zu vermeiden, vom Kühlwasser umspült. Die Indikatorelektrode E, ein kreisrundes Platindrahtnetz (36 mesh, $\varnothing$ 35 mm) ist am Ende eines Teflonstabes befestigt, der mit etwa 400 Umdrehungen/min in der Lösung rotiert. Die Referenzelektrode F ist eine gesätt. Kalomelelektrode (z.B. RADIOMETER K 401). Die Elektrolytlösung wird über den Tubus G zugeführt und abgezogen. Der Trägergasstrom kann über die enge Bohrung in G abfließen. Die Anode K ist ein Stück Platindrahtnetz (36 mesh, 20×30 mm). Der Anoden-

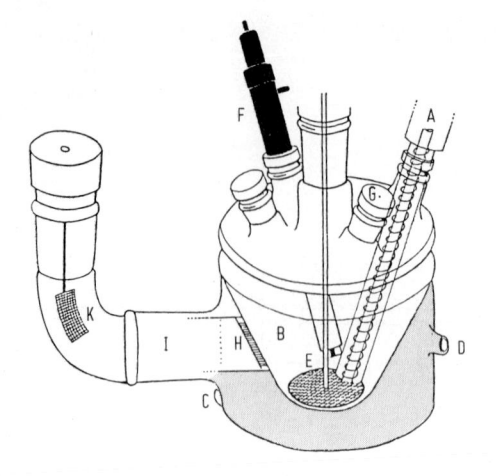

Abb. 25-4. Iodometrische Sauerstoffbestimmung mit coulometrischer Iodtitration. Elektrolysezelle.
A doppelwandiges elektrisch beheiztes Glasrohr zum Transport der Ioddämpfe
B Kathodenraum mit Kühlmantel
C, D Kühlwasser Ein- und Auslauf
E rotierende Platinelektrode
F Referenzelektrode
G Teflonstopfen, fein durchbohrt für den Stickstoffauslaß
H Tondiaphragma
I Anodenraum
K Anode (Platindrahtnetz)

raum, durch ein Tondiaphragma ($\varnothing$ 15 mm) vom Kathodenraum getrennt, ist mit 2-M Natriumperchloratlösung gefüllt.

Die beiden Elektroden sind mit dem Ein- und Ausgang des Operationsverstärkers leitend verbunden. Die Indikatorelektrode hat gegenüber der Kalomelelektrode stets ein Potential von 100 mV. Das Iodüberführungsrohr A, durch welches die Ioddämpfe bis an die Arbeitselektrode geführt werden, wird auf etwa 120 °C beheizt. Die zur Reduktion des Iods erforderliche Strommenge wird integriert und der Zahlenwert vom Digitalvoltmeter angezeigt.

Ausführung. Nach Anschluß der Coulometerzelle an die Pyrolyseapparatur werden etwa 2 bis 6 mg Probe pyrolytisch umgesetzt. In Blindwertbestimmungen wird vorher geprüft, daß der Grundstrom der Elektrolyse 15 bis 20 µA nicht übersteigt. Nach Einleiten der Pyrolyse sauerstoffhaltiger Substanzen beginnt der Elektrolysestrom schnell anzusteigen und erreicht nach 4 bis 7 min einen Maximalwert von 25 bis 30 mA. Nach etwa 13 bis 14 min, abhängig von der Natur der Analysensubstanz, fällt der Elektrolysestrom wieder auf den ursprünglichen Ausgangswert von 15 bis 20 µA zurück und die Analyse ist beendet.

Berechnung. Mit Hilfe des vom Digitalvoltmeter angezeigten Analysenwertes wird der Sauerstoffgehalt entsprechend untenstehender Gleichung berechnet:

$$\%O = \frac{R_1 \cdot C \cdot (U_0 - U_B) \cdot 15 \cdot 32}{R_2 \cdot F \cdot nM \cdot 6} \cdot 100 , \qquad (1)$$

wobei R_1, R_2 und C integratorspezifische Faktoren sind. In dem von KARLSSON und KARRMAN (1974) beschriebenen konkreten Fall haben diese Faktoren die Werte $R_1 = 0.5$ MΩ, $R_2 = 10$ Ω, $C = 10$ µF; $F = 96484$ C; $n = 2$ (Zahl der Elektronen, die an der Reaktion beteiligt sind); M = Substanzeinwaage in mg; U_0 = Integratoranzeige in mV (4000 bis 5000 mV); U_B = Blindwert (30±3 mV). Die Zahl 32 steht für das Molekulargewicht von Sauerstoff; die Zahlen 15 und 6 resultieren aus der Reaktionsgleichung des CO mit der Anhydroiodsäure (s. Kap. 25.1). Werden die oben angeführten Zahlen in Gleichung (I) eingesetzt, dann vereinfacht sich die Gleichung und wir erhalten:

$$\%O = 0.020718 \cdot \frac{(U_0 - U_B)}{M} . \qquad (2)$$

26 Thermokonduktometrische Sauerstoffbestimmung

26.0 Allgemeines

Die Wärmeleitfähigkeitsmessung mit ihrem hohen technischen Standard der Signalauswertung hat sich auch für die Sauerstoffbestimmung als ideale Meßmethode erwiesen. Nach Pyrolyse der organischen Substanz und Abtrennen der die Messung störenden Pyrolysegase, kann Sauerstoff direkt als CO oder nach Oxidation als CO_2 thermokonduktometrisch bestimmt werden. Der große Vorteil dieser Meßmethode liegt vor allem darin, daß die Messung auf trockenem Wege, sehr schnell und über elektrische Meßgrößen erfolgt, die der Labordatenverarbeitung zugänglich sind. Verschiedene Pyrolysemethoden und Auftrennung der Crackgase führen zum gleichen Ziel und werden routinemäßig angewendet. Die gängigsten dieser Methoden werden unten ausführlich beschrieben. Das Prinzip der thermokonduktometrischen Messung wurde in Kap. 6.4 erklärt.

26.1 Thermokonduktometrische Sauerstoffbestimmung als Kohlenmonoxid

Allgemeines. Erste Versuche, Sauerstoff nach Umsetzen zu Kohlenmonoxid durch Wärmeleitfähigkeitsmessung zu bestimmen, wurden von HARRIS et al. (1950) gemacht. Etwas später wurde von GÖTZ et al. (1961) eine einfache Methode beschrieben, nach der die Umsetzung zu Kohlenmonoxid im Wasserstoffstrom und die Trennung über Aktivkohle durchgeführt wird. Die Verwendung von Wasserstoff als Trägergas ist zwar für die Umsetzungsreaktion und die Wärmeleitfähigkeitsmessung von Vorteil, aber insofern von Nachteil, da bei der erforderlichen Kontakttemperatur von 1120 bis 1140 °C die Reaktion $SiO_2 + H_2 \rightarrow SiO + H_2O$ stattfindet und das Pyrolyserohr durch Ablagerung wollartiger Kieselsäure im Kohlekontakt schnell zugesetzt und dadurch unbrauchbar wird. Über diese Auflösungserscheinungen des Quarzrohres im Wasserstoffstrom haben bereits GOUVERNEUR et al. (1951) berichtet. Da diese Ablagerungen zu 80% aus Siliciumdioxid, der Rest aus Siliciummonoxid und Siliciumcarbid bestehen, nehmen die genannten Autoren folgenden Reaktionsmechanismus für Quarz-Kohlenstoff an:

$$2\ SiO_2 + 2\ C \rightarrow 2\ SiO + 2\ CO$$
$$2\ SiO \rightarrow SiO_2 + Si \text{ (im kälteren Rohrteil)}$$
$$Si + C \rightarrow SiC$$

$$\overline{2\ SiO_2 + 3\ C \rightarrow SiO_2 + SiC + 2\ CO}$$

Diese Reaktion setzt bei etwa 1050 °C ein und läuft bei 1120 °C bereits merklich ab. Bei Verwendung von Wasserstoff als Trägergas und der Reaktionstemperatur des Kohlekontaktes von 1120 °C in der nachfolgend beschriebenen apparativen Anordnung war nach unseren Erfahrungen das Pyrolyserohr nach 4 Tagen Betrieb zugesetzt und der Kohlekontakt von weißen, schwammartigen Ablagerungen durchsetzt. Mit Platingasruß als Kontakt und einer Kontakttemperatur von 900 °C konnten diese Störungen zwar vermieden werden, aber bei diesen Reaktionsbedingungen entsteht viel Methan, das vor der Bestimmung von Kohlenmonoxid abgetrennt werden muß.

Von Boys et al. (1964) wurde dann zur Bestimmung von Spuren Sauerstoff in Petroleumdestillaten eine Methode entwickelt, die in ähnlicher Weise arbeitet wie die unten beschriebene von Ehrenberger und Weber (1967) entwickelte Methode.

Eine weitere Methode der Sauerstoffbestimmung über CO, die auch zur Analyse anorganischer Verbindungen geeignet ist, konzipierten Smith und Krause (1968).

26.1.1 Thermokonduktometrische CO-Bestimmung nach Pyrolyse im Rohr

Prinzip (Ehrenberger und Weber 1967). Die Substanz (0.1 bis 0.6 mg) wird im Heliumstrom über den auf 1120 °C beheizten Kohlekontakt spontan umgesetzt. Das bei der Reaktion entstehende Kohlenmonoxid durchströmt zusammen mit den anderen Pyrolysegasen (N_2, H_2, CH_4) die erste Halbzelle des Katharometers, wird anschließend über ein Molekularsieb von den übrigen Pyrolysegasen getrennt und als getrennte Fraktion beim Durchgang durch die zweite Halbzelle gemessen. Die der Kohlenmonoxidmenge proportionale Gleichspannung wird mit einem digitalen Integrator mit Drucker quantitativ ausgewertet. Dieses Integrationssystem ist so aufgebaut, daß es wahlweise umschaltbar zum Einwägen der Substanz auf der Elektrowaage Cahn-RG als Digitalvoltmeter oder als digitaler Integrator zum Integrieren der Kohlenmonoxid-Peaks eingesetzt werden kann.

Apparatur (Abb. 26-1). Sie besteht aus der Pyrolyseanordnung, dem Meßteil, dem Integrator mit Drucker und der Waage.

Die Pyrolyseeinheit entspricht weitgehend der in Kap. 21 beschriebenen und in Abb. 21-1 skizzierten Anordnung.

Meßteil. Als Meßzelle wird eine Gow-Mac-Pretzel-Zelle mit W-2-X-Filaments (Wolfram mit Rhenium) verwendet. Zur Stromversorgung der Wärmeleitfähigkeitsmeßzelle dient ein Transistor-Netzgerät, das auf eine feste Spannung eingestellt ist. Einziges veränderliches Element ist ein Wendelpotentiometer zum Nullabgleich.

Zwischen 1. und 2. Halbzelle ist die Trennsäule geschaltet, die aus einem 60 cm langen Kupferrohr 6/1 mm besteht und mit Molekularsieb gefüllt ist. Das Molekularsieb (Merck) 5 Å, Siebfraktion 0.30 bis 0.43 mm, wird bei 350 °C im Wasserstoffstrom aktiviert. Das Kupferrohr wird unter leichtem Klopfen mit aktiviertem Molekularsieb gefüllt und die Füllung an den Enden mit einem Silberwollebausch begrenzt. Das aktivierte Molekularsieb muß vor Luftfeuchtigkeit geschützt werden. An den Ausgang der 2. Halbzelle ist noch ein Stück Metallkapillare (Durchmesser 0.3 mm) angeschlossen und diese am anderen Ende mit einem Strömungsmesser verbunden. Meßzelle, Trennsäule und Staukapillare sind in einem Thermostaten eingebaut, der auf 60 °C konstant gehalten wird.

Der Integrator besteht aus Spannungs-Frequenz-Wandler, Zähler und Drucker.

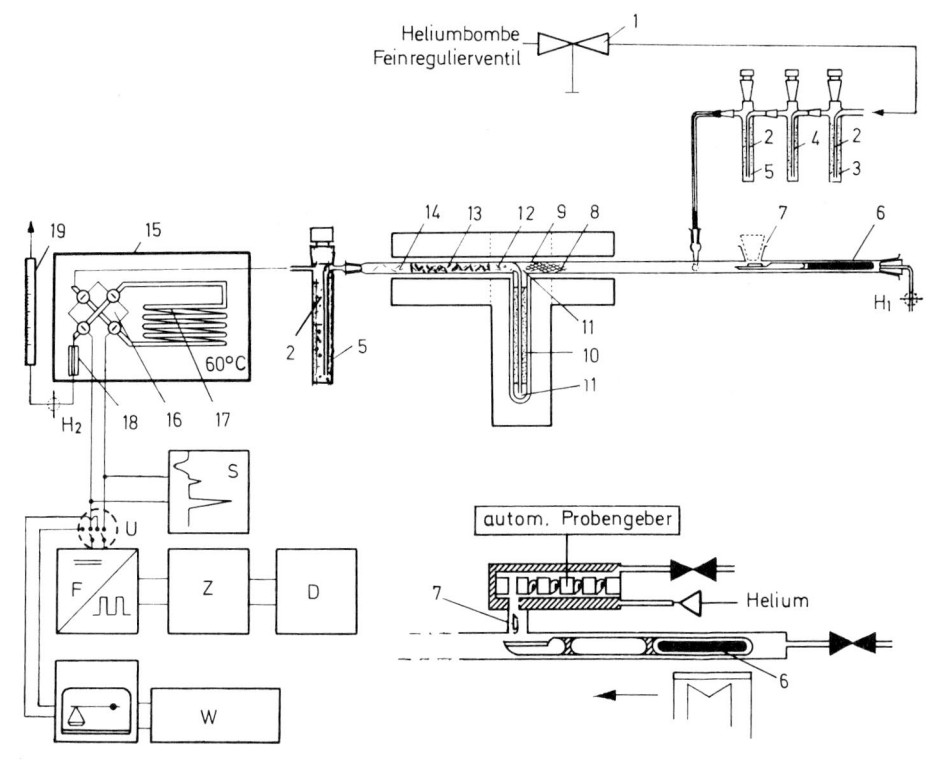

Abb. 26-1. Schematische Darstellung der Apparatur zur O-Bestimmung mit dem Heraeus-CHN-O-Ultramat.
1 Gasströmungsregler, *2* gekörntes Phosphorpentoxid, *3* Magnesiumperchlorat, *4* BTS-Kontakt in reduzierter Form, *5* Askarit®, *6* Quarzlöffel mit Substanzschiffchen, *7* Tubus, *8* Nickeldrahtnetzrolle, *9* T-förmiges Pyrolyserohr aus reinem Quarzglas, *10* Kohlekontakt, *11* Quarzgrieß (HF-behandelt), *12* Quarzwollebausch, *13* Kupferkontakt, *14* Silberkontakt, *15* Thermostat, *16* Wärmeleitfähigkeitsmeßzelle, *17* Trennsäule, *18* Staukapillare, *19* Strömungsmesser.
H_1 und H_2 Zweiwegehähne bzw. Magnetventile, *W* Cahn-Waage, *F* Spannungs-Frequenz-Wandler, *Z* Zähler, *D* Drucker, *S* Schreiber, *U* Umschalter.

Analysenablauf. Zum Einführen des Substanzschiffchens in das Rohr wird Hahn H_2 (Abb. 26-1) geschlossen und das Substanzboot (evtl. nach Zuschlag eines Gemisches Ni, Cu und AgCl) durch den Tubus in das Rohr eingebracht und in den Quarzlöffel gestellt. Der Tubus wird verschlossen, Hahn H_1 geöffnet und das Rohr etwa 40 s luftfrei gespült. Hahn H_1 wird nun geschlossen und Hahn H_2 geöffnet. Nach etwa 5 min ist die Anzeige exakt wieder auf die Nullinie eingelaufen. Diese Zeit wird genutzt, um die nächste Substanzeinwaage vorzubereiten. Danach wird der Integrator mit der Meßzelle verbunden, das Substanzboot mit Hilfe des Quarzlöffels in die heiße Zone eingefahren und die Substanz spontan umgesetzt. Die aus der Pyrolyseapparatur austretenden Reaktionsgase erreichen bereits nach 1 min die Meßzelle, durchströmen die 1. Halbzelle (Bande 1), anschließend die Trennsäule mit Molekularsieb und von hier die 2. Halbzelle (Bande 2).

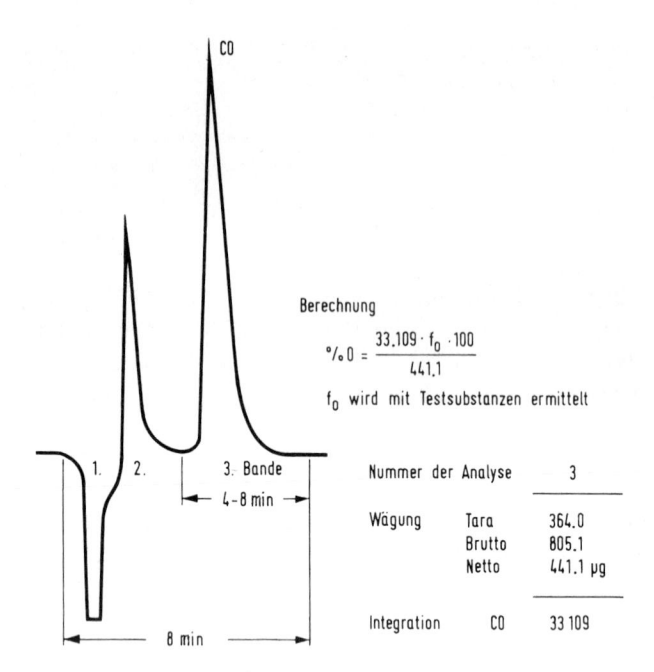

Abb. 26-2. Schreiberdiagramm der Sauerstoffbestimmung.

Berechnung

$$\%O = \frac{33.109 \cdot f_0 \cdot 100}{441.1}$$

f_0 wird mit Testsubstanzen ermittelt

Nummer der Analyse		3
Wägung	Tara	364.0
	Brutto	805.1
	Netto	441.1 µg
Integration	CO	33 109

Das bei der Pyrolyse entstehende Kohlenmonoxid wird am Molekularsieb von den anderen Pyrolysegasen getrennt und durchströmt als getrennte Bande (Bande 3) die 2. Halbzelle des Katharometers, während die 1. Halbzelle bereits wieder von reinem Helium durchströmt wird. Die CO-Bande wird beim Durchgang durch die 2. Halbzelle integriert und die der CO-Konzentration entsprechende Impulszahl auf einem Papierstreifen ausgedruckt. Die weitere Auswertung in Prozenten erfolgt im einfachsten Fall von Hand mit Hilfe einer elektrischen Rechenmaschine. Abb. 26-2 zeigt die Registrierkurve bei der Verbrennung von 441 µg Harnstoff.

Berechnung. Durch Umsetzung einer Anzahl Testsubstanzen wird erst der Eichfaktor (µg Sauerstoff/1000 Impulse) bestimmt, und dieser dann zur Berechnung unbekannter O_2-Gehalte verwendet.

26.1.2 Thermokonduktometrische CO-Bestimmung nach reduktivem Schmelzaufschluß im Inertgasstrom

Prinzip (SMITH und KRAUSE 1968). Die Probe (organisch und/oder anorganisch) wird im Inertgasstrom durch Induktionsheizung bei hohen Temperaturen (1700 und 2400 °C) vercrackt, die Pyrolysegase werden am Molekularsieb gesammelt und bei −195 °C ausgefroren, dann im Heliumstrom spontan ausgeheizt, die Pyrolysegase an der Molekularsiebsäule gaschromatographisch aufgetrennt und der CO-Peak integral-digital ausgewertet.

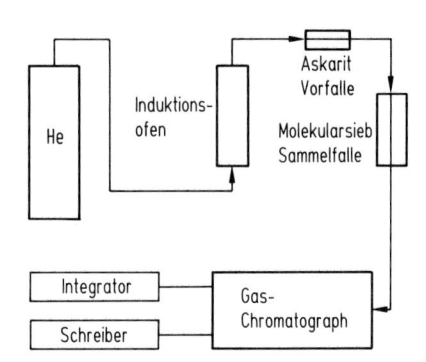

Abb. 26-3. Fließdiagram des NITROX 6 (LECO Modell 534-800).

Apparatives. Das Fließdiagram in Abb. 26-3 veranschaulicht die apparative Anordnung. Das Gerät NITROX 6 (LECO, Modell 534-800) wurde für diese Bestimmung geringfügig modifiziert. So wurde zwischen Induktionsofen und Trennsäule zur Absorption saurer Pyrolysegase ein Gasreinigungsröhrchen aus rostfreiem Stahl, gefüllt mit Askarit (8 bis 20 mesh), geschaltet. Das Askaritröhrchen wird jeweils nach 20 bis 25 Analysen ausgewechselt. Die Proben werden für die Umsetzung bei 2400 °C in Platinhülsen, für die Umsetzung bei 1700 °C in Zinnhülsen eingekapselt. Das Molekularsieb (5 Å, 30 bis 40 mesh) für die Kältefalle und die Trennsäule wird durch Erhitzen im Hochvakuum (0.1 mm) bei 250 °C aktiviert. Der Quarzfinger im Induktionsofen wurde für die Hochtemperaturumsetzung durch einen Finger aus Bornitrid ersetzt; dieser ist fast unbegrenzt haltbar, er muß nur von Zeit zu Zeit mit Stahlwolle poliert und von anhaftendem Ruß befreit sein.

Analysenablauf. Der Graphittiegel wird vor dem Ausheizen mit 5 bis 10 g Platin beschickt, das als Heizbadflüssigkeit dient. Die Probe im Tiegel wird nach 5 min Spülzeit im Induktionsofen pyrolysiert. Die auftretenden Pyrolysegase (H_2, CO, N_2, CH_4 etc.) werden 5 min lang am Molekularsieb in der Kältefalle bei -195 °C gesammelt, dann wird die Ausfrierfalle 10 s erhitzt, die Pyrolysegase auf die Molekularsiebsäule gespült und dort bei 45 °C im Heliumgasstrom (75 ml/min) aufgetrennt. Mit Hilfe eines Integrators wird der CO-Peak ausgewertet. Mit Eichfaktoren, die vorher mit Testsubstanzen (U_3O_8 für anorganische Substanzen, Benzoesäure für organische Substanzen) ermittelt wurden, wird der Prozentgehalt Sauerstoff der Probe berechnet.

Organische, viele anorganische Verbindungen sowie die meisten Metallorganika werden bereits im Platin-Zinn-Schmelzbad bei 1700 °C quantitativ umgesetzt. Schwer aufschließbare Substanzen werden im reinen Platin-Schmelzbad bei 2400 °C umgesetzt. Bei beiden Pyrolysetemperaturen tritt ein Sauerstoffblindwert zwischen 10 und 25 µg CO auf, der wahrscheinlich aus der Reaktion des reinen Kohlenstoffes mit Quarz entsprechend der Gleichung

$$SiO_2 + 2\,C \rightarrow 2\,CO + Si$$

stammt. Es sollte eine Sauerstoffmenge von 0.1 bis 2 mg vorliegen, entsprechend groß muß die Substanzeinwaage (5 bis 20 mg) gewählt werden. Noch höhere Einwaagen organischer Substanzen verursachen Störungen durch Zurückschlagen der Substanzdämpfe und unvollständige Pyrolyse.

Chlor und vor allem Fluor können Störungen verursachen, sie zeigen sich am starken „tailing" des CO-Peaks. Die Störung durch Chlor wird durch die Gasvorreinigung über (befeuchteten) Askarit wirksam unterdrückt.

26.1.3 Thermokonduktometrische Bestimmung als CO mit dem CARLO-ERBA Elemental Analyzer Modell 1108. Bestimmung des Gesamtsauerstoffes in Erdöldestillaten mit Hilfe einer automatischen Flüssigprobendosierung

Prinzip (COLOMBO und BACCANTI 1987). Festproben werden in Metallhülsen eingekapselt und auf dem üblichen (in Kap. 16.3 bereits ausführlich beschriebenem) Wege in das Reaktionsrohr geschleust, über dem glühenden Kohlekontakt bei 1070 °C zur Reaktion gebracht und der in der Probe gebundene Sauerstoff quantitativ zu CO umgesetzt. Die Reaktionsgase werden über die Trennsäule geführt, wo das CO von den übrigen Gasen (CH_4, N_2, H_2 u. a.) getrennt und anschließend thermokonduktometrisch gemessen wird. Der CO-Peak wird integral/digital auf bekanntem Wege ausgewertet.

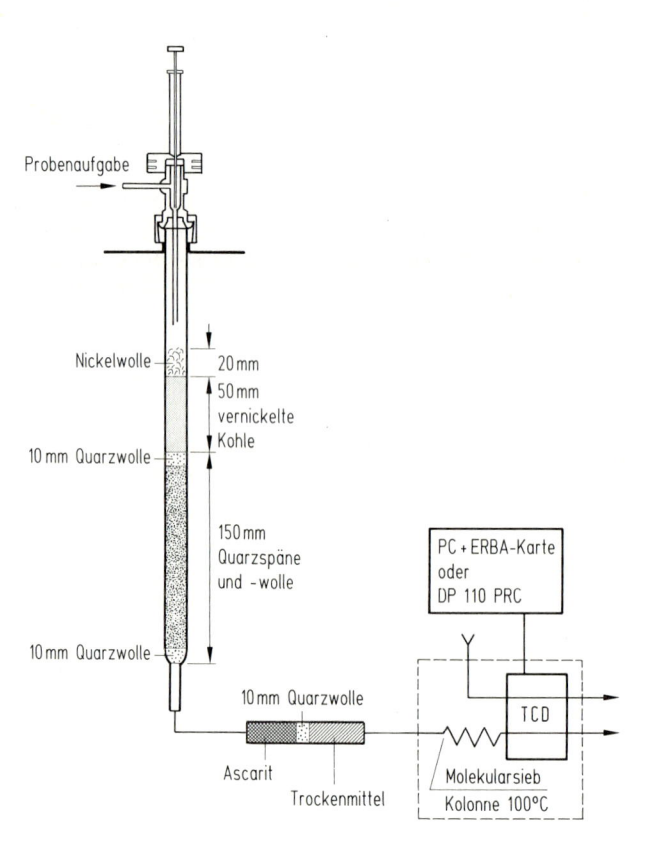

Abb. 26-4. Bestimmung des Gesamtsauerstoffes mit Flüssigprobenaufgabe.

Flüssigproben, wie z.B. Erdöldestillate, werden mit Hilfe einer automatischen Flüssigprobendosierung direkt in den Reaktor injiziert, so daß sich hier die Einwaage erübrigt.

Apparatives und Ausführung. Zur Sauerstoffbestimmung wird der in Kap. 16.3 bereits ausführlich beschriebene Elemental-Analyzer Modell 1108 genutzt, der zur Analyse von Flüssigproben mit dem „Autosampler" für Flüssigkeiten (Modell AS-V 570) der CARLO-ERBA Instruments ausgerüstet ist. Dieser wird, wie Abb. 26-4 veranschaulicht, auf das Reaktionsrohr – gefüllt mit Nickelgasruß und auf 1070 °C beheizt – aufgesetzt und mit diesem gasdicht verbunden. Die GC-Säule (120 cm lang, $\varnothing$ 6/4 mm) ist gefüllt mit Molekülsieb 5 Å und auf 100 °C thermostatisiert. Der Autosampler AS-V 570 ist mit einer 3 µl-Dosierspritze ausgerüstet; das Aufgabevolumen ist in Normalausführung 2.4 µl. Der Heliumgasstrom ist auf 40 ml eingeregelt. Bei dieser Strömung dauert eine O-Bestimmung weniger als 6 min.

Die Methode zeigt in praxi gut reproduzierbare Ergebnisse und die Anzeige ist für absolute O-Gehalte im Bereich von 1 – 2000 µg linear.

Diese Apparatur, verbunden mit dem oben bezeichneten „Autosampler" empfiehlt sich besonders zur O-Bestimmung in Erdöldestillaten, ganz allgemein zur Analyse von Flüssigproben mit problemloser Matrix.

26.2 Thermokonduktometrische Sauerstoffbestimmung als Kohlendioxid

Allgemeines. Die thermokonduktometrische Sauerstoffbestimmung als Kohlendioxid ist in der Routineanwendung geläufiger als die Bestimmung als Kohlenmonoxid. Die Arbeitsprinzipien der handelsüblichen Geräte werden nachfolgend kurz beschrieben.

26.2.1 Bestimmung als Kohlendioxid mit dem Perkin-Elmer-CHN-O-Elemental-Analyzer Modell 240

Prinzip (CULMO 1968). Die Substanz wird in Heliumatmosphäre zersetzt und sauerstoffhaltige Crackgase über Platin-Kohle bei 950 °C zu Kohlenmonoxid umgewandelt, das beim Durchströmen des auf 670 °C beheizten Kupferoxidkontaktes zu Kohlendioxid oxidiert wird. Das Kohlendioxid wird wie bei der CHN-Bestimmung statisch gemessen und das Meßsignal integral ausgewertet.

Apparatives. Perkin-Elmer-CHN-O-Elemental-Analysator (s. Kap. 16.1) in folgender Modifizierung.

286   26 Thermokonduktometrische Sauerstoffbestimmung

A
Leer 13 mm
Silberwolle 13 mm
Kupfer 60/100 Maschen 65mm
Platindrahtnetz 13 mm
Leer 430 mm
Platin. Kohle 100 mm
Einkerbungen
Quarzwolleschicht < 1,5 cm

B
Leer 13 mm
Silberwolle 13 mm
Kupfer 60/100 Maschen 90 mm
Kupfer 60/100 Maschen 90 mm
Leer
Silberwolle 13 mm
Kupferoxid (Drahtform) 12,5 mm
Quarzwolle < 1,5 mm dick

C
85 mm
Colorcarb
Quarzwolle 13 mm
Quarzwolle 13 mm
Leer 13 mm
Leer 13 mm
82 mm

D

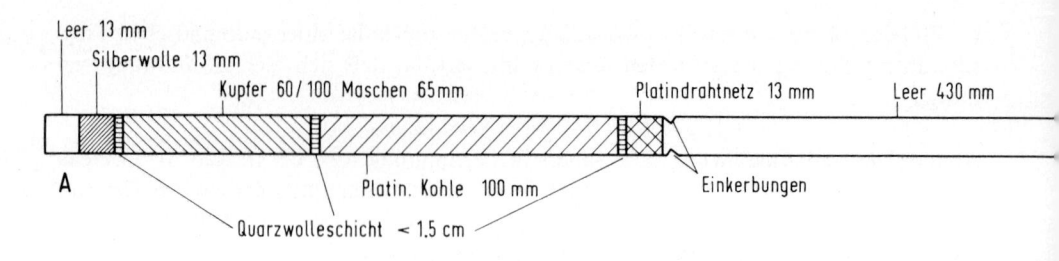

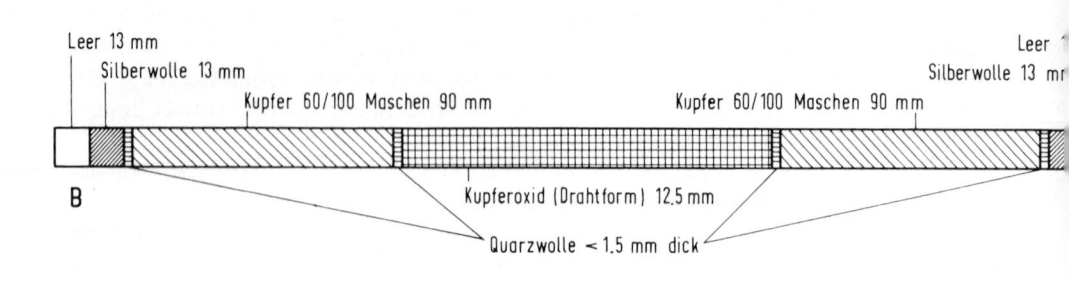

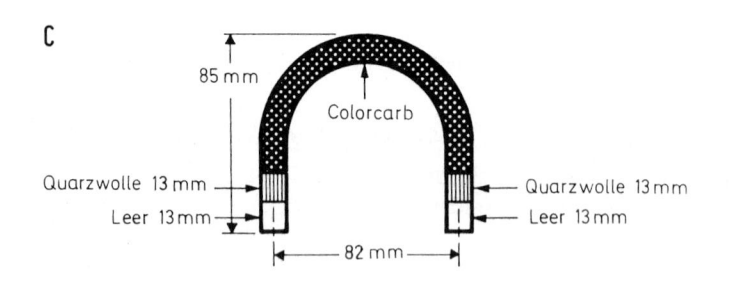

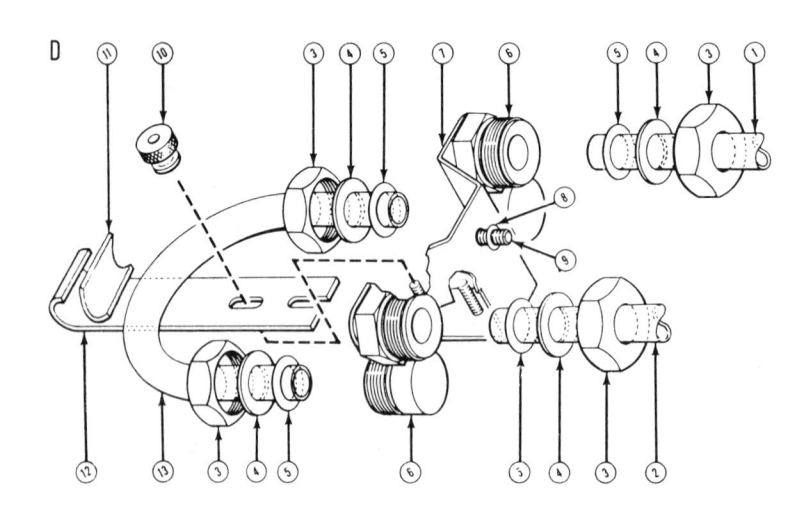

Abb. 26-5 A–D

26.2 Thermokonduktometrische Sauerstoffbestimmung als Kohlendioxid

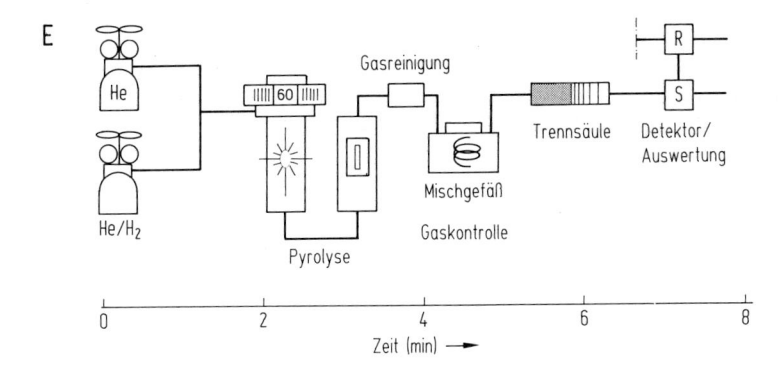

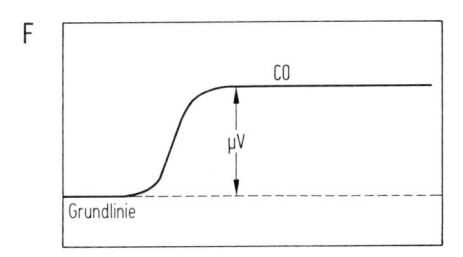

Abb. 26-5. (A) Pyrolyserohr, (B) Oxidationsrohr, (C) Gasreinigungsröhrchen.
(D) Anordnung des Pyrolyse-, Gasreinigungs- und Oxidationsrohres. *1* Oxidationsrohr, *2* Pyrolyserohr, *3* Glasrohrverschraubung, *4* O-Ringdichtung, *5* O-Ring 11 mm ⌀ innen, *6* Rohrverbindungsstück, *7* Rohrhaltegabel, *8* O-Ring 4 mm ⌀ innen, *9* Halteschraube, *10* Rändelmutter, *11* Schaumgummieinlage, *12* Rohrhalterung, *13* U-förmiges Gasreinigungsrohr.
(E) PE-Modell 2400, Geräteaufbau zur O-Bestimmung. (F) Geschriebenes Meßprofil.

Das Verbrennungsrohr wird durch ein Pyrolyserohr ersetzt, das Platin-Kohle und Kupfer als Rohrfüllung enthält. Das Reduktionsrohr wird gegen ein Oxidationsrohr ausgetauscht, das mit Silber, Kupferoxid und Kupfer gefüllt ist. Beide Rohre sind durch ein U-Rohr gasdicht verbunden, das zur Absorption saurer Reaktionsgase Colorcarb® als Füllung enthält. Das Pyrolyserohr wird auf 950 bis 1000 °C, das Oxidationsrohr auf 670 bis 700 °C beheizt. Die Abb. 26-5 A–F zeigen Abmessungen sowie Anordnung der Rohre.

Reagenzien (werden von der Herstellerfirma des Gerätes geliefert)
Platin-Kohle
Platin-Drahtnetz
Silber-Drahtnetz
Kupferoxid drahtförmig
Kupfer drahtförmig
Quarzwolle
Colorcarb

Platin-Gasruß. *Herstellung:* 5 g Platin werden in Königswasser gelöst, bis zur sirupartigen Konsistenz eingedickt und mit dest. Wasser auf 500 ml verdünnt. Sodann werden 5 g Gasruß (CK 3 – Fa. DEGUSSA) – mit Salzsäure ausgekocht und gut mit dest. Wasser gewaschen – in die Platinlösung eingerührt, bis zur Pastendicke eingedampft, bei 110 °C getrocknet, gekörnt, dann in ein Quarzrohr gefüllt und mehrere Tage im Wasserstoffstrom bei 1000 °C geglüht.

Arbeitsvorschrift. Eine Substanzmenge von 1 bis 3 mg wird in einem Platinboot genau abgewogen, das Boot in den Quarzlöffel gestellt und dieser im kühlen Teil des Rohres bereitgestellt. Das Programm wird nun gestartet (die Sauerstoffzuführung zum Gerät ist bei der Sauerstoffbestimmung abgeklemmt).

Im Programmablauf wird der mit Substanz beschickte Quarzlöffel in die heiße Pyrolysezone eingefahren. Die Pyrolysegase werden durch das Reaktionssystem geleitet und in das Sammelgefäß gespült. Nach 3 1/2 min Spülzeit wird der Enddruck erreicht, der über einen Druckschalter reguliert wird. Von diesem Zeitpunkt an läuft die Analyse automatisch zu Ende, wie bei der CHN-Bestimmung mit diesem Gerät schon beschrieben (s. Kap. 16.1). Erst werden Substanzen mit bekanntem Sauerstoffgehalt analysiert und daraus der Faktor µV/µg O ausgerechnet. Mit diesem Faktor wird dann der Sauerstoffgehalt unbekannter Substanzen ausgerechnet. Nach bisher gewonnenen Erfahrungen stören Halogene (mit Ausnahme von Fluor), Stickstoff und Schwefel die Analyse nicht.

O-Bestimmung mit dem PE-Elemental-Analyzer, Modell 2400. In diesem neukonzipierten Gerät, dessen Arbeitsprinzip bei der CHN-Bestimmung in Kap. 16.1.1 bereits ausführlich beschrieben wurde, wird in der O-Version des Geräts, das bei der Pyrolyse entstehende CO nicht wie beim Vorgängermodell 240 (s. oben) zu CO_2 oxidiert, sondern als CO direkt ausgewertet. Abb. 26-5E zeigt schematisch den Geräteaufbau zur O-Bestimmung und Abb. 26-5F ein geschriebenes Meßprofil der Detektoranzeige.

26.2.2 Bestimmung als Kohlendioxid mit dem Carlo-Erba-Elemental-Analyzer Modell 1500

Prinzip (WORTIG 1985). Die in Silberschiffchen eingewogenen Proben werden über eine Schleuse im Stickstoffstrom dem Pyrolyserohr zugeführt. Hier erfolgt die Umwandlung des organisch gebundenen Sauerstoffes über Kohlekontakt bei 1120 °C zu Kohlenmonoxid, das durch Kupferoxid zu Kohlendioxid aufoxidiert wird. Eine nachgeschaltete Porapak QS-Säule trennt den Kohlendioxid-Peak von störenden Restgasen. Die Detektion erfolgt mit einer Wärmeleitfähigkeitsmeßzelle, wobei der Unterschied der Wärmeleitfähigkeit zwischen Kohlendioxid und Stickstoff groß genug ist, um eine problemlose Sauerstoffbestimmung in Proben mit 0.1 bis 1 mg O_2-Gehalt, d. h. mit Einwaagen im Mikrobereich, durchzuführen.

Die Verbrennung von Standardsubstanzen liefert die Parameter zur Berechnung der Proben (s. Abb. 26-7). Durch die rechnergestützte Auswertung der Meßergebnisse wird zudem mit Hilfe der Fehlerstatistik eine Aussage über die Güte der Eichung und Probenbestimmung geliefert.

26.2 Thermokonduktometrische Sauerstoffbestimmung als Kohlendioxid

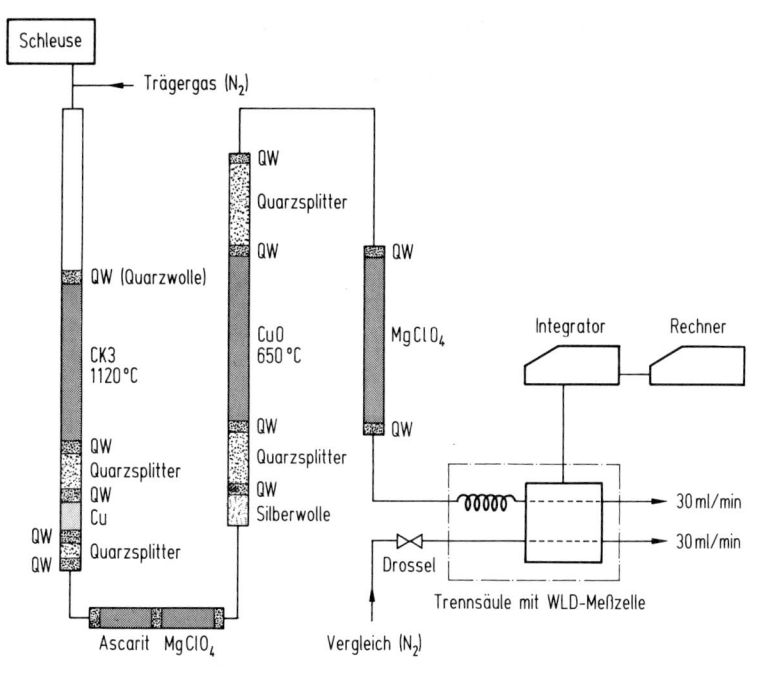

Abb. 26-6. Schematische Darstellung des Carlo-Erba-O-Analyzer Modell 1500.

Die *apparative Anordnung*, in Abb. 26-6 skizziert, entspricht im Detail dem Analysengerät Modell 1500, das zur simultanen Bestimmung von C, N und S konzipiert und für die Sauerstoffbestimmung geringfügig modifiziert wurde. Es ist in Kap. 16.3 genau beschrieben.

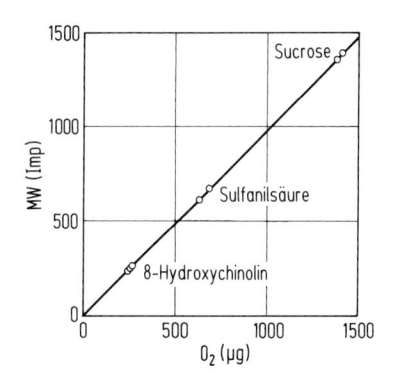

Abb. 26-7. Eichgerade, erhalten mit dem Carlo-Erba-O-Analyzer Modell 1500.

27 Sauerstoffbestimmung in organischen Substanzen mit Infrarotabsorption

27.0 Allgemeines

Nach der pyrolytischen Umsetzung des organisch gebundenen Sauerstoffes über glühende Kohle zu CO *kann Sauerstoff in organischen Substanzen durch Infrarotabsorption direkt über das CO oder, nach Oxidation des CO zu CO_2, über CO_2 bestimmt werden.* Das Prinzip der NDIR-Messung* und der dazu verwendeten Detektoren wurde bereits in Kap. 6.7 beschrieben. Da der Infrarotdetektor CO und auch CO_2 selektiv erfaßt, muß die Meßgaskomponente vor der Messung aus dem Pyrolysegasstrom (im Gegensatz zur thermokonduktometrischen Messung) nicht mehr abgetrennt werden. Die Messung kann sowohl im statischen als auch strömenden System erfolgen. Letztere Möglichkeit nutzte bereits KUCK et al. (1967) und später THÜRAUF (1969) zur Sauerstoffbestimmung.

27.1 IR-photometrische Sauerstoffbestimmung im strömenden System

Prinzip (THÜRAUF 1969). Die Substanz, 1 bis 50 mg, wird im Stickstoffstrom thermisch zersetzt; hierzu erhitzt man sie meist auf 1000 °C. Die Zersetzungsgase werden durch 1120 °C heißes Rußgranulat geleitet. Der gesamte in der Analysensubstanz enthaltene Sauerstoff wird dabei quantitativ zu CO umgesetzt. Das strömende CO-haltige Gasgemisch wird ohne Abtrennung anderer Gaskomponenten (nur mit N_2 verdünnt) durch die IR-Meßzelle geleitet und sein CO-Gehalt gemessen. Die der CO-Konzentration proportionale Gleichspannung der Meßzelle wird durch einen Integrator ausgewertet.

Apparatur. Abb. 27-1 zeigt die Apparatur. Sie besteht aus dem Zersetzungsrohr (7), dem Gaszuleitungssystem und dem Infrarotmeßgerät (1) UNOR, das mit einem Einstrahlempfänger arbeitet. Der UNOR zeichnet sich durch besonders hohe Selektivität und gute Nullkonstanz aus. Man kann selbstverständlich auch ein anderes nichtdispersives Infrarotgerät mit entsprechend guten Eigenschaften verwenden.

Das Zersetzungsrohr (7) besteht aus Quarz. Es setzt sich aus 3 Abschnitten von verschiedenem Durchmesser zusammen. Der Teil des Rohres, in dem die Probe zersetzt wird, ist etwa 350 mm lang und hat einen inneren Durchmesser von 8 mm. Er trägt am Anfang einen seitlichen Rohransatz zum Einleiten des Trägergases. Die Öffnung des Rohres,

---

* NDIR = Non Dispersive Infra Red.

27.1 IR-photometrische Sauerstoffbestimmung im strömenden System 291

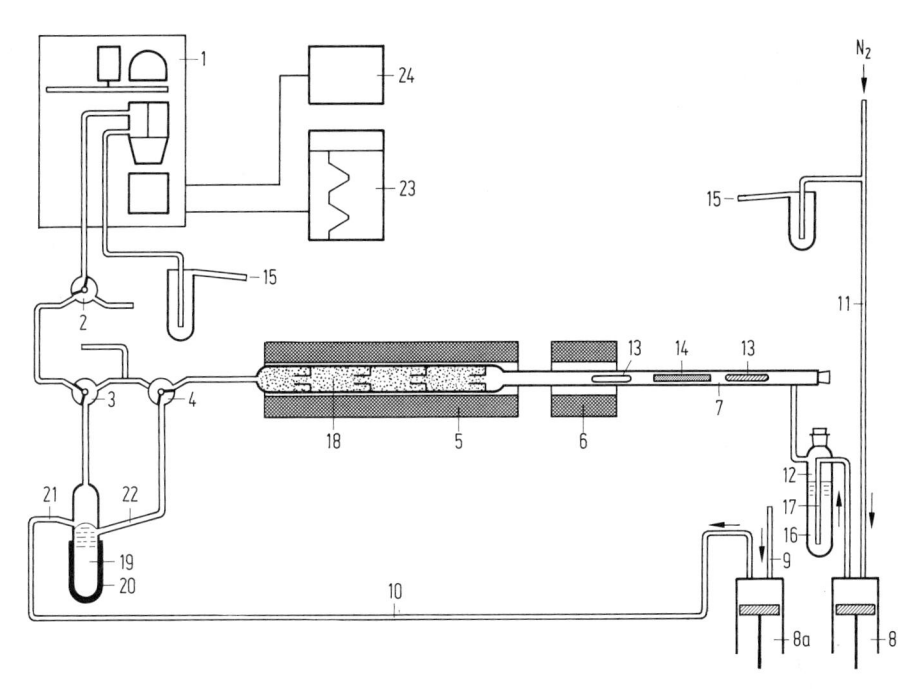

Abb. 27-1. Apparatur zur Sauerstoffbestimmung in organischen Substanzen durch Infrarotabsorption (Erläuterungen im Text).

durch die das Schiffchen mit der Probe eingeführt wird, ist während der Analyse mit einem Stopfen verschlossen. Das Wägeschiffchen (14) steht in einem engen, 40 mm langen Quarzrohr und wird zusammen mit diesem durch zwei in Quarz eingeschmolzene Eisenkerne (13) mit Hilfe eines Magneten im Zersetzungsrohr verschoben. Das Quarzrohr erleichtert die Handhabung des Schiffchens. Mit einem 65 mm langen beweglichen elektrischen Ofen (6) wird die Zersetzungszone auf die gewünschte Temperatur erhitzt.

An die Zersetzungszone schließt sich eine 180 mm lange Reduktionszone mit einem Rohrdurchmesser von 12 mm an. Das Rohr ist in mehrere Kammern eingeteilt, die durch konzentrisch angeordnete Rohrstutzen miteinander verbunden sind. Die Stutzen sitzen so auf den Trennwänden der Kammern, daß sie in der Strömungsrichtung des Gases von einer Kammer in die nächste ragen. Die Kammern sind mit Rußgranulat (18) gefüllt. Durch diese Unterteilung des Rohres werden die Pyrolysegase immer wieder in das Zentrum des Rohres geleitet und durchströmen daher das Rußgranulat ohne Gangbildung. Die Reduktionszone wird durch einen 250 mm langen elektrischen Ofen (5) erhitzt. In dem verjüngten Teil des Zersetzungsrohres werden die heißen Gase abgekühlt.

Zum Gaszuleitungssystem gehören zwei Gasförderpumpen (8) und (8a), ein Absorptionsgefäß (12) und ein Mischgefäß (20) mit Quecksilbersperre (19). Durch die Leitung (11) wird der Gasförderpumpe (8) Stickstoff im Überschuß zugeführt. Der von der Pumpe nicht geförderte Anteil entweicht durch einen rückschlagsicheren Blasenzähler (15). Der geförderte Stickstoff gelangt durch das mit Natronasbest (16) und Schwefelsäure-Trockenmittel (Pulver) (17) gefüllte Absorptionsgefäß (12) in das Zersetzungsrohr. Die gasförmigen Zersetzungsprodukte der Analysenprobe strömen mit dem Stickstoff durch die Reduktionszone, über Hahn (4) und die Quecksilbersperre (19) in das Mischgefäß (20). Die Quecksilbersperre verhindert, daß das Verdünnungsgas vom Einleitungsstutzen (21) in die Leitung (22) eindringt. Die Gasförderpumpe (8 a) mit Ansaugstutzen (9) pumpt durch die Leitung (10) das Verdünnungsgas über den Eingangsstutzen (21) in das Mischgefäß (20). Als Verdünnungsgas dient ebenfalls Stickstoff. Die vereinigten Gase strömen über die Hähne (3) und (2) in das Infrarotmeßgerät (1). An dieses sind ein Schreiber (23) und ein Integrator (24) angeschlossen.

Arbeitsvorschrift

Vorbereitung der Apparatur. Das Infrarotabsorptionsmeßgerät wird mit einem Eichgas, das in Stahlflaschen gelagert wird, geeicht. Eine 5-l-Gasflasche mit Eichgas von 150 atü reicht für etwa 2000 Eichungen.

Vor Beginn der Analyse werden gleichzeitig der Dreiwegehahn (4) vom Zersetzungsrohr zum Mischgefäß und die Dreiwegehähne (2) und (3) vom Mischgefäß zum Infrarot-Meßgerät hin geöffnet. Die Dosierpumpen für das Verdünnungsgas mit einer Förderleistung von etwa 10 ml/s und für das Trägergas mit einer Förderleistung von etwa 1 ml/s werden in Gang gesetzt. Der kurze Ofen für die Zersetzung der Probe und der lange Ofen für das Erhitzen des Rußgranulats werden angeheizt.

Durchführung einer Analyse. Je nach dem vermuteten Sauerstoffgehalt der Probe werden 1 bis 50 mg Substanz in ein Schiffchen eingewogen, das Schiffchen wird in ein etwa 40 mm langes Quarzrohr gebracht und zusammen mit diesem in das Zersetzungsrohr geschoben. Das Zersetzungsrohr wird verschlossen. Das Trägergas – Stickstoff – verdrängt die eingedrungene Luft in weniger als 1 min. Sobald der an das Infrarotgerät angeschlossene Schreiber wieder eine konstante Nullinie anzeigt, wird die Probe mit Hilfe eines Magneten bis auf 30 mm vor die Reduktionszone geschoben. Dann läßt man den kurzen Ofen mit einer Geschwindigkeit von etwa 40 mm/min über das Zersetzungsrohr mit dem Schiffchen laufen. Der Schreiber registriert den CO-Gehalt des in das Meßgerät strömenden Gases. Nach etwa 4 min erreicht er wieder die Nullinie. Der Integrator zeigt den entsprechenden Ausschlag. Die Analyse ist damit beendet. Die Apparatur kann ohne besondere Vorbereitung für eine neue Bestimmung benutzt werden.

Auswertung. Die Ausgangsspannung des UNOR wird während der CO-Analyse von einem elektronischen Integrator über die Zeit integriert. Temperatur, Druck und Strömung des Gases werden konstant gehalten.

Der Zeigerausschlag J des Integrators ist dem Integral der vom UNOR abgegebenen Spannung und damit der zu bestimmenden CO-Menge porprotional. Zwischen der Sauerstoffmenge O, dem Zeigerausschlag J des Integrators, der Temperatur T, dem Druck p und dem Eichfaktor b besteht folgende Beziehung:

$$O = b \cdot J \cdot \frac{p}{T}. \tag{1}$$

Der Druck p des Gases in der Küvette des Infrarotgeräts ist gleich dem Luftdruck; die Temperatur T des Gases ist gleich der Raumtemperatur. Der Eichfaktor b wird aus der Analyse einer Substanz mit bekanntem Sauerstoffgehalt ermittelt.

Die mit dem Integrator erhaltenen Meßergebnisse können mit Hilfe eines Linienschreibers überprüft werden. Der Schreiber wird an das Infrarotgerät angeschlossen und registriert die CO-Konzentration während der Analyse. Die aufgezeichnete Kurve schließt mit der Nullinie eine Fläche ein, die dem Gesamt-Kohlenmonoxid und somit dem Gesamt-Sauerstoff proportional ist.

$$\text{Sauerstoff (in mg)} = f \cdot \text{Fläche (in cm}^2\text{)} . \tag{2}$$

Der Faktor f kann berechnet werden, wenn Gasströmung, Schreibervorschub, CO-Anzeigeempfindlichkeit des Infrarotgeräts sowie Druck und Temperatur des Analysengases bekannt sind. Für f ergibt sich folgende Beziehung:

$$f = \frac{g \cdot p \cdot 273 \cdot 16.0}{s \cdot 760 \cdot T \cdot 22.4 \cdot A \cdot 100} \; \frac{\text{mg}}{\text{cm}^2} . \tag{3}$$

Aus der Gleichung geht hervor, daß der Druck p und die Temperatur T des Gases sich auf den Faktor f auswirken. Die übrigen Größen g, s und A werden konstant gehalten, so daß sich ergibt:

$$f = \text{const.} \cdot \frac{p}{T} . \tag{4}$$

Es bedeutet:
g Strömung des Gases   in ml/s
s Schreiber-Vorschub   in cm/s
p Druck des Gases im UNOR   in Torr
T Temperatur des Gases in UNOR   in K
A Anzeige-Empfindlichkeit des UNOR   in cm/ml/100ml (cm/Vol.-% CO)

Die Eichung der Apparatur mit einer Analysensubstanz erübrigt sich bei dieser Form der Auswertung. Es genügt, die Anzeige-Empfindlichkeit des Infrarotgeräts mit Hilfe eines Eichgases zu überprüfen. Dazu reicht eine einzige Messung aus.

Aus den durch Planimetrieren erhaltenen Flächen kann man mit Hilfe der Gleichungen (2), (3) und (4) die Sauerstoffgehalte der analysierten Substanzen berechnen.

Für die Durchführung von Analysen wurden beispielsweise folgende Bedingungen gewählt:

Meßbereich des UNOR: 0 bis 1% CO
Endausschlag des Schreibers: 186 mm, d. h. $A = 18.6$ cm/Vol.-% CO
Strömung des Analysengases einschließlich Stickstoff: 1.08 ml/s
Strömung des zugemischten Stickstoffs: 11.1 ml/s
Gesamtgasströmung: 12.2 ml/s
Schreiber-Vorschub: 0.200 cm/s

Die Substanzeinwaage wurde so groß gewählt, daß die Analysenprobe etwa 1 mg Sauerstoff enthielt. Bei empfindlicheren Geräten mit tieferem Meßbereich können entsprechend kleinere Einwaagen verwendet werden.

Ergebnisse und Diskussion. Die Analysendauer, ohne die Zeit zum Einwägen, beträgt 4 bis 5 min. Das Volumen der Apparatur ist klein. Absorptionsgefäße zum Entfernen störender Komponenten sind nicht erforderlich. Die beim Einbringen der Probe eingedrungene Luft ist daher schnell ausgespült. Die dafür benötigte Zeit kann so kurz wie nur möglich bemessen werden. Man merkt sofort, wenn die Apparatur sauerstofffrei ist.

Die Messungen wurden mit einem Gerät ausgeführt, dessen Meßbereich bei 0 bis 1% CO lag. Mit einem Meßbereich 0 bis 0.1% CO werden weitere Messungen durchgeführt und dabei Einwaagen um 1 mg verwandt.

27.2 IR-photometrische Sauerstoffbestimmung mit dem FOSS HERAEUS-(CHN)-O-Rapid

Prinzip. Die Substanz, mit Graphit vermischt, wird im Stickstoff-Wasserstoffstrom (95/5%) über glühender Kohle bei 1120 °C vercrackt und der zu CO umgesetzte *Sauerstoff im Trägergas direkt beim Durchströmen des NDIR-Detektors gemessen.* Die Gleichspannungssignale am Ausgang des Detektors werden digital/integral ausgewertet. Als Trägergas wird ein Stickstoff-Wasserstoff-Gemisch sog. „Formiergas" verwendet, das die für die Pyrolyse notwendigen reduktiven Eigenschaften verstärkt, hohe Strömungsgeschwindigkeiten und dadurch die direkte Messung des CO im Pyrolysegasstrom − d. h.

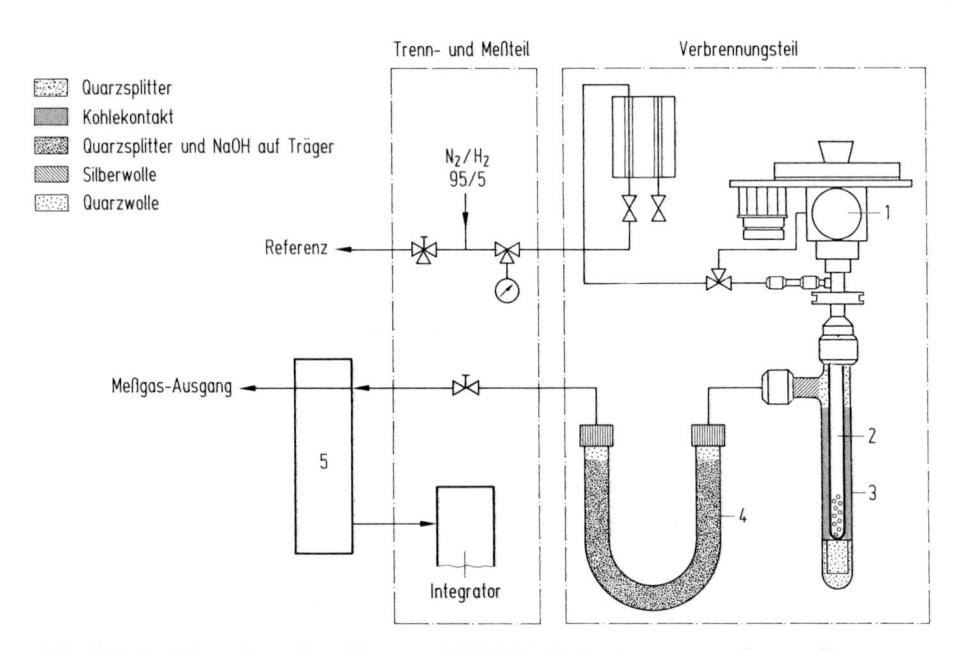

Abb. 27-2. Funktionsschema FOSS HERAEUS-CHN-O-Rapid. Bestimmung von Sauerstoff. *1* Probengeber, *2* Probenaufnahmerohr, *3* Pyrolyserohr (1140±20 °C), *4* Absorptionsfalle, *5* NDIR-Meßzelle.

ohne Verdünnung – erlaubt. Daraus resultiert auch die kurze Analysenzeit von 4 bis 6 min.

Das Gerät kann auch für die CHN-Bestimmung (s. Kap. 16.4) eingesetzt werden: durch einfaches Auswechseln des Verbrennungs- und Reduktionsrohres gegen das Pyrolyserohr, Anschluß des Formiergases, Einstellen der neuen Geräteparameter und Anschluß des IR-Detektors (BINOS). Die Ablaufsteuerung für die O-Bestimmung wird auf N-Betrieb geschaltet. Der maximale Meßbereich beträgt 0.05 bis 2 mg absolut. Das Funktionsschema in Abb. 27-2 gibt einen Überblick über die Arbeitsweise des FOSS HERAEUS-(CHN)-O-Rapid.

28 Sauerstoffbestimmung in organischen und anorganischen Substanzen durch Heißextraktion und IR-photometrische CO-Bestimmung

28.0 Allgemeines

Über die Rohrpyrolyse (im Quarzrohr) kann in der Regel der Sauerstoff nur in rein organischen Substanzen und nur zum geringen Teil in Metallorganika und anorganischen Substanzen bestimmt werden. Hier war man meist gezwungen, die O-Analyse aus der Gesamtanalyse auszuklammern. Um auch diese Gruppe von Substanzen – dazu zählen auch fluor- und phosphororganische Substanzen – befriedigend analysieren zu können, war es erforderlich, statt der Pyrolyse im Quarzrohr, die keine Temperaturen über 1100 °C zuließ, andere Pyrolysetechniken zu verwenden, wie die *Heißextraktion*, die in Proben der metallerzeugenden und metallverarbeitenden Industrie (ROBOZ 1971) schon länger benutzt wird. Durch Modifizierung solcher Analysengeräte (PAESOLD 1972) ist die Sauerstoffbestimmung in organischen, anorganischen Substanzen, und Metallorganika mit wenigen Ausnahmen universell durchführbar (EHRENBERGER 1973, 1977).

28.1 Bestimmung des Sauerstoffs (und Stickstoffs) in vorwiegend metallischen Proben mit dem Analysengerät NOA 2003 der Fa. LEYBOLD-HERAEUS (jetzt ROSEMOUNT)

In der metallerzeugenden und metallverarbeitenden Industrie ist die Kenntnis des Sauerstoffgehaltes von Roh-, Zwischen- und Endprodukten zur Steuerung von Produktionsprozessen von erheblichem Interesse. Das oben genannte Analysengerät ermöglicht die schnelle Bestimmung des Sauerstoffs (gleichzeitig auch des Stickstoffs) in metallischer und mineralischer Matrix.

Prinzip. Die Probe wird in einen Graphittiegel eingewogen und damit induktiv bei hohen Temperaturen aufgeschmolzen und pyrolysiert. Die zu bestimmenden Pyrolysegase CO und auch N_2 werden vom Trägergas Helium in die Meßzellen gespült. Kohlenmonoxid wird mit dem IR-Analysator BINOS®, Stickstoff thermokonduktometrisch gemessen. Abb. 28-1 zeigt in vereinfachter Darstellung das Gasflußschema des NOA 2003.

Analysenablauf. Das Gerät ist vollautomatisiert und arbeitet nach dem *Trägergasverfahren*. Die eingewogene Probe (2 bis 0.5 g bei 0 bis 2000 ppm O oder 0 bis 4000 ppm N_2) wird in die Probenschleuse eingeführt und der Graphittiegel, der gleichzeitig als Wider-

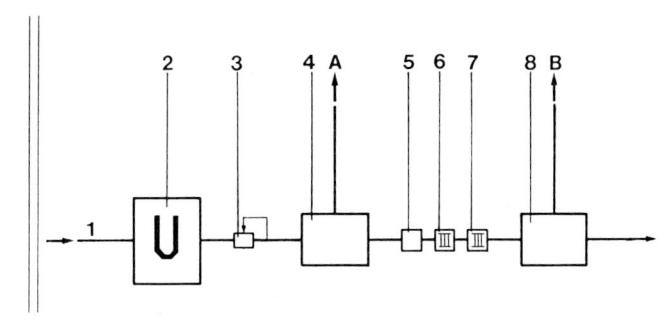

Abb. 28-1. Gasflußschema des NOA 2003 (vereinfachte Darstellung).
1 Trägergas Helium, *2* Extraktionsofen, *3* Durchflußregler, *4* IR-Analysator (BINOS), *5* Katalyseofen, *6* Absorptionsfalle H_2O, *7* Absorptionsfalle CO_2, *8* Wärmeleitfähigkeitsdetektor.
A Meßsignal CO, *B* Meßsignal N_2.

standselement dient, auf die untere Elektrode gestellt. Auf Knopfdruck fährt der Tiegel in den Extraktionsofen ein und der vorprogrammierte Analysenzyklus läuft automatisch ab. Im Extraktionsofen wird der Graphittiegel auf Temperaturen bis 3300 K induktiv aufgeheizt und der Sauerstoff quantitativ als CO (der Stickstoff als N_2) freigesetzt.

Zum Vorkonditionieren durchströmt während der Ausheizpause ein Helium-Spülgasstrom den Ofenraum und entfernt die flüchtigen Bestandteile des Tiegels. Ein zweiter Teilgasstrom durchströmt die Detektoren. Nach etwa 15 s wird auf den Meßgasweg und die separat vorwählbare Extraktionstemperatur umgeschaltet. Ein Durchflußregler hält den Gasstrom konstant. Das aktuelle Meßsignal wird bei heißem, vom Trägergas umspülten Tiegel elektronisch festgelegt. Der vor allem bei Verunreinigungen des Trägergases entstehende Leerwert wird somit eliminiert. Erst danach wird die Elektronik zum Messen freigegeben und die Probe in den Tiegel geschleust. Nun wird das freigesetzte CO im selektiv arbeitenden IR-Analysator bestimmt. Die Meßsignale werden elektronisch verstärkt, linearisiert und über die Analysenzeit integriert. Der Monitor zeigt nach etwa 60 s den Sauerstoff-(und Stickstoff)gehalt digital in ppm an.

Nach ähnlichem Prinzip arbeitet das *Analysengerät OSA-mat 350 der Fa. STRÖHLEIN*, das zur Schnellbestimmung des Sauerstoffgehaltes und dessen Bindungsformen, speziell zur Bestimmung in festen Brennstoffen angeboten wird.

In diesem Gerät wird die Probe ebenfalls im Graphittiegel aufgeheizt und der Sauerstoff durch Kohle zu CO umgesetzt, das beim Durchströmen der Meßzelle zusammen mit Argon infrarotphotometrisch gemessen wird. Da hier der Temperaturanstieg des Induktionsofens computerkontrolliert durchgeführt wird, kann aus der Anzeige auf die Art des Oxids geschlossen werden.

28.2 IR-spektroskopische Bestimmung des Sauerstoffs in organischen und anorganischen Substanzen nach Vakuumheißextraktion im BALZER-Exhalograph EAO-202

Prinzip (EHRENBERGER 1973, 1977). Dieses Gerät arbeitet nach dem Vakuumschmelzverfahren mit Impulsheizung und der *CO-Bestimmung durch IR-Absorption im statischen System.* Die gewogene Probe wird in einen Graphittiegel eingeschlossen, durch Impulsheizung in wenigen Sekunden auf hohe Temperaturen erhitzt und dabei aufgeschmolzen. Der in der Probe enthaltene Sauerstoff setzt sich in der glühenden Kohle um und diffundiert als Kohlenmonoxid rasch durch die Wand des Graphittiegels, wird dann von der Gassammelpumpe abgepumpt und der Meßkammer eines Infrarot-Analysators zugeführt. Das Meßergebnis wird etwa 90 s nach Analysenbeginn auf einer in Mikrogramm Sauerstoff geeichten Meßskala angezeigt. Die Auswertung ist auch über eine Rechenanlage möglich. Das Meßsystem wird mit CO-Eichgas mit Hilfe eines automatischen Eichsystems, das in den Analysenautomaten eingebaut ist, geeicht und überprüft. Abb. 28-2 zeigt das Prinzip dieser Methode.

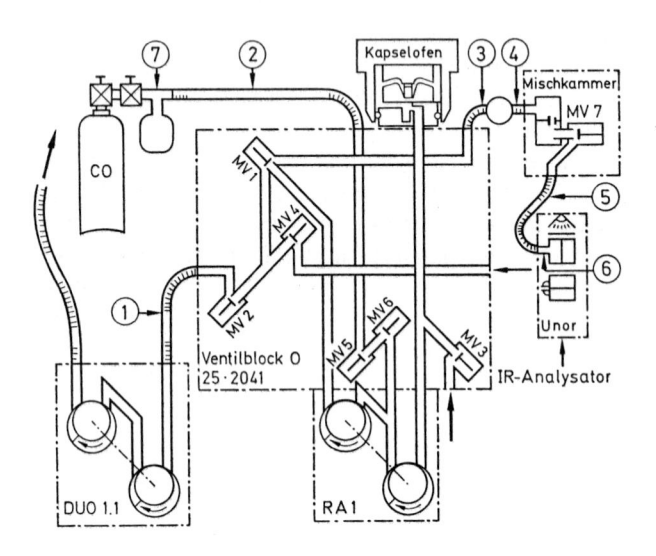

Abb. 28-2. Exhalograph EAO-202 (Schemazeichnung).

Reagenzien und Apparatives

CO-Eichgas 99.997% (MESSER GRIESHEIM).
Graphitkapsel FE 15G1 (SCHUNK und EBE) mit Deckel, innen/außen ⌀ 8/12 mm (Balzer-Standardkapsel).
Graphitkapsel FE 15G1, innen/außen ⌀ 10.1/12 mm.
Graphitkapsel FE 15P2G123, pyrolytisch beschichtet, innen/außen ⌀ 4/6 mm (Probekapsel).

Zuschläge

CK3-Gasruß (wird in einem Standardtiegel bis zur Blindwertfreiheit geglüht).
Nickelgasruß.
Silberchlorid.
Nickel/Cer-Legierung.
Kupferpulver (im H_2/He-Strom reduziert).

IR-Detektor: UNOR 4N (Fa. MAIHAK).
Selektives Infrarot-Einstrahl-Fotometer gem. Druckschrift Nr. 1659 zur Messung von CO.
Meßbereich: 0 bis 5 Vol.-% CO.
Meßwertausgang: 0 bis 10 V, linear.
Netz: 220 V, 50 Hz.
Meßküvette 1.2 mm evakuierbar (Balzer-Ausführung) mit angeb. Feinstaub-Sichtfilter im 19″-Einschub für Tafeleinbau.

Apparative Anordnung und Analysenablauf sind aus den Schemazeichnungen in Abb. 28-2 bis 28-4 ersichtlich. Abb. 28-3 zeigt den wassergekühlten Kapselofen aus massivem Kupfer mit eingespannter Graphitkapsel, darunter einen kleinen Quarzbecher, der mit P_2O_5 als Trockenmittel gefüllt ist. Abweichend von der Sauerstoffbestimmung in Stahlproben wird für die Bestimmung in organischen Substanzen die Substanz nicht direkt in die beheizbare Graphitkapsel eingewogen, sondern wie die Abb. 28-4A und B zeigen, in eine kleinere Kapsel aus pyrolytischem Graphit. Diese wird in den unteren Kupferblock eingesetzt und die beheizbare, größere Graphitkapsel darübergestülpt. Durch diese Modifizierung wird die Substanzverdampfung etwas verzögert; sie erfolgt erst, wenn die Außenkapsel bereits eine hohe Pyrolysetemperatur erreicht hat, so daß der Sauerstoff beim Durchdringen der Kapselwand quantitativ in CO umgesetzt wird. Bei der Analyse organischer Substanzen entfällt auch die Vorheizphase, die bei Stahlproben zur Entgasung des Probengutes erforderlich ist.

Bevor der Deckel geschlossen wird, steht die Sammelpumpe RA 1 noch still, während die Vorpumpe DUO 1 bereits läuft. Durch das Schließen des Deckels wird der obere Kup-

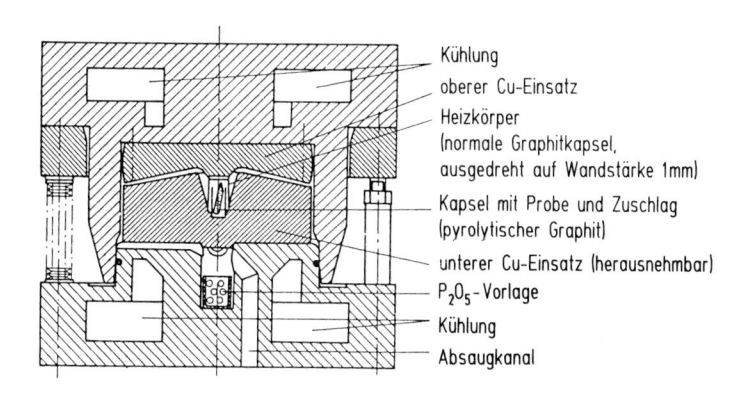

Abb. 28-3. Kapselofen.

Kühlung
oberer Cu-Einsatz
Heizkörper
(normale Graphitkapsel, ausgedreht auf Wandstärke 1mm)
Kapsel mit Probe und Zuschlag (pyrolytischer Graphit)
unterer Cu-Einsatz (herausnehmbar)
P_2O_5-Vorlage
Kühlung
Absaugkanal

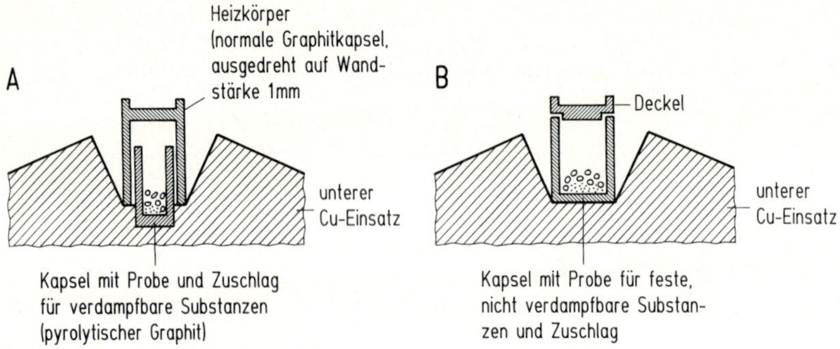
A
Heizkörper
(normale Graphitkapsel, ausgedreht auf Wandstärke 1mm
unterer
Cu-Einsatz
Kapsel mit Probe und Zuschlag
für verdampfbare Substanzen
(pyrolytischer Graphit)
B
Deckel
unterer
Cu-Einsatz
Kapsel mit Probe für feste, nicht verdampfbare Substanzen und Zuschlag

Abb. 28-4. Graphitkapseln.

ferblock (obere Kontaktscheibe) auf die Graphitkapsel gepreßt und dadurch der Kontakt geschlossen, der den Ablauf des Programmschaltwerkes auslöst.

Zunächst öffnen sich die Ventile MV 1, MV 2 und MV 7, die Sammelpumpe RA 1 wird eingeschaltet und der Ofen sowie die Meßküvette des Infrarot-Analysators über die Schlauchverbindungen 6, 5, 4, 3, 1 30 s lang abgepumpt.

Die Ventile MV 3, MV 4 und MV 5 sind dabei geschlossen. Nachdem das Ventil MV 1 geschlossen hat, schmilzt die Probe im Verlauf einer einstellbaren Heizperiode, die bei Stahlproben 25 s beträgt, wodurch der Sauerstoff der Probe mit dem Kohlenstoff der Graphitkapsel zur Reaktion gelangt.

Das gebildete Kohlenmonoxid diffundiert durch die Wandung der Graphitkapsel, wird von der Sammelpumpe RA 1 abgepumpt und zunächst in dem Volumen zwischen RA 1 und MV 1 gesammelt. Die Ventile MV 2 und MV 7 schließen, hierauf öffnet das Ventil MV 1 1 Sekunde lang, wodurch das Gas durch die Schlauchverbindungen 3 und 4 in die evakuierte Mischkammer gelangt. Nun öffnet das Ventil MV 4 1 Sekunde lang und das Gas in der Mischkammer wird mit der einströmenden Luft unter atmosphärischem Druck gemischt. Dann öffnet das Ventil MV 7 und das CO-Luftgemisch expandiert durch die Schlauchverbindungen 5 und 6 in die evakuierte Meßküvette des Infrarot-Analysators. Zuletzt schließt das Ventil MV 7, die Sammelpumpe stellt ab; damit ist der automatische Analysenablauf beendet. Das Ende der Analyse wird optisch angezeigt. Vom Infrarot-Analysator wird am Anzeigeinstrument die als Kohlenmonoxid gebundene Sauerstoffmenge in Mikrogramm angezeigt, vorausgesetzt der Infrarot-Analysator war richtig geeicht. Der Ofen kann durch Tastendruck wieder geflutet und neu beschickt werden. Dabei öffnet das Ventil MV 3.

Arbeitsvorschrift. Vorbereitung und Eichung des Gerätes mit CO-Gas erfolgen nach der Bedienungsanleitung des Herstellers.

Zur Analyse *anorganischer* Substanzen wird die Apparatur in der Originalausführung eingesetzt.

Zur Analyse *organischer* Substanzen wird das Gerät geringfügig umgerüstet. Das Kapselofenunterteil (unterer Cu-Einsatz) wird gegen ein ebensolches Teil ausgetauscht, das in der Mitte eine Bohrung zur Aufnahme der kleinen Probekapsel aufweist. Außerdem wird die Vorheizphase abgeklemmt.

Anorganische Substanzen. Von Metallen und Metallschmelzen mit einem O-Gehalt < 1% werden bis zu 1 g in die Graphitkapsel eingewogen, mit etwa der gleichen Menge Nickel/Cer-Legierung überschichtet und bei einer der Heizstufen (1 bis 6) im Gerät unter Vakuum aufgeschmolzen. Der Blindwert von Graphitkapsel und Zuschlag wird in Rechnung gestellt. Übersteigt die angezeigte Sauerstoffmenge 1 mg, wird die Analyse mit einer kleineren Einwaage wiederholt.

Organische Substanzen. Von diesen wägt man im allgemeinen 0.5 bis 20 mg zur Analyse ein. Auch hier richtet sich die Größe der Einwaage nach dem O-Gehalt der Probe. Die Sauerstoffmenge der eingewogenen Substanz soll 1 mg nicht überschreiten.

Feste, nicht sublimierbare Substanzen wägt man direkt oder mit Hilfe von Silber- oder Aluminiumschiffchen in die Probekapsel ein. Flüssigkeiten, sowie sublimierbare und flüchtige Substanzen werden, um Substanzverluste (H_2O!) während des Evakuierens zu vermeiden, in Metallhülsen aus Aluminium oder Silber eingekapselt und in die Graphitkapsel eingeworfen (s. Kap. 16.2: Einwägen von Flüssigkeiten in Metallhülsen mittels „Dosiersystem mit Gasdusche").

Substanzen, die viel Sauerstoff enthalten (z. B. Nitrokörper) erhalten entweder einen Zuschlag von CK3-Gasruß oder Nickelgasruß oder sie werden mit Kupferpulver überschichtet und in eine Metallhülse eingeschlossen.

Substanzen, die Phosphor oder/und Metalle oder Metalloxide enthalten, werden mit Gasruß und einer Spatelspitze Nickel/Cer-Legierung überschichtet und mit Heizstufe 4 umgesetzt. Für normale organische Substanzen reicht die Pyrolysetemperatur mit der Heizstufe 3 meist aus. Sehr hochschmelzende Metalloxide werden mit Heizstufe 5 oder 6 aufgeschmolzen. Die Wahl der Heizstufe wird in erster Linie von der Höhe der Schmelztemperatur des Probegutes bestimmt. Die Graphittiegel können in der Regel mehrmals verwendet werden. Bei der Analyse von Substanzen, die keinen Kohlenstoff enthalten, z. B. Wasser, müssen die Graphitkapseln allerdings spätestens nach 3 Analysen ausgewechselt werden, da dann die pyrolytische Graphitschicht der Kapsel verbraucht ist. Eine neue Graphitkapsel wird erst ein- bis dreimal leer gefahren, bis ein konstanter Blindwert < 10 µg O erreicht ist. Dieser wird dann bei der Analysenberechnung berücksichtigt.

Diskussion der Methode. Organische Feststoffe, aber auch Flüssigkeiten, die sich normal verhalten, lassen sich mit dieser Methode recht befriedigend analysieren.

Erfreulich gut liegen die Ergebnisse bei halogenierten (incl. Fluor), sulfurierten und bei phosphor-organischen Verbindungen; selbst perfluorierte Substanzen bereiten keine Schwierigkeiten. Auch Substanzen, die neben Phosphor Alkali enthalten, Alkali- und Erdalkalisalze von organischen Säuren und auch von Mineralsäuren lassen sich befriedigend analysieren, allerdings nur unter Zusetzen von Schmelzzuschlägen wie Nickel-, Kupferpulver und Silberchlorid oder Zusetzen von Nickelgasruß.

Eine Ausnahme bildet Magnesium, wenn es als Salz einer organischen Phosphorsäure wie im Magnesiumglycerophosphat vorliegt. Hier reicht offenbar die mit der höchsten Stufe erreichbare Schmelztemperatur noch nicht aus, um das thermisch sehr beständige Magnesiumpyrophosphat, das sich bei der Umsetzung primär bildet, vollständig zu reduzieren. Die meisten Oxide geben, wie die Beispiele zeigen, bei hohen Schmelztemperaturen den Sauerstoff quantitativ ab.

28 Sauerstoffbestimmung in organischen und anorganischen Substanzen

Noch unbefriedigend waren, wie zu erwarten war, die Ergebnisse bei Aluminiumoxid und Siliciumdioxid. Um diese Oxide zu reduzieren, müßten sie noch höheren Schmelztemperaturen unterworfen werden oder die Umsetzung durch sulfidierende oder fluorierende Schmelzzuschläge erzwungen werden. Im Hinblick darauf, daß die Chemie der silicium- und aluminiumorganischen Verbindungen stetig im Wachsen begriffen ist, steht eine Lösung dieses Problems heute an.

Zusammenfassend kann festgestellt werden, daß der Exhalograph in der gegenwärtig verfügbaren Form die klassischen analytischen Methoden zur Bestimmung des Sauerstoffes in organischen Substanzen in wertvoller Weise ergänzen kann.

Er ermöglicht es, Sauerstoff auch in den verschiedensten metallorganischen Verbindungen, in Metalloxiden – z. B. wichtig zur Aufklärung von Glühaschen – und in Werkstoffen selbst im Spurenbereich zu bestimmen, in Substanzen also, die wir mit klassischen Methoden nicht oder nur unvollständig analysieren können.

29 Die Sauerstoff-Spurenbestimmung

Allgemeines. Mit den bisher beschriebenen Methoden sind Sauerstoffgehalte bestenfalls bis 0.1% abs. bestimmbar. In speziellen Fällen z. B. in Erdölprodukten ist jedoch auch der Sauerstoffgehalt im ppm-Bereich interessant. Um kleine Sauerstoffgehalte zuverlässig bestimmen zu können, war es erforderlich, größere Substanzeinwaagen zu pyrolysieren mit dem Nachteil, daß dabei große Mengen Pyrolysegase entstehen, die die Endbestimmung erschweren. Außerdem war eine Unterscheidung zwischen gelöstem und gebundenem Sauerstoff, und Sauerstoff, der in Form von Feuchtigkeitsspuren vorliegt, nur auf Umwegen möglich. Auf diese Problematik haben GOUVERNEUR und BRUIJN (1969) hingewiesen und eine Spurenmethode entwickelt: 0.5 bis 2 g Substanz werden über Platingasruß bei 950 °C pyrolysiert und die Endbestimmung erfolgt über eine manometrische CO_2-Bestimmung.

Durch Einsatz physikalischer Detektoren (z. B. IR-Detektor) wurde die Sauerstoffbestimmung (als CO oder CO_2) erleichtert. Eine spezifische und quantitative Methode wurde von THÜRAUF (1980) beschrieben. In Kohleölen konnte damit ein Großteil der sauerstoffhaltigen Verbindungen identifiziert und bestimmt werden.

Prinzip (THÜRAUF 1980). Das Substanzgemisch wird zunächst im Gas-Chromatographen aufgetrennt. Die getrennten und durch eine TC-Meßzelle geleiteten Substanzen werden anschließend pyrolysiert und der in Kohlenmonoxid übergeführte Sauerstoff durch IR-Absorption gemessen. Man erhält auf diese Weise zwei parallel laufende Chromatogramme, wobei die IR-Meßzelle nur die sauerstoffhaltigen Komponenten detektiert, wie die Chromatogramme eines Kohleöls in Abb. 29-1 zeigen.

Apparatur. Das Pyrolyserohr muß so dimensioniert sein, daß die im Gaschromatographen verwendete Gasströmung direkt beibehalten werden kann. Die Menge des Kohlenstoffes, der den Sauerstoff in Kohlenmonoxid überführt, muß so bemessen sein, daß die Umsetzung zu CO zwar vollständig ist, das zu durchströmende Volumen jedoch möglichst klein ist, um die Vermischung von Kohlenmonoxid und Trägergas minimal zu halten. Der Meßbereich des IR-Detektors muß den entstehenden Kohlenmonoxidkonzentrationen angepaßt sein. Abb. 29-1 zeigt ein Chromatogramm eines Kohleöls (Leichtölfraktion bis 200 °C), das bei der Hydrierung von Kohle entsteht; es enthält neben höher- und niedrigsiedenden Kohlenwasserstoffen noch Komponenten mit Heteroatomen wie Sauerstoff.

Das Chromatogramm ist mit dem Gas-Chromatographen 5710 von HEWLETT-PACKARD mit einem Wärmeleitfähigkeitsdetektor (Thermal Conductivity Detector, TCD) aufgenommen.

29 Die Sauerstoff-Spurenbestimmung

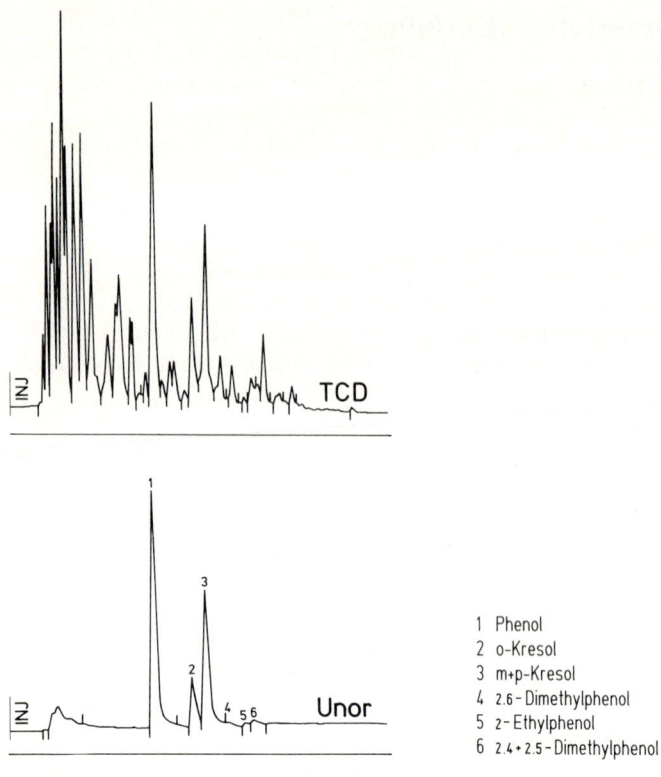

Abb. 29-1. Chromatogramme von Leichtöl (Kohleölfraktion bis 200 °C).

1 Phenol
2 o-Kresol
3 m+p-Kresol
4 2.6-Dimethylphenol
5 2-Ethylphenol
6 2.4+2.5-Dimethylphenol

Am Ausgang des TCD ist ein Quarzrohr angeschlossen, das einen Innendurchmesser von 4 mm hat. Es ist auf eine Länge von 150 mm mit Rußgranulat gefüllt, das in einem Röhrenofen auf 1120 °C erhitzt wird. Der Ausgang des Quarzrohres führt in ein nichtdispersives Infrarotmeßgerät für Kohlenmonoxid. Wir benutzten hierfür den Unor der Fa. MAIHAK. Das von uns verwendete Gerät umfaßt den Meßbereich von 0 bis 0.1 Vol.-% CO. Der TCD und der Unor sind an je einen elektronischen Integrator 3380 A von HEWLETT-PACKARD mit Drucker und Schreiber angeschlossen. Als Trennsäule wird eine 4 m lang gepackte Säule mit einem Durchmesser von 1/8" verwendet. Sie ist mit Silicongummi, auf Chromosorb aufgebracht, gefüllt. Der Trägergasstrom von 40 ml/min Helium wird konstant beibehalten. Einspritzblock und Detektorblock sind auf 300 °C geregelt. Bei Eich-Messungen mit Einzelsubstanzen wird die Säulentemperatur konstant und je nach Retentionszeit auf 110 bis 210 °C gehalten. Die Versuche am Kohleöl werden mit programmiertem Anstieg der Säulentemperatur bis auf 230 °C durchgeführt.

Messung und Auswertung. Durch Vergleich der Aufzeichnungen aus dem TCD und dem Unor werden die sauerstoffhaltigen Komponenten ermittelt. Die beiden Integratoren des TCD und des Unor liefern jeweils für die aufgetrennten Komponenten Impulswerte, die den Peakflächen und den Mengen der Komponenten proportional sind. Von den Schreibern werden die Meßdiagramme der beiden Detektoren aufgezeichnet und die Retentionszeiten zu den Peaks gedruckt. Gleichzeitig werden die vom Integrator gemessenen Impulswerte ausgedruckt. Die im Unor-Diagramm angezeigten Komponenten werden zunächst aufgrund ihrer Retentionszeiten qualitativ bestimmt.

Die quantitative Bestimmung erfolgt entweder mit Eichfaktoren, die mit Eichgemischen − der aufgrund ihrer Retentionszeit identifizierten Einzelkomponenten − vorher bestimmt wurden, oder nach einer Aufstockmethode.

Nach der beschriebenen Methode können verdampfbare Flüssigkeiten sowie gasförmige Substanzgemische auf sauerstoffhaltige Verbindungen überprüft werden. Es kann auch der Gesamtsauerstoffgehalt des Substanzgemisches bestimmt werden, wenn der Trägergasstrom an der Trennsäule vorbei durch das Pyrolyserohr geführt wird. Die Nachweisgrenze für Sauerstoff in der Probe (Einwaage bis zu 10 mg) liegt bei 0.01%, absolut bei 0.25 µg O.

Diskussion der Methoden zur Sauerstoffbestimmung

Die klassischen, hier beschriebenen Methoden sind nicht universell anwendbar, deshalb hängt die Wahl der Methode primär von der Zusammensetzung der Probe ab. In rein organischen Substanzen, ohne Störelemente wie Fluor, Phosphor oder Metalle, ist der Sauerstoff klassisch im allgemeinen schnell und quantitativ bestimmbar. Von diesen Methoden haben die kontinuierlichen, direktanzeigenden Methoden vor den diskontinuierlichen Methoden den Vorzug der größeren Schnelligkeit und der kontinuierlichen Blindwertkontrolle. Sind nur gelegentlich Sauerstoffbestimmungen auszuführen, wird man die gravimetrische oder die klassische iodometrische Methode wählen, da sie apparativ einfach aufzubauen ist und meist aus dem Gerätefundus des Labors erstellt werden kann. Für Serienbestimmungen des Sauerstoffes in rein organischen Substanzen gewinnen die thermokonduktometrischen und neuerdings die IR-photometrischen Methoden zunehmend an Bedeutung. Diese sind zwar Relativmethoden, die mit Testsubstanzen geeicht werden müssen; sie sind aber inzwischen vielfach erprobt, haben kurze Analysenzeiten, das elektrische Meßsignal ist der Labordatenverarbeitung zugänglich und die Geräte sind weitgehend automatisiert. Außerdem sind die hierfür benötigten Geräte handelsüblich. Zur Analyse von organischen Substanzen, die Fluor, Phosphor und/oder Metalle enthalten, sowie von anorganischen Proben, eignen sich Methoden, die unter Ausschluß von Quarz und mit höheren Pyrolysetemperaturen (Heißextraktion) arbeiten.

30 Die Stickstoffbestimmung

Allgemeines. Der Stickstoff ist ein Schlüsselelement des Lebens und daher auch häufig konstitutioneller Bestandteil organischer Verbindungen. Die zwei ältesten und zugleich noch immer wichtigsten Methoden der Stickstoffbestimmung wurden von DUMAS (Rohrverbrennung und Bestimmung als elementarer Stickstoff) und KJELDAHL (Naßaufschluß und Bestimmung als Ammonik) entwickelt. In der Spurenanalyse spielen noch die katalytische Hydrierung zu Ammoniak und die Stickstoffbestimmung durch Chemilumineszenz eine, wenn auch untergeordnete, Rolle.

Sowohl die Dumas- als auch die Kjeldahl-Methode sind in den zurückliegenden Jahren vielfach modifiziert und rationalisiert worden. Die Bestimmung nach DUMAS wird hauptsächlich bei Stickstoffgehalten von 1% bis 60% in vorwiegend organisch-synthetischen Proben angewandt. Das Einsatzspektrum der Kjeldahl-Methode umfaßt die klinische Analyse, die Eiweißbestimmung in Nahrungs- und Futtermitteln, in Aminosäuren und physiologischen Substanzen und ganz allgemein die Spurenbestimmung des Stickstoffes (im Spurenbereich ist die Rohrverbrennung zu ungenau).

Der Naßaufschluß führt jedoch nur dann zu sicheren Ergebnissen, wenn der Stickstoff im Molekül bereits in aminoider Form vorliegt oder sich durch Säurebehandlung (Verseifung) in diese Form überführen läßt. Andere Verbindungsklassen, besonders die, welche den Stickstoff im Ring gebunden enthalten, können durch Naßaufschluß nicht befriedigend analysiert werden.

In jüngster Zeit werden mit Erfolg auch andere physikalische Meßmethoden zur Stickstoffbestimmung eingesetzt. Von diesen ist besonders die Wärmeleitfähigkeitsmessung von Vorteil, da neben Stickstoff auch Kohlenstoff und Wasserstoff gleichzeitig bestimmt werden können.

In speziellen Fällen, vor allem zur Bestimmung von Stickstoffspuren in Lösemitteln, Gasen und petrochemischen Produkten, sind Hydriermethoden brauchbar. Dabei wird der organisch gebundene Stickstoff im Wasserstoffstrom über Kontakte (Oxide von Magnesium, Nickel und Thorium) bei Temperaturen von 200 bis 450 °C in Ammoniak übergeführt und anschließend photometrisch oder coulometrisch bestimmt. Eine andere Möglichkeit der Spurenbestimmung ist die Stickstoffbestimmung durch Chemilumineszenzmessung. Sie beruht auf der Anregung des Stickstoffes im UV zum N_2O.

31 Die gasvolumetrischen Methoden

31.1 Nach Umsetzung in reiner CO_2-Atmosphäre (Methode nach DUMAS und PREGL)

Prinzip. Nach der ursprünglichen von DUMAS entwickelten und von PREGL in den Mikromaßstab übertragenen Methode wird die Substanz, in Kupferoxid fein verteilt, in das Verbrennungsrohr und auf die stationäre Rohrfüllung (drahtförmiges und granuliertes Kupferoxid und Kupfer) gegeben. Nach Ausspülen der Luft wird die Umsetzung im einseitig geschlossenen System in reiner CO_2-Atmosphäre durch Erhitzen durchgeführt. Das Kupferoxid liefert dabei den für die quantitative Oxidation erforderlichen Sauerstoff. Die Reaktionsgase werden anschließend über auf Rotglut erhitztes Kupfer und Kupferoxid geleitet, wobei überschüssiger Sauerstoff aus dem Gasstrom entfernt wird, Stickoxide reduziert und evtl. noch vorhandene Crackprodukte vollständig verbrannt werden. Der bei der Umsetzung freiwerdende Stickstoff wird über Kalilauge aufgefangen und gasvolumetrisch bestimmt. Saure Reaktionsgase werden durch die Kalilauge gebunden.

Die apparative Anordnung zur Stickstoffbestimmung nach DUMAS-PREGL ist in Abb. 31-1 dargestellt. Sie besteht aus der Kohlendioxidquelle (Trockeneis), dem Verbrennungsofen mit Verbrennungsrohr und dem Azotometer. Die Arbeitsweise der Apparatur erklärt sich weitgehend aus der Abbildung. Eine genaue und detaillierte Arbeitsvorschrift dazu ist auch in der Monographie (EHRENBERGER und GORBACH 1973) beschrieben.
 Das Verbrennungsrohr ist aus Quarzglas und hat eine Länge von 610 mm, einen äußeren Durchmesser von 10.5 mm sowie eine lichte Weite von 8.5 mm. (Diese Maße sind durch die Dimensionen des Verbrennungsofens festgelegt.) Ein Ende ist zu einem Schnabel von 25 mm Länge, 4 mm äußerem Durchmesser und 1.5 mm lichter Weite ausgezogen.
 Die Aufnahme des bei dem Verfahren entstandenen Stickstoffes erfolgt in einem *Azotometer* (Abb. 31-1 B) über 50%iger Kalilauge. Die hier verwendete *Kalilauge* darf nicht schäumen, da sonst die kleinen Volumina im Mikroazotometer nicht ablesbar sind. Man bereitet dieselbe wie folgt: 200 g Ätzkali in Plätzchenform werden in 200 ccm destilliertem Wasser gelöst und mit 5 g fein gepulvertem Bariumhydroxyd versetzt. Man schüttelt diese Mischung gut durch, läßt dann die Hauptmenge des gebildeten Bariumcarbonats absitzen und filtriert schließlich durch einen Faltenfilter in eine Geräteflasche mit Gummistopfenverschluß. Das Azotometer ist eine besondere Gasbürette, deren kalibrierter Teil ein Volumen von 1.5 ccm (Halbmikro 8 ccm) besitzt. Der Nullpunkt des Meßrohres

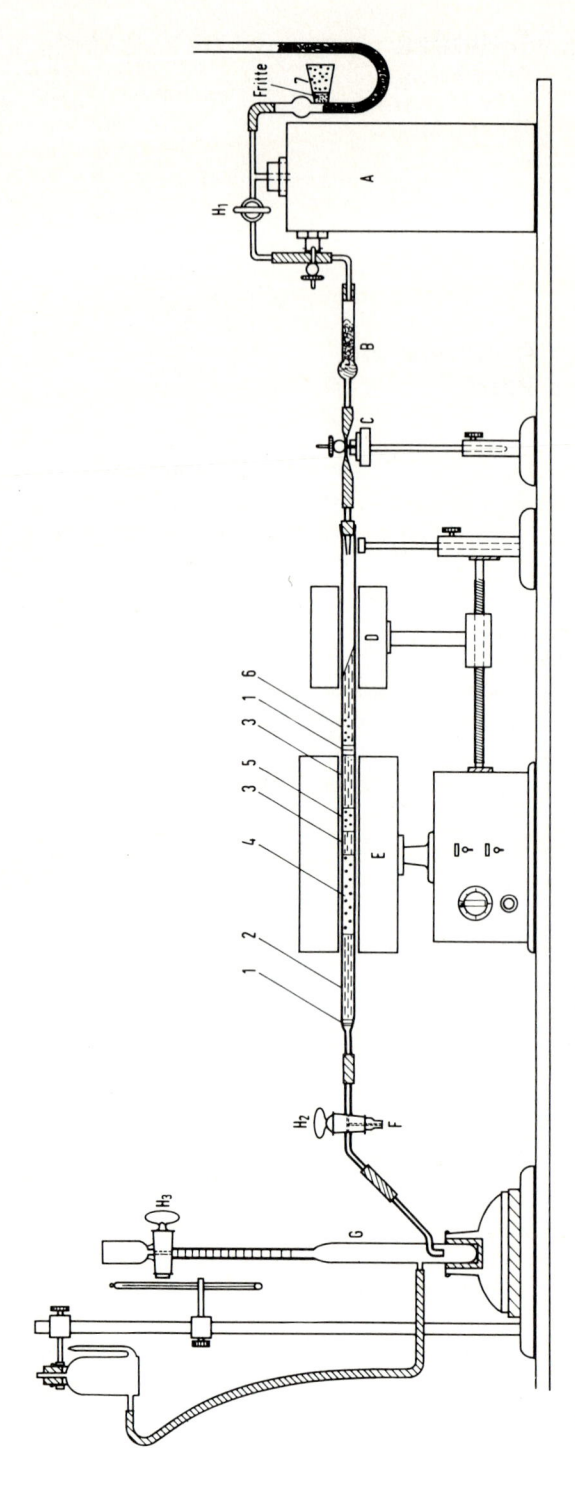

Abb. 31-1. Apparatur zur Bestimmung des Stickstoffs nach DUMAS-PREGL.
A Kohlendioxidgenerator, *B* Trockenbausch, *C* Quetschhahn, *D* Wanderbrenner, *E* Stationär-Brenner, aufklapp- und zurückschiebbar, *F* Präzisionshahn nach PREGL, *G* Mikroazotometer.
1 ausgeglühter Asbestbausch, *2* drahtförmiges Kupferoxid, *3* granuliertes Kupferoxid, *4* drahtförmiges Kupfer, *5* Magnesiumoxid (für P-, F-, As-haltige Substanzen), *6* feinkörniges, granuliertes Kupferoxid mit Substanz gemischt, *7* Iodkohle.

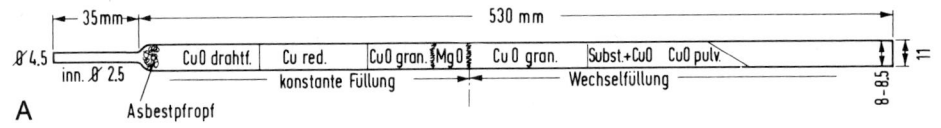

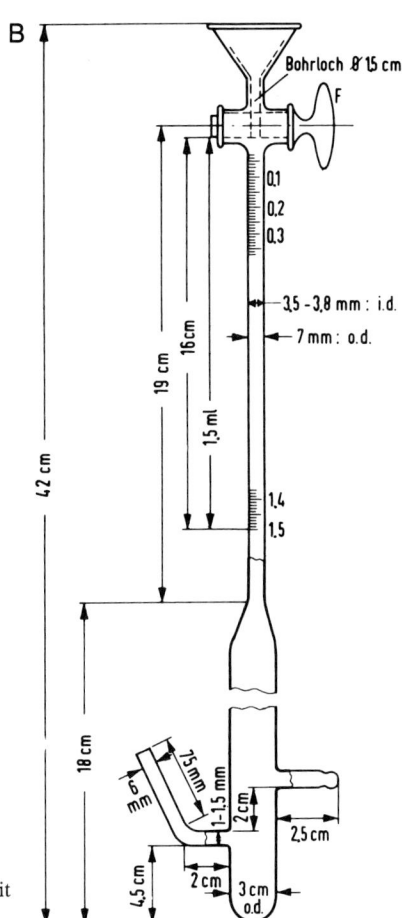

31.1 Nach Umsetzung in reiner CO_2-Atmosphäre (Methode nach DUMAS und PREGL)

Abb. 31-1. (A) Mikro-Stickstoff-Verbrennungsrohr mit Pregl-Universalrohrfüllung. (B) Azotometer nach PREGL.

liegt am Absperrhahn. Das Rohr ist in 0.01 ccm unterteilt, so daß noch die 0.001 ccm mittels einer Lupe abgeschätzt werden können. Das untere Ende der Bürette ist erweitert und besitzt einen seitlichen Ansatz, der mit dem Pregl-Hahn und dem Verbrennungsrohr verbindet. Der Verschluß des seitlichen Ansatzes, dessen innere Weite nicht mehr als 1 mm betragen darf, wird mit einer kleinen Menge Quecksilber erreicht. In ihrem unteren Teil besitzt die Bürette einen weiteren kleinen Ansatz, über den mittels eines laugenfesten Gummischlauches die Verbindung mit dem Vorratsgefäß für die Kalilauge, das zugleich als Niveaugefäß dient, hergestellt wird.

Der Pregl-Hahn zwischen dem Verbrennungsrohr und dem Azotometer ist ein Glasschliffhahn, dessen Hahnküken senkrecht zur Bohrung eine kapillare Einkerbung besitzt. Er dient zur Regelung der Gasstromgeschwindigkeit während der Analyse. Die Füllung des Azotometers erfolgt auf folgende Weise: Die sorgfältig mit Chromschwefelsäure gereinigte und getrocknete Bürette verbindet man zuerst mittels eines laugenfesten Bunaschlauches mit dem Niveaugefäß. Über das Niveaugefäß wird sodann das Quecksilber bis etwa zur Mitte zwischen dem Einleitungsrohr und dem seitlichen Ansatz eingefüllt. Dann wird der Schliffhahn am oberen Ende der Bürette mit etwas reiner Vaseline sorgfältig gefettet und schließlich soviel 50%ige Kalilauge in die Niveaubirne eingeleitet, daß bei vollem Azotometer noch ein Drittel des Volumens der Niveaubirne damit gefüllt ist. Ist das Azotometer nicht in Gebrauch, entleert man es dadurch, daß man die Niveaubirne tief stellt und den Hahn am oberen Ende der Bürette öffnet. Vor der Durchführung der ersten Bestimmung ist es nötig, jedes neu gefüllte Verbrennungsrohr im Kohlensäurestrom auszuglühen und luftfrei zu spülen. Zu diesem Zweck stellt man den Langbrenner des Ofens auf eine Temperatur von 750 °C (die übliche Betriebstemperatur bei der Stickstoffbestimmung) ein und beheizt das Rohr unter gleichzeitiger Einschaltung des beweglichen Kurzbrenners so lang, bis im angeschlossenen Azotometer wieder Mikroblasen aufsteigen. Nun ist die Apparatur betriebsfertig.

Die Einrichtung einer neuen Apparatur wird mit der Aufstellung der *Kohlensäurequelle* begonnen. Für die Genauigkeit der Analysenresultate ist es gleichgültig, ob man dafür einen Kipp-Apparat oder ein mit Trockeneis beschicktes Dewargefäß verwendet. Von ausschlaggebender Bedeutung für das Gelingen der Bestimmung ist nur, daß die Kohlensäure von größter Reinheit ist. Vor allem ist dafür zu sorgen, daß sie keine stickstoffhaltigen Beimengen, z. B. Luft, enthält. Zweckmäßig verwendet man als Kohlensäurequelle das mit Trockeneis gefüllte Dewargefäß, das viel rascher und einfacher in der Handhabung ist als der Kipp-Apparat. Man füllt das Dewargefäß folgendermaßen: Ein Dewargefäß von etwa 500 ccm Inhalt und engem Hals wird mit pulverisiertem Trockeneis bis zum Hals gefüllt, wobei man das Trockeneispulver mit Hilfe eines Stempels zusammenpreßt. Sodann wird die Flasche mit einem durchbohrten Gummistopfen, dessen Bohrung ein T-förmiges Glasrohr trägt, verschlossen.

An ein Ende dieses T-Rohres wird ein Druckregler oder ein Überdruckventil (Quecksilbermanometer mit Glasfritte) angeschlossen, das den Zweck hat, die stets sich bildende Kohlensäure bei Stillstand des Gerätes nach außen abzuleiten und während der Analyse die Druckverhältnisse in der Apparatur einzuregeln. Die Verbindung mit dem Verbrennungsrohr wird über das andere Ende des T-Rohres hergestellt. Ein Dewargefäß mit 500 ccm Inhalt vermag ca. 450 g Trockeneis aufzunehmen, eine Menge, die im kontinuierlichen Analysenbetrieb 4 bis 5 Tage ausreicht. Das Gefäß füllt man zweckmäßig am Abend, damit die in demselben enthaltene Luft über Nacht durch die Kohlensäure verdrängt werden kann. Am Morgen ist das Gefäß dann betriebsfertig. Die auf diese Weise gewonnene Kohlensäure entspricht – einwandfreie Beschaffenheit des Trockeneises vorausgesetzt – ohne weitere Reinigung den Reinheitsforderungen der Methode.

Durchführung der Bestimmung. Feste Verbindungen werden in einem Wägeröhrchen mit langem Stiel eingewogen, pastige und ölige Substanzen in einem Platin- oder Porzellanschiffchen, Flüssigkeiten dagegen in einer Glaskapillare, in deren Grund sich ein Körnchen Kaliumchlorat als Treibmittel befindet. Bei der Analyse pastiger und öliger Verbindungen wird das Schiffchen mit der eingewogenen Substanz bis zum Rande mit feinkörnigem Kupferoxid bedeckt und so in das Rohr eingeführt. Feste Körper werden wie folgt analysiert: Die in das langstielige Wägeröhrchen eingewogene Substanz (die Größe der Einwaage richtet sich nach dem ungefähren Stickstoffgehalt, weil das entstehende Stickstoffvolumen 0.3 bis 0.5 ccm betragen soll) wird quantitativ in ein sog. Mischröhrchen übergeführt (ein 70 bis 80 mm langes Reagenzröhrchen, das man während des Mischens mit einem glatten Korkstopfen verschließt) und mit gut ausgeglühtem Kupferoxidgrieß (200maschig) auf eine Höhe von 20 bis 30 mm überschichtet. Sodann verschließt man das Mischröhrchen mit einem Korkstopfen. Hierauf löst man die Verbindung des Verbrennungsrohres mit der Kohlensäurequelle, nimmt das Rohr aus dem Ofen und füllt gut ausgeglühtes Kupferoxyd, drahtförmig, in einer Länge von 80 bis 100 mm auf die bleibende Rohrfüllung. Dann wird die im Mischröhrchen befindliche und mit Kupferoxid überschichtete eingewogene Substanz kräftig geschüttelt, der Korkstopfen durch sorgsame drehende Bewegung vorsichtig entfernt und die Mischung mit Hilfe eines Einfülltrichters auf das drahtförmige Kupferoxid im Verbrennungsrohr eingeführt. Hierauf wird das Mischröhrchen abermals mit 20 bis 30 mm Kupferoxidgrieß gefüllt, mit dem Stopfen verschlossen und kräftig geschüttelt. Dann leert man den Inhalt desselben ebenso wie das erste Mal in das Verbrennungsrohr und wiederholt den ganzen Prozeß ein drittes Mal. Dadurch werden die letzten Spuren eingewogener Substanz in das Verbrennungsrohr übergeführt. Wurde die Substanz, wie bereits erwähnt, in einem Platin- oder Porzellanschiffchen eingewogen, bedeckt man dies bis zum Rand ebenfalls mit Kupferoxidgrieß und schiebt es so in das Verbrennungsrohr, daß es ungefähr in die Mitte der beweglichen Füllung zu liegen kommt. Bei der Analyse von Flüssigkeiten, die in Kapillaren eingewogen werden, wird in ähnlicher Weise vorgegangen und die Kapillare so in die bewegliche Füllung eingeführt, daß sie ungefähr an der selben Stelle zu liegen kommt wie die eingeschüttete feste Substanz.

Nachdem man die Substanz eingebracht und das Verbrennungsrohr in den Ofen zurückgeführt hat, stellt man wieder die Verbindung mit dem Gasentwickler her. Man läßt 5 min lang Kohlensäure durch das Rohr strömen, um die beim Einführen der Substanz in das Verbrennungsrohr gelangte Luft auszutreiben. Während dieser Zeit wird auch der Teil der bleibenden Füllung, der sich in dem Langbrenner befindet, auf die notwendige Betriebstemperatur (750 °C) beheizt. Sodann schließt man das Azotometer mit dem Pregl-Hahn an das Verbrennungsrohr an und läßt weiter Kohlensäure durch die gesamte Apparatur strömen, bis die Mikroblasen im Azotometer die geforderte Kleinheit zeigen. Dann entleert man durch Öffnen des Hahnes und Hochheben der Niveaubirne jegliches Gasvolumen, schließt den Hahn wieder und beginnt mit der Verbrennung der Substanz. Ehe man den automatisch beweglichen Kurzbrenner (Arbeitstemperatur ca. 900 °C) einschaltet, reguliert man mit Hilfe des Pregl-Hahnes die Gasstromgeschwindigkeit so ein, daß nicht mehr als 2 Gasblasen in 3 s im Azotometer aufsteigen. Diese Stromgeschwindigkeit wurde als Optimum festgestellt und sollte während der Verbrennung eingehalten werden. Natürlich wird während der Verbrennung der Schliffhahn am Kipp-Apparat geschlossen. Nachdem die gesamte Strecke der beweglichen Füllung durchgeglüht wurde und der bewegliche Brenner den Langbrenner erreicht hat, schiebt man denselben auf seine Ausgangsstellung zurück. Ehe man ihn ein zweites Mal vorfahren läßt, schließt man den Pregl-Hahn am Azotometer vollständig und öffnet den Schliffhahn am Kipp-Apparat resp. an der Trockeneisflasche. Dann öffnet man den Pregl-Hahn so vorsichtig, daß im Azotometer nicht mehr als 2 Blasen in 3 s aufsteigen. Hat der bewegliche Brenner wieder den Langbrenner erreicht und ist aller Stickstoff aus dem Verbrennungsrohr ausgetrieben (Wiederauftreten der Mikroblasen), ist die Bestimmung beendet. Man schließt nun den Pregl- und den Schliffhahn am Kohlensäuregenerator, trennt das Azotometer vom Verbrennungsrohr, stellt es an einen temperaturkonstanten Ort und liest das Stickstoffvolumen nach 10 min ab. Zum zweimaligen Durchheizen der beweglichen Füllung, also zur vollständigen Verbrennung der Substanz, benötigt man insgesamt 20 Minuten, so daß eine Bestimmung ca. 30 bis 35 min Zeit erfordert. Während der 10 min, die zum Temperaturausgleich des Azotometers nötig sind, entfernt man das Verbrennungsrohr aus dem Ofen, entleert die bewegliche Füllung und füllt es erneut in beschriebener Weise zur nächsten Bestimmung. Der Prozentgehalt an Stickstoff errechnet sich aus dem Volumen in bekannter Weise.

Berechnung. Unter Berücksichtigung des konstanten „Blindvolumens" von 1 bis 1.2%, der raumbeschränkenden Wirkung der Lauge von 0.5% und ihrer Dampftension von 0.3% werden vom abgelesenen Volumen (V_A) 2% abgezogen. Das auf diese Weise erhaltene Volumen ist das wahre Stickstoffvolumen (v) unter den jeweils herrschenden Bedingungen.

Die Berechnung des Stickstoffgehaltes erfolgt nach:

$$\% \text{ N} = \frac{v \text{ in ml} \cdot F_N \cdot 100}{\text{mg Substanzeinwaage}} \ .$$

F_N entnimmt man der Stickstoffreduktionstabelle (Tab. 31-1) bei der Temperatur (t) und dem Druck (p) (Tab. 7-1 der Logarithmischen Rechentafeln von KÜSTER-THIEL-FISCHBECK).

Der 2% Abzug vom abgelesenen Volumen erfolgt nur bei der Mikrobestimmung (mit dem Mikro-Azotometer). Bei der Halbmikroausführung wird das tatsächlich gemessene Blindvolumen in Abzug gebracht.

Die Stickstoffbestimmung nach DUMAS-PREGL gestattet die quantitative Bestimmung des Stickstoffes in vielen organischen Verbindungen. Sie ist jedoch nicht bei allen Typen organischer Stickstoffverbindungen anwendbar.

Durch die starke Diversifizierung der organischen Chemie in den vergangenen drei Jahrzehnten und der dort synthetisierten Verbindungen wurden die Mängel der klassischen Dumas-Methode immer spürbarer. Es zeigte sich immer häufiger, daß Substanzen in reiner CO_2-Atmosphäre über Kupferoxid nicht immer vollständig verbrannt werden. Bei der Umsetzung von Substanzen, die thermisch sehr stabil sind (Farbstoffe, Kunststoffe u.a.m.), sich in Kupferoxid nicht fein genug verteilen lassen und beim Erhitzen zu Verklumpungen neigen, entzieht sich ein Teil der Substanz unter Bildung von Stickstoffkohle dem vollständigen Aufschluß, was zu Minderbefunden führt. Auch Pluswerte treten gelegentlich auf, wenn Substanzen (z. B. Paraffine) umgesetzt werden, die beim Erhitzen in reiner CO_2-Atmosphäre viel Methan abspalten, das im anschließenden Oxidationskontakt nicht vollständig verbrannt wird und dann einen höheren Stickstoffgehalt vortäuscht. Durch Zumischen von $KClO_3$ konnten nur gelegentlich die Störungen beseitigt werden.

Bei der Analyse von festen oder flüssigen Substanzen mit hohem Dampfdruck können schon während des nur einige Minuten dauernden Austreibens der Luft aus dem

31.1 Nach Umsetzung in reiner CO$_2$-Atmosphäre (Methode nach Dumas und Pregl)

Tab. 31-1. Stickstoffreduktionstabelle. Gewicht eines cm^3 N$_2$ in mg bei p mmHg und t °C.

t	p	720	22	24	26	28	30	32	34	36	38	40	42	44	46	48	50	52	54	56	58	60	62	64	66	68	70	72	74	t
18	1.1	11	14	17	20	23	27	30	33	36	39	42	45	48	51	54	57	60	64	67	70	73	76	79	82	85	88	91	94	18
19		7	10	14	17	20	23	26	29	32	35	38	41	44	47	50	54	57	60	63	66	69	72	75	78	81	84	87	90	19
20		4	7	10	13	16	19	22	25	28	31	34	37	40	43	46	50	53	56	59	62	65	68	71	74	77	80	83	86	20
21		0	3	6	9	12	15	18	21	24	27	30	33	36	40	43	46	49	52	55	58	61	64	67	70	73	76	79	82	21
22	1.0	96	0	3	6	9	12	15	18	21	24	27	30	33	36	39	42	45	48	51	54	57	61	64	67	70	73	76	79	22
23		92	95	98	1	5	8	11	14	17	20	23	26	29	32	35	38	41	44	47	50	53	56	59	62	65	68	71	74	23
24		89	92	95	98	1	4	7	10	13	16	19	22	25	28	31	34	37	40	43	46	49	52	55	58	61	64	67	70	24
25		85	88	91	94	97	0	3	6	9	12	15	18	21	24	27	30	33	36	39	42	45	48	51	54	57	60	63	66	25
26		81	84	87	90	93	96	99	2	5	8	11	14	17	20	23	27	30	33	36	39	42	45	48	51	54	57	60	63	26
27		78	81	84	87	90	93	96	99	2	5	8	11	14	17	20	23	26	29	32	35	38	41	44	47	50	53	56	59	27
28		74	77	80	83	86	89	92	95	98	1	4	7	10	13	16	19	22	25	28	31	34	37	40	43	46	49	52	55	28
29		71	74	77	80	83	86	88	91	94	97	0	3	6	9	12	15	18	21	24	27	30	33	36	39	42	45	48	51	29
30		67	70	73	76	79	82	85	88	91	94	97	0	3	6	9	12	15	18	20	23	26	29	32	35	38	41	44	47	30
31		64	67	70	73	75	78	81	84	87	90	93	96	99	2	5	8	11	14	17	20	23	26	29	32	35	38	40	43	31
32		60	63	66	69	72	75	78	81	84	87	90	93	95	98	1	4	7	10	13	16	19	22	25	28	32	34	37	40	32
33		57	60	63	65	68	71	74	77	80	83	86	89	92	95	98	1	4	7	10	12	15	18	21	24	27	30	33	36	33
34		53	56	59	62	65	68	71	74	77	80	82	85	88	91	94	97	0	3	6	9	12	15	18	21	23	26	29	32	34

Rohr mit Kohlendioxid je nach Flüchtigkeit der Substanz Verluste auftreten, die die Analyse unbrauchbar machen. In diesen Fällen kühlt man die Stelle des Rohres, an der sich die Substanz befindet, mit Trockeneis.

Um bei diesen Substanzen richtige Stickstoffwerte zu erhalten, ist die Verbrennung im Sauerstoffstrom nicht zu umgehen. Da der hierzu verwendete Sauerstoff weitgehend blindwertfrei, außerdem der nach der Verbrennung überschüssige Sauerstoff vor dem Eingang ins Azotometer wieder quantitativ aus dem Reaktionsgasstrom entfernt werden muß, waren bislang alle Methoden mit Verbrennung im Sauerstoffstrom sowohl apparativ als auch methodisch wesentlich aufwendiger und wurden aus diesen Gründen nur in speziellen Fällen angewendet. Ansonsten wurde im allgemeinen der störanfälligeren, aber wesentlich einfacheren und schnelleren Dumas-Pregl-Methode der Vorzug gegeben. Durch Ausnutzung der heute verfügbaren technischen Möglichkeiten konnte die Methode der Umsetzung im Sauerstoffstrom neuerdings soweit verbessert werden, daß sie nicht nur an Zuverlässigkeit der Analysenergebnisse, sondern auch an Analysenschnelligkeit die Dumas-Pregl-Methode übertrifft.

31.2 Bestimmung des Stickstoffs in organischen Substanzen nach Verbrennung im Sauerstoffstrom

Prinzip. Die Substanz (5 bis 20 mg) wird primär in reinem Sauerstoff-Gasstrom verdampft und über Kupferoxid quantitativ verbrannt. Die bei der Umsetzung entstehenden Reaktionsgase werden anschließend mit CO_2 ausgetrieben, über metallisches Kupfer geleitet und dann ins Azotometer gespült; dabei werden Stickoxide reduziert und überschüssiger Sauerstoff vollständig aus dem Reaktionsgasstrom entfernt. Saure Reaktionsgase werden von der Kalilauge gebunden. Die beiden für das Verfahren benötigten Gase, Reinstsauerstoff und Kohlendioxid, werden aus Bomben entnommen und abwechselnd durch das Rohr und über die Schleuse geführt, so daß der Probenwechsel im Rohr unter Luftausschluß und ohne Zeitverlust durchgeführt werden kann.

Tab. 31-2. Reagenzien.

Kontaktsubstanzen und Reagenzien	Bezugsquelle
Kupferoxid, drahtförmig und granuliert, 1 bis 2 mm lange Stücke. Kupferoxid wird vor Gebrauch bei 800 °C im Sauerstoffstrom 2 Stunden vorgeglüht und dann im CO_2-Strom erkalten lassen.	MERCK
Kupfer, drahtförmig 0.5 bis 2 mm lange Stücke, durch Reduktion von Kupferoxid mit Kohlenmonoxid oder Wasserstoff-Heliumgasgemisch bei 250 °C in langsamem Gasstrom	
Kohlenmonoxidgas	GERLING, HOLZ & CO.
Silberwolle	HERAEUS Edelmetalle
Kalilauge, 50%ig*	MERCK
Reinstsauerstoff (Qualität 4.9)	MESSER GRIESHEIM
Wasserstoff, Helium	KOHLENSÄUREWERK
Kohlendioxidgas, 99.99%ig	DEUTSCHLAND

* Beim Arbeiten mit KOH unbedingt Schutzbrille tragen!

$$\text{Organ. geb. N} \xrightarrow[900°C]{O_2} N_2 + \text{N-Oxide} + CO_2 + H_2O + O_2$$

$$\text{N-Oxide} \atop O_2 \xrightarrow[500°C]{Cu} N_2 + CuO \; .$$

Kontaktsubstanzen und Reagenzien. Auch bei der Stickstoffbestimmung ist die richtige Auswahl, Vorbereitung und Dimensionierung der Oxidationskontakte sowie des Reduktionskontaktes eine wichtige Voraussetzung für die störungsfreie Durchführung der Bestimmung (Tab. 31-2). Als Rohrfüllung werden dieselben Kontaktsubstanzen, die auch zur CH-Analyse eingesetzt werden, verwendet (s. Kap. 11.1).

Die Bestimmung des Stickstoffes nach Verbrennung im Sauerstoffstrom mit gasvolumetrischer Endbestimmung kann

a) nach den Methoden von EHRENBERGER (1967) (in einer apparativ einfachen Ausführung) oder
b) von MERZ (1968) (schnell und automatisch mit der Apparatur „RAPID-N") erfolgen.

Ausführung a). Die in Abb. 31-2 skizzierte Apparatur besteht aus den beiden Gasquellen, verbunden mit Strömungsmesser und dem Steuergerät, der Verbrennungsapparatur mit Verbrennungsofen, dem Verbrennungsrohr und dem Reduktionsrohr, der Schleuse und dem (Vierfach-)Azotometer.

Gasquellen und automatisches Steuergerät. Die eigentliche Substanzverbrennung im Rohr wird im Reinstsauerstoffstrom durchgeführt. Während dieser Zeit wird die Schleuse mit Kohlendioxid gespült. Nach der Verbrennung werden die beiden Gasströme automatisch umgepolt, der Kohlendioxidgasstrom wird dann durch das Rohr geführt, der Reinstsauerstoff durchströmt die Schleuse.

Die beiden Gasströme werden mittels der in Abb. 31-2 schematisierten Vorrichtung, die aus zwei Strömungsmessern, vier Magnetventilen, zwei Feinregulierventilen und einer Zeitschaltuhr besteht, automatisch gesteuert.

Die beiden Gase werden mit Hilfe eines Reduzierventils (Fa.MESSER-GRIESHEIM) oder eines gutsitzenden Nadelventils (Feinregulierventil nach BROOKS) direkt der Stahlflasche entnommen. Der Sauerstoffgasstrom wird über einen empfindlichen Strömungsmesser auf 8 bis 12 ml/min eingestellt und kontrolliert. Der Kohlendioxidgasstrom wird nach der im Azotometer aufsteigenden Blasenfolge eingestellt (2 bis 3 Blasen/s).

Verbrennungsrohr. Die Substanz wird in Rohren aus reinem Quarzglas verbrannt (z. B. Quarzglassorte OHF der Fa. HERAEUS-QUARZGLAS). Das eine Ende trägt einen 18-mm-Kugelschliffkern zum Anschließen der Schleuse. Etwa 30 mm von diesem Schliff entfernt befindet sich der Gaseinleitungsstutzen, der mittels Schliff NS 5 mit einem Schenkel des Vierweghahnes gasdicht verbunden wird. Das Rohr hat an der Probeneinführungsseite einen äußeren Durchmesser von 13 mm. Der Teil, der die Kontakte enthält,

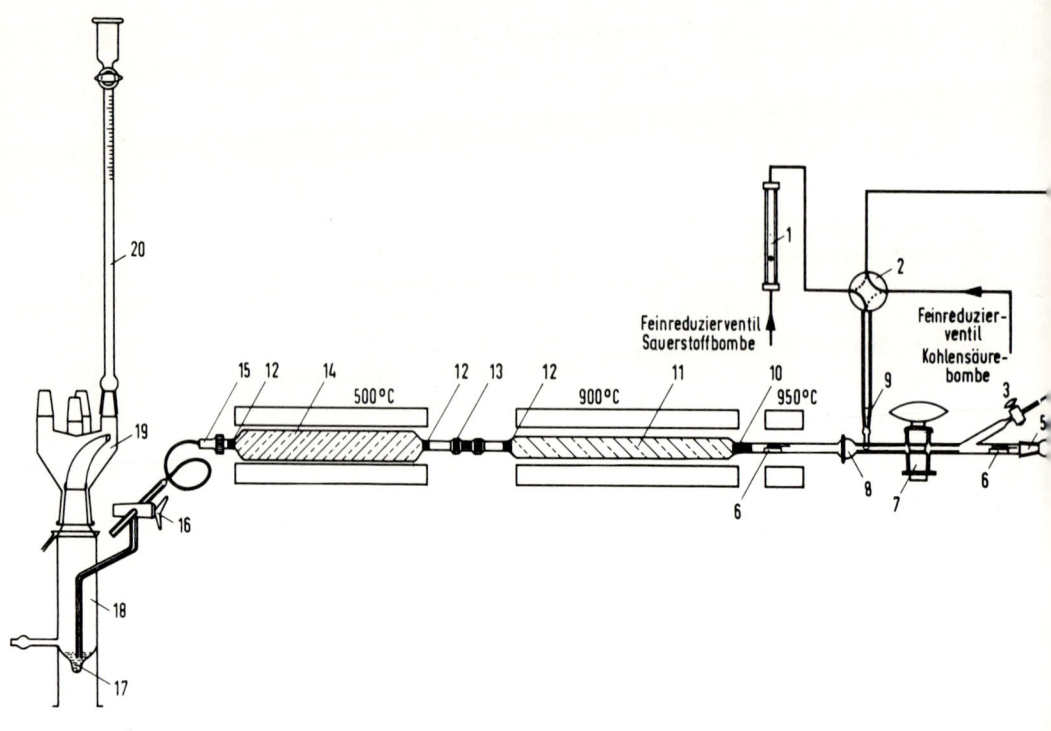

Abb. 31-2. Apparatur zur Bestimmung des Stickstoffs nach EHRENBERGER (1967).
1 Strömungsmesser, *2* Vierweghahn, *3* Mikrohahn, *4* Bunsenventil, *5* Schliffkappe Ns 14.5, *6* Nickelboot mit Substanzschiffchen, *7* Schleusenhahn, *8* Kugelschliff KS 18, *9* Schliffverbindung NS 5, *10* Platin-(oder Kupferoxid-)drahtnetzrolle, *11* Kupferoxid drahtförmig, *12* Silberwolle, *13* Rohrverschraubung, *14* Kupferkontakt, *15* Rohrverschraubung mit Silberrohr, *16* Dreiweghahn, *17* Quecksilber, *18* Laugengefäß, *19* drehbare Spinne, *20* Kappenbüretten (1.5 und 5 ml).

ist auf 15 mm aufgeweitet. An der Gasauslaßseite verjüngt sich das Rohr zum „Schnabel", der 8 cm lang ist und einen äußeren Durchmesser von 11.5 mm und einen inneren von 9.5 mm hat. Die Gesamtlänge des Rohres beträgt 600 mm und die Wandstärke des Quarzglases 1.0 ± 0.1 mm. Vor der Füllung wird das Rohr mit heißer Chromschwefelsäure oder 5%iger Flußsäure gereinigt.

Das *Reduktionsrohr*, ebenfalls aus Quarzglas, hat eine Gesamtlänge von 450 mm. Der mittlere erweiterte Teil ist 300 mm lang, hat einen äußeren inneren Durchmesser von 27/24 mm, und ist mit frisch reduziertem drahtförmigen Kupfer gefüllt. Die beiden Enden des Reduktionsrohres, von einer Länge von 75 mm und einem äußeren/inneren Durchmesser von 11.5/9.5 mm, werden nicht gefüllt.

Schleuse. Während der Verbrennung einer Probe im Rohr wird über die Schleuse bereits die nächste Substanzeinwaage in die Apparatur eingeführt und entlüftet. Die Schleuse ist über den KS 18 mm – mit Krönig-Glaskitt gedichtet – mit dem Verbrennungsrohr verbunden und trägt in der Mitte den großen Schleusenhahn mit einer Bohrung von

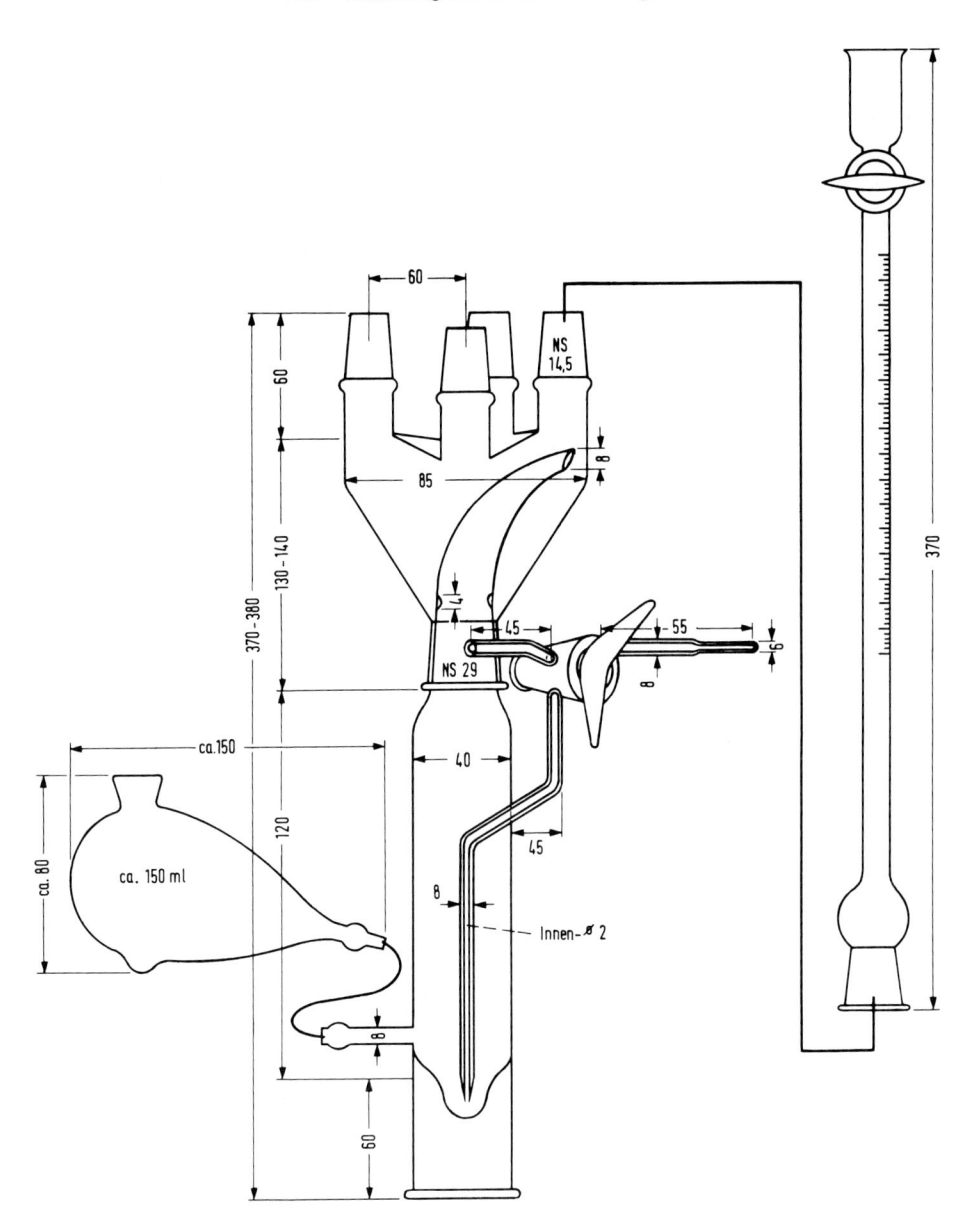

31.2 Bestimmung des Stickstoffes in organischen Substanzen   317

Abb. 31-2. (A) Vierfach-Azotometer.

10.5 mm. Das andere Ende ist gegabelt, der eine Schenkel (Mikrohahn) wird mit dem Vierweghahn mittels Schlauch verbunden, der andere, über den die Substanzschiffchen in die Schleuse eingeführt werden, mündet in einen NS-14-mm-Schliffkern, auf den während des Entlüftens eine Schliffkappe mit Bunsenventil aufgesetzt wird. Der Schleusenhahn wird leicht gefettet.

Verbrennungsofen. Für die vorliegende Methode ist jeder elektrisch beheizte Verbrennungsofen verwendbar, der es gestattet, die einzelnen Verbrennungskontakte individuell auf die optimale Kontakttemperatur zu beheizen und die Verdampfung sowie die Verbrennung der organischen Substanz automatisch durchzuführen. Von den auf dem Markt erhältlichen Geräten empfiehlt sich für die vorliegende Methode vor allem der Verbrennungsautomat Typ Mikro-U der Fa. HERAEUS Elektrowärme, da bei diesem Gerät auch der Übergang vom Wanderbrenner zum Hauptverbrennungsofen intensiv beheizt wird, was bei der Analyse schwer verbrennbarer Substanzen unbedingt erforderlich ist. Die Ofenkombination für die vorliegende Methode umfaßt drei Heizbrenner, die auf einem Armaturenunterbau, der die elektrischen Bauteile aufnimmt, aufgeschraubt sind.

Sie besteht aus:

Brenner	Länge mm	Arbeitstemperatur °C	beheizt
1. Wanderbrenner; wird mittels Synchronmotor gleichmäßig fortbewegt	60–70	900–1000	Substanzschiffchen
2. Erster Hauptverbrennungsofen (Langbrenner); stationär, Temperatur einstellbar	220	880–920	Oxidationskontakt (CuO)
3. Zweiter Langbrenner; aufklappbar, stationär, Temperatur einstellbar	320	500	Kupferkontakt

Der zweite Langbrenner ist vorteilhafterweise aufklappbar, um das Fortschreiten der Oxidation des Kupferkontaktes leichter kontrollieren zu können.

Azotometer. Zum Auffangen und Messen des bei der Umsetzung freiwerdenden Stickstoffes kann zwar eines der üblichen Mikro- oder Halbmikro-Azotometer verwendet werden, aber um eine kontinuierliche und rationelle Arbeitsweise zu ermöglichen, empfiehlt sich der von MONAR (1965) beschriebene Azotomat (s. Abb. 31-3) oder die in Abb. 31-2A) dargestellte Anordnung, die aus einem Laugengefäß mit drehbarer Spinne besteht, auf die vier geeichte Kappenbüretten aufgesetzt sind. Das Volumen der einzelnen Büretten wird der Größe der Einwaage bzw. der zu erwartenden Stickstoffmenge angepaßt.

Aufstellen einer neuen Apparatur. Die Verbrennungsapparatur wird möglichst so aufgebaut, daß neben der rechten Breitseite des Tisches die Gasbomben aufgestellt werden und die Gase auf kürzestem Wege der Apparatur zugeleitet werden können. Nach Einregulieren der Heizbrenner auf die Arbeitstemperatur werden das bereits vorbereitete Verbrennungsrohr und Reduktionsrohr in die Heizbrenner eingeführt und auf der Apparatur so befestigt, daß sie spannungsfrei darauf zu liegen kommen. Nach Aufsetzen der Schleuse wird der Gaseinlaßstutzen mit dem Vierweghahn und dieser mit den beiden Gasquellen Kohlendioxid und Reinstsauerstoff und mit einem Schenkel der Schleuse gasdicht (Druckschlauch) verbunden. Das Schnabelende des Reduktionsrohres wird mit dem Azotometer gasdicht verbunden.

Füllen des Verbrennungsrohres. In das vorgereinigte Quarzrohr wird erst etwa 1 cm Silberwolle gefüllt und an den Schnabelansatz sanft angedrückt, dann folgt ein etwa 1 cm langer Quarzwollebausch. Darauf wird das Rohr auf eine Länge von 3 bis 4 cm mit granuliertem und anschließend mit drahtförmigem Kupferoxid bis zur Verjüngung des Rohres aufgefüllt. Um eine möglichst dichte Rohrfüllung zu erreichen, wird das Rohr mit der linken Hand unter Schräghaltung langsam gedreht und dabei mit dem rechten Zeigefinger auf das Rohrende geklopft. Den Abschluß des Oxidationskontaktes bildet eine 3 cm lange Kupferoxiddrahtnetzrolle, und darauf wird noch ein lockerer Quarzwollebausch geschoben. Das Reduktionsrohr wird mit frisch reduziertem Kupfer in analoger Weise gefüllt.

Arbeitsvorschrift. Bevor man mit der Analyse beginnt, wird das Verbrennungsrohr so lange mit Kohlendioxid gespült, bis im Azotometer Mikroblasen aufsteigen. Während dieser Zeit wird die Schleuse mit Reinstsauerstoff bespült. Anschließend wird eine Blindwertbestimmung ausgeführt. Zu diesem Zweck wird unter Analysenbedingungen 4 min lang Reinstsauerstoff durch das Rohr geleitet und anschließend durch Umstellen des Vierweghahnes mit Kohlendioxid ausgetrieben. Der Blindwert soll 0.04 ml nicht übersteigen; wenn er kleiner ist als dieser Wert, kann mit der Analyse begonnen werden. Je nach Stickstoffgehalt werden 5 bis 20 mg Substanz in ein Platinschiffchen eingewogen. Flüssigkeiten werden in feinen Quarzkapillaren (Abb. 11-6b), die für den magnetischen Transport einen Nickelkern tragen, eingewogen. Das Substanzschiffchen wird in ein Nickelboot gestellt, darin in die Schleuse gebracht und nach Aufsetzen der Schliffkappe mit Bunsenventil im Sauerstoffstrom luftfrei gespült. Nach etwa 5 min Spülzeit wird der Schleusenhahn geöffnet und das Substanzboot mit Hilfe eines Stabmagneten ins Rohr bis zum Quarzwollebausch herangeführt. Nach Schließen des Schleusenhahnes wird die Schliffkappe abgenommen und bereits das nächste Substanzboot in die Schleuse eingeführt.

Jetzt wird das Steuergerät eingeschaltet, der Wanderbrenner über das Rohr geklappt und der Transportmotor für den Wanderbrenner eingeschaltet. Die Spinne wird auf die nächste Bürette weitergedreht, die vorher mit Hilfe des Niveaugefäßes so weit mit Lauge gefüllt wurde, daß der Laugetrichter noch bis zu einem Drittel damit gefüllt ist. Hat der bewegliche Brenner den stationären Langbrenner erreicht, wandern beide noch etwa 2 cm in Stromrichtung, um auch den Teil der Rohrfüllung intensiv zu beheizen, der sich am Übergang von beiden Brennern befindet, wo der Temperaturabfall naturgemäß sehr hoch ist. Durch ein akustisches Signal wird angezeigt, wann die beiden Brenner den linken Anschlag erreicht haben. Genau nach der 5. min werden die Gasströme umgepolt, und es wird mit Kohlendioxid ausgetrieben. Nach der 6. min wird auch der Wanderbrenner in die Ausgangsposition zurückgeschoben. Nach der 8. min steigen im Azotometer bereits wieder „Mikroblasen" auf, damit ist die Analyse beendet. Jetzt wird das im Rohr befindliche Verbrennungsschiffchen magnetisch in den einen Schenkel der Schleuse gezogen und das im anderen Schenkel bereitstehende Substanzschiffchen ins Rohr geschleust. Nach Weiterdrehen der Spinne auf eine neue Bürette wird die nächste Verbrennung eingeleitet. Während dieser Zeit wird die nächste Substanzeinwaage in die Schleuse gebracht, eine neue Substanzeinwaage gemacht, das Stickstoffvolumen von der vorhergehenden Analyse am Azotometer abgelesen und die Analyse ausgewertet. Vom abgelesenen Stickstoffvolumen wird nur der empirisch ermittelte Blindwert abgezogen.

Ausführung b). Abweichend von Ausführung a) wird die Substanz hier in reiner Sauerstoffatmosphäre explosionsartig (flash) verbrannt und das Stickstoffvolumen in einem weitgehend vollmechanisierten Azotometer gemessen. Die hierfür verwendete *Apparatur* ist in Abb. 31-3 schematisch dargestellt. Sie besteht aus der Verbrennungsapparatur RAPID N und dem automatischen Azotometer (Azotomat).

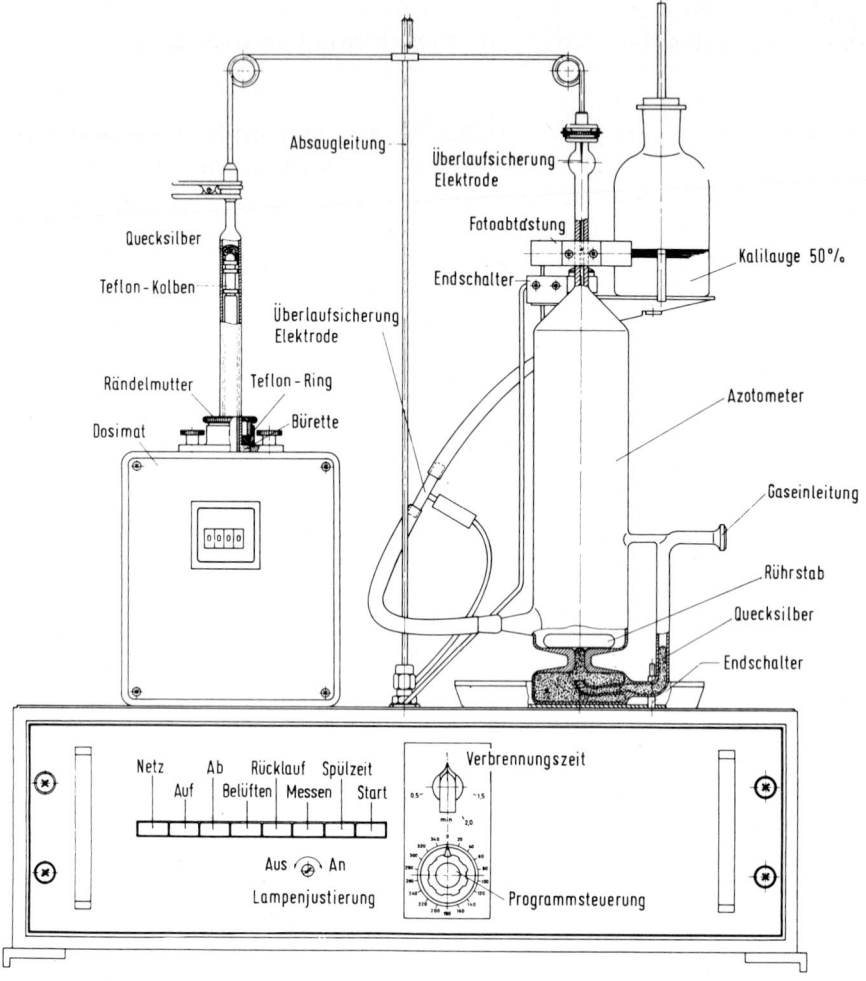

Abb. 31-3 (Teil 1). Apparatur zur Bestimmung des Stickstoffs – RAPID N – nach MERZ (1968) mit – AZOMAT – nach MONAR (1965).

Verbrennungsteil. Verbrennungs- und Reduktionsrohr sind aus Quarzglas hergestellt. Verbrennungskammer und Oxidationsteil, der bis etwa 5 mm über den unteren Rand der Quarzhülse hinaus mit reinem Kupferoxid beschickt ist, sind auf 850 °C erhitzt (7, 9 und 8 in Abb. 31-3). Die Temperatur des Reduktionsrohres soll 500 °C nicht übersteigen. Das

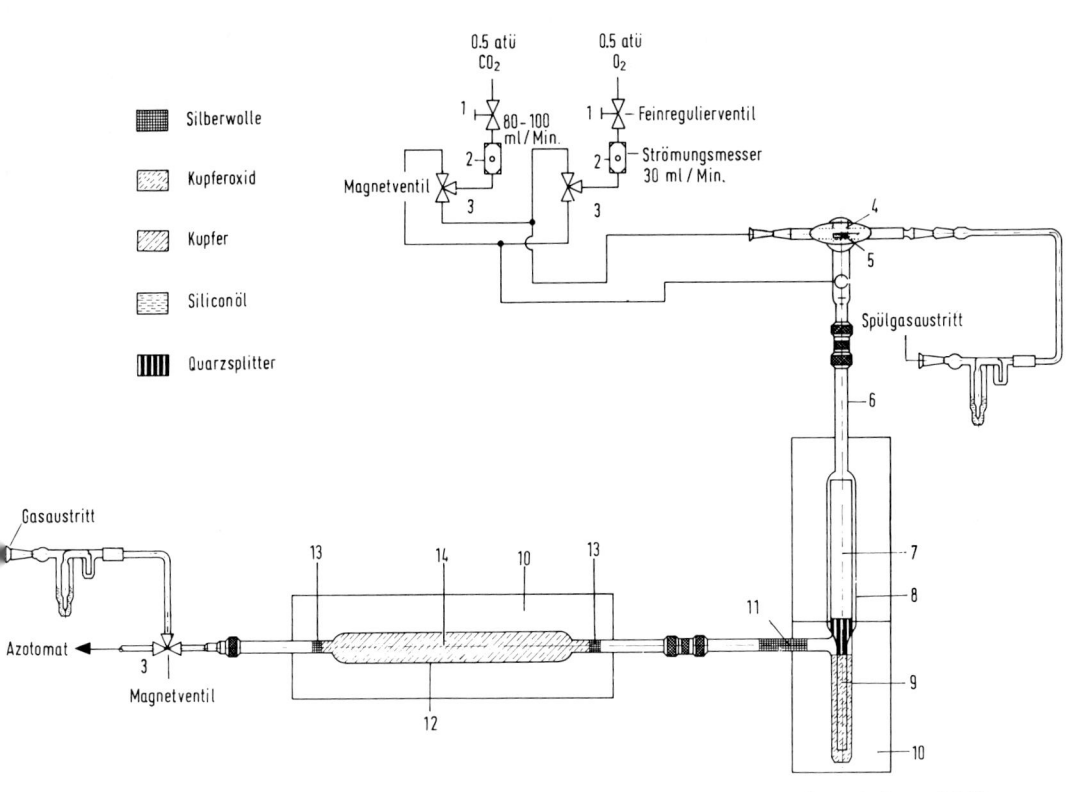

31.2 Bestimmung des Stickstoffes in organischen Substanzen

Abb. 31-3 (Teil 2). *1* Feinregulierventil, *2* Strömungsmesser, *3* Magnetventile, *4* Schleusenhahn, *5* Schiffchen mit Probe, überschichtet mit CuO, *6* Verbrennungsrohr, *7* Verbrennungskammer, *8* Quarzhülse, *9* CuO-Füllung (drahtförmig), *10* Elektroöfen, *11* Ag-Wolle, *12* Reduktionsrohr, *13* Cu-Drahtnetzröllchen, *14* Cu-Füllung (drahtförmig).

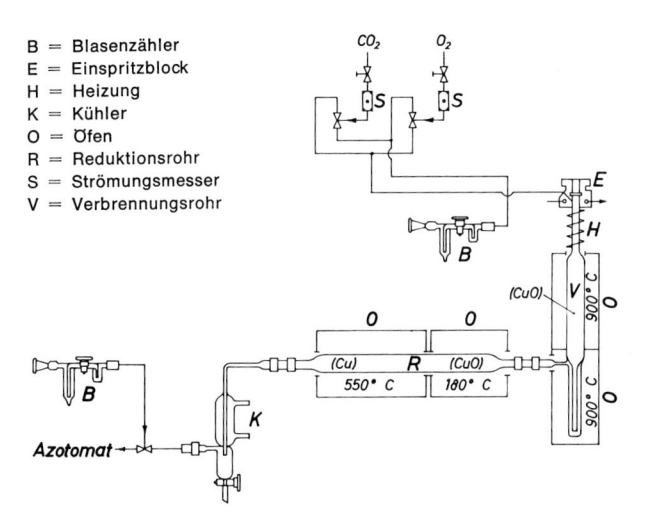

B = Blasenzähler
E = Einspritzblock
H = Heizung
K = Kühler
O = Öfen
R = Reduktionsrohr
S = Strömungsmesser
V = Verbrennungsrohr

Abb. 31-3. (A) Modifizierung des RAPID N zur Analyse von Flüssigproben.

relativ große Volumen des Reduktionsrohres (12 in Abb. 31-3) erwies sich bei Substanzen, die große Mengen Stickoxid abspalten, als notwendig. Das Verbrennungsrohr hat eine Lebensdauer von über 300 Analysen, wobei nach dieser Zeit die Asche der Schiffchen und das Kupferoxidpulver die Kammer weitgehend gefüllt haben. Das mit Cu gefüllte Reduktionsrohr hält ebensolange, kann jedoch durch Reduktion und Erkalten im CO_2-Strom mehrere Male regeneriert werden. Der seitliche Abgang des Verbrennungsrohres, d. h. die Verbindung zum Reduktionsrohr, ist zur Absorption von Halogenen und Schwefeldioxid mit einer 3 bis 4 cm langen Schicht Silberwolle gefüllt. Die Temperatur beträgt hier etwa 600 °C.

Einführschleuse. Auf das Verbrennungsrohr ist mittels Schraubverbindung ein großer Dreiweghahn (4) aus Glas aufgesetzt, der es auf einfachste und billigste Art ermöglicht, die Substanz luftfrei in die Verbrennungskammer einzuschleusen (4 in Abb. 31-3). Gespült wird mit Sauerstoff. Die Schraubverbindungen werden mit O-Ringen gedichtet. Möglichst knapp unterhalb des Schleusenhahnes befindet sich das Einleitungsrohr für Sauerstoff bzw. Kohlensäure. Die Gasumschaltung erfolgt über Dreiweg-Magnetventile.

Magnetventile. Es wurden Dreiweg-Magnetventile der Fa. LUCIFER, Typ 133A05, 24 V, 50 Hz, 8 W, 30 kp/cm^2 oder der Fa. KUHNKE, Type 43711, verwendet.

Elektroöfen. Für die beschriebene Apparatur kann jeder beliebige Elektroofen mit entsprechender Dimensionierung (10 in Abb. 31-3) benutzt werden. Für das Verbrennungsrohr werden zwei Öfen oder ein großer kombinierter Ofen benötigt. Der Ofen, der die Verbrennungskammer umgibt, muß 30 mm, der untere Ofen 20 mm Lumendurchmesser haben. Der Ofen für das Reduktionsrohr hat einen Lumendurchmesser von 30 mm.

Gase. Reinstsauerstoff und Kohlendioxid. Beide Gase werden aus Bomben entnommen und über ein Manometer, Feineinstellventil, Strömungsmesser und Magnetventile abwechselnd in das Verbrennungsrohr bzw. den Einschleushahn geleitet. Die Strömungsgeschwindigkeit von Sauerstoff wird auf 30 bis 40 ml, die der Kohlensäure auf 80 bis 100 ml/Minute eingestellt.

Aluminium- oder Silberschiffchen. Die Schiffchen können aus der entsprechenden Folie selbst gestanzt werden. Man verwendet dazu Folienstärken von 0.010 bis 0.015 mm. Geeignete Schiffchen sind auch im Handel.

Azotometer. Als Grundlage diente die von MONAR (1965) beschriebene Anordnung, die unter der Bezeichnung Azotomat handelsüblich war. Aufgrund der kurzen Verbrennungs- und Spülzeit war es jedoch notwendig, das Gerät für vollautomatischen Betrieb umzubauen. Das Übersetzungsverhältnis des Antriebes der Kolbenbürette wurde im Verhältnis 1:3 verändert. Die damit erreichte Geschwindigkeit genügte den Anforderungen. Daneben waren zahlreiche Änderungen notwendig, damit sich das Zählwerk beim Belüften und Rücklauf exakt auf Null einstellt und ein wiederholtes Einstellen des Nullwertes trotz der schnellen Getriebeübersetzung nicht mehr notwendig war. Das Handeinstellrad wurde entfernt und das letzte Ziffernrad der Anzeige mit dem Antriebsrad starr verbunden. Um jedes Spiel auszuschalten, mußten die beiden Führungswellen von 6.0 auf

6.25 mm Durchmesser verstärkt werden. Schließlich wurden der Rücklauf- und Belüftungsendschalter neu einjustiert. Zur Automatisierung des Azotomat wurde ein Elektromotor eingebaut, der über eine Magnetkupplung das Niveaugefäß hebt und senkt. Die Endpunkte sind durch eingebaute Endschalter festgelegt. Der obere Endschalter gibt zudem über das Steuerteil das Signal für den Beginn des Meßvorgangs. Um den notwendigen Platz für die zusätzlichen Einbauteile zu erhalten, wurden der Trafo und die Relais versetzt und das Belüftungsventil außerhalb des Gerätes angebracht.

Arbeitsvorschrift. 3 bis 10 mg Substanz werden in einem kleinen Schiffchen aus Aluminium- oder Silberfolie eingewogen und mit Kupferoxidstaub überschichtet. Von den untersuchten Kontakten CuO, CrO_3, Co_3O_4, WO_3, V_2O_5 und dem thermischen Zersetzungsprodukt von $AgMnO_4$ hatte das staubförmige CuO die beste Oxidationswirkung. Silberschiffchen haben den Vorteil, daß sie Halogene und Schwefeldioxid absorbieren. Um Substanzverluste zu vermeiden, wird das Schiffchen in Längsrichtung mit einer Pinzette zusammengedrückt. Flüssigkeiten werden in einer etwa 20 mm langen Kapillare aus Phosphatglas eingewogen, die beidseitig abgeschmolzen wird. Die Schmelztemperatur von Phosphatglas liegt so niedrig (ca. 450 °C), daß ein Zerplatzen in der heißen Verbrennungszone keine Gefahr für das Rohr bedeutet, zumal zur Erhöhung der Lebensdauer des Rohres zusätzlich eine Quarzhülse in die erweiterte Verbrennungskammer eingesetzt ist. Schiffchen oder Kapillare werden in den Dreiweghahn eingeschoben und mit Sauerstoff (30 ml/min) luftfrei gespült, wozu 1 bis 2 min ausreichend sind. Durch Drehen des Hahnes fällt die Einwaage in die auf 850 °C gehaltene Verbrennungskammer. Gleichzeitig wird der Startknopf gedrückt, und der Analysenzyklus läuft ab. Über das Einleitungsrohr unterhalb des Schleusenhahnes wird Sauerstoff eingeleitet und das Niveaugefäß des Azotomaten durch einen eingebauten Motor gesenkt. Der Endanschlag ist durch einen Abschalter festgelegt.

Nach 60 bis 90 s wird auf Kohlensäure umgeschaltet und 2 min gespült. Diese Zeit reicht bei einer Strömungsgeschwindigkeit von 80 bis 100 ml/min aus, um den Stickstoff quantitativ auszuspülen. In den meisten Fällen treten bereits nach 1.5 min Mikroblasen auf. Anschließend schaltet das dritte Magnetventil. Das automatisch arbeitende Azotometer ist geschlossen, die Kohlensäure strömt ins Freie. Gleichzeitig hebt der Motor das Niveaugefäß bis zum oberen Endabschalter an, und die eigentliche Messung beginnt. Das im Azotometer angesammelte Stickstoffvolumen wird vom Kolben der Motorbürette angesaugt, bis der nachsteigende Laugenmeniskus den Lichtweg der photoelektrischen Abtastung kreuzt, die im selben Augenblick die Motorbürette automatisch abschaltet. An der Bürette kann das Volumen digital abgelesen und an einem nachgeschalteten Drucker ausgedruckt werden. Der Zyklus ist damit beendet. Beim Drücken des Knopfes „Belüften" wird wieder die Ausgangsstellung erreicht. Kolben und Zählwerk sind in Nullstellung. Die während der Analyse luftfrei gespülte neue Probe kann sofort eingebracht werden. Zur Analyse wäßriger Lösungen mit einem Stickstoffgehalt unter 0.1 % wird statt der Schleuse ein Einspritzblock auf das Oxidationsrohr aufgeschraubt und die Lösungen mit einer Dosierspritze ins CuO eingespritzt (s. Abb. 31-3 A). Für den Substanzaufschluß dieser Methode haben KÜBLER et al. (1972) weitere Verbesserungen vorgeschlagen.

Diskussion der Methoden 31.2. Durch die Umsetzung in reiner Sauerstoffatmosphäre ist bei den beiden zuletzt beschriebenen Methoden in jedem Fall ein quantitativer Aufschluß gewährleistet, unabhängig davon, ob im Horizontal- oder Vertikalrohr verbrannt wird.

Nur Substanzen mit $=N-CH_3$ und $-N(CH_3)_2$-Gruppen ergeben nach Erfahrungen von HEGEDÜS und FORGÓ (1978) infolge Methanabspaltung und unvollständiger Verbrennung zu hohe Stickstoffwerte. Durch Erhöhung der Verbrennungstemperatur auf 1000 °C und der Temperatur der Reduktionszone auf 600 °C lassen sich diese Fehler vermeiden.

Das zur Berechnung bei der klassischen Dumas-Methode notwendige Korrekturglied ist hier nicht erforderlich, es wird nur der effektive Blindwert, der aus den Gasen stammt, in Rechnung gestellt. Ein weiterer wesentlicher Vorteil gegenüber klassischen Methoden ist der erhebliche Zeitgewinn. Durch die weitgehende Automation wird die Beaufsichtigung der Apparatur während der Analyse überflüssig. Bei der zuletzt beschriebenen Methode ist nur noch das Einwägen und Einschleusen der Substanz manuell auszuführen. Schon allein die höhere Analysengenauigkeit und -zuverlässigkeit rechtfertigt den höheren apparativen Aufwand der beiden zuletzt beschriebenen Methoden.

Auch Azide, z. B. die der Alkali- und Erdalkalimetalle, können gefahrlos analysiert werden, wenn diese über Kupferoxid im reinen Kohlendioxidstrom verbrannt werden. Die sehr explosiven *Silber-* und *Bleiazide* können zwar in fein verteilter Form mit gepulvertem Bleichromat oder auch Kupferoxid gemischt und in einem langen Porzellanschiffchen verbrannt werden; doch treten hierbei gelegentlich Explosionen unter Bersten des Verbrennungsrohres auf. Es empfiehlt sich daher die Bestimmung nach KJELDAHL.

In *Borinitrid*: Durch Schmelzen des Bornitrids im Silberschiffchen mit Ätznatron oder/und Natriumperoxid beginnend bei 300 °C und später auf 700 °C steigend wird der Stickstoff als Ammoniak ausgetrieben und nach DUMAS bestimmt oder nach KJELDAHL titriert.

Nitride des Niob und Tantal analysieren KERN und BRAUER (1964) nach DUMAS mit Zuschlägen von Kupfer(I)oxid und Umsetzung im Hochvakuum. Dadurch sind noch sehr kleine Stickstoffgehalte erfaßbar.

Auch zur N-Bestimmung in Dünge- und Futtermitteln wird die Apparatur „RAPID N" (Abb. 31-3) erfolgreich eingesetzt.

Zur direkten und quantitativen Stickstoffbestimmung in flüssigen Proben (z. B. in physiologischen Lösungen und Abwässern) mit einem N-Gehalt auch unter 0.1% hat BÜNNIG (1974) die Apparatur nach MERZ modifiziert. Statt der Schleuse wird ein Einspritzblock auf das Oxidationsrohr aufgeschraubt und die Probe mit Hilfe einer Dosierspritze in den Verbrennungsraum eingespritzt. Am Ausgang des Reduktionsrohres befindet sich, wie Abb. 31-3 (A) zeigt, eine Kühlvorrichtung, um den größten Teil des Reaktionswassers vor dem Eingang in den Azotomaten zu kondensieren. Mit dieser Anordnung lassen sich noch 25 mg/N_2/l exakt bestimmen.

Von VONDENHOF und SCHULTE (1979) wird die Anwendung der Methode auch zur Bestimmung von Stickstoff in Fleischerzeugnissen empfohlen.

32 Thermokonduktometrische N-Bestimmung

32.0 Allgemeines

Die gasvolumetrische Stickstoffbestimmung ist mit zwei entscheidenden Nachteilen behaftet: das gefährliche Arbeiten mit hochkonzentrierter Kalilauge und großen Mengen Quecksilber (als Sperrflüssigkeit im Azotometer) und die ungenaue Bestimmung kleiner Gasvolumina – besonders bei kleinen N-Gehalten. Die gasvolumetrische Messung ist nicht N-spezifisch; im abgelesenen Gasvolumen verbergen sich verschieden große Blindwerte, die das Resultat verunsichern, weshalb N-Gehalte <0.5% gasvolumetrisch nicht mehr bestimmt werden sollten. Die thermokonduktometrische Endbestimmung vermeidet dieser Risiken; der Umgang mit KOH und Quecksilber entfällt, ebenso die dauernde Beobachtung von Luftdruck und Temperatur, die für eine genaue gasvolumetrische Messung erforderlich ist. Der Blindwert wird thermokonduktometrisch exat und spezifisch erfaßt und kann daher in der Endauswertung berücksichtigt werden. Dies hat zu einer deutlich verbesserten Genauigkeit in der Stickstoffbestimmung und zu einer Erweiterung des Meßbereichs nach unten geführt. Im industriellen Bereich, wo in Syntheseprodukten häufig N-Analysen erforderlich sind, wird die N-Bestimmung zunehmend thermokonduktometrisch durchgeführt. Im Ausbildungslabor ist aber sicher die Übung auch der gasvolumetrischen Messung (Absolutmethode) noch sinnvoll. Analysengeräte, mit denen der Stickstoff simultan mit C und H thermokonduktometrisch bestimmt werden kann, wurden bereits bei der CH-Bestimmung im Kap 16 beschrieben. Diese Geräte sind apparativ vereinfacht, aber mit demselben Meßprinzip, für die N-Bestimmung allein handelsüblich.

Eine erste Methode und Apparatur zur Bestimmung nur von Stickstoff in organischen Substanzen mit Wärmeleitfähigkeitsmessung hat THÜRAUF et al. (1970) entwickelt. Dabei wird die Probe unter einer Sauerstoffdusche verbrannt, die Verbrennungsgase im Heliumstrom zur Absorption störender Anteile durch Kalilauge und anschließend zur Messung der N-Konzentration durch eine TC-Zelle geleitet. Zum Prinzip der thermokonduktometrischen Messung s. Kap. 6.4.

32.1 Stickstoffbestimmung mit dem Carlo Erba N-Analyzer Modell (1300) 1400

Allgemeines. Die thermokonduktometrische Stickstoffbestimmung simultan mit C und H im CE-Analyzer Modell 1108, sowie mit C und S im CE-Analyzer Modell 1500 wurde

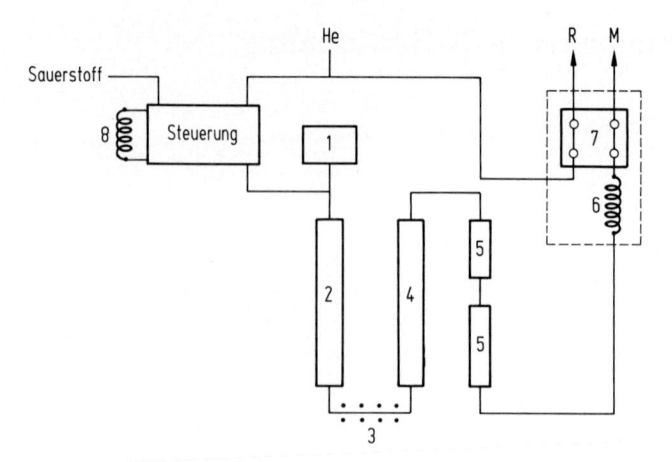

Abb. 32-1. Blockschaltbild des Carlo Erba N-Analyzer Modell (1300) 1400 (Erklärung im Text).

schon in Kap. 16.3 abgehandelt. Da in vielen Matrizes aber nur Stickstoff bestimmt werden muß, wurden für diesen Zweck spezielle Geräte, die Modelle 1300 und 1400, konzipiert. Im Prinzip verläuft die Verbrennung bei der Stickstoffbestimmung wie bei der Multielementbestimmung, abweichend davon werden bei der Stickstoffbestimmung nur die Reaktionsprodukte CO_2 und H_2O zwischenzeitlich absorbiert und lediglich Stickstoff mit dem Trägergas zur Messung durch die TC-Meßzelle geführt. Dadurch verkürzt sich die Analysenzeit für N allein (auf 5 bis 6 min) beträchtlich.

Prinzip (COLOMBO und GIAZZI 1982). Es wird durch das Blockschaltbild auf Abb. 32-1 veranschaulicht. Im übrigen wird auf das in Kap. 16.3 beschriebene und für alle CE-Elemental-Analyzer geltende Verbrennungsprinzip hingewiesen.

Auf dem Blockschaltbild bedeuten (1) die automatische Probenzuführung, (2) das Verbrennungsrohr, durch ein elektrisch beheiztes Rohr (3) mit dem Reduktionsrohr (4) verbunden, (5) die Filter, die selektiv H_2O und CO_2 festhalten. Im Thermostaten sind die chromatographische Säule (6) und die TC-Meßzelle (7) eingebaut. Die elektrischen Meßsignale werden von einem mV-Schreiber registriert und vom elektronischen Integrator quantitativ ausgewertet.

Analysenablauf. Festsubstanzen werden in Zinnkartuschen, Flüssigkeiten in Silberkapillaren eingekapselt. Die Substanzeinwaagen werden in den „Autosampler", der bis zu 50 Proben aufnehmen kann, eingesetzt und die Substanzgewichte in den Rechner kodiert eingelesen. Die Apparatur wird innerhalb weniger Minuten mit Helium luftfrei gespült. Danach führt man einen Leerlauf durch und sieht an der Größe des Blindwertes, ob die Apparatur einsatzbereit ist. Nach dem Starten fallen die Probekapseln in die auf 1020 °C beheizte Verbrennungskammer, gleichzeitig wird eine bestimmte Sauerstoffmenge zudosiert. Die Umsetzung der Substanz erfolgt unter diesen Bedingungen blitzartig („Flashverbrennung") und quantitativ.

Das Verbrennungsrohr ist mit NiO gefüllt. Dieser Kontakt zeigt gute Oxidationseigenschaften, neigt bei hohen Temperaturen (1020 °C) nicht zum Sintern, zeigt keine Ab-

32.1 Stickstoffbestimmung mit dem Carlo Erba N-Analyzer Modell (1300) 1400

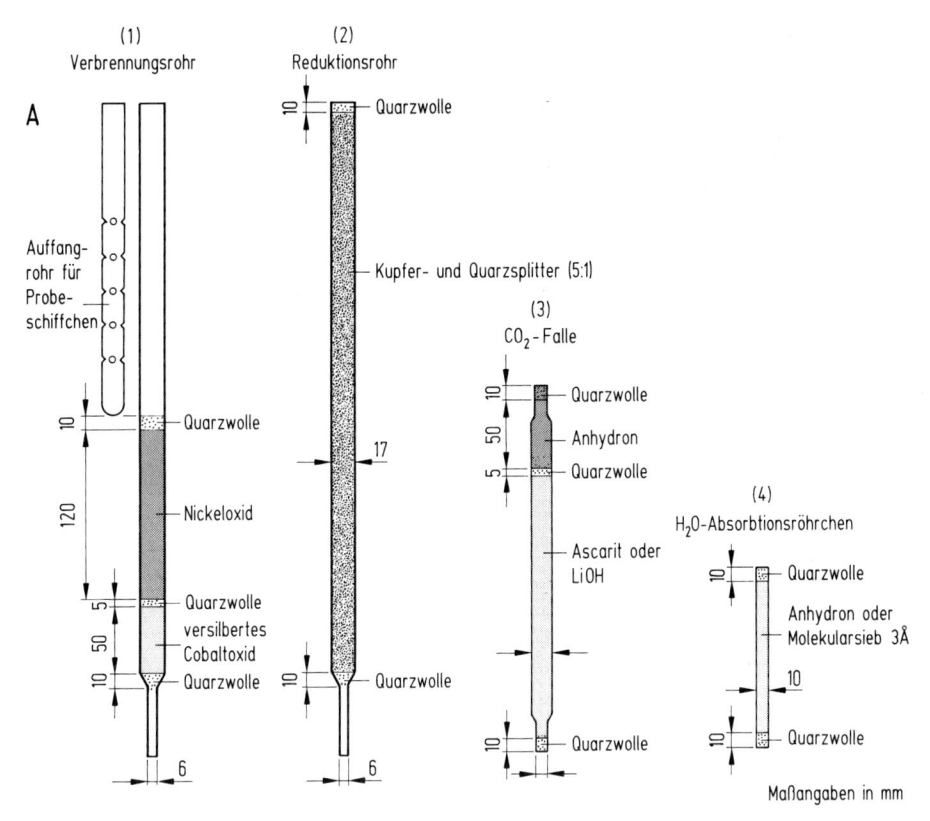

Abb. 32-1 (A). Carlo Erba N-Analyzer: *1* Verbrennungsrohr, *2* Reduktionsrohr, *3* Absorptionsröhrchen für CO_2, *4* Absorptionsröhrchen für Wasser.

sorptionseffekte und ist Heteroelementen gegenüber reaktionsträge. Nur Substanzen mit Nitrogruppen ergeben gelegentlich zu niedrige Werte, die eine Reaktion mit dem Oxidationskontakt vermuten lassen. Um dieser Gefahr vorzubeugen, wird auf den Oxidationskontakt eine 2 cm dicke Schicht Quarzgrieß gepackt. Alternativ kann ein leeres Reaktionsrohr aus Quarz in das Verbrennungsrohr eingebaut werden (Abb. 32-1 A); dies erhöht außerdem die Lebensdauer des Verbrennungsrohres, und die Verbrennungsrückstände können leicht aus dem Verbrennungsrohr entfernt werden. Eine Schicht Co_3O_4/Ag am Ausgang des Oxidationsrohrs absorbiert Schwefel und Halogene. Zur Analyse hochfluorierter Verbindungen wird anstelle NiO als Oxidationskontakt WO_3 auf Aluminiumoxid (1020 °C) verwendet. Dieser bindet SiF_4, das nach GC-Trennung die Stickstoffbestimmung stört, weil es dieselbe Retentionszeit wie Stickstoff aufweist. Die Rohrverbindung vom Oxidations- zum Reduktionsrohr ist beheizt, um die Entstehung von Salpetersäure aus dem Gasgemisch ($CO_2 + H_2 + N_xO_y$) zu vermeiden, da sonst zu geringe Stickstoffwerte auftreten; diese Gefahr besteht bei der Umsetzung von Nitrokörpern. Als Reduktionskontakt wird ein Quarzrohr mit feingranuliertem Kupfer und Quarzgrieß (5 : 1) gefüllt und auf 700 °C beheizt; es absorbiert überschüssigen Sauerstoff und reduziert Stickoxide. Nach dem Reduktionsrohr durchströmen die Reaktionsgase CO_2, H_2O, N_2 das mit Magnesiumperchlorat oder Molekularsieb (3 Å) gefüllte Trockenrohr, dann zur Absorption des CO_2 das Askaritrohr und anschließend die 2 m lange mit Porapak QS gefüllte GC-Säule. Von der Trennsäule durchströmt das Heliumgas zur Messung der Stickstoffkonzentration die TC-Meßzelle, die mit 120 mA gespeist und auf 120 °C thermostatisiert wird.

Unbekannte Substanzen analysiert man am günstigsten mit Einwaagen von 1 bis 5 mg (entsprechend 100 bis 1000 µg N) und einer Eichung mit 3 bis 5 mg Acetanilid. Von schwer pyrolysierbaren Stoffen wägt man 1 bis 2 mg ein, sonst erhält man zu niedrige Analysenwerte. Bei organischen Substanzen mit hohen Stickstoffgehalten eignet sich besser Imidazol als Eichsubstanz. Wenn die Natur der Substanz es zuläßt und die Oxidationskapazität nicht überfordert wird, sind auch mit wesentlich höheren Substanzeinwaagen noch exakte N-Werte zu erhalten. Die Methode ist nicht nur auf Feinchemikalien beschränkt, auch proteinhaltige Nahrungs- und Futtermittel und Umweltproben können damit erfolgreich analysiert werden (COLOMBO und GIAZZI 1982).

Der zudosierte Sauerstoff muß sehr rein sein − Blindwert/Analyse maximal 3 bis 5 µg N_2. Die Auswertung erfolgt unter Berücksichtigung der Eichfaktoren, die mit eingewogenen Testsubstanzen ermittelt werden. Da die Eichgerade im untersten und obersten Bereich nicht mehr exakt linear ist, wird entweder mit Testsubstanzen geeicht, die den zu analysierenden Substanzen entsprechen oder es wird mit korrigierten Eichfaktoren gerechnet − siehe dazu PELLA et al. (1984). Die Reproduzierbarkeit der Analysenwerte mit einem Carlo Erba-N-Analyzer (Modell 1300) wurde von BARTELMUS und HEUSSER (1982) getestet.

32.2 Die thermokonduktometrische Stickstoffbestimmung mit dem FOSS HERAEUS-Rapid-N

Die Apparatur zur Bestimmung des Stickstoffes, der Rapid-N nach MERZ (s. Abb. 31-3) mit gasvolumetrischer Endbestimmung, wurde inzwischen zu einem CHN- und N-Analysengerät mit thermokonduktometrischer Messung und digital-integraler Endauswertung weiterentwickelt. Für die gleichzeitige Bestimmung von CH und N wurde dieses Gerät bereits in Kap. 16.4 beschrieben. Für die N-Bestimmung allein wird dieses Gerät in einer einfacheren Ausführung angeboten; CO_2 und H_2O werden in Absorptionsfallen festgehalten, so daß nur der Stickstoffgehalt thermokonduktometrisch gemessen wird. Im Industrielabor wird dieses Gerät zur Serien-Stickstoffbestimmung im Mikro-, vor allem aber Halbmikrobereich, schwerpunktmäßig in technischen Betriebs- und Umweltproben angewendet. Die Analysendauer beträgt etwa 5 min, Einwaagengröße 5 bis 8 mg.

Prinzip (WESER 1983). Das Verbrennungsprinzip entspricht exakt dem des in Kap. 16.4 beschriebenen CHN-Rapid (s. Abb. 16-17). Für die thermokonduktometrische N-Bestimmung allein werden die störenden Reaktionsgase, in diesem Fall auch CO_2 und H_2O, vor dem Eingang in die TC-Meßzelle absorptiv aus dem Reaktionsgasstrom entfernt, so daß nur der Stickstoff mit dem Heliumgasstrom die Meßzelle erreicht und dort digital/inte-

macroN

Stickstoff/Protein-Analysator

- Stickstoffbestimmung vollautomatisch (90-Probenwechsler) in festen und flüssigen Proben, mit PC-Steuerung
- Keine umweltbelastenden Chemikalien und Abgase
- Hoher Einwaagebereich von 2 mg bis 3 g
- Dynamischer Meßbereich von 0,1 bis 500 mg N absolut
- Sofortanalyse in nur 7 min.
- Hohe Genauigkeit und Reproduzierbarkeit, geringe Analysenkosten

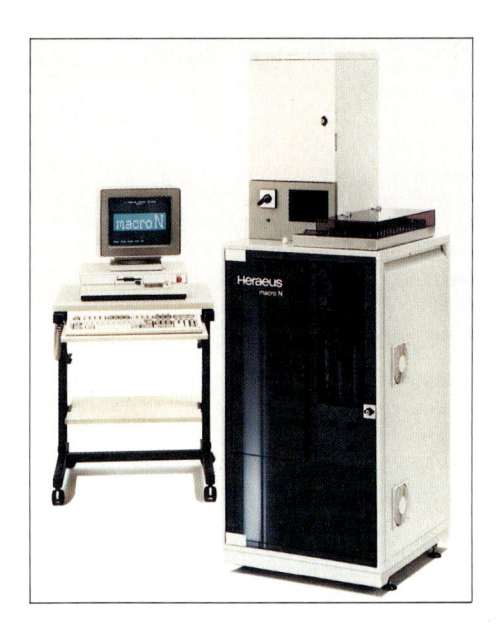

CHN-O-Rapid

Elementar-Analysator

- Bestimmung von C-, H-, N und als Option S und O
- Großer dynamischer Meßbereich und maximale Einwaagen bis 200 mg
- Hohe Genauigkeit und Reproduzierbarkeit
- Bedienungsfreundliche Ausführung und vollautomatische PC-Auswertung
- Preisgünstige Verbrauchsmaterialien

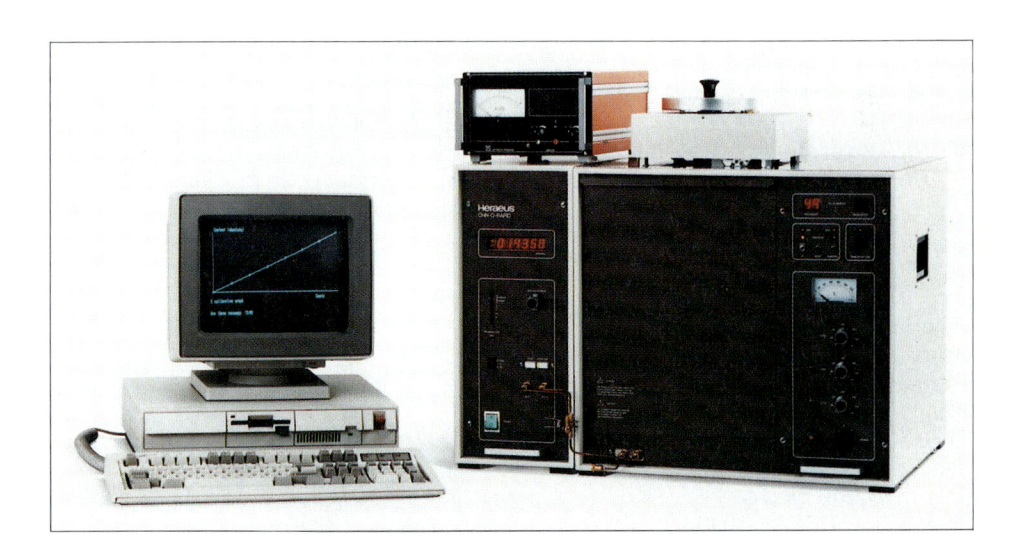

Gerätespezifikation macroN

- Linearer dynamische Arbeitsbereich: 1,0 – ca. 200 mg N absolut
- Gesamter Meßbereich mit Kurvenanpassung bzw. drei linearen Abschnitten: 0,1 – ca. 500 mg N
- Standardabweichung: < 0,5 % rel. bei Testsubstanz (Einwaage ca. 400 mg)
- Nachweisgrenze: 0,05 mg N absolut
- Wiederfindungsrate: > 99,5 % für Testsubstanzen
- Analysedauer: 7 – 11 min. je nach Anwendung, Genauigkeitsanforderungen und Analysenprogramm (für 1 g Mais werden z. B. 7,7 Minuten benötigt)
- Aufschlußtemperatur: etwa 1000°C
- Versorgungsgasse: CO_2: 99,900 % Reinheit O_2: 99,995 % Reinheit
- Gasverbrauch pro Analyse: etwa 6 Liter CO_2 etwa 0,2 bis 2 Liter O_2
- Meßwertausgabe: Anzeige am Bildschirm einschließlich Abspeicherung auf Diskette; bei Druckeranschluß erfolgt Ausdruck kompletter Meßprotokolle
- V24-Schnittstelle

Gerätespezifikation CHN-O-Rapid

- Multifunktionaler Analysator für die Bestimmung von C, H, N; C, N; N; sowie O oder S in Feststoffen und Flüssigkeiten; auch für inhomogene Proben geeignet
- Optimierter Substanzaufschluß (Verbrennung)
- O- sowie S-Bestimmung optional; Nachweis mittels ND-IR-Detektor
- Möglichkeit der Aufrüstung für Direkteinspritzung wäßriger Proben bis 2,5 ml zur C, N-Analyse
- Hoher Dynamikbereich. Nachweisgrenzen:
  N: ≤ 1 µg   5 mg
  C: ≤ 1 µg   15 mg
  H: ≤ 1 µg   1,5 mg
  O: ≤ 1 µg   2 mg
  S: ≤ 5 µg   2 mg
- Hohe Genauigkeit und Reproduzierbarkeit, da optimale Trennung der Gaskomponenten ohne Memory- und Tailingeffekte erfolgt; Standardabweichung 0,1 % bei Nitroanilin
- Großer Einwaagebereich: 0,2 bis 200 mg. Automatische Anpassung der Analysendauer an den jeweiligen Elementgehalt

Foss Heraeus
Analysensysteme GmbH
Donaustraße 7
Postfach 1502
D-6450 Hanau 1
Telefon (06181) 9100-0
Telex 4102516 fhhu d
Telefax 3/a, (06181) 9100-10

Foss Heraeus

32.2 Die thermokonduktometrische Stickstoffbestimmung mit dem FOSS HERAEUS-Rapid-N

gral ausgewertet wird. Die für die CHN-Bestimmung eingesetzte Integrationseinheit wird für die N-Bestimmung entsprechend umprogrammiert.

32.2.1 Stickstoffbestimmung mit dem FOSS HERAEUS-makro-N

Zur Bestimmung des Stickstoffes in *Lebens-* und *Futtermitteln* (Bestimmung des Proteingehaltes), sowie *Stickstoffdüngern, Brennstoffen, Umweltproben* u. a., zu deren Analyse wegen ihrer Inhomogenität größere Probeneinwaagen erforderlich sind und die deshalb bisher fast ausschließlich mit den bekannten Nachteilen eine Domäne der Kjeldahl-Methode (Naßaufschluß) waren, ist die unten beschriebene Methode eine echte Alternative, da sie die Vorteile der Dumas-Methode (thermische Umsetzung und thermokonduktometrische N-Bestimmung) nutzt. Der FOSS HERAEUS-makro-N (Funktionsschema s. Abb. 32-2) erlaubt die N-Bestimmung im Makromaßstab in Probenserien, auch verschiedenster Matrizes.

Prinzip (KUPKA und SIEPER 1988). Die Probe (bis ca. 1 g) wird in einem wiederverwendbaren Keramiktiegel eingewogen und in das Magazinband des Probenwechslers eingesetzt. Die Übernahme des Probengewichts erfolgt entweder on-line von der Waage auf den PC über V24-Schnittstelle oder manuell über PC-Tastatur.

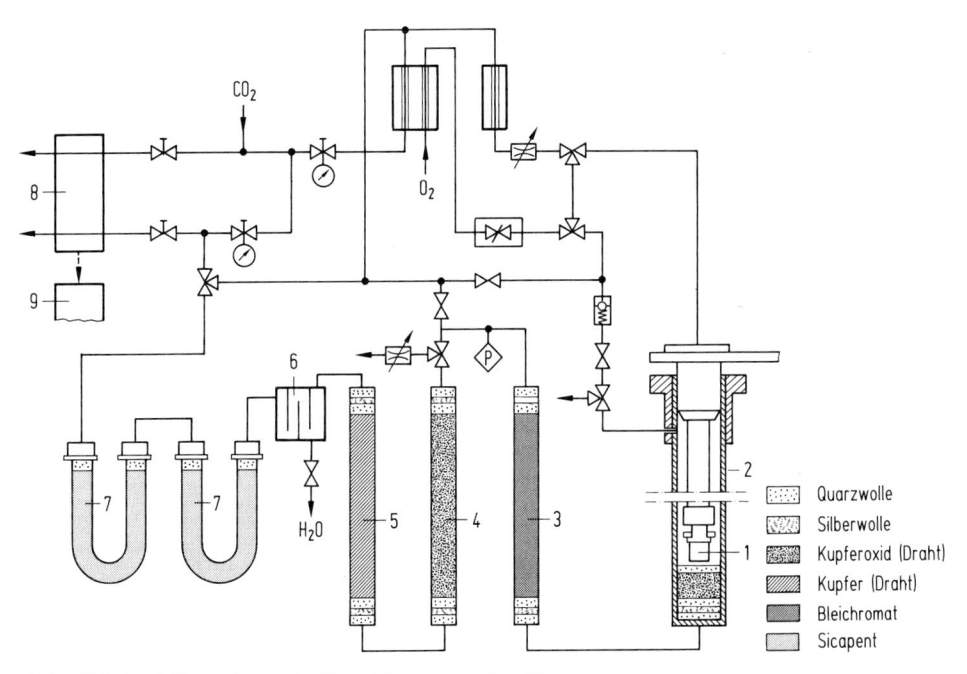

Abb. 32-2. Funktionsschema des FOSS HERAEUS-makro-N.
1 Probentiegel, *2* Verbrennungsrohr, *3* Absorptionsrohr für SO_2, *4* Nachverbrennungsrohr, *5* Reduktionsrohr, *6* Wasserkondensator, *7* Trockenrohr, *8* WLD, *9* Integrator.

Eine automatische Beschickungseinrichtung überführt den Probentiegel in den Rohrofen. Nach Erreichen der Verbrennungszone wird diese auf ca. 1100 °C erhitzt und Sauerstoff zugeführt. Die gasförmigen Verbrennungsprodukte werden mit dem Trägergas CO_2 in die Nachverbrennungszone, das SO_2-Absorptionsrohr (3), das Nachverbrennungsrohr (4) und das Reduktionsrohr (5) geleitet. Die bei Grammengen organischen Probenmaterials entstehenden erheblichen Gasmengen (ca. 2 l) werden über spezielle Regeleinrichtungen kontrolliert, um einen vorgegebenen Druck konstant zu halten. Am Ausgang des Reduktionsrohrs besteht das Gasgemisch nur noch aus dem Trägergas CO_2 sowie Stickstoff und Wasserdampf. Der Wasserdampf wird anschließend mit einem Kondensor (6) und nachgeschalteten Trockenrohren (7) quantitativ entfernt. Das N_2-/CO_2-Gasgemisch erzeugt nach Durchlaufen eines Durchflußreglers in einem Wärmeleitfähigkeitsdetektor (9) ein Signal, dessen Zeitintegral über eine lineare Kalibrierung in mg N absolut umgerechnet wird. Zusammen mit dem Einwaagewert ergibt sich daraus die prozentuale Stickstoffkonzentration der Probe und über einen Faktor der Proteingehalt.

Gerätesteuerung und Meßsignalauswertung erfolgen mit Hilfe eines PC und eines Druckers.

Der dynamische Meßbereich des Gerätes reicht von 0.05 mg (Nachweisgrenze) bis etwa 500 mg N absolut. Die Kalibrierkurve ist im Bereich von 0.05 mg bis in den Bereich von 300 mg N abs. streng linear. Darüber hinaus erfolgt über den Rechner eine nichtlineare Kurvenanpassung 3. Grades. Die Kalibrierung erfolgt mit reinen Testsubstanzen, im Spurenbereich z. B. mit wäßrigen Harnstofflösungen oder es werden die Kjeldahlwerte der Eichung zugrunde gelegt, wenn komplexe Matrizes analysiert werden.

32.3 Die Stickstoffbestimmung mit dem PE 2410 N Nitrogen Analyzer

Prinzip (CULMO und SWANSON 1988). Die Konzeption des PE 2410 N Nitrogen Analyzer, dessen Arbeitsprinzip Abb. 32-3 illustriert, gleicht im wesentlichen der des erprobten PE 2400 CHN-Analyzers (s. Kap. 16.1). Wie dort fallen die in Zinnhülsen eingekapselten Probeneinwaagen nach Programm gesteuert und kontrolliert in das vertikal gestellte Ver-

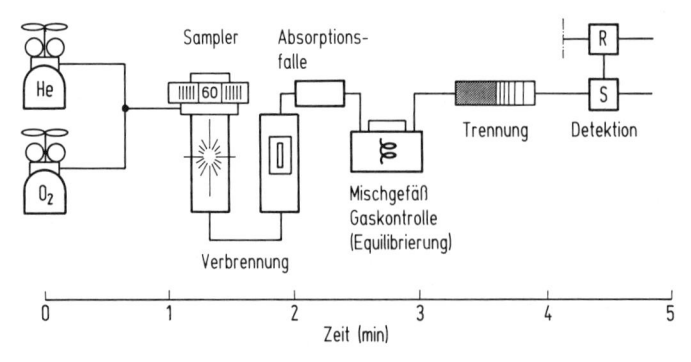

Abb. 32-3. Arbeitsprinzip des PE 2410 N Nitrogen Analyzer (schematische Darstellung).

brennungsrohr und werden dort spontan (flash) in weitgehend reiner Sauerstoffatmosphäre verbrannt. Die gasförmigen Verbrennungsprodukte werden mit Helium oder Argon als Trägergas ausgespült, durchströmen das an das Verbrennungsrohr anschließende Reduktionsrohr, in dem Stickoxide reduziert und der überschüssige Sauerstoff gebunden wird, von dort wird der Reaktionsgasstrom durch eine Absorptionsfalle geführt, in der CO_2 und H_2O chemisch gebunden und quantitativ vom zu messenden Stickstoff abgetrennt werden. Die restlichen Reaktionsgase werden mit Helium ins Mischgefäß gespült und zur Einstellung exakter Gleichgewichtsbedingungen für die nachfolgende thermokonduktometrische Messung des Stickstoffes auf einen bestimmten Druck komprimiert. Das equilibrierte Gasgemisch wird dann mit konstanter Strömung über die Trennsäule geführt, wo der Stickstoff von evtl. im Reaktionsgasstrom noch vorhandenen und die Stickstoffmessung verfälschenden Verbrennungsgasen getrennt wird. Der Stickstoff im Trägergasstrom, über die Trennsäule von störenden Reaktionsgaskomponenten getrennt, erzeugt im TC-Detektor ein statisches Meßsignal, das vom Rechner übernommen wird, der dann mit Hilfe der gespeicherten Eichfaktoren und des Probengewichtes den Prozentgehalt an Stickstoff berechnet. Die Dauer einer Analyse mit diesem neu konzipierten Gerät verringert sich auf maximal 3 bis 4 min. Das Gerät ist mit mehreren technischen Neuerungen ausgestattet, die beispielsweise einen vollautomatischen und kontrollierten Ablauf eines Analysenzyklus von 60 Probeneinwaagen ermöglichen (inklusive Eichung und Blindwertkontrolle). Wesentlich für die N-Bestimmung ist auch die programmierbare Sauerstoffdosierung, die es erlaubt, den Verbrennungsablauf der Natur der Probe anzupassen. Dadurch kann die Verbrennungsmethode zur N-Bestimmung auch in Produkten angewandt werden, die bislang nur mit der wesentlich zeit- und arbeitsaufwendigeren Kjeldahl-Methode analysiert werden konnten, wie in Nahrungs- und Futtermitteln, in festen und flüssigen Brennstoffen, in Textilien oder Umweltproben. N-Gehalte können bis in den Bereich von 0.01% N, mit Probeneinwaagen bis zu 50 mg, bestimmt werden. Das Gerät, seine Anwendung und die Analysenausführung beschreibt ausführlich das PE-Analysen-Manual zum 2410-N Nitrogen Analyzer.

32.4 Die Stickstoffbestimmung mit dem LECO NP-28-Proteinanalysator

Allgemeines. Die Stickstoffanalyse in Proteinen wurde bisher nach der Kjeldahl-Methode durchgeführt. Der nach dieser Methode ermittelte N-Wert mit 6.25 multipliziert ergibt den Proteingehalt. Diese Bestimmungen werden in großen Serien in Proben der Nahrungs- und Futtermittelindustrie angewendet, in inhomogenen Proben, die nur mit erheblichem Aufwand soweit homogenisiert werden können, daß sie einer N-Analyse nach DUMAS (mit mg-Einwaagen) zugänglich sind. Schon deshalb wurde die Kjeldahlbestimmung mit Substanzeinwaagen von 1 bis 2 g bevorzugt. Der unten beschriebene Proteinanalysator ermöglicht die N-Bestimmung durch Rohrverbrennung im Makrobereich und erschließt so die wesentlich schnellere Dumas-Methode der Proteinbestimmung in den relativ inhomogenen Matrizes der Getreide- und Futtermittel.

Abb. 32-4 zeigt anschaulich Prinzip und Arbeitsweise dieses speziellen Analysengerätes.

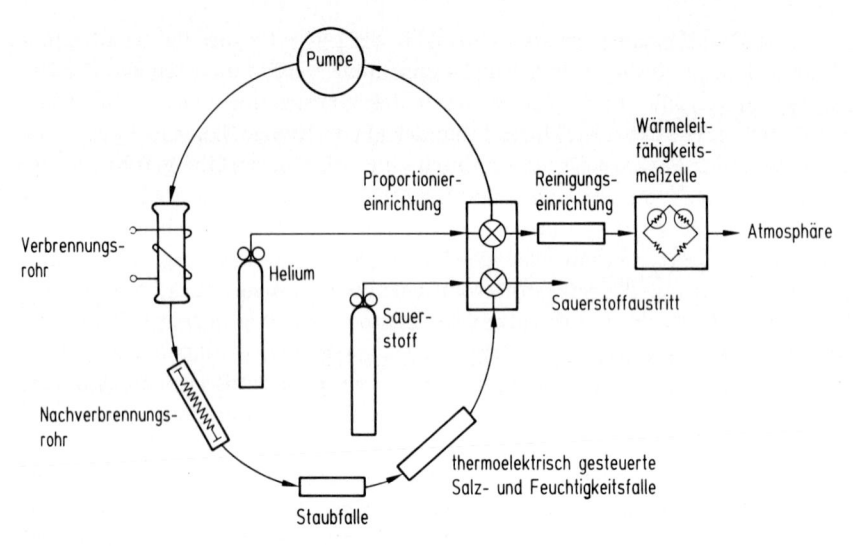

Abb. 32-4. Leco NP-28-Proteinanalysator.

Prinzip und Arbeitsweise. Abweichend von der klassischen Form der Rohrverbrennung erfolgt hier die Verbrennung der Probe durch Induktion in Sauerstoffatmosphäre, wobei die organischen Stickstoffverbindungen in Stickstoff und gasförmige Stickstoffoxide umgewandelt werden. In der Nachverbrennung werden dann die verschiedenen Oxide zu elementarem Stickstoff reduziert, und nach Proportionierung des Reaktionsgases wird der Gesamtstickstoff thermokonduktometrisch bestimmt.

Eine Probe von 0.5 bis 1 g, die in einem wieder verwendbaren Quarztiegel enthalten ist, wird in einem Leco-Induktionsofen in Sauerstoff bei etwa 1000 °C verbrannt, wobei ein quarzumschlossener Graphitzylinder als Wärmequelle verwendet wird. Die Verbrennung erfolgt in einem für Leco patentierten (US-Patent 3 985 505) geschlossenen Kreislaufsystem, in dem eine gleichbleibende Sauerstoffmenge umgewälzt wird. Durch die Verbrennung in diesem Kreislaufsystem werden alle organischen Stickstoffverbindungen verbrannt, worauf die Verbrennungsprodukte ein homogenes Gemisch mit dem Restsauerstoff bilden. In dem Kreislaufsystem befinden sich ferner ein thermoelektrisch gesteuerter Kondensor und ein Nachverbrennungsrohr. Der thermoelektrisch gesteuerte Kondensor dient zum Auskondensieren von Feuchtigkeit und Salzen bei etwa 0 °C. Zum Verbrennen der im Induktionsofen verflüchtigten Probesubstanz dient das 45 cm lange und auf 1000 °C erhitzte Nachverbrennungsrohr, das mit Quarzspänen gefüllt ist.

Nach dieser Behandlung werden mittels eines Trägerstroms aus Heliumgas etwa 10 ml des Gasgemisches aus dem Kreislaufsystem entfernt. Danach werden die verschiedenen Stickstoffoxide mit Kupfer bei 650 °C zu elementarem Stickstoff reduziert und störende Gase selektiv absorbiert. Mit Hilfe von Platin-Aktivkohle wird Restsauerstoff in CO umgewandelt. Anschließend wird CO mit Hilfe von heißem Kupferoxid zu CO_2 aufoxidiert und in mit Natriumhydroxid imprägniertem Asbest absorbiert. Restliche Feuchtigkeitsspuren werden mit Hilfe von Anhydrone entfernt.

Mit Helium als Trägergas durchströmt der Stickstoff zur Messung die TC-Meßzelle. Er wird von der Auswerteeinheit digital als *Prozentgehalt Stickstoff* oder nach Multiplikation mit dem Faktor 6.25 als Prozentgehalt *Protein* angezeigt.

Die Analysendauer beträgt 7 min. Bei 1 g Einwaage werden N-Gehalte von 0.01 bis 9.0% bestimmt. Die Meßgenauigkeit beträgt nach den Angaben des Geräteherstellers bei homogenen Proben ±3%rel. des Proteingehaltes.

32.5 Thermokonduktometrische Stickstoffbestimmung in Feststoffen (Metall-, Keramik-, Erz-, Kohle-, anorganischen Verbindungen und ähnliche Proben) mit dem STRÖHLEIN-Dinimat 450 (NSA-mat 450)

Meßverfahren. Die zu untersuchende Probe wird nach dem Einwägen über eine Probenschleuse in einen entgasten und durch direkte Stromzufuhr auf bis zu 2700 °C aufgeheizten Graphittiegel eingeworfen. Bei pulvrigem Material erfolgt die Einwaage direkt in den Tiegel. Der freiwerdende Stickstoff strömt zusammen mit einem chemisch inerten Trägergas (Helium) aus dem Ofen durch einen Wärmeleitfähigkeitsdetektor, wobei N_2 quantitativ erfaßt wird. Die Temperatur der Probe im Graphittiegel wird über einen Lichtleiter pyrometrisch gemessen (Prinzip: Strahlung schwarzer Körper).

Das Trägergas He gelangt (s. Abb. 32-5) nach einer Vorreinigung (3) in den Ofen (10). Da die mit konstanter Förderleistung arbeitende Pumpe (14) weniger Gas absaugt, als in den Ofen eindringt, strömt ein Teil des Heliums an der Probenschleuse (9) vorbei nach außen und verhindert so das Eindringen von Luft. Beim Aufschmelzen der Probe reagiert der darin enthaltene Sauerstoff mit dem Tiegelmaterial Graphit zu Kohlenmonoxid. Das Analysengas, bestehend aus CO, H_2 und N_2 im Trägergas, wird in der Staubfalle (11) von festen Rückständen befreit. CO wird in einer nachgeschalteten Oxidationssäule (12) oxidiert und am Molekularsieb (3) adsorbiert. Dieses Molekularsieb trennt H_2 und N_2 aufgrund der verschieden großen Moleküldurchmesser.

Durch die Wärmeleitfähigkeitsmeßzelle (13) strömt parallel zum Analysengas ein Referenzgasstrom (15) mit reinem He. Der Meßeffekt beruht auf der unterschiedlichen Wärmeleitfähigkeit von He und N_2.

Das dadurch hervorgerufene analoge Meßsignal wird verstärkt, digitalisiert und integriert. Das zeitliche Integral entspricht der Menge an N_2 und ist dem N-Gehalt der Probe proportional. In Meßpausen wird durch Schalten der Magnetventile (5) der Trägergasverbrauch auf ein Minimum reduziert. Die Geräte sind mit einer Gaseicheinrichtung (20) versehen, die das Messen der Wärmeleitfähigkeitsänderung verschiedener, bekannter Volumina Stickstoff gestattet. Dies geschieht durch Einspeisen des Eichgases N_2 (18) bei geschlossener Probenschleuse (9) in den Trägergasstrom.

Selbstverständlich ist eine ebenfalls automatische Kalibrierung mit Referenzmaterial bekannten Stickstoffgehalts möglich.

Zur fraktionierten Bestimmung der einzelnen Stickstoffanteile mit Hilfe des NSA-mat wird die Probe in Abhängigkeit von der Zeit zwischen ca. 1150 K und 3000 K aufgeheizt. Durch den linearen Temperaturanstieg ist eine eindeutige Zuordnung des jeweiligen Meßsignals zur Temperatur möglich.

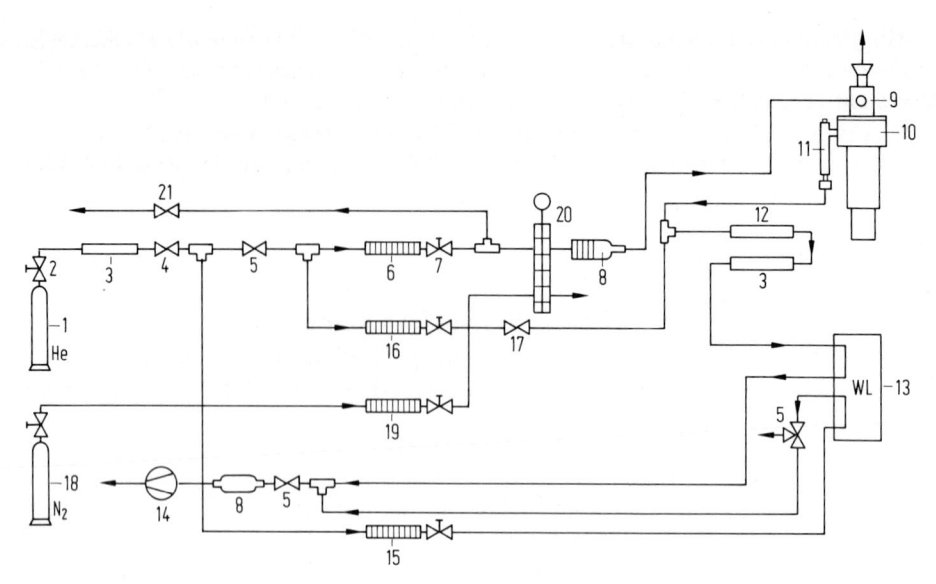

Abb. 32-5. Funktionsprinzip des STRÖHLEIN-Dinimat (NSA-mat 450) (Erklärung im Text).
1 Trägergas (He), *2* Reduzierventil, *3* Molekularsieb, *4* Magnetventil, *5* Magnetventil, *6* Strömungsmesser für Trägergas, *7* Feinregulierventil, *8* Ausgleichbehälter, *9* Probenschleuse, *10* Impulsofen, *11* Staubfalle, *12* Schütze-Reagens, *13* Wärmeleitfähigkeitsmeßzelle, *14* Pumpe, *15* Strömungsmesser für Referenzgas, *16* Strömungsmesser für Spülgas, *17* Magnetventil, *18* Eichgas (N_2), *19* Strömungsmesser für Eichgas, *20* Gaseichvorrichtung, *21* Magnetventil.

Der Blindwert wird durch Speicherung des zeitlichen Signalverlaufs ohne Probe bestimmt. Dieser Kurvenverlauf wird bei der Auswertung der Analysen automatisch vom Meßsignal abgezogen.

Aufbau. Der Dinimat 450 bzw. NSA-mat 450 besteht aus dem Analysator und dem Control-Terminal.

Der Analysator enthält auf der Frontplatte den pneumatisch betätigten Impulsofen, die Strömungsmesser zur Regelung des Gasflusses sowie die leicht auswechselbaren Reagenzien. Ein Magnetventil begrenzt den Kühlwasserzufluß auf die Zeit der Heizphasen, um den Wasserverbrauch auf ein Minimum zu reduzieren.

Vom Control-Terminal werden alle Kontroll- und Steuerfunktionen initiiert und überwacht. Die Programmierung und Steuerbefehle erfolgen über die Bedienungstastatur. Kommentare und Alarmmeldungen erscheinen im Klartext auf dem Bildschirm. Die Gewichtseingabe kann manuell über die Tastatur oder über eine elektronische Waage erfolgen. Ein Heizofen zur Regenerierung des Molekularsiebs gehört zur Ausstattung.

Technische Daten/Spezifikationen

Meßbereich	$0 - 0.05\%$ N $0 - 0.5\%$ N $\}$ bei 0.5 g Einwaage Erweiterung der Meßbereiche durch Reduzierung der Einwaage. Andere Bereiche auf Anfrage.
Reproduzierbarkeit	± 1 ppm oder $\pm 1\%$ relativ
Auflösung	1 ppm
Analysenzeit	ca. 60 s (Dinimat) ca. 2 min (NSA-mat)

33 Die Stickstoffbestimmung nach KJELDAHL – Der Aufschluß

33.0 Einführende Bemerkungen

Die Naßaufschlußmethode (üblicherweise als Kjeldahl-Methode bezeichnet) zur Bestimmung des organisch gebundenen Stickstoffes hat zugunsten der Rohrverbrennungsmethode (Dumas-Methode) in letzter Zeit etwas an Bedeutung verloren. Über die Rohrverbrennung lassen sich mit den heute verfügbaren Methoden im optimalen Fall noch N-Gehalte bis 0.01% genau und schnell bestimmen, auch in Produkten (wie physiologischen und biologischen Proben), die bislang Domäne der Kjeldahl-Methode waren. Im Spurenbereich (0.1% bis in den ppm-Bereich) ist die Kjeldahl-Methode auch heute noch unentbehrlich, obwohl sie – trotz Rationalisierungen – immer noch arbeitsintensiv und die Bestimmung je nach Stickstoffbindung nicht immer quantitativ ist. Schon bei der Wahl der Aufschlußmischung – oxidativ oder reduktiv – ist man weitgehend auf Erfahrungen angewiesen. BORNMANN (1975) hat eine große Zahl verschiedenster organischer Stickstoffverbindungen untersucht. Seine Ergebnisse sind in Tab. 33-1 auszugsweise wiedergegeben. Die Kjeldahl-Methode wird trotz aller Mängel im Mikro- bis Makromaßstab in großen Serien durchgeführt. Dafür sind leistungsstarke Analysensysteme auf dem Markt, auf die an geeigneter Stelle hingewiesen wird.

Die Kjeldahl-Methode und ihre Varianten sind übersichtlich zusammengefaßt in der Monographie „The Kjeldahl Method for Organic Nitrogen" von BRADSTREET (1965). Anwendungen der Methode auf biochemische und agrikulturchemische Probleme werden von HORWITZ (1970) beschrieben.

Die Bestimmung erfolgt in drei Teilschritten:

– *Aufschluß der organischen Substanz*
– *Abdestillation des dabei entstandenen Ammoniaks*
– *Maßanalytische oder photometrische Bestimmung des so gewonnenen Ammoniaks*

Prinzip. Der organisch gebundene Stickstoff wird durch Kochen mit konz. Schwefelsäure in Gegenwart geeigneter Katalysatoren in Ammoniumsulfat übergeführt. Dann wird mit konz. Lauge Ammoniak in Freiheit gesetzt und im Luft- oder Wasserdampfstrom in gemessene überschüssige Säure überdestilliert. Durch Rücktitration der überschüssigen Säure mit Normallauge wird die von Ammoniak verbrauchte Säuremenge bestimmt. Die Bestimmung erfolgt nach untenstehender Reaktionsgleichung mit Harnstoff als Probebeispiel:

$$H_2N \cdot CO \cdot NH_2 \xrightarrow{H_2SO_4} (NH_4)_2SO_4 \qquad \textit{Aufschluß}$$

$$(NH_4)_2SO_4 + 2\,NaOH \rightarrow 2\,NH_3\uparrow + 2\,H_2O + Na_2SO_4 \qquad \textit{Destillation}$$

$$2\,NH_3 + H_2SO_4 \rightarrow (NH_4)_2SO_4 \qquad \textit{Titration}$$

33.1 Der oxidative Kjeldahl-Aufschluß mit Mischkatalysator

Der Aufschluß. Nach der Originalvorschrift von KJELDAHL (1883) werden 0.2 bis 0.7 g Substanz mit 10 ml konz. Schwefelsäure gekocht. Um die Zersetzung zu beschleunigen, wird der Schwefelsäure Phosphorpentoxid zugesetzt. Am Ende des Aufschlusses wird zur Vervollständigung der Umwandlung in Ammoniumsulfat zur heißen Aufschlußlösung feingepulvertes Permanganat in kleinen Portionen zugesetzt. Der Zusatz von Phosphorpentoxid oder von 83%iger Phosphorsäure zur Schwefelsäure (z. B. 2:3) beschleunigt den Aufschluß zwar wesentlich, verursacht aber schnellen Verschleiß der Reaktionskolben. In neueren Arbeitsvorschriften werden Kaliumpermanganat, Kaliumsulfat, Kupfersulfat, Selen und Quecksilbersalze als Reaktionsbeschleuniger empfohlen. Letztere haben aber den Nachteil, daß zum Abdestillieren des Ammoniaks Zusätze wie Kaliumsulfid, Natriumthiosulfat oder überschüssiges Zink erforderlich sind, um die gebildeten Aminverbindungen des Quecksilbers zu zersetzen. Kupfer ist zwar weniger wirksam als Quecksilber, erfordert aber keinen Sulfid- oder Thiosulfatzusatz bei der Destillation. Es wird daher bevorzugt kombiniert mit Kaliumsulfat als Katalysator zugesetzt.

Im fortgeschrittenen Stadium des Aufschlusses kann auch durch tropfenweisen Zusatz von 30%igem Wasserstoffperoxid (MILLER und MILLER 1948) die Aufschlußzeit verkürzt werden, ohne daß dadurch Stickstoffverluste eintreten.

Substanzen, in denen der Stickstoff nicht aminoid gebunden vorliegt, werden nach der Methode von FRIEDRICH (1933) mit Iodwasserstoffsäure vorbehandelt (Methode 33.2). Glucosezusatz als Aufschlußhilfe empfiehlt sich bei Proben, die wenig Kohlenstoff enthalten. Liegt der Stickstoff bereits in aminoider Form vor, führt der Schwefelsäureaufschluß meistens zum Ziel. Nitro-, Nitroso- und Azoverbindungen, sowie Hydrazine, Dinitrohydrazone, Osazone, Oxime und gewisse Diazoverbindungen müssen vor dem Schwefelsäureaufschluß mit Iodwasserstoffsäure im offenen oder geschlossenen Reaktionsrohr (Bombenrohr) reduziert werden, um brauchbare Werte zu ergeben. Bei Diazoketonen R–CO–CHN$_2$ versagt aber auch dieses sonst ausgezeichnete reduzierende Veraschungsverfahren, da diese Substanzen mit Iodwasserstoffsäure bereits in der Kälte Stickstoff abspalten.

Auch Nitril-Stickstoff ist nach der Kjeldahl-Methode erfaßbar, wenn die Nitrilgruppe vorher mit verdünnter Schwefelsäure und Perhydrol im offenen oder geschlossenen Reaktionsrohr (Bombenrohr) zum carbonsauren Ammonsalz verseift wird. Die Kjeldahl-Methode findet heute hauptsächlich Anwendung zur Stickstoffbestimmung in physiologischem Material, in Pflanzen und ganz allgemein zur Spurenbestimmung in organischen Substanzen. In diesen Substanzen liegt der Stickstoff meistens bereits in aminoider Form vor, bzw. es ist beim Aufschluß ein günstiges Verhältnis von Stickstoff zu reduzierender Substanz vorhanden.

Tab. 33-1. Maximale Erfaßbarkeit der Kjeldahl-N-Methode in Abhängigkeit vom Molekülbau. Erfahrungswerte nach BORNMANN (1975).
(1) % N abs. (Theorie); (2) % N (relativ) nach KJELDAHL mit KAT I; (3) % N (relativ) nach KJELDAHL mit KAT II; (4) % N (relativ) nach KJELDAHL mti KAT III; (5) % N abs. nach DUMAS.

	1	2	3	4	5
Nitrate					
Kaliumnitrat		13.85	0	82	0
Bariumnitrat		10.72	0	91	0
Nitrite					
Natriumnitrit		20.30	0	25	12
Ammoniumsalze					
Ammoniumoxalat		19.71	100	100	100
Eisen(II)ammoniumsulfat		7.14	95	100	100
Ammoniumfluorid		37.82			
Ammoniumacetat		18.17	98	100	100
Ammoniumthiocyanat		36.80	98	99	100
Ammoniummolybdat		6.80	100	100	100
Ammoniummonovanadat		11.97	88	100	100
Ammoniumperoxidisulfat		12.28	99	100	100
Ammoniumchromat		18.42	86	100	100
Ammoniumdichromat		11.11	84	100	100
Ammoniumcer(IV)nitrat		20.44	0	90	0
Ammoniumcer(IV)sulfat		8.86	100	100	100
Aurintricarbonsäure Ammoniumsalz		8.88	73	100	
Hydroxylammoniumsulfat		17.07	12	100	57
Hydrazin					
Phenylhydraziniumchlorid		19.37	30	77	91
Hydraziniumsulfat		21.53	0		6
4-Nitrophenylhydrazin		27.44	29	80	55
2,4-Dinitrophenylhydrazin		28.28	37	70	88
Oxalsäuredihydrazid		47.44	0	5	7
Oxalsäure-bis-(cyclohexylidenhydrazid)		20.13	49	12	58
tert.-Butylcarbazat		21.20	18	4	26
Semicarbazidhydrochlorid		37.68	33	35	36
Nitrin		19.89	58	80	83
Diphenylcarbazid		23.13	44	79	79
Dithizon		21.86	57	77	81
Girards Reagens T		25.07	32	18	28
Primäre Amine					
Methylammoniumchlorid		20.75	98	97	100
Ethylammoniumchlorid		17.18	96	98	98

KAT I – Aufschluß mit Mischkatalysator: 1 g Substanz wurde mit 25 ml konz. H_2SO_4, 9.4 g K_2SO_4, 0.7 g HgO, 0.2 g SeO_2 und 0.2 g $CuSO_4$ (wasserfrei) 180 min aufgeschlossen.
KAT II – Reduzierender Aufschluß mit Zinn(II)chlorid: 1 g Substanz wurde mit 50 ml 6%iger Zinn(II)chloridlösung und 0.7 g Ferrum reductum 10 min geschüttelt und dann mit 25 ml konz. H_2SO_4 60 min aufgeschlossen.
KAT III – Reduzierender Aufschluß mit Iodwasserstoffsäure: 1 g Substanz wurde mit 5 ml 57%iger HI und einer Spatelspitze roten Phosphor am Rückfluß erhitzt, 5 ml Wasser und 25 ml konz. H_2SO_4 zugesetzt und 100 min aufgeschlossen.
% N – nach DUMAS werden nur bei Substanzen angegeben, bei denen die Werte substanzbedingt von der Theorie abweichen.

Tab. 33-1 (Fortsetzung)

	1	2	3	4	5
3-Methoxypropylamin	15.71	87	98	97	
Ethanolamin	22.93	96	99	99	
Ethylendiamin	46.61	92	6	57	
Ethylendiaminmonotoluol-4-sulfonat	11.28	100	19	80	
Hexamethylendiamin	24.11	94	56	95	
D-Glucosaminhydrochlorid	6.50	97	98	94	
Furfurylamin	14.42	89	77	94	
Anilin	15.04	92	84	85	
o-Phenylendiamin	25.90	93	74	94	
p-Phenylendiammoniumdichlorid	15.47	97	98	98	
m-Phenylendiammoniumdichlorid	15.47	98	88	98	
4-Aminobenzamid	20.58	90	88	91	
2-Aminobenzonitril	23.71		92	95	
Sulfanilsäure	8.09	96	81	92	
Benzidin	15.21	92	90	97	
Taurin	11.19	99	60	100	
o-Tolidin	13.20	90	74	87	
2-Aminobenzoesäure	10.21	95	85	90	
4-Aminobenzoesäure	10.21	96	89	88	
Fuchsin	11.48	72	58	60	8.7
1-Amino-2-hydroxynaphthalinsulfonsäure-(4)	5.86	87	100	100	
N-(1-Naphthyl)-ethylendiammoniumdichlorid	9.62	96	57	97	
Naphthyl-(1)-amin	9.78	80	85	85	
Naphthionsäure	6.27	94	86	87	
Piperidin					
Piperidin	16.45	92	91	45	
Piperidinhydrochlorid	11.52	96	90	45	
N-Methylatropiniumbromid	3.65	98	100		
L-Hyoscyamin	4.84	68	17	21	
N-Methylscopolaminiumbromid	3.52	98	100	100	
Acridin	7.83	96	4	8	
Sparteiniumsulfat	6.63	96	7	19	
Yohimbiniumchlorid	7.17	94		56	
Thiazin					
Phenothiazin	7.03	95	56	69	
Methylenblau B	11.81	83	66	67	10.3
1,4-Oxazin					
Gallocyaninchlorid	8.32	62	77	78	
Morpholin					
4-Acetylmorpholin	10.84	96	100		
Pyrazin					
Pyrazin	34.98	98	80	94	
2-Aminopyrazin	44.19	102	81	98	
Chinoxalin	21.53	98	69	78	
Phenazin	15.55	98	68	88	
Folsäure	22.21	89	86	89	20.5
Riboflavin	14.89	94	50	77	
Safranin T	15.97	69	52	53	12.5

Tab. 33-1 (Fortsetzung)

	1	2	3	4	5
Piperazin					
Piperazin	32.52	96	12	88	
1,4-Bis (3-aminopropyl)-piperazin	27.97	93	68	95	26.5
Pyrimidin					
2-Methyl-3(o-Tolyl)-4-chinazolon	11.19	98	72	78	
Uridin	11.47	99	66	100	
Cytidin	17.28	99	70	96	
Thymin	22.21	98	98	99	
Uracil	24.99	98	99		
Tetrahydropyrimidin					
5-Methylhydrouracil	21.87	96	99	99	
Hexahydropyrimidin					
Hexahydropyrimidinon-(2)	27.98	96	19	93	
Barbitursäure	17.07	100			
Amobarbital	12.38	96	86	98	
Alloxan	13.08	100	99		
Phenobarbital	12.06	98	98		
Murexid	27.81	104	107	105	29.3
Pyridazin					
Pyridazindiol-(3,6)	24.99	3	5	28	
3,6-Dichlorpyridazin	18.81	2	10	19	
1,3,5-Triazin					
Acetoguanamin	55.97	99	100		
Benzoguanamin	37.41	99	102	101	37.7
Melamin	66.63	99	100		
Cyanursäure	32.56	98	99	99	
Dihydro-1,2,3-triazin					
3,4-Dihydro-3-hydroxy-4-oxo-1,2,3-benzotriazin	25.76	27	33	41	
Pyrazolin					
1-Phenyl-2,3-dimethyl-4-aminopyrazolon	20.68	57	77	71	
Pikrolonsäure	21.21	55	92	89	
Imidazol					
Imidazol	41.15	99	26	100	
1-Acetylimidazol	25.44	96	20	99	
Histamindihydrochlorid	22.83	98	53	67	
1,1′-Carbonyldiimidazol	34.56	116	39	117	41.1
Pilocarpiniumchlorid	11.45	100	23	72	
Imidazolin					
Lysidin	33.30	98	19	53	
Tetrahydroimidazol					
Ethylenharnstoff	32.54	29			
Allantoin	35.43	99	100	100	
1-Acetyl-2-thiohydantoin	17.71	99	100	100	
Glycoluril	39.42	97	98		
Thiadiazol					
Bismuthiol Dikaliumsalz	12.37		4	24	

Tab. 33-1 (Fortsetzung)

	1	2	3	4	5
1,2,3-Triazol					
1,2,3-Benzotriazol	35.27	32	33	33	
1,2,4-Triazol					
4-Amino-4H-1,2,4-triazol	66.63	39	4	10	
1,2,4-Triazol	60.84	4		13	
1,3,4-Triazolin					
Nitron	17.94	59	45		
Tetrazol					
5-Amino-1H-tetrazol	67.94	25	35	31	
2,3,5-Triphenyltetrazoliumchlorid	16.73	3	93	5	
Pyridin					
Pyridin	17.71	98	60	47	
2-Aminopyridin	29.77	98	35		
Nicotinsäureamid	22.94	97	51	51	
Chinolinsäure	8.38	97	3	4	
N-Cetylpyridiniumchlorid	3.91	93	48	47	
Girards Reagens P	22.39	32	23	18	
2,4,6-Tripyridyl-(2)-1,3,5-triazin	26.91	60	42	10	23.1
1-[Pyridyl-(2)-azo]-naphthol-(2) Mononatriumsalz	15.49	64	57	72	
4-[Pyridyl-(2)-azo]-resorcin Mononatriumsalz	16.47	56	53	82	
2,2'-Bipyridin	17.94	71	3	23	
4,4'-Bipyridin	17.94	29	2	2	
Nicotin	17.27	97	34	49	
Chinolin	10.84	94	2	3	
Isochinolin	10.84	84		3	
8-Hydroxychinolin	9.65	94	5	4	
8-Hydroxychinaldin	8.80	92	15	13	
5,7-Dibrom-8-oxychinolin	4.62	80	5	6	
Chinin	8.64	95	41	54	
Acridin	7.82	76	2	4	
Acridiniumchlorid	6.49	93	3	6	
β-Naphthochinolin	7.82	98	8	6	
1,10-Phenanthroliniumchlorid	11.94	98	6	9	
Tetrahydropyridin					
1,2,3,4-Tetrahydrochinolin	10.52	97	6	15	
1,2,3,4-Tetrahydroisochinolin	10.52	92		9	
Kaliumcyanat	17.27	97	99		
Phenylisocyanat	11.76	96	80	84	
Kalkstickstoff		100	99		23.4
Metallkomplexe					
Dinatriumpentacyanonitrosylferrat	28.21	77	77	87	
Natriumhexanitrocobaltat(III)	20.81	<1	35	<1	17.4
Kaliumhexacyanoferrat(II)	19.90	98	89		
Kaliumhexacyanoferrat(III)	25.52	97	86	100	
Reinecke Salz	27.66	95	96	97	29.9
Ammoniumdinatriumpentacyanoaminferrat	36.72	63	57	65	24.7

Tab. 33-1 (Fortsetzung)

	1	2	3	4	5
Azoverbindungen					
Azobenzol	15.37	73	85	92	
Azodicarbonsäurediamid	48.27	49	54	52	
Azoxybenzol	14.13	58	77	82	
αα'-Azo-iso-butyronitril	34.12	49	37	60	
4-Dimethylaminoazobenzol	18.65	83	86	89	
Alizaringelb R	13.59	69	33	40	12.9
Alizaringelb GG	14.63	78	82	89	13.2
Benzylorange	10.36	94			
Ethylrot	15.37	49	79	80	14.2
p-Ethoxychrysoidiniumchlorid	19.14	79	94	96	
Eriochromblau SE	5.40	5	7	57	2.9
Pyrrol					
Pyrrol	20.88	86			
Indol	11.96	95	47	73	
2-Methylindol	10.68	89	68	86	
Carbazol	8.38	95	74	91	
Heliogenblau G	21.78	97	95		
Heliogenblau B	19.45	93	94		18.8
Magnesiumphthalocyanin	20.87	88	86		18.4
Pyrrolin					
Isatin	9.52	95	51	71	
Indigo	10.68	97	72	82	
Strychnin	8.38	92	43	80	
Strychninnitrat	10.57	94	83	65	
3-Hydroxy-1-methyl-2-oxo-3-pyrrolincarbonsäure-(4)-ethylester	7.56	92	96	87	
Brucin	6.51	97	49	71	
Pyrrolidin					
Pyrrolidin	19.69	83	97	92	
L-4-Hydroxyprolin	10.68	96	90	96	
Pyrrolidindithiocarbonsäure-(1)-Ammoniumsalz	17.05	98	100		
Thiazol					
2-Mercaptobenzthiazol	8.38	100	36	92	
Benzothiazolyl-(2)-amin	18.65	97	81	98	
Cocarboxylase (Chlorid)	12.16	97	79	86	
Thiazolin					
2-Amino-2-thiazolin	27.98	96	96		
2,3-Dihydro-1,2-benzisothiazolon-(3)-1,1-dioxid	7.65	99	100	100	
2,3-Dihydrothiazol					
2-Hydrazono-2,3-dihydro-3-methyl-benzothiazol-hydrochlorid	19.48	33		44	
Oxazol					
2,5-Diphenyloxazol	6.33	96		100	
Thiazolidin					
L-Thiazolidincarbonsäure-(4)	10.52	98	91	89	
5-(4-Dimethylaminobenzyliden)-rhodanin	10.60	96	88	91	

Tab. 33-1 (Fortsetzung)

	1	2	3	4	5
Pyrazol					
Pyrazol	41.15	2	2	1	
Formylharnstoff	31.81	99	86	38	
Urethan	15.72	100			
Thioharnstoff	36.80	99	62		
Ammoniumthiocarbamat	29.76	92	92	92	
Diethylammonium-NN-diethyldithiocarbaminat	12.60	95	100	100	
Silberdiethyldithiocarbaminat	5.47	96	95		
Natriumdiethyldithiocarbamat	6.22	95			
N,N-Dibenzyldithiocarbaminsäure Zinksalz	4.59	97	86	96	
Rubeanwasserstoff	23.31	98			
Amidosulfonsäure	14.43	100	100		
Ammoniumamidosulfonat	24.55	99	100	100	
Säureimide					
Succinimid	14.14	97	100	100	
N-Chlorsuccinimid	10.49	74	99		
Phthalimid	9.52	97	97		
Guanidin					
Guanidinnitrat	45.89	50	97	79	
Guanidincarbonat	46.65	98	100	100	
1-Aminoguanidiniumhydrogencarbonat	41.16	49	53	54	
p-Tolylguanidinnitrat	26.40	94	93	23	
Streptomycinsulfat	13.46	91	81	88	12.2
o-Methyluroniumchlorid	25.35	99	100	100	
N-Amidinoglycin	35.88	99	99	99	
S-Methyl-iso-thiouroniumsulfat	20.13	100	100	100	
Bis(aminoguanidinium)-sulfat	42.41	50	51	57	
Dicyandiamid	66.63	98	100		
Dicyandiamidinsulfat	33.12	102	105	104	33.4
Formamidiniumacetat	26.91	95	99	97	26.1
Azide					
Natriumazid	64.64			35	
Nitride					
Siliciumnitrid	39.94	2			
Bornitrid	56.42	50	11	88	
Nitroverbindungen					
Trinitrobenzol	19.72	30	98		
p-Nitrophenol	10.07		97		
2-Nitroanilin	20.28	88	83	71	
2,4-Dinitroanilin	22.95	65	79	79	
Nitroguanidin	53.84	51	76		
3-Amino-2-hydroxy-5-nitrobenzolsulfonsäure	11.96	89	94	95	
Nitrosoverbindungen					
2-Nitrosonaphthol-(1)	8.09	88	95	91	
1-Nitrosonaphthal-(2)	8.09	91	100		
Nitroso-R-Salz	4.48	54	74	78	
Oxime					
Diacetylmonoxim	13.85	98	91		

Tab. 33-1 (Fortsetzung)

	1	2	3	4	5
Dimethylglyoxim	24.12	60	98	100	
Salicylaldoxim	10.21	93	97		
Acetonoxim	19.16	96	100	100	
Imide					
2,6-Dichlorchinonchlorimid	6.66	99			
2,6-Dichlorphenol-indophenol Natriumsalz	4.83	83			
N,N'-Dicyclohexylcarbodiimid	13.58	98	98	100	
Cyanverbindungen					
Acetonitril	34.12	93	46	67	
Malonsäuredinitril	42.40	93	99	100	
Adipinsäuredinitril	25.90	98	101	99	
Methacrylonitril	20.88	85	9	70	
Amygdalin	3.06	97	42	96	
Phthalonitril	21.86	98	87		
Kaliumcyanid	21.51	97		98	
Cyanessigsäureethylester	12.38	94	96	95	
Kaliumthiocyanat	14.41	97	98	93	
Sekundäre Amine					
Dimethylammoniumchlorid	17.18	98	100	99	
Diethylamin	19.15	94	98	91	
Diethanolamin	13.32	98	100	100	
Diphenylamin	8.28	88	52	78	
4-Aminodiphenylaminhydrochlorid	12.69	96	87	84	
Dicyclohexylamin	7.73	96	99	97	
N-Ethylcyclohexylamin	11.01	94	92		
Alkaliblau	6.45	59	33	47	4.3
Tertiäre Amine					
Triethanolamin	9.39	97	100	100	
Nitrilotriessigsäure	7.33	97	100	100	
Ethylendiamintetraessigsäure	9.59	99	14	31	
Ethylendiamintetraessigsäure Dikalium-Magnesiumsalz	6.56	100	15	42	
Procainhydrochlorid	10.27	89	89	93	
N,N-Dimethylanilin	11.56	95	76	87	
Diethylanilin	9.39	100	72	81	
4-Dimethylaminobenzaldehyd	9.39	74	71	78	
N,N-Dimethyl-p-phenylendiammoniumdichlorid	13.40	96	89	89	
Tetramethyldiaminobenzophenon	10.44	91	68	79	
Rhodamin B	5.85	100	59	68	
Quartäre Ammoniumverbindungen					
Tetramethylammoniumbromid	9.09	91	5	32	
Tetraäthylammoniumjodid	5.45	90	24	80	
Acetylcholiniumchlorid	7.71	95	95		
Aminosäuren					
Glycin	18.66	100	100	100	
Alanin	15.72	98	100	100	
DL-Valin	11.96		100		
L-Leucin	10.68	93	100		
L(−)Serin	13.33	97	100		

Tab. 33-1 (Fortsetzung)

	1	2	3	4	5
DL-Threonin	11.76		100		
L(+)Lysinmonohydrochlorid	15.34	96	85	85	
L(−)Methionin	9.39	98	94	97	
Sarcosin	15.72	97	100	99	
Glycylglycin	21.20	96	100	100	
L(+)Arginin	32.16	98	93	94	
Asparagin	18.66	100			
L-Glutamin	19.17	97	100		
L-Citrullin	23.99	97	98	97	
N-Acetyl-L-cystein	8.58	96	76	90	
DL-Acetylmethionin	7.32	95	96	97	
Calcium-D(+)panthothenat	5.88	96	98	99	
DL-Phenylalamin	8.48	100			
L(−)Tyrosin	7.73	98	97		
4-Aminohippursäure	14.43	95	81	88	
Prolin	12.17	97			
Histidin	27.08	99	59	92	
DL-Tryptophan	13.72	97	62		
Säureamide					
Formamid	31.10	97	99	98	
N,N-Dimethylformamid	19.16	97	100	100	
Acetamid	23.71	97	100		
Thioacetamid	18.64	98	100		
Acetanilid	10.36	92	84	92	
Phenacetin	7.82	95	98		
Salicylamid	10.21	97	100		
Acrylamid	19.71	98	100		
Methacrylsäureamid	16.46	93	100	100	
Harnstoff	46.65	99	71		
1-Ethylharnstoff	31.79	99	100	99	
N-Allylharnstoff	27.98	99	39	98	
N-Allylthioharnstoff	24.11	100	93	97	
Adipinsäurediamid	19.43	90	92	93	
Acet-p-toluidid	9.39	96	62	81	
NN′-Diphenylharnstoff	13.20	85			
Harnsäure					
Guanin	46.34	96	95	97	45.2
Adenin	51.83	98	99	99	
Adenosin	26.21	99	80	99	
Hypoxanthin	41.17	95	99	93	
Harnsäure	33.33	99	100		
Coffein	28.85	99	96		
1,3,5,7-Tetraazaadamantan					
Urotropin	39.97	99	100		
Hexahydroazepin					
ε-Caprolactam	12.38	97		91	
Hexamethylenimin	14.12	87	49	44	

Tab. 33-1 (Fortsetzung)

	1	2	3	4	5
Hexahydrodiazepin Homopiperazin	27.97	97	26	58	
Azabicyclooctan Chinuclidinol-(3)	11.01	94	39	44	
Diazabicyclooctan 1,4-Diazabicyclo-(2,2,2)-octan	24.97	96	7	33	24.2

Reagenzien. Schwefelsäure, konzentriert, stickstofffrei. Herstellung nach ROTH (1960) 500 ml konz. Schwefelsäure werden in einem 1-l-Quarzkolben mit 50 ml dest. Wasser und etwa 1 g Zinkpulver versetzt und 1 h zum Sieden erhitzt. Gegen Ende des Erhitzens wird die Temperatur weiter erhöht, bis der Siedering der Schwefelsäure aus dem oberen Rand des Kolbenhalses austritt. Nach dem Abkühlen gießt man die Schwefelsäure in den 1-l-Kolben einer (Vakuum)-Destillier-Apparatur[1] mit Normalschliffen und gibt 0.5 g Ammoniumsulfat dazu, um einen Überschuß von NH_4^+ zur Verfügung zu haben, falls sich noch Spuren Nitrit (Nitrosylschwefelsäure) in der Schwefelsäure befinden. Nach Verwerfen der ersten 60 bis 80 ml Destillat ist die weitere Schwefelsäure von hoher Reinheit. Beim Aufbewahren steigt der Blindwert der Schwefelsäure allmählich an. Man stellt sich daher nur die für einige Tage nötige Menge her.

Katalysatormischungen:

a) Kaliumsulfat, Quecksilbersulfat und Selenpulver werden im Verhältnis von 32:5:1 Gewichtsanteilen zusammengemischt und fein gepulvert.
b) Kupfersulfat und Kaliumsulfat: Verhältnis 1:3, fein gepulvert.
c) Kaliumpermanganat und Selen: Verhältnis 20:1, fein gepulvert.

Apparatives. Erforderlich sind: Aufschlußkölbchen, ein Aufschlußgestell mit Absaugvorrichtung und die Destillationsapparatur. Je nach aufzuschließender Substanzmenge werden Langhalskölbchen[2] aus dickwandigem, widerstandsfähigem Glas (Jenaer oder Pyrex) von 12 bis 100 ml Kugelinhalt verwendet. Für den Serienaufschluß von Substanzmengen bis zu etwa 100 mg eignen sich gut die in Abb. 34-1 skizzierten Aufschlußkolben nach ROTH (1944).

Ausführung. Die Größe des Kjedahl-Kolbens, Menge des Katalysatorzuschlags und die Art der Mischung sowie erforderliche Säuremenge richten sich in erster Linie nach der

---

[1] Eine geeignete Destillationsapparatur aus Quarzglas mit elektr. Innenbeheizung im Destillierkolben liefert die THERMALQUARZ-SCHMELZE.
[2] Lieferfirma: P. HAACK.

Tab. 33-2. Mengenverhältnisse beim Kjeldahl-Aufschluß.

Kjeldahl-Aufschluß im Gewichtsbereich	(Mikro-) Milligramm-Bereich	(Halbmikro-) Dezimilligramm-Bereich	(Makro- und Spuren-) Gramm-Bereich
Volumen des Aufschlußkolbens (ml)	12–20	50	100–250
Substanzeinwaage in mg	2–10	10–100	100–2000
Katalysatorzugabe in mg (ungefähre Menge)			
Mischung A oder	100	200	500–1000
Mischung B	100	200	500–1000
Mischung C in Anteilen von		2–5 mg	am Ende des Aufschlusses zur heißen Reaktionslösung zugesetzt
Glucose (mg)	5	10–20	500
konzentrierte Schwefelsäure in ml	2	2–4	10–20
Siedesteine	2	3	5
Iodwasserstoffsäure (D = 1.7) in ml zum reduktiven Aufschluß nach FRIEDRICH	1	2	4–10

Höhe der Substanzeinwaage und nach der Natur der zu veraschenden organischen Substanz. Richtwerte sind in Tab. 33-2 zusammengestellt.

In diesem Zusammenhang sei darauf hingewiesen, daß zur Stickstoffbestimmung nach KJELDAHL keine der vielen in der Literatur vorgeschlagenen Methoden universell anwendbar und allgemein gültig ist. Vielmehr müssen Aufschlußbedingungen und Aufschlußdauer der aufzuschließenden Probe entsprechen. Im Zweifelsfalle sollte mit einer der zu analysierenden Probe ähnlichen Reinsubstanz die Vollständigkeit des Aufschlusses unter den gewählten Bedingungen geprüft werden. Es sei noch bemerkt, daß durch die Zugabe von Kaliumsulfat der Siedepunkt der Aufschlußlösung erhöht und dadurch die Aufschlußzeit verkürzt wird. Der Zuschlag von Kaliumsulfat darf allerdings nicht so groß sein, bzw. die Schwefelsäure darf am Ende des Aufschlusses nicht so weit abgeraucht werden, daß Kaliumhydrogensulfat entsteht. Dies führt erfahrungsgemäß sicher zu Stickstoffverlusten.

Am besten katalysiert Quecksilber die Umsetzung. Zum Aufschluß von Peptiden und schwer aufschließbaren Aminosäuren (Lysin und Tryptophan) (FREY 1948) ist die Zugabe dieses Katalysators (Mischung A) unbedingt zu empfehlen.

Die Zugabe von Glucose ist dann erforderlich, wenn die Probe wenig Kohlenstoff enthält. Sie erübrigt sich aber, wenn mit Iodwasserstoffsäure vorher aufgeschlossen wurde. Sehr variabel ist auch die Dauer des Aufschlusses. Er kann bereits nach 15 min beendet sein oder z. B. bei Peptiden und bestimmten Aminosäuren 6 bis 8 h benötigen. Das Klarwerden der Aufschlußlösung ist kein sicherer Hinweis, daß der Aufschluß bereits vollständig ist. Im allgemeinen wird nach Klarwerden der Lösung der Aufschluß noch 30 min bis 2 h weitergeführt. Auch hierbei ist man in erster Linie wieder auf die Erfahrung angewiesen.

Die üblicherweise in Glasnäpfchen eingewogene Substanz oder mit einer Präzisions-Auswaschpipette nach PREGL* genommene Probe wird auf den Boden des Kjeldahlkol-

---

* Lieferfirma: P. HAACK.

bens gebracht und mit der entsprechenden Menge Zuschlag versetzt und die erforderliche Menge Schwefelsäure zupipettiert. Man läßt die Schwefelsäure entlang des Kolbenhalses zufließen, um evtl. noch am Hals anhaftende Substanzteilchen in den Kolben zu spülen. Man bringt nun den Kolben auf das Veraschungsgestell (Abb. 33-1), dessen Absaugrohr mit der Wasserstrahlpumpe verbunden ist. Man erhitzt erst mit kleiner und dann mit stärkerer Flamme, bis eine starke Verkohlung eintritt und die Lösung zu sieden beginnt. Ist die Aufschlußlösung wasserhell, setzt man das Kochen mindestens noch 30 min fort, läßt dann erkalten und verdünnt vorsichtig mit dest. Wasser auf 15 bis 20 ml. Diese Aufschlußmethode ist zur Analyse von physiologischen Lösungen gebräuchlich.

Die Genauigkeit und Reproduzierbarkeit von Proteinbestimmungen in verschiedenen Nahrungsmittelproben über die Stickstoffbestimmung nach KJELDAHL wurde in einem Interlabor-Ringversuch getestet (UGRINOVITS 1982). Die statistische Auswertung der Analysenergebnisse ergab keine signifikanten Unterschiede zwischen den verschiedenen Katalysatormischungen.

Da Hg, Se und Ti toxisch sind, wird die $K_2SO_4/CuSO_4$-Mischung, obwohl der Aufschluß längere Zeit in Anspruch nehmen kann, im allgemeinen bevorzugt.

33.2 Der reduktive Kjeldahl-Aufschluß mit Iodwasserstoffsäure

Prinzip (FRIEDRICH 1933). Die Probe wird mit Iodwasserstoffsäure/rotem Phosphor am Rückfluß gekocht, nach Zusatz von Schwefelsäure/Katalysatormischung die Iodwasserstoffsäure verkocht und der übliche Kjeldahl-Aufschluß durchgeführt.

Reagenzien

Iodwasserstoffsäure (D = 1.7).
Roter Phosphor.

Ausführung. Die Substanzeinwaage wird in den Kjeldahl-Kolben gefüllt, einige Körnchen roten Phosphors zugesetzt und dann die entsprechende Menge Iodwasserstoffsäure zupipettiert. Die Aufschlußkölbchen werden auf dem Veraschungsgestell vorsichtig erhitzt, so daß die Iodwasserstoffsäure ruhig kocht. Nach halbstündigem Kochen wird längs der Halswandung Wasser in das Kölbchen gespritzt, bis dieses etwa bis zur Hälfte gefüllt ist. Nun wird das der eingewogenen Substanzmenge entsprechende Volumen an konzentrierter Schwefelsäure zugefügt, umgeschüttelt und mit kräftiger Flamme zum lebhaften Sieden erhitzt. Erst destillieren $H_2O + HI$, dann $HI + I_2$ und schließlich I_2 ab. Während der Veraschung wird zwischen Absaugrohr und Wasserstrahlpumpe eine Waschflasche, halbgefüllt mit Lauge, geschaltet, um die Iod- und Iodwasserstoffsäuredämpfe zu binden. Sobald das Kölbchen iodfrei ist oder nur noch geringe Mengen an der Halswandung haften, wird es von der Flamme genommen, Katalysator (Mischung A oder B) zugesetzt und die Veraschung, wie in der Originalvorschrift beschrieben, zu Ende geführt. Zur Destillation wird 30%ige Lauge verwendet, die 7% Natriumthiosulfat enthält.

Aufschluß im Mikrobombenrohr (CARIUS − s. Kap. 45.4). Hydrazinsulfat, Nitro-, Nitroso-, Azoverbindungen, Dinitrophenylhydrazone, Phenylosazone, Oxime und Semicarbazone, nach der reduktiven Methode analysiert, ergeben richtige Werte. Pyridin-, Pyrrol-, Pyrazolderivate z. B. Antipyrin ergeben erst nach Aufschluß mit Iodwasserstoffsäure im Bombenrohr bei 300 °C richtige Analysenwerte.

Zur ins Bombenrohr eingewogenen Substanz läßt man 1 ml Iodwasserstoffsäure (D = 1.7) entlang der Wandung zufließen und dreht dabei das Rohr um seine Längsachse, um an der Glaswand anhaftende Substanzteilchen herunterzuspülen. Kapillaren werden erst nach der Iodwasserstoffsäure in das Aufschlußrohr eingeführt. Nach Zuschmelzen des Bombenrohres wird es im Bombenofen 1 h lang auf 200 °C erhitzt. Verbindungen, die in ihrem Ring benachbarte Stickstoffatome enthalten, werden besser auf 300 °C erhitzt. Nach dem Erkalten wird die Spitze mit einer entleuchteten Flamme abgefächelt und die dort befindliche Iodwasserstoffsäure vertrieben, dann die Bombe geöffnet, der Inhalt quantitativ in ein Kjeldahl-Kölbchen übergespült und der Aufschluß, wie oben beschrieben, ausgeführt. Auch Nitroprussidnatrium sowie Substanzen, die eine Nitrilgruppe enthalten, müssen mit Iodwasserstoffsäure im Bombenrohr (eine Stunde bei 200 °C) aufgeschlossen werden. Zur Fällung des Eisens wird in diesem Fall beim Destillieren der Lauge Natriumsulfid anstelle von Natriumthiosulfat zugesetzt. Diazoverbindungen, die in der Wärme leicht elementaren Stickstoff abspalten, müssen mit Phenol in Azoverbindungen übergeführt werden, um richtige Stickstoffwerte zu erhalten. Die Substanz wird in der 3- bis 4fachen Menge Phenol unter gelindem Erwärmen im Wasserbad gelöst. Der sich dabei bildende Azofarbstoff läßt sich mit Iodwasserstoffsäure ohne Stickstoffverluste aufschließen. Alkalinitrate lassen sich nach dieser Methode nicht analysieren.

Bei Anwendung von Quecksilbersalzen als Katalysator ist die Destillation nach Möglichkeit gleich an die Veraschung anzuschließen, zumindest soll gleich nach der Veraschung der Kolbeninhalt mit Wasser verdünnt werden, um die Bildung schwer löslicher Niederschläge zu vermeiden. Nach DAVIS und WISE (1931) werden nur richtige Ergebnisse erzielt, wenn das Quecksilber quantitativ als schwarzes Sulfid ausgefällt wird. Andere Färbungen weisen auf eine unvollständige Fällung hin, die bei der anschließenden Destillation Stickstoffverluste verursacht.

Zur Stickstoffbestimmung im Submikrobereich führt BELCHER (1966) eine Vorreduktion mit Iodwasserstoffsäure im offenen Cariusröhrchen durch und schließt nach Vertreiben der HI weiter mit Schwefelsäure im geschlossenen Cariusröhrchen auf.

33.3 Der automatisierte Kjeldahl-Aufschluß

Moderne Kjeldahl-Analysensysteme. Für gelegentliche Kjeldahl-Aufschlüsse verwendet man ein Aufschlußgestell, wie es Abb. 33-1 zeigt. Die Aufschlußkolben liegen in Löchern einer Eternitplatte frei über regulierbaren Mikrobrennern und ragen mit dem Hals in eine Absaugvorrichtung, die an eine Wasserstrahlpumpe angeschlossen ist. Zum Aufschluß von größeren Substanzmengen, wie sie für Spurenbestimmungen und zur Bestimmung im Makrobereich (Nahrungs- und Futtermittelanalyse) üblich sind, werden bevorzugt moderne Kjeldahl-Analysengeräte eingesetzt. Damit lassen sich große Probenserien rationell analysieren. Diese Analysengeräte bestehen im wesentlichen aus größeren temperaturpro-

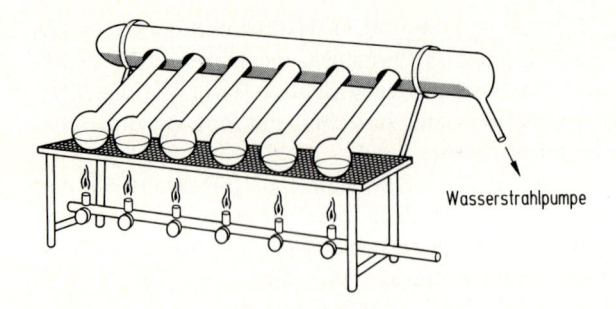

Abb. 33-1. Aufschlußgestell mit Absaugvorrichtung, die an die Wasserstrahlpumpe angeschlossen wird.

grammierten und -kontrollierten Aufschlußblöcken für den Serienaufschluß und aus halbautomatisierten Destillationseinheiten. Neuere Entwicklungen auf dem Gebiet der Kjeldahl-Bestimmung nutzen auch die Computertechnologie zur Gerätekontrolle und Datenauswertung.

Beispiele moderner Kjeldahlsysteme: der TECATOR KJELTEC AUTO 1030 Analyzer. Nach Aufschluß einer Probenserie im temperaturprogrammierten Aufschlußblock werden bei diesem Gerät mit Hilfe eines Mikroprozessors die verschiedenen Schritte der Destillation, Titration und Datenauswertung kontrolliert und gesteuert. Die Ammoniaktitration erfolgt hier mit photoelektrischer Indikation; Destillation und Titration im 2 min-Rhythmus (HJALMARSSON und AKESSON 1983). Abb. 33-2 zeigt ein Fließdiagramm dieses Gerätes.

Ein umfangreiches Kjeldahl-Geräteprogramm zur N- bzw. Eiweißbestimmung bietet auch die Fa. GERHARDT an; es besteht aus elektrischen und temperaturkontrollierten Aufschlußblöcken (KJELDATHERM) mit Prozeßabsaugsystem (TURBOSOG), program-

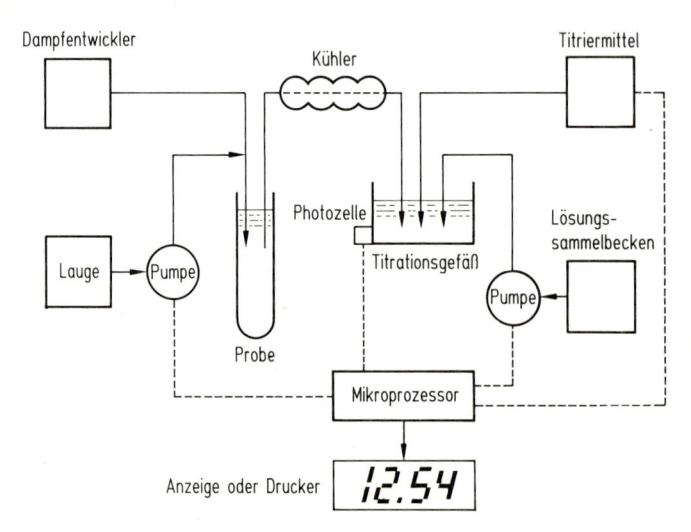

Abb. 33-2. Fließdiagramm des KJELTEC Auto 1030 Analyzers.

Büchi Destillations-Einheit eins – zwei – drei...

... und bereits liegt eine Kjeldahl-Destillation vor. Denn die neue Büchi-323 Destillations-Einheit schafft dies mit ihrem leistungsstarken und wartungsfreien Dampfgenerator in nur 2 – 3 Minuten. Doch nicht genug der Zeitersparnis: die Destillation läuft vollautomatisch durch Knopfdruck ab und die eingestellten Parameter bleiben für die nächste Probe gespeichert.
Also keine Zeit verlieren, eins – zwei – drei und nichts wie weitere Unterlagen anfordern.

BÜCHI

Büchi Laboratoriums-Technik GmbH
Postfach 148, Esslinger Str. 8
7320 Göppingen
Telefon (07161) 6710-0
Telefax (07161) 671099
Telex 7-27711

Korrosionsbeständiges Kunststoffgehäuse mit drehbarer Front

Rudolf Bock

Methoden der Analytischen Chemie

Eine Einführung
Band 2: Nachweis- und Bestimmungsmethoden, Teil 3

1986. XI, 489 Seiten mit 236 Abbildungen und 120 Tabellen. Leinen. DM 198,–.
ISBN 3-527-26160-5

Dieser Band beschließt das umfassende vierteilige Werk über die Methoden der Analytischen Chemie. Er enthält ausführliche Beschreibungen von Analysen durch Wägung, Volumenmessung, Druckmessung und Dichtebestimmung und von Analysen mit Hilfe von chemischen Reaktionen (Titrationen, Messungen der Reaktionsgeschwindigkeit, Bestimmungen von Enzymaktivitäten und Katalysatorkonzentrationen). Danach werden magnetische Methoden, Analysen durch Messen von Neutronenflüssen, Dilatometrie, Methoden unter Verwendung von Schall und trockene Analysenmethoden besprochen. Nur kristall-optische Verfahren wurden nicht aufgenommen, da ihre Beschreibung einen unverhältnismäßig großen Raum in Anspruch genommen hätte.

Der Autor erklärt die theoretischen Grundlagen der besprochenen Verfahren wiederum in leichtverständlicher Weise und vermittelt dem Leser alle Kenntnisse, die er benötigt, um die Methoden mit Erfolg anzuwenden. Ein Anhang bringt verschiedene, in den ersten drei Bänden fehlende Verfahren sowie einige Neuentwicklungen, so daß jetzt ein ebenso vollständiger wie aktueller Überblick über die Methoden der Analytischen Chemie vorliegt. Dieser Überblick wird dem Benutzer des Werkes durch das ebenfalls in diesem Band enthaltene Gesamtregister für alle vier Bände zuverlässig erschlossen.

Weiterhin lieferbar:
Methoden der Analytischen Chemie
Eine Einführung

Band 1: Trennungsmethoden
1974. VII, 362 Seiten mit 236 Abbildungen und 79 Tabellen. Leinen. DM 48,–.
ISBN 3-527-25502-8

Band 2: Nachweis- und Bestimmungsmethoden, Teil 1
1980. VII, 362 Seiten mit 239 Abbildungen und 75 Tabellen. Leinen. DM 64,–.
ISBN 3-527-25567-2

Band 3: Nachweis- und Bestimmungsmethoden, Teil 2
1984. XI, 379 Seiten mit 277 Abbildungen und 71 Tabellen. Leinen. DM 188,–.
ISBN 3-527-25865-5

VCH
Postfach 10 11 61
D-6940 Weinheim

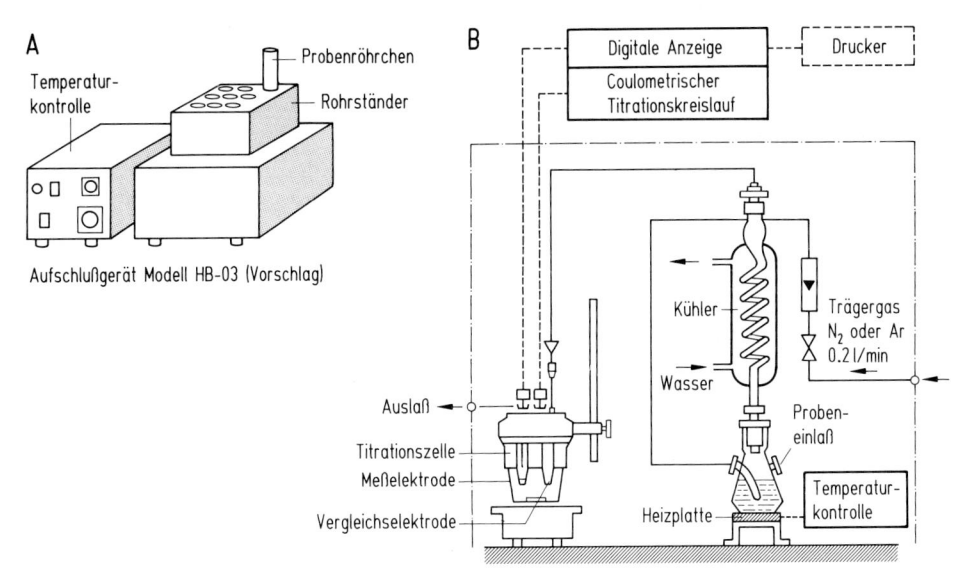

Abb. 33-3. Fließdiagramm des Modells KN-03 Coulometric Kjeldahl Nitrogen Analyzer der Fa. MITSUBISHI. (A) Aufschlußgerät, (B) coulometrische NH_3-Bestimmung.

mierbaren Destillationsvollautomat (VAPODEST) mit angeschlossenem Endpunkttitrator für on-line-Titration.

Ein anderes modernes Gerätesystem zur Kjeldahl-Bestimmung kann von Fa. BÜCHI bezogen werden. In verschieden großen Aufschlußeinheiten (infrarotbeheizt) können beliebig große Probeserien aufgeschlossen werden, die Aufschlußröhren werden zur NH_3-Destillation in die Einstellen- oder Vierstellen-Destilliereinheit direkt eingesetzt und Ammoniak mit Wasserdampf überdestilliert, das manuell oder bei Kombination der Destilliereinheit mit einem Titrierautomaten on-line titriert wird.

Zu einem Blockaufschlußgerät (HB-03) in konventioneller Ausführung bietet die Fa. MITSUBISHI den COULOMETRIC KJELDAHL NITROGEN ANALYZER (Modell KN-03) an. Ein Fließdiagramm dieses Geräts zeigt Abb. 33-3. Von der Aufschlußlösung (Substanzeinwaagen normalerweise 1 g), die exakt auf ein bestimmtes Volumen z. B. 100 ml aufgefüllt wird, werden 10 bis 200 µl in heiße Lauge eingespritzt und das freiwerdende NH_3 im Inertgasstrom in die Titrierzelle gespült, wo es automatisch coulometrisch titriert wird. Über das Prinzip der coulometrischen NH_3-Titration s. Kap. 35.1 b).

Ein anderer Weg bei der Automatisierung der Kjeldahlmethode wurde bei der Entwicklung des Gerätes, „KJEL-FOSS-AUTOMATIC" gewählt. Bei diesem Gerät sind die einzelnen Analysenschritte der klassischen Methode, wie Aufschluß, Destillation und Titration, vollmechanisiert. Es eignet sich zur Analyse von Flüssigkeiten, Feststoffen und zur Proteinbestimmung, vor allem wenn große Analysenserien in ähnlicher Matrix anfallen.

Über Ergebnisse eines Methodenvergleichs dieser Methode mit der „Official AOAC-Method" und anderen Methoden berichteten WALL et al. (1975, 1976).

Kontinuierlich durchführbar ist der Kjedahlaufschluß mit dem TECHNICON AUTO-ANALYZER. Ein kontinuierlich arbeitendes Aufschlußgerät, der CONTINOUS DIGESTOR, eine beheizte rotierende Gashelix, ist Teil des Auto Analyzer-Systems zur Bestimmung von Stickstoff in Flüssigkeiten, vorwiegend in physiologischen und biologischen Lösungen (GEHRKE 1968). Die Probelösungen – mit den Aufschlußreagenzien gemischt – durchwandern eine auf 420 °C beheizte Glas(Pyrex)-Helix. Am Ende dieses Aufschlußrohres werden kleine aliquote Volumina der Aufschlußlösung automatisch angesaugt, verdünnt, mit Natronlauge, Natriumphenolat- und Natriumhypochloritlösung gemischt und der Ammonstickstoff zu Indophenolblau (Methode 35.4) umgesetzt. Beim Durchfließen der Photometerküvette wird die Farbdichte gemessen und vom Schreiber angezeigt. Von der Probennahme bis zur Meßwertausgabe läuft der Prozeß automatisch ab. Die Analysenfrequenz beträgt 20 Analysen/h.

Ähnlich arbeitet das von TINGSVALL (1978) beschriebene automatische Analysensystem zur photometrischen Bestimmung von NH_4-Ionen in den Aufschlußlösungen nach KJELDAHL, wobei der Aufschluß jedoch diskontinuierlich durchgeführt wird.

33.4 Naßaufschluß von Nitril-Verbindungen

Prinzip. Der Nitril-Stickstoff wird in Acrylnitrilpolymerisaten in schwefelsaurer Lösung, in niedermolekularen Nitrilverbindungen (z. B. in wäßrigen, sauren, gemischten Lösungen aus Acrylnitril, Acetonitril und Blausäure) in natronalkalischer und hochkonzentrierter wasserstoffperoxidhaltiger Lösung zu Ammoniak hydrolysiert und nach Destillation durch Titration bestimmt.

Cyanid und Rhodanid allein mißt man am besten argentometrisch.

Allgemeines. Aliphatische Nitrile werden in alkalischer, peroxidhaltiger Lösung bei Raumtemperatur schnell zum Amid hydrolysiert (WHITEHURST et al. 1958). Allerdings wird Cyanid nur zum geringen Teil zu Ammoniak umgesetzt. Die Umwandlungsrate erhöht sich wesentlich, wenn zur Probelösung (pH 4) vor der Zugabe von Wasserstoffperoxid und Natronlauge Acetaldehyd zugesetzt wird. Vermutlich wird das Cyanid dann zum Cyanhydrin umgewandelt, bevor es mit der alkalischen Peroxidlösung weiter reagiert. In ähnlicher Weise bestimmten MAROS et al. (1965) Cyanid. Sie setzten das Cyanid in alkalischer Lösung mit Formaldehyd im Überschuß zum Glykolsäurenitril um, das in der Siedehitze unter Bildung von NH_3 schnell hydrolysiert, abdestilliert und titriert werden konnte. Auch ohne Aldehydzusatz kann Cyanid quantitativ zum Ammoniak umgewandelt werden, wenn in stark peroxidhaltiger Lösung gearbeitet wird (WHITE 1971; PAYNE et al. 1961). Acetonitril und Wasserstoffperoxid reagieren dann in wäßriger Lösung wahrscheinlich über die Peroxiacrylamidsäure zum Glycidylamid

$$H_2C=CHCN + H_2O_2 \xrightarrow{OH^-} H_2C=CHCOOH \atop \| \atop NH$$

$$\text{H}_2\text{C}=\text{CH} \atop \text{HO} \diagdown \text{O} \diagup \text{C}=\text{NH} \rightarrow \text{H}_2\text{C}-\text{CH} \atop ^+\text{O} \diagdown \text{H} \diagup \text{C}-\bar{\text{N}}\text{H} \rightarrow \text{H}_2\text{C}-\text{CHCONH}_2$$

In der Regel reagieren Nitrile mit Wasserstoffperoxid in schwach alkalischer Lösung unter Bildung von Peroxicarboximid. In Abwesenheit eines Reduktionsmittels oder Olefins reagiert dieses mit Wasserstoffperoxid weiter zum Amid und Sauerstoff (klassische Radziszewski-Reaktion)

$$\text{RCN} + \text{H}_2\text{O}_2 \xrightarrow{\text{OH}^-} \text{RCOOH} + \text{H}_2\text{O}_2 \rightarrow \text{RCONH}_2 + \text{O}_2 + \text{H}_2\text{O}.$$
(mit NH-Gruppe an RCOOH)

Die Reaktion der Blausäure mit Wasserstoffperoxid führt nach SHERIDAN und BROWN (1965) zum Oxamid. Die Reaktion verläuft wahrscheinlich über zwei Stufen

$$2\text{HCN} + \text{H}_2\text{O}_2 \rightarrow (\text{CN})_2 + 2\text{H}_2\text{O}$$
$$(\text{CN})_2 + 2\text{H}_2\text{O}_2 \rightarrow (\text{CONH}_2)_2 + \text{O}_2 \qquad 2\text{HCN} + 3\text{H}_2\text{O}_2 \rightarrow (\text{CONH}_2)_2 + 2\text{H}_2\text{O} + \text{O}_2.$$

Als Nebenprodukte treten dabei durch Seitenreaktion auch Ammoniak und Kohlendioxid auf:

$$\text{HCN} + \text{H}_2\text{O}_2 \rightarrow \text{CO}_2 + \text{NH}_3.$$

a) Bestimmung des Nitril-Stickstoffes in Acrylnitrilpolymerisaten (saure Verseifung)

Etwa 80 bis 100 mg des Polyacrylnitrils werden in einen 200 ml fassenden Kjeldahl-Kolben eingewogen, in 50 ml Wasser aufgeschlämmt und anschließend 20 ml verdünnte Schwefelsäure (20 ml konz. Schwefelsäure in 50 ml dest. Wasser) zupipettert. Die Aufschlußlösung wird zum Sieden erhitzt und so lange gekocht, bis alles Wasser abgedampft ist. Sie färbt sich dabei braun. Nun läßt man erkalten und fügt 25 ml 30%iges Wasserstoffperoxid in feinem Strahl zu. Unter starkem Erwärmen wird die Aufschlußlösung farblos. Man kocht nochmals 20 bis 30 min und verfährt weiter, wie in der Originalvorschrift beschrieben. Flüchtige Nitrile werden im Bombenrohr mit verdünnter Schwefelsäure verseift und dann wie üblich aufgeschlossen.

b) Bestimmung des Nitril-Stickstoffes in nitrilhaltigen Lösungen (alkalische Verseifung und Destillation)

Reagenzien

Wasserstoffperoxid, 30%ig.
Natronlauge, 5 N wäßrige Lösung.
Borsäurelösung, 4%ig, wäßrige Lösung.
Salzsäure 0.05 N.
Tashiro-Indikator.

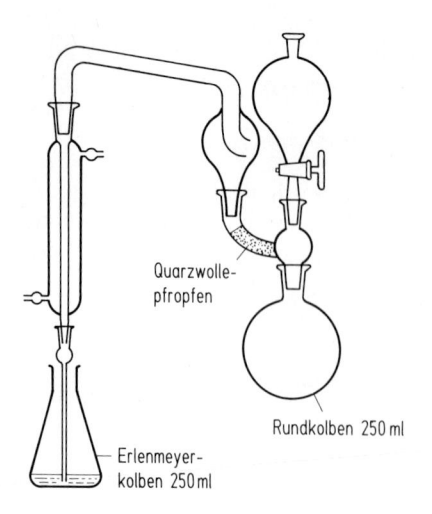

Abb. 33-4. Apparatur zur Bestimmung des gesamten hydrolysierbaren Stickstoffes.

Die *Destillationsapparatur* zeigt Abb. 33-4. Ein Quarzwollepfropfen im Seitenarm des Destillationsaufsatzes soll verhindern, daß während der Hauptreaktion alkalische Sprühnebel in die Vorlage mitgerissen werden.

Arbeitsvorschrift. Man pipettiert 30 ml Wasserstoffperoxid in den Reaktionskolben, gibt die zur Neutralisation der Probelösung erforderliche Menge Natronlauge und noch 1 ml Natronlauge im Überschuß zu. Ist die Acidität der Probelösung nicht bekannt, titriert man einen aliquoten Teil der Probelösung mit Natronlauge gegen Phenolphthalein. Nun pipettiert man 10 ml der Probelösung – etwa bis 0.7 Milliäquivalent Stickstoff enthaltend – in die Aufschlußlösung. Ist die Lösung konzentrierter, wird ein kleineres Volumen von der Probelösung abpipettiert und mit Wasser auf 10 ml aufgefüllt. Dann wird der Reaktionskolben an die Destillationsapparatur gehängt und 10 min stehengelassen. In einem 250 ml fassenden Erlenmeyerkolben werden 10 ml Borsäurelösung mit 3 Tropfen Indikatorlösung vorgelegt und unter den Ablauf des Kühlers gestellt, so daß das Ende eintaucht. Man fügt durch den aufgesetzten Hahntrichter 40 ml Natronlauge und 10 ml Wasser zu, durchmischt durch Rühren und erhitzt dann sehr vorsichtig, bis das Schäumen nachläßt. Falls die Lösung zu stark schäumt, senkt man die Heizquelle ab. Man erhitzt dann stärker und destilliert das Ammoniak ab, bis nur noch etwa 30 ml im Reaktionskolben vorhanden sind. Das Ammoniak in der Vorlagelösung wird mit 0.05 N HCl auf den Neutral-Grau-Endpunkt titriert. Die Reaktionslösung wird mit 20 ml Wasser aufgefüllt und 10 ml in die Vorlage überdestilliert. Meist wird nochmals ein kleiner zusätzlicher Säureverbrauch festgestellt. Parallel wird eine Blindwertbestimmung mit allen verwendeten Reagenzien durchgeführt.

Berechnung

$$\text{g N}/100 \text{ ml} = \frac{(T-B) \cdot F \cdot 14.008 \cdot 1.03}{2 \cdot 100 \cdot \text{Volumen Probelösung}}$$

T = Säureverbrauch (ml 0.05 N HCl)
B = Säureblindverbrauch
F = Faktor des 0.05 N HCl
1.03 = Korrekturfaktor, da die Konversionsrate (empirisch ermittelt) im Durchschnitt nur etwa 97% beträgt).

Die Methode kann auch im Spurenbereich eingesetzt werden; allerdings verwendet man dann verdünntere Titrierlösungen oder bestimmt das überdestillierte Ammoniak photometrisch.

33.5 Der Kjeldahl-Aufschluß und die Bestimmung des Gesamt-Stickstoffs in Mischdüngern (Gemisch aus Ammoniumnitrat und Harnstoffderivaten)

Prinzip (NIEDERMAIER 1975). Nitrat wird in saurer Lösung mit Devarda-Legierung und Zinn(II)-chlorid zu Ammoniak reduziert. Organische N-Verbindungen werden anschließend durch Aufschluß mit konz. Schwefelsäure (ohne weiteren Zusatz von Katalysatoren) in Ammoniumsulfat übergeführt. Das gesamte Ammoniak wird durch Destillation aus alkalisierter Lösung in eine Vorlage mit eingestellter Säure übergetrieben und der Überschuß an Säure zurücktitriert.

Reagenzien

Destilliertes oder vollentsalztes Wasser
Salzsäure, 20%ig, D 1.10
Zinn(II)-chlorid, $SnCl_2 \cdot 2H_2O$, p.a., fest
Devarda-Legierung, Korngröße 0.25 mm, p.a. (enthält 50 Teile Kupfer, 45 Teile Aluminium und 5 Teile Zink)
Schwefelsäure, verd., 1 Vol.-Teil Schwefelsäure (D etwa 1.84) + 1 Vol.-Teil Wasser
Bimsstein, gekörnt
Schwefelsäure, 0.5 N
Natronlauge, 30%ig, D 1.33
Natronlauge, 0.5 N

Mischindikator nach TASHIRO: Für die Herstellung der Indikatorlösung werden zunächst zwei Lösungen getrennt angesetzt:

a) 1.1 g Methylrot-Natriumsalz werden in dest. Wasser gelöst und auf 1 l verdünnt.
b) 1 g Methylenblau wird in dest. Wasser gelöst und auf 1 l verdünnt.

3 Vol.-Teile von Lösung a) werden mit 2 Vol.-Teilen von Lösung b) zur Mischindikatorlösung vereinigt.

Ausführung der Analyse. 0.5 bis 1 g Düngemittel mit nicht mehr als 30 mg Nitrat-N versetzt man in einem 750 ml-Kjeldahl-Kolben mit 60 ml Salzsäure und 2 g festem Zinn(II)-chlorid, schüttelt, bis sich das Salz gelöst hat, und läßt ca. 20 min stehen. Anschließend gibt man 2.5 g Devarda-Legierung zu und läßt unter gelegentlichem Umschütteln weitere 40 min bei Zimmertemperatur stehen. Dann fügt man 70 ml verd. Schwefelsäure und einige Stückchen Bimsstein zu und erhitzt vorsichtig mit kleinster Flamme. Falls die Lösung dabei zu stark zu schäumen beginnt, ist die Heizung sofort zu entfernen, damit ein Hochsteigen in den Hals des Kjeldahl-Kolbens vermieden wird. Mit dem Erscheinen der ersten SO_3-Nebel ist im allgemeinen das Schäumen beendet. Nun setzt man das Erhitzen mit größerer Flamme fort. Die Flamme wird dabei so eingestellt, daß sie unter gleichen Bedingungen 250 ml Wasser in 5 min von Zimmertemperatur zum Kochen bringen kann. Die Flüssigkeit wird 90 min am Sieden gehalten; größere Mengen an Schwefelsäure sollten dabei nicht abgehen. Dann läßt man die Aufschlußlösung abkühlen und verdünnt sie vorsichtig mit 200 bis 300 ml Wasser. Dabei muß sich der gesamte Kolbeninhalt lösen; andernfalls erhitzt man noch einmal schwach unter Umschwenken. Die Lösung spült man quantitativ in einen Destillationskolben über, fügt Bimsstein zu und schließt den Kolben an eine übliche Destillationsapparatur mit Tropfrichter und senkrecht stehendem Kühler an. Nach Zugabe von ca. 180 ml Natronlauge aus dem Tropftrichter wird die Destillation des freigesetzten Ammoniaks eingeleitet. Sie ist so zu steuern, daß in ca. 30 min 250 ml Flüssigkeit übergehen. Das als Vorlage dienende Gefäß ist mit einer bekannten, ausreichenden Menge 0.5 N Schwefelsäure beschickt. Nach Beendigung der Destillation spült man die im und am Kühlerrohr hängenden Tropfen in das Vorlagegefäß und titriert die überschüssige Säure mit 0.5 N Natronlauge bis zum Grauton des Mischindikators zurück.

33.6 Bestimmung von Spuren-Stickstoff im unteren ppm-Bereich nach Kjeldahl-Aufschluß

Einführende Bemerkungen. Bei der Spurenbestimmung muß mit kleinen und reproduzierbaren Blindwerten gearbeitet werden. Daher werden nur sehr reine Reagenzien verwendet, die handelsüblich sind, aber auch ohne großen Aufwand selbst hinreichend gereinigt werden können. Außerdem muß der Aufschluß unter stickstofffreier Laborluft durchgeführt werden, dies läßt sich mit modernen Aufschlußanlagen realisieren. Blindwerte und Blindwertschwankungen der Aufschlußreagenzien machen es jedoch unmöglich, mit der Kjeldahl-Methode noch N-Spuren im unteren ppm-Bereich zu bestimmen. Dieser Bereich ist aber bei Ausgangs- und Endprodukten chemischer Synthesen, vor allem in Erdölprodukten, oft von erheblichem Interesse. Spuren-Stickstoff kann auf zwei verschiedene Arten bestimmt werden:

Entweder man vergrößert die Probeneinwaage und sensitiviert die Endbestimmung oder man reichert vor Ausführung der Elementbestimmung die Spurenkomponente an. Gerade bei der Spuren-Stickstoffbestimmung ist ein *Anreicherungsschritt* oft der erstgenannten Möglichkeit vorzuziehen, da durch den größeren Reagenzienaufwand für den Aufschluß und den damit verbundenen erhöhten Blindwert der Vorteil letztlich wieder verlorengeht.

Anreicherungsmethoden: Die Anreicherung von Stickstoffverbindungen ist durch Ionenaustausch oder durch Adsorption und/oder Extraktion mit Schwefelsäure möglich. Zahlreiche Methoden (BOND und HARRIZ 1957; SCHLUTER 1959; MILNER et al. 1967; GOUVERNEUR 1962) wurden zur Analyse von Erdöldestillaten entwickelt, in denen Stickstoff in den verschiedensten Verbindungsformen einschließlich Pyrrolen, Indolen, Carbazolen, Aminen und anderen heterozyklischen Basen vorkommt. Erdöldestillate sind daher ein strenger Test für die Wirksamkeit einer Stickstoffspurenmethode. Nach den Erfahrungen von DIXON (1968) wird nach Anreicherung über Silicagel (Extraktion mit Schwefelsäure) zu wenig Stickstoff gefunden, wenn in der Probe sehr unterschiedliche Stickstoffverbindungen gleichzeitig vorliegen.

Die Erklärung dafür liegt darin, daß basische Stickstoffverbindungen zwar fast vollständig an Silicagel festgehalten werden, jedoch nur zu 25 bis 75% von Schwefelsäure extrahiert werden. Nichtbasische Verbindungen werden dagegen fast vollständig von Schwefelsäure extrahiert, aber nur weniger als 50% an Silicagel angereichert.

Silicagel, ein saures Adsorbens, eignet sich zur Anreicherung basischer N-Verbindungen. Aluminiumoxid ist ein allgemein anwendbares Adsorbens, das erfahrungsgemäß auch zur Anreicherung sehr schwach basischer N-Verbindungen geeignet ist.

Durch Kombination von Silicagel, Aluminiumoxid und Schwefelsäure hat man zur Anreicherung von Stickstoffverbindungen eine fast universelle Methode zur Verfügung.

Prinzip (DIXON 1968). Die Probe wird in Petrolether gelöst oder damit verdünnt, mit dem kombinierten Adsorbens mechanisch geschüttelt oder die N-Komponenten werden durch Percolation am Adsorbens angereichert. Das Konzentrat wird dann bei 380 °C nach KJELDAHL aufgeschlossen und das Ammoniak — durch Destillation abgetrennt — titriert oder photometrisch bestimmt. Im Normalfall wird durch Schütteln angereichert, nur bei N-Gehalten kleiner 5 ppm wird die Percolation bevorzugt.

Der Anreicherungsschritt wird vorher mit einem Erdöldestillat, das eine bestimmte Menge an basischen Stickstoffverbindungen enthält — einschließlich Komponenten vom Pyridin-, Chinolin-, Pyrrol-, Indol- und Carbazoltyp — getestet.

Apparatives

Kjeldahlkolben, ca. 100 cm^3, mit verschließbarem Trockenröhrchen und Trennrohr (s. Abb. 33-5).
Trockenröhrchen mit Plastikstopfen (A) und Adsorbenssammelrohr (B).
Adsorbenssammelrohr (B): ein Glasrohr, 15 cm lang, Innen-⌀: 0.6 cm, am Ende trichterförmig erweitert. Die Marke entspricht einem Volumen von 1 bis 1.5 g Silicagel oder Aluminiumoxid. Die exakte Menge ist nicht kritisch, sie muß nur konstant sein.
Schüttelmaschine, diese muß eine intensive Durchmischung der Probe mit dem Extraktionsmedium im Kjeldahlkolben gewährleisten.

Reagenzien

Aluminiumoxid/Silicagel: 100 bis 200 mesh, aktiviert und bei 160 °C gelagert.
Beide Adsorbenzien und das Entnahmegefäß sollten bei 160 °C gelagert werden und nur die benötigte Menge entnommen werden, um die höchst mögliche Aktivität aufrechtzuerhalten. Die Entnahme des Gels sollte möglichst unter Ausschluß der Luftfeuchtigkeit stattfinden.

Bimsstein, gekörnt.
Schwefelsäure, p.a.
Petrolether, p.a., Siedebereich: 60 °C bis 80 °C, oder ein anderes geeignetes Leichtbenzin
Katalysatormischung: Quecksilberoxid, Selen und Kupfersulfat (wasserfrei) werden im
Verhältnis 2 : 1 : 1 miteinander gemischt.
Eisen(III)-chloridlsg.: 40%ig in Wasser, mit ein paar Tropfen konz. Salzsäure versetzt.
Kaliumsulfat, p.a.; Calciumchlorid, gekörnt: 10 bis 14 mesh.
Natronlauge: 48%ig in Wasser.

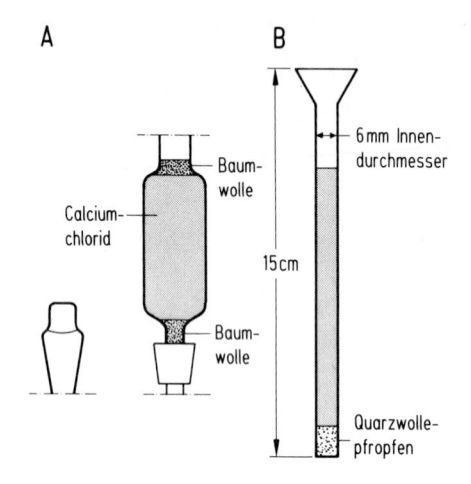

Abb. 33-5. (A) Trockenröhrchen, (B) Adsorbenssammelrohr.

Arbeitsvorschrift. Ein noch heißer, trockener Kjeldahlkolben wird aus dem Trockenschrank genommen und sogleich mit dem Calciumchlorid-Trockenröhrchen verschlossen. Nach dem Abkühlen wird der Kolben zusammen mit dem Trockenröhrchen auf 0.5 g genau gewogen und anschließend die Probe eingewogen. Die Größe der Einwaage richtet sich nach dem zu erwartenden Stickstoffgehalt (s. folgende Tabelle):

ppm N (erwartet)	Substanzeinwaage (g)
größer 250	1−3
250 bis 150	5
150 bis 50	10
50 bis 10	20
kleiner 10	75

Proben, die mehr als 10 ppm N enthalten, wägt man direkt in den Kjeldahl-Kolben ein, verdünnt auf 40 cm^3 mit Petrolether und setzt wieder das Trockenröhrchen auf. Stark viskose Substanzen wägt man in einem Scheidetrichter ein, verdünnt mit Petrolether und bringt dann entsprechende Anteile dieser Lösung (ca. 40 cm^3) in den Kjeldahl-Kolben.

Dieser Probelösung setzt man nun 1.5 g Aluminiumoxid, 1 g Kieselgel und 0.2 cm^3 konz. Schwefelsäure zu. Der Kolben wird mit einem Polyethylenstopfen fest verschlossen

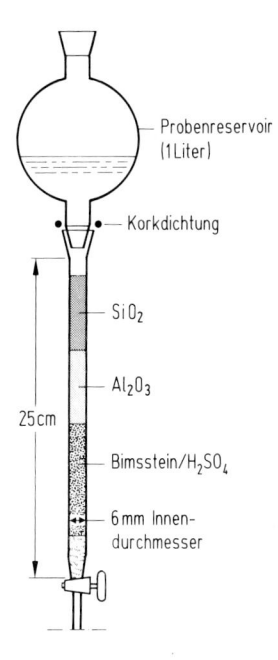

33.6 Bestimmung von Spuren-Stickstoff im unteren ppm-Bereich

Abb. 33-6. Säule und Probenreservoir zur Percolation.

und in die Schüttelmaschine eingesetzt. Nach 5minütigem intensivem Schütteln wird der Kolbenhals mit Petrolether abgespült und die Flüssigkeit dekantiert. Falls notwendig, wird zum Rückstand ein weiterer 40 cm^3 Anteil der Probelösung gegeben und ausgeschüttelt. Extraktion, Schütteln und Dekantieren werden fortgesetzt, bis die ganze Probelösung verbraucht ist. Nun fügt man 0.1 g Katalysatorgemisch und 25 cm^3 Schwefelsäure zu und digeriert, bis die Lösung frei von organischen Komponenten und die überstehende Lösung fast farblos ist. Der Kolbeninhalt wird gekühlt und einschließlich des Calciumchlorid-Trockenröhrchens zurückgewogen (auf 0.5 g genau).

Man fügt genügend Kaliumsulfat zu, um eine Aufschlußtemperatur von 380 °C zu erreichen. Die erforderliche Menge wird durch Multiplikation des Gewichts der Säuremenge im Kolben mit dem Faktor 0.72 (nach Abzug des Gewichts von SiO$_2$ + Al$_2$O$_3$ (2.5 g) vom Gesamtkolbengewicht) berechnet.

Die Aufschlußtemperatur wird jetzt schrittweise erhöht und nach Beenden des Schäumens noch 60 min weitergekocht.

Während des Abkühlens dreht man den Kolben häufig um seine Achse, so daß der Kolbeninhalt als dünner Film an der gesamten Kolbenwand erstarrt. Dann wird der Kolbeninhalt in Wasser dispergiert.

Diese Aufschlußlösung wird nun in die Destillationsapparatur mit zweimal 40 cm^3 Wasser übergespült, drei Tropfen Eisen(III)-chloridlösung zugefügt und nach dem Alkalisieren der Lösung (angezeigt durch Verfärbung nach dunkelrotbraun) das Ammoniak in die Vorlage übergetrieben und durch Titration oder photometrisch bestimmt. Parallel zur Säure wird mit medizinischem Weißöl und jeweils einer frischen SiO$_2$ + Al$_2$O$_3$-Charge eine doppelte Blindwertbestimmung durchgeführt.

Percolation von Proben mit einem N-Gehalt kleiner 5 ppm

Prinzip. Man läßt die Probe durch eine Säule (mit Kieselgel, Aluminiumoxid und schwefelsäuregetränktem Bimsstein gefüllt) laufen und schließt dann die Säulenfüllung, in der die stickstoffhaltigen Komponenten angereichert sind, nach KJELDAHL auf. Säule und Säulenfüllung zeigt Abb. 33-6.

Sobald die Percolation beendet ist, wäscht man mit einer kleinen Menge des verwendeten Lösemittels nach und läßt trockensaugen. Man kehrt nun die Säule um, leert ihren Inhalt in einen vorher ausgewogenen Kjeldahlkolben und wäscht die Säule mit 25 cm^3 konz. Schwefelsäure nach. Anschließend schließt man auf, wie oben beschrieben.

Säulenvorbereitung. Die Säule wird mit 1.5 g gekörntem Bimsstein beschickt, 0.2 cm^3 konz. Schwefelsäure aufgetropft, die von den Bimssteinkörnern adsorbiert werden. Auf diese Schicht kommen je 1 bis 1.5 g Al$_2$O$_3$, dann SiO$_2$. Nach Aufsetzen des Probereservoirs wird es mit der gewogenen Probelösung beschickt. Wegen der dichten Säulenpackung läuft die Percolation sehr langsam, weshalb man sie vorteilhafterweise über Nacht laufen läßt.

34 Zur Stickstoffbestimmung nach KJELDAHL – Abtrennung des NH_3

34.0 Die Ammoniakdestillation

Prinzip. Der in der Aufschlußlösung als Ammoniumsulfat gebundene Stickstoff wird mit Lauge in Form von Ammoniak in Freiheit gesetzt und im Inertgasstrom, oder durch Wasserdampfdestillation oder Mikrodiffusion, in die Vorlage übergetrieben, dort in Säure gebunden und bestimmt.

Reagenzien

Magnesiumoxid.
Kalilauge, 30%ig – 60 g Kaliumhydroxid (Plätzchenform) und 10 g Natriumthiosulfat werden in 140 ml destilliertem Wasser gelöst.
Schwefelsäure, 0.01 N.
Natronlauge, 0.01 N.
Methylrot-Methylenblau-Mischindikator (Tashiro-Umschlag bei pH 5.4). – Man löst 0.03 g Methylrot in 100 ml Ethanol und 0.015 g Methylenblau in 15 ml Ethanol und gießt dann beide Lösungen zusammen. Die Indikatorlösung füllt man in eine Flasche von 100 ml, auf die ein Tropfer mit Schliff aufgesetzt wird. Mit dem auf das Tropfrohr aufgesetzten Gummidrücker können leicht einzelne Tropfen ausgedrückt werden.
Quarzfrittenstücke als Siedesteine.

Apparatives. ROTH (1944) verwendet Schliffkölbchen von 45 bis 50 ml Inhalt, die nach dem Aufschluß direkt an die von ihm vorgeschlagene Destillationsapparatur[*] (Abb. 34-1) angeschlossen werden können. Das hat den Vorteil, daß die Aufschlußlösung nicht umgespült werden muß, sondern daraus direkt das Ammoniak abdestilliert werden kann. Der Kolbenhals mit Schliff ist 9.5 cm lang. Der Destillieraufsatz mit Tropfenfänger und angeschmolzenem Schlangenkühler ist über dem Schliff kugelförmig erweitert. Das vom Innenschlifftrichter kommende Glasrohr von 0.3 bis 0.4 cm lichter Weite soll etwa 0.3 bis 0.4 cm über dem Kolbenboden enden, damit die austretenden Luftblasen Siedeverzüge verhindern. Die Schliffverbindung wird mit Stahlfedern gesichert. An das Verbindungsrohr vom Innenschlifftrichter zum Normalschliff ist das Lufteinleitungsrohr A angesetzt. Der Innenschlifftrichter besteht aus einem trichterförmig erweiterten Glasrohr von etwa 2.8 cm Durchmesser und 7 cm Höhe. Der in den Trichterboden eingeschliffene Glasstab

---

[*] Lieferfirma: P. HAACK, Wien.

Abb. 34-1 **Abb. 34-2**

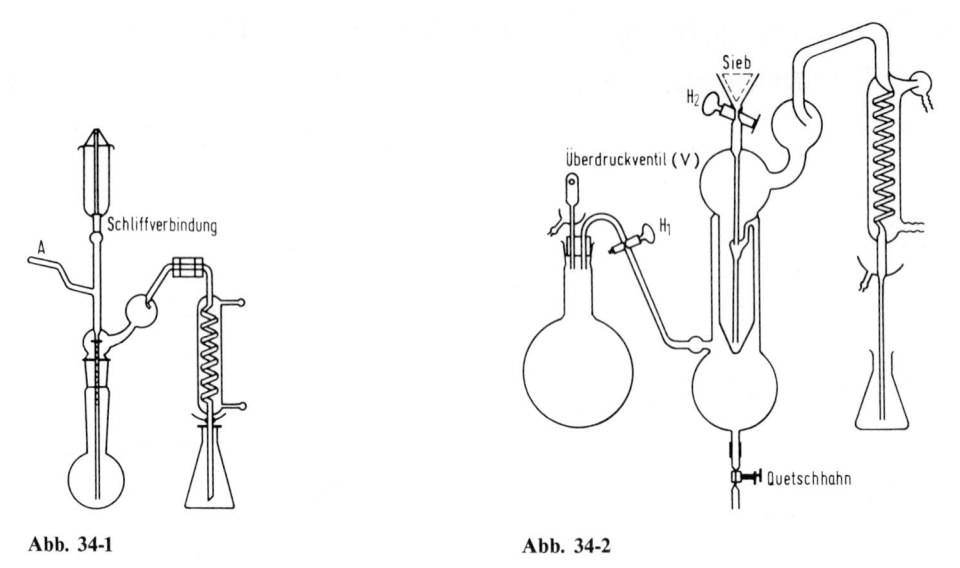

Abb. 34-1. Ammoniakdestillation nach ROTH.

Abb. 34-2. Ammoniakdestillation nach PARNAS und WAGNER, modifiziert von SCHÖNIGER.

wird mit einem Gummiband gesichert, das über das obere Ende des Schliffstöpsels gezogen und an den Haken des Trichterrandes befestigt wird. Mit Hilfe eines durchbohrten und in der Mitte durchschnittenen Korkens, der über das Verbindungsrohr vom Tropfenfänger zum Kühler geschoben wird, wird die Destillationsapparatur in eine Stativklammer eingespannt. Das Destillierkölbchen wird in einem kleinen Babo-Trichter erhitzt. Als Vorlagegefäß benutzt man am besten einen 100-ml-Erlenmeyer-Kolben aus Quarzglas. Ein anderes Destillationsgerät, das häufig verwendet wird, ist die von SCHÖNIGER (1954, 1956) modifizierte Parnas-Wagner (1921, 1938) -Apparatur*, die Abb. 34-2 zeigt.

Die Apparatur besteht aus einem Dampfentwickler und dem Destillationsgefäß mit Kühler. Der Dampfentwickler, ein 1-l-Rundkolben, wird mit einer elektrischen Heizhaube beheizt, deren Heizleistung stufenweise regelbar ist. Der Kolben ist über einen Glashahn H_1 mittels Gummischlauch mit dem Destilliergefäß verbunden. Das Destilliergefäß ist von einem Mantelgefäß umgeben, in das der Dampf durch einen seitlichen Ansatz einströmt und die Lösung vorwärmt. Dadurch wird eine allzu große Volumenzunahme durch kondensierenden Wasserdampf vermieden. Auf den unteren Ansatzstutzen am Mantelrohr wird ein Gummischlauch mit Quetschhahn aufgeschoben. Auf das Destillationsgefäß ist ein Trichter mit Hahn (H_2) zum Einbringen des Destillationsgutes aufgesetzt, das Ablaufrohr des Trichters ist gleichzeitig als Dampfeinleitungsrohr ausgebildet. Über einen Tropfenfänger ist die Apparatur mit einem Schlangenkühler verbunden.

Bedienungsanleitung: Man heizt den Dampfentwicklungskolben an und dämpft vor Beginn einer Analysenserie den Apparat mindestens 30 min aus. Hierauf schließt man den Hahn H_1, so daß der Dampf durch das Überdruckventil nach außen entweicht. Durch Öffnen des Quetschhahnes wird das im Heizmantel gesammelte Kondenswasser abgelassen. Bei offenem Quetschhahn wird über den Trichter und durch Hahn H_2 die Lösung in das Destillationsgefäß mit so wenig Wasser wie möglich gespült. Das mit Säure beschickte Vorlagekölbchen wird so unter den Kühler gestellt, daß dessen Ablaufrohr gerade noch in die Flüssigkeit taucht. Man läßt zum Destillationsgut noch die Lauge zufließen, spült mit wenig Wasser nach und schließt den Trichterhahn H_2. Durch Öffnen von Hahn H_1 und Schließen des Quetschhahnes wird der Wasserdampf durch die Destillationsapparatur geführt. Nach der Destillation wird der Dampfstrom durch Schließen des Hahnes H_1 unterbrochen. Dadurch kühlt sich das Mantelgefäß ab, und es entsteht ein ausreichender Unterdruck, um das Destillationsgut sowie nachfolgende Waschwässer aus dem Destillationsgefäß in das Mantelgefäß abzusaugen. Nach Öffnen des Quetschhahnes ist die Apparatur für die nächste Destillation bereit.

Destillation mit der Apparatur nach ROTH (Abb. 34-1). Zuerst wird der Destillationsapparat ausgedämpft und gleichzeitig die Luftströmung (aus Stahlflasche oder Druckluftleitung) auf etwa 2 Blasen/s eingeregelt. Wenn erforderlich, wird die Luft zur Reinigung durch eine mit verdünnter Schwefelsäure (1:1) beschickte Waschflasche geleitet. Längs des Kolbenhalses läßt man dest. Wasser zur Aufschlußlösung fließen, bis im Kolben etwa 20 bis 25 ml Flüssigkeit vorliegen. Der Kolben wird nun mittels Schliff mit der Apparatur verbunden, mit Stahlfedern gesichert und die Heizquelle unter das Destillierkölbchen gebracht. Im Titrierkölbchen aus Quarzglas werden etwa 8 ml der genau 0.01 N Säure vorgelegt, mit einem Glasfaden wenig Methylrot zugefügt und das Kölbchen schräg unter den Kühler gebracht, so daß das Kühlerende in die vorgelegte Säure eintaucht. Jetzt werden mit einem Meßzylinder in den Innenschlifftrichter 18 ml der 30%igen Lauge gefüllt und durch vorsichtiges Anheben des Schliffstöpsels etwa 15 ml zur Aufschlußlösung im Destillierkölbchen abgelassen. Anschließend erhitzt man das Destillierkölbchen, dessen Inhalt nach 1 bis 2 min zu sieden beginnt. Vom Zeitpunkt an, in dem Destillat in den Kühler übergeht, wird 4 min lang destilliert. Je nach Stärke des Erhitzens fallen während dieser Zeit 7 bis 10 ml Destillat an. Mit dem Ansteigen der Salzkonzentration im Destillierkölbchen beginnt gegen Ende der Destillation das vorher ruhige Sieden stoßend zu werden. Das hat auf die Analyse jedoch keinen Einfluß, da der Tropfenfänger ein Überspritzen der Lauge in den Kühler sicher verhindert und die Destillation in den meisten Fällen schon nach 2 min beendet werden könnte, d. h. das Ammoniak befindet sich nach dieser Zeit bereits quantitativ in der Vorlage.

Man senkt nun die Vorlage, so daß sich das Kühlerende etwa 2 cm über der Lösung im Vorlagekölbchen befindet, spült das Kühlerende mit 2 bis 3 ml Wasser ab, entfernt hierauf das Vorlagekölbchen von der Destillationsapparatur und beendet das Erhitzen des Destillierkölbchens. Die nicht verbrauchte Säuremenge im Vorlagekölbchen wird anschließend alkalimetrisch oder iodometrisch nach BANG (1927) bestimmt. Spurenmengen von Ammoniak werden in der Vorlagelösung photometrisch bestimmt. Hat sich der Schliff des Destillieraufsatzes inzwischen weitgehend abgekühlt, entfernt man das Destillierkölbchen, spült das Einleitungsrohr außen ab, füllt 15 ml 30%ige Lauge in den Innenschlifftrichter und schließt das nächste Aufschlußkölbchen zur Destillation an.

Ammoniakdestillation mit der Apparatur nach PARNAS-WAGNER (Abb. 34-2). Nach Ausdämpfen der Apparatur wird Hahn H_1 geschlossen, so daß der Dampf über das Überdruckventil (V) entweicht. Um das im Heizmantel gesammelte Kondenswasser zu entfernen, wird der Quetschhahn geöffnet. Nach Öffnen des Trichterhahnes H_2 wird die Aufschlußlösung mit möglichst wenig Wasser quantitativ ins Destillationsgefäß gespült. Dann wird das Titrierkölbchen, in dem sich die vorgelegte Normalsäure befindet, so unter das Kühlerablaufrohr gestellt, daß es gerade noch in die Flüssigkeit eintaucht. Man läßt über den Trichterhahn H_2 noch 15 ml Lauge zum Probengut ins Destilliergefäß zufließen, spült mit wenig Wasser nach und schließt den Trichterhahn H_2. Durch Öffnen des Hahnes H_1 wird anschließend der Dampfentwickler mit dem Destillationsgefäß verbunden und der Quetschhahn am Heizmantelablauf geschlossen. Der in den Heizmantel einströmende Wasserdampf erwärmt zunächst das Destillationsgut von außen und bringt es nach kurzer Zeit zum Kochen – die Destillation beginnt. Sie ist bei der Mikrostickstoffbestimmung bereits nach 4 bis 5 min beendet. Nun wird das Vorlagekölbchen tiefer gestellt und noch 30 s weiterdestilliert, um den Kühlerablauf innen auszuspülen. Mit wenig Wasser wird dessen Außenseite abgespült, die Vorlage entfernt und die Stickstoffbestimmung nach einer der unten beschriebenen Methoden ausgeführt.

Die hohe Destillationsgeschwindigkeit und das automatische Entleeren und Reinigen des Kolbens, die das Auseinandernehmen der Apparatur überflüssig machen, erlauben schnelle Einzelbestimmungen und Reihenuntersuchungen in rascher Folge. Während jeder Destillation können bereits die vorhergehende Probe titriert und die nächste Destillation vorbereitet werden.

34.1 Bestimmung des anorganisch gebundenen (Ammonium-)Stickstoffs neben organisch gebundenem Stickstoff (Destillation mit Magnesiumoxid)

Liegt in der Probe neben dem organisch gebundenen auch anorganisch gebundener Stickstoff vor, z. B. als Ammoniumsalz oder leicht verseifbares Säureamid, kann dieser ohne Aufschluß durch Destillation unter milden Bedingungen (pH ≈ 7.4) abgetrennt werden. Statt mit Lauge wird das Ammoniak mit *Magnesiumoxid*, das als Aufschlämmung zum Probengut in den Destillierkolben zugespült wird, in Freiheit gesetzt, wie oben destilliert und in der Vorlagelösung das Ammoniak titriert. Aus der Differenz von Gesamtstickstoff (durch Aufschluß) und anorganisch gebundenem errechnet sich der organisch gebundene Stickstoff.

34.2 Abtrennen des Ammoniaks durch Mikrodiffusion

In bestimmten Fällen, vor allem dann, wenn kleine Stickstoffmengen in sehr kleinen Probenmengen bestimmt werden sollen, ist es günstiger, an Stelle der beschriebenen Destillation, das Ammoniak durch Mikrodiffusion abzutrennen. Von dieser Möglichkeit wird sehr häufig in der klinischen und biochemischen Analyse Gebrauch gemacht. Das Prinzip sei hier nur kurz angedeutet und im übrigen auf die Literatur (CONWAY 1959) verwiesen.

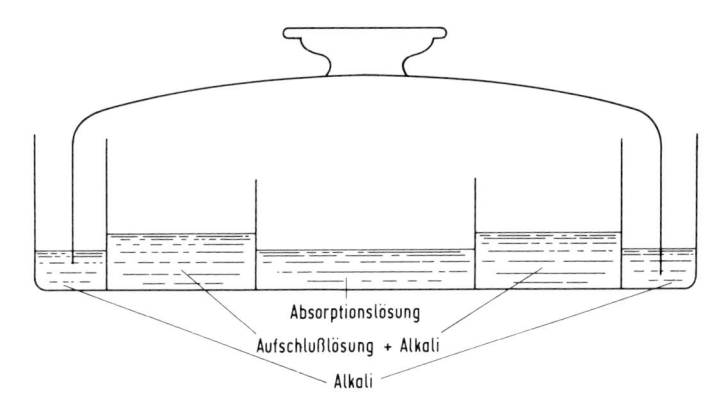

Abb. 34-3. Mikrodiffusion nach CONWAY (1959), modifiziert von ÖBRINK (1955).

Abb. 34-3 zeigt das zur Mikrodiffusion benutzte Gerät. In der inneren Kammer wird eine abgemessene Menge des Absorptionsmittels (Schwefelsäure, Borsäure oder Magnesiumchlorid-Lösung) vorgelegt. In der mittleren Kammer wird die Aufschlußlösung mit Alkali (KOH, gesättigte K_2CO_3-Lösung oder Metaborat-Lösung) gemischt, wodurch das Ammoniak in Freiheit gesetzt wird. Der Deckel taucht in den äußeren, mit Alkali gefüllten, Ring ein. Das in die Absorptionslösung diffundierte Ammoniak kann anschließend maßanalytisch oder photometrisch bestimmt werden.

Auch die Diffusionszelle nach SPITZY et al. (1958) (Abb. 34-4) hat sich bewährt. Die Mikrodiffusion ermöglicht die Abtrennung von Spuren Ammon-Stickstoff, z. B. aus Reaktionslösungen, von aromatischen Aminen (Aniline) und Aminophenolen bei niederer Temperatur (Raumtemperatur). Bei der Wasserdampfdestillation gehen diese Verbindungen stets in die Vorlage über und werden dort zusammen mit dem Ammoniak bestimmt.

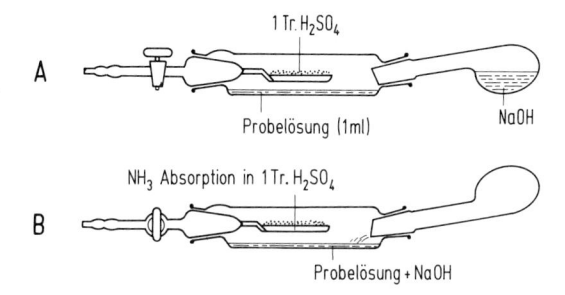

Abb. 34-4. Mikrodiffusion nach SPITZY (1958). Schnitt durch die Apparatur vor dem Evakuieren (oben) und im evakuierten Zustand zur Diffusion bereit (unten).

34.3 Abtrennen des Ammoniaks durch Mikro-Vakuumdestillation

Die schonende Isolierung von Ammoniak aus Material mit organisch gebundenem Stickstoff (z. B. Lebensmitteln), sowohl bei Temperaturen unterhalb 50 °C als auch innerhalb einer kurzen Diffusions- bzw. Destillationsdauer, ist selbst durch Isothermdiffusion nicht

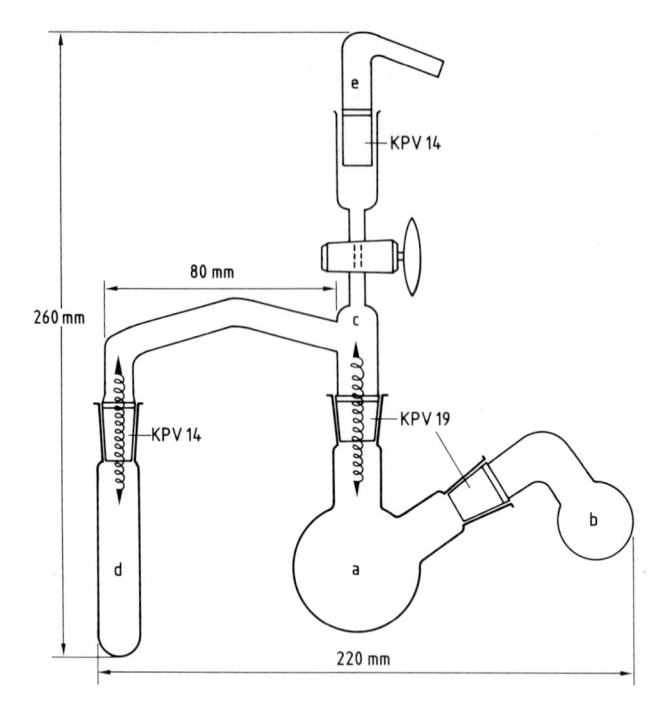

Abb. 34-5. Mikro-Vakuumdestillationsapparatur nach BURG und MOOK (1963). *a* Destillationskölbchen, *b* Einsteckkölbchen für Alkalisierungsmittel, *c* Übergangsstück, *d* Vorlageröhrchen, *e* Absaugstutzen.

immer befriedigend durchführbar. Hier eignet sich die Mikro-Vakuumdestillation (THALER und STURM 1970; BURG und MOOK 1963).

Vor Beginn des Alkalisierens und der Destillation wird evakuiert; der Gasstrom muß nicht mehr durch eine Absorptionsvorlage abgesaugt werden. Voraussetzung ist höchstmögliche Dichtigkeit der Schliffe, diese wird durch Verwendung sog. „klarer Präzisionsverbindungen" (KPV) erzielt, die nach ganz leichtem Einfetten mit Siliconfett anfangs recht gut dicht bleiben. Unkontrollierbare Undichtigkeiten lassen sich durch Bestreichen aller KP-Verbindungen – außer der des schwenkbaren Einsteckkölbchens – nach dem Zusammenstecken mit einem schnelltrocknenden Zaponlack vermeiden. Das Destillationskölbchen (Abb. 34-5a) wird durch Einhängen in ein Wasserbad von 40 °C beheizt, die Vorlage (Abb. 34-5d) dagegen in Eiswasser gekühlt. Durch ständiges Hin- und Herbewegen des Kölbchens sind quantitative Destillationen bereits innerhalb weniger Minuten möglich.

Für die Untersuchungen wurden pH 10, eine Beheizungstemperatur sicherheitshalber von 40 °C und eine Destillationsdauer von 10 min gewählt.

Besondere Geräte: Wasserbad mit Thermostatanschluß. Kleine Vakuum-Destillationsapparatur (KPV 14 und 19, in Abb. 34-5). Spektralphotometer mit Glasküvetten.

Reagenzien

N Schwefelsäure. – Borat-Natronlauge-Pufferlösung pH 10. Herstellung: 12.4 g Borsäure werden mit 100 ml N Natronlauge vermischt und auf 1 l aufgefüllt. Eine Mischung von 6 Teilen dieser Lösung mit 4 Teilen 0.1 N Natronlauge ergibt den pH-Wert 10. – *Siliconfett.* – *Zaponlack.* Herstellung: 150 g Collodiumwolle E 950 werden in 850 g Aceton gelöst.

Arbeitsvorschrift. Alle KP-Verbindungen der Destillationsapparatur werden gleichmäßig dünn mit Siliconfett bestrichen. In das Vorlageröhrchen werden 3 Tropfen N Schwefelsäure und in dem Einsteckkölbchen 4 ml Pufferlösung vorgelegt. Man gibt die ammoniumsalzhaltige Lösung (z. B. entsprechend 25 bis 200 µg Stickstoff) in das Destillationskölbchen und ergänzt – im Bedarfsfall – mit dest. Wasser auf etwa 5 ml. Anschließend werden die Kölbchen und das Vorlageröhrchen mit dem Übergangsstück samt Absaugstutzen verbunden. Das Einsteckkölbchen muß nach unten zeigen (Abb. 34-5b). Nun dreht man die KP-Verbindungen, bis sie gleichmäßig durchsichtig erscheinen (= Dichtigkeitstest). Mittels Spiralfederchen und durch Einpinseln der Kanten der KP-Verbindungen mit Zaponlack erreicht man eine zuverlässige Abdichtung. Dann wird die Apparatur mit einer Vakuumpumpe bis etwa 15 Torr evakuiert, wozu erfahrungsgemäß 3 bis 4 min genügen.

Nun wird der Hahn geschlossen, die Apparatur von der Saugpumpe getrennt und die Probe durch Hochdrehen des Einsteckkölbchens alkalisiert. Darauf setzt man das Destillationskölbchen in ein Wasserbad von 40 °C und das Vorlageröhrchen in ein Gefäß mit Eiswasser. Dabei wird die Apparatur mittels Stativklemmen so locker befestigt, daß das Destillationskölbchen im Wasserbad während der gesamten Destillationsdauer von 10 min leicht hin- und herbewegt werden kann.

Schließlich öffnet man den Hahn, nimmt das Destillationskölbchen ab und spült hängengebliebene Tropfen aus dem Übergangsstück in die Vorlage. Ihr Inhalt wird je nach Ammoniakmenge in ein 25 bis 250 ml-Meßkölbchen übergespült und aufgefüllt. Davon pipettiert man einen aliquoten Teil (maximal 5 ml) in ein Schliffreagenzglas und bestimmt das Ammoniak mit Hilfe der Phenolat-Hypochlorit-Methode (Kap. 34.5).

35 Zur Stickstoffbestimmung nach KJELDAHL – Ammoniakbestimmung

35.0 Die Methoden der Ammoniakbestimmung

Prinzip. Nach Kjeldahl-Aufschluß und diskontinuierlicher Ausführung der Destillation wird das Ammoniak in der Regel in die Vorlage übergetrieben und in einem genau abgemessenen Volumen einer Normalsäure (Schwefelsäure, Salzsäure oder Borsäure) aufgefangen und als Ammoniumsalz gebunden. Der Überschuß der Säure wird am Ende mit Normallauge gegen Indikatorumschlag zurücktitriert. Spurenmengen werden in der neutralisierten Vorlagelösung auch photometrisch bestimmt. Im Zuge der weiteren Automatisierung der Kjeldahlbestimmung werden Destillation und Titration in einem Schritt durchgeführt und das freiwerdende Ammoniak *in situ* kontinuierlich, mit potentiometrischer oder photometrischer Endpunktsindikation, wegtitriert. Auch die mikrocoulometrische Ammoniakbestimmung ist, vor allem im untersten Spurenbereich, gebräuchlich.

35.1 Die acidimetrische Ammoniak-Titration

a) Maßanalytisch

Nach Beendigung der Destillation wird die saure Vorlagelösung kurz aufgekocht, mit wenig Indikator versetzt und mit 0.01 N Natronlauge titriert. Bei Verwendung von Methylrot wird von roter bis zur kanariengelben Färbung, die 2 min bestehen bleiben soll, titriert. Mit dem Tashiro-Indikator (Umschlag von grün nach rosa) wird auf den ersten erkennbaren rosa Farbton titriert. Der Reagenzienblindwert ist vor jeder Analysenserie zu kontrollieren und von dem in der Analysensubstanz gefundenen Ammoniak abzuziehen.

Berechnung

1 ml 0.01 N Salzsäure entspricht 0.14008 mg Stickstoff.

$$\% \text{ N} = \frac{\text{ml 0.01 N HCl} \cdot 0.14008 \cdot 100}{\text{mg Substanzeinwaage}}.$$

Ammoniaktitration auf iodometrischem Wege nach BANG (1927). Diese Methode empfiehlt sich vor allem bei geringen Stickstoffmengen. Die Reaktion verläuft nach untenstehender Gleichung:

$$5\,KI + KIO_3 + 6\,HCl \rightarrow 6\,KCl + 3\,H_2O + 3\,I_2 \ .$$

Man legt zur Destillation 10 ml 0.01 N Salzsäure in einem 100 ml fassenden Schliffkölbchen vor, kocht nach der Destillation das Kohlendioxid aus und gibt nach dem Abkühlen 2 bis 3 ml 5%ige Kaliumiodid- und 0.5 bis 1 ml 4%ige Kaliumiodatlösung zu. Man läßt etwa 5 min im geschlossenen Gefäß stehen und titriert dann das ausgeschiedene Iod mit 0.01 N Natriumthiosulfatlösung gegen Iod-Stärke-Endpunkt zurück. Die Differenz aus vorgelegter Säure und verbrauchter Menge Thiosulfat entspricht dem als Ammoniak abgespaltenen Stickstoff. Durch Verwendung einer 0.005 N Thiosulfatlösung kann die Empfindlichkeit dieser Methode noch erhöht werden. Wird die Ammoniaktitration iodometrisch vorgenommen, darf zum Aufschluß kein Wasserstoffperoxid benutzt werden. Das Grundprinzip der iodometrischen Titration ist in Kap. 53.1 beschrieben.

b) Coulometrisch (mit dem KJELDAHL NITROGEN ANALYZER Modell KN-03 der Fa. MITSUBISHI)

Wie das Fließbild in Abb. 33-3 veranschaulicht, werden 10 bis 200 µl der exakt auf ein bestimmtes Volumen (z. B. 100 ml) verdünnten Aufschlußlösung in heiße Kalilauge eingespritzt und das freiwerdende Ammoniak im Inertgasstrom ausgestrippt und in die Coulometerzelle gespült. Das Ammoniak wird dort mit elektrolytisch erzeugten H^+-Ionen bei den unterstehenden Bedingungen titriert:

Probelösung:	10 bis 200 µl der verdünnten Aufschlußlösung
Stickstoffmenge:	0.1 bis 19.99 µg
NH_3-Destillationsgefäß:	aus Nickellegierung, 60 ml, Temp.: 150 °C max., Lösung: 50%ige KOH
Trägergas:	Stickstoff oder Argon, 200 ml/min
Elektrolyt in der Titrationszelle:	1%ige Na_2SO_4, approx. 30 ml, auf 22 °C oder darunter thermostatisiert
Indikatorelektrode:	pH-Glaselektrode
Generatorelektrode:	Platinelektrode

35.2 Die Ammoniak-Titration mit Hypobromit

Prinzip. Aus der schwefelsauren Aufschlußlösung wird das Ammoniak mit konzentrierter Natronlauge in Freiheit gesetzt und in vorgelegte Salzsäure wasserdampfdestilliert, mit Hypobromit gemäß untenstehender Gleichung zu Stickstoff oxidiert und der Überschuß an Hypobromit *iodometrisch* titriert. Gleichzeitig muß bei jeder Analyserserie eine genaue Einstellung der Hypobromit-Titrierlösung und eine Blindwertbestimmung durchgeführt werden. Zur spuren- und ultramikroanalytischen Bestimmung des Stickstoffs wird die Hypobromittitration vorteilhafterweise *coulometrisch* durchgeführt.

$$2\,NH_3 + 3\,BrO^- \rightarrow N_2 + 3\,H_2O + 3\,Br^- \ .$$

a) Die iodometrische Bestimmung (DIXON 1968; BELCHER 1966)

Reagenzien. Hypobromit-Stammlösung: 1 g NaOH, 23 g Na_2CO_3 und 0.5 ml Brom werden in dest. H_2O gelöst und auf 1000 ml aufgefüllt. Die Lösung wird in einer Braunglasflasche mit Glasstöpsel aufbewahrt:

Hypobromit-Titrierlösung:	sie wird durch Verdünnen von gleichen Teilen Stammlösung und Wasser hergestellt.
Pufferlösung:	40 g KOH und 6 g Borsäure werden in 100 ml Wasser gelöst.
Kaliumiodidlösung:	20 g KI werden in 80 ml H_2O gelöst.
Essigsäure:	zwei Teile Eisessig werden mit einem Teil H_2O verdünnt.
Natriumthiosulfatlösung 0.002 M:	sie wird täglich aus der 0.1 M Lösung bereitet.
Indikator:	„Thyodene" (handelsübliche Präparation von Stärke).
Salzsäure:	1%ige wäßrige Lösung.
Natronlauge:	48%ige wäßrige Lösung; man versetzt sie mit einigen Tropfen konz. HCl.

Ausführung. Man wägt soviel Substanz ein, daß in der Aufschlußlösung etwa 0.1 mg Stickstoff zur Bestimmung vorliegt, die Substanzeinwaage jedoch 200 mg nicht wesentlich übersteigt. Der Größe der Substanzeinwaage entsprechend wird die Menge des Katalysatorgemisches und der Schwefelsäure zudosiert, wie in Tab. 33-1 angegeben.

Nach Zugabe eines Tropfens Eisen(III)-chloridlösung wird die Aufschlußlösung in die Destillationsapparatur übergespült. In einem 100 ml fassenden Erlenmeyerkölbchen werden 10 ml 1%ige Salzsäure vorgelegt, das Kühlerende darin eingetaucht und dann nach Alkalisieren der Aufschlußlösung mit konz. Natronlauge das Ammoniak übergetrieben. Nach Abspülen des Kühlerendes mit H_2O soll das Volumen der Absorptionslösung die 25-ml-Marke erreichen.

Zum Destillat werden nun 5 ml Hypobromitreagenz zugegeben. Man läßt anschließend Pufferlösung zutropfen, bis die Gelbfärbung verschwindet (dazu sind etwa 5 Tropfen erforderlich). Nach Umschwenken der Lösung werden 1 ml Kaliumiodidlösung und 2 ml Eisessig zupipettiert und das freiwerdende Iod mit Natriumthiosulfatlösung ($cNa_2S_2O_3/1 = 0.002$ M) wegtitriert, bis die Lösung nur noch schwach gelb gefärbt ist. Nach Zugabe der Stärkelösung wird zu Ende titriert.

$$1 \text{ ml } Na_2S_2O_3\text{-Lsg. } (c = 0.002 \text{ M}) \triangleq 0.0093 \text{ mg N} .$$

Die Empfindlichkeit der Methode wird noch wesentlich erhöht, wenn das Ammonium nach der Destillation im Vorlagegefäß mit coulometrisch erzeugtem OBr^- titriert und der Titrationsendpunkt biamperometrisch indiziert wird (ARCAND 1956; BOSTRÖM 1974; CHRISTIAN 1963, 1966). WERNER und TÖLG (1975) bestimmen auf diese Weise den Stickstoffgehalt in Reinstmetallen mit einer Erfassungsgrenze von 100 ng. Das coulometrische Titrationsverfahren ist in gleicher Weise zur spuren- und ultramikroanalytischen Bestimmung des Stickstoffes in organischen Substanzen anwendbar.

b) Die coulometrische Ammoniaktitration mit Hypobromit (BOSTRÖM et al. 1974)

Die Methode basiert auf einem Säureaufschluß von 10 mg Probenmengen in speziellen Aufschlußröhrchen des Tecator-Aufschlußsystems (s. Abb. 33-2), Verdünnung der Aufschlußlösung auf 75 ml und mikrocoulometrischer Titration von aliquoten Volumina (1 ml) mit elektrolytisch erzeugten Hypobromit-Ionen. Mit dieser Methode können 20 bis 30 Analysen pro Stunde ausgeführt werden. Für Substanzen mit einem Stickstoffgehalt im Prozentbereich wurde aus den Analysenwerten von 8 verschiedenen Substanzen eine relative Standardabweichung von 0.1 bis 1% errechnet.

Der Elektrolyt, der für die mikrocoulometrische Titration verwendet wird, ist 1.5 M an Kaliumbromid und 0.075 M an Natriumtetraborat ($Na_2B_4O_7 \cdot 10H_2O$) und mit 2 M Schwefelsäure auf einen pH-Wert von 8.6 ± 0.05 eingestellt. Bei diesem pH-Wert disproportioniert das elektrolytisch erzeugte Brom in Hypobromit und Bromid:

$$2 Br^- \rightarrow Br_2 + 2e^-$$

$$Br_2 + 2 OH^- \rightarrow BrO^- + Br^- + H_2O \ .$$

Bei höherem pH-Wert läuft die Disproportionierung weiter zum Bromat, bei niedrigerem pH-Wert erfolgt keine Disproportionierung. Das gebildete Hypobromit reagiert mit Ammoniak an der Anode entsprechend der Gleichung:

$$3 BrO^- + 2 NH_3 \rightarrow N_2 + 3 Br^- + 3 H_2O \ .$$

Die Bestimmungen wurden mit dem LKB 16300 Coulometer-Analyzer in einer Titrierzelle mit einer rotierenden Platin-Generatoranode ausgeführt. Das Indikatorsystem besteht aus einer Platin-Sensorelektrode und einer Ag/AgCl-Referenzelektrode (z. B. METROHM EA 217-A). Die Generatorkathode ist ein Platindraht in einem Glasrohr mit Glasfritte, um sie vom übrigen Probenraum zu trennen. Das Elektrolytvolumen beträgt 30 ml. Die erreichbare Stromausbeute bei der elektrolytischen Hypobromiterzeugung mit dem coulometrischen Titriersystem ist praktisch quantitativ bis zu Stromstärken in der Größenordnung von 100 mA; daher sind schnelle Titrationen möglich.

35.3 Photometrische Ammoniakbestimmung mit Nessler-Reagenz

Prinzip. Alkalische Kaliumquecksilberiodidlösung (Nessler-Reagenz) bildet mit einer Ammoniumsalzlösung schwer lösliches orangerot gefärbtes Amidoquecksilberiodid, das unter geeigneten Bedingungen kolloidal gelöst bleibt. Die Farbintensität, die von der Ammoniakmenge abhängig ist, wird bei 395 nm photometrisch gemessen. Nach NESSLER beruht die Färbung auf der Bildung von

$$O \begin{matrix} \diagup Hg \diagdown \\ \diagdown Hg \diagup \end{matrix} NH_2I$$

Über die Theorie der „Nessler-Reaktion" berichtet auch eine Arbeit von GEIGER (1942).

Wird bei geeigneter Alkalität gearbeitet und das Ammoniak von störenden Salzen abdestilliert, ist die Anwendung von Schutzkolloiden überflüssig. Allerdings ist der kolloidale Zustand sehr abhängig von der Zusammensetzung der Lösung und der Arbeitsweise. Man muß ferner beachten, daß es kaum ammoniakfreies Wasser gibt. Aus diesem Grunde photometriert man besser gegen reines Wasser und nicht gegen eine Vergleichslösung mit gleichen Reagenzzugaben. Vor jeder Serie wird die Eigenfärbung des Reagenz für sich bestimmt und ebenso die Färbung, die ein evtl. nötiges Verdünnungswasser ergibt.

Ein störungsfreies Arbeiten setzt voraus, daß:

1. die Lösung etwa 0.1 N natronalkalisch ist,
2. bei gleichzeitiger Anwesenheit von Natriumsulfat die Normalität an Lauge und Sulfat zusammen unter 0.25 liegt,
3. andere Salze nicht anwesend sind (Chlor-Ionen höchstens bis zu 1.0 mg/100 ml) (am sichersten ist das Ammoniak durch Destillation abzutrennen),
4. die Lösungen vollkommen klar sind, vor allem frei von Metallhydroxidspuren, weil diese die Extinktion stark erhöhen, auch wenn ihre Lichtabsorption sehr klein ist,
5. das Reagenz (1 bis 2 ml/100 ml Lösung) in feinem Strahl zupipettiert, sofort durchgemischt und nach 3 min Stehenlassen photometriert wird,
6. zur Messung der Farbintensität die Temperatur der Meßlösungen auf 30 bis 35 °C gehalten wird,
7. die Konzentration an Ammoniakstickstoff in den Grenzen von 0.01 bis 0.20 mg/100 ml liegt.

Reagenzien

Schwefelsäure: 0.01 N.

Nessler-Reagenz*: Eine Lösung von 100 g rotem Quecksilberiodid und 80 g Kaliumiodid in 100 ml Wasser wird mit einer Lösung von 200 g Natriumhydroxid in 900 ml Wasser versetzt. Diese Lösung, die für etwa 1000 Bestimmungen ausreicht, wird 4 Wochen stehengelassen. Erst dann werden zum Gebrauch nach Umschütteln jeweils 100 ml entnommen, diese durch Zentrifugieren geklärt und in eine braune Flasche mit Schliffstöpsel gefüllt. Werden die Vorratsflaschen im Dunklen, evtl. unter einer Glasglocke luftgeschützt gelagert, bleibt der Wirkungswert der Lösungen auch über Monate fast unverändert.

Ammoniumsulfat-Eichlösung: 0.4717 g Ammoniumsulfat werden in 1000 ml bidestilliertem Wasser gelöst. 1.0 ml dieser Lösung entspricht 100 µg Stickstoff.

Arbeitsvorschrift. Bei der Spurenbestimmung wird nach dem Substanzaufschluß (s. Kap. 33.1) die Aufschlußlösung in die Parnas-Wagner-Destillationsapparatur (Abb. 34-2) übergespült, alkalisch gestellt und das Ammoniak mit Wasserdampf abdestilliert. Als Vorlage dient ein 50-ml-Meßkölbchen, in dem 10 ml 0.01 N Schwefelsäure vorgelegt werden. Innerhalb von 10 min werden etwa 35 ml überdestilliert. Dann wird das Kölbchen mit ammoniakfreiem Wasser zur Marke aufgefüllt und gut durchgemischt. 5.0 ml dieser Lösung werden in ein anderes 50-ml-Meßkölbchen einpipettiert, bis zu 45 ml mit ammoniakfreiem Wasser verdünnt, gemischt und 2.0 ml Nessler-Reagenz mit Hilfe eines Pipettierballes in scharfem Strahl in die Lösung eingetragen. Das Kölbchen wird dann bis zur Marke mit Wasser aufgefüllt, gemischt, auf 33 °C thermostatisiert und nach 3 min bei 395 nm (oder 436 nm) die Farbdichte gemessen. Ergibt diese Messung nur einen Stickstoffgehalt

---

* Kann in analysenfertiger Präparation von Fa. E. MERCK bezogen werden.

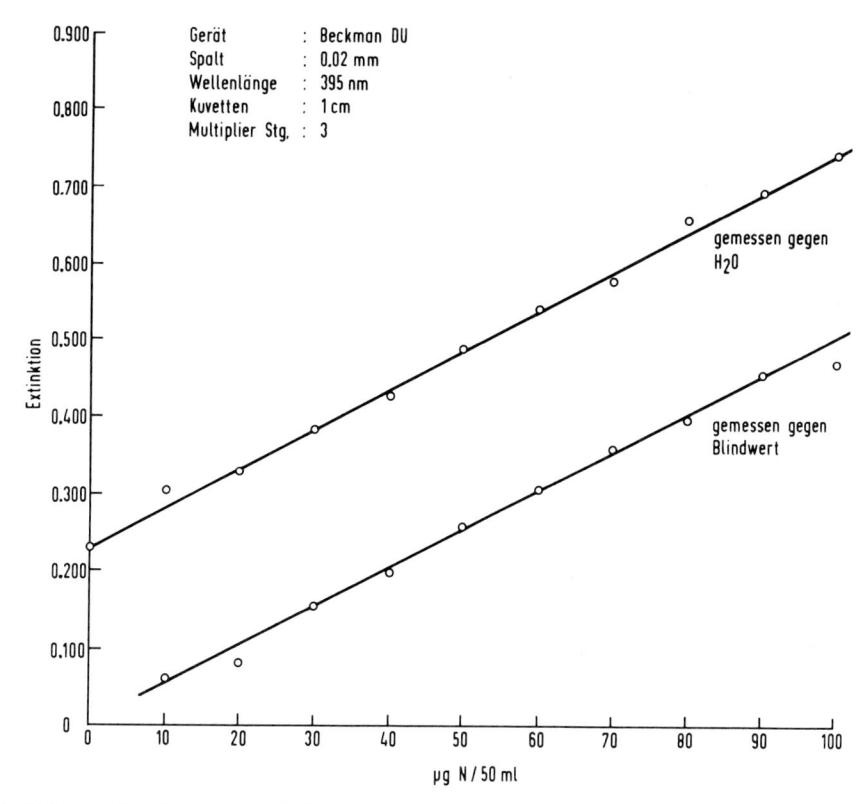

Abb. 35-1. Eichkurve für die photometrische Ammoniakbestimmung mit Nessler-Reagenz.

von 20 µg oder weniger, wird der Rest des Destillates zur Bestimmung eingesetzt. Die Auswertung erfolgt über eine Eichkurve, die vorher mit der Ammonsulfat-Eichlösung erstellt wurde. Der Blindwert wird bei der Berechnung berücksichtigt.

Eichkurve: Zur Erstellung einer Eichkurve werden aus einer Bürette steigende Mengen (0.1 bis 1.0 ml) der Ammonsulfatlösung (10 bis 100 µg N) in 50 ml fassende Meßkölbchen pipettiert, 10 ml 0.01 N Schwefelsäure zugesetzt, mit bidestilliertem Wasser auf etwa 45 ml verdünnt und nach Zugabe von 2 ml Nessler-Reagenz wie oben beschrieben photometriert. Die gefundenen Extinktionen werden gegen die einzelnen Stickstoffkonzentrationen in einem Diagramm aufgetragen. Wie Abb. 35-1 zeigt, folgt die Farbintensität im Bereich von 10 bis 100 µg N/50 ml dem Beer-Gesetz.

Störungen: Es muß in weitgehend ammoniakfreier Laborluft gemessen werden, da schon sehr geringe Mengen Ammoniak die Werte verfälschen. Das gleichzeitige Arbeiten mit Ammoniak im selben Raum muß deshalb unbedingt unterbleiben. Da Tabakrauch bedeutende Mengen an Ammoniak enthält, ist es ratsam, während der Bestimmung nicht zu rauchen. Die Laborluft muß auch frei sein von Schwefelwasserstoff, da Sulfid-Ionen mit Nessler-Reagenz gelbrot gefärbtes Quecksilbersulfid bilden. Ebenso stören Harnstoff und Aminosäuren. Hydrazin und Hydroxylamin geben dieselbe Reaktion in verstärktem Maße. Es treten in deren Anwesenheit Trübungen auf. Trimethylamin, Nikotin und Pyridinbasen sind ohne Einfluß.

35.4 Photometrische Ammoniakbestimmung über die Indophenolblaureaktion

Prinzip. Ammonium-Ionen bilden mit Phenol und Hypochlorit in alkalischer Lösung einen blauen Farbstoff, das sog. Indophenolblau. Dieser Farbstoff besitzt bei 630 nm ein Absorptionsmaximum, das zur quantitativen Bestimmung der Farbdichte ausgenutzt wird. Nach BOLLETER et al. (1961) läßt sich die Farbreaktion durch folgenden Reaktionsmechanismus erklären:

Reaktion

schnell $NH_3 + HOCl \rightleftharpoons NH_2Cl + H_2O$

langsam $ClNH_2 + \langle\bigcirc\rangle-OH + 2HOCl \rightarrow Cl-N=\langle\bigcirc\rangle=O + 2H_2O + 2HCl$

schnell $HO-\langle\bigcirc\rangle + Cl-N=\langle\bigcirc\rangle=O \rightarrow$

$\rightarrow HO-\langle\bigcirc\rangle-N=\langle\bigcirc\rangle=O + HCl$

schnell $HO-\langle\bigcirc\rangle-N=\langle\bigcirc\rangle=O \rightleftharpoons$

$\rightleftharpoons \overset{\ominus}{O}-\langle\bigcirc\rangle-N=\langle\bigcirc\rangle=O + H^+$

Indophenolblau

BERTHELOT (1859) berichtete als erster über den blauen Farbstoff, der bei der Reaktion von Phenol und Hypochlorit in alkalischer Lösung mit Ammonium-Ionen entsteht. Seit dieser Zeit wurde die Empfindlichkeit und Anwendungsbreite dieser Methode mehrfach verbessert. So berichten CROWTHER et al. (1956) über eine große Empfindlichkeitssteigerung dieser Farbreaktion in Gegenwart von Aceton. In ähnlicher Weise wird nach LUBOCHINSKY et al. (1954) die Farbreaktion durch Zusatz von Nitroprussidnatrium begünstigt. Störende Metallspuren werden nach TETLOW et al. (1964) mit Komplexon maskiert. Der untenstehenden Arbeitsvorschrift liegt die Modifikation von WEATHERBURN (1967) zugrunde, die sich, vor allem in der klinischen Analyse, als schnelle, einfache und zuverlässige Routinemethode bewährt hat.

Geräte und Reagenzien

Spektralphotometer; 1 cm Küvette.
Phenol p.a.
Nitroprussidnatrium p.a.
Natriumhydroxid p.a.

Natriumhypochlorit (mindestens 5%ig an freiem Chlor).
Ammoniumsulfat p.a.

Dest. Wasser, stickstofffrei: Es wird über Ionenaustauscher von Spuren Ammonium-Ionen befreit (Ionenaustauscher Amberlite IR-120, 16 bis 50 mesh; Säule 25 cm lang, Durchmesser 2.5 cm). Der Austauscher wird kurz vor Gebrauch in die H-Form gebracht. Das ausfließende Wasser wird in luftdicht verschlossenen Glasflaschen aufbewahrt. Der Austauscher wird periodisch mit 50%iger Salzsäure regeneriert.

Reagenz A: Phenol+Nitroprussidnatrium: 5 g Phenol und 25 mg Nitroprussidnatrium werden zusammen mit dest. Wasser auf 500 ml aufgefüllt. Die Lösung wird in einer braunen Flasche im Kühlschrank aufbewahrt und ist so 1 Monat haltbar.

Reagenz B: Alkalische Hypochloritlösung: 2.5 g Natriumhydroxid und 4.2 ml Natriumhypochloritlösung* (mindestens 5%ig an freiem Chlor) werden mit dest. Wasser auf 500 ml aufgefüllt. Die Lösung ist, in einer braunen Flasche im Kühlschrank aufbewahrt, etwa 1 Monat haltbar.

Ammonsulfat-Stammlösung: 471.56 mg Ammonsulfat p.a. werden in dest. Wasser gelöst und auf 1000 ml aufgefüllt. 1 ml dieser Lösung enthält 100 µg N.

Ammonsulfat-Testlösung: 10 ml der Stammlösung werden mit dest. Wasser auf 1000 ml aufgefüllt. 1 ml dieser Lösung enthält 1.0 µg N. Zur Aufstellung der Eichkurve werden 0 bis 20 ml dieser Lösung in ein 100-ml-Meßkölbchen pipettiert und nach Zugabe von Reagenz A und dann B entsteht das Indophenolblau. Zur Farbentwicklung werden die Lösungen in einen Umlaufthermostaten von 37 °C gestellt, nach 40 min auf Raumtemperatur gekühlt, und anschließend wird die Farbdichte gegen den Reagenzienblindwert gemessen.

Arbeitsvorschrift. In ein 100 ml fassendes Meßkölbchen wird ein aliquoter Teil (maximal 60 ml) des gegen Methylrot neutralisierten Wasserdampfdestillats (PARNAS-WAGNER) pipettiert. Man fügt 20 ml Reagenz A unter Umschütteln hinzu, läßt anschließend 20 ml Reagenz B zulaufen, verschließt den Kolben, mischt durch Umschütteln gut durch, füllt mit dest. Wasser zur Marke auf, schüttelt nochmals um und läßt bei 37 °C die Farbe entwickeln. Nach 40 min Stehenlassen im Thermostaten bei 37 °C wird die Farbdichte bei 625 nm und Raumtemperatur gemessen. Die Messung erfolgt gegen Wasser oder gegen den Reagenzienblindwert und die Auswertung über eine Eichkurve, die mit steigenden Stickstoffmengen (als Ammonsulfat) vorher erstellt wurde. Die Zugabe der Reagenzien A und B erfolgt dabei in der gleichen oben beschriebenen Reihenfolge.

Diskussion der Methode. Das Absorptionsspektrum am „Cary"-Spektralphotometer zeigt ein Absorptionsmaximum bei 630 nm. Wie aus dem Eichdiagramm in Abb. 35-2

---

* Der Wirkwert der Natriumhypochloritlösung wird vorher iodometrisch bestimmt: Eine abgemessene Menge Hypochloritlösung wird in eine schwefelsaure Kaliumiodidlösung eingetragen und die ausgeschiedene Iodmenge mit Natriumthiosulfatlösung gegen Stärke titriert.

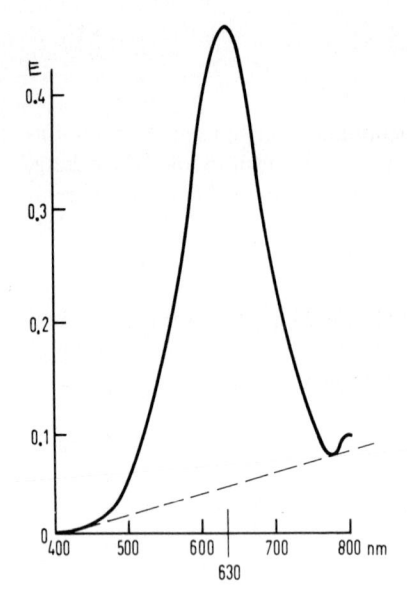

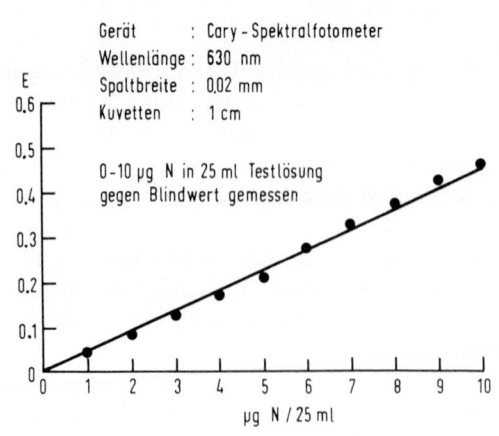

Abb. 35-2. Absorptionskurve und Eichkurve der photometrischen Ammoniakbestimmung über die Indophenolblaureaktion.

ersichtlich ist, folgt die Farbdichte im Konzentrationsbereich von 0 bis 10 µg N/25 ml Meßlösung dem Beer-Gesetz. Diese Methode ist sehr empfindlich und wenig störanfällig, vor allem dann, wenn das Ammoniak durch Destillation von der Aufschlußlösung getrennt wird. Es ist darauf zu achten, daß die Folge der Reagenzzugabe eingehalten wird. Das Hypochloritreagenz wird unmittelbar nach dem Phenolreagenz der Probelösung zugesetzt. Das Hypochloritreagenz muß dann frisch bereitet werden, wenn die Farbintensität der Testlösung schwächer wird.

Wegen der Instabilität der Hypochloritlösung wurden verschiedentlich andere Oxidantien zur Indophenolblaureaktion vorgeschlagen. So verwendeten ROMMERS und VISSER (1969) statt der Hypochloritlösung das wesentlich stabilere Chloramin T ($CH_3C_6H_4SO_2NClNa \cdot 3H_2O$). Durch Extraktion des Indophenolfarbstoffes mit Isobutylalkohol erreichten sie eine größere Empfindlichkeit.

In einer Studie versuchte KROM (1980) den Mechanismus der komplexen Berthelot-Reaktion aufzuklären. Er verwendete statt Phenol das weniger toxische Natriumsalicylat, oxidierte mit *Dichlorisocyanurat* und katalysierte die Reaktion mit Nitroprussidnatrium. Dichlorisocyanurat ist ein stabiles Salz, das in wäßriger Lösung unter Abspaltung von unterchloriger Säure hydrolysiert (s. Diagramm in Abb. 35-3). Die unterchlorige Säure reagiert mit NH_3 und Salicylat unter intermediärer Bildung von Aminosalicylat zu einem Indophenolblaufarbstoff. Nitroprussidnatrium greift vermutlich zweifach in die Reaktion ein: Erstens stabilisiert es das sich primär bildende Monochloramin bei pH 12 bis 13, in einem Bereich, wo dieses normalerweise nicht mehr beständig ist, und erleichtert so die intermediäre Bildung von Aminosalicylat, zweitens beschleunigt es die oxidative Kupplung des entsprechenden Chinonimins mit Salicylat zum Indophenolblaufarbstoff.

Die Anwendung der sog. BERTHELOT- bzw. Indophenolblau-Reaktion in der Stickstoffanalyse hat SEARLE (1984) zusammenfassend dargestellt. LEITHE (1967) nutzt diese empfindliche Reaktion zur Ammoniakbestimmung in Luft, KENNETH und NICHOLLS zur Bestimmung von Stickstoffspuren in Wässern.

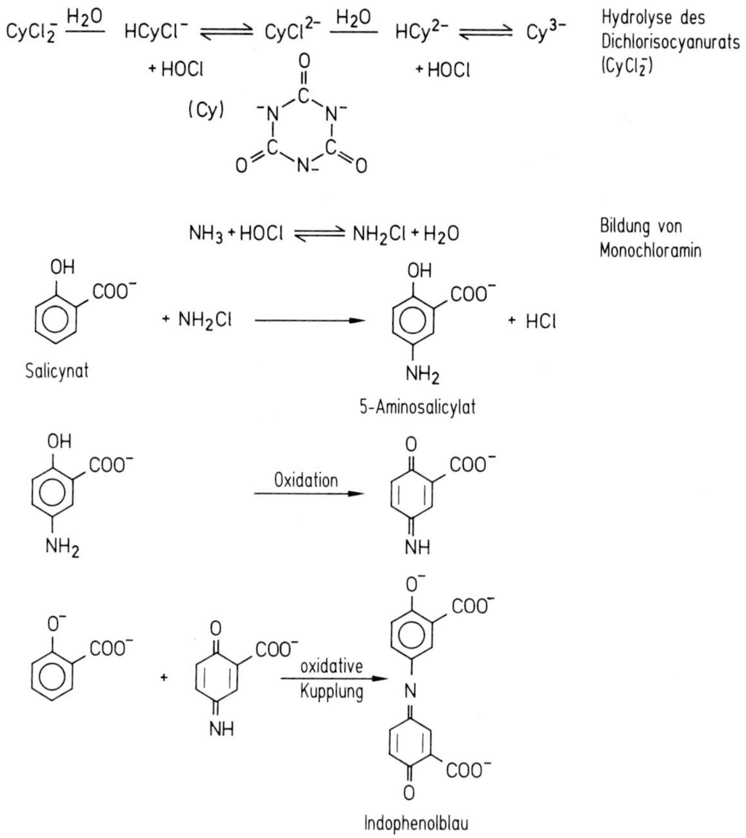

Abb. 35-3. Bildung des Indophenolblaufarbstoffes aus Ammoniak, Salicylat und Dichlorisocyanurat (Reaktionsschema nach KROM).

35.5 Photometrische Ammoniakbestimmung über die Ninhydrin-Reaktion

Prinzip. Das Ammonium-Ion reagiert mit Triketo-hydrinden-hydrat (Ninhydrin) zu einem blauen Farbstoff, dessen Lichtabsorption bei 570 nm gemessen wird. Untenstehende Formelbilder stellen die Ausgangs- und Endverbindung der Reaktion dar:

Ninhydrin → blauer Farbstoff

Aminosäuren reagieren in derselben Weise. Sie werden auf Papier- und Dünnschichtchromatogrammen mit „Ninhydrin" sichtbar gemacht. Die Aminosäuren werden dabei dehydrierend zu Aldehyd, Ammoniak und Kohlendioxid abgebaut. JACOBS (1956, 1959, 1960) hat aus dieser Reaktion eine Methode zur quantitativen Bestimmung des Stickstoffes nach Kjeldahl-Aufschluß und zur Bestimmung der Aminosäuren im Mikro- und Ultramikrobereich entwickelt. Diese Methoden haben Bedeutung in der klinischen Analyse.

Reagenzien

Zinn(II)chlorid-dihydrat p.a.
Natriumacetat-trihydrat.
Eisessig.
Citronensäure.
Schwefelsäure 2 M.
Salzsäure 4 N.

Methylcellosolve (Ethylenglycol-monomethylether)*: Wird frisch destilliert nach Zerstören der Peroxide durch Zugabe von 10 ml Ferrosulfatlösung (50 g Ferrosulfat·$7 H_2O$ p.a. in 100 ml 2.0 M Schwefelsäure gelöst) zu 1 l Cellosolve.

Ninhydrin-Reagenz: 50 ml einer 4%igen Ninhydrin-Stammlösung in Methylcellosolve werden gemischt mit 25 ml deionisiertem Wasser, 25 ml Natriumacetatpuffer (pH 5.5) und 0.08 g Zinn(II)-chlorid.

Ninhydrin-Stammlösung-4%: Ein Kationen-Austauscher (DOWEX 50 oder ZEO-KARB 225) wird mit 4 N Salzsäure in die H-Form gebracht, mit dest. Wasser neutral gewaschen, bis das pH des Filtrats 5.5 erreicht; dann wird mit Methylcellosolve nachgewaschen. Der so vorbereitete Austauscher wird in eine 4%ige Ninhydrinlösung in Methylcellosolve eingetragen und die Lösung in einer dunklen Flasche unter Stickstoff aufbewahrt.

Natriumcitrat-Pufferlösung, 0.4 M, pH 5.0: 400 ml Natriumhydroxidlösung 1 N und 42.0 g Citronensäure werden mit dest. Wasser auf 1 l aufgefüllt.

Natriumacetat-Pufferlösung, 4.0 M, pH 5.5: 544 g Natriumacetat·$3 H_2O$ werden unter Erwärmen im Wasserbad in 500 ml dest. Wasser gelöst, die Lösung gekühlt, 100 ml Eisessig zugesetzt und die Mischung auf 1000 ml verdünnt.

Als Vorlagelösung zur Ammoniakdestillation (nach ROTH) werden in einem 50 ml fassenden Meßkölbchen 20 ml 0.4 M Natriumcitrat-Pufferlösung vorgelegt und nach der Destillation mit derselben Pufferlösung zur Marke aufgefüllt. Aliquote Volumina dieser Destillatlösung (nicht mehr als 10 ml) werden, mit der Natriumcitrat-Pufferlösung auf 10 ml verdünnt, in ein 50 ml Meßkölbchen pipettiert, 10 ml Ninhydrin-Reagenz zugesetzt und abgedeckt 30 min in ein Wasserbad von 100 °C gestellt. Die Reaktionslösung wird dann gekühlt und mit 30 ml 50 Vol.%igem Ethanol zur Marke aufgefüllt. Anschließend wird bei 570 nm die Farbdichte gemessen.

Diskussion der Methode. Die Farbdichte der Meßlösung ist auch in hohen Extinktionsbereichen streng proportional der vorhandenen Ammoniakkonzentration. Bei der Analyse von Ultramikromengen kann nach Kjeldahl-Aufschluß (mit 0.25 ml H_2SO_4 konz.) direkt, d. h. ohne Abtrennen des Ammoniaks durch Destillation, mit Ninhydrin-Reagenz umgesetzt werden. Die kleinen Katalysatormengen im Aufschlußgemisch stören die Reaktion nicht merklich. Es sei auf die Arbeiten von JACOBS hingewiesen.

---

* Statt Methylcellosolve kann auch Dimethylsulfoxid (MOORE 1968) als Lösungsmittel verwendet werden.

36 Bestimmung des Stickstoffs in organischen Substanzen durch katalytische Hydrierung zu Ammoniak und mikrocoulometrischer Titration

Prinzip. Die Probe, evtl. mit einem Zuschlag von LiOH versehen, wird in einem Verbrennungsrohr aus Quarzglas im befeuchteten H_2-Strom verdampft und über einen auf 300 bis 1000 °C beheizten Nickelkontakt katalytisch zu Ammoniak hydriert. Saure Gase werden durch Lithiumhydroxid aus dem Pyrolysegasstrom entfernt und das Ammoniak vom Trägergas in die Coulometerzelle gespült, wo es mit elektrolytisch erzeugten H^+-Ionen kontinuierlich automatisch titriert wird. Das bei der Reaktion

$$NH_3 + H^+ \rightarrow NH_4^+$$

verbrauchte Titrier-Ion (H^+) wird entsprechend untenstehender Gleichung regeneriert.

$$\tfrac{1}{2}H_2 \rightarrow H^+ + e^-.$$

Die Strommenge, eine Funktion der Zeit, ist ein Maß für den Stickstoffgehalt der Probe. Die Reaktion an der Generator-Kathode erzeugt Hydroxyl-Ionen:

$$H_2O + e^- \rightarrow OH^- + \tfrac{1}{2}H_2.$$

Die Kathode muß daher vom Zelleninneren durch eine Diffusionsschranke isoliert werden.

Das Grundprinzip der Mikrocoulometrie ist in Kap. 6.2 beschrieben.

Allgemeines. Die Methode der analytischen Stickstoffhydrierung hat eine lange Entwicklungsgeschichte; sie wurde von TER MEULEN (1927, 1940) erstmals praktiziert und in der Folgezeit für spezielle Anwendungen weiterentwickelt. Von JUREČEK et al. (1980, 1981, 1983) wurde sie nochmals eingehend studiert und kritisch beurteilt. Nach Aussagen dieser Autoren verläuft die Hydrierung des organisch gebundenen Stickstoffes zu NH_3 an Nickelkatalysatoren (Nickelasbest, Nickel-Thoriumoxid + Asbest, granuliertes Nickel + Magnesiumoxid) im Temperaturbereich von 300 bis 700 °C annähernd quantitativ. Größere Abweichungen wurden nur bei Polynitroverbindungen beobachtet. Die Stickstoffhydrierung ist in Kombination mit der mikrocoulometrischen NH_3-Titration mit Vorteil anwendbar, da nur kleine Substanzmengen dafür erforderlich sind und der Hydrierkontakt dadurch nur gering belastet wird, so daß seine Aktivitätsdauer verlängert wird.

Da die Reaktion der katalytischen Hydrierung und der Titration schnell abläuft, kann das Mikrocoulometer, wie von MARTIN (1966) beschrieben, als selektiver N-Detektor in der GC-Analyse verwendet werden, z. B. zur Bestimmung der Verteilung der Stickstoffverbindungen in komplexen Erdölfraktionen.

Mit Erfolg wird die unten beschriebene Methode dort eingesetzt, wo sehr kleine Stickstoffmengen (ppm-Bereich) bestimmt werden müssen, z. B. in Erdölprodukten

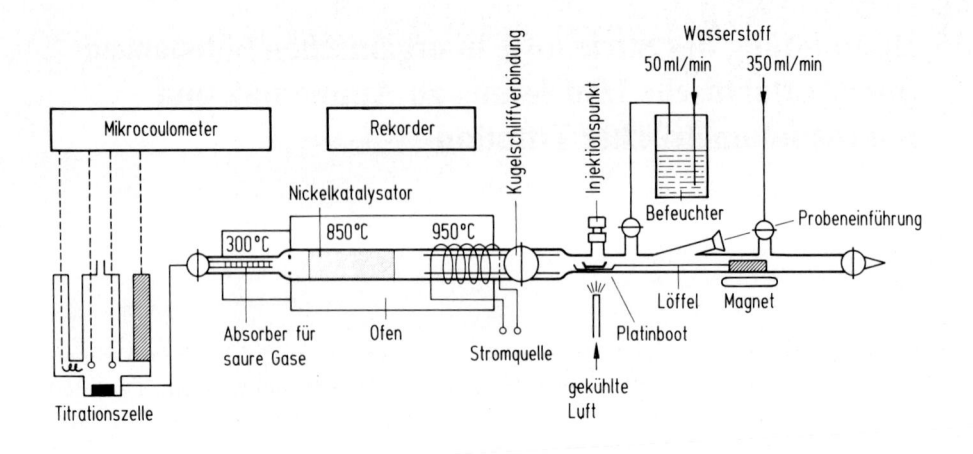

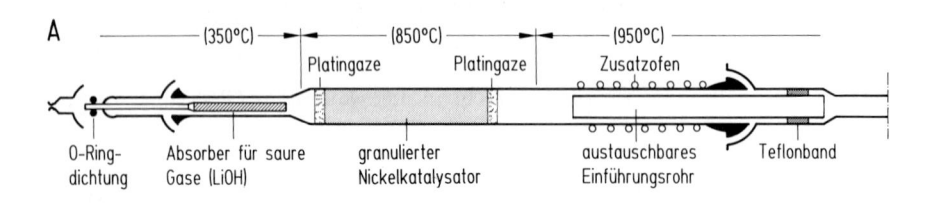

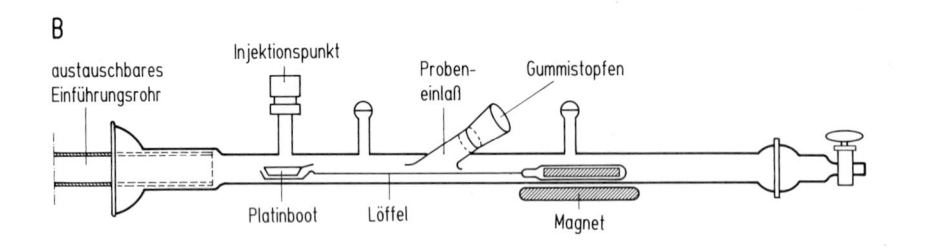

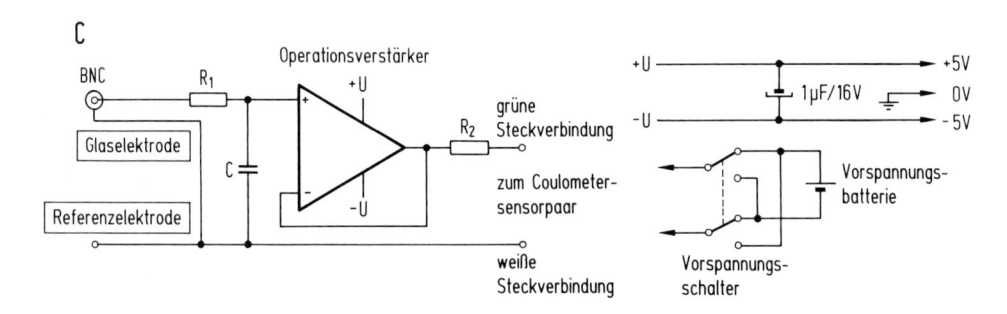

Abb. 36-1. Apparatur zur Stickstoffhydrierung nach ZEEN und GRONDELLE (1980).
(A) Pyrolyserohr und Hydriersystem zur Stickstoffhydrierung. (B) System zur Probenaufgabe. (C) Meßverstärker und Gegenspannungsstromkreis.

N-ANALYSATOR
ECS 1400

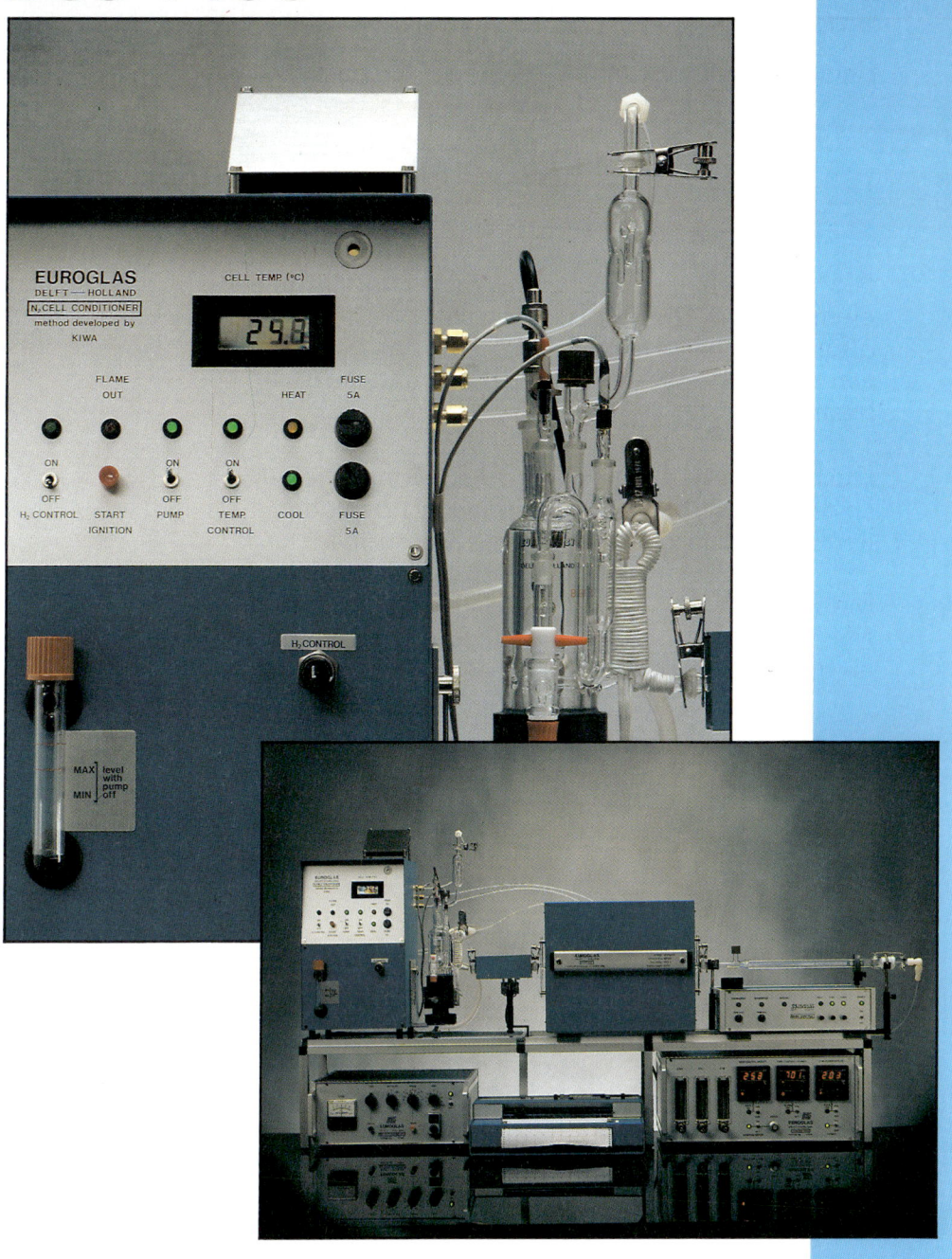

EUROGLAS
ANALYTICAL INSTRUMENTS

Die Gesamt-N Bestimmung

In Wasser, Abwasser und Schlamm nach DIN 38409 Teil 28.
Einfach, schnell und genau mit dem EUROGLAS N-Analyzer.

■ DAS PRINZIP:

Die Probe wird bei 700°C im Wasserstoffstrom mit elementarem Nickel als Katalysator reduziert und quantitativ in NH_3 überführt.
Der entstandene Ammoniak wird acidimetrisch bestimmt.

Diese Hydrogenolyse-Methode mit anschließender coulometrischer Endbestimmung ist nach den heutigen Erfahrungen die beste Methode.

Meßbereich	: 0,1-1000 mg/l linear
Messung	: absolut (in Coulomb)
eingesetzte Probenmenge:	5-250 µl oder bis zu 2 g Festsubstanz

Lieferant:

Laborgeräte Handels gesellschaft mbH

Schwetzinger Straße 90
D-7500 Karlsruhe-Hagsfeld

Telefon: 07 21 / 68 87 17 + 18
Telex: 7 825 726 lhg d
Telefax: 07 21 / 67 67 2

(BELCHER 1977) oder in festen Brennstoffen, z. B. Kohleproben (ZEEN und GRONDELLE 1980). Vor der praktischen Anwendung der Methode empfiehlt sich das Studium dieser Basisliteratur. Apparative Ausrüstungen für die analytische N-Hydrierung in Gasen, festen und flüssigen Proben und die mikrocoulometrische Endbestimmung können von den Firmen EUROGLAS, DOHRMANN und MITSUBISHI bezogen werden.

Praktische Ausführung (ZEEN und GRONDELLE). Die komplette Apparatur sowohl für die Feststoff- als auch die Flüssigprobenaufgabe ist in Abb. 36-1, die Pyrolyseeinheit in Abb. 36-1 a, b skizziert. Das Pyrolyserohr (aus Quarzglas, mit 16 mm Innendurchmesser) enthält eine 10 cm lange Katalysatorschicht aus granuliertem Nickel, die auf 850 °C beheizt wird. Der Probeneinlaß wird mit einer Zusatzheizung auf 950 °C beheizt. Vom Wasserstoffstrom (zur Reinigung von H_2 über eine Pd-Diffusionszelle, s. Abb. 43-10) mit einer Gesamtströmung von 400 ml/min werden über einen Bypass 50 ml/min zur Gasbefeuchtung durch eine Wasserfalle geführt, um Koksbildung am Hydrierkontakt und damit Aktivitätsminderung des Kontaktes zu verhindern. Der Auslaß des Pyrolyserohres enthält zur Absorption saurer Gase ein Gasreinigungsröhrchen, das mit granuliertem Lithiumhydroxid gefüllt und auf 300 °C beheizt wird.

Die Titriereinrichtung gleicht der von MARTIN (1966) beschriebenen, nur ist die störanfälligere H_2-Elektrode durch eine Glaselektrode ersetzt, die gegen Crackgase weitgehend unempfindlich ist. Wegen des hohen Eingangwiderstandes der Glaselektrode muß jedoch zwischen Glaselektrode und Sensorelektrode ein geeigneter Operationsverstärker geschaltet werden. Für den Einsatz von Glaselektroden wurde das Dohrman-Mikrocoulometer (Modell C250) modifiziert (s. elektrischen Schaltplan, Abb. 36-1 c). Als Elektrolytlösung für die Zelle wird vorteilhafterweise eine 1 %ige Kaliumsulfatlösung verwendet. Entsprechend einem geeigneten pH (6.0 bis 7.0) wird das Zellenpotential auf Null abgeglichen. Genaue Arbeitsanweisungen für die mikrocoulometrische N-Bestimmung in den verschiedensten Probenmatrices nach Hydrierung zu NH_3 enthalten auch die Bedienungsanleitungen der oben genannten MC-Hersteller. Da die mikrocoulometrische Titration eine sehr empfindliche Absolutmethode darstellt, ist sie bestens zur quantitativen Bestimmung kleiner und kleinster (ppm-)N-Gehalte in festen (mit LiOH-Schmelzzuschlag), flüssigen und gasförmigen Substanzen geeignet, sie wird schwerpunktmäßig in der Umwelt-, Erdöl- und Brennstoffanalyse eingesetzt.

37 Die Stickstoffbestimmung durch Pyrolyse und Chemilumineszenzdetektion

Prinzip. Durch oxidative Pyrolyse wird der organisch gebundene Stickstoff zu NO umgesetzt und mit Ozon zu angeregtem NO_2^* aufoxidiert, das beim anschließenden Zerfall ein spezifisches Licht emittiert, das photometrisch erfaßt und gemessen wird. Umsetzung und Detektion verlaufen nach folgendem Schema:

Verbrennung $(\geq 900\,°C)$
$$R-N + n \cdot O_2 \rightarrow CO_2 + H_2O + NO$$

Ozonisierung $NO + O_3 \rightarrow NO_2^* + O_2$
(500 bis 900 nm)

Photodetektion $NO_2^* \rightarrow NO_2 + \varepsilon(h \cdot v)$

Allgemeines. Das von PARKS und MARITTA (1977) entwickelte Prinzip wurde von DRUSHEL (1977) sowie KUNKEL und GELDERMANN (1980) getestet und optimiert. Die Methode ist sehr empfindlich und elegant – sie ermöglicht die Bestimmung auf trockenem Weg – und ist daher eine echte Alternative zur Spuren N-Bestimmung nach KJELDAHL, vor allem in flüssigen und gasförmigen Produkten, insbesondere in Produkten der Erdöl-

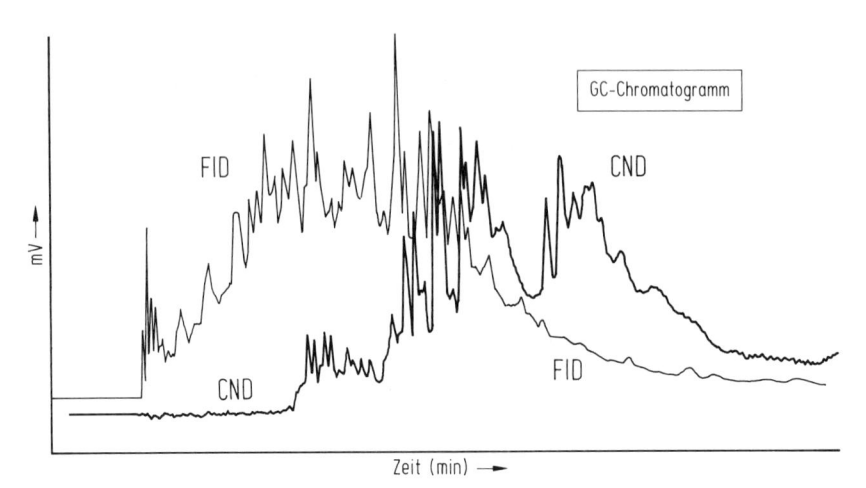

Abb. 37-1. Temperaturprogrammierte GC-Analyse eines Hydrocracker-Eingangsprodukts. Im an den Ausgang der Trennsäule nachgeschalteten Verbrennungsofen werden die getrennten Komponenten umgesetzt, der Stickstoff aktiviert und vom CND gemessen.

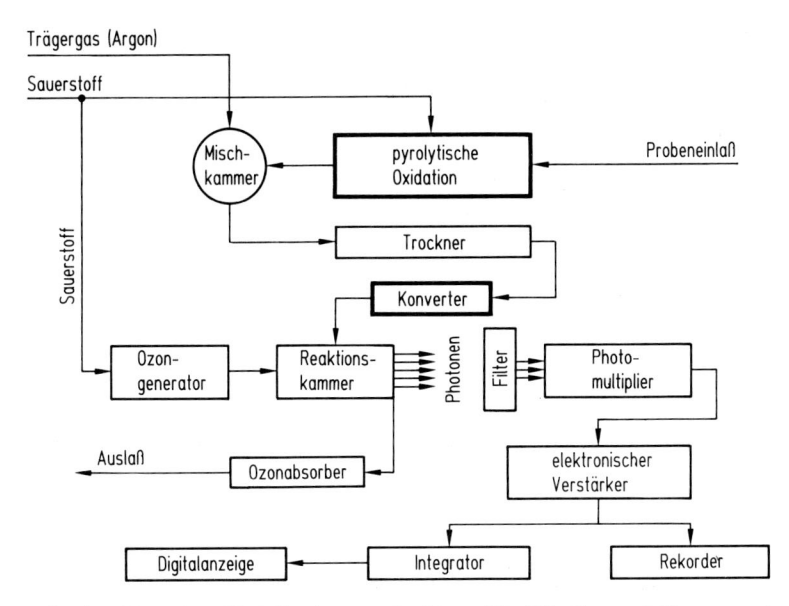

Abb. 37-2. Diagramm des Antek-Pyrolyse-Chemilumineszenzdetektors. (Modifikation nach KUNKEL und GELDERMANN 1980).

industrie. Der Chemilumineszenzdetektor (CND) wird auch in der Gaschromatographie als N-spezifischer Detektor verwendet. Wie das Beispiel in Abb. 37-1 zeigt, gestattet er (in Kombination mit dem FID) eine klare Aussage über Anwesenheit und Menge verschiedener N-Verbindungen in einer Erdölfraktion.

Geeignete Analysengeräte können von den Firmen ANTEK und DOHRMAN bezogen werden.

Apparatives. In Abb. 37-2 ist die apparative Anordnung des von KUNKEL und GELDERMANN (1980) modifizierten Systems schematisch dargestellt.

Der Oxidationskontakt, eine Mischung aus Kobaltoxid und Wolframoxid, ist, um Gangbildung zu vermeiden, im vertikalen Teil des Verbrennungsrohres angeordnet. Die eigentliche Oxidation erfolgt bei 1100 °C am Kontakt, die Vorverbrennung am Rohreingang bei 700 °C; ein Wanderbrenner, hinter dem Probeschiffchen installiert, verhindert eine Rückkondensation der Substanz. Der Sauerstoffstrom (etwa 100 ml/min) ist so reguliert, daß die Verweilzeit der Gase am Kohlekontakt für eine vollständige Konversion zu NO ausreicht. Um die ursprüngliche und erforderliche Gasströmung durch den Detektor konstant zu halten, wird über eine Gasmischkammer Argon zugemischt. Der NO_2/NO-Konverter aus Elektrographit auf 350 °C erhitzt − am Eingang zum Ozonisator − sichert entsprechend der Reaktion $NO_2 + C \rightleftarrows NO + CO$ die vollständige NO_2-Reduktion. Den weiten linearen Anzeigebereich für N durch die oben beschriebene Chemilumineszenz-Methode zeigt das Diagramm in Abb. 37-3.

Arbeitsvorschrift (Kurzfassung). Zur Analyse werden etwa 0.5 bis 10 mg Feststoff oder 1 bis 10 µl Flüssigkeit eingesetzt und auf übliche Weise in das Verbrennungsrohr ge-

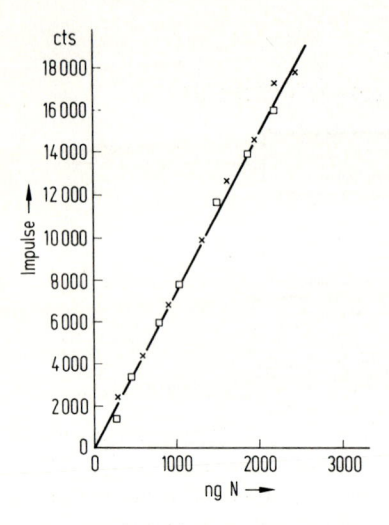

Abb. 37-3. Ansprechkurse des Detektors bei der Stickstoffbestimmung nach der Pyrolyse-Chemilumineszenz-Methode.

schleust. Gasproben werden mit Hilfe einer Gasschleife oder eines Gasprobenhahnes aufgegeben. Der Detektor bietet 8 Meßbereiche. Die Eichfaktoren, die zur Berechnung erforderlich sind, werden mit 5,6-Benzochinolin, in Hexan oder Ethylenglykol gelöst, bestimmt. Blindwerte werden in Rechnung gestellt; sie sind aber so klein, daß bei 10 mg Substanzeinwaage die Nachweisgrenze für N bei dieser Methode weit unter 1 ppm liegt. Nur Azo- und Hydrazinverbindungen zeigen eine verminderte Wiederfindungsrate (etwa 50%). Zur Bestimmung von N-Gehalten im Bereich von 0.5 ppm bis 3% und mit Analysenzeiten von 6 bis 8 min ist diese Methode eine echte Alternative zur Stickstoffbestimmung nach KJELDAHL.

38 Die Bestimmung N-haltiger Ionen (NH_4^+, NO_3^-, NO_2^-, N^-) in wäßrigen Lösungen

38.0 Allgemeines

Zur Bestimmung *N-haltiger Ionen* ist die *ionenchromatographische* Methode, besonders wenn verschiedene dieser Ionen in wäßriger Lösung vorliegen, die Methode der Wahl. Auch mit *ionensensitiven* Elektroden können die meisten dieser Ionen bequem bestimmt werden. Daneben werden wegen ihrer Empfindlichkeit und Spezifität auch *spektralphotometrische* Methoden vor allem zur Spurenbestimmung häufig genutzt.

38.1 Die Bestimmung N-haltiger Ionen mit Hilfe der IC

Die Ionenchromatographie, deren Prinzip in Kap. 6.3 bereits kurz beschrieben wurde, eignet sich vorzüglich zur Trennung N-haltiger Ionen von anderen Ionen und zu ihrer quantitativen Bestimmung. Das Ionenchromatogramm in Abb. 38.1 zeigt beispielhaft die Ionenfolge einer großen Anzahl verschiedener Ionen nach Auftrennung an einer ionenchromatographischen Säule und die gute Trennung von Nitrat- und Nitrit-Ionen.

Analysenbedingungen für das Ionenchromatogramm in Abb. 38-1.
Ionenchromatograph: Auto Ion D12 der Fa. DIONEX
Eluent: 0.0045 M $NaHCO_3$
0.0024 M Na_2CO_3
Regenerationsmittel: 1 N H_2SO_4
Durchflußrate: 30% ≙ ca. 115 ml/h
Trennsäule: 6×250 mm, IC-Säule d. Fa. DIONEX
Suppressorsäule: 10×90 mm, IC-Säule d. Fa. DIONEX
Probenschleife: 100 µl
Meßbereich: 10^3 µS
Temperatur: 22±1 C

Die ionenchromatographische Nitratbestimmung findet in der Trinkwasserüberwachung (DARIMONT et al. 1983) und zur Analyse des „sauren Regens" ein weites Anwendungsfeld.
  Auch das *Azid-Ion*, ein sehr wirksames antimikrobielles Agens, das häufig zur Stabilisierung und Konservierung verschiedener wäßriger Lösungen (z. B. Albuminlösungen)

Abb. 38-1 **Abb. 38-2**

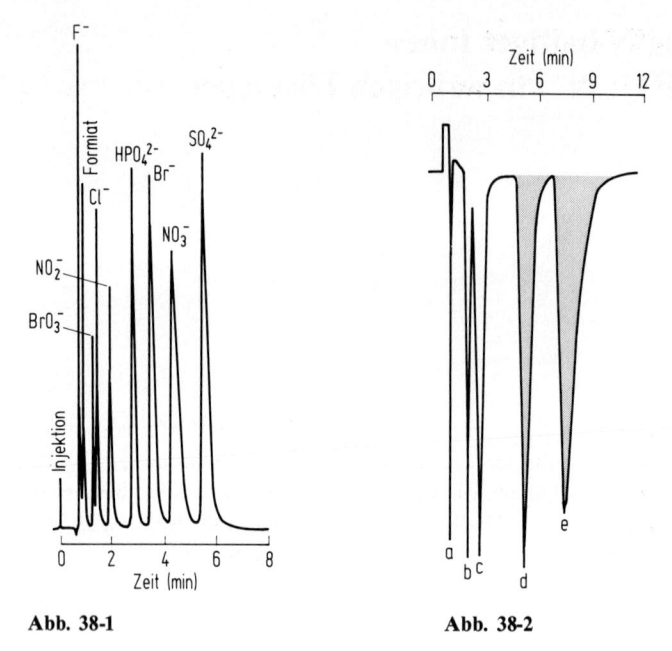

Abb. 38-1. Ionenchromatographische Trennung von Nitrat- und Nitrit-Ionen (JOHNSON 1982). Konzentrationen: F⁻ 3 ppm, Formiat 8 ppm, BrO$_3^-$ 10 ppm, Cl⁻ 4 ppm, NO$_2^-$ 10 ppm, HPO$_4^{2-}$ 30 ppm, Br⁻ 30 ppm, NO$_3^-$ 30 ppm, SO$_4^{2-}$ 25 ppm.

Abb. 38-2. Ionenchromatographische Trennung von Nitrat- und Azid-Ionen und indirekte photometrische Bestimmung (SMALL 1983).
a Carbonate, *b* Chloride, *c* Phosphate, *d* Azide, *e* Nitrate.

eingesetzt wird, läßt sich auf diesem Wege exakt bestimmen (MACKIE et al. 1982; DIONEX Application Note 14, 12/78). Wie das Ionenchromatogramm in Abb. 38-2 zeigt, kann das *Azid-Ion* auch mit indirekter photometrischer Detektion bestimmt werden (SMALL 1983).

38.2 Bestimmung N-haltiger Ionen mit ionensensitiven Elektroden (ISE)

Einführende Bemerkungen. Die Bestimmung des Stickstoffs mit sensitiven Elektroden ist auf zwei Wegen möglich. Entweder mit der *Ammoniak (Ammonium)-* oder der *Nitrat-Elektrode.* Beide Elektroden sind so spezifisch, daß bei einer NH$_4^+$-selektiven Elektrode selbst gesättigte Nitratlösungen, bei einer NO$_3^-$-selektiven Elektrode NH$_4^+$-Ionen nicht stören. Da der gebundene Stickstoff meist durch Reduktion oder Oxidation in eine dieser Bestimmungsformen übergeführt werden kann (s. Schema in Abb. 38-3) ist die Stickstoffbestimmung auf potentiometrischem Wege fast immer möglich. Bevorzugtes Anwendungsgebiet dieser Bestimmungsmethode ist die Umwelt- und Wasseranalyse (EICKEN 1977).

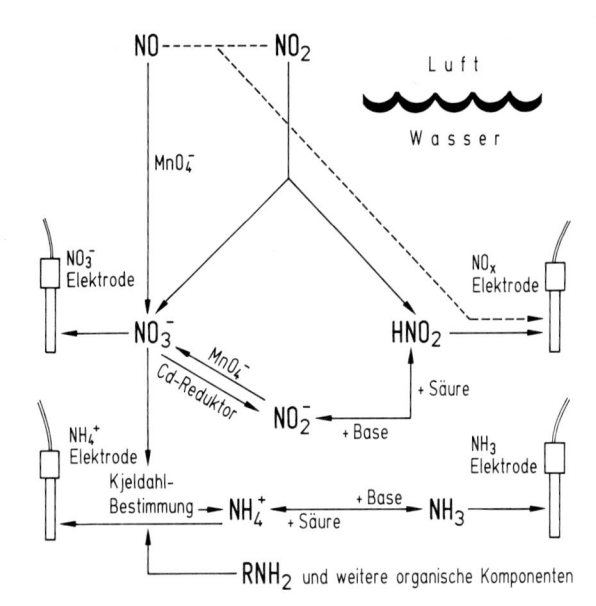

Abb. 38-3. Bestimmung N-haltiger Ionen mit Hilfe ionensensitiver Elektroden. Überführungschema der N-haltigen Ionen in eine bestimmbare Form.

38.2.1 Die Ammoniakelektrode

Die *NH₃-Elektrode* (LE BLANC et al. 1973) ist eine *gassensitive Elektrode* und ermöglicht eine Messung von:

– gelöstem Ammoniak in Lösungen,
– Ammonium-Ionen nach Freisetzung des Ammoniaks durch Zugabe einer Base,
– Nitrat- und Nitrit-N nach Reduktion zum Ammon-N,
– organisch gebundenem Stickstoff nach Kjeldahlaufschluß.

Die Ammoniumelektrode ist eine *Flüssigmembranelektrode*; sie wird im gleichen Bereich wie die Ammoniakelektrode eingesetzt. Da ihre Anwendung nicht so problemlos wie die der Ammoniakelektrode ist, wird letztere bevorzugt.
Vergleichende Untersuchungen mit diesen beiden Elektroden wurden von DEWOLFS et al. (1975) sowie von EAGAN et al. (1974) durchgeführt. Die Ammoniumelektrode wird hier nicht näher beschrieben, es wird jedoch jeweils auf charakteristische Unterschiede zur Ammoniakelektrode hingewiesen. Neben dieser Flüssigmembran-Ammoniumelektrode ist auch eine NH_4^+-sensitive Glaselektrode im Handel (Fa. INGOLD).

Aufbau des Ammoniak-Elektrodensystems (Einstabmeßkette). Das Elektrodensystem besteht aus einem Kunststoffgehäuse (PCV oder Epoxid) mit einer pH-Glaselektrode. Das untere Ende des Gehäuses wird mit einem Deckel mit Aussparung verschlossen, der eine hydrophobe, aber ammoniakgasdurchlässige Membran (Diaphragma aus PTFE) gegen das untere Ende der Glaselektrode drückt. Das Gehäuse ist mit einer Ammonchloridlösung („innere Lösung") gefüllt, in die durch eine Öffnung im Gehäuse von oben eine Silber/Silberchlorid-Bezugselektrode eingeführt wird. Abb. 38-5 zeigt schematisch den Aufbau der Elektrode.

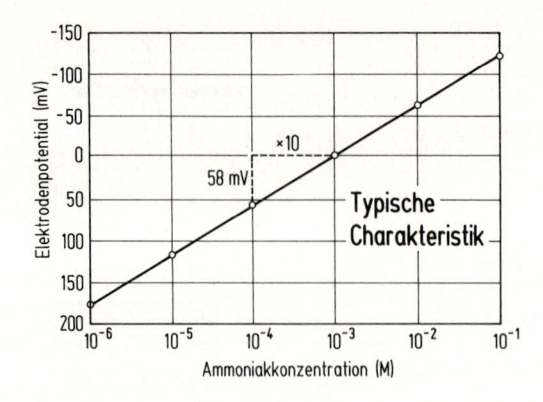

Abb. 38-4. Typische Charakteristik der NH₃-Elektrode.

Funktionsweise der Ammoniakelektrode. Das gelöste Ammoniak in der Probelösung diffundiert durch die gasdurchlässige Membran, bis sich ein reversibles Gleichgewicht zwischen dem Ammoniakgehalt der Probelösung und der inneren Flüssigkeit eingestellt hat. In der inneren Flüssigkeit werden nach der folgenden Reaktion Hydroxylionen gebildet:

$$NH_3 + H_2O \rightleftharpoons NH_4^+ + OH^- .$$

Der Hydroxylgehalt der inneren Lösung wird durch das innere ionensitive Element (pH-Elektrode) gemessen und ist dem Ammoniakgehalt der Probe direkt proportional. Das Elektrodenpotential läßt sich nach NERNST berechnen:

$$E = E_0 - 2.3\,RT/F \, \log(NH_3)$$

E = Elektrodenpotential in mV,
E_0 = ca. 180 mV (variiert ein wenig von Elektrode zu Elektrode),
$2.3\,RT/F$ = Nernst-Faktor, 59 mV/Zehnerpotenz bei 25 °C.

Abb. 38-5.

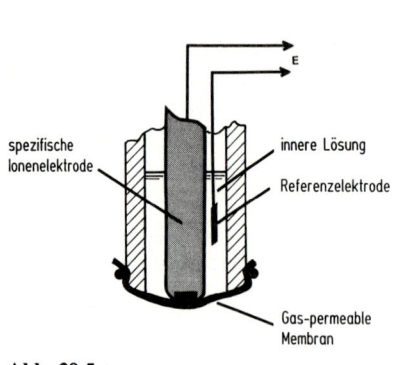

Abb. 38-6.

Abb. 38-5. Schematischer Aufbau der NH₃-Elektrode.

Abb. 38-6. Funktionelle Abhängigkeit des NH₃ und der NH₄-Ionen vom pH-Wert.

38.2 Bestimmung N-haltiger Ionen mit ionensensitiven Elektroden (ISE)

Das zu messende Ammoniakgas entsteht durch Ionisierung der Ammonium-Ionen. Der Ionisierungsgrad hängt indes vom pK-Wert der Lösung ab. Wie Abb. 38-6 zeigt, liegt der pH-Wert für das Ammonium-Ion bei 9.27, d. h. bei einem pH-Wert von 9.27 entsprechen sich die Konzentrationen von NH_3 und NH_4^+. Da die Ammoniakelektrode nur sensitiv auf Ammoniakgas ist, muß der pH-Wert der Meßlösung >11 sein. Bei Verwendung der Ammoniumelektrode, die nur auf Ammonium-Ionen anspricht, muß – im Gegensatz zur Ammoniakelektrode – die Messung bei pH-Werten zwischen 6 und 7.5 durchgeführt werden.

Die Querempfindlichkeit der NH_3-Elektrode: Fremdgase in der Probelösung stören die Messung, wenn sie auf die „innere Lösung" einwirken. Das ist bei allen Gasen der Fall, die in Wasser gelöst nicht neutral reagieren, wie CO_2, H_2S, SO_2 und HCN. Bei hohen pH-Werten (>11) der Probelösung stören diese Gase die Ammoniakmessung nicht.

Auch die Messung mit der Ammoniumelektrode wird nicht gestört, weil in schwach saurem Bereich gemessen wird und diese Gase daher leicht vorher ausgetrieben werden können.

Farbe, Trübung und Anwesenheit von suspendierten Partikeln beeinflussen die Messungen ebenfalls nicht.

Da die gasdurchlässige Membran hydrophob ist, können keine Ionen störend in das Elektrodensystem eindringen. Hohe Elektrolytkonzentrationen beeinflussen jedoch den Partialdruck des Ammoniaks und verursachen eine Nullpunktverschiebung (drift).

Bei Verwendung der Ammoniumelektrode muß mit möglichen Störungen durch Wasserstoff-, Alkali-, Erdalkali- und Alkylammonium-Ionen (RNH_3Cl, R_2NH_2Cl, R_3NHCl, R_4NCl; R = Methyl-, Ethyl-, Propyl-, Butyl-) gerechnet werden. Nach DEWOLFS et al. (1975) zeigt die Elektrode eine besonders hohe Affinität zu Tetrabutylammonium-Ionen. Bei Abwesenheit von Störionen kann diese Elektrode zur sensitiven Bestimmung dieser großen Onium-Ionen verwendet werden. Die oben erwähnten Alkylammonium-Ionen – die in alkalischer Lösung als flüchtige Alkylamine vorliegen – und andere flüchtige ammoniakähnliche organische Basen (z. B. Ethanolamin), beeinflussen die Messung auch bei Verwendung der Ammoniakelektrode stark. Ebenso stört Quecksilber, weil es freies Ammoniak durch Bildung von Aminkomplexen bindet. Durch Zugabe von Iodiden (Bildung der stabileren Quecksilberiodid-Komplexe) wird diese Störung vermieden.

Ausführung und Apparatives. NH_3- und NH_4^+-sensitive Elektroden sowie Ionenmeter zur Potentialmessung und Konzentrationsauswertung sind (z. B. bei den Firmen ORION, BECKMANN, PHILLIPS, METROHM, INGOLD, SCHOTT u. a.) im Handel.

Reagenzien

Reagenzien	Herstellung
Natronlauge, 2 N (zur pH Einstellung)	40 g NaOH p.a. und 18.6 g EDTA-Dinatriumsalz werden in deionisiertem Wasser gelöst und auf 500 ml verdünnt; Komplexon eliminiert die Störung von Metallen, die unter den alkalischen Meßbedingungen unlösliche Hydroxide bilden (z. B. Mg etc.).

Reagenzien	Herstellung
Ammoniumchlorid	5.349 g NH_4Cl p.a./1000 ml – 0.1 M wäßrige Lösung
Ammoniak-Stammlösung, 100 mg N/l	3.819 g NH_4Cl p.a. werden in destilliertem Wasser gelöst und auf 1000 ml aufgefüllt. Aus dieser Stammlösung werden für den täglichen Bedarf Verdünnungen (100 bis 0.1 ppm N) hergestellt und diese in Polyethylenflaschen – luftdicht verschlossen – aufbewahrt.

Eichung. Die Elektrode wird vor Gebrauch etwa 30 min in 0.1 M Ammonchloridlösung getaucht und auch zwischen den Messungen in dieser Lösung aufbewahrt.

Zur Erstellung der Eichkurve werden durch Verdünnen der 0.1 M NH_4Cl-Eichlösung 100 ml einer 10^{-2}, 10^{-3}, 10^{-4} und 10^{-5} M Lösung vorbereitet. Wichtig ist, daß der Elektrolytgehalt in Eich- und Meßlösung nur wenig voneinander abweicht.

Die Lösungen werden nacheinander in den Meßbecher (aus Glas oder Kunststoff) gegossen, die Elektrode eingetaucht und durch Zugabe von 1.0 ml der 2 N Natronlauge ein pH-Wert von etwa 12 eingestellt.

Dann wird 1 min gerührt, der Rührer abgestellt und das Potential am Anzeigeinstrument abgelesen. Die Messung kann sowohl über eine pH-Skala als auch eine mV-Skala erfolgen. Messung und kurzes Rühren werden mehrfach wiederholt, bis sich das Potential nicht mehr ändert. Während der Messung muß darauf geachtet werden, daß sich die Lösung durch den Magnetrührer nicht erwärmt und evtl. NH_3 verdunstet. Außerdem dürfen sich unter der Elektrodenmembran keine Gasblasen festsetzen. Die Messung kann im Temperaturbereich von 5 bis 40 °C erfolgen; optimal ist Raumtemperatur; Eichung und Messung müssen bei genau gleicher Temperatur durchgeführt werden.

Aus den Eichwerten wird die Eichkurve erstellt; sie folgt, wie die Abb. 38-4 zeigt, streng dem Beer-Gesetz.

Die Meßgenauigkeit der Elektrode liegt im Konzentrationsbereich von 0.017 bis 17×10^3 mg NH_3/l bei 2% oder besser. Konzentriertere Ammoniaklösungen werden nach Herstellung geeigneter Verdünnungen mit destilliertem Wasser gemessen.

Messung. Von der annähernd neutralen bis schwach sauren Probelösung (z. B. ein Abwasser oder ein Destillat nach der Parnas-Wagner-Destillation) werden 100 ml entnommen, in den Meßbecher gegossen, die Elektrode soweit eingetaucht, daß die Elektrodenspitze (Membran) voll von der Meßlösung umspült wird, dann wird kurz durchgerührt, 1 ml 2 N NaOH zupipettiert, 1 min gerührt und nach Abschalten des Rührers sofort der Potentialwert abgelesen. Die Messung wird wiederholt, bis sich das Potential nicht mehr ändert (ca. nach 3 min). Bei Serienbestimmungen wird entweder mit einem Teil der nächsten Meßlösung die Elektrode vorgespült oder mit destilliertem Wasser gespült und mit Filterpapier die Elektrode nachgetrocknet; die ammoniakschwächeren Lösungen sollten zu Beginn gemessen werden. Im Spurenbereich muß auch der Ammoniak-Blindwert des destillierten Wassers, mit dem die Eichlösungen angesetzt werden, berücksichtigt werden.

Der Stickstoffgehalt wird anhand der Eichkurve ermittelt oder nach Einpunkteichung mit dem Eichfaktor berechnet.

Reduktion des Nitrats (z. B. in Abwasser): Enthält die Probe neben Ammoniak auch Nitrat-N, der bestimmt werden soll, wird das Nitrat in saurer Lösung mit „Devarda" reduziert und dann der Gesamt-N ($NH_3 + NO_3$) mit der Ammoniakelektrode gemessen.

Reduktion. 100 ml der annähernd neutralen Probe- (Abwasser) oder Testlösung werden mit 1.0 ml konz. HCl und etwa 0.5 g NaF versetzt. Nach Durchmischen der Lösung werden noch etwa 0.1 g „Devarda" zugegeben und die Lösung gut durchmischt.

Man stellt die Lösung auf ein Wasserbad und läßt sie etwa 1 h ausreagieren. Nach Abkühlen über Nacht wird die Lösung über Glasfaserpapier filtriert oder durch Dekantieren vom nichtgelösten Metallniederschlag getrennt, da in alkalischer Lösung sich erneut Wasserstoff entwickeln und die Messung stören würde.

Der reduzierte Nitrat-N wird dann in alkalischer Lösung als Ammoniak gemessen. Nitrit, wenn in der Probe vorhanden, kann selektiv durch Zugabe von Sulfaminsäure gebunden werden.

Diskussion der Methode. Bezüglich Genauigkeit entspricht die potentiometrische Methode der photometrischen und titrimetrischen Bestimmung, außerdem ist sie zeitsparend, selektiver und in einem größeren dynamischen Bereich anwendbar. Besonders vorteilhaft arbeitet die Ammoniakelektrode im Spurenbereich.

Seit man erkannt hat, daß undissoziiertes Ammoniak schon in kleinen Konzentrationen als starkes Fischgift wirkt (BALL 1967; BURROWS 1974), wird der Ammoniakgehalt von Abwasserströmen und Kläranlagen verschiedenster Fabrikationsanlagen (LE BLANC et al. 1973) kontrolliert, dies erfolgt am einfachsten und schnellsten mit NH_3-gassensitiven Elektroden. Da auch organisch gebundener Stickstoff nach Kjeldahl-Aufschluß direkt (also auch ohne vorherige Abtrennung durch Destillation), der Nitrat/Nitrit-Stickstoff nach Reduktion in gleicher Weise als Ammoniak gemessen werden kann, ist die potentiometrische Stickstoffmessung fast universell einsetzbar.

38.2.2 Die Nitrat-Elektrode

Aufbau und Funktionsweise (KINKELDEI 1983). Die Nitratelektrode zählt zur Klasse der Flüssigmembran-Elektroden. Bei diesem Elektrodentyp wird das ionenselektive Material zur mechanischen Stabilisierung in eine PVC-Membran eingebettet. Diese Membran wird zusammen mit dem internen Referenzelement in einen kleinen Meßkopf incorporiert, der sich auf einen normalen Elektrodenschaft aufschrauben läßt. Der Aufbau dieses Nitratmoduls ist in Abb. 38-7 skizziert.

Das ionenselektive Material der Nitratelektrode besteht aus einem Nickel-Phenantrolin-Komplex.

Mit einer wäßrigen Natriumnitratlösung mit 2 ml ISA (Ionic-Strength-Adjustor) auf 100 ml Meßlösung läßt sich eine lineare Eichkurve von etwa 1 ppm bis weit über 1000 ppm Nitrat hinaus erstellen (Abb. 38-8). Die Steilheit S beträgt ungefähr 56 mV. Das Elektrodenpotential in bezug zur Nitrat-Aktivität entspricht unter optimalen Meßbedingungen, d. h. Ionenstärken in Eich- und Meßlösung sind gleichgroß, im wesentlichen der Nernst-Gleichung (s. dazu auch Kap. 6.7):

$$\Delta E = E_0' - S \cdot \log a_{NO_3^-}.$$

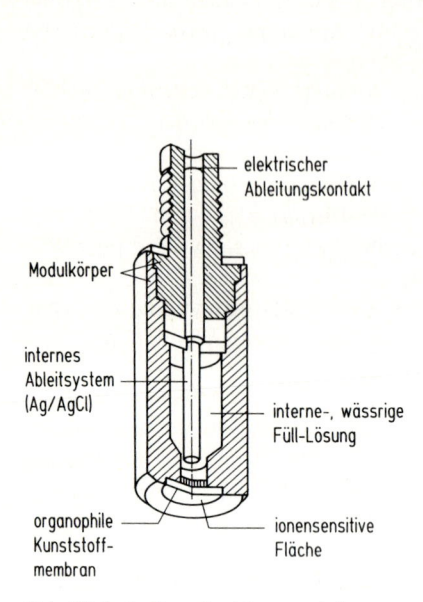

Abb. 38-7. Aufbau des Nitratmoduls.

Abb. 38-8. Typische Eichkurve der Nitratelektrode.

Als ISA-Lösung zur Einstellung der Ionenstärke wird eine 2-M Ammonsulfat-Lösung (ORION) oder eine gesättigte $KAl(SO_4)_2$-Lösung (KINKELDEI 1983) empfohlen.

Apparatives. Nitratelektrode ORION 93-07; Referenzelektrode mit Stromschlüssel ORION 90-02. Die äußere Kammer der Referenzelektrode muß mit 1:10 (1%) verdünntem ISA gefüllt werden.
mV-Meter mit 0.1 mV Auflösung (z. B. ORION 701 A).

Querempfindlichkeit der Nitratelektrode: In Tab. 38-1 sind die Konzentrationen der Störionen aufgelistet, die bei einer gegebenen Nitratkonzentration einen Meßfehler von bis zu 10% hervorrufen können. Danach ist eine Nitratbestimmung in Gegenwart auch geringer Mengen Perchlorat kaum durchzuführen. Von Vorteil ist aber, daß die üblichen in wäßrigen Probelösungen vorhandenen Anionen wie Chlorid, Phosphat oder Sulfat in großem Überschuß vorhanden sein dürfen, ohne Störungen hervorzurufen. Trübungen oder Färbungen stören im Gegensatz zur photometrischen Bestimmung die Messung nicht.

Zwischen den Messungen und über Nacht wird die Elektrode in einer verdünnten Nitratlösung aufbewahrt. Bei längeren Betriebspausen sollte das Elektrodenmodul abgeschraubt und trocken in einem Glasröhrchen gelagert werden. Ist die Elektrode einmal vergiftet, dann kann man versuchen, sie zu reaktivieren, indem man sie über Nacht einer konzentrierten Nitratlösung aussetzt.

Tab. 38-1. Störionen der Nitrat-Elektrode.

Störionen	10^{-4} M NO_3^-	10^{-3} M NO_3^-	10^{-2} M NO_3^-
ClO_4^-	1×10^{-8}	1×10^{-7}	1×10^{-6}
I^-	5×10^{-7}	5×10^{-6}	5×10^{-5}
ClO_3^-	5×10^{-6}	5×10^{-5}	5×10^{-4}
CN^-	1×10^{-5}	1×10^{-4}	1×10^{-3}
Br^-	7×10^{-5}	7×10^{-4}	7×10^{-3}
NO_2^-	7×10^{-5}	7×10^{-4}	7×10^{-3}
HS^-	1×10^{-4}	1×10^{-3}	1×10^{-2}
HCO_3^-	1×10^{-3}	1×10^{-2}	0.1 M
CO_3^-	2×10^{-3}	2×10^{-2}	0.2 M
Cl^-	3×10^{-3}	3×10^{-2}	0.3 M
$H_2PO_4^-$	5×10^{-3}	5×10^{-2}	0.5 M
HPO_4^-	5×10^{-3}	5×10^{-2}	0.5 M
PO_4^{3-}	5×10^{-3}	5×10^{-2}	0.5 M
OA_c^-	2×10^{-2}	0.2 M	2 M
F^-	6×10^{-2}	0.6 M	6 M
SO_4^-	0.1 M	1.0 M	10 M

Anwendungen. Die Elektrode wird zur Nitratbestimmung in Trinkwasser, Bodenproben und in Pflanzen routinemäßig angewendet. Über diese und weitere Einsatzbereiche informiert ausführlich der Elektrodenhersteller ORION in der Bedienungsanleitung zur Nitratelektrode und in der Application Information, Procedure No. 103.

38.3 Maßanalytische Bestimmung von Nitrat und Nitrit

Die Nitratbestimmung. Nitrat-Stickstoff wird beim Kjeldahl-Aufschluß auch durch Kochen mit Iodwasserstoffsäure nicht in Ammonstickstoff übergeführt, dies gelingt erst mit „naszierendem Wasserstoff", d. h. mit verschiedenen unedlen Metallen (Aluminium, Eisen, Kupfer, Magnesium, Natriumamalgam, Nickel, Zink und Zinn), die sich in wäßriger saurer, neutraler oder alkalischer Lösung unter Wasserstoffentwicklung auflösen. Besonders wirksam sind hierfür Legierungen (Devarda-*, Arndt-**), weil die feine Verteilung der Metalle einen einheitlichen Reaktionsverlauf ermöglicht. Auch Aluminiumpulver oder Raney-Nickel werden dafür verwendet (DEWOLFS et al. 1975). In den meisten Fällen wird mit Devarda-Legierung gearbeitet, ein Verfahren, das sich z. B. in der Düngeranalyse als recht zuverlässig, vielseitig auch im kleinsten Maßstab verwendbar und wenig störanfällig gezeigt hat. Üblicherweise wird mit Devarda-Legierung in alkalischer Lösung reduziert und in einem Arbeitsgang das Ammoniak in die vorgelegte Säure übergetrieben (s. dazu Kap. 33.5 Bestimmung des Gesamt-Stickstoffs in Mischdüngern). Mit dieser Arbeitsweise können Nitrat-, Nitrit- und Ammonstickstoff nicht unterschieden werden. Nitrat- und Nitritstickstoff müssen im Bedarfsfall gesondert bestimmt werden.

---

* Devarda-Legierung enthält 50 Teile Kupfer, 45 Teile Aluminium und 5 Teile Zink.
** Arndt-Legierung enthält 60 Teile Kupfer und 40 Teile Magnesium.

Nitratbestimmung mit Sulfaminsäure. Liegt der Stickstoff allein als Nitrat vor, kann er nach GOTTLIEB et al. (1958) mit Sulfaminsäure nach unterstehender Reaktionsgleichung

$$HNO_3 + H_2NSO_3H \rightarrow N_2O + H_2SO_4 + H_2O$$

umgesetzt und der Überschuß Sulfaminsäure mit Nitritlösung gegen Iodstärkeendpunkt zurücktitriert werden. Ammonsalze stören die Bestimmung nicht, Nitrit wird mit Nitrat jedoch mitbestimmt.

Nitratbestimmung durch Titration mit Eisen(II)

Prinzip (Metrohm-Vorschrift B 48). Nitrat reagiert mit Eisen(II)sulfat in konzentrierter Schwefelsäure nach folgender Reaktionsgleichung

$$8\,FeSO_4 + 3\,H_2SO_4 + 2\,HNO_3 \rightarrow 3\,[Fe_2(SO_4)_3] + 2\,[Fe(NO)SO_4] + 4\,H_2O \ .$$

Die Indikation des Endpunktes erfolgt potentiometrisch mit einer Platinelektrode.

Reagenzien. Eisen(II)sulfat-Lösung 0.01, 0.1 oder 1 N; Schwefelsäure konz. p.a.

Geräte

METROHM Potentiograph E 536 oder E 576
Kombinierte Platinelektrode EA 217
Universal Titriergefäß EA 880–50

Geräteeinstellung

Meßbereich	1000 mV
Gegenspannung	+900 mV
Titriergeschwindigkeit	15 min/100 Vol.-%

Durchführung. Die Probe wird in höchstens 5 ml H_2O oder verd. H_2SO_4 gelöst, mit 50 ml konz. H_2SO_4 versetzt und mit $FeSO_4$-Lösung am Potentiographen titriert.

Auswertung. Die Auswertung erfolgt graphisch. Der Wendepunkt wird mit Hilfe des Auswertlineals EA 893 ermittelt.

Berechnung. 1 ml 0.1 N $FeSO_4 \stackrel{\wedge}{=} 0.775$ mg NO_3^- .

Nitritbestimmung durch Titration mit Permanganat. Nitrit und salpetrige Säure können quantitativ auch durch Titration mit Permanganat bestimmt werden. Wegen der Flüchtigkeit der salpetrigen Säure läßt man nach LUNGE (1877) die wäßrige Nitritlösung aus einer Bürette zu einer abgemessenen, stark schwefelsauren Kaliumpermanganatlösung fließen, wobei man die Spitze der Bürette in die Permanganatlösung tauchen läßt und gleichzeitig intensiv rührt. Die salpetrige Säure wird dabei quantitativ zu Salpetersäure nach untenstehender Gleichung oxidiert:

$$2\,KMnO_4 + 5\,HNO_2 + 3\,H_2SO_4 \rightarrow K_2SO_4 + 2\,MnSO_4 + 3\,H_2O + 5\,HNO_3 \ .$$

Die Entfärbung der Lösung zeigt den Endpunkt der Reaktion an. Weil der Umschlag (von rosa nach farblos) stets einige Zeit erfordert, setzt man gegen Ende die nitrithaltige Probelösung langsam zu. In reinen Nitritlösungen kann der Nitritgehalt aus dem Permanganatverbrauch direkt errechnet werden (1 ml 1 N $KMnO_4$ entspricht 2.351 mg HNO_2). Nach AGTERDENBOS (1970) kann Nitrit volumetrisch vorteilhafter mit „Chloramin T" (das Natriumsalz des p-Toluolchlorsulfonsäureamids – $CH_3 \cdot C_6H_4SO_2NClNa \cdot 3H_2O$) bestimmt werden. Nitrit wird zum Nitrat oxidiert und der Überschuß des Chloramin T iodometrisch zurücktitriert.

Zur Nitrat- und Nitritbestimmung nebeneinander vornehmlich in *Abwässern* reduzieren KOSINA et al. (1975) das Nitrat nach vorherigem Abdestillieren des Ammonstickstoffes aus alkalischem Medium mit Devarda-Legierung. Nitrit wird vorher mit Amidosulfonsäure entfernt oder vor der Reduktion in alkalischer Lösung mit Brom zum Nitrat oxidiert und als solches mitbestimmt. LEITHE (1970) oxidiert in Abwässern den Ammoniak- und Aminostickstoff mit Kaliumperoxidisulfat in Gegenwart von Silber-Ionen quantitativ zum Nitrat und bestimmt dieses oxidimetrisch (durch Titration der überschüssigen Fe(II)-Ionen mit Kaliumdichromat gegen Ferroin).

38.4 Photometrische Bestimmung von Nitrat und Nitrit über die Bildung von Azofarbstoffen

Einführende Bemerkungen. Dieser Nachweis geht auf GRIESS (1879) zurück und wurde von CAMPELL und MUNRO (1963) als *qualitativer Stickstoffnachweis* in organischer Matrix in der natronalkalischen Reaktionslösung nach dem *Schöniger-Aufschluß* vorgeschlagen.

Demnach reagiert *Nitrit* in essigsaurer Lösung (*Nitrat* nach Reduktion mit Kupfersulfat/Hydrazinsulfat oder über den Cadmiumreduktor zum Nitrit-Ion) mit Sulfanilsäure und 1-Naphthylamin zu einem roten Azofarbstoff nach untenstehendem Reaktionsschema (s. Abb. 38-9 B). Freie aromatische Amine sind gesundheitlich suspekt, weshalb weniger toxische Kupplungskomponenten gesucht (WERNER 1980) und eingesetzt werden. FLAMERZ und BASHIR (1981) verwenden Aminosalicylsäure-/Naphthol-1-Lösungen, DAVISON und WOOF (1978) Sulfanilamid-/N-(1-Naphthyl)-ethylendiamin · dihydrochlorid-Lösungen zur Umsetzung des Nitrit-Ions zum Azofarbstoff.

Reagenzien

Natronlauge 1 N
Kupfersulfatlösung: 20 mg $CuSO_4 \cdot 5H_2O$ werden in 1 l destill. Wasser gelöst.
Hydrazinsulfatlösung: 1.2 g Hydrazinsulfat werden in 1 l destill. Wasser gelöst.
Mischreagenz: 1 g Sulfanilsäure und 0.5 g α-Naphthylamin werden mit 25 ml Eisessig und 25 ml destilliertem Wasser erwärmt und durch Zugabe von 300 ml heißem destill. Wasser gelöst. Danach werden 250 g Natriumacetat p.a. zugegeben und nach dem Abkühlen mit dest. Wasser auf 1 l aufgefüllt.
Eisessig (d = 1.05).

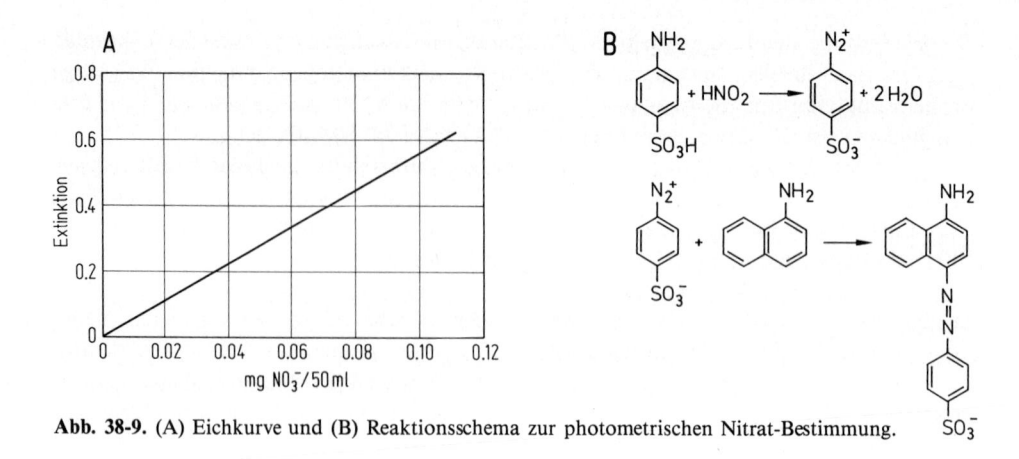

Abb. 38-9. (A) Eichkurve und (B) Reaktionsschema zur photometrischen Nitrat-Bestimmung.

Nitritbestimmung (in der Ausführung nach Metrohm-Vorschrift Nr. 15). Die Probelösung wird in einem 100 ml fassenden Meßkolben mit 1 ml Mischreagenz und 5 ml Eisessig versetzt und gut durchmischt. Dann wird mit destill. Wasser bis zur Eichmarke aufgefüllt. Nach 15 min Reaktionszeit, während der die Reaktionslösung lichtgeschützt aufbewahrt wird, mißt man in 1 cm-Küvetten die Farbdichte gegen Blindlösung bei 530 mµ.

Nitratbestimmung (in der Ausführung nach Metrohm-Vorschrift Nr. 16). Die Probelösung wird in einem 50 ml fassenden Meßkolben mit dest. Wasser auf ein Volumen von etwa 20 ml verdünnt. Der Meßkolben wird 45 min in einem Wasserbad von 50 °C erwärmt. Anschließend gibt man nacheinander 1 ml Natronlauge (1 N), 1 ml Kupfersulfatlösung und 1 ml Hydrazinsulfatlösung zu, schüttelt um und erwärmt weitere 45 min den verschlossenen Kolben im Wasserbad von 50 °C. Danach wird ca. 30 min in kaltem Wasser abgekühlt, mit 1 ml Mischreagenz und 5 ml Eisessig versetzt und der Kolben während der 15minütigen Reaktionszeit lichtgeschützt aufbewahrt. Der Reaktionskolben wird kurz vor der Messung mit destill. Wasser zur Marke aufgefüllt und die Farbdichte gegen eine in gleicher Weise behandelte Blindprobe in 1 cm-Küvetten bei 530 mµ gemessen.

Auswertung. Die Auswertung des Nitrit- und Nitrat-Gehalts erfolgt über eine Eichkurve, wie sie Abb. 38-9 zeigt. Zur Aufstellung der Eichkurve wird eine Stammlösung bereitet, die 0.1 mg NO_2^- bzw. NO_3^- /ml enthält. Die Stammlösung wird 1:10 verdünnt und von dieser Eichlösung, die dann 0.01 mg NO_2^- bzw. NO_3^- /ml enthält, werden Volumina von 1 bis 10 ml steigend in einen 50 ml bzw. 100 ml fassenden Meßkolben pipettiert, nach der Ausführungsvorschrift behandelt und die Farbdichte gemessen.

38.5 Bestimmung von Spuren-Nitrat in wäßrigen Probelösungen mit Hilfe der massenspektrometrischen Isotopenverdünnungsanalyse

Prinzip (HEUMANN und UNGER 1983). Die Nitrat-Ionen ($^{14}NO_3^-$) der Wasserprobe werden zusammen mit den Nitrat-Ionen ($^{15}NO_3^-$) der der Probe zugesetzten Indikatorlösung mit Nitron ausgefällt.

Die Nitronnitratkristalle werden auf das Verdampferband der Thermionenquelle aufgetragen und die bei der Ionisierung erzeugten NO_2^--Thermionen massenspektrometrisch gemessen. Aus dem Isotopenverhältnis $^{14}N/^{15}N$ wird der Nitratgehalt der Probe berechnet.

Diese von HEUMANN und UNGER (1983) entwickelte Methode stellt ein äußerst empfindliches, selektives und modernes Verfahren zur Nitratbestimmung dar. Diese Absolutmethode eignet sich auch zur Nitrat-Spurenbestimmung in Wasserproben.

Erzeugung negativer NO_2^--Thermionen im Massenspektrometer. Die massenspektrometrischen Messungen werden in einem einfachfokussierenden Gerät vom Typ CH5-TH (FINNIGAN MAT) mit einer Zweiband-Thermionenquelle (Verdampfer- und Ionisierungsband) durchgeführt. Als Ionenauffänger dient ein Faradaykäfig, der mit einem Ableitwiderstand von 10^{11} Ohm verbunden ist.

Bandmaterialien: Für die MS-IVA wurde Re verwendet, weil es in relativ reiner Form im Handel erhältlich ist.

Reagenzien

Nitronnitrat ($C_{20}H_{16}N_4 \cdot HNO_3$); ist in Wasser völlig unlöslich.
Nitronacetat: ist in Wasser gut löslich (handelsüblich bei RIEDEL DE HAEN, MERCK, BDH, FLUKA u.a.).

Indikatorlösung: Die für die MS-IVA verwendete Indikatorlösung wurde durch Lösen von angereichertem $Na^{15}NO_3$ (Rohstoff-Einfuhr GmbH, Düsseldorf) in bidest. Wasser hergestellt. Der Lösung wurde zur Vermeidung eines mikrobiellen Nitratabbaus etwas Phenylquecksilberacetat zugesetzt.

Aufarbeitung der Proben. Fluß- und Bachwasser werden vor der Weiterverarbeitung über ein PTFE-Membranfilter (Porengröße 5 µm) filtriert, um suspendierte Teilchen zu entfernen. Zu etwa 50 g Wasserprobe werden in einem Becherglas ca. 2 g $^{15}NO_3^-$-Indikatorlösung zugewogen. Eventuell vorhandenes Nitrit wird durch Zugabe von 400 µl einer 10%igen Amidoschwefelsäurelösung zerstört. Anschließend wird die Probe auf 5 bis 10 ml eingeengt und mit 200 µl Nitronacetat (1 g Nitron p.a. in 10 ml 5%ige Essigsäure) versetzt. Da beim Einengen aus Mineralwasserproben ein Niederschlag ausfällt, wird dieser vor der Nitronzugabe abfiltriert. Im Eisbad fallen bei der Nitronzugabe nach 30 bis 60 min seidige, weiße Nitronnitratkristalle aus, die über einen PTFE-Membranfilter abgesaugt werden. Nach Trocknen bei 60 °C läßt sich der Niederschlag leicht vom Filter abnehmen und kann dann zur Auftragung auf das Verdampferband der Thermionenquelle in Methanol p.a. aufgenommen werden. Dabei wird soviel Methanol verwendet, daß eine gesättigte Lösung entsteht (ca. 2 µg Nitronitrat/µl). Pro massenspektrometrischer Messung werden soviel µl Lösung aufgetragen, daß dies ca. 30 bis 50 µg Nitrat entspricht. Bei 50 g Probeneinwaage und unter den Bedingungen der beschriebenen Probenbehandlung liegt die Nachweisgrenze bei 0.9 ng/g in Wasserproben.

Zur Berechnung des Nitratgehaltes in der Probe siehe Originalarbeit.

39 Bestimmung des Basen-Stickstoffs durch Titration im nichtwäßrigen Medium

39.0 Allgemeines

Basische Stickstoffverbindungen können nach STREULI (1958, 1959) potentiometrisch mit Perchlorsäure in Eisessiglösung titriert werden. Die hohe Empfindlichkeit der Endpunktsanzeige gestattet die Basen-Stickstofftitration auch im Mikro- und Spurenbereich.

Bei der Basentitration nutzt man die nivellierende Wirkung des Eisessigs (Essigsäureanhydrid), der die Basizitätsunterschiede der Einzelkomponenten weitgehend aufhebt. Zur Verschärfung des Umschlags wird häufig ein inertes Lösungsmittel zugesetzt, üblich sind Dioxan, Chloroform, Chlorbenzol oder Nitromethan. Bei stark polaren Substanzen kann es vorkommen, daß die Löseeigenschaften des Eisessigs nicht ausreichen. In diesem Fall empfiehlt sich ein glykolhaltiges Lösungsmittel.

Unter bestimmten Bedingungen ist es möglich, Verbindungen verschiedener Basizität nebeneinander zu titrieren. So können Primär-, Sekundär- und Tertiär-Stickstoff selektiv durch Titration in wasserfreiem Medium bestimmt werden. Ausführliche Arbeitsvorschriften dazu finden sich in der Monographie: Titrationen in nichtwäßrigen Lösungsmitteln von HUBER (1964).

Primäre aliphatische Aminogruppen bestimmt man selektiv nach der van Slyke-Methode (MAUSS 1975). Die Methode beruht darauf, daß viele primäre Aminogruppen mit salpetriger Säure unter Stickstoffentwicklung nach der Gleichung

$$RNH_2 + HNO_2 \rightarrow ROH + H_2O + N_2$$

reagieren. Aus dem gefundenen Stickstoffvolumen wird der Prozentgehalt an primärem Aminstickstoff berechnet.

39.1 Mikro- und Spuren-Methode zur Titration des Gesamt-Basen-Stickstoffs

Prinzip (DIXON 1968). Die Probe wird in Chloroform-Eisessig-Gemisch gelöst und mit 0.1 bis 0.01 N Perchlorsäure in Eisessig potentiometrisch titriert unter Verwendung einer Einstabmeßkette aus Glas- und Kalomel-Elektrode.

Apparatives. Eine Titriervorrichtung für Mikrobestimmungen ist in Abb. 39-1 skizziert. Sie besteht aus einer Kalomel-Elektrode mit KCl/Agar-Elektrolytbrücke und der Glas-

39.1 Mikro- und Spuren-Methode zur Titration des Gesamt-Basen-Stickstoffs

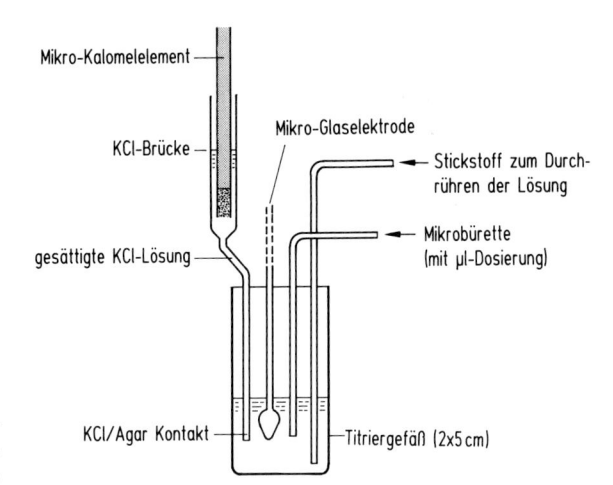

Abb. 39-1. Mikro- und Spurentitration des Gesamt-Basen-Stickstoffes. Titriervorrichtung nach DIXON (1968).

Elektrode. Die Elektrolytbrücke wird durch 1 cm tiefes Eintauchen der Düse des Diaphragmaröhrchens in heiße KCl/Agarlösung hergestellt. Nach Herausnahme der Düse und Kühlen wird die KCl/Agarlösung fest und bleibt für viele Bestimmungen stabil. Darauf wird dann gesätt. KCl-Lösung aufgefüllt und das Mikro-Kalomelelement eingesetzt. Die Elektroden werden in gesätt. KCl-Lösung aufbewahrt.

Reagenzien

Eisessig p.a.; sein Wassergehalt liegt üblicherweise in der Größenordnung von 0.1 bis 0.4%. Er kann ohne weitere Reinigung verwendet werden. Zur Titration schwächster Basen wird durch Zusatz von überschüssigem Essigsäureanhydrid die Restmenge Wasser gebunden.

Chloroform p.a.
Kaliumbiphthalat p.a.; wird vorher 2 h bei 120 °C getrocknet.
Essigsäureanhydrid p.a.
Perchlorsäure p.a., 72%ige Säure.

Perchlorsäure, 0.1 N in Eisessig: Etwa 8.5 ml $\triangleq$ 14.5 g $HClO_4$ werden in ca. 900 ml Eisessig gelöst. Man gibt so viel Essigsäureanhydrid zu, wie zur Zersetzung des Wassers benötigt wird (bei $HClO_4$ ca. 8.8 ml $\triangleq$ 7.5 g) und füllt mit Eisessig auf 1 l auf. Vor Gebrauch läßt man die Lösung einen Tag stehen. Diese 0.1 N Perchlorsäure ist monatelang titerbeständig.

Zur Titereinstellung werden 5 bis 8 mg Kaliumbiphthalat in 2.5 ml Eisessig und 2.5 ml Chloroform gelöst und mit einer Mikrobürette (mit μl-Dosierung) titriert.

Bei getrennter Verwendung der Elektroden wird die Kalomelelektrode durch eine KCl/Agar-Elektrolytbrücke leitend mit der Titrierlösung verbunden. Auf diese Weise werden Störungen an der Elektrode vermieden, die durch auskristallisierendes KCl am Diaphragma in nichtwäßrigen Lösungsmitteln eintreten könnten.

Kaliumchlorid/Agar-Gel: 3 g Agar, 30 g KCl und 100 ml Wasser werden gemischt und erwärmt, bis die Lösung klar und luftblasenfrei ist. Die Gellösung wird in ein 10 ml fas-

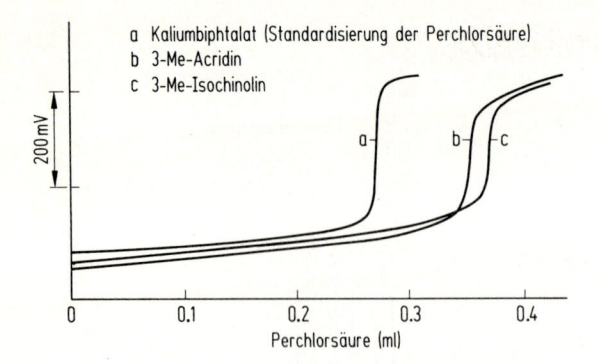

Abb. 39-2. Mikrotitration des Basen-Stickstoffes mit 0.1-N HClO₄. Potentiometrische Titrationskurven.

Kurven:
a Kaliumbiphtalat (Standardisierung der Perchlorsäure)
b 3-Me-Acridin
c 3-Me-Isochinolin

sendes Becherglächen gegossen und nach Abkühlen in einer Weithalsflasche mit Schliffstopfen unter gesätt. KCl-Lösung aufbewahrt. Das Gel ist auf diese Weise unbegrenzt haltbar und kann bei Bedarf durch Erwärmen wieder verflüssigt werden.

Arbeitsvorschrift. Eine Probenmenge mit einem Basenstickstoffgehalt von 0.05 bis 0.5 mg wird direkt in das Titriergefäß eingewogen und in 2.5 ml Chloroform und 2.5 ml Eisessig gelöst. Wenn Chloroform zur Lösung nicht ausreicht, wird noch 1 ml Chlorbenzol zugesetzt; die Elektroden werden mit einem Tuch abgerieben und in die zu titrierende Lösung eingetaucht. Dann wird mit 0.01 N bzw. 0.1 N Perchlorsäure titriert und vom Potentiographen die Potentialkurve aufgezeichnet.

1.00 ml der 0.1 N Perchlorsäure entspricht 0.14 mg Basen-N.

Typische Titrationskurven zeigt Abb. 39-2.

40 Methoden der Schwefelanalyse

Allgemeines. Der Substanzaufschluß in der Schwefelanalyse erfolgt quantitativ:

a) oxidativ/reduktiv zu SO_2
b) oxidativ zum SO_4^{2-}-Ion
c) reduktiv zum S^{2-}-Ion

Mit einer geeigneten Endbestimmungsmethode wird Schwefel über gasförmiges SO_2 (a) oder in wäßriger Lösung als SO_4^{2-} (b) bzw. S^{2-} (c) quantitativ bestimmt.

a) Durch oxidative Rohrverbrennung und anschließende reduktive Führung des Verbrennungsprozesses wird organisch gebundener Schwefel quantitativ zu Schwefeldioxid verbrannt und als solches thermokonduktometrisch oder NDIR-photometrisch gemessen, im Spurenbereich auch mikrocoulometrisch titriert.
b) Nach quantitativer Verbrennung der Substanz im Sauerstoffstrom (Rohrverbrennung), in ruhender Sauerstoffatmosphäre (O_2-Flask) oder nach Aufschluß in einer oxidierenden Salzschmelze (Bombenaufschluß) werden Sulfat-Ionen meist maßanalytisch oder gravimetrisch als Bariumsulfat bestimmt.
c) Organisch gebundener Schwefel wird entweder in Gasphase zu Schwefelwasserstoff hydriert oder durch eine Alkalischmelze oder nach Aufschluß zu Sulfat naßchemisch zu Sulfid reduziert und maßanalytisch oder photometrisch gemessen.

41 Die Bestimmung des Schwefels als Schwefeldioxid

41.0 Einführende Bemerkungen zur quantitativen SO$_2$-Umwandlung

Bei der oxidativen Verbrennung organischer Schwefelverbindungen entsteht neben SO$_2$ und SO$_3$ mit dem Reaktionswasser auch H$_2$SO$_4$. Über die Problematik der oxidativen Schwefelverbrennung hat unter anderen CEDERGREN (1973, 1975) berichtet. Danach kann eine vollständige Umsetzung zu SO$_2$ in der Regel nur unter extremen Verbrennungsbedingungen (niedriger Sauerstoffpartialdruck, sehr hohe Temperaturen) erreicht werden. *Unter bestimmten Bedingungen kann der organisch gebundene Schwefel jedoch durch eine übliche Rohrverbrennung quantitativ zu SO$_2$ umgesetzt werden, wenn die Reaktionsgase über einen auf 850 °C erhitzten Kupferkontakt geleitet werden.* Nach DUGAN und CARRE (1972), die dieses Problem intensiv bearbeitet hatten, laufen dabei folgende chemische Reaktionen ab:

a) im Temperaturbereich 300 bis 850 °C reagiert weder SO$_2$ noch SO$_3$ mit metallischem Kupfer.
b) mit Kupferoxid dagegen reagieren beide entsprechend den Reaktionsgleichungen:

$$SO_2 + 3\,CuO \rightarrow Cu_2O + CuSO_4 \tag{1}$$

$$2\,SO_3 + 2\,CuO \rightarrow 2\,CuSO_4 \, . \tag{2}$$

Reaktion (1) verläuft maximal bei 600 °C, das erklärt, warum die quantitative Bestimmung von Schwefel als SO$_2$ von der Temperatur der reduktiven Kupferschicht abhängt, aber offensichtlich läuft sie nicht bei Temperaturen über 840 °C ab. Bei 840 °C zerfällt CuSO$_4$ bereits vollständig:

$$CuSO_4 \xrightarrow{>840\,°C} CuO + SO_2 + \tfrac{1}{2}O_2 \, . \tag{3}$$

Thermogravimetrische Analysen von CuSO$_4$ zeigten bei 830 °C einen Gewichtsverlust von 50.0 % (theoretischer Wert liegt bei 50.1 %). Eine Arbeitstemperatur von 850 °C für den Kupferkontakt, von CULMO (1972) experimentell gefunden, ist wesentlich für die stöchiometrische Umwandlung des Schwefels zu SO$_2$. Die Reaktion von Schwefeloxiden mit CuO bei Temperaturen < 840 °C und die Reaktion zwischen SO$_2$ und Chlor (oder Brom) bei Verbrennung halogenierter Verbindungen führen zu Minderbefunden an SO$_2$. Im allgemeinen sollte die Kupferschicht Chlor oder Brom aus organischen Verbindungen binden. Jedoch zerfällt CuCl$_2$ beim Erhitzen (Zersetzungstemperatur 490 °C). Sind Cl$_2$, SO$_2$ und H$_2$O gleichzeitig vorhanden, findet folgende Reaktion statt:

$Cl_2 + SO_2 + H_2O \rightarrow 2\,HCl + H_2SO_4$. (4)

Diese führt zu Mindergehalten von Schwefel und Wasserstoff.

Chlor und Brom werden deshalb aus dem Reaktionsgasstrom mit Hilfe eines silberbeschichteten Kupferkontakts – am Ausgang des Reaktionsrohres angeordnet – entfernt. SO_2 allein im inerten Trägergasstrom reagiert nicht mit Ag (KIRSTEN 1964).

Nach Entfernen des Restsauerstoffes aus dem Reaktionsgasstrom und der quantitativen Umwandlung von SO_3 in SO_2 zeigt die Vierkomponentenmischung, die mit Helium als Trägergas aus dem Reaktor strömt, keine weitere Reaktivität. Auch das Reaktionswasser strömt verlustfrei zusammen mit den anderen Meßgaskomponenten N_2, CO_2 und SO_2 ins Trenn- und von dort ins Detektionssystem.

41.1 Thermokonduktometrische Schwefelbestimmung mit dem Carlo-Erba-Elemental Analyzer (Modell 1108)

Prinzip (PELLA und COLOMBO 1978). Von der organischen oder gemischt organ./anorgan. Substanz werden 1 bis 2 mg, mit Wolframoxid gemischt, in ein Zinnbecherchen gefüllt, im Heliumstrom mit Sauerstoffdotation über Wolframoxid primär zu Sulfat oxidiert und anschließend über auf 850 °C beheiztes Kupfer zu SO_2 disproportioniert, wobei auch Stickoxide quantitativ reduziert werden. Halogene werden durch selektive Adsorption im Rohr an Ag gebunden. Noch vorhandene Reaktionsgase werden an Porapak QS gaschromatographisch aufgetrennt (N_2, CO_2, H_2O und SO_2) und in der genannten Reihenfolge thermokonduktometrisch bestimmt.

Anwendungsbereich der Methode: 0.1 bis 100% Schwefel.

Ergänzungen zum Analysenablauf. Verbrennungsprinzip und Apparatur der beiden Carlo-Erba-Analysengeräte (Modell 1108 und NA 1500), mit denen auch Schwefel, simultan mit C, H, N oder C, N, bestimmt werden kann, wurden bereits abgehandelt (Kap. 16.3). Im Prinzip kann mit diesen Geräten der Schwefel auch isoliert gemessen werden. Analysenablauf und Signalauswertung für die Schwefelbestimmung allein entsprechen auch dann weitgehend den Bedingungen der Simultanbestimmung.

Als Verbrennungskontakt hat sich für die Schwefelanalyse gekörntes Wolframoxid durchgesetzt; es ist hitzebeständig, läßt sich gut granulieren, bildet unter den gegebenen Bedingungen keine Sulfate und zeigt keine Memoryeffekte. Außerdem hält es Phosphor- und flüchtige Metalloxide gut zurück und filtert störende Reaktionsgase aus. Nach tagelangem Einsatz ändert sich die Farbe des Wolframoxidkontakts äußerlich von Hellgrün nach Grau (durch feine Zinndämpfe aus der Flashverbrennung), dies beeinträchtigt aber nicht die Wirksamkeit des Kontakts. Abb. 41-1 zeigt die apparative Anordnung für die Schwefelbestimmung, Abb. 41-1a die Anordnung und Längen der Kontaktzonen im Reaktionsrohr. Bei der Schwefelbestimmung (isoliert oder simultan mit C und N) wird das Reaktionswasser vor Eintritt in die Trennsäule und den TC-Detektor an Magnesiumperchlorat gebunden. Am SO_2-Peak kann ein „tailing" auftreten, wenn der Zeitpunkt des Probeneinwurfs ins Rohr (normal 40″ nach Beginn – Sauerstoffanreicherung am größten) falsch gewählt wird oder sich im Rohr schon viele Verbrennungsrückstände angehäuft haben.

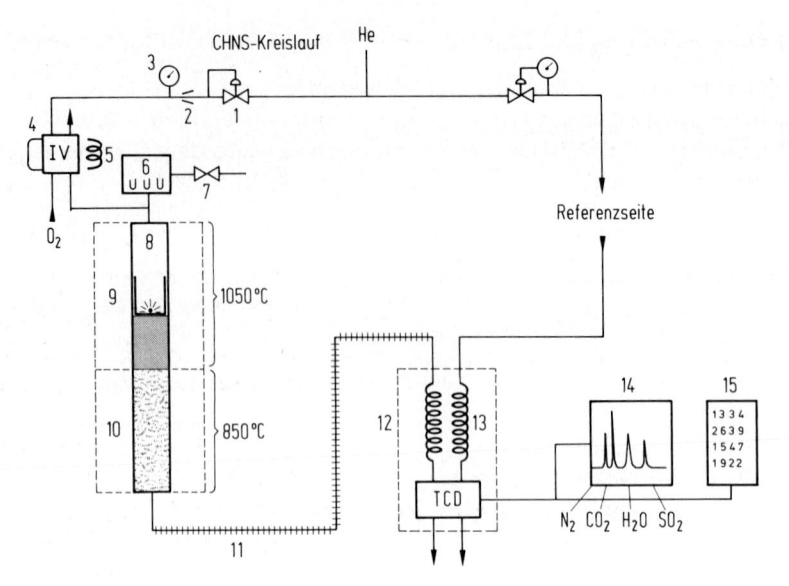

41 Die Bestimmung des Schwefels als Schwefeldioxid

Abb. 41-1. Blockschaltbild des Carlo-Erba-(CHN)-S-Analyzers.
1 Strömungsmesser, *2* Kapillarverengung, *3* Manometer, *4* Sauerstoffdosiervorrichtung, *5* Dosierschleife, *6* Sampler mit Zinncontainer, *7* Überdruckventil, Spülventil, *8* Reaktor, *9* Obere Verbrennungszone, *10* Untere Verbrennungszone, *11* Erhitztes Teflonrohr, *12* Thermostatofen, *13* GC-Säule, *14* Rekorder, Integrator, *15* Drucker.

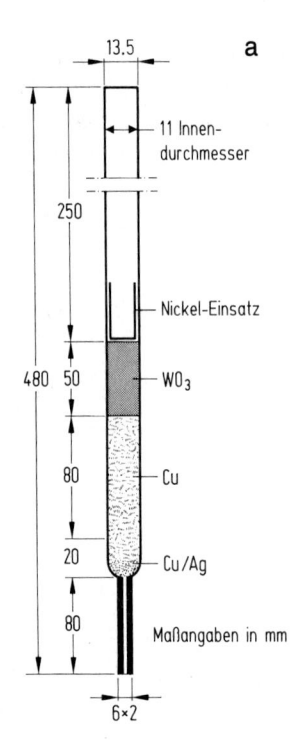

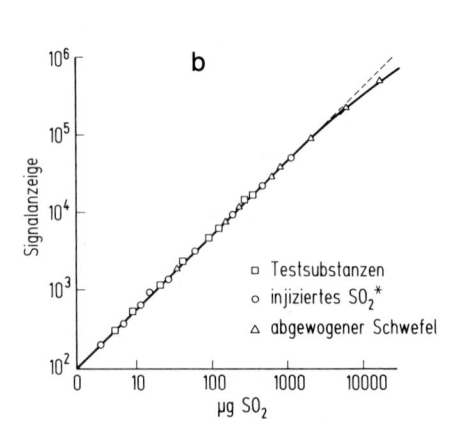

Abb. 41-1. (a) Anordnung der Verbrennungskontakte im Reaktionsrohr. (b) Signalanzeige des TC-Detektors vs. absolute SO_2-Mengen.
*SO_2 mit Hilfe eines exponentiellen Dilutors injiziert.

SO₂-Detektion. Die Anzeigeempfindlichkeit des Detektors für SO_2 ist relativ gering, weil die Wärmeleitfähigkeitsunterschiede beider Gase nicht groß sind, jedoch für eine quantitative Auswertung ausreichen. Der Anzeigebereich für SO_2 ist, wie Abb. 41-1b zeigt, über weite Bereiche linear. Die Eichlinie schneidet die Abszisse bei 0.6 µg SO_2 (entspricht 0.3 µg S), für Mikroanalysen ein vernachlässigbarer Wert; erst bei Schwefelgehalten < 10 µg fällt er ins Gewicht.

Störungen: Hohe Fluorgehalte können infolge SiF_4-Bildung Störungen im N_2-Peak verursachen.

41.1.1 Die Bestimmung von Schwefel-Spuren mit dem EA 1108 in Verbindung mit einem ECD

Prinzip (BACANTI und COLOMBO 1989). Der Carlo-Erba-Elemental-Analyzer ist zur Schwefel-Spurenbestimmung mit einem Electron-Capture-Detektor (Detektor C.E.St. mod ECD 40) ausgerüstet, der gegenüber dem TCD wesentlich empfindlicher auf SO_2 reagiert und in der unten beschriebenen apparativen Ausführung noch 0.05 µg Schwefel nachzuweisen gestattet. Damit können Schwefel-Spuren in beliebiger (sowohl organischer als auch anorganischer) Matrix bestimmt werden. Je nach Matrix werden 0.1 bis 100 mg Probe bei 1000°C über Quarzwolle wie üblich spontan umgesetzt, die Reaktionsgase werden über den Reduktionskontakt von Sauerstoff und Stickoxiden befreit, strömen

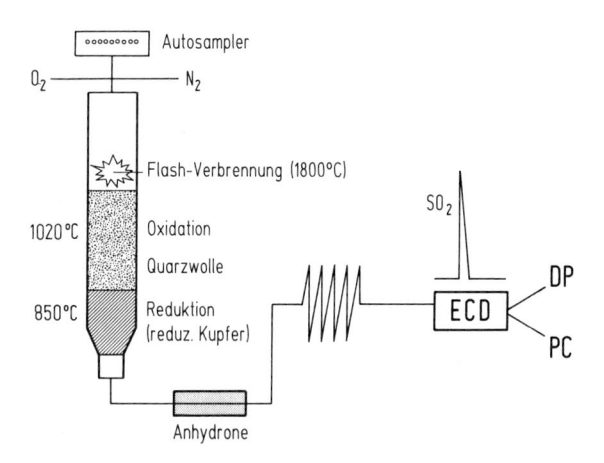

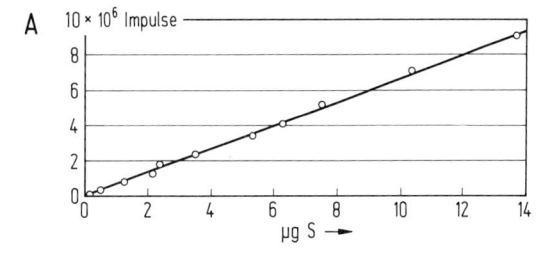

Abb. 41-2. EA 1108 mit ECD. (A) Linearität des ECD geprüft mit BCS-Standards

dann zur Absorption des Reaktionswassers über Anhydrone und anschließend ohne „splitting" durch die gaschromatographische Trennsäule. Am Ausgang der Trennsäule wird das SO_2 beim Durchströmen des nachgeschalteten ECD selektiv gemessen und quantitativ ausgewertet.

Apparatives. Zur Schwefel-Spurenbestimmung wird das Routinegerät EA 1108 oder NA 1500 entsprechend variiert, was Abb. 41-2 veranschaulicht.

Analysenbedingungen: Trägergas − 100 ml N_2/min
Sauerstoff − 20 ml/min
Verbrennungstemperatur − 1020 °C
GC-Säule − Porapack QS, 25 cm
Probeneinwurf (verzögert) nach 10 s
Dauer des Probenablaufs − 200−360 s

Detektor: Electron Capture Detektor mod. ECD 40
Temperatur − 100 °C
ECD-Zellenstrom − constant
Pulsspannung − 5.0 V
Pulsbreite − 1.0 µs
Referenzstrom − 1.0 nA

Das Diagramm in Abb. 41-2A zeigt die große Anzeigeempfindlichkeit und Linearität des ECD für die Schwefelbestimmung.

41.2 Schwefelbestimmung mit dem (für die Schwefelbestimmung modifizierten) Perkin-Elmer-Elemental Analyzer (Modell 240)

Allgemeines. Zum Basisgerät des PE-Analyzers, für die Simultanbestimmung von C, H und N entwickelt (s. Kap. 16.1). Nach Modifizierung des Verbrennungsteiles kann dieses Gerät auch zur gezielten mikroanalytischen Bestimmung von Schwefel allein eingesetzt werden. Anwendungsbereich: >0.5% S.

Prinzip (CULMO 1972). Die Probe wird − wie bei der CHN-Bestimmung − in reiner Sauerstoffatmosphäre bei einer Ofentemperatur von ca. 975 °C mit Wolframtrioxid als Katalysator verbrannt. Die Reaktionsgase werden durch ein mit Magnesiumperchlorat (oder Calciumchlorid) gefülltes Absorptionsrohr für Wasser und anschließend zur Absorption der Halogene durch ein mit 8-Hydroxychinolin gefülltes Rohr geleitet. Vorhandene Stickoxide und überschüssiger Sauerstoff werden im Reduktionsrohr (gefüllt mit Kupferröllchen und auf 820 °C beheizt) reduziert und letzterer gebunden. Die Reaktionsgase werden vom Heliumstrom durch den TC-Detektor gespült, wobei in der ersten Halbzelle des Detektors die Gesamtwärmeleitfähigkeit, in der zweiten die Leitfähigkeit der restlichen Gase gemessen wird, nachdem das Schwefeldioxid am auf 220 °C beheizten Silberoxid-Kontakt absorbiert wurde. Dieses Prinzip der Differenzmessung ist in Abb. 41-3A schematisch dargestellt.

41.2 Schwefelbestimmung mit dem Perkin-Elmer-Elemental Analyzer

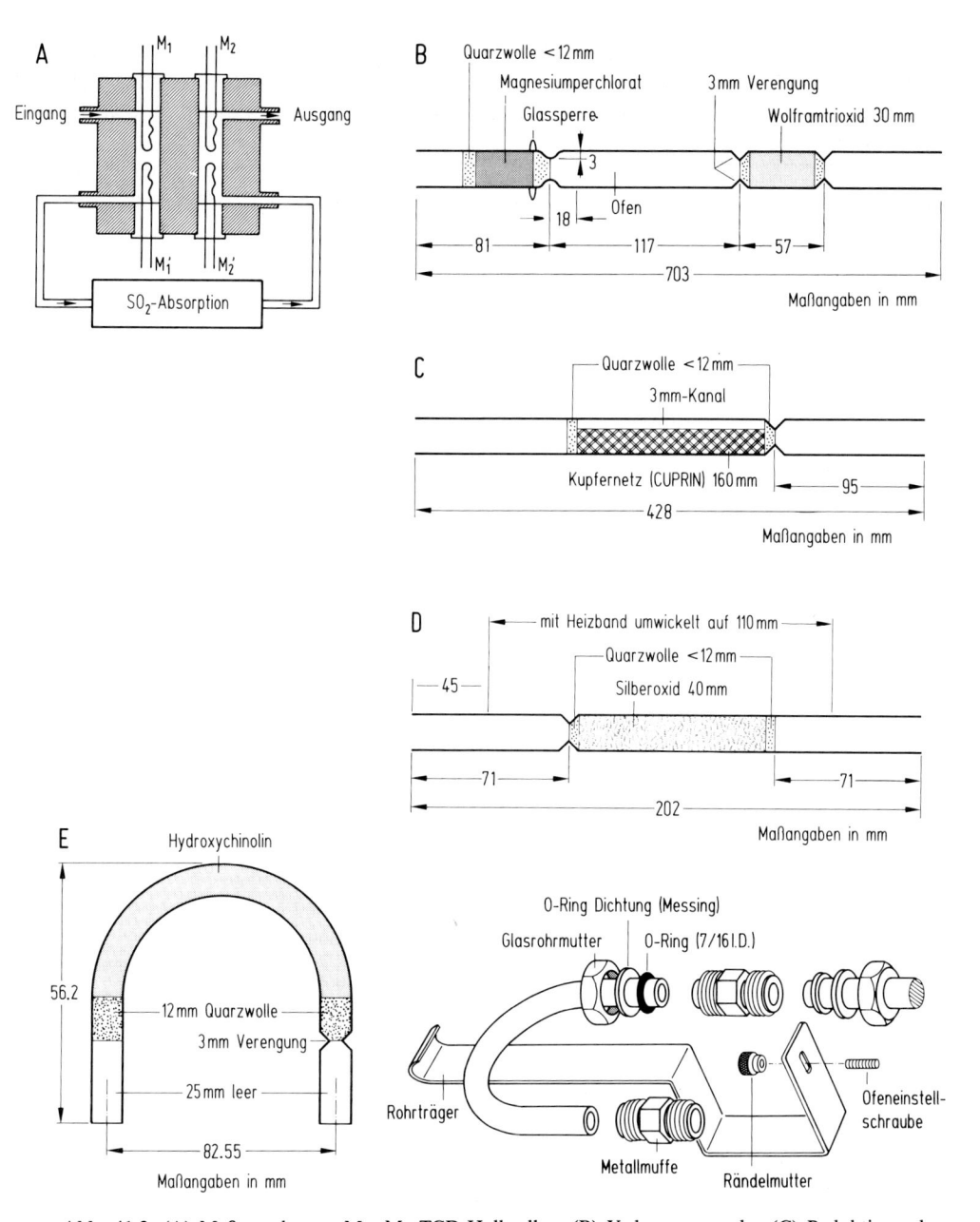

Abb. 41-3. (A) Meßanordnung. M_1, M_2 TCD-Halbzellen. (B) Verbrennungsrohr. (C) Reduktionsrohr. (D) Schwefeldioxid-Absorber. (E) U-Rohr mit Befestigung (Explosionszeichnung).

Die Abbildung zeigt die Anordnung der Hitzdrähte im Wärmeleitfähigkeits-Detektor, wie sie bei der Schwefel-Analyse Verwendung finden. In den zwei Detektorzellen sind 4 Hitzdrähte angeordnet und elektrisch in einer Wheatstone-Brückenschaltung miteinander verbunden. In der ersten Meßzelle (M_1 M'_1) wird die Gesamtwärmeleitfähigkeit gemessen. In der zweiten Meßzelle (M_2 M'_2) wird das schwefeldioxidfreie Restgas gemessen. Während der Messung verbleiben die Gase im Detektor (statische Meßmethode). Strömt durch Meßzelle 1 und 2 die gleiche Gaszusammensetzung, so ist die Brückenspannung gleich Null. Ist aber ein Unterschied zwischen den beiden gemessenen Gasen vorhanden, stört dies die Brückensymmetrie, und es entsteht eine der Änderung proportionale Meßspannung. Diese wird ausgegeben und ist in diesem Falle proportional dem Schwefelgehalt.

Apparatives. Zur Umrüstung des CHN-Analyzers für die Schwefelbestimmung wird das Verbrennungs- und Reduktionsrohr ausgewechselt, das Oxidationsrohr (Abb. 41-3 B) mit WO_3 als Oxidationskontakt ausgerüstet und am Ausgang des Rohres (nicht beheizter Teil) mit einer Schicht Magnesiumperchlorat gefüllt. Dieser Teil des Rohres hat eine Sperre in Form eines Höckers, damit das Perchlorat (!) nicht versehentlich in die heiße Zone des Ofens geraten kann. Das Reduktionsrohr (Abb. 41-3 C) wird mit reinem Kupfer gefüllt. Das U-Rohr (Abb. 41-3 E), das den Ausgang des Oxidationsrohres mit dem Eingang des Reduktionsrohres verbindet (gasdicht mit Fittings verschraubt), wird mit 8-Hydroxychinolin gefüllt. Das Wasserabsorptionsrohr wird gegen den SO_2-Absorber (Abb. 41-3 D) ausgetauscht, der außen mit einem Heizband umwickelt ist, das über einen Regeltrafo auf die erforderliche Temperatur von 220 °C beheizt werden kann. Abmessungen der Rohre und Kontaktzonen s. Abbildung. Die Reagenzien zur Rohrfüllung liefert der Gerätehersteller analysenfertig.

Analysenablauf. Vor der Probenanalyse werden mehrere Leerverbrennungen durchgeführt, bis die Feuchtigkeitsspuren restlos aus dem System entfernt sind und der Blindwert von C und S unter 300 µV gesunken ist. Enthält die Probe Aschebestandteile (Phosphor, Alkali), werden 1 bis 3 mg Probe im Platinschiffchen auf etwa 10 mg WO_3 gebettet und mit weiteren 70 mg WO_3 abgedeckt. Das Substanzboot wird in den Quarzlöffel eingeschoben und im unbeheizten Teil des Verbrennungsrohres bis zum Analysenstart gelagert. Von da an läuft die Analyse bis zur Signalauswertung für den Schwefel wie bei der CHN-Bestimmung vollautomatisch ab. Das Schwefelsignal entspricht zeitlich dem H-Signal.

Zur Kalibrierung werden vor der Probenanalyse erst einige Testverbrennungen mit bekannten Schwefelverbindungen durchgeführt und daraus der Eichfaktor errechnet, der für die weitere Probenanalyse gespeichert wird.

41.3 Schwefeldioxidbestimmung mit nichtdispersiver Infrarotabsorption (NDIR)

Allgemeines. Seit spezifische IR-Meßzellen für SO_2 im Handel sind, wird zur Konzentrationsbestimmung des Schwefels in Gasströmen nach quantitativer Umwandlung zu SO_2 zunehmend auch die NDIR-Absorption genutzt. Zum Prinzip dieser Meßmethode und ihrer Vorteile s. Kap. 6.7. Bei Verwendung längerer Meßküvettten (z. B. im LECO-Gerät SC-132) ist die Anwendung der Methode auch im unteren Konzentrationsbereich noch optimal. Die SO_2-Bestimmung mit NDIR-Absorption wird nachfolgend in den drei Ausführungsformen 41.3.1 bis 41.3.3 beschrieben.

41.3.1 Ausführung nach THÜRAUF und ASSENMACHER (1981)

Prinzip. Die Probe (1 bis 5 mg) wird im Luft- oder Sauerstoffstrom, der auch als Trägergas dient, über Kupferoxid verbrannt. Nach Ausfrieren des Reaktionswassers wird das trockene Verbrennungsgas über gekühltes Kieselgel geleitet, das vorhandenes SO_2 adsorbiert. Durch Erhitzen wird das SO_2 wieder desorbiert und mit Hilfe eines nichtdispersiven Infrarotdetektors gemessen. Die Ausgangssignale des Infrarotgerätes werden integriert und die der Schwefelmenge entsprechende Impulssumme ausgedruckt.

Apparatives. Die apparative Anordnung ist in Abb. 41-4 skizziert.

Elektrische Öfen:	Länge	Temperatur
Kurzbrenner	65 mm	1000 °C
Langbrenner	200 mm	950 °C
Übergangs-Zusatzofen	100 mm	750 °C
Kieselgelofen	100 mm	750 °C

- Verbrennungsrohr aus Quarz, Länge 570 mm, davon 200 mm mit 7 mm Innen-Durchmesser und 300 mm Kapillarrohr mit ca. 2 mm Innen-Durchmesser.
- Daran angeschmolzen: Quarzgefäß zum Ausfrieren des Verbrennungswassers. Falle von ca. 10 mm äußerem Durchmesser, Höhe 120 mm und Quarzgefäß zum Sammeln des SO_2. Falle mit ca. 10 ml Inhalt, halb gefüllt mit Kieselgel.

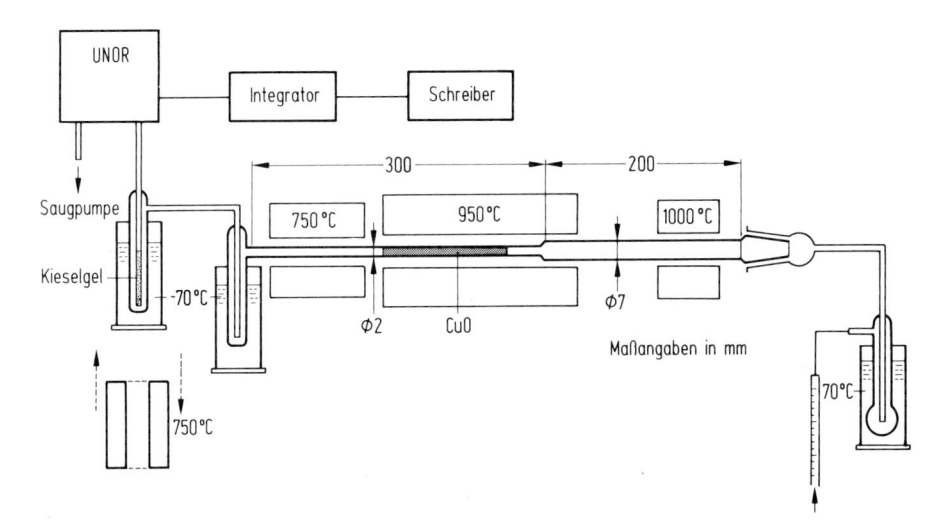

Abb. 41-4. Apparatur zur Schwefelbestimmung (Erklärung im Text).

- Gasförderpumpe, Förderleistung 18 l/h.
- Gasförderpumpe, Förderleistung 0.9 l/h.
- Einwäge-Gefäße: Quarzröhrchen, 20 mm lang, 3 mm ⌀, eine Seite zugeschmolzen; Platinschiffchen für nicht flüchtige Proben bis ca. 5 mg.
- Nichtdispersives Infrarotabsorptionsgerät, z. B. Unor der Fa. MAIHAK, Meßbereich 0 bis 0.2% SO_2.
- Kupferoxid in Drahtform; Kieselgel MERCK, gesiebt 0.4 bis 0.5 mm; Eich-Substanz, z. B. Sulfolan (Tetramethylensulfon) in Toluol gelöst. Kühlmittel: Feste Kohlensäure.

Durchführung der Bestimmung. Die Falle zum Ausfrieren des Verbrennungswassers und das Quarzgefäß mit Kieselgel zum Sammeln des SO_2 werden mit fester Kohlensäure auf ca. $-70\,°C$ gekühlt. Die elektrischen Öfen werden aufgeheizt, die Gasförderpumpen (Fördervolumina von 18 bis 0.9 l/h) gestartet. Während der Verbrennung der Probe wird Luft mit 18 l/h durch die Apparatur geleitet. Aus der angesaugten Luft wird durch Kühlen mit fester Kohlensäure vorher die Feuchtigkeit entfernt.

Feste und schwer flüchtige Analysenproben werden in Platinschiffchen, leicht flüchtige Substanzen in Quarzröhrchen eingewogen. Die Einwaage liegt je nach Schwefel-Gehalt der Probe zwischen 1 und 5 mg. Die eingewogene Probe wird in das Verbrennungsrohr eingeschoben und dieses verschlossen. Der Kurzbrenner wird aufgesetzt und die Probe verbrannt. Nach ca. 3 min ist das entstandene SO_2 im Verbrennungsgas vollständig vom Kieselgel adsorbiert. Der Luftstrom von 18 l/h wird durch Umschalten der Pumpen auf 0.9 l/h vermindert. Das Quarzgefäß mit Kieselgel wird durch Aufschieben des Kieselgelofens erhitzt und so das SO_2 desorbiert. Mit dem Trägergasstrom gelangt das SO_2 in das Infrarotgefäß und wird gemessen.

Der Eichfaktor wird mit Hilfe einer geeigneten Substanz ermittelt. Die Dauer einer Bestimmung beträgt etwa 4 min.

41.3.2 Die Schwefelbestimmung mit dem „FOSS HERAEUS-Elementanalysator S-RAPID"

Prinzip (BOSCHMANN et al. 1989). Zur Schwefelbestimmung werden die Proben, wie schon zur CHN- und N-Bestimmung beschrieben (Kap. 16.4 und 32.2), in Zinnhülsen eingekapselt, über die Schleuse ins vertikal gestellte und auf 1150 °C beheizte Verbrennungsrohr eingeworfen und im mit Sauerstoff dotierten Heliumstrom spontan umgesetzt. Der organisch (und auch anorganisch) gebundene Schwefel wird quantitativ zu SO_2 umgesetzt, intermediär an Porapak adsorbiert und dadurch von den die Messung störenden Begleitgasen abgetrennt, anschließend wird das SO_2 thermisch desorbiert und NDIR-photometrisch gemessen. Die Meßsignale der Zelle werden integral/digital ausgewertet.

Mit Wolframtrioxid als Zuschlag zur Probe wird auch der anorganisch gebundene Schwefel freigesetzt und quantitativ mitbestimmt.

Apparatives. Die Apparatur, deren Funktionsschema in Abb. 41-5 skizziert ist, besteht aus dem Verbrennungsteil mit Gasdosierung und dem bekannten Probengeber (s. Abb. 16-16), sowie aus dem kombinierten Trenn- und Meßteil mit dem zur Auswertung der Meßsignale integrierten PC.

41.3 Schwefeldioxidbestimmung mit nichtdispersiver Infrarotabsorption (NDIR)

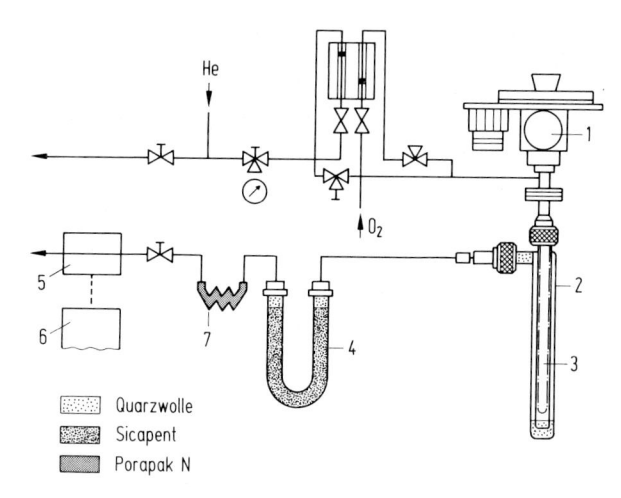

Abb. 41-5. Reaktionsschema des Foss Heraeus S-Rapid.
1 Probengeber, *2* Verbrennungsrohr 1150 °C, *3* Probenaufnahmerohr, *4* Absorptions-/Trockenrohr, *5* SO_2-NDIR-Photometer, *6* Integrator, *7* Porapak-Säule.

Ausführung. Die zu analysierenden Substanzen werden (gegebenenfalls mit einem Zuschlag von WO_3 versehen) in eine Zinnfolie eingefaltet und in das Probenmagazin, das maximal 49 Einwaagen faßt, eingesetzt. Nach Einregeln des Helium- und Sauerstoffstromes und dem Beheizen des Reaktionsrohres auf 1150 °C fallen die Probekapseln zeitprogrammiert in das Reaktionsrohr, wo die Umsetzung des Schwefels unter den gegebenen Bedingungen quantitativ zu SO_2 erfolgt. Um die intermediäre Bildung von H_2SO_3/H_2SO_4 durch Reaktion des Schwefeldioxids mit dem Reaktionswasser zu verhindern, werden die Reaktionsgase am Ausgang des Verbrennungsrohres über Phosphorpentoxid getrocknet und auf diese Weise das störende Reaktionswasser aus dem Gasstrom entfernt. In der anschließenden Trennsäule wird das SO_2 bei Raumtemperatur an Porapak N® adsorbiert und so von Spuren anderer störender Reaktionsgase, wie z.B. Methan oder anderer niederer Kohlenwasserstoffe, die den SO_2-Peak überlappen könnten, getrennt. Da niedere KW-Stoffe in der Trennsäule nicht festgehalten werden, werden sie mit dem Trägergas in kürzester Zeit aus der Meßzelle ausgespült. Sobald die Signalanzeige der Meßzelle wieder die Nullinie erreicht, wird die Trennsäule automatisch schnell auf 80 °C beheizt, das SO_2 dadurch desorbiert und zur Messung mit dem Gasstrom durch die NDIR-Meßzelle geführt. Der Meßgaspeak wird mit Hilfe eines PC integriert und ausgewertet. Nach vorherigem Einlesen des Probengewichtes und mit Hilfe des gespeicherten Eichfaktors, der mit Testsubstanzen bekannten Schwefelgehaltes (z. B. Sulfanilsäure) vorher ermittelt wurde, wird der Schwefelgehalt errechnet und in Prozenten ausgedruckt. Absolute Gehalte von 5 µg – 2 mg Schwefel in Substanzeinwaagen von 1 – 100 mg können auf diese Weise, von der Matrix weitgehend unabhängig, in 7 bis 10 min quantitativ bestimmt werden.

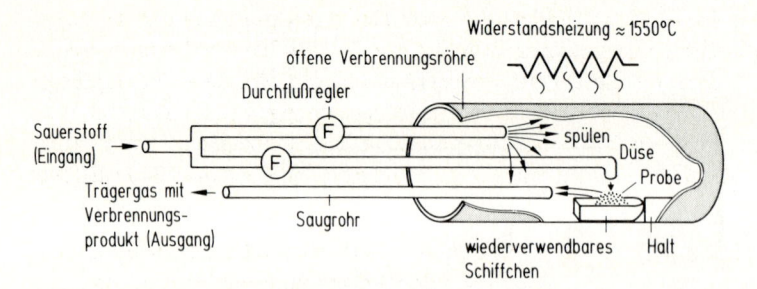

Abb. 41-6. LECO-Verbrennungs-System zur infrarotphotometrischen Schwefelbestimmung in organischen und anorganischen Substanzen.

41.3.3 In organischen und anorganischen Stoffen

Die LECO-Geräte (SC-32 und SC-132), die zur Schwefelbestimmung in organischen und anorganischen Stoffen (hauptsächlich von Umweltproben, Brennstoffen und technischen Materialien) eingesetzt werden, arbeiten nach einem anderen Verbrennungsprinzip, das Abb. 41-6 veranschaulicht. Die Probe wird durch Induktionsheizung spontan umgesetzt und die gefilterten Verbrennungsgase zur Konzentrationsbestimmung des Schwefels durch die für die SO_2-Messung spezifische IR-Meßzelle gesaugt.

Auch der STRÖHLEIN-S-mat 500, zur Schwefelgehaltsbestimmung in Brennstoffen, Ölen und anderen technischen Produkten konzipiert, mißt das Schwefeldioxid nach Substanzverbrennung in einem Röhrenofen bei 1350 °C selektiv mit Hilfe eines Infrarotdetektors.

Anmerkungen zur Methode. SO_2 wird im Meßgerät spezifisch erfaßt. Sonstige Verbrennungsprodukte wie Chlorwasserstoff oder Stickoxide, die bei anderen Verfahren berücksichtigt werden müssen, stören hier nicht.

Das Infrarotmeßgerät arbeitet sehr empfindlich. Die nach der vorliegenden Bestimmungsmethode meßbaren Schwefelmengen liegen etwa zwischen 2 µg und 20 µg S. Mit Einwaagen zwischen 1 und 5 mg lassen sich so Schwefelgehalte zwischen etwa 0.04% und 2% bestimmen. Liegen die Schwefelgehalte unterhalb 0.04%, werden mehrere Proben von je 5 mg nacheinander verbrannt und das SO_2 im Kieselgel angereichert.

41.4 Schwefeldioxidbestimmung durch mikrocoulometrische Titration – Oxidative Mikrocoulometrie

Prinzip. Der (organisch und/oder anorganisch) gebundene Schwefel, durch oxidative Katalyse quantitativ in SO_2 überführt, wird mit elektrolytisch erzeugtem Triiod-Ion (I_3^-) entsprechend folgender Gleichung mikrocoulometrisch titriert:

$$SO_2 + I_3^- + H_2O \rightarrow SO_3 + 3I^- + 2H^+$$
$$3I^- \rightarrow I_3^- + 2e^-.$$

Der *Substanzaufschluß* und die *quantitative Umwandlung des Schwefels in SO_2* zur mikrocoulometrischen Titration: Die mikrocoulometrische Titration von SO_2 mit elektrolytisch erzeugtem Iod ist sehr empfindlich, ihr optimaler Anwendungsbereich liegt zwischen 0.1 und 20 µg S. Sie eignet sich daher sehr gut zur Spuren-Schwefelbestimmung im unteren ppm-Bereich, da aufgrund der Empfindlichkeit dieser Methode – im Gegensatz zu anderen Spurenmethoden – nur relativ kleine Substanzmengen aufgeschlossen werden müssen, um eine mikrocoulometrisch bestimmbare SO_2-Menge zu erhalten. Allerdings müssen bei Anwendung der Methode zwei möglicherweise verfälschende Effekte beachtet werden.

- Das SO_2/SO_3-Gleichgewicht in der Verbrennungsreaktion ist unter üblichen Verbrennungsbedingungen variabel und abhängig von Verbrennungstemperatur, Art und Strömung des Verbrennungsgases, sowie vom Typ der Schwefelverbindung und seiner Konzentration in der Probe.
- Die Reaktion von SO_2 und Iod ist nicht selektiv. Ungesättigte Reaktionsgase (Olefine), die bei unvollständiger Verbrennung entstehen, verbrauchen ebenfalls Iod und täuschen so höhere Schwefelgehalte vor.

Zur optimalen Nutzung der Methode unter Vermeidung oben beschriebener Fehlermöglichkeiten werden für den Substanzaufschluß und die quantitative Umwandlung des Schwefels in SO_2 folgende Verfahren empfohlen:

(1) Die Substanzverbrennung erfolgt (s. Kap. 41.0) in zwei Stufen. In der ersten Verbrennungsstufe werden die Schwefeloxide bei 700 °C an CuO gebunden, in der zweiten wird die $CuO/CuSO_4$-Kontaktzone schnell auf 900 °C erhitzt, das freiwerdende SO_2 quantitativ in die Coulometerzelle gespült und titriert. In dieser Version ist die Methode fast universell anwendbar.

(2) Die Verbrennungsbedingungen werden sehr konstant gehalten und ein geringerer SO_2-Konversionsgrad (70 bis 90%) akzeptiert, den man mit Hilfe einer Testlösung – bestehend aus einer Schwefelverbindung ähnlich der in der Probe, gelöst in Toluol oder Isooctan – vorher bestimmt. Eine Kontaktzone mit reinem Zinn (200 °C) im Verbrennungsgasstrom beseitigt Störkomponenten wie Chlor, Stickoxide und organische Peroxide (MOORE 1980). Bei der Bestimmung von Schwefel im ppm-Bereich in flüssigen und gasförmigen Erdölprodukten erhält man mit diesem Verfahren hinreichend genaue Ergebnisse.

(3) Die Substanz wird klassisch zum Sulfat nach einer der nachfolgend beschriebenen Verfahren aufgeschlossen, ein aliquoter Teil der Aufschlußlösung reduktiv destilliert, das entstehende Sulfid-Ion unter konstanten Bedingungen zu SO_2 verbrannt und dieses mikrocoulometrisch titriert.

Auch diese Methode ist weitgehend universell, da der Substanzaufschluß der Probe angepaßt werden kann und eine ganze Palette von Methoden zur Verfügung steht. Die Aliquotierung der Aufschlußlösung wird so groß gewählt, daß eine optimale SO_2-Menge zur Titration anfällt. Die Methode ist zur Bestimmung des Schwefels vom ppm- bis in den unteren Prozentbereich geeignet. Störkomponenten treten hier kaum auf, da bei der reduktiven Destillation der aus dem Sulfat entstehende Schwefelwasserstoff sehr rein anfällt.

Reagenzien und Apparatives

Elektrolytlösung: Die wäßrige Generatorlösung enthält 0.05% KI, 0.06% Natriumazid und 0.05% Essigsäure (alle w/v). Das Natriumazid schützt vor dem katalytischen Einfluß

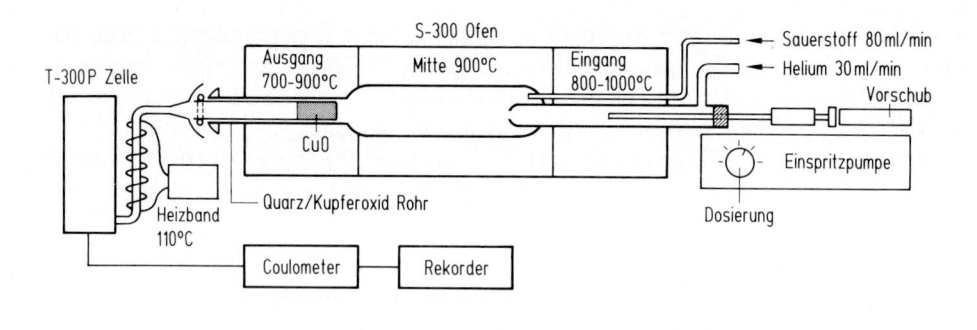

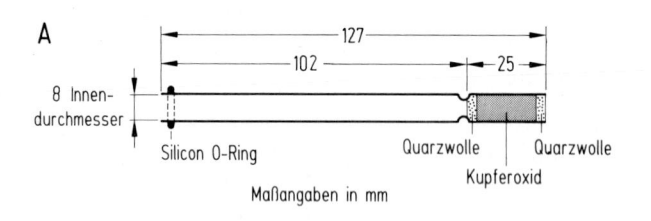

Abb. 41-7. Schwefelbestimmung durch oxidative Mikrocoulometrie (MC). Verfahrensweise (1).

von Licht und Störungen durch NO$_2$. Alternativ: 2% KBr, 0.01% KI und 0.05% Essigsäure mit einer Ag/AgCl-Bezugselektrode. Die Generatorelektroden sind aus Platin.

Coulometer: DOHRMANN mit T-300 P Titrierzelle oder MITSUBISHI TS-02.

Ausführung nach Verfahrensweise (1) (OITA 1983). Eine apparative Anordnung zur Analyse von Schwefelspuren in flüssigen, leichtflüchtigen Substanzen skizziert Abb. 41-7. Zur Bestimmung von Schwefelgehalten im Bereich von 0.1 bis 1 ppm, etwa in Erdöldestillaten, wird eine Probenmenge von 0.1 bis 1 ml mit einer Rate von 100 µl/min in das Verbrennungsrohr injiziert. Der auf 700 °C erhitzte CuO-Kontakt am Ausgang des Verbrennungsrohres oxidiert noch restliche im Reaktionsgas verbliebene KW und bindet Schwefeloxide quantitativ als CuSO$_4$. Nach der Verbrennungsphase wird der CuO/CuSO$_4$-Kontakt schnell auf 900 °C aufgeheizt, das freiwerdende SO$_2$ mit dem Trägergas in die Coulometerzelle gespült und sofort titriert. Zu Beginn der Austreibphase verharrt die Coulometeranzeige auf der Grundlinie, steigt bei Eintreten der ersten SO$_2$-Mengen in die Elektrolytlösung schnell an und kehrt wieder zur Grundlinie zurück, sobald – nach etwa 15 min – das SO$_2$ quantitativ ausgetrieben ist. Das DOHRMANN System 701 arbeitet nach diesem Prinzip.

Ausführung nach Verfahrensweise (2) (MOORE 1980; VAN GRONDELLE et al. 1978, 1980). Die Apparatur für diese Verfahrensweise ist in Abb. 41-8 A, B schematisch dargestellt. Die flüssige oder gasförmige Probe wird – wobei der Fluß durch den CRI (Constant-Rate-Injector) konstant gehalten wird – in das Rohr injiziert. Feststoffe werden mit Hilfe eines fahrbaren Substanzbootes (Boat-Injection/High-Capacity-Method BIHC) in die heiße Verbrennungszone gebracht. Störende Reaktionsgase (NO$_x$, Cl$_2$, peroxidische Radikale) werden über einen „Zinnwäscher" (auf 200 °C beheizte Zinngranalien, 20 bis

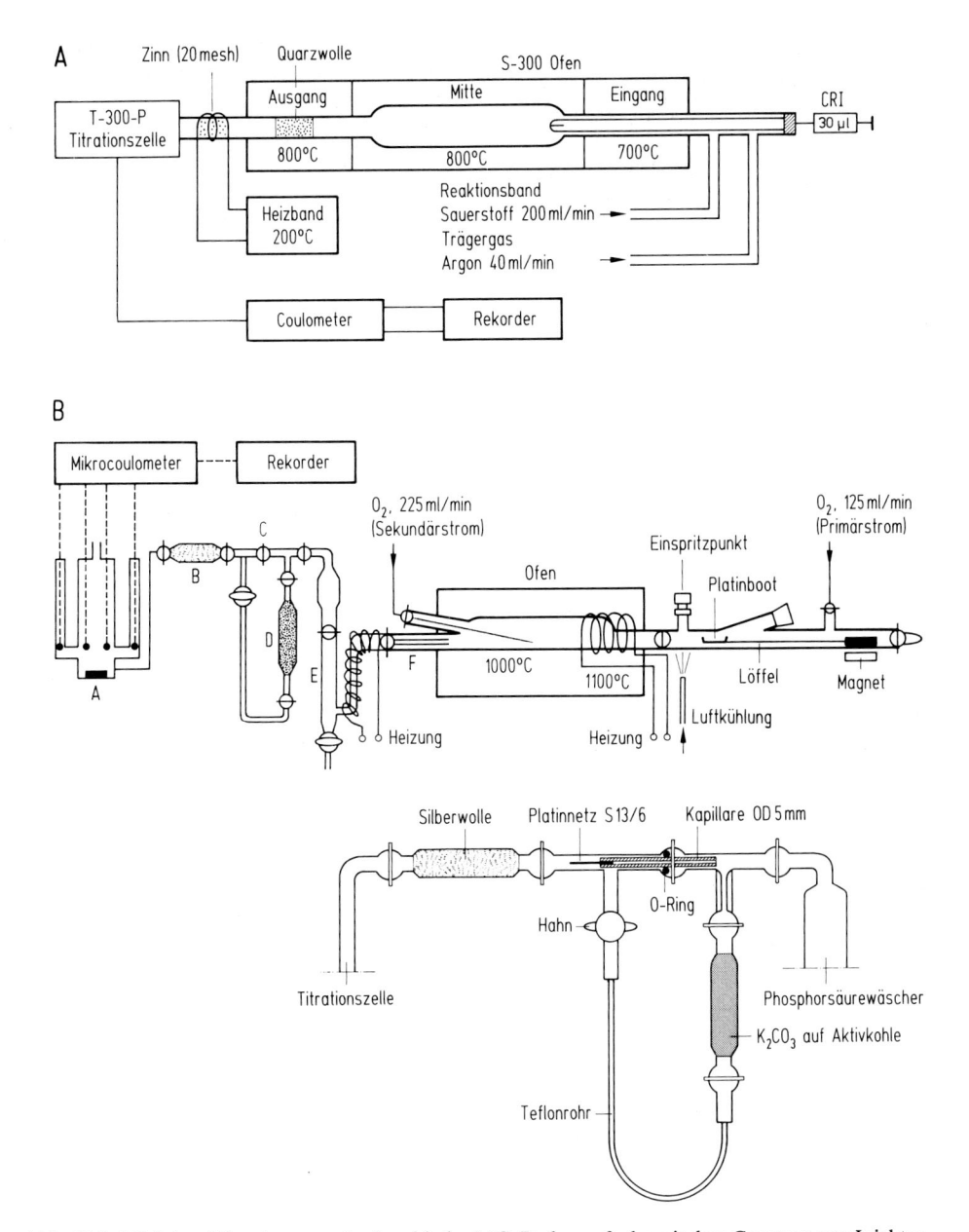

41.4 Schwefeldioxidbestimmung durch mikrocoulometrische Titration

Abb. 41-8. (A) Schwefelbestimmung durch oxidative MC. Probenaufgabe mit dem Constant-rate-Injektor (CRI). Verfahrensweise (2) für Flüssigkeiten und Gase. (B) Für Feststoffe mit dem „Gassplitter".

30 mesh) am Ausgang des Verbrennungsrohres entfernt und der zu SO_2 umgewandelte Schwefel in der anschließenden Coulometerzelle titriert. Die Konversionsrate des organisch gebundenen Schwefels zu SO_2 unter den bestehenden Verbrennungsbedingungen wird mit einer der Probe entsprechenden Testlösung (z. B. Thiophen oder Dibutylsulfid gelöst in Isooctan oder Toluol) bestimmt und in die Endauswertung miteinbezogen. Die Methode wird schwerpunktmäßig zur Bestimmung geringer Schwefelspuren in Erdölprodukten angewendet.

Fällt mehr SO_2 an, als die Coulometerzelle verkraften kann, wird der Reaktionsgasstrom gesplittet und nur ein aliquoter Teil zur Titration durch die Zelle geführt. Diesen Weg wählten VAN GRONDELLE et al. (1980) zur Bestimmung von Schwefelgehalten im Prozentbereich in verschiedensten organischen und anorganischen Substanzen und entwickelten dafür einen „chemischen Gassplitter", den Abb. 41-8 B zeigt: Bei offenem Hahn werden 95% des Reaktionsgases durch einen „Wäscher" – gefüllt mit K_2CO_3 auf Aktivkohle – geführt, wo der Austausch von SO_2 gegen CO_2 erfolgt. Die Hauptkomponenten der Reaktionsgase, CO_2 und O_2 werden nicht absorbiert; der Phosphorsäurewäscher entfernt nur das Reaktionswasser aus dem Reaktionsgasstrom. Das Splitverhältnis wird über die Relation Widerstand der Kapillare/des „Carbonatwäschers" gesteuert und durch Druckschwankungen nicht gestört.

Ausführung nach Verfahrensweise (3) (VAN GRONDELLE et al. 1977). Ein Aliquot (max. 1 ml) der wäßrigen Reaktionslösung – z. B. Lösungen nach den Aufschlußmethoden 43 bis 45 oder wie im Fall der Schwefelbestimmung in Kohle nach Aufschluß mit „Eschka-

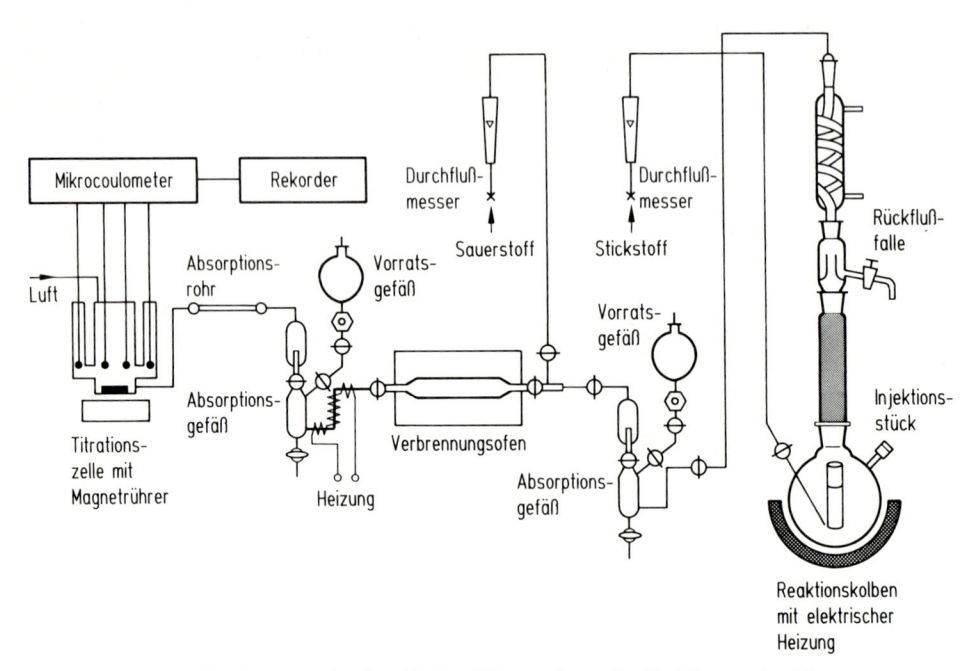

Abb. 41-9. Schwefelbestimmung durch oxidative Mikrocoulometrie. Verfahrensweise (3).

mischung" (LÄDRACH et al. 1977) oder Kesselspeisewasser, Abwasser u. a. – wird in die Reduktionslösung (Iodwasserstoffsäure+Hypophosphit, 124 °C) eingespritzt. Der in der Probelösung als Sulfat gebundene Schwefel wird durch Kochen am Rückfluß zu H_2S reduziert (Abb. 41-9).

Die Reduktionsmethode ist in Kap. 47.3 ausführlich beschrieben. Die dabei entstehenden gasförmigen Schwefelverbindungen (H_2S und etwas SO_2) werden in einer Fraktionierkolonne vom Reagenz getrennt, Wasser aus der Probe in einer Rückflußfalle abgeschieden und ausgetragen. Der Gasstrom wird zur Reinigung von HI-Dämpfen durch einen Wäscher geführt, dann zur quantitativen Umwandlung des H_2S in SO_2 durch ein schmales Verbrennungsrohr und von dort zur Trocknung der Gase durch den H_2SO_4-Wäscher. Anschließend wird der Gasstrom durch die Elektrolytlösung geleitet und das SO_2 mikrocoulometrisch titriert. Als Elektrolytlösung kommt eine wäßrige Lösung von 2% KBr, 0.001% KI und 0.05% Essigsäure (alle Gew.-%) zum Einsatz. In dieser Zusammensetzung ist die Elektrolytlösung wesentlich stabiler.

Mit einer Füllung an Reduktionslösung im Reaktionskolben kann eine größere Serie von Probelösungen aufgegeben werden, ohne die Reduktionslösung wechseln zu müssen. Die Analysenzeit beträgt etwa 3 bis 4 min. Die maximale Schwefelmenge pro Aufgabe beträgt etwa 3 µg. Halogene und Phosphor, Metalle und Salze in der Probelösung stören mit wenigen Ausnahmen (Cr, Mn) im allgemeinen die Bestimmung nicht. Nennenswerte Mengen an H_2O_2 und Nitrat stören die Reduktion (Iodausscheidung). Die hohe Empfindlichkeit der mikrocoulometrischen Titrationstechnik erlaubt die Bestimmung von Schwefelgehalten bis 0.01 mg S/l.

Die Verfahrensweisen (1) bis (3) können hier nur summarisch beschrieben werden. Genaue Analysenvorschriften für die Schwefelbestimmung in den verschiedensten Einsatzprodukten und umfangreiches Know-how in der Anwendung der Mikrocoulometrie zur Elementbestimmung stellen die Herstellerfirmen der entsprechenden Apparaturen, etwa DOHRMANN, zur Verfügung.

42 Oxidativer Substanzaufschluß und Bestimmung des Schwefels als Sulfat

42.0 Einleitung

Organisch gebundener Schwefel wird durch Verbrennung im Sauerstoffstrom oder in ruhender Sauerstoffatmosphäre, durch oxidierende Salzschmelzen oder oxidierend naßchemisch zu Sulfat oxidiert und als solches bestimmt. Die wichtigsten Aufschluß- und Bestimmungsmethoden werden nachfolgend beschrieben.

42.1 Perlenrohrverbrennung

Allgemeines. Die *Perlenrohrverbrennung* nach PREGL wurde mehrfach modifiziert (PELLA 1961; DIRSCHERL 1961). Eine gebräuchliche Modifikation ist die von WAGNER (1957), deren apparative Anordnung die Abb. 42-1 zeigt. Bei dieser Variante ist abweichend von der Pregl-Ausführung (diese wird im Original noch in der Iodbestimmung verwendet – s. Kap. 53.1, Abb. 53-1) das Perlenrohr abnehmbar, die Platinkontakte sind im ofenbeheizten Teil des Verbrennungsrohrs durch Quarzwolle oder Quarzsplitter ersetzt, die Umsetzung erfolgt bei Temperaturen um 1000 °C.

Prinzip. Die organische Substanz (0.5 bis 5 mg) verbrennt im reinen Sauerstoffstrom. Die Schwefeloxide werden in wäßriger oder alkalischer Perhydrollösung zu Sulfat oxidiert und gebunden, anschließend das SO_4^{2-} maßanalytisch bestimmt.

Apparatives

- Verbrennungsapparatur mit stationärem Langbrenner (200 mm lang) und beweglichem Kurzbrenner (60 mm lang).
- Verbrennungsrohr aus reinem durchsichtigen Quarzglas mit Schliffkern NS 10 kurz, 450 mm lang.
- Sperrkörper aus Quarzglas, 40 mm lang, in das Rohr passend.
- Absorptionsrohr aus reinem Quarzglas mit Schliffhülse NS 10 kurz, 225 mm lang, Innen-Durchmesser 6 mm.
- Quarzperlen, Durchmesser 2 mm, zur Füllung des Absorptionsrohres.
- Quarzwolle und Quarzkörper werden prophylaktisch einige Stunden mit konz. Salpetersäure auf dem Wasserbad digeriert, mit dest. Wasser säurefrei gewaschen und im Muffelofen bei 800 °C 1 h geglüht; diese Prozedur wird einmal wiederholt.

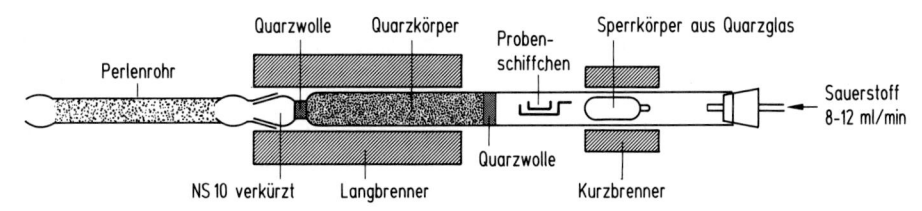

Abb. 42-1. Die Perlenrohrverbrennung.

Die Füllung des Verbrennungsrohrs besteht vom Schliffkern ausgehend aus einem Quarzwollepfropfen, einer Schicht Quarzkörner und als Abschluß wieder einem Quarzwollepfropfen. Die Röhrfüllung ragt etwa 10 bis 20 mm aus dem vom Langbrenner begrenzten Ende in Richtung Kurzbrenner heraus. Der am entgegengesetzten Ende befindliche Schliff liegt, ohne hervorzustehen, noch in der Bohrung des Langbrenners (s. Abb. 42-1). Die Temperatur in Höhe der Schliffverbindung muß etwa 400 °C betragen, um zu verhindern, daß Schwefelsäure und Iod vor Erreichen des Absorptionsrohres kondensieren. Das Perlenrohr ist kurz vor den beiden Enden mit Einstichstellen versehen, die ein Herausfallen der Quarzperlen verhindern. An dem der Schliffhülse entgegengesetzten Ende ist es leicht trichterförmig erweitert. Schliffhülse des Absorptionsrohres und Schliffkern des Verbrennungsrohres müssen sehr exakt passen und sind von Hand aufeinander einzuschleifen. Sie werden trocken, ohne Schmiermittel verwendet. Die Temperatur des Langbrenners wird auf etwa 1000 °C, die des Kurzbrenners auf ungefähr 900 °C einreguliert.

Der Sauerstoff durchströmt zur Reinigung ein mit Natronasbest und Magnesiumperchlorat beschicktes U-Rohr, anschließend ein Rotameter und tritt dann durch ein in der Bohrung eines Gummistopfens sitzendes Röhrchen in das Verbrennungsrohr ein. Der Sauerstoffstrom wird auf etwa 8 bis 12 ml/min einreguliert.

In das mit konz. Salpetersäure gut vorgereinigte und unter Durchsaugen von dest. Wasser gespülte Absorptionsrohr werden vom Schliff her 0.5 ml Absorptionsmittel (5%iges Perhydrol) einpipettiert. Das Rohr wird so lange senkrecht gehalten, bis eine Benetzung der am unteren Ende befindlichen Perlen sichtbar ist. Dann trocknet man die Schliffhülse in der Gasflamme und steckt sie mit leicht drehender Bewegung auf den Schliffkern des Verbrennungsrohres.

Arbeitsvorschrift. Je nach Schwefel- oder Halogengehalt werden zwischen 2 und 5 mg Substanz auf der Mikrowaage in das 100-mg-Platin-Schiffchen eingewogen. Seiner geringen mechanischen Stabilität wegen wird das Wägeschiffchen mit Hilfe einer Platinspitzenpinzette in das in der Mikroelementaranalyse übliche Verbrennungsschiffchen aus Platin (Gewicht ca. 0.5 g) gestellt, beide Schiffchen werden in das Verbrennungsrohr geschoben. Nach Einbringen des Sperrkörpers und Verschließen des Rohres mit dem Gummistopfen wird bei einem Vorschub des Kurzbrenners von ca. 10 mm/min verbrannt. Die Verbrennung ist in 10 min beendet, weitere 5 min wird im Sauerstoffstrom nachgespült. Man nimmt das Absorptionsrohr von der Apparatur ab, läßt es 5 min zum Erkalten des Schliffes horizontal liegen und spannt es anschließend mit der Schlifföffnung nach unten senkrecht in eine Klammer ein; es ist zu beachten, daß man bereits während des Einspannens den Titrierbecher mit Rührer unter das Schliffende gestellt haben sollte. Nun werden 0.5 ml dest. Wasser und portionsweise je viermal 1 ml Isopropanol in das obere Ende des

Perlenrohres pipettiert, wobei man vor jeder neuen Zugabe wartet, bis die vorhergegangene Portion in den Becher abgeflossen ist. Schließlich spült man den Schliff von außen mit einem feinen Isopropanolstrahl ab.

Halogenid oder Sulfat bestimmt man maßanalytisch in der Reaktionslösung unter Verwendung einer Mikrobürette. Vom Volumen wird der durch eine Leerverbrennung ermittelte Blindwert abgezogen.

42.2 Verbrennung im „leeren" Rohr

A) Empty-tube-Methode

Prinzip (BELCHER und INGRAM 1951, 1952). Die Substanz wird im schnellen Sauerstoffstrom in einer Brennkammer (deren inneres Gegenstromrohr mit Prallplatten versehen ist) bei 900 °C verbrannt, die halogen- und schwefelhaltigen Reaktionsgase in einem Absorber in geeigneten Lösungen gebunden. Halogen und Schwefel werden in der Reaktionslösung dann maßanalytisch bestimmt.

Die apparative Anordnung ist in Abb. 42-2 schematisch dargestellt.

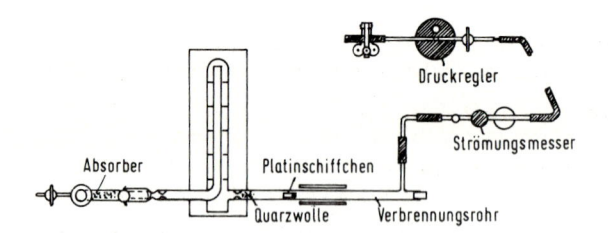

Abb. 42-2. Verbrennung im „leeren Rohr" nach BELCHER und INGRAM.

Die mit Prallplatten versehene Brennkammer des aus reinem Quarzglas gefertigten Verbrennungsrohrs (Abb. 42-3) wird mit einem temperaturstabilisierten elektrischen Heizbrenner auf 900 °C beheizt. Die Substanz wird im Sauerstoffstrom von 50 ml/min mit Hilfe eines elektrisch beheizten Wanderbrenners oder einer Gasflamme in die Brennkammer hineinvergast und dort quantitativ oxidiert.

Halogenhaltige Reaktionsgase absorbiert man mit alkalischer Bisulfitlösung (3 ml 35%ige Natriumbisulfitlösung + 6 ml 1 N Natronlauge), falls Chlor und Brom potentiometrisch oder gravimetrisch bestimmt werden, in alkalischer Wasserstoffperoxidlösung (5 ml 30%iges Perhydrol werden mit 10 ml 1 N Natronlauge gemischt. Mit 9 ml von dieser Lösung werden die Perlen des Absorbers benetzt, 7 ml davon wieder abgelassen und verworfen), wenn die Halogenide maßanalytisch bestimmt werden. Zur Schwefelbestimmung wird 10%ige Perhydrollösung (mit 0.1 N Natronlauge sorgfältig neutralisiert, wenn die Schwefelsäure acidimetrisch bestimmt wird) als Absorptionslösung verwendet und als Absorber Ausführung B der in Abb. 42-3 gezeigten Absorbertypen.

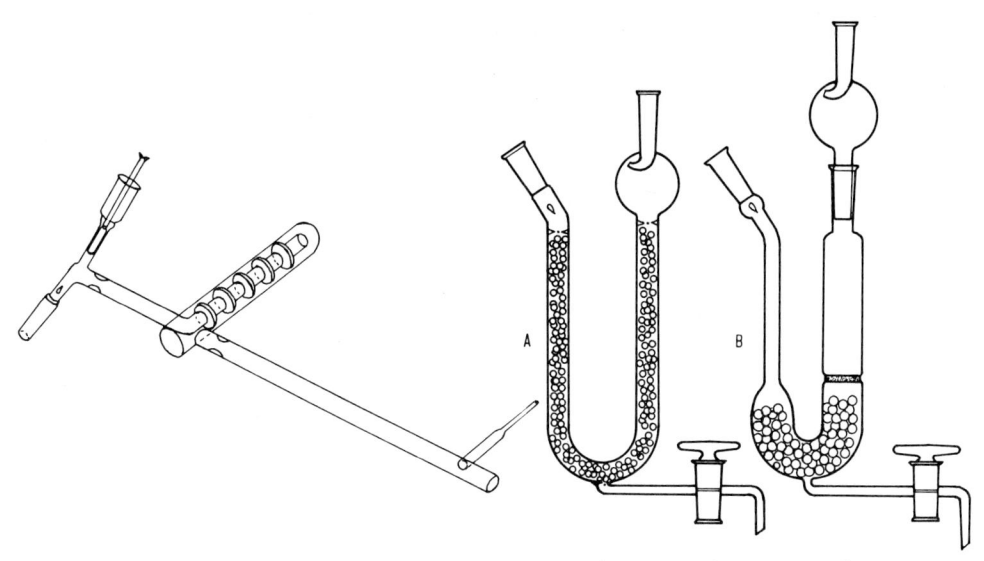

Abb. 42-3. Verbrennungsrohr zur Halogen- und Schwefelbestimmung nach BELCHER und INGRAM. Absorbertypen *A* für Halogenbestimmungen, *B* für Schwefelbestimmungen.

B) Verbrennung an einer Düse

Prinzip (KAINZ et al. 1964). Die Probe wird im Einsatzrohr unter Durchleiten von Stickstoff vergast. Die Substanzdämpfe kommen an der Düse mit Sauerstoff in Kontakt und brennen unter Flammenbildung ab. Die zu bestimmenden Reaktionsgase werden in einem geeigneten Absorptionsmittel gebunden.

Die Ausbeute an der Düse läßt sich verbessern, wenn man über die Quarzdüse zur Katalyse noch eine Hülse aus Platinblech stülpt. Die Umsetzung wird auch durch vorherige Befeuchtung des Gasstroms begünstigt. Bei vielen Substanzen sichert die Düse, wenn sie auf 900 °C beheizt wird, eine quantitative Oxidation. Eine zusätzliche Verbrennungszone

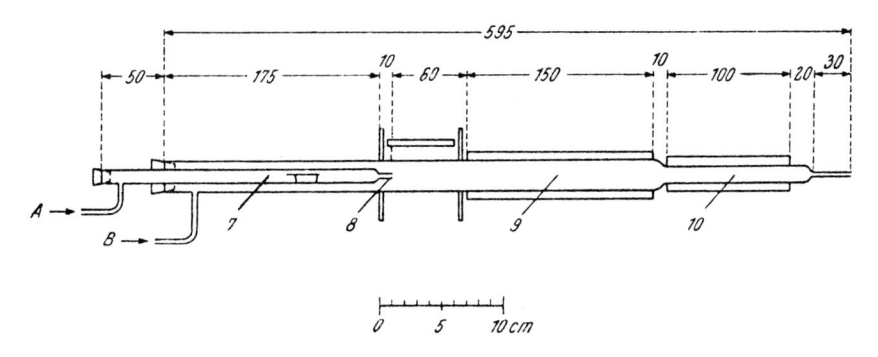

Abb. 42-4. Verbrennung an einer Düse. *A* Inertgasstrom, *B* Sauerstoffstrom, *7* Einsatzrohr, *8* Düse ⌀ 1.5 mm, *9* zusätzlicher Verbrennungsraum (900 °C), *10* Absorptionsraum (500 °C).

(nach der Düse) ist jedoch bei Verbindungen mit niederer Verbrennungswärme und bei sehr niederen Probekonzentrationen erforderlich. Für diese Verbrennungszone gelten dann die Gesetzmäßigkeiten des „leeren Rohres". Bei nichtbrennbaren Verbindungen wirkt die Düse nur als Verteiler der Probe. Die Probendämpfe müssen dann im Verbrennungsrohr durch eine zusätzliche Heizzone zur Reaktion gebracht werden.

Diese Art der Verbrennung ist vor allem dann von Nutzen, wenn Substanzen umgesetzt werden müssen, die in Sauerstoffatmosphäre spontan verpuffen oder sich explosionsartig zersetzen. Durch Verdampfen im Inertgasstrom läßt sich die Substanzverdampfung zügeln.

Die apparative Anordnung skizziert Abb. 42-4.

C) Die Verbrennung im Rohr nach GROTE-KREKELER (1933)

In der Schwefel- und Halogenanalyse im unteren Konzentrationsbereich und zur Bestimmung anderer flüchtiger Elemente (Hg, Se) wurde dieser Aufschluß in der von WURZSCHMITT und ZIMMERMANN (1938) modifizierten Form lange Zeit häufig eingesetzt. Wegen seiner Einfachheit wird er gelegentlich auch heute noch genutzt (s. Abb. 72-3).

Abb. 42-5 zeigt die apparative Anordnung der Verbrennungsapparatur, Abb. 42-5a die Abmessungen des aus Quarzglas gefertigten Grote-Krekeler-Rohres. Die Substanzver-

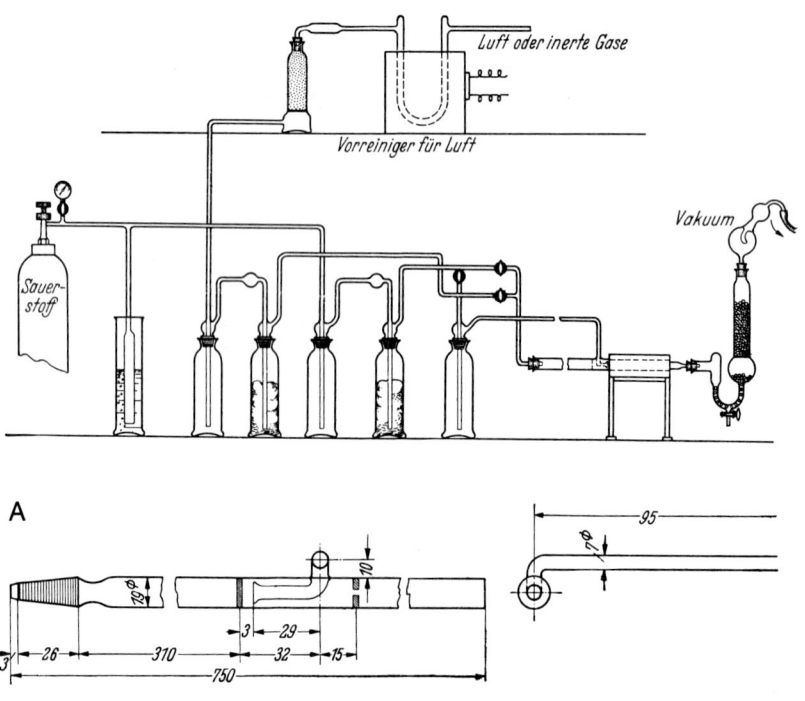

Abb. 42-5. Verbrennungseinrichtung nach GROTE-KREKELER. (A) Das Grote-Krekeler-Verbrennungsrohr.

brennung erfolgt im reinen oder mit Sauerstoff angereichertem Luftstrom oder – beim Aufschluß fester Brennstoffe – in reiner Sauerstoffatmosphäre. Die Strömung richtet sich nach dem Verbrennungsverhalten der Probe und wird individuell angepaßt. Zur Absorption der Schwefeloxide wird alkalische oder wäßrige Perhydrollösung in der Absorptionsvorlage vorgelegt. Die Substanzeinwaage beträgt 0.1 bis 1 g.

Anmerkungen zu den Rohrverbrennungsmethoden 42.1 und 42.2: Bei der Rohrverbrennung werden die entstehenden Schwefeloxide meist in Perhydrol absorbiert; günstiger ist die Verwendung von Silber (bei 650 °C), in diesem Falle stören dann Halogene und Stickstoff die Endbestimmung von Sulfat nicht.

a) Absorption mit Perhydrol. Dieses Absorbens wird dann verwendet, wenn der Schwefel acidimetrisch bestimmt werden soll; es dürfen dann keine anderen säurebildenden Elemente vorhanden sein. Bei Einführung der Methode ergaben sich anfänglich Schwierigkeiten, wenn die Schwefelsäure im Rohr kondensierte und durch Anheizen plötzlich wieder verflüchtigt wurde. Hierbei zersetzte sich die Schwefelsäure in Wasser und SO_3; letzteres entwich teilweise durch die Kugelvorlage. Dies kann vermieden werden, indem man das Verbrennungsrohr so beheizt, daß keine Kondensation von Schwefelsäure im Rohr eintritt. Vor der Titration der Schwefelsäure muß das Wasserstoffperoxid durch Kochen mit $CuSO_4$ zerstört werden, da sonst der Indikator oxidiert wird.

b) Absorption an Silber. SO_2 und SO_3 werden an Silberwolle ausgezeichnet absorbiert. Das entstandene Silbersulfat wird mit heißem Wasser eluiert und mit Kaliumiodidlösung titriert, wobei Iod (in Alkohol) und Stärke als Indikator dienen (ZINNEKE 1951).

Die Rohrverbrennungsmethoden eignen sich gut zum Aufschluß kleiner Substanzmengen (0.3 bis 5 mg) und von Substanzen mit niederem Halogen- und Schwefelgehalt. Bei Substanzen mit hohem Gehalt (>60 bis 70%) werden diese Aufschlußmethoden unsicher. Hochhalogenierte Verbindungen müssen daher sehr langsam vergast werden, wobei außerdem die Kontaktfüllung auf helle Rotglut erhitzt werden muß. Solche Substanzen verbrennt man besser nach den Knallgasverbrennungsmethoden. Auch zur Fluoranalyse ist die Perlenrohrverbrennung nur bedingt einsetzbar, zumindest sollte der zur Verbrennung verwendete Sauerstoff angefeuchtet werden.

Die Perlenrohrverbrennung ist zur Schwefelbestimmung gut geeignet. Für die Endbestimmung ist nach dieser Aufschlußmethode das kleine Volumen und der geringe Neutralsalzgehalt der Reaktionslösung günstig. Sie ermöglichen es, die Halogen- und Schwefelbestimmung in der Reaktionslösung durch eine schnelle Titrationsmethode durchzuführen.

43 Oxidativer Substanzaufschluß im Rohr mit Hilfsflamme − Die Knallgasverbrennung

43.0 Einführende Bemerkungen

Die Knallgasverbrennung ist als Aufschlußmethode für die Halogen- und Schwefelanalyse prädestiniert. Die hohe Temperatur der Knallgasflamme gewährleistet stets einen zuverlässigen Aufschluß, unabhängig von der Höhe des Schwefel- und/oder Halogengehalts in der Probematrix und der Bindefestigkeit der Elemente. Da die Knallgasflamme einen großen Probedurchsatz pro Zeiteinheit zuläßt, wird sie nicht nur in der Elementaranalyse, sondern mit Erfolg auch in der Spurenanalyse angewendet, wo große Mengen von festen, flüssigen oder gasförmigen Substanzen aufgeschlossen werden müssen, um zu einer bestimmbaren Menge des gesuchten Elementes zu kommen. Die von WICKBOLD (1952, 1954) konzipierte Knallgasverbrennungsapparatur hat sich zum Substanzaufschluß inzwischen vielfach bewährt; sie wird in verschiedenen apparativen Modifizierungen als Aufschlußmethode genutzt.

43.1 Substanzaufschluß mit der „WICKBOLD-Apparatur"

Prinzip. Die Substanz (gasförmig, flüssig oder fest) wird in die Knallgasflamme, die im Verbrennungsraum langgestreckt brennt, verdampft und darin quantitativ verbrannt. Die dabei entstehenden Reaktionsgase werden hinter der Kühlspirale mit Absorptionslösung innig vermischt und darin die zu bestimmenden Ionen gebunden. In der Reaktionslösung werden die Halogene als Halogenide und der Schwefel als Sulfat nach einer geeigneten Methode bestimmt.

Apparatives. Die WICKBOLD-Apparatur ist, dem Verwendungszweck angepaßt, in verschiedenen apparativen Modifikationen unter der Bezeichnung „WICKBOLD II, WICKBOLD III und WICKBOLD V" im Handel (HERAEUS QUARZGLAS GmbH).

„WICKBOLD II". Diese Apparatur ist in Abb. 43-1 skizziert und wird mit Vorteil zur Verbrennung größerer Mengen flüssiger und gasförmiger Erdölprodukte eingesetzt; sie besitzt zu diesem Zweck ein Kondensatsammelgefäß, das zwischen Brennkammer und Absorptionsvorlage geschaltet ist.

„WICKBOLD III". Diese Apparatur, die in Abb. 43-2 und 43-2A schematisch dargestellt ist, wurde von EHRENBERGER et al. (1965, 1977) für den kontinuierlichen Betrieb konzi-

Aufschluß-Apparatur V5 nach der Wickbold-Methode

Der neue Brenner BITC-VE
für feste Stoffe optimiert den Aufschluß
durch elektrische Vorverbrennung

Heraeus
QUARZGLAS

Aufschluß-Apparatur V5

Die Verbrennungsapparatur V5 dient zum Aufschluß fester, gasförmiger und flüssiger organischer Proben zur späteren Bestimmung von Halogenen und Schwefel, aber auch von Schwermetallen wie Quecksilber, Arsen und Selen.

Der neue Brenner BITC-VE in Verbindung mit der elektrisch beheizten Vorverbrennungseinheit VE optimiert den Aufschluß fester und pasteuser Proben sowie feststoffbelasteter Flüssigkeiten.

Bedienungskomfort und Aufschlußqualität werden verbessert.

- große Probemenge in kurzer Zeit
- Aufschluß fester, flüssiger oder gasförmiger Proben mit nur einer Apparatur
- Hohe Betriebssicherheit

Zubehör

- Saugbrenner
  für flüssige Proben, wie z. B. Öle, Benzine

- Feststoffbrenner BITC-VE
  für feste und pasteuse Proben oder feststoffbelastete Flüssigkeiten zum Einsatz mit der elektrisch beheizten Vorverbrennungseinheit VE

- Brenner F1
  für gasförmige Proben sowie allem erforderlichen Zubehör wie Vakuumpumpe, Meßkolben, Umlaufkühler usw.

Unser weiteres Lieferprogramm

- Mono- und Bi-Destilliergeräte DESTAMAT®
- Säuredestillationsapparatur ACIDEST®
- Oberflächenverdampfer
- Tauchheizer aus Quarzgut
- Laborgeräte aus Quarzglas und Quarzgut

Fordern Sie unsere ausführlichen Unterlagen an.

Heraeus Quarzglas GmbH
Bereich PHL - Labortechnik
Reinhard-Heraeus-Ring 29
D-8752 Kleinostheim
Telefon (06027) 503280
Telex 4188515 PHL
Telefax 3/a, (06027) 503260

Heraeus
QUARZGLAS

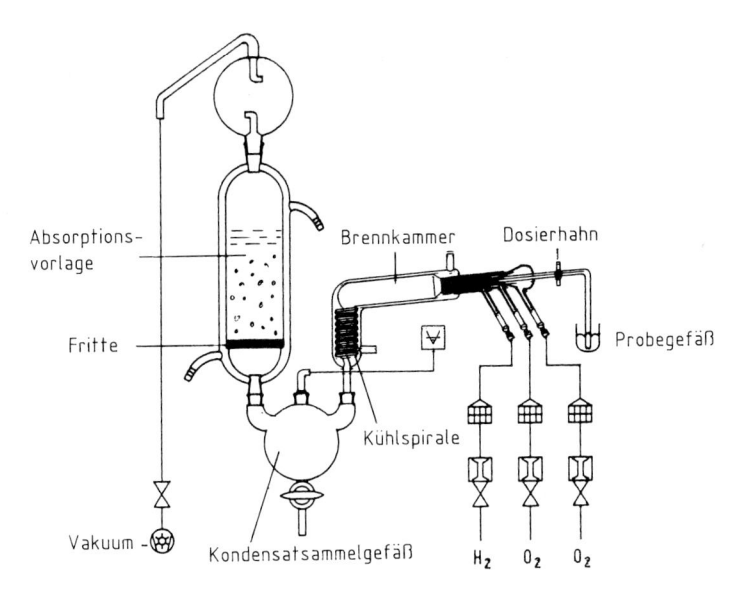

Abb. 43-1. Wickbold-Apparatur II.

piert. Die Reaktionsgase werden hier hinter der Kühlspirale mit zufließender Absorptionslösung über den Absorptionsturm geführt und dabei innig vermischt. Die Reaktionslösung fließt direkt in den Meßkolben ab. Probeschiffchen und Vorlagekölbchen können gewechselt werden, ohne die Flamme löschen zu müssen, wodurch ein serieller Probenaufschluß möglich ist.

„WICKBOLD V". In der sog. WICKBOLD V ist die Vorlage neu konzipiert (Abb. 43-3). Die Absorptionslösung wird zum Unterschied zur „WICKBOLD III", während der Verbrennung nicht zugetropft, sondern vor dem Aufschluß vorgelegt. Eine am Kopf der Vorlage installierte Spülvorrichtung gestattet die Vorgabe der Absorptionslösung vor der Verbrennung und das quantitative Ausspülen der Vorlage nach dem Aufschluß. Die Reaktionslösung wird am Ende über einen Mehrzweckhahn ausgeschleust, wobei der Brenner, wie bei der WICKBOLD III, in Betrieb bleibt. Technische Neuerungen erhöhen Bedienungskomfort und Betriebssicherheit dieser Apparatur. Die unten beschriebenen speziellen Brennertypen sind mit der neuen Vorlage ebenfalls kompatibel.

Über die Montage und die Bedienung der einzelnen Typen der „WICKBOLD-Apparatur" informiert ausführlich die Herstellerfirma.

Ausführung. Die WICKBOLD III ermöglicht den kontinuierlichen Betrieb, d. h. eine Serie von Probeneinwaagen kann verbrannt und aufgeschlossen werden, ohne die Knallgasflamme zwischen den einzelnen Aufschlüssen löschen zu müssen. Zum Auswechseln des Vorlagekolbens wird lediglich der Schwanzhahn nach Stellung „b" (s. Abb. 43-2) gedreht, wodurch das Vakuum im Kolben aufgehoben und ein Wechsel ermöglicht wird. Die Vorlage selbst umfaßt die Brennkammer und den Absorptionsturm; sie besteht aus nur einem Stück und kann entweder mit einem in die gekühlte Vorlage hineinreichenden Schliffansatz (Innenschliff) zur Aufnahme des Saugbrenners, wie in Abb. 43-2 gezeigt,

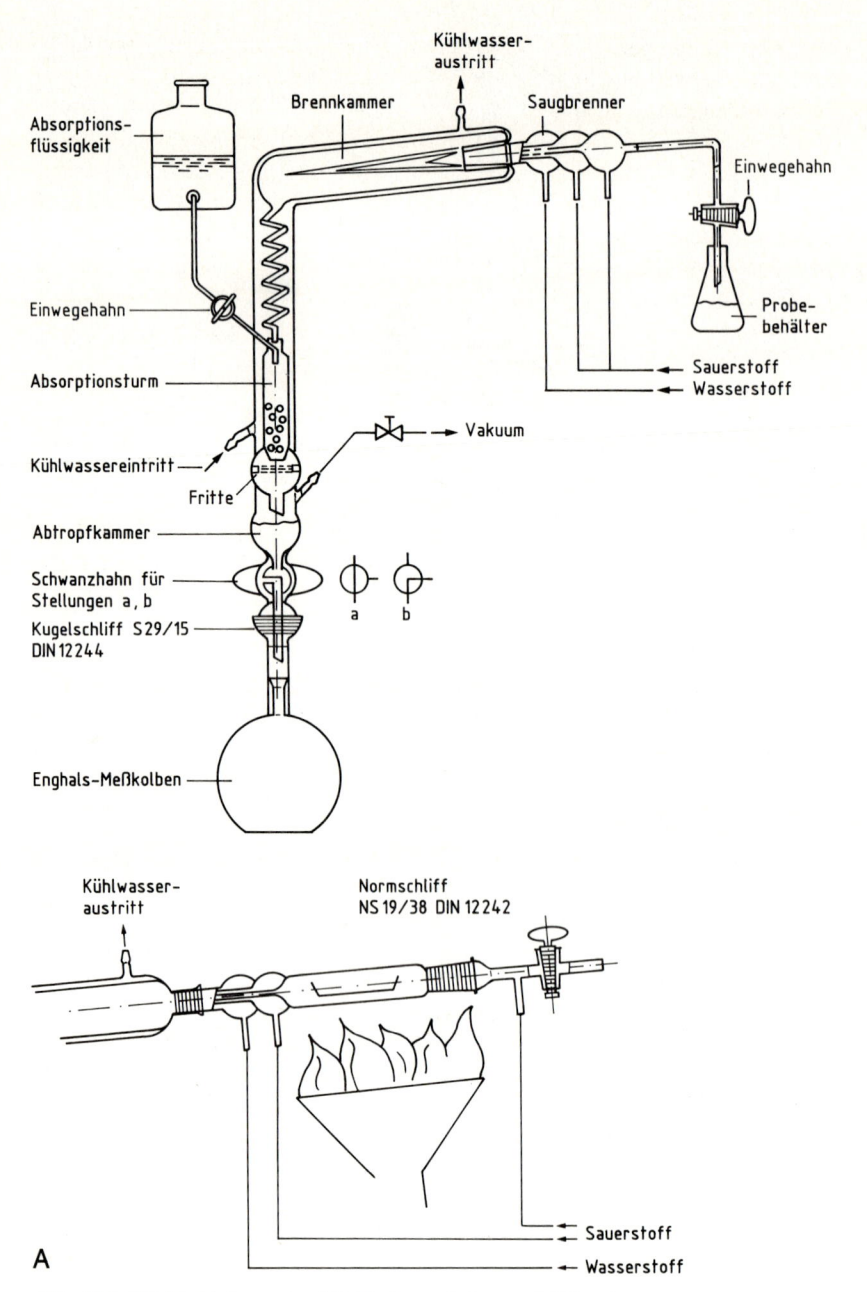

43 Oxidativer Substanzaufschluß im Rohr mit Hilfsflamme

Abb. 43-2. Wickbold-Apparatur III. Vorlage mit Innenschliff und Saugbrenner. (A) Vorlage mit Außenschliff und Feststoffbrenner.

oder mit einem nach außen gezogenen Schliffansatz (Außenschliff) gemäß Abb. 43-2A versehen werden. Die Verwendung der Vorlage mit Innenschliff empfiehlt sich nur dann, wenn reine Kohlenwasserstoffe oder Lösungsmittel oder Gase verbrannt werden sollen, nicht aber zum Verbrennen von Lösungen mit Feststoffen, die in der Düse des Saugbrenners festbacken und sie dadurch verstopfen würden. Für Feststoffe und Lösungen verwendet man die Vorlage mit Außenschliff in Kombination mit dem normalen Feststoffbrenner nach Abb. 43-2A. Letzterer wird zum Aufschluß von Substanzmengen bis 300 mg oder bis 1 g von Substanzen mit geringem Schwierigkeitsgrad eingesetzt. Für größere Mengen und Substanzen mit hohem Schwierigkeitsgrad wurden spezielle Brennertypen entwickelt, die nachfolgend beschrieben werden.

Spezielle Brennertypen für die WICKBOLD-Apparatur

Neben den normalen Brennertypen, wie sie die Abb. 43-2 und Abb. 43-2A zeigen, werden zum Aufschluß verschiedenster Matrices spezielle Brenner verwendet.

Kaskadenbrenner. Der Kaskadenbrenner nach EHRENBERGER (1977) ist in verschiedenen Varianten verfügbar. Sein Vergasungsraum ist in den Vergasungsraum für die Substanz,

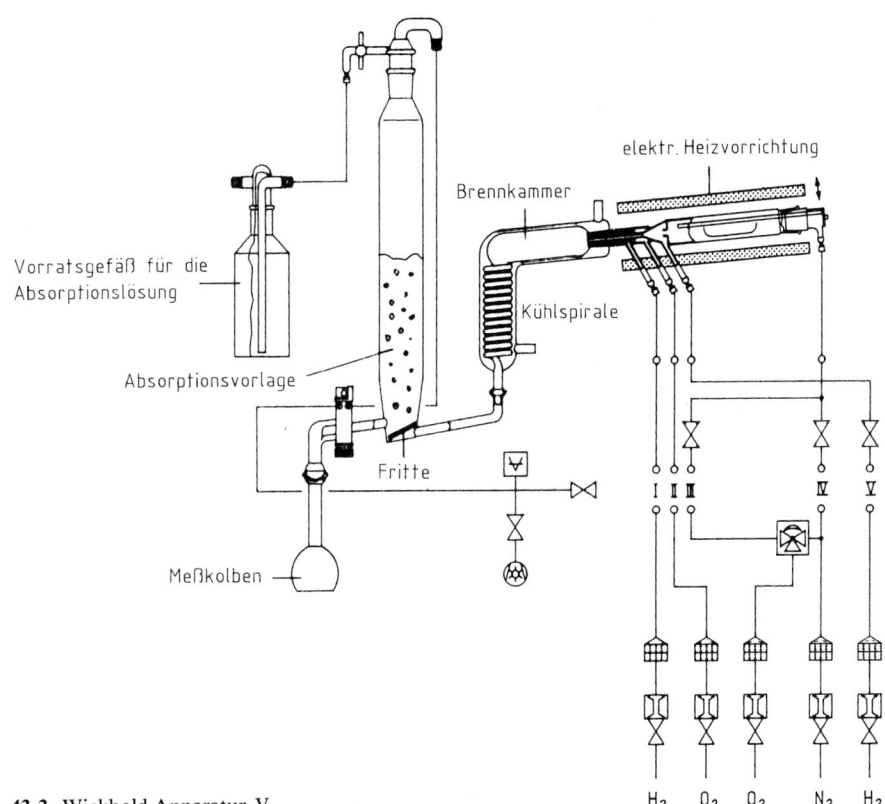

Abb. 43-3. Wickbold-Apparatur V.

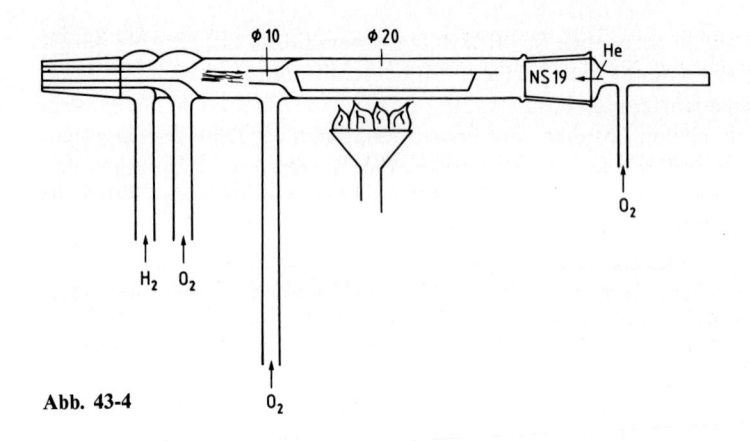

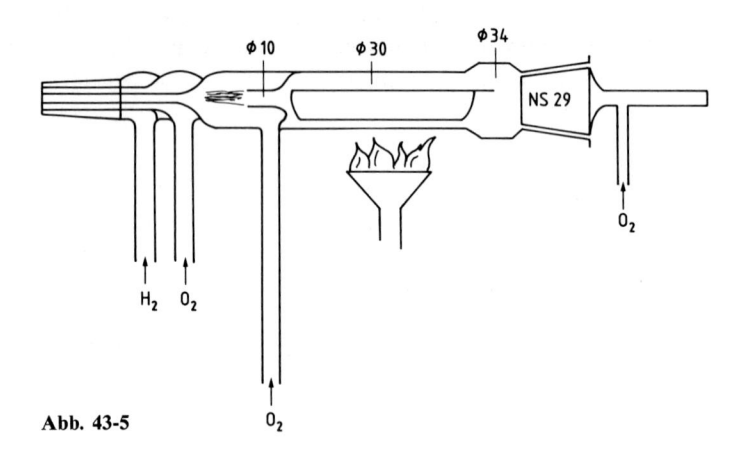

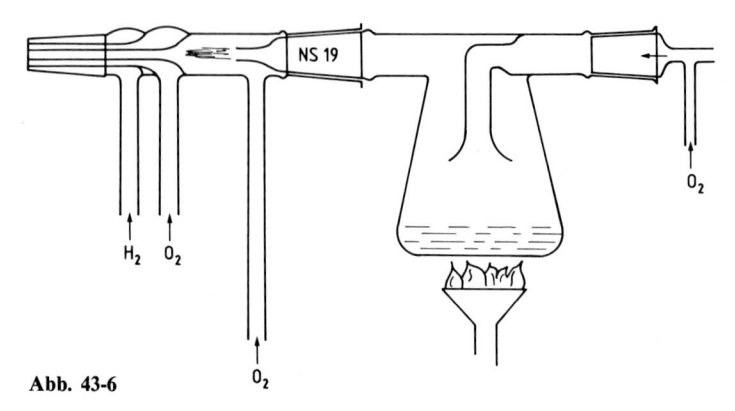

428   43 Oxidativer Substanzaufschluß im Rohr mit Hilfsflamme

Abb. 43-4

Abb. 43-5

Abb. 43-6

Abb. 43-4–43-6. Spezielle Feststoffbrenner, die sog. Kaskadenbrenner. (Modifiziert als BITC-Feststoffbrenner) (BITC 1976).

den Vorverbrennungsraum und den Hauptverbrennungsraum aufgeteilt. Über das Schliffstück ist die Zugabe von Sauerstoff, Stickstoff oder eines anderen Inertgases möglich. Die Substanz kann also bei indirekter Erwärmung veraschen. In den Vorverbrennungsraum züngelt ein Flämmchen aus dem Vergasungsraum. Dem Vorverbrennungsraum wird über einen Stutzen so viel Sauerstoff zugeführt, wie zur Verbrennung notwendig ist. Auf diese Weise werden Rußflocken und Pyrolysegase bereits hier verbrannt, während im Hauptverbrennungsraum anschließend eine einwandfreie Nachverbrennung stattfindet.

Mit dem Kaskadenbrenner ist auch die Erfassung von Quecksilber möglich. In diesem Falle wird man den Stickstoff- oder Sauerstoffstrom mit Tetrachlorkohlenstoff beladen, um das Quecksilber an Chlorid zu binden, das bei der Verbrennung von Tetrachlorkohlenstoff entsteht (s. Kap. 72.25).

Der Kaskadenbrenner hat sich bewährt: zum Aufschließen größerer Mengen vor allem solcher Substanzen, die von der Synthese oder der Weiterverarbeitung her anorganische Kontakt- oder Füllstoffe enthalten, bei der Verbrennung also Asche hinterlassen, oder zum Aufschluß von Substanzen, die in Sauerstoffatmosphäre heftig reagieren und, einmal entflammt, unter großer Wärmeentwicklung unkontrollierbar abbrennen, z. B. Polyolefine, da er eine kontrollierte Substanzvergasung und -verbrennung ermöglicht.

Brenner (Abb. 43-4): für Substanzmengen von 1 bis 2 g.
Brenner (Abb. 43-5): für Substanzmengen bis 10 g.
Brenner (Abb. 43-6): für Substanzmengen bis ebenfalls 10 g, jedoch von solchen Substanzen, die sich stark aufblähen oder stark schäumen, oder zur Verbrennung von Koksen, die zur Oxidation eine große Oberfläche erfordern. Er ist auch zum Aufschluß von Umweltproben in Kombination mit einem Säureaufschluß geeignet.

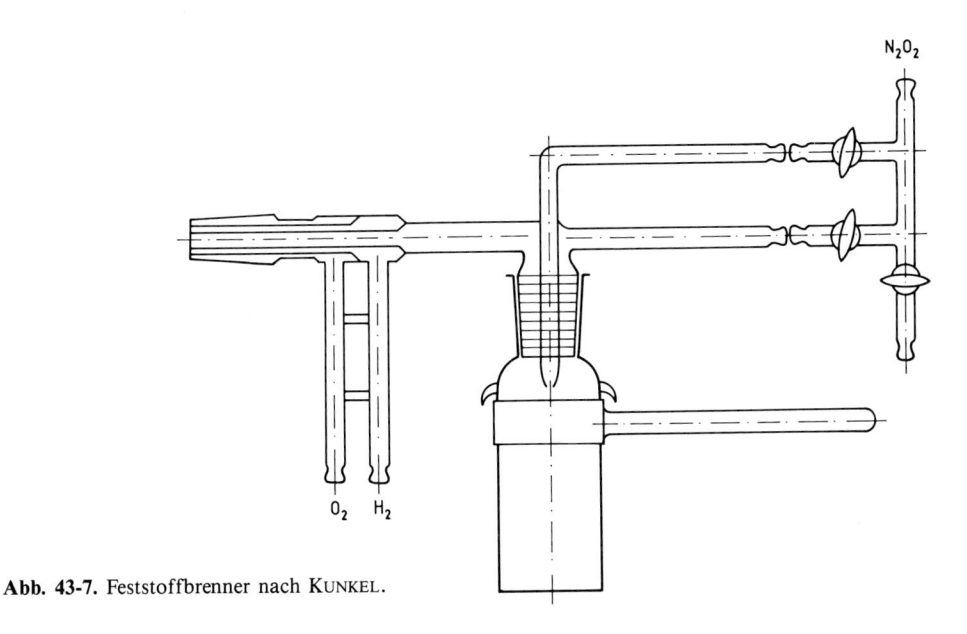

Abb. 43-7. Feststoffbrenner nach KUNKEL.

Feststoffbrenner nach KUNKEL (1976). Eine weitere Variante des Feststoffbrenners, die sich zum Serienaufschluß vor allem sehr voluminöser Substanzen, wie Wolle-, Faser oder Watteproben, bewährt hat, ist der Feststoffbrenner nach KUNKEL, den Abb. 43-7 zeigt. Hier wird der Probenbehälter über einen Schliff nahe dem Brennerende in einem Winkel von 90° zur Brennerachse mit dem Brenner gekoppelt. Sein normaler Durchmesser beträgt 35 mm, seine normale Höhe 100 mm, jedoch können auch größere Probenbehälter leicht hergestellt werden. Diese Anordnung vereinigt die Funktionen Vergasungskammer und Probenbehälter. Bei Schwefelbestimmungen ist das Arbeiten mit dieser Kombination von Vorteil, weil der Verbrennungsrückstand direkt im Probenbehälter analysiert oder eingedampft werden kann. Außerdem ist es möglich, dem Brenner für Substanzen, die zum explosionsartigen Verbrennen neigen, Stickstoff und für Quecksilberbestimmungen Tetrachlorkohlenstoff zwecks Bindung des Quecksilbers an Chlor sowie für stark salzhaltige Verbindungen auch Schwefelsäure zuzuführen.

Flüssigkeits- und Gasbrenner

Saugbrenner nach KUNKEL (1976). Zur Analyse von Flüssigkeiten hat KUNKEL den Saugbrenner mit Anschluß für einen kühlbaren Flüssigkeitsbehälter (Abb. 43-8) konzipiert. Die Geschwindigkeit der Bestimmung von Bestandteilen oder Verunreinigungen

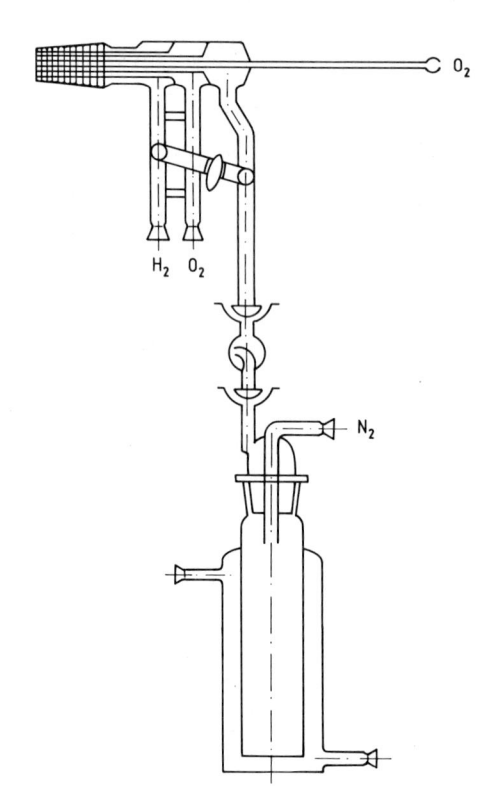

Abb. 43-8. Brenner mit Anschluß für Flüssigkeitsbehälter zum Verbrennen von Flüssiggas nach KUNKEL.

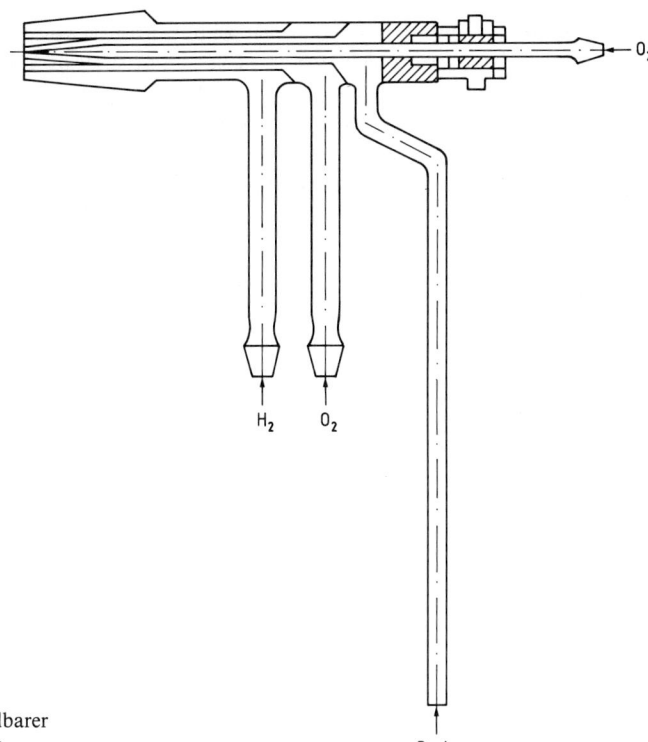

Abb. 43-9. Brenner mit verstellbarer Substanzkapillare nach KUNKEL.

verflüssigter Gase (z. B. von Propan, Butan, Ethylen, Propylen) läßt sich nämlich wesentlich erhöhen, wenn der Einlaßquerschnitt für die vergaste Substanz vergrößert wird. Dieses wird durch eine Verbindung zwischen Substanz und Wasserstoffkanal erreicht, so daß der zufließende Wasserstoff ebenfalls mit Substanz beladen wird, während der Hauptstrom der Substanz durch die Substanzkapillare fließt. Ein Hahn in der Verbindungsleitung regelt den Substanznebenstrom. Zum explosionsartigen Verbrennen neigenden Flüssiggasen kann bereits im Probenbehälter Stickstoff zugegeben werden. Durch das Beladen des Wasserstoffs mit Flüssiggas wird die Flamme in der Regel den Verbrennungsraum besser ausfüllen und somit die Sicherheit für eine vollständige Verbrennung erhöhen.

EHRENBERGER und KUNKEL empfehlen, Flüssiggas zur Analyse in eine kleine Stahlbombe[*] abzufüllen und die verbrannte Probenmenge durch Wägen der Bombe auf einer Präzisionswaage vor und nach der Gasentnahme zu bestimmen. Zur Analyse von Erdgas, das man in eine größere Stahlbombe (mit einem Fassungsvermögen von 0.6 l) abdrückt, kann man die Probennahme in der gleichen Weise durchführen.

Zum Verbrennen von viskosen Flüssigkeiten oder von Feststofflösungen hat KUNKEL einen Saugbrenner mit verstellbarer Substanzkapillare (Abb. 43-9) entwickelt. Bei dem Standard-Saugbrenner für die Wickbold-Apparatur ist der Hahn in der Substanzkapilla-

---

[*] Zum Beispiel tragbare Probeflasche nach DIN 51 610, Typ E, mit Fassungsvermögen von 0.1 od 0.6 l, Hersteller: HAAGE.

re unumgänglich, weil bei unterschiedlichen Substanzen auch die Verbrennungsgeschwindigkeiten voneinander verschieden sind. Bei dem Brenner nach Abb. 43-9 wird die Mengenregulierung dagegen dadurch bewirkt, daß der Substanzkapillarring durch Vor- oder Zurückziehen der Sauerstoffkapillare verengt oder erweitert wird. Durch geschicktes Einstellen ist es möglich, extrem hochviskose wie auch extrem niederviskose Substanzen mit dem gleichen Brenner zu verbrennen.

Die Verwendung der modifizierten Feststoffbrenner (Kaskadenbrenner) hat es notwendig gemacht, das Montagebrett der Wickbold-Apparatur mit zusätzlichen Strömungsmessern und Gasventilen auszurüsten. Aus Sicherheitsgründen empfiehlt es sich, wegen der Gefahr abplatzender Gummischläuche, die Gase von den Bomben bis zu den Dosierventilen in Metallrohren (Kupfer, noch besser VA-Stahl) zu führen.

Zubehör zu den Wickbold-Apparaturen. In bestimmten Fällen kann es notwendig sein, die Brenngase noch zusätzlich zu reinigen. Zur Analyse von Quecksilberspuren (KUNKEL 1972) ist die zusätzliche Reinigung des Wasserstoffs unbedingt erforderlich; sie wird durch Zwischenschalten eines mit Iodkohle gefüllten Reinigungsturmes in den Wasserstoffgasstrom recht wirkungsvoll erreicht.

Zum Bestimmen von Schwefel und Halogenen im ppm-Bereich in den verschiedenen Ausgangs- und Endprodukten der organischen Synthese ist es von Vorteil, den Wasserstoff mit Hilfe einer Palladium-Diffusionszelle (LEYBOLD-HERAEUS) zu reinigen; man erreicht dadurch sehr niedrige und gut reproduzierbare Blindwerte.

Prinzip der Wasserstoffreinigung. Der Rohwasserstoff wird in das Innere eines elektrisch beheizten Rohres aus einer Palladium-Silberlegierung gedrückt. Er diffundiert durch die Zellwände nach außen, während die in ihm enthaltenen Verunreinigungen nicht diffundieren können. Sie werden am anderen Rohrende mit einem kleinen Anteil Wasserstoff über ein Druckreduzierventil ausgespült. Das Schema einer Diffusionsanlage zeigt Abb. 43-10.

Bei Inbetriebnahme werden zunächst Ein- und Auslaßseite mit Hilfe einer Vakuumpumpe evakuiert. Dann wird das Palladiumrohr aufgeheizt und der zu reinigende Roh-

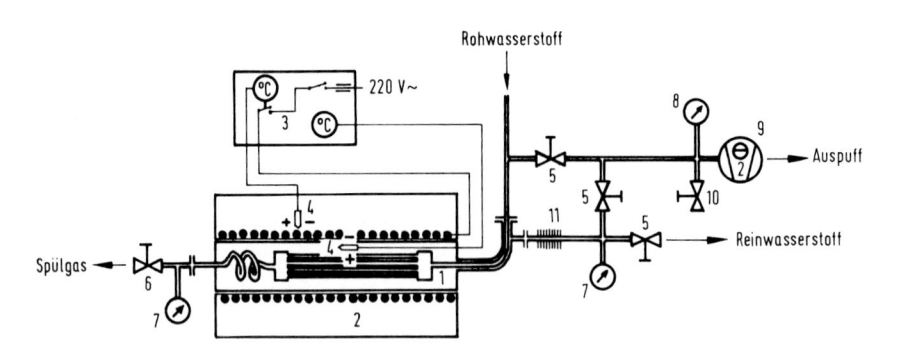

Abb. 43-10. Reinigung von Wasserstoff mit Hilfe einer Palladium-Diffusionszelle.
1 Diffusionszelle, *2* Rohrofen, *3* Steuergerät für Rohrofen, *4* Thermoelement, *5* Absperrventil, *6* Reduzierventil, *7* Druckmeßgerät, *8* Vakuummeßgerät, *9* Drehschieberpumpe, zweistufig, *10* Belüftungsventil, *11* Kühler.

wasserstoff eingelassen. Statt des Evakuierens kann die Zelle vor Inbetriebnahme auch mit Stickstoff, Argon oder Helium gespült werden.

Einige Hinweise für das Arbeiten mit Wickbold-Apparaturen. Die Reaktionslösung – das ist die Absorptionsflüssigkeit, in der die bei der Verbrennung entstandenen und zu bestimmenden Gase gelöst sind – wird normalerweise während der Verbrennung in 100 oder 200 ml fassenden Meßkolben gesammelt, die Elemente werden nach Auffüllen zur Marke entweder in der ganzen Lösung oder in aliquoten Anteilen bestimmt. Zur Spurenbestimmung z. B. von Schwefel muß dagegen die Reaktionslösung eingedampft und anschließend der Schwefel als Schwefelwasserstoff abdestilliert und bestimmt werden (s. Kap. 47.3). Um in solchen Fällen die Reaktionslösung nicht umspülen zu müssen, was die Gefahr der Blindwerteinschleppung erhöht, verwendet man zum Sammeln der Reaktionslösung Rundkolben aus Quarzglas gemäß Abb. 43-11, deren Schliff zur Aufschluß-Eindampf- und Destillations-Apparatur paßt.

Zum Abwägen von Feststoffproben verwendet man üblicherweise – der Probenmenge angepaßt – ein passendes Boot aus Platin oder Quarzglas. Platinboote setzt man vor allem dann ein, wenn Proben einen Glührückstand hinterlassen, der mitanalysiert werden muß.

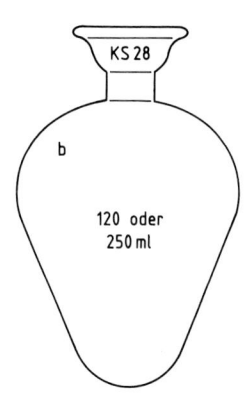

Abb. 43-11. Vorlagekolben zur Spurenelementbestimmung.

Arbeitsvorschrift

Substanzeinwaage: Feststoffe werden in Quarz- oder Platinschiffchen eingewogen. Die Substanz im Schiffchen wird mit einem Quarzwattebausch abgedeckt. Flüssigkeiten werden in einer mit Schliffstopfen verschließbaren Kapsel mit Stiel oder in Quarzkapillaren zur Wägung gebracht. Die Höhe der Einwaage richtet sich nach dem Gehalt des zu bestimmenden Elements. Sie liegt meist zwischen 10 und 100 mg.

Einwaage (Spuren): Feststoffe und zähflüssige Proben (2 bis 3 g) werden in geräumigen Schiffchen aus Quarzglas oder Platin eingewogen und mit einem Quarzwollebausch abgedeckt. Flüssigkeiten (bis zu 50 g) werden in kleineren Meßzylindern mit Schliffstopfen eingewogen. Gase werden mit Vorteil in sog. Gasmäusen zur Analyse angeliefert.

Aufschluß: Die Substanz wird in den Brenner eingebracht, das Schliffstück aufgesetzt, dessen Hahn geschlossen, ein leeres Vorlagekölbchen angekuppelt und der Zulauf der Absorptionslösung geöffnet. Die Substanz wird durch Erhitzen von außen mit einer rauschenden Bunsenflamme unter Zudosieren von Sauerstoff über das Ventil vergast, die Substanzdämpfe werden in die Flamme geführt und dort verbrannt. Die schwefel- und halogenhaltigen Reaktionsgase werden im Absorptionsturm (bzw. Absorptionsvorlage) mit der Absorptionslösung in Kontakt gebracht und darin gebunden. Die Reaktionslösung fließt über den Patenthahn in das mit Volumenmarke versehene Vorlagekölbchen ab (s. Abb. 43-2).

Spuren-Aufschluß: Nicht- oder schwerbrennbare Gase werden über den Dosierhahn des „Saugbrenners" (Abb. 43-2) angesaugt. Gut brennbare Gase wie Wasserstoff, Leuchtgas, Ethylen, Propylen werden, wenn sie auf Halogen- oder Schwefelspuren analysiert werden sollen, statt des Wasserstoffs dirkt als Brenngas geschaltet. Zur Probenanlieferung von Gasen haben sich kleine Stahlbomben (2 l Inhalt und 50 atü Höchstdruck) bewährt, bei denen man durch Wägung vor und nach der Verbrennung die Gewichtsmenge des verbrannten Gases direkt bestimmen kann. Man kann die Gase auch über eine Gasuhr in das Probezuleitungsrohr des Saugbrenners einströmen lassen. Flüssigkeiten werden ebenfalls mit dem Saugbrenner verbrannt. Mineralölkohlenwasserstoffe (bis zum leichten Heizöl einschließlich) können direkt in die Knallgasflamme eingespeist werden. Schmieröle und Kohlenwasserstoffe mit höherer Viskosität werden vorher mit n-Benzin/Benzol-Gemisch verdünnt. Bleialkylhaltige Ottokraftstoffe sollten vor dem Verbrennen durch Extraktion mit konz. Salzsäure am Rückfluß von Bleialkylaten befreit werden. Zum Verbrennen von Flüssigkeiten im Saugbrenner wird der mit der Probe gefüllte Meßzylinder unter das Probezuleitungsrohr des Saugbrenners gestellt und soweit angehoben, daß das Probezuleitungsrohr bis auf den Boden des Meßzylinders reicht. Durch langsames und vorsichtiges Öffnen des Dosierhahns wird der Probezulauf in die Flamme eingestellt. Es ist dabei darauf zu achten, daß die Probe absolut rußfrei verbrennt und die Flamme auf keinen Fall bis in die Kühlspirale reicht. Ist die Probe verbrannt, wird der Meßzylinder mit etwas Ethanol oder n-Benzin/Benzol-Gemisch nachgespült.

Zähflüssige und feste Substanzen werden mit dem Feststoffbrenner im direkten Sauerstoffstrom verbrannt. Das Wägeschiffchen mit der zu analysierenden Substanz wird mit Hilfe eines Stabs bis etwa zur Mitte des Feststoff-Brenners eingeschoben und das Schliffstück mit der Sauerstoff-Sekundärleitung wieder in den Brenner eingesetzt. Durch Erhitzen von außen mit einer starken Bunsenflamme wird die Probe verdampft und im Sauerstoffstrom abgebrannt. Durch Abdecken der Probe mit Quarzwolle wird ruhiges Abbrennen der Substanz erzielt. Anschließend wird das Rohr des Feststoff-Brenners in der ganzen Länge durchgeglüht.

Substanzen, die von der Synthese oder Weiterverarbeitung her anorganische Kontakt- oder Füllstoffe enthalten, bei der Verbrennung also Asche hinterlassen, oder Substanzen, die in Sauerstoffatmosphäre heftig reagieren und einmal entflammt unter großer Wärmeentwicklung unkontrolliert abbrennen (z. B. Polyolefine), werden mit einem modifizierten Feststoffbrenner, dem sog. „Kaskadenbrenner" (s. Abb. 43-4) aufgeschlossen. In diesem Brenner wird der Feststoff im Inertgasstrom depolymerisiert und die Pyrolysegase am Ausgang der Düse abgebrannt. Die Verbrennung läßt sich so gut unter Kontrolle halten. Nach der Depolymerisation wird im Sauerstoffstrom nachverbrannt. Unter milden Pyrolysebedingungen bleiben anorganische Bestandteile quantitativ im Substanzschiffchen zurück und können aus der Asche weiter analysiert werden.

Zur Halogenbestimmung werden Substanzen mit den anorganischen Bestandteilen vor dem Einbringen in den Feststoffbrenner mit Kaliumpyrosulfat versetzt oder mit ein paar Tropfen Schwefelsäure (1 : 1) durchfeuchtet. Auf diese Weise werden bei der Verbrennung die Halogene quantitativ in die Vorlage übergetrieben.

Endbestimmung: Ist die Verbrennung beendet, wird das Vorlagekölbchen (100 ml) mit dest. Wasser zur Marke aufgefüllt, nachdem die Reaktionslösung auf Raumtemperatur gekühlt wurde. In aliquoten Teilen wird der Gehalt des zu bestimmenden Elements (Cl, Br, I, F, S) nach einer schnellen Titrationsmethode ermittelt.

Geeignete Titrationsmethoden zur Sulfatbestimmung sind in Kap. 46 beschrieben.

Spuren-Endbestimmung: Die Reaktionslösung mit den zu bestimmenden Spurenelementen fließt während der Verbrennung ins Vorlagekölbchen ab und wird dort gesammelt. Durch nachlaufendes Reaktionswasser aus der Knallgasflamme wird der Absorptionsturm selbsttätig ausgespült, so daß dies nicht von außen erfolgen muß.

Durch Drehen des Patenthahnes H_1 (s. Abb. 43-2) um 90° wird im Vorlagekolben das Vakuum aufgehoben, während es in der übrigen Apparatur bestehen bleibt. Die Vorlage kann auf diese Weise ausgewechselt werden, während die Flamme weiterbrennt. Bei der Spurenbestimmung im ppm-Bereich ist darauf zu achten, daß während der Verbrennung und bei Vorlagenwechsel keine Laborluft in die Flamme gesaugt wird (Blindwerte). Die Reaktionslösung im birnenförmigen Vorlagekölbchen (Abb. 43-11) wird ohne umzufüllen in einem Rotationsverdampfer konzentriert bzw. eingedampft und der Sulfat-Schwefel oder das Halogen-Ion nach einer der in den Folgekapiteln angegebenen Methoden bestimmt. Zum Einengen ist die Reaktionslösung evtl. schwach alkalisch zu stellen.

44 Oxidativer Substanzaufschluß zu Sulfat in ruhender Sauerstoffatmosphäre (O_2-flask-method)

Prinzip (SCHÖNIGER 1956). Einige Milligramm der zu analysierenden Substanz werden in ein Stück aschefreies Filterpapier eingefaltet, am Platindrahtnetz befestigt und in einem mit Sauerstoff gefüllten Erlenmeyerkolben verbrannt. Zur Absorption der sauren Reaktionsgase wird der Aufschlußkolben vorher mit einer Absorptionslösung beschickt. Das Sulfat in der Reaktionslösung bestimmt man anschließend nach einer der in Kap. 46 beschriebenen Sulfat-Bestimmungsmethoden, am einfachsten durch Thorin-Titration.

Diese Methode eignet sich gut im Mikrobereich zum Aufschluß von festen und flüssigen Proben mit geringem Dampfdruck. Wegen ihrer Schnelligkeit und des geringen apparativen Aufwandes wird sie heute nicht nur zur Schwefelbestimmung, sondern bevorzugt auch zur Halogenbestimmung und zur Bestimmung von Metallen und Metalloiden in organischen Substanzen angewandt. Über Geschichte, Modifikationen und die zahlreichen Einsatzmöglichkeiten dieser Aufschlußmethode informieren Zusammenfassungen von SCHÖNIGER (1968) und MACDONALD (1965).

Reagenzien und Apparatives

Sauerstoff aus einer Stahlflasche.
Aschefreies Filterpapier (SCHLEICHER und SCHÜLL Nr. 5892 oder 1575).
Zum Aufschluß werden Erlenmeyer-Schliffkolben von 100 bis 500 ml Inhalt verwendet. In den meisten Fällen genügen die in Abb. 44-1 skizzierten Flaschentypen. Vereinzelt werden dazu auch Rundkolben verwendet. Der über den Schliff verlängerte obere Rand (Kragen) ist zwar nützlich, aber nicht unbedingt erforderlich. In dem Schliffstopfen ist ein Platindraht eingeschmolzen, an dessen unterem Teil ein grobes Platindrahtnetz (1 mm Drahtstärke und Maschenzahl 16) befestigt ist. Im Platinnetz wird die in das Filterpapier eingewogene Substanz festgeklemmt.

Der Schliffstopfen sollte nicht zu fein eingeschliffen sein, sonst bereitet es Schwierigkeiten, nach dem Aufschluß die Flasche zu öffnen, da sie nach Absorption der Reaktionsgase unter Vakuum steht. Die in Abb. 44-1 gezeigten Kolben (HAACK 1963) die am Hals eine Rille besitzen, sind im Handling einfacher. Durch richtiges Drehen des Stopfens kann belüftet und gleichzeitig gespült werden.

Nach der üblichen Reinigung werden die Kolben mit dest. Wasser ausgespült und entweder feucht verwendet oder vorher im Trockenschrank getrocknet. Auf keinen Fall soll vor der Trocknung mit brennbaren Lösungsmitteln gespült werden, da – falls die Kolben bei Benützung nicht völlig trocken sind – Explosionsgefahr besteht! Vor der Verwendung ist der Kolben auf Sprünge bzw. angeschlagene Stellen zu untersuchen. Nur fehlerfreie Kolben dürfen verwendet werden.

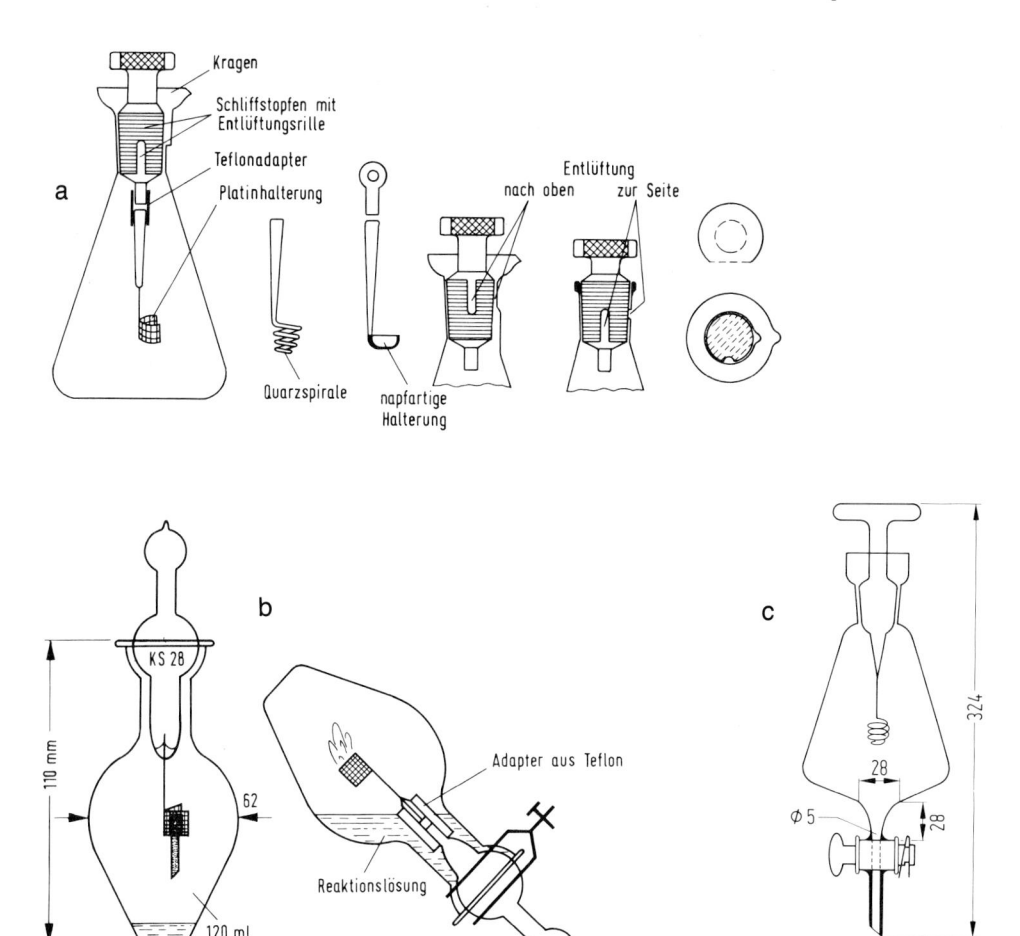

Abb. 44-1. Aufschlußkolben nach SCHÖNIGER, Lieferfirma: P. HAACK. (a) Normalausführung, (b) modifizierter Aufschlußkolben mit Kugelschliff, (c) modifizierter Aufschlußkolben nach NUTI und FERRARINI (1969).

Während der Verbrennung ist eine Schutzbrille zu tragen!

Zum Aufschluß metallorganischer Substanzen eignet sich gut ein auswechselbarer Platinkontakt (Abb. 44-1 b), der mit Hilfe eines Adapters aus Teflon mit dem Schliffstopfen verbunden ist. Nach der Verbrennung und Absorption der Reaktionsgase wird der Kontakt aus dem Adapter gezogen, in die Reaktionslösung geworfen und anhaftende Rückstände darin abgelöst. Zur Spurenbestimmung von Kalium und Natrium wird in von außen mit Eiswasser gekühlten Polyethylenflaschen erfolgreich aufgeschlossen.

Zum Aufschluß von mg-Mengen hat sich der in Abb. 44-1 b gezeigte Kolben gut bewährt. Nach dem Aufschluß wird mit Hilfe von Ultramikrobüretten darin auch die Elementbestimmung durchgeführt oder das Kölbchen zur reduktiven Bestimmung an die Sulfiddestillationsapparatur adaptiert.

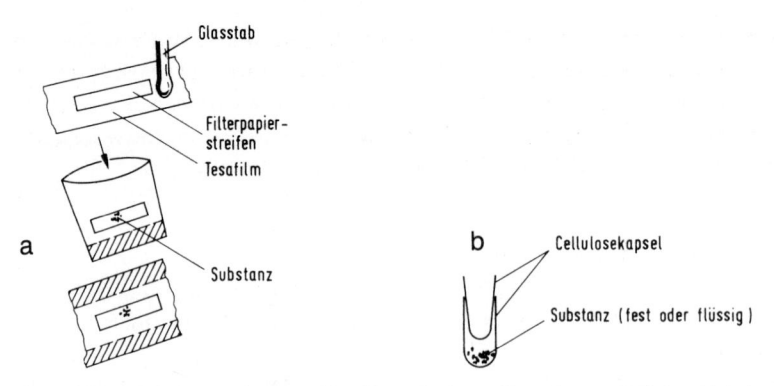

Abb. 44-2. (a) Substanzeinwaage in selbstgefertigten Kapseln aus Celluloseklebeband (Selux-Band Nr. 3315; Lieferfirma: W. HECKMANN); (b) Substanzeinwaage in handelsüblichen Kapseln aus Methyl- oder Acetylcellulose, Lieferfirma: A. THOMAS CO.

Arbeitsvorschrift. In einem Platinschiffchen werden 4 bis 30 mg feste Substanz abgewogen. Die Substanz wird dann als möglichst kleines Häufchen auf das Filterpapier gebracht und anschließend das Platinschiffchen zurückgewogen. Flüssigkeiten mit Siedepunkten über 100 °C werden in Kapillaren oder in Kapseln aus Polyethylenfolie, den marktüblichen Acetylcellulosekapseln oder in selbst anzufertigenden Kapseln aus Cellulose-Klebeband (CORNER 1959) (Cellotape) mit eingelegtem Filterpapierstreifchen eingewogen, in Filterpapier eingepackt und damit zum Aufschluß gebracht. Auch Kapseln aus mit Kollodium getränktem Filterpapier oder aus Celluloseacetat wurden bereits empfohlen (Abb. 44-2).

Feste Substanzen mit hohem Dampfdruck werden ebenfalls in dichtschließenden Kapseln aufgeschlossen. Das Filterpapier wird nach der gestrichelten Linie zusammengefaltet (Abb. 44-3 a – e), von unten nach oben eingerollt und so in das Platindrahtnetz geschoben, daß die Papierlunte unten herausragt. Bei Flüssigkeiten wird die Kapillare erst unmittelbar vor der Verbrennung zerdrückt. Zur Absorption der sauren Reaktionsgase werden 1 bis 10 ml Absorptionslösung (zur Schwefelbestimmung etwa 5%ige H_2O_2-Lösung) in den Aufschlußkolben pipettiert, dann bläst man etwa 1 min Sauerstoff in den

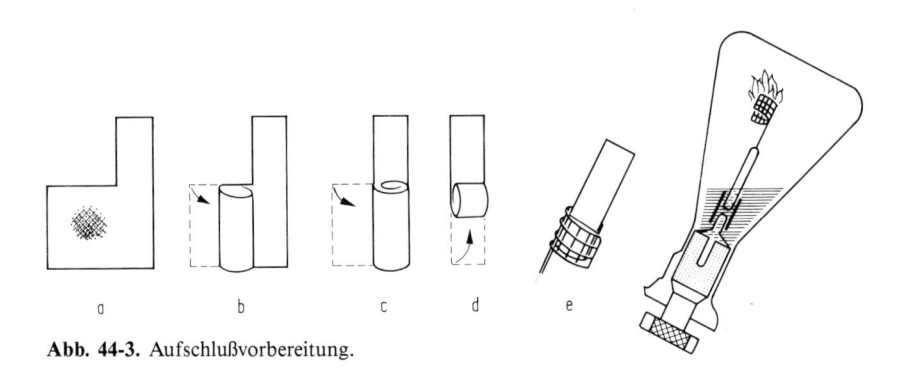

Abb. 44-3. Aufschlußvorbereitung.

Kolben, entzündet den herausragenden Filterpapierstreifen, setzt den Schliffstopfen sofort in den Schliff ein (**Schutzbrille!**) und drückt ihn während des Druckanstiegs im Moment der Verbrennung mit der einen Hand fest in den Schliff, während man mit der anderen Hand den Kolben festhält. Die Substanz kann auch elektrisch (HERAEUS) oder mit Lichtstrahlgeräten (MESSER-GRIESHEIM) durch die Kolbenwand gezündet werden. Nach Absorption der Reaktionsgase entsteht ein geringer Unterdruck im Kolben, und der Stopfen wird im Schliff festgehalten. Damit bei der Verbrennung herabfallende Filterteilchen auf der trockenen Kolbenwand verglimmen können, hält man den Kolben etwas schräg. Zur vollständigen Absorption der Verbrennungsgase wird der abgekühlte Kolben kräftig geschüttelt. 30 min nach dem Aufschluß benetzt man den Schliffrand mit dest. Wasser und zieht den Stopfen heraus. Das dabei eingesaugte Wasser spült den Rand des Stopfens ab. Stopfenboden, Platinnetz und Innenwand des Kolbens werden ebenfalls mit Wasser abgespült. Für die mercurimetrische Halogenidtitration und die Schwefelbestimmung durch Thorin-Titration wird mit soviel Ethanol bzw. Isopropanol abgespült, daß die Reaktionslösung am Ende 80%ig alkoholisch ist.

Für Mikroanalysen mit Einwaagen von 5 bis 20 mg werden üblicherweise 250 bis 300 ml fassende Aufschlußkolben verwendet, für größere Substanzeinwaagen (30 mg und mehr) 500 bis 1000 ml Kolben. Zur Bestimmung von Elementen, die sich mit Platin legieren, benutzt man statt des Platinkontakts eine Quarzhalterung und einen Aufschlußkolben aus Quarzglas. Zum Aufschluß fluororganischer Substanzen hat es sich als nützlich erwiesen, die Substanz mit etwa 20 mg feingepulvertem Natriumperoxid zu mischen, um die Bildung niederer Fluorkohlenwasserstoffe zu vermeiden.

Bestimmung der Halogene und des Schwefels nach Aufschluß in der „Sauerstoffflasche".
Nach dieser Aufschlußmethode liegen relativ reine Reaktionslösungen vor, die eine Endbestimmung mit Hilfe schneller Titrationsmethoden gestatten. Auf bewährte Methoden wird unten hingewiesen. Chlor und Brom titriert man im Routinebetrieb fast ausschließlich mit Quecksilberperchlorat gegen Diphenylcarbazon oder mit Silbernitrat potentio-

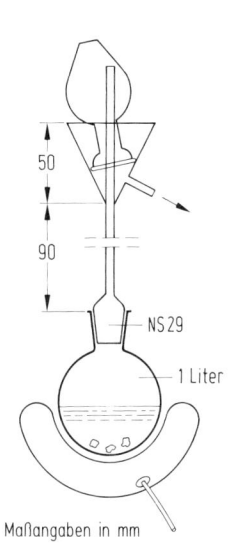

Abb. 44-4. Wasserdampfentwickler zum Ausdämpfen des Aufschlußkolbens.

Maßangaben in mm

metrisch. Iod erfaßt man am besten über das Iodat. Dabei ist zu beachten, daß die alkalische Reaktionslösung vor Zugabe der Brom-Eisessiglösung erst mit 2 ml Eisessig neutralisiert wird. Schwefel wird mit Bariumperchlorat gegen Thorin in alkoholischer Lösung titriert. Die Fluorbestimmung führt nach diesem Aufschluß nicht immer zum Erfolg. Schwierigkeiten bereitet auch die Analyse von Flüssigkeiten mit Siedepunkten unter 100 °C. Wird zur Absorption nur verdünnte Perhydrollösung verwendet, dann kann nach Verkochen des Peroxids Chlor und Brom mit Lauge titriert werden. In Anwesenheit von Nitrat- oder Sulfat-Ionen werden Chlor und Brom mercurimetrisch oder potentiometrisch titriert. Die Kombination beider Titrationen ist eine wertvolle Kontrolle bei stickstofffreien Substanzen. Erst wird die Summe von Schwefel und Halogen durch Laugetitration bestimmt, anschließend das Halogen allein mercurimetrisch erfaßt. Auch zur Bestimmung kleiner Halogen- und Schwefelgehalte ($<1\%$ bis hundertstel %) besonders in Proben, die noch anorganische Bestandteile enthalten, ist der „Schöniger"-Aufschluß oft recht nützlich.

Dazu werden 30 bis 100 mg Substanz in einem 500 bis 1000 ml fassenden Kolben evtl. mit Zuschlag von etwas Ammonpersulfat (Halogene), Ammonnitrat oder Natriumperoxid und unter Verwendung von auswechselbaren Platinkontakten aufgeschlossen. Die Elementbestimmung wird nach einer der beschriebenen Spurenmethoden durchgeführt. Zum Reinigen und Ausdämpfen der Vorlagekölbchen vor allem für die Spurenanalyse empfiehlt sich der in Abb. 44-4 wiedergegebene Wasserdampfentwickler.

45 Schwefelbestimmung nach Substanzaufschluß in oxidierenden Salzschmelzen und durch Naßaufschluß

45.1 Substanzaufschluß mit Natriumperoxid in der Nickelbombe

Prinzip. In einer gasdicht verschraubten Nickelbombe werden Analysensubstanz und Natriumperoxid mit Ethylenglykol, oder Kaliumnitrat und Rohrzucker für die Schwefelbestimmung, als Zündhilfe explosionsartig umgesetzt. Die beim Aufschluß freiwerdenden Halogen- oder Sulfat-Ionen werden quantitativ an Natrium gebunden.

Nach dem Aufschluß in der Bombe liegen Chlor und Brom als Chlorid bzw. Bromid vor. Iod ist dagegen zu Iodat oxidiert worden. Schwefel wird als Sulfat in der Schmelze gebunden. Die drei Halogene werden heute allgemein maßanalytisch, Schwefel als Bariumsulfat gravimetrisch bestimmt. Werden Chlor und Brom als Silberhalogenid gravimetrisch bestimmt, muß die mit Salpetersäure angesäuerte Reaktionslösung vor der Fällung filtriert werden, um Spuren von Kohleteilchen und sonstige unlösliche Bestandteile zu entfernen. Fluor kann gravimetrisch als Bleichlorfluorid und als Calciumfluorid oder nach Abtrennen des Fluors – durch Ionenaustausch oder Destillation – maßanalytisch bestimmt werden.

Der oxidative Substanzaufschluß mit der Metallbombe wurde schon frühzeitig gelegentlich angewendet, aber erst durch die grundlegenden Arbeiten von WURZSCHMITT und ZIMMERMANN (1950), vor allem von Ersterem (1951), zur heutigen Universalmethode weiterentwickelt. Ihre systematischen Untersuchungen sind in den Originalarbeiten eingehend beschrieben, es sei daher auf sie verwiesen.

Die Vorteile dieses Verfahrens bestehen zusammengefaßt darin, daß der Aufschluß auch *ohne Durchmischen* der Analysenprobe mit Natriumperoxid und Zusätzen (Natriumnitrat und Zucker) vollständig und durch den Zusatz von Ethylenglykol, das als Initialzündung wirkt, die Zündung bereits bei niederer Temperatur (56 °C) erfolgt. Das bei der Umsetzung der organischen Substanz entstehende Reaktionswasser wirkt dabei *autokatalytisch*. Werden wasserstoffarme Substanzen aufgeschlossen, empfiehlt es sich daher, die Menge des zugesetzten organischen Hilfsstoffes (Zucker, Ethylenglykol) zu erhöhen.

Der Aufschluß in dieser modifizierten Form findet unter einem wesentlich niedrigeren Druck und Temperaturniveau statt, wodurch die Korrosion der Bombe vermindert und gleichzeitig Schnelligkeit, Sicherheit und Gefahrlosigkeit des Aufschlusses gesteigert werden. Die Erfahrung hat allerdings gezeigt, daß die niedrigere Zünd- und Aufschlußtemperatur die Vollständigkeit des Aufschlusses nachteilig beeinflußt. Das wird besonders deutlich, wenn thermisch stabile Substanzkörper aufgeschlossen werden sollen, die erst oberhalb 300 °C schmelzen. Zur Chlor- und Brombestimmung ist zwar der Aufschluß mit Ethylenglykol als Initialzündung fast immer ausreichend, nicht aber zur Schwefelbestimmung, weshalb hierfür der Aufschluß in der ursprünglichen Form (WURZSCHMITT und ZIMMERMANN 1950) mit Kaliumnitrat und Rohrzucker als Zündmittel durchgeführt wird.

Die Bombe. Der Substanzaufschluß in der Metallbombe ist im Mikro- bis Makrobereich anwendbar. Es sind dafür zwei Bombengrößen notwendig: Makrobomben und Mikrobomben. In der Mikrobombe (MERZ und PFAB 1966) werden Substanzmengen von 0.5 bis 30 mg aufgeschlossen. Die Abb. 45-1 bis 45-3 zeigen die zwei verschiedenen Bombengrößen mit den dazu erforderlichen Verschraubungsvorrichtungen. Als Bombenmaterial dient Reinnickel (unter der Bezeichnung Reinnickel, 99.2 bis 99.4% zu beziehen von den VEREINIGTEN NICKELWERKEN), aber mit einem Gehalt von 0.3% Mangan. Wegen der größeren Haltbarkeit ist Carbonylnickel dem Elektrolytnickel vorzuziehen. Die Wandungen der Bombenbecher sind im allgemeinen 1.5 mm stark.

Die Bombe zur Halogenbestimmung (Abb. 45-1) wird, da sie bei niederer Temperatur gezündet wird, mit einem Gummiring gedichtet. Der Rand des Bombenbechers und des Bombendeckels sind bei dieser Form daher plan.

Diese Bomben können noch ohne Hilfsmittel von Hand (gegebenenfalls mit zwei Rohrzangen) gasdicht verschraubt und wieder geöffnet werden.

Bei der Bombe zur Schwefelbestimmung (Abb. 45-2) sind dagegen in den Rand des Bombenbechers Hochdruckrillen eingeschnitten. Wegen der höheren Aufschlußtemperatur werden diese Bomben mit Aluminium- (oder Blei-)Dichtungsringen von 1.2 mm Stärke für die Makrobombe und von 0.25 mm Stärke für die Mikrobombe gedichtet. Auch die Metalldichtungsringe sind mehrmals verwendbar. Die Form einer Mikrobombe zeigt Abb. 45-3.

Da die Bombenbecher einen Rundboden besitzen, werden sie zum Füllen und Vorbereiten am besten in einen Metallring eingesetzt (Abb. 45-3 A).

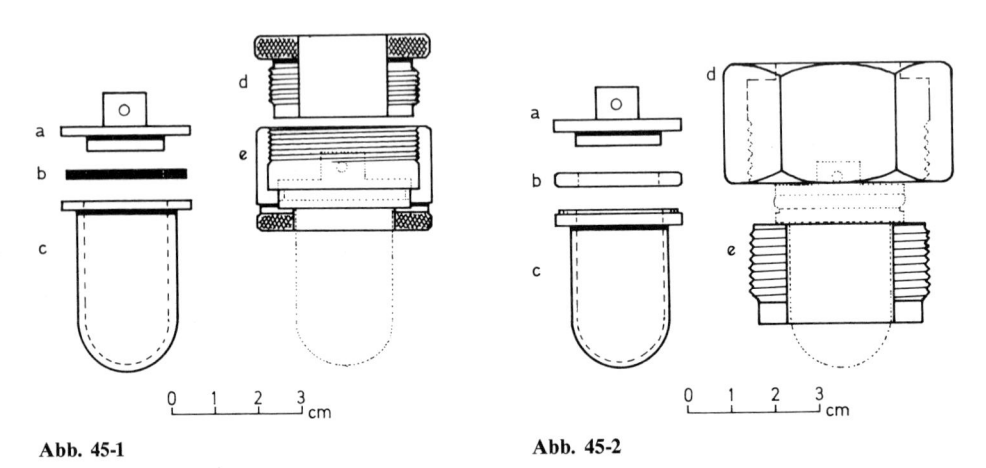

Abb. 45-1

Abb. 45-2

Abb. 45-1. Aufschlußbombe für die Halogenbestimmung. Lieferfirma: JANKE und KUNKEL. *a* Oberteil (Deckel), *b* Gummidichtung, *c* Bombenbecher, *d* Verschluß-Oberteil, *e* Verschluß-Unterteil.

Abb. 45-2. Aufschlußbombe für die Schwefelbestimmung. *a* Oberteil (Deckel), *b* Dichtungsring aus Blei oder Aluminium, *c* Bombenbecher, *d* Verschluß-Oberteil, *e* Verschluß-Unterteil.

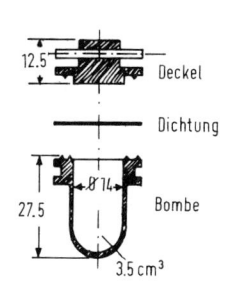

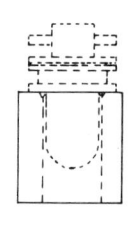

Abb. 45-3. Mikrobombe. (A) Metallring zum Abstellen von Mikrobomben.

Halterung: Während des Aufschlusses wird der Bombendeckel durch eine Halterung auf die Bombe gepreßt. Die Halterung für die Makrobomben besteht aus einem doppelten Stahlmantel mit Schraubengewinde, dessen äußerer Teil die Bombe hält und dessen innerer den Deckel auf die Bombe drückt. Innerer und äußerer Gewindeteil sind bei der Schwefelbombe sechskantig. Bei dieser Bombe wird zum Festschrauben des Bombendeckels und zum Öffnen die Halterung in einen Metallblock mit Sechskantaussparung gestellt (Abb. 45-4).

Der Metallblock ist mit Schrauben auf dem Arbeitstisch (am besten Steintisch) befestigt. Mit einem Sechskantschlüssel, der durch ein Rohr auf eine Zuglänge von etwa 50 cm vergrößert ist, wird die Halterung kräftig angezogen. Das Öffnen erfolgt ebenfalls mit Sechskantschlüssel. Es kommt oft vor, daß nach dem Öffnen der Halterung der Deckel mit der Hand nicht abgenommen werden kann. In diesem Fall wird die Halterung durch einen kurzen Ruck mit dem Schlüssel nur angehoben. Dann setzt man einen Steckschlüssel auf den Deckelknopf und lockert den Deckel durch Hin- und Herbewegen des Steckschlüssels (Abb. 45-5 A). Die Halterung für die Mikrobombe besteht aus gewöhnlichem Eisen, das zum Schutz gegen Korrosion vernickelt ist.

Der Mikrobombendeckel wird während der Reaktion mit Hilfe einer an der Drehspindel befestigten Metallhaube gleichmäßig auf die Bombe gepreßt. An dieser Haube ist eine bajonettartige Aussparung angebracht, in die sich beim Öffnen ein Metallstift des Bombendeckels automatisch einschiebt, dadurch wird beim Aufdrehen der Deckel angehoben. Lediglich beim Schließen muß darauf geachtet werden, daß der Deckelstift in der Bajonettaussparung zu stehen kommt, da er andernfalls beim Pressen von der Metallhaube abgebogen würde.

Die Halterung für die Mikrobombe (Abb. 45-5) wird von Hand kräftig angezogen.

Zur Druckverstärkung kann (insbesondere bei neuen Aluminium-Dichtungsringen, die sich zuerst genügend in die Dichtungsrillen von Bombe und Deckel einformen müssen) zum Schluß noch ein kurzer, aber kräftiger Schlag auf den T-förmigen Handgriff

Abb. 45-4. Halterung für die Makrobombe.

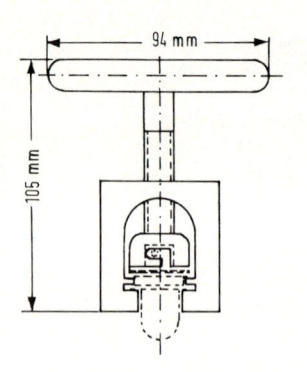

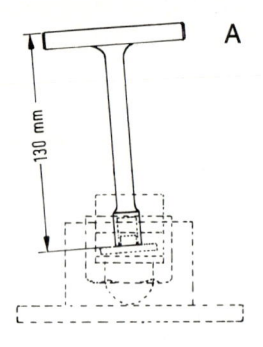

Abb. 45-5. Halterung für die Mikrobombe.
(A) Steckschlüssel zum Lockern der Deckels der Mikrobombe.

der Halterung, z. B. mit einem kleinen Hammer, gegeben werden. Auch nach dem Aufschluß kann es notwendig sein, das Öffnen durch einen kurzen Schlag einzuleiten, um dann erst mit Hand den Deckel hochzuschrauben. Das Hochschrauben muß sorgfältig geschehen, da gelegentlich Reaktionsprodukte, die für die Weiterverarbeitung erforderlich sind, aus der Bombe an das Deckelinnere hochgeschleudert werden.

Erhitzen der Bombe: Die geschlossene Makrobombe wird auf eine starke Asbestschieferplatte gestellt, die auf einen normalen Dreifuß aufgelegt ist. In der Asbestplatte ist eine runde Öffnung so ausgeschnitten, daß der Durchmesser dieser Öffnung etwa 2 mm kleiner als der äußere Durchmesser der Bombe ist. Dadurch kann der Boden der Bombe durch einen darunter gestellten Bunsenbrenner kräftig erhitzt werden, ohne daß die Wände der Bombe direkt von der Flamme getroffen und so unnötig überhitzt werden. Die Erhitzungsdauer bei der Makrobombe – für die *Schwefelbestimmung* – beträgt genau 5 min (Signaluhr vewenden).

Nach dem Aufschluß wird die Makrobombe mit einer Zange von der Asbestplatte abgenommen und sofort, d. h. noch im heißen Zustand, in ein Gefäß mit kaltem, dest. Wasser kurz eingetaucht und bis zur endgültigen Abkühlung an einem sauberen Platz abgestellt.

Die geschlossene Mikrobombe wird ebenfalls auf eine Asbestplatte gestellt, die auf einem etwas niedrigeren Dreifuß aufliegt. Der Durchmesser der Öffnung soll hier etwa 2 mm größer als der äußere Durchmesser der Mikrobombe sein, damit der Rundbogen der Bombe unter der Asbestplatte frei herausragt und durch einen Mikrobunsenbrenner kräftig erhitzt werden kann, ohne daß die übrigen Bombenteile übermäßig erhitzt werden. Die Erhitzungsdauer (auch in der Schwefelbombe) bei der Mikrobombe beträgt 5 min (Signalwecker). Für den Aufschluß ist bemerkenswert, daß immer nach etwa 2 min Erhitzungsdauer ein metallisches Klicken zu hören ist, das die Reaktion zwischen Analysensubstanz und Natriumperoxid sicher anzeigt. Auf dieses Geräusch sollte bei jedem Aufschluß geachtet werden. Nach beendetem Aufschluß wird auch die Mikrobombe mit einer Zange abgehoben, in dest. Wasser durch einmaliges kurzzeitiges Eintauchen abgekühlt und auf den Abstellring gesetzt.

Für die *Halogenbestimmung* wird der Boden des Bombenbechers nur mit der Spitze einer kräftigen Sparflamme erhitzt. Ein Klicken nach etwa 15 bis 20 s und ein Aufglühen zur schwachen Rotglut des unteren Teiles des Bombenbechers zeigt an, daß die Reaktion abgelaufen ist. Bereits nach 30 s Aufschlußdauer wird die Halogenbombe von der Gasflamme genommen und ins Kühlbad gestellt. Auch das kräftige Zischen beim Eintauchen ins Kühlbad zeigt den gelungenen Aufschluß an.

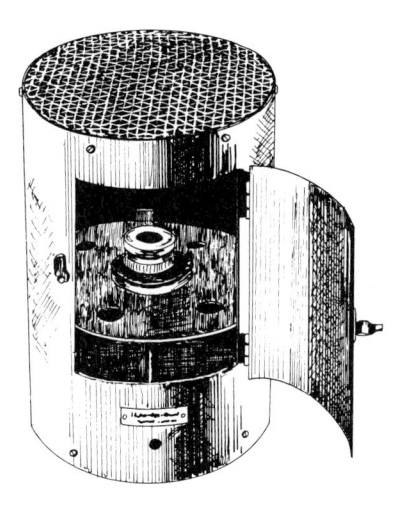

Abb. 45-6. Schutzkasten (JANKE und KUNKEL).

Schutzkasten (Abb. 45-6). Sowohl beim Arbeiten mit einer Makrobombe als auch mit einer Mikrobombe können Verpuffungen auftreten, die, wie schon erwähnt, zu einem explosionsartigen Austritt von Oxidationsmischung durch die Aluminiumdichtung zwischen Deckel und Bombe führen können. Es muß grundsätzlich mit dem Aufreißen einer Bombe gerechnet werden, besonders wenn die Bomben schon lange in Gebrauch sind. In beiden Fällen würde die erhitzte Natriumperoxidmischung weit in die Umgebung verstäubt werden. Um dies zu verhindern, wird während der gesamten Erhitzungsdauer ein runder Schutzkasten aus Eisenblech verwendet, in welchem sich die Bombe und die Asbestplatte mit Bunsenbrenner befinden. Um die Wärme abführen zu können, ist die obere Öffnung des Schutzkastens mit einem dachförmigen Drahtgeflecht überdeckt. Um den Schutzkasten nicht jedesmal abheben zu müssen, ist an der Vorderseite eine Tür mit Scharnier und Riegel angebracht. Ein Spiegel an der Rückseite ermöglicht die Beobachtung des Reaktionsverlaufs.

Tab. 45-1. Oxidationsmischungen für den Peroxidaufschluß.

Reagenzien p.a.*	Halogenbestimmung		Schwefelbestimmung	
	B. Mikro	A. Makro	B. Mikro	A. Makro
Substanzeinwaage in mg	0.5 – 30	30 – 500	5 – 30	30 – 500
Natriumperoxid in g	0.5 – 2.5	15	2.5	15
Kaliumnitrat in g	0.5	2.5	–	–
Kaliumchlorat in g	–	–	0.5	2.5
Ethylenglykol (in Tropfflasche mit Sauger)	2 – 4 Tropfen	8 – 10 Tropfen (150 – 200 mg)	–	–
Rohrzucker in g	–	–	0.1	0.5
Soda wasserfrei	Als Moderator, wenn die Substanz mit dem Natriumperoxid reagiert. In diesem Fall wird eine Schicht wasserfreier Soda zwischen Substanz und Natriumperoxid gelegt.			

* Zur Bezeichnung „pro analysi": Das jeweils zu bestimmende Element darf in den einzelnen Bestandteilen des Oxidationsgemisches nur in so geringen Konzentrationen vorhanden sein, daß der Blindwert und dessen Streuung die Reproduzierbarkeit der Bestimmung nicht beeinträchtigen.

Der Aufschluß. Zum Aufschluß werden untenstehende Oxidationsmischungen verwendet (Tab. 45-1). Für die Analyse normal aufschließbarer Substanzen (dies ist die überwiegende Mehrzahl) werden immer dieselben Mengen der Oxidationsmischung eingesetzt. Um hierbei schnell arbeiten zu können, werden die benötigten Mengen mit Maßlöffelchen bestimmten Inhalts dem Vorratsgefäß entnommen (Abb. 45-7).

Für Aufschlußmischung A verwendet man Löffel mit Löffelinhalt
für Na_2O_2 9.0 cm^3
für KNO_3 1.9 cm^3
für Rohrzucker 0.9 cm^3

Für Aufschlußmischung B verwendet man Löffel mit Löffelinhalt
für Na_2O_2 1.2 cm^3
für KNO_3 0.4 cm^3
für Rohrzucker 0.2 cm^3

Die Löffel sollen bei der Entnahme jeweils gestrichen voll sein. Nach unseren Erfahrungen stellt die Aufschlußmischung A für den Makroaufschluß eine „Standard"Mischung

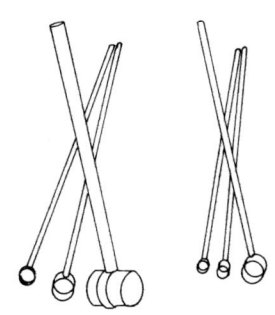

Abb. 45-7. Maßlöffelchen zum Dosieren der Aufschlußmischungen.

dar, die nie verändert werden muß. Aufschlüsse im Halbmikro- oder Mikromaßstab mit der Aufschlußmischung B führen nicht immer zum Ziel, weil sie mit einzelnen Substanzen gelegentlich zu heftig oder auch gar nicht reagieren. In solchen Fällen muß diesem Umstand durch Veränderung der Kaliumnitratmenge in der Mischung Rechnung getragen werden: Mehr Kaliumnitrat erhöht, weniger Kaliumnitrat vermindert die Brisanz der Mischung. Aber auch die Beheizung durch den Mikrobrenner beeinflußt die Heftigkeit der Reaktion: Steiler Temperaturanstieg (große Flamme) ist wirkungsvoller als langsamer Temperaturanstieg.

Substanzeinwaage und Füllen der Bombe: Da man vom Einfüllen bis zum Verschluß der Bombe mit einem explosiven Gemisch arbeitet, empfiehlt sich in diesem Zeitraum das Tragen einer gut schließenden Schutzbrille. Es ist immer zu bedenken, daß eine heftige Reaktion dieser Oxidationsmischung schon durch ein kleines Wassertröpfchen ausgelöst werden kann. Festsubstanzen werden mit Hilfe von Wägegläschen oder Wägeschiffchen eingewogen. Zeigt ein Blindversuch, daß der Feststoff schon bei Raumtemperatur mit Natriumperoxid reagiert, wird er in eine Kapsel aus Methylcellulose oder Gelatine gefüllt und so vor direktem Kontakt mit Natriumperoxid geschützt.

Feste, nicht pulverisierte Körper wie Kunststoffe, Folien etc. werden mit einer Schere fein zerschnitten oder geraspelt und dann wie Pulver behandelt.

Pastenförmige Substanzen werden in einem dünnwandigen Glasnäpfchen gewogen. Die Näpfchen müssen etwa doppelt so groß sein wie das Volumen der Analysensubstanz. Über der eingewogenen Substanz wird bis zum Rande des Näpfchens feinst pulverisierte, getrocknete Soda geschichtet. Dadurch wird sicher vermieden, daß vorzeitig Substanz mit Aufschlußmischung in Reaktion tritt. Das Näpfchen wird vorsichtig in aufrechter Stellung in die Bombe eingesetzt.

Sehr hygroskopische feste Substanzen werden wie Pasten behandelt und ebenfalls mit Soda abgedeckt.

Flüssigkeiten werden in dünnwandige Glasampullen aus Phosphatglas* eingewogen. Nach dem Einsaugen der Flüssigkeit wird nur bei Flüssigkeiten mit hohem Dampfdruck die Kapillarspitze zugeschmolzen. Zum Einwägen von Flüssigkeiten sind auch Methylcellulosekapseln oder Gelatinekapseln gut geeignet.

Probe und Oxidationsmittel werden in der Bombe, wie in Abb. 45-8 a und b skizziert, aufeinandergeschichtet. Beim Füllen der Bombe wird die *Bombenöffnung stets vom Körper abgewandt* gehalten.

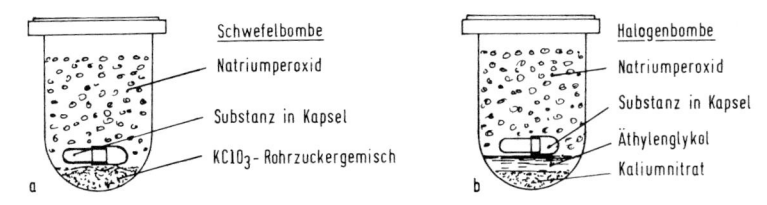

Abb. 45-8. Bombenfüllungen. (a) Schwefelbombe, (b) Halogenbombe.

---

* Phosphatglas ist frei von Kieselsäure und schmitzt bei niedrigerer Temperatur als Silicatglas; ist für Phosphorbestimmungen natürlich ungeeignet.

Weiterverarbeitung nach dem Aufschluß. Nach dem Abkühlen der Bombe wird der Deckel angehoben **(Schutzbrille!).** Der Inhalt der Bombe muß, wenn die Reaktion richtig abgelaufen war, mehr oder weniger verschmolzen sein. Auch das Deckelinnere kann mit hochgespritzten Reaktionsprodukten verunreinigt sein, worauf besonders geachtet werden muß. Ebenso können sich auf der Aluminiumdichtung Reaktionsprodukte befinden und sich sogar zwischen sie und ihre Auflageflächen „verkrochen" haben. Das Aussehen des Bombeninneren liefert Indizien für den vorschriftsmäßigen Verlauf der Reaktion.

Ungenügendes Erhitzen der Bombe kann zu einem Ausbleiben der Reaktion führen. Die Masse liegt dann noch unverändert in der Bombe, insbesondere fehlen dann Spritzer am Deckelinnern. Die Reaktionsmasse eines solchen nicht abgelaufenen Aufschlusses darf nicht in der weiter unten beschriebenen Weise mit wenig Wasser gelöst werden, da die Auflösung dann explosionsartig verlaufen kann. Es empfiehlt sich in solchen Fällen, die Bombe ein zweites Mal zu verschließen und sie dann kräftiger zu erhitzen, oder aber die nicht aufgeschlossene Aufschlußmischung mit einem Spatel vorsichtig aus der Bombe zu entfernen und sie durch Aufstreuen auf eine größere Wassermenge zu vernichten.

Der richtig aufgeschlossene Inhalt der Bombe wird in Wasser gelöst. Dabei legt man nach vorherigem Entfernen der Aluminiumdichtung mit Pinzette (dabei mit dest. Wasser abspritzen!) die Bombe und den Bombendeckel in ein Becherglas passender Größe oder in eine Porzellankasserolle, bedeckt das Gefäß mit einem Uhrglas und gibt mit der Spritzflasche so viel dest. Wasser zu, daß die umgelegte Bombe zur Hälfte im Wasser liegt. Zur Einleitung des Lösevorganges wird schwach erwärmt. Wenn die Reaktion zwischen Wasser und Natriumperoxid beginnt, unterbricht man das Erwärmen und läßt bis zum Ende der Reaktion ohne Erwärmung stehen. Dann nimmt man mit einer Pinzette Deckel und Bombe aus dem Gefäß heraus und spült sie gründlich von allen Seiten mit dest. Wasser ab. Gelegentlich sieht man in der jetzt stark alkalischen Lösung wenige Kohleteilchen herumschwimmen. Ein solcher Aufschluß ist trotzdem quantitativ verlaufen. Bei maßanalytischen Arbeiten kann auf ein Abfiltrieren der Kohleteilchen verzichtet werden; bei gravimetrisch durchzuführenden Analysen wird, zweckmäßig erst nach dem Ansäuern der alkalischen Lösung, filtriert.

Liegt dagegen eine braungefärbte alkalische Lösung vor, so ist der Aufschluß nicht quantitativ verlaufen; er muß mit einer brisanteren Mischung wiederholt werden.

Diskussion der Bombenmethode. Diese Aufschlußmethode hat sich im Routinebetrieb außerordentlich bewährt und ist auch heute noch eine der Standardmethoden für die Bestimmung der Heteroatome Chlor, Brom, Schwefel und Phosphor im Halbmikro- bis Makrobereich. Ihre Vorteile sind vor allem der geringe apparative Aufwand, ihre Schnelligkeit und ihre universelle Anwendbarkeit. Auch anorganische Bestandteile, die in Betriebsproben noch häufig enthalten sind, stören den Aufschluß nicht grundsätzlich. Diese Aufschlußmethode ist daher auch zur qualitativen Vorprüfung sehr geeignet. Chemisch und thermisch sehr stabile Substanzen allerdings wie z. B. Kunststoffe, insbesondere Fluorkunststoffe, Farbstoffe, Sulfonate u. ä., werden in der Bombe nicht immer vollständig aufgeschlossen. In diesem Fall sind Verbrennungsmethoden zu bevorzugen.

45.2 Substanzaufschluß in oxidierender Alkalischmelze

Allgemeines. *Nichtflüchtige organische Substanzen* mit stabilen C-S-Bindungen (und C-P-), wie Sulfonsäuren und ihre Salze, werden in der Bombe nicht immer quantitativ aufgeschlossen. Bei der anschließenden Fällung mit Bariumchloridlösung bleiben sie als sog. „Bariumseifen" in Lösung und bewirken dadurch Minderbefunde im Endergebnis. Um bei diesen Substanzen den Bombenaufschluß zu vervollständigen, genügt es häufig bereits nach Öffnen der Bombe den Inhalt bis zur Rotglut kräftig durchzuschmelzen. Alternativ werden diese Substanzen und *unlösliche Sulfide* in einer oxidierenden Alkalischmelze in einem offenen Tiegel oder einer Schale aus *Silber, Nickel* oder *Glaskohlenstoff* aufgeschlossen.

Schmelzaufschluß mit Soda und Salpeter. Man mischt die fein gepulverte Probe (0.5 bis 1 g) in einem geräumigen Tiegel oder einer Schale aus Silber, Nickel oder Glaskohlenstoff innig mit der acht- bis zwölffachen Menge einer Mischung von 10 g Natriumcarbonat wasserfrei und 2.5 g Salpeter (statt Salpeter eignet sich oft auch Natriumperoxid), bedeckt mit einer dünnen Schicht der Sodasalpetermischung, erhitzt anfangs behutsam bis zum Zusammensintern des Aufschlußgemisches (indem man den Aufschlußtiegel in einen Porzellantiegel stellt und damit in die obere Etagere eines Schnellveraschers stellt), steigert allmählich die Hitze bis zum Schmelzen und hält etwa 10 bis 20 min die Temperatur unter gelegentlichem leichtem Umschwenken konstant. Nach dem Erkalten laugt man die Schmelze mit Wasser aus, filtriert (kocht den Rückstand, wenn vorhanden, mit reiner Sodalösung und wäscht schließlich mit Wasser bis zum Verschwinden der alkalischen Reaktion) in einen Meßkolben, füllt zur Marke auf und fällt in aliquoten Volumina das Sulfat mit Bariumchloridlösung. *Ist Kieselsäure in der Probe enthalten,* übersättigt man das Filtrat im bedeckten Becherglas mit Salzsäure, kocht, um die Kohlensäure zu vertreiben, und verdampft zur Trockene. Durch erneutes Eindampfen mit Salzsäure wird die Kieselsäure dehydratisiert und durch Filtration vor der Sulfatfällung abgeschieden.

45.3 Schwefelbestimmung nach oxidierendem Naßaufschluß

Allgemeines. Schwefel kann auch naßchemisch zu Sulfat oxidiert werden, und zwar mit oxidierenden Säuren (Salpetersäure, Königswasser (3 Teile HNO_3, Dichte 1.4 + 1 Teil HCl), Perchlorsäure, Brom-Salzsäure) oder hochkonzentrierter (50%) Perhydrollösung. Der Naßaufschluß wird heute nur noch selten und in speziellen Fällen angewandt.

45.4 Schwefelbestimmung nach Carius-Aufschluß

Prinzip. Die Substanz (3 bis 6 mg) wird im zugeschmolzenen Glasrohr (Mikro-Bombenrohr) bei 250 bis 300 °C in konz. Salpetersäure aufgeschlossen. Zur Schwefelbestimmung wird ein Körnchen Kaliumnitrat zugegeben, um die entstehende Schwefelsäure als lösliches Sulfat zu binden. Die Schwefelsäure wird als Bariumsulfat gravimetrisch bestimmt.

Der Carius-Aufschluß wird im Kap. 51, die mikrogravimetrische Sulfatbestimmung im Kap. 46.1 näher beschrieben.

46 Methoden der Sulfatbestimmung

46.0 Allgemeines

Nach oxidativem Aufschluß des (anorganisch und organisch) gebundenen Schwefels zu *Sulfat-Ionen* wird – abhängig von der Aufschlußmethode und damit den in der Aufschlußlösung vorhandenen Begleit-Ionen – eine der nachfolgend beschriebenen Sulfat-Bestimmungsmethoden angewendet. Nach Rohrverbrennung oder Aufschluß in der O_2-Flasche wird Sulfat, da es in reiner Lösung vorliegt, bevorzugt maßanalytisch bestimmt. Nach Aufschluß in oxidierenden Salzschmelzen wird es meist als Bariumsulfat ausgefällt und gravimetrisch bestimmt.

46.1 Gravimetrische Bestimmung von Schwefel als Bariumsulfat

Prinzip. Schwefel, durch oxidativen Aufschluß zu Schwefelsäure umgesetzt, wird in salzsaurer Lösung als Bariumsulfat ausgefällt, filtriert, getrocknet, geglüht und gewogen.

$$K_2SO_4 + BaCl_2 \rightarrow BaSO_4\downarrow + 2KCl .$$

Die Bariumsulfat-Methode ergibt auch dann richtige Werte, wenn andere säurebildende Elemente in der Substanz enthalten sind. Da für 1 mg Schwefel 7.28 mg Bariumsulfat zur Wägung kommen, ist die Methode sehr genau. Nachteilig ist allerdings der relativ große Zeitbedarf, weshalb die Methode heute nur noch dann angewendet wird, wenn andere Schnellmethoden versagen. Sie bewährt sich im Mikro- wie Makrobereich gleichermaßen.

Bei der Fällung von reiner Schwefelsäure wird die Bariumchloridlösung tropfenweise zugesetzt, weil bei raschem Fällen relativ mehr Bariumchlorid in den Niederschlag geht als bei langsamem Fällen. Aus alkali- und ammonsalzhaltigen Lösungen jedoch wird die Bariumchloridlösung in der Siedehitze in einem Guß unter beständigem Rühren zugefügt, weil bei tropfenweiser Zugabe stets alkali- oder ammonsulfathaltige Niederschläge und dadurch zu niedrige Werte erhalten werden. Bei rascher Fällung geht mehr Bariumchlorid in den Niederschlag über und kompensiert so den Gewichtsverlust.

Reagenzien

Salzsäure (1:1) p.a.
Bariumchloridlösung: 10%ige und 5%ige wäßrige Lösung.

Methylrot, 0.1%ige ethanolische Lösung.
Alle Reagenzien müssen sulfatfrei sein!
Salzsäurehaltiges Wasser, 1 ml konz. Salzsäure auf 100 ml Wasser.
Ethanol.

Apparatives. Kleine Kristallisierschalen oder Bechergläser (25 bis 50 ml) zur Fällung. Die Fällungsgefäße werden vor Gebrauch in Chromschwefelsäure ausgekocht und nach reichlichem Spülen mit Wasser zum Schluß ausgedämpft.
Porzellan-Filtertiegel* mit feinkörniger Fritte (G4).

Mikro-Neubauer-Tiegel

a) aus Platin mit Bodenkappe und Deckel**
Die Filterschicht besteht aus einem festgepreßten Platin-Iridium-Schwamm, der bei verhältnismäßig hoher Filtriergeschwindigkeit selbst in der Kälte gefälltes Bariumsulfat quantitativ zurückhält. Vor jeder Bestimmung schwemmt man den Bariumsulfatniederschlag mit einem evtl. auf Stahldraht gewickelten Wattebäuschchen unter dem Strahl der Wasserleitung aus und wäscht den Tiegel danach in der Saugvorrichtung wiederholt mit Wasser. Erst nach sehr langem Gebrauch ist es notwendig, auch die im Innern der Filterschicht zurückgebliebenen Bariumsulfatanteile mit heißer konz. Schwefelsäure zu entfernen. Der so gereinigte Tiegel wird vor dem weiteren Gebrauch mit frisch bereitetem Bariumsulfatniederschlag vorkonditioniert, um die Poren sicher zu dichten.

b) aus Prozellan mit poröser Prozellanschicht***
Die äußere Glasur reicht bis über die abgerundete untere Kante, um Fehler durch Abrieb zu vermeiden.
Gummifahne oder -wischer: 15 cm langer Glasstab von etwa 2 mm Durchmesser mit einer an einem Ende plattgepreßten Gummikappe.
Filtriervorrichtung für direktes Filtrieren nach Abb. 46-2.
Automatische Filtriervorrichtung nach WINTERSTEINER (1924): Der Niederschlag wird durch einen Heber, ähnlich wie bei der Halogenbestimmung, übergesaugt. Aufgrund des hohen spezifischen Gewichts des sehr feinen kristallinischen Bariumsulfat-Niederschlags gelingt dies nur durch Anwendung sehr englumiger Heberröhrchen, in welchen eine sehr große Stromgeschwindigkeit herrscht. Der Mikro-Neubauer-Tiegel ist auch für sehr fein verteilte Niederschläge undurchlässig und nach jeder Bestimmung leicht zu reinigen, Halogenfilterröhrchen sind dagegen zur Filtration von Bariumsulfatniederschlägen weniger geeignet.

Abb. 46-1 zeigt Einzelheiten der automatischen Filtriervorrichtung. Der Mikro-Neubauer-Tiegel T wird in die Gummimanschette eingesetzt, die über das Glasrohr in der Absaugflasche gezogen ist. Darüber wird der Glasaufsatz A gestülpt, in den der kürzere Schenkel des englumigen Heberrohres bis in die halbe Tiegelhöhe hineinragt. Das erweiterte Ende (S) gestattet die Bildung größerer Tropfen. Der seitliche Tubus des Glasaufsat-

---

* BERLINER PORZELLAN-MANUFACTUR.
** W.C. HERAEUS.
*** P. HAACK.

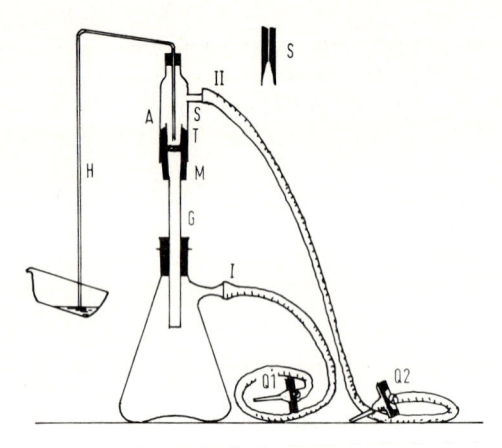

Abb. 46-1. Absaugvorrichtung zum automatischen Absaugen von Bariumsulfat nach WINTERSTEINER (Erklärung im Text).

zes und der Absaugflasche tragen etwa 50 cm lange Gummischläuche (I, II) mit Glasansatz und Quetschhähnen (Q_1, Q_2). Saugt man bei I an, wenn die Filterschicht des Tiegels bei Beginn des Versuches noch trocken ist, dann überträgt sich das Vakuum durch die Filterschicht in den Glasaufsatz. Die Fällungslösung wird durch den Heber angesaugt und auf die Filterschicht gebracht. Die Filtration läuft gut, solange die Filterschicht des Tiegels von Flüssigkeit bedeckt ist. Steigt der Druck im Glasaufsatz A einmal an, so daß nicht mehr genug Flüssigkeit gefördert wird, kann sich der verminderte Druck in der Absaugflasche nicht mehr auf den Raum im Aufsatz übertragen, weil die feuchte Filterschicht einen zu großen Widerstand bietet. Saugt man nach Lüften des Quetschhahnes Q_2 mit dem Mund bei II an, bringt man die Filtration wieder in Gang. Das Ansaugen muß vorsichtig geschehen, weil nur so viel Flüssigkeit auf die Filterschicht gelangen darf wie gleichzeitig durchfiltriert. Bei zu starkem Ansaugen besteht die Gefahr, daß der Tiegel überläuft und die Bestimmung durch Verlust von Niederschlag verlorengeht. Hat man die Fällungslösung durch die Filterschicht gesaugt, wäscht man das Fällungsgefäß mit salzsaurem Wasser nach, ohne die Filtration zu unterbrechen.

Mit Alkohol und salzsaurem Wasser wird abwechselnd nachgespült und der Niederschlag quantitativ auf das Filter gebracht. Zuletzt öffnet man Q_2, entfernt den Glasaufsatz, aus diesem das Heberrohr und spült über dem Tiegel das kürzere Ende des Heberrohres in den Tiegel ab.

Arbeitsvorschrift (Mikroausführung). Nach Aufschluß der Substanz spült man die Reaktionslösung mit salzsäurehaltigem Wasser in das Fällungsgefäß, setzt 1 Tropfen Methylrot zu, neutralisiert mit halbkonzentrierter Salzsäure und setzt noch 3 Tropfen Salzsäure im Überschuß zu. Nun tropft man in der Siedehitze unter Umrühren 2 ml einer 5%igen Bariumchloridlösung zu, setzt die Fällung, mit einem Uhrglas abgedeckt, auf das Wasserbad oder eine Heizplatte und engt auf 3 bis 4 ml ein, um einen möglichst grobkristallinen Niederschlag zu erhalten. Am Glas evtl. anhaftende Kristalle werden mit dem Gummiwischer losgelöst.

In der Zwischenzeit setzt man den vom Niederschlag der vorhergehenden Bestimmung gereinigten Tiegel in die befeuchtete Gummimanschette der Filtriervorrichtung so ein, daß er auf der Glasröhre G aufsteht, wäscht ihn gut mit destilliertem und salzsäurehaltigem Wasser durch, nimmt ihn aus der Manschette, setzt Bodenkappe und Deckel auf, stellt ihn auf einen Platindeckel und erhitzt ihn 20 min in einem Muffelofen auf 800 °C. Den durchgeglühten Tiegel stellt man zum Abkühlen auf einen Kupferblock und bringt ihn auf diesem im Mikroexsikkator zur Waage. Zum schnelleren Abkühlen kann man den Tiegel auf einen zweiten Kupferblock stellen und ihn auf diese Weise bereits 10 min nach dem Glühen wägen.

Zum Filtrieren werden Deckel und Kappe des Platin-Neubauer-Tiegels auf den Kupferblock gelegt und der Tiegel in die mit Wasser benetzte Gummimanschette der Filtriervorrichtung geschoben. Man erfaßt das Fällungsgefäß mit der linken Hand und gießt die klare Lösung, ohne den Niederschlag aufzurühren, der Gummifahne entlang, die man dabei vertikal über die Mitte des Tiegels hält, in den Tiegel, bis er fast voll ist. Man saugt jetzt vorsichtig mit der Pumpe an und gießt, wenn fast alles durchgelaufen ist, neue Lösung nach. Dabei ist es zweckmäßig

– den Schnabel des Fällungsgefäßes am äußeren Rand mit dem Finger leicht einzufetten,
– während des Aufgießens beide Ellbogen fest aufzustützen, damit man Gefäßrand und Gummifahne stets über der Mitte der Tiegelöffnung in Berührung halten kann,
– mit der Spitze der Gummifahne das Flüssigkeitsniveau im Tiegel nicht zu berühren, weil der schon im Tiegel befindliche Niederschlag wieder hochkriechen kann.

Nach Übergießen der überstehenden Lösung spritzt man in dünnem Strahl, an den Rändern beginnend, die Schale mit dem salzsäurehaltigen Wasser (1 bis 2 ml) ab, rührt mit der Spitze der Gummifahne den Niederschlag auf und gießt ihn sofort in den leeren Tiegel über.

Man reibt die Innenfläche der Schale nach neuerlichem Abspritzen mit der Fahne von allen Seiten vom Rand gegen die Mitte zu ab und gießt wieder in den leer gelaufenen Tiegel. Mit feinem Strahl und in einem Zug wird die gesamte Innenwand der Schale mit Alkohol abgespritzt und die gesammelte Flüssigkeit wieder mit Hilfe der Gummifahne in den Tiegel übertragen. Die Innenfläche des Fällungsgefäßes wird abwechselnd noch zweimal mit Alkohol und Wasser abgespritzt, wobei durch Reiben mit dem Gummifähnchen die letzten kaum noch sichtbaren Niederschlagsteilchen losgelöst werden. Zuletzt wird der Niederschlag mit Wasser alkoholfrei gewaschen, da es sonst zu heftigem Verspritzen des Niederschlags, unter Umständen sogar zu einer Schädigung der Filterschicht, kommen kann, wenn diese alkoholfeucht erwärmt wird.

Die Filtration mit der automatischen Vorrichtung nach WINTERSTEINER (1924) wurde bereits beschrieben. Nach beiden Absaugverfahren wird zum Schluß der Tiegel noch zweimal mit salzsäurehaltigem Wasser gewaschen, Deckel und Kappe auf den Tiegel aufgesetzt, der Tiegel wie oben über einer Gasflamme oder in einer Heizmuffel bei 800 °C geglüht, gekühlt und gewogen. Zum Entfernen von etwa im Bariumsulfat eingeschlossenem Bariumchlorid wird der Tiegel nach dem Glühen noch einmal in die angefeuchtete Gummimanschette gesteckt und mit salzsäurehaltigem Wasser zwei- bis dreimal durchgesaugt, Deckel und Bodenkappe aufgesetzt, der Tiegel wieder geglüht und nach dem Abkühlen die Gewichtsabnahme ermittelt.

Arbeitsvorschrift (Makroausführung). Etwa 0.2 bis 0.5 g Substanz werden in der Makro-Schwefelbombe mit Aufschlußmischung A (s. Tab. 45-1) aufgeschlossen (s. Kap. 45.1).

Die Schmelze wird mit dest. Wasser in einem mit Uhrglas bedeckten, 400-ml-Becherglas ausgelaugt und durch 10minütiges Kochen die Hauptmenge Wasserstoffperoxid aus der Reaktionslösung vertrieben. Die Lösung wird dann abgekühlt und mit verdünnter Salzsäure nach Zugabe von 3 Tropfen Methylrotlösung stark angesäuert. Enthalten Probesubstanz oder Reagenzien nennenswerte Mengen an Kieselsäure, müssen diese vor der Fällung unlöslich gemacht und abgeschieden werden.

Abscheiden der Kieselsäure: Die salzsaure Lösung wird zur Trockene eingedampft und der Rückstand auf etwa 130 °C erhitzt, um die vorhandene Kieselsäure unlöslich abzuscheiden. Der Rückstand wird mit 3 ml konz. Salzsäure angefeuchtet, anschließend mit 100 ml dest. Wasser versetzt und der Kieselsäureniederschlag abfiltriert. Durch Veraschen des Filters im Platintiegel, Glühen des Niederschlages auf 900 °C, Wägen, Abfluorieren der Kieselsäure und nochmaliges Wägen des Tiegels kann die Kieselsäuremenge quantitativ bestimmt werden.

Das Filtrat bzw. die salzsaure Reaktionslösung (200 bis 300 ml) wird zum Sieden erhitzt, unter Umrühren 10 ml Bariumchloridlösung in einem Schuß zugesetzt, nochmals zum Sieden erhitzt und die Fällung noch etwa 1 h auf der Heizplatte nahe Siedetemperatur gehalten. Nach mehrstündigem Stehen in der Kälte (am besten über Nacht) wird der Niederschlag abfiltriert. Zum Aufschluß in der Mikrobombe mit Aufschlußmischung B werden etwa 30 mg Substanz eingesetzt. (Noch kleinere Substanzeinwaagen sollten nicht nach dieser Methode analysiert werden.) Die Fällung des Sulfats erfolgt in diesem Bereich mit 5 ml 5%iger Bariumchloridlösung. Der Bariumsulfatniederschlag kann auch über ein Papierfilter abgetrennt und nach dem Veraschen und Glühen im Platintiegel ausgewogen werden. Meist verwendet man jedoch Filtertiegel* mit feinkörniger Fritte (G4).

Zur Vermeidung von Abriebverlusten soll die Glasur des Tiegels etwas über den Rand in die Bodenplatte hineinreichen. Vor dem Filtrieren wird die überstehende klare Lösung weitgehend abgehebert, der mit Salzsäure ausgekochte Filtertiegel vorgeglüht und nach dem Erkalten im Exsikkator vorgewogen. Der so vorkonditionierte Tiegel wird in die Gummimanschette einer Saugnutsche gesteckt und die restliche Fällungslösung mit dem Niederschlag in den Tiegel gegossen (Abb. 46-2). Mit kleinen Anteilen heißem Wasser wird mehrmals nachgewaschen und jedes Mal mit einem Gummiwischer noch anhaftende Niederschlagsteilchen im Waschwasser aufgewirbelt. Zum Schluß wird mit kleinen Anteilen Ethanol nachgewaschen, trockengesaugt, der Tiegel mit dem Niederschlag aus der Nutsche gezogen, im Muffelofen 30 min bei 900 °C geglüht und dann im Exsikkator abgestellt. Nach Abkühlen auf Raumtemperatur wird der Bariumsulfat-Niederschlag ausgewogen.

Berechnung: 1 mg Schwefel entspricht 7.281 mg BaSO$_4$.

$$\% \ S = \frac{\text{mg BaSO}_4 \cdot 0.1373 \cdot 100}{\text{mg Einwaage}} \ .$$

Störungen (der gravimetrischen Sulfatbestimmung). Sulfonate lassen sich in der Bombe meist nicht vollständig aufschließen. Bei der Fällung mit Bariumchlorid bilden sie dann

---

* BERLINER PORZELLAN-MANUFAKTUR.

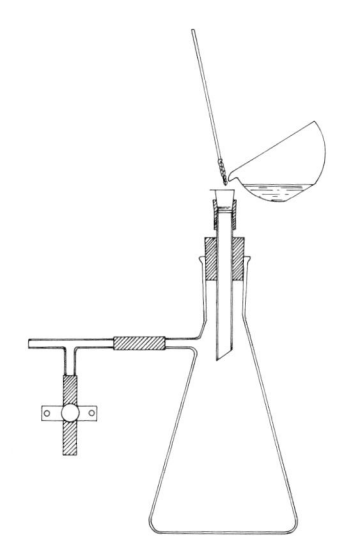

Abb. 46-2. Filtriervorrichtung.

teilweise in Lösung bleibende Bariumseifen. Hierdurch resultieren Minderbefunde. Selen- und Tellursäure fallen als Bariumsalze mit aus. Durch Kochen mit Hydroxylaminchlorid in salzsaurer Lösung können beide als Metalle vorher abgetrennt und gravimetrisch bestimmt werden. Salze von dreiwertigen Metallen wie Aluminium, Eisen und Chrom werden von Bariumsulfat bevorzugt okkludiert – die geglühten Bariumsulfat-Niederschläge erscheinen dann meist nicht rein weiß –, diese Metalle müssen daher vor der Fällung abgetrennt werden.

Zweiwertige Metallsulfate werden weniger leicht okkludiert; sie müssen daher nicht entfernt werden. Zinn, Antimon und Molybdän werden zur Fällung mit Weinsäure komplex gebunden.

Calcium- und Strontiumsulfat können durch längere Digestion mit Ammoniumcarbonat zersetzt werden, bei Bariumsulfat gelingt dies nicht mehr; es muß mit der vierfachen Sodamenge aufgeschmolzen werden. Die Schmelze wird dann mit wenig Wasser ausgezogen, das Bariumcarbonat mit Sodalösung gewaschen. Nach dem Ansäuern wird wie oben gefällt. Bleisulfat wird mit Sodalösung gekocht, die Lösung nach Erkalten mit Kohlensäure gesättigt und dann filtriert. Das Blei bleibt vollständig als Carbonat zurück, das Sulfat befindet sich quantitativ im Filtrat. Das Abscheiden der Kieselsäure wurde oben schon beschrieben. Wenn Phosphat und Fluorid in großem Überschuß vorliegen, können sie als Bariumsalze mitausfallen und die Sulfatfällung stören. Auch in diesem Fall empfiehlt sich eine vorherige Abtrennung.

Anwendungsbeispiel. Gravimetrische Bestimmung von *Gesamt-Schwefel, Sulfat-Schwefel* und *Ester-Schwefel in Alkansulfonaten.*

Gesamt-Schwefel. 0.3 g der Probe werden mit 0.8 g Rohrzucker, 1.5 g Kaliumchlorat und 15 g Natriumsuperoxid gemischt und in der Burgess-Parr-Bombe aufgeschlossen, die Schmelze in Wasser gelöst und schwach salzsauer mit Bariumchlorid gefällt.

Für *a* mg Einwaage seien *b* mg Bariumsulfat gefunden. Die Substanz enthält dann:

$$\frac{b}{a} \cdot 13.73 = \% \text{ Ges.-S} .$$

Sulfat-Schwefel (Aussalzmethode). 2 g der Probe werden in etwa 200 ml dest. Wasser gelöst, mit 10 g Natriumchlorid und 4 g sulfatfreier Kohle (durch Verkohlen von Rohrzucker gewonnen) ca. 15 min gekocht, abgekühlt, auf 500 ml mit Wasser aufgefüllt und durch ein trockenes Filter filtriert. 400 ml des Filtrates werden schwach salzsauer mit Bariumchlorid gefällt.

Für *c* mg Einwaage seien *d* mg Bariumsulfat gefunden, die Substanz enthält dann:

$$\frac{d}{c} \cdot 13.75 \cdot 1.25 = \% \text{ Sulfat-S} .$$

Ester-Schwefel. 2 g der Probe werden mit 30 ml 2 N HCl am Rückfluß 1 h gekocht, nach dem Erkalten mit dest. Wasser auf 200 ml verdünnt, mit sulfatfreier Lauge neutralisiert, 10 g Natriumchlorid und 4 g sulfatfreie Kohle (durch Verkohlen von Rohrzucker gewonnen) zugesetzt, etwa 15 min gekocht, abgekühlt, in einen 500 ml Meßkolben gegossen, mit Wasser aufgefüllt und durch ein trockenes Filter filtriert. 400 ml des Filtrates werden schwach salzsauer mit Bariumchlorid gefällt.

Für *f* mg Einwaage seien *e* mg Bariumsulfat gefunden, die Substanz enthält dann:

$$\frac{e}{f} \cdot 13.73 - \% \text{ Sulfat-S} = \% \text{ Ester-S} .$$

46.2 Direkte Titration der Schwefelsäure mit Bariumperchlorat gegen Thorin

Prinzip (FRITZ und YAMAMURA 1955, 1957). Die bei der Verbrennung schwefelorganischer Substanzen im Sauerstoffstrom entstehende Schwefelsäure wird unter Verwendung von Thorin als Indikator mit Bariumperchloratlösung direkt titriert. Thorin ist das Dinatriumsalz der 2-(2-Hydroxy-3,6-disulfo-1-naphthylazo)-phenylarsonsäure* und bildet mit Barium-Ionen einen rotgefärbten Komplex. Der Umschlag von gelb nach rosa ist sehr scharf, wenn in Abwesenheit von Kationen reine Schwefelsäurelösung vorliegt. Es wird in 80%iger alkoholischer Lösung im pH-Bereich von 2.5 bis 4.0 titriert.

Anmerkungen zur „Thorin-Titration". Nach Substanzaufschluß im Perlenrohr, in der Schöniger-Flasche oder in der Wickbold-Apparatur unter Verwendung von 5%igem Wasserstoffperoxid als Absorptionsmittel liegt der Schwefel in der Absorptionslösung als reine Schwefelsäure vor und kann so nach Verdünnen mit Alkohol gleich direkt titriert werden. Mit stärker konzentrierter Wasserstoffperoxidlösung als Absorptionsmittel werden

---

* Lieferfirma: E. MERCK.

zu niedrige Werte erhalten, wahrscheinlich infolge Bildung von Peroxidschwefelsäure. Kationen stören diese Titration erheblich, auch einige Anionen wie Phosphat, Nitrat, Fluorid und Chlorid führen, wenn sie in größeren Konzentrationen als das Sulfat vorliegen, zu merklich erhöhtem Verbrauch an Bariumperchloratlösung. Bei der Verbrennung sollte daher zweckmäßig kein Platin als Kontakt verwendet werden, da es bekanntlich die Bildung von Stickoxiden begünstigt. Die Abtrennung störender Kationen und Anionen über Kationenaustauscher und Aluminiumoxid vor der Thorin-Titration haben FRITZ und YAMAMURA (1955, 1957) eingehend beschrieben.

Die Titration wird in wasserhaltigen organischen Lösemitteln ausgeführt. Methanol, Ethanol, Isopropanol und Aceton sind gleich gut geeignet. Im allgemeinen wird eine 80%ige Lösung von Isopropanol verwendet. Als Titrierlösung dient eine 0.01 oder 0.02 N 80%ige isopropanolische Bariumperchloratlösung, die mit Perchlorsäure auf ein pH zwischen 2.5 und 4 eingestellt ist. Bariumperchlorat in 80%igem Alkohol verursacht weniger Mitfällungsfehler als das Chlorid und ist leichter löslich in Alkoholen. Setzt man 1 Tropfen einer 0.2%igen wäßrigen Thorinlösung zu, ist der Endpunkt der Titration durch eine Farbänderung von gelb nach rosa gekennzeichnet. Durch Zufügen einer geringen Menge Methylenblau (1 Tropfen einer 0.0125%igen wäßrigen Lösung) erfolgt der Farbumschlag von lindgrün nach lila. Beide Indikatorlösungen sollten aber nicht als Mischung, sondern getrennt gelagert werden, da sie sich sonst schnell zersetzen. Häufig wird bei der Thorin-Titration der Fehler gemacht, daß zuviel Indikatorlösung zugesetzt wird, so daß der Farbumschlag nicht scharf erfolgt, sondern einen Mischfarbenbereich durchläuft.

Nach Untersuchungen von BUDĚŠÍNSKÝ und KRUMLOVÁ (1967) haben Derivate der 4,5-Dihydroxy-2,7-naphthalindisulfonsäure als Indikator verschiedene Vorzüge gegenüber Thorin. Daher wird *Sulfonazo III** (BUDĚŠÍNSKÝ 1965; BUDĚŠÍNSKÝ und VRZALOVA 1965), d. i. die 3,6-Bis-(o-sulfobenzolazo)-4,5-dihydroxynaphthalin-2,7-disulfonsäure, häufig als Indikator zur Sulfattitration in 50%iger acetonischer Lösung verwendet. Der Farbumschlag im Endpunkt erfolgt dann von weinrot nach blau.

Über die photometrische Bestimmung des Schwefels in Pflanzen mit Dimethylsulfonazo-III nach Schöniger-Aufschluß berichten BARTELS und THI TAM PHAM (1982). FERNANDEZ et al. (1980) beschreiben eine Methode zur spektralphotometrischen Bestimmung kleiner SO_2-Konzentrationen in Luft mit Sulfonazo-III.

Reagenzien

0.02 N Bariumperchloratlösung: 3.3627 g $Ba(ClO_4)_2$ in 200 ml dest. Wasser lösen, mit Isopropanol nicht ganz auf 1000 ml auffüllen und mit einigen Tropfen Perchlorsäure auf ein pH 2.5 bis 4 einstellen. Anschließend auf 1000 ml exakt auffüllen. Bariumperchlorat ist hygroskopisch, weshalb es über einem Trockenmittel aufbewahrt und rasch eingewogen werden muß.

0.01 N Bariumperchloratlösung: Gleiche Teile der 0.02 N Lösung werden mit 80%igem Isopropanol gemischt. Die Titerstellung erfolgt gegen 0.01 N Schwefelsäure in 80%iger isopropanolischer Lösung.

---

* Lieferfirma: EGA-CHEMIE.

Thorinindikator, 0.2%ige wäßrige Lösung (alternativ Sulfonazo III-Indikator, 0.1%ige wäßrige Lösung).
Methylenblau, 0.0125%ige wäßrige Lösung.
Wasserstoffperoxid p.a., ca. 5%ige Lösung.
Isopropanol, 8 Teile Isopropanol auf 2 Teile Wasser.

Titrationsvorschrift. Je nach Substanzmenge, die zur Analyse zur Verfügung steht, Substanzbeschaffenheit und zu erwartender Schwefelmenge werden Aufschlußmethode und Größe der Substanzeinwaage nach untenstehender Übersicht gewählt (Tab. 46-1).

Tab. 46-1. Aufschlußmethoden zur Schwefelbestimmung nach Methode 46.2.

Aufschluß nach Methode	mg Substanz	Absorptionslösung	Reaktionslösung
Perlenrohr (s. Kap. 42)	0.5 – 10 mg	mit 5%igem H_2O_2 den kalten Teil des Perlenrohres benetzen	Perlenrohr mit 20 ml 80%igem Isopropanol ausspülen
Schöniger-Flasche (s. Kap. 44)	0.5 – 20 mg oder 0.5 mg	1 ml 5%iges H_2O_2 vorlegen	4 ml H_2O und 20 ml Isopropanol oder mit 4 ml Isopropanol, Kolben und Kontakt abspülen
WICKBOLD III (s. Kap. 43)	20 – 10000 mg	5%iges H_2O_2 tropft während der Verbrennung zu	10 von 100 ml der wäßrigen Reaktionslösung mit 40 ml Isopropanol pur versetzen

Zur perhydrolhaltigen Reaktionslösung wird soviel Isopropanol zugegeben, daß sie zur Titration etwa 80%ig ist. Nach Zugabe (je) eines Tropfens Thorin (und Methylenblaulösung) wird mit Bariumperchloratlösung unter magnetischer Rührung auf einen bleibend rosa Farbton titriert. Die Titrationsgeschwindigkeit ist nicht kritisch, da sich das Gleichgewicht schnell einstellt. Gegen Ende wird tropfenweise in Intervallen von jeweils 2 bis 3 s titriert. Auch geringe Mengen Sulfat zeigen einen deutlichen Farbumschlag, weshalb die Methode ebenfalls im Spuren- und Ultramikrobereich gut geeignet ist. Ist kein Sulfat in der Reaktionslösung vorhanden, zeigt der erste Tropfen Titrierlösung bereits den Farbumschlag. Ein evtl. vorhandener Blindwert (Indikatorfehler!) wird in Rechnung gestellt. Die optimale titrierbare Sulfatmenge ist bei Verwendung von 10-ml-Mikrobüretten 0.5 bis 5 mg; bei Verwendung von 1-ml-Ultramikrobüretten liegt sie noch eine Zehnerpotenz tiefer.

Wird der Endpunkt *photoelektrisch* indiziert, z. B. mit den Photoelektroden DP 550 und DP 660 der Fa. METTLER (letztere ist in Abb. 6-16 schematisch dargestellt, Meßprinzip s. Kap. 6.6), werden die Verbrennungsgase nach Substanzaufschluß im Schöniger-Kolben (modifizierte Form: Rundkolben 500 ml mit NS 29 und Kragen sowie mit einem Becheransatz vom ⌀ 4 cm, 4 cm Höhe und ca. 50 ml Volumen) in 5 ml verd. Perhydrollösung absorbiert, danach etwa 1 ml Wasser auf den Kragen des Kolbens gegeben und selbiger geöffnet. Man spült den Stopfen mit 25 ml Isopronanol in den Kolben ab und anschließend mit etwas 87%igem Isopropanol, bis der Becherteil des Kolbens soviel Flüssigkeit enthält, daß der Lichtleitermeßteil in die Absorptionslösung eintauchen kann. Man gibt 0.3 ml Thorinindikator in den Kolben und legt kurzzeitig Vakuum an, um die

Lösung zu entgasen. In den Aufschlußkolben wird ein Magnetrührer gegeben und der Glasfaserlichtleiter mit dem Meßteil in die Lösung eingesetzt. Die photometrische Titration wird bei einer Wellenlänge von 489 nm ausgeführt, die Extinktion der Aufschlußlösung (bei etwa 0.3) auf 0.02 bis 0.08 zurückgedreht, die Titration mit Bariumperchlorat gestartet. Luftblasen oder unverbrannte Kohleteilchen stören den Titrationsablauf bzw. die Erkennung des Endpunktes (Rauschen, fehlerhafte Endpunktanzeige durch Ausreißer). In solchen Ausnahmefällen ist der Äquivalenzpunkt an der Extinktionsskala zu erkennen. Am Endpunkt steigt die Extinktion um den Wert von 0.1 sehr rasch an. Die Titration dauert bei einem Verbrauch von 10 ml Maßlösung 5 min, d. h. sie liegt in der Mehrzahl der Bestimmungen wesentlich darunter.

Das Verfahren eignet sich auch zur *Schwefelbestimmung in Heizölen* nach DIN 51 400. In Gegenwart von Alkali wird der Aufschlußlösung ein Kationenaustauscher zugegeben und dann titriert.

Bestimmung von Sulfat-Spuren durch Thorin-Titration. Werden Substanzen in der Knallgasflamme verbrannt, die keine oder nur vernachlässigbare Mengen von Heteroelementen enthalten, kann die Thorin-Titration als Endbestimmungsmethode eingesetzt werden. Zur Absorption der Schwefeloxide wird während der Verbrennung dann 3%iges Wasserstoffperoxid zugetropft. Die Reaktionslösung wird im Rotationsverdampfer oder im Vakuum-Trockenschrank bis auf etwa 10 ml eingeengt und nach Zugabe von 40 ml Isopropanol und 1 Tropfen Thorinlösung mit 0.01 N Bariumperchloratlösung titriert.

Berechnung

$$\text{ppm S} = \frac{\text{ml 0.01 N Ba(ClO}_4)_2 \cdot 160}{\text{Gramm Substanz}}.$$

Sulfitbestimmung durch Thorin-Titration. Aus flüssigen und festen Proben wird mit Salzsäure das Schwefeldioxid in Freiheit gesetzt und im Inertgasstrom in eine perhydrolhaltige Vorlage überdestilliert und zum Sulfat oxidiert. Die gebildete Schwefelsäure wird, wie oben beschrieben, mit Bariumperchloratlösung gegen Thorin titriert. (Zur Sulfitdestillation eignet sich gut die in Abb. 47-1 skizzierte Sulfiddestillationsapparatur.)

46.3 Mikroanalytische Bestimmung von Halogen und Schwefel in einer Einwaage

Enthält die zu analysierende Substanz im Molekül Schwefel und Halogen, können nach der Verbrennung in der Reaktionslösung vorliegendes Sulfat und Halogenid gleichzeitig titriert werden. *Sulfat wird mit Bariumperchlorat gegen Thorin, Halogenid entweder mit Quecksilberperchlorat gegen Diphenylcarbazon oder mit Silberperchlorat gegen Dichlorfluoreszein titriert.* Beide Titrationsmethoden lassen sich einfach kombinieren, so daß Schwefel und Halogen in einer Einwaage bestimmt werden können. Bei mercurimetrischer Titrationsmethode wird zuerst Halogen und anschließend Schwefel titriert. Argentometrisch erfolgt die Halogenbestimmung erst nach der Sulfattitration. Alle Titrationen werden in 80%iger isopropanolischer Lösung durchgeführt.

A) Kombination der mercurimetrischen Halogenidbestimmung mit der Sulfat-Titration (PELLA 1961): Die zur Halogenidbestimmung nach Methode 51.4.1 mit Quecksilberperchloratlösung gegen Diphenylcarbazon austitrierte Lösung wird mit 0.1 ml 0.01 N Salzsäure und 1 Tropfen Thorinlösung versetzt und mit 0.01 N Bariumperchloratlösung bis zum Umschlag des Thorin-Indikators nach Methode 46.2 titriert.

Sind *Iod und Schwefel* in organischen Substanzen enthalten, wird nach PIETROGRANDE et al. (1983) beim Substanzaufschluß im Schöniger-Kolben Iod alkalisch gebunden und Iodid anschließend mercurimetrisch gegen *Diphenylcarbazid*, Sulfat in derselben Lösung anschließend gegen Thorin titriert.

B) Kombination der Sulfat-Titration gegen Thorin mit der argentometrischen Dichlorfluoreszein-Methode (GIESSELMANN und HAGEDORN 1960): Dichlorfluoreszein, erst von FAJANS (1923, 1924), später von WAGNER (1951) als Indikator für die Halogentitration vorgeschlagen, zeigt bei Auftreten von überschüssigen Silberionen einen deutlichen Umschlag von Hellgelb nach intensiv Violettrosa. Der Farbumschlag hängt von der vorhergehenden Neutralisation der Lösung ab, die vor der Titration gegen Dichlorfluoreszein, das auch als Neutralisationsindikator angewendet werden kann, mit verdünnter Natronlauge durchgeführt wird. Der scharfe Farbumschlag erfolgt nur in alkoholischen Lösungen.

Reagenzien

Natronlauge, 0.1 N.
Dichlorfluoreszein, 0.1% in Isopropanol*.
Silberperchloratlösung, 0.01 N in 95%igem Isopropanol**.
Bereitung: 1.378 g Silbercarbonat oder 1.159 g Silberoxid in der äquimolaren, durch vorherige Titration ermittelten Menge verd. Perchlorsäure und Wasser zu 50 ml lösen und durch Erhitzen Kohlensäure austreiben. Mit Isopropanol auf 1000 ml auffüllen und gegen 0.01 N Natriumchloridlösung den Faktor bestimmen. 10 ml dieser Lösung dürfen nicht mehr als 0.15 ml der 0.01 N Natronlauge (Methylrot) verbrauchen.

Titrationsvorschrift. Die perhydrolhaltige Reaktionslösung wird mit der vierfachen Menge Isopropanol verdünnt und das Sulfat gegen Thorin nach Methode 46.2 titriert. Dieser austitrierten Lösung fügt man 2 bis 3 Tropfen Dichlorfluoreszeinlösung zu und neutralisiert mit 0.1 N Natronlauge bis zur deutlich grünen Fluoreszenz. Nach Zugabe von weiteren 1 bis 2 Tropfen tritt ein hellrosa Farbton auf, der zur Erzielung eines farbkräftigen Umschlages nötig ist. Nun titriert man unter magnetischer Rührung mit 0.01 N Silberperchloratlösung, wobei die Fluoreszenz augenscheinlich zurückgeht. Am Äquivalenzpunkt tritt dann bei verlangsamtem Titrieren mit einem Tropfen die violettrosa Farbe auf. Nach Zugabe eines weiteren Tropfens verstärkt sich die Farbtiefe.

---

* Lieferfirma für Dichlorfluoreszein ($C_{20}H_{10}Cl_2O_5$ Mol. 401, 21): E. MERCK.
** Lieferfirma für $AgClO_4 \cdot H_2O$ purissimum: FLUKA.

46.4 Acidimetrische Sulfat-Titration

Diese Methode wird häufig (vorwiegend im Spurenbereich) bei anorganischen Schwefelverbindungen und Umweltproben angewandt – nach Abrösten oder Ausschmelzen des Schwefels mit oxidischen Schmelzzuschlägen (V_2O_5, WO_3 u. a). bei hohen Temperaturen. Das ausgetriebene Schwefeldioxid wird in schwach alkalischer Perhydrollösung absorbiert und zu Schwefelsäure oxidiert, die entweder konduktometrisch, durch eine pH-Titration mit verdünnter Natronlauge oder coulometrisch bestimmt wird.

Die *konduktometrische Sulfatbestimmung* wird in praxi häufig mit der (Spuren)-Kohlenstoffbestimmung kombiniert. So bestimmten SCHOCH et al. (1974), MALISSA et al. (1976) sowie PUXBAUM und REINDL (1983) (Letztere in luftgetragenen Stäuben) C und S im ppm-Bereich mit dem, in Kap. 12.1 bereits beschriebenen, Leitfähigkeits-Meßgerät (WÖSTHOFF).

Die *pH-Titration* wendet BARTSCHER (1979) zur präzisen Schwefelbestimmung in anorganischen Schwefelverbindungen nach Ausschmelzen des Schwefels mit V_2O_5 im Rohr an.

Coulometrisch titriert wird Sulfat mit dem „Coulomat 702" (STRÖHLEIN INSTR). Das bei der Verbrennung organischer und/oder anorganischer Proben (hauptsächlich technische Produkte) entstehende SO_2 wird in der sauren Wasserstoffperoxid-Lösung zu Sulfat oxidiert, wodurch der pH-Wert erniedrigt wird. Die Rücktitration erfolgt automatisch durch elektrolytisch erzeugte OH^--Ionen (Zersetzung von Wasser). Die hierzu benötigte Elektrizitätsmenge ist direkt proportional zum (Kohlenstoff-) bzw. Schwefelgehalt der Probe. Zum Prinzip der coulometrischen Titration s. Kap. 6.2, außerdem sei auf die Analysenvorschriften der Geräteherstellerfirmen hingewiesen.

46.5 Maßanalytische Schwefelbestimmung nach ZINNEKE

Prinzip. Die bei der Rohrverbrennung von schwefelorganischen Substanzen im Sauerstoffstrom entstehenden Schwefeloxide werden von metallischem Silber quantitativ als Silbersulfat gebunden. Dieses wird mit heißem Wasser vom Drahtnetz abgelöst und mit Kaliumiodid-Maßlösung gegen Iod-Stärke-Endpunkt titriert (ZINNEKE 1951).

$$Ag_2SO_4 + 2KI \rightarrow 2AgI + K_2SO_4 \ .$$

Mit Silberwolle als Absorptionskontakt lassen sich auch Halogene bestimmen. Nach MITSUI et al. (1956) wird die Substanz im Rohr im strömenden Sauerstoff umgesetzt und die freigesetzten Halogene vom Silberkontakt bei 500 °C absorbiert. Aus der Gewichtszunahme des Silberkontakts läßt sich der Halogengehalt berechnen.

Reagenzien

0.02 N Kaliumiodidlösung: 3.32 g reinstes, bei 100 °C getrocknetes Kaliumiodid werden in 1000 ml dest. Wasser gelöst.
0.02 N Silbernitratlösung: Man verdünnt 0.1 N Silbernitratlösung auf das fünffache Volumen.

46 Methoden der Sulfatbestimmung

Schwefelsäure 25%ig, chlorfrei.
Iodlösung: 0.1 g Iod in 100 ml Ethanol.
Ammoniak, 10%ige Lösung.
Natriumthiosulfatlösung, 10%ig.
Stärkelösung, 1%ig (Bereitung s. Abschn. 53.1).
Vanadiumpentoxid.

Die 0.02 N Kaliumiodidlösung wird mit 0.02 N Silbernitratlösung überprüft. Man verdünnt 5.0 ml der letzteren in einem 100-ml-Kölbchen auf etwa 50 ml, säuert mit 5 ml Schwefelsäure an, versetzt mit 2 ml Stärkelösung und 0.2 ml der Iodlösung und titriert mit 0.02 N Kaliumiodidlösung unter leichtem Schütteln oder unter magnetischer Rührung, bis die Farbe der trüb-gelblichen Lösung nach grünblau umschlägt. Der nächste Tropfen der Kaliumiodidlösung muß bereits eine kräftige Blaufärbung hervorrufen. Gegen Ende der Titration schüttelt man etwas stärker.

Apparatur. Die Verbrennung erfolgt in der auf Abb. 46-3 gezeigten Apparatur, ähnlich wie bei der Rohrverbrennung (s. Kap. 42.1). Der Sauerstoff wird zur Reinigung durch den mit konz. Kalilauge gefüllten Blasenzähler (a) und das Reinigungsrohr mit Natronasbest (b) in das Verbrennungsrohr (c) geleitet. Das Verbrennungsrohr aus Quarzglas hat eine Gesamtlänge von 700 mm und eine lichte Weite von 9 mm. Auf der einen Seite wird das Rohr durch einen Gummistopfen verschlossen, das Rohrende bleibt offen. Es wird bei Nichtgebrauch durch ein übergeschobenes kurzes Rohr staubgeschützt. Das Reaktionsrohr wird elektrisch beheizt. Dazu ist eine Verbrennungsapparatur mit 2 stationären evtl. aufklappbaren Langbrennern und 1 Kurzbrenner (e), aufklappbar, zurückschiebbar und mit automatischem Brennervorschub erforderlich. Der stationäre Brenner (f), der den Verbrennungskontakt (Platindrahtnetz oder Quarzsplitter) auf 800 bis 900 °C beheizt, hat eine Länge von 200 mm, der zweite stationäre Brenner (g), der den Silberkontakt (Silberdrahtnetz-k) auf 450 bis 500 °C erhitzt, eine Länge von 150 mm. Vor und hinter der Platinnetzrolle (i) befindet sich ein Quarzwollebausch (h), um Verpuffung während der Verbrennung auszuschalten. Der vorne etwas aus dem Langbrenner herausragende kalte Quarzwollebausch hat die Aufgabe, die geschmolzene Substanz (d) aufzusaugen und als Dampf langsam mit dem Sauerstoffstrom in den Verbrennungsraum abzugeben. Den Silberkontakt zur Absorption der Schwefeloxide stellt man sich aus Silberdrahtnetz von 0.1 mm Drahtstärke und 120 mm Breite her. Es wird auf einen Silberdraht von 1 mm Stärke aufgewickelt, bis die Rolle den erforderlichen Durchmesser hat. Der Silberdraht wird auf der einen Seite umgebogen, auf der anderen läßt man ihn 20 mm aus der Drahtnetzrolle herausragen und biegt ihn zu einer kreisförmigen Schlaufe um. Zum Schutz gegen Abrieb an der Rohrwandung wird die Rolle noch mit einem dünnen Platinband um-

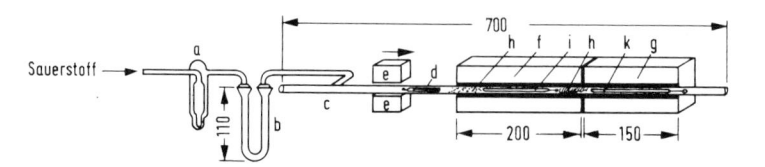

Abb. 46-3. Apparatur zur Schwefelbestimmung nach ZINNEKE (Erklärung im Text).

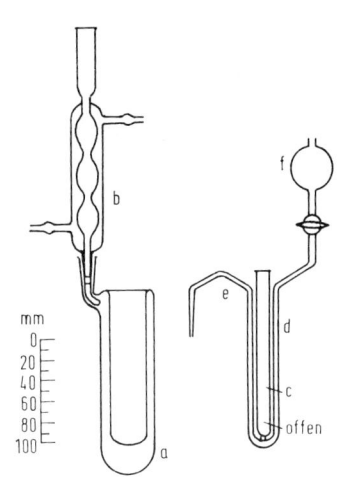

Abb. 46-4. Extraktionsapparat (Erklärung im Text).

wickelt; der Abstand der einzelnen Windungen soll ungefähr 5 mm betragen. Die fertige Silberrolle muß sich leicht in das Rohr einschieben lassen. Das Ablösen des Silbersulfats vom Silberkontakt erfolgt am zweckmäßigsten im Extraktionsapparat (Abb. 46-4).

Das Siedegefäß (a), das einem Dewargefäß ähnlich ist, trägt oben einen kleinen Schliffkühler (b). In das innere Gefäß paßt das Extraktionsgefäß, das aus dem Extraktionszylinder (c), dem Zufluß- (d) und dem Entleerungsrohr (e) besteht. Das Zuflußrohr besitzt oben einen Hahn und das Vorratsgefäß (f) für das Wasser. Das Entleerungsrohr ist nach unten abgebogen. Der Extraktionszylinder ist so bemessen, daß er die Silberdrahtnetzspirale aufnehmen kann. Zur Entleerung setzt man einen Stopfen mit Glasrohr und anschließendem Schlauch auf und bläst mit dem Mund den Inhalt des Zylinders durch das Entleerungsrohr aus. Durch das Zuflußrohr wird anschließend frisches Wasser zugegeben. Um die günstigste Extraktionstemperatur von etwa 90 °C zu erreichen, verwendet man n-Propylalkohol (Sp. = 97 °C) als Siedeflüssigkeit. Im Extraktionszylinder beträgt dann die Temperatur 90 bis 92 °C, sofern der Raum zwischen diesem und dem Innenraum des Siedegefäßes zur besseren Wärmeübertragung mit einer Flüssigkeit (Wasser oder dgl.) ausgefüllt ist.

Arbeitsvorschrift. Vor Analysenbeginn wird das Verbrennungsrohr mit der stationären Füllung beschickt. Dazu wird erst ein Quarzwollebausch von 5 cm Länge so weit ins Rohr geschoben, daß er vorne einige Millimeter aus dem Platinofen herausragt; anschließend wird die 100 mm lange Platindrahtnetzrolle vom Rohrende aus eingeschoben und darauf noch eine etwa 4 bis 5 mm lange Quarzwolleschicht, die mit dem Platinofen abschließen soll.

Die Silberdrahtnetzrolle wird vor der ersten Benutzung mit konz. Schwefelsäure bis zur Schwefeltrioxidentwicklung erwärmt und mit heißem Wasser so lange ausgewaschen, bis das Waschwasser keine Silberreaktion mehr zeigt. Nach dem Eintauchen in Methanol und Ether und anschließendem Trocknen ist sie einsatzbereit.

Das gefüllte Rohr wird in die Heizbrenner eingeschoben und auf der Apparatur spannungsfrei befestigt. Dann werden die Öfen angeheizt und der Sauerstoffstrom auf etwa

12 ml/min eingeregelt. Nun schiebt man vom Rohrausgang die vorbereitete Silberdrahtnetzrolle bis in die Mitte des „Silberofens" und führt das Substanzschiffchen von der anderen Seite bis 5 cm vor den Platinkontakt ein. Metall-, fluor- und phosphorhaltige Verbindungen werden in einem langen Schiffchen abgewogen, mit Vanadinpentoxid* überschichtet und in einem Schutzröhrchen** in das Verbrennungsrohr geschoben. Nachdem man das Rohr wieder mit dem Stopfen verschlossen hat, wird der bewegliche Brenner angeheizt, etwa 8 cm vor der Endstellung über das Rohr geklappt und der automatische Brennervorschub eingeschaltet. Ist die Verbrennung nach etwa 15 min beendet, wird das Innere des hinteren Rohrendes durch Auswischen mit Kongopapier sorgfältig von sauren Kondensaten befreit. Das Kongopapierstreifchen wickelt man um einen Glasstab, über den ein Schlauchstückchen gezogen ist.

Man zieht den Silberkontakt unter Verwendung eines Glasstabs mit hakenförmigem Ende aus dem Rohr, setzt ihn in den angeheizten Extraktionsapparat ein und läßt im Extraktionszylinder das Wasser soweit hochsteigen, bis die Silberdrahtnetzrolle ganz eintaucht. Nach 3 min Extrahieren bläst man das Wasser mit dem abgelösten Silbersulfat in den Titrierkolben und läßt aus dem Vorratsgefäß wieder frisches Wasser in den Zylinder einlaufen, wobei man den Titrierkolben unter der Mündung des Ablaufrohres beläßt, um eventuell abfallende Tropfen aufzufangen. Das zweite Mal wird ebenfalls 3 min extrahiert, für die 3. und 4. Extraktion genügt jeweils 1 min. Die im Titrierkolben vereinigten Eluate werden auf Raumtemperatur abgekühlt, mit 5 ml verdünnter Schwefelsäure, 2 ml Stärkelösung und 0.2 ml Iodlösung versetzt und unter magnetischer Rührung mit 0.02 N Kaliumiodidlösung auf den Iod-Stärke-Endpunkt titriert (s. Titerstellung-Reagenzien).

Der von Silbersulfat befreite Silberkontakt wird aus dem Extraktionsapparat genommen, mit Methanol und Ether gewaschen, getrocknet und für die nächste Analyse bereitgelegt. Im Anschluß an das Verbrennen halogenhaltiger Substanzen muß allerdings nach Ablösen des Silbersulfats die Silberhalogenidschicht vor Weiterverwendung des Silberkontaktes entfernt werden.

Chlor- und Bromsilber werden mit 10%igem Ammoniak, Silberiodid mit Thiosulfatlösung abgelöst. Im letzteren Fall muß das anhaftende Thiosulfat vom Silberdrahtnetz sehr sorgfältig ausgewaschen werden, wobei das letzte Waschwasser eine verdünnte Stärkelösung, die mit einer Spur 0.1 N Iodlösung blau angefärbt ist, nicht entfärben darf.

In der Serie wird während der Verbrennung die Titration der vorhergehenden Analyse durchgeführt und die nächste Analyse vorbereitet. Unter Verwendung von drei Silberkontakten arbeitet man in dieser Reihenfolge: Nach Beendigung der ersten Verbrennung im Rohr Kontakt I durch Kontakt II ersetzen und neues Substanzschiffchen ins Rohr einschieben. Während die zweite Verbrennung läuft, Kontakt I extrahieren, titrieren und Einwaage für die dritte Verbrennung vorbereiten. Nach der zweiten Verbrennung Kontakt II gegen III austauschen, neue Substanzeinwaage ins Rohr bringen und die dritte Verbrennung einleiten usw. Es läßt sich auf diese Weise alle 20 min eine Analyse durch-

---

* Nach der Analyse entfernt man das geschmolzene Vanadinpentoxid, indem man etwas Soda-Salpetergemisch zugibt und über einer kleinen Flamme vorsichtig schmilzt. Die Schmelze läßt sich dann leicht mit heißem Wasser herauslösen.
** Das Schutzröhrchen ist ein dünnwandiges, 5 cm langes Quarzröhrchen, das an einem Ende mit einem Griff versehen ist. Es verhindert Verunreinigungen des Verbrennungsrohres durch überschäumendes Vanadinpentoxid.

führen. Im allgemeinen werden nach dieser Methode auch in flüssigen und schwefelreichen Substanzen gute Analysenwerte erzielt. Störungen (VECERA 1955) traten bisher nur bei der Analyse von Silber-, Blei- und Bariumsalzen von Sulfosäuren auf.

Berechnung

1 ml 0.02 N Kaliumiodidlösung entspricht 0.3206 mg Schwefel.

$$\% \text{ S} = \frac{\text{ml } 0.02 \text{ N KI} \cdot 0.3206 \cdot 100}{\text{mg Substanzeinwaage}}.$$

46.6 Potentiometrische Sulfat-Titration mit Bleiperchloratlösung in dioxanischer Lösung

Prinzip (SELIG 1974). Nach Substanzaufschluß in der O_2-Flasche – mit Natriumnitritlösung als Absorptionsmedium (neutrale oder alkalische Peroxidlösung vergiftet die Pb-ISE!) – wird Sulfat in 60%iger dioxanischer Lösung bei pH 4 bis 6.5 mit 0.01 N Bleiperchloratlösung potentiometrisch mit Hilfe einer blei-ionen-sensitiven Elektrode titriert. Auch bei Ortho-Phosphat-Überschuß ist nach SELIG (1975) die Titration möglich.

Reagenzien und Geräte

Potentiometrische Titriereinrichtung (s. Kap. 6.1).
Indikatorelektrode: Pb-ISE, ORION Modell 94-82.
Bezugselektrode: Double-junction, ORION Modell 90-02 mit Nitratableitung.
Bleiperchloratlösung, 0.01 N: 4.6 g des Trihydrats werden in Wasser zum Liter gelöst; die Lösung wird mittels eines pH-Meters mit verdünnter Perchlorsäure auf pH 4.8 bis 5.0 eingestellt.

Ausführung. Reine Sulfatlösungen oder solche, die nach Substanzaufschluß im Rohr oder in der O_2-Flasche erhalten werden – wobei Natriumnitrit zur Oxidation der Schwefeloxide verwendet wird, da Perhydrol die hier verwendete Indikatorelektrode vergiftet –, werden, nach Entfernen des überschüssigen Nitrits, mit HCl oder NaOH auf pH 4 bis 6.5 eingestellt. Dann setzt man soviel 1,4-Dioxan zu, bis die Lösung daran 60%ig ist und titriert mit 0.01 N Bleiperchloratlösung die Sulfat-Ionen potentiographisch; der Potentialsprung wird über den Papierausdruck oder direkt mit einem automatischen Titrator ausgewertet. Die Titerstellung der Bleimaßlösung erfolgt gegen Natriumsulfat p.a. Der Titer der 0.01 N Bleiperchloratlösung ist 0.32 mg S/ml.

Ist *Fluorid in der Aufschlußlösung vorhanden,* wird es mit Borsäure in geringem Überschuß komplexiert.

Sind *Fluorid und Chlorid in der Aufschlußlösung anwesend,* wird anstatt mit Borsäure mit 3 bis 4 Tropfen 70%iger Perchlorsäure angesäuert, durch Kochen das Volumen der Aufschlußlösung auf 20 ml reduziert, dann gekühlt, mit NaOH auf pH 4 bis 6.5 eingestellt, 30 ml 1,4-Dioxan zugesetzt und wie oben titriert.

46.7 Sulfat-Titration mit Bleinitrat gegen Dithizon

Prinzip (SOEP und DEMON 1960; WHITE 1959, 1960). Nach Aufschluß der Substanz in der Knallgasflamme wird die Reaktionslösung eingedampft und der Sulfat-Schwefel in schwach essigsaurer, 75%iger acetonischer Lösung mit 0.02 N Bleinitratlösung in Gegenwart von Dithizon als Indikator titriert. Am Äquivalenzpunkt schlägt die Farbe der Lösung von Grün (freies Dithizon) nach Rot (Bleidithizonat) um.

Die Methode eignet sich zur Bestimmung von Sulfatschwefelmengen von 5 bis 600 µg. Bei einem Schwefelgehalt unter 50 µg verläuft die Titration nur schleppend, deshalb wird in diesem Fall vor der Titration mit einer 100 µg S entsprechenden Menge Kaliumsulfatlösung aufgestockt. Die Titration wird gestört: durch alle mit Dithizon reagierenden Schwermetalle und durch Neutralsalze, insbesondere Chloride und Phosphate, die den Äquivalenzpunkt verschieben und sich bei der Titration wie Sulfate verhalten. Kleine Mengen Natriumnitrat (bis zu 50 mg) stören nicht.

Enthält die Reaktionslösung Phosphate, müssen diese vor der Titration als Magnesiumammoniumphosphat gefällt und der Niederschlag abzentrifugiert werden. Alle übrigen Störungen lassen sich ausschalten, wenn man die Reaktionslösung über einen Kationenaustauscher laufen läßt und das Eluat nach Zugabe von 50 mg Natriumnitrat zur Trockene eindampft. Im Eindampfrückstand evtl. verbliebene Chloride werden durch erneutes Eindampfen mit einigen Tropfen Salpetersäure entfernt.

Reagenzien

Kaliumsulfat-Stammlösung: 2.178 g Kaliumsulfat (bei 120 °C getrocknet) werden im kleinen Becherglas gewogen, in Wasser gelöst, quantitativ in einen 1 l-Meßkolben übergespült, mit Wasser zur Marke aufgefüllt und durchgemischt. Diese Lösung enthält 400 mg Sulfat-Schwefel im Liter.

Sulfat-Aufstocklösung: 50.00 ml Kaliumsulfat-Stammlösung und 10 ml Dinitrophenollösung werden im 1 l-Meßkolben vereinigt, mit Wasser zur Marke aufgefüllt und durchgemischt. 5.00 ml dieser Lösung enthalten 100 µg Sulfatschwefel.

Aufstocklösung ohne Sulfat: In einer 1-l-Flasche werden 10 ml Dinitrophenollösung vorgegeben und mit Wasser auf 1 l aufgefüllt.

Dinitrophenollösung: 500 mg γ-Dinitrophenol werden in 500 ml Aceton gelöst.

PAN-Lösung: 10 mg 1-(2-Pyridyl-azo-)2-naphthol (PAN) werden in einer Tropfflasche in 100 ml Aceton gelöst.

Essigsäure/Aceton-Gemisch: Zu 1 l Aceton werden 13.3 ml Eisessig zugemischt.

Dithizonlösung: Man löst 50 mg Diphenylthiocarbazon (Dithizon) in einer braunen Tropfflasche in 100 ml Aceton.

Salpetersäure ca. 0.02 N: 0.1 ml konz. Salpetersäure mischt man in einer Tropfflasche mit 100 ml Wasser.

Ammoniak ca. 0.02 N: 0.1 ml konz. Ammoniak mischt man in einer Tropfflasche mit 100 ml Wasser.

Bleinitratlösung 0.02 N: 3.312 g Pb(NO₃)₂ löst man im Meßkolben mit Wasser, füllt auf 1 l auf und mischt durch. Die Titration wird mit einer Ultramikrobürette durchgeführt, die die Ablesung einzelner Mikroliter gestattet.

Kationenaustauscher: Zur Abscheidung von Schwermetallspuren wird ein stark saurer Kationenaustauscher (Permutit RS, Lewatit S 100, Dowex 50 W) verwendet. 1 l gequollener Austauscher wird in eine entsprechende Austauschersäule gefüllt, in deren Ablauf man zur Abdichtung einen kleinen Glaswollepfropfen gesteckt hat. Nun gibt man 5 ml 3%ige Salzsäure über den Austauscher und wäscht anschließend den Säureüberschuß mit Wasser aus. Der Kationenaustauscher ist nun gebrauchsfähig und wird unter Wasser in einer verschlossenen Flasche aufbewahrt.

Natriumnitratlösung, 1%ig: Man löst 1 g Natriumnitrat in 100 ml Wasser.

Titrationsvorschrift

1. Bei der Verbrennung wird die Absorptionslösung in einem birnenförmigen Vorlagekölbchen aus Quarzglas gesammelt. Für die Endbestimmung mit Bleinitrat ist es günstig, daß die nach *Aufschluß in der Knallgasflamme* anfallende Reaktionslösung fast immer frei von Schwermetallionen und Neutralsalzen ist.
Nach Zugabe von 1 ml Natriumnitratlösung (= 10 mg NaNO₃) wird die Reaktionslösung im Rotationsverdampfer bis fast zur Trockene eingedampft. Säurereste und letzte Feuchtigkeitsspuren werden im Vakuum-Trockenschrank bei 150 °C entfernt.
2. Den Trockenrückstand löst man in 5.00 ml Sulfat-Aufstocklösung und stellt mit 0.02 N Ammoniak bzw. 0.02 N Salpetersäure auf Umschlag des Dinitrophenols auf Gelb ein. Nun gibt man zur Prüfung auf Schwermetalle zwei Tropfen PAN-Lösung zu und mischt durch. Färbt sich die Lösung rot, sind Schwermetalle anwesend, die vor der Weiterverarbeitung nach (4) entfernt werden müssen. Bleibt die Lösung gelb oder wird nur leicht orange, wird wie folgt weiterverfahren:
Zum Inhalt des Vorlagekölbchens gibt man 15 ml Essigsäure/Aceton-Gemisch und 5 bis 7 Tropfen Dithizonlösung zu. Unter Rühren titriert man mit Bleinitratlösung, bis die Farbe über Graublau zum ersten bleibenden Rot umschlägt. Zum Schluß muß langsam titriert werden. Man verwendet zur Titration eine Mikrobürette (mit μl-Dosierung). Den Verbrauch an Bleinitratlösung liest man an der Mikrobürette ab (Verbrauch = a μl).
3. Titration der Sulfat-Aufstocklösung: 5.00 ml Sulfat-Aufstocklösung, 2 Tropfen PAN-Lösung, 15 ml Essigsäure/Aceton-Gemisch und 5 bis 7 Tropfen Dithizon werden im Vorlagekölbchen gemischt und wie oben mit Bleinitratlösung titriert (Verbrauch = b μl).
4. Abtrennung der Schwermetalle: Eine kleine Austauschersäule wird mit etwa 5 ml Kationenaustauscher beschickt und die Füllung mit etwa 50 ml Wasser durchgewaschen.
Dann wird die unter (2) angefallene, Schwermetalle enthaltende Lösung über die Säule gegeben und der Ablauf im Vorlagekölbchen aufgefangen. Man wäscht mit mehreren Anteilen Wasser nach, bis der Gesamtablauf etwa 50 ml beträgt. Um beim Eindampfen Sulfatverluste zu vermeiden, setzt man dem Kölbcheninhalt 1 ml Natriumnitratlösung zu und dampft, wie unter (1) beschrieben, zur Trockene ein.

Den Trockenrückstand löst man in 5.00 ml „Aufstocklösung ohne Sulfat", stellt die Lösung wie unter (2) auf Gelbumschlag ein und verfährt weiter wie dort angegeben.
5. Faktorbestimmung der Bleinitratlösung: Man dampft 1.00 ml Kaliumsulfatlösung (= 400 µg S) im Vorlagekölbchen zur Trockene und arbeitet weiter nach (2) (Verbrauch = c µl).

Berechnung

$$f = \frac{400}{c-b}.$$

1 µl Bleinitratlösung entsprechen etwa 0.32 µg S.
a = µl Verbrauch an Bleinitratlösung bei der Titration der Probe
b = µl Verbrauch an Bleinitratlösung bei der Titration der Sulfat-Aufstocklösung
c = µl Verbrauch an Bleinitratlösung bei der Titration von 1.00 ml Kaliumsulfat-Stammlösung (= 400 µg S)
f = Faktor der Bleinitratlösung
$(a-b) \cdot f$ = µg S

$$\frac{\mu g\ S}{\text{Gramm Einwaage}} = \text{ppm Schwefel}.$$

Anwendungsbeispiele (Sulfatbestimmung durch „Dithizon-Titration"). Wird Schwefel destillativ (s. Kap. 47.3) als H_2S oder SO_2 abgetrennt, werden zur Absorption und Oxidation des Schwefels zu Sulfat 20 ml H_2O, 0.2 ml NaOH und 1 bis 2 Tropfen 30%iges H_2O_2 vorgelegt. Nach beendeter reduktiver Destillation wird die Absorptionslösung in ein 100 ml-Becherglas ausgespült, mit 3 bis 5 Tropfen konz. HNO_3 versetzt, auf einer Heizplatte zur Trockene eingedampft und im Rückstand das Sulfat, wie oben beschrieben, mit Bleinitrat gegen Dithizon titriert.

Bestimmung der freien Schwefelsäure in Streptomycinsulfaten. Sulfat-Ionen werden in dieser Matrix mit Bleichloridlösung in acetonischer Lösung titriert (DGF Einheitsmethode Abteilung H/H III/8/63). H_2SO_4 und H_2SO_3 können so in Streptomycinderivaten sofort direkt bestimmt werden.

46.8 Bestimmung von Sulfat-Spuren durch Trübungstitration

Prinzip (WICKBOLD 1957). In etwa 90%igem Methanol reagieren Sulfat- mit Barium-Ionen unter spontaner Ausfällung von Bariumsulfat. Die Form des Niederschlags und damit seine Lichtabsorption läßt sich durch bestimmte Neutralsalze ($MgCl_2$ und NH_4Cl) erheblich beeinflussen. Die mit diesen Zusätzen versehene methanolische Lösung wird mit stark verdünnter Bariumchloridlösung titriert und dabei die Zunahme der Bariumsulfat-Trübung beobachtet. Trägt man die jeweils gemessene Extinktion gegen den Reagenzverbrauch auf, erhält man Kurven, die im Äquivalenzpunkt einen gut auswertbaren Knick zeigen (Abb. 46-5). Diese Methode ist sehr spezifisch und empfiehlt sich vor allem

46.8 Bestimmung von Sulfat-Spuren durch Trübungstitration

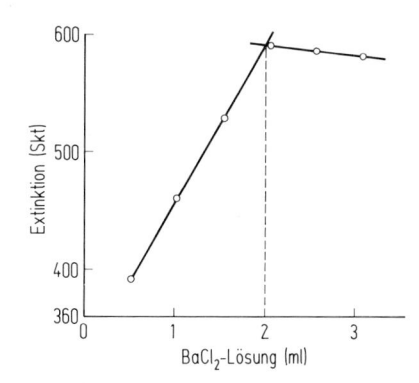

Abb. 46-5. Trübungstitrationskurve (Diagramm einer Trübungstitration von 100 µg Schwefel).

dann, wenn die Indikatormethoden aufgrund größerer Mengen störender Anionen (NO_3^-, Cl^-, PO_4^{3-} usw.) versagen.

Beim Übergang von wäßriger auf vorwiegend methanolische Lösung muß die Reaktionslösung zuvor eingedampft werden. Hierbei fügt man etwas Natriumchlorid zu, um die freie Schwefelsäure als Natriumsulfat zu fixieren. Der optimale Arbeitsbereich der Titration liegt zwischen 50 und 300 µg S. Kleinere Mengen bis etwa 10 µg lassen sich noch hinreichend genau titrieren, wenn man mit 100 µg S aufstockt.

Zur Extinktionsmessung der Bariumsulfat-Trübung eignet sich gut ein Photometer (nach KORTÜM, LANGE oder EPPENDORF), das das Arbeiten mit geräumigen Küvetten zuläßt.

Die Lösung wird in eine rechteckige Trogküvette gefüllt, die bis zur Marke 33 ml faßt. Sie kann zusätzlich noch etwa 12 ml Titrierflüssigkeit aufnehmen. Die Maßlösung wird aus einer 10-ml-Mikrobürette in 0.5-ml-Portionen zugegeben. Nach jedem Zusatz wird mit einem Glasstab gerührt und anschließend die Extinktion abgelesen. Die Auswertung erfolgt graphisch durch Auftragen der Extinktion gegen den Verbrauch.

Reagenzien und Lösungen

Aufstocklösung: 1 g NaCl p.a., 62.4 ml 0.01 N H_2SO_4 auf 1 l aufgefüllt; 1 ml dieser Lösung enthält 10 µg S und 1 mg NaCl.

NaCl-Lösung: 10 g NaCl p.a./1 l; 1 ml enthält 10 mg NaCl p.a.

Elektrolytlösung: 200 g $MgCl_2 \cdot 6 H_2O$ + 35 g NH_4Cl p.a./1 l; NH_3 hinzugeben, bis pH 8 bis 8.2 erreicht ist.

Bariumchlorid-Titrierlösung: 0.382 g $BaCl_2 \cdot 2 H_2O$ p.a./1 l; 1 ml entspricht genau 50 µg S.

Methanol, rein, dest. bzw. p.a.-Qualität.

Arbeitsvorschrift. Die Reaktionslösung wird, wenn erforderlich, zunächst filtriert, dann als Ganzes oder ein aliquoter Teil eingedampft, nachdem man entweder – bei sehr kleinen Sulfatmengen – genau 10 ml Aufstocklösung oder – bei Mengen über 100 µg Schwefel – 1 ml NaCl-Lösung zugesetzt hat. Im Rotationsverdampfer oder in einem Vakuumtrockenschrank wird unter Ausschluß schwefelhaltiger Dämpfe bis zur Trockene eingedampft. Letzte Feuchtigkeitsspuren werden im Trockenschrank bei 150 °C entfernt. Der Rückstand darf nicht mehr nach Salzsäure riechen. Er wird in 3 ml Elektrolytlösung und etwa 10 ml Methanol gelöst und in eine Titrierküvette gespült. Durch Nachspülen mit 2×10 ml Methanol erhält man 33 ml 90%ige methanolische Lösung. Beim Spektralphotometer nach KORTÜM haben die 2-cm-Titrierküvetten bis zur Marke gerade dieses Volumen. Nach dem Einsetzen der Küvette in das Photometer wird gemessen. Vor die Lichtquelle setzt man ein Blaufilter (BG 12 von SCHOTT) und kompensiert das Gerät mit der zunächst noch klaren Lösung. Aus einer Mikrobürette mit 10-ml-Gesamtinhalt läßt man 0.5 ml Bariumchloridlösung zulaufen, streift mit einem Glasstab den etwa anhaftenden Tropfen ab und bringt ihn in die Küvette. Es wird gerührt, der Glasstab herausgenommen und dann die Extinktion gemessen. Die Titration wird fortgesetzt, bis 3 oder 4 Punkte erhalten werden, bei denen die Extinktion nicht mehr zunimmt. Man trägt die Meßpunkte in Abhängigkeit vom Reagenzverbrauch auf. Die Kurve besteht aus zwei linearen Ästen, deren Schnittpunkt ergibt den Äquivalenzpunkt. Vom Reagenzverbrauch werden gegebenenfalls genau 2 ml für die Vorgabe der 100 µg Schwefel abgezogen. Der verbleibende Reagenzverbrauch, mit 50 multipliziert, ergibt die µg Schwefel, die in der Lösung vorhanden waren.

46.9 Ionenchromatographische Bestimmung von Sulfat- und anderen Schwefel-Anionen

Prinzip (SMALL et al. 1975). Sulfat-Ionen und viele andere Anionen können ionenchromatographisch mit einem Leitfähigkeits-Detektor bestimmt werden. Diese Möglichkeit wird heute zur Sulfatbestimmung in Wässern z. B. im „sauren Regen" in großem Umfang routinemäßig genutzt (s. dazu Abb. 6-5, Kap. 6.3). Nach VON SUNDEN et al. (1983) können Sulfat-, Sulfit- und Thiosulfat-Ionen leicht ionenchromatographisch durch stufenweise Gradientenelution voneinander getrennt und nacheinander mit dem Leitfähigkeits-Detektor bestimmt werden. Den apparativen Aufbau zeigt schematisiert Abb. 46-6, die Trennbedingungen Tab. 46-2. Das Ionen-Chromatogramm (Abb. 46-7) veranschaulicht

Tab. 46-2. Trennbedingungen.

Variablen	$[NaHCO_3]_A$, $[Na_2CO_3]_A$, $[NaHCO_3]_B$, $[Na_2CO_3]_B$
Gesamtströmung	3.4 ml min^{-1}
Strömung* Eluens B	3.0 ml min^{-1}
Trennsäule	2 Dionex Vorsäulen (4×50) mm in Serie
Suppressor-Säule	(5.7×300) mm AMBERLITE AG, 100–200 mesh
Probenschleife	200 µl
Probe	50 ppm SO_3^{2-}, 25 ppm SO_4^{2-}, 100 ppm $S_2O_3^{2-}$

* Die peristaltische Pumpe wird 3 min nach Injektion eingeschaltet.

46.9 Ionenchromatographische Bestimmung von Sulfat- und anderen Schwefel-Anionen

die gute Trennung der drei Schwefel-Anionen durch Gradientenelution. Die Sulfit-Testlösung wird nach einem Vorschlag von LINDGREN et al. (1982), um die Oxidation zum Sulfat zu verhindern, aus $HOCH_2SO_3Na$ (98% ALDRICH) hergestellt.

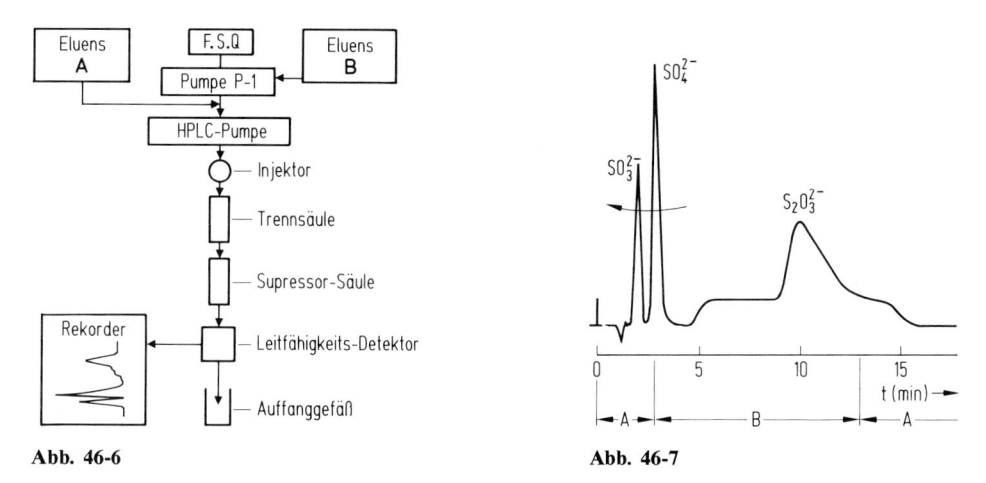

Abb. 46-6. Schematische Darstellung des Ionenchromatographen zur Bestimmung der Schwefel-Anionen.

Abb. 46-7. Ionenchromatogramm von SO_3^{2-}, SO_4^{2-} und $S_2O_3^{2-}$-Ionen mit Gradientenelution. Durch einfache Optimierung wurde die beste Eluenten-Zusammensetzung gefunden: für Eluens A 4.8 mM $NaHCO_3$/4.7 mM Na_2CO_3, für Eluens B 7.2 mM $NaHCO_3$/9.1 mM Na_2CO_3.

47 Schwefelbestimmung nach reduktivem Substanzaufschluß zu Sulfid

47.0 Allgemeines

Organisch und auch anorganisch gebundener Schwefel kann reduktiv in Sulfid umgewandelt werden durch:

– Alkalischmelze (Kap. 47.1).
– pyrolytische Umsetzung der Substanz im Wasserstoffstrom (Kap. 47.2).
– reduktiven Naßaufschluß mit Iodwasserstoffsäure/unterphosphoriger Säure (Kap. 47.3).

47.1 Iodometrische Schwefelbestimmung nach Schmelzaufschluß mit Kalium

Allgemeines. In der Regel wird die Substanz mit Kalium aufgeschmolzen, obwohl auch Natrium, Lithium und Magnesium dazu geeignet sind. Dieser Aufschluß hat für die mikro- und spurenanalytische Schwefelbestimmung noch Bedeutung, wenn Schwefel in schweraufschließbarer Matrix vorliegt. Nach BÜRGER (1941, 1942) und ZIMMERMANN (1944, 1952) wird das *Sulfid* anschließend *iodometrisch* bestimmt.

Prinzip. Die organische Substanz wird mit metallischem Kalium aufgeschmolzen, wobei sich Schwefel – unabhängig von der Bindungsart – zu Kaliumsulfid umsetzt. Mit Säure wird daraus Schwefelwasserstoff in Freiheit gesetzt, der im Wasserstoffstrom in eine Vorlage mit Cadmiumacetat übergetrieben und als Cadmiumsulfid gebunden wird. Die Titration des Sulfids erfolgt iodometrisch:

$$K_2S + 2\,HCl \rightarrow H_2S + 2\,KCl$$
$$H_2S + I_2 \rightarrow 2\,HI + S\downarrow .$$

Die Nachweisreaktion nach VOHL (1863), bei der durch Schmelzen der organischen Substanz mit Kalium der Schwefel, gleich welcher Bindung, in Kaliumsulfid übergeht, hat BÜRGER (1941, 1942) zu einer quantitativen Bestimmungsmethode weiterentwickelt. Diese Methode liefert noch häufig zu hohe Werte, da bei der iodometrischen Sulfidbestimmung direkt in der Aufschlußlösung auch Kohle und Crackprodukte – die beim Kaliumaufschluß entstehen – einen geringen Iodverbrauch verursachen. Durch destillative

Abtrennung des Schwefelwasserstoffes aus der Aufschlußlösung hat ZIMMERMANN (1944, 1948, 1950, 1952) diese Fehlerquelle beseitigt. Die Methode ist in dieser Form universell anwendbar, auch auf Substanzen, die noch andere Heteroatome, wie Phosphor und Halogene, enthalten.

Reagenzien

Kalium (metallisch in Kugeln): Die Kugeln werden ohne vorherige mechanische Reinigung für einige Minuten in Ligroin gelegt, dem einige Tropfen Amylalkohol zugesetzt sind. Sind sie blank, bringt man sie in reines Ligroin und zerschneidet sie unter der Flüssigkeitsoberfläche mit einem scharfen Messer in 120 bis 150 mg schwere Stückchen, die bis zur Entnahme für die Analyse in einer Vorratsflasche (Pulverglas) unter Ligroin aufbewahrt werden.

Titantrichlorid, 15%ige wäßrige Lösung.

Natriumhydroxid, Plätzchenform.

Zersetzungssäure: Halbkonz. Salzsäure durch Mischen von 1 Teil konz. Salzsäure mit dem gleichen Volumen frisch ausgekochtem, kaltem dest. Wasser. Zu dieser Lösung wird so viel Titantrichloridlösung zugesetzt, bis die leuchtend violette Färbung bestehen bleibt. Titantrichlorid verhindert, daß Sauerstoffspuren mit der Salzsäure in das Zersetzungskölbchen gelangen.

Absorptionslösung: 50 g Cadmiumacetat ($Cd(CH_3COO)_2 \cdot 2H_2O$ p.a.) und 400 g Natriumacetat ($CH_3COONa \cdot 3H_2O$ p.a.) werden in 1 l frisch ausgekochtem dest. Wasser gelöst. Die Cadmiumacetat-Konzentration wird so hoch gewählt, damit der Schwefelwasserstoff möglichst bereits in den unteren Kugeln der Vorlage absorbiert wird. Natriumacetat dient zur Pufferung überdestillierter Salzsäure; es bewirkt auch zusammen mit der Salzsäure, daß das Cadmiumsulfid schleimig abgeschieden wird, dadurch nicht an der Glaswand haftet und so leicht in das Titriergefäß gespült werden kann.

0.02 N Kaliumiodat- oder Kaliumbiiodatlösung: 0.71339 g Kaliumiodat oder 0.64991 g Kaliumbiiodat werden in einen 1-l-Meßkolben gegeben und mit frisch ausgekochtem dest. Wasser zur Marke aufgefüllt. Die Lösungen werden in automatischen Mikrobüretten aufbewahrt.

Natriumthiosulfat: 0.02 N (Herstellung und Titerbestimmung s. Kap. 53.1).
Kaliumiodid p.a., 10%ige wäßrige Lösung.
Stärkelösung nach BALLCZO und MONDL (1951): 70 ml Wasser wird mit 0.1 bis 0.2 g Salicylsäure p.a. versetzt und zum Sieden erhitzt. Nach dem Erkalten wird diese Lösung mit Kaliumchlorid p.a. gesättigt. 1 g lösliche Stärke p.a. werden dann in 20 ml Wasser durch Kochen (etwa 5 min) gelöst und mit 80 ml der gesättigten Kaliumchlorid-Salicylsäurelösung vereinigt, 24 h stehengelassen und, wenn nötig, filtriert. Diese Lösung ist monatelang haltbar. Zur Titration werden etwa 5 Tropfen Stärkelösung/10 ml Titrierlösung verwendet.
Methanol.
Schwefelsäure: 1:4.
Wasserstoff oder Stickstoff aus Stahlflaschen als Treibgas.
Siliciumcarbidkristalle als Siedesteine.

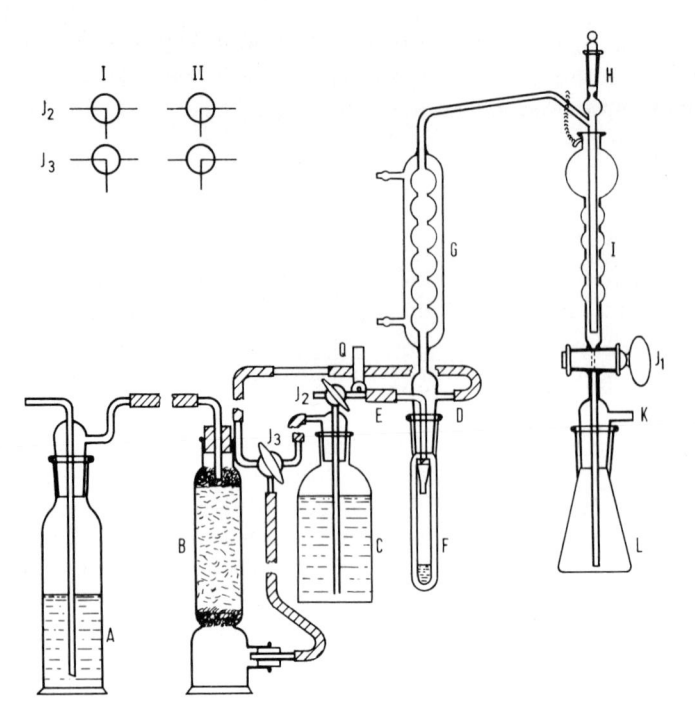

Abb. 47-1. Apparatur zur Schwefelbestimmung nach W. ZIMMERMANN. Lieferfirma: P. HAACK.
A Waschflasche mit Titantrichloridlösung, *B* Trockenturm, *C* Vorratsgefäß mit Zersetzungssäure, *D* Wasserstoffeingang, *E* Zersetzungssäurezulauf, *F* Zersetzungskölbchen, *G* Rückflußkühler, *H* Schliffstopfen auf Gaseinleitungsröhrchen, *I* Absorptionsvorlage, J_1 Ablaßhahn, J_2, J_3 Dreiweghähne, *K* Schliffkappe mit Gasauslaßrohr, *L* Titrierkolben, *Q* Quetschhahn.

Apparatives. Die Substanz wird mit Kalium im Reaktionsröhrchen* aus Hartglas aufgeschlossen. Für Substanzmengen bis etwa 5 mg verwendet man Röhrchen mit einer Länge von mindestens 80 mm und 6 mm lichter Weite, Wandstärke 1 mm. Bei Schwefelgehalten unter 1% werden höhere Substanzeinwaagen (bis zu 25 mg) mit einem etwa 200 mg schweren Kaliumstückchen aufgeschlossen und dazu Reaktionsröhrchen von 8 mm lichter Weite und 1.2 mm Wandstärke verwendet. Die Schmelze wird in der auf Abb. 47-1 gezeigten Apparatur mit Säure zersetzt und der dabei entstehende Schwefelwasserstoff mit Wasserstoff in die Vorlage gespült. Die Apparatur* besteht aus Reinigungsanlage, Zersetzungskölbchen mit Kühler, Absorptionsvorlage und Titrierkolben. Der Wasserstoff wird mit Hilfe eines empfindlichen Nadelventils direkt einer Stahlflasche entnommen und zur Reinigung durch eine Schraubenwaschflasche (A), die mit 15%iger wäßriger Titantrichloridlösung beschickt ist, und durch einen mit plätzchenförmigem Ätznatron gefüllten Trockenturm (B) geführt.

Durch einen Dreiweghahn (J_3) kann der aus der Reinigungsanlage austretende Wasserstoff entweder direkt über das Schlauchstück mit Schraubenquetschhahn (Q) in das

---

* Lieferfirma: P. HAACK.

Zersetzungskölbchen (F) geleitet werden, oder er drückt nach Drehen der Hähne (J_{2+3}) die Zersetzungssäure aus der Vorratsflasche (C) in das Zersetzungskölbchen (F).

Zur Analyse werden nur Zersetzungskölbchen und Vorlage gewechselt; alle übrigen Teile bleiben immer mit der Reinigungsanlage verbunden.

Das Zersetzungskölbchen (F), etwa 140 mm lang und mit einer lichten Weite von 18 mm, ist aus Quarzglas und mittels Schliff mit dem Kühler verbunden. Um Siedeverzüge zu verhindern, ist an der Innenwandung des runden Bodens bis zu einer Höhe von 10 mm Quarzgrieß angeschmolzen. Der Rückflußkühler (G) geht in die Gaseinleitkapillare (H) über, die oben einen Schliffstopfen trägt, nach dessen Entfernung das Gaseinleitungsrohr innen ausgespült werden kann. Die vier unteren gleich großen Kugeln der Absorptionsvorlage fassen zusammen 10 ml Absorptionslösung. Die obere Kugel von 40 mm Durchmesser ist zu Beginn der Analyse noch leer. Beim Durchleiten des Wasserstoffs wird aus jeder Kugel etwa ein Drittel des Volumens der Absorptionslösung in die obere Kugel gedrängt. Der Spielraum zwischen Gaseinleitungsrohr (H) und Verjüngungsstellen der 4 kleinen Kugeln sollte 0.5 mm betragen. Bei zu engem Spielraum würde die ganze Absorptionslösung in die oberste Kugel gedrückt, bei zu weitem der Wasserstoff nicht genügend gewaschen, die Absorption unvollständig. Die Absorptionslösung wird direkt in den Titrierkolben (L) abgelassen. Zu diesem Zweck ist unter den Kugeln ein Glashahn (J_1) und anschließend ein Schliffkern, der in die Schliffhülse des Titrierkolbens paßt. Das Einleitungsrohr endet etwa 0.5 mm über dem Boden des Titriergefäßes. An der Schliffkappe ist ein kurzes Entlüftungsröhrchen (K) angebracht.

Arbeitsvorschrift. Die sorgfältig gereinigte Zersetzungsapparatur wird am Kühler in ein Stativ eingespannt und mit der beschickten Reinigungsanlage durch einen Schlauch gasdicht verbunden. Eine kleine Wasserstoffbombe wird so aufgestellt, daß das Trägergas der Reinigungsanlage auf kürzestem Wege zugeführt werden kann.

Einwaage: Von Festsubstanzen werden etwa 3 bis 5 mg im langstieligen Wägeröhrchen, dessen Stiel länger als das Reaktionsröhrchen ist, abgewogen. Die Substanz gelangt quantitativ auf den Boden des Reaktionsröhrchens, wenn man es senkrecht mit der Mündung nach unten hält und das Wägeröhrchen bis an den Boden hineinschiebt. Anschließend wird das Reaktionsröhrchen um 180° gekippt, das Wägeröhrchen abgeklopft, herausgezogen und zurückgewogen. Ölige und pastenartige Substanzen wägt man in kleinen Glasnäpfchen ein, Flüssigkeiten in Kapillaren aus Phosphatglas.

Aufschluß: Beim Aufschluß (**Schutzbrille!**) darf zunächst nur das Kalium schmelzen, die Analysensubstanz dabei nicht miterhitzt werden. Das Kalium muß aus diesem Grund bei Schmelzbeginn so weit von der Substanz entfernt sein, daß ein Wärmeübergang dorthin zunächst nicht stattfindet. Man entnimmt der Vorratsflasche mit einer Pinzette ein etwa 120 bis 150 mg schweres Kaliumstück (bei Spurenbestimmungen 200 mg), befreit es von anhaftendem Ligroin durch leichtes Pressen zwischen Filterpapier und formt es dabei so, daß es bequem in das Reaktionsröhrchen hineinpaßt. Zum Aufschluß von festen Substanzen spießt man das gepreßte Kaliumstückchen auf ein ca. 25 mm langes und 0.5 mm starkes Glasstäbchen (keine Kapillare) aus gewöhnlichem schwefelfreien Glas und läßt es, mit dem Glasstäbchen voran, vorsichtig in das Reaktionsröhrchen gleiten, so daß das Kalium etwa in der Mitte des Röhrchens liegt (Abb. 47-2b).

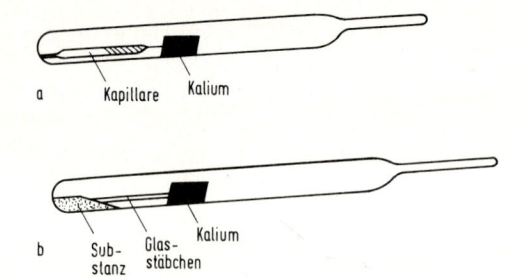

Abb. 47-2. Reaktionsröhrchen aus Glas zum Aufschluß schwefelhaltiger Substanzen; (a) für Flüssigkeiten, (b) für Festsubstanzen.

Bei Flüssigkeiten wird das Kalium auf den Stiel der Kapillare, dem man zuvor die Spitze abgebrochen hat, aufgespießt (Abb. 47-2a). Das Reaktionsröhrchen wird oben vor einer kleinen Gebläseflamme zugeschmolzen und der obere Teil des Röhrchens mit einer Pinzette abgezogen. Das zugeschmolzene Reaktionsröhrchen soll etwa 60 bis 70 mm lang sein.

Der Aufschluß wird eingeleitet, indem man das Kalium bei leicht schräg gehaltenem Röhrchen mit Hilfe einer Mikroflamme zum Schmelzen bringt. Das Reaktionsröhrchen wird dabei ständig gedreht, so daß das Kalium einen Ring an der Glaswand bildet. Auftretende organische Dämpfe rühren von Ligroin her, das aus dem Kalium herausdestilliert; sie sind ohne Belang. War das Kaliumstück zu groß, kann sich statt des Rings ein Pfropf bilden, der dann zu einem Ring geöffnet werden muß, da sonst die später auftretenden Substanzdämpfe den Kaliumpfropf nach oben treiben und die Reaktion zwischen beiden erschweren würden. Unter fortdauerndem Drehen und Erhitzen wird das Reaktionsröhrchen langsam senkrecht gestellt, wodurch das geschmolzene Kalium in Form eines sich verbreiternden Ringes auf die am Boden des Reaktionsröhrchens liegende Substanz (oder auf die dort aus der Kapillare austretende Flüssigkeit) zuläuft. Nähert sich der heiße Kaliumring der Analysensubstanz, beginnen sich die jetzt entstehenden Substanzdämpfe beim Durchdringen des Kaliumringes umzusetzen. Der Kaliumring wird unter stetem weiteren Drehen und Erhitzen bis zum Röhrchenboden heruntergeschmolzen, damit auch evtl. vorhandene unvergasbare Substanzrückstände mit dem heißen Kalium reagieren. In der Nähe des Röhrchenbodens wird so lange erhitzt, bis die Substanzrückstände vollständig mit der Kaliumschmelze durchsetzt sind. Nach Beendigung des Aufschlusses stellt man das Röhrchen zum Abkühlen in einem Metallblock ab und öffnet es erst (durch Erhitzen der Spitze in einer Mikroflamme) nach Erstarren des Kaliums. Man erfaßt das geöffnete Reaktionsröhrchen mit einer Pinzette und glüht es von allen Seiten bis zur Spitze nochmals kräftig durch. Dabei hält man es waagerecht, damit das Kalium nicht zu einem Klumpen zusammenschmilzt, der sich später nur langsam in Methanol löst. Zum Schluß wird die Kapillare wieder zugeschmolzen und das Röhrchen im Metallblock bis zur weiteren Verarbeitung abgelegt.

Nach DIRSCHERL (1957) verteilt sich das Kaliumsulfid durch das abermalige Durchglühen in horizontaler Lage gleichmäßig über die ganze innere Röhrchenwandung, was beim Absprengen zu Sulfidverlusten führen kann. Das nochmalige Durchglühen ist seines Erachtens nicht erforderlich, der obere kappenförmige Teil des Aufschlußröhrchens kann nach Absprengen verworfen werden.

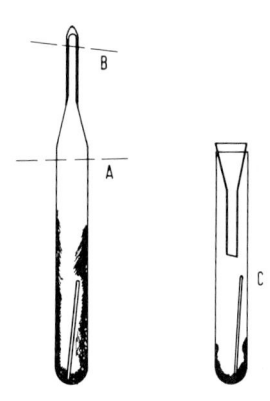

47.1 Iodometrische Schwefelbestimmung nach Schmelzaufschluß mit Kalium

Abb. 47-3. Reaktionsröhrchen. *A, B* Anritzstellen, *C* Lage während der Zersetzung.

Öffnen des Aufschlußröhrchens: Zuerst wird die Kapillare des Röhrchens angeritzt und abgebrochen. Dann ritzt man das Röhrchen etwa oberhalb der Schmelze an und sprengt es mit einem glühenden Glastropfen durch. Nach dem Durchbrechen wird der obere Teil umgekehrt, wie ein Trichter in das untere Röhrchen gestülpt (Abb. 47-3).

Destillation des Schwefelwasserstoffes: Man läßt das ineinandergestülpte Reaktionsröhrchen in das Zersetzungskölbchen gleiten und tropft Methanol in das Reaktionsröhrchen, bis das gesamte Kalium in Alkoholat umgewandelt ist. Normalerweise genügen 0.5 ml Methanol. Nach Fetten des Schliffes mit Vaseline wird das Zersetzungskölbchen an die Destillationsapparatur angeschlossen und mit Stahlfedern gesichert. Die Absorptionsvorlage wird nun so mit 10 ml Absorptionslösung beschickt, daß die vier unteren Kugeln luftfrei gefüllt sind. Das Gaseinleitungsrohr wird in die Vorlage eingeführt und diese am Einleitungsrohr mit Hilfe einer Stahlfeder oder eines Gummiringes aufgehängt. Dann wird der Schliffstopfen des Einleitungsrohres aufgesetzt und mit einem Tropfen Wasser gedichtet. Durch Einleiten von Wasserstoff wird jetzt die Luft aus der Apparatur verdrängt. Die Gasstromgeschwindigkeit wird mit dem Nadelventil so einreguliert, daß die in der Absorptionsvorlage aufsteigenden Blasen gerade noch zu zählen sind.

Nach Anstellen des Kühlwassers und etwa 2minütigem Durchleiten von Wasserstoff durch die Destillationsapparatur werden die Hähne J_2 und J_3 auf Stellung II gedreht und erst langsam, dann rascher werdend, Zersetzungssäure in das Zersetzungskölbchen gedrückt, bis der untere Teil des Reaktionsröhrchens mit Säure gefüllt, das Zersetzungskölbchen etwa halb voll ist. Jetzt auftretende weiße Nebel beeinflussen die Bestimmung nicht. Nach Zurückdrehen der Hähne J_2 und J_3 auf Stellung I durchströmt der Wasserstoff wieder die Apparatur. Um ein ruhigeres Sieden zu erreichen, wird nun das Zersetzungskölbchen mit der spitzen Flamme eines Mikrobrenners am Boden seitlich erhitzt. Siedeverzüge müssen vermieden werden, da sie zu Verlusten führen. Die Zersetzungslösung wird 5 bis 7 min in lebhaftem Sieden gehalten und während dieser Zeit der Schwefelwasserstoff in die Vorlage übergetrieben. Während der Destillation bereitet man im Titrierkolben die neutrale Iodid-Iodatlösung vor. Man legt darin 2 ml der 10%igen Kaliumiodidlösung vor, läßt aus der Bürette etwa 8 ml der 0.02 N Iodatlösung zufließen und setzt sofort den Schliffstopfen auf, der mit einem Tropfen Wasser gedichtet wird. Nach Beendigung der Destillation wird der Schliffstopfen am Gaseinleitungsrohr abgenommen, der Gummiring, an dem die Absorptionsvorlage hing, entfernt, die Vorlage gesenkt und gleichzeitig das Einleitungsrohr zuerst außen und dann innen mit Wasser in die Vorlage abgespült. Das Waschwasser sammelt sich dabei in der obersten Kugel. Nun setzt man die Vorlage mittels Schliff auf den Titrierkolben auf und läßt die mit Natriumacetat gepufferte Cadmiumsulfid-Acetatlösung in den mit der neutralen Iodid-Iodat-Lösung beschickten Titrierkolben abfließen, spült von oben nach unten mehrmals mit dest. Wasser gründlich nach, bis der Kolben schließlich zur Hälfte gefüllt ist, schwenkt zur gleichmäßigen Verteilung des Cadmiumsulfidniederschlages einige Male um und füllt die Vorlage mit der Reinigungsiodlösung. Man oxidiert damit letzte Cadmiumsulfid-Reste, die sich im und am Einleitungsrohr festgesetzt haben, wenn nötig unter weiterem Zusatz von einigen Tropfen verdünnter Schwefelsäure.

Man füllt dazu die vier unteren Kugeln der Absorptionsvorlage zuerst mit Wasser, fügt einige Tropfen der 10%igen Kaliumiodidlösung und aus der Bürette, der man bereits 8 ml Iodatlösung entnommen hat, noch etwa 1 ml hinzu und säuert sofort mit etwa 20 Tropfen der verdünnten Schwefelsäure an. Man schiebt die noch mit dem Titriergefäß verbundene Absorptionsvorlage von unten über das Gaseinleitungsrohr und hebt und senkt es abwechselnd, bis alle Cadmiumsulfidteilchen abgelöst sind. Hierauf gibt man durch den seitlichen Einfüllstutzen am Oberteil des Schliffkerns 20 ml Schwefelsäure 1 : 3 in einem Guß zu, schwenkt um und läßt dann erst durch Öffnen des Hahnes J_1 die *Reinigungsiodlösung* abfließen. Nach DIRSCHERL (1957) muß die Reaktionslösung vor dem Ablassen der Reinigungsiodlösung angesäuert werden, da andernfalls durch Oxidation des Sulfids in einem ungünstigen pH-Bereich zu hohe Werte erhalten werden. Man nimmt die Absorptionsvorlage nun vom Titrierkolben ab, spült sie, ohne den Hahn zu schließen, in den Kolben gründlich ab und verschließt den Titrierkolben mit dem Schliffstopfen. Absorptionsvorlage und Zersetzungsröhrchen sind nach dem Herauskippen des Inhalts und Nachspülen mit Wasser und Methanol ohne vorherige Trocknung, zur Beschickung für die nächste Destillation wieder bereit. Kohleteilchen, die von der vorhergehenden Analyse noch anhaften, stören die weitere Analyse nicht. Eine Reinigung der gesamten Apparatur ist nur nach längerem Gebrauch erforderlich.

Titration: Das unverbrauchte Iod wird mit 0.02 N Natriumthiosulfatlösung wie beim Einstellen der Lösungen zurücktitriert. Man titriert erst die Hauptmenge Iod, bis die Lösung nur noch schwach gelb erscheint, setzt die dem Volumen der Titrierlösung entsprechende Anzahl Tropfen Stärkelösung zu (5 Tropfen/10 ml Lösung) und titriert bis zur Entfärbung der Iod-Stärke. Um den Endpunkt zu reproduzieren, fügt man noch 1 bis 2 Tropfen Thiosulfatlösung zu und titriert langsam gegen beleuchteten weißen Untergrund mit kleinen Tropfen Iodatlösung zurück, bis eine deutliche blaßlila Färbung auftritt.

Der Verbrauch an Iodatlösung entspricht der umgesetzten Sulfidmenge.

Berechnung

1 ml 0.02 N KIO_3 = 0.3206 mg Schwefel

$$\% \text{ S} = \frac{\text{ml } 0.02 \text{ N } KIO_3 \cdot 0.3206 \cdot 100}{\text{mg Substanzeinwaage}} .$$

47.2 Schwefelbestimmung nach pyrolytischer Umsetzung der Substanz im Wasserstoffstrom

Allgemeines. Die reduktive Umwandlung des Schwefels zu H_2S durch katalytische Hydrierung mit Raney-Nickel wurde von GRANATELLI (1959) und später von PITT (1964) zur Schwefelbestimmung in niedrigsiedenden Erdöldestillaten genutzt. Eine nicht katalytische Methode zur Analyse von Schwefelspuren in Erdölfraktionen (von DRUSHEL 1978 entwickelt) wurde später von KISSA (1982) auf ihre Anwendbarkeit auch auf andere Verbindungsklassen geprüft und erweitert.

Auch zur Schwefelbestimmung im unteren ppm-Bereich in Metallen wird die Hydriermethode erfolgreich angewendet.

Bestimmung in Erdölfraktionen und anderen organischen Lösungsmitteln

Prinzip (KISSA 1982). Die Probe wird mit konstanter Rate ins Pyrolyserohr eindosiert, im H_2-Strom vergast und in einem Keramikrohr bei 1300 °C pyrolisiert. Das bei der hydrierenden Pyrolyse entstehende H_2S wird hier mit dem „Houston-Atlas sulfur analyzer" über die photoelektrische Messung der Schwärzungsdichte auf Bleiacetatpapier bestimmt.

Apparatives und Reagenzien. Die Skizze in Abb. 47-4 zeigt den „Houston-Atlas sulfur analyzer" und veranschaulicht seine Arbeitsweise. Die Hydrierung erfolgt in einem Keramikrohr bei 1300 °C (Quarz destilliert im H_2-Strom bereits bei dieser Temperatur). Der Rohreingang ist durch einen Teflonadapter mit der Dosiervorrichtung verbunden. Am Rohrausgang wird der Reaktionsgasstrom zur Abscheidung von Kohlepartikeln durch ein Filter und anschließend durch den Essigsäure-Wäscher geführt und passiert dann zur Sulfidmessung die Meßkammer des Analyzers.

Ausführung. Das durch Ausglühen gereinigte Keramik-Pyrolyserohr wird, wie in Abb. 47-4 skizziert, in den Heizofen eingebaut, am Rohreingang mit der Gaszuführung (He

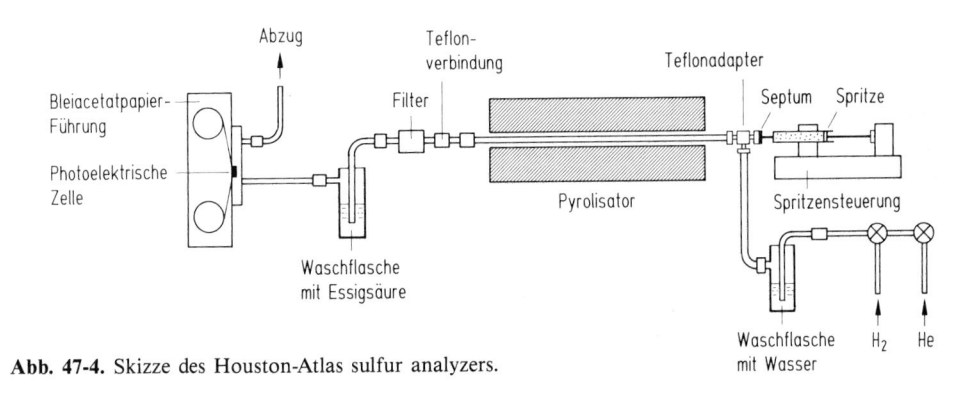

Abb. 47-4. Skizze des Houston-Atlas sulfur analyzers.

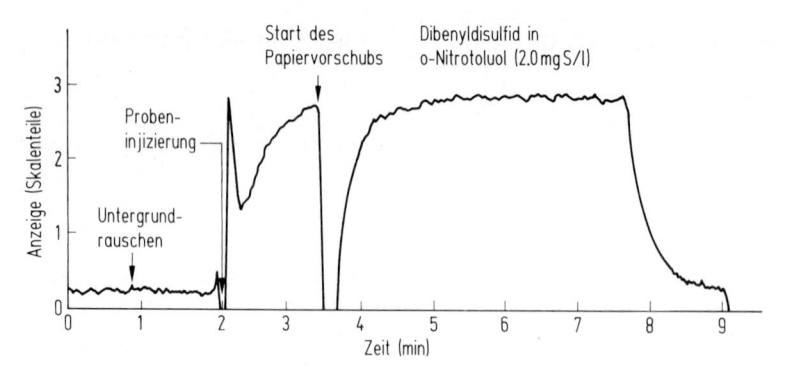

Abb. 47-5. Typische Anzeigekurve (Dibenzyldisulfid) 2 mg S/l in o-Nitrotoluol.

und H_2) sowie der Dosiervorrichtung verbunden; an den Rohrausgang werden Filter, Wäscher und Analyzer angeschlossen. Während des Aufheizens wird das Rohr bis zum Erreichen der Arbeitstemperatur mit Helium bespült, dann erst auf Wasserstoff (400 ml/min) umgestellt. Die Dosierspritze wird mit Probe gefüllt, in der Dosiervorrichtung positioniert und die Dosiergeschwindigkeit, bei Verwendung der 10- oder 100-µl Spritze, auf 0.25 bis 4.43 µl/min eingestellt. Der Reaktionsgasstrom mit den darin enthaltenen H_2S-Spuren wird auf das Bleiacetat-Papier gerichtet. Sobald die Anzeige einen Maximalwert erreicht, wird der Papiervorschub gestartet und die Schwärzungsdichte – verursacht durch die H_2S-Einwirkung auf die Blei-Ionen – als statisches Signal aufgezeichnet. Die Höhe der Schreiberlinie auf dem Reagenzpapier ist ein Maß für die in der Probe vorliegende Schwefelkonzentration. Der Sulfur-Analyzer wird mit Testlösungen, z. B. von Thiophen in Cyclosol oder Dibutylsulfid in Toluol, geeicht. Eine typische Anzeigekurve zeigt Abb. 47-5. Da Reagenzpapier und Differentialverstärker H_2S nur begrenzt aufnehmen können, wird der Analyzer in drei Konzentrationsbereichen geeicht: 0 bis 1.5, 0 bis 6 und 0 bis 50 mg S/l. Der Anzeigefaktor wird von der chemischen Zusammensetzung des Lösungsmittels und den darin enthaltenen verflüchtigbaren Schwefelverbindungen wenig beeinflußt. Schwefel in Alkalisulfonaten wird mit dieser Methode nicht erfaßt.

Bestimmung in Metallen (im unteren ppm-Bereich)

Prinzip (WATSON et al. 1978). Die Metallprobe wird bei hohen Temperaturen (1100 bis 1200 °C) im ultrareinen Wasserstoffstrom geglüht bzw. geschmolzen, der aus dem Metallschmelzbad entweichende Schwefelwasserstoff vom Gasstrom in die Absorptionsvorlage gespült und in Natronlauge absorbiert. In der Absorptionslösung wird das Sulfid-Ion maßanalytisch nach der Dithizon-Methode oder photometrisch über Methylenblau bestimmt.

Apparatives. Die Hydrierapparatur – in Abb. 47-6 skizziert – besteht aus einem Pyrolyserohr (Quarzglas) mit einem Innendurchmesser von 13 mm, das sich ab der Mitte auf 4 mm verjüngt. Es wird in einem Zweizonenofen auf 1100 °C, ab der Mitte zum Herun-

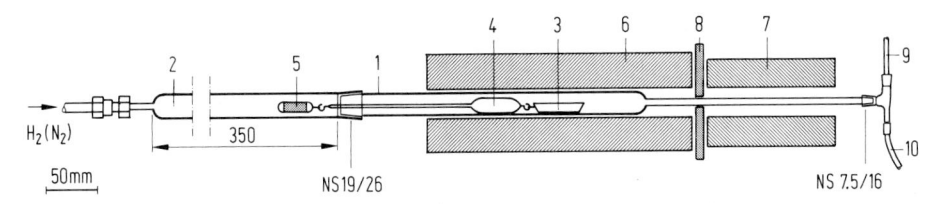

47.2 Schwefelbestimmung nach pyrolytischer Umsetzung der Substanz

Abb. 47-6. Hydrierapparatur. *1* Pyrolyserohr aus Quarz, *2* Duran-Glasrohr (Borosilicat), *3* Probenschiffchen aus Porzellan oder Korund (50×8×6 mm), *4* Gasströmungsregler um Rückdiffusion zu verhindern, *5* in Quarzglas eingeschlossenes Weicheisen zum magnetischen Transport des Probeschiffchens, *6* Rohrofen (1100–1150 °C), *7* Rohrofen (300–400 °C), *8* Asbestplatte, *9* Einleitung zum Waschen, *10* zum Absorptionsgefäß.

terkühlen der heißen Gase auf 300 bis 400 °C beheizt. Die Absorptionsvorlage schließt über eine Schliffverbindung daran an. Auch das Probeneinschleusrohr ist über Schliff mit dem Eingang des Pyrolyserohres verbunden. Wasserstoff – durch die Palladium-Diffusionszelle (Typ RA 40 HERAEUS) vorgereinigt – und Stickstoff als Spülgas werden in einer Oxy-sorb-Patrone (Kleinabsorber „L" MESSER-GRIESHEIM) nachgereinigt (Abb. 47-7).

Ausführung. Vor Probeneinbringung ins Rohr wird die Hydrierapparatur über das Bypass-Ventil der Diffusionszelle mit ultrareinem Wasserstoff vorgespült, das Probeschiffchen ins Rohr geschoben und 10 min mit Stickstoff vorgespült, um letzte Sauerstoffspuren zu entfernen. Erst jetzt wird die Absorptionsvorlage angehängt, das Bypass-Ventil der Diffusionszelle geschlossen und der Wasserstoff mit 2 l/h durch das Rohr geleitet. Nach 5 bis 10 min ist der Stickstoff quantitativ ausgespült, jetzt wird das Substanzboot magnetisch in die heiße Zone geschoben und die Hydrierung durchgeführt. Danach wird das in die Absorptionsvorlage führende vertikale Glasrohr zweimal mit wenig Wasser abge-

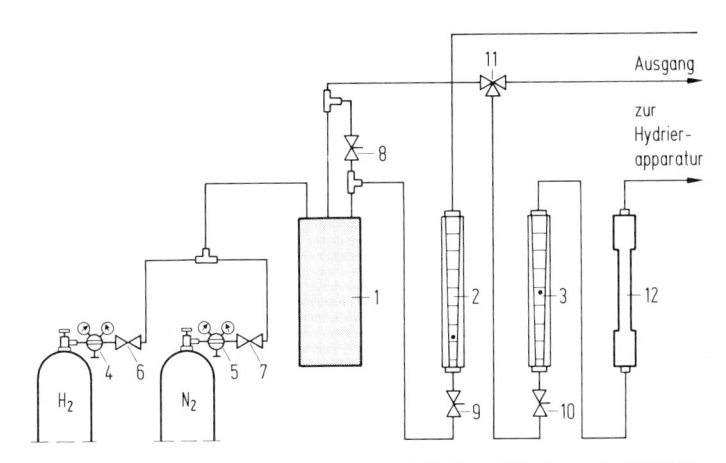

Abb. 47-7. Gasleitungs- und Reinigungssystem der Hydrierapparatur. *1* Palladiumdiffusionszelle (400 °C), *2, 3* Strömungsmesser, *4, 5* Druckregler, *6, 7* Ventile, *8, 9, 10* Nadelventile, *11* 3-Wegehahn, *12* Oxy-sorb-Patrone.

spült, die Sulfid-Ionen werden titriert (Methode 48.2) oder photometrisch bestimmt (Methode 48.1). Anschließend wird das vertikale Rohr (erst mit Wasser, dann mit Aceton) zweimal gespült und getrocknet. Vor Öffnen und Neubeschickung der Apparatur wird wieder mit Stickstoff (7 l/h) der Wasserstoff ausgespült.

Anwendung. Aus Metallproben (z. B. Kupfer, Kupferlegierungen, Blei, Zinn und Silber), die unterhalb 1150 °C schmelzen, wird der Schwefel durch 20 bis 30minütige Hydrierung leicht als H$_2$S ausgetrieben. Auch aus höher schmelzenden Metallen (z. B. Eisen, Wolfram, Molybdän), durch die der Wasserstoff schnell genug diffundiert, wird der Schwefel durch eine 1 bis 2-stündige Hydrierung vollständig in H$_2$S umgewandelt. Stahlproben können mit Zinnzuschlägen als Fließmittel bei 1150 °C und einer einstündigen Hydrierung noch befriedigend analysiert werden. Störungen verursachen leicht flüchtige Metalle (wie Zink, Cadmium und Quecksilber), die sich im kühleren Teil des Reaktionsrohres als Spiegel niederschlagen und den Schwefelwasserstoff aus dem Reaktionsgasstrom dann abfangen und binden. Auch für Proben, in denen der Schwefel in nicht reduzierbarer oder zersetzbarer Form gebunden vorliegt (z. B. in MnS), ist die Hydriermethode ungeeignet. Ausführlicher informiert die Originalarbeit.

47.3 Reduktion von Sulfat zu Sulfid mit Iodwasserstoffsäure/ unterphosphoriger Säure

Sulfiddestillation

Prinzip. Nach Oxidation des organisch gebundenen Schwefels zu Sulfat (Methoden 42 bis 46) wird die alkalisch gestellte Reaktionslösung zur Trockene eingedampft und das Sulfat mit Iodwasserstoffsäure und hypophosphoriger Säure in essigsaurer Lösung zu Schwefelwasserstoff reduziert. Der aus dem Sulfat gebildete Schwefelwasserstoff wird im Inertgasstrom in eine Zinkacetatlösung (Cd-Acetatlösung) übergeführt und dort als Zinksulfid (CdS) gebunden. Größere Mengen Sulfid (starke Fällung von Zinksulfid) werden iodometrisch nach Methode 47.1, kleine Sulfidmengen (< 100 µg) photometrisch über die Caro-Reaktion als Methylenblau, durch Titration mit Hg^{2+} (Pb^{2+}, Cd^{2+}) gegen Dithizon oder potentiometrisch mit sulfidsensitiven Elektroden bestimmt.

Reagenzien und Lösungen. Alle Reagenzien müssen schwefelfrei sein oder vorher gereinigt werden.

Gase: N$_2$ und H$_2$ (ultrapur, von MESSER-GRIESHEIM).

Reduktionslösung: 2.5 g NaH$_2$PO$_2$·H$_2$O werden in 25 ml Eisessig und 100 ml Iodwasserstoffsäure (D = 1.7) gelöst. Die Iodwasserstoffsäure sollte einer frisch geöffneten Flasche entnommen werden. Diese Lösung wird in einem 150 bis 200 ml Rundkolben im Inertgasstrom (50 ml Stickstoff oder Wasserstoff/min) 1 h am Rückfluß gekocht. Man prüft dann die Reduktionslösung auf Schwefelfreiheit, indem man das Inertgas am Ausgang des Rückflußkühlers noch 15 min durch eine Zinkacetatlösung strömen läßt und darin die Methylenblau-Reaktion ausführt. Sind die Schwefelwerte nicht mehr nennenswert, läßt man die Lösung im Inertgasstrom abkühlen, verschließt die Flasche mit einem Glasstopfen und lagert sie licht- und luftgeschützt. Nach längerem Stehenlassen ist die so hergestellte Reduktionslösung erneut durch Aufkochen auf Schwefelfreiheit zu prüfen und, wenn erforderlich, nochmals auszukochen.

Oxidationsmittel stören die Reduktion, weil sie zu starker Iodausscheidung führen und dadurch die Reduktionskapazität mindern. Kleine Nitratmengen (<50 mg Nitrat/20 ml HI + 5 g NaH$_2$PO$_3$) verursachen nach SIEMER (1980) noch keine nennenswerte Minderung der Schwefelwerte, da bei dieser Iodwasserstoffsäure-/Hypophosphitkonzentration beim Kochen am Rückfluß ausgeschiedenes Iod wieder zu HI zurückgebildet wird. Größere Nitratmengen müssen durch Abrauchen mit HCl entfernt werden. Kleinere Mengen HClO$_4$ stören nicht, wenn sie vorher mit etwa der gleichen Menge HCl 20%ig verdünnt werden. Andere Oxidationsmittel wie Fe(III), Cu(II) werden durch einen Überschuß von Hypophosphit zerstört.

Statt Eisessig wird zuweilen auch Ameisensäure als Lösungsmittel in der Reduktionslösung verwendet.

De-ionisiertes Wasser: Man läßt dest. Wasser durch eine 30-ml-Säule eines Kationen-Austauschers (Amberlit IR-120, H-Form) laufen (Durchflußrate <0.5 l/h).

Sulfat-freies Wasser: Man läßt dest. Wasser durch eine 20-ml-Säule eines Anionen-Austauschers (Dowex 1, Cl-Form) laufen (Durchflußrate maximal 250 ml/h).

Absorptionslösungen, wenn das Sulfid-Ion über Methylenblau bestimmt wird:

Zinkacetatlösung: 500 g Zinkacetat und 100 g Natriumacetat werden mit de-ionisiertem Wasser zu 10 l gelöst. Schwermetallspuren werden durch Fällung als Sulfide mit Zinksulfid als Schlepper folgendermaßen abgetrennt: Unter Schütteln fügt man tropfenweise 2 ml einer frisch bereiteten 0.05 M Natriumsulfidlösung zu 1 l Zinkacetatlösung. Man läßt über Nacht stehen, wirbelt den Niederschlag auf und filtriert durch ein feinporiges Filter. Die ersten Anteile des Filtrats werden verworfen. Entsteht dann allmählich noch eine leichte Trübung, ist sie bedeutungslos.

Cadmiumhydroxid-Suspension (WATSON et al. 1978): 1.1 g CdSO$_4$ und 1 g NaOH werden mit Wasser zu 250 ml gelöst. Davon werden bei der Sulfiddestillation 5 ml in einem 10 ml-Meßkölbchen vorgelegt.

Sulfat-Stammlösung: 5.435 g K$_2$SO$_4$ – 2 h bei 105 °C getrocknet – werden in dest. Wasser gelöst und auf 1 l aufgefüllt. Diese Lösung enthält 1 mg S/ml. Aus dieser Stammlösung können mit sulfatfreiem Wasser verdünnte Testlösungen hergestellt werden.
Bariumsulfat, reinst (MERCK).

Stickstoff-Waschlösung: 2%ige Kaliumpermanganatlösung, gesättigt mit Quecksilber(II)chlorid.
BTS®-Katalysator, im H$_2$-Strom bei 120 °C reduziert (BASF).

Schwefelfreies Siliconfett: In einem 100-ml-Becherglas werden etwa 5 g Siliconfett mit 10 ml eines Lösungsgemisches aus gleichen Volumina von Iodwasserstoffsäure und 30%iger unterphosphoriger Säure gemischt und 45 min unter gelegentlichem Umrühren gekocht. Als Kondensor eignet sich ein auf das Becherglas aufgesetzter, mit kaltem Wasser gefüllter Rundkolben.

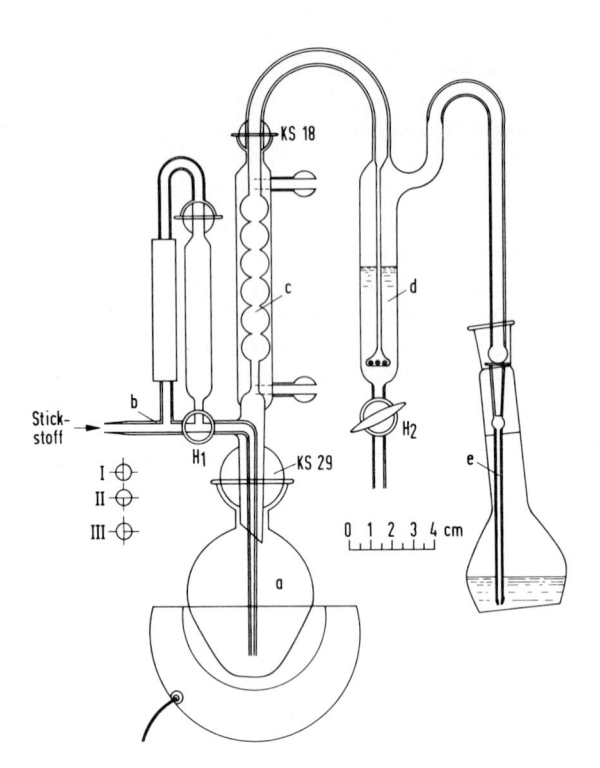

Abb. 47-8. Apparatur zur reduktiven Destillation des Schwefels (Erklärung im Text).

Apparatives. Die reduktive Destillation erfolgt in der in Abb. 47-8 gezeigten Apparatur. Das Reaktionskölbchen (a) (Inhalt ca. 120 ml) ist so ausgeführt, daß es an die Verbrennungsapparatur (WICKBOLD III) zum Auffangen der Reaktionslösung, an den Rotationsverdampfer zum Abdampfen der Reaktionslösung und an die Destillationsapparatur direkt angeschlossen werden kann. Die Reaktionslösung muß daher nicht umgespült werden. Die Reaktionskölbchen sollten aus Quarzglas gefertigt sein. Als Trägergas verwendet man Stickstoff, der zur Reinigung eine Permanganatlösung durchströmt und durch das seitliche Gaseinlaßrohr (b) der Apparatur zugeführt wird. Der bei der Reduktion entwickelte Schwefelwasserstoff wird vom Stickstoff durch den Rückflußkühler (c) in den Wäscher (d) gespült und dort mit Wasser, Iodwasserstoff- und Essigsäuredämpfe ausgewaschen. Durch die Glaskapillare (e), die in der Absorptionslösung bis fast auf den Boden des Kölbchens taucht, werden die Gase in die Zinkacetatlösung eingeleitet und der Schwefelwasserstoff als Zinksulfid gebunden. Die Absorptionslösung befindet sich in einem 100-ml-Meßkolben mit Schliffstopfen.

Die Reduktionslösung wird mit einem Mikrogasbrenner oder einem passenden Heizpilz erhitzt. Ein Überhitzen der von der Reduktionslösung nicht bedeckten Kolbenwand muß dabei vermieden werden. Das Gaseinleitungsrohr e endet 1 bis 2 mm über dem Boden des Reaktionskölbchens.

Für Serienbestimmungen und die Bestimmung kleinster Schwefelmengen (Nanogrammbereich) wählt man die kontinuierliche Sulfiddestillation in der Ausführung nach WATSON et al. (1978) oder VAN GRONDELLE et al. (1977), die in Methode 41.4 kurz beschrieben ist.

A) Bestimmung von Schwefelspuren in organischer Matrix – Diskontinuierliche Sulfiddestillation

Arbeitsvorschrift

Reduktion und Destillation des Schwefelwasserstoffes: Nach dem oxidativen Aufschluß einer Probe in der Wickbold-Apparatur wird das Vorlagekölbchen, in dem sich die Reaktionslösung mit dem Sulfat befindet, von der Aufschlußapparatur gelöst, das Sulfat durch Zugabe von Natrium-Ionen (etwa 2 mg Natriumchlorid) als Natriumsulfat gebunden und die Lösung entweder mit einem Rotationsverdampfer, im Vakuum-Trockenschrank oder auf der Heizplatte bei etwa 130 °C unter Durchleiten von gereinigter Luft zur Trockene eingedampft. Die Probe sollte nicht mehr als 100 µg Schwefel enthalten. Der Wäscher wird etwa zur Hälfte mit de-ionisiertem Wasser (aus einer Polyethylenspritzflasche durch Hochdrücken der Flüssigkeit) über den Hahn H_2 gefüllt (Abb. 47-8). 10 ml Zinkacetatlösung* und 68 ml de-ionisiertes Wasser werden in einem 100-ml-Meßkölbchen vorgelegt und so unter die Gaseinleitungskapillare e gestellt, daß die Kapillare 1 bis 2 mm über dem Boden des Kölbchens endet. Nun wird das Trägergas (reiner Stickstoff oder Wasserstoff), das zur Reinigung entweder eine Waschflasche oder ein Gasreinigungsröhrchen gefüllt mit BTS®-Kontakt (reduz.) durchströmt, angestellt und auf eine Strömung von 150 bis 200 ml/min eingeregelt. Dann werden 5 ml Reduktionslösung in das Reaktionskölbchen, das die Probe enthält, einpipettiert und das Kölbchen an die Destillationsapparatur (Abb. 47-8) angehängt.

Mit einer spitzen Sparflamme oder einem bereits vorgeheizten „Heizpilz" wird die Reduktionslösung *rasch* (innerhalb 1 min) zum Sieden erhitzt und 15 min am Rückfluß gekocht. Dann nimmt man die Gaseinleitkapillare ab, läßt sie in das Kölbchen gleiten und stellt das Absorptionskölbchen zusammen mit den Reagenzflaschen, die das „Amin"-Reagenz und die Eisen(III)-Lösung enthalten, für 10 min bei 20 °C in einen Thermostaten und verfährt weiter, wie in 48.1 beschrieben. Die Destillationsapparatur ist für die nächste Reduktion bereit. Scheidet sich jedoch im Rückflußkühler Iod ab (durch Luftoxidation aus Iodwasserstoffsäure), muß es vor dem weiteren Gebrauch der Apparatur mit Wasser ausgewaschen werden. Nach 6 bis 8 Reduktionen ist das de-ionisierte Wasser im Wäscher zu wechseln. Wird der Wäscher neu beschickt, muß das Waschwasser erst durch eine vorhergehende Destillation mit etwa 1 mg $BaSO_4$ gesättigt werden, ansonsten ist die erste Analyse fehlerhaft.

B) Bestimmung kleinster Schwefelspuren in Metallen – Kontinuierliche Schwefeldestillation

Apparatives. Die Sulfiddestillation wird im geschlossenen System ausgeführt, um Blindwerteinschleppungen insbesondere durch Außenluft zu vermeiden. In der in Abb. 47-9 skizzierten Apparatur wird ein größerer Vorrat an Reduktionslösung (150 ml HI + 100 ml HCOOH + 26 ml einer 50%igen H_3PO_2 + 0.1 g Sb_2O_3) unter Stickstoffspülung 2 h am Rückfluß gekocht und so von letzten Schwefelspuren befreit. Mit einer zwischengeschal-

---

* Acetonische Natronlauge, wenn das Sulfid-Ion durch Dithizon-Titration bestimmt wird.

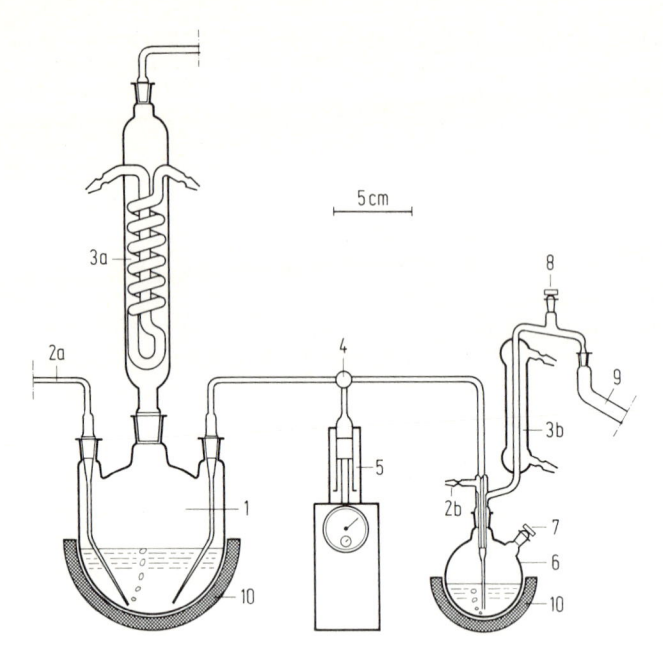

Abb. 47-9. Apparatur zum Herstellen der Reduktionslösung. *1* Vorratsgefäß mit Rückfluß, *2a,b* Stickstoffeinleitung, *3a,b* Wasserkühler, *4* PTFE 3-Wege-Hahn, *5* 10 ml-Kolbenbürette, *6* 60 ml-Reduktionskolben, *7* Probeneinlaß, *8* Spülöffnung, *9* Verbindungsstück zum Absorptions-/Titrationskolben, *10* Heizpilz.

teten Kolbenbürette werden je 10 ml frische Reduktionslösung kontaminationsfrei in den Reaktionskolben gedrückt.

Ausführung (WATSON et al. 1978). Die in den Reaktionskolben (6) vorgelegte Reduktionslösung kocht 30 min am Rückfluß, in der Absorptionslösung (acetonische Natronlauge) bestimmt man dann den Blindwert und erneuert die Absorptionslösung. Über den Probeneinlaß (7) wird die metallische Probe (50 bis 500 mg in eine Zinnhülse eingekapselt) in die Reduktionslösung eingeworfen. Die Probe wird bei 60 °C am Rückfluß 0.5 bis 3 h gelöst, während ultrareiner Stickstoff (1 l/h) die Apparatur durchströmt. Nach Auflösen der Probe wird der Gasstrom auf 1.8 l/h erhöht und stärker am Rückfluß gekocht, um letzte Schwefelspuren, die sich im kühleren Teil des Rückflußkühlers in der kondensierten Feuchtigkeit gelöst haben, in die Reduktionslösung zurückzuspülen. In der Absorptionslösung werden dann die Sulfid-Ionen photometrisch oder mikrotitrimetrisch mit Cd^{2+} gegen Dithizon mit der in Abb. 47-10 skizzierten Titriereinrichtung bestimmt. Nach Absaugen der verbrauchten Reduktionslösung wird der Reaktionskolben über die Kolbenbürette (5) mit neuer Lösung beschickt.

Auch Sulfatproben oder sulfathaltige Aufschlußlösungen können über den Probeneinlaß (Septum) aufgegeben (injiziert) und analysiert werden. Bei ausreichender Reduktionskapazität können mehrere Bestimmungen mit derselben Reduktionslösung erfolgen (VAN GRONDELLE et al.; Methode 41.4).

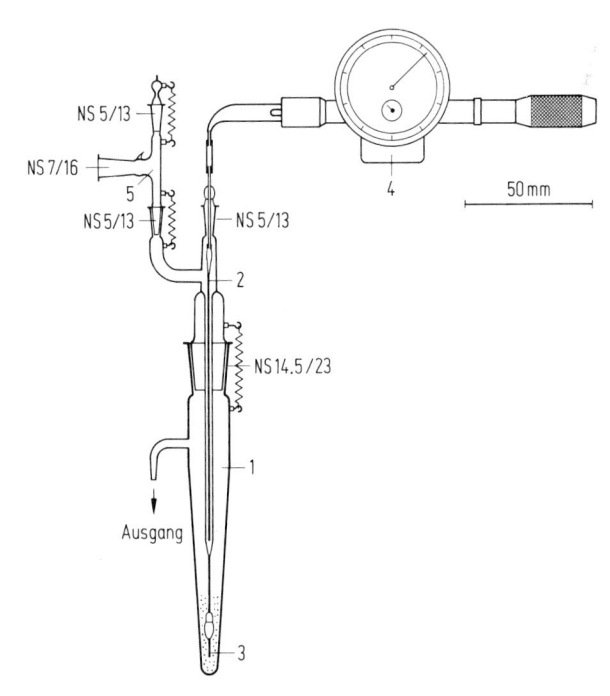

47.3 Reduktion von Sulfat zu Sulfid mit Iodwasserstoffsäure

Abb. 47-10. Mikrotitrationsvorrichtung.
1 Absorptionsvorlage und Titriergefäß, *2, 3* Titrierkapillare, *4* Ultramikrobürette, *5* Reaktionsgasstromeingang aus der Sulfid-Destillationsapparatur (s. Abb. 47-9). Ausführung der Mikrotitration s. Kap. 48.2.

Nach der oben beschriebenen Methode wurde in verschiedenen Metallen und Legierungen (Cu, Ag, Pb, Sn, Fe) der Schwefel im unteren ppm-Bereich bestimmt. Die Werte stimmten gut mit den nach der Hydriermethode erzielten überein.

48 Methoden der Sulfidbestimmung

48.0 Allgemeines

Die Schwefelbestimmung über das Sulfid-Ion ist sehr empfindlich, selektiv und universell, da beliebig gebundener Schwefel durch Alkalischmelze, Hydrierung in der Gasphase oder Reduktion in der Naßphase schnell und quantitativ zum Sulfid-Ion umgewandelt und abgetrennt werden kann. Sie wird daher vorteilhafterweise zur Mikro-, Ultramikro- sowie Spurenbestimmung (Mikrogramm- und Nanogrammbereich) in Feststoffen, Flüssigkeiten und Gasen herangezogen. Sulfid kann bestimmt werden:

– über eine pH-Titration nach Einleiten in eine Cadmiumsulfat- oder Cadmiumacetatlösung nach GRIEPINK et al. (1967).
– iodometrisch, wie in Methode 47.1 bereits beschrieben.
– photometrisch über die Methylenblaureaktion.
– durch Titration mit Hg^{2+}-(Cd^{2+}-, Pb^{2+}-)Ionen gegen Dithizon.
– potentiometrisch mit Silber-(Blei-, Cadmium-)Ionen mit einer sulfidionen-sensitiven Elektrode.
– mikrocoulometrisch als Sulfid oder nach oxidativer Verbrennung als SO_2 (s. Methode 41.3).

Höhere Sulfidkonzentrationen werden am besten iodometrisch bestimmt. Auch die „Dithizon"-Titration ist eine Absolutmethode und verläuft stöchiometrisch; sie wird ihrer einfachen Durchführbarkeit wegen zur Schwefelbestimmung im Mikrogrammbereich (1 bis 200 µg) bevorzugt. Die photometrische Bestimmung über Methylenblau ist noch etwas sensitiver und weitgehend störungsunanfällig; ihr optimaler Anwendungsbereich liegt zwischen 0.1 und 10 µg S. Im Nanogrammbereich wird vor allem die mikrocoulometrische Titration angewendet.

48.1 Photometrische Sulfidbestimmung über Methylenblau

Die Methylenblau-Reaktion. Zur Caro-Reaktion versetzt man eine Zinksulfidlösung mit einer schwefelsauren N-Dimethyl-p-phenylendiaminlösung. Der dabei freiwerdende Schwefelwasserstoff bildet mit N-Dimethyl-p-phenylendiamin Leukomethylenblau, das mit einem Ferrisalz zu Methylenblau oxidiert wird. Methylenblau hat nachstehende Formel:

$$\left[(CH_3)_2N - \underset{S}{\bigcirc}{\overset{N}{\bigcirc}} - N(CH_3)_2 \right]^+ A^-.$$

A^- ist ein beliebiges Anion, es kann auch Sulfat sein. Der handelsübliche Farbstoff wird als Chlorid geliefert.

Die Caro-Methylenblau-Reaktion ist spezifisch auf Schwefelwasserstoff und wurde von EMIL FISCHER (1883) zur Identifizierung von Schwefel vorgeschlagen. Zur Entwicklung der unten beschriebenen Spurenmethode der Sulfidbestimmung mit Hilfe der Methylenblau-Reaktion haben unter anderen ROTH (1951) und vor allem GUSTAFSON (1960) wesentlich beigetragen.

Die Methylenblaulösung ist sehr beständig (über 24 h beim Stehen im Dunkeln). Ihre Extinktion wird im (Cary-)Photometer gemessen und die Schwefelmenge aus der Eichkurve ermittelt. Die Extinktionskurve zeigt zwei Maxima, bei 667 und 743 nm (Abb. 48-1). Die Extinktion wird bei 667 nm, dem Haupt-Maximum, gemessen. Die Eichkurve ist linear bis etwa 100 µg Schwefel/100 ml. Bei höheren Schwefelmengen folgt die Farbdichte nicht mehr dem Beer-Gesetz, die spezifische Extinktion nimmt ab.

Zehnfache Mengen an Selen, Antimon und Arsen stören die Farbreaktion noch nicht. Auch Alkali-, Erdalkalimetalle einschließlich Barium und Mercaptane zeigen ebenfalls keinen störenden Einfluß. Erhebliche Störungen verursachen jedoch Schwermetalle wie Kupfer und Quecksilber, die schwerlösliche Sulfide bilden. Auch bei Anwesenheit größe-

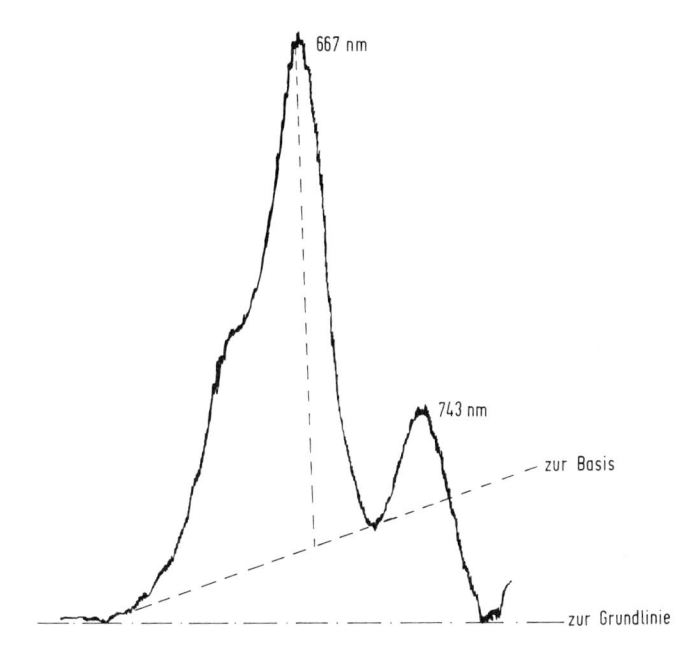

Abb. 48-1. Absorptionsspektrum von Methylenblau.

rer Nitratmengen werden bei der reduktiven Destillation zu niedrige Sulfidwerte gefunden.

Reagenzien und Lösungen

„Amin"-Reagenz: 0.005 M $NH_2C_6H_4N\,(CH_3)_2 \cdot \frac{1}{2}H_2SO_4$; 3.5 M H_2SO_4: In einem 2-l-Meßkolben werden 1.85 g Dimethyl-p-phenylendiaminsulfat in de-ionisiertem Wasser aufgeschlämmt und unter Kühlen 7.0 Mole Schwefelsäure (etwa 400 ml konz. Schwefelsäure, D = 1.84) eingetragen und unter weiterem Kühlen mit de-ionsiertem Wasser zur Marke aufgefüllt. Das Reagenz ist über Monate gut haltbar.

Eisen(III)-Lösung: 0.25 M $NH_4Fe\,(SO_4)_2$, 0.5 M H_2SO_4: 24 g Ferriammoniumsulfat $\cdot$ 12H_2O mit 5.4 ml konz. Schwefelsäure (D = 1.84) versetzt und vorsichtig mit de-ionisiertem Wasser auf 200 ml aufgefüllt.

Alternativ für Bestimmungen im *Ultramikrobereich* (0.3 bis 2 µg S/10 ml) nach WATSON et al. (1978):

Phenylendiaminlösung: 0.120 g N,N-Dimethyl-p-phenylen-diammoniumdichlorid mit 50%iger H_2SO_4 auf 250 ml gelöst.

Eisen(III)-Lösung: 0.50 g $FeCl_3 \cdot 6H_2O$ und 0.1 ml H_2SO_4 (96%) mit Wasser auf 250 ml gelöst.

Umsetzung des Sulfids zu Methylenblau und photometrische Messung: Nach Thermostatisierung der Lösungen werden 10 ml „Amin"-Reagenz durch die Gaseinleitkapillare so in das Kölbchen einpipettiert, daß die Absorptionslösung unterschichtet wird. Die Gaseinleitkapillare wird noch mit 2 ml de-ionisiertem Wasser in das Kölbchen abgespült und dann daraus entfernt. Der Kölbcheninhalt wird sanft durchgemischt und dann sofort 2 ml Eisen(III)-Lösung zugesetzt, das Kölbchen verschlossen und eine halbe Minute stark geschüttelt. Mit Wasser wird dann zur Marke aufgefüllt und das Kölbchen bei 20 °C im dunklen Raum abgestellt. Nach minimal 15 min, jedoch am selben Tag, wird bei 667 nm die Extinktion gemessen. Man läßt bei jeder Analysenserie auch eine Blindwertbestimmung mitlaufen. Der Blindwert wird bei der Auswertung berücksichtigt. Die Auswertung erfolgt über eine Eichkurve, die mit steigenden Volumina der Schwefel-Testlösung vorher aufgestellt wurde. Im Bereich von 0 bis 20 µg Schwefel/100 ml folgt die Extinktion weitgehend dem Beer-Gesetz; die Eichkurve geht auch durch den Nullpunkt, wie Abb. 48-2 zeigt. In diesem Konzentrationsbereich wird die Farbdichte in 5-cm-Küvetten, höhere Konzentrationen in 1-cm-Küvetten gemessen.

Ultramikrobestimmung: Bei der Destillation nach Methode 47.3 B) wird das Sulfid in 5.0 ml Cadmiumsuspension in einem 10.0 ml Meßkölbchen (statt der Absorptionsvorlage (1) in Abb. 47-10) absorbiert. Nach beendeter Sulfiddestillation wird die Absorptionslösung mit 0.5 ml Phenylendiaminlösung unterschichtet, die Lösung gut durchgeschüttelt, noch 0.2 ml Eisen(III)-Lösung zugesetzt, wieder umgeschüttelt und dann 20 min die Entwicklung des Methylenblau abgewartet. Nach Auffüllen des Meßkölbchens auf 10.0 ml wird die Farbdichte bei 667 nm gegen den Blindwert in 5 cm-Küvetten gemessen.

Weitere Anwendungen: Proben der Nuklearindustrie (SIEMER 1980), in Gasen (MOEST 1975) und Lösungen nach Ausgasen (MATHESON 1974).

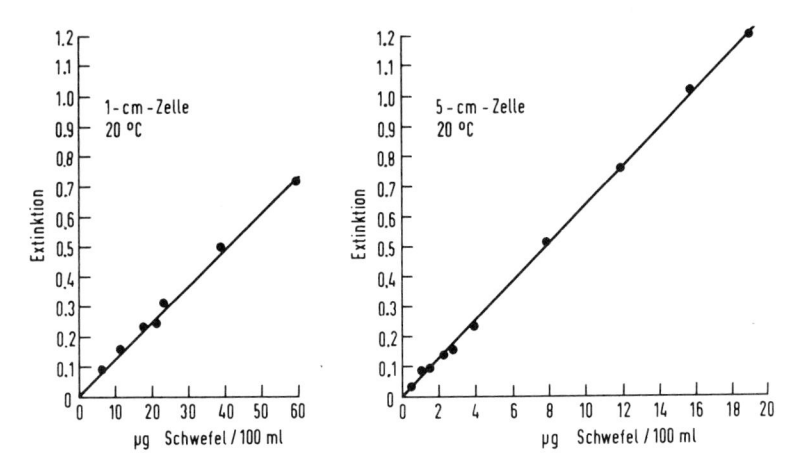

Abb. 48-2. Eichkurven (Methylenblau).

48.2 Sulfidbestimmung durch Titration mit Hg^{2+} (Pb^{2+}, Cd^{2+}) gegen Dithizon

Prinzip. Sulfatspuren – am besten als Barium- oder Natriumsulfat – werden mit Iodwasserstoffsäure und Natriumhypophosphit (nach Methode 47.3) zu Schwefelwasserstoff reduziert und dieser in eine alkalische acetonische Absorptionslösung übergetrieben. Die Sulfid-Ionen in der Absorptionslösung werden mit Hg(II)-acetatlösung gegen Dithizon titriert (ARCHER 1956). Der Endpunkt wird durch den Farbumschlag von gelb (Natrium-Dithizonat) nach violettrot (sekundäres Quecksilber-Dithizonat) angezeigt.

Mit dieser Methode lassen sich etwa 10 bis 500 µg Schwefel erfassen. Verbindungen, die in natronalkalischer Lösung schwerlösliche bis wenig dissoziierte Hg(II)-Verbindungen bilden, stören diese Sulfidtitration. Chloride, Bromide, Iodide und Rhodanide stören nicht, Cyanide und Selenide verhalten sich dagegen wie Sulfide. In solchen Fällen wird Sulfid über Methylenblau (Methode 48.1) bestimmt.

Reagenzien und Lösungen

1 N Natronlauge.

Aceton p.a. (MERCK).

Dithizonlösung: 50 mg Dithizon p.a. in einer braunen Tropfflasche in 100 ml Aceton gelöst (wöchentlich erneuert).

Quecksilberacetatlösung: 687 ± 1 mg Quecksilber-(II)-oxid p.a. oder 996 ± 1 mg Quecksilber-(II)-acetat werden in einem kleinen Becherglas mit 3 ml Eisessig in der Wärme gelöst und im 1-l-Meßkolben mit Wasser zur Marke aufgefüllt und durchmischt.

1.00 ml der Quecksilbermaßlösung entspricht 100 µg Schwefel.

Cadmiumchloridlösung: Eine CdCl$_2$-Ampulle (Titrisol MERCK; Eichsubstanz für AAS), 1.000 g Cd^{2+} enthaltend, wird auf 250 ml verdünnt. 25 ml dieser Stammlösung werden auf 250 ml weiterverdünnt und als Titrierlösung verwendet; 1 μl = 0.4 μg Cd^{2+} entspricht 113.6 ng S^{2-}.

Arbeitsvorschrift. Die gereinigte und gut getrocknete Reduktionsapparatur (s. Abb. 47-8) wird zusammengebaut; der Wäscher zur Hälfte mit dest. Wasser (durch eine vorhergehende Destillation von ≈ 1 mg BaSO$_4$ mit H$_2$S gesättigt) gefüllt, die Absorptionsvorlage – ein graduiertes Reagenzglas (30 ml) – mit 5 ml 1 N Natronlauge und 5 ml Aceton. Die Probe, die höchstens 500 μg Sulfatschwefel enthalten soll, wird in das *trockene* Reaktionskölbchen eingewogen. Nach „Wickbold-Verbrennung" und Eindampfen der Reaktionslösung zur Trockene im Rotationsverdampfer unter Zugabe von Natrium-Ionen liegt der Sulfatschwefel im Reaktionskölbchen als Natriumsulfat gebunden vor. Vor dem Anschließen an die Reduktionsapparatur wird das Reaktionskölbchen kurz durch die Bunsenflamme gezogen, um im Abdampfrückstand restliches Peroxid zu zerstören.

Nach Anschließen des Reaktionskölbchens an die Reduktionsapparatur wird mit Stickstoff (2 bis 3 Blasen/s) 2 bis 3 min gespült, 5 ml Reduktionslösung zupipettiert, sofort zum Sieden erhitzt und 15 min lang am Sieden gehalten. Dann wird die Absorptionsvorlage mit der Einleitungskapillare von der Apparatur getrennt, die Einleitungskapillare kurz mit Wasser in die Vorlagelösung abgespült, zum Inhalt der Absorptionsvorlage 5 Tropfen Dithizonlösung zugesetzt und unter Stickstoffdurchleiten mit Hilfe einer Mikrobürette (mit μl-Dosierung) mit der Quecksilberacetatlösung bis zum Farbumschlag von gelb nach rotviolett titriert.

Die Blindwertbestimmung wird parallel auf dieselbe Weise durchgeführt.

Berechnung: Der ermittelte Blindwert wird vom Gesamtverbrauch abgezogen. 1.00 ml der Quecksilber-(II)-acetatlösung entspricht 100 μg Schwefel.

$$\frac{\text{ml Hg-(II)-Lösung} \cdot 100}{\text{g Einwaage}} = \text{ppm Schwefel} .$$

Ultramikroausführung (WATSON 1978). Absorption und Titration werden im selben Gefäß (wie in Abb. 47-10 skizziert) unter Luftausschluß durchgeführt. Zur Titration verwendet man Mikrobüretten mit μl-Dosierung. Die bei der Hydrierung oder Naßreduktion entweichenden Sulfid-Ionen werden vom Trägergas in die mit 1 ml 2 N NaOH beschickte Absorptionsvorlage gespült und gebunden. Zur Titration mit Cadmiumchloridlösung werden 0.1 ml acetonische Dithizonlösung zupipettiert und unter Inertgasspülung in Mikroliterschritten titriert, bis der rötliche Farbton des Cadmium-Dithizon-Komplexes auftritt. Die exakte Mikroliterdosierung erlaubt das Arbeiten mit relativ konzentrierten Titrierlösungen.

μl CdCl$_2$-Lösung · 113.6 = ng Schwefel.

Bestimmung von Schwefelwasserstoff oder des Sulfidgehaltes in wäßrigen Lösungen: Von wäßrigen Lösungen, die auf Sulfid untersucht werden sollen, entnimmt man eine Probemenge, die 10 bis 500 μg Schwefel entspricht, pipettiert sie in das Reaktionskölbchen, schließt diese an die schon mit Vorlage versehene Reduktionsapparatur an, läßt 5 ml 20%ige Salzsäure durch die Meßbürette zulaufen, erhitzt 10 min lang zum Sieden und verfährt weiter wie oben beschrieben.

48.3 Sulfidbestimmung mit sulfidionen-sensitiven Elektroden

Prinzip. Das empfindliche Element der Elektrode ist eine feste Silbersulfidmembran, die an der Elektrodeninnenseite von einer Bezugslösung mit einer *konstanten* Silber-Ionenkonzentration, an der Elektrodenaußenseite von der Probelösung mit *variabler* Silber-Ionenkonzentration umspült wird. Durch die Verteilung der Silber-Ionen in diesen beiden Lösungen entsteht ein Potential, dessen Größe von der Silber-Ionenaktivität in der Probelösung abhängig ist. Die Beziehung zwischen dem Potential und der Silber-Ionenkonzentration folgt der *Nernst-Gleichung*:

$$E = E_a + 2.3 \frac{RT}{n \cdot F} \log A_{Ag+} \qquad (1)$$

E = Potential des Systems
E_a = Potential der inneren Bezugs-Elektrode und -Lösung
$2.3 \frac{RT}{n \cdot F}$ = Nernst-Faktor (59.16/n mV bei 25 °C)
A_{Ag+} = Silber-Ionenaktivität in der Probelösung

Enthält die Probelösung keine Silber-Ionen, dann gehen einige Silber-Ionen vom extrem schwer löslichen Silbersulfid in Lösung. Die Silber-Ionenaktivität ist dann abhängig von der Sulfid-Ionenaktivität in der Probelösung und kann aus dem Löslichkeitsprodukt des Silbersulfids ausgerechnet werden:

$$A_{Ag+} = \sqrt{\frac{K_c}{A_{S^{2-}}}} \qquad (2)$$

A_{Ag+} = Silber-Ionenaktivität in der Probelösung
K_c = Löslichkeitsprodukt des Silbersulfids
$A_{S^{2-}}$ = Sulfid-Ionenaktivität in der Probelösung

Setzt man den Wert der Silber-Ionenaktivität der Gleichung (2) in Gleichung (1) ein, erhält man die Nernst-Beziehung zwischen Potential und Sulfid-Ionenaktivität:

$$E = E_b - 2.3 \frac{RT}{n \cdot F} \log A_{S^{2-}} \qquad E = \text{const} - 0.0296 \log [S^{2-}] . \qquad (3)$$

Diese Elektrode ist selektiv für Silber- und Sulfid-Ionen. Mit ihr kann die Konzentration entweder der freien Silber-Ionen oder der freien Sulfid-Ionen direkt gemessen oder potentiometrisch titriert werden. Sie wird wie eine pH-Elektrode gehandhabt. Als Bezugselektrode dient üblicherweise eine Kalomelelektrode mit Nitratableitung. Da sich mit dieser Elektrode noch Sulfidkonzentrationen bis herab zu 10^{-7} M messen lassen, ist sie auch zur Spuren-Sulfidbestimmung geeignet. Der Schwefel in der auf Schwefelspuren zu untersuchenden Probe liegt nach dem oxidativen Aufschluß in der Reaktionslösung als Sulfat vor (WICKBOLD, SCHÖNIGER etc.). Enthält die Probe anorganische Anteile, kann das Sulfat teilweise auch im Probeschiffchen (Wickbold-Verbrennung) als Verbrennungsrückstand zurückbleiben. Nach Eindampfen der Reaktionslösung zur Trockene (nach Zugabe von Natrium-Ionen) am Rotationsverdampfer wird der Vorlagekolben mit dem Probeschiffchen an die Sulfid-Destillationsapparatur (s. Abb. 47-8) angekuppelt und mit Iodwasserstoffsäure und unterphosphoriger Säure am Rückfluß gekocht (s. Kap. 47.3). Der dabei entstehende Schwefelwasserstoff wird in SAOB-Lösung übergetrieben und darin dann anschließend die Sulfidkonzentration durch Potentialmessung bestimmt. Über Theorie und praktische Anwendung der im Handel erhältlichen sulfidionen-sensitiven Elektrode berichteten BOCK und PUFF (1968), MASCINI und LIBERTI (1970), NAUMANN und WEBER (1971).

Reagenzien und Geräte für die direkte Sulfidbestimmung durch Potentialmessung

Elektrodenpaar: Orion Silber-Sulfidion-Elektrode, Modell 67-16 und als Referenzelektrode eine Kalomel-Elektrode mit Nitratableitung oder die ORION-Bezugselektrode Modell 90-02 double-junction mit gesätt. KCl in 0.1 N KOH.

Alternativ: Cadmiumsulfid-Membranelektrode von ORION Modell 94-48A und die TACUSSEL double-junction Hg/HgO/OH$^-$ Referenzelektrode mit 1 N NaOH als äußere Elektrodenfüllung.

Meßgerät: Ionenmeter (ORION, METROHM, RADIOMETER).

Lösungen: Sulfide Anti-Oxidant Pufferlösung (SAOB).
Stammlösung: 80 g Natriumhydroxid, 320 g Natriumsalicylat und 72 g Ascorbinsäure werden in einem 1-l-Meßkolben in etwa 500 ml dest. Wasser unter Rühren gelöst, auf Raumtemperatur gekühlt, und mit dest. Wasser zur Marke aufgefüllt. Die Lösung wird in einer Kunststoffflasche dicht verschlossen aufbewahrt. Sobald sich die Lösung nach dunkelbraun verfärbt, wird sie verworfen.

Die SAOB-Pufferlösung dient einem doppelten Zweck. Sie verhindert bzw. verzögert die Luftoxidation des Sulfids (Ascorbinsäure) und bewirkt durch den hohen pH-Wert, daß das Sulfid in Form freier Sulfid-Ionen vorliegt. In Abb. 48-3 ist logarithmisch der Bruchteil der Gesamtsulfidkonzentration der im pH-Bereich von 0 bis 14 als H_2S, HS^- und S^{2-} vorliegt, aufgetragen.

Titrierlösung: Bleinitrat 10^{-3} N; Cadmiumsulfat 0.1 M; Kaliumsulfat p.a.

Eichkurve. Da Sulfidlösungen leicht von Luft oxidiert werden, wird die Eichkurve durch reduktive Destillation gewogener Mengen Natriumsulfat oder Bariumsulfat erstellt.

Dazu werden verschieden große Mengen eines dieser Sulfate (p.a.), die einem Gehalt von 1 bis 1000 µg Schwefel entsprechen, in das Reaktionskölbchen der Sulfid-Destillationsapparatur eingewogen, durch Kochen mit Iodwasserstoffsäure und unterphosphoriger Säure zu Schwefelwasserstoff reduziert und dieser in ein 100-ml-Meßkölbchen übergetrieben, das 25 ml SAOB-Pufferlösung (mit dest. Wasser auf etwa 80 ml verdünnt) ent-

48.3 Sulfidbestimmung mit sulfidionen-sensitiven Elektroden

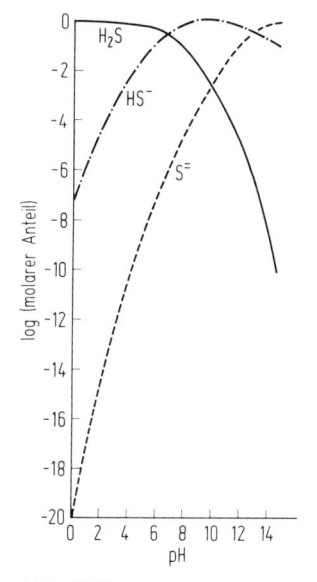

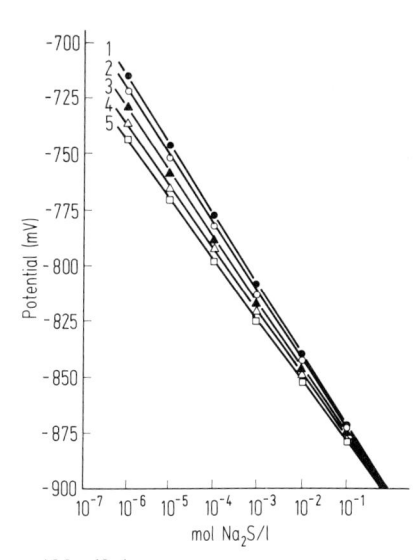

Abb. 48-3

Abb. 48-4

Abb. 48-3. Logarithmischer Anteil der Gesamtsulfidkonzentration vorliegend als H_2S, HS^- und S^{2-} im pH-Bereich von 0 bis 14 (aus dem ORION RESEARCH-INSTRUCTION MANUAL).

Abb. 48-4. Eichkurve und Temperaturabhängigkeit der Potentiale (1) 40 °C, (2) 30 °C, (3) 20 °C, (4) 10 °C, (5) 0 °C.

hält. Nach der Destillation wird mit Wasser zur Marke aufgefüllt und anschließend das Potential gemessen. Die den Sulfidkonzentrationen entsprechenden Potentialwerte werden als Eichpunkte in ein semilogarithmisches Papier eingetragen. Abb. 48-4 zeigt Eichkurven (BOCK und PUFF 1968), die mit Natriumsulfidlösungen erstellt wurden. In dem für Schwefel-Spurenbestimmungen interessanten Bereich von 10 bis 1000 µg Schwefel folgt die Eichkurve streng der Nernst-Beziehung.

Arbeitsvorschrift. Nach dem oxidativen Aufschluß der Probe z. B. in der WICKBOLD-Apparatur (Methode 43) liegt der Schwefel in der Reaktionslösung als Sulfat vor. Enthält die Probe anorganische Anteile, kann das Sulfat teilweise auch im Probeschiffchen als Verbrennungsrückstand zurückbleiben. Das Probeschiffchen mit dem Verbrennungsrückstand wird in die Reaktionslösung eingeworfen – etwa 2 mg Natriumchlorid kommen hinzu – und am Rotationsverdampfer zur Trockene eingedampft. Der Reaktionskolben wird kurz durch eine Bunsenflamme gezogen, um evtl. noch vorhandenes Peroxid zu zerstören, und dann mit 5 ml Reduktionslösung (Methode 47.3) beschickt, an die Sulfid-Destillationsapparatur angekuppelt, 15 min am Rückfluß gekocht und der dabei entstehende Schwefelwasserstoff, wie in Abschn. 47.3 beschrieben, in die SAOB-Pufferlösung übergetrieben und gemessen. Die Auswertung erfolgt über die Eichkurve.

Bei Sulfid-Konzentrationen $< 10^{-5}$ M dauert es 2 bis 3 min bis zur konstanten Potentialeinstellung. Bei höheren Konzentrationen stellt sich das Potential schneller ein. Wegen der Blindwertschwankung wird bei Schwefelgehalten < 5 µg das Meßergebnis bereits unsicher.

Ein Nachteil der sulfid-ionen-empfindlichen Elektrode ist die relativ kurze Lebensdauer (6 bis 12 Monate). Durch Abschleifen der ionenempfindlichen Membran um etwa 0.5 bis 1.0 mm kann diese etwas verlängert werden.

Praktische Anwendungen. SORENSEN et al. (1979) bestimmen Schwefel in pyritischen Erden und Mineralen nach reduktivem Aufschluß mit HI/unterphosphoriger Säure. Um evtl. vorhandene Quecksilberspuren, die die Elektrode vergiften würden, aus dem Reaktionsgasstrom zu entfernen, ist in den Reaktionsgasstrom eine Kältefalle zwischengeschaltet (Abb. 48-5). Die Sulfid-Ionen, in SAOB absorbiert, werden am Ende potentiometrisch mit 0.1 M Cadmiumsulfatlösung titriert. Mit Cd^{2+} als Titrant ist, wie die Autoren feststellten, der Titrationsendpunkt schärfer als mit Blei-Ionen.

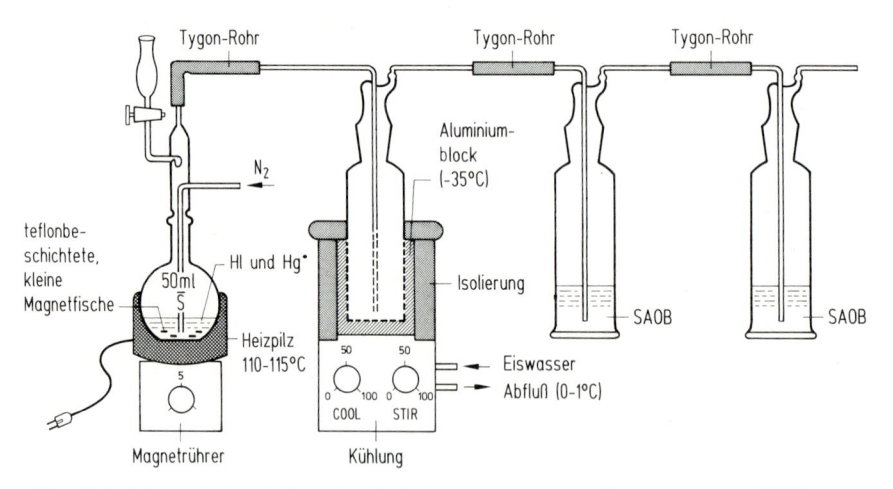

Abb. 48-5. Schematischer Aufbau der Reaktionsapparatur nach SORENSEN et al. (1979).

In Anbetracht der relativ kurzen Lebensdauer der Silber-Sulfidelektrode verwenden CHAKRABORTI et al. (1979) eine Cadmiumsulfid-Membranelektrode, die im Prinzip wie die Silbersulfidelektrode wirkt, sich offenbar aber als haltbarer erweist. Sie bestimmen damit den Schwefel in Wässern, Chemikalien, Eisen und Stahl sowie in Flugaschen. Nach Substanzaufschluß zum Sulfat und anschließender Reduktion zum Sulfid-Ion durch Sulfiddestillation werden die in 1 N NaOH absorbierten Sulfid-Ionen mit Bleinitrat potentiometrisch titriert.

FLORENCE und FARRAR (1980) titrieren Sulfidmengen im Mikrogrammbereich mit hoher Genauigkeit mit Blei(II)-nitratlösung unter Verwendung der ORION 94-16 Sulfidelektrode in Verbindung mit der ORION 90-02 Referenzelektrode. Die Bleinitratlösung wird gegen eine Standard-Sulfidlösung, deren Bereitung dort genau beschrieben wird, standardisiert. Schwefelwasserstoffspuren (ppb) in Luft mißt EHMANN (1976) ebenfalls mit der sulfidionen-sensitiven Elektrode.

49 Zerstörungsfreie Methoden der Schwefelbestimmung und Bestimmung von S-Kennzahlen in Umweltmatrices

49.1 Schwefelbestimmung durch Röntgenfluoreszenz

Einführende Bemerkungen. Nach entsprechender Probenpräparation kann Schwefel in beliebiger Matrix röntgenspektrometrisch bestimmt werden. Diese Bestimmungsmethode ist im allgemeinen zerstörungsfrei, ein Aufschluß nicht erforderlich. Für die quantitative Bestimmung des Elementes, hier des Schwefels, ist allerdings eine Eichung obligatorisch, da diese Meßmethode nicht absolut ist. Auf die Problematik der Matrixabhängigkeit wurde bereits in Kap. 6.9, in dem die Methode näher beschrieben wurde, hingewiesen. Mit Hilfe von Referenz-Standardproben oder durch Rückgriff auf zuverlässige, klassisch erstellte Analysenwerte kann die Methode fast immer exakt geeicht und zur Schwefelbestimmung routinemäßig eingesetzt werden. Schwefel kann aber auch durch einen geeigneten Probenaufschluß in eine gleichbleibend röntgenspektrometrisch meßbare Form übergeführt werden, wie das unten beschriebene Analysenbeispiel zeigt.

Prinzip (LÜKE 1985). Die Kohleproben werden mit Magnesiumnitrat/Natriummetaborat aufgeschmolzen und die Schmelzen zu Boratglas-Tabletten ausgegossen, in denen anschließend die Schwefelkonzentration durch Röntgenfluoreszenzmessung bestimmt wird.

Ausführung. Serien von etwa 20 feingemahlenen Kohleproben werden in Mengen von 150 bis 200 mg in Platintiegel mit 5 g $Mg(NO_3)_2 \cdot 6H_2O$ und 1 g $NaBO_2 \cdot H_2O_2 \cdot 3H_2O$ eingewogen, gut durchmischt und mit 7 g wasserfreiem $Na_2B_4O_7$ überschichtet. Die Tiegel werden bei Raumtemperatur in einen Muffelofen gestellt und im Verlauf von 2 h auf 1050 °C erhitzt. Zur Abkürzung der Aufheizzeit kann der Ofen auch auf 400 °C vorgeheizt werden. Die Schmelzen werden auf eine glühende Pt-Scheibe ($\varnothing$ 38 mm) ausgegossen, wo sie zu klaren Tabletten aus Boratglas erstarren und in dieser Form sofort gemessen werden können. Weitere technische Einzelheiten s. VAETH et al. (1980). Bei Verwendung eines rechnergesteuerten Spektrometers beträgt die Meßzeit etwa 30 min.

Einzelproben können mit einem Brenner oder besser durch Induktionsheizung (z. B. mit der Aufschlußanlage „Rotomelt" der Fa. KONTRON) in wenigen Minuten präpariert werden. Man erhitzt 4 min auf etwa 500 °C, 3 min auf 1050 °C und gießt die Schmelze wie beschrieben zu einer Boratglas-Tablette aus.

Aufgrund der Kontaminationsgefährdung der alkalischen Boratglasoberfläche durch saure Schwefelverbindungen aus der Luft werden die Tabletten bis zur Messung am besten im Exsikkator über Ätznatron aufbewahrt.

49.2 Bestimmung von Schwefel-Kennzahlen in Umweltproben

Schwefel-Kennzahlen (EOS, AOS, TOS) in Abwässern werden analog den Halogen-Kennzahlen bestimmt (s. dazu Kap. 51.1.2). Nach Extraktion der organischen Schwefelverbindungen mit organischen Lösungsmitteln oder Adsorption an Aktivkohle wird der organische Extrakt bzw. die beladene Aktivkohle verbrannt, der Schwefel in eine bestimmbare Form umgewandelt und nach einer der beschriebenen Methoden gemessen.

So wird der, in Kap. 41.1.1 bereits beschriebene und mit einem empfindlichen Electron-Capture-Detektor ausgerüstete, S-Analyzer EA-1108 von den ERBA INSTRUMENTS auch zur Schwefelbestimmung in den verschiedensten Umweltmatrices routinemäßig angewendet. Nach der unten beschriebenen Methode werden S-Kennzahlen mikrocoulometrisch bestimmt.

49.2.1 Die Bestimmung von AOS (*A*dsorbable *O*rganic *S*ulfur) in wäßrigen Systemen mit dem STRÖHLEIN COULOMAT 702 Cl

Prinzip (KUPKA et al. 1989). Die schwefelorganischen Wasserinhaltsstoffe werden an Aktivkohle adsorbiert, die beladene Kohle im Argon-Sauerstoffstrom verbrannt, das entstehende SO_2 reduziert in der Coulometerzelle Chlorat zur äquivalenten Menge Chlorid, die, analog der X-Kennzahlenbestimmung, mikrocoulometrisch titriert wird.

Apparatives. Die apparative Anordnung und ein Gasflußschema des Coulomat 702 Cl ist in Abb. 49-1 skizziert.

Ausführung (AOS-Bestimmung). Bei der Anreicherung organischer Wasserinhaltsstoffe durch Adsorption oder Extraktion werden nicht nur Halogenverbindungen, sondern auch der gelöste organisch gebundene Schwefel erfaßt. Für die Bestimmung der letzteren ist eine schwefel-, halogen- und aschearme Aktivkohle erforderlich. Darüber hinaus müssen bei der Adsorption der interessierenden Schwefelverbindungen an Aktivkohle diejenigen Größen festgelegt werden, die das Adsorptionsgleichgewicht beeinflussen. Dazu gehören das Volumen der Wasserprobe, die Kohlemenge, Zusatzstoffe zur Unterdrückung der Adsorption des anorganischen Sulfatschwefels und die Schütteldauer.

Wie sich aus Untersuchungen weiter ergab, kann man eine quantitative Adsorption an Aktivkohle erwarten, wenn der DOC-Gehalt nicht höher als 10 ppm beträgt. Aufgrund dieser Tatbestände wurden einige Kohlesorten untersucht und getestet. Es zeigte sich, daß unter den käuflich erhältlichen Produkten die Aktivkohle von E. MERCK (Artikel-Nr. 2186) die besten Eigenschaften aufweist. Der Schwefelgehalt dieser Kohle ist aber noch beträchtlich und beträgt 2 mg/g. Deshalb ist für die AOS-Bestimmung eine Vorbehandlung dieser Aktivkohle notwendig gewesen. Die Aktivkohle wurde im Verbrennungsofen bei 900 °C im Ar-Gasstrom ausgeglüht. Die Schwefelverbindungen werden dabei in SO_2 umgesetzt und mit dem Gasstrom entfernt. Der Verlauf der Reaktion kann mikrocoulometrisch erfaßt und kontrolliert werden.

Nach Beendigung läßt man die Kohle im Stickstoffgasstrom erkalten. Bei einer Einwaage von 1 g Aktivkohle konnte durch eine zweimalige Behandlung innerhalb 1 h der

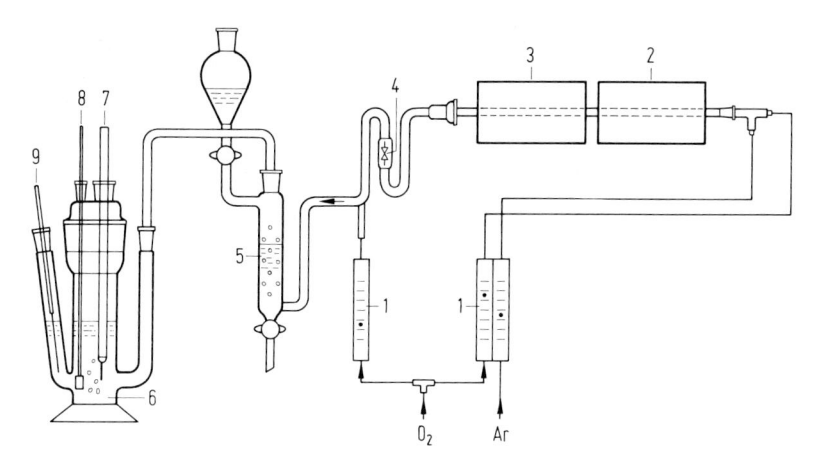

Abb. 49-1. AOS-Bestimmung mit dem STRÖHLEIN-COULOMAT 702 Cl.
1 Strömungsmesser, *2* Infrarotofen, *3* Widerstandsofen, *4* Ventil, *5* Trocknungsvorlage, *6* Elektrolysezelle, *7* Indikator- und Bezugselektrode, *8* Anode, *9* Kathode.

Schwefelgehalt von 2 mg/g auf 0.02 mg/g gesenkt werden. Eine Behandlung von Aktivkohle durch Glühen im Wasserstoffstrom über mehrere Stunden kann ebenfalls in Betracht gezogen werden (PADOWETZ und KÄSTLI 1988).

Die Verbrennungsapparatur besteht im wesentlichen aus einem beheizten Quarzrohr, das über einen mit konzentrierter Schwefelsäure gefüllten Wäscher mit der Titrationszelle des Mikrocoulometers verbunden ist (s. Abb. 49-1). Wichtig für die Mineralisierungsreaktion sind die Verbrennungstemperatur, die Verbrennungszeit und der Partialdruck des Sauerstoffs im Trägergas (Argon).

Das Problem dabei ist, daß die Umsetzung von Schwefel in Schwefeldioxid nicht stöchiometrisch erfolgt; neben SO_2 entsteht eine gewisse Menge SO_3. Um den SO_3-Gehalt möglichst klein zu halten (die SO_3-Komponente wird coulometrisch nicht detektiert), muß die Verbrennung der Probe langsam (mit wenig Sauerstoff) und bei hoher Temperatur (etwa 1100 °C) stattfinden. Die maximale Flußrate des Ar-/O_2-Gasgemisches beträgt 300 ml/min. Das entstehende SO_3 kann auch am heißen Kupfer(I)-Oxid zu SO_2 reduziert werden. Andernfalls besteht die Möglichkeit, in einem nachgeschalteten Drahtofen bei T = 700–900 °C die Reaktionsgase über eine CuO- und Cu-Einlage zu leiten (OITA 1983).

Die Vorgehensweise bei der Verbrennung ist wie folgt: Die angereicherte Aktivkohle wird durch eine Probenschleuse in ein bewegliches Schiffchen gebracht, die Schleusenöffnung verschlossen und das Quarzschiffchen mit Hilfe eines Quarzstabes mit Magneten in den Infrarotofen der Verbrennungsapparatur geschoben. Der schnell aufheizbare Infrarotofen besitzt einen programmierbaren Temperaturregler, der zunächst ein Trocknen der Probe bei etwa 200 °C ermöglicht. Nach etwa 2 min ist die Kohle so weit getrocknet, daß die Temperatur des Infrarotofens innerhalb von 2 min auf die vorprogrammierte Endtemperatur ansteigt, um eine vollständige Mineralisierung der eingetrockneten Aktivkohle zusammen mit den adsorbierten Stoffen im eingestellten Gasgemisch zu gewährleisten.

Die Trockenzeit ist erforderlich, da andernfalls Wasserdampfstöße entstehen, die die Kohlepartikel aufwirbeln und unverbrannt bis zum Wäscher tragen können. Um Kondensationen von Wasserdampf zu vermeiden, wird die Gasauslaßleitung bis zum Wäscher beheizt.

Die Verbrennung ist bei einem Einsatz von 50 mg Aktivkohle nach ca. 5 min abgeschlossen. Die Verbrennungsgase passieren einen Wäscher mit Schwefelsäure oder Phosphorsäure und werden in eine *Mikrocoulometerzelle* geleitet, welche einen essigsauren Elektrolyten mit Chlorat und einer definierten Menge an Silberionen enthält.

Das SO_2 reduziert Chlorat zu Chlorid, wodurch die Silberionen ausgefällt und von der Silberanode bis zum Erreichen der ursprünglichen Silberionenkonzentration nachgeliefert werden. Die hierzu benötigte Elektrizitätsmenge ist der SO_2-Menge und somit dem S-Gehalt der Probe proportional, der an einem Display in µg S angezeigt wird. Die Silberionenkonzentration im Elektrolyten wird potentiometrisch mit Hilfe einer Meßkette, bestehend aus einer Silberanode und einer Bezugselektrode, erfaßt. Störende Halogene werden an Silberwolle gebunden, die in der Gasleitung zwischen dem Wäscher und der Mikrocoulometerzelle angebracht ist.

Der Vorteil einer solchen Detektion besteht darin, daß keine Kalibrierung durchgeführt werden muß. Die Nachweisgrenze des Verfahrens liegt bei 2 µg S in der Probe. Die Analysenzeit beträgt 10 bis 15 min.

Gasförmige Schwefelverbindungen in Reaktionsgasströmen, z. B. COS, H_2S, CS_2 und SO_2 in Schwefelgewinnungsanlagen nach dem Claus-Verfahren, können, wie von PEARSON und HINES (1977) beschrieben, gut über spezielle Kieselgelsäulen getrennt und die einzelnen Komponenten flammenphotometrisch detektiert werden. Das Chromatogramm in Abb. 49-2 veranschaulicht die exakte Trennung dieser Schwefelgase.

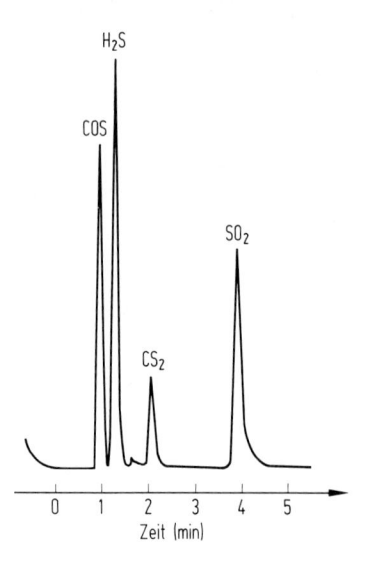

Abb. 49-2. Trennung von Schwefelverbindungen über Tracor Spezial-Silicagel. Säule: 60 °C, 30 psi Helium, 5 cm³-Probenschleife (Glas). Apparatur: Tracor Gaschromatograph, Modell 550, mit Doppel-Elektrometer und photometrischem Flammendetektor.

50 Substanzaufschluß in der Halogenanalyse

50.0 Einführende Bemerkungen

Halogenverbindungen werden in der Regel oxidativ zu Halogenid aufgeschlossen, das dann nach einer für das Halogenid spezifischen Methode bestimmt wird. Zum Substanzaufschluß eignen sich im Prinzip alle bereits in der Schwefelanalyse erläuterten Aufschlußmethoden, so daß bei der Beschreibung der Halogenanalyse nur auf zusätzliche oder von der Schwefelbestimmung abweichende Verfahrensweisen eingegangen wird.

50.1 Substanzaufschluß durch Rohrverbrennung im strömenden Sauerstoff (ohne Hilfsflamme)

Allgemeines. Zur mikro- und spurenanalytischen Bestimmung von Chlor, Brom und Iod wird zunehmend der Substanzaufschluß durch Rohrverbrennung gewählt (s. dazu „Schwefelbestimmung" in Kap. 42). Für Fluor ist diese Methode ungeeignet. Durch Entwicklung sehr empfindlicher Endbestimmungsmethoden ist der erforderliche Substanzbedarf geringer geworden. Da Substanzmengen um 1 mg für eine Bestimmung ausreichen, kann durch Rohrverbrennung blitzartig (Flashverbrennung) und quantitativ aufgeschlossen werden, und es werden nur kleinvolumige Reaktionslösungen erhalten, die zur Endbestimmung nur mit geringem Neutralsalzgehalt belastet sind. Durch saure Zuschläge (WO_3) kann bei der Rohrverbrennung auch anorganisch gebundenes Halogen aufgeschlossen und mitbestimmt werden.

Bei der Verbrennung phosphororganischer Verbindungen werden zur Bestimmung von Chlor und Brom die Phosphoroxide mit Lanthannitrat gebunden (BINKOWSKI und LESNIAK 1979), die Halogenide dann mercurimetrisch titriert (Kap. 51.4). Ohne Lanthannitrat entsteht ein Mehrverbrauch an Titrierlösung. So ist diese Aufschlußmethode universell auch für Proben mit anorganischer Matrix geeignet. Die Halogenidbestimmung wird im einfachsten Fall diskontinuierlich durchgeführt. Das Absorptionsrohr (Methode 42.1), in dem das Halogenid nach der Verbrennung in Lauge/Perhydrol, Arsenit- oder Hydrazinlösung gebunden vorliegt, wird vom Verbrennungsrohr abgenommen (Schliffverbindung), die Reaktionslösung mit Wasser/Alkohol ausgespült und darin das Halogenid titriert. In Verbindung mit der mikrocoulometrischen Titration wird die Halogenbestimmung nach Rohrverbrennung auch kontinuierlich (on line) durchgeführt (s. Kap. 51.1).

Hochhalogenierte Substanzen, die aufgrund des geringen C/H-Gehaltes nur einen geringen Heizwert besitzen, werden bei der Verbrennung im Rohr oft nur unvollständig umgesetzt, bei ihnen muß die Reaktionszone des Rohres auf 1000 bis 1100 °C beheizt, oder im Rohr mit Hilfsflamme (Knallgasverbrennung) aufgeschlossen werden, um eine quantitative Verbrennung zu sichern.

50.2 Substanzaufschluß durch Rohrverbrennung mit Hilfsflamme – Die Knallgasverbrennung

Einführende Bemerkungen. Der Substanzaufschluß in der Knallgasflamme ist sehr verläßlich, auch dann, wenn die Substanz als Gas oder Flüssigkeit vorliegt oder einen hohen Halogengehalt aufweist und die Bindungsstärke des Halogens wie im Falle der C-F-Bindung groß ist. Die hohe Temperatur der Knallgasflamme gewährleistet einen quantitativen Aufschluß, der in der Knallgasflamme entstehende Wasserdampf begünstigt die Absorption des Halogens bzw. des Halogenwasserstoffes. Zur ultramikro- und mikroanalytischen Bestimmung von Chlor, Brom, Iod und Fluor wird der Substanzaufschluß in der Mikro-Apparatur SK 480-A durchgeführt, zur makro- und spurenanalytischen Halogenbestimmung in den „kontinuierlichen Knallgasverbrennungsapparaturen Wickbold III oder V". Letztere haben sich auch beim Aufschluß organischer Substanzen zur Schwefelbestimmung bewährt (s. Kap. 43).

50.2.1 Substanzaufschluß mit der Mikro-Knallgas-Verbrennungsapparatur

Prinzip (EHRENBERGER 1959, 1961). Die organische Substanz wird im Wasserstoffstrom verdampft und in eine kleine Brennkammer geführt, in der durch Gegenblasen von Sauerstoff eine Knallgasflamme brennt (Abb. 50-1). Die hohe Temperatur dieser Flamme gewährleistet den sicheren Aufschluß der Substanz unabhängig von der Höhe des Halogengehalts und der Bindungsstärke des Elementes.

Der in der Knallgasflamme entstehende Wasserdampf führt die halogenhaltigen Reaktionsgase schnell und vollständig in die Vorlage, wo sie in geeigneten Absorptionsmitteln gebunden werden. Die Substanzverdampfung kann auch im Sauerstoffstrom erfolgen, der Wasserstoff gegengeblasen werden.

Die unten beschriebene Quarzapparatur SK 480-A ermöglicht die kontinuierliche Verbrennung einer beliebigen Anzahl von Substanzeinwaagen. Eine Verbrennung dauert einschließlich der Ausspülzeit maximal 5 min.

Apparatur (Abb. 50-1). Verbrennungsrohr und Absorptionsvorlage, beide aus Quarzglas, werden auf ein Gehäuse aus Stahlblech montiert. Das Reaktionsrohr und die kugelförmige Erweiterung, in der die Knallgasflamme brennt (Abb. 50-2), müssen aus reinem Quarzglas (Bergkristall) gezogen sein (Lieferfirma der Quarzteile: HERAEUS-QUARZ-GLAS GmbH).

Montage der Apparatur: Montagegehäuse auf Vollständigkeit prüfen und an betriebssicherer Stelle eines Labortisches (evtl. Wandtisch) aufstellen. Neben der rechten Breitseite

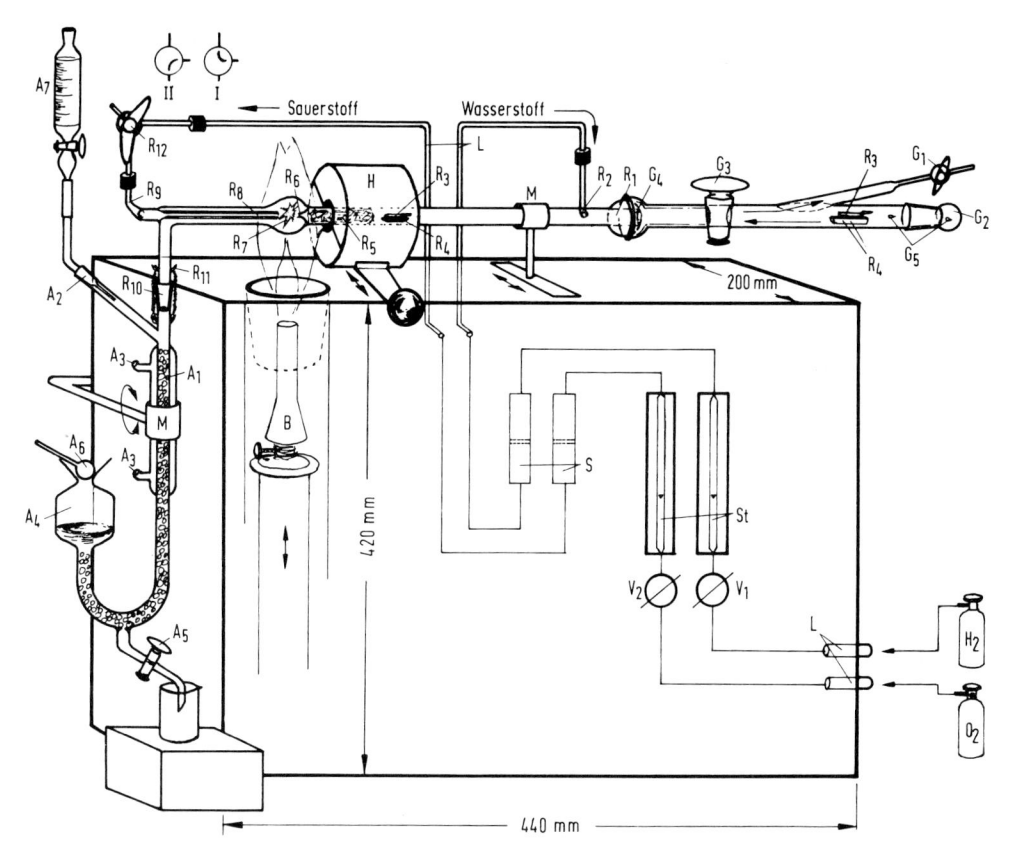

50.2 Substanzaufschluß durch Rohrverbrennung mit Hilfsflamme

Abb. 50-1. Mikro-Knallgas-Verbrennungsapparatur (SK 480-A.). St Klein-Durchflußmeßgerät (DK 27, Krohne), M Metallhalterung, B Bunsenbrenner, H Heizbrenner, G Schleusengabel, G_1 Entlüftungshahn, G_2 Verschlußkappe, G_3 Schleusenhahn, G_4 Kugelschliffhülse, 18 mm, G_5 Häkchen, R Verbrennungsrohr, R_1 Kugelschliffkern, 18 mm, R_2 Gaszuführung, R_3 Platinschiffchen, R_4 Nickelboot, R_5 Platindrahtnetzrolle, R_6 Kapillar-Brennerrohr, R_7 Brennkammer, R_8 Kapillar-Brennerrohr, R_9 Gaszuführung, R_{10} Schliffverbindung NS 7,5, R_{11} Häkchen für Federsicherung, R_{12} Dreiwegehahn, A Absorptionsvorlage, A_1 Quarzkühler mit Perlenfüllung, A_2 Absorptionsmittelzulauf, A_3 Kühlstutzen, A_4 Vorlagezylinder, A_5 Ablaßhahn, A_6 Abdeckkugel, A_7 Absorptionslösungsvorratsbürette, V_1, V_2 Feindosierventile, S Rückschlagventile.

des Tisches soll genügend Bodenfläche für die Gasflaschen sein, damit die Gase dem Brenner auf kürzestem Wege zugeleitet werden können. Den elektrischen Heizbrenner (H) (65 mm lang, aufklapp- und zurückschiebbar) auf das Gehäuse aufschrauben und mit Netzkabel versehen. Sauerstoff- und Wasserstoffbombe mit den Gaseingangsstutzen (L) über Druckschlauch gasdicht verbinden und Schlauch festschellen. Gut funktionierenden Teclu-Brenner (B) auf dem vertikal verstellbaren Stativ festschrauben und mit der Gaszufuhr verbinden. Quarzvorlage und Verbrennungsrohr mit Metallklammern (M) auf dem Gehäuse spannungsfrei befestigen.

Schleuse mittels Kugelschliff mit dem Verbrennungsrohr verbinden (mit Krönig-Glaskitt festkitten). Gaszuführungen des Verbrennungsrohres mittels Schlauch mit den ent-

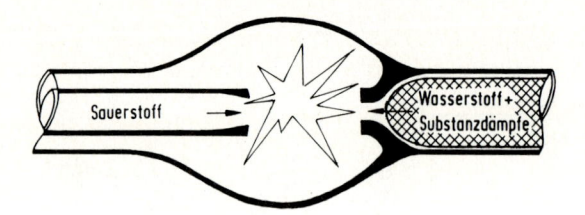

Abb. 50-2. Mikro-Knallgasverbrennung – Reaktionszone (Prinzip).

sprechenden Gasleitungen verbinden. Kühlerstutzen an die Wasserleitung anschließen. Vorratsbürette mit Absorptionslösung füllen und über Ventilschlauch mit dem Zulaufstutzen verbinden.

Inbetriebnahme: Gemäß Unfallverhütungsvorschriften wird beim Arbeiten mit der Knallgasflamme das Tragen einer **Schutzbrille** gefordert!
Feindosierventile (V) an den Strömungsmessern (St) schließen.
Hauptventile der Sauerstoff- und der Wasserstoffbombe öffnen und mit dem Druckminderventil 1 atü auf das Niederdruckmanometer geben. Heizbrenner (H) zurückschieben und einschalten. Kühlwasser anstellen und Dreiwegehahn (R_{12}) nach Stellung I drehen. Feindosierventil für Wasserstoff (V_1) öffnen (20 bis 30 N l/h), Apparatur luftfrei spülen, ebenso die Schleuse durch kurzes Öffnen des Schleusenhahnes. Brennkammer von außen mit Teclu-Brenner beheizen. Feindosierventil für Sauerstoff (V_2) öffnen (ca. 10 N l/h), sobald Brennkammer genügend heiß ist (mindestens 1 min mit dem Teclu-Brenner beheizen), den Dreiwegehahn R_{12} in Stellung II bringen. Die Knallgasflamme entzündet sich lautlos, wenn die Brennkammer genügend hohe Temperatur hat (ca. 700 bis 800 °C). Durch abwechselndes weiteres Öffnen der Feindosierventile (V_1 und V_2) die Flamme auf die gewünschte Stärke einregeln. Die Knallgasflamme soll die Brennkammer gerade ausfüllen, den Quarz aber nicht zum Glühen bringen.

Aufschluß. Die Probeschiffchen (Platin oder Quarz) in die Nickelboote stellen. Bei geschlossenem Schleusenhahn die Verschlußkappe abnehmen und die Boote in die Schleuse einführen. Verschlußkappe aufsetzen und sichern. Schleusenhahn öffnen und das Substanzboot mit Hilfe des Nickelboots magnetisch ins Rohr schleusen. Ablaßhahn (A_5) schließen. Zulauf des Absorptionsmittels anstellen (1 bis 2 Tropfen/s).

Elektrischen Heizbrenner (H) an das Rohr heranziehen, nach der Hauptreaktion über das Rohr klappen und 3 min dort belassen.

Elektrischen Heizbrenner (H) zurückschieben, Zulauf der Absorptionslösung stoppen und Ablaßhahn öffnen. Mit kurzen Wasserstößen aus einer Polyethylenspritzflasche die Vorlage abwechselnd über A_2 und A_6 ausspülen (Gesamtvolumen der Reaktionslösung soll 30 bis 40 ml nicht überschreiten). Das leere Probeschiffchen im Rohr in den einen Schenkel der Schleuse führen, das im anderen Schenkel bereitstehende nächste Probeschiffchen ins Rohr schleusen. Zulauf der Absorptionslösung wieder öffnen und die nächste Verbrennung einleiten.

Abstellen der Flamme: Flamme des Teclu-Brenners löschen, elektrischen Heizbrenner ausschalten, Gasströme, erst Sauerstoff, dann Wasserstoff abwechselnd und schrittweise drosseln mit Hilfe der Feindosierventile V_1 und V_2 und Zweiwegehahn (R_{12}) nach Stellung I drehen. Sauerstoffventile schließen, Kühlwasser abstellen, Wasserstoffventile schließen – erst das Feindosierventil, dann das Bombenventil. Probeschiffchen auf Rückstand prüfen. In der ganzen Absorptionslösung oder in aliquoten Teilen die Halogenbestimmung durchführen.

Arbeitsvorschrift

Einwaage: Es werden 0.5 bis 10 mg Substanz zur Analyse benötigt. Feste Substanzen werden in Platin- oder Quarzschiffchen eingewogen und mit einem kleinen Quarzwollebausch abgedeckt. Feste Substanzen mit hohem Dampfdruck werden zum Einwägen in einen „Tesa"-Filmstreifen (aus Methyl- oder Acetylcellulose) eingeklebt (Abb. 50-3). Flüssigkeiten wägt man entweder in Quarzkapillaren – mit eingeschmolzenem Nickelkern für den magnetischen Transport ins Verbrennungsrohr – oder in Glaskapillaren aus schwerschmelzbarem Glas ein. Die Enden der Glaskapillaren (Durchmesser 1 bis 1.5 mm) werden zu feinen Kapillaren ausgezogen und die flüssigen Substanzen durch Vakuum oder unter Kohlensäureschneekühlung eingesaugt. Mit dem Saum einer Bunsenflamme wird die Kapillarenspitze zugeschmolzen und nach Temperaturausgleich zurückgezogen. Mit Hilfe eines Quarzröhrchens (4 mm Durchmesser) mit eingeschmolzenem Nickelkern (s. Abb. 50-4) werden die Glaskapillaren magnetisch ins Verbrennungsrohr geführt. Die Kapillare wird mit einem kräftigen Ruck gegen einen kleinen Quarzblock gestoßen, wodurch die Spitze abbricht und die Flüssigkeit verdampft werden kann. Die Kapillare bricht leicht, wenn das zugeschmolzene Ende nur wenig über das Quarzröhrchen hinausragt.

Kunststoffpulver mit ausgeprägter Oberflächenelektrostatik werden in kleinen Filterpapierchen eingewogen und in Nickelschiffchen in das Rohr geschleust.

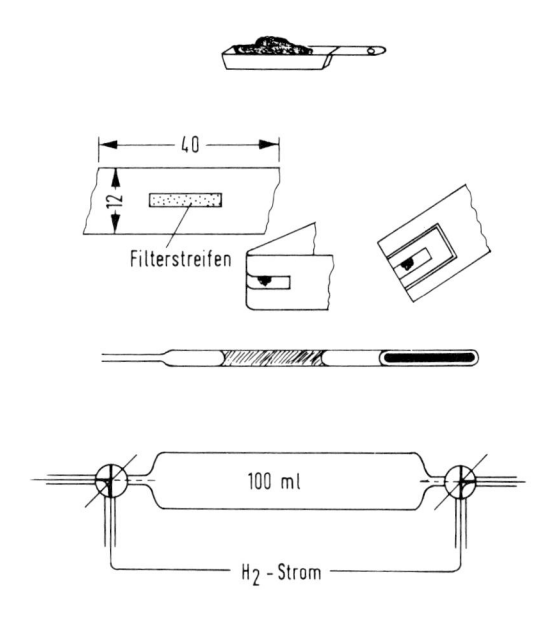

Abb. 50-3. Einwägegeräte zur Mikro-Knallgasverbrennung.

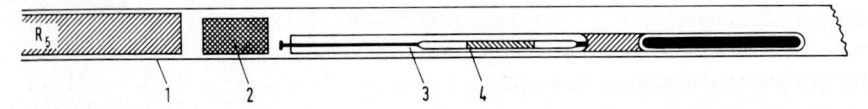

Abb. 50-4. Mikro-Knallgasverbrennung. Transportvorrichtung für Kapillaren. R_5 Platindrahtnetzrolle, *1* Verbrennungsrohr, *2* Quarzblock, *3* Quarzröhrchen mit eingeschmolzenem Nickelkern zum Transport von Kapillaren, *4* Glaskapillare.

Gase werden in kleinen Gasmäusen (10 ml), die erst evakuiert und dann mit dem zu analysierenden Gas gefüllt werden, eingewogen. Die Gasmaus wird mit Hilfe der beiden Dreiwegehähne in den Brenngasstrom eingeschaltet.

Aufschluß: Der Aufschluß wird – wie in der Bedienungsanleitung vorgeschrieben – durchgeführt. Zur Absorption der halogenhaltigen Reaktionsprodukte werden während der Verbrennung die in Tab. 50-1 aufgeführten Absorptionsmittel zugetropft. Die Zutropfgeschwindigkeit beträgt während der Hauptreaktion etwa 2 Tropfen/s; sie wird anschließend verringert. Die Gasströme können auch gegengeleitet und die Substanz im Sauerstoffstrom verdampft werden, es ist jedoch besser, die Substanz im H_2-Strom zu verdampfen, da dann in jedem Fall spontane Reaktionen, wie sie im Sauerstoffstrom auftreten können, unterbleiben; dies ist für ein ruhiges Brennen der Knallgasflamme wichtig. Sich abscheidende Kohle stört die weiteren Analysen nicht, sie kann von Zeit zu Zeit mit Sauerstoff weggeglüht werden.

Endbestimmung: Das Halogen-Ion wird nach einer der in Tab. 50-1 vorgeschlagenen Methoden bestimmt. Bei hohem Halogengehalt wird die Reaktionslösung in ein 50-ml-Meßkölbchen gespült und in aliquoten Teilen davon die Bestimmung durchgeführt.

Tab. 50-1. Halogenbestimmung nach Substanzaufschluß mit der Mikro-Knallgasverbrennungsapparatur SK 480-A.

Element	Absorptionslösung	Endbestimmung
Fluor	0.1 N NaOH oder dest. Wasser oder 0.01 N $HClO_4$ (S-haltige Substanz)	Titration mit Thoriumnitrat oder photometrisch mit La-Alizarinkomplexan potentiometrisch
Chlor	0.1 N NaOH + 3 bis 5 Tropfen H_2O_2 (30%ig)	potentiometrische Titration mit N/50 $AgNO_3$ mercurimetrisch
Brom	0.1 N NaOH + 5 Tropfen $NaHSO_3$ (35%ig)	potentiometrische Titration* mit N/50 $AgNO_3$
	0.1 N NaOH	iodometrisch
Iod	Brom-Eisessiglösung: 10 g Natriumacetat ($CH_3COONa \cdot 3H_2O$) in 100 g Eisessig gelöst und 4 ml Brom zugetropft	iodometrische Titration

* Wird das Brom potentiometrisch titriert, muß die alkalische und sulfithaltige Reaktionslösung erst zum Sieden erhitzt, dann gekühlt, mit ein paar Tropfen Perhydrol das Sulfit oxidiert, mit Schwefelsäure angesäuert (Methylrot) und dann die Titration ausgeführt werden.

50.2.2 Halogenidbestimmung nach Substanzaufschluß in der Wickbold-Apparatur

Der Substanzaufschluß in der Knallgasflamme in der von WICKBOLD (1952), später von EHRENBERGER et al. (1965) verbesserten Form ist für die Halogen- und Schwefelanalyse prädestiniert. Die hohe Temperatur der Knallgasflamme garantiert stets einen zuverlässigen und quantitativen Aufschluß, unabhängig von Höhe des Halogengehaltes und Bindungsstärke der Elemente. Da die Knallgasflamme einen großen Substanzdurchsatz pro Zeiteinheit zuläßt, wird sie nicht nur in der Elementaranalyse, sondern auch in der Spurenanalyse, wo große Mengen von festen, flüssigen oder gasförmigen Substanzen aufgeschlossen werden müssen, um zu einer bestimmbaren Menge des gesuchten Elementes zu kommen, bevorzugt.

Tab. 50-2. Halogenbestimmung nach Substanzaufschluß mit der Wickbold-Apparatur.

Zu bestimmendes Element	Einwaage	Absorptions-Lösung	Endbestimmung
Chlor	20 – 100	NaOH 0.1 N + H_2O_2 (3%ig)	potentiometrische Titration
Brom	40 – 200	NaOH 0.1 N + $NaHSO_3$ (35%ig)	potentiometrische Titration
Iod	10 – 100	Brom-Eisessiglösung	iodometrische Titration
Fluor	20 – 100 mg	NaOH 0.01 N	Thoriumnitrat-Titration potentiometrische Titration
Spuren-Chlor	1 – 10 g	Dest. Wasser oder NaOH 0.1 N	potentiometrische Titration mercurimetrisch Trübungstitration photometrisch nullpotentiometrisch mit Ag/AgCl-Elektroden
Brom selektiv neben Chlor	1 – 10 g	0.1 N NaOH	iodometrisch nach Oxidation zu Bromat nullpotentiometrisch mit Ag/AgBr-Elektroden
Chlor neben Brom			Differenzbestimmung nach Methode 51.2
Spuren-Jod	0.5 – 2 g	Brom-Eisessiglösung	iodometrisch
Spuren-Fluor	1 – 10 g	Dest. Wasser oder $HClO_4$ 0.01 N oder NaOH 0.01 N	Titration mit Thoriumnitrat photometrisch mit La-Alizarinkomplexan fluorid-selektive Elektrode

Apparatur und Arbeitsweise sind in Kap. 43 erklärt, sie ist in der dort beschriebenen Ausführung zur Halogenbestimmung nicht nur in organischen, sondern auch in gemischt organisch/anorganischen Matrizes universell einsetzbar, indem durch saure Zuschläge anorganisch gebundenes Halogen ausgeschmolzen und in die Vorlage übergetrieben wird. In den beim Aufschluß erhaltenen Reaktionslösungen wird das Halogenid nach einer der in Tab. 50-2 aufgelisteten Methoden bestimmt.

50.3 Halogenidbestimmung nach Substanzaufschluß in der „Sauerstoffflasche" (O_2-flask)

Der Substanzaufschluß in der Sauerstoffflasche, der sog. *Schöniger-Aufschluß*, wird in der Halogenanalyse häufig genutzt. Er eignet sich gut zum Aufschluß kleiner Substanzmengen (Mikromethode), vor allem von festen, nichtflüchtigen Substanzen. Bei Substanzen mit hohem Halogengehalt (>50%) wird er jedoch unsicher. Zum Aufschluß fluororganischer Substanzen mit hohem Fluorgehalt empfiehlt DIRSCHERL (1980) einen Zuschlag von Mannit.

Zur Technik des Aufschlusses s. Kap. 44. Zur Absorption der beim Aufschluß entstehenden halogenhaltigen Reaktionsgase werden geeignete Absorptionslösungen vorgelegt, einige davon sind in Tab. 50-3 aufgelistet.

Tab. 50-3. Halogenidbestimmung nach Aufschluß in der Sauerstoffflasche.

Element	Absorptionslösung* für Substanzeinwaagen bis 30 mg	Bestimmung
Chlor und Brom	4 ml H_2O + 5 Tropfen H_2O_2 (30%ig)	mercurimetrisch
	2 ml 0.1 N KOH + 5 Tropfen H_2O_2 (30%ig)	mercurimetrisch potentiometrisch
Brom	5 ml Phosphat + Puffer + 5 ml Natriumhypochlorit	iodometrisch
Iod	5 ml 0.1 N NaOH	iodometrisch
Fluor	5 ml dest. Wasser	Thoriumnitrat-Titration potentiometrisch photometrisch

* Für Substanzmengen <1 mg wird die Absorptionslösungsmenge verringert.

50.4 Halogenbestimmung nach Substanzaufschluß in oxidierenden Salzschmelzen

50.4.1 Substanzaufschluß mit Natriumperoxid in der Nickelbombe

Der Substanzaufschluß mit Natriumperoxid in der Nickelbombe zählt zu den Standardmethoden in der Schwefel- und Halogenanalyse (mit Ausnahme von Fluor). Er wird im Mikro-, vor allem aber im Makrobereich häufig durchgeführt (s. Kap. 45.1).

Der Aufschluß wird zur Halogenbestimmung mit Ethylenglykol initiiert, das auf den Boden des Bombenbechers aufgetropft wird und sich bereits bei 56°C – eingeleitet durch Erhitzen mit einer spitzen Gasflamme von außen – entzündet. Die Probe wird in das Natriumperoxid eingebettet. Ein Durchmischen der Probe mit dem Peroxid ist gewöhnlich nicht erforderlich. Kompakte Substanzen, wie Kunststoffe, sollten vor dem Einwägen geraspelt und nicht am Stück eingebracht werden, da sie sonst in der Hitze verklumpen und nicht vollständig aufgeschlossen werden könnten.

Nach Substanzaufschluß in der Makro- oder Mikrobombe und Lösen der Schmelze in Wasser wird die Lösung gekühlt und im bedeckten Becherglas mit verdünnter Salpeter-

oder Schwefelsäure schwach angesäuert. Das Chlorid wird mit 0.1 N oder 0.02 N Silbernitratlösung unter Verwendung von Mikrobüretten nach Methode 51.2 potentiometrisch titriert oder maßanalytisch nach VOLHARD (Methode 51.6) bestimmt.

Substanzmengen < 10 mg werden genauso aufgeschlossen wie größere Substanzeinwaagen, die Titration führt jedoch nur auf folgendem Weg zu einem brauchbaren Ergebnis: Die Schmelze wird in einer Quarz- oder Platinschale ausgelaugt, das Peroxid vollständig verkocht, die Lösung auf 15 ml aufgefüllt und im Eisbad auf 5 °C gekühlt. Bei dieser Temperatur wird mit halbkonzentrierter Salpetersäure angesäuert − die Temperatur darf dabei 5 °C nicht übersteigen, ansonsten werden besonders für Brom Minderwerte erhalten − und schließlich 10 ml Aceton zugefügt. Die Endbestimmung erfolgt durch potentiometrische Titration mit 0.01 N Silbernitratlösung bei pH 2.0 bis 2.5 (mit Hilfe einer Glaselektrode eingestellt) mit einer Einstabmeßkette Silber-Kalomel mit Nitratableitung. In acetonischer Lösung sind auch bei gleichzeitiger Anwesenheit von Chlorid und Bromid die Potentialsprünge gut auswertbar.

50.4.2 Ätznatronaufschluß

Alle Silicate und die meisten anderen Gesteinsbestandteile − ausgenommen einige in natürlichen Gesteinen vorkommende seltene Oxide wie Zirconoxid − werden beim Schmelzen mit Ätznatron in wenigen Minuten aufgelöst. Man verwendet dazu Nickel- oder Silbertiegel, neuerdings mit Vorteil *Tiegelmaterial aus Glaskohlenstoff* (SIGRI ELEKTROGRAPHIT GmbH).

Zur *Chloridbestimmung* in silicatischem Probenmaterial wie Baustoffen, Gesteinsproben oder Edelmetallkontakten (Platin, Rhodium, Palladium u. a.) auf Kieselsäurebasis, die als Katalysatorbette in der großtechnischen Synthese häufig eingesetzt werden, wird das Chlorid am schnellsten und sichersten durch eine Ätznatronschmelze in Lösung gebracht. Dazu wird die Probe entweder in starker Natronlauge zur Trockene eingedampft und dann aufgeschmolzen oder − wo es die Probe erlaubt − gleich in trockenes, schuppenförmiges Ätznatron eingebettet und mit der 10 bis 20fachen Ätznatronmenge langsam aufgeschmolzen. Beide Wege sind gangbar, allerdings besteht bei ersterem die Gefahr von Verlusten durch Verspritzen von Schmelze.

Die zum Aufschluß verwendete (etwa 10-molare) Natronlauge wird durch Auflösen von Ätznatron (Plätzchen reinst p.a.) in dest. Wasser, am besten in PTFE-Gefäßen unter Kühlen, hergestellt. Die Lauge wird in Kunststoffgefäßen luftgeschützt gelagert.

Aufschluß. Zur Chloridbestimmung (z. B. in Rhodiumkontakten auf SiO_2-Basis mit Chloridgehalten von etwa 0.01 bis 1%) werden etwa 1 bis 1.5 g NaOH (schuppenförmig p.a.) in einen Sigradur®G-Tiegel (Fa. SIGRI) (GAK 2 = 20 ml) eingewogen, am Tiegelboden festgeschmolzen, darauf 0.3 bis 0.5 g Probe eingewogen und mit festem Ätznatron abgedeckt. Gesamte Ätznatronmenge: 3 bis 5 g. Dann wird mit einer leichten Gasflamme abgefächelt, bis das Ätznatron flüssig wird. Mit einer Tiegelzange wird der Tiegel über der Flamme in kreisender Bewegung gehalten, bis eine klare Schmelze erhalten wird. Durch Eintauchen in dest. H_2O wird der Tiegel von außen abgeschreckt, mit Wasser gefüllt und in der Siedehitze die Schmelze abgelöst. Nach Umspülen in ein Becherglas und Ansäuern mit 10 ml 10 N H_2SO_4 wird die Lösung durch ein Faltenfilter filtriert und das Chlorid potentiometrisch titriert.

Wird die Probe (0.5 g) *alternativ* mit konzentrierter Natronlauge (3 ml) voraufgeschlossen, stellt man den mit Probe und Lauge beschickten Tiegel in einen Prozellantiegel und damit auf das Oberdeck eines Schnellveraschers und dampft den Tiegelinhalt vorsichtig zur Trockene ein (Tiegel abdecken!). Dann wird mit 2 bis 3 g schuppenförmigen Ätznatron überschichtet und der Tiegelinhalt geschmolzen. Bei Verwendung von Tiegeln aus Glaskohlenstoff und bei Schmelztemperaturen über 400 °C sollte der Schmelzaufschluß in Inertgasatmosphäre erfolgen, um größere Korrosionen des Tiegelmaterials zu vermeiden.

Blindwertbestimmungen werden in gleicher Weise wie die eigentliche Analyse ausgeführt und sind unerläßlich. Für Chloridbestimmungen in diesen und ähnlichen Materialien, die im unteren ppm-Bereich liegen, empfielt sich der im nächsten Kapitel beschriebene Chromsäureaufschluß mit größeren Einwaagen.

50.5 Naßaufschlußmethoden

50.5.1 Chromsäureoxidation

Prinzip. Organische Substanzen werden im Sauerstoffstrom mit konz. Schwefelsäure in Anwesenheit von Kaliumbichromat und Silberbichromat quantitativ oxidiert. Chlor und Brom verflüchtigen sich, Iod verbleibt als Iodat in der Aufschlußlösung. Die bei der Umsetzung freiwerdenden Halogene werden vom Sauerstoff in die Absorptionsvorlage geführt. Nach der *Mikromethode* werden die Halogene in gemessener Lauge und Perhydrol absorbiert, wobei sie nach der Gleichung

$$2\,Cl + 2\,NaOH + H_2O_2 \rightarrow 2\,NaCl + 2\,H_2O + O_2$$

reagieren. Nicht verbrauchte Lauge wird mit Säure gegen Methylrot als Indikator zurücktitriert. Nach der *Makromethode* werden die Halogene in sulfithaltiger Natronlauge absorbiert und anschließend entweder potentiometrisch (Methode 51.2) oder maßanalytisch nach VOLHARD (Methode 51.6) titriert. Nach Reduktion der Chrom- und Iodsäure mit schwefliger Säure kann der Silberiodidniederschlag in der Aufschlußlösung gravimetrisch bestimmt werden.

A) Mikroanalytische Bestimmung von Chlor und Brom nach Chromsäureoxidation

Apparatur. Die Probe wird in der von ZACHERL und KRAINICK (1932) konzipierten Mikroapparatur aus Jenaer Geräteglas umgesetzt, die aus Oxidationskölbchen mit Schliffaufsatz und Absorptionsvorlage besteht (s. Abb. 50-5). Das Oxidationsgefäß, das unten herzförmig erweitert ist, wird mittels Schliff mit dem Aufsatz verbunden. Durch den Schliff führt das Gaseinleitungsrohr und endet 4 mm über dem Boden des Oxidationsgefäßes. Der Schliffaufsatz ist durch Hahn H_1 mit dem Tropftrichter verbunden, der etwa 4 bis 5 ml faßt. Der Schliffaufsatz hat ein seitliches Ableitungsrohr, das nach 5 cm rechtwinklig nach unten abgebogen und an der Spitze schwach verjüngt ist. Die Absorptionsvorrichtung ist am oberen Ende trichterförmig erweitert, wodurch das Nachspülen am

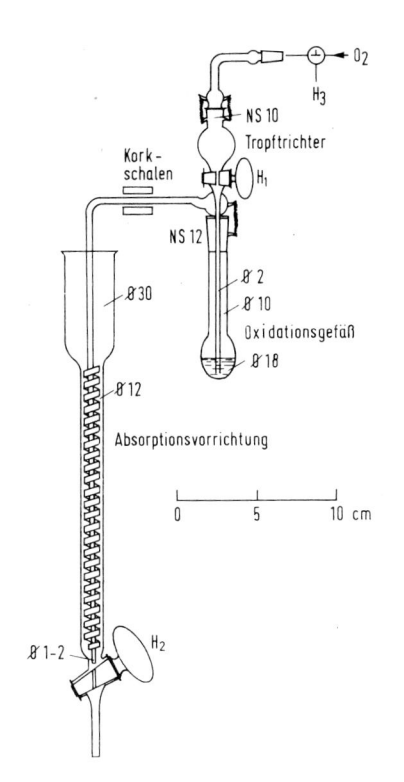

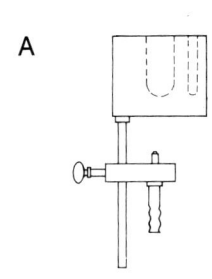

Abb. 50-5. Mikrobestimmung von Chlor und Brom nach Chromsäureoxidation. Apparatur nach ZACHERL und KRAINICK. Lieferfirma: P. HAACK. (A) Aluminiumheizblock mit Mikrobrenner (1/2 natürl. Größe).

Ende der Bestimmung erleichtert wird. Das zentrisch hineinragende Ableitungsrohr ist von einer massiven Glasspirale eng umgeben. Die Spirale liegt gleichzeitig an der Wandung des Rohres an, damit die an der Spitze austretenden Gasblasen in kreisender Bewegung nach oben wandern und möglichst lange mit der Absorptionslösung in Berührung bleiben. Das Reaktionskölbchen wird entweder mit einem kleinen Heizpilz oder mit dem in Abb. 50-5A gezeigten Aluminiumblock mit Mikrobrenner beheizt. Dieser besteht aus einem vollen Aluminiumzylinder (Durchmesser 80 mm, Höhe 70 mm), der durch einen eingeschraubten Messingstab an einem Stativ befestigt wird. Die zentrale zylinderische Bohrung (24 mm Durchmesser) dient zur Aufnahme des Oxidationsgefäßes. Die enge Bohrung (8 mm) nimmt das Thermometer auf. An dem vertikalen Messingstab kann der Mikrobrenner beliebig hoch festgeschraubt werden. Die Flamme kann durch einen Quetschhahn am Gasschlauch reguliert werden. Die Temperatur kann so auf $\pm 2\,°C$ genau eingehalten werden.

Reagenzien

Konz. Schwefelsäure (D = 1.84) p.a.
Kaliumbichromat p.a.
Silberbichromat: Dieses kann nach AUTENRIETH (1902) mit genügender Reinheit hergestellt werden: 10 g Silbernitrat und 6 g Chromsäure p.a. mit 1 l dest. Wasser kochen, bis alles gelöst ist. Die Lösung heiß filtrieren und über Nacht stehenlassen. Nach einigen

Stunden beginnt sich das Silberbichromat in braun-schwarzen, glänzenden Kristallen abzuscheiden. Man gießt die überstehende Flüssigkeit ab, wäscht die Kristalle auf der Nutsche 2mal mit dest. Wasser und trocknet sie im Exsikkator über Phosphorpentoxid.

Zur Herstellung des Oxidationsgemisches wird das getrocknete und pulverisierte Silberbichromat mit gleichen Gewichtsteilen Kaliumbichromat gemischt und in einer braunen Pulverflasche aufbewahrt.

Reinstes Perhydrol (säurefrei): Selbst „garantiert säurefreies Perhydrol" reagiert schwach sauer. Aus diesem Grund muß der Acidiätsgrad bei jeder neuen Flasche kontrolliert werden. Dazu versetzt man 1 ml Perhydrol mit 2 ml 0.01 N Salzsäure, kocht auf und neutralisiert mit 0.01 N Natronlauge gegen Methylrot als Indikator. Der so bestimmte Säuregehalt ist bei der Berechnung der Analysen in Abzug zu bringen.

0.01 N Salzsäure
0.01 N Natronlauge } in automatischen Mikrobüretten

Methylrot, 0.1%ige methanolische Lösung.

Arbeitsvorschrift. Der mit Chromschwefelsäure gereinigte und getrocknete Schliffaufsatz wird am horizontalen Stück des Ableitungsrohres mit Korkschalen in eine Stativklammer eingespannt und der Aluminium-Heizblock auf 150 bis 120 °C erhitzt bzw. der Heizpilz auf diese Temperatur eingeregelt. Mit einem langstieligen Wägeröhrchen werden für die Chlorbestimmung 4 bis 6 mg, für die Brombestimmung 5 bis 8 mg Substanz abgewogen und auf den Boden des Reaktionskölbchens gegeben. Man überschichtet dann die Substanz mit etwa 0.5 g des Kaliumbichromat-Silberbichromat-Gemisches, benetzt den Schliff mit einem Tropfen konz. Schwefelsäure, schließt das Kölbchen an und sichert die Schliffverbindung mit Stahlfedern. Bei geschlossenem Hahn H_1 gibt man 2 ml konz. Schwefelsäure in den Trichter und setzt das Gaszuleitungsrohr auf. Nun pipettiert man in die Absorptionsvorlage 1 ml Perhydrol, legt aus der Bürette etwa 8 ml 0.01 N Natronlauge vor und schließt die Absorptionsvorlage so an, daß das Einleitungsrohr einige Millimeter über dem Hahn H_2, aber noch unter der Spirale endet. Der Sauerstoff, der durch ein Nadelventil der Bombe entnommen wird und zur Reinigung eine mit Lauge beschickte Waschflasche durchströmt, wird jetzt auf eine Strömungsgeschwindigkeit von 8 ml/min eingeregelt. Durch Verbinden der Waschflasche mit dem Gaszuleitungsrohr des Trichters mittels Schlauch und Öffnen des Hahnes H_1 wird die Schwefelsäure durch den Sauerstoff in das Oxidationsgefäß gedrückt. Man bringt nun schließlich das Kölbchen in die Bohrung des Heizblockes, wo es 30 min lang beheizt wird. Während dieser Zeit kann man die Apparatur sich selbst überlassen und die nächste Analyse vorbereiten.

Titration. Nach der Umsetzung schließt man zuerst Hahn H_1, leitet über den Dreiwegehahn H_3 den Sauerstoff nach außen, öffnet Hahn H_2 und läßt die Reaktionslösung in ein Quarzkölbchen von 100 ml Inhalt abfließen und wäscht mit Wasser nach. Nun spült man den Trichter der Absorptionsvorlage bei offenem Hahn H_2 mit etwa 4 ml Wasser und wartet, bis es entlang der Spirale abgeflossen ist. Ohne den Hahn zu schließen, wäscht man noch zweimal mit der gleichen Menge Wasser nach und spritzt zum Schluß noch die Ausflußspitze von außen ab.

Nachdem man mit einem Glasfaden einen kleinen Tropfen Methylrot zur Reaktionslösung zugegeben hat, läßt man aus der Bürette 0.01 N Salzsäure bis zur deutlich sauren Reaktion zufließen. Um die Kohlensäure zu vertreiben, kocht man die Lösung kurz auf, gibt noch einen weiteren Tropfen Methylrot zu und titriert mit 0.01 N Natronlauge den Säureüberschuß bis zum Auftreten kanariengelber Färbung zurück.

Berechnung. Vom gesamten Verbrauch (aus Beschickung der Vorlage und Endtitration) der 0.01 N Natronlauge müssen abgezogen werden

– die zum Ansäuern der Reaktionslösung benötigte Menge 0.01 N Salzsäure und
– die im Blindversuch zum Neutralisieren von 1 ml Perhydrol ermittelte Menge 0.01 N Natronlauge.

1 ml 0.01 N Natronlauge entspricht 0.3546 mg Chlor oder 0.7992 mg Brom.

B) Makroanalytische Bestimmung von Chlor, Brom und Iod nach Chromsäureoxidation

Apparatur (BAUBIGNY und CHAVANNE 1903). Der Chromsäureaufschluß wird in der in Abb. 50-6 schematisch dargestellten Apparatur durchgeführt. Sie besteht aus Oxidationskolben und Absorptionsvorlage, beide aus Jenaer Glas. Der Oxidationskolben ist etwa 270 mm lang und trägt am Halsende eine Schliffhülse NS 24.5 zum Aufsetzen der Absorptionsvorlage. Das andere Ende des Kolbens ist kugelförmig erweitert und hat ein Fassungsvermögen von etwa 150 ml. Die Absorptionsvorlage besteht aus einem Fünfkugelapparat. Der Kopf des Apparates trägt einen NS 24.5 Schliffkern zur Verbindung mit dem Oxidationskolben. Durch die Mitte des Aufsatzes führt die Gaseinleitungskapillare bis etwa 8 bis 10 mm über den Boden des Kolbens. Zur Beheizung des Oxidationskolbens wird ein Heizpilz verwendet, der so eingeregelt wird, daß eine Aufschlußtemperatur von 175 bis 180 °C gehalten wird.

Reagenzien

Konz. Schwefelsäure (D = 1.84) p.a.
Kaliumbichromat p.a.
Silberbichromat.
Natriumsulfitlösung, gesättigte Lösung.
Natronlauge, 15%ige Lösung.

Arbeitsvorschrift. Je nach zu erwartendem Halogengehalt wägt man 200 bis 500 mg Substanz ein, die mit Hilfe eines Einwägeröhrchens, eines Glasnäpfchens oder einer Kapsel aus Methylcellulose auf den Boden des Reaktionskolbens gegeben und mit etwa 10 bis 12 g eines Gemisches aus gleichen Gewichtsteilen Kalium- und Silberbichromat überschichtet werden. Man läßt entlang der Kolbenwand 50 ml konz. Schwefelsäure zufließen, stellt nun den Reaktionskolben in das Heizkörbchen eines Heizpilzes und befestigt ihn mit einer Stativklammer. Dann wird die Vorlage mit 20 ml gesättigter Natriumsulfitlösung und 20 ml 15%iger Natronlauge beschickt, die Absorptionslösung gleichmäßig verteilt und die Vorlage mittels Schliff – gedichtet mit einem Tropfen Schwefelsäure – auf den Reaktionskolben aufgesetzt. Durch die Apparatur wird Druckluft oder Sauerstoff mit einer Geschwindigkeit von etwa 30 ml/min geleitet. Nun wird die Reaktions-

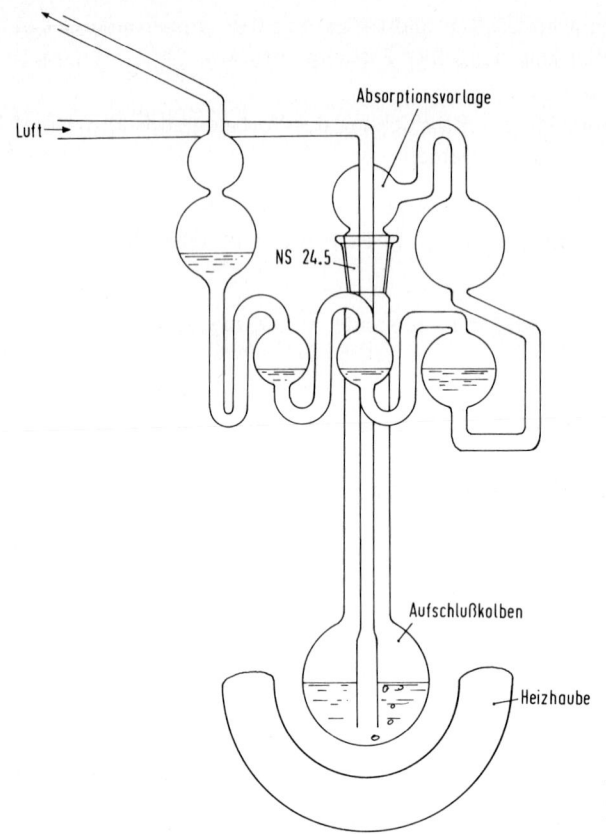

Abb. 50-6. Apparatur zur Makrobestimmung von Chlor und Brom nach BAUBIGNY und CHAVANNE (1903).

lösung erhitzt und auf einer Temperatur* von 170 bis 175 °C gehalten, bis sich die Reaktionslösung nach grün verfärbt und eine Ausflockung zu beobachten ist (ca. 1 bis 2 h). Nach Abkühlen der Aufschlußlösung wird die Vorlage behutsam abgenommen und die Absorptionslösung in einen Erlenmeyerkolben von etwa 500 ml Inhalt ausgeblasen und mehrmals mit dest. Wasser nachgespült. Die Absorptionslösung wird jetzt mit 20 ml Salpetersäure (1 : 1) angesäuert, ein genau abgemessenes Volumen (z. B. 20 ml) 0.1 N Silbernitratlösung im Überschuß zugesetzt, die Fällung auf ein Dampf- oder Heizbad gestellt, bis sich das Halogensilber zusammenballt und dann der Silberüberschuß – wie nachfolgend beschrieben – nach VOLHARD titriert (Methode 51.6).

Iodbestimmung. Man verdünnt die Aufschlußlösung mit etwa 150 ml dest. Wasser, gibt etwas Ammoniak oder Ammonsalze zu, da sich in Gegenwart von Ammonsalzen evtl. entstandene Mischkristalle von Kalium- und Silberbichromat besser lösen, und reduziert mit schwefliger Säure die Chrom- und Iodsäure. Der Silberiodid-Niederschlag wird abfil-

---

* Thermometer ist überflüssig, da O_2-Abspaltung aus Bichromat Erhöhung der Siedetemperatur verhindert.

triert, mit heißer konz. Salpetersäure gewaschen, mit Wasser nachgewaschen, getrocknet und gewogen. Durch Reduktion der Iodsäure mit Schwefeldioxid hat der Silberiodid-Niederschlag meist einen grauen Belag von metallischem Silber.

Berechnung

$$\% \text{ Chlor} = \frac{(a-b) \cdot 3.546 \cdot 100}{\text{mg Einwaage}}$$

$$\% \text{ Brom} = \frac{(a-b) \cdot 7.992 \cdot 100}{\text{mg Einwaage}}$$

$$\% \text{ Iod} = \frac{\text{mg AgI} \cdot 0.5406 \cdot 100}{\text{mg Einwaage}}$$

a = ml 0.1 N Silbernitratlösung
b = ml 0.1 N Rhodanidlösung

C) Abtrennen von Spuren-Chlor und -Brom durch Chromsäureaufschluß

Nach den Erfahrungen des Verfassers ist die Chromsäuredestillation auch eine wertvolle Aufschlußmethode in der Spuren-Halogenbestimmung. Es lassen sich auf diesem Weg relativ einfach ppm-Mengen Chlor und Brom quantitativ aus anorganischem oder gemischt anorganischem und organischem Probenmaterial, z. B. aus Mineralsäuren (Schwefelsäure, Salpetersäure nach Eindampfen zur Trockene unter Zugabe von Silber-Ionen, Phosphorsäure), aus Kontaktfüllungen von der Synthese oder aus anorganischen Salzen (Phosphaten, Sulfaten, Oxiden u. ä.) abtrennen. Abb. 50-7 zeigt die zur Spuren-Halogenbestimmung verwendete Aufschlußapparatur.

Arbeitsvorschrift. In den gereinigten und gut getrockneten Aufschlußkolben werden je nach Probenmaterial und zu erwartendem Halogengehalt 1 bis 50 g Probe eingewogen und mit 10 bis 12 g Chromatgemisch überschichtet; dann werden 50 ml konz. Schwefelsäure entlang der Kolbenwand hinzugefügt. Unter Durchleiten von gereinigtem Inertgas oder Sauerstoff erhitzt man die Reaktionslösung auf 170 °C und treibt die entweichenden Halogene in die Absorptionsvorlage über, wo sie in verdünnter Lauge/Perhydrollösung gebunden werden. Die Endbestimmung der Halogenide erfolgt nach den Methoden 51.2.2 bis 51.2.3. Die Blindwerte und ihre Streuung sind bei diesem Aufschluß gering.

Diskussion der Methoden „Halogenbestimmung nach Chromsäureaufschluß". Um genaue Ergebnisse erzielen zu können, muß die Apparatur völlig trocken sein. Der Anwendungsbereich der Methode ist allerdings begrenzt, da flüchtige und niedersiedende Substanzen sich der quantitativen Oxidation entziehen. Chlor und Brom können nach dieser Methode von Iod getrennt bestimmt werden. Ein wesentlicher Vorteil ist die alkalimetrische Endbestimmung, die sehr zuverlässig, einfach und genau ist. Zur Bestimmung von Chlor und Brom in Kontakten, physiologischen Lösungen und anderen Lösungsgemischen ist diese Methode ebenso geeignet wie für die Spurenbestimmung in Mineralsäuren.

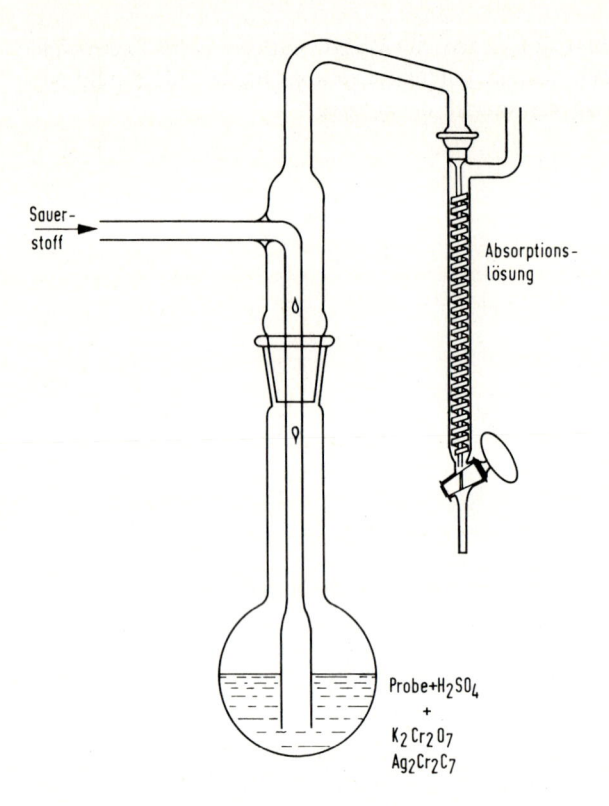

Abb. 50-7. Apparatur zur Bestimmung von Spuren-Chlor und -Brom nach Chromsäureoxidation.

50.5.2 Mikroanalytische Bestimmung von Chlor, Brom, Iod und Schwefel nach Aufschluß im Bombenrohr (CARIUS)

Prinzip. Die Substanz wird im zugeschmolzenen Glasrohr (Mikro-Bombenrohr) bei 250 bis 300 °C mit konz. Salpetersäure aufgeschlossen. Zur Halogenbestimmung wird Silbernitrat, zur Schwefelbestimmung Kaliumnitrat zugegeben, um die entstehende Schwefelsäure als lösliches Sulfat zu binden. Chlor und Brom werden als Halogensilber, Schwefelsäure als Bariumsulfat gravimetrisch bestimmt. Nach KIRSTEN (1953) erfolgt der Aufschluß ohne Zugabe von Silbernitrat oder Kaliumnitrat.

Reagenzien

Silbernitrat krist. p.a.
Kaliumnitrat krist. p.a.
Salpetersäure konzentriert, halogenfrei: kann durch Vakuumdestillation aus einer Schliffapparatur über Silbernitrat halogenfrei erhalten werden.
Salpetersäurehaltiges Wasser (1 : 200).
Ethanol.

Apparatur. Mikrobombenrohre sollten aus bestem Hart- oder Geräteglas gefertigt sein. Es werden mehrfach verwendbare Rohre mit einem Innendurchmesser von 10 bis 12 mm und einer Wandstärke von 1 bis 1.3 mm in der handelsüblichen Länge von 250 mm eingesetzt. Vor Benutzung werden sie gründlich mit Chromschwefelsäure gereinigt und bei 110 °C getrocknet. Letzteres ist für die Technik der Substanzeinwaage wichtig.

Heiz- oder Bombenofen: Das Erhitzen der Bombenrohre erfolgt in Gas- oder elektrisch beheizten Öfen. Die Einlegerohre müssen den Dimensionen der Bombenrohre angepaßt, die Bombenöfen mit einem ausreichenden Splitterschutz versehen sein. Elektrisch beheizte Öfen haben den Vorteil, daß sie mit einer automatischen Temperaturregelung und einer Zeitschaltuhr ausgerüstet werden können.

Arbeitsvorschrift. Es werden etwa 3 bis 6 mg Substanz zur Analyse eingesetzt. Feste Substanzen werden mit Hilfe von Wägeröhrchen* mit langem Stiel möglichst tief in das Bombenrohr eingebracht. Pastenartige Substanzen werden in Wägeschiffchen und Flüssigkeiten in Mikrobechergläsern (≈ 0.5 ml) mit oder ohne Schliffstopfen eingewogen. Flüchtige Flüssigkeiten bringt man in am Ende fein ausgezogenen Kapillaren zur Einwaage. Sie werden mit der Haarkapillare nach unten auf den Boden des mit Silbernitrat und Salpetersäure beschickten Rohres gebracht und dann das Rohr sofort zugeschmolzen. Das Rohr wird auf eine nicht zu harte Unterlage mehrfach rasch aufgestoßen, um die Kapillare abzusprengen. Im vorliegenden Fall muß der mit feinen Glassplittern durchsetzte Halogenniederschlag mit Ammoniak oder Kaliumcyanid umgelöst werden. Nach Herauslösen des Halogensilbers wird das Filterröhrchen noch einmal gewogen. Bei der Schwefelbestimmung wird die Aufschlußlösung vor der Fällung filtriert.

Zur Substanzeinwaage gibt man bei der Halogenbestimmung 1 bis 2 Kristalle Silbernitrat (10 bis 20 mg), bei der Schwefelbestimmung Kaliumnitrat ins Bombenrohr, überschichtet mit 0.5 ml konz. Salpetersäure – die man entlang der Rohrwandung zufließen läßt, um anhaftende Substanzteilchen herunterzuspülen – und schmilzt das Rohr zu, und zwar indem man zuerst in der leuchtenden Flamme eines Gebläses einen starken Glasstab und das offene Ende des Rohres anwärmt und anschließend mit der rauschenden Gebläseflamme den Glasstab am inneren Rand des Rohres anschmilzt. Dann wird das Rohr 2 bis 3 cm vor dem offenen Ende unter langsamem Drehen so lange in der heißen Flamme erhitzt, bis das Glas schmilzt und zusammenfließt. Man läßt die Rohrwandung zu einer starken Kapillare zusammenfallen, zieht die weiche Schmelzstelle außerhalb der Flamme zu einer dickwandigen Kapillare aus, schmilzt diese ab und läßt die Schmelzstelle in der kleingestellten leuchtenden Flamme abkühlen.

Die so vorbereiteten Rohre werden in den Bombenofen eingeschoben, der Splitterschutz aufgesetzt und zur Zerstörung der organischen Substanz 5 h bei 280 bis 300 °C erhitzt. Bei aromatisch gebundenem Halogen wählt man eine Aufschlußtemperatur um 300 °C. Während des Aufschlusses liegen die Aufschlußrohre schräg mit der Spitze nach oben im Bombenofen. Man läßt die Rohre im Ofen erkalten, zieht sie etwa 50 mm aus dem Ofen und fächelt die Spitzen mit der eben entleuchteten Flamme vorsichtig ab, um Salpetersäure aus der Kapillare und dem oberen Teil des Rohres zu vertreiben. Dann wird mit heißer Flamme das Rohr unterhalb der Spitze erhitzt, wobei es sich beim Erweichen des Glases durch den schwachen Innendruck selbst öffnet. Das Aufschlußrohr wird 2 cm unter der Verjüngungsstelle mit einem Glasmesser angeritzt und der obere Teil mit einem

---

* Lieferfirma: P. HAACK.

glühenden Glastropfen abgesprengt. Um zu verhindern, daß dabei Glassplitter in die Salpetersäure herabfallen, hält man beim Absprengen das Bombenrohr nahezu horizontal und zieht in dieser Lage die abgesprengte Spitze vorsichtig ab. In der Gebläseflamme wird schließlich der scharfe Rand des Rohres rund geschmolzen und das Rohr noch 2 bis 3 cm weiter nach unten hin erweicht, um allenfalls daran haftende Glassplitter festzuschmelzen. Diese Vorsichtsmaßnahme ist erforderlich, da zu hohe Halogenwerte fast immer auf mitgewogene Glassplitter zurückzuführen sind.

Hinweise für ein splitterfreies Öffnen der Bombenrohre wurden von UNTERZAUCHER et al. (1935) beschrieben: Das Bombenrohr wird in der oben beschriebenen Weise geöffnet und dann die Öffnung in der Gebläseflamme durch einfaches Zusammenlaufenlassen wieder geschlossen. Durch erhöhte Sauerstoffzufuhr wird eine 2 bis 3 cm lange Sauerstoffstichflamme erzeugt und das zu öffnende Bombenrohr in einer Entfernung von 3 bis 4 cm vom Gebläse unter beständigem Drehen in der die Sauerstoffstichflamme umgebenden Leuchtgasflamme erwärmt. Danach bringt man das Rohr in tangentiale Berührung mit dem blauen Kegel der Sauerstoffflamme. Nach einigen Umdrehungen kommt es alsbald zu einer ringförmig um das Rohr führenden Erweichung des Glases. Jetzt erhitzt man an einer Stelle des erweichten Ringes mit direkt darauf gerichteter Stichflamme, bis der Innendruck die Rohrwandung unter leichtem Knall und Bildung einer ovalen Öffnung durchbricht. Man richtet nun die Sauerstoffflamme auf das seitliche Ende der ovalen Öffnung und dreht das Rohr unter gleichzeitigem Biegen nach hinten, bis das Glas erweicht und einreißt (b), so daß die seitliche Erweiterung der ovalen Öffnung wie ein Schnitt um das ganze Rohr geführt wird (c), was Abb. 50-8 veranschaulicht.

Die Reaktionslösung im Aufschlußrohr wird mit 2 ml salpetersäurehaltigem Wasser verdünnt, das man längs der Wandung unter Drehen des Rohres zufließen läßt. Um Einschlüsse von Silbernitrat im Niederschlag des Halogensilbers zu vermeiden, zerdrückt man den zu Klümpchen zusammengeballten Niederschlag mit einem abgeschmolzenen sorgfältig gereinigten Glasstab und spült diesen danach mit salpetersäurehaltigem Wasser in das Bombenrohr ab. Wurde die Substanz in kleinen Einwägegefäßchen (Schiffchen oder Mikrobechergläschen) ins Rohr gebracht, so zieht man diese mit dem Platinhakenglasstab bis an den oberen Rand des schräg eingespannten Rohres heraus, erfaßt sie mit

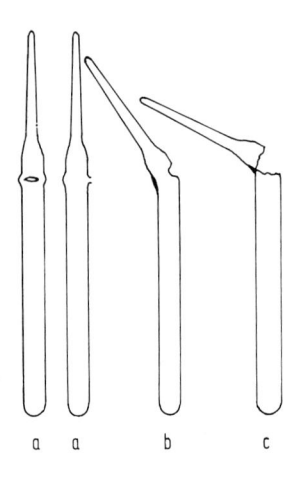

Abb. 50-8. Splitterfreies Öffnen der Mikro-Bombenrohre nach UNTERZAUCHER und RÖSCHEISEN (1935).

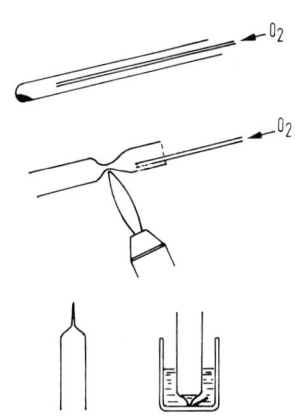

Abb. 50-9. Carius-Aufschluß, modifiziert von KIRSTEN (1953).

einer Platin- oder Nickelspitzenpinzette und spült sie innen und außen mit verdünnter Salpetersäure gut ab. Das Aufschlußrohr stellt man für 5 min in ein kochendes Wasserbad und saugt nach Abkühlen der Lösung den Niederschlag aus dem Bombenrohr mit der Absaugvorrichtung in das Filterröhrchen (Methode 51.7). Zur quantitativen Überführung der letzten Niederschlagsreste spült man abwechselnd mit salpetersäurehaltigem Wasser und Alkohol nach. Bei der Schwefelbestimmung wird der Bariumsulfatniederschlag auf das Filter gesaugt.

Als *Serienmethode* ist die von KIRSTEN (1953) beschriebene Modifikation des Carius-Aufschlusses gut geeignet.

Prinzip und Ausführung. In einem Mikrobombenrohr von etwa 12 ml Inhalt werden 3 bis 6 mg Substanz mit konz. Salpetersäure ohne Zugabe von Silbernitrat oder Kaliumnitrat aufgeschlossen. Man bringt die Substanzeinwaage wie bereits beschrieben ins Rohr, überschichtet mit 0.3 ml konz. Salpetersäure und schmilzt, wie aus Abb. 50-9 zu ersehen ist, das Rohr unter Einleiten von Sauerstoff so zu, daß eine dünnwandige Kapillare entsteht. Das Bombenrohr wird mit Sauerstoff gefüllt, um das bei der Zersetzung der Substanz entstehende Stickstoffmonoxid zu Dioxid zu oxidieren, das gekühlt keinen so hohen Dampfdruck wie bei Raumtemperatur besitzt. – Nach dem Aufschluß bei 270 °C wird die Bombe in eine Trockeneis-Alkohol-Kühlmischung gestellt. Dadurch wird in der Bombe ein kleines Vakuum erzeugt. Das gekühlte Bombenrohr wird sogleich mit der Spitze nach unten auf den Boden eines dickwandigen Glasgefäßes gestellt, in dem sich 10 bis 12 ml 1 N Natronlauge befinden, und die Kapillare des Rohres unten aufgestoßen. Mit dem Abbrechen der Kapillare wird durch den im Bombenrohr herrschenden Unterdruck Lauge eingesaugt, die die sauren Dämpfe absorbiert. Auf diese Weise treten keine Halogenverluste auf. Nach Öffnen des Bombenrohres wird die Reaktionslösung mit dest. Wasser ausgespült und die Halogene und der Schwefel entweder gravimetrisch als Halogensilber bzw. Bariumsulfat oder maßanalytisch nach Methode 51.2 bestimmt.

Diskussion der Methode. Organische Chlor- und Bromverbindungen lassen sich im Bombenrohr vollständig aufschließen und genau bestimmen. Substanzen mit kernsubstituierten Halogenen benötigen meist längere Aufschlußzeiten (6 bis 8 h) bei 280 bis 300 °C. Die

Carius-Methode eignet sich auch gut für Serienbestimmungen, wenn mehrere Bombenöfen zur Verfügung stehen. Sie hat allerdings in der Routineanalyse in Verbindung mit gravimetrischen Endbestimmungsmethoden heute keine große Bedeutung mehr. Die vorliegende ausführliche Beschreibung ist aber deshalb wichtig, weil sie den Lernenden mit mikroanalytischen Arbeitsmethoden wie Behandeln, Filtrieren, Waschen und Trocknen kleiner Niederschlagsmengen vertraut macht.

51 Methoden der Chlorid-(und Bromid-)Bestimmung

51.1 Bestimmung von Chlor (Brom) durch mikrocoulometrische Titration

Allgemeines. Das Prinzip der mikrocoulometrischen Titration wurde bereits in Kap. 6.2 erläutert. Die Empfindlichkeit dieser Methode prädestiniert sie zur Bestimmung sehr kleiner Halogengehalte [Spurenbestimmung in festen, flüssigen und gasförmigen Produkten, besonders auch in Umweltproben zur Bestimmung der Halogen-Summenkennzahlen (TOX)]. Optimaler Anwendungsbereich: 0.1 bis 20 µg Cl (Br).

51.1.1 Mikrocoulometrische Bestimmung des Gesamtchlorgehaltes in organischen und anorganischen Materialien nach Rohrverbrennung

Prinzip (VAN GRONDELLE und ZEEN 1980). Die Probe wird im strömenden Sauerstoff im Rohr verbrannt, anorganisch gebundenes Halogen mit WO_3 freigesetzt, der bei der Umsetzung entstehende Halogenwasserstoff vom Trägergas in die Coulometerzelle gespült und dort „on line" mit elektrolytisch erzeugten Silber-Ionen titriert.

Apparatur. Sie ist in Abb. 51-1 schematisch dargestellt und besteht aus der Rohrverbrennungsapparatur und der mikrocoulometrischen Titriereinrichtung, dazwischen ist ein Wäscher zur Absorption die Titration störender Reaktionsgase geschaltet. Die Titriereinheit setzt sich aus einem Dohrmann-Coulometer mit mV-Schreiber zum Aufzeichnen der Titrationskurve und einem Integrator zur digitalen und quantitativen Auswertung des Coulometerstromes zusammen. Die Titrierzelle (essigsaure Silber-Coulometer-Titrierzelle) ist wegen der Lichtempfindlichkeit des Silberhalogenids aus Braunglas. Als Referenzelektrode wird eine Kalomelektrode ($Pt/Hg/Hg_2Cl_2$) verwendet, die erfahrungsgemäß eine längere Lebensdauer als die Ag/Ag-acetat-Referenzelektrode hat. Die Zellflüssigkeit ist 70%ige (Gew.-%) Essigsäure. Das Reaktionsrohr (Quarzglas) ist mit einer Flüssigproben- und einer Feststoffaufgabe (Platinboot) ausgerüstet. Die Proben werden blitzartig (Flashverbrennung) umgesetzt. Der Primärsauerstoff (75 ml/min) wird zur Befeuchtung durch einen mit Wasser gefüllten Blasenzähler geleitet, der Sekundärsauerstoff (225 ml/min) wird vom Rohrende her bis in die Mitte des Reaktionsrohres eingespeist. Das Auslaßrohr enthält als Rückhaltefilter für Metallsalznebel einen kurzen Quarzwollepfropf.

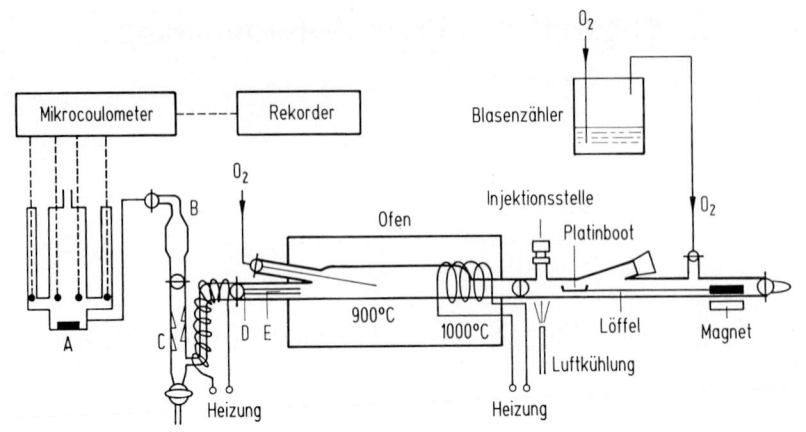

Abb. 51-1. Apparatur. *A* Titrationszelle mit Rührer, *B* Entschäumer, *C* Absorptionsgefäß, *D* Quarzauslaßrohr, *E* Quarzwollepfropf.

Analysenablauf. Von reinen organischen Proben werden etwa 5 mg, von anorganischen Proben (wenn der Halogengehalt entsprechend klein ist) auch größere Mengen umgesetzt. Flüssige Proben werden mit einer Injektionsspritze eindosiert, feste Proben in einem Platinboot in das Verbrennungssystem eingeschleust und mit dem Quarzlöffel magnetisch in die heiße Reaktionszone eingefahren. Proben mit anorganischem Anteil werden im Platinboot in WO_3 eingebettet. Die Reaktionsgase durchströmen zur Trocknung den mit 2 ml 80%iger H_2SO_4 beschickten Wäscher und werden von dort zur Titration der Chlor-Ionen in die Titrierzelle eingeleitet. Eventuell vorhandenes freies Chlor wird durch in der Elektrolytlösung enthaltenes Hydrazinsulfat reduziert. Zur Titration kleinster Chlorgehalte empfiehlt sich eine Mikrozelle mit einem Zellvolumen von 2 ml (T 520 DOHRMANN Titrierzelle des DE-20 Systems). In dieser wird die Elektrolytlösung vom durchströmenden Trägergas gerührt.

Anwendung der Methode. Zur Bestimmung des Chlorgehalts wäßriger Lösungen im Bereich von 1 bis 10000 mg Cl/kg, in Metallsalzen und Katalysatormischungen, Kunststoffen, Brennstoffen, Erdöldestillaten, in Gasen und Umweltproben.

Störungen: Quecksilber stört, da es vor der Titration mit dem Halogenid wieder rekombiniert. Br^- und I^- werden wie Cl^- titriert.

Bestimmungsgrenze: 1 ppm Cl. Chlorgehalte >20 ppm können mit <2% relat. Standardabweichung bestimmt werden.

51.1.2 Mikrocoulometrische Bestimmung halogenorganischer Verbindungen in Wässern über die Summenkennzahlen

TOX – Total **O**rganic Halogen
TX – Total Halogen
TIX – Total **I**norganic Halogen

EOX – **E**xtractable **O**rganic **H**alogen
AOX – **A**dsorbable **O**rganic **H**alogen
POX – **P**urgeable **O**rganic **H**alogen

Einführende Bemerkungen. *Halogenorganische Verbindungen* werden weltweit in großen Mengen produziert und vielseitig u. a. als Desinfektionsmittel, Pestizide, Konservierungsmittel, Lösungsmittel, Weichmacher, Stabilisatoren und Isolatoren, Medikamente, Kunststoffe, Reinigungs-, Extraktions-, Feuerlösch-, Kälte- und Verdünnungsmittel eingesetzt. Wenigstens für einen Teil dieser Verbindungen entsteht eine gewisse Umweltrelevanz einerseits durch die Eigenschaft, daß sie mikrobiologisch schlecht abbaubar sind und unerwünscht oder hydrophilisiert im Klarwasserablauf von biologischen Kläranlagen nachweisbar sind, andererseits aufgrund ihrer chemischen Stabilität, wie sich dies am Beispiel der FCKW's zeigt, über viele Jahre die Umwelt belasten.

Viele halogenorganische Verbindungen besitzen toxische Eigenschaften, so daß ihre weitgehende Beseitigung bei der Wasseraufbereitung angestrebt werden muß. Über die Bestimmung von Summenparametern wird der Reinheitsgrad aufbereiteter Wässer kontrolliert. Die selektive Bestimmung einzelner halogenorganischer Komponenten ist in vielen Fällen, besonders in komplexen Matrices wie in Klärwässern, heute praktisch noch gar nicht möglich.

Die analytische Kontrolle auf Halogen-Organika bei biologischen Abbauversuchen sowie bei der Wasseraufbereitung stützt sich heute schwerpunktmäßig auf die Bestimmung der Halogen-Summen-Kennzahlen TOX, AOX, EOX und POX. Mit der *TOX-Kennzahl* wird das *gesamte organisch gebundene Halogen* summarisch erfaßt. Mit der *EOX-, AOX-,* und *POX-Kennzahl* werden je nach Verteilungskoeffizient und Adsorptionsverhalten der halogenorganischen Inhaltsstoffe in den Wässern nur Teilmengen bestimmt (SCHNITZLER et al. 1983).

Prinzip (EHRENBERGER und HEIL, unveröffentlicht)

TOX-Bestimmung: Nach quantitativem Ausfällen der Halogenid-Ionen mit Silbernitrat und Abtrennen des Niederschlags wird die wäßrig-acetonische Probelösung direkt bei 1100 °C im Sauerstoffstrom mineralisiert. Nach Passieren des Verbrennungsrohres wird der Reaktionsgasstrom mit konzentrierter Schwefelsäure getrocknet und die gebildeten, mit dem Gasstrom weggeführten Halogenwasserstoffsäuren (überwiegend HCl) an einer Strippersäule absorbiert. Anschließend werden sie von dort mit wenig austitrierter Elektrolytlösung in die Meßzelle eluiert und ihre Gesamtmenge *mikrocoulometrisch* titriert.

TX-Bestimmung: Reinstwässer, mit Aceton verdünnt, werden direkt verbrannt und der Gesamt-Halogengehalt (TX) wie oben mikrocoulometrisch titriert.

TIX-Bestimmung [*]: Unter Beibehaltung der Sauerstoffströme und Umgehung des Verbrennungstraktes, werden gleiche Volumina der wäßrigen Probe wie bei der Verbrennung, unmittelbar in die vorgespülte und temperierte Schwefelsäure eindosiert. Die als HCl

---

[*] Das hier beschriebene Prinzip wird nur bei Reinstwässern (E- und Dest-Wässern) angewendet. Ansonsten werden Halogenide direkt coulometrisch oder potentiometrisch titriert.

freiwerdenden Chlor-Ionen werden ins Stripperröhrchen ausgespült, dort absorbiert und anschließend wie oben eluiert und gemessen.

EOX-Bestimmung: Die wäßrige Probe wird (DIN 38409) mit Pentan-di-isopropylether extrahiert und aliquote Volumina des Extraktes wie unten mineralisiert und titriert. Soll nur der EOX-Wert in einer Wasserprobe gemessen werden, kann dies nach EHRENBERGER (1981) leicht auch durch Wickbold-Verbrennung des Extraktes und potentiometrischer Titration der Chlorid-Ionen in acetonischer Lösung erfolgen (zur potentiometrischen Titration von Chlorid-Spuren s. 51.2.2).

AOX-Bestimmung: Halogenorganische Wasserinhaltsstoffe werden (wie schon in DIN 38409-H14 festgelegt) an Aktivkohle adsorbiert, die beladene Aktivkohle im O_2-Strom verbrannt und die Halogenid-Ionen, wie unten beschrieben, mikrocoulometrisch titriert.

POX-Bestimmung: Die flüchtigen halogenorganischen Verbindungen werden aus der wäßrigen Probe mit dem Sauerstoffstrom ausgetragen, in das Verbrennungssystem eingespeist und verbrannt, die Halogenidspuren coulometrisch titriert.

Apparatur. Die Verbrennungsapparatur ist in Abb. 51-2 schematisch dargestellt, in Abb. 51-3 das Mikrocoulometer mit der modifizierten Titrierzelle.

Zur Bestimmung der Summenkennzahlen AOX, EOX und POX sind folgende Analysensysteme mit geeigneten Anreicherungs- und Verbrennungsmodulen und mit mikrocoulometrischer (oder potentiometrischer) Halogenidbestimmung handelsüblich:

Firma	Gerätebezeichnung
DOHRMANN	DX-20 AOX, POX, EOX-Analyzer
MITSUBISHI/ABIMED	Organic Halogen Analyzer, Modell AOX 10
MÄNNEL LHG/EUROGLAS	AOX, EOX, POX-Analyzer 1000
STRÖHLEIN	Coulomat 702 Cl
DEUTSCHE METROHM	AOX/POX-Analysator

Aufbau der Verbrennungsapparatur: Nach Druckreduzierung (1) und Nachreinigung (2, 3, 4) wird der Sauerstoff über die Feinregler (5) auf den Vierwegehahn (8) geleitet. Von diesem führt, je nach Hahnschaltung, ein Gasstrom immer direkt zum Verbrennungsrohr, während der Parallelstrom über den Strömungsmesser (11) fließt, dessen Meßsignal bei (10) angezeigt wird. Durch diese Anordnung können beide Gasströme auf den nötigen Durchfluß eingestellt und kontrolliert werden. An den Rohrstutzen des Schliffeinsatzes (13) erfolgt der Anschluß der Sauerstoffströme an das Verbrennungsrohr. Durch den senkrechten Stutzen wird die Probenlösung mit Hilfe einer Stahlkanüle so eingeführt, daß die Spitze der Kanüle im mittleren Bereich des Kapillarrohres endet. Mit der stufenlos regelbaren Dosierpumpe (20) (angepaßte Glasspritze) wird die Lösung zugeführt. Der oben eintretende Sauerstoff erreicht im Kapillarteil eine hohe Strömungsgeschwindigkeit und bewirkt dadurch eine annähernd gleichmäßige Verdampfung der Probe.

Metrohm
Messen in der Chemie

Präzisionsanalytik im Dienste des Umweltschutzes

AOX
POX

durch argentometrische Mikrotitration

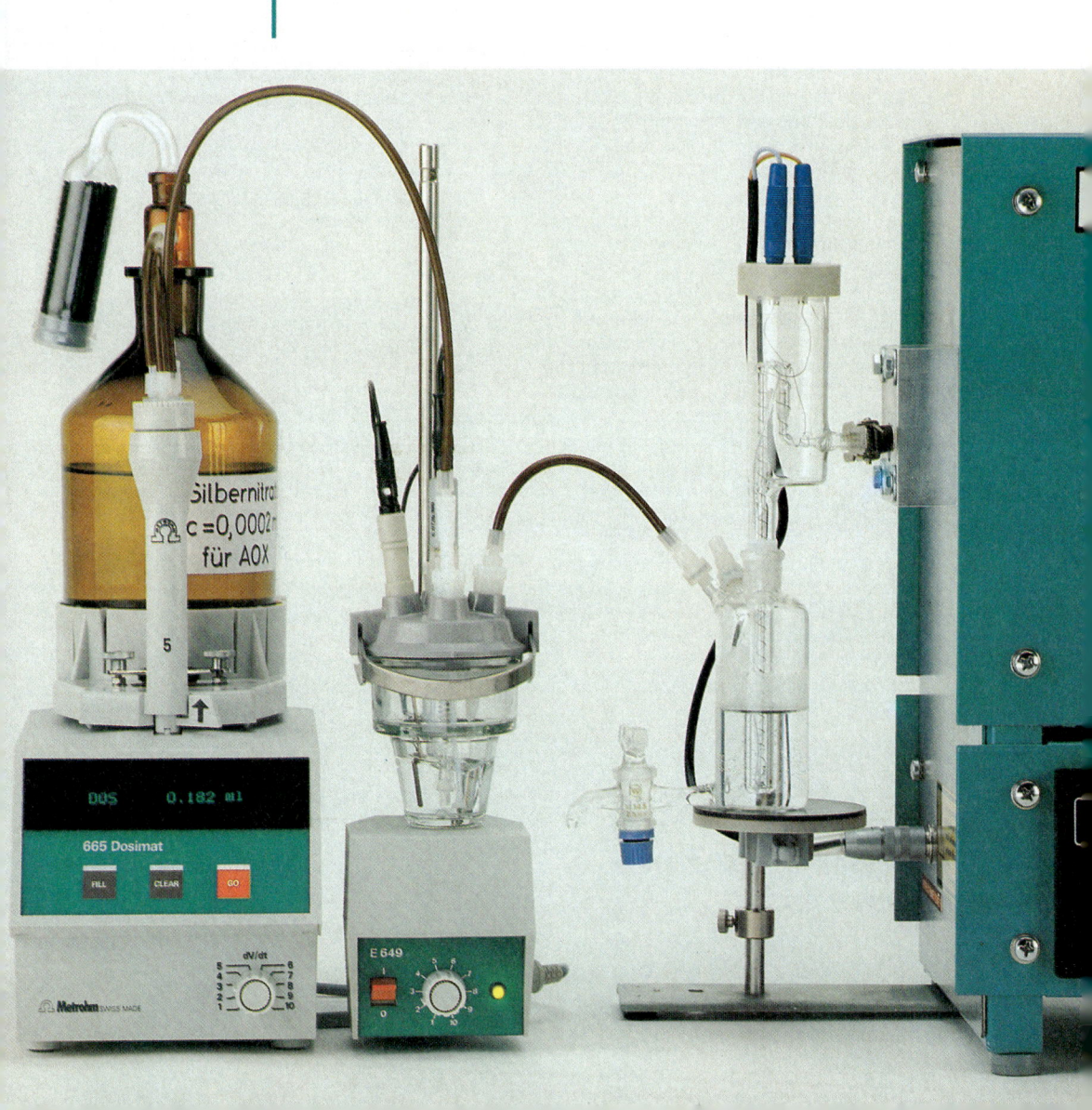

AOX- und POX-Bestimmung mit argentometrischer Mikrotitration.
Eine Methode mit fundierten Grundlagen.

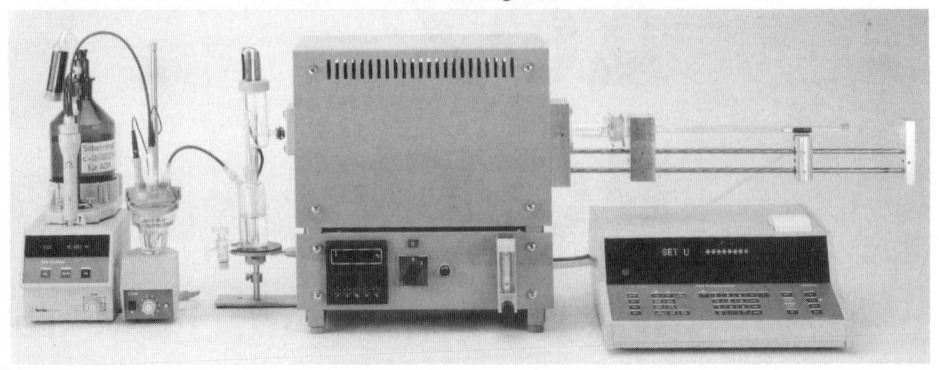

Bei der AOX-Bestimmung besteht die Wahl zwischen coulometrischer oder volumetrischer Titration. Coulometrie und Volumetrie sind in allen wesentlichen Punkten identische Analysenverfahren. Beide basieren auf dem Prinzip einer argentometrischen Titration mit potentiometrischer Endpunkterkennung.

Die Volumetrie weist hinsichtlich der zusätzlichen Nutzung der eingesetzten Geräte beachtliche Vorteile auf. So können mit einem Titroprocessor neben der AOX-Bestimmung auch weitere in der Wasseranalytik wichtige Parameter bestimmt werden. Auf dem Gebiet der Mikrotitration gewinnt die Volumetrie immer mehr an Bedeutung, da die Dosierung kleinster Reagensmengen einzig durch die Auflösung der Bürette und durch die Diffusion an der Bürettenspitze begrenzt ist.

Diese Bedingungen erfüllt der Mikroprocessor-Dosimat 665 mit einer Auflösung von 1/10'000 des Bürettenzylindervolumens. Zusammen mit einer diffusionsmindernden Bürettenspitze sind exakte Werte im Bereich von 100 µL Reagensverbrauch möglich.

Die Verbrennungsapparatur zeichnet sich aus durch:
– einfache Handhabung
– Kugelschliffverbindungen
– Eingabeschleuse und Verbrennungsrohr aus Quarzglas
– frei zugängliches Probenschiffchen
– kugelgelagerter Schiebemechanismus
– Gasauslass beheizt bis direkt in die Vorlagelösung
– einfaches Umschalten von AOX auf POX

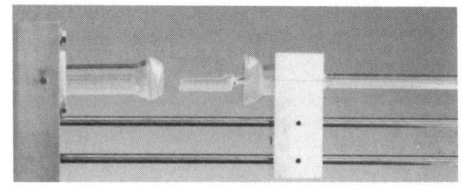

Mit wenigen Handgriffen lassen sich Titrirmittel und Elektroden wechseln. Durch Tastendruck wird am Titroprocessor eine neue Methode geladen. Dadurch kann dieses universelle Titriersystem auch für die Analyse weiterer Wasserparameter eingesetzt werden, wie z.B. CSB, Calcium-, Magnesium-, Chlorid- und Sulfatgehalt, p- und m-Wert, usw.

Metrohm
Messen in der Chemie

METROHM AG
CH-9101 Herisau
Telefon 071/53 11 33
Telefax 071/52 11 14
Telex   88 27 12

DEUTSCHE METROHM
In den Birken
D-7024 Filderstadt
Telefon (0711) 7 70 88-0
Telefax (0711) 7 70 88-55
Telex   7 255 855

Das Kapillarrohr endet in einem Quarzbecher. Dieser nimmt den größten Teil der unverdampfbaren Anteile (Salze) auf, wodurch die Verschmutzung des Verbrennungsrohrs weitgehend vermieden wird.

Der Ausgang des Verbrennungsrohrs (13) ist mit dem Trocknungs- und Absorptionssystem verbunden (15). Das Waschgefäß (15) ist mit 10 ml konzentrierter H_2SO_4 beschickt und bei 50°C temperiert. Im Stripperrohr (17) befindet sich elektrolytbeladenes Trägermaterial (Embacel) zur Absorption der Halogen-Wasserstoffsäure (HX).

Nach Versuchsende wird dieses Röhrchen vom Zwischengefäß (15) gelöst und auf die coulometrische Meßzelle gesteckt (Abb. 51-3). Mit 0.5 ml Elektrolyt werden die absorbierten HX-Anteile in die Meßzelle eluiert und quantitativ coulometrisch titriert. Ein Datensystem übernimmt die Meßsignale, zeichnet die Titrationskurve auf und gibt ein Meßprotokoll aus.

Zur *AOX-Bestimmung* wird die Aktivkohle im Schüttelröhrchen (21) beladen, im Sammelröhrchen (22) aufgefangen und ausgewaschen. Mittels Schliff wird das vorkonditionierte Kohleröhrchen in das Verbrennungsrohr (13) eingesetzt und dort die beladene Kohle verbrannt. Die entstehenden HX-Säuren werden wie oben ausgestrippt und anschließend mikrocoulometrisch titriert.

Reagenzien. Da bei dieser Methode kleine Absolutmengen Halogen bestimmt werden, müssen an die verwendeten Reagenzien hohe Reinheitsanforderungen gestellt werden, um den Blindwert möglichst klein und reproduzierbar zu halten.

Die Minimierung des systembedingten Blindwerts ist Voraussetzung für die Erfassung von TOX-Werten im Konzentrationsbereich von < 100 µg X^-/1000 ml Wasser.

Neben der konzentrierten H_2SO_4 und den Quarzglasteilen ist Sauerstoff als Hauptkontaminant anzusehen. In Sauerstoff (Reinheitsgrad 4.8/MESSER-GRIESHEIM) fanden wir 70 ng TOX/1000 ml Gas. Durch Einbau einer mit 4% Silber auf Sterchamol beladenen Patrone, die auf 900 bis 1000°C beheizt wird, konnte der TOX-Wert auf 25 ng X^-/1000 ml Sauerstoff gesenkt werden.

Für die von uns eingesetzte Schwefelsäure (RIEDEL DE HAEN, Artikel-Nr. 17935) wird ein Chlor-Ionen-Gehalt von max. 0.1 ppm garantiert. Nach einer Vorspülung von 10 ml dieser Säure (temperiert bei 50°C) mit 2000 ml vorgereinigtem Sauerstoff werden noch 120 ng TOX gemessen. Ein zweiter Spülschritt mit 2000 ml Sauerstoff erniedrigt den TOX-Wert auf 60 ng Cl. Dieser Wert liegt schon innerhalb des Blindwertbereiches des Sauerstoffes, der nach Vorbehandlung mit 25 ng TOX/1000 ml bestimmt wurde.

Alle Quarzglasteile werden vor ihrem Einsatz mindestens 1 h bei 900 bis 1000°C ausgeglüht. Unter Einhaltung dieser Vorkehrungen liegt der systembedingte Blindwert bei 15 min Dosierzeit und zusätzlich 5 min Nachspülung mit Sauerstoff bei < 0.3 µg Cl.

Probenaufbereitung salzbelasteter Wässer. Meist sind die Proben mit einem hohen Salzgehalt belastet, zur TOX-Bestimmung werden daher die in den Wasserproben enthaltenen Halogenide vorher mit Silbernitrat ausgefällt.

Die vorliegenden Chlor-Ionen werden in wäßrig-acetonischer Lösung (50 bis 70% Aceton) mit schwefelsaurer 0.1 normaler $AgNO_3$-Lösung potentiometrisch titriert und mit einem Überschuß von 0.2 bis 0.3 ml 0.1 N $AgNO_3$-Lösung versetzt. Nach Absetzen des Niederschlages und Filtration (Blaubandfilter) wird die klare Lösung in die sorgfältig gereinigte Dosierspritze eingesaugt.

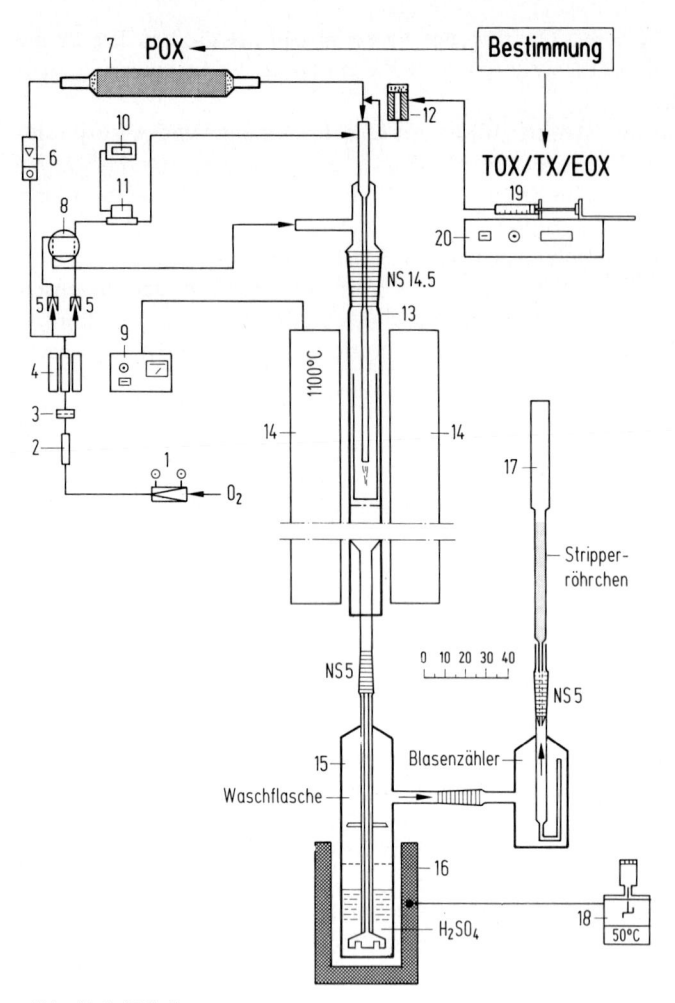

Abb. 51-2 (Teil 1)

Abb. 51-2. Verbrennungsapparatur zur Bestimmung der Halogen-Kennzahlen in wäßrigen Systemen.
1 HBS-300 Hochdruckminderer L'AIR LIQUIDE; *2* Molekular-Patrone −5Å; *3* Nupro-Filter-7 MICRON; *4* Silberbeschichtetes Sterchamol (900−1000°C); *5* Nupro-Feinregulierventile; *6* Rotameter für POX-Bestimmung; *7* Entgasungspatrone (gefüllt mit Embacel); *8* 4-Wege-Kugelhahn (SWAGELOK); *9* Regeleinrichtung (HERAEUS) REK-42; *10* Anzeigegerät für Massen-Strömungsmesser; *11* Massen-Strömungsmesser MKS' (O_2-Strom); *12* Aufspritzvorrichtung bis 250 µl-Aufgaben; *13* Verbrennungsrohr mit Einsätzen aus Quarzglas; *14* Heraeus-Kleinrohrofen BR 1.8/25; *15* Waschflasche mit H_2SO_4 zur H_2O-Absorption; *16* Temperiergefäß aus Stahl für Waschflasche (*15*); *17* Stripperröhrchen mit Elektrolyt; *18* Thermostat; *19* Glasspritze 20 ml; *20* Kolbendosierpumpe, stufenlos regelbar; *21* Schüttelröhrchen zur Anreicherung an Aktivkohle; *22* Systemanordnung im oberen Verbrennungsrohr (*13*) während der A-Kohle-Verbrennung; *23* Trichterrohr zum Auswaschen der Aktivkohle im Kohle-Verbrennungsröhrchen.

51.1 Bestimmung von Chlor (Brom) durch mikrocoulometrische Titration

AOX-Bestimmung

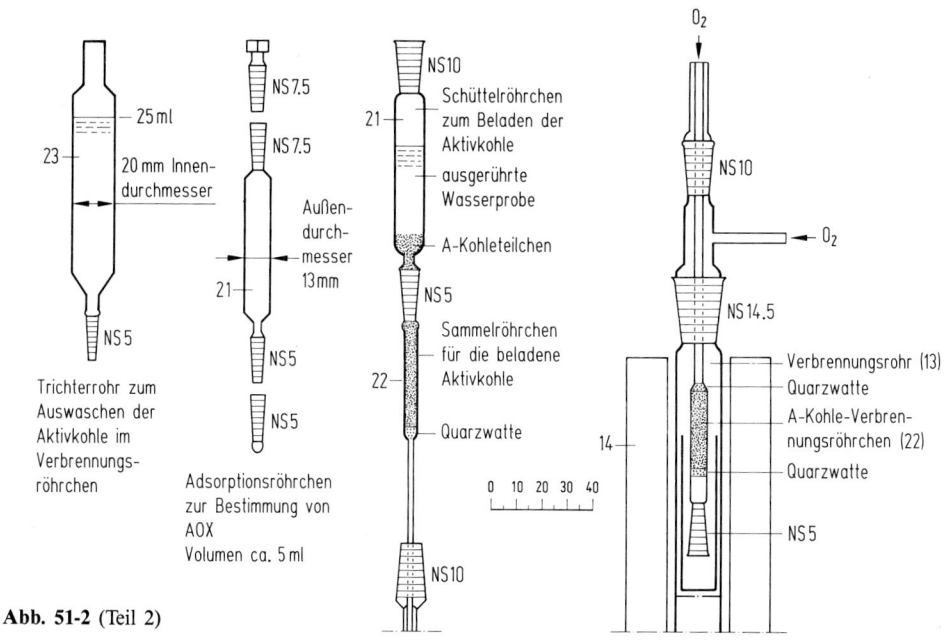

Abb. 51-2 (Teil 2)

Abb. 51-3. DOHRMANN-Coulometer mit modifizierter Titrierzelle.

Der Chlor-Ionenausfällung liegen folgende Überlegungen und Versuchsergebnisse zugrunde:
- Die Absorption organischer Halogenkomponenten an das ausgefallene Silberchlorid ist in wäßrig-acetonischer Lösung vernachlässigbar gering (nach Meßergebnissen aus Testreihen).
- In einer austitrierten wäßrigen Lösung hat AgCl am Äquivalenzpunkt ein Ionenprodukt von 1.8×10^{-10}, woraus sich bei Raumtemperatur eine Cl^--Ionenkonzentration von 0.5 mg/1000 ml errechnet.
Werden 100 ml austitrierter wäßriger Lösung 0.1 ml $AgNO_3$ im Überschuß zugeführt, fällt der Cl^--Ionenanteil rechnerisch auf einen Wert von <0.1 mg/1000 ml H_2O ab.

Versuche haben gezeigt, daß Überschüsse von 0.2 ml 0.1 normaler $AgNO_3$/100 ml wäßrig-acetonischer Lösung, in denen das Ionenprodukt $Ag^+ \times Cl^-$ gegenüber einer rein wäßrigen Lösung stark herabgesetzt ist, keinen meßbaren Einfluß auf die TOX-Meßwerte ausüben.

Das Ansäuern mit Schwefel- statt Salpetersäure hat den Vorteil, daß die Sulfate als bei hoher Temperatur nichtflüchtige Salze im Quarzbechereinsatz zurückbleiben und eine Salzverkrustung des Reaktionsrohres weitgehend unterbleibt. Der organische Chloranteil des verwendeten Lösemittels, der in der Regel zwischen 0.2 und 0.5 mg Cl/1000 ml liegt, darf keinesfalls vernachlässigt werden.

Ausführung (TOX-Bestimmung)

Apparative Bedingungen (s. Abb. 51-2, 1 bis 20):

Sauerstoffdurchsatz:	je 100 ml/Zuführung
Temperatur des Ag-Rohres (4):	900–1000 °C
Ofentemperatur:	1100 °C (Ofen verschiebbar)
Schwefelsäurevorlage:	10.0 ml (50 °C-temperiert)
Substanzdosierung:	max. 0.5 ml/min (acetonische Lösung)
Probenvolumen:	je nach TOX-Anteil 0.1–5.0 ml
Stripperrohr:	Elektrolyt (70% Essigsäure) auf Embacel 60–80 mesh
Vorspülzeit (ohne Stripperrohr) vor der Verbrennung:	3 min
Nachspülzeit (mit Stripperrohr) nach der Verbrennung:	3 min

Der mit frischer Schwefelsäure beschickte und bei 50 °C temperierte Wäscher (15) wird 3 min ohne aufgestecktes Stripperrohr mit Sauerstoff vorgespült. Das Verbrennungsrohr ist dabei so positioniert, daß das untere Ende in etwa mit dem Ofenrand abschließt. Das Rotameter (6) bleibt geschlossen. Nach 3 min steckt man das Stripperrohr (17) auf das Zwischengefäß und startet die Kolbendosierpumpe (20).

Das Probenvolumen ist der zu erwartenden TOX-Menge anzupassen und soll nach oben so bemessen sein, daß die zu titrierende Halogenidmenge 10 µg nicht übersteigt.

Nach Beendigung der Substanzdosierung wird der Rohrofen (14) bis zum oberen Schliffende des Verbrennungsrohres verschoben. In dieser Position erfolgt ein Nachverbrennen der schwer verdampfbaren, im Einleitungsteil zurückgebliebenen Substanzreste. Das Stripperröhrchen wird nach 3 min auf die Coulometerzelle (Abb. 51-3) umgesetzt, die aufkonzentrierten HX-Anteile mit 0.5 ml austitriertem Zellen-Elektrolyt in die Titrierzelle eluiert. Beim Einfallen der ersten Tropfen beginnt das Coulometer zu titrieren. Die gesamte Titrationsdauer liegt in der Regel zwischen 3 und 5 min.

TOX- und TIX-Bestimmung in Reinstwässer (Differenzmethode)

TIX: Unter Beibehaltung der Sauerstoffströme und Umgehung des Verbrennungstrakts werden gleiche Wassermengen wie bei der Verbrennung unmittelbar in die vorgespülte und temperierte Schwefelsäure eindosiert. Die als HCl frei werdenden Chlor-Ionen werden ins Stripperröhrchen ausgespült, dort absorbiert und anschließend titriert.

TX: Vom *Reinstwasser* werden 5.0 ml nach Verdünnen mit Aceton direkt ins Verbrennungssystem dosiert und ansonsten wie oben beschrieben weiterbearbeitet.

Aus der Differenz TX–TIX errechnet sich der TOX-Wert des Reinstwassers.

Bestimmung der EOX-Werte. Mit der gleichen Apparatur kann auch der EOX-Wert einer Lösung bestimmt werden. Dazu wird die wäßrige Probe (nach DIN 38409) mit Pentan/Di-isopropylether im Schütteltrichter oder Perforator extrahiert und aliquote Volumina des Extraktes mit µl-Spritzen über die Aufgabevorrichtung (12) ins Verbrennungsrohr injiziert, anschließend wird noch mit 2 bis 3 ml Methanol nachgespült bzw. nachverbrannt.

Bestimmung des POX-Wertes. Dazu werden 2 ml der zu strippenden Lösung in die Entgasungspatrone (7) eingefüllt, die Patrone mit dem System verbunden und mit dem bei (6) einregulierten Sauerstoff ausgestrippt.

Die mit Sauerstoff weggeführten flüchtigen Verbindungen werden in das Verbrennungssystem eingespeist und verbrannt. Dabei entstehende Halogenide werden weiter, wie beschrieben, bestimmt.

Bestimmung der AOX-Werte (SCHNITZLER et al. 1983). 100 ml der Wasserprobe werden mit konzentrierter HNO_3 auf pH 3 eingestellt und mit 1 ml einer 1molaren $NaNO_3$-Lösung versetzt. Von dieser Lösung werden je nach AOX-Gehalt aliquote Anteile mit 100 mg Aktivkohle versehen und im Schüttelröhrchen (21) zur Herstellung des Sorptionsgleichgewichts 30 min geschüttelt. Die Kohle wird dann im Verbrennungsröhrchen (22) gesammelt, mit 25 ml einer 0.01 molaren $NaNO_3$-Lösung durch das Trichterrohr (23) ausgewaschen und anschließend mineralisiert.

Diskussion der Methode. Die entwickelte Methode gestattet erstmalig den wahren TOX-Anteil in Wässern verschiedenster Provenienz ohne Zwischenanreicherung der Halogenorganika durch Adsorption oder Extraktion direkt und quantitativ zu bestimmen.

Die Methode wurde mit verschiedenen Mischlösungen aus chlorierten Aliphaten und Aromaten getestet und der vorgegebene TOX-Wert im Bereich von 2 bis 30 mg Cl/l quantitativ wiedergefunden, auch wenn Chlorid-Ionen (TIX) im hundertfachen Überschuß vorhanden waren. Daraus lassen sich folgende Schlüsse ziehen:

Die Wiederfindungsrate (ermittelt über alle Versuchsreihen im TOX-Bereich von 2–30 mg/1000 ml) beträgt 100%. Die Einzelabweichung vom wahren Wert im TOX-Bereich <5 mg/1000 ml kann bis ±20% rel., im Bereich >5 mg/1000 ml bis ±10% rel. betragen. Von jeder Probe sollte daher eine Dreifachbestimmung durchgeführt werden.

Tab. 51-1. Wasserproben einer biologischen Kläranlage.

Probe	% X (berechnet als Cl)					
	TOX	EOX_1	EOX_2	AOX_1	AOX_2	POX
Rohwassereinlauf (Vorklärbecken)	*100*	21	38	38	62	5
Rohwasserablauf (Vorklärbecken)	69	10	31	14	52	7
Klarwasserablauf aus Bioanlage	28	7	7	7	21	1

Bestimmungsarten

TOX: Gesamt organisch gebundenes Halogen
(*Direkt-Methode*)
AOX_1: An Aktivkohlepatronen (100 mg Charcoal-Niosh) adsorbierbares, organisch gebundenes Halogen
(*Durchlauf-Methode*)
AOX_2: An Aktivkohle (100 mg Charcoal-Niosh) adsorbierbares, organisch gebundenes Halogen, nach 30 min schütteln in der Schüttelmaschine
(*Ausrühr-Methode* − DIN 38409-H14)
EOX_1: Mit n-Heptan und Di-isopropylether extrahierbares organisch gebundenes Halogen (DIN-Vorschrift 38409)
EOX_2: Mit Diethylether bei pH 12 und pH 1 perforierbares organisch gebundenes Halogen (Perforationsdauer jeweils 3 h)
POX: Bei Raumtemperatur ausblasbares (leicht flüchtiges) organisch gebundenes Halogen.

In salzbelasteten Wässern mit potentiometrisch bestimmbarem ionogenem Chlor liegt die TOX-Nachweisgrenze bei 0.2 mg/1000 ml. In sog. Reinstwässern wie VE-Wässern oder destilliertem Wasser sind, nach dem gegenwärtigen Methodenstandard (TX−TIX = TOX), Bestimmungen bis zu einer Erfassungsgrenze von 20 µg/1000 ml möglich.

In Wasserproben einer biologischen Kläranlage (Tagesmischproben) wurden nach den verschiedenen Reinigungsstufen die verschiedenen Halogen-Kennzahlen nach der oben beschriebenen Methode bestimmt und in der Tab. 51-1 zum Vergleich übersichtlich aufgelistet.

Die Untersuchung zeigt, daß mit den bisher gebräuchlichen Methoden zur Bestimmung von organisch gebundenem Chlor nur ein mehr oder weniger großer Anteil des tatsächlich vorliegenden TOX-Wertes nachweisbar ist. Während die Adsorptionstechnik in Aktivkohle (AOX-Werte) max. ca. 80% erfaßt, liefert die Perforationsmethode (EOX_2-Werte) nur etwa 30%. Die niedrigsten Werte (< 10% der TOX-Werte) liefern die Extraktionen durch Ausschütteln mit Heptan/Ether (EOX_1-Werte).

Da quantitative Bestimmungen wie auch die Identifizierung der Einzelkomponenten durch GC/MS üblicherweise in Perforaten oder Extrakten vorgenommen werden, läßt sich unseren Erfahrungen zufolge bemerken, daß hierbei − im Vergleich mit den TOX-Werten − im günstigsten Falle nur etwa 1/3 der tatsächlich vorhandenen Organohalogenkomponenten erfaßt werden. Ein Großteil der relevanten Verbindungen entzieht sich somit selbst einem qualitativen Nachweis. Für qualitative und quantitative Bestimmungen der in der Bilanz noch fehlenden und nicht identifizierten Halogenorganika wäre folglich eine *Methodenentwicklung anzustreben*, womit, ähnlich der TOX-Bestimmung, eine direkte chromatographische Bestimmung (GC und/oder HPLC) der relevanten Stoffe unter Umgehung von Aufbereitungsschritten erreicht wird.

51.2 Bestimmung von Chlorid (Bromid und Iodid) durch potentiometrische Titration

Prinzip. In der angesäuerten halogenidhaltigen Reaktionslösung wird bei der Titration mit Silbermaßlösung die Potentialänderung einer Silberelektrode gegen eine Bezugselektrode mit vorgegebenem definierten Potential (Silber/Silberchlorid- oder Kalomel-Elektrode) gemessen. Der Äquivalenzpunkt, an dem alle Halogenid-Ionen durch Silber-Ionen gebunden sind, wird durch einen Potentialsprung angezeigt. Er wird visuell an einem Zeigerinstrument nach dem Ausschlagverfahren mit Teilkompensation oder graphisch aus einem Schreiberdiagramm ermittelt. Die bis zum Umschlagspunkt verbrauchte Silbermenge ist der in der Reaktionslösung vorhandenen Halogenidmenge äquivalent.

Moderne potentiometrische Titriergeräte sind mit einem Mikroprozessor ausgestattet, der es ermöglicht, den kompletten Titrierverlauf automatisch zu steuern und graphisch aufzuzeichnen. Der Umschlagspunkt wird rechnerisch exakt bestimmt, der Titriermittelverbrauch digital ausgedruckt (s. Kap. 6.1). Für die Routineanalyse eignet sich die potentiometrische Methode gut, da sie wenig störanfällig und selektiv ist.

Als Meßelektrode (Indikatorelektrode) dient ein blanker Silberstab, als Bezugselektrode eine Silber/Silberhalogenid- oder Kalomel-Elektrode. Elektroden mit Deckschichten eines bestimmten Silberhalogenids sprechen auf alle anderen Halogenid-Ionen an, die in der Ordnungszahl des Halogens gleich oder größer als das in der Deckschicht enthaltene sind. Eine Silber/Silberchlorid-Elektrode spricht also auf Chloride, Bromide und Iodide an, eine Silber/Silberiodid-Elektrode dagegen nur auf Iodide, was sich im Sinne einer erhöhten Spezifität der Messungen ausnutzen läßt. Bei der Bestimmung von Iodiden mit einer Silber/Silberiodid-Elektrode treten z. B. selbst bei einem Verhältnis $(Cl^-)/(I^-) = 10^7$ noch keine Störungen auf; es wird also ein hohes Maß an Selektivität erreicht. Einen Überblick über den potentialverfälschenden Einfluß verschiedener Kationen und Anionen auf eine Silber/Silberbromid-Elektrode gibt die Tab. 51-2 (PFLAUM et al. 1962).

Zum Prinzip potentiometrischer Verfahren s. Kap. 6.8. Über die Grundlagen der Potentiometrie informieren ausführlich Monographien von LINGANE (1962), BOCK (1980) sowie CAMMANN (1977, 1982, 1985).

Elektroden. Elektroden für die Halogenidtitration können u. a. bezogen werden von: ORION, INGOLD, METROHM, SCHOTT, RADIOMETER.

Als Indikator-Elektrodenmaterial wird Silber verwendet, das anodisch mit einer Deckschicht des entsprechenden Anions beschichtet wurde (Elektroden 2. Art)[*].

---

[*] Elektroden 2. Art bestehen stets aus einem Metall, das mit einer Deckschicht eines seiner schwer löslichen Salze überzogen oder überschichtet wird. Kommt ein solches System mit einer Elektrolytlösung in Berührung, das ein mit dem schwer löslichen Salz gemeinsames Anion enthält, bildet sich ein Potential aus, das von der Anionenkonzentration abhängt. Das allgemeine Schema einer Elektrode 2. Art wird also durch die Symbolik $Me/MeX/X^-$ veranschaulicht. Besonders gut untersuchte Elektroden 2. Art sind die als Bezugselektroden verwendeten Kombinationen Silber/Silberchlorid/Kaliumchlorid und Quecksilber/Kalomel/Kaliumchlorid.

Tab. 51-2. Potentialverfälschender Einfluß verschiedener Ionen auf eine Silber/Silberbromid-Elektrode.

Kationen	Al^{3+}	Ba^{2+}	ClO^-	Cd^{2+}	$Cr_2O_7^{2-}$	Cu^{2+}	Fe^{3+}	K^+	Li^+	Mg^{2+}	Ni^{2+}
Verhalten	−	−	−	−	−	−	−	−	−	−	−
Anionen	Ac^-	Cl^-	ClO^-	CN^-	$Cr_2O_7^{2-}$	I^-		MnO_4^-	NO_3^-	SCN^-	SO_4^{2-}	$S_2O_3^{2-}$
Verhalten	−	−	−	+	+	+		+	−	+	−	+

− keine Potentialänderung bei Anwesenheit von 2000 ppm der Ionenart.
+ mehr als 3 mV Potentialänderung bei Anwesenheit von 10 bis 50 ppm.

Überzüge auf Silberelektroden: Durch Elektrolyse entsprechender Lösungen lassen sich auf Silberelektroden in einfachster Weise verschiedene Überzüge herstellen. Eine einfache apparative Vorrichtung dazu zeigt die Schaltung in Abb. 51-4A.

Durchführung
— Elektrodenoberfläche reinigen: Mit Poliertuch abreiben, anschließend entfetten (Geschirrspülmittel eignet sich gut) und mit destilliertem Wasser spülen.
— Silberelektrode gemäß obiger Skizze als Plus-Pol anschließen.
— Als Hilfselektrode dient am Minus-Pol eine blanke Pt-Elektrode.
— Mit 1 bis 2 mA/cm^2 Elektrodenoberfläche während ca. 1 h elektrolysieren, bis ein geschlossener Überzug erreicht ist.
— Elektrode mit destilliertem Wasser gut spülen.

N.B. Der Überzug wird besser, wenn mit kleiner Stromdichte längere Zeit elektrolysiert wird.

Elektrolysierbäder
— Chlorid-Überzug: verdünnte Salzsäure ca. 0.1 N HCl
— Bromid-Überzug: verdünnte Bromwasserstoffsäure ca. 0.1 N HBr
— Iodid-Überzug: verdünnte Iodwasserstoffsäure ca. 0.1 N HI
— Sulfid-Überzug: Natriumsulfidlösung ca. 0.2 N Na$_2$S mit Schwefelsäure leicht ansäuern, Lösung muß klar sein, evtl. filtrieren

Bei molaren Nitrat-Konzentrationen über 1.0 wird die *EMK* (in mV) der verschiedenen Elektroden bei 25 °C durch folgende Gleichung beschrieben:

$$EMK = E_N - 59.1 \cdot \log c_{x^-}.$$

E_N enthält dabei alle Konstanten der allgemeinen Nernst-Gleichung. Bemerkenswert ist das Verhalten von halogenid-indizierenden Elektroden in Methanol/Wasser und Methanol/Aceton-Mischungen. Während sich Methanol noch weitgehend wasserähnlich verhält, ergeben sich für Aceton ganz andere Verhältnisse. So kann bei mittleren Konzentrationen in Aceton eine Steilheit auftreten, die den theoretischen Nernst-Faktor um das Doppelte übersteigen kann. Die untere Nachweisgrenze wird allerdings ziemlich unvermittelt bei pCl = 4.7 erreicht, während in Methanol bis herab zu pCl = 7.7 gemessen werden kann.

Eine *Titrationseinrichtung* für die potentiometrische Halogenidbestimmung ist in Abb. 51-4 skizziert.

51.2 Bestimmung von Chlorid (Bromid und Iodid) durch potentiometrische Titration

Abb. 51-4. Titrationseinrichtung für die potentiometrische Halogenidbestimmung.
(A) Elektrolysiervorrichtung zur Beschichtung von Silberelektroden.

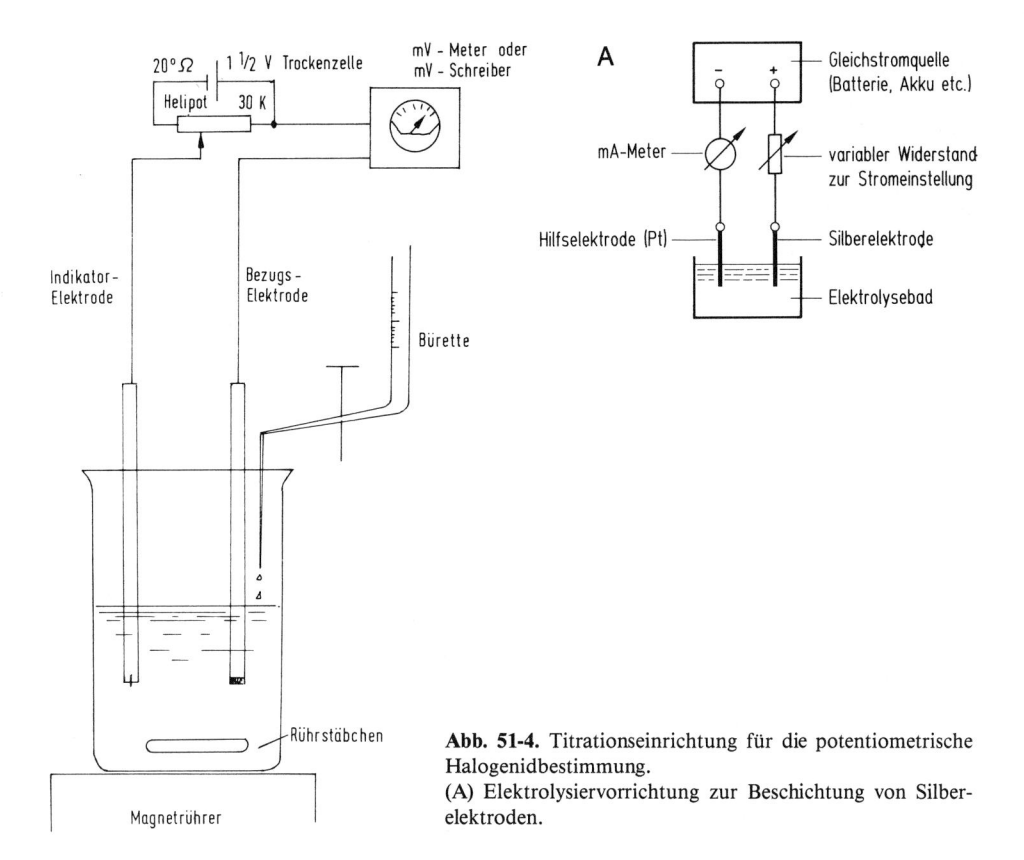

Als Titriergefäß kann ein hohes Becherglas verwendet werden, das während der Titration auf einem Magnetrührer steht. Als Elektroden werden Einstabmeßketten (z. B. Ag-4800, INGOLD) eingesetzt, in denen Metallelektrode (Silber) und Bezugselektrode (Silber/Silberchlorid in gesättigter Kaliumnitratlösung) in einem Bauelement vereinigt sind. Das Potential wird am einfachsten mit einem Millivoltmeter mit Gegenspannungsquelle als Nullinstrument nach der Differenzmethode gemessen. In der Nähe des Endpunkts wird das Titriermittel tropfenweise zugegeben und am Millivoltmeter die Größe des Zeigerausschlages beobachtet. Der Tropfen Silbernitratlösung, der den größten Zeigerausschlag hervorruft, markiert den Endpunkt. Der Papiervorschub des Schreibers ist bei handelsüblichen Geräten (Schreiber und Kolbenbürette laufen synchron) mit der Titriermittelzugabe gekoppelt. Die Geschwindigkeit der Titriermittelzugabe verlangsamt sich jedoch proportional zum Potentialanstieg. In der Nähe des Endpunktes erfolgt die Titriermittelzugabe tropfenweise mit zwischenzeitlichen größeren Wartezeiten. Bei diesen Geräten wird das Endpunktpotential vorgewählt. Die Ionenstärke der Lösung muß dabei konstant gehalten werden, da sie das Potential verschiedener Elektroden verschiebt. Dies muß vor allem beim Arbeiten mit Titrierautomaten mit Potentialvorwahl berücksichtigt werden.

Neben der Originalkurve E gegen ml Reagenz kann das Gerät auch die erste Ableitung der Kurve dE/dV gegen ml Reagenz direkt aufzeichnen. Auf diese Weise können

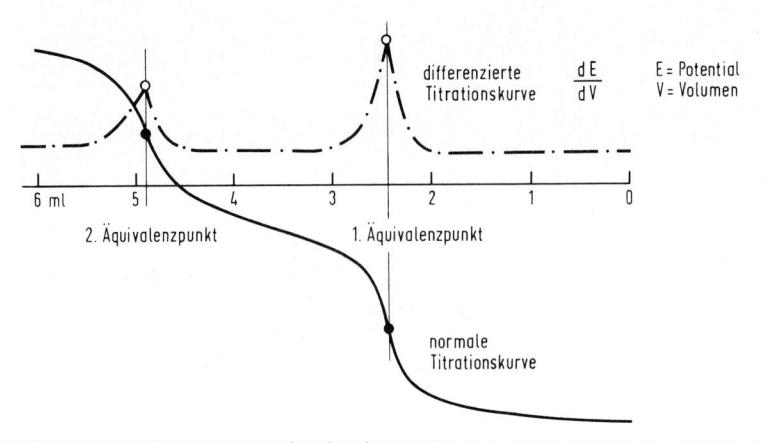

Abb. 51-5. Aufzeichnung der Titrationskurve.
1. Äquivalenzpunkt = Bromid; 2. Äquivalenzpunkt = Chlorid.

sehr dicht aufeinanderfolgende Potentialsprünge besser unterschieden werden, wie Abb. 51-5 veranschaulicht.

Mikroprozessorgesteuerte Titriergeräte erfordern keine Potentialvorwahl des Endpunktes. Es wird lediglich das Potentialintervall, in dem titriert wird, grob vorgewählt. Der Titrationsendpunkt wird objektiv aus den Rohdaten des gesamten Titrationsverlaufs errechnet. Die Ionenstärke der Lösung hat dabei keinen signifikanten Einfluß auf die Präzision der Endpunktberechnung. Ein Beispiel eines mikroprozessorgesteuerten potentiometrischen Titriergerätes der neuen Generation ist der Titroprozessor 672 der Firma METROHM (s. Kap. 6.1).

Abb. 51-6 zeigt schematisiert nochmals alle für einen Präzisionsmeßplatz zur pCl-Messung erforderlichen Geräte.

Die potentiometrische Chlorid-Titration in wäßriger Lösung mit Silbernitrat ist aufgrund des relativ großen Löslichkeitsproduktes von AgCl ($K_{sp, AgCl} = 1.8 \cdot 10^{-10}$ bei 25 °C) ungünstig. Man erhält einen unscharfen Potentialsprung am Äquivalenzpunkt

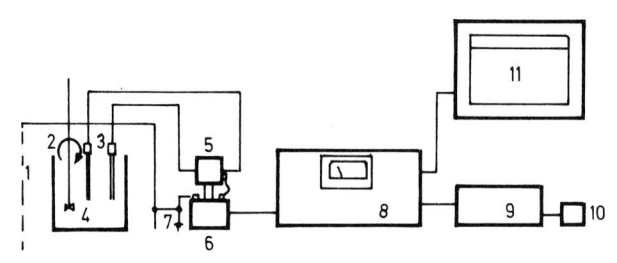

Abb. 51-6. Aufbau eines Präzisionsmeßplatzes zur pCl-Messung.
1 Abschirmkäfig, *2* Rührer, *3* Meßkette, *4* zu messendes System, *5* Meßzellenumschalter, *6* Vorverstärker des Elektrometers, *7* Erdverbindung, *8* (Schwingkondensator)-Elektrometer, *9* Gegenspannungsquelle, *10* Kurzschlußschalter (schließt die Leitungen *8* und *9* kurz; für Nullabgleich erforderlich), *11* Kompensationsschreiber.

51.2 Bestimmung von Chlorid (Bromid und Iodid) durch potentiometrische Titration

und demzufolge ungenaue und schlecht reproduzierbare Resultate. Deshalb setzt man zur Verbesserung des Potentialsprungs am Äquivalenzpunkt bei Fällungstitrationen der wäßrigen Lösung wasserlösliche organische Lösungsmittel zu, um die Löslichkeit des Niederschlages zu verringern. Dadurch erhält man auch für Chlorid im Mikro- und Spurenbereich gut auswertbare Potentialsprünge. Anwendungen der potentiometrischen Halogenidbestimmung werden nachfolgend in den Abschnitten 51.2.1 bis 51.2.9 beschrieben.

51.2.1 Mikrobestimmung von Chlor (Brom und Iod) in organischen Substanzen nach Schöniger-Aufschluß

Reagenzien und Geräte

Sauerstoff.
Natriumhydroxid 0.2 N.

Hydrazinsulfat, p.a. 3%ige wäßrige Lösung, frisch hergestellt: Eine alkalische Lösung von Hydrazin (5 ml 0.2 N NaOH und 10 Tropfen 3%iges Hydrazinsulfat) eignet sich am besten, sowohl zur Bestimmung von Chlor als Brom als auch von Iod; Bromid und Iodid sind in wäßriger Lösung ebenfalls titrierbar.

Salpetersäure, $\approx 65\%$, p.a.
Salpetersäure 1 N.
Methylrot, wasserlöslich (MERCK): 0.1%ige wäßrige Lösung.
Essigsäure, min. 96%, d ≈ 1.06.
Isopropanol.
Silbernitrat 0.01 N.
Natriumchlorid 0.002 N.
300-ml-Verbrennungskolben nach SCHÖNIGER in üblicher Ausführung mit Probehalter aus Platinnetz (0.5 mm Drahtdurchmesser).
Aschefreies Filterpapier (SCHLEICHER & SCHÜLL, Nr. 589).

Titrationsanordnung:
100-ml-Becherglas mit Magnetrührer.
10-ml-Kolbenbürette (METROHM, Typ E 274) mit 1000-ml-Vorratsgefäß.
Ag$_2$S-ionenselektive Elektrode (ORION, Typ 941600).
Double-junction-Referenzelektrode mit KNO$_3$-Zwischenelektrolyt (ORION, Typ 900200).
pH-Meter.

Arbeitsvorschrift (CAMPIGLIO und TRAVERSO 1980). Die Einwaage, die 0.35 bis 1.4 mg Chlor enthalten soll, wird in Filterpapier eingewickelt und im Platinnetz befestigt. In den Kolben legt man 5 ml 0.2 N NaOH und 10 Tropfen (0.55 ml) 3%iges Hydrazinsulfat vor, füllt ihn mit Sauerstoff (ca. 20 s) und führt die Verbrennung wie üblich aus. Dann läßt man den Kolben 30 min stehen.

Nach Öffnen des Kolbens spült man Schliffstopfen und Platinnetz mit 10 ml dest. Wasser, gibt einen Tropfen 0.1%iges Methylrot zu und neutralisiert die Lösung mit 1 N HNO$_3$ (12 bis 15 Tropfen).

Die Lösung wird in das Titriergefäß übertragen, wobei der Kolben einmal mit 3 ml Essigsäure und zweimal mit je 5 ml dest. Wasser sorgfältig auszuspülen ist, so daß das Volumen in dem Becherglas 29 bis 30 ml beträgt. Nach Zugabe von 5 Tropfen konz. HNO_3 und 5 ml Isopropanol taucht man die Bürettenspitze und die Elektroden in die zu titrierende Lösung und rührt kräftig mit dem Magnetrührer, bis sich das Potential (mV) stabilisiert hat.

Jetzt titriert man mit der 0.01 N Silbernitratlösung anfangs in 0.5-ml-Schritten, in der Nähe des Äquivalenzpunktes zweimal in 0.2-ml-, einmal in 0.1-ml- und schließlich in 0.05-ml-Schritten. Nach jeder Zugabe von Maßlösung muß der registrierte Potentialwert 10 s konstant bleiben. Der Potentialsprung am Äquivalenzpunkt hat durchschnittlich einen absoluten Wert von 20 mV/0.05 ml Maßlösung. Aus den Meßwerten wird das bei der Titration verbrauchte Maßlösungsvolumen via $\Delta^2 E/\Delta V^2$ rechnerisch bestimmt. Die Dauer der Titration beträgt 6 bis 8 min. Mit mikroprozessorgesteuerten Titriergeräten erfolgt die Meßwertanzeige und Auswertung automatisch.

Bei der Bestimmung tritt ein Blindwert (gewöhnlich 0.06 ml 0.01 N $AgNO_3$) auf, der am besten durch Verbrennung von Proben einer Testsubstanz, wie p-Chlorbenzoesäure, genau bestimmt wird.

Vor der Titration der Analysenlösungen sind zur Standardisierung der Elektroden ca. 10 ml 0.002 N Natriumchloridlösung + 25 ml dest. Wasser zu titrieren.

Die 0.01 N Silbernitratlösung wird gegen 10-ml-Proben der 0.002 N Natriumchloridlösung standardisiert. Nach Zugabe von 17 ml dest. Wasser, 3 ml Essigsäure, 5 Tropfen konz. HNO_3 und 5 ml Isopropanol werden die Proben wie oben beschrieben titriert.

Berechnung

$$\% \, X = \frac{\text{ml Ag}^\bullet \cdot f_{X^-} \cdot 100}{\text{mg Einwaage}}$$

X = Cl, Br, I
$Ag^\bullet$ = $AgNO_3$-Lösung

$Ag^\bullet$	0.1 N	0.02 N	0.01 N	0.002 N
f_{Cl^-}	3.546	0.709	0.355	0.071
f_{Br^-}	7.991	1.598	0.799	0.160
f_{I^-}	12.690	2.538	1.269	0.254

51.2.2 Bestimmung von Spuren-Chlorid (Bromid) durch potentiometrische Titration in nichtwäßrigem Medium

Prinzip (PROKOPOV 1968). Die Halogenidlösung (10^{-3} bis 10^{-6} M) wird in nichtwäßrigem Medium mit verdünnten Silbernitratlösungen potentiometrisch titriert. Als Meßkette verwendet man dazu Platin-Kalomel oder Silber-Silber/Silberchlorid mit Nitratableitung.

Die Konstante des Löslichkeitsproduktes K_{AgCl} bestimmt die Steilheit der Titrationskurve am Äquivalenzpunkt. Mit Wasser mischbare Lösungsmittel setzen die Löslichkeit des bei der Titration entstehenden Silberchlorids stark herab – sehr wirkungsvoll geschieht das durch Aceton oder Dioxan – und vergrößern dadurch den Potentialsprung erheblich. 10^{-6} molare Halogenidlösungen lassen sich auf diese Weise potentiometrisch noch hinreichend genau titrieren. In wäßrigen Lösungen ist der Potentialsprung für Bromid fast doppelt so groß wie für Chlorid. In acetonischer Lösung ist die Differenz geringer und verschwindet überhaupt bei der Titration sehr verdünnter Lösungen.

Apparatives

Knick-Präzisions-Millivolt-(pH)-Meter mit 10stufiger Teilkompensation Typ 34.
Einstabmeßkette Platin-Kalomel oder Silber-Silber/Silberchlorid mit Nitratbrücke (Pt-4800 oder Ag-4800 INGOLD KG).
Magnetrührer.
Ultramikrobürette (1 ml; mit µl-Teilung).
Alternativ: METROHM-Potentiograph oder Titroprozessor.

Reagenzien

Silbernitratlösung 0.01 N, 0.001 N, 0.0001 N.
Natriumchloridlösung 0.01 N, 0.001 N, 0.0001 N.
Aceton p.a.
Salpetersäure 6 M.

Arbeitsvorschrift. Die halogenidhaltige Reaktionslösung (z. B. nach Wickbold-Verbrennung) wird fast zur Trockene eingedampft, mit Aceton verdünnt, so daß sie am Ende 90% Aceton enthält. Die Lösung wird mit fünf Tropfen 6 N Salpetersäure angesäuert. Potentiometer und Magnetrührer werden eingeschaltet, die Einstabmeßkette in die Probelösung getaucht und durch Zugabe von gleichen Volumanteilen an Silbernitratlösung auf den Endpunkt titriert. Wird automatisch titriert, kann das Endpotential vorgewählt werden, bei dem der Titriermittelzulauf gestoppt wird. Wird die Potentialkurve mit einem Schreiber aufgenommen (Abb. 51-7), kann aus dem Schreiberdiagramm der Endpunkt graphisch ermittelt werden.

Mit modernen mikroprozessorgesteuerten Titrierautomaten können solche Titrationen anstelle konstanter Volumenschritte auch mit konstanten Potentialschritten durchgeführt werden und der Endpunkt automatisch exakt bestimmt werden.

Weitere Anwendungsbeispiele. Die Halogenidtitration in nichtwäßrigem Medium findet zahlreiche praktische Anwendung. So bestimmen HOZUMI und TANAKA (1989) organisch gebundenes Halogen nach einem modifizierten CARIUS-Aufschluß (s. 50.5.2) im *Ultramikromaßstab* auf diesem Weg. PIETROGRANDE und ZANCATO (1989) titrieren nach *Schöniger-Aufschluß* Chlorid und Phosphat nacheinander in propanolischer Lösung in der oben beschriebenen Weise. Auch die *mikrocoulometrische Halogenidtitration*, die heute in großem Umfang zur Bestimmung der Halogen-Kennzahlen in wäßrigen Systemen (s. dazu 51.1.2) angewendet wird, wird vorzugsweise in 70- oder 80%iger Essigsäure durchgeführt, weil auch in diesem Medium das Löslichkeitsprodukt der Silberhalo-

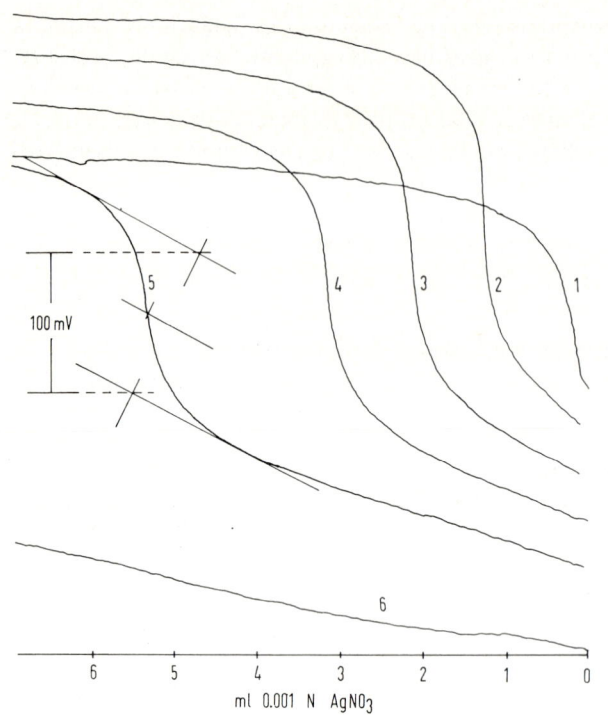

Abb. 51-7. Potentialkurven, geschrieben mit dem METROHM-POTENTIOGRAPH E 436. Empfindlichkeit: 750 mV. Elektroden: Einstabmeßkette Ag-Ag/AgCl mit Nitratableitung (INGOLD-Ag-4800). Titriermittel: 0.001 N AgNO$_3$-Lösung. Kurve 1: Blindwert in 50 ml 90%iger acetonischer Lösung. Kurve 2–5: 1, 2, 3 und 5 ml 0.001 N NaCl-Lösung entsprechend 35.5, 71, 106.5 und 177.5 µg Cl$^-$ in 50 ml 90%iger acetonischer Lösung. Kurve 6: 177.5 µg Cl$^-$ in 50 ml wäßriger Lösung.

genide sehr stark herabgesetzt wird und dadurch sehr geringe Halogenidkonzentrationen titriert werden können.

REGER et al. (1988) bevorzugen zur Bestimmung der Halogen-Summenkennzahlen (AOX, POX, EOX und TOX) in Abwasserproben die *volumetrische Halogenidtitration*, die nach ihren Ausführungen gegenüber der mikrocoulometrischen einige Vorteile hat. Die für diesen Zweck entwickelte Gerätekonzeption (METROHM-AOX/POX-Analysator) sieht vor, die Abwasserprobe direkt oder den aus ihr gewonnenen Extrakt bzw. die mit organischen Komponenten beladene Aktivkohle thermisch umzusetzen und die bei der Verbrennung anfallenden geringen Halogenidmengen in 80%iger Essigsäure mit sehr verdünnten Silbernitratlösungen potentiometrisch zu titrieren. Hochauflösende Büretten (mit diffusionsmindernden Bürettenspitzen) in Verbindung mit automatisch registrierenden Titriergeräten (Titroprozessor) erlauben wenige µg Halogenid exakt zu titrieren und machen es dadurch möglich, X-Kennzahlen durch volumetrische Titration routinemäßig zu bestimmen (s. auch 6.1).

51.2.3 Bestimmung von Spuren-Chlorid (Bromid) durch Nullpotentiometrie

Prinzip (MALSTADT und WINEFORDNER 1959, 1960). Die unbekannte Chlorid-Ionenkonzentration in der nach Substanzaufschluß (z. B. Wickbold-Verbrennung, Chromsäuredestillation oder Schöniger-Aufschluß) erhaltenen Reaktionslösung wird unter Einhaltung gleicher Ionenstärke durch Zugabe einer bekannten Chloridmenge oder Verdünnen mit reiner Elektrolytlösung auf die gleiche Chlorid-Ionenkonzentration gebracht wie eine Bezugslösung mit bekanntem Chloridgehalt.

In die durch ein Diaphragma getrennten Meß- und Bezugslösungen, tauchen Ag-AgCl-Elektroden, die mit einem empfindlichen Millivoltmeter leitend verbunden sind. Bei gleicher Chlorid-Ionenkonzentration in Bezugs- und Meßlösung ist das Potential der beiden Elektroden gleich. Vom Meßgerät wird dann die Potentialdifferenz 0 angezeigt. Da beide Lösungen gleiche Ionenstärke haben und das Gefäß der Bezugslösung in die Meßlösung taucht, so daß ein Temperaturausgleich nach beiden Richtungen erfolgt, ist die Verwendung von Korrekturfaktoren bei der Berechnung nicht erforderlich. Auch die Reagenzienblindwerte heben sich auf, da Bezugs- und Meßlösung aus derselben Elektrolytlösung bereitet werden. Durch das Diaphragma wird der erforderliche elektrische Kontakt zwischen Bezugs- und Meßlösung hergestellt, ohne daß sich die Lösungen mischen können.

Lösungen

Stamm-Elektrolytlösung: 10 N H_2SO_4.
Es wird ein größerer Vorrat (10 bis 20 l) einer ungefähr 10 N Schwefelsäure durch Verdünnen von konz. Schwefelsäure p.a. (300 ml/l) mit de-ionisiertem oder dest. Wasser vorbereitet. Diese Elektrolytlösung wird zum Ansetzen aller anderen Lösungen verwendet, um Fehler durch verschieden große Ionenstärke und Chlorblindwerte zu vermeiden.

Natriumchlorid-Stammlösungen: 0.1 N und 0.01 N Natriumchloridlösung.

Bezugs-(Referenz-)Lösung: Für jeden Liter dieser Lösung werden 10 ml 0.01 N Natriumchloridlösung mit 10 ml Stammelektrolytlösung (10 N H_2SO_4) gemischt und mit dest. Wasser auf 1 l aufgefüllt. 1 ml dieser Lösung enthält 3.546 µg Chlorid.

Verdünnungslösung: Für jeden Liter dieser Lösung werden 10 ml Stammelektrolytlösung (10 N H_2SO_4) mit dest. Wasser auf 1 l verdünnt.

Aufstocklösung: Für jeden Liter dieser Lösung werden 20 ml 0.01 N Natriumchloridlösung mit 10 ml Stammelektrolytlösung (10 N H_2SO_4) gemischt und mit dest. Wasser auf 1 l aufgefüllt. 1 ml dieser Lösung enthält 7.092 µg Chlorid.

Titrierlösung: Für jeden Liter dieser Lösung werden 100 ml 0.1 N Natriumchloridlösung mit 10 ml Elektrolytlösung (10 N H_2SO_4) gemischt und mit dest. Wasser auf 1 l verdünnt. 1 ml dieser Lösung enthält 354.6 µg Chlorid.

Zur Chlor-Spurenbestimmung im unteren ppm-Bereich werden Bezugs- und Aufstocklösung an Chlorid noch wesentlich verdünnter – z. B. um den Faktor 10 – verwendet.

51 Methoden der Chlorid-(und Bromid-)Bestimmung

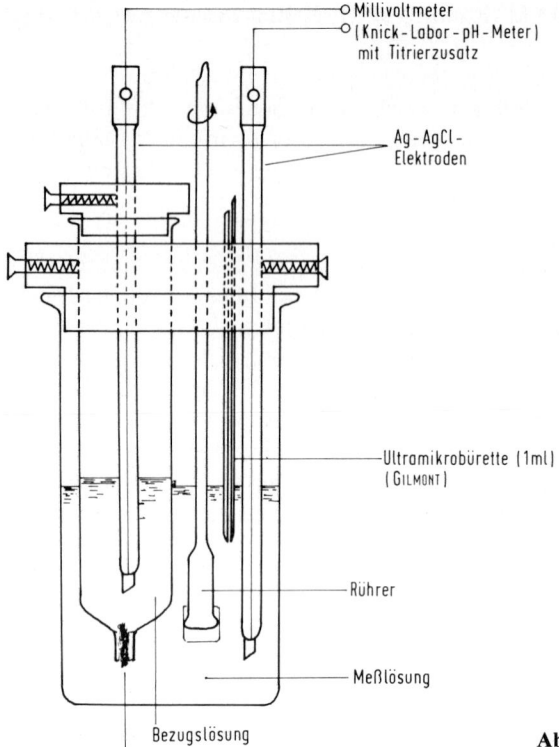

Abb. 51-8. Meßanordnung zur nullpotentiometrischen Chlorid(Bromid)-Bestimmung.

Apparatives. Die Meßanordnung ist in Abb. 51-8 dargestellt. Die Meßlösung befindet sich im äußeren, etwa 250 ml fassenden Glaszylinder. Über dem Meßgefäß ist der Elektrodenhalter – eine kreisrunde Kunststoffscheibe – angebracht, die mehrere verschieden große Bohrungen besitzt, durch die der Zylinder mit der Bezugslösung (Diaphragmagefäß), die Meßelektrode, der Rührerstab und die Bürettenspitze geführt werden. In den Tubus am unteren Ende des Diaphragmagefäßes ist ein etwa 15 mm langer ausgeglühter Asbestfaden eingeschmolzen. Die Bezugselektrode ist im kleinen Elektrodenhalter, der das Diaphragmagefäß nach oben hin abschließt, mit einer Kunststoffschraube festgeklemmt. Indikatorelektrode und Diaphragmagefäß sind im großen Elektrodenhalter ebenfalls mit Kunststoffschrauben befestigt. Während der Messung wird die Meßlösung durch einen unten breiteren Rührstab (aus Glas oder Kunststoff), der von einem kleinen Rührmotor (METROHM E 381) bewegt wird, durchmischt.

Die Aufstocklösung wird aus einer 100-ml-Bürette zugegeben. Wird mit wesentlich konzentrierteren Aufstocklösungen (Titrierlösung) gearbeitet, verwendet man eine Ultramikrobürette (z. B. GILMONT, Lieferfirma: MANOSTAT CORP.). Als Nullpotentiometer eignet sich jedes empfindliche Millivoltmeter mit Gegenspannungsquelle. Wir verwendeten das Knick-Labor-Millivolt-(pH-)Meter mit Titrierzusatz Typ 13. Elektrodenhalter und Rührmotor werden auf einem Stativ fest montiert. Das Meßgefäß steht, um den Einfluß von Störspannungen zu vermeiden, auf einem Kunststoffzylinder oder einem umgestülpten Plastikbecher und kann schnell und einfach ausgewechselt werden.

Herstellung der Silber-Silberchloridelektroden

Kaliumsilbercyanidlösung K [Ag(CN)$_2$]: 4.0 g Kaliumcyanid werden in 25 ml dest. Wasser gelöst, unter Rühren 10%ige Silbernitratlösung zugetropft, bis der erste bleibende Niederschlag auftritt. Dann wird mit dest. Wasser auf 100 ml aufgefüllt. Diese Lösung ist unbegrenzt haltbar.

0.1 N Natriumchloridlösung.

Elektroden: 2 Platinblech-(5×5 mm-)Elektroden.

Stromquelle: 2 1.5 Volt Trockenzellen, in Serie geschaltet, umpolbar, oder ein Galvanisiergerät (s. dazu Abb. 51-4A).

Die Platinblechelektroden werden zur Reinigung etwa 5 min in warme Salpetersäure getaucht und dann mit dest. Wasser abgespült. Ein blanker Silberstab wird nun mit dem Pluspol, die Platinblechelektroden mit dem Minuspol der Stromquelle verbunden. Beide Elektroden taucht man in die Kaliumsilbercyanidlösung und elektrolysiert unter Rühren 4 min. Man kann dabei die Abscheidung eines grauweißen Silberüberzuges auf der negativen Elektrode beobachten. Beide Elektroden werden jetzt aus der Kaliumsilbercyanidlösung herausgenommen, mit dest. Wasser gründlich gewaschen, in 0.1 N Kalium- oder Natriumchloridlösung getaucht und nach Umpolen – die versilberte Platinelektrode ist nun positiv geschaltet – 20 s elektrolysiert. Dann wird wieder umgepolt, 5 s elektrolysiert und dieser Zyklus noch zweimal wiederholt. Der Silberchlorid-Überzug sollte ein leichtes Purpur bis Braun zeigen. Die beiden so vorbereiteten Silberchlorid-Elektroden werden nach gründlichem Spülen mit Wasser in 0.1 N Chloridlösung aufbewahrt. Bei Verwendung eines Galvanisiergerätes (mit Wechselstromüberlagerung) wird mit 2 mA 2 h versilbert und dann 30 min chloriert.

Konzentration der Lösungen, Stromdichte und Zeit sind bei der Elektrolyse nicht kritisch. Es ist ratsam, das Versilbern der Platinblechelektroden aus CN$^-$-freier Lösung durchzuführen, was bei der Herstellung der Kaliumsilbercyanidlösung durch Auftreten des leichten Silbercyanid-Niederschlages angezeigt wird. Durch das kurze kathodische Elektrolysieren nach dem anodischen Überziehen werden Spuren von freiem Chlor (Cl$_2$) an der Elektrodenoberfläche reduziert. In Chloridlösungen aufbewahrt, sind die Elektroden unbegrenzt haltbar, wenn sie nicht durch störende Ionen wie Br$^-$ oder I$^-$ vergiftet werden und man sie nicht austrocknen läßt.

Arbeitsvorschrift. In das Diaphragmagefäß werden 10 ml Bezugslösung einpipettiert und die im Elektrodenhalter (der den Zylinder nach oben hin verschließt) befestigte Bezugselektrode in die Lösung eingetaucht. Die Bezugslösung muß das Elektrodenblech voll benetzen. In das Meßgefäß werden nun 100 ml Bezugslösung gefüllt und das Gefäß unter den Elektrodenhalter geschoben. Nach Einsetzen der Meßelektrode, des Rührerblattes, des Diaphragmagefäßes und der Bürettenspitze werden die Elektroden mit dem Nullpotentiometer verbunden und der Rührer eingeschaltet. Der Zeiger des Meßgeräts wird in der Nähe des Nullpunkts stehen; er wird mit dem Feinabgleich des Potentiometers genau auf Null gestellt. Jetzt wird das Meßgefäß durch ein anderes ausgetauscht, in dem 100 ml Elektrolytlösung (0.1 N H_2SO_4) vorgelegt sind. Das Meßgerät zeigt nun einen Potentialunterschied von 40 bis 50 mV an. Läßt man dann 100 ml Aufstocklösung, die genau doppelt so konzentriert an Chlorid ist wie die Bezugslösung, zufließen, wird der Potentialunterschied ausgeglichen, was man am Null-Meter verfolgen kann. Er ist Null, sobald die Meßlösung die gleiche Chloridkonzentration wie die Bezugslösung erreicht. Für schnelles Arbeiten müssen Verdünnungslösung und Aufstock- bzw. Titrierlösung am Meßstand so angeordnet werden, daß die Zugabe schnell erfolgen und das Meßgefäß leicht ausgewechselt werden kann. Zum schnellen Temperaturausgleich und Erreichen des Gleichgewichts ist ein wirksames Rührsystem erforderlich. Nun wird eine Lösung mit unbekanntem Chloridgehalt z. B. eine Reaktionslösung, die nach Substanzverbrennung in der Wickbold-Apparatur erhalten wird, gemessen. Zur Verbrennung werden in den 100 ml fassenden Vorlagekolben 10 ml 1 N Schwefelsäure vorgelegt, der Substanzaufschluß durchgeführt (bei der Spuren-Chlorbestimmung ist das Zutropfen von alkalischer Absorptionslösung während der Verbrennung überflüssig) und nach der Verbrennung mit dest. Wasser auf 100 ml aufgefüllt. Wird während der Verbrennung Lauge zugetropft, was bei höheren Chlorgehalten zur quantitativen Absorption notwendig ist, muß auch die Eichung mit derselben Alkalimenge durchgeführt werden. Diese Reaktionslösung, die den gleichen Elektrolytgehalt wie die Eichlösung enthält, wird nach Kühlen auf Raumtemperatur in das Meßgefäß gegossen, unter die Meßanordnung gebracht und am Millivoltmeter der Potentialunterschied festgestellt. Ist die Meßlösung konzentrierter an Chlorid als die Bezugslösung, wird durch Zudosieren von Verdünnungslösung, andernfalls durch Zugabe von Aufstocklösung der Potentialunterschied ausgeglichen.

Die Chloridmenge Q_u wird in einfacher Weise nach untenstehender Gleichung ausgewertet.

$$Q_u = C_R(V_0 \pm V_a) \, 10^{-3} \text{ mg} = C_R(V_0 \pm V_a) \, \mu\text{g Cl}^-$$

C_R = Chloridkonzentration der Bezugslösung (im vorliegenden Fall 3.546 µg Cl^-/ml);
V_0 = Volumen der Meßlösung in Milliliter (100 ml oder aliquote Teile der Reaktionslösung von der Wickbold-Verbrennung);
V_a = Volumen in Milliliter der zugesetzten Aufstock- oder Verdünnungslösung, die zum Potentialausgleich erforderlich sind.

Bei Zugabe von Aufstocklösung wird V_a und V_0 subtrahiert, im umgekehrten Fall bei Zugabe von Verdünnungslösung wird V_a zu V_0 addiert.

Die Chlorkonzentration organ. Produkte wird üblicherweise in ppm angegeben. Die Berechnung erfolgt dann wie folgt:

$$\text{ppm Cl} = \frac{R C_R (V_0 \pm V_a)}{W_s}$$

R = Verhältnis der Gesamtreaktionslösung zur gemessenen Menge ($R = 2$, wenn von den 100 ml Reaktionslösung nach Wickbold-Verbrennung nur 50 ml zur Messung ins Meßgefäß einpipettiert werden);
W_s = Substanzeinwaage in Gramm.

Nach dem Einpipettieren der Reaktionslösung in das Meßgefäß wartet man im allgemeinen 1 min, damit sich die Meßelektrode stabilisieren kann, und mißt dann. Die eigentliche Messung erfordert selten länger als 1 min. Durch geeignete Wahl der Probengröße und der Chloridkonzentration der Bezugslösung lassen sich nach dieser Methode Chloridbestimmungen in einem sehr weiten Konzentrationsbereich schnell und genau durchführen. Die Chloridkonzentration der Bezugslösung wählt man so, daß die Meßergebnisse in der gewünschten Größenordnung liegen und leicht berechenbar sind.

Routinemäßig kann man die Chloridspuren nach dem Nullprinzip noch einfacher messen. Man gleicht den Potentialunterschied mit einer relativ konzentrierten Chlorid-(Titrierlösung) aus, die man mit einer sehr genauen Ultramikrobürette zudosiert. Unter Vernachlässigung des Volumenfehlers (<1%) berechnet sich der Chloridgehalt Q_u einer Meßlösung:

$$Q_u = C_R \cdot V_0' - Q_a$$

Q_a = ml 0.01 N Natriumchloridlösung, die einer Meßlösung mit unbekanntem Chloridgehalt zum Potentialausgleich zutitriert werden muß.

Bei der oben beschriebenen Anordnung und der dort gewählten Chloridkonzentration in der Bezugslösung entspricht $C_R \cdot V_0$ = 1 ml einer 0.01 N Natriumchloridlösung. Den genauen Wert erhält man durch Titrieren von 100 ml Elektrolytlösung (0.1 N H_2SO_4) mit der 0.01 N Natriumchloridlösung aus der Ultramikrobürette bis Potentialgleichheit von Bezugs- und Meßelektrode.

z. B. $C_R \cdot V_0$ = 1.025 ml 0.01 N NaCl Lösung
          − Q_a = 0.620 ml 0.01 N NaCl Lösung

Q_u = 0.405 0.01 N NaCl Lösung
Q_u = 0.405 · 0.3546 mg = 144 µg Cl

Bei Substanzaufschlüssen z. B. durch Wickbold-Verbrennung muß der Apparateblindwert bestimmt und berücksichtigt werden. Durch weitere Verdünnung der Bezugslösungen oder Verkleinerung der Meßapparatur kann die Empfindlichkeit der Methode noch erheblich gesteigert werden, so daß auch im untersten ppm-Bereich recht genaue Chloranalysen durchgeführt werden können.

Selektive Bromidbestimmung. Brom-Ionen können durch Nullpotentiometrie selektiv bestimmt werden, wenn mit Ag/AgBr-Elektroden gemessen wird. Chlor-Ionen stören auch in mehrfachem Überschuß nicht. Die Ag/AgBr-Elektroden werden analog wie die Ag/AgCl-Elektroden hergestellt. Nach dem Versilbern werden die Platinblechelektroden elektrolytisch aus 0.1 N Bromidlösung mit Brom beschichtet (s. dazu Abb. 51-4A).

51.2.4 Potentiometrische Bestimmung von Bromidspuren in Chloriden (Kochsalz, Meerwasser) nach WINEFORDNER und TIN (1963)

Bromid wird aus der Probe durch Destillation als BrCN abgetrennt, das in Lauge aufgefangene BrCN zerstört und dann das Bromid mit Silbernitrat potentiometrisch titriert.

Iodide stören nicht. Iodidspuren in derselben Matrix werden coulometrisch nach Methode 53.4 titriert.

Apparatives und Reagenzien. Die Destillationsapparatur zum Abtrennen der Bromidspuren aus Kochsalz (oder Meerwasser) ist in Abb. 51-9 skizziert.

Potentiograph (z. B. Metrohm-Titroprozessor).
Kombinierte Silberelektrode bromiert (z. B. METROHM EA 246 Br).
Chromsäurelösung: 750 g CrO_3 werden in dest. Wasser gelöst und auf 1 l aufgefüllt.
Schwefelsäure konz. (96%) p.a.
Schwefelsäure verd., 2 M.
Natronlauge verd., 3 N.
Kaliumcyanidlösung 1 N.
Silbernitratlösung, 0.01 N.
Stickstoff in Druckflaschen.

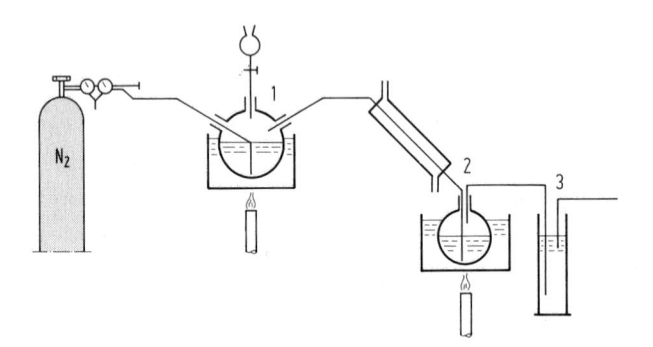

Abb. 51-9. Destillationsapparatur zur BrCN-Abtrennung.

Ausführung (METROHM Bull. 119 d). 10 ml bzw. 10 g Probe werden mit 20 ml Chromsäure und 20 ml 2 M Schwefelsäure im Destillierkolben vorgelegt. In den ersten Auffangkolben werden 30 ml dest. Wasser und 20 ml 3 N NaOH, in den zweiten 10 ml 3 N NaOH vorgelegt. Der Destillier- und der erste Auffangkolben werden in kochendes Wasser getaucht und in den Destillierkolben mittels Tropftrichter 20 ml 1 N KCN-Lösung zugegeben. Nun wird sofort unter lebhaftem Stickstoffstrom 10 min destilliert, die Wasserbäder entfernt und noch weitere 5 min Stickstoff durchgeblasen. Mit dest. Wasser spült man Auffanggefäße, Vorstöße und den Kühlerinnenteil in ein Becherglas, gibt vorsichtig 25 ml konz. Schwefelsäure zu und füllt nach dem Abkühlen in einem Meßkolben auf 200 ml auf. Da KCN verwendet wird, müssen alle Arbeiten im **Abzug** durchgeführt werden!

100 ml aus dem 200-ml-Meßkolben werden am Potentiographen unter Verwendung von 0.01 N $AgNO_3$ gegen die kombinierte Elektrode EA 246-Br titriert. Bereich 500 mV, Geschwindigkeit 30 min resp. 400 mm/100% Vol.

Die Kurve verläuft von „Minus" nach „Plus".

51.2.5 Potentiometrische Bestimmung von Chlor (Brom und Iod) in organischen Substanzen in Gegenwart von Platinmetallen

Platinmetalle (Ru, Rh, Pd, Os, Pt), wenn in organischen Substanzen vorhanden, liegen nach den üblichen Aufschlußmethoden in der Aufschlußlösung als Halogenokomplexe vor. Die Bindung zwischen Platinmetall und Halogenid ist so stark, daß die Komplexbildung bei der Fällung des Silberchlorids oder Mercurihalogenids als Nebenreaktionen eine wichtige Rolle spielt.

Argentometrische und mercurimetrische Titrationen von Chlorid- und Bromid-Ionen mit visueller oder elektrometrischer Endpunktsanzeige geben fehlerhafte Ergebnisse, wenn die Stabilitätskonstanten der Halogenokomplexe der vorliegenden Metalle in der Titrierlösung stark genug sind, um mit der Hauptreaktion zu konkurrieren, z. B. lösliche Verbindungen von Pt(II), Pt(IV), Rh(III), Pd(II), Ru(III), Ru(IV), Os(IV) und Os(VI).

Um diese Störung auszuschalten, wird die Substanz entweder *reduktiv* mit einem Mg/MgO-Gemisch nach HORACEK et al. (1976) *aufgeschlossen* und so das Platinhalogenid zum Metall reduziert (das die anschließende z. B. argentometrische Titration nicht mehr stört), durch *Chromsäureoxidation* aufgeschlossen (Methode 50.5.1) und die Halogenide dabei destillativ abgetrennt, oder es wird eine *Verbrennung im Perlrohr* mit WO_3 als Zuschlag durchgeführt (Methode 50.1).

Arbeitsvorschrift (nach HORACEK et al. 1976). 2 bis 50 mg Substanz werden in ein Hartglasrohr (10×0.8 cm und 1 mm Wanddicke) eingewogen, mit 0.6 g Mg/MgO (1:2) gemischt und mit 2 bis 2.5 g der Mischung überschichtet. Das Rohr wird zu einer Kapillare ausgezogen, vertikal durchgeschmolzen und glühend ins destillierte Wasser geworfen, wobei das Rohr zerspringt. 5 ml Eisessig werden zum Lösen zugesetzt, die Platinmetalle abfiltriert, mit 5 ml $HClO_4$ (70%ig) angesäuert und mit 0.01 N $AgNO_3$-Lösung potentiometrisch titriert.

BORDA (1980) mischt Metall-Halogenkomplexe mit Ammonfluorid und schließt in der Sauerstoffflasche auf, die zur Absorption mit Natronlauge/Perhydrol beschickt wird. Nach 3 min Kochen und Ansäuern mit HNO_3 wird das Halogenid mit 0.002 N $AgNO_3$-Lösung potentiometrisch titriert.

51.2.6 Potentiometrische Titration der Halogenide mit Quecksilber(II)salzlösungen

Halogenide können nicht nur argentometrisch, sondern auch mit Quecksilber(II)salzlösungen potentiometrisch und potentiometrisch-automatisch titriert werden. Diese Titration hat den Vorteil, daß Hg^{2+}-Ionen mit Halogeniden starke und lösliche Komplexe bilden und daher die bei der Argentometrie bekannten Adsorptionseffekte (besonders auffällig bei der Titration von Chlor neben Brom) nicht auftreten. POTMAN und DAHMEN (1972) indizieren dabei mit einer Ag_2S-Elektrode, HARZDORF (1966) mit einer Silberamalgamelektrode und zum Vergleich eine Kalomelelektrode mit Nitratableitung. *Iodid/Bromid und Iodid/Chlorid können nebeneinander titriert werden.* Bei der Titration von Chlorid oder Bromid bleibt die Lösung klar, bei Iodid fällt nach einiger Zeit rotes HgI_2 aus.

Hohe Neutralsalzkonzentrationen, z. B. nach Peroxidaufschlüssen, Perchlorat, Sulfat, Nitrat, Phosphat, Fluorid sowie die meisten Kationen stören nicht. Starke Oxidationsmittel stören durch Reaktion mit der Elektrode oder Ausbildung von Redoxpotentialen, außerdem alle Ionen, die mit Halogeniden oder Hg(II) in saurer Lösung reagieren.

51.2.7 Potentiometrische Titration von Chlorid, Bromid und Iodid bei gleichzeitigem Vorliegen

Aus den Potentialwerten am Äquivalenzpunkt können die einzelnen Halogenide leicht identifiziert werden. Für Iodid beträgt der Wert -180 mV, für Bromid $+35$ mV und für Chlorid $+150$ mV; nach der Theorie variieren diese Werte um ∓ 20 mV je nach vorliegender Halogenidmenge. Obwohl die Potentialwerte für Chlorid und Bromid weit genug auseinanderliegen, lassen sich beide argentometrisch nicht exakt nebeneinander titrieren.

Aufgrund der Löslichkeitsprodukte der reinen Silberhalogenide ($K_{LP,AgCl} = 10^{-10}$, $K_{LP,AgBr} = 4 \cdot 10^{-13}$) sollte man erwarten, daß so lange AgBr ausfällt, bis das Verhältnis $c_{Cl^-}/c_{Br^-} = 250$ beträgt. Praktisch fällt jedoch AgCl zusammen mit AgBr viel früher aus, als wäre das Löslichkeitsprodukt von AgCl bei der gemeinsamen Fällung mit AgBr viel kleiner als bei der alleinigen Fällung. Die Ursache hierfür liegt nach SEEL (1970) darin, daß AgCl mit AgBr feste Lösungen bildet (in geringerem Maß übrigens auch AgCl mit AgI). Diese entstehen dadurch, daß sich in den Kristallgittern der Silberhalogenide die Halogene gegenseitig vertreten können. (Eine ältere Bezeichnung für kristallisierte feste Lösungen war deshalb „Mischkristall".) Durch die Bildung einer festen Lösung mit einem Niederschlag können sogar Stoffe, die für sich allein gut löslich sind, ausgefällt werden. Ein besonders eindrucksvolles Beispiel hierfür ist die Bildung von festen Lösungen aus $BaSO_4$ und $KMnO_4$ bei der Fällung von Ba^{2+} mit SO_4^{2-} in Gegenwart von $KMnO_4$.

Unter bestimmten Bedingungen (Zusatz von Bariumnitrat, Titration in acetonischer, alkoholischer oder essigsaurer Lösung, bei sehr niederer Titriergeschwindigkeit sowie ungefähr gleicher Konzentration beider Halogenide) ist die Umsetzung annähernd stöchiometrisch und die Titration ergibt verwertbare Ergebnisse. In der industriellen Praxis wird das Brom jedoch selektiv, meist maßanalytisch (Methode 52.1) bestimmt und nach potentiometrischer Titration der Gesamthalogenide, – die exakt durchführbar ist – das Chlor aus der Differenz (Gesamthalogen als Br berechnet – Brom selektiv)·35.46/79.92 berechnet. Diese Methode eignet sich auch im Spurenbereich.

Die Halogenidbestimmung durch Direktpotentiometrie mit halogenidselektiven Elektroden ist in Kap. 53.4 näher beschrieben.

51.2.8 Mikroanalytische Bestimmung von Chlor, Brom und Iod in organischen Verbindungen

A) Nach selektiver Oxidation der Halogenide zum freien Halogen und destillativer Abtrennung

Prinzip (CAMPIGLIO 1982). Die Substanzeinwaage (3 bis 5 mg) wird in einem Sauerstoffkolben verbrannt, die Produkte in alkalischer Hydrazinlösung absorbiert. Iodid und

51.2 Bestimmung von Chlorid (Bromid und Iodid) durch potentiometrische Titration

dann Bromid werden mit Bichromat bzw. Permanganat oxidiert und die entsprechenden freien Halogene aus der Reaktionslösung ausgetrieben, in alkalischer Hydrazinlösung absorbiert und wieder zu Halogenid reduziert, während Chlorid in der ursprünglichen Lösung verbleibt. Die einzelnen Halogenide werden dann potentiometrisch mit 0.01 N AgNO$_3$ unter Verwendung einer sulfidionenselektiven Indikatorelektrode und einer Double-junction-Referenzelektrode titriert.

Bei der Analyse einer ungewogenen Substanzmenge ist die Bestimmung der Atomverhältnisse I:Br:Cl in organischen Verbindungen ebenfalls möglich. Diese Methode ist auch für die Analyse von anorganischen Halogenidgemischen geeignet; sie beruht auf dem Prinzip der selektiven Oxidation der Halogenide zu freiem Halogen. Die Halogenide können in der Reihenfolge I$^-$, Br$^-$, Cl$^-$ entsprechend ihrer Oxidationspotentiale getrennt werden.

Reagenzien (alle p.a.)

Natriumhydroxid, 20%ige und eine 0.2 N Lösung.
Hydrazinsulfat, 3%ige frisch bereitete Lösung.
Perhydrol 30%ig.
Methylrot, 0.1%ige wäßr. Lösung.
Salpetersäure konz. (d = 1.40) und eine etwa 1 N HNO$_3$-Lösung.
Kaliumdichromat 0.5 N.
Ethylenglykol.
Kaliumpermanganat 0.5 N frisch bereitete wäßrige Lösung.
Essigsäure 99.5%.
Isopropanol.
Silbernitrat 0.01 N.
Kaliumiodid 0.001 N.

Apparatives. O$_2$-Aufschlußkolben mit Platinkontakt, 300 ml; Destillationsapparatur zur Halogenidtrennung (s. Abb. 51-10). Titrationseinrichtung mit Motorkolbenbürette (10 ml), sulfidionen-selektive Elektrode (ORION Modell 941600): Die Membran wird nach jeder Titration poliert (ORION polishing strip), Double-junction Bezugselektrode (ORION 900200), pH-Meter.

Ausführung. Von der Probe werden 3 bis 5 mg, die nicht mehr als 2.5 mg Iod und/oder 1.6 mg Brom enthalten, in der O$_2$-Flasche oder im Rohr verbrannt. Zur Absorption werden 5 ml 0.2 N NaOH und etwa 0.5 ml 3%ige Hydrazinsulfatlösung vorgelegt. Aufschlußkolben (oder Absorptionsrohr) werden mit 15 ml dest. Wasser abgespült, die Reaktionslösung mit 3 Tropfen Perhydrol versetzt, 3 min leicht aufgekocht und dann gekühlt.

Abtrennung des Iodids. Die Reaktionslösung wird durch tropfenweise Zugabe von 1 N HNO$_3$ gegen Methylrot neutralisiert, mit 15 ml H$_2$O verdünnt und mit 3 Tropfen konz. HNO$_3$ angesäuert. Die Aufschlußflasche wird nun fest mit dem Destillieraufsatz verbunden. Ein Gemisch aus 4.5 ml 20%iger NaOH und 2 ml 3%iger Hydrazinsulfatlösung wird so in das Absorberrohr aufgesaugt, daß 2 ml in der Kondensationskammer verbleiben. Absorber und Rotameter werden mit dem Destillieraufsatz fest verbunden, 5 ml der

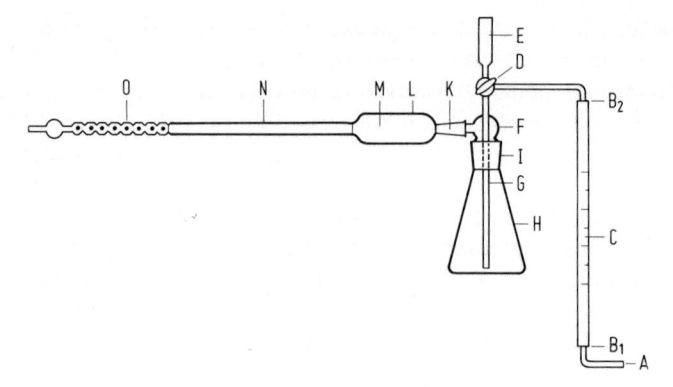

Abb. 51-10. Destillationsapparatur zur Halogenidtrennung. *A* Sauerstoffeinleitung, B_1, B_2 12/2 Kugelschliffverbindungen, *C* Rotameter, *D* 3-Wege-Hahn (Pos. I, ⊣; Pos. II, τ), *E* Trichter, *F* Verbindungsstück, *G* Rohr zur Substanzeinfüllung und Sauerstoffleitung, *H* Sauerstoffflasche, *I* NS 25 Schliff, *K* NS7 Schliff, *L* Absorber, *M* Kondensationskammer, *N* 210 mm langes Absorberrohr mit Glaskugeln (2.5 mm ⌀) gefüllt, *O* Vigreuxkolonne (110 mm lang).

Die Apparatur besteht hauptsächlich aus Absorber (L) und Verbindungsstück (F), das mit der Sauerstoffflasche (H) verbunden ist. Die Spitze des Verbindungsstücks ist möglichst klein dimensioniert, um den Strömungsfluß des Iods (Broms) in den Absorber zu erleichtern. Das Rohr (G) mit 8 mm Außen- und 2 mm Innendurchmesser ragt bis 2 mm über den Boden in die Flasche, damit der Sauerstoff durch die Lösung gespült wird; daher müssen Sauerstoffflaschen gleicher Höhe verwendet werden. Der Sauerstoffstrom wird am Rotameter gemessen und durch ein Nadelventil am Ende des Zylinders reguliert. Die Reagenzien werden durch den 9 ml fassenden Trichter (E) – bei geöffnetem Drei-Wegehahn (D) – in den Kolben gefüllt. Der Absorber (L) besteht aus Kondensationskammer (M) und Absorptionsrohr (N) (13 mm Außen-, 10 mm Innendurchmesser), das mit Glaskugeln gefüllt und am Ende wie eine Vigreux-Kolonne geformt ist (O), den Abschluß bildet eine Kapillare (2 mm Innedurchmesser). Die wassergekühlte Kondensationskammer (70 mm Länge, 30 mm Außen-, 27 mm Innendurchmesser, Kapazität 43 ml) kann bis zu 9 ml Destillat aufnehmen. Die Sauerstoffflasche wird in ein mit Ethylenglykol gefülltes 1 l-Becherglas gehängt, das mit einem Bunsenbrenner erhitzt wird; die Temperatur kann durch Absenken bzw. Anheben des Becherglases variiert werden.

0.5 N $K_2Cr_2O_7$-Lösung über den Aufgabetrichter in den Destillierkolben aufgegeben. Im O_2-Strom (20 bis 25 ml/min) (Hahn D in Pos. II) und unter Kühlen der Kondensationskammer von außen wird der Reaktionskolben zu 2/3 in das auf 115 bis 116 °C beheizte Glykolbad abgesenkt und die Reaktionslösung 12 min zum Sieden erhitzt. Danach wird der Kolben aus dem Heizbad genommen, nach 2 min der Hahn (D) nach Pos. III gedreht, dann das Absorberrohr abgenommen, in ein 100 ml Becherglas mit H_2O ausgespült, die Lösung mit HNO_3 neutralisiert, nach Kühlen mit HNO_3 angesäuert und schließlich mit 0.01 N $AgNO_3$ potentiometrisch titriert.

Enthält die Lösung kein Iodid, entfällt die Destillation mit Dichromat, nicht dagegen die Oxidation mit $KMnO_4$ zur Abtrennung des Bromids mit 10 Tropfen konz. HNO_3.

Abtrennen des Bromids. Das Absorberrohr wird so mit Absorptionslösung (4.5 ml 20%ige NaOH und 2 ml 3%iger Hydrazinsulfatlösung) beschickt, daß 3 ml in der Kondensationskammer verbleiben, dieses wird aufgesetzt und von außen gekühlt. Über den Aufgabetrichter werden 7 Tropfen konz. HNO_3 und 2 ml 0.1 N $KMnO_4$-Lösung zugegeben, so daß der Destillierkolben jetzt etwa 30 ml Lösung enthält. Der Einlauftrichter wird noch mit 1 ml H$_2$O nachgespült und der Dreiwegehahn (D) in Stellung III gebracht. Der Reaktionskolben wird zu etwa 1/3 ins Heizbad gesenkt und auf 117 bis 118°C erhitzt. Ist Bromid vorhanden, wird die Lösung vor dem Kochen trüb, man setzt dann zusätzlich noch 1 ml KMnO$_4$-Lösung über den Einlauftrichter zu. Die Lösung wird 14 min ohne Durchleiten von Sauerstoff gekocht. Während der gesamten Kochphase muß die Reaktionslösung violett gefärbt bleiben. Sollte die Färbung während des Kochens verschwinden, muß nochmals 1 ml KMnO$_4$-Lösung zugesetzt werden. Am Ende der Reaktion wird der Dreiwegehahn in Stellung I gebracht, das Heizbad abgesenkt, das Absorberrohr abgenommen und 5mal mit je 5 ml H$_2$O ausgespült. Nach Neutralisieren und Ansäuern der Lösung wird das Bromid, analog zum Iodid, potentiometrisch titriert.

Die Chloridbestimmung. Nach Abtrennen des Reaktionskolbens, in dem noch das gesamte Chlorid vorliegt, vom Destillieraufsatz und der Gaszufuhr wird das Gaseinleitrohr mit 1 ml H$_2$O in den Kolben abgespült, so daß das Lösungsvolumen nun etwa 28 ml beträgt. Nach Kühlen der Lösung auf Raumtemperatur und Zusatz von 4 ml 3%iger Hydrazinsulfatlösung läßt man bis zur vollständigen Reduktion des Dichromats, was durch eine Verfärbung der Lösung nach blau indiziert wird, stehen (etwa 15 min). Durch mildes Erwärmen auf 70°C und weitere Zugabe von 5 Tropfen Hydrazinlösung kann die Reduktion vervollständigt bzw. beschleunigt werden.

Entfällt bei Abwesenheit von Iodid die Dichromatoxidation, genügt ein Zusatz von 5 bis 6 Tropfen Hydrazinlösung zur Reduktion des Permanganatüberschusses und des vorhandenen MnO$_2$. Dagegen muß der Dichromatüberschuß obligatorisch mit 4 ml Hydrazinlösung eliminiert werden, auch wenn die Permanganatoxidation – falls kein Bromid vorliegt – entfällt.

Nach der Reduktion des Dichromats: Lösung kühlen, 5 ml Isopropanol und 3.3 ml Essigsäure zugeben und das Chlorid potentiometrisch titrieren. Die Titration mit Silbernitrat im Lösungsmittelgemisch aus Wasser, Isopropanol und Essigsäure (27:3:5 Vol.-%) ist möglich, wenn die Oxidationsmittel vorher quantitativ zerstört werden.

Die potentiometrische Titration von Iodid, Bromid und Chlorid wird in der angegebenen Reihenfolge in den Absorptionslösungen (je 38 bis 40 ml) mit 0.01 N AgNO$_3$-Lösung unter Verwendung einer sulfidionenselektiven Elektrode als Indikator- und einer Double-junction Referenzelektrode vorgenommen; vorher müssen 10 ml einer mit H$_2$O auf 40 ml verdünnten 0.002 N KI-Lösung vortitriert werden. Nur für Chlorid ist ein Blindwert zu berücksichtigen.

Unvollständige Halogenidtrennung erkennt man am angezeigten Potential zu Titrationsbeginn, z. B. wenn am Anfang der Bromidtitration das Potential negativ statt positiv ist oder vor der Chloridtitration das Potential nicht im Bereich von +150 bis 170 mV liegt.

B) Potentiometrische Parallelbestimmung von Chlor und Brom in organischen Substanzen (Differenzmethode)

Einführende Bemerkungen. Chlor und Brom liegen relativ häufig gleichzeitig als Bestandteile organischer Moleküle vor. Sie sind in oft recht wechselndem Verhältnis in Farbstoffen, Kunststoffen und anderen chemischen Produkten gebunden und zusätzlich noch ionogen anzutreffen. Nach Substanzaufschluß liegen beide Elemente in der Reaktionslösung ionogen vor. Da sie chemisch ähnliche Reaktionen zeigen, kann es bei der nachfolgenden quantitativen Bestimmung zu störenden Interaktionen kommen, z. B. bei der bevorzugten potentiometrischen Titration mit Silbernitrat.

Prinzip. Nach Substanzaufschluß

a) in der Sauerstoffflasche nach SCHÖNIGER
b) in der Nickelbombe mit Natriumperoxid oder
c) in der Knallgasflamme (Wickbold-Verbrennung)

wird in einem aliquoten Teil der Aufschlußlösung mit

Methode (1) *die Summe Chlorid und Bromid potentiometrisch mit Silbernitratlösung titriert.*

In einem anderen aliquoten Teil der Aufschlußlösung wird mit

Methode (2) *Bromid nach Oxidation zu Bromat iodometrisch bestimmt* (Methode 52.1).

Der Gesamthalogengehalt als Brom (1) abzüglich des Bromgehalts (2) – multipliziert mit dem Faktor 35.46/79.92 – ergibt den Prozentgehalt Chlor.

Enthält die Substanzprobe neben organisch gebundenem Chlor und Brom auch Chlorid und Bromid, was z. B. bei manchen zumeist wenig wasserlöslichen Pigmentfarbstoffen zutrifft, werden beide als Silberhalogenide ausgefällt; durch Chromsäuredestillation (Methode 50.5.1. C) aus dem filtrierten Niederschlag werden Chlor und Brom in eine alkalische Absorptionslösung übergetrieben und in aliquoten Teilen dieser Lösung Chlor (1) potentiometrisch und Brom (2) iodometrisch bestimmt.

Arbeitsvorschrift zur getrennten Bestimmung von Chlor und Brom

a) Nach Substanzaufschluß in der Sauerstoff-Flasche nach SCHÖNIGER (Methode 50.3). Je nach Halogengehalt werden zur Gesamthalogen- und zur iodometrischen Brombestimmung getrennt je 5 bis 20 mg Substanz eingewogen. Als Absorptionslösung werden für erstere 2 ml 0.1 N KOH + 5 Tr. H_2O_2 (30%), für die selektive Brombestimmung 5 ml Natriumhypochloritlösung ($\approx 6\%$ig) im Aufschlußkolben vorgelegt und der Aufschluß wie beschrieben durchgeführt. Nach Überspülen der Reaktionslösung in einen Titrierbecher und Ansäuern durch Zugabe von 2 ml 10 N H_2SO_4 – das Endvolumen der Lösung sollte dann nicht über 40 ml liegen – wird der Gesamthalogengehalt durch potentiometrische Titration mit 0.02 N Silbernitratlösung bestimmt.

Zur Brombestimmung wird die hypochlorithaltige Reaktionslösung in einen 200 ml fassenden Erlenmeyerkolben mit Schliffstopfen übergespült, 5 ml Phosphatpufferlösung zugesetzt, mit Hilfe einer Glaselektrode und eines pH-Meters (Knick-) durch Zugabe von HCl oder NaOH auf pH 6 ± 0.5 eingestellt, dann die Lösung auf der Heizplatte 10 min am Sieden gehalten, zur heißen Lösung 5 ml Natriumformiatlösung zugegeben, umgeschüttelt – der Kolben ausgeblasen, wieder umgeschüttelt, mit destilliertem H_2O die Kolbenwand abgespült, die Lösung unter fließendem Wasser auf Raumtemperatur gekühlt – der Kolben nochmals ausgeblasen (freies Chlor darf geruchsmäßig nicht mehr wahrgenommen werden), dann 10 ml H_2SO_4 (1:4), 2 Tropfen Molybdatlösung und 2 ml wäßrige Kaliumiodidlösung (10%ig) zupipettiert, der Schliffstopfen aufgesetzt und der Kolben 10 min im Dunklen abgestellt.

Anschließend wird mit 0.02 N Natriumthiosulfat-Lösung das ausgeschiedene Iod gegen Stärke-Endpunkt titriert.

Mit den gleichen Reagenzienmengen wird parallel der Blindwert bestimmt.

b) Makroanalytische Bestimmung nach Substanzaufschluß mit Natriumperoxid in der Nickelbombe (Methode 50.4.1). Gesamthalogen- und selektive Brombestimmung werden aus einem Aufschluß durchgeführt. Dazu werden je nach Halogengehalt 80 bis 200 mg Substanz eingewogen, wie in Kap. 45.1 beschrieben aufgeschlossen und die Schmelze ausgelaugt. Hierzu wird in ein 400 ml fassendes hohes Becherglas eine Spatelspitze ($\approx$ 150 mg) Natriumsulfit vorgegeben, darauf der Bombenbecher gelegt und mit heißem destillierten Wasser übergossen, so daß der liegende Bombenbecher bis zum oberen Rand gefüllt ist. Die Schmelze löst sich unter Kochen mit lebhafter Gasentwicklung.

– *Sulfit reduziert in der Siedehitze evtl. vorhandenes Bromat zu Bromid* –

Wenn nach etwa 10 min die Reaktion abgeklungen ist, nimmt man mit einer Pinzette den Bombenbecher aus der Lösung, spült Becher und Deckel in die Lösung ab, säuert unter Umrühren mit Schwefelsäure (2:1) vorsichtig an, bis die Lösung klar ist (SO_2-Geruch!), läßt sie erkalten, filtriert durch ein Faltenfilter in einen 200-ml-Meßkolben und füllt mit destilliertem Wasser zur Marke auf.

Die *Filtration* ist erforderlich, weil in der Aufschlußlösung vorhandene Kohlepartikel die iodometrische Brombestimmung stören. Von der so vorbereiteten Aufschlußlösung werden zur Brombestimmung 10 ml in einen 200-ml-Erlenmeyerkolben abpipettiert, 1 Tropfen Methylrot zugesetzt und mit 1 N Natronlauge neutralisiert, man setzt nun 10 ml Phosphatpuffer und 10 ml Natriumhypochloritlösung zu, stellt durch Zugabe von 1 N HCl oder NaOH auf einen pH-Wert von 6 ± 0.5 ein (Glaselektrode-Knick-pH-Meter), hält die Lösung nach Erhitzen 10 min auf der Heizplatte auf Siedetemperatur, setzt zur heißen Lösung 5 ml Natriumformiatlösung zu, schüttelt um (ein leichtes Aufbrausen zeigt an, daß die Hypochloritlösung noch aktiv ist), bläst evtl. vorhandenes freies Chlor aus, schüttelt wieder um, spült die Kolbenwand mit dest. Wasser ab und kühlt die Lösung unter fließendem Wasser auf Raumtemperatur. Dann setzt man 10 ml H_2SO_4 (1:4), 2 Tropfen Molybdatlösung und 2 ml wäßrige Kaliumiodidlösung (10%ig) zu, setzt den Schliffstopfen auf, stellt die Lösung im Dunklen ab und titriert anschließend mit Thiosulfat gegen (1 ml Stärkelösung) Iod-Stärkeendpunkt. In gleicher Weise wird der Blindwert bestimmt.

Zur Gesamthalogenbestimmung werden 100 ml in einen 250-ml-Titrierbecher pipettiert und unter magnetischer Rührung mit 0.1 N Silbernitratlösung potentiometrisch auf den Potentialsprung des Chlorids titriert.

c) Nach Substanzaufschluß in der Knallgasflamme (Wickbold-Verbrennung). Gesamthalogen- und selektive Brombestimmung werden aus einem Aufschluß durchgeführt. Je nach Halogengehalt werden hierzu 50 bis 200 mg Substanz in der Knallgasflamme (Methode 50.2.2) verbrannt, als Absorptionslösung wird 0.1 N Natronlauge verwendet. Die Reaktionslösung wird auf Raumtemperatur gekühlt und der 100-ml-Meßkolben mit aqua dest. zur Marke aufgefüllt.

Zur *Gesamthalogenbestimmung* werden aliquot 50 ml in einen 250-ml-Titrierbecher abpipettiert, 5 ml einer 0.1 N NaHSO$_3$-Lösung zugesetzt, auf die Heizplatte etwa 10 min am Sieden gehalten, dann gegen Methylrot neutralisiert und noch mit 10 ml 10 N H$_2$SO$_4$ angesäuert. Nach Kühlen auf Raumtemperatur wird mit 0.1 N Silbernitratlösung potentiometrisch der Gesamthalogengehalt titriert.

Zur *selektiven Brombestimmung* wird ein anderer aliquoter Teil von 10 ml der Aufschlußlösung in einen 200-ml-Erlenmeyerkolben pipettiert, 1 ml der 0.1 N NaHSO$_3$-Lösung zugegeben, auf der Heizplatte etwa 10 min am Sieden gehalten, dann mit 1 N H$_2$SO$_4$ gegen Methylrot schwach sauer gestellt (SO$_2$-Geruch!), dann werden 5 ml Phosphatpufferlösung und 5 ml Natriumhypochloritlösung zupipettiert, auf pH 6±0.5 eingestellt, in der Siedehitze Bromid zu Bromat oxidiert, mit Natriumformiat überschüssiges Natriumhypochlorit zerstört und nach Umsetzung des Bromats mit Kaliumiodid das ausgeschiedene Iod mit Thiosulfat gegen Iod-Stärkeendpunkt titriert.

Getrennte Bestimmung des anorganischen Brom- und Chlorgehaltes

Enthält die Probe (z. B. Pigmentfarbstoff) auch anorganisch gebundenes Halogen, muß zur Berechnung des organisch gebundenen Brom und Chlor der Bromid- und Chloridgehalt getrennt bestimmt werden. *Die Differenz von Gesamthalogen- und Halogenidgehalt ergibt den Gehalt an organisch gebundenem Halogen.*

Prinzip. Je nach Halogenidgehalt werden 200 mg bis zu 1 g Substanz in ein 500-ml-Becherglas eingewogen, in etwa 200 ml heißem Wasser gelöst, mit 10 ml 10 N H$_2$SO$_4$ angesäuert, die Lösung durch ein Faltenfilter filtriert und mit einem Überschuß von 20 bis 50 ml 0.1 N Silbernitratlösung das Halogenid ausgefällt. Man hält die Fällung etwa 2 h am Sieden auf der Heizplatte und filtriert nach Abkühlen der Lösung über Nacht den Silberhalogenidniederschlag mit einem Filtertiegel (2A2, STAATLICHE PORZELLANMANUFAKTUR BERLIN) ab, wäscht gut mit heißem Wasser, zum Schluß noch mit einigen Tropfen Aceton nach und saugt trocken.

Niederschlag mit Tiegel wird in den trockenen Aufschlußkolben zur Chromsäuredestillation gegeben, mit 1 g Chromatgemisch (gleiche Teile K$_2$Cr$_2$O$_7$ und Ag$_2$Cr$_2$O$_7$) überschichtet und mit 50 ml konzentrierter Schwefelsäure entlang der Kolbenwand versetzt. Nach Durchmischen der Aufschlußlösung durch Umschwenken wird die Chromsäuredestillation (Methode 50.5.1 C) durchgeführt. Von Beginn der Reaktion an werden etwa 30 min die Halogenide im Heliumstrom in die Vorlagelösung (0.1 N NaOH + NaHSO$_3$) übergetrieben. Nach der Umsetzung wird die Vorlagelösung in einen 50 ml-Meßkolben gespült, zur Marke aufgefüllt, 25 ml zur Gesamthalogenid-Bestimmung abpipettiert, etwa 10 min auf Siedetemperatur erhitzt, dann auf Raumtemperatur gekühlt, mit 2 ml 10 N H$_2$SO$_4$ angesäuert und mit 0.1 oder 0.02 N Silbernitratlösung auf den Potentialsprung des Chlorids titriert.

Brom wird in einem anderen aliquoten Volumen der Absorptionslösung bestimmt. 10 oder 20 ml werden in einen 200-ml-Schlifferlenmeyerkolben pipettiert, etwa 10 min auf Siedetemperatur erhitzt, dann auf Raumtemperatur gekühlt, gegen Methylrot schwach sauer gestellt, nach Zugabe von je 5 ml Phosphatpuffer- und Natriumhypochloritlösung mit der Glaselektrode auf pH 6±0.5 eingestellt und dann – wie bereits oben beschrieben – weiterbearbeitet.

51.2.9 Bestimmung von verseifbarem Chlor (Seitenkettenchlor) in organischen Substanzen

Unter bestimmten Bedingungen wird in der Seitenkette gebundenes Chlor im Gegensatz zu kerngebundenem durch Verseifen quantitativ abgespalten. Dadurch lassen sich Rückschlüsse auf die Konstitution einer Verbindung ziehen. Je nach Natur und Lösungsverhalten der Substanz wird mit alkoholischer Kalilauge, alkoholischer Silbernitratlösung in Salpetersäure, konz. Schwefelsäure oder mit einer Mischung aus 20 ml Benzylalkohol (reinst), 20 ml Ethylenglykol, 10 ml dest. Wasser und 20 g Kaliumhydroxid verseift. Gute Löslichkeit der Substanz in der Verseifungslösung, ein hoher Siedepunkt der Lösung und ein stark saures oder alkalisches Verseifungsmilieu sind günstige Voraussetzungen für eine quantitative Abspaltung. Mit konz. Schwefelsäure (150 bis 170 °C, Ölbad) wird nur dann verseift, wenn sich die Substanz weder in Wasser noch in Alkoholen löst. In den meisten Fällen führt die Verseifung in glykolischer, benzylalkoholischer Lösung zum Ziel.

Arbeitsvorschrift. In ein Rundkölbchen mit Schliffhülse werden etwa 300 bis 500 mg Substanz eingewogen und in 20 ml Benzylalkohol gelöst. Nach Zugabe von 20 ml Ethylenglykol, 10 ml dest. Wasser und 20 g Kaliumhydroxid wird der Rückflußkühler aufgesetzt und die Lösung erwärmt. Man erhält eine klare Lösung mit einem Siedepunkt von 140 bis 150 °C. Nach dreistündigem Kochen am Rückfluß ist die Verseifung beendet. Man läßt die Lösung erkalten, säuert an und titriert das verseifte Chlor potentiometrisch nach Methode 51.2.

Ausführungsbeispiel. Bestimmung in 3,4-Dichlorphenylisocyanat.

Arbeitsvorschrift. 1 bis 2 g Substanz werden in etwa 100 ml dest. Wasser gelöst, mit Schwefelsäure (2:1) angesäuert (pH ≈ 1) und dann das Chlorid-Ion mit 0.1 N Silbernitratlösung potentiometrisch titriert. Die Erfassungsgrenze liegt bei 0.1 %.

Enthält die Probe die Titration störende Bestandteile, wird die in Wasser aufgeschlämmte Einwaage erst mit Aktivkohle behandelt, filtriert und erst dann potentiometrisch bestimmt.

51.3 Argentometrische Titration der Halogene mit Iod-Stärke-Endpunkt

Prinzip (KAINZ und SCHEIDL 1964). Das Halogenid wird mit einem Überschuß eingestellter Silbernitratlösung gefällt, das Silberhalogenid abfiltriert und der Überschuß an Silberlösung mit Iodidmaßlösung zurücktitriert. Als Indikator dienen Iod (in Alkohol) und Stärke. Solange Silbersalz vorhanden ist, kann die Iod-Stärke-Reaktion nicht einsetzen, da hierzu neben Iod und Stärke auch Iodid vorhanden sein muß. Der erste Tropfen Iodid im Überschuß erzeugt eine intensive Blaufärbung.

Diese Titration liefert noch in großer Verdünnung einen scharfen und gut erkennbaren Endpunkt. Hohe Salzkonzentration und Gegenwart von Säure stören die Titration nicht, wohl aber Oxidations- und Reduktionsmittel, die vor der Titration zerstört werden müssen. Auch Schwefel kann nach dieser Methode titriert werden, wenn die bei der Verbrennung im Sauerstoffstrom entstehenden Schwefeloxide an Silberdrahtnetz gebunden werden. Nach Elution des Silbersulfats mit heißem Wasser wird mit Iodid-Maßlösung, wie oben beschrieben, titriert (s. Schwefelbestimmung nach ZINNECKE; vgl. Methode 46.5).

Der einzige Nachteil dieser Titration ist, daß man das Silberhalogenid vor der Rücktitration abfiltrieren muß, was aber mit Hilfe eines Pregl-Filterröhrchens schnell durchführbar ist. Zur Zerstörung etwa vorhandenen Wasserstoffperoxids in der Absorptionslösung setzt man 10 Tropfen Kupfersulfatlösung (3.5 g $CuSO_4 \cdot 5 H_2O$ in 500 ml Wasser) und 0.5 ml 10%ige Natronlauge zu und erhitzt zum Sieden. Um Verluste beim Kochen zu vermeiden, setzt man auf den Kolben einen weithalsigen Trichter auf. Sobald das H_2O_2 zerstört ist, schlägt die Farbe der Lösung von braun auf farblos um, und das Schäumen hört auf. Bei längerem Kochen wird die Lösung wieder bräunlich.

Reagenzien

Silbernitrat, 0.01 N Lösung: Titerstellung mit Kaliumiodid (s. unten).
Salpetersäure 1:2.
Kaliumiodid, 0.01 N Lösung, hergestellt durch direkte Einwaage.
Iod, 0.1 g in 100 ml Ethanol.
Stärkelösung: 10 g Stärke werden in 1000 ml Wasser suspendiert und unter Rühren allmählich mit 30 g Kaliumhydroxid versetzt. Nach 1 h neutralisiert man mit konz. Schwefelsäure gegen Lackmus und versetzt zur Stabilisierung mit 5 ml Eisessig (2-ml-Pipette).

Titrationsvorschrift. Die Lösung wird abgekühlt, gegen Phenolphthalein mit Salpetersäure neutralisiert und mit 5 ml übersäuert. Man versetzt mit einer gemessenen Menge Silbernitratlösung im Überschuß*. Als Richtsatz dient folgende Regel: 3.5 mg Chlorsubstanz bzw. 8 mg Bromsubstanz verbrauchen für 10% Halogen 1 ml Silberlösung. Zum Zusammenballen des Silberhalogenid-Niederschlages kocht man auf, kühlt wieder ab und filtriert durch ein Pregl-Filterröhrchen in eine weiße Porzellanschale. Zur Filtration hat sich die in Abb. 51-11 wiedergegebene Anordnung bewährt. Eine Porzellanschale (Durchmesser 14 cm) wird in einen Exsikkator gestellt. In die Bohrung im Deckel des

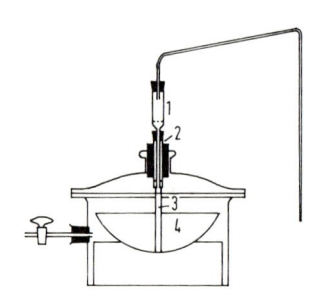

Abb. 51-11. Filtrationsanordnung.
1 Filterröhrchen, *2* Einsatzstück, *3* Schutzröhrchen, *4* Porzellanschale.

---

* Man könnte die Silberlösung auch zum alkalischen Eluat hinzugeben und dann erst ansäuern, um sich das Abkühlen der Lösung zu ersparen. Die Halogenwerte fallen jedoch dabei um 0.1 bis 0.2% zu hoch aus. Anscheinend wird bei der alkalischen Fällung Silberoxid in den Niederschlag eingeschlossen.

Exsikkators gibt man einen Gummistopfen mit Glasrohr ($\varnothing$ 8 mm) und setzt dort das Filterröhrchen (mit Gummistopfen) ein. Es wird für jede Filtration mit einer dünnen Schicht Asbest beschickt: hierzu füllt man in das Filterröhrchen eine Aufschlämmung von feinem Asbest in Wasser und saugt ab. Um Verluste bei der Filtration – durch Spritzen – zu vermeiden, stellt man in die Porzellanschale ein Glasröhrchen (Außendurchmesser 7 mm).

Der Niederschlag am Filter wird mit 5 ml Salpetersäure und mit Wasser gewaschen. Zum Filtrat in der Prozellanschale setzt man pro 40 ml Lösung unter Rühren folgende Reagenzien zu: 5 ml Salpetersäure (die vorherige Zugabe von Säure ist hier einzurechnen), 1 ml Stärkelösung sowie 0.2 ml Iodlösung. Man titriert mit Kaliumiodidlösung bis zum Umschlag auf Blau. 1 ml 0.01 N Iodid-Lösung entspricht 0.355 mg Cl bzw. 0.798 mg Br.

51.4 Mercurimetrische Titration von Chlorid (Bromid und Iodid)

51.4.1 Titration gegen Diphenylcarbazon

Prinzip (DIRSCHERL und ERNE 1961). Das Halogenid wird in schwach perchlorsaurer alkoholischer Lösung mit wäßriger Quecksilber(II)-perchlorat- oder Quecksilber(II)-nitratlösung gegen Diphenylcarbazon titriert. Der Umschlag des Indikators von gelb nach violett ist sehr scharf.

[H$_2$DCO-Diphenylcarbazonmolekül] $Hg^{2+} + 2Cl \rightleftharpoons HgCl_2$
$Hg^{2+} + H_2DCO \rightarrow HgHDCO^+ + H^+$.

Diphenylcarbazon reagiert mit Quecksilber-Ionen bei pH 3.6 ± 0.5 unter Bildung eines charakteristischen intensiv violetten Chelats. Reproduzierbare Werte werden nur erzielt, wenn der angegebene pH-Wert in der Lösung während der Titration konstant gehalten wird. Ist zu wenig Säure vorhanden, erscheint der Umschlag zu früh; übersteigt der Säuregehalt das zulässige Maß, erfolgt der Umschlag zu spät. Er verläuft auch schleppend, wenn mit sehr verdünnten Quecksilbersalzlösungen titriert wird. Im Mikrogramm- und Milligrammbereich wird üblicherweise mit 0.02 N Quecksilberperchlorat- oder -nitratlösung titriert, evtl. unter Verwendung von Ultrakmikrobüretten. Zugabe von mit Wasser mischbaren Lösemitteln wie Methanol, Ethanol, Isopropanol verstärkt die Indikatorfarbe und verringert die Dissoziation des Quecksilberhalogenids. Sulfat-Ionen hemmen den Indikatorumschlag (ein Überschuß an Maßlösung verstärkt die Umschlagsfarbe kaum). Durch Zusatz von 0.1 ml 0.1 M Bariumnitratlösung wird die Störung beseitigt.

Der Indikatorumschlag ist reversibel. Ein Überschuß an Quecksilbersalzlösung kann daher mit Halogenidmaßlösung wieder ausgeglichen werden.

Nach den Erfahrungen von CHENG (1980) werden mercurimetrisch für Chlor und Brom gute, für Iod schlechtere Resultate erzielt.

Reagenzien

0.02 N Quecksilber(II)perchloratlösung: Man schlämmt 2.1662 g Quecksilber(II)oxid p.a. in ca. 10 ml dest. Wasser auf und löst auf dem siedenden Wasserbad durch tropfenweisen

Zusatz von Perchlorsäure p.a. (D = 1.54, ca. 60%ig). Man fügt nur soviel Säure zu, wie zur Lösung des Quecksilberoxids gerade nötig ist. Die klare Lösung wird mit 1 bis 2 Tropfen Perchlorsäure im Überschuß versetzt und mit dest. Wasser auf 1 l aufgefüllt.

Isopropanol p.a., halogenfrei: Es bewährte sich die Qualität MERCK p.a. Das verwendete Isopropanol muß nach Versetzen mit Indikator auf Zusatz von 2 µl 0.02 N Quecksilberperchloratlösung die Umschlagsfarbe zeigen. Aufbewahrung in Polyethylenflaschen ist zu vermeiden.

Indikator: Diphenylcarbazon, 0.1%, in Isopropanol.

Perchlorsäure ca. 0.1 N: Man verdünnt Perchlorsäure p.a. (D = 1.54, ca. 60%ig) im Verhältnis 1:60 mit dest. Wasser.

Indikator: Bromphenolblau, 0.1%, in Isopropanol.

Titrationsvorschrift (nach Perlrohrverbrennung, Methode 50.1). Die perhydrolhaltige evtl. schwach alkalische Reaktionslösung, die nach Ausspülen des Perlrohres mit Alkohol und Wasser im Titrierbecher vorliegt, wird mit 1 Tropfen Bromphenolblau versetzt. Man läßt 0.1 N Perchlorsäure (Salpetersäure) zutropfen, bis das Bromphenolblau nach gelb umschlägt, und setzt dann noch 3 Tropfen im Überschuß zu. Dann gibt man 3 Tropfen Diphenylcarbazonlösung zu und titriert mit 0.02 N Quecksilberperchloratlösung (oder Quecksilber(II)nitratlösung) bis zum Auftreten eines deutlichen violetten Farbtons. Der vorher ermittelte Reagenzienblindwert muß berücksichtigt werden.

Die Titration erfolgt unter magnetischer Rührung mit Hilfe einer Ultramikrobürette* (mit µl-Dosierung). Der Titrierbecher steht auf einer weißen Unterlage und wird von oben mit weißem Licht bestrahlt. Die Bürettenspitze taucht knapp in die zu titrierende Lösung. Die Anordnung ist in Abb. 51-12 skizziert.

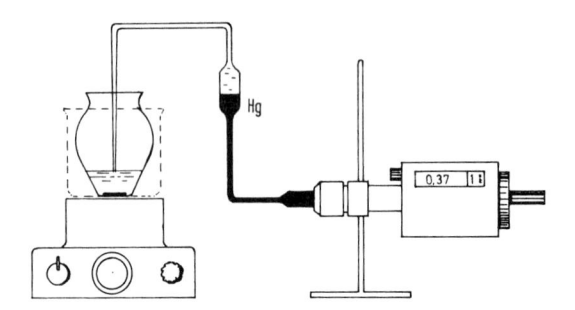

Abb. 51-12. Titrationsanordnung.

51.4.2 Mercurimetrische Bestimmung von Chlor, Brom und Iod nebeneinander

Prinzip. Halogenhaltige Substanzen werden im Sauerstoffstrom im Quarzrohr über Quarzsplitter oder Platin-Kontaktsterne als Rohrfüllung umgesetzt. Die dabei entstehenden Halogene werden in Arsenitlösung absorbiert und zu Halogenid reduziert. Anschlie-

---

* Ultramikrobürette (GILMONT) 1 ml: Lieferfirma MANOSTAT CORP.

ßend wird mit Quecksilberperchloratlösung die Summe der Halogenide nach Methode 51.4.1 titriert.

Nach der mercurimetrischen Summenbestimmung werden in getrennten Aufschlüssen Brom plus Iod nach WHITE und KILPATRICK (1950) iodometrisch, Iod allein nach der von VIEBÖCK und BRECHER (1930) modifizierten Leipert-Methode (1929) bestimmt.

Reagenzien

Arsenit-Lösung: 1.75 g As_2O_3 werden in 50 ml 2 N NaOH gelöst. Nach Zugabe von 25 ml 4 N $HClO_4$ wird die Lösung mit Wasser auf 100 ml aufgefüllt und mit NaOH bzw. $HClO_4$ auf pH 6 eingestellt. Anschließend wird $NaHCO_3$ (1 bis 2 g) zugegeben, um die Lösung schwach alkalisch zu machen (pH 8).

Ethanol, 90%ig.
Quecksilberperchloratlösung 0.01 N.

Diphenylcarbazon, Indikator in festem Zustand, mit Harnstoff 1:8 vermischt (CORLISS und MILLER 1963): 5 g DPC mit 340 g Harnstoff vermengen, bis die Harnstoffkristalle gleichmäßig mit Reagenz bedeckt sind. Unter den Bedingungen der Halogenbestimmung nach CHENG (1959) löst sich der Indikator in 80%iger alkoholischer Lösung bei Magnetrührung in 30 s auf. Die feste Indikatormischung ist praktisch unbegrenzt haltbar.

Anmerkung: Arsen-trioxid reagiert mit Iod nach der Gleichung:

$$AsO_3^{3-} + H_2O + I_2 \rightleftarrows AsO_4^{3-} + 2H^+ + 2I^-$$

Um die Reaktion quantitativ zu beenden, müssen die entstehenden Wasserstoff-Ionen durch Hydroxyl-Ionen neutralisiert werden. Doch darf die Hydroxyl-Ionenkonzentration der Lösung nicht so hoch sein, daß die Iodlösung unter Bildung von Iodid-, Hypoiodit- oder Iodat-Ionen verbraucht würde:

$$I_2 + 2OH^- \rightleftarrows IO^- + I^- + H_2O, \quad \text{und}$$
$$3I_2 + 6OH^- \rightleftarrows IO_3^- + 5I^- + 3H_2O .$$

Man gibt deswegen zu der Lösung der arsenigen Säure weder Lauge noch Natriumcarbonatlösung hinzu, sondern *man arbeitet in bicarbonatalkalischer Lösung*, in der das Iod durch die Arsenit-Ionen quantitativ reduziert wird:

$$I_2 + AsO_3^{3-} + 2HCO_3^- \rightleftarrows 2I^- + AsO_4^{3-} + 2CO_2 + H_2O .$$

Arbeitsvorschrift

1. Summenbestimmung der Halogene

Die Substanz wird im Perlrohr verbrannt. Das Absorptionsrohr wird vorher vollständig mit Arsenitlösung (mit Ausnahme des Schliffes) befeuchtet. Nach der Verbrennung wird das Absorptionsrohr im Gegenstrom portionsweise mit 90%igem Alkohol in einen 100-ml-Erlenmeyerkolben ausgespült. Die so erhaltene Lösung ist schwach alkalisch; sie wird mit verdünnter Perchlorsäure (1:60) angesäuert, Diphenylcarbazon zugesetzt und mit 0.01 N Quecksilberperchloratlösung titriert.

2. Chlor und Brom
a) Die Summenbestimmung der Halogene erfolgt wie bei 1.
b) Brom wird selektiv bestimmt: Perlrohr-Verbrennung mit 5%iger Natronlauge als Absorptionslösung. In der Absorptionslösung wird das Brom iodometrisch nach Methode 52.1 bestimmt.

3. Chlor und Iod
a) Die Summe der Halogene wird wie bei 1. bestimmt.
b) Iod wird selektiv nach LEIPERT (1929) bzw. VIEBÖCK und BRECHER (1930) bestimmt, Methode 53.1.

4. Brom und Iod
a) Die Summe der Halogene wird wie oben bestimmt.
b) Iod wird nach 3 b bestimmt.

5. Chlor, Brom und Iod
a) Die Gesamthalogenbestimmung erfolgt nach 1.
b) Die Bestimmung von Brom und Iod nach 2 b.
c) Die Bestimmung von Iod nach 3 b.

51.4.3 Bestimmung von Chlorid (und Bromid) nach der Quecksilberoxicyanid-Methode

Prinzip (BELCHER et al. 1954). Die perhydrolhaltige und schwach alkalische Reaktionslösung wird genau neutralisiert, im Überschuß mit gesättigter Quecksilberoxicyanidlösung versetzt und die dabei freigesetzten, der Halogenidmenge äquivalenten Hydroxid-Ionen maßanalytisch bestimmt.
Folgende Reaktionen laufen ab:

$$NaCl + Hg(OH)CN \rightarrow HgClCN + NaOH$$

$$2 NaOH + H_2SO_4 \rightarrow Na_2SO_4 + 2 H_2O \ .$$

Das entstehende Natriumhydroxid kann auch mit Schwefelsäure titriert werden, da Quecksilberchlorcyanid nur ganz gering, die entsprechende Sulfatverbindung aber sehr stark hydrolysiert.
Das Reagenz ist auch spezifisch für Iodid, wegen des ungünstigen Umrechnungsfaktors aber zu unempfindlich. Die Reaktion verläuft nur dann vollständig von links nach rechts, wenn folgende Reaktionsbedingungen eingehalten werden:
niedere und konstante Temperatur, kleines Volumen der Titrierlösung und kleine zu bestimmende Halogenidmenge, im allgemeinen nicht über 1.5 mg (Chlor). Für diese Chloridmenge reichen zur Fällung 10 ml gesättigte Quecksilberoxicyanidlösung aus. Salpeter- und Schwefelsäure stören die Titration nicht.

Reagenzien

Natriumhydroxid, 0.01 N, carbonatfrei. Um die Natronlauge carbonatfrei zu erhalten, läßt man sie durch eine Ionenaustauschersäule laufen: Etwa 4 g Ätznatron in Plätzchenform p.a. werden in 100 ml dest. Wasser gelöst. Die erkaltete Lauge läßt man durch einen stark basischen Ionenaustauscher (in Form der freien Base) laufen, z. B. Austauscherharz Amberlite IRA-400 (OH).

Die Natronlauge wird in einer Polyethylenflasche aufbewahrt und mit einem aufgesetzten Natronasbeströhrchen gegen Luft-Kohlensäure geschützt.

Eine 0.01 N Lösung erhält man durch Verdünnen von 10 ml dieser konz. Lauge mit carbonatfreiem dest. Wasser zu einem Liter. Zur Titration werden Mikrobüretten mit Standflaschen aus Polyethylen verwendet.

Titerstellung: Ungefähr 15 mg Kaliumbiiodat werden in ein 100-ml-Erlenmeyerkölbchen genau eingewogen, 5 ml frisch ausgekochtes dest. Wasser zugefügt und die Lösung kurz aufgekocht. Nach schnellem Abkühlen unter der Wasserleitung werden 2 bis 3 Tropfen Phenolphthalein oder Mischindikator Methylrot-Bromkresolgrün zugefügt und die Lösung bis zum Umschlag mit der Natronlauge titriert. Dies wird noch einige Male mit ähnlich großen Einwaagen der Urtitersubstanz wiederholt.

Schwefelsäure, 0.01 N.

Quecksilberoxicyanid: Das Handelspräparat enthält Verunreinigungen, sie müssen auf folgende Weise entfernt werden:

10 g der Festsubstanz werden in 100 ml dest. Wasser suspendiert und durch eine zylindrische Cellulosehülse dialysiert, die für 36 h in 250 ml Wasser eintaucht. Das reine Reagenz diffundiert durch die Membran, und es wird eine Lösung erhalten, die für die Analyse im Milligrammaßstab genügend konzentriert ist.

Die Stärke der frisch bereiteten Lösung wird vor Gebrauch bestimmt durch Mischen von 10 ml Reagenz mit etwa 10 mg Natriumchlorid, gelöst in 5 ml Wasser. Nach Zugabe von 2 Tropfen Indikator wird das bei der Reaktion freigesetzte Hydroxid mit 0.01 N Schwefelsäure titriert.

Die Reagenzlösung ist konzentriert genug, wenn der Verbrauch einem Äquivalent von 10 bis 15 ml 0.01 N Alkalihydroxid entspricht.

Da das feste Reagenz nach Lösen im Wasser schwach alkalisch reagiert, muß es vor Zugabe der Halogenidlösung mit 0.01 N Schwefelsäure sorgfältig neutralisiert werden. In der Regel reichen 0.3 bis 0.5 ml Säure aus. Die Lösung wird am besten in einer braunen Flasche aufbewahrt, zur Titration werden enghalsige Erlenmeyerkölbchen verwendet.

Mischindikator: Methylrot-Methylenblau.

Da der Indikator beim Stehen über längere Zeit verdirbt, werden beide Lösungen getrennt gelagert und erst vor Gebrauch gemischt. Es werden 0.125 g Methylrot und 0.083 g Methylenblau (beide p.a. MERCK) in je 50 ml absolutem Alkohol gelöst und vor Gebrauch gleiche Volumina der beiden Lösungen gemischt.

Titrationsvorschrift. Nach Zugabe von 2 Tropfen Mischindikator wird die alkalische Reaktionslösung mit 0.01 N Schwefelsäure sorgfältig neutralisiert. Dann werden 10 ml der vorher neutralisierten Quecksilberoxicyanidlösung zugegeben und das bei der Reaktion entstehende Alkalihydroxid mit 0.01 N Schwefelsäure titriert.

1 ml 0.01 N H_2SO_4 = 0.3546 mg Cl oder 0.7992 mg Br.

51.5 Photometrische Bestimmung von Chlorid und Bromid

51.5.1 Bestimmung von Spuren-Chlorid (Bromid) durch Trübungsmessung und -titration

Prinzip. Kleine Chloridmengen werden mit Silbernitrat ausgefällt und die Silberchloridtrübung durch einfache Extinktionsmessung oder durch Aufnahme einer Trübungstitrationskurve bestimmt. Im zweiten Fall wird mit sehr verdünnter Silbernitratlösung titriert und dabei die Zunahme der Silberchloridtrübung registriert. Trägt man bei der graphischen Auswertung die gemessene Extinktion gegen den Reagenzverbrauch auf, erhält man Kurven, die im Äquivalenzpunkt einen gut auswertbaren Knick zeigen (Abb. 51-14).

Bei automatischer Durchführung und Registrierung der gesamten Trübungskurve ist die Trübungstitration objektiver und reproduzierbarer.

Störungen durch Fremdelektrolyte lassen sich sehr einfach durch Zugabe größerer Mengen Neutralsalz vermeiden. Diese verstärken außerdem die Silberchloridtrübung beträchtlich. Die zur Ausfällung verwendete Silbernitratlösung enthält daher neben Perchlorsäure noch Perchlorate von Natrium, Magnesium und Aluminium. Zur Trübungsmessung können auch Nitrate dieser Elemente zugesetzt werden. Durch Zusatz von Dioxan wird die schnelle Ausfällung des Silberchlorids begünstigt, was bei der Trübungstitration besonders wichtig ist.

A) Chloridbestimmung durch Trübungsmessung

Geräte und Reagenzien

Spektralphotometer

Nitratgemisch: 850 g $NaNO_3$, 320 g $Mg(NO_3)_2 \cdot 6H_2O$, 315 g $Al(NO_3)_3 \cdot 9H_2O$, 85 g $AgNO_3$. Alle Reagenzien p.a. zusammen in etwa 3 l destilliertem oder entsalztem Wasser lösen. Eine durch Chloridspuren bedingte Trübung durch Zugabe von etwa 10 g Aktivkohle entfernen. Nach intensivem Schütteln durch ein gründlich gewaschenes Faltenfilter filtrieren. Zum klaren Filtrat 1250 ml Salpetersäure p.a. (D = 1.4) geben und mit dest. Wasser auf 5 l auffüllen. Die Lösung in einer braunen Flasche aufbewahren.

Chlorid-Testlösung: Sie enthält genau 10 µg Chlorid/ml und wird über eine Zwischenverdünnung bereitet: 165 mg Natriumchlorid p.a. in einem 250-ml-Meßkolben in Wasser lösen und zur Marke auffüllen. Von dieser Lösung 25 ml in einem 1-l-Meßkolben verdünnen und zur Marke auffüllen.

Arbeitsvorschrift. Die Reaktions- oder Aufschlußlösung oder einen aliquoten Teil davon, der bis zu 1 mg Chlorid enthalten kann, in einen 100-ml-Meßkolben pipettieren, auf etwa 80 bis 90 ml mit dest. Wasser verdünnen, 5 ml Nitratgemisch zugeben und zur Marke auffüllen. Parallel dazu Blindwert bestimmen und Eichlösung mit 400 µg Chlorid zur Kontrolle der Eichkurve ansetzen. Bei der Blindwertbestimmung die Reaktionslösungen von Leerverbrennungen mit 5 ml Nitratgemisch versetzen und mit dest. Wasser auf 100 ml auffüllen. Für den 400 µg-Chlorid-Test zu 40 ml Chlorid-Testlösung 5 ml Nitratgemisch

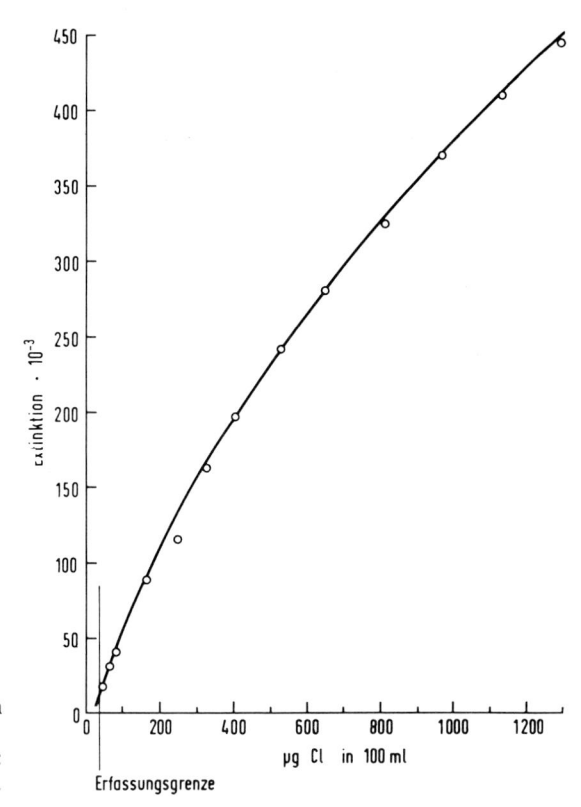

Abb. 51-13. Chloridbestimmung durch Trübungsmessung.
Gerät: BECKMAN 2400 DU. Wellenlänge: 404 nm. Spaltbreite: 0.06 mm. SEV-Stufe 1.

zusetzen und mit dest. Wasser zur 100-ml-Marke auffüllen. Die Ansätze eine Stunde lang im Dunkeln aufbewahren und dann messen. Zur Messung im Spektralphotometer die Lösung in 1-cm-Küvetten füllen und bei 404 nm die Extinktion gegen Wasser bestimmen. Man kann auch gegen den Reagenzien-Blindwert messen. Die Auswertung erfolgt über eine Eichkurve, die vorher mit steigenden Chloridmengen (0 bis 1.2 mg) erstellt wurde. Zu steigenden Volumina der Chlorid-Testlösung werden jeweils 5 ml Nitratgemisch zugesetzt und mit bidest. Wasser auf 100 ml aufgefüllt. Die Messung erfolgt gegen den Reagenzienblindwert oder gegen Wasser. Über den ganzen Bereich gesehen ist die Eichkurve leicht gekrümmt. In begrenzten Bereichen ist die Beziehung zwischen Chloridmenge und Extinktion jedoch annähernd linear (s. Abb. 51-13).

Bei der Trübungsmessung ist im Bereich von 0 bis 1200 µg Cl/100 ml die gemessene Extinktion dem Chloridgehalt proportional, wenn eine Stunde nach dem Ansetzen gemessen wird. Die Auswertung erfolgt hier am besten über eine Eichkurve. Kleine in der Probelösung vorhandene Mengen an Wasserstoffperoxid, evtl. vom Aufschluß her, beeinträchtigen die Messung nicht. Der Blindwert muß besonders berücksichtigt werden. Bei der Verbrennung in der Knallgasflamme (vgl. Kap. 43) muß darauf geachtet werden, daß nicht durch Ansaugen von Laborluft in die Knallgasflamme oder beim Ausspülen mit dest. Wasser nach dem Aufschluß unkontrollierbare Chlor-Blindwerte eingeschleppt werden (Laborluft in der Spritzflasche!). Blindwertbestimmungen müssen daher bei jeder Analysenserie mit durchgeführt werden.

Nach Substanzaufschluß in der Schöniger-Flasche nutzen FALCON et al. (1975) die Methode der Trübungsmessung zur Bestimmung von Spuren-Chlor (ppm) in Polymeren.

B) Chloridbestimmung durch Trübungstitration nach WICKBOLD (1957)

Geräte und Reagenzien

Lichtelektrisches Kolorimeter (LANGE, EPPENDORF, KORTÜM) mit Kompensationseinrichtung für die manuelle (diskontinuierliche) Trübungstitration.

Spektralkolorimeter (z. B. METROHM E 1009) mit Potentiograph (z. B. METROHM E 336) für die automatische Titration.

Elektrolytlösung: 3.4 g $Mg(ClO_4)_2$, 2.1 g $NaClO_4 \cdot H_2O$ und 5.5 g $Al(ClO_4)_3$ in ca. 200 ml dest. Wasser lösen, 325 ml 70%ige Perchlorsäure zusetzen und auf 1 l auffüllen.

Silbernitratlösung, 0.005 N.
Natriumchloridlösung, 0.005 N.
Dioxan p.a.

Arbeitsvorschrift für die manuelle Trübungstitration (mit dem Kortüm-Photometer). Die Reaktionslösung oder aliquote Teile davon (bis zu 30 ml) in die Küvette spülen, 1 ml Elektrolytlösung zupipettieren, die Lösung mit einem Glasstab durchrühren und die Küvette in das Photometer einsetzen: Vor die Lichtquelle ein Blaufilter (BG 12 von SCHOTT) setzen bzw. bei einer Wellenlänge von 404 nm messen und die Anzeige mit der zunächst noch klaren Lösung auf Null kompensieren. Nun aus einer Mikrobürette 0.005 N Silbernitratlösung in Anteilen von 0.5 ml zulaufen lassen, jedesmal mit einem Glasstab den an der Bürettenspitze etwa anhaftenden Tropfen abstreichen, die Lösung mit dem Glasstab durchrühren, Glasstab aus der Lösung nehmen und nach etwa 5 min die Extinktion ablesen. Die Titration fortsetzen, bis keine Trübungszunahme mehr erfolgt und 3 bis 4 Punkte erhalten werden, bei denen die Extinktion nicht mehr oder nicht mehr wesentlich zunimmt. Die Meßpunkte in Abhängigkeit vom Silbernitratverbrauch auf Millimeterpapier auftragen und die Titrationskurve zeichnen. Der Schnittpunkt der an die Kurvenäste angelegten Tangenten ergibt den Äquivalenzpunkt.

Sind Chloridmengen unter 200 µg in der Probelösung zu erwarten, dann ist mit etwa 200 µg Chlorid aufzustocken. Diese nachher bei der Berechnung zusammen mit dem Blindwert vom Gesamtwert abziehen. Eine Titrationskurve zeigt Abb. 51-14.

Arbeitsvorschrift für die automatische Trübungstitration (mit dem Metrohm-Spektrokolorimeter E 1009). Nach Aufschluß der Substanz in der Knallgasflamme die Reaktionslösung oder aliquote Teile davon (nicht mehr als 30 ml) in die Küvette pipettieren, 1 ml Elektrolytlösung zusetzen, mit dest. Wasser auf 35 ml auffüllen und 35 ml Dioxan zupipettieren. Die Dioxan-Konzentration genau einhalten, da sie den systematischen Fehler beeinflußt. Die Küvette mit der Meßlösung in das Kolorimeter einsetzen, den Rührer in die Lösung so eintauchen, daß er den Strahlengang nicht kreuzt, die Bürettenspitze unter die Flüssigkeitsoberfläche absenken, die Wellenlänge auf 404 nm einstellen und mit den

51.5 Photometrische Bestimmung von Chlorid und Bromid

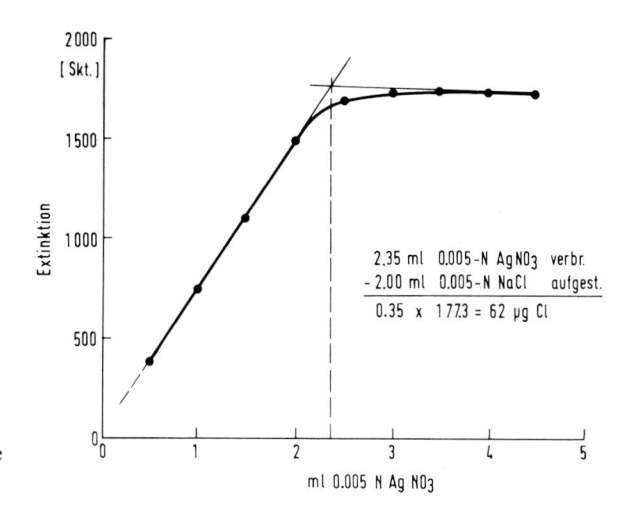

Abb. 51-14. Trübungstitrationskurve (diskontinuierlich).

2,35 ml 0.005-N AgNO₃ verbr.
− 2.00 ml 0.005-N NaCl aufgest.
0.35 × 177.3 = 62 µg Cl

Empfindlichkeitsknöpfen den Ausschlag auf „0" einstellen. Am Potentiographen stehen die Drehknöpfe „Eichen pH" und „Gegenspannung" auf 0, der „Bereichswahlschalter" auf 250 mV und der „Funktionsschalter" auf Aus. Mit dem Knopf „Nullpunkt" den Schreibstift auf die gewünschte Höhe verschieben und den Drehknopf „Titriergeschwindigkeit" auf 1.5 einstellen. Die Titriergeschwindigkeit darf später nicht mehr verändert werden.

Den Dreiwegehahn am Bürettenzylinder mit dem Vorratsgefäß verbinden und am Potentiographen den Drehknopf auf „Füllen" stellen. Dann ein Schreibblatt in den Schreiber so einlegen, daß die Teilung parallel zur Kante liegt und der Schreibstift vor dem Anfang der Teilung steht. Die Schreiberspitze absenken, den Funktionsschalter auf „Titrieren" stellen und die Titrationslösung in das Vorratsgefäß zurückdrücken, bis die Schreiberspitze genau am Beginn der Teilung steht. In diesem Moment den Büretten- bzw. Papiervorschub stoppen, den Dreiwegehahn am Bürettenzylinder in Richtung „Titrieren" umstellen und dann die Trübungstitration ausführen. Hat der Schreiber nach der Titrationskurve noch ein ausreichend langes lineares Kurvenstück geschrieben, den Funktionsschalter auf „Aus" stellen, den Schreibstift abheben, den Bürettenhahn auf Vorratsflasche umstellen und die Bürette wieder füllen. Auf dem Schreiberblatt an die Kurvenäste die Tangenten zeichnen. Der Schnittpunkt zeigt den Verbrauch an 0.005 N Silbernitratlösung.

Zur *Ermittlung des Faktors der Titrierlösung* werden verschiedene Chloridmengen (177 bis 428 µg) in wäßriger Dioxanlösung unter den oben beschriebenen Bedingungen titriert und die vorgegebenen Mikrogramm Chlor gegen den durch Titration bestimmten Verbrauch an 0.005 N Silbernitrat graphisch aufgetragen. Mit diesem durch Trübungstitration empirisch ermittelten Faktor der Titrierlösung wird die in der Probelösung vorhandene Chloridmenge berechnet.

51.5.2 Photometrische Bestimmung von Chloridspuren nach der Eisenrhodanid-Methode

Prinzip (BERGMANN und SANIK 1957). Chlor-Ionen setzen in wäßriger Lösung aus undissoziertem Quecksilberrhodanid Rhodanid-Ionen frei, die mit Eisen(III)-Ionen reagieren und rotes Eisenrhodanid bilden, das photometrisch gemessen wird. Die Reaktion folgt untenstehender Gleichung:

$$2\,Cl^- + Hg(SCN)_2 + 2\,Fe^{3+} \rightarrow HgCl_2 + 2\,Fe(SCN)^{2+}\ .$$

Die Farbe ist stabil, ihre Lichtabsorption der Chlor-Ionenkonzentration proportional.

Lösungen

Salpetersäure: ca. 9 N. 623 ml konz. Salpetersäure (p.a. MERCK) unter Rühren langsam in einen 1000-ml-Meßkolben in ca. 250 ml Wasser gießen und nach dem Abkühlen mit Wasser zur Marke auffüllen.

Eisen(III)-Lösung: 0.25 M Eisenammonsulfatlösung in 9 N Salpetersäure: 120 g $FeNH_4(SO_4)_2 \cdot 12\,H_2O$ im 1-l-Meßkolben in 9 N Salpetersäure lösen und damit zur Marke auffüllen.

Quecksilberrhodanid-Lösung: Lösung von 4 g Quecksilberthiocyanat $Hg(SCN)_2$ (p.a. MERCK) in 1000 ml Methanol p.a.
Steht kein p.a.-Reagenz zur Verfügung, wird es wie folgt hergestellt:
Zu 2 l Wasser gibt man unter Rühren 150 ml konz. Schwefelsäure p.a. und löst in dieser Mischung 300 g Quecksilbersulfat ($HgSO_4$ p.a.) = Lösung I. Man löst ferner 200 g Kaliumrhodanid (KCNS p.a.) mit dest. Wasser auf 1 l = Lösung II.
Zur Lösung II gibt man unter kräftigem Rühren Lösung I.
Das schwerlösliche Quecksilberrhodanid $Hg(CNS)_2$ fällt aus und setzt sich ab. Nach Absetzen des Niederschlages dekantiert man die überstehende Lösung ab, wäscht den Niederschlag 10mal mit je 2 l dest. Wasser unter Dekantieren, gibt ihn dann auf eine Nutsche, saugt trocken und trocknet über Nacht bei 60 °C im Trockenschrank.

Reagenzlösung: Als Reagenz wird Eisen(III)- und Quecksilberrhodanid-Lösung im Verhältnis 1:1 angesetzt. Diese Mischung muß täglich frisch hergestellt werden.

Chlorid-Testlösung: Die Lösung enthält 10 µg Chlorid pro Milliliter, sie wird über eine Zwischenverdünnung bereitet. Man löst 165 mg Natriumchlorid p.a. in einem 250-ml-Meßkolben und füllt zur Marke auf. Von dieser Lösung gibt man 25 ml in einem 1000-ml-Meßkolben und füllt zur Marke auf.

Arbeitsvorschrift (KUNKEL 1968). Ein aliquoter Teil der auf Chlorid zu prüfenden Probelösung (20 bis 80 ml) wird in einen 100-ml-Meßkolben pipettiert, mit 20 ml Reagenzlösung versetzt, mit dest. Wasser zur Marke aufgefüllt und gut durchgemischt. Ein Blindversuch wird in gleicher Weise angesetzt. 10 min nach der Farbentwicklung wird in 1-cm-Küvetten bei 460 µm die Farbdichte gegen Wasser gemessen. Die Differenz der beiden Extinktionswerte der Probe und des Blindwertes entspricht der Chloridmenge im aliquoten Teil der Probelösung; die Chloridmenge wird aus einer vorher aufgestellten Eichkurve abgelesen.

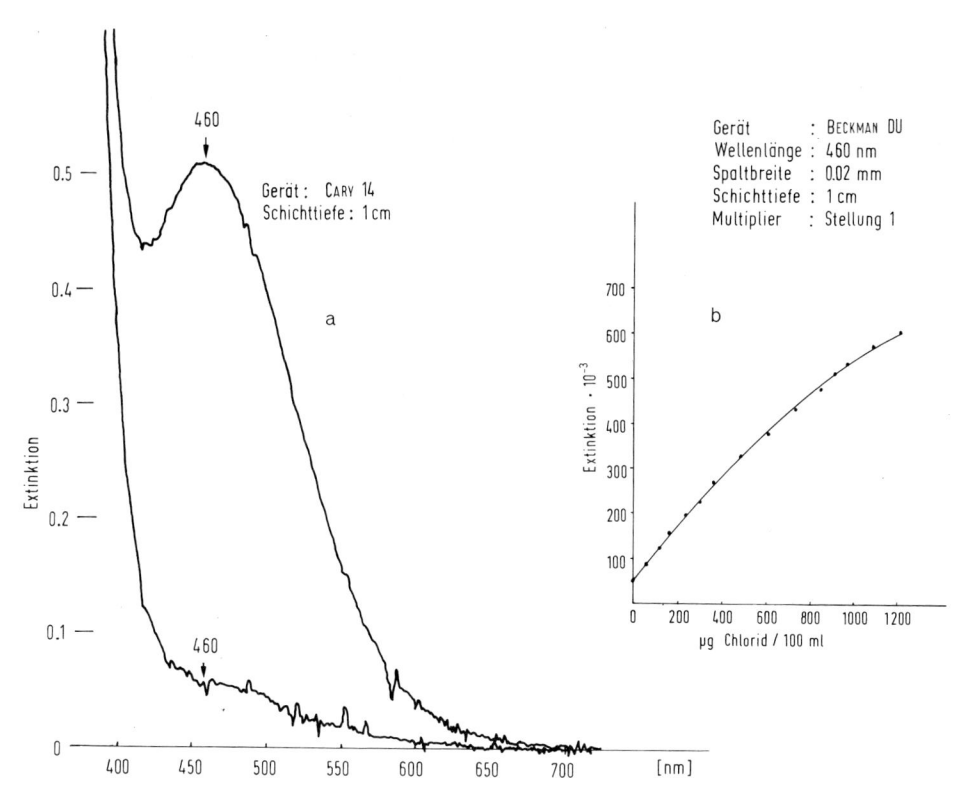

Abb. 51-15. Chloridbestimmung nach der Eisenrhodanidmethode. (a) Absorptionsspektrum des Eisenrhodanidkomplexes, (b) Eichkurve.

Eine Eichkurve erhält man, indem man steigende Chloridmengen (0 bis 1000 µg Cl$^-$) mit 20 ml Reagenzlösung umsetzt, mit dest. Wasser auf 100 ml auffüllt und wie oben photometriert. Die Extinktionswerte werden gegen µg Chlorid graphisch aufgetragen. Abb. 51-15 zeigt eine solche Eichkurve und das Absorptionsspektrum des Eisenrhodanidkomplexes.

51.5.3 Fluorimetrische Bestimmung von Chlor, Brom und Iod in organischen Substanzen

Prinzip. Halogenid-Ionen vermindern die Fluoreszenzintensität verschiedener Fluoreszenzindikatoren (Chinin, Acridin, 6-Methoxychinolin). Bei kleinen Halogenidkonzentrationen folgt die Fluoreszenzlöschung der Stern-Volmer-Gleichung (STERN und VOLMER 1919); linearer Zusammenhang zwischen $(F_0/F) - 1$ und Halogenidkonzentration (F = Fluoreszenz der Probelösung, F_0 = Fluoreszenz der Standardlösung).

Diesen Effekt nutzten WOLFBEIS et al. (1982) zur Entwicklung einer Mikromethode zur Halogenbestimmung in organischen Substanzen. Die Substanz wird nach einer Verbrennungsmethode aufgeschlossen und entstehende Halogenide in Hydrazinsulfatlösung absorbiert. Nach Zusatz der Indikatorlösung (Chininsulfat) wird die durch die Halogenide hervorgerufene Fluoreszenzminderung gemessen und die Halogenidkonzentration mit Hilfe von Eichkurven bestimmt. Da von Chlorid über Bromid zu Iodid die Empfindlichkeit der Methode zunimmt, muß für jedes Halogenid eine eigene Eichkurve erstellt werden. Die Halbwertslöschkonzentrationen für Chininsulfat in 0.1 M Schwefelsäure betragen 0.009 M Cl$^-$, 0.005 M Br$^-$ und 0.004 M I$^-$.

Reagenzien und Apparatives

Bidest. Wasser, einmal über Kaliumpermanganat destilliert.
Kaliumhalogenide p.a. als Eichsubstanzen.
Hydrazinsulfat p.a.
Chininsulfat (6-Methoxychinolin, Acridin) 10^{-5} M, gelöst in wäßriger 0.1 N H_2SO_4.
Fluorimeter: AMINCO BOWMAN SPF 500 Spektrofluorimeter mit Xenonlampe als Lichtquelle; Anregung/Fluoreszenz bei 347 nm/450 nm; Exzitationsbandbreite 5 nm, Emissionsbandbreite 20 nm oder
ZEISS PMQ II Photometer mit dem Fluoreszenzaufsatz ZMF 4 und einer Quecksilberlampe ST 41, Anregung durch Licht der 366 nm Linie unter Verwendung eines ZEISS 366 nm-Monochromatfilters.

Die Fluoreszenz der Probelösung (F) wird gegen eine halogenidfreie Indikatorlösung gleicher Verdünnung als Standard gemessen (F_0). Die relative Intensität dieser Lösung wird auf 100 eingestellt und nach jeder Messung einer Probelösung kontrolliert. Die Konzentration des Indikators in der Meßlösung soll bei ca. 10^{-6} liegen, damit das Halogenid gegenüber dem Indikator immer im großen Überschuß vorliegt.

Ausführung. Durch den Aufschluß wird organisch gebundenes Halogen in Halogenid umgewandelt. Da H_2O_2 einen schwachen „Löscher" darstellt, wird als Absorptionslösung wäßrige Hydrazinsulfatlösung verwendet oder das H_2O_2 vor der Indikatorzugabe alkalisch verkocht. Bei der Analyse von schwefelhaltigen Verbindungen ist allerdings eine Vorlage von Perhydrollösung zur Absorption der schwefelhaltigen Reaktionsgase erforderlich, da der (störende) Löscher Sulfit, der bei der Verbrennung neben Sulfat immer entsteht, durch Hydrazin nicht mehr zu Sulfat oxidiert wird. Iod wird durch H_2O_2 nicht zu Iodid reduziert, deshalb ist die Methode zur Analyse von Substanzen, die gleichzeitig Iod und Schwefel enthalten, ungeeignet.

Die Substanzeinwaage wird so groß gewählt, daß 1 bis 2.5 mg Halogenid in der Absorptionslösung zur Messung vorliegen. Bei *Abwesenheit von Schwefel* werden zur Absorption 5 ml 1%ige Hydrazinsulfatlösung vorgelegt. Zur Aufschlußlösung pipettiert man exakt 2 ml frisch bereitete Indikatorlösung zu und füllt auf 20 ml auf. Der pH-Wert der Lösung liegt dann bei etwa 2; kleinere pH-Schwankungen stören nicht. Nun wird die relative Fluoreszenzintensität F dieser Probe gemessen und mit der einer gleich behandelten, aber halogenidfreien Indikatorlösung F_0 verglichen. Die Halogenidkonzentration wird graphisch über eine Eichgerade ermittelt. Die einfachste Eichgerade erhält man durch Auftragen von $(F_0/F)-1$ gegen die eingewogene Menge Halogenid der Eichsubstanz (s. Abb. 51-16). Bei *Anwesenheit von Schwefel* wird mit 3%igem H_2O_2 als Absorptionslösung aufgeschlossen, dann 1 ml NaOH zugesetzt, in Gegenwart von mit Platin-

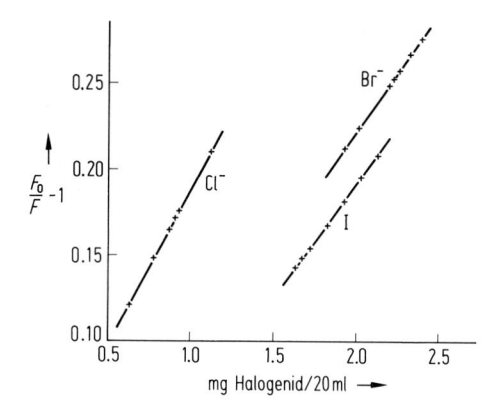

Abb. 51-16. Eichgerade.

schwarz überzogenem Platinnetz das Peroxid verkocht, mit 1 ml H_2SO_4 neutralisiert und nach Indikatorzugabe die Fluoreszenzintensität gemessen.

Störungen: Cyanid, Rhodanid, Sulfid, Sulfit und Thiosulfat zeigen ebenfalls Löschwirkung. Carbonat, Hydrogencarbonat, Fluorid, Nitrat, Perchlorat, Phosphat und Sulfat stören nicht.

51.6 Halogentitration nach VOLHARD

Prinzip (VOLHARD 1874). Die zu titrierende Halogenidlösung (Chlorid und Bromid) versetzt man mit einem Überschuß 0.1 N Silbernitratlösung, läßt den Silberhalogenidniederschlag in der Siedehitze zusammenballen, fügt nach dem Erkalten kaltgesättigte salpetersaure Ferriammoniumalaunlösung zu und titriert den Silberüberschuß mit 0.1 N Kalium- oder Ammonrhodanidlösung zurück.

Reagenzien

Salpetersäure (1:1) p.a.
Silbernitratlösung, 0.1 N Lösung (1 ml entspricht 3.546 mg Cl, 7.992 mg Br und 12.692 mg I).
Kalium- oder Ammoniumrhodanidlösung, 0.1 N Lösung.
Da beide Salze hygroskopisch sind und sich nicht ohne Zersetzung trocknen lassen, wägt man zur Herstellung der Normallösungen ungefähr die berechnete Menge ab (ca. 10 g KCNS oder 9 g NH_4CNS), löst zum Liter mit dest. Wasser und stellt mit 0.1 N Silbernitratlösung genau ein.
Eisenammoniumalaunlösung, kaltgesättigt.
Man setzt der Lösung so viel Salpetersäure zu, bis die braune Farbe verschwindet. Von dieser Indikatorlösung verwendet man bei allen Titrationen ungefähr dieselbe Menge (je 100 ml Lösung ca. 2 bis 3 ml Eisenalaunlösung).

Titrationsvorschrift (Chlorbestimmung)

Titerstellung der Rhodanidlösung: Man füllt 20 ml der Silbermaßlösung in einen 200 ml fassenden Erlenmeyerkolben mit Schliffstopfen, verdünnt mit dest. Wasser auf 50 bis 100 ml, fügt 2 bis 3 ml Eisenammoniumalaunlösung hinzu und läßt unter Rühren aus einer Bürette die Rhodanidlösung mit mäßig schneller Folge zutropfen, bis ganz schwache Rosafärbung auftritt. Man verschließt die Flasche und schüttelt kräftig durch, wobei die Farbe meistens wieder verschwindet. Nun fügt man die Rhodanidlösung tropfenweise so lange zu, bis nach kräftigem Schütteln die rötliche Farbe nicht mehr verschwindet.

Bemerkungen. Bei großen Chlormengen liefert die Volhard-Methode genaue, bei kleinen Chlormengen dagegen zu hohe Werte, da es unmöglich ist, den Endpunkt genau zu treffen. Die durch einen geringen Überschuß von Kaliumrhodanid hervorgerufene Rotfärbung verschwindet nach einigem Umrühren und bleibt erst nach Zusatz eines bedeutenden Überschusses von Rhodanidlösung. Die Ursache hierfür ist die unterschiedliche Löslichkeit von Rhodan- und Chlorsilber. Letzteres ist leichter löslich als Rhodansilber und reagiert mit löslichen Rhodaniden zu Rhodansilber und löslichem Chlorid:

$$3 AgCl + Fe(CNS)_3 \rightleftharpoons 3 Ag CNS + FeCl_3 \, .$$

Durch Schütteln des Chlorsilbers mit dem roten Ferrirhodanid verschwindet die Farbe wieder. Bei der Brombestimmung tritt dieser Fehler nicht auf, weil Bromsilber schwerer löslich als Rhodansilber ist. Um den Fehler zu vermeiden, verfährt man folgendermaßen: Man gibt die Chloridlösung in einen 200-ml-Meßkolben, setzt einen Überschuß 0.1 N Silberlösung zu, säuert mit Salpetersäure schwach an, verschließt den Kolben und schüttelt, bis sich der Niederschlag zusammenballt und die überstehende Lösung klar erscheint. Nun füllt man mit Wasser bis zur Marke auf, mischt und gießt die Lösung durch ein trockenes Filter. Die ersten 10 ml werden verworfen. Von der nachfolgenden Lösung pipettiert man 50 oder 100 ml ab, fügt 2 bis 3 ml Eisenammoniumalaunlösung hinzu und titriert den Silberüberschuß mit 0.1 N Rhodanlösung zurück.

Man erzielt auch ohne Filtrieren des Chlorsilbers richtige Resultate, wenn man die mit überschüssiger Silberlösung versetzte Chloridlösung unter Umrühren so lange erhitzt, bis sich das Silberchlorid zusammengeballt hat. In dieser Form ist das Silberchlorid löslichen Rhodaniden gegenüber weit weniger reaktionsfähig als das in der Kälte Gefällte. Nach dem Erkalten titriert man das überschüssige Silber nach Zusatz von Eisenammoniumalaunlösung mit Rhodanidlösung bis zum Auftreten eines deutlichen rötlichen Farbtons.

Brombestimmung. Man versetzt Bromidlösung mit einem Überschuß 0.1 N Silberlösung und titriert den Überschuß des Silbers, nach Zusatz von Eisenammoniumalaun und verdünnter Schwefelsäure, mit Rhodanammonium zurück. Aus dem Silberverbrauch berechnet sich der Bromgehalt.

Bemerkung: Bei der Brombestimmung nach VOLHARD muß vor der Tiration des Silberüberschusses das Bromsilber nicht abfiltriert werden, weil Bromsilber schwerer löslich als Rhodansilber ist, sich also mit diesem nicht wie Chlorsilber umsetzen kann.

Iodbestimmung. Erzeugt man in der Lösung eines Iodids durch Zusatz von Silbernitrat Silberiodid, schließt dieses stets eine meßbare Menge löslichen Iodids oder Silbernitrats ein, so daß man die Titration nicht ohne weiteres wie bei Chlor und Brom ausführen kann. Dagegen erhält man nach VOLHARD ganz genaue Resultate: Man füllt die Lösung des Iodids in eine Flasche mit eingeschliffenem Stöpsel, verdünnt auf 200 bis 300 ccm und fügt unter heftigem Umschütteln Silberlösung hinzu, bis der gelbe Niederschlag sich zusammenballt und die überstehende Flüssigkeit klar erscheint. Solange die Lösung milchig trüb erscheint, ist die Fällung des Iods nicht beendet. Nun fügt man noch ein wenig Silbernitrat hinzu und schüttelt wieder, um eventuell mitgerissenes Iodid zu zersetzen. Dann erst setzt man Eisenammoniumalaun* hinzu, titriert das überschüssige Silber mit Rhodankalium zurück und berechnet das Iod aus dem Silberverbrauch.

Diskussion der Methode. Sie ist im Makrobereich gut geeignet und wird zur Halogenbestimmung in organischen Substanzen z. B. nach Chromsäure-Aufschluß (Methode 50.5.1 B routinemäßig genutzt.

51.7 Mikrogravimetrische Bestimmung von Halogen (und Schwefel)

Prinzip. Halogene werden in der Wärme aus salpetersaurer Lösung mit Silbernitrat ausgefällt.

$$NaX + AgNO_3 \rightarrow AgX\downarrow + NaNO_3 \quad (X = Cl, Br, I) \;.$$

Die Halogensilberniederschläge werden mit einer Absaugvorrichtung in das Filterröhrchen gesaugt, getrocknet und gewogen. Soll Schwefel gleichzeitig bestimmt werden, wird er vor dem Halogen mit Bariumnitrat ausgefällt und der Bariumsulfatniederschlag nach Filtration ebenfalls gewichtsanalytisch bestimmt.

Reagenzien

Silbernitrat, 5%ige wäßrige Lösung.
Salpetersäure konz., halogenfrei, wird durch Vakuumdestillation aus einer Schliffapparatur über Silbernitrat erhalten.
Salpetersäurehaltiges Wasser.
Ethanol.
Kaliumcyanid.
Bariumnitrat, 5%ige wäßrige Lösung.
Methylrot, 0.1%ige methanolische Lösung.

Apparatives. Zur Überführung des Niederschlages auf das Filterröhrchen benötigt man eine Absaugvorrichtung, zum Trockensaugen des Filterröhrchens einen Trockenblock.

Absaugvorrichtung (Abb. 51-17). Auf eine Saugflasche mit weitem Hals wird ein gutsitzender durchbohrter Gummistopfen aufgesetzt. In die Bohrung des Stopfens wird ein

---

* Vor der völligen Ausfällung des Iods als Iodsilber darf das Ferrisalz der Lösung nicht zugesetzt werden, weil dieses in saurer Lösung unter Abscheidung von Iod oxidierend auf Iodwasserstoff wirkt. Iodsilber aber ist ohne Wirkung auf Ferrisalze.

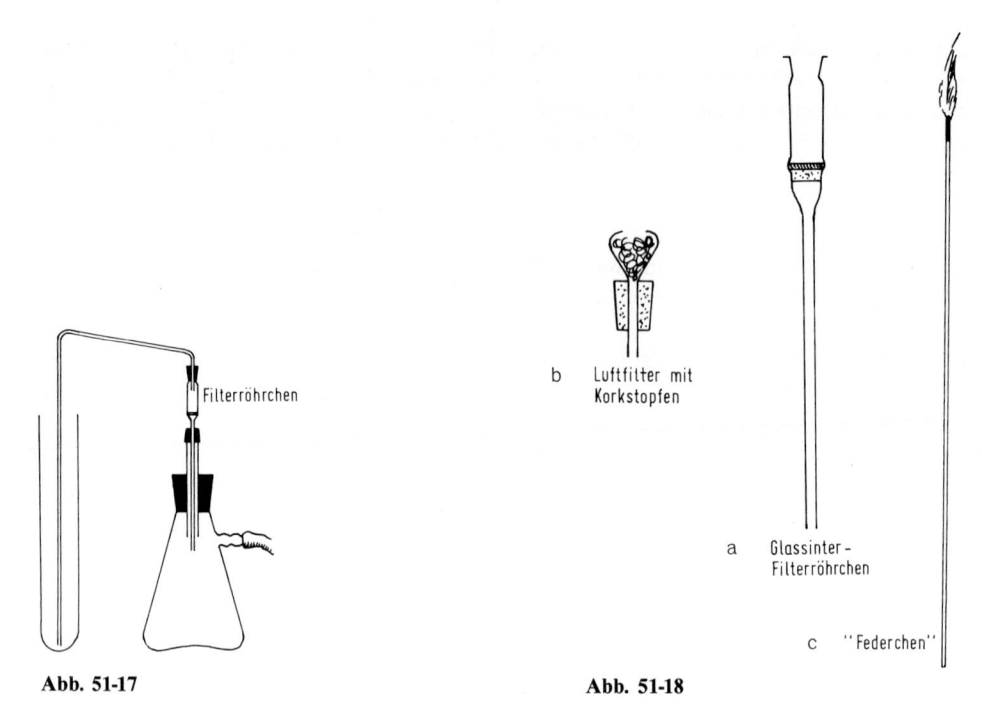

Abb. 51-17. Absaugvorrichtung zur Halogen-(und Phosphor-)Bestimmung.

Abb. 51-18. (a) Glassinter-Filterröhrchen, (b) Luftfilter mit Korkstopfen, (c) Federchen.

80 mm langes Glasrohr von 8 mm Innendurchmesser eingeschoben. Über das obere Ende des Glasrohres zieht man ein 20 mm langes Schlauchstück, das noch 10 mm über den Rand hinausragen soll. In diese Gummimanschette wird der Gummistopfen eingesetzt, in den man zum Filtrieren den Schaft des Filterröhrchens einschiebt. Die zu filtrierenden Niederschläge werden mit Hilfe des Ansaugröhrchens aus dem Fällungszylinder in das Filterröhrchen gesaugt. Das Ansaugröhrchen, aus dünnem Glasrohr von 3 mm lichter Weite, ist im langen vertikalen Teil etwa 200 bis 250 mm lang und oben etwas über 90° abgebogen, damit der Niederschlag längs der Wandung weitergleiten kann. Nach 80 bis 100 mm ist das Rohr unter einem stumpfen Winkel wieder parallel zum langen Schenkel gebogen, Restlänge ca. 40 mm.

Filterröhrchen*: Das in der Abb. 51-18 gezeigte Pregl-Filterröhrchen (PREGL 1935) ist knapp über der Glasfritte leicht ausgebuchtet, um der Asbestauflage mehr Halt zu geben. Gesamtlänge 150 mm, der obere Filterbecher (zur Aufnahme der zu filtrierenden Lösung) ist 45 mm lang, Innendurchmesser 10 mm; das Filter besteht aus einer 2 bis 3 mm starken Glassinterplatte 154 G 1. Etwa 10 mm unterhalb der Filterschicht verjüngt sich das Röhrchen für eine Strecke von 10 cm auf 3 mm Innendurchmesser.

Zum Filtrieren kleiner Niederschlagsmengen eignen sich auch kleine Mikro-Neubauer-Tiegel* aus Porzellan oder die von EMICH benutzten Jenaer Mikrofilterbecher (Abb.

---

* Apparatives Zubehör zur gravimetrischen Halogen- und Schwefelbestimmung liefert P. HAACK.

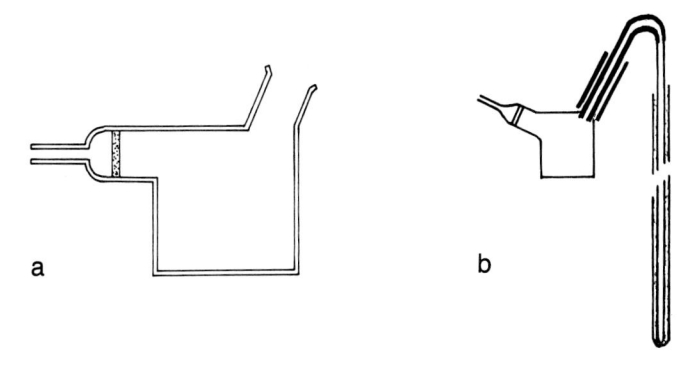

Abb. 51-19. (a) Mikrofilterbecher nach EMICH. (b) Absaugen der Reaktionslösung aus dem Mikrobombenrohr in den Filterbecher.

51-19). Diese Filterbecher haben den Vorteil, daß darin Fällungsgefäß und Filtertiegel in einem Stück vereinigt sind. Sie finden in der Mikrogravimetrie allgemeine Verwendung.

Zum Trocknen der Filterröhrchen und Filtertiegel eignen sich elektrisch beheizte Heizgranaten oder Trockenblöcke (s. Kap. 3).

Vorbereitung der Filterröhrchen und Filtrieren kleiner Silberhalogenidniederschläge mit der in Abb. 51-17 skizzierten Absaugvorrichtung sind von ROTH (1958) ausführlich beschrieben worden.

Arbeitsvorschrift. Nach *Aufschluß im Bombenrohr* (CARIUS) liegen die Halogene bereits als Halogensilber vor. Wird der Aufschluß nach KIRSTEN (1953) durchgeführt, werden die Halogene durch Zugabe eines Gemisches aus 1 ml konz. Salpetersäure und 2 ml Silbernitratlösung zur heißen Aufschlußlösung ausgefällt. Das Fällungsgefäß wird anschließend etwa 10 min lang in ein Wasserbad gestellt, damit sich der Niederschlag zusammenballt. Nach dem Erkalten wird das Halogensilber abfiltriert und gewogen. Bleibt die Fällung noch längere Zeit stehen, wird sie ins Dunkle gestellt. Vor dem Filtrieren müssen das leere Filterröhrchen, Filtertiegel oder -becher unter gleichen Bedingungen wie später mit dem Halogensilber gewogen werden. Das präparierte leere Filterröhrchen steckt man mit dem Schaft in die Bohrung des vorher mit Wasser befeuchteten Gummistopfens, der in die Gummimanschette der Filtriervorrichtung paßt. Nun legt man ein dosiertes (Quetschhahn) Vakuum an die Saugflasche, wäscht das Filterröhrchen zweimal mit salpetersäurehaltigem Wasser, hernach zwei- bis dreimal mit Alkohol und setzt dann auf das Filterröhrchen das Luftfilter auf (ein mit Watte gefülltes Trichterchen). Nach Aufheben des Vakuums wird das Filterröhrchen aus der Absaugvorrichtung genommen, mit einem Tuch außen abgewischt und das Schaftende mit dem Vakuumschlauch verbunden. Unter Durchsaugen eines schwachen Luftstroms wird das Filterröhrchen in die weite Bohrung des auf 120 °C erhitzten Trockenblocks eingelegt, in der man es 5 min lang trocknen läßt. Anschließend wird der Schaft 5 min in die enge Bohrung gelegt, um letzte Feuchtigkeitsspuren zu entfernen. Das getrocknete Filterröhrchen wird hierauf von der Saugleitung entfernt und nach Abnehmen des Luftfilters gewischt — wie bei den Absorptionsröhrchen der gravimetrischen CH-Analyse — zuerst mit zwei feuchten Flanelläppchen und dann mit zwei Paar Rehlederläppchen. Dabei wird das Röhrchen stets schräg nach oben gehalten, um Verluste durch Herausfallen zu vermeiden. Auf einem Ablagegestell läßt man das Röhrchen 15 min neben der Waage auskühlen, legt es dann wie die CH-Röhrchen mit der Transportgabel in die Waage und wägt nach 5 min. Neue Filterröhrchen werden erst gegen Taraflächchen austariert.

Haben sich im Laufe des Gebrauchs auf der Asbestschicht 60 bis 80 mg Halogensilber angesammelt, beginnt die Filtriergeschwindigkeit allmählich nachzulassen. Durch warme Kaliumcyanidlösung werden dann die Niederschläge aus dem Filterröhrchen gelöst und das Röhrchen wie bereits beschrieben gereinigt.

Das gewogene Filterröhrchen wird in die Absaugvorrichtung so eingesetzt, daß es etwa 2 cm aus dem Stopfen herausragt. Um die Fällung aufzusaugen, taucht man den langen Schenkel des Ansaugröhrchens bis knapp über den Niederschlag in das Aufschlußrohr bzw. Fällungsgefäß ein und stellt das Vakuum vorsichtig an, bis allmählich 2 Tropfen/s auf die Asbestauflage fallen. Sobald die ganze Lösung bis auf einen kleinen Rest abgesaugt ist, spritzt man die Innenwand des Fällungsgefäßes, von oben beginnend, mit dem salpetersäurehaltigen Wasser ab, wirbelt den Niederschlag durch Umschwenken auf und saugt dann die ganze Lösung mit dem Silberhalogenid ab. An der Wandung noch anhaftende Teilchen spült man so gut wie möglich mit einem feinen Strahl verdünnter Salpetersäure aus einer Spritzflasche auf den Boden des Fällungsgefäßes. Man wiederholt das Abspritzen noch zweimal abwechselnd mit Alkohol und salpetersäurehaltigem Wasser, um restlichen Niederschlag zu entfernen. Nur selten benötigt man zum Loslösen des Niederschlags ein Federchen (Abb. 51-18c).

Befindet sich der Niederschlag quantitativ auf dem Filter, wird der Gummistopfen mit dem Ansaugröhrchen vorsichtig vom Filterröhrchen abgenommen und mit Alkohol abgespritzt. Um das Waschwasser aus dem Filterröhrchen zu verdrängen, wird es bis zum oberen Rand mit Alkohol gefüllt. Sobald der Alkohol durchgelaufen ist, wird das Luftfilter aufgesetzt. Trocknung und Wägung des Röhrchens mit dem Niederschlag erfolgen genau wie beim leeren Filterröhrchen.

Berechnung

1 mg AgCl entspricht 0.2474 mg Cl,
1 mg AgBr entspricht 0.4255 mg Br.

$$\% \text{ Cl} = \frac{\text{mg AgCl} \cdot 0.2474 \cdot 100}{\text{mg Substanzeinwaage}}$$

$$\% \text{ Br} = \frac{\text{mg AgBr} \cdot 0.4255 \cdot 100}{\text{mg Substanzeinwaage}}.$$

51.8 Ionenchromatographische Bestimmung von Chlor, Brom, Iod und Fluor in organischen Verbindungen nach Alkalischmelze

Prinzip. Nach quantitativem Aufschluß der organisch gebundenen Halogene können die Halogenid-Ionen nach Auftrennung über eine ionenchromatographische Säule nacheinander bestimmt werden.

51.8 Ionenchromatographische Bestimmung von Chlor, Brom, Iod und Fluor

Abb. 51-20. Analysendiagramm einer Mischung.
(A) Elementaranalyse nach Schönigerverbrennung.
Säule: 6.1005.000 IC-Anionensäule PRP-X100 (METROHM).
(B) Haloforme in Glühlampen. Säule: 6.1005.000 IC-Anionensäule PRP-X100 (METROHM).

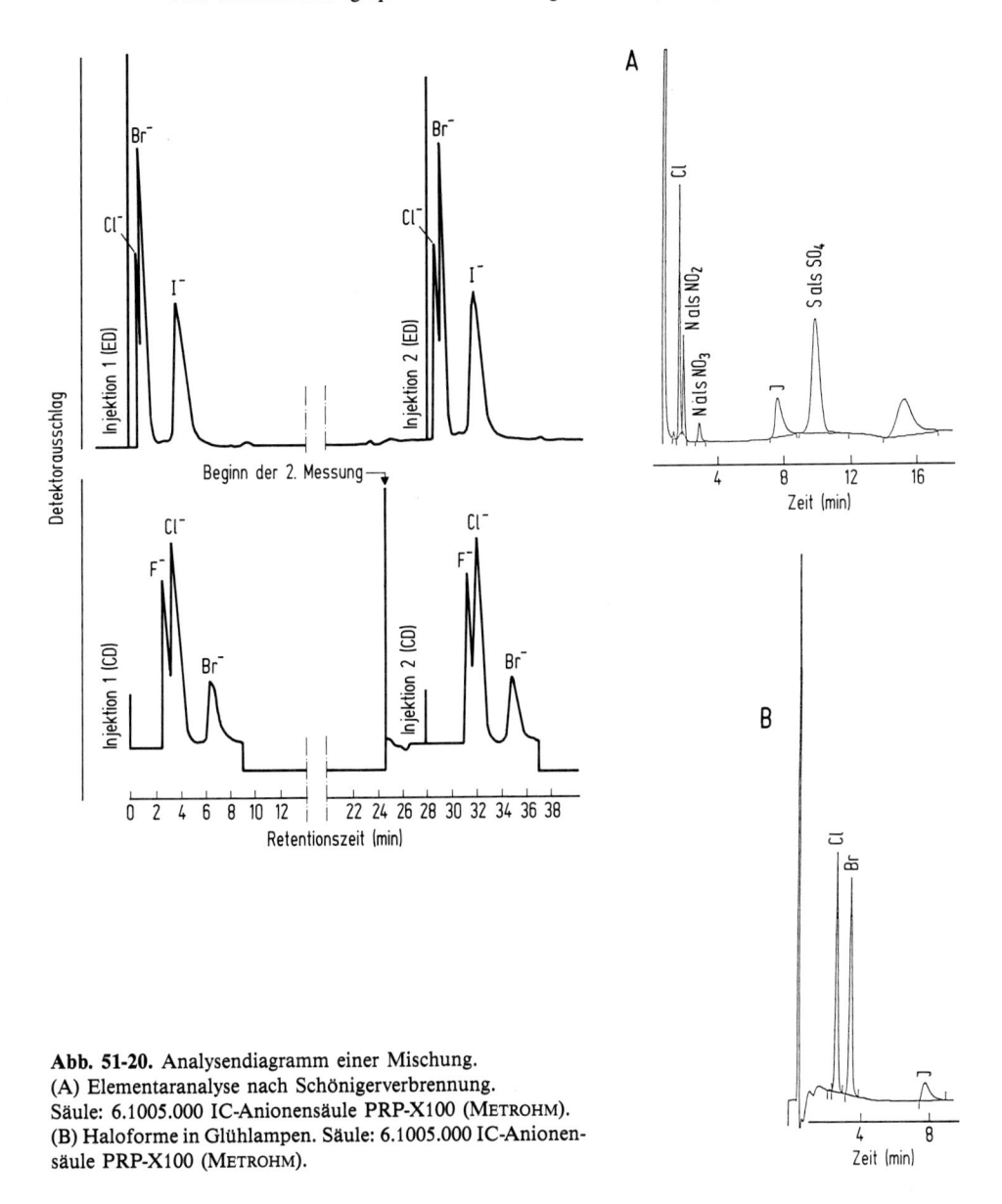

Nach WANG et al. (1983) wird die organische Substanz durch eine Natriumschmelze mineralisiert, die Schmelze in der Eluierlösung gelöst und aliquote Volumina dieser Aufschlußlösung auf die Trennsäule des IC aufgegeben und die Halogenide aufgetrennt. F^-, Cl^-, Br^- werden mit dem *Leitfähigkeitsdetektor*, I^- mit dem *elektrochemischen Detektor* bestimmt (Abb. 51-20).

Über Prinzip der konduktometrischen Messung, Theorie und Anwendung der IC informiert Kap. 6.3.

Tab. 51-3. Ionenchromatographische Bedingungen bei der gemeinsamen Bestimmung von AOCl und AOS nach Rohrverbrennung der beladenen Aktivkohle (SCHNITZLER et al. 1983).

Ionenchromatograph	Dionex 2000 i
Probenschleife	100 µl
Meßbereich	30 µS
Eluens	$c(NaHCO_3) = 2.8$ mmol/l
	$c(Na_2CO_3) = 2.3$ mmol/l
Flußgeschwindigkeit	$\dot{V} = 2$ ml/min
Säulen	Dionex, Vorsäule HPIC-AG 4
	Dionex, Anionentrennsäule HPIC-As 4
Suppressor	Dionex, Fasersuppressor für Anionenbestimmung
Regenerens für Suppressor	$c(1/2\ H_2SO_4) = 0.025$ mol/l
Retentionszeiten	$t(Cl^-) = 1.9$ min
	$t(NO_2^-) = 2.4$ min
	$t(Br^-) = 4.3$ min
	$t(NO_3^-) = 5.1$ min
	$t(SO_4^{2-}) = 7.3$ min

Eine wichtige Anwendung der ionenchromatographischen Halogenidbestimmung — die gemeinsame Bestimmung der Summenkennzahlen AOX und AOS in Wässern — haben SCHNITZLER et al. (1983) beschrieben (s. auch Tab. 51-3). In den Abb. 51-20A und B sind zwei weitere praktische Anwendungsbeispiele skizziert. Nach *Schöniger-Aufschluß* kann die ionenchromatographische Elementbestimmung auch als qualitativer oder halbquantitativer Nachweis genutzt werden.

Apparatives und Reagenzien

Aufschlußröhrchen aus Hartglas, mit etwa 2 ml Inhalt (wie für den Kaliumaufschluß, s. Kap. 47.1).
Glasflasche, dickwandig, 1 l Inhalt.
Ionenchromatograph (Dionex-10) kombiniert mit Leitfähigkeits-/elektrochemischem Detektor.
Membranfilter, $\varnothing$ 25 mm, 0.2 µm Porengröße.
Metallisches Natrium, in Stücken von 30 bis 40 mg.
Eichlösungen in bidest. Wasser, zur Erstellung der Eichkurven für die einzelnen Halogenide, in jeweils fünf verschiedenen Konzentrationen: für F^- (5 bis 25 ppm), Cl^- (10 bis 50 ppm), Br^- (20 bis 80 ppm) und I^- (10 bis 90 ppm). Reagenzien und weitere Parameter s. Tab. 51-4.

Ausführung. 5 bis 35 mg der Probe werden in das Aufschlußröhrchen eingewogen. Darauf gibt man 30 bis 40 mg Natriummetall — in etwa 20 kleine Stücke geschnitten — und schmilzt die Ampulle sofort in einer Bunsenflamme zu. Bei Substanzen, die mit Natrium reagieren, wird dieses getrennt von der Probe in der Mitte des Reaktionsröhrchens positioniert. Durch einstündiges Erhitzen in einem Bombenofen (s. Carius-Aufschluß Kap. 50.5.2) auf 280 bis 290 °C wird die Substanz aufgeschlossen. Nach Abkühlen auf Raumtemperatur wird das Reaktionsröhrchen in die dickwandige, mit 250 ml Eluierlösung beschickte und mit einem Stopfen verschließbare, Glasflasche geworfen, durch heftiges

Tab. 51-4. Ionenchromatographische Parameter.

Eluens	0.003 mol/l $NaHCO_3$ und 0.0024 mol/l Na_2CO_3
Flußgeschwindigkeit	156 ml/h
Vorsäule	50 mm Schnellauf
Trennsäule	100 mm Schnellauf
	150 mm Schnellauf
Suppressor-Säule	100 mm Anionen-Suppressor-Säule
Injektionsvolumen	100 µl
Arbeitselektrode	Ag
Arbeitspotential	0.2 V
Elektrochem. Meßbereich	1.5 µA/V
Leitfähigkeitsmeßbereich	30 oder 50 µmho

Schütteln zerbrochen und die Natriumschmelze im Eluent ($NaHCO_3$-/Na_2CO_3-Lösung) gelöst. Eine 5-ml-Injektionsspritze mit vorgeschaltetem Membranfilter wird mehrmals mit der Absorptionslösung vorgespült und dann damit die Probeschleife des Ionenchromatographen mit der klaren, von festen Partikeln befreiten Absorptionslösung beschickt. Die ionenchromatographische Halogenidbestimmung in der Absorptionslösung unter Verwendung der zwei Detektorsysteme beschreiben WANG et al. (1983). Die eigentliche ionenchromatographische Analyse für alle vier Halogenide dauert maximal 40 min. Fluorid, Chlorid und Bromid werden mit dem nach der „Suppressor-Säule" angeordneten Leitfähigkeitsdetektor leicht nacheinander eluiert und bestimmt. Enthält die Absorptionslösung nur Iodid, kann der *elektrochemische Detektor* unmittelbar nach einer 50 mm Vorsäule geschaltet werden. Für die Iodidbestimmung wird als optimales Potential 0.2 V an die Silberelektrode angelegt. Bei hohen Iodidkonzentrationen zeigt die Eichkurve nach oben hin zunehmende Krümmung.

51.9 Chlorid- und Bromidspurenbestimmung durch massenspektrometrische Isotopenverdünnungsanalyse (MS-IVA)

Allgemeines. Diese von HEUMANN et al. (1978, 1980, 1983) entwickelte Analysenmethode wurde bisher zur Bestimmung von Halogenidspuren (Cl im unteren ppm-, Br im oberen ppb-Bereich) vorwiegend in anorganischen Materialien (Gesteinsproben) eingesetzt. Diese Absolutmethode ist, obwohl apparativ aufwendig, eine wertvolle Alternative zu anderen Spurenverfahren, sie ist vor allem als Eichmethode zur genauen Elementbestimmung in Standard-Referenzmaterialien prädestiniert. Als Voraussetzung für die Durchführung der MS-IVA muß das zu bestimmende Element mindestens zwei stabile oder sehr langlebige radioaktive Isotope besitzen. Bei Chlor (^{35}Cl und ^{37}Cl) und Brom (^{79}Br und ^{81}Br) ist dies der Fall.

Prinzip. Für die Chlor- und Brombestimmung durch MS-IVA fügt man zur Probe eine genau bekannte Menge eines ^{37}Cl- bzw. ^{81}Br-Indikators zu und schließt in geeigneter Weise auf, wodurch Indikator- und Probenhalogenid vollständig vermischt werden. Nach

Ausfällen und Isolieren des gesamten Halogenids als Silberhalogenid wird eine kleine Menge, in Ammoniak gelöst, auf das Ionisierungsband des MS (Rhenium) gegeben. Auf der heißen Metalloberfläche werden im Massenspektrometer negative Thermionen erzeugt und die Ionenstromintensitäten von ^{35}Cl und ^{37}Cl bzw. ^{79}Br und ^{81}Br gemessen und daraus der Halogengehalt der Probe errechnet.

Apparatives und Reagenzien

Massenspektrometer CH5-TH oder MAT 261 (FINNIGAN MAT) mit einer Zweiband-Thermionenquelle und Faraday-Käfig als Ionenauffänger.
Natriumchlorid, zu 75 oder 98% mit ^{37}Cl angereichert.
Natriumbromid, Isotopenhäufigkeit $h_1^{79} = 2.2$, $h_2^{81} = 98\%$ (Lieferfirma: OAK RIDGE NAT. LAB).
Die Indikatorlösungen werden aus den Natriumhalogeniden durch Lösen in dest. H$_2$O hergestellt.

Ausführung. Die Spurenbestimmung von Chlorid (10 bis 300 ppm) in silicatischen Gesteinen und Bromid in geochemischen Standard-Referenzmaterialien (granitische Proben mit einem Bromidgehalt von 0.2 bis 3 ppm) durch MS-VIA werden mit Hilfe der Blockschemata in Abb. 51-21 und 51-22 kurz erläutert.

Zur Technik der Isotopenverhältnismessung im Massenspektrometer s. HEUMANN et al. (1978, 1981, 1983).

Berechnung (Chlor). Im Massenspektrometer werden die Ionenintensitäten von ^{35}Cl und ^{37}Cl der isotopenverdünnten Probe gemessen. Hierbei setzt sich die Gesamtintensität jedes Isotops aus der Summe der jeweiligen Anteile von Proben- und Indikatorchlorid zusammen. Damit gilt für das Isotopenverhältnis $R = {}^{37}$Cl$/^{35}$Cl nach der Isotopenverdünnung:

$$R = \frac{N_{Pr}h_{Pr}^{37} + N_{Ind}h_{Ind}^{37}}{N_{Pr}h_{Pr}^{35} + N_{Ind}h_{Ind}^{35}} \tag{1}$$

N = Zahl der Chloratome
h = Chlor-Isotopenhäufigkeit [%]
Pr Probe, Ind Indikator, 35 ^{35}Cl-Isotop, 37 ^{37}Cl-Isotop.

Löst man Gleichung (1) nach dem gesuchten Chloridgehalt N_{Pr} in der Probe auf, so erhält man:

$$N_{Pr} = \frac{N_{Ind}(h_{Ind}^{37} - R h_{Ind}^{35})}{R h_{Pr}^{37} - h_{Pr}^{35}} . \tag{2}$$

Bisher sind keine Isotopenvariationen des Chlors in geologischen Proben bekannt, deshalb können in Gleichung (2) die natürlichen Isotopenhäufigkeiten für h_{Pr} eingesetzt werden: $h_{Pr}^{35} = 75.77\%$, $h_{Pr}^{37} = 24.23\%$. Um den Chloridgehalt x einer Gesteinsprobe in ppm zu ermitteln, kann unter Berücksichtigung der Probeneinwaage G in g Gleichung (3) benutzt werden:

$$x = 5.887 \cdot 10^{-17} \cdot \frac{N_{Pr}}{G} \text{ ppm} . \tag{3}$$

Finnigan MAT

Finnigan MAT GmbH
Barkhausenstraße 2
D-2800 Bremen 14
Telefon: (0421) 54 93-0

NO_x

NO_3

SO_2

NO_2

Pb

Zn

Cr

SO_3^-

Tl

Cd

Cr

Cu

Zn

Pb

Cr

Cu

nicht richtig
nicht genau

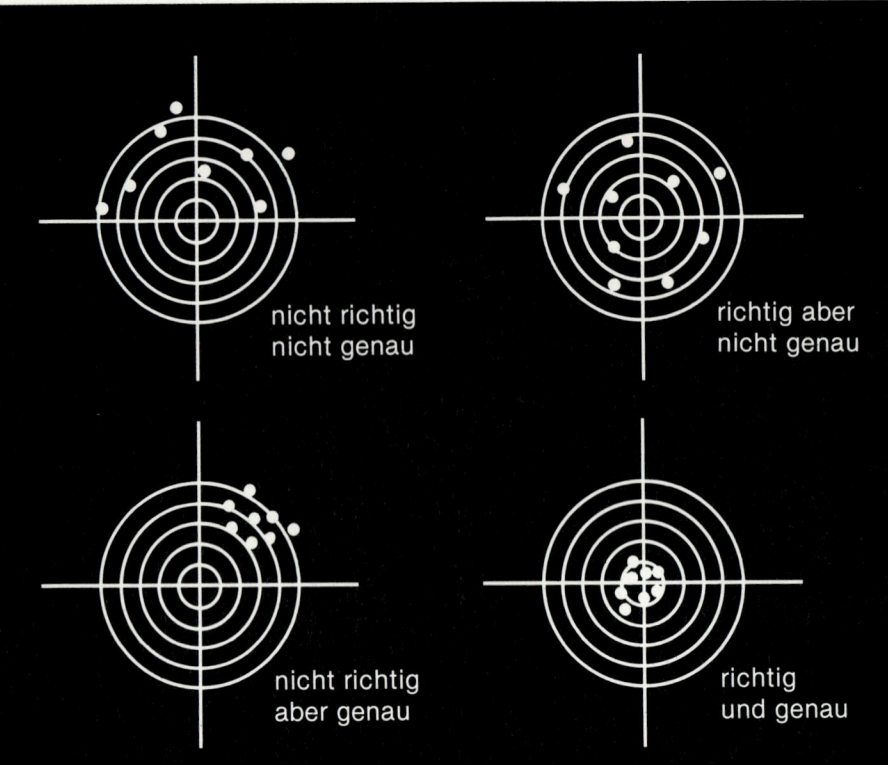

richtig aber
nicht genau

nicht richtig
aber genau

richtig
und genau

Anorganische Spurenanalyse in der Umwelt – RICHTIG, GENAU UND EMPFINDLICH

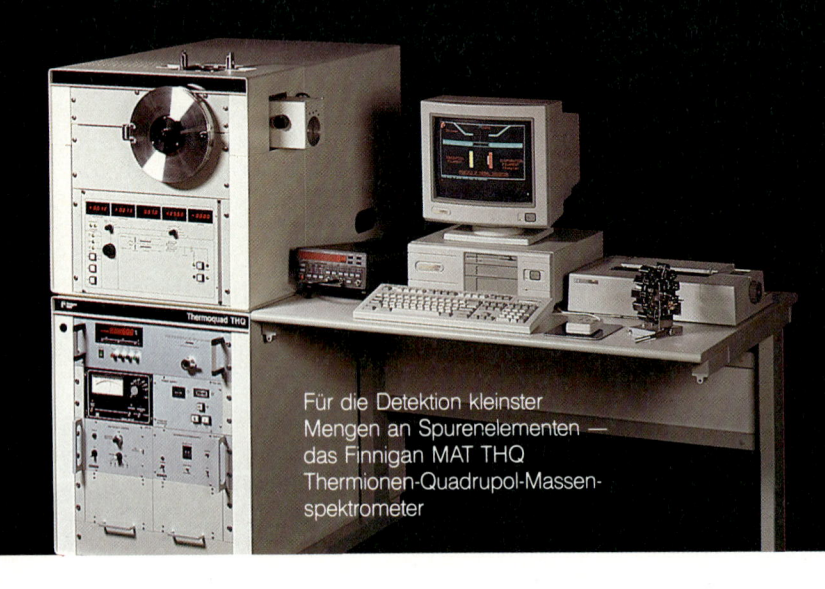

Für die Detektion kleinster Mengen an Spurenelementen — das Finnigan MAT THQ Thermionen-Quadrupol-Massenspektrometer

Abb. 51-21. Aufarbeitungsschema für die Chlorid-Spurenbestimmung in Silicatgesteinen durch MS-IVA.

1 g Probe+Indikatorlösung (gewogen).

17 g HF 40%ig + 7 g konz. H_2SO_4 (suprapur, MERCK)

1–3 h Aufschluß

zum Überspülen in eine 50-ml-Polyethylenflasche mit 0.5 ml 0.1 N $AgNO_3$

Teflonfilter, Poren-$\varnothing$ 5 μm (Typ TE 38, SCHLEICHER und SCHÜLL)

in wenigen Tropfen Ammoniaklösung (1:1) gelöst, anschließend durch Zugabe von konz. HNO_3 wieder ausgefällt, über Membranfilter aus Cellulosenitrat (SARTORIUS Typ Sm 11301, Poren-$\varnothing$ 8 μm) filtriert

in wenigen μl NH_3 gelöst und auf das Verdampferband des MS aufgetragen, getrocknet und gemessen.

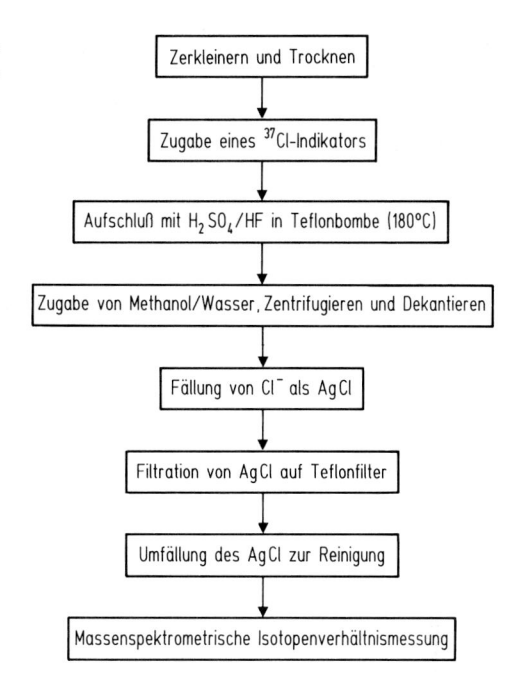

```
Zerkleinern und Trocknen
        ↓
Zugabe eines ³⁷Cl-Indikators
        ↓
Aufschluß mit H₂SO₄/HF in Teflonbombe (180°C)
        ↓
Zugabe von Methanol/Wasser, Zentrifugieren und Dekantieren
        ↓
Fällung von Cl⁻ als AgCl
        ↓
Filtration von AgCl auf Teflonfilter
        ↓
Umfällung des AgCl zur Reinigung
        ↓
Massenspektrometrische Isotopenverhältnismessung
```

Abb. 51-22. Schema der Probenaufarbeitung beim sauren Aufschluß mit massenspektrometrischer Messung zur Bromidspurenbestimmung in granitischem Material.

0.5 g Probe+0.3 g ^{81}Br-Indikatorlösung

17 g HF 40%ig (suprapur MERCK, durch Destillation über $AgNO_3$/AgI gereinigt) 3 h bei 180 °C

Teflonfilter (Poren $\varnothing$ 5 μm Typ SM 11842, SARTORIUS) vor Filtration mit Methanol benetzen

Fällung mit ca. stöchiometrischer Menge $AgNO_3$ (entspr. der Bromid-Indikatorzugabe) Filtration über Teflonfilter gewaschen und getrocknet

Teil des AgBr in wenigen μl NH_3-Lösung gelöst und auf das Verdampferband des Massenspektrometer aufgetragen. Der Blindwertbeitrag, der bei der Bestimmung so kleiner Halogenidkonzentrationen eine große Rolle spielt, ist beim HF-Aufschluß vergleichsweise gering, deshalb wird er dem alkalischen Schmelzaufschluß vorgezogen.

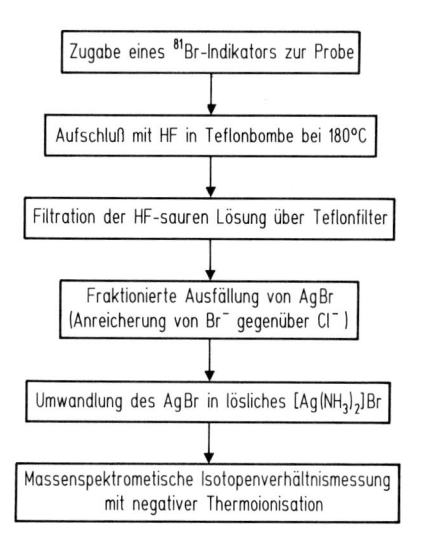

```
Zugabe eines ⁸¹Br-Indikators zur Probe
        ↓
Aufschluß mit HF in Teflonbombe bei 180°C
        ↓
Filtration der HF-sauren Lösung über Teflonfilter
        ↓
Fraktionierte Ausfällung von AgBr
(Anreicherung von Br⁻ gegenüber Cl⁻)
        ↓
Umwandlung des AgBr in lösliches [Ag(NH₃)₂]Br
        ↓
Massenspektrometische Isotopenverhältnismessung
mit negativer Thermoionisation
```

Berechnung (Brom). Aus dem massenspektrometrisch bestimmten Isotopenverhältnis der isotopenverdünnten Probe $R = {}^{79}Br/{}^{81}Br$ sowie unter der für geologische Proben statthaften Annahme konstanter (natürlicher) Isotopenhäufigkeiten in der Probe von $h_{Pr}^{79} = 50.69\%$ und $h_{Pr}^{81} = 49.31\%$ kann man mit Gl. (1) den Bromidgehalt G im Gestein berechnen:

$$G = \frac{1.33 \cdot 10^{-16}}{E_{Pr}} \cdot \left[E_I \cdot I \cdot \left(\frac{h_I^{79} - R \cdot h_I^{81}}{R \cdot h_{Pr}^{81} - h_{Pr}^{79}} \right) - N_B \right] \text{ [ppm]} \qquad (4)$$

E = Einwaage [g]
I = Gehalt Indikatorlösung [Br$^-$-Ionen/g]
h = Isotopenhäufigkeit [%]
N = Zahl der Br$^-$-Ionen
Index Pr Probe, I Indikator, B Blindwert.

Die Indikatorlösung wurde aus angereichertem Na^{81}Br (OAK RIDGE NAT. LAB.) durch Lösen in dest H$_2$O hergestellt. Aus fünf unabhängigen Meßserien ergaben sich die Isotopenhäufigkeiten zu h_I^{79} = (2.20±0.001)%, h_I^{81} = (97.799±0.001)%, womit relative Standardabweichungen von 0.05% bzw. 0.001% erreicht wurden. Die Isotopenverhältnismessung des Indikators ergab ^{79}Br/^{81}Br = 0.02251±0.00002, so daß hier die relative Standardabweichung bei etwas weniger als 0.1% liegt. Durch inverse MS-IVA wurde der Indikatorgehalt zu I = 6.388·10^{17} Br$^-$-Ionen/g Lösung bestimmt.

52 Brombestimmung

52.0 Allgemeines

Bromid verhält sich in Lösungen ähnlich wie Chlorid. Die in Kap. 51.1 bis 51.9 beschriebenen Methoden zur Chloridbestimmung sind daher auch zur Bromidbestimmung geeignet (s. o.). Von der Chloridbestimmung abweichende Methoden der Bromidbestimmung sind die iodometrische Methode und die Röntgenfluoreszenz.

52.1 Iodometrische Brombestimmung nach Oxidation zu Bromat

Prinzip (KOLTHOFF und YUTZY 1937). Bromid wird mit Natriumhypochlorit in gepufferter Lösung bei pH 5 bis 7 quantitativ zu Bromat oxidiert. Nach Zerstören des überschüssigen Hypochlorits mit Natriumformiat wird Kaliumiodid zugesetzt und das in schwefelsaurer Lösung freigesetzte Iod, das der sechsfachen Brommenge entspricht, mit Thiosulfatlösung gegen Stärke titriert.
Die Reaktion folgt untenstehender Gleichung:

$$3\,NaOCl + Br^- \rightarrow 3\,NaCl + BrO_3^-$$
$$BrO_3^- + 6\,HI \rightarrow 3\,I_2 + 3\,H_2O + Br^- \;.$$

Vor der Bromatoxidation ist in der Reaktionslösung evtl. vorhandenes Wasserstoffsuperoxid katalytisch mit Platin zu zerstören.

Reagenzien

Natriumhypochlorit, 6%ige Lösung, bromfrei.
Pufferlösung: 5 ml 20%iger Lösung von Natriumhydrogenphosphat p.a. werden mit 5 ml Hypochloritlösung gemischt und mit 1 N Natronlauge (0 bis 2 ml) auf einen pH-Wert zwischen 5 und 7 eingestellt. pH-Werte außerhalb dieses Bereichs haben zu niedrige Bromwerte zur Folge, da die Reaktion nur im pH-Bereich 5 bis 7 vollständig abläuft.
Natriumformiat, 50%ige wäßrige Lösung des umkristallisierten Präparates.
Kaliumiodid p.a.
Schwefelsäure (1:4) mit Wasser verdünnt).
Ammoniummolybdat, 5%ige wäßrige Lösung.
Natriumthiosulfat, 0.02 N: Durch Auflösen von etwa 25 g p.a. Natriumthiosulfatkristallen ($Na_2S_2O_3 \cdot 5\,H_2O$) in 500 ml kaltem frisch bidest. Wasser wird eine 0.1 N Stammlö-

sung hergestellt. Zur Stabilisierung der Lösung wird 0.1 g Natriumcarbonat oder 0.4 g Natriumborat zugegeben und mit kaltem bidest. Wasser auf 1 l aufgefüllt. Zur Bereitung der 0.02 N Lösung werden 100 ml Stammlösung mit bidest. Wasser auf 500 ml verdünnt. Die Lösung soll vor Gebrauch und Titerstellung mindestens 24 h stehen (Titerstellung s. Kap. 53.1).

Titrationsvorschrift. Die halogenhaltige Reaktionslösung wird in einen 250-ml-Erlenmeyerkolben mit Schliffstopfen gespült. Enthält die Lösung Wasserstoffperoxid, wird ein etwa 6 cm^2 großes Platinblech – an einem Glasstab befestigt und durch Elektrolyse an der Oberfläche mit Platinschwarz überzogen – in die alkalische Lösung gestellt. Die Lösung wird erwärmt und nach Beendigung der Sauerstoffentwicklung (nach etwa 5 min) das Platinblech entfernt und mit Wasser in den Reaktionskolben abgespült. Das nachträgliche Zerstören des Wasserstoffperoxids entfällt, wenn die Halogene beim Aufschluß zweckmäßig gleich in alkalischer Hypochloritlösung absorbiert werden.

Nun werden 5 ml Natriumhypochloritlösung und 5 ml Pufferlösung zugefügt, die Mischung erwärmt und 5 bis 6 min gerade am Sieden gehalten. Der Kolben wird von der Heizplatte genommen, schnell 5 ml Natriumformiatlösung zugesetzt und der Kolbeninhalt vorsichtig durchgeschüttelt. Man läßt 3 bis 4 min stehen, spült die Kolbenwand mit dest. Wasser ab, schüttelt um und läßt unter fließendem Leitungswasser auf Raumtemperatur abkühlen. Zur kalten Lösung fügt man 5 ml Schwefelsäure (1:4) und 0.5 g festes Kaliumiodid zu, dann noch 2 Tropfen Ammoniummolybdatlösung und titriert schnell mit 0.02 N Thiosulfatlösung. Wenn die Hauptmenge Iod verbraucht und die Lösung nur noch schwach gelb ist, läßt man 6 bis 8 Tropfen Stärkelösung zulaufen und titriert weiter, bis die Lösung farblos geworden ist. Die Reinheit der Reagenzien muß durch Blindwertbestimmungen kontrolliert werden. Beim Stehen über Tage verliert die Hypochloritlösung ihre Wirksamkeit. Ein starkes Aufschäumen bei der Zugabe der Natriumformiatlösung zur heißen Reaktionslösung ist ein guter Hinweis, daß das Hypochlorit noch wirksam ist, ein schwaches Aufschäumen zeigt eine Minderung der Oxidationskapazität an. Es ist ratsam, sich für eine Tagesserie aus der konzentrierten Reagenzlösung eine kleinere Menge der 6%igen Hypochloritlösung zu bereiten. Die konzentrierte Lösung sollte licht- und luftgeschützt aufbewahrt werden.

$$1 \text{ ml } 0.02 \text{ N } Na_6S_2O_3 \triangleq 0.2664 \text{ mg Br}.$$

Spuren-Brom neben Chlor bestimmen HUNTER et al. (1954) photometrisch als Tetrabromrosanilin nach Hypochloritoxidation des Bromid-Ions und Umsetzung des Bromats mit Bromid zu Brom.

Selektive Bestimmung von Brom und Iod nach Carius-Aufschluß (WHITE et al. 1950). Die iodometrische Brombestimmung nach Oxidation zu Bromat kann nach Substanzaufschluß im Rohr, nach Schöniger-Aufschluß oder Peroxidaufschluß in der Nickelbombe direkt in der Aufschlußlösung erfolgen. Sie wird in etwas modifizierter Form nach Carius-Aufschluß (s. Kap. 50.5.2) ausgeführt, wenn Brom und Iod in der Probe gleichzeitig vorliegen und selektiv bestimmt werden sollen.

Iodverbindungen werden dann im geschlossenen Carius-Rohr mit Salpetersäure unter Zusatz von Quecksilbernitrat aufgeschlossen, Iodid mit Brom-Eisessig zu Iodat oxidiert, nachdem Nitrit mit einer sulfithaltigen, alkalischen Aminosulfonsäurelösung entfernt wurde. Andere Halogene stören die Bestimmung nicht.

Bromverbindungen werden mit Salpetersäure und unter Zusatz von Natriumchlorid analog aufgeschlossen. Quecksilber kann hier zum Binden des Broms nicht verwendet werden, weil es die quantitative Oxidation des Bromids zu Bromat stören würde. Statt dessen wird der Inhalt des Carius-Rohrs unter Kühlung mit Lauge neutralisiert, Bromid mit Hypochlorit zu Bromat oxidiert und dieses anschließend iodometrisch bestimmt. Chlor stört die Bestimmung nicht, Iod wird aber quantitativ mitbestimmt. Sind Brom und Iod in der Probe vorhanden, so wird nach Oxidation mit Hypochlorit die Summe beider und in einer getrennten Einwaage der Iodgehalt nach der unten beschriebenen Methode bestimmt und der Bromgehalt aus der Differenz berechnet.

Brombestimmung. 5 bis 10 mg Substanz, nicht mehr als 4 mg Brom enthaltend, in das Aufschlußrohr einwägen – etwa 10 mg Natriumchlorid und 0.3 ml Salpetersäure (D = 1.42) zugeben und wie beschrieben aufschließen. Nach Aufschluß den unteren Teil (etwa 5 cm) des Carius-Rohrs in Kohlensäureeis-/Alkohol-Kältemischung tauchen und die Spitze des Rohres mit einer Flamme abfächeln, um Kondensat nach unten zu treiben, dann das ganze Rohr in die Kältemischung tauchen, nach ca. 1 min herausnehmen, in ein Tuch wickeln, oberste Spitze abfeilen und sofort 4.2 ml 5%ige Natronlauge durch die kleine Öffnung einspritzen. Durch vorsichtiges Schütteln Inhalt durchmischen. Rohr durch Absprengen mit glühendem Glastropfen öffnen und Inhalt in Titrierflasche überführen, die 5 ml Natriumhypochloritlösung vorgelegt enthält. Die Bestimmung erfolgt nach der oben beschriebenen Methode. Die Bestimmung eines Reagenzienblindwertes ist erforderlich.

Iodbestimmung. 5 bis 10 mg Substanz, nicht mehr als 4 mg Iod enthaltend, in das Carius-Rohr einwägen. Mit 0.3 ml Aufschlußlösung (Lösung von 10 g Quecksilbernitrat in 50 ml Salpetersäure (D = 1.4)) überschichten, Rohr zuschmelzen, 3 h auf 300 °C erhitzen und nach Abkühlen Rohr öffnen. Inhalt in einen 250-ml-Schliffkolben überspülen, in den vorher 3 ml sulfithaltige, alkalische Aminosulfonsäurelösung (10 g Natriumsulfit + 5 g Aminosulfonsäure in 300 ml 15%iger, wäßriger Natronlauge gelöst) und 5 ml 20%ige wäßrige Natriumacetatlösung vorgelegt wurden. 5 ml 10%ige Natriumacetatlösung in Eisessig und etwa 0.12 ml Brom zur Oxidation des Iodids zum Iodat zusetzen. Die weitere Bestimmung erfolgt iodometrisch (s. Kap. 53.1).

52.2 Brombestimmung durch Röntgenfluoreszenzanalyse

Prinzip (HERRMANN 1961). Nach Aufschluß der Probe in der Peroxidbombe oder in der Knallgasflamme wird in aliquoten Teilen der Reaktionslösung das Brom selektiv röntgenspektralanalytisch bestimmt. Die Intensität der Sekundärstrahlung einer für das Brom charakteristischen Wellenlänge ($K\alpha$) wird entweder über eine Eichkurve (Zahl der Röntgenimpulse/mg Brom) oder gegen Selen als „inneren Standard" ausgewertet.

Mit der Methode des „inneren Standards" erreicht man eine größere Analysengenauigkeit, da nach dieser Methode die in der Regel schwankende Impulsfrequenz des Unter-

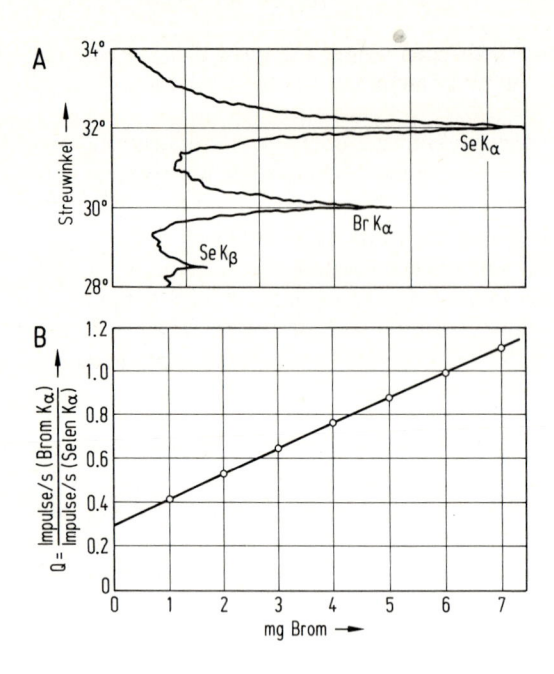

Abb. 52-1. Brombestimmung durch Röntgenfluoreszenzanalyse. (A) Röntgenspektrogramm einer Br-Se-Lösung, (B) Eichkurve für die Br-Bestimmung (Mo-Röhre, 30 kV, 10 mA).

grunds weitgehend kompensiert wird. Man setzt der Probenlösung mit unbekanntem Bromgehalt eine bekannte Menge eines anderen Elementes, in diesem Fall Selen, als inneren Standard zu und vergleicht die Intensität der Bromlinie mit der Intensität der Standardvergleichslinie. Andere Fehler wirken sich während der Messung sowohl auf die Analysen- als auch auf die Vergleichslinie in der gleichen Weise aus, so daß das Verhältnis von Impulszahl des Broms zur Impulszahl des Standards nicht geändert wird. Aus einer analog aufgestellten Eichkurve wird dann der Bromgehalt ermittelt (Abb. 52-1).

Arbeitsvorschrift. Die Substanz wird mit Natriumperoxid in der Nickelbombe (Methode 45.1) oder durch Knallgasverbrennung (Methode 43) aufgeschlossen. Zur alkalischen Reaktionslösung werden in der Siedehitze 2 ml 10%iger Natriumsulfitlösung zugesetzt, um das gesamte Brom in Bromid überzuführen. Die Lösung wird mit Schwefelsäure (1 : 1) angesäuert, in einen 100-ml-Meßkolben filtriert und mit Wasser zur Marke aufgefüllt.

In je einem aliquoten Teil wird durch potentiometrische Titration mit 0.1 N Silbernitratlösung der Gesamthalogengehalt und röntgenspektralanalytisch der Bromgehalt bestimmt.

Zur Brombestimmung werden 10.0 ml der Reaktionslösung mit 5.0 ml Selenitlösung versetzt, die genau 1.0 mg Selen/ml enthält. Die Mischung wird in den Probenhalter gefüllt. Man zählt die Röntgenimpulse für die Br-Kα-Linie bei $2\theta = 29.96°$ und für die Se-Kα-Linie bei 31.88°. Die Anregung wird mit einer Molybdänröhre mit 30 kV, 10 mA durchgeführt, wobei die Zählzeiten jeweils 100 s betragen; als Analysatorkristall wird Lithiumfluorid verwendet. Aus dem Verhältnis der Zählzeiten wird der Bromgehalt aus der Eichkurve ermittelt.

52.3 Zerstörungsfreie röntgenspektrometrische Bestimmung von Spuren-Gesamtchlor und -Brom und weiteren Heteroelementen und Metallen in Polymeren

Ausführung (BANKMANN, unveröffentlicht). Von Polyolefinproben (Pulvern, Granulaten, zerkleinerten Formteilen usw.) werden 3.0 g in einer heizbaren hydraulischen Presse (z. B. PWP 8; Fa. WEBER) zu einer Tablette von 31 mm Durchmesser gepreßt. Die Abmessungen der Präparatehalter des verwendeten Röntgenspektrometers bestimmen die Größe des Preßwerkzeugs und damit den Durchmesser der Tablette. Übliche Preßtemperaturen sind 130 °C für Polypropylene und 110 °C für Polyethylenproben (Gesamtdruck 5 t). Diese Bedingungen können je nach Polyolefintyp etwas variieren.

Es werden grundsätzlich Doppelbestimmungen durchgeführt. Die Intensitäten der Linie Cl Kα werden abzüglich der Untergrundintensität an geeigneter 2θ-Position bei jeweils 100 s Zählzeit unter Rotation der Proben gemessen und über eine lineare Eichfunktion ausgewertet, die mit Standardproben laufend überprüft werden muß. Über die Probenrotation können (beim Gerät PHILIPS PW 1212) zusätzlich Informationen über Homogen- bzw. Inhomogenverteilung der zu bestimmenden Elemente in der bestrahlten Tablettenoberfläche erhalten werden. Je nach Röntgengerät liegen die Bestimmungsgrenzen für Gesamtchlor bei 2 µg/g (Gerät PHILIPS PW 1212 mit Chromanode und Pentaerythrit-Kristall), <0.5 µg/g mit dem Siemens-Gerät SRS 303 (Stirnfensterröhre mit Chromanode und Germaniumkristall). Die Eichfunktion wird durch Korrelierung aller gemessenen Cl Kα-Nettointensitäten mit sehr vielen klassisch bestimmten Analysenwerten (Substanzaufschluß durch Wickbold-Verbrennung und anschließende nullpotentiometrische Chloridtitration) erhalten. Der Konzentrationsbereich < 10 µg/g wird durch lineare Extrapolation ausgewertet.

Anwendungsgebiete. In gleicher Weise kann man eine Reihe weiterer Elemente in Polyolefinen bestimmen (Aluminium, Titan, Calcium, Zink, Schwefel, Phosphor und Silicium). Das vorgestellte Prinzip ist keineswegs auf Polyolefine beschränkt. Auf diese Weise können auch andere Polymergruppen analysiert werden (z. B. Polyester (PET), Polystyrole), aufgrund der unterschiedlichen Matrix jedoch mit individuellen Eichfunktionen.

Zur Schwermetallbestimmung in organischen Pigmenten − Überprüfung der festgelegten Grenzkonzentrationen zwischen 100 und 25 µg/g − ist die Röntgenfluoreszenzspektrometrie prädestiniert. Gemessen werden Quecksilber, Cadmium, Chrom, Arsen, Barium, Blei, Antimon, Selen, Zink, Eisen, Nickel, Cobalt, Mangan und Zinn. Die Pulverpigmente werden wieder zu Tabletten gepreßt, allerdings unter definiertem Zusatz von Bindemitteln und bei Raumtemperatur.

Spezielle Anwendungsbeispiele (zitiert nach BANKMANN) sind: Die Messung von Flammfestausrüstungen in Polymeren, häufig auf der Basis von Brom und Antimon (Gehalte jeweils im Prozentbereich) oder andere synergistische Flammwidrigsyteme. Ferner haben wir bei Migrationsstudien mit synthetischen Fett-Simulantien, z. B. mit schwefelhaltigen Stabilisatoren, entscheidend zur Klärung der Zusammenhänge und zur Quantifizierung des Übergangs der Schwefelverbindung auf Fett durch Schwefelspurenbestimmungen im Fett beitragen können.

Korrekterweise sei angemerkt, daß z. B. die Konzentration von phenolischen Antioxidantien auf diese Weise nicht bestimmbar ist. Hier muß man auf andere, z. B. extraktive und anschließend chromatographische Arbeitsweisen zurückgreifen.

Diskussion der Methode. Obige Aufzählung ist sicherlich unvollständig. Es liegt auf der Hand, daß das angeführte Meßprinzip beliebig auf weitere Elemente oder Elementkombinationen zu erweitern ist. In „normalen" (naturfarbenen) Proben treten Matrixeffekte praktisch nicht auf; diese machen sich erst bei höherpigmentiertem Material bemerkbar. Falls notwendig, müssen Korrekturverfahren verwandt werden.

In der Industrie besitzt diese Methode einen sehr hohen Stellenwert, da damit die Typenkonstanz zahlreicher Produkte untersucht und eigenes Material von Konkurrenzprodukten unterschieden werden kann. Letzteres basiert auf einer Art Fingerprint-Prinzip oder röntgenspektrometrischen Messungen spezieller Markierungszusätze. Bromspuren lassen sich so in verschiedenen Substanzklassen (nicht nur Polymeren), selbst in Flüssigkeiten, spezifisch und hochempfindlich mit der Röntgenfluoreszenz-Methode bestimmen.

53 Iodbestimmung

53.0 Einführende Bemerkungen

Liegt Iod in organischen Substanzen als konstitutionelles Element vor (Prozentbereich), läßt es sich einfach und präzise nach einem geeigneten Substanzaufschluß als Iodid-Ion oder als elementares Iod titrieren. Letztere Methode ist besonders empfindlich, weil durch Oxidation des Iodids zu Iodat und Umsetzung mit der fünffachen Menge Iodid in saurer Lösung in der Endreaktion die sechsfache Menge Iod zur Titration mit Thiosulfatlösung vorliegt, woraus ein sehr günstiger Umrechnungsfaktor resultiert. Auf dieser Reaktion basiert auch die Iodometrie, die in der Elementaranalyse vielseitig angewendet wird.

Iod ist ein essentielles Spurenelement und in der Natur weitverbreitet. Daher müssen häufig kleine und kleinste Iodgehalte in mineralischer, tierischer und pflanzlicher Matrix bestimmt werden. Dies geschieht nach Aufschluß und Anreicherung mittels Mikrodiffusion, Destillation oder Fällung photometrisch, potentiometrisch mit einer ionensensitiven Elektrode, röntgenfluoreszenzanalytisch oder durch massenspektrometrische Isotopenverdünnungsanalyse.

53.1 Das Grundprinzip der Iodometrie

Die iodometrische Methode nutzt sowohl die oxidierende Wirkung des elementaren Iods als auch die reduzierende Wirkung des Iodid-Ions, denn die Grundreaktion:

$$I_2 + 2e \rightleftharpoons 2I^-$$

ist voll reversibel.

Ob das Gleichgewicht quantitativ auf der linken oder der rechten Seite der Gleichung liegt, hängt lediglich vom Oxidations- bzw. Reduktionspotential des zu bestimmenden Stoffes ab. Ein Reduktionsmittel wird von Iodidlösung oxidiert, wenn sein Oxidationspotential niedriger ist als dasjenige des Iods, ein Oxidationsmittel wird von Iodwasserstoff reduziert, wenn sein Reduktionspotential unter dem des Iodwasserstoffs liegt. Da aber die Größe des Oxidations- bzw. Reduktionspotentials eines beliebigen Oxidations-Reduktionsvorgangs stark von der Wasserstoffionen-Konzentration, Temperatur und anderen Faktoren abhängt, ist es möglich, ein und dieselbe Reaktion durch geeignete Wahl der Versuchsbedingungen entweder in Richtung des Oxidations- oder des Reduktionsvorganges quantitativ verlaufen zu lassen. So läßt sich z. B. Arsensäure in stark saurer Lösung durch Iodionen quantitativ zu arseniger Säure reduzieren, während arsenige Säure in neutraler oder schwach alkalischer Lösung durch Iod quantitativ zu Arsensäure oxidiert wird.

$$AsO_3^{3-} + I_2 + H_2O \rightleftharpoons AsO_4^{3-} + 2H^+ + 2I^-.$$

Die Verwendung arseniger Säure zur Titration von Iod in schwach alkalischer Lösung beruht auf der gleichen Reaktion.

Zur Iodometrie stehen zwei Alternativen zur Verfügung:

1. Reduktionsmittel können mit Iodlösung direkt titriert werden. Sie werden unter Reduktion des Iods zum Iodid-Ion oxidiert, z. B.:

$$S^{2-} + I_2 \rightarrow 2I^- + S.$$

2. Oxidationsmittel werden mit überschüssiger angesäuerter Kaliumiodidlösung versetzt. Sie werden unter Oxidation der Iodid-Ionen zum elementaren Iod reduziert, z. B.:

$$IO_3^- + 5I^- + 6H^+ \rightarrow 3I_2 + 3H_2O.$$

Das elementare Iod wird dann mit der Maßlösung eines geeigneten Reduktionsmittels (Natriumsulfit, arsenige Säure, Natriumthiosulfat titriert). Heute wird zur Titration vorwiegend Natriumthiosulfat verwendet, nur in stärker alkalischen Lösungen noch arsenige Säure. Reaktionsgleichung (in saurer Lösung):

$$2S_2O_3^{2-} + I_2 \rightleftharpoons S_4O_6^{2-} + 2I^-.$$

Das Ion der Thioschwefelsäure wird zum Ion der Tetrathionsäure oxidiert.

Prinzip und Anwendung der Iodometrie in der Analyse (s. JANDER-JAHR „Maßanalyse", 1986).

53.2 Iodometrische Bestimmung von Iod in organischen Substanzen

A) Nach Verbrennung in strömender oder ruhender Sauerstoffatmosphäre

Prinzip (LEIPERT 1929). Das durch *Verbrennung im Perlrohr* freigesetzte Iod wird in verdünnter Natronlauge aufgefangen und mit Bromwasser zu Iodsäure oxidiert. Überschüssiges Brom wird nach VIEBÖCK und BRECHER (1930) mit Ameisensäure zerstört. Die gebildete Iodsäure wird mit Kaliumiodid in schwefelsaurer Lösung zu Iod umgesetzt, das mit Thiosulfatlösung gegen Särke-Endpunkt titriert wird. Für jedes ursprünglich in der Analysensubstanz vorhandene Iodatom wird die sechsfache Iodmenge ausgeschieden. Die Reaktion folgt untenstehenden Gleichungen:

$$I^- + Br_2 \rightarrow IBr + Br^-$$

$$IBr + 2Br_2 + 3H_2O \rightarrow HIO_3 + 5HBr$$

$$HIO_3 + 5HI \rightarrow 3I_2 + 3H_2O.$$

Substanzaufschluß. Die Substanz wird in einem Verbrennungsrohr aus Quarzglas von etwa 800 mm Gesamtlänge und einem Außen/Innen-Durchmesser von 10 bis 12/8 bis 10 mm umgesetzt. Abb. 53-1 zeigt das klassische „Perl- bzw. Spiralrohr" nach PREGL.

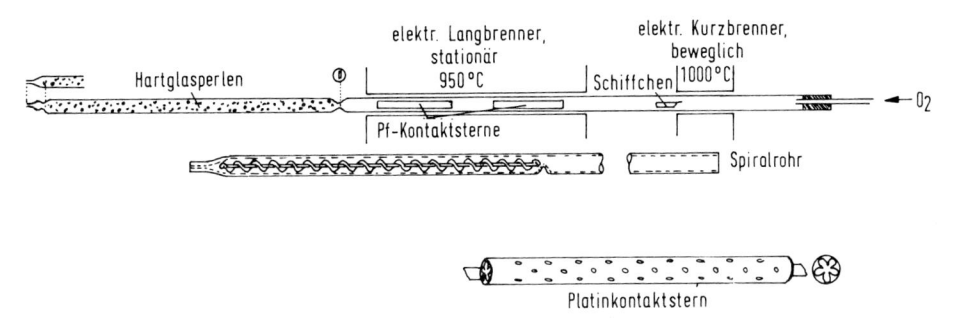

Abb. 53-1. Verbrennung im Perlrohr nach PREGL.

Der ofenbeheizte Teil des Rohres nimmt die Platinkontakte auf. Der Absorptionsteil ist zur Vergrößerung der mit Absorptionslösung benetzten Oberfläche mit Hartglas- oder Quarzperlen (Durchmesser 2 mm) oder einer Spirale gefüllt. Perlen und Spirale sind durch Einbuchtungen im Rohr begrenzt. Der Absorptionsteil mündet in einer dickwandigen Spitze, deren Lumen 0.5 mm betragen soll und die bewirkt, daß das Waschwasser beim Ausspülen nur langsam abfließt und dadurch Perlen oder Spirale gut benetzt werden, das Rohr also mit kleinen Flüssigkeitsmengen ausgespült werden kann.

Die Platinkontaktsterne bestehen aus 70 mm langen Platinzylindern, die stellenweise durchlocht sind. Ihre Durchmesser sollen nur wenig kleiner als der Innendurchmesser des Verbrennungsrohrs sein. Zum besseren Transport tragen die verstärkten Ränder kleine Bügel aus Platindraht. Der äußere Zylinder enthält den Platinstern, der im Querschnitt die Form eines fünfblättrigen Kleeblattes hat. Statt der Platinkontaktsterne kann ebensogut eine Rolle aus feinmaschigem Platindrahtnetz verwendet werden. Vor Gebrauch wird der Platinkontakt in verdünnter Salpetersäure ausgekocht, gespült und ausgeglüht.

Verliert er infolge „Vergiftung" seine katalytische Wirksamkeit, kann er durch vorsichtiges Anätzen in heißer verdünnter Salpetersäure, der wenige Tropfen Salzsäure zugesetzt werden, wieder aktiviert werden. Die Kontakte werden in geschlossenen Schalen aufbewahrt und nur mit Platin- oder Nickelspitzenpinzetten angefaßt.

Zum Beheizen des Rohrs verwendet man aufklappbare Rohröfen mit automatischem Wanderbrenner, wie sie in der Verbrennungsanalyse üblich sind. Für Serienanalysen sind Doppelrohröfen rationeller.

Auch das Perlrohr mit abnehmbarem Absorptionsteil (s. Kap. 42.1) ist zum Substanzaufschluß in der Iodbestimmung geeignet, wenn der Verbindungsschliff exakt eingeschliffen ist und dafür Sorge getragen wird, daß Ioddämpfe über den Schliff nicht entweichen können. Ebenfalls geeignet sind die in Kap. 42.2 beschriebenen und in der Schwefelanalyse angewendeten Rohrverbrennungsverfahren (GROTE-KREKELER-Methode, Empty-tube und die Methode der „Verbrennung an einer Düse"), sowie der Aufschluß im „SCHÖNIGER-Kolben" (s. Kap. 44).

Bei Substanzen mit hohen Iodgehalten (>50%) werden nach Verbrennung im Perlrohr häufig Minderbefunde erhalten. Diese Substanzen schließt man besser in der Knallgasflamme auf, entweder in der Mikro-Knallgasapparatur (EHRENBERGER 1961) (s. Kap. 50.2.1) oder in der bekannten Wickbold-Apparatur (s. Kap. 43). Die iodhaltigen Reaktionsgase werden bei den Knallgasverbrennungen gleich in Brom-Eisessiglösung absorbiert. Auch der Substanzaufschluß im Schöniger-Kolben (s. Kap. 50.3) ist in der Iodanalyse anwendbar.

Reagenzien

Natronlauge, 1 N.

Natriumacetatlösung, wäßrig: 40 g Natriumacetat ($CH_3COONa \cdot 3H_2O$ p.a.) werden in 200 ml Wasser gelöst. Das dest. Wasser darf kein Thiosulfat verbrauchen. Zur Iodometrie empfiehlt sich die Verwendung von doppelt destilliertem Wasser.

Natriumacetat in Eisessig: Man löst 10 g Natriumacetat ($CH_3COONa \cdot 3H_2O$ p.a.) in 100 g Eisessig. Der Eisessig wird durch Destillation über Kaliumpermanganat gereinigt.

Brom-Eisessiglösung: 10 g Natriumacetat ($CH_3COONa \cdot 3H_2O$) in 100 g Eisessig gelöst und 2 ml Brom (iodfrei) zugetropft.

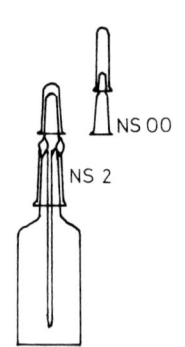

Abb. 53-2. Tropfflasche zur Bromaufbewahrung.

Da Brom gelegentlich nicht völlig blindwertfrei ist, ist dessen Iodgehalt für die bei der Bestimmung verwendete Tropfenanzahl zu ermitteln. Für die Aufbewahrung und Dosierung des Broms hat sich eine Tropfflasche mit eingeschmolzener Pipette in der in Abb. 53-2 gezeigten Form bewährt. Die Kappenschliffe sind mit Paraffin gefettet und daher vollkommen dicht. Zur Bromentnahme wird die Glaskappe gegen eine Schliffhülse, die mit einer Gummikappe versehen ist, ausgetauscht. Die Pipettenspitze der Tropfflasche hat einen Außendurchmesser von etwa 2 mm, ein Mikrotropfen Brom entspricht etwa 10 bis 15 mg.

Brom (iodfrei) in einer Tropfflasche gelagert.
Ameisensäure (80 bis 100%ig, Tropfpipette).
Essigsäure, 20%ig.
Kaliumiodid, iodatfrei, 10%ige wäßrige Lösung.
0.02 N Natriumthiosulfatlösung (Herstellung s. Kap. 52.1).

Verdünnte Schwefelsäure (1:4).
Stärkelösung (Bereitung s. unten, Kap. 47.1 oder 51.3).
Methylrot, 0.1%ige methylalkoholische Lösung (Tropfflasche).

Bestimmung des Titers (Faktors) der Natriumthiosulfatlösungen. Den Faktor der Lösungen bestimmt man gegen eingewogenes Kaliumbiiodat oder Kaliumiodat. Besser ist die Verwendung von „Urtiterlösungen" von Kaliumbiiodat oder Kaliumbichromat, die gut haltbar sind.

Kaliumbiiodat: $2\,IO_3^- + 10\,I^- + 12\,H^+ \rightarrow 6\,I_2 + 6\,H_2O$

Kaliumiodat: $IO_3^- + 5\,I^- + 6\,H^+ \rightarrow 3\,I_2 + 3\,H_2O$

Kaliumchromat: $Cr_2O_7^{2-} + 6\,I^- + 14\,H^+ \rightarrow 3\,I_2 + 2\,Cr^{3+} + 7\,H_2O$

In einen 100-ml-Erlenmeyerkolben mit Schliffstopfen werden etwa 8 ml der genau 0.02 N Urtiterlösung (Kaliumbiiodatlösung) vorgelegt, mit dem doppelten Volumen bidest. Wasser verdünnt, 2 ml einer frisch bereiteten 5%igen wäßrigen Kaliumiodidlösung und 5 ml Schwefelsäure (1:4) zugegeben. Nach Aufsetzen des Stopfens wird kurz umgeschwenkt und nach 2 min das ausgeschiedene Iod mit der zu prüfenden Thiosulfatlösung aus einer genauen Mikrobürette titriert. Dazu entfernt man zuerst den Stopfen von dem Kolben, spült ihn mit wenig Wasser ab und läßt die Thiosulfatlösung so lange vorsichtig zufließen, bis die Lösung nur noch schwach gelb gefärbt ist. Jetzt erst gibt man 6 bis 8 Tropfen Stärkelösung zu und titriert nach Umschwenken bis zur eben eintretenden Entfärbung der blauen Iod-Stärke-Farbe. Das Volumen der verbrauchten Thiosulfat- und der vorgelegten Kaliumiodatlösung wird genau abgelesen und daraus der Faktor berechnet:

$$f = \frac{\text{ml } 0.02\,\text{N KIO}_3\cdot\text{HIO}_3}{\text{ml } 0.02\,\text{N Na}_2\text{S}_2\text{O}_3}.$$

Führt man die Titerstellung gegen festes Iodat durch, sind die eingewogenen mg Kaliumbiiodat (etwa 4 bis 8 mg) durch 0.6498 bzw. die eingewogenen mg Kaliumiodat durch 0.7134 zu dividieren, um die der Einwaage entsprechenden ml 0.02 N Thiosulfat zu erhalten.

Der Faktor f errechnet sich

$$f = \frac{\text{ml } 0.02\,\text{N Na}_2\text{S}_2\text{O}_3 \text{ berechnet}}{\text{ml } 0.02\,\text{N Na}_2\text{S}_2\text{O}_3 \text{ titriert}}.$$

In gleicher Weise verfährt man mit Kaliumbichromat fest oder als 0.1 N bzw. 0.02 N Urtiterlösung. Um den Faktor einer 0.01 N Natriumthiosulfatlösung zu bestimmen, wägt man von den genannten Iodaten nur etwa die halbe Menge ein und führt die Titration wie bei der 0.02 N-Lösung durch.

Stärkelösung (1%ig): 1 g Stärke wird in 10 ml dest. kaltem Wasser aufgeschlämmt und in 90 ml heißes Wasser gegossen. Man lagert die Stärkelösung in einer Tropfflasche, um sie vor bakterieller Zersetzung zu schützen.

Arbeitsvorschrift

Einwaage: Festsubstanzen werden in Platinschiffchen, Flüssigkeiten in Kapillaren mit eingeschmolzenem Nickelkern (Abb. 50-3) eingewogen. Die Einwaagegröße liegt zwischen 0.5 und 5 mg.

Vorbereitung des Rohres: Das Verbrennungsrohr und ein weites Reagenzglas werden sorgfältig mit Chromschwefelsäure, das Quarzrohr eventuell mit verdünnter Flußsäure ($\approx 5\%$ig) gereinigt. In das weite, gereinigte Reagenzglas werden 2 ml 1 N Natronlauge gefüllt. Durch langsames Aufsaugen dieser Lösung durch den Rohrschnabel werden Perlenschicht bzw. Spiralgang benetzt. Aufsaugen über den Absorptionsteil hinaus ist zu vermeiden. Die ausfließende Lösung wird ausgegossen und das Reagenzglas über den Schnabel gezogen; es bleibt dort bis zum Ende der Verbrennung. Das Rohr wird in den aufklappbaren Ofen so eingelegt, daß der benetzte Absorptionsteil noch mindestens 4 cm von der heißen Ofenzone entfernt ist. Sodann werden die Platinkontakte in die Ofenzone eingeschoben, Probeschiffchen oder Substanzkapillare in das Rohr etwa 5 bis 8 cm vor den Langbrenner eingeführt und das Rohrende mit einem Gummistopfen verschlossen, durch den eine Glaskapillare zum Einleiten des Sauerstoffs geführt ist. Der Sauerstoff wird einer Bombe mit Nadelventil entnommen und mit Hilfe des Strömungsmessers auf 4 ml/min eingestellt. Ist das Gas nicht halogenfrei, muß es über ein mit Natronasbest gefülltes U-Rohr oder durch Waschflaschen geführt werden, die mit Lauge oder Sodalösung beschickt sind.

Verbrennung: Die Kontaktzone wird auf etwa 900 °C beheizt, dann wird mit der Verbrennung begonnen. Die Substanz wird mit einem Gasbrenner oder elektrischen Brenner mit automatischem Brennervorschub verdampft. Um eine quantitative Umsetzung zu erzielen, muß dies sehr vorsichtig und langsam, am besten von Hand und unter dauernder Beobachtung des Substanzverhaltens, erfolgen. Hat der bewegliche Brenner den Langbrenner erreicht, läßt man ihn noch 2 min vor dem Langbrenner stehen, schaltet dann beide Brenner ab und läßt das Rohr im Sauerstoffstrom erkalten.

Titrationsvorschrift. Zum Ausspülen des Perlrohrs nach der Verbrennung gibt man in ein Reagenzglas 4 ml 10%ige Natriumacetatlösung in Eisessig, fügt aus der Tropfflasche 2 bis 3 Tropfen Brom zu und schüttelt durch. Nachdem aus dem abgekühlten Rohr das Schiffchen und die Platinkontaktsterne herausgezogen wurden – nach der modifizierten Perlrohrverbrennung wird nur das Absorptionsrohr abgenommen –, gießt man die Brom-Eisessig-Lösung in das Reagenzglas, das während der Verbrennung über den Schnabel des Rohres gestülpt war, und saugt sie in das Rohr bis über die Perlenschicht. Man verschließt das Rohr mit dem Finger, bringt den Schnabel des Absorptionsrohres in das Titrierkölbchen (100-ml-Erlenmeyerkolben), in das vorher 5 ml 20%ige wäßrige Natriumacetatlösung vorgelegt wurden, und läßt die Brom-Eisessig-Lösung ausfließen. Man wiederholt das Ausspülen anschließend noch dreimal mit Wasser und spritzt zuletzt mit der Spritzflasche unter Drehen des Rohres um seine Längsachse noch 6 bis 8 ml Wasser durch die Mündung des Rohres. Zum Ausspülen ist es bequemer, das Rohr in ein Stativ unter einem Winkel von 60 bis 70° (gegen die Horizontale) einzuspannen.

Nun läßt man die Reaktionslösung 5 min stehen, setzt dann zur Zerstörung des überschüssigen Broms 2 bis 3 Tropfen Ameisensäure zu, schüttelt vorsichtig um und bläst Bromdämpfe aus dem Titrierkolben aus. Die tropfenweise Zugabe von Ameisensäure wird wiederholt, bis sich die Lösung vollkommen entfärbt hat und der Bromgeruch verschwunden ist. Zur letzten Kontrolle bringt man einen kleinen Tropfen Methylrot mit einem Glasfaden in die Lösung. Wird der Indikator entfärbt, ist noch Brom vorhanden, und man muß noch einen Tropfen Ameisensäure zugeben. Bleibt die schwache Rosafärbung der Lösung bestehen, fügt man 2 ml der 10%igen Iodkaliumlösung und 5 ml 2 N Schwefelsäure hinzu und läßt 5 min verschlossen stehen. Schließlich titriert man das ausgeschiedene Iod in rascher Tropfenfolge mit 0.02 N Thiosulfatlösung bis zur schwachen Gelbfärbung, fügt 6 bis 8 Tropfen Stärkelösung hinzu und titriert auf schwache Rosafärbung (Methylrot).

Berechnung

1 ml 0.02 N Thiosulfatlösung entspricht 0.4231 mg Iod.

$$\% \; I = \frac{\text{ml } 0.02 \text{ N Na}_2\text{S}_2\text{O}_3 \cdot 0.4231 \cdot 100}{\text{mg Substanzeinwaage}}.$$

Bei Verwendung analysenreiner Reagenzien und von doppelt dest. Wasser erübrigt sich eine Blindwertkorrektur.

B) Nach Substanzaufschluß mit Na_2O_2 in der Nickelbombe (s. Kap. 45.1)

Iod liegt nach dem Substanzaufschluß mit Peroxid immer als Iodat vor, das in der Reaktionslösung am besten iodometrisch bestimmt wird. Chlor oder Brom stören dabei nicht.

In der *Makrobombe* werden etwa 200 mg Substanz mit Aufschlußmischung A aufgeschlossen. Der Bombeninhalt wird in wenig Wasser gelöst und diese Reaktionslösung zum Vertreiben des Wasserstoffperoxids etwa 20 min kräftig gekocht. In die noch heiße Lösung läßt man zum Ansäuern konz. Essigsäure langsam eintropfen, nachdem man vorher 5 Tropfen einer 0.1%igen wäßrigen Bromkresolpurpurlösung zugesetzt hat. Ein Überschuß an Indikator stört nicht, da er später durch Brom zerstört wird. Nach der Neutralisation wird noch ein Überschuß von 10 ml Eisessig zugegeben und die essigsaure Lösung dann eine h kräftig gekocht. Zu der abgekühlten Lösung fügt man so lange wäßrige Bromlösung zu, bis die Gelbfärbung 10 min bestehen bleibt. Dann wird der Bromüberschuß durch Zugabe von konz. Ameisensäure zerstört. Nach Zugabe von 1 ml Ameisensäure im Überschuß läßt man die Lösung 10 min in einem verschlossenen Schliff-Erlenmeyer-Kolben stehen. Danach werden 10 ml 10%ige wäßrige Kaliumiodidlösung zugesetzt, mit 50 ml verdünnter Schwefelsäure (1:1) angesäuert und das ausgeschiedene Iod mit 0.1 N Thiosulfatlösung auf den Iod-Stärke-Endpunkt zurücktitriert (s. Methode 52.1). 1 ml 0.1 N Thiosulfatlösung entspricht 2.116 mg Iod.

Bei der *mikroanalytischen* Bestimmung werden etwa 5 bis 30 mg Substanz mit Aufschlußmischung B in der Mikrobombe aufgeschlossen. Der Bombeninhalt wird in wenig Wasser gelöst und die alkalische Reaktionslösung 5 min lang kräftig gekocht. Ohne abzukühlen wird mit Eisessig angesäuert (ca. 6 ml). Als Indikator werden 2 bis 3 Tropfen

0.1%ige wäßrige Bromkresolpurpurlösung zugesetzt. Nach der Neutralisation werden noch 4 ml Eisessig im Überschuß zugegeben, die saure Lösung nochmals 5 min gekocht, abgekühlt und in einen 100 ml-Schliff-Erlenmeyer-Kolben gegossen. Es wird nun soviel Bromwasser zugesetzt, bis 5 min lang eine Gelbfärbung in der Lösung bestehen bleibt.

Das überschüssige Brom wird durch tropfenweise Zugabe von konz. Ameisensäure zerstört. Wenn die Bromfarbe verschwunden ist, gibt man noch 5 Tropfen Ameisensäure im Überschuß zu, saugt Bromdämpfe aus dem Kolben ab und läßt die Lösung zugedeckt 10 min stehen. Dann setzt man 2 ml 10%ige wäßrige Kaliumiodidlösung und 10 ml Schwefelsäure (1 : 1) zu und titriert nach 5 min Stehen des verschlossenen Kolbens das ausgeschiedene Iod mit 0.02 N Thiosulfatlösung.

1 ml 0.02 N Thiosulfatlösung entspricht 0.4231 mg Iod.

C) Nach Kaliumaufschluß (s. Kap. 47.1)

Prinzip (KAINZ 1950). Die iodorganische Verbindung wird im Schmelzröhrchen mit Kalium aufgeschlossen. Nach Zersetzen der Kaliumschmelze mit Methanol und Wasser wird von Kohle abfiltert. Die Cyanid-Ionen, die sich beim Kaliumaufschluß stickstoffhaltiger Substanzen bilden, werden aus der schwach sauren Reaktionslösung ausgetrieben. Iod wird nach Oxidation zu Iodat in Brom-Eisessig-Lösung oder Chlor-Eisessig-Lösung auf dem üblichen Wege iodometrisch bestimmt.

Reagenzien

Kalium: Reinigung und Aufbewahrung s. Kap. 47.1.
Methanol.
Ethanol(Methanol)-Wasser-Gemisch (1 : 1).
Essigsäure, 10%ig.
Brom (Tropfflasche s. Abb. 53-2).
Natriumacetat-Eisessig, 10%ige Lösung.
Natriumacetat, 50%ige wäßrige Lösung.
Kaliumiodid, 10%ige wäßrige Lösung.
Ameisensäure, konzentriert.
Schwefelsäure 2 N.
Natriumthiosulfatlösung 0.02 N (Bereitung und Einstellung s. Kap. 53.1).
Phenolphthalein, 1%ige methanolische Lösung.

Apparatives (Abb. 53-3). Aufschlußröhrchen (1) (s. Kap. 47.1), Zersetzungseprouvette (2) mit Planboden, 14 mm lichte Weite, 12 cm lang, mit einem seitlichen Glashäkchen versehen; Filterröhrchen (3) grobporig und mit flachem Boden nach PREGL; Heberohr (4) von 4 mm Durchmesser, mit einem Glashäkchen, woran die Zersetzungseprouvette mit einem Gummiband angehängt wird; Glastrichter (5) mit langem Stiel von 4 mm Außendurchmesser, zum Ausspülen des Aufschlußröhrchens; Absaugeprouvette (6) mit Abflußhahn und Maßeinteilung; Titrierkolben nach ZIMMERMANN (1944); Absaugröhrchen (7), das mittels drei seitlicher Glashäkchen in den Kolbenhals eingehängt werden kann.

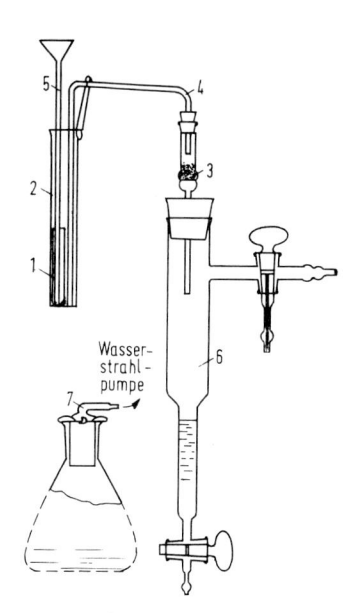

53.2 Iodometrische Bestimmung von Iod in organischen Substanzen 593

Abb. 53-3. Iodbestimmung durch Kaliumaufschluß nach KAINZ.
1 Glasröhrchen, *2* Zersetzungseprouvette, *3* Filterröhrchen,
4 Heberrohr, *5* Glastrichter, *6* Absaugeprouvette, *7* Absaugröhrchen.

Arbeitsvorschrift. Der Substanzaufschluß erfolgt wie bereits in Kap. 47.1 beschrieben (**Schutzbrille!**). Die Reaktion verläuft meist unmerklich, andernfalls kann sie durch Mischen der Substanz mit einer Spatelspitze Natriumcarbonat oder feinem Seesand beliebig gemäßigt werden. Nach dem Aufschluß wird das Röhrchen durch Aufschmelzen der Spitze geöffnet, oberhalb des Kaliumringes angeritzt und mit einem glühenden Glastropfen abgesprengt. Nun läßt man das Aufschlußröhrchen in die Zersetzungseprouvette gleiten und aus einem Tropftrichter zur Zersetzung des Kaliums etwa 1 ml Alkohol zutropfen. Damit die Kaliumschmelze völlig durchreagiert, läßt man durch den Glastrichter noch 1 ml Alkohol-Wasser in das Aufschlußröhrchen fließen. Die Zersetzungseprouvette wird dann mittels eines Gummibandes an die Absaugvorrichtung angehängt. Man füllt durch den Glastrichter kochendes Wasser, das auf 200 ml einen Tropfen Phenolphthalein enthält, ein, bis das Aufschlußröhrchen ganz bedeckt ist, und saugt nach 2 min durch das Filterröhrchen in die Absaugeprouvette ab. Die sich dabei auf der Filterschicht ansammelnden Kohleflocken brauchen erst nach ca. 5 Bestimmungen entfernt zu werden. Durch den Trichter wird so lange mit kochendem Wasser nachgespült, bis das Waschwasser nicht mehr von Phenolphthalein gerötet ist (≈ 25 ml Filtrat). Das alkalische Filtrat wird mit 10%iger Essigsäure neutralisiert (etwa 1.5 ml) und mit 0.5 ml im Überschuß angesäuert. Bei Abwesenheit von Cyanid-Ionen kann das Filtrat sofort in die vorbereitete Brom-Eisessiglösung (3 ml Natriumacetat-Eisessig mit 10 bis 15 Mikrotropfen Brom) tropfenweise und unter Umschütteln abgelassen werden. Bei stickstoffhaltigen Substanzen muß man vorher zur Entfernung der Cyanid-Ionen die wie oben angesäuerte Lösung 1 bis 2 min lang kochen (Siedesteinchen). Dazu wird in den Titrierkolben das mit einer Wasserstrahlpumpe verbundene Absaugröhrchen eingehängt und schwach Luft durchgesaugt. Zur Oxidation kann in diesem Fall auch die Brom-Eisessiglösung in einem Guß zur Iodidlösung zugesetzt werden. Nach Hinzufügen von 2 ml gesättigter Natriumacetatlösung wird das überschüssige Brom mit Ameisensäure zerstört, hierauf 2 ml Kaliumiodidlösung und 5 ml Schwefelsäure zugesetzt und das ausgeschiedene Iod mit Thiosulfatlösung gegen Stärke-Endpunkt titriert. Ein evtl. vorhandener Blindwert wird in Rechnung gestellt.

Oxidation mit Chlor: Zur Bestimmung geringer Iodmengen eignet sich auch Chlor in Eisessig-Natriumacetat als Oxidationsmittel. Dazu wird eine Lösung von Eisessig-Natriumacetat mit Chlor (aus $KMnO_4 + HCl$) gesättigt. Zur Gehaltsbestimmung der Chlorlösung wird 0.1 ml der Lösung mit Kaliumiodid umgesetzt und mit 0.02 N Thiosulfatlösung titriert. Zur Oxidation wird statt Brom (100 bis 200 mg) eine entsprechende Menge Chlorlösung verwendet. Man läßt, wie bei der Bromoxidation, das iodhaltige Filtrat in die Oxidationslösung eintropfen. Dann werden 3 ml gesättigte wäßrige Natriumacetatlösung und 3 bis 4 Tropfen Ameisensäure zugegeben und unter Umschwenken eine gesättigte Kaliumbromidlösung zugetropft. Nach Zusatz von Kaliumiodid und Schwefelsäure wird das ausgeschiedene Iod mit Thiosulfatlösung titriert. Ein Blindwert braucht bei dieser Arbeitsweise nicht berücksichtigt zu werden.

Auch nach Aufschluß der Substanz im Bombenrohr (CARIUS) kann Iod maßanalytisch bestimmt werden. Iod wird als Quecksilberiodid abgeschieden, in Iodat übergeführt und dann mit Thiosulfat titriert (vgl. Kap. 52.1).

53.3 Iodbestimmung über das Iodid-Ion

Allgemeines. Iod wird bevorzugt über das Iodid-Ion (nach Substanzaufschluß) potentiometrisch, mercurimetrisch oder ionenchromatographisch bestimmt. Voraussetzung ist, daß nach Aufschluß im Rohr, in der Sauerstoffflasche oder nach einer anderen, in Kap. 50.1 bis 50.5 beschriebenen, Methode Iod in der Titrierlösung quantitativ als Iodid-Ion vorliegt. Dies ist erfahrungsgemäß gewährleistet, wenn zum Aufschluß als Absorptionslösung alkalische Hydrazinsalzlösungen vorgelegt werden. Beim Aufschluß entstehendes Iod wird, entsprechend untenstehender Gleichung, gleich quantitativ zu Iodid reduziert:

$$N_2H_4 + 2I_2 \rightarrow N_2 + 4I^- + 4H^+ \ .$$

Die Entwicklung ionensensitiver Elektroden und mikroprozessorgesteuerter potentiometrischer Titriergeräte ermöglicht die Iodbestimmung heute auch über das Iodid-Ion sehr empfindlich und exakt. Aufgrund des sehr niedrigen Löslichkeitsprodukts von Silberiodid ($1 \cdot 10^{-16}$) ergeben sich bei der Titration mit 0.001 N $AgNO_3$-Lösung auch in wäßrigen Lösungen noch gut auswertbare Potentialkurven.

53.3.1 Potentiometrische Iodidbestimmung

Prinzip (CHENG 1980). Die iodhaltige Substanz (1 bis 30 mg, je nach Iodgehalt) wird im Rohr, im Sauerstoffkolben oder in der Knallgasflamme verbrannt, das Iod in alkalischer Hydrazinsulfatlösung absorbiert. Nach kurzer Wärmebehandlung der Absorptionslösung und Ansäuern wird unter Verwendung einer Silber-Einstabmeßkette oder einer iodid-ionenselektiven Elektrode das Iodid mit 0.01 N (oder im unteren Konzentrationsbereich mit 0.001 N) $AgNO_3$-Lösung potentiometrisch titriert.

Zur potentiometrischen Halogenidtitration s. Kap. 51.2.

Apparatives und Reagenzien

Kombinierte Silbereinstabmeßkette (z. B. EA 246-METROHM oder iodidsensitive Elektrode Modell 94-53-ORION), Potentiograph mit automatischer Titriermittelzugabe (z. B. Potentiograph E 436 mit Wechseleinheiten oder Titroprozessor 636 oder 672, beide METROHM).
Hydrazinsulfat p.a., gesätt. Lösung.
Natronlauge 1 N.
Schwefelsäure 5 N.
Silbernitratlösungen: 0.01 N, 0.002 N, 0.001 N (durch Verdünnen der 0.1 N Silbernitratlösung).
Kaliumiodid p.a.
Faktorbestimmung der 0.01 N Silbernitratlösung: Kaliumiodid (p.a.) wird 1 h bei 100 °C getrocknet. Zur Titration werden 5 bis 16 mg KI in einem 100-ml-Becherglas in 40 ml Wasser gelöst. Man fügt 0.30 g Hydrazinsulfat und 1.5 ml verd. Schwefelsäure zu und titriert die Lösung mit 0.01 N Silbernitratlösung. Die Titration am Potentiographen wird unter folgenden Bedingungen ausgeführt: Meßbereich dE/dt, Empfindlichkeit 250 mV und Titrationsgeschwindigkeit 1.

Der Blindwert der Reagenzien wird in einer weiteren Analyse bestimmt und bei der KI-Titration in Abzug gebracht.

Arbeitsweise. Beim Substanzaufschluß werden die iodhaltigen Reaktionsgase in Natronlauge absorbiert. Zur Reduktion der entstandenen Iodoxide gibt man in die Reaktionslösung Hydrazinsulfat (100 bis 200 mg) zu und erhitzt bis zum beginnenden Aufkochen. Nach Kühlen muß die reduzierte Lösung farblos sein, ansonsten muß erneut Hydrazinsulfat zugegeben werden. Man säuert mit Schwefelsäure oder Salpetersäure an und titriert im pH-Bereich 2 bis 4 die Iodid-Ionen potentiographisch, wobei im Meßbereich dE/dt eine Titrationskurve mit Maximum erhalten wird. Parallel zur Bestimmung wird eine Blindwertbestimmung der verwendeten Reagenzien durchgeführt und in Rechnung gestellt.

Wegen des ungünstigen Umrechnungsfaktors für Iod muß der Titrationsendpunkt sehr präzise bestimmt werden (Verwendung moderner, mikroprozessorgesteuerter Titriergeräte), so daß auch kleine Iodgehalte, wie das Beispiel in Abb. 53-4 zeigt, noch recht exakt bestimmt werden können.

Berechnung

$$\% \text{ I} = \frac{(a-b) \cdot f \cdot 1.26904 \cdot 100}{\text{Einwaage in mg}}$$

a = ml 0.01 N AgNO$_3$ (Probe)
b = ml 0.01 N AgNO$_3$ (Reagenzienblindwert)
f = Faktor der 0.01 N AgNO$_3$-Lösung

Störend wirken bei der Titration voraussichtlich alle Ionen, die Iodid oxidieren (wie z. B. Cu^{2+} und Fe^{3+}), sowie solche Ionen, die mit AgNO$_3$ schwer lösliche Niederschläge bilden (Br^-, Cl^-).

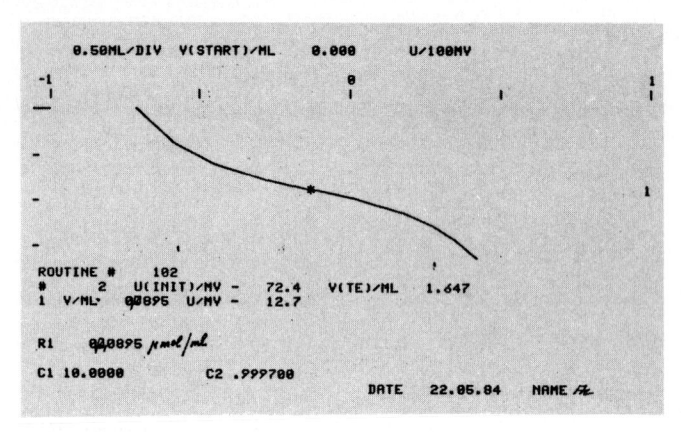

Abb. 53-4. Iodidbestimmung in einer Infusionszusatzlösung.

Anwendungsbeispiel (METROHM 1984). Im Becherglas wird ein Ampulleninhalt (10 ml) mit 5 ml 2 N HNO_3 versetzt und anschließend mit 0.01 N $AgNO_3$ aus der 1 ml Bürette titriert.
Elektroden: Ionenspezifische Iodidelektrode 6.0502.060 und
Ag/AgCl Bezugselektrode 6.0726.100 $c(KNO_3)$ = 3 mol/l (beide METROHM).
Die Titration wird am 636- oder 672-Titroprozessor durchgeführt. Resultatangabe in µmol/ml.

53.4 Iodidbestimmung durch Direktpotentiometrie mit der iodidselektiven Elektrode

Allgemeines. Halogenidkonzentrationen können mit halogenidselektiven Elektroden, entweder durch Titration mit einer Silbermaßlösung (wie in Kap. 51.2 beschrieben) oder durch Direktpotentiometrie, bestimmt werden. Iodid kann auf letzterem Wege, aufgrund des geringen Löslichkeitsprodukts von Silberiodid, bis in den Bereich von $5 \cdot 10^{-8}$ mol/l bestimmt werden. Diese Methode wird mit Vorteil zur Spurenbestimmung von Iod in verschiedenen Matrizes gewählt. Voraussetzung ist allerdings, daß das gesamte Iod als Iodid vorliegt bzw. vor der Messung in Iodid übergeführt wird.

Prinzip und Aufbau der halogenidselektiven Elektrode. Diese Elektrode ist eine Festkörperelektrode, deren sensibles Element aus einer in einen Epoxy-Elektrodenkörper eingebetteten Silberhalogenid/Silbersulfid-Membran besteht. Abb. 53-5 zeigt die Konstruktion der

Iodidelektrode: Die Elektrode gleicht im Prinzip einer Glaselektrode, bei der ein Silberiodidplättchen die Bezugslösung im Elektrodeninneren von der äußeren Probelösung trennt. Die Bezugslösung enthält eine definierte Konzentration an Silber-Ionen, aber

53.4 Iodidbestimmung durch Direktpotentiometrie mit der iodidselektiven Elektrode

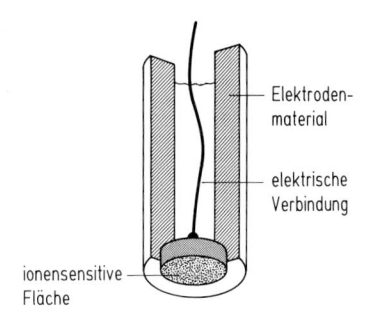

Abb. 53-5. Konstruktionsmerkmale der Iodidelektrode.

auch die Probelösung nimmt aus der Silberiodidmembran Silber-Ionen auf. Die Verteilung dieser Ionen zwischen den zwei Lösungen bewirkt ein Potential, das von der Silber-Ionenaktivität und damit auch von der Iodid-Ionenaktivität in der Probelösung abhängt. Nach NERNST gilt für jede Silberelektrode

$$E = E_b + 2.3 \frac{RT}{F} \log A_{Ag^+},$$

worin E das gemessene Gesamtpotential des Systems, E_b den der gewählten Bezugselektrode bzw. ihrer inneren Lösung entsprechenden Teil des Gesamtpotentials bedeuten; R und F sind die bekannten Nernst-Faktoren ($R = 8.312$ Joule und $F = 95\,484$ Coulomb); T die absolute Temperatur und A_{Ag^+} die Silber-Ionenaktivität in der Probelösung.

Für eine an Silber-Ionen gesättigte Lösung erhält man als Beziehung zwischen dem Gesamtpotential und der Iodid-Ionenaktivität

$$E = E_b + 2.3 \frac{RT}{F} \log K_L - 2.3 \frac{RT}{F} \log A_{I^-}$$

oder, weil das Löslichkeitsprodukt K_L bei gegebener Temperatur konstant ist

$$E_K = E_b + 2.3 \frac{RT}{F} \log K_L.$$

Schließlich gilt vereinfacht für das Potential der Iodidelektrode

$$E = E_K - 2.3 \frac{RT}{F} \log A_{I^-}.$$

Die gemessenen Elektrodenpotentiale sind also proportional dem Logarithmus der Iodidaktivitäten, doch kann man mit Hilfe von Eichkurven auch die Konzentrationen erhalten.

Bei Direktmessungen – unter Verwendung eines Digital-pH/mV-Meters oder eines spezifischen Ionenmeters – wird eine Eichkurve auf halblogarithmischem Papier aufgetragen. Die Elektrodenpotentiale der Standardlösungen werden gemessen und auf der linearen Achse gegen die Konzentrationen auf der logarithmischen Achse aufgetragen. In den linearen Bereichen dieser Kurven sind nur die Messungen von 3 Standards erforderlich, um die Eichkurve zu erstellen. In den nichtlinearen Bereichen müssen mehrere

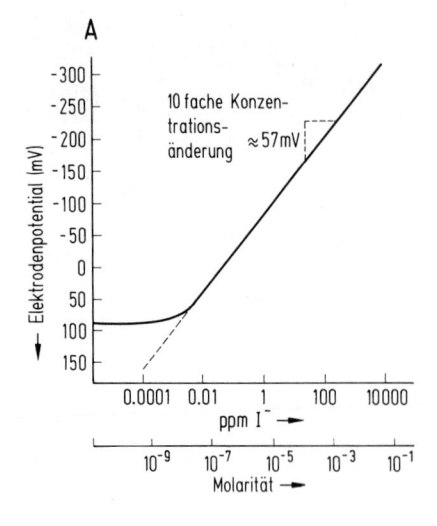

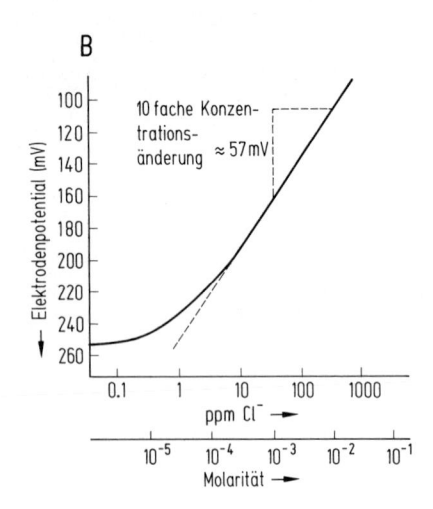

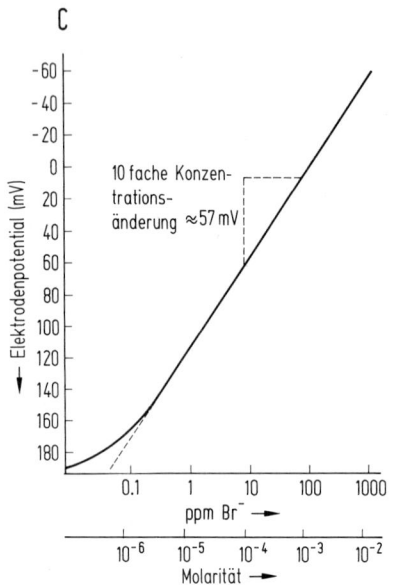

Abb. 53-6. Typische Eichkurve für die Iodidelektrode (A), die Chloridelektrode (B), die Bromidelektrode (C).

Meßpunkte ermittelt werden. Die Abb. 53-6 A–C zeigt typische Eichkurven für Iodid und zum Vergleich für Bromid und Chlorid.

Die *Direktmessung* ist ein einfaches und direktes Verfahren zur Bestimmung der freien Halogenidkonzentrationen von einer Vielzahl von Probelösungen. Nur eine Ablesung pro Probe ist erforderlich. In Abwesenheit von Komplexbildnern können die Ergebnisse durch Aufstocken (*Known-Addition*) überprüft werden.

Die *Elektroden-Ansprechzeit* für Halogenidkonzentrationen $> 10^{-5}$ M/l liegt innerhalb 1 min. Unterhalb dieses Bereichs verlängert sich die Ansprechzeit zunehmend.

53.4 Iodidbestimmung durch Direktpotentiometrie mit der iodidselektiven Elektrode

Mit steigendem Verdünnungsgrad wird auch der pH-Einfluß auf die Einstellungsgeschwindigkeit, aber auch auf das Potential, merklich. Deshalb müssen bei Konzentrationen $\leq 10^{-6}$ g I^-/ml sowohl die Eich- als auch die Probelösungen vor ihrer Messung neutralisiert oder abgepuffert werden. In diesem Konzentrationsbereich ist außerdem die Thermostatisierung der Meßlösungen sowie die Entfernung aller stärkeren Lichtquellen aus Elektrodennähe notwendig.

Querempfindlichkeiten (Manual zur Iodidelektrode Modell 94-53 der Fa. ORION). Hohe Konzentrationen von Ionen, die sehr unlösliche Silbersalze bilden, können eine Schicht dieses Salzes auf der Membran abscheiden und dadurch Störungen der Elektrodenfunktion verursachen. Zusätzlich können stark reduzierende Lösungen eine Oberflächenschicht von Silber produzieren. In jedem Fall kann die Funktionsfähigkeit durch Polieren wiederhergestellt werden.

- Die Proben sollten kein Quecksilber enthalten.
- Messungen können in Lösungen durchgeführt werden, die oxidierende Substanzen wie Cu^{2+}, Fe^{3+} und MnO_4^- enthalten.

In Tab. 53-1 sind die maximal zulässigen Konzentrationen der Hauptstör-Ionen angegeben (als Verhältnis der Molarität der Stör-Ionen zur Molarität der Probenhalogenid-Ionen). Wird dieses Verhältnis überschritten, ist die Anzeige fehlerhaft. Ist das Verhältnis kleiner als in der Tabelle angegeben, werden weder die Genauigkeit der Messung noch die Oberfläche der Elektrodenmembran beeinträchtigt.

Tab. 53-1. Maximal erlaubtes Verhältnis von Stör-Ionen zu Halogenid (Mol/l).

Stör-Ionen		max. Verhältnis für jede Elektrode		
		Chlorid	Bromid	Iodid
(a)	OH^-	80	3×10^4	–
(b)	Cl^-	–	400	10^6
(b)	Br^-	3×10^{-3}	–	5×10^3
(b)	I^-	5×10^{-7}	2×10^{-4}	–
(c)	S^{2-}	10^{-6}	10^{-6}	10^{-6}
(c)	CN^-	2×10^{-7}	8×10^{-5}	0.4
(d)	NH_3	0.12	2	–
(d)	S_2O_3	0.01	$20\ c_{Br^-} + 0.01$	10^5

(a) Störung von Hydroxid kann beseitigt werden durch Ansäuern auf pH 4 mit 1 M HNO_3.
(b) Halogengemische in Lösungen können durch eine „Gran's Plot"-Titration gemessen werden (GRAN 1952).
(c) Sulfid und Cyanid können entfernt werden durch Zugabe einer Nickel(+II)-Lösung.
(d) stellt einen Komplexbildner dar. Maximalkonzentrationen können überschritten werden, ohne daß die Elektrode beschädigt wird. Die angezeigten Werte gelten für 1% Fehler.

Beispiel: Wie groß ist für die Bromidelektrode der maximale Anteil an Chlorid in der Probe, deren Bromidkonzentration 10^{-3} M beträgt? Aus Tab. 53-1 ergibt sich als maximales Verhältnis:

$$\frac{[Cl^-]}{[Br^-]} = 400$$

oder $[Cl^-] = 400\ [Br^-]$
$= 400 \times 10^{-3}$
$= 0.4$ M (max. Chloridkonzentration ohne Störung)

Erfassungsgrenze. Die unteren Nachweisgrenzen sind durch die sehr geringe Wasserlöslichkeit der Membranen bedingt. Bei niedrigen Konzentrationen reagieren die Elektroden sowohl auf Halogenid-Ionen aus der Probe als auch auf Ionen, die aus der Membran herausgelöst wurden. Die gestrichelte Linie in Abb. 53-6 zeigt die theoretische lineare Charakteristik verglichen mit der tatsächlichen Charakteristik (durchgezogene Linie); die Abweichung zwischen den Kurven ist dem Anlösen der Membran zuzuschreiben. Für Messungen im nichtlinearen Bereich $<2 \times 10^{-4}$ M oder 7 ppm (Chlorid), oder 2×10^{-6} M oder 0.2 ppm (Bromid) wird das Verfahren zur Messung niedriger Konzentrationen empfohlen. Dieses Verfahren ist bei Iodid nicht nötig. In diesem Fall ist die Charakteristik linear bis 2×10^{-8} M oder 2×10^{-3} ppm.

Komplexierung. Halogenid-Ionen bilden mit einigen Metall-Ionen Komplexe. Da die Elektrode nur auf freie Halogenid-Ionen anspricht, verringert die Anwesenheit jeglicher Komplexbildner die gemessene Konzentration. Tab. 53-2 führt die Konzentrationen komplexierender Metalle auf, die 1% Fehler verursachen. Gesamt-Ionenkonzentrationen in Gegenwart von großem Überschuß (Faktor von mindestens 50 bis 100) an Komplexbildnern können nach der Additionsmethode (Known-Addition) gemessen werden.

Tab. 53-2. Maximalkonzentrationen an Komplexbildnern.

Komplexbildner	Elektroden		
	Chlorid	Bromid	Iodid
Bi^{3+}	4×10^{-4} M (80 ppm)	4×10^{-4} M (80 ppm)	2×10^{-5} M (4 ppm)
Cd^{2+}	2×10^{-3} M (200 ppm)	2×10^{-3} M	5×10^{-4} M
Mn^{2+}	2×10^{-2} M (1100 ppm)	–	–
Pb^{2+}	2×10^{-3} M (400 ppm)	8×10^{-3} M (1600 ppm)	5×10^{-3} M (1000 ppm)
Sn^{2+}	6×10^{-3} M (700 ppm)	2×10^{-2} M (2400 ppm)	–
Tl^{3+}	4×10^{-5} M (8 ppm)	2×10^{-5} M (4 ppm)	–

Ausführung, Reagenzien und Geräte

Elektroden:

ORION*-Elektroden Modell 94-17 (Chlorid), 94-35 (Bromid) und 94-53 (Iodid), als Bezugselektrode 90-01 (Bromid und Iodid), Doppelstromschlüssel-Bezugselektrode 90-02 (Chlorid).

---

* Deutsche Lieferfirma: COLORA MESSTECHNIK.

METROHM Silberiodidelektrode EA 306, Referenzelektrode EA 404.

Entsprechende Elektroden liefern auch die Firmen INGOLD und SCHOTT & GEN.

Meßgeräte:

ORION Digital-pH/mV-Meter 701 A oder Ionenmeter 901 für Präzisionsmessungen.

METROHM Präzisions-Kompensator E 388 oder Ion-Activity Meter E 580 oder der Titroprozessor E 636 und 672.

Lösungen: Elektrolytlösung (ISA-IONIC STRENGTH ADJUSTOR) zur Einstellung eines konstanten Ionenstärke-Hintergrunds. Für Proben mit einer Gesamt-Ionenstärke <0.1 M wird eine 5 M $NaNO_3$-Lösung durch Auflösen von 42.5 g Natriumnitrat p.a. in 100 ml dest. Wasser hergestellt. Von dieser Elektrolytlösung (ISA) werden 2 ml je 100 ml Eich- oder Probelösung zugegeben.

Bei Proben mit einer Ionenstärke >0.1 M sind Eichlösungen ähnlicher Zusammensetzung herzustellen.

Eichlösungen: 0.1 M NaCl für Chlorid
0.1 M NaBr für Bromid
0.1 M NaI für Iodid

Durch entsprechende Verdünnung werden 10^{-2} bis 10^{-6} M Eichlösungen hergestellt.
Natronlauge, 0.1 und 1 N.
Salpetersäure, 5 N.
Hydrazinsulfat p.a.

Arbeitsvorschrift für die direkte Iodidbestimmung durch Potentialmessung. Die auf Iodspuren zu analysierende *organische Matrix* wird oxidativ nach einer der in Kap. 50.1 bis 50.3 beschriebenen Methoden aufgeschlossen und das dabei entstehende Iod in Natronlauge absorbiert.

Aus *Boden- und Staubfilterproben* trennten COERDT und MAINKA (1985) Iod durch Pyrohydrolyse (s. Kap. 54.4.2) ab. Dazu wird 1 g Probematerial in ein Quarzschiffchen eingewogen und in ein Quarzrohr eingeführt, das durch einen Rohrofen von außen auf 1000°C beheizt wird. Währen der Heizperiode ($\approx 1/2$ h) wird über die Probe wasserdampfgesättigter Sauerstoff geleitet. Die bei dieser Prozedur entstehenden Verbrennungsgase, wie HI und I_2, werden in 20 ml 0.01 N NaOH absorbiert. Durch vorsichtiges Abdampfen wird die Absorptionslösung, wenn erforderlich, etwas eingeengt.

Spuren-Iodid in der Milch bestimmen SUCMAN et al. (1978) direkt nach der (Aufstock-)Methode von GRAN (1952), modifiziert von LIBERTI und MASCINI (1969).

Die gesamte (oder aliquote Volumina der) Reaktionslösung (pH ≈ 12) wird (werden) mit 300 bis 400 mg Hydrazinsulfat versetzt, auf etwa 60 ml verdünnt und durch Erwärmen auf der Heizplatte bis zur Siedehitze das Iod quantitativ in Iodid übergeführt. Nach Abkühlen wird die Reaktionslösung in einen 100-ml-Meßkolben gespült, mit Salpetersäure neutralisiert bzw. auf pH 2 bis 4 angesäuert, 2 ml ISA-Lösung zugegeben und nach Thermostatisieren der Lösung auf 100 ml aufgefüllt und zur Messung bereitgestellt. In gleicher Weise wird die Eichlösung (im ausgeführten Analysenbeispiel eine 10^{-4} M Natriumiodidlösung) vorbereitet.

Potentialmessung. Dazu wird erst die Eichlösung und anschließend die Probelösung in einen Meßbecher gegossen, die Elektroden, deren Funktionsfähigkeit (Ansprechzeit, Steilheit) vorher mit verschiedenen Eichlösungen geprüft wurde, in die Lösung eingetaucht und unter magnetischer Rührung, die zur Ablesung des Potentialwertes kurz unterbrochen wird, das Potential gemessen.

Bei Verwendung eines pH/mV-Meters zur Potentialmessung werden auf der pH-Skala die den pH-Werten analogen pI^--Werte abgelesen. Moderne Geräte, wie die Ionen-Meter und Ion-Activity-Meter, sind bereits mit einer pX^--Skala ausgerüstet und zeigen den pI^--Wert direkt an, nach Umschalten auf Konzentrationsangabe gleich digital die gemessene Iodidkonzentration.

Über die Eichkurve oder durch *Einpunkteichung* – wie unten an einem Analysenbeispiel ausgeführt – wird die Iodidkonzentration berechnet. Die Eichmessung erfolgt mit einer Iodidlösung bekannter Konzentration; sie sollte im Bereich der zu messenden unbekannten Konzentration liegen. Die unbekannte Konzentration wird mit Hilfe der Eichmessung auf folgende Weise ermittelt:

Berechnung. Zwischen dem abgelesenen pI^--Wert und der Iodidkonzentration (I^-) besteht die Beziehung:

$$\log(I^-) = pI^- + C$$

pI^- = abgelesener Meßwert (der negative Logarithmus der molaren Iodid-Ionenkonzentration)
C = Konstante

Diese Beziehung gilt natürlich nur, solange die Elektrodensteilheit der Theorie entspricht, d. h. ca. 59 mV/pI^--Einheit. Vor allem neue Elektroden müssen daher erst überprüft werden. Bei geringem Abweichen vom idealen Verhalten kann man sich mit einem Korrekturfaktor behelfen.

Die Konstante C wird aus Messungen mit Iodidlösungen bekannter Konzentration ermittelt.

$$C = \log(I^-)_c - pI_c^-$$

$(I^-)_c$ = Konzentration der Eichlösung
pI_c^- = abgelesener Potentialwert der Eichlösung

Die Konstante C sollte öfter, am besten vor jeder Meßreihe, mit einer Eichlösung nachgeprüft werden, da sowohl Meßinstrument als auch Elektrode einem Alterungsprozeß unterliegen.

Analysenbeispiel

5.880 mg Iodbenzoesäure (51.17% I)/Schöniger-Aufschluß/100 ml Meßlösung/pI^- = 11.166.
10^{-4} molare NaI-Lösung als Eichlösung/pI_c^- = 10.740.

$$C = -4 - 10.740$$
$$C = -14.740$$

$$\log (I^-) = 11.116 - 14.740$$
$$= -3.624$$
$$= 0.376 - 4$$
$$(I^-) = 2.376 \cdot 10^{-4} \text{ M}/100 \text{ ml}$$
$$= \frac{3.015 \cdot 100}{5.880} = 51.3\% \text{ I}$$

53.5 Mikrocoulometrische Titration von Iodidspuren

Coulometrische Bestimmung von Iodidspuren in Chloriden (Kochsalz, Meerwasser) (WOOSTER et al. 1949, BERRAZ und DELGADO 1960). Iodid wird in der wäßrigen Probe durch coulometrisch erzeugtes Brom oxidiert; der Titrationsendpunkt wird potentiometrisch bestimmt. Bromide stören auch in großem Überschuß nicht.

Apparatives und Reagenzien (alle Geräte von Fa. METROHM)

Coulostat E 524 mit Diaphragma-Generatorzelle EA 272 (Pt-Innenteil) und Verbindungskabel EA 980-87.
Potentiograph E 536/5 mit kombinierter Platinelektrode EA 281.
Universaltitriergefäß EA 880-50 und Schwenkrührer E 649.
Elektrolytlösung: 23.4 g KBr, 5.9 g $Na_4P_2O_7 \cdot 10 H_2O$, 2.8 g $ZnSO_4 \cdot 7 H_2O$ und 14 ml Salzsäure (w = 0.35) zu 100 ml dest. Wasser geben und lösen.
Standardlösung: 130.81 mg KI in dest. Wasser lösen und im Meßkolben auf 100 ml auffüllen.
10 µl ≙ 10 µg I^-.

Ausführung (METROHM Bull 119 d). Ins Titriergefäß werden 100 ml Probelösung oder 10 g Probe + 90 ml dest. Wasser vorgelegt. Nun gibt man 7.5 ml Elektrolytlösung zu, taucht Generatorzelle und Meßelektrode ein, füllt den Innenteil der Generatorzelle mit 2 ml Elektrolyt und coulometriert unter folgenden Bedingungen:

E 524: WE+/AE− 2·10^{-2} µeq/s
E 536: 500 mV-Bereich/10 min resp. 200 mm/100% Vol.

Die Kurve verläuft von „Minus" nach „Plus" und ist in ihrem Wendepunkt auszuwerten. Über den Zusammenhang mm Papiervorschub/µeq Stromverbrauch siehe Gebrauchsanweisung E 536 des Herstellers.

Berechnung. Anzahl µeq bis Endpunkt · 63.452 = µg I^-/Probeneinmaß.

Kurvenbeispiel (Abb. 53-7)

Probe: 100 ml Nordseewasser.
Äquivalenzpunkt bei 51 mm = 51·6·10^{-2} = 3.06 µeq; 3.06·63.452·10
$\rho(I^-) = 1.942$ mg/l.

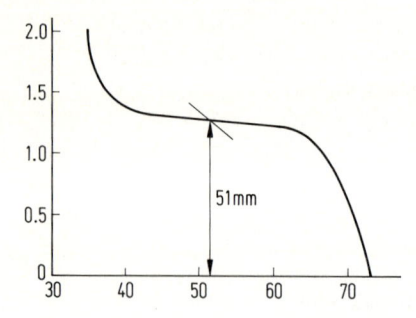

Abb. 53-7. Coulometrische Bestimmung von Iodspuren in Nordseewasser.

53.6 Mercurimetrische Titration von Iodid

Prinzip (LALANCETTE et al. 1972, STEYERMARK et al. 1973). Nach oxidativem Aufschluß der organischen Iodverbindung und Absorption der Reaktionsgase in alkalischer Hydrazinsulfatlösung liegt Iod quantitativ als Iodid vor. Dieses wird in ethanolischer Lösung mit 0.01 N Quecksilbernitratlösung gegen Diphenylcarbazon als Indikator titriert.

Enthält die Probe neben Iod noch Chlor und/oder Brom, werden die Reaktionsgase beim Aufschluß in Arsenitlösung absorbiert und die Halogenide nebeneinander bestimmt (s. Kap. 51.4.2).

Reagenzien

Ethanol, 95%ig.
Diphenylcarbazon, 1.5%, in Ethanol.
Bromphenolblau, 0.05%, in Ethanol.
Wasserstoffperoxid, 30%.
KOH, 0.05 N.
HNO_3, 0.05 N.
Hydrazinsulfat, in H_2O gesätt. Lösung.

Quecksilbernitratlösung, 0.01 N: 1.7 g $Hg(NO_3)_2 \cdot H_2O$ werden in 500 ml Wasser, das 2 ml konz. HNO_3 enthält, gelöst und dann mit Wasser auf 1 l aufgefüllt. Durch tropfenweise Zugabe von konz. HNO_3 wird auf pH 1.7 (mit pH-Meter) eingestellt.

Zur *Titerstellung* werden 4 bis 6 mg KCl p.a. genau abgewogen, in einem 250-ml-Erlenmeyerkolben in 20 ml Wasser und 80 ml Ethanol gelöst, unter magnetischer Rührung 5 Tropfen Bromphenolblau zugesetzt, 0.5 N HNO_3 zugetropft bis zum Indikatorumschlag auf gelb, dann noch 3 Tropfen im Überschuß. Nach Zusetzen von 5 Tropfen Diphenylcarbazon als Indikator wird mit der Quecksilbermaßlösung titriert, bis der Indikator von gelb nach rosa umschlägt. Der Reagenzienblindwert wird getrennt bestimmt und berücksichtigt.

Ausführung. Die Probe (optimal 4 bis 6 mg Iod enthaltend) wird im Perlrohr oder in der Sauerstoffflasche verbrannt und entstehendes Iod in 2 ml 0.5 N KOH plus 4 Tropfen Hydrazinsulfatlösung absorbiert. Nach quantitativem Ausspülen der Absorptionslösung in den Titrierkolben mit Wasser bis zum Erreichen von 30 ml Reaktionslösung werden 8 Tropfen H$_2$O$_2$ zugesetzt und die Lösung 10 min zu schwachem Sieden erhitzt. Anschließend wird die Reaktionslösung sofort gekühlt, mit Wasser auf 75 ml verdünnt, 150 ml Ethanol zugegeben. Unter magnetischer Rührung werden 15 Tropfen Bromphenolblaulösung zugesetzt, mit 0.5 N HNO$_3$ bis zum Indikatorumschlag auf gelb die alkalische Reaktionslösung neutralisiert und noch 3 Tropfen HNO$_3$ im Überschuß zugegeben. Dann werden 8 Tropfen Diphenylcarbazon-Indikatorlösung zugefügt und mit der Quecksilbernitratlösung das Iodid bis zum Farbumschlag von gelb auf rosa titriert. Der Blindwert wird in der gleichen Weise bestimmt und vom Verbrauch abgezogen. Zur Titration verwendet man vorteilhafterweise Büretten mit Mikroliterdosierung.

Berechnung

$$\% \text{ Iod} = \frac{\text{ml } 0.01 \text{ N Hg(NO}_3)_2 \times 1.2691 \times 100}{\text{mg Einwaage}}.$$

53.7 Ionenchromatographische Bestimmung von Iodid

Die Ionenchromatographie (IC) ermöglicht in hervorragender Weise die Bestimmung von Iodid im ppm- und ppb-Bereich in verschiedenen komplexen Matrizes (Milch, iodiertes Speisesalz, Seewasser, Nahrungsmittelformulierungen u. a.), vor allem in der apparativen Ausführung mit dem selektiven elektrochemischen Detektor. Die ionenchromatographische Parallelbestimmung von Cl, Br, I und F in einer organischen Substanz nach Aufschluß in einer Alkalischmelze wurde in Kap. 51.8 bereits beschrieben. Die Trennung in der klassischen Kombination von NaHCO$_3$-/Na$_2$CO$_3$-Lösung als Eluent mit dem Leitfähigkeitsdetektor (LC) ist für die Spurenbestimmung von Iodid nicht immer hinreichend empfindlich. Unter den obigen Trennbedingungen erreichten COERDT und MAINKA (1985) für Iodidspuren in Boden- und Staubfilterproben eine Sensitivität von 25 ppm. Wesentlich bessere Ergebnisse ermöglicht die neue MPIC^{TM}-Säule, mit 2 mM TBAH und 1 mM Na$_2$CO$_3$ in 20%igem Acetonitril (ACN als Eluens, mit dem Standard-Anionensuppressor und dem IC-Leitfähigkeitsdetektor – Abb. 53-8 (DIONEX IC-Application Note 37).

Für viele Anwendungen (Iodidbestimmung im unteren ppm- und ppb-Bereich) ist die Leitfähigkeitsdetektion noch zu unempfindlich. Hier bietet sich der elektrochemische Detektor aufgrund der wesentlich höheren Empfindlichkeit und Selektivität als Ersatz für die „Suppressorsäule" an. Wegen des starken „Grundrauschens" wird statt Acetonitril Methanol als organisch mobile Phase verwendet. Die besten Ergebnisse für Iodid wurden bei Verwendung eines HPIC/AS1-Separators, mit Natriumnitratlösung als Eluens und mit dem elektrochemischen Detektor erhalten. Die Anwendungsbeispiele in Abb. 53-8 (A–E) zeigen die enorme Empfindlichkeit der Methode bei der Iodidbestimmung in komplizierter Matrix auf.

Geeignete IC-Geräte und Analysenmethoden zur Iodidbestimmung in verschiedenen Probenmaterialien liefert DIONEX (s. Kap. 6.3).

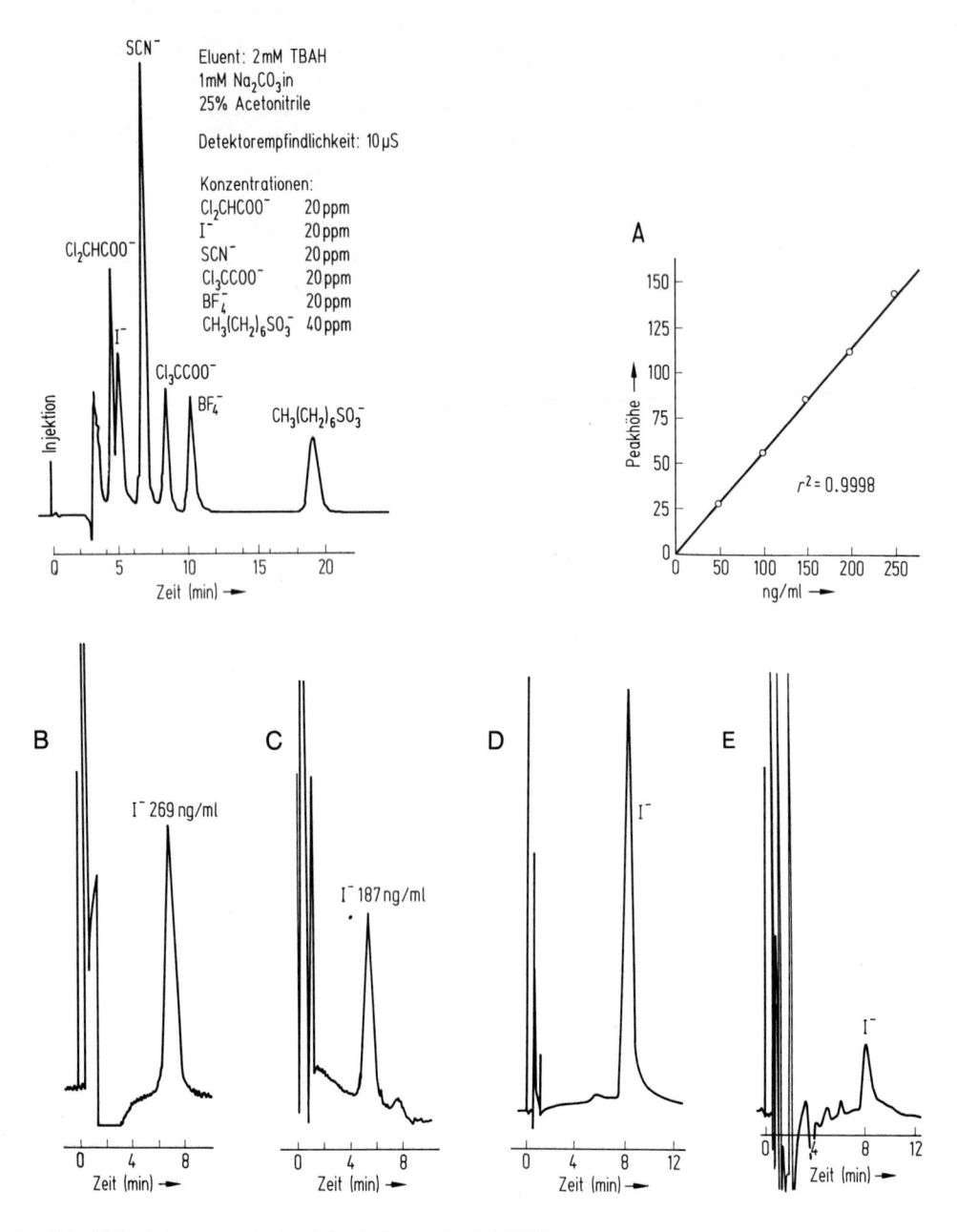

Abb. 53-8. Auftrennung hydrophiler Anionen durch MPIC.
(A) Iodidgerade, elektrochemischer Nachweis. (B) Iodid in 1%iger iodierter Speisesalzlösung. (C) Iodid in Vollmilch. (D) Freies Iodid in Sterilisationslösung. (E) Freies Iod in Bier.

53.8 Iodspurenbestimmung durch RFA

Prinzip. Iodspuren in organischer Matrix können neben Chlor und Brom mit der Röntgenfluoreszenz sehr empfindlich bestimmt werden, sofern die Matrix konstant ist und die Eichung in gleicher Matrix durchgeführt werden kann. Um dies zu gewährleisten, wird die organische Matrix am besten durch einen geeigneten Aufschluß mineralisiert und das dabei gewonnene Iodid nach BANKMANN (unveröffentlicht) als Silberiodid ausgefällt und in dünner Schicht auf einem Membranfilter röntgenspektrometrisch bestimmt.

Nach MONTAG (1981) wird das Iodid (Bromid) in der Veraschungslösung durch – aus „Chloramin T" freigesetztem – Chlor zu Iod (und Brom, wenn anwesend) oxidiert. Die freien Halogene reagieren in Gegenwart von Phenolphthalein (Phenolrot) unter elektrophiler Substitution am aromatischen Kern zu di- und tetrasubstituierten Halogenverbindungen – entsprechend dem in Abb. 53-9 angegebenen Formelbild. Die gebildeten Halogensulfophthaleine lassen sich vollständig an Polyamidpulver adsorbieren, da sich zwischen phenolischen Hydroxylgruppen und Amidbindungen starke Wasserstoffbindungen bilden.

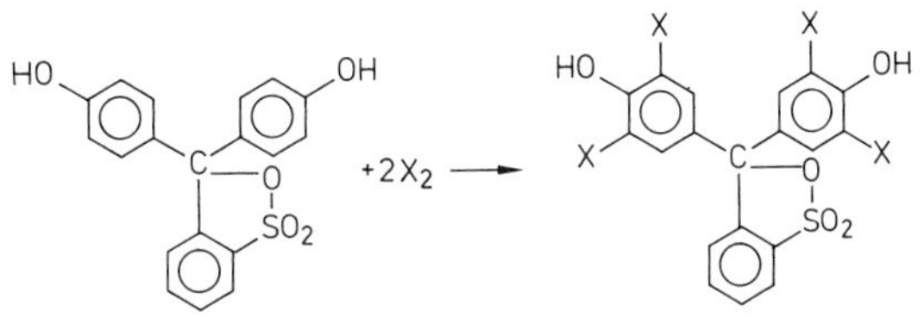

Abb. 53-9. Halogensubstitution an Phenolsulfophthalein. x_2 entspricht Cl_2, Br_2, I_2.

Auf diese Weise ist eine quantitative Abtrennung der Brom- und Iod-Sulfophthaleine aus der Reaktionslösung möglich, und ein definiertes Meßpräparat kann bequem durch Zentrifugation und Tablettierung hergestellt werden.

Polyamidpulver enthält keine schweren Elemente und ist somit als Meßmatrix für eine Röntgenfluoreszenzmessung sehr gut geeignet.

Für Brom kann die intensive K_α-Linie ausgewertet werden, für Iod die JL_α-Linie, da die K_α-Linie so kurzwellig ist, daß sie im Bremsspektrum der Röhre erscheint.

Auch CRECELIUS (1975) bestimmte den Iodgehalt in gefriergetrockneten Milchproben röntgenspektrometrisch und (zum Vergleich) mit der iodidsensitiven Elektrode.

Ausführung (BANKMANN, unveröffentlicht). In organischer Matrix gebundenes Iod wird duch thermische Umsetzung (Rohrverbrennung, Schöniger-Aufschluß, Knallgasverbrennung – s. Kap. 53.2.1) in Iodid übergeführt, dabei wird evtl. auftretendes Iod mit Hydrazin oder Natriumsulfit in alkalischer Lösung und in der Siedehitze zu Iodid reduziert. In Wasser gelöste anorganische Proben werden analog vorkonditioniert. Nach einer Vorfiltration der Aufschluß- bzw. Probelösung über ein Membranfilter (falls erforderlich) und Zugabe von 1.0 ml 0.1 N HCl wird durch Zusatz von unterstöchiometrischer Menge an Silber-Ionen – in der Regel 1 ml 0.002 N $AgNO_3$-Lösung – Iodid quantitativ ausgefällt. Nach zweistündigem Stehen im Dunkeln filtriert man die Fällungslösung mit dem praktisch kaum sichtbaren Niederschlag zentrisch mit Hilfe eines geeigneten Filtrationsaufsatzes aus Quarzglas (plangeschliffenes Zylinderchen von 20 mm $\varnothing$ innen) über ein Membranfilter (mittlere Porenweite 0.15 µm), fixiert den Niederschlag auf dem Filter durch Besprühen mit einer sehr verdünnten Gelatinelösung, läßt wiederum im Dunkeln trocknen und mißt dann röntgenspektrometrisch die Intensität der Iod L_α-Linie und der Cl K_α-Linie (Gerät PHILIPS PW 1212, Chromanode, Pentaerythritkristall). Das zugesetzte Chlorid wirkt sowohl als Spurenfänger bei der Mitfällung des viel schwerer löslichen Silberiodids als auch als innerer Standard. Auf diesem Wege lassen sich spezifisch noch < 10 ng Iod bestimmen.

Ausführung (MONTAG 1981)

Geräte:

Muffelofen bis 1100 °C
Quarzschalen
Zentrifuge (HERAEUS JUNIOR)
Wellenlängendispersives Röntgenfluoreszenzgerät, PHILIPS PW 1450/20 mit Cr-Röhre
5 Analysatorkristalle (LiF 200, LiF 220, PE, GE, TLAP)
Durchflußzähler und Szintillationszähler
IR-Presse (PERKIN-ELMER) hydraulische Presse
Messingringe ($\varnothing$ 30 mm; PHILIPS Nr. PD 1164/00)

Reagenzien und Lösungen:

Alle Reagenzien MERCK p.a.
Polyamid: MACHEREY/NAGEL DC 6
Linterspulver: SCHLEICHER/SCHÜLL 124, Best.-Nr. 352005
10%ige Magnesiumacetat-Lösung
Acetat-Puffer: 17 g Na-Acetat und 7.5 ml Eisessig ad 250 ml H_2O
0.1 M-Komplexon-Lösung (Titriplex III)
Phenolrot-Lösung: 120 mg Phenolrot ad 250 ml Acetat-Puffer
0.3%ige Chloramin-T-Lösung
0.1 N $Na_2S_2O_3$-Lösung

Genaue Arbeitsvorschrift (zur Bestimmung in Milchprodukten und Eiern)

10 bis 50 g Frischsubstanz (1 bis 10 µg I bzw. 50 bis 200 µg Br/100 g enthaltend) in Quarzschalen mit 5 bis 10 ml 10%iger $Mg(Ac)_2$-Lösung versetzen und über Nacht im Trockenschrank bei 105 °C trocknen. Anschließend unter dem Oberflächenverdampfer vorveraschen und dann bei 600 °C im Muffelofen ca. 1 bis 2 h bis zur weißen Asche veraschen.

Die Asche mit 30 ml heißem Wasser in ein Zentrifugenglas überführen, 30 min rühren und zentrifugieren, den Überstand in eine Abdampfschale geben. Den Rückstand in derselben Weise nochmals mit 20 ml Wasser behandeln. Die vereinigten Zentrifugate mit 2 ml Komplexon-Lösung versetzen und auf dem Wasserbad auf 3 bis 5 ml einengen, den Rückstand mit wenig Acetat-Puffer in ein Zentrifugenglas überführen und auf 10 ml auffüllen.

Zur Phenolrot-Reaktion mit 3 ml Phenolrot-Lösung, dann mit 1.5 ml Chloramin-T-Lösung versetzen, und nach genau 90 s die Reaktion mit 2 ml Na$_2$S$_2$O$_3$-Lösung abstoppen.

Zur Reaktionslösung 300 mg Polyamidpulver geben, ca. 5 min rühren, zentrifugieren und das Polyamid 2mal mit 15 ml Wasser waschen. Nach der letzten Zentrifugation das Polyamid über Nacht im Trockenschrank bei 105 °C trocknen. Das trockene Polyamidpulver im Achatmörser homogenisieren, in das Preßwerkzeug samt Messingring einfüllen und leicht vorpressen. Dann auf das Polyamid ca. 1 g Linterspulver geben und die Tablette mit ca. 10 Torr Druck endgültig pressen.

Extraktion von Iodid aus Kochsalz. 5 bis 10 g Salz in 15 ml Wasser lösen und bis zum Kristallbrei einengen. Den Kristallbrei 2mal mit 25 ml Methanol rühren und über eine Fritte absaugen. Die vereinigten Eluate mit wenig NaOH alkalisieren und das Methanol auf dem Wasserbad bis fast zur Trockene abdampfen. Den Rückstand mit 2 bis 3 ml Acetat-Puffer aufnehmen und wie oben beschrieben fortfahren.

Reinigung der Quarzschalen mit einem Gemisch aus Flußsäure/konz. HCl, spülen in Aqua dest.

Weitere Einzelheiten s. Literatur.

Die analytische Besonderheit bei Speisesalzen liegt hier in zwei Fakten:

- Im Gegensatz zu anderen Lebensmitteln kann nicht durch Mineralisierung angereichert werden.
- Die geringen Mengen Bromid und Iodid sind von extrem großen Chloridmengen abzutrennen. (Bromat und Iodat sind in saurer Lösung mit Bisulfit zu reduzieren.)

Die Anreicherung erfolgt durch Extraktion mit Methanol bei 25 °C, hierbei liegen folgende Löslichkeiten für die Na-Halogenide vor

NaCl: 1.401 g/100 ml
NaBr: 16.09 g/100 ml
NaI: 62.51 g/100 ml

53.9 Bestimmung von Spuren-Iod nach der iodkatalysierten Reaktion von Cer(IV) mit Arsen(III) − Die Sandell-Kolthoff-Reaktion

Prinzip (SANDELL und KOLTHOFF 1937). Die Kinetik der Entfärbung einer Cer(IV)-Lösung wird photometrisch gemessen. Sie ist in Gegenwart von As(III) der Iodidkonzentration in der Meßlösung proportional:

$$2\,Ce(IV) + As(III) \xrightarrow{\text{Iodkatalyse}} 2\,Ce(III) + As(V)\ .$$
   gelb   farblos

Einführende Bemerkungen. Erste Beobachtungen von LANG (1926) über die Iodkatalyse wurden von SANDELL und KOLTHOFF (1937) methodisch weiterverfolgt und von SPITZY et al. (1958) zu einer Standardmethode zur Iodbestimmung in Blutserum weiterentwickelt. Für eine breitere Anwendung der Methode zur Iodspurenbestimmung in anorganischen und organischen Matrices wurde sie von GSTREIN et al. (1979) überarbeitet. Unter Verwendung des Auto-Analyzer-Systems bestimmten FISCHER und L'ABBÉ (1981) photometrisch-katalytisch Iodspuren in Nahrungsmitteln, JONES et al. (1982) Iodid, Iodat und Gesamtiod, in Konzentrationen von 0 bis 5 µg Iod/l, in natürlichen Wässern. WIECHEN und KOCK (1984) bestimmten routinemäßig niedrige Iodkonzentrationen (<100 µg/l) in Milch mittels Iodkatalyse; nach ihren Erfahrungen ist die katalytische Methode zur Iodbestimmung in diesem Konzentrationsbereich die Methode der Wahl.

Zum Aufschluß verschiedenster Matrizes wird der oxidierende Naßaufschluß empfohlen. Da in der Aufschlußlösung dann zur Bestimmung nur Nanogrammengen Iod/ml Lösung vorliegen, sind die Probleme der Einschleppung von Iod über Reagenzien und Geräte beim Aufschluß außerordentlich groß. Bereits kleinste Mengen eines Störelements (z. B. Silber, Quecksilber) können die Iodkatalyse inhibieren (GSTREIN et al. 1979).

Voraussetzung für eine erfolgreiche Analyse ist daher die exakte Einhaltung der Arbeitsvorschrift für die jeweilige Matrix, die hier nur verkürzt wiedergegeben werden kann.

Iodbestimmung in Blutseren nach SPITZY et al. (1958) (Chromsäureoxidation und Abtrennung der Iodspuren durch Mikrodiffusion). Es werden 0.5 ml Blutserum mit 2 ml bidest. Wasser verdünnt, mit 6 ml konz. H_2SO_4 und 0.6 ml Chromsäurelösung (60%ig) versetzt und bei 210 °C im Flüssigkeitsbad aufgeschlossen. Zur eisgekühlten Aufschlußlösung wird 1 ml phosphorige Säure (60%ig) zupipettiert, das Aufschlußkölbchen in den in Abb. 53-10 skizzierten Diffusionsapparat eingesetzt und nach Evakuieren die Isothermdiffusion bei 50 °C 12 h lang durchgeführt. Die Iodspuren sind dann in der 10%igen NaOH (200 µl) gebunden, die auf der im Vorlagelöffel befindlichen Quarzwolle verteilt ist. Der Vorlagelöffel wird in ein 5-ml-Meßkölbchen ausgespült und aufgefüllt. Nach Zusetzen von 0.4 ml arseniger Säure (0.15 N) wird bei 40 °C thermostatisiert. Nach 15 min werden 0.5 ml Cer(IV)sulfatlösung (0.045 N) zugesetzt, nach weiteren 15 min Stehen im Thermostatenbad bei 420 nm die Transmission im Photometer gemessen. Die Auswertung erfolgt über eine Eichkurve, die mit Natriumiodidlösungen entsprechender Verdünnung vorher erstellt wurde. Die Iodgehalte in Seren liegen normalerweise im Bereich von 50 bis 100 µg I/ml Serum.

Iodbestimmung in Milch nach WIECHEN und KOCK (1984) (Perchlorsäureaufschluß). Zu 2 ml Milch wird im Aufschlußröhrchen (18×180 mm, am besten aus Quarzglas) 9 ml Säuregemisch (65 ml 96%iger H_2SO_4 + 15 ml 70%iger $HClO_4$ und 10 ml 65%iger HNO_3; alle Säuren p.a.) zugedrückt und 4 h bei 195 bis 200 °C kontaminationsfrei in einem Metallblockthermostaten aufgeschlossen. Nach Kühlen der Aufschlußröhrchen wird 10 min lang zur Vertreibung der die Messung störenden Reaktionsgase aus der Aufschlußlösung Reinststickstoff durchgeblasen, der vorher eine mit 1 N NaOH beschickte Waschflasche passiert.

Die Aufschlußlösung wird unmittelbar vor der Messung mit bidest. H_2O in ein 25-ml-Meßkölbchen übergespült und nach dem Abkühlen aufgefüllt.

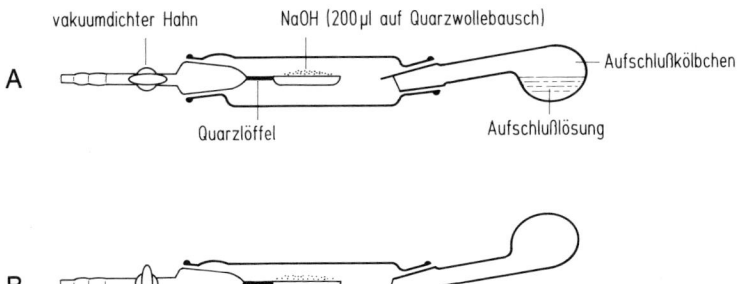

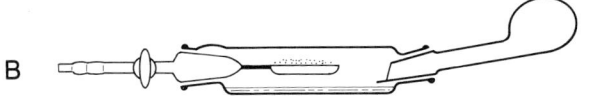

Abb. 53-10. Mikrodiffusion nach SPITZY (1958). Schnitt durch die Apparatur (A) vor dem Evakuieren, (B) nach dem Evakuieren. (C) Iodausbeuten in Abhängigkeit der Diffusionsdauer. Je 500 µg I als NaI (teilweise markiert mit ^{131}Iod) verascht und reduziert. Isothermdiffusion bei 50° und 15 mmHg in 150 µl 10%ige Natronlauge-Vorlage.

Herstellung der Reaktionsgemische

Probe	Standard
4 ml Aufschlußlösung	4 ml Eichstandardlösung (KIO$_3$)
+4 ml bidest. H$_2$O	+4 ml Säuregemisch (aus 13 ml konz. H$_2$SO$_4$ und 3 ml 70%iger HClO$_4$ auf 50 ml)
+4 ml As(III)-Lösung[1,2]	+4 ml As(III)-Lösung
+8 ml Cer(IV)-Lösung[3]	+8 ml Cer(IV)-Lösung[3]

[1] Zur Reduktion der oxidierten Formen des Iods.
[2] In verschlossenen Gläschen (kaliumarme 20-ml-Zählfläschchen mit Schraubverschluß mit Polyethyleneinlage, die für die Flüssigszintillationsmeßtechnik benutzt werden.
[3] Bei 50 °C thermostatisierte Lösung.

Nach 30 min Inkubationszeit bei 50 °C wird in 1-cm-Küvetten im Zweistrahlspektralphotometer bei 410 nm gegen die fünffach verdünnte Säuremischung die Farbdichte gemessen und die Iodkonzentration über die Eichgerade ausgewertet. Die Eichung wird mit KIO$_3$-Lösungen entsprechender Verdünnungen durchgeführt.

Auswertung der Messungen. Zwischen dem Logarithmus der Extinktion E und der absoluten Iodmenge im Reaktionsgemisch (damit auch der Iodkonzentration C) der Milch besteht ein linearer Zusammenhang. Die Eichgerade $\Delta \log E = \log E_{Stand.} - \log E_{Blind.}$-Logarithmus der Iodabsolutmenge bzw. der Iodkonzentration bezogen auf die Milch gegen Logarithmus der Extinktion – kann daher leicht mit einem programmierbaren Taschenrechner (lineare Regression) berechnet werden. Die Schätzwerte der Iodkonzentration von Milchproben können dann ebenfalls unmittelbar mit Hilfe des Rechners aus der Eichgeraden ermittelt werden. In Abb. 53-11 ist eine Eichgerade in die Schar der Meßpunkte eingezeichnet.

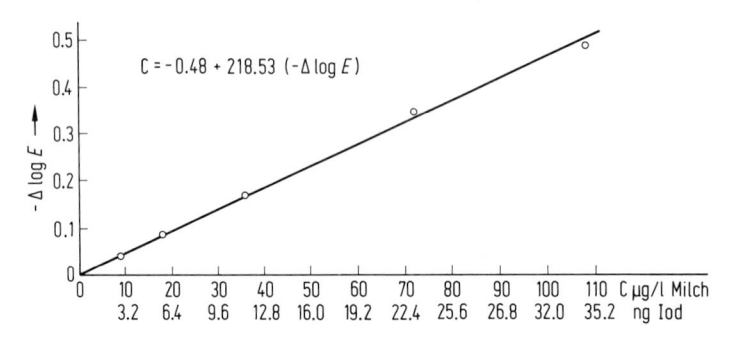

Abb. 53-11. Eichgerade (WIECHEN und KOCK 1984).

Iodbestimmung in anorganischen (z. B. Alkalihalogeniden) und organischen Matrizes (Futtermittel, Nahrungsmittelformulierungen, marine Substanzen) nach GSTREIN et al. (1979) mit Gehalten von 10 mg bis 10 µg I/g Substanz

Geräte und Reagenzien

Spektralphotometer ZEISS PM 2A.
Durchflußküvette thermostatisierbar, HELMA 166.11 OS.
Dilutor BRAND Diluette DL 5/0.5.
Kompensationsschreiber GEORZ SERVOGOR RE 511.
Naßveraschungsautomat VAO Fa. ANTON PAAR.

As(III)-Lösung: 1.8 g As$_2$O$_3$ werden in 20 ml 1 N NaOH gelöst. Die Lösung wird mit 1 ml 32%iger HCl versetzt und mit destilliertem Wasser auf 1 l aufgefüllt.

Ce(IV)-Lösung: 1.8 g Ce(SO$_4$)$_2 \cdot$ 4 H$_2$O werden mit 13 ml konz. H$_2$SO$_4$ gelöst und mit destilliertem Wasser auf 1 l aufgefüllt.

Salpetersäure (ca. 32%).

Iodat-Stammlösung: 168.64 mg KIO₃ (MERCK p.a.) werden in 1 l dest. Wasser gelöst. Diese Lösung enthält 100 µg Iod/ml. Durch entsprechendes Verdünnen erhält man Standardlösungen mit einem Iodgehalt von 0.5 und 1 µg/ml.

Chlorsäure-Perchlorsäure-Lösung MERCK Art. Nr. 10741.
Salpetersäure (min. 65%) MERCK Art. Nr. 456.

Ausführung. Die Proben (bis 150 mg Trockensubstanz/Probe) werden in speziellen Aufschlußröhrchen (26×85 mm) mit 6 ml Chlorsäure-Perchlorsäuregemisch und 4 ml Salpetersäure (65%ig) versetzt und in Naßveraschungsautomaten in Serie 2.5 h bei 170 °C aufgeschlossen. Bei Überschreiten einer Heizblocktemperatur von 180 °C treten erfahrungsgemäß Iodverluste auf, während bei zu niedriger Temperatur die Chlorsäure nicht vollständig (was aber erforderlich ist) verdampft.

Zur Erstellung der Eichgeraden werden die Veraschungsreagenzien vor dem Aufschluß mit Iodstandardlösungen (KIO₃) versetzt.

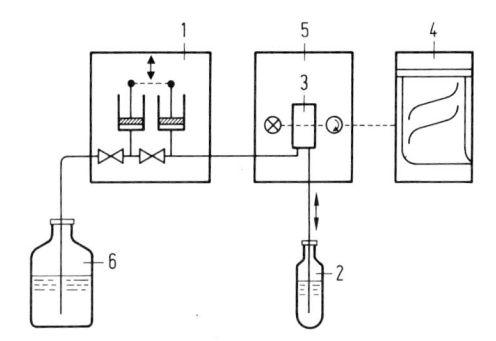

Abb. 53-12. Kinetikmeßplatz.
1 Dilutor, *2* Reaktionsgefäß, *3* Durchflußküvette, *4* Schreiber, *5* Photometer, *6* Wasserflasche.

Das Reaktionsgemisch (1 ml Probelösung bzw. Veraschungsrückstand, 2 ml As(III)-Lösung, 2 ml Salpetersäure (ca. 32%) und 0.6 ml Ce(IV)-Lösung) wird mit Hilfe eines Dilutors (1) aus dem Reagenzglas (2) in eine auf 30 °C thermostatisierte Durchflußküvette (3) gesaugt. Der Schreiber (4) registriert den vom Photometer (5) bei 365 nm gemessenen Transmissionsverlauf. Nach beendeter Messung werden die Kolben des Dilutors (1) nach unten gedrückt, wodurch das Reaktionsgemisch in das Reagenzglas (2) zurückbefördert und die Küvette mit Wasser aus der Flasche (6) gespült wird. In Abb. 53-12 ist der Aufbau des Meßplatzes wiedergegeben. Der Anfangswert der Transmission hängt von der zu messenden Probelösung ab und liegt unter den gegebenen Bedingungen zwischen 5 und 20%. Dies ist für die Messung jedoch ohne Bedeutung, da als Meßgröße die Reaktionsgeschwindigkeit herangezogen wird. Zur Auswertung der Schreiberdiagramme wird im Wendepunkt der S-förmigen Kurve die Tangente gelegt (Abb. 53-13). Die Steigung dieser Tangente ist der Iodkonzentration proportional und wird als Meßsignal verwendet.

Bei hohen Iodgehalten wird der Aufschlußrückstand mit Wasser stark verdünnt und gegen eine entsprechende Eichgerade vermessen.

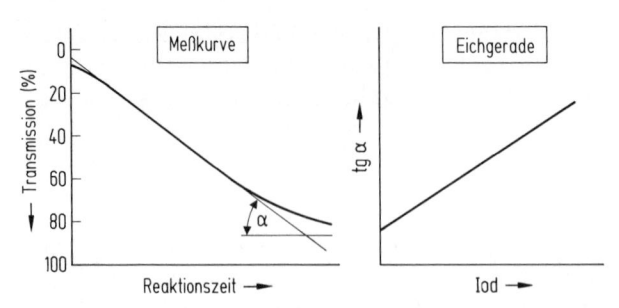

Abb. 53-13. Auswertung der Schreiberdiagramme (Transmission gegen Zeit).

53.10 Iodspurenbestimmung durch Thermionen-Massenspektrometrie

Prinzip (HEUMANN und SCHINDELMEIER 1982). Die massenspektrometrische Isotopenverdünnungsanalyse (MS-IVA, s. Kap. 51.9) ist auch in der Iodspurenanalyse eine wichtige Alternativmethode. Sie wurde bisher zur Iodbestimmung in verschiedenen handelsüblichen Speisesalzen und Reinchemikalien, neuerdings auch in umweltbelasteten wäßrigen Systemen (REIFENHÄUSER und HEUMANN, 1989) angewendet.

Zur Iodbestimmung durch MS-IVA wird zur wäßrigen Probe- oder Aufschlußlösung eine genau bekannte Menge des $^{129}I^-$-Indikators zugesetzt, das gesamte Iodid über einen stark basischen Anionenaustauscher von den anderen Halogeniden getrennt und anschließend als AgI ausgefällt. Von dem durch Filtration isolierten Silberiodidniederschlag wird ein Teil in wenig konz. NH_3 als Diaminkomplex gelöst, in dieser Form auf das Verdampferband der Thermionenquelle aufgetragen, zur Trockene eingedampft, massenspektrometrisch das Isotopenverhältnis bestimmt und daraus der Iodgehalt der Probe errechnet.

Apparatives und Reagenzien

Einfachfokussierendes Massenspektrometer vom Typ CH5-TH (FINNIGAN MAT), mit einer Zweiband-Thermionenquelle und Faraday-Käfig als Ionenauffänger.

$^{129}I^-$-Indikatorlösung (NEN CHEMICALS).

Stark basischer Anionenaustauscher AG1-X8 (100 bis 200 mesh, NO_3^--Form, BIO-RAD) in Austauschersäule ($\varnothing$ 1.1 cm; Füllhöhe 15 cm) gefüllt.

Ausführung. Zur Iodspurenanalyse in Speisesalzen und Reinchemikalien werden die Proben nach dem in Abb. 53-14 skizzierten Schema aufgearbeitet und zur Messung vorbereitet. Je nach zu erwartender Iodmenge werden zu je 0.5 bis 10 g Probe 2 bis 3 ml $^{129}I^-$-Indikatorlösung zugewogen und je nach Probenmenge in 4 bis 28 ml bidest. H_2O gelöst. Zur Reduktion des Iods (falls Iod auch als Iodat in der Probe vorliegt) werden 1 ml 0.1 M Na_2SO_3-Lösung und anschließend 0.5 bis 2 ml verd. HCl zugegeben, um auch evtl. enthaltenes $CaCO_3$ zu lösen.

53.10 Iodspurenbestimmung durch Thermionen-Massenspektrometrie

```
                    ┌─────────────────────┐
                    │   Probeneinwaage    │
                    └──────────┬──────────┘
                               ▼
                    ┌─────────────────────┐
                    │   Indikatorzugabe   │
                    └──────────┬──────────┘
                               ▼
              ┌──────────────────────────────────┐
              │ Zugabe von Na₂SO₃-Lösung zur      │
              │ Iodat-Reduktion                   │
              │ Lösen in H₂O/HCl                  │
              └──────────────┬───────────────────┘
                             ▼
              ┌──────────────────────────────────┐
              │ Chromatographische I⁻-Abtrennung │
              │ an stark basischem Anionen-      │
              │ austauscher                      │
              └──────────────┬───────────────────┘
                             ▼
                    ┌─────────────────────┐
                    │ Ausfällung von AgI  │
                    └──────────┬──────────┘
                               ▼
         ┌──────────────────┐    ┌──────────────────┐
         │Massenspektro-    │    │Messung mit iodid-│
         │metrische Messung │    │selektiver Elektr.│
         └──────────────────┘    └──────────────────┘
```

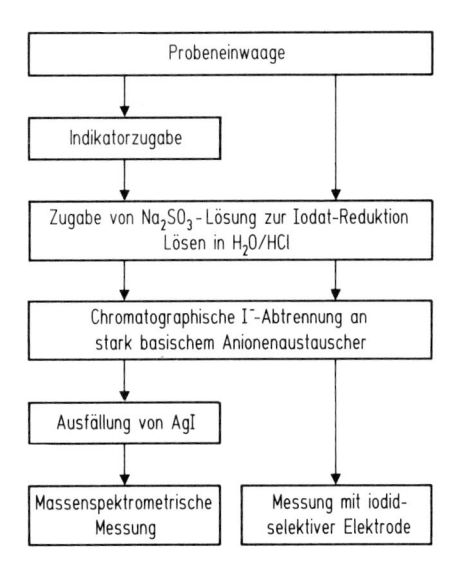

Abb. 53-14. Schema der Probenaufarbeitung.

Die so erhaltenen Lösungen werden auf eine mit dem stark basischen Anionenaustauscher gefüllte Säule aufgetragen. Mit 1.5 M NaNO₃-Lösung wird dann bei einer Geschwindigkeit von 3 bis 5 ml/min eluiert. Modellversuche haben gezeigt, daß unter diesen Bedingungen Iodid von Chlorid bei Gewichtsverhältnissen von $Cl^-/I^- = 10^6$ vollständig voneinander getrennt werden kann, wobei Cl^- im Elutionsvolumen bis ca. 90 ml, I^- von etwa 100 bis 200 ml enthalten ist. Aus der I^--Fraktion wird nach Ansäuern mit einigen Tropfen 2 M HNO₃ AgI mit einer halbgesättigten AgNO₃-Lösung für die massenspektrometrische Messung ausgefällt. Das AgI wird über ein Teflonfilter abfiltriert und kann dann kurz vor der Vermessung im Massenspektrometer wie beschrieben in den Diaminkomplex überführt werden. Zur Technik der Isotopenverhältnismessung im Massenspektrometer s. HEUMANN et al. (1978, 1981).

Für die Bestimmung mit der ionenselektiven Elektrode, die parallel dazu durchgeführt werden kann (s. Kap. 53.4), wird die Iodidfraktion in einem 100-ml-Meßkolben aufgefangen. Dabei werden entweder genau 100 ml Eluat im Meßkolben gesammelt bzw. es wird mit 1.5 M NaNO₃-Lösung auf 100 ml aufgefüllt. Ein aliquoter Teil von 10 ml dieser Lösung wird dann mit der iodidselektiven Elektrode (Type 94-53, Ag/AgCl-Referenzelektrode 90-01, ORION RESEARCH) vermessen. Als Eichlösungen dienen Iodidlösungen bekannten Gehalts, die wie die Meßlösung 1.5 M an NaNO₃ sind. Das NaNO₃ dient dabei gleichzeitig als Ionenstärkeausgleicher.

Berechnung (Iod). Das isotopenverdünnte Iodid wird isoliert und das Isotopenverhältnis $R = {}^{129}I/{}^{127}I$ im Massenspektrometer vermessen. Wesentlicher Vorteil der MS-IVA gegenüber anderen analytischen Verfahren ist, daß keine quantitative Isolierung des Iodids aus der isotopenverdünnten Probe durchgeführt werden muß. Das Isotopenverhältnis R der isotopenverdünnten Probe wird durch Gl. (1) beschrieben:

$$R = \frac{N_\text{I} \cdot h_\text{I}^{129}}{N_\text{I} \cdot h_\text{I}^{127} + N_\text{Pr} \cdot h_\text{Pr}^{127}} \tag{1}$$

$N_\text{I, Pr}$ = Zahl der Indikator- bzw. Probenatome
$h^{127, 129}$ = Isotopenhäufigkeit von ^{127}I bzw. ^{129}I [%]

In Gleichung (1) wird davon ausgegangen, daß im Iod der Probe kein ^{129}I enthalten ist. Verglichen mit dem stabilen ^{127}I enthält natürliches Iod z. B. in der Biosphäre nur einen vernachlässigbaren Anteil von 10^{-6} bis 10^{-7}% an ^{129}I, welches durch Kernreaktion von Xenon mit der Höhenstrahlung entstehen kann. Höhere Anteile von ^{129}I sind vor allem in Proben enthalten, die bei der Aufarbeitung von Kernbrennstoffen anfallen, so daß hierfür Gl. (1) nur in veränderter Form benutzt werden kann. Löst man Gl. (1) nach der gesuchten Iodmenge N_Pr auf, erhält man bei Annahme $h_\text{Pr}^{127} = 100\%$:

$$N_\text{Pr} = \frac{N_\text{I}}{100} \cdot \left(\frac{h_\text{I}^{129}}{R} - h_\text{I}^{127} \right) . \tag{2}$$

Während Gleichungen für die Isotopenverdünnungsanalyse bei Elementen, die mindestens zwei Isotope in der zu analysierenden Probe enthalten, sowohl im Zähler als auch im Nenner der Gleichung je eine Differenz zweier Zahlenwerte enthalten (Cl, Br), hat Gl. (2) nur eine Differenz im Zähler. Dies wirkt sich günstig auf die Genauigkeit des Analysenergebnisses aus. Dabei geht aus Gl. (2) hervor, daß ein hoher Anreicherungsgrad des ^{129}I-Indikators die Verhältnisse noch verbessert.

Eine genau bekannte Menge des ^{129}I-Indikators wird jeweils in Form einer Lösung zur Probe zugewogen.

54 Fluorbestimmung

54.0 Allgemeines

Fluor hat in unserer Zeit große technische Bedeutung und wissenschaftliches Interesse erlangt. In der organischen Chemie sind es vor allem die Fluor-Chlor-Abkömmlinge von Methan und Ethan (Kälte- und Treibmittel) und die Poly-Fluorethylene (Kunststoffe). Auch bei der Synthese von Insektiziden, Farbstoffen und Pharmazeutika hat dieses Element Eingang gefunden. Aber nicht nur in der organischen Synthese, sondern auch in anderen Industriezweigen werden elementares Fluor, anorganische Fluoride und organische Fluorverbindungen in großem Umfang verarbeitet, z. B. zur Herstellung und Reinigung von Kernbrennstoffen, von Aluminium, zum Aufschließen von Rohphosphaten zur Düngemittelherstellung und als Flußmittel für metallurgische Prozesse. Außerdem spielt dieses Element im Stoffwechsel von Pflanze und Tier eine wichtige Rolle. Fluoride dienen der Karies- und Osteoporoseprophylaxe, daher wird in manchen Ländern Trinkwasser fluoridiert.

Aus diesen Gründen interessieren sich heute neben präparativ tätigen Chemikern auch Biologen, Hygieniker und die Öffentlichkeit für den Fluorgehalt verschiedener Stoffe. Die großtechnische Synthese und Verwendung fluorhaltiger Verbindungen führt zu stark zunehmender Fluoremission in Luft und Abwasser und wegen der stark toxischen Wirkung des Fluorwasserstoffes und anderer Fluorverbindungen zu zahlreichen unangenehmen Nebenerscheinungen für Pflanze und Tier. Mit dem raschen Anstieg der Fluorchemie in den vergangenen zwei Jahrzehnten hat daher auch die Fluoranalyse sehr an Interesse gewonnen.

Fluor muß nicht nur in den verschiedensten Präparaten der chemischen Synthese, sondern auch zur laufenden Kontrolle in Nahrungsmitteln bestimmt werden, da eine große Fluoraufnahme zu Gesundheitsschäden (Fluorose) führen kann. Es wurde außerdem erforderlich, exakte Fluorbestimmungen in Luft, Wasser, Abwasser, in physiologischen Lösungen sowie in tierischem und pflanzlichem Material durchzuführen, um Schäden durch Fluoremissionen objektiv festzustellen. Die Fluoranalytik ist intensiv bearbeitet worden, so daß uns heute zahlreiche Methoden zur Verfügung stehen, um Fluor selbst in sehr kleinen Konzentrationen und in Substanzen verschiedenster Zusammensetzung schnell und zuverlässig zu bestimmen.

Die Schwierigkeiten lagen anfangs im Fehlen sowohl von zuverlässigen Aufschlußmethoden als auch von spezifischen Nachweisreaktionen.

Die Dissoziationsenergie für die C-F-Bindung liegt bekanntlich sehr hoch. Daher können organische Fluorverbindungen erst durch sehr energisch wirkende Oxidations-

und Reduktionsmittel und thermisch bei hohen Verbrennungstemperaturen quantitativ zerstört werden.

Außerdem liegen Schmelz- und Siedepunkte organischer Fluorsubstanzen tiefer als bei den übrigen halogenorganischen Substanzen, wodurch der Aufschluß meist erschwert wird. Zum Aufschluß organischer Fluorverbindungen haben sich die neu entwickelten Knallgasverbrennungsmethoden bewährt. Fluorid wird heute gravimetrisch, maßanalytisch, photometrisch oder potentiometrisch nach einer der nachfolgend beschriebenen Methoden bestimmt. Je nach Fluorgehalt, Probenmenge und Begleitelementen muß eine geeignete Bestimmungsmethode ausgewählt werden.

Zur Endbestimmung des in der Aufschlußlösung vorliegenden Fluorids wird heute die universell anwendbare und genaue potentiometrische Methode mit fluoridsensitiven Elektroden bevorzugt.

54.1 Gravimetrische und maßanalytische Fluorbestimmung nach der Bleihalogenidfluorid-Methode

Einführende Bemerkungen. Diese bewährte Fluoranalysenmethode wird auch heute noch angewandt – vor allem dann, wenn photometrische und maßanalytische Schnellmethoden wegen Anwesenheit von Störelementen versagen. Fluorid kann als PbClF (MILLER et al. 1947) oder PbBrF (EHRLICH und PIETZKA 1951) gefällt werden. Bei der Fällung aus reinen Lösungen, wie sie nach dem Aufschluß organischer Fluorsubstanzen anfallen, sind beide Methoden ebenbürtig. Bei der Fällung aus silicathaltigen Lösungen (z. B. Fluorbestimmung in technischen und mineralischen Fluoriden) liefert nach HARZDORF (1966) die PbClF-Fällung zu hohe, über PbBrF exaktere Werte.

Da organische Fluorsubstanzen Chlor häufiger als Brom enthalten (das bei der Berechnung des Fluorgehaltes nach der maßanalytischen Methode berücksichtigt werden muß), wird nachfolgend die Fällung als PbClF beschrieben.

Prinzip. Das Fluorid wird mit Bleiacetatlösung in Gegenwart von Chlorid-Ionen als PbClF gefällt. Endbestimmung: gravimetrisch durch Auswägen des getrockneten PbClF-Niederschlages, maßanalytisch durch Titration der Chlor-Ionen entweder des isolierten PbClF-Niederschlages oder der im Filtrat verbleibenden, nicht verbrauchten Chloridmenge. Titration der Chlor-Ionen mit Silbernitrat potentiometrisch oder volumetrisch nach VOLHARD (s. Kap. 51.6).

Als Aufschlußmethode eignen sich die Knallgasverbrennung (WICKBOLD 1954) und der nachfolgend beschriebene Kaliumaufschluß in der Nickelbombe (BELCHER und TATLOW 1951), Substanzbedarf 100 bis 500 mg.

Reaktionsschema

$$KF + Pb(CH_3COO)_2 + y\,KCl \rightarrow PbClF\downarrow + 2\,CH_3COOK + z\,KCl \ .$$

Reagenzien

Metall. Kalium.
Kaliumhydroxid p.a.

Salpetersäure ca. 2 N.
Salpetersäure (D = 1.21).
Silbernitratlösung 0.1 N.
Kaliumchlorid p.a.
Kaliumfluoridlösung, 0.1 N.
Bleiacetatlösung, 20%ig, die im Liter 20 ml Eisessig enthält.
Bleiacetatlösung, 10%ig, die im Liter 10 ml Eisessig enthält.
Wasserstoffsuperoxid, 30%ig.
Methanol.

Arbeitsvorschrift

Aufschluß: Die Probe wird durch Verbrennen in der Knallgasflamme in der in Kap. 43.1 beschriebenen Quarzapparatur aufgeschlossen. Als Absorptionslösung dient 0.1 N Natronlauge. Enthält die Substanz jedoch anorganische Bestandteile oder Elemente, die bei der Knallgasverbrennung stören (z. B. *Phosphor*), dann ist der *Kaliumaufschluß in der Nickelbombe* unumgänglich.

In eine ca. 12 ml fassende Nickelbombe mit plangeschliffenem Deckel (Abb. 54-1) wägt man 100 bis 500 mg ein, wenn der erwartete Fluorgehalt 80 bis 5% beträgt. Feste Substanzen bringt man direkt, Flüssigkeiten mit Hilfe von Kapseln aus Gelatine oder Methylcellulose ein und gibt dazu ca. 1.8 g metallisches Kalium und 3.5 g Kaliumhydroxid. Unter Verwendung eines Rundfilterpapiers als Dichtung, das der Größe des Bombendeckels entspricht, wird die Bombe gasdicht verschraubt. Der Bombeninhalt wird mindestens 1 h auf 600 bis 650 °C mit einer rauschenden Gasflamme oder einem elektrisch beheizten Ofen erhitzt. Anschließend wird die Bombe durch Einstellen in einen

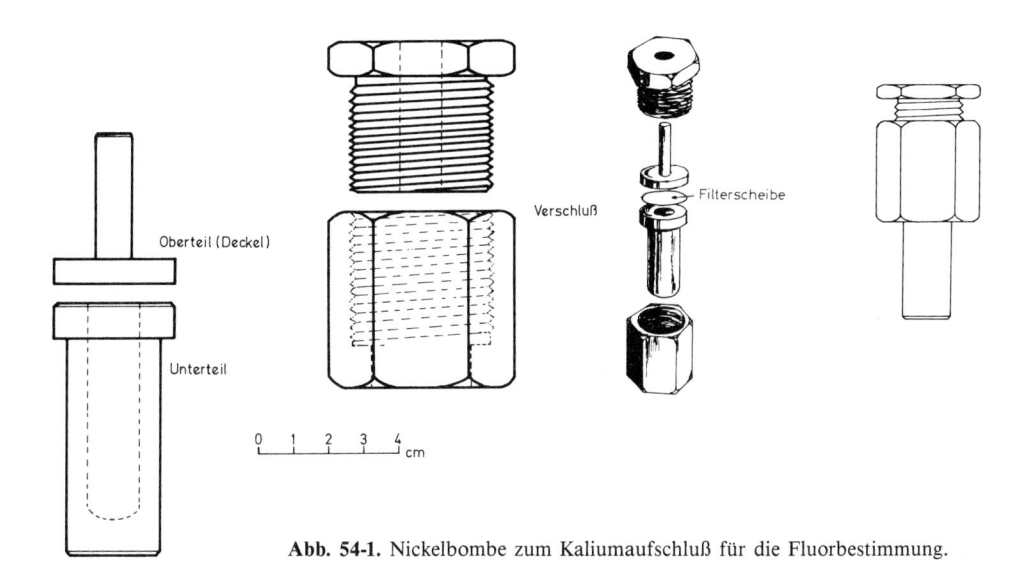

Abb. 54-1. Nickelbombe zum Kaliumaufschluß für die Fluorbestimmung.

Metallblock gekühlt, sodann geöffnet, durch vorsichtiges Aufspritzen von Methanol überschüssiges Kalium umgesetzt und der Bombeninhalt mit heißem Wasser in einen 250-ml-Meßkolben gespült. Die Lösung wird auf 20 °C temperiert, der Kolben zur Marke mit Wasser aufgefüllt und nach Durchmischen die Lösung filtriert, um sie von kohligen Rückständen zu befreien.

Fällung und Titration: 0.37 g Kaliumchlorid werden in ein hohes 250-ml-Becherglas genau eingewogen, 100 ml der filtrierten Aufschlußlösung (oder 50 ml der 100 ml betragenden Absorptionslösung, wenn der Aufschluß durch Knallgasverbrennung erfolgt) zupipettiert, mit Salpetersäure (D = 1.21) gegen Methylorange gerade sauer gestellt und noch 6 Tropfen ca. 2 N Salpetersäure im Überschuß zugesetzt. Dann wird bei Raumtemperatur mit 10 ml 20%iger Bleiacetatlösung des Fluor-Ion als Bleichlorfluorid ausgefällt. Man erhitzt die Fällung etwa 1 min auf Siedetemperatur und läßt den Niederschlag mindestens 4 h, am besten über Nacht, absetzen.

In Eilfällen kann man die Wartezeit auf 30 min verkürzen, indem man das Gefäß mit der Fällung in eine Kältemischung stellt und unter mehrmaligem Umrühren auf 0 °C abkühlt. Die Lösung wird durch einen Glasfiltertiegel (G4) mit eingelegtem Rundfilter abgesaugt und der Niederschlag je einmal mit 20 ml 10%iger Bleiacetatlösung und 20 ml dest. Wasser nachgewaschen. Zur gravimetrischen Endbestimmung wird der Niederschlag noch mit 50%igem und schließlich mit wasserfreiem Methanol gewaschen, bei 110 °C bis zur Gewichtskonstanz (ca. 1 h) getrocknet und gewogen.

Im Filtrat werden nach schwachem Ansäuern mit Salpetersäure (D = 1.21) die überschüssigen Chlorid-Ionen mit 0.1 N Silbernitratlösung potentiometrisch bestimmt.

Enthält die Analysensubstanz Chlor, muß dieses in einem aliquoten Teil der Aufschlußlösung bestimmt und bei der Berechnung des Fluorgehaltes berücksichtigt werden. Dazu werden 100 ml der filtrierten Aufschlußlösung abpipettiert, mit Salpetersäure (D = 1.21) schwach angesäuert und die Chlorid-Ionen mit 0.1 N Silbernitratlösung potentiometrisch oder nach VOLHARD (s. Kap. 51.6) titriert.

Berechnung

Chlorgehalt:

$$\frac{3.546 \cdot x \cdot 250}{\text{Einwaage in mg}} = \% \text{ Chlor}$$

Fluorgehalt:

$$\frac{1.900 \cdot (x+y-z) \cdot 250}{\text{Einwaage in mg}} = \% \text{ Fluor}$$

Fluorgehalt aus dem Gewicht des Bleichlorfluoridniederschlages:

$$\frac{\text{mg PbClF} \cdot 0.0726 \cdot 250}{\text{Einwaage in mg}} = \% \text{ Fluor}$$

x = ml 0.1 N AgNO$_3$ für die Chlorid-Ionen in 100 ml Filtrat der Aufschlußlösung
y = ml 0.1 N AgNO$_3$ für die vorgelegten g KCl
z = ml 0.1 N AgNO$_3$ für die überschüssigen Chlorid-Ionen im Filtrat der PbClF-Fällung

Der gravimetrisch ermittelte Fluorwert kann durch Titration des im Molekül (PbClF) enthaltenen Chlorid-Ions kontrolliert werden. Dazu wird der Niederschlag in 5 N Salpetersäure gelöst und die Chlorid-Ionen potentiometrisch oder nach VOLHARD titriert.

Bei kleinen Fluorgehalten (<5%) empfiehlt es sich, die Einwaage auf 1 g zu erhöhen und die Fluormenge in der Aufschlußlösung durch Zugabe von 20 ml einer 0.1 N Kaliumfluoridlösung aufzustocken. Die zugesetzte Fluormenge wird in einem getrennten Ansatz bestimmt und bei der Berechnung abgezogen. Enthält die Substanz außer Fluor und Chlor noch Schwefel und Stickstoff, die nach dem Aufschluß als Sulfid und Cyanid vorliegen, eliminiert man diese vor der Neutralisation mit Salpetersäure durch Zugabe von 5 ml 30%iger Wasserstoffperoxidlösung zu 100 ml des alkalischen Filtrats und halbstündigem Erwärmen auf dem Dampfbad. Bei phosphorhaltigen Fluorproben wird nur etwa 1/3 der üblichen Substanzeinwaage zur Analyse eingesetzt und in jedem Falle mit 20 ml 0.1 N Kaliumfluoridlösung aufgestockt. Dadurch wird ein schleimiges Ausfallen des Bleichlorfluorid-Niederschlages vermieden und die Filtration erleichtert. BELCHER (1957) empfiehlt die Abtrennung von Phosphat mit Zinkoxid vor der Fällung des Fluorids mit Bleichlornitrat.

Diskussion der Methode. Nach Aufschluß der Substanz in der Knallgasflamme können mit der vorliegenden Methode Feststoffe, Flüssigkeiten und Gase zuverlässig analysiert werden.

Der Aufschluß mit Kalium in der Nickelbombe ist auf feste und flüssige Substanzen begrenzt. Für diese Substanzen ist die Methode aber weitgehend universell, da sie auch in Gegenwart von Silicium, Bor und anderen anorganischen Elementen zuverlässige Werte liefert. Die Methode ist für den Makro- und Halbmikrobereich prädestiniert. Im Mikromaßstab, der manchmal erforderlich sein kann, ist die relativ große Löslichkeit des Bleichlorfluorids zu berücksichtigen.

Wegen des relativ hohen Zeitaufwands wird die Methode in der Routineanalyse nur dann angewendet, wenn Schnellmethoden versagen.

Bestimmung von Fluor, Bor und Silicium, wenn diese nebeneinander vorliegen. Nach Aufschluß der Substanz mit Kalium in der Nickelbombe wird die Reaktionslösung in einen Meßkolben filtriert und in der einen Hälfte der Lösung Fluor und Bor, in der anderen Hälfte Silicium bestimmt (SCHWARZKOPF und HEINLEIN). Fluorid wird als Bleichlorfluorid gefällt und im Filtrat Bor als Methylborat abdestilliert (s. Kap. 66.3), das nach Zugabe von Mannit mit Natronlauge titriert wird. Zur Bestimmung von Silicium wird Fluorid durch Zugabe von Borsäure gebunden und die Kieselsäure als Oxin-Silicomolybdat gefällt (s. Kap. 62).

In Abwesenheit von Bor kann die Kieselsäure auch im Filtrat der Bleichlorfluoridfällung bestimmt werden: Das Filtrat wird nach Zugabe von Salpetersäure mehrmals zur Trockene gedampft, die unlösliche Kieselsäure durch ein Papierfilter abfiltriert und im Platintiegel verascht, der vor und nach dem Abrauchen mit Flußsäure gewogen wird. Die Gewichtsdifferenz ergibt den SiO_2-Gehalt.

54.2 Maßanalytische Fluoridbestimmung

Einführende Bemerkungen. Fluorid-Ionen können nach zahlreichen Methoden entweder direkt in der Aufschlußlösung oder nach Abtrennen maßanalytisch bestimmt werden.

Von diesen Methoden ist die Fällungstitration mit Thoriumnitratlösung gegen Alizarinrot S als Indikator am meisten verbreitet. Auch die Titration mit Cer- und Lanthansalzlösungen gewinnt zunehmend an Bedeutung, nachdem geeignetere Indikatoren gefunden wurden. Diese Titrationsmethoden sind sehr empfindlich und eignen sich daher gut zur Fluorbestimmung im Mikro- und Ultramikrobereich. Sie liefern aber nur dann zuverlässige Analysenwerte, wenn reine Fluoridlösungen vorliegen und die Titrationsbedingungen in engen Grenzen eingehalten werden. Große Neutralsalzmengen sowie reduzierende und oxidierende Reaktionspartner in der Aufschlußlösung beeinträchtigen den Indikatorumschlag. Daher sind diese Titrationsmethoden nach Substanzaufschluß durch Alkali- oder Salzschmelzen nicht geeignet, es sei denn, das Fluorid-Ion wird durch *Wasserdampfdestillation, Ionenaustausch, Diffusion* oder *Pyrohydrolyse* aus der Reaktionslösung quantitativ abgetrennt.

Die Abtrennung ist jedoch zeitraubend und nicht immer sehr zuverlässig. Man wählt daher wenn möglich Aufschlußmethoden, bei denen das Fluorid-Ion in der Aufschlußlösung in reiner Form vorliegt und direkt titriert werden kann. Falls keine anorganischen Elemente in der Analysensubstanz vorhanden sind, setzt man am besten die Rohrverbrennung ein, vor allem die Knallgasverbrennung, die zur Fluoranalyse als nahezu ideal bezeichnet werden kann. Die in Kap. 43.1 und 50.2.1 beschriebenen Knallgasverbrennungsapparaturen erlauben einen zuverlässigen und serienweisen Substanzaufschluß von festen, flüssigen und gasförmigen Substanzen in Mikrogramm- bis Grammengen, unabhängig von Prozentgehalt und Bindungsart des Fluors. Der bei der Knallgasverbrennung entstehende Wasserdampf begünstigt die Absorption des Fluorid-Ions, so daß verdünnte Lauge oder Wasser als Vorlagelösung ausreichen. Auch nach Substanzaufschluß in der Sauerstoff-Flasche (s. Kap. 44) liegen weitgehend reine Fluoridlösungen vor, die maßanalytisch direkt bestimmt werden können.

Maßanalytisch hat sich die Fällungstitration mit Thoriumnitrat gegen Alizarinrot-S (KAINZ und SCHÖLLER 1956) gegen die Titration mit Cer(III)-Nitrat (CHENG 1967) durchgesetzt. Alternativ bietet sich noch die Titration mit Lanthannitrat gegen Hämatoxylin an (HORAĆEK und PECHANEC 1966). Heute wird zunehmend die Titration des Fluorid-Ions mit Lanthannitrat mit potentiometrischer Endpunktsindikation mit Hilfe fluoridsensitiver Elektroden durchgeführt; diese Methode ist weniger störanfällig und universeller (s. Kap. 54.5).

54.2.1 Titration mit Thoriumnitrat

Prinzip. Organisch gebundenes Fluor wird durch Verbrennen der Substanz in der Knallgasflamme oder Aufschluß in der Sauerstoff-Flasche in Fluorid übergeführt und in der auf pH 3.3 gepufferten Reaktionslösung mit Thoriumnitratlösung gegen einen Mischindikator aus Alizarinrot S und Chinablau titriert.

Reaktionsschema

$$Th(NO_3)_4 + 4\,NaF \rightarrow ThF_4\downarrow + 4\,NaNO_3 \ .$$

Alizarinrot S (1,2 Dioxyanthrachinon-3-sulfonsaures Natrium) ist bei pH 3.3 gelb und bildet mit Th^{4+} in saurer Lösung einen roten Farblack.

Reagenzien

Natronlauge, 1 N und 0.1 N.
Perchlorsäure, 1 N und 0.1 N.
Natriumfluorid (NaF/Molgew. 42.00) p.a. MERCK; vor Verwendung bei 150 °C bis zur Gewichtskonstanz trocknen.
Natriumfluoridlösung 0.1 N und 0.01 N: 4.200 g NaF in redest. H_2O lösen und auf 1000 ml verdünnen, daraus durch zehnfaches Verdünnen aliquoter Volumina die 0.01 N Natriumfluoridlösung herstellen.
Thoriumnitrat $Th(NO_3)_4 \cdot 5\,H_2O$, Molgew. 570.13, p.a. MERCK.
Thoriumnitratlösung, 0.01 N: 1.43 g festes Thoriumnitrat in H_2O lösen und auf 1000 ml verdünnen. (Der Faktor wird gegen 0.01 N Natriumfluoridlösung gestellt).
Alizarinsulfosäure (Alizarin S) $C_6H_4(CO)_2C_6H(OH)_2SO_3Na + H_2O$ (1, 2, 3) p.a. MERCK: 0.05%ige wäßrige Lösung.
Chinablau (MERCK): 0.01%ige wäßrige Lösung.
Pufferlösung: 6.7 g Glycin (kettenförmig!), 11 g Natriumperchlorat und 11 ml 1 N Perchlorsäure mit H_2O auf 100 ml auffüllen.

Arbeitsweise

Einwaage: Feste Substanzen werden in Platin- oder Quarzschiffchen eingewogen und mit einem Quarzwollebausch abgedeckt, feste Substanzen mit hohem Dampfdruck in einen Tesafilm®-Streifen (aus Acetylcellulose) eingeklebt. Zum Aufschluß in der O_2-Flasche wird die Festsubstanz gleich in Filterpapier eingewogen, in dem sie dann abgebrannt wird. Auch Kapseln aus Methylcellulose sind dafür geeignet. Flüssigkeiten werden in Quarzkapillaren – mit eingeschmolzenem Nickelkern für den magnetischen Transport im Verbrennungsrohr – zur Einwaage gebracht oder in mit Schliffstopfen verschließbarem Standzylinder, wenn größere Flüssigkeitsmengen in der WICKBOLD III mit einem Saugbrenner aufgeschlossen werden sollen (Abb. 54-2). Gase werden in kleine Gasmäuse, die erst evakuiert und dann mit dem zu analysierenden Gas gefüllt werden, eingewogen. Bei der Knallgasverbrennung wird die Gasmaus mit Hilfe der beiden Dreiwegehähne in den Brenngas-Strom eingeschaltet.

Aufschluß: Kleine Substanzeinwaagen (0.5 bis 20 mg) werden in der Mikroapparatur „SK 480 A" (Methode 50.2.1), größere Substanzeinwaagen (10 bis 300 mg) in der kontinuierlichen Makroapparatur (Methode 43.1) WICKBOLD III verbrannt. Die Substanz wird im ersten Fall im Sauerstoff- oder Wasserstoffstrom vergast und die Dämpfe von diesem in die Flamme geführt und dort verbrannt. Die fluorhaltigen Reaktionsgase werden in verdünnter Natronlauge oder, bei kleineren Fluorgehalten, in Wasser absorbiert (Tab. 54-1).

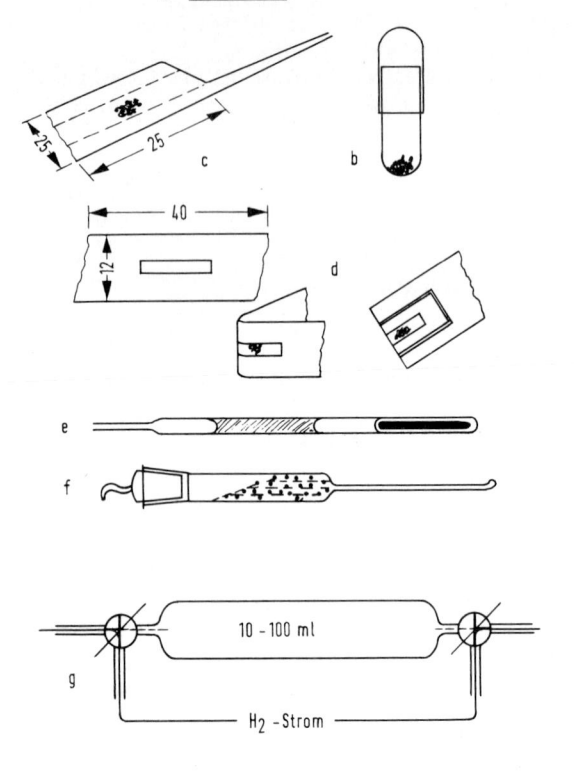

Abb. 54-2. Hilfsmittel für die Substanzeinwaage.
a Platinboot, *b* Cellulosekapsel, *c* Filterpapier, *d* „cellotape", *e* Quarzkapillare mit eingeschmolzenem Nickelkern, *f* Quarzkapsel mit Schliffstopfen, *g* Gasmaus.

Enthält die Analysensubstanz Schwefel, wird als Absorptionslösung 0.01 N Perchlorsäure verwendet, um die schwefelhaltigen Reaktionsgase in der Vorlagelösung während des Aufschlusses erst gar nicht zu binden (s. Tab. 54-1).

Zum Aufschluß in der O_2-Flasche wird die Substanzeinwaage mit der zwei- bis dreifachen Menge Natriumperoxid – oder nach DIRSCHERL (1980) mit einem Zuschlag von 20 bis 30 mg Mannit versehen (vor allem bei hochfluorierten Substanzen) – in ein Stück Filterpapier eingerollt, in das Platingitter eingeklemmt und hinter einem Schutzschild

Tab. 54-1. Aufschlußmethoden.

Aufschluß mit	Einwaage [mg]	Absorptionslösung	Endvolumen der Reaktionslösung [ml]	Aliquoter Teil titriert [ml]
Knallgasverbrennungsapparatur Mikro SK 480 A	0.5 – 20	0.1 N NaOH oder dest. Wasser	50	20
Knallgasverbrennungsapparatur WICKBOLD III und V	20 – 500	oder 0.01 N $HClO_4$	100	20
O_2-Flasche (100 – 500 ml) aus Quarzglas	0.5 – 20	dest. Wasser	50	20

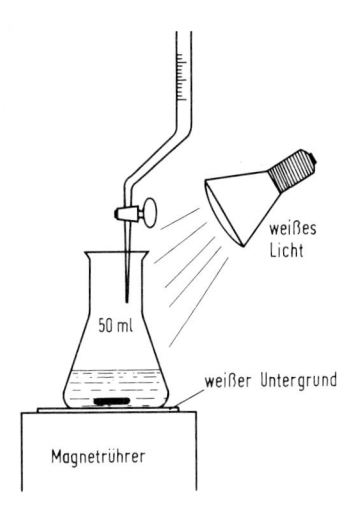

Abb. 54-3. Titriervorrichtung für die Fluortitration mit Thoriumnitrat.

und unter Tragen einer **Schutzbrille** der Aufschluß durchgeführt. Als Absorptionslösung dient dest. Wasser. Man läßt dann den Kolben eine Stunde stehen, laugt die am Platinnetz haftende Alkalischmelze mit heißem Wasser aus, verkocht das Peroxid und spült die Reaktionslösung in ein 50-ml-Meßkölbchen.

Titration: Das Meßkölbchen, in das die Reaktionslösung gespült wurde, wird mit Wasser zur Marke aufgefüllt, durch Umschütteln die Lösung gemischt und 20 ml davon in ein weithalsige, 50-ml-Erlenmeyerkölbchen pipettiert (Abb. 54-3). Das Titrierkölbchen wird auf den Magnetrührer gestellt, unter magnetischer Rührung 1 ml Alizarin S-Lösung zugesetzt und mit 0.1 N Natronlauge oder 0.1 N Perchlorsäure (je nach pH) bis zum Umschlag von Rot auf Gelb neutralisiert. Durch Zugabe von 2 ml Pufferlösung wird sodann auf pH 3.3 eingestellt, 0.4 ml Chinablaulösung zugesetzt und bei konstanter Beleuchtung (Kunstlicht) mit Thoriumnitratlösung bis zum deutlichen Umschlag von Lindgrün auf Violettrosa titriert. Die Titrierlösung soll in mäßig schneller Tropfenfolge zulaufen. Da der Farbton des Umschlagpunktes — am leichtesten ist das Auftreten des ersten Violettrosa-Farbtones zu erkennen — individuell etwas verschieden gewählt werden kann, sollten Titerstellung und Titration von derselben Person durchgeführt werden. Um reproduzierbare Werte zu erhalten, muß das Volumen der zu titrierenden Lösung annähernd konstant (20 bis 30 ml) gehalten werden. Vom Verbrauch an Thoriumnitratlösung werden 0.12 ml abgezogen, entsprechend dem durch den Indikator bedingten Mehrverbrauch. Die Fluormenge in der Probelösung soll 2 mg nicht übersteigen. Der Umschlag, d. h. die Ausbildung des roten Thoriumalizarinlackes, erfolgt nach Verbrauch aller vorhandenen Fluorid-Ionen. Bei zu raschem Zusatz von Thorium-Ionen bildet sich der Farblack zu früh. Die noch vorhandenen Fluorid-Ionen können während der zu kurzen Titrationszeit den Farblack nicht mehr ausbleichen. Die Resultate liegen somit zu tief. Daher darf die Thoriumnitratlösung nicht konzentrierter als 0.05 N sein. Bei der 0.01 N Lösung tritt aufgrund der großen Verdünnung dieser Störeffekt nicht auf.

Berechnung

$$\% \text{ F} = \frac{(a-b) \cdot f \cdot 0.190 \cdot 50 \cdot 100}{\text{mg Einwaage} \cdot 20}$$

a = ml Thoriumnitratlösung
b = ml aus Leertitration (0.12 ml)
f = Faktor der Thoriumnitratlösung

Die Titration mit Thoriumnitrat und Alizarin als Indikator hat den Nachteil, daß der Faktor der Thoriumnitratlösung für den ganzen Bereich einer 10-ml-Bürette nicht konstant, sondern abhängig vom Verbrauch der zu titrierenden Fluoridmenge ist. Aus einer vorher zu erstellenden Eichkurve ist dann für jeden Verbrauch der entsprechende Eichfaktor zu entnehmen (DIRSCHERL 1980). Wie aus Abb. 54-4 hervorgeht, beträgt die Abweichung für 2 bis 10 ml 0.01 N Fluoridlösung 6%.

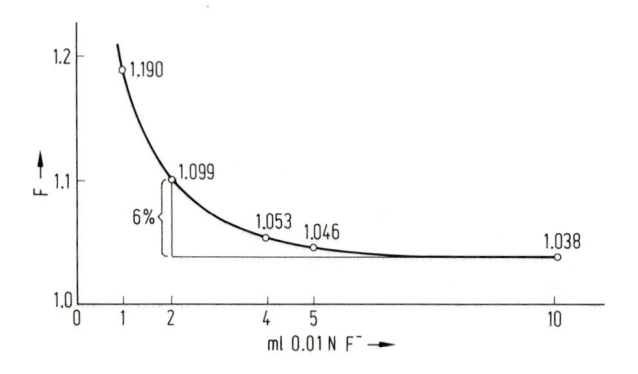

Abb. 54-4. Abhängigkeit des Eichfaktors einer 0.01 N Thoriumnitratlösung vom Verbrauch.

54.2.2 Titration mit Cer(III)-Nitrat

Prinzip (CHENG 1967). Die nach dem Aufschluß vorliegenden Fluorid-Ionen werden mit Cer(III)-Nitrat im Überschuß gefällt und die überschüssigen Cer(III)-Ionen mit Komplexonlösung gegen Xylenolorange mit Hexamethylentetramin als Indikator zurücktitriert.

Lösungen

EDTA-Lösung 0.002 M: 200 ml einer 0.01 M Komplexon-III-Lösung auf 1000 ml verdünnen; 0.01 M: 3.723 g Komplexon-III in 1 l Wasser gelöst.

Cer(III)-Lösung 0.005 M: 2.75 g Cer(IV)-Ammoniumnitrat in einem 1000-ml-Meßkolben mit 2 ml konz. HNO_3 und 100 ml H_2O lösen, so lange festes $NH_2OH \cdot HCl$ zusetzen, bis die Lösung entfärbt ist, dann noch 2 g im Überschuß und mit H_2O zur Marke auffüllen.

Glycerinlösung: 10 ml Glycerin mit H_2O auf 100 ml verdünnen.

Methylenblau: 0.1 g Methylenblau in 100 ml Methanol lösen.

Xylenolorange-Hexamethylentetramin: 100 g Xylenolorange mit 2 bis 3 g Hexamethylentetramin verreiben, dann mit ca. 200 g Hexamethylentetramin sehr gut durchmischen.

Ausführung. Zur Absorption des Fluorids werden, falls im „Schönigerkolben" aufgeschlossen wird, 5 ml Wasser, 5.00 ml Cer(III)-Lösung (exakt mit Bürette!) und 5 ml Glycerinlösung vorgelegt. Nach dem Aufschluß wird mit eingehängtem Stopfen aufgekocht, der Aufschlußkolben von der Heizquelle genommen, zur noch heißen Lösung 20 ml Alkohol zugesetzt und abgekühlt. Bei der Titration wird zunächst mit 0.002 M EDTA-Lösung auf grün titriert (Verbrauch soll 8 bis 9 ml nicht überschreiten), dann werden ca. 2 ml EDTA-Lösung im Überschuß zugegeben (Gesamtmenge EDTA = V_2) und mit Cer(III)-Lösung bis zum Umschlag des Indikators von grün auf violett zurücktitriert. In einer Paralleltitration wird der Verbrauch an EDTA-Lösung für die Summe Cer(III)-Lösung (Verbrauch Vorlage+Rücktitration) bestimmt (= V_1).

Berechnung

$$\% \ F = \frac{(V_1 - V_2) \cdot f \cdot 100}{\text{mg Einwaage}}.$$

Der Faktor der Titrierlösung f wird durch Titration von 0.01 N Natriumfluoridlösung bestimmt.

Störungen. Maßanalytische Fluoridbestimmungen sind in Gegenwart von Phosphat, Arsenat, Borat oder Metall-Ionen, die mit der Titrierlösung (z. B. EDTA) reagieren oder mit Fluorid stabile Komplexe bilden, erheblich gestört. In diesen Fällen muß das Fluorid-Ion vorher durch Wasserdampfdestillation oder Diffusion abgetrennt oder die störenden Anionen durch Fällung aus der Reaktionslösung entfernt werden.

54.3 Photometrische Fluorbestimmung

Einführende Bemerkungen. Fluorid-Ionen können nach vielen spektralphotometrischen Methoden bestimmt werden. Sie beruhen im Prinzip alle – mit Ausnahme der positiven Farbreaktion der Fluorid-Ionen mit Cer(III)-, Lanthan- oder Praseodym-Alizarinkomplexan – auf der Ausbleichung eines gefärbten Metallkomplexes.

Photometrische Methoden werden hauptsächlich zur Bestimmung sehr kleiner Fluormengen, insbesondere im Mikro-, Ultramikro- oder im Spurenbereich angewendet. Bei Anwesenheit von störenden Elementen ist es dabei vielfach notwendig, das Fluorid-Ion durch Wasserdampfdestillation oder Diffusion vorher abzutrennen oder die störenden Kationen oder Anionen durch Ausfällung oder Ionenaustausch zu entfernen.

Unter der Vielzahl der photometrischen Methoden haben sich die sog. Zircon-Methoden durchgesetzt (Zircon-Eriochromcyanin-, Zircon-Alizarinsulfonat (MARTIN et al. 1961), Zircon-SPADNS-* (BELLACK und SCHUBOE 1958), Chromazurol- (BALLCZO et al. 1957) und die Lanthan-Alizarinkomplexan-Methode (BELCHER et al. 1959).

---

* SPADNS (EASTMAN ORGANIC CHEMICALS) = 4,5-Dihydroxy-3-(p-Sulfophenylazo)-2,7-Naphthalin Disulfonsäure-Trinatriumsalz.

54.3.1 Fluorbestimmung nach der Zircon-Eriochromcyanin-Methode

Prinzip (MEGREGIAN 1954; VALACH 1962; OELSCHLÄGER 1962; QUENTIN 1962). Zirconoxichlorid bildet mit Eriochromcyanin einen orangeroten Farblack, der durch Fluorid-Ionen entfärbt wird. Die Schwächung des Farbkomplexes wird bei 546 nm gemessen.

Reagenzien

Eriochromcyanin-Lösung: 1.20 g Eriochromcyanin R (MERCK) in 1 l Wasser lösen und zur Stabilisierung 1 ml konz. HCl zusetzen.

Zirconoxichlorid: 0.16 g $ZrOCl_2 \cdot 8\,H_2O$ (MERCK) in 40 ml Wasser lösen, in verdünnte gekühlte HCl (500 ml konz. HCl+400 ml H_2O) gießen und auf 1000 ml auffüllen.

Kalilauge: 19 g KOH/500 ml H_2O.

Natriumfluoridlösung: 0.1106 g NaF p.a. (MERCK)/500 ml H_2O (die Eichlösung enthält 0.100 mg F/ml).

Arbeitsvorschrift. Die beim Aufschluß erhaltene reine Fluoridlösung (als Absorptionslösung wird Wasser verwendet) wird in einem 100-ml-Meßkolben gespült. Enthält die Lösung mehr als 50 µg Fluor, wird die Aufschlußlösung auf 250 ml verdünnt und davon ein aliquoter Teil (etwa 30 µg F) entnommen. Man fügt 3.5 ml Zirconoxichloridlösung und 3.5 ml Eriochromcyaninlösung hinzu und füllt zur Marke auf. Nach 30 min wird die Farbdichte bei 546 nm gemessen. Als Nullösung wird reines Wasser verwendet. Der Blindwert ist zu berücksichtigen. Die Farbentwicklung ist stark temperaturabhängig. Eichkurve und Meßpunkte müssen bei gleicher Temperatur gemessen werden.

Die Eichkurve ist von 0 bis 10 µg F linear, bei höheren Fluorgehalten (10 bis 60 µg F) stark gekrümmt.

Diskussion. Die Zircon-Eriochromcyanin-Methode ist äußerst empfindlich, sie spricht bereits auf kleinste Fluormengen (1 µg F/100 ml) an. Sie ist daher besonders zur Spurenbestimmung geeignet. Gelangen jedoch mehr als 30 µg F/100 ml Meßlösung zur Analyse, müssen aliquote Teile der Lösung eingesetzt werden.

Von den gebräuchlichsten Kationen beeinflussen Eisen und Aluminium die Reaktion. In ihrer Gegenwart wird zu wenig Fluor gemessen. Sulfat-Ionen täuschen wenig, Phosphat-Ionen sehr viel Fluor vor. Die Anwesenheit von Bor, z. B. bei BF_4-Komplexen oder beim Substanzaufschluß im Borsilicat-Kolben, stört die Reaktion stark und ist die Ursache von zu niedrig gefundenen Fluorwerten. Die Methode ist weitaus unempfindlicher gegen pH-Schwankungen und kleinere NaCl-Mengen als die Zircon-Alizarin-Methode. Für exakte Bestimmungen ist jedoch eine ständige Kontrolle der Eichkurve erforderlich.

Mit dem Zircon-SPADNS-Reagenz werden, wie von PICKHARDT und BROWN (1975) beschrieben, Fluoridspuren (1 bis 10 ppm) mit dem Technicon-Analyzer über eine Farbdichtemessung bei 588 nm automatisch bestimmt.

54.3.2 Direkte photometrische Bestimmung von Fluorid-Ionen mit Lanthan-Alizarin-Komplexan

Prinzip (BELCHER et al. 1959; LEONARD und WEST 1960). Alizarin-Komplexan, das Natriumsalz der Alizarin-3-methylamin-N,N-diessigsäure, gibt mit seltenen Erden (Lanthan, Cer, Praseodym) ein rotes Chelat, das mit Fluorid-Ionen eine blaugefärbte Komplexverbindung (BELCHER und WEST 1961; VALACH 1964; QUENTIN und ROSOPULO 1968) bildet. Diese Farbreaktionen entsprechen den Reaktionsgleichungen, die in Abb. 54-5 formuliert sind.

Mit dem Übergang von Rot nach Blau tritt im Gegensatz zu den Ausbleichreaktionen (z. B. Zr-Alizarin-, Zr-Eriochromcyanin-, oder Al-Chromazurol-Farblack) eine bleibende Färbung auf, deren Dichte der Fluoridmenge proportional ist. Diese Farbreaktion wurde von BELCHER et al. (1961) erstmals beschrieben und eignet sich gut zur Bestimmung kleiner Fluormengen; in organischen Substanzen nach deren Aufschluß in der Knallgasflamme, in anorganischen Proben nach Abtrennen des Fluorids von Störelementen (Phosphat, Schwermetalle, Aluminium, Calcium u. a.) durch Wasserdampfdestillation oder durch Diffusion.

Ursprünglich wurde mit Cer-Alizarinkomplexan (BUCK 1963; BELCHER et al. 1959; BELCHER und WEST 1961) umgesetzt. Später wurde festgestellt, daß das Lanthanchelat vorteilhafter ist und zwar durch Zusatz von Aceton (HALL 1963) die Empfindlichkeit des Verfahrens gesteigert werden kann.

Eine positive Farbreaktion mit Fluorid-Ionen bildet auch der Lanthankomplex der 3-[NN-di(carboximethyl)-aminomethyl]-1,2-dihydroxianthrachinon-5-sulfonsäure (AFBS Alizarin-Fluor-Blau-Sulfonsäure), ein von LEONARD et al. (1974, 1975, 1977) vorgeschlagenes Reagenz zur Fluoridbestimmung. DEANE et al. (1978) haben es in einer kritischen Studie mit dem oben beschriebenen Alizarin-Fluor-Blau (AFB) und der Fluoridbe-

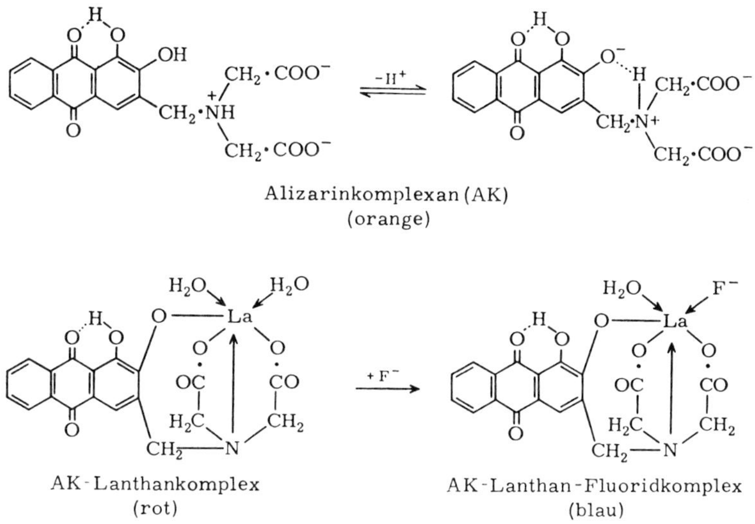

Alizarinkomplexan (AK)
(orange)

AK-Lanthankomplex
(rot)

AK-Lanthan-Fluoridkomplex
(blau)

Abb. 54-5. Reaktionsgleichung.

stimmung mit fluoridsensitiven Elektroden verglichen, diese Methode ist beiden in mancherlei Hinsicht überlegen. Erfahrungen über Routineanwendungen liegen noch nicht vor.

Am empfindlichsten ist die Methode, wenn man den blauen Alizarinkomplexan-La-Fluoridkomplex mit hydroxylaminhaltigem Isobutanol ausschüttelt und die Farbdichte in der organischen Phase mißt. Diese Möglichkeit wird zur Spurenbestimmung im unteren ppm-Bereich genützt.

Reagenzien und Lösungen

Alizarinkomplexanlösung $4 \cdot 10^{-3}$ M: 1.6854 g Alizarin-3-methylamin-N,N-diessigsäure (Dihydrat) ($C_{19}H_{15}NO_8 \cdot 2H_2O$, Molgewicht 421.36: MERCK) in 20 ml 0.5 M Natriumacetatlösung (41 g/l Natriumacetat, wasserfrei) unter Erwärmen lösen und nach Abkühlen mit bidest. H_2O im Meßkolben auf 1 l auffüllen.

Lanthannitratlösung $4 \cdot 10^{-3}$ M: 1.7322 g $La(NO_3)_3 \cdot 6H_2O$ (Molgewicht 433.04, p.a. MERCK) mit bidest. Wasser zum Liter lösen.

Aceton p.a.

Acetatpuffer (pH 4.4): 630 ml 0.5 M Essigsäure (ca. 29 ml Eisessig + 971 ml bidest. H_2O) mit 370 ml 0.5 M Natriumacetatlösung mischen. (Der pH-Wert wird mit einem pH-Meßgerät genau auf 4.4 eingestellt).

Lanthan-Alizarinkomplexanlösung: 80 ml Acetatpuffer (pH 4.4), 500 ml Aceton, 50 ml $4 \cdot 10^{-3}$ M Lanthannitratlösung und 50 ml $4 \cdot 10^{-3}$ M Alizarinkomplexanlösung mit bidest. Wasser zum Liter lösen (der pH-Wert dieser Lösung muß 5.6 bis 5.8 sein und ist mit einem pH-Meßgerät zu kontrollieren).

Fluorstandardlösung: 221 mg NaF (p.a. MERCK) mit bidest. Wasser zum Liter lösen (durch hundertfache Verdünnung erhält man eine Lösung, die 1 µg F^-/ml enthält).

p-Nitrophenol-Indikatorlösung: (0.2%ige wäßrige Lösung); Umschlag von gelb (alkalisch) nach farblos (sauer) bei etwa pH 6.

Extraktionslösung: 3 ml 1 M Hydroxylamin-Chlorhydrat-Lösung (6.95 g $NH_2OH \cdot HCl$ in 100 ml Wasser) werden mit 97 ml Isobutanol bis zur homogenen Lösung geschüttelt. Die Lösung ist einige Tage haltbar; eine auftretende geringe Fällung ist nicht von Bedeutung.

Am besten bewährte sich nach QUENTIN et al. (1968) eine $2 \cdot 10^{-4}$ M Lanthan-Alizarinkomplexanlösung, die aus $4 \cdot 10^{-3}$ M Lanthannitrat- bzw. Alizarinkomplexanlösung hergestellt werden kann. Diese Lösung enthält 500 ml Aceton/l und wird mit Acetatpuffer auf pH 5.6 bis 5.8 eingestellt. Diese Mischlösung ist 2 bis 3 Monate haltbar und ersetzt eine ganz oder teilweise getrennte Verwendung von Einzellösungen. Erfolgt die Fluoridbestimmung in 100-ml-Meßkolben, werden 50 ml der Lanthan-Alizarinkomplexanlösung zugesetzt, deren Molarität dann im aufgefüllten Meßkolben $1 \cdot 10^{-4}$ beträgt und die gleichzeitig das Aceton-Optimum von 25% enthält. Der pH-Wert der Meßlösung muß stets zwischen 4.5 und 5.0 liegen, da in diesem Bereich die größte Empfindlichkeit des photometrischen Verfahrens liegt. Die Farbdichte folgt, wie Abb. 54-6 zeigt, bei 600 bis 625 nm im Bereich von 0 bis 30 µg F^-/100 ml Meßlösung streng dem BEER-Gesetz.

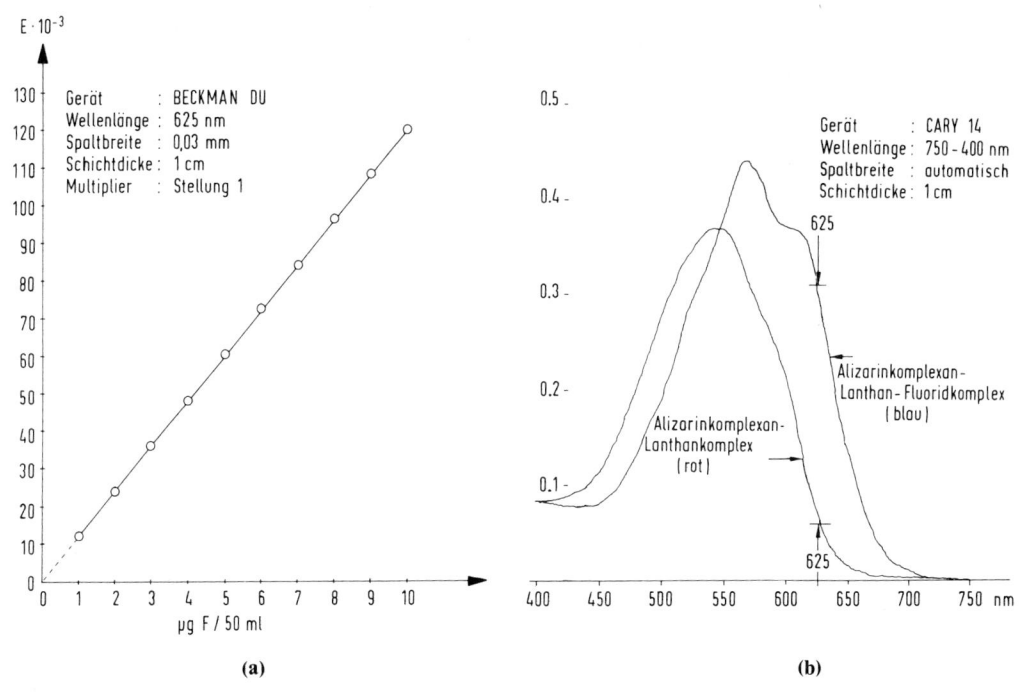

Abb. 54-6. Fluoridbestimmung mit Lanthan-Alizarinkomplexan. (a) Eichkurve, (b) Absorptionsspektrum des roten Alizarinkomplexan-Lanthankomplexes und des blauen Alizarinkomplexan-Lanthan-Fluoridkomplexes.

Arbeitsvorschrift. Ein aliquoter Teil des alkalischen Destillats oder der Reaktionslösung (nach Wickbold-Verbrennung) – maximal 20 ml mit höchstens 20 µg F^- – wird mit 0.1 N Schwefelsäure bis zum Indikatorumschlag (p-Nitrophenol) von gelb nach farblos versetzt. Dann werden 50 ml Lanthan-Alizarinkomplexanlösung zugesetzt, mit bidest. Wasser zur Marke aufgefüllt und durchgemischt. Die Meßlösung hat dann einen pH-Wert zwischen 4.8 und 5.0. Man läßt die Lösung bei Raumtemperatur etwa 15 min stehen und mißt dann gegen Wasser (oder Blindlösung) bei 625 nm die Farbdichte. Die Fluoridmenge wird aus einer Eichkurve abgelesen, die zu gleicher Zeit aufgestellt werden muß.

Aufstellung der Eichkurve. In 100-ml-Meßkolben werden steigende Volumina der Fluoridstandardlösung (entsprechend 0 bis 30 µg F^-) und 3 ml 0.1 N Natronlauge vorgelegt. Nach Zusetzen von 0.5 ml Indikatorlösung wird mit 0.1 N Schwefelsäure neutralisiert, mit 50 ml Lanthan-Alizarinkomplexanlösung angefärbt und mit bidest. Wasser zur Marke aufgefüllt. In gleicher Weise wird ein Blindwert ohne Fluorid angesetzt. Die Messung erfolgt wie oben beschrieben. Abb. 54-6 zeigt eine Eichkurve und das Absorptionsspektrum des Farbkomplexes.

Extraktionsmethode. Der blaue Fluor-Farbkomplex wird mit hydroxylaminhaltigem Isobutanol ausgeschüttelt. Die Extraktionsmethode ist um 100% empfindlicher (bei gleichzeitiger Senkung des Reagentienblindwertes auf 1/3) als das Normalverfahren. Sie ist in Kap. 54.4.3 beschrieben.

Arbeitsvorschrift. Ein aliquoter Teil der Probelösung wird in einen Schütteltrichter gegeben, mit 50 ml Reagenzlösung (Lanthan-Alizarinkomplexan) – *jedoch ohne Aceton* – versetzt und 15 min stehengelassen. Nach Zugabe von 50 ml Extraktionslösung wird 1/2 min geschüttelt und nach Phasentrennung die wäßrige (untere) Phase sauber abgetrennt und verworfen. Die organische Phase wird mit 3 ml Wasser vorsichtig geschüttelt und die wäßrige Phase verworfen. Die organische Schicht wird zur Klärung kurz zentrifugiert und bei 578 nm die Farbdichte gemessen. Eine Eichreihe mit 0.5 bis 10 ml Fluor-Testlösung (1 bis 10 µg F) wird, wie oben beschrieben, vorbehandelt. Bei 0 µg Fluor wird eine Extinktion von ≈ 0.06, bei 10 µg Fluor von ca. 0.7 gemessen.

Diskussion der Methode. pH-Wert und Temperatur müssen bei dieser Methode genau beachtet werden. Es empfiehlt sich, die zu messenden Lösungen zu thermostatisieren. Die Reproduzierbarkeit der Eichkurve ist gut, es ist nicht notwendig, zu jeder Bestimmung Eichungs-Kontrollmessungen vorzunehmen. Bei Verwendung von 10-ml-Meßkolben und Zugabe von 5 ml Lanthan-Alizarinkomplexanreagenz lassen sich noch 0.2 µg Fluor genau messen.

54.4 Methoden zur Abtrennung der Fluorid-Ionen aus anorganischer Matrix

Allgemeines. Fluoridbestimmungen werden durch viele Elemente, vor allem Metall-Ionen gestört (Komplexbildung). Diese Störungen können sicher vermieden werden, wenn die Fluorid-Ionen von der störenden Matrix abgetrennt werden: durch *Wasserdampfdestillation* aus saurer Lösung, *Pyrohydrolyse* oder *Mikrodiffusion*. In den Destillaten kann Fluorid weitgehend störungsfrei maßanalytisch, photometrisch oder potentiometrisch bestimmt werden.

54.4.1 Abtrennung der Fluorid-Ionen durch Wasserdampfdestillation

Die erste genaue, von WILLARD und WINTER (1933) entwickelte Labormethode der Fluordestillation war Anlaß zahlreicher Publikationen. Alle dort angeführten Methoden haben den Nachteil, daß nach der Destillation kleine Fluormengen in großen Destillatmengen ($\rightarrow$ 250 ml) bestimmt werden müssen. Um sich das zeitraubende Eindampfen der Destillate zu ersparen, wird nach BALLCZO et al. (1957) der Fluorwasserstoff aus der Gasphase ohne Kondensation des Wasserdampfes bei Temperaturen über 100 °C in einem flüssigen Absorber zurückgehalten. Die gängige Absorption in 0.05 N NaOH ist bei Temperaturen > 100 °C wegen der relativ kleinen Dissoziationskonstante von HF (pk $6.71 \cdot 10^{-4}$) nicht möglich. HF ist unter diesen Bedingungen mit Wasserdampf flüchtig (s. Abb. 54-7).

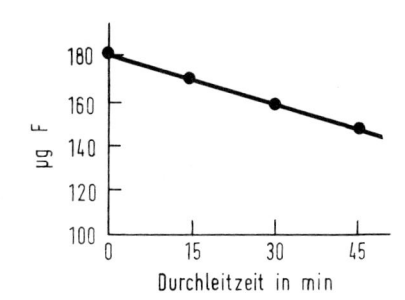

Abb. 54-7. Abnahme des Fluorgehaltes einer Lösung von Natriumfluorid in 0.05 N Natronlauge beim Durchleiten von Wasserdampf.

Durch Erhöhung des pH-Werts oder durch komplexe Bindung der Fluorid-Ionen läßt sich die Protolyse zurückdrängen. BALLCZO hat den zweiten Weg gewählt; er verwendet zur Absorption der Fluorid-Ionen eine saure (pH 3) Aluminiumsalzlösung mit einem Gehalt an Natrium-Ionen, um die Kryolithbildung zu ermöglichen. Die Endbestimmung des Fluorgehalts in dieser Aluminiumlösung erfolgt photometrisch durch Messung der – durch Fluorid-Ionen verminderten – Farbdichte des Aluminium-Chromazurol S-Farblacks.

A) Die Fluordestillation nach WILLARD und WINTER (1933) in der apparativen Ausführung nach BUCK (1963)

Mit der von BALLCZO (1957) beschriebenen Fluordestillation erhält man zwar kleine Volumen des Destillats bzw. der Absorptionslösung, muß aber die Fluoridbestimmung über den Aluminium-Chromazurol-Farblack durchführen. Will man andere photometrische Methoden zur Fluoridbestimmung anwenden, muß man auf die klassische Willard-Winter-Destillation zurückgreifen. Sie wurde inzwischen mehrfach modifiziert und verbessert. Die von BUCK (1963) beschriebene Destillationsapparatur ist heute handelsüblich. Sie ist in Abb. 54-8 schematisch dargestellt.

Dieser Weg ist zeitintensiv, aber zuverlässig. Nur in Anwesenheit von Bor, Selen, Antimon, Arsen, Chrom, Mangan und Germanium sind kleinere Abweichungen zu erwarten, da die Fluoride dieser Elemente flüchtig sind (CHAPMAN 1949; BALLCZO 1957). Eine andere Störung tritt nach ABRAHAMCZIK und MERZ (1959) in *Proben mit hohem Aluminiumgehalt*, z. B. in Katalysatoren mit Tonerde als Trägermaterial, auf. Das große Komplexbildungspotential der Fluorid-Ionen verhindert eine Abtrennung von großen Aluminiummengen durch Destillation mit Perchlorsäure. Fluorid-Ionen können dann nur durch Schmelzen der Substanz mit Kaliumpyrosulfat, Austreiben des Fluorwasserstoffes aus der Schmelze durch einen kräftigen Luftstrom, Absorption in Natronlauge und anschließender Wasserdampfdestillation quantitativ abgetrennt werden.

Durchführung der Wasserdampfdestillation. Die Destillationsapparatur wird nach den Anleitungen des Herstellers vorbereitet. Nach Aufschluß der Substanz nach einer der beschriebenen Methoden werden aliquote Teile oder die ganze Probelösung quantitativ durch den Einfülltrichter (7) in den Destillationsraum überführt und mit wenig dest. Wasser nachgespült. Es wird nun das doppelte Volumen an 70%iger Perchlorsäure und

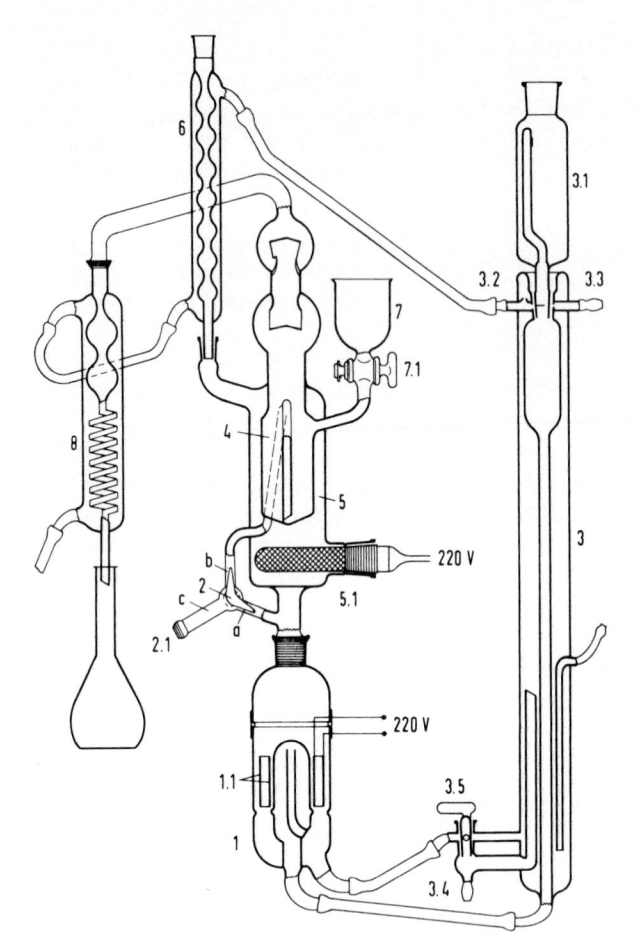

Abb. 54-8. Fluordestillation nach WILLARD und WINTER. Apparatur der Fa. BÜCHI.

eine kleine Menge Silberperchlorat zugesetzt, um evtl. in der Probelösung vorhandene Halogene zu binden. Unter Berücksichtigung des Siedediagramms Wasser/Perchlorsäure ergaben sich die günstigsten Destillationsbedingungen mit 53.6%iger (Gew.-%) Perchlorsäure (Mischen von 2 Vol.-Teilen 70%iger Säure mit 1 Vol.-Teil Probelösung). Wird H_2SO_4 zur Destillation verwendet, muß sie vorher durch Wasserdampf (OELSCHLÄGER 1962) gereinigt werden.

Unter den Kühler wird ein der gewünschten Destillationsmenge entsprechender Meßkolben von 250 → 1000 ml als Vorlage gestellt. Zur Vermeidung von Fluorverlusten wird das abtropfende Destillat in einer Vorlage aufgefangen, die mit sowenig verd. Natronlauge beschickt ist, daß die Phenolphthalein-Alkalität während der Destillation gerade konstant bleibt. Nach Beschicken des Destillationsraumes wird der Einfüllhahn (7.1) geschlossen und der Umstellhahn (2) auf Stellung „a–b" gedreht. Sofort setzt die Dampfproduktion ein, die Wasserdampfdestillation beginnt. Nach beendeter Destillation wird der Umstellhahn (2) auf Stellung „b–c" gebracht, und die Destillationsrückstände werden mit einer Wasserstrahlpumpe abgesaugt. Der Apparat wird über den Einfülltrichter

(7) und durch Absaugen der Flüssigkeit gespült und ist danach für eine neue Destillation bereit. – Zum Abschalten der Apparatur wird zuerst die Heizpatrone abgeschaltet, dann der Wasserhahn geschlossen, der Umstellhahn (2) auf Stellung „a – c" gebracht (Belüftung) und der Entleerungshahn (3.5) geöffnet.

Im Destillat wird Fluorid am besten mit der nachfolgend beschriebenen Methode (54-5) bestimmt.

Diese Fluordestillation wird in modifizierter Form (s. *DIN 38405-D4*) zur Fluorbestimmung in Abwässern und Schlämmen und zur Analyse der Gesamtbelastung durch Fluoridimmission (Summe der gas- und partikelförmigen anorganischen Fluorverbindungen) in der Außenluft eingesetzt (s. VDI 2452, 1978).

B) Bestimmung von Fluor-Ionen $<1\,\mu g/m^3$ in der Atmosphäre (Fluorimmission)

Einführende Bemerkungen. Anorganische Fluorverbindungen können sowohl gas- als auch partikelförmig als Immission in der Umgebung von Industriebetrieben (Superphosphatfabriken, Aluminiumhütten, Ton- und Steinzeugwerke, Eisenhüttenbetriebe, Glasfabriken, Emaillierwerke, Hersteller und Anwender von Flußsäure und Verbrennungsanlagen) auftreten. Zur Bestimmung der Fluorimmission werden nach BUCK und STRATMANN (1965) die Fluor-Ionen aus der Luft in präparierten Silberrohren oder in einem mit Natronlauge gefüllten „Impinger" angereichert, die *Fluor-Ionen von Störsubstanzen durch Wasserdampfdestillation in der in Abb. 54-9 skizzierten Apparatur abgetrennt* und dann im Destillat photometrisch (s. Originalliteratur-VDI-Richtlinie 2452, 1978) oder mit fluoridsensitiven Elektroden potentiometrisch nach Methode 54.5 bestimmt.

Probennahme

Präparierung der Sorptionsrohre: Durch die mit Silberkugeln in der gewünschten Füllhöhe beschickten Silberrohre läßt man 10 ml einer 20%igen Natriumcarbonat-Lösung hindurchlaufen. Zum Trocknen werden die Rohre senkrecht in einem Becherglas 1 h bei 200°C in den Trockenschrank gestellt. Nach Abkühlen sind die Sorptionsrohre einsatzbereit.

Entnahme der Luftproben: Das präparierte Silberrohr wird in die Probennahmesonde eingesetzt und diese mit einem Schutzdach versehen. Man saugt innerhalb des gewählten Meßzeitintervalls (zwischen 10 und 30 min) das entsprechende Luftvolumen (3 bis 4 m^3/h) durch das Sorptionsrohr. Nach Beendigung der Probennahme wird das Rohr der Sonde entnommen und mit Kunststoffkappen verschlossen.

Abtrennung der F$^-$-Ionen von Störkomponenten

Aufarbeitung der beladenen Sorptionsrohre und Wasserdampfdestillation: Ist von vornherein mit sorbierten F$^-$-Mengen $<25\,\mu g$ F$^-$ zu rechnen, kann man die Sorptionsrohre mit dem zur Destillation benutzten Wasserdampf eluieren: Man setzt das Sorptionsrohr in eine Halterung ein, die durch 2 Kugelschliffe mit der Wasserdampfzuleitung und dem Destillationskolben verbunden wird. Dann wird unter Kühlung des Silberrohres mit ei-

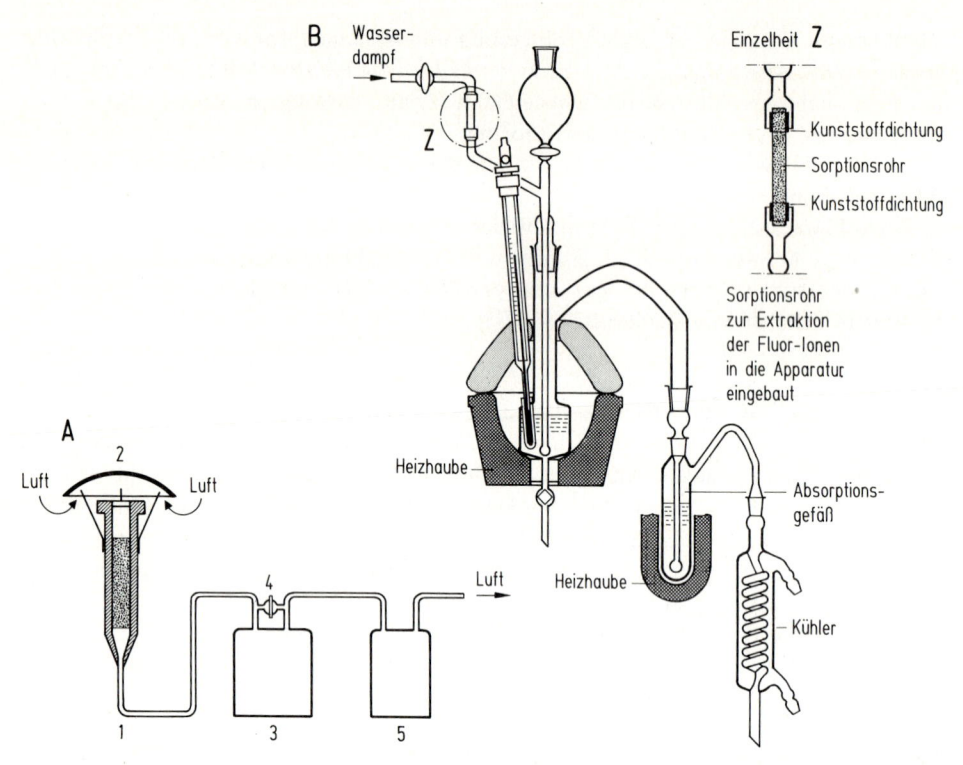

Abb. 54-9. Destillationsapparatur für die Abtrennung der Fluor-Ionen von Begleitsubstanzen nach BUCK und STRATMANN.

nem feuchten Tuch so lange Wasserdampf in das Rohr geleitet, bis sich im Destillationskolben 25 bis 30 ml Lösung angesammelt haben. Durch den im Silberrohr kondensierenden Wasserdampf werden die sorbierten Fluor-Ionen herausgelöst und in den Destillationskolben transportiert. Sind voraussichtlich größere Mengen als 25 µg im Silberrohr vorhanden, verfährt man wie folgt: Zum Auswaschen der sorbierten Fluor-Ionen wird das Sorptionsrohr auf eine Saugflasche gesetzt, in der sich ein größeres Reagenzglas zur Aufnahme der aus dem Sorptionsrohr ablaufenden Waschlösung befindet. Bei geringem Unterdruck wird zunächst mit 10 ml Wasser gespült. Anschließend ist mit insgesamt 30 ml H_2O, die in sechs 5-ml-Portionen zugegeben werden, nachzuwaschen. Man überführt einen aliquoten Teil des Eluates in den Destillationskolben.

Zur Oxidation von Störsubstanzen, wie NO_2 und SO_2, versetzt man die zu destillierende Lösung mit einigen Tropfen 3%iger H_2O_2-Lösung und läßt diese 10 min lang einwirken. Nach Zusatz einer Lösung von 1 g $FeSO_4$* in 5 ml Wasser läßt man durch den Tropftrichter langsam 50 ml fluorfreie Schwefelsäure oder Perchlorsäure zulaufen. Die

---

* Der Zusatz von $FeSO_4$ vor der Destillation erfolgt, um den Überschuß an H_2O_2 zu zerstören. Weiterhin vermindert Eisen(II)-sulfat die Wirksamkeit oxidierender Substanzen, die z. B. aus Chlorwasserstoff Chlor freisetzen können.

vorgeheizte Heizhaube wird in die entsprechende Position gebracht und nach Erreichen einer Temperatur von 135 °C Wasserdampf eingeleitet. (In einem Zeitraum von 30 min sollten in dem hinter der Absorptionsvorlage angebrachten Kühler 250 ml Wasser kondensieren.) Die Absorptionsvorlage enthält 35 ml $H_2O + 1$ ml 0.1 N NaOH; sie wird durch eine ebenfalls über ein Kontaktthermometer regulierte Heizhaube auf eine Temperatur von 145 °C erhitzt. Als Wasserdampferzeuger eignet sich für Serienanalysen im Routinebetrieb sehr gut der Dampfgenerator der Fa. BÜCHI.

Photometrische F^--Bestimmung (Methode 54.3.2). Die in der Regel 35 ml betragende alkalische Lösung aus der Absorptionsvorlage wird nach quantitativer Überführung in einen 100-ml-Meßkolben so lange mit 0.05 N $HClO_4$ versetzt, bis die Rotfärbung durch den Phenolphthalein-Indikator soeben verschwindet. Unter Umschwenken des Kolbens fügt man 2 ml Pufferlösung, 10 ml Alizarin-Komplexonlösung, 10 ml Lanthan(III)-nitrat-Lösung und 20 ml Aceton zu. Nach Auffüllen bis zur Marke des Meßkolbens mit Wasser bleibt die Farbkomplex-Lösung verdunkelt stehen. Die Extinktionsmessung erfolgt bei einer Schichtdicke von 5 cm und bei einer Wellenlänge von 619 nm gegen Wasser als Bezugslösung. Nach Abzug des mittleren Gesamtblindwertes werden die zugehörigen F^--Konzentrationen aus der Eichkurve berechnet.

C) Die Fluordestillation nach WILLARD und WINTER in der apparativen Ausführung nach STEINHAUSER

Diese in erster Linie zur schnellen Reihenbestimmung von Fluor in Flußspat (STEINHAUSER und FRAGSTEIN 1971) konzipierte Destillationsapparatur ist universell anwendbar. Sie bietet im Vergleich zur ursprünglichen Willard-Winter-Destillation einige Vorteile. Durch Ineinanderschachtelung von Dampfentwickler und Destillationsblase wird Kondensatbildung vermieden, die Blindwerte sind klein und gut reproduzierbar, weil mit mäßiger Dampfgeschwindigkeit und herabgesetzter Destillationstemperatur gefahren werden kann. Da nach dieser Arbeitsweise Mitreißeffekte vernachlässigbar sind, kann die Fluorbestimmung im Destillat, wie von den Verfassern empfohlen, alkalimetrisch und im pH-Stat-Verfahren automatisch erfolgen. Abb 54-10 zeigt schematisch diese Destillationsapparatur*.

Fluorbestimmung in Flußspat. Die Destillationsapparatur wird nach den Anleitungen des Herstellers vorbereitet. 3 g der Probe (Flußspat) werden in einer Mikrokugelmühle gemahlen (Zeitbedarf max 15 min, Kornfeinheit < 0.06 mm) und 700 mg des gesiebten Materials abgewogen. Durch einen langhalsigen Pulvertrichter wird die Einwaage in das Destillationsgefäß geschüttet und der Trichter mit wenig Wasser saubergespült. Nach Verschließen des Schliffs (7) durch Aufsatz (7a, b) gibt man 70 ml Perchlorsäure (D = 1.67) und so viel Wasser (ca. 50 ml) in den Tropftrichter (7b), daß die Mischung nach dem Einlaufen in das Destilliergefäß etwa 10 bis 20 mm über der obersten Windung

---

* DBGM 6928232 (A. DÖHR). Hersteller: Glasapparatebau HERBERT MIETHKE. Der Tauchsieder (10), dessen überhitzte Wandung durch primär entstehende HF bevorzugt angegriffen wird, kann leicht ausgetauscht werden.

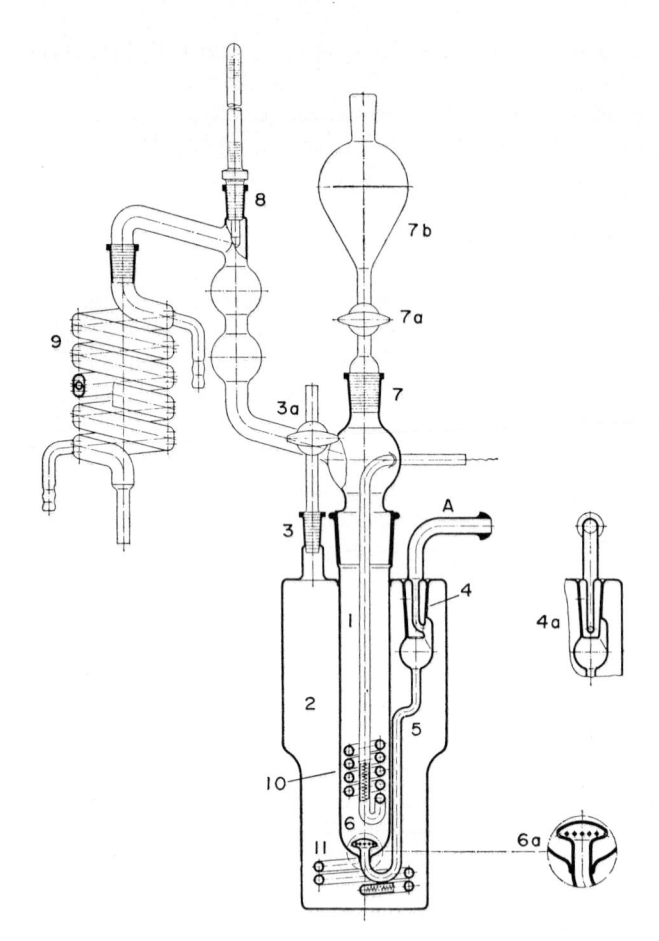

Abb. 54-10. Destillationsapparatur nach STEINHAUSER et al. (Zeichenerklärung im Text).

des Tauchsieders (10) steht, oder direkt 50%ige Perchlorsäure bis zur gleichen Höhe. Ein Zusatz von Silberperchlorat zur Eliminierung von Chlorid-Ionen ist bei Flußspat nicht unbedingt erforderlich: Man gibt 0.5 bis 1 g des festen Salzes zuerst in das Destilliergefäß oder bringt es in WWS* gelöst mit dieser ein. Der Wasserdampfentwickler ist über den in Stellung 4a stehenden Steuerhahn mit dem Destillationsgefäß verbunden. Unter den Kühler setzt man einen Plastikbecher, welcher 100 ml Wasser enthält, so daß die Mündung des verlängerten Kühlerablaufrohres und die Einstabmeßkette eintauchen (in Abb. 54-10 nicht eingezeichnet). Das Kühlwasser wird angestellt und die Beheizungen (10, 11) eingeschaltet. Nach 8 bis 10 min (6 bis 8 min bei noch durchgewärmter Apparatur) beginnt das Sieden in beiden Gefäßen. Sobald Kondensat in die Vorlage gelangt, wird die Titrierautomatik gestartet (Kopftemperatur 100 °C).

Während oder nach der Destillation kann eine pH-Titration durchgeführt werden. Der Verbrauch an Natronlauge wird von der Motorkolbenbürette digital angezeigt bzw.

---

* WWS = Willard-Winter-Säure. Bei Flußspat wird ausschließlich 50%ige Perchlorsäure verwendet.

an den mitgeschriebenen Kurven bei pH 7.6 abgelesen und nach der Formel (a) oder (b) der gesuchte Prozentgehalt berechnet.

$$\% \text{ F} = \frac{(\text{ml 1N NaOH} - 0.04 \text{ ml}) \cdot 1.900}{\text{Einwaage [g]}} \tag{a}$$

$$\% \text{ CaF}_2 = \frac{(\text{ml 1 N NaOH} - 0.04 \text{ ml}) \cdot 3.904}{\text{Einwaage [g]}}. \tag{b}$$

Falls diese Geräte nicht vorhanden sind, kann auch gegen Bromthymolblau (Umschlagsbereich pH 6 bis 7.6) titriert werden. Die Indikatorlösung ist 0.1%ig und wird mit 20%igem Alkohol angesetzt. Auf ca. 1 l Destillat benötigt man 10 Tropfen Indikatorlösung. Es wird heiß (60 °C) auf ein reines Blau titriert. Der Umschlag ist auch bei Lampenlicht gut zu sehen.

D) Fluordestillation mit überhitztem Wasserdampf in der Fluordestillationsapparatur nach SEEL (1964)

Einführende Bemerkungen. Zur Fluorbestimmung in vorwiegend mineralischem Material, wie Flußspat, flußspathaltigem Material und fluorhaltigen Sedimenten, wird zur Destillation der Fluorkieselsäure mit Kieselsäure/Phosphorsäure und überhitztem Wasserdampf aufgeschlossen. Durch Überhitzung des Wasserdampfs auf ca. 250 °C erfolgen Aufschluß und Destillation in einer Apparatur. Bei dieser Temperatur zersetzen sich zwar auch Schwefel- und Perchlorsäure – die bei den anderen Verfahren als Aufschlußsäuren verwendet werden –, aber nur Phosphorsäure bildet ein unlösliches Silbersalz. Die Bestimmung der abdestillierten Fluorkieselsäure basiert nämlich darauf, daß die durch die Wasserdampfdestillation freigesetzte Fluorkieselsäure Silberoxid zu Silberfluorid auflöst und die dem Fluor äquivalente Menge an Silber-Ionen mit Thiocyanat nach VOLHARD (s. Kap. 51.6) titriert werden:

$$\text{SiF}_6^{2-} + 2\text{H}^+ + 3\text{Ag}_2\text{O} + (n-1)\text{ H}_2\text{O} \rightleftharpoons 6\text{F}^- + 6\text{Ag}^+ + \text{SiO}_2 \cdot n\text{H}_2\text{O}$$
$$\text{AgNO}_9 + \text{NH}_4\text{SCN} \rightarrow \text{NH}_4\text{NO}_3 + \text{AgSCN}\downarrow.$$

Um zu verhindern, daß Silberoxid vor der Umsetzung mit Fluor (nach $\text{Ag}_2\text{O} + \text{H}_2\text{O} \rightleftharpoons 2\text{AgOH}$) in Lösung geht, wird vor der Zugabe von Silberoxid etwa 1 mol Silbernitrat pro val Fluorid zugegeben, das in der Bilanz vom Verbrauch an Thiocyanatlösung subtrahiert wird. Nach dieser Methode lassen sich Fluorgehalte bis zu 0.01% mit einem mittleren relativen Fehler von 1% erfassen und auf einfachem Wege titrimetrisch bestimmen.

Reagenzien und Apparatives

Phosphorsäure p.a. (85%) MERCK Nr. 573.
Quarz gewaschen und geglüht, p.a., MERCK Nr. 7530 (muß vor der Zugabe noch feiner gemahlen werden).
Silberoxid RIEDEL DE HAEN Nr. 10228.
Silbernitrat Titrisol MERCK Nr. 9990.

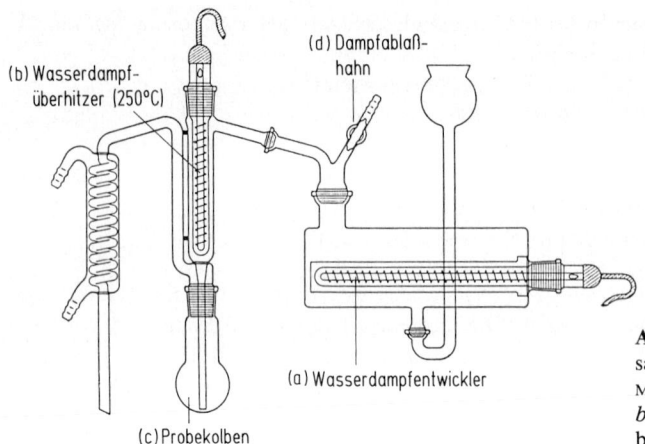

Abb. 54-11. Fluorbestimmungsapparatur nach SEEL (Fa. NORMAG). *a* Wasserdampfentwickler, *b* Wasserdampfüberhitzer, *c* Probenkolben, *d* Dampfablaßhahn.

Ammoniumthiocyanat Titrisol MERCK Nr. 9900.
Ammoniumeisen(III)-Sulfat p.a. MERCK Nr. 3776 (die kalt gesättigte Lösung von Ammoniumeisen(III)-Sulfat wird mit so viel HNO_3 (1:2) versetzt, bis die braune Farbe verschwindet).

Die *Fluordestillationsapparatur* (Fa. NORMAG) nach SEEL (1964) (s. Abb. 54-11). Der Umlaufverdampfer mit dem waagerechten Heizstab sorgt für gleichmäßiges Sieden und kontinuierlichen Dampfstrom, der im Dampfüberhitzer am senkrechten Heizstab auf ca. 250 °C erhitzt wird. Bei dieser Temperatur bleibt das Flüssigkeitsvolumen im Probekolben konstant, dieser muß nicht zusätzlich erhitzt werden.

Ausführung (FÄSSLER 1969). Man beschickt das Probekölbchen mit der fein gemahlenen Probe, gibt ca. 1 g fein gemahlenes Quarzmehl zu, mischt und übergießt mit 20 ml Phosphorsäure (85%). Dann füllt man den Verdampfer mit dest. Wasser (etwa 2 cm über den Heizstab), stellt Kühlung und Strom an. Kurz nachdem der Dampfstrom das Probekölbchen erreicht hat, wird der zweite Heizstab eingeschaltet, wobei die Leistung des ersten Heizstabs gleichzeitig vermindert wird.

Während der Destillation muß der waagerechte Heizstab stets mit genügend Wasser bedeckt sein, das man zweckmäßigerweise zutropfen läßt. Dampftemperatur (und damit Destillationsgeschwindigkeit) bleiben dann hinreichend konstant, so daß man bei gleichen oder ähnlichen Proben nach einer bestimmten Zeit die Destillation ohne weitere Prüfung abbrechen kann.

Nach beendeter Destillation ist vor der Abnahme des Probekölbchens der Dampfablaßhahn (d) zu öffnen.

Die ersten Tropfen des Kondensats und der weitere Verlauf des pH-Wertes geben bereits Aufschluß über den Fluorgehalt der Probe. *Konzentrate und Flußspate* haben schon zu Beginn einen pH-Wert von 2.0 bis 2.5, der bei Konzentraten langsam bis auf ca. 3.5 ansteigt und dann konstant bleibt, während er bei Flußspaten bis auf 4.5 bis 5.0 steigt, um dann wieder zu fallen, da mit fortschreitender Zeit die Zersetzung der Phosphorsäure merkbar zunimmt. Bei einer Einwaage von ca. 50 mg ist die Destillation nach rund

24 min beendet, das Destillat beträgt ca. 250 ml. Bei *Flotationsaufgaben* werden ca. 100 mg eingewogen, bei *Bergen* ca. 250 mg. Die Proben können aus der laufenden Aufbereitung genommen und müssen vorher weder getrocknet noch weiter zerkleinert werden. Der Wassergehalt wird in einer Parallelprobe bestimmt und damit der erhaltene Flußspatwert auf wasserfrei umgerechnet.

Bei Gehalten mit *ca. 5% Fluor* werden ca. 250 mg Probe eingewogen. Der pH-Wert beginnt bei ca. 3.0, steigt dann auf ca. 4.5 bis 5.0 und fällt danach wieder. Die Destillation dauert ≈ 20 min, das Destillat beträgt etwa 200 ml. Bei Proben mit Fluorgehalten <*1%* werden ca. 2 g, bei Gehalten <*0.1%* ca. 5 g eingewogen. Der anfänglich um 4 bis 5 liegende pH-Wert fällt dann ab. Die Destillation dauert etwa 12 min, das Destillat beträgt etwa 150 ml. Bei Proben *mit unbekannten Fluorgehalten* beginnt man mit einer Einwaage von ca. 250 mg, die man, wenn sich Gehalte < 1% ergeben, in einer zweiten Destillation auf 2 bis 5 g steigert.

Maximaler Phosphorsäurezusatz 20 ml, da sonst ein Überkochen in die Vorlage möglich ist. Bei *Dolomiten und carbonathaltigem Gestein* wartet man nach Zugabe der Säure bis das Aufschäumen der freiwerdenden Kohlensäure beendet ist, da sonst beim Dampfeinleiten eine starke Reaktion erfolgt, die das Probegut teilweise in die Vorlage treiben kann.

Die Fluorkieselsäure in der Vorlage wird mit 0.1 N Silbernitratlösung (10.00 ml pro 100 ml Destillat) und erst dann mit 0.5 g Silberoxid versetzt. Man kocht auf, läßt ca. 5 min sieden – wenn sich dabei das Silberoxid ganz auflöst, muß noch mehr zugegeben werden – und saugt nach dem Erkalten durch eine Glasfritte (G_4) ab. Das Filtrat wird mit 2 bis 3 ml kalt gesättigter Eisenlösung pro 100 ml versetzt und dann die Silber-Ionen mit 0.1 N Ammoniumthiocyanatlösung bis zur ersten bleibenden Rotfärbung titriert (s. Kap. 51.6 Halogentitration nach VOLHARD).

Berechnung

$$\% \text{ F} = \frac{(\text{ml NH}_4\text{SCN} - \text{ml AgNO}_3) \times 1.9 \times 100}{\text{Einwaage in mg}}$$

$\% \text{ CaF}_2 = 2.055 \times \% \text{ F}$.

E) Mikroanalytische Fluorbestimmung in refraktären Substanzen nach Kaliumaufschluß und Fluordestillation

Prinzip (MA und GWIRTSMAN 1957). Die Substanz (1 bis 5 mg) wird durch eine Alkalischmelze in der Mikrobombe aufgeschlossen, das Fluorid aus der perchlorsauren Aufschlußlösung durch Destillation abgetrennt und im Destillat maßanalytisch oder photometrisch bestimmt.

Apparatives

Metallbombe: Parr-Mikrobombe mit 2.5 ml Inhalt und Kupferdichtungsring (Abb. 45-3).

Destillationsapparatur (s. Abb. 54-12): Der Destillieraufsatz (B) ist mittels Schliff (J_1) mit dem Dampfgenerator (A) verbunden. Der Wasserdampf strömt durch zwei konzen-

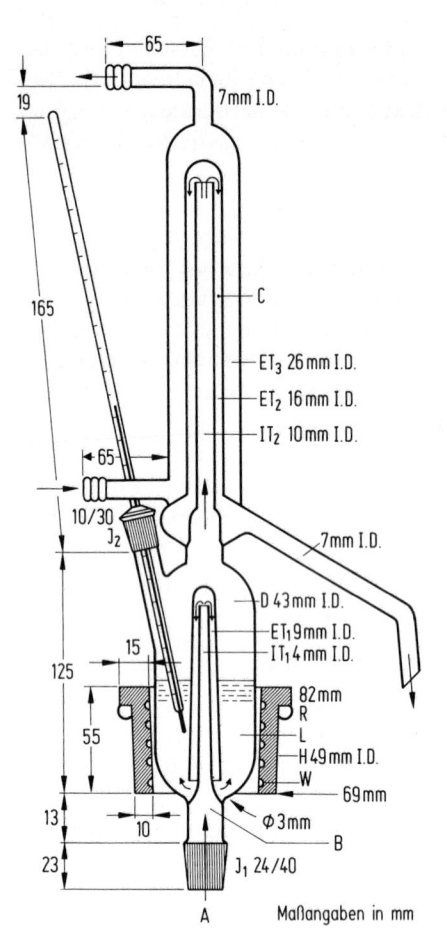

Abb. 54-12. Mikro-Fluordestillationsapparatur. *A* Wasserdampfgenerator (1-l-Rundkolben mit Überdruckventil und Dampfableitrohr mit Quetschhahn – s. PARNAS und WAGNER Abb. 34-2). *B* Destillieraufsatz, *C* Kondenser, *L* Aufschlußlösung, *W* elektrische Heizung.

trisch angeordnete Rohre (IT_1 und ET_1) und die zwei Öffnungen im äußeren Gegenstromrohr in die Aufschlußlösung (L) ein und von dort in den aus drei konzentrisch angeordneten Rohre bestehenden Kondenser (C). In den beiden Rohren IT_2 und ET_2 werden die Dämpfe kondensiert, in dem Rohr ET_3 kreist das Kühlwasser. Über den Schliffstutzen J_2 wird der Destillieraufsatz mit der Aufschlußlösung beschickt und anschließend in den Schliff das Thermometer eingesetzt. Da die Wasserdampfdestillation aus perchlorsaurer Lösung eine Temperatur von 135 °C erfordert, ist der untere Teil des Destillieraufsatzes mit einer zusätzlichen Heizung (W in H) versehen.

Ausführung (Kurzfassung). Von der (refraktären) Probe werden bis zu 5 mg in die Mikrobombe eingewogen und diese nach Zugabe von etwa 50 mg metallischem Kalium gasdicht verschraubt. Die Bombe wird etwa 10 min in einer Bunsenflamme erhitzt, dann gekühlt und der Bombeninhalt mit Wasser über den Schliffstutzen J_2 quantitativ in die Destillationsapparatur gespült, mit 20 ml $HClO_4$ (70%ig) nachgewaschen und noch 10 Glasperlen zugefügt. Nach Einsetzen des Thermometers wird mit der Destillation begonnen.

Sobald die Temperatur der Aufschlußlösung 130 °C erreicht, wird mit vollem Wasserdampfstrom destilliert, bis eine Destillatmenge von 250 ml erreicht ist. Im Destillat erfolgt die Fluorbestimmung am besten photometrisch.

54.4.2 Abtrennung der Fluorid-Ionen durch Pyrohydrolyse

Allgemeines. Zur Abtrennung von Fluor aus der die Fluoridbestimmung störender Matrix kann alternativ zur Wasserdampfdestillation in bestimmten Fällen auch die *Pyrohydrolyse* angewendet werden. Diese Trennmethode ist aber weitgehend auf anorganisches Probenmaterial, vor allem auf Mineral- und Gesteinsproben, beschränkt. Fluor kann so aus mineralischer Matrix auch ohne vorherigen Aufschluß, – allerdings mit Zuschlägen von Fließmitteln als Reaktionsbeschleuniger – quantitativ in eine Vorlage übergetrieben und von störenden Substanzen getrennt werden.

Prinzip (NARDOZZI und LEWIS 1961). Über die Probe – mit Wolframoxid als Reaktionsbeschleuniger innig gemischt – wird in einem Quarzrohr bei 1000 °C ein mit überspanntem Wasserdampf beladener Sauerstoffstrom geführt. Die unter diesen Bedingungen freiwerdenden Fluorid-Ionen werden in die Vorlage übergetrieben und in Wasser oder verdünnter Natronlauge absorbiert.

Ausführung (Kurzfassung). Die apparative Anordnung zeigt Abb. 54-13. Etwa 0.5 bis 1 g feingepulverte Probe (mit einem Fluorgehalt von 0.01 bis 5%) werden mit Wolframoxid innig gemischt und im Substanzboot in Wolframoxid (1.5 g gesamt) eingebettet. Das Substanzboot wird in das Verbrennungsrohr (460 mm lang, und ⌀ außen 32 mm) eingeschoben und im Rohr auf 1000 °C beheizt. Der mit Wasserdampf beladene Sauerstoff mit einer Strömung von 1200 ml/min wird über die glühendheiße Probe geführt und mit ihm die freigesetzten Fluor-Ionen in die Vorlage gespült. Nach 15 bis 30 min Reaktionszeit (je nach Matrix) wird die Vorlage ausgewechselt und in der Absorptionslösung das Fluorid photometrisch oder potentiometrisch bestimmt.

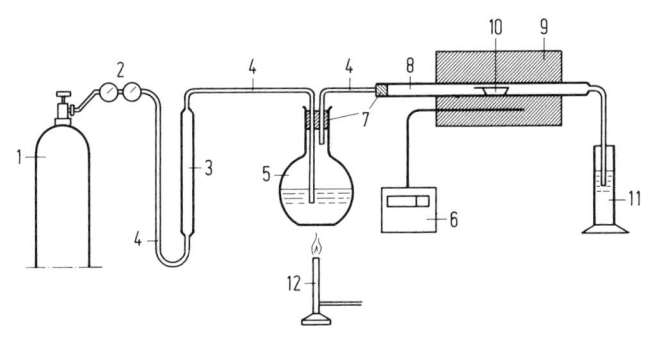

Abb. 54-13. Apparatur zur Abtrennung von Fluorid durch Pyrohydrolyse (NARDOZZI und LEWIS 1961). *1* Sauerstoff, *2* Gasregelung, *3* Strömungsmesser, *4* Tygon-Rohr, *5* Wasserflasche (75 °C), *6* Pyrometer, *7* Gummistopfen, *8* Quarzrohr, *9* Elektrischer Ofen, *10* Probenboot (Quarz), *11* Fluoridauffanggefäß, *12* Bunsenbrenner

CLEMENTS et al. (1971) verwenden als Fließmittel ein Gemisch aus Wismuttrioxid/Natriumwolframat/Vanadinpentoxid (1 : 1 : 2).

54.4.3 Abtrennung der Fluorid-Ionen durch Mikrodiffusion

Allgemeines. In speziellen Fällen leistet die *Isothermdestillation,* auch als *Mikrodiffusion* bezeichnet, zur Abtrennung von Fluorid-Ionen wertvolle Dienste. Sie wurde bisher schwerpunktmäßig zur Bestimmung kleiner und kleinster Fluorgehalte in *biologischem Probematerial* angewendet.

Prinzip (HALL 1963). Das biologische Untersuchungsmaterial wird im Platintiegel mit Lithiumhydroxid und Magnesiumsuccinat gemischt, getrocknet und verascht. Die Fluorid-Ionen werden aus der Alkalischmelze durch Mikrodiffusion abgetrennt und an einem mit Magnesiumsuccinatlösung getränkten Filterpapierstreifen gesammelt und punktförmig angereichert. Das bei Umsetzung mit Lanthan-Alizarinkomplexan sich bildende blaue Fluorchelat wird mit Isobutanol-Hydroxylaminohydrochlorid extrahiert und im Extrakt bei 570 nm die Farbdichte gemessen.

Reagenzien und Lösungen (alle Reagenzien p.a.)

Magnesiumsuccinat 0.2 M: 5.13 g fluorfreies Magnesiumsuccinat $Mg(C_4H_5O_4)$ in H_2O lösen, auf 100 ml auffüllen und in einer Polyethylenflasche bei 20°C aufbewahren.

Silberperchlorat ca. 40%ig: 22.5 g AgO durch kurzes Aufkochen in 100 ml 60%iger Perchlorsäure lösen.

Succinat-Puffer-Lösung pH 4.6 (0.04 M): 0.4724 g Bernsteinsäure in 96 ml Wasser unter leichtem Erwärmen lösen. Die Lösung kühlen, 3.2 ml einer 1 N NaOH zugeben und mit H_2O auf 100 ml auffüllen. Der pH-Wert sollte potentiometrisch kontrolliert werden. Die besten Resultate werden erhalten, wenn die Lösung frisch ist, doch kann die Lösung bei 2°C in einer Polyethylenflasche aufbewahrt und wöchentlich frisch bereitet werden.

Alizarin-Komplexan-Lösung, $5 \cdot 10^{-4}$ M (s. Kap. 54.3.2).

Lanthannitrat 0.001 N: 43.3 mg $La(NO_3)_3 \cdot 6H_2O$ in Wasser lösen und mit Wasser auf 100 ml auffüllen.

Gepufferte Lanthan-Alizarin-Komplexan-Lösung: 30 ml der $5 \cdot 10^{-4}$ M Alizarin-Komplexanlösung unter konstantem Rühren in 50 ml der Succinat-Pufferlösung eintragen, 20 ml Lanthannitratlösung und dann 25 ml tert. Butanol der Mischung zufügen (wird täglich frisch bereitet).

Hydroxylamin-HCl-Lösung 1 M: 6.95 g rekristallisiertes (aus 75%igem Ethanol bei 20°C und Trocknung bei 60°C) $NH_2OH \cdot HCl$ in H_2O lösen und auf 100 ml auffüllen.

Extraktionslösung: 3 ml NH_2OH-HCl-Lösung werden mit 97 ml Isobutanol geschüttelt, bis beide Phasen homogen werden. Die Lösung ist mehrere Tage haltbar, neigt aber nach gewisser Zeit zur Niederschlagsbildung.

54.4 Methoden zur Abtrennung der Fluorid-Ionen aus anorganischer Matrix

Fluoridstammlösung (100 µg F$^-$/ml): 221.05 mg NaF p.a. in H$_2$O lösen und auf 1 l auffüllen.

Fluoridtestlösung (10 und 2 µg F$^-$/ml): 10 ml bzw. 2 ml Fluoridstammlösung auf 100 ml verdünnen, Fluoridlösungen in Polyethylenflaschen aufbewahren und wöchentlich frisch bereiten.

Magnesiumsuccinatlösung, fluorfrei: Erst eine 5%ige Lösung von dest. Bernsteinsäure in einer All-Glasapparatur bereiten. 3 mg Magnesiumwendeln mit dest. H$_2$O in einem 500-ml-Erlenmeyerkolben waschen. Waschwasser verwerfen und durch 100 ml bidest. H$_2$O ersetzen und 50 ml der 5%igen Bernsteinsäure zufügen. Nach ungefähr 1 min die Säure sorgfältig abgießen, das Magnesium zweimal mit bidest. H$_2$O waschen und dann das Magnesium in 100 ml bidest. H$_2$O und 100 ml der 5%igen Bernsteinsäure suspendieren. Nach Abklingen der Hauptreaktion den Inhalt der Flasche auf ca. 80 ml eindampfen, anschließend durch ein ausgewaschenes WHATMAN Filterpapier No 42 filtrieren oder bei 4000 r.p.m. in Zentrifugengläsern aus Cellulosenitrat oder Polyethylen zentrifugieren. Die Lösung bei 100 °C zur Trockene eindampfen und den weißen Rückstand in einer Reibschale aus Glas pulverisieren. Daraus eine 0.2 M Lösung von Magnesiumsuccinat bereiten.

Lithiumhydroxidlösung, fluorfrei: Stücke von Lithiummetall, die unter Paraffinöl aufbewahrt wurden, mit Filterpapier trocknen. Die äußere Kruste mit einem scharfen Messer oder einer Zinnschere entfernen, dann schnell ungefähr 4 g reines Metall abwägen, in kleine erbsengroße Stücke schneiden und diese in 500 ml bidest H$_2$O in einem 1-l-Erlenmeyerkolben eintragen. Wenn sich das Lithium voll gelöst hat, wird die Normalität der Lösung gegen Kaliumbiphthalat geprüft und die Lösung auf 1 N eingestellt. **Schutzbrille tragen!**

Aufschluß der Proben. Tierisches oder pflanzliches Probematerial muß vor der Diffusion erst aufgeschlossen werden. Dazu wird 1 ml der flüssigen Probe (Blut, Cerebrospinalflüssigkeit etc.) in kleine Platintiegel gebracht, mit 0.3 ml 1 N Lithiumhydroxidlösung und 0.2 ml einer 0.2 M Magnesiumsuccinatlösung gemischt und bei 110 °C getrocknet. Knochen, pflanzliches Probematerial und weiches tierisches Gewebe werden mehrere Stunden bei 110 °C getrocknet, fein gerieben und davon 0.2 g mit Lithiumhydroxid und Magnesiumsuccinat wie oben gemischt und bei 110 °C getrocknet. Der Tiegel wird mit einem Deckel abgedeckt und in einen kleinen Metallbehälter mit dichtschließendem Deckel gestellt. Der Metallbehälter wird in einen kalten Muffelofen gebracht, dann etwa 15 h auf 400 °C beheizt und in heißem Zustand aus dem Muffelofen genommen. Die Knochenasche wird mit einem kleinen Nickelspatel sorgfältig zerdrückt und in einen 100-ml-Meßkolben überführt. Die zurückbleibenden Aschespuren werden portionsweise mit 5 ml 0.5 N HClO$_4$ abgelöst und Tiegel mit Deckel schließlich noch mit 10 ml Wasser abgespült. Alle Waschwasser werden mit der Asche im Meßkolben vereinigt. Nun wird 1 ml 72%iger HClO$_4$ zugegeben und der Meßkolben auf etwa 60 °C erwärmt. Ist die Asche mit Ausnahme einiger Rußflocken vollständig gelöst, wird der Meßkolben zur Marke aufgefüllt. Anteile von 1 ml der Aufschlußlösung werden zur Abtrennung der Fluorid-Ionen in die Diffusionszelle gebracht. Die Asche von Blut, Cerebrospinalflüssigkeit, Urin oder Gewebe wird ähnlich zerdrückt und aus dem Platintiegel in die Diffu-

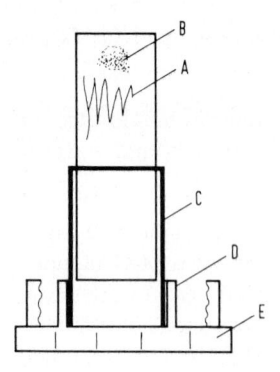

Abb. 54-14. Fluordiffusion nach HALL.
A Filterpapierzylinder, B mit 1 Tropfen Natronlauge getränkt,
C Polyethylenrohr, D Innengewinde, E Flaschenkappe.

sionszelle übergeführt. Der Platindeckel wird mit 0.4 ml einer 0.5 N HClO$_4$, dann zweimal mit 0.3 ml gewaschen und die gesammelten Waschwasser ebenfalls in die Diffusionszelle gebracht.

Die Blindwertbestimmungen in den Reagenzien, sowie die Eichmessungen von 0.1, 0.2, 0.5, 0.7 und 1.0 µg F$^-$ in 1 ml Probelösung werden in ähnlicher Weise vorbereitet. Alle Bestimmungen sollten doppelt angesetzt werden.

Abtrennung der Fluorid-Ionen durch Diffusion. Dazu verwendet HALL (1963) eine 20 ml fassende Polyethylenflasche mit Schraubverschluß. In die Unterseite der Schraubkappe wird ein Stück Polyethylenschlauch eingepaßt als Halterung für einen Filterpapierzylinder, dessen herausragender Teil zur Absorption der Fluorid-Ionen mit Magnesiumsuccinatlösung getränkt wird. Die apparative Anordnung zeigt Abb. 54-14.

Ein rechteckiger Filterpapierstreifen 3.0×1.2 cm – mit heißem Wasser extrahiert, gespült und getrocknet – wird in das Lumen (Innendurchmesser 5 mm) eines Polyethylenschlauches eingeschoben, der am Paßstück des Schraubdeckels befestigt ist. Das 2 cm aus dem Schlauchstück herausragende Filterpapierstück wird mit 15 µl einer 0.2 M Magnesiumsuccinatlösung betüpfelt (in einem Abstand von 0.5 cm vom freien Ende).

Zur *Diffusion* werden im allgemeinen 1 ml wäßrige Probelösung in die Diffusionszelle pipettiert, 2 ml perchlorsaure Silberperchloratlösung schnell zugesetzt, ohne dabei den Flaschenhals mit Säure zu benetzen. Sodann wird die Verschlußkappe mit dem präparierten Filterpapierstreifen aufgeschraubt und die Schraubenkappe mit heißem Wachs versiegelt. Als Wachs eignet sich eine Mischung von gleichen Gewichtsmengen Ceresin und Carnaubawachs (Smp. ≈85 °C), das mit einer Tropfpipette aufgebracht wird. Die Tropfpipette wird hierzu 1 cm vor Stielende auf einen Winkel von 135° gekrümmt und ein Peleus-Ball aufgezogen. Man neigt die Flasche um 30° und läßt das heiße, dampfende Wachs um den Rand der Schraubenkappe fließen. Die Diffusionszelle wird 24 h auf 60 °C erwärmt.

Fluoridbestimmung. Der Filterpapierzylinder oder -streifen wird mit einer Pinzette aus der Diffusionsflasche entnommen und in einen 5 ml fassenden Schüttelzylinder mit Schliffstopfen geschoben. Dann werden 2.0 ml Lanthan-Alizarin-Komplexan-Reagenz zupipettiert und der Schüttelzylinder 10 min in ein 60 °C heißes Wasserbad gestellt. Die Farbe des Alizarinkomplexans wechselt von magenta nach blau je nach vorhandener Fluormenge. Der Schüttelzylinder wird auf Raumtemperatur gekühlt und dann das blaue Fluorchelat durch 15 s langes kräftiges Schütteln erst mit 1.5 ml und nachfolgend zweimal mit je 1.0 ml Isobutanolextraktionslösung extrahiert. Nach jeder Extraktion werden die Extraktionsröhrchen in eine Zentrifuge eingesetzt (Durchmesser 10 cm) und kurz bei 2000 r.p.m. zentrifugiert, um die organ. Phase abzutrennen. Diese wird mit einer 2-ml-Meßpipette mit ausgezogener Spitze in einen anderen 5 ml Meßzylinder überführt. Um nicht für jede Überführung eine neue Pipette nehmen zu müssen, wird diese nach Überführung bis zur 1 ml Marke mit Extraktionslösung gefüllt, welche zur weiteren Extraktion in das Extraktionsröhrchen transferiert wird. Auf diesem Wege ist die Kontamination gering. Nachdem das Volumen mit Extraktionslösung auf 4.3 ml aufgefüllt wurde, wird der Extrakt 30 s mit 1 ml Wasser (vorsichtig) ausgeschüttelt und dann auf 0 °C oder noch tiefer gekühlt. Die wäßrige Phase wird kurz abzentrifugiert und, wenn erforderlich, das Volumen des Extrakts auf 4 ml ergänzt. Die Farbdichte der organischen Phase mit dem extrahierten Fluorkomplex wird bei 570 nm gemessen.

Alle Röhrchen werden vor Gebrauch einige Minuten in verdünnte $HClO_4$ gelegt und dann gut mit Wasser gespült. Die verwendeten Platingefäße werden in 10%iger $HClO_4$ ausgekocht, mit Wasser gespült und zur Rotglut erhitzt. Nur so lassen sich verläßlich alle Fluorspuren entfernen.

Experimentelle Erfahrungen mit der Methode. Viele Amine – in reinem Alkohol gelöst – extrahieren das Fluorchelat mit unterschiedlicher Wirksamkeit. Von diesen ist Hydroxylaminhydrochlorid infolge der hohen Löslichkeit des Fluorchelats und der geringen des Lanthan-Alizarin-Komplexans in diesem Amin am besten geeignet.

Der optimale pH-Wert liegt bei Verwendung eines Acetatpuffers bei 5.0, beim Succinatpuffer bei 4.6. Der Succinatpuffer ist in mehrfacher Hinsicht vorteilhaft: Er beschleunigt die Reaktion, bewirkt größere Empfindlichkeit und niedrigere Blindwerte. Für die Extraktion ist der Succinatpuffer dem Acetatpuffer vorzuziehen. Letzterer blockiert möglicherweise die Wirkung des Amins.

Bei der Entwicklung des blauen Fluorchelats zeigt längeres Erwärmen auf 100 °C einen Ausbleicheffekt. Deshalb wurde zur Entwicklung eine Zeit von 10 min bei 60 °C festgesetzt.

Abb. 54-15a zeigt den Einfluß des pH-Werts auf die optische Dichte in verschiedenen Puffersystemen. Abb. 54-15b zeigt die Absorptionskurve des Fluoridkomplexes des Lanthan-Alizarin-Komplexans mit Succinatpuffer mit dem optischen Maximum bei 570 nm. In wäßrigen Lösungen liegt das Maximum bei 615 nm.

ÖBRINK (1959), FRERE (1962), WHARTON (1962), SINGER (1959), BÄUMLER (1964) und CHANG (1964) haben zur Mikrodiffusion eigene apparative Anordnungen empfohlen, die im Prinzip aber alle der in Abb. 54-16 skizzierten entsprechen. Um eine quantitative Abtrennung der Fluorid-Ionen durch Mikrodiffusion zu erreichen, darf der Gasraum in der Diffusionskammer nicht zu groß, der Abstand des mit Natronlauge getränkten Filterpapiers von der Aufschlußlösung nicht zu weit sein.

Die in Abb. 54-16 skizzierte Diffusionskammer nach CHANG (1964) hat den Vorteil, daß der Veraschungstiegel (Platin) nach Aufschluß der biologischen Substanz gleich direkt in die Diffusionskammer eingesetzt werden kann.

Ausführung der Mikrodiffusion nach CHANG. Etwa 20 mg (oder 0.5 bis 1.0 ml) biologische Substanz in Platintiegel c mit 0.3 ml 1 N LiOH und 0.2 ml 1 M Magnesiumsuccinat-

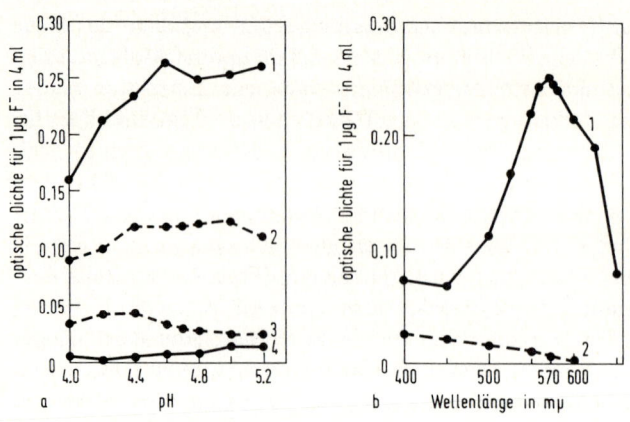

Abb. 54-15. (a) pH-Abhängigkeit der optischen Dichte von Extrakten des AK-Lanthan-Fluoridkomplexes mit Acetat- und Succinatpuffer.
1 mit Succinatpuffer, *2* mit Acetatpuffer, *3* Blindwert mit Acetatpuffer, *4* Blindwert mit Succinatpuffer.
(b) Absorptionskurve des AK-Lanthan-Fluoridkomplexes mit Succinatpuffer bei pH 4.6.
1 Fluoridkomplex, *2* Blindwert.

lösung 5 min mischen, auf Luftbad 2 h bei 110 °C trocknen (Temperatur langsam auf 110 °C erhöhen), Platintiegel abgedeckt in Blechkanister (30×15×10 cm) mit dichtschließendem Deckel stellen, in einen elektrisch beheizten Muffelofen (kalt) bringen und 15 h auf 500 bis 600 °C beheizen.

Platintiegel mit der Asche in die Diffusionskammer stellen, am Dorn an der Unterseite des Kammerdeckels das runde Kunststoffblatt befestigen, mit einer 0.1 ml Pipette 0.01 ml 3 N NaOH auftüpfeln.

Zur Asche im Platintiegel 0.5 ml kalte 2%ige $HClO_4$ + 1.3 ml kalte 0.25 N Ag_2SO_4 Lösung in 70%iger $HClO_4$ zugeben, Diffusionskammer sofort verschließen, den Deckel

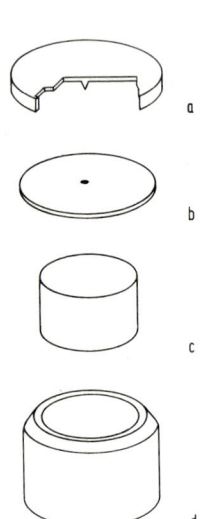

Abb. 54-16. Diffusionskammer nach CHANG. (a) Kunststoffdeckel 1 mm dick, 3.7 cm ⌀ innen mit kleinem Dorn in der Mitte, (b) rundes Kunststoffblatt 3 cm ⌀ mit kleiner Bohrung in der Mitte, (c) Platintiegel 3 cm ⌀, 1.5 cm hoch, (d) Diffusionskammer 3.2 mm ⌀ innen, 2.5 cm hoch. Wandstärke 1 mm, Bodenstärke 2 mm.

mit Hochvakuumfett (Fp. 200 °C) dichten und 28 bis 30 h bei 60 °C Diffusion laufen lassen. Hierauf Fett abwischen, Deckel öffnen, Plastikfolie sorgfältig entnehmen, in kleines Becherglas mit NaOH nach unten legen, 5 ml H_2O zusetzen, mit Uhrglas abdecken, 5 min stehen lassen, leicht schütteln und dann die Fluoridbestimmung, wie oben beschrieben, ausführen.

Diskussion der Methode. Die genaue Bestimmung kleiner Fluormengen − viele Jahre ein großes analytisches Problem − wurde durch die Einführung der direkten Farbreaktion des Fluorids mit dem Lanthan- bzw. Ceralizarinkomplexan und durch die Mikrodiffusion zur Abtrennung des Fluorid-Ions von Störkomponenten ermöglicht. Dabei ist das Lanthanalizarinkomplexan dem Cersalz vorzuziehen, da es einen intensiveren Farblack bildet und dieser sich in der organischen Phase leichter löst. Bei der Bestimmung sehr kleiner Fluormengen muß der Reinigung der Reagenzien und dem alkalischen Aufschluß besondere Aufmerksamkeit geschenkt werden. Um die Fluoreinstreuung aus der Muffel während der relativ langen Aufschlußzeit zu verhindern, wird der Aufschlußtiegel in einen dichten Metallbehälter gestellt. Bei Fluorgehalten von 0.1 bis 1.0 µg werden durch Diffusion 90 bis 110% wiedergefunden.

54.5 Fluoridbestimmung mit der fluoridsensitiven Elektrode

Einführende Bemerkungen. Fluoridkonzentrationen können mit der fluoridsensitiven Elektrode entweder durch potentiometrische Titration mit einer Lanthansalzlösung oder durch Direktpotentiometrie bestimmt werden.

Beide Verfahren werden heute in großem Umfang zur Fluorbestimmung in höheren Prozentbereichen und im Spurenbereich und zur Bestimmung in den verschiedensten Matrizen angewendet. Voraussetzung für eine störungsfreie Anwendung ist, daß das Fluor als freies Fluorid-Ion und nicht komplex gebunden vorliegt, da die Elektrode nur sensitiv auf die Fluorid-Ionenaktivität ist.

Historisches: FRANT und ROSS (1966) berichteten als erste über eine fluoridsensitive Elektrode, deren Verhalten in der Folgezeit von DURST und TAYLOR (1967), LINGANE (1967), RABY und SUNDERLAND (1967) und zuletzt BOCK und STRECKER (1968) eingehend studiert wurde.

Prinzip und Aufbau der Elektrode. Die fluoridsensitive Elektrode ist eine Festkörperelektrode und im Prinzip wie eine Glaselektrode aufgebaut. Als ionensensitive Membran enthält sie statt der Glasmembran einen Lanthanfluorid-Einkristall, der zur Herabsetzung des Widerstandes mit Europium(II)-Ionen dotiert ist. Die Meßkette kann auf folgende Weise charakterisiert werden:

$Ag/AgCl-Cl^-$ (0.1 N) $-F^-$ (0.1 N)/LaF_3/Probelösung/gesättigte Kalomelelektrode.

Die Fluorid-Ionenaktivität ist entsprechend der Nernst-Gleichung proportional zum mV-Anzeigewert der Elektrode.

$$E = E_a - 2.3 \frac{RT}{F} \log A_{F^-}$$

E = Gesamtpotential des Systems
E_a = Summe der Potentiale von Ag/AgCl-Elektrode, Kalomelelektrode, Flüssigkeitsverbindungspotential zwischen Probelösung und Bezugselektrode und Potential quer über die Membran, wenn die Fluoridaktivitäten innen und außen gleich sind
$2.3 \frac{RT}{F}$ = Nernst-Faktor (59.16 mV bei 25 °C)
A_{F^-} = Fluoridaktivität in der Probelösung

Konzentration und Aktivität stehen über den Aktivitätskoeffizenten (γ) in direkter Beziehung:

$$A_{F^-} = \gamma F^-$$

A_{F^-} = Aktivität der Fluorid-Ionen
γ = Aktivitätskoeffizient
F^- = Fluoridkonzentration

Bei Konzentrationen $\leq 10^{-2}$ geht der Aktivitätskoeffizient gegen 1.0. Unter der Voraussetzung, daß sämtliche Eichlösungen und Probelösungen Konzentrationen $\leq 10^{-2}$ M haben, ist daher die Aktivität gleich der Konzentration des Fluorids.

Neben der Ionenstärke muß auch der pH-Wert berücksichtigt werden. Nach zwei Gleichgewichtszuständen ist die Fluoridaktivität von dem pH-Wert abhängig:

$H^+ + F^- \rightleftarrows HF$
$HF + F^- \rightleftarrows HF_2^-$.

Diese Verhältnisse sind schon von RECHNITZ (1968) untersucht worden, der feststellte, daß die Fluoridaktivität im Konzentrationsbereich von 10^{-1} M bis etwa 10^{-5} M vom pH-Wert unabhängig ist, solange dieser innerhalb eines Bereiches von 5.0 bis 8.0 liegt. Bei hohen pH-Werten bildet sich eine La(OH)$_3$-Schicht an dem Einkristall der Elektrodenspitze. Diese Schicht läßt sich durch Abreiben mit einem festen Tuch oder sehr feinem Sandpapier leicht entfernen.

Hydroxyl-Ionen werden etwa zehnmal so stark wie Fluorid-Ionen von der Elektrode angezeigt; sie dürfen daher nur in sehr geringer Menge vorhanden sein, d. h. das pH muß stets <7 sein. Ist die Lösung hingegen zu sauer (pH <5), so wird wegen der Bildung von undissoziiertem Fluorwasserstoff ein zu geringer Fluorwert vorgetäuscht.

Zur Beseitigung all dieser Störungen sowie zur Konstanthaltung der Ionenstärke wurden bisher verschiedene „TISAB" (*Total Ionic Strength Adjustment Buffer*) empfohlen. Neben einem Neutralsalz zur Nivellierung der Ionenstärke enthalten die TISABs Komplexbildner für jene Kationen, die Fluorid komplexieren oder fällen. Die bei diesem Vorgang freiwerdenden H$^+$-Ionen werden durch organische Puffersubstanzen, wie Acetat, abgefangen.

In der Praxis wird die Elektrode mit bekannten Fluoridaktivitäten geeicht und so E_a bestimmt. Die Nernst-Gleichung gilt über einen Bereich der Fluoridaktivitäten von 10^{-1}

54.5 Fluoridbestimmung mit der fluoridsensitiven Elektrode

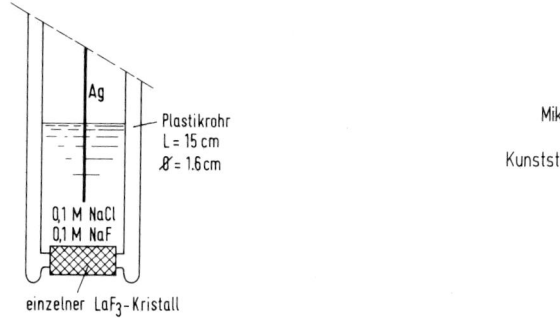

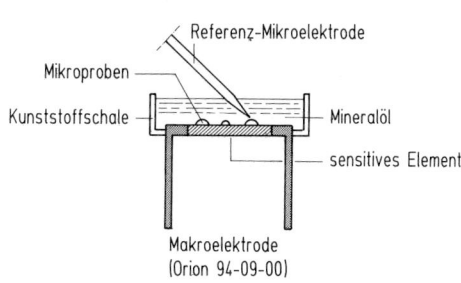

Abb. 54-17

Abb. 54-18

Abb. 54-17. Konstruktionsmerkmale der fluoridspezifischen Elektrode.

Abb. 54-18. Aufbau der Fluoridelektrode (VOGEL et al. 1980).

bis 10^{-6} M (A_{F^-} von 1 bis 6). Aufgrund der Löslichkeit des Lanthanfluorids nähert sich unter 10^{-6} M Fluorid das Potential einem konstanten Wert.

Abb. 54-17 zeigt die wesentlichen Konstruktionsmerkmale der Elektrode.

Zur Fluoridbestimmung in Nanoliter-Volumina-Meßlösung haben VOGEL et al. (1980) eine spezielle mikroanalytische Meßtechnik angewendet und dafür eine Orion-Fluoridelektrode (Modell 94-09-00) invertiert (s. Abb. 54-18 und 54-19). Die ionensensitive Membran − der Lanthanfluoridkristall − ist nach oben gerichtet und als kleiner Meßbecher ausgebildet. Die Meßlösung wird auf die Elektrodenoberfläche aufgetropft, zur Vermeidung von Kontaminationen wird mit Mineralöl überschichtet, in den Tropfen Meßlösung wird unter Zuhilfenahme von Mikromanipulatoren und Beobachtung unter einem Mikroskop die (in der Biophysik gebräuchliche) Referenz-Mikroelektrode eingetaucht und

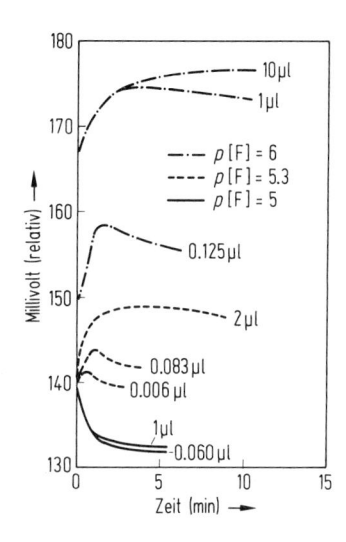

Abb. 54-19. Anzeige der invertierten Elektrode als Funktion der Konzentration und Probengröße.

über die Potentialmessung die Fluoridkonzentration in einem Tropfen Meßlösung bestimmt. Auch die Orion-Chloridelektrode läßt sich zur Bestimmung des pCl-Werts in einem Tropfen in dieser Weise modifizieren.

Apparatives

Indikatorelektroden: fluoridsensitive Elektrode (z. B. ORION, Modell 94-09, als Einstabmeßkette ORION, Modell 96-09; METROHM Fluoridelektrode EA 306-F.

Referenzelektrode: gesätt. Kalomelelektrode (z. B. ORION Modell 90-01 und 90-02 mit Elektrolytbrücke; Metrohm-Bezugselektrode EA 436 oder EA 402). Die Fluoridelektrode wird entweder trocken oder in mit TISAB-I gepufferter ca. 10^{-5} M Natriumfluoridlösung aufbewahrt; sie ist dann sofort einsatzfähig.

pH/mV-Meter mit Skalensreizung: Skalaauflösung in 0.002 pH-Einheiten bzw. 0.1 mV (digital) z. B. ORION Modell 901 Mikroprozessor Ionenanalysator; METROHM Modell 495 Ion-Activity-Meter und Präzisions-Kompensator E 388.

Titriergeräte: Potentiographen z. B. Titrigraph TTT1 von RADIOMETER; Potentiograph E 536, Titroprozessor E 636 und E 672 (alle METROHM).

Motorkolbenbüretten 10.00, 5.00 und 1.00 ml mit 0.01 ml Volumendosierung.

Magnetrührer mit Kühlplatte (z. B. THERMOLYNE PT-10000); Gran's-plot-Papier, 10% volumenkorrigiert (ORION 90-00-90).

Reagenzien und Lösungen

Natriumfluorid ultrarein, vor der Einwaage 3 h bei 120 °C getrocknet.
Natriumfluoridlösung 0.1 N: 4.199 g NaF/1000 ml.
Natriumfluorid-Stammlösung (1000 µg F^-/ml): 2.210 NaF in Wasser zum Liter gelöst.
Lanthannitratlösung, 0.1 N: 14.434 g $La(NO_3)_3 \cdot 6H_2O$ in 0.01 N HNO_3 gelöst und damit auf 1 l aufgefüllt, Titerstellung erfolgt gegen 0.1 N Natriumfluoridlösung.

Maßlösungen für die Mikro-Simultanbestimmung von Schwefel, Chlor und Fluor nach Schöniger-Aufschluß (DIRSCHERL 1980):
0.01 N Lanthannitratlösung in 80%igem Isopropanol: 1.44 g $La(NO_3)_3 \cdot 6H_2O$ p.a., MERCK, werden in einem 1-l-Meßkolben in 200 ml dest. H_2O gelöst und mit Isopropanol zur Marke aufgefüllt, Titerstellung durch Verbrennung von Testsubstanzen*.

0.02 N Bariumperchloratlösung in 80%igem Isopropanol: 3.90 g $Ba(ClO_4)_2 \cdot 3H_2O$ p.a., FLUKA, werden in einem 1-l-Meßkolben in 200 ml dest. Wasser gelöst und mit Isopropanol fast zur Marke aufgefüllt. Die Lösung wird mit einigen Tropfen Perchlorsäure (D = 1.54, ca. 60%ig) auf ein pH zwischen 2.5 und 4 eingestellt und mit Isopropanol zur Marke ergänzt, Titerstellung mit 0.1 N H_2SO_4 oder durch Analyse von Testsubstanzen.

---

* Verwendet man zur Titerstellung Natriumfluorid, so ist die Fluorideinwaage in der Absorptionslösung nach einer „Leerverbrennung" (Schöniger-Papier + Mannit) zu lösen. Wahrscheinlich bewirkt die mitabsorbierte Kohlensäure eine geringfügige Verschiebung des Potentialsprunges am Äquivalenzpunkt, wodurch der Verbrauch an Maßlösung im Mittel um 0.4% erhöht wird.

0.01 N Quecksilberperchloratlösung: 1.08 g HgO p.a., MERCK, werden in wenig dest. H₂O aufgeschlämmt und durch tropfenweisen Zusatz von Perchlorsäure p.a, MERCK (D = 1.54, ca. 60%ig), gelöst. Die klare Lösung wird mit 0.1 ml Perchlorsäure im Überschuß versetzt und in einem 1-l-Meßkolben mit dest. Wasser zur Marke aufgefüllt. Titerstellung mit Kaliumchlorid p.a., MERCK.

Hexamethylentetramin p.a., MERCK, gesättigte Lösung in dest. Wasser.

Chlorphosphonazo(III) p.a., FLUKA, 0.1%ig in dest. H₂O. Die Lösung wird mit einem Kationenaustauscher behandelt.

Diphenylcarbazon p.a., MERCK, 0.3%ig Isopropanol.

Ionenaustauscher I (stark saurer Kationenaustauscher), MERCK.

Pufferlösungen (TISAB) TISAB-Lösung nach FRANT und ROSS (1966): Zu etwa 500 ml H₂O 57 ml Eisessig zusetzen, 58 g NaCl und 0.3 g Natriumcitrat eintragen, mit 6 N NaOH auf pH 5.0 bis 5.5 titrieren, nach Kühlen auf 1 l auffüllen (als *TISAB-I* im Handel).

TISAB-Lösung nach LIBERTI und MASCINI (1969): Zu etwa 500 ml H₂O 170 g NaNO₃, 68 g Natriumacetat · 3 H₂O und 92.4 g Natriumcitrat · 2 H₂O zufügen und zum Liter auffüllen (als *TISAB-II* im Handel).

TISAB-Lösung nach PETERS und LADD (1971): In etwa 500 ml H₂O 17.65 g Diaminocyclohexantetraessigsäure (DCTA) eintragen und 40%ige NaOH zutropfen, bis das Salz sich löst; nach weiterem Zusatz von 300 g Natriumcitrat · 2 H₂O und 60 g NaCl wird zum Liter aufgefüllt und mit HCl auf pH 6.0 eingestellt (als *TISAB-III* im Handel).

Tironpufferlösung, 0.06 M nach BALLCZO und SAGER (1979): 1.985 g Tiron (LOBA-CHEMIE) in 12 ml carbonatfreier NaOH (MERCK Nr. 6498) lösen und mit bidest. H₂O auf 100 ml auffüllen. Diese Lösung hat beim Verdünnen mit dem gleichen Volumen des auf Fluorid zu prüfenden Mineralwassers (neutral bis schwach sauer) den zur Bestimmung erforderlichen pH-Wert von 6.5±0.2.

Nach den Erfahrungen von SELIG (1973) ist TISAB-III zur Komplexierung von Al^{3+} am besten geeignet, während zur Komplexierung von Fe^{3+} und Si^{4+} TISAB-II empfohlen wird. Bei Gegenwart von Mg^{2+}, Ca^{2+} und von, auch großen Mengen, NO_3^-, SO_4^{2-}, Cl^- und PO_4^{3-} ist der – von FRANT und ROSS (1968) empfohlene – TISAB-I prädestiniert.

Zur Fluoridbestimmung in Mineralwässern ist zur Dekomplexierung der in der Probelösung enthaltenen Fluoridkomplexe die Tironpufferlösung geeignet.

Potentiometrische Fluoridbestimmung

Allgemeines. Höhere Fluoridkonzentrationen werden mit der fluoridsensitiven Elektrode durch potentiometrische Titration mit Lanthannitratlösung (Auswertung über die geschriebene Potentialkurve) oder direkt und exakt über Potentialmessung des pF-Werts vermittels eines empfindlichen mV- oder Ion-Activity-Meters (s. u.) bestimmt. Moderne Meßgeräte (Ion-Activity-Meter) zeigen wahlweise den pF-Wert an oder gleich die Fluoridkonzentration in mol/l; in letzterem Fall erübrigt sich die Umrechnung. Bei der Messung sehr geringer Fluoridkonzentrationen <20 µg/l ist die Eichkurve mV vs. pF nicht mehr linear, hier muß mit bekannten Fluoridmengen (known-Addition) bis in den linearen meßbaren Bereich aufgestockt werden. Im einfachsten Fall, wenn in der Meßlösung z. B. nach Substanzaufschluß durch eine Verbrennung keine Stör-Ionen vorliegen, wird nach einmaligem Aufstocken die Fluoridkonzentration gemessen und die zugegebene Menge in Rechnung gestellt. Eine andere, elegante und universell anwendbare Methode besteht in der Mehrfachaufstockung in Kombination mit der Äquivalenzpunktbestimmung nach GRAN (1952). Zur Auswertung nach GRAN sind 10%-volumenkorrigierte sog. Gran's-Plot-Papiere handelsüblich. Routinemäßig werden 100 ml Meßlösung vier- bis sechsmal mit je 1.0 ml Fluoridlösung ($10^{-2} - 10^{-4}$ M) aufgestockt und die zugegebenen Volumina mit den nach jeder Aufstockung gemessenen Potentialwerte (mV) auf Gran's-Plot-Papier gegeneinander aufgetragen, Sie ergeben eine Gerade, deren Schnittpunkt mit der x-Achse die Fluoridkonzentration in der ursprünglichen Meßlösung angibt, wie das Beispiel in Abb. 54-22 veranschaulicht. Ausführlich beschrieben wurde die Fluoridbestimmung mit Gran's-Plot von SELIG (1973) und ORION RESEARCH (1970).

Probleme, die durch Instabilität und Drift der Fluoridelektrode bei der Bestimmung sehr geringer Fluoridkonzentrationen zwischen 10^{-6} und 10^{-7} mol/l auftreten können, hat KISSA (1983) beschrieben und dafür Lösungen angezeigt.

Fluoridbestimmung über Eichkurve. Zur Erstellung der Eichkurve werden 5 NaF-Standardlösungen zwischen 10^{-1} und 10^{-5} mol/l mit 50 ml TISAB-I gemischt, auf Raumtemperatur thermostatisiert und auf 100 ml aufgefüllt. Die Lösungen werden der Reihe nach, beginnend mit der 10^{-5} M Lösung, in den Meßbecher (Plastik) gegossen, kurz durchgerührt und das Potential auf dem mV-Feinbereich des pH-Meters gemessen. Bei Gehalten $\leq 10^{-5}$ kann es 30 min und länger dauern, bis Potentialkonstanz eintritt; diese ist in jedem Fall abzuwarten.

Die Konzentrationen (logarithmisch) und die gemessenen Potentialwerte (linear) werden auf halblogarithmischem Papier aufgetragen und die Eichgerade eingezeichnet (s. Abb. 54-20). Vor und nach jeder Meßreihe wird eine Eichlösung mitgemessen, um eine Änderung des Asymmetrie- oder Diffusionspotentials zu erkennen und zu berücksichtigen (parallele Verschiebung der Eichkurve). Regelmäßige Eichung der Elektrode ist dann zu empfehlen, wenn häufig Lösungen mit hohen Gehalten an störenden Kationen gemes-

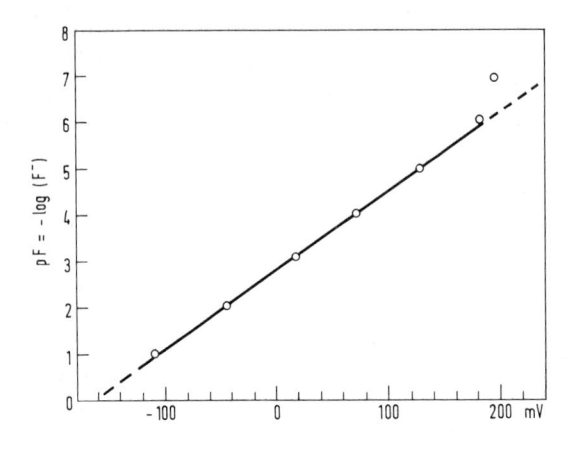

Abb. 54-20. Eichkurve der Fluoridbestimmung durch Potentialmessung.

sen werden. Ist die Elektrodenanzeige gestört, versucht man durch Abreiben mit einem Papiertuch, im Extremfall mit einem feinen Schmirgelpapier den Einkristall zu säubern oder durch Polieren mit einer feinen Paste aus Siliciumcarbid die Elektrode wieder zu aktivieren.

Arbeitsvorschriften für die potentiometrische Fluoridbestimmung

A) Titration mit Lanthannitrat (HARZDORF 1969)

Die schwach saure Probelösung (0.5 bis 50 mg F$^-$ enthaltend) wird durch kurzes Aufkochen (bei pH 4 bis 5) von Kohlensäure befreit, in einen Kunststoffbecher gegossen, auf pH 6 bis 7 neutralisiert, 5 ml Pufferlösung zugesetzt, mit Wasser auf 50 ml ergänzt und nach Zusatz von 50 ml Ethanol mit 0.1 N Lanthannitratlösung langsam titriert. Bei Verwendung eines Potentiographen wird im 250 mV-Meßbereich titriert. Die Titrationskurve verläuft von „Minus" nach „Plus". Die Auswertung erfolgt über den Kurvenwendepunkt (s. Beispiel in Abb. 54-21). Mit steigenden Mengen Fluoridstammlösung wird unter gleichen Bedingungen wie bei der Titration der Probelösung eine Titrationsreihe ausgeführt und über eine Ausgleichsrechnung Faktor sowie Blindwert ermittelt. Liegt *Sulfat* in der Probelösung vor, wird es nach SELIG (1974) durch Zugabe von festem Bariumnitrat ausgefällt und dann, ohne das gefällte Bariumsulfat abzufiltrieren, mit 0.02 N Lanthannitratlösung titriert. Bei Anwesenheit von *Phosphat* fällt er dieses vor der Titration mit entsprechenden Mengen Zinkoxid.

DIRSCHERL (1980) titriert nach Schöniger-Aufschluß das Fluorid mit 0.01 N Lanthannitratlösung in 80%iger isopropanolischer Lösung (s. Anwendungen).

5.0 bis 10.0 ml Fluoridbad werden mit 15 ml dest. H$_2$O und 2 ml 1 M Acetatpufferlösung versetzt. Anschließend erfolgt die Titration z. B. auf dem 250 mV-Bereich des Potentiographen mit 0.1 N Lanthannitratlösung.

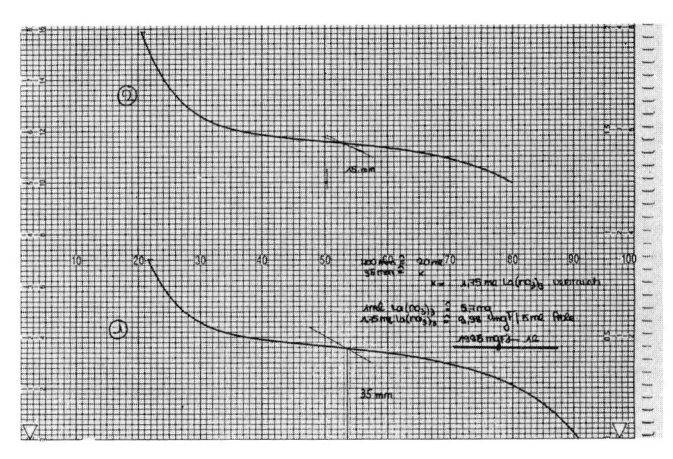

Abb. 54-21. Titrimetrische Gehaltsbestimmungen von Fluoridbädern.

Elektroden: Ionenspezifische Fluoridelektrode 6.0502.050 (METROHM)
Ag/AgCl-Bezugselektrode 6.0726.100, c(KCl) = 3 mol/l (METROHM)
Beim Nachlassen der Ansprechempfindlichkeit (Fluoridelektrode) muß diese poliert werden. Dazu eignet sich übrigens auch Zahnpasta!

B) Direkte Fluoridbestimmung durch Potentialmessung nach Einpunkteichung
(PAVEL et al. 1970)

Bei Verwendung eines sehr empfindlichen pH/mV-Meters und unter der Voraussetzung, daß die Steilheit der Fluoridelektrode annähernd dem theoretischen Wert von 59 mV/pF$^-$ Einheit entspricht, kann nach Einpunkteichung mit einer Fluoridkonzentration zwischen 10^{-2} und 10^{-5} N NaF, die im günstigen Fall in der Nähe der Fluoridkonzentration der Probelösung liegt, die Fluoridkonzentration der Probe auf dem unten beschriebenen Wege ausgerechnet werden.

Elektrodenpaar: ORION Typ 94-09 – gesätt. Kalomel.
Gerät: Präzisions-Kompensator E 388, METROHM (oder ein anderes pH/mV-Meter).
Pufferlösung (TISAB I).

Probelösungen: Reaktionslösungen nach Substanzaufschluß fluororganischer Verbindungen in der Knallgasflamme, der Schöniger-Flasche oder Fluordestillate.

Die fluoridhaltige, annähernd neutrale Probelösung (oder aliquote Teile davon) auf Raumtemperatur kühlen und vor der Messung im Verhältnis 1:1 mit Pufferlösung mischen, wobei das Gesamtvolumen je nach Meßkolben 50 oder 100 ml beträgt. Das Lösungsgemisch wird in einen Plastikbecher gegossen, die beiden Elektroden eingetaucht, mit einem Magnetrührer kurz umgerührt und nach 2 bis 3 min bei stehendem Rührwerk gemessen. Auf dem Präzisions-Kompensator erfolgt die Potentialmessung mit der „pH-Skala".

Meßfolge. Funktionsschalter in Position „0" – mit dem Nullpunkt-Potentiometer das Nullinstrument auf 0 abgleichen; Funktionsschalter nach Position „C" stellen – jetzt mit dem Kalibrierpotentiometer C das Nullinstrument auf 0 abgleichen.

Das Gegenspannungs-Potentiometer E steht auf der Nullmarke und wird dort mit Klebeband fixiert. Funktionsschalter in Position „0" stellen, Elektroden eintauchen und rühren; pH-Grobkompensationsschalter je nach Fluorkonzentration auf Wert 5 bis 6 oder 7 stellen. Funktionsschalter auf Position „pH" stellen und mit dem pH-Feinkompensations-Potentiometer das Meßinstrument auf Null kompensieren.

Die Skala kann auf 0.002 pH-Einheiten genau abgelesen werden. 0.001 pH-Einheiten, entsprechend 0.059 mV, lassen sich noch schätzen.

Funktionsschalter auf „0" stellen und Elektroden aus der Lösung nehmen.

Berechnung. Zwischen abgelesenem pH-Wert und Fluoridkonzentration [F$^-$] besteht die Beziehung:

$$\log [F^-] = pH + C$$

pH = abgelesener Wert
C = Konstante.

Diese Beziehung gilt natürlich nur, solange die Elektrodensteilheit der Theorie entspricht, d. h. ca. 59 mV/pF$^-$ Einheit. Darauf müssen vor allem neue Elektroden erst überprüft werden. Bei geringem Abweichen vom idealen Verhalten kann man sich mit einem Korrekturfaktor behelfen.

Die Konstante C wird aus Messungen mit bekannten Fluoridlösungen ermittelt. Um einen guten Mittelwert zu erhalten, sollten mehrere Eichlösungen im Bereich von 10^{-2} bis 10^{-4} M gemessen werden.

$$C = \log [F^-]_c - pH_c$$

$[F^-]_c$ = Konzentration der Eichlösung
pH_c = abgelesener pH-Wert der Eichlösung.

Die Konstante C sollte am besten vor jeder Meßreihe mit einer Eichlösung nachgeprüft werden, da sich sowohl Meßinstrument als auch Elektrode im Lauf der Zeit ändern können.

Berechnungsbeispiel

Eichung

$$C = \log [F^-]_c - pH_c$$

10 ml 0.01 N NaF-Lösung + 50 ml Pufferlösung in 100 ml Meßlösung log $[F^-] = -3$
pH_c gemessen = 6.993
$C = -3 - 6.993 = \underline{-9.993}$

Messung

$$\log [F^-] = pH + C$$

pH gemessen = 5.604
C $\quad\quad\quad$ = -9.993
$\log [F^-]$ $\quad$ = $5.604 - 9.993$
$\quad\quad\quad\quad$ = -4.389
$\quad\quad\quad\quad$ = $0.611 - 5$
$[F^-]$ $\quad\quad$ = $4.083 \cdot 10^{-5}$ M Fluoridlösung/100 ml
$\quad\quad\quad\quad$ = 77.4 µg F$^-$ in 100 ml Meßlösung gefunden
$\quad\quad\quad\quad\;\;$ 76.0 µg F$^-$ in 100 ml Meßlösung gegeben

C) Fluoridbestimmung nach Zweipunkteichung

Obwohl die Fluoridkonzentration der Probelösung auch aus einer Eichkurve abgelesen werden kann, ist es doch einfacher und genauer, sie nach Ein- oder Zweipunkteichung rechnerisch zu ermitteln. Im letzteren Fall wird der Meßwert der Probelösung durch zwei Eichwerte (üblicherweise mit 10 und 100 µg F$^-$) eingegrenzt und aus den drei Potentialwerten die unbekannte Fluoridkonzentration berechnet.

Ausführung. Aliquote, annährend neutrale Volumina einer Aufschlußlösung (z. B. nach Bombenaufschluß 5 ml von 250 ml) werden dem Meßkolben entnommen, parallel dazu zwei Eichlösungen mit 10 µg und 100 µg Fluorid, die Lösungen in 100-ml-Meßkolben pipettiert, 50 ml TISAB zugegeben, zur Marke aufgefüllt und mit der vorkonditionierten Elektrode die Potentialwerte gemessen. Die Fluoridkonzentration der Probe errechnet sich aus untenstehender Gleichung:

$$\mu g\ F^- \text{ (Probe)} = \text{antilog}\ \frac{\text{mV (10 µg Stand.)} - \text{mV (Probe)}}{\text{mV (10 µg Stand.)} - \text{mV(100 µg Stand.)}}$$

Beispiel

mV (10 µg F$^-$) = 137.5
mV (100 µg F$^-$) = 78.3
mV (Probe 5 ml) = 91.7
Substanzeinwaage – 9.835 mg Trifluoracetanilid (30.14% F)
Volumen der Aufschlußlösung – 250 ml

$$\mu g\ F^- \text{ (Probe)} = \text{antilog}\ \frac{137.5 - 91.7}{137.5 - 78.3} = \underline{59.38}$$

$$\%\ F = \frac{59.38 \times 250 \times 100}{1000 \times 5 \times 9.835} = \underline{30.19}$$

D) Fluoridbestimmung nach der Aufstockmethode (known-Addition) in Verbindung mit Gran's-plot

Zur Fluoridbestimmung im ppm-Bereich wird bevorzugt mit bekannten Fluoridmengen aufgestockt und dann über Gran's-plot-Papier ausgewertet. Dies wird unten an einem vorgegebenen Beispiel (SELIG 1973) erklärt (für Fluoridkonzentrationen von 0.9 bis 3 ppm): Die Meßlösung (hier 0.15 mg Fluorid enthaltend) wird mit 50 ml TISAB versetzt und auf 100 ml aufgefüllt. Sie wird unter den üblichen Meßbedingungen schrittweise sechsmal mit je 1 ml einer konzentrierteren Fluoridlösung (hier mit 0.3 mg F$^-$/ml) aufgestockt und die nach jeder Aufstockung gemessenen Potentiale (mV) in das 10% volu-

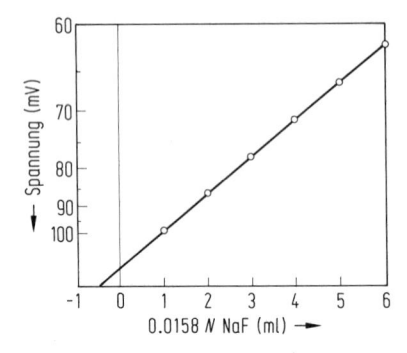

Abb. 54-22. Titration von 0.15 mg Fluorid mit 0.0158 N NaF-Lösung (0.3 mg/ml). Auswertung nach GRAN's-plot.

menkorrigierte Gran's-plot-Papier gegen die ml Titrierlösung aufgetragen. Die graphische Verbindung der Meßpunkte ergibt eine Gerade. Durch lineare Regression erhält man die Schnittpunkte mit der (durch die Nullaufstockung gelegte) vertikalen y-Achse und der horizontalen x-Achse. Aus dem Schnittpunkt wird die ursprüngliche Fluoridkonzentration der Meßlösung ermittelt. Die graphische Darstellung in Abb. 54-22 veranschaulicht die Auswertung. Auch in Gegenwart störender Anionen und Kationen erzielt man mit dieser Methode meist brauchbare Ergebnisse. Bei geringeren Fluoridkonzentrationen wird zur Aufstockung eine schwächere Titrierlösung (z. B. 0.03 mg F^-/ml) gewählt.

Anwendung der potentiometrischen Methode zur Fluorbestimmung in verschiedenen Matrizes

In organischen Substanzen: Organisch gebundenes Fluor wird zu Fluorid aufgeschlossen. Dazu eignen sich im Prinzip fast alle der für die Bestimmung von Schwefel und die anderen Halogene bereits beschriebenen Aufschlußmethoden, wenn sie so geführt werden, daß die relativ stabile C-F-Bindung quantitativ zerstört wird. Zum Aufschluß hochfluorierter, vor allem flüssiger und gasförmiger Verbindungen ist die Knallgasverbrennung erste Wahl (Methode 43 und 50.2.1).

Zur *Mikrobestimmung* schließt DIRSCHERL (1980) die Substanz (3 bis 5 mg) in einem „Schöniger-Kolben" aus Quarzglas, SHEARER (1970) in einem aus Polypropylen auf. Um die Wirksamkeit der Aufschlußflamme zu erhöhen, wird die Substanz in lockerer Mischung mit etwa der zehnfachen Menge Mannit bzw. Benzoesäure in das Filterpapier eingefaltet und verbrannt. Soll nur Fluor bestimmt werden, werden die Verbrennungsgase in 10 ml 0.1 N NaOH absorbiert und das Fluorid wird potentiometrisch nach Zusatz von TISAB-I gemessen. Bei der *Simultanbestimmung von Schwefel, Chlor und Fluor* werden nach DIRSCHERL (1980) zur Absorption der Reaktionsgase im 500-ml-Aufschlußkolben aus Quarzglas 5 ml dest. Wasser + 3 Tropfen Perhydrol vorgelegt. Nach erfolgter Absorption wird der Stopfen mit dem Platinnetz mit 25 ml Ethanol abgespült, der ethanolischen Lösung im Kolben 2 Tropfen Chlorphosphonazo(III)-Lösung zugegeben und das *Sulfat mit 0.02-N Bariumperchlorat* in 80%igem Isopropanol bis zum scharfen Umschlag von violett nach blau titriert (vgl. Methode 46.3). Vom abgelesenen Titrationsvolumen werden 0.02 ml als Blindwert abgezogen und je nach vorliegendem F/S-Verhältnis eine Volumenkorrektur (wie in Abb. 54-23 skizziert) vorgenommen, die wahrscheinlich durch geringe Mitfällung von Bariumfluorid mit dem ausfallenden Bariumsulfat erforderlich ist.

Nach der Sulfattitration werden 1 bis 2 Tropfen Perchlorsäure und 2 Tropfen Diphenylcarbazonlösung zugegeben und *Chlorid* mit 0.01 N Quecksilberperchloratlösung bis zum Umschlag nach violett titriert (vgl. Methode 51.4.1). Ein geringer, empirisch festgestellter Blindwert muß berücksichtigt werden.

Anschließend wird die Lösung aus dem Kolben mit wenig Ethanol in ein 150-ml-Becherglas quantitativ umgespült, 0.5 ml Hexamethylentetraminlösung und 1 ml 1 N Perchlorsäure zugesetzt und *Fluorid* mit 0.01 N Lanthannitratlösung in 80%igem Isopropanol mit Fluorid- und Kalomelelektrode mit Schliffdiaphragma als Referenz potentiometrisch titriert. Die Titrierlösung wird in 0.1 ml Volumenschritten zugesetzt und nach jeder Zugabe 20 s gewartet.

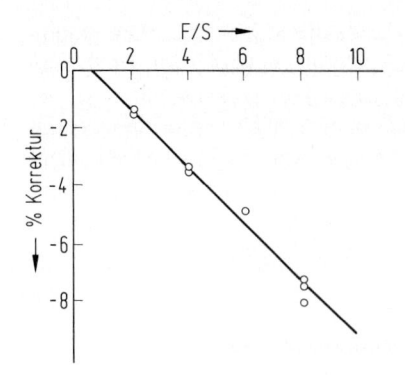

Abb. 54-23. Korrektur in % bei steigendem F/S-Verhältnis.

Zum Aufschluß fluororganischer Substanzen haben sich die *Knallgasverbrennungsmethoden* durchgesetzt: für den Aufschluß kleiner Substanzmengen die Mikro-Knallgasverbrennung (EHRENBERGER 1959) (s. Kap. 50.2.1), für die universelle Anwendung im Makro-, Mikro- und Spurenbereich die Knallgasverbrennung in der Wickbold-Apparatur. Technik und Einsatzmöglichkeiten dieser Verfahren sind in Kap. 43 beschrieben. Die hohe Temperatur der Knallgasflamme und ihre enorme Kapazität gewährleisten den sicheren Aufschluß jeder organischen Substanz (unabhängig vom Aggregatzustand). Auch anorganisch gebundenes Fluor kann durch Ausschmelzen mit sauren Zuschlägen ($KHSO_4$) aus dem Verbrennungsrückstand freigesetzt und in die Vorlage übergetrieben werden. Der in der Knallgasflamme entstehende Wasserdampf begünstigt in besonderem Maße die Absorption des aus der organischen Bindung freigesetzten Fluors. Kleine Fluoridkonzentrationen werden bereits im Verbrennungswasser festgehalten. Bei höheren Fluorgehalten wird 0.1 N Natronlauge zur quantitativen Absorption des Fluorids vorgelegt, so daß weitgehend reine störionenfreie Probelösungen erhalten werden. Es wird entweder die gesamte oder aliquote Volumina (bis zu 50 ml) der annähernd neutralisierten Absorptionslösung mit 50 ml TISAB-I versetzt, die Lösung thermostatisiert, auf 100 ml genau aufgefüllt und dann das Fluorid durch Titration mit Lanthannitrat oder durch direkte Potentialmessung wie beschrieben bestimmt.

Störung. Nach Substanzaufschluß im Schöniger-Kolben, durch Rohrverbrennung oder in der Knallgasflamme stört *Bor* die Fluorbestimmung erheblich (Fluorborat-Komplexbildung). Nach EHRENBERGER (1981) wird daher die natronalkalische Absorptionslösung nach dem Aufschluß zur Trockene gedampft, der Rückstand mit wenig Ätznatron aufgeschmolzen und so der Fluorboratkomplex zerstört. Nach vorsichtigem Neutralisieren und Puffern mit TISAB-I wird sofort die Fluoridkonzentration gemessen. Wird die Substanz nach RITTNER und MA (1972) mit Peroxid in der Nickelbombe aufgeschlossen, die Aufschlußlösung vorsichtig nur gerade neutralisiert, mit TISAB versetzt und gleich gemessen, kann sich der Fluorborat-Komplex erst gar nicht bilden, Borat und Phosphat stören die Fluorbestimmung nicht. Allerdings ist der Bombenaufschluß in der Fluoranalyse nur bedingt geeignet und zur Trennung der C-F-Bindung nicht bei allen Fluor-Organika ausreichend. Um die Wirksamkeit des Bombenaufschlusses (genaue Beschreibung in Kap. 45.1) zu erhöhen, überschichtet man die Probe – auch beim Aufschluß in der Mikro-

oder Makrobombe – mit etwa der fünffachen Menge eines Kaliumnitrat/Rohrzucker-Gemisches (2:1) und füllt dann mit Natriumperoxid den Bombenbecher auf. Nach dem Aufschluß spült man den Bombeninhalt in einem Nickel- oder Quarzglasbecher aus und überführt die Aufschlußlösung nach Verkochen des Peroxids in einen 250-ml-Meßkolben aus Kunststoff, füllt nach dem Erkalten zur Marke auf und mißt in aliquoten Volumina die Fluoridkonzentration mit der Elektrode direkt, z. B. nach der Methode der Zweipunkteichung.

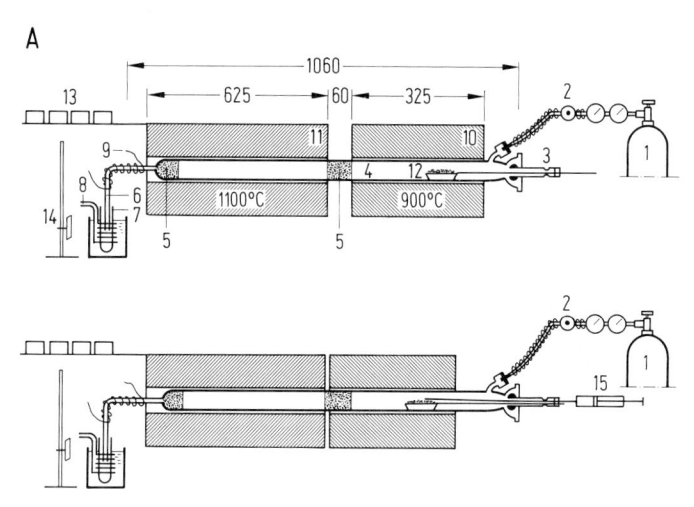

Abb. 54-24. (A) Schematische Darstellung der Apparatur zur Bestimmung von schwerflüchtigen organischen Fluorverbindungen.
Oben: Probeneingabe, Mitte: Nachverbrennung und Spülen. *1* Sauerstoff-Flasche, *2* Feinregulierventil, *3* Probeneingabesystem, *4* Pyrolyserohr, *5* Platin-Quarzwolle-Kontakte, *6* Einleitungsrohr aus Quarz, *7* Reagenzglas aus Quarz mit Vorlage, *8* Kühlschlange aus Kupfer, *9* Pilz-Heizschnur, *10* Ofen (900 °C), *11* Ofen (1100 °C), *12* Platinschiffchen mit Probe, *13* Regler/Temperatur-Meßgerät, *14* Spiegel, *15* Spritze.

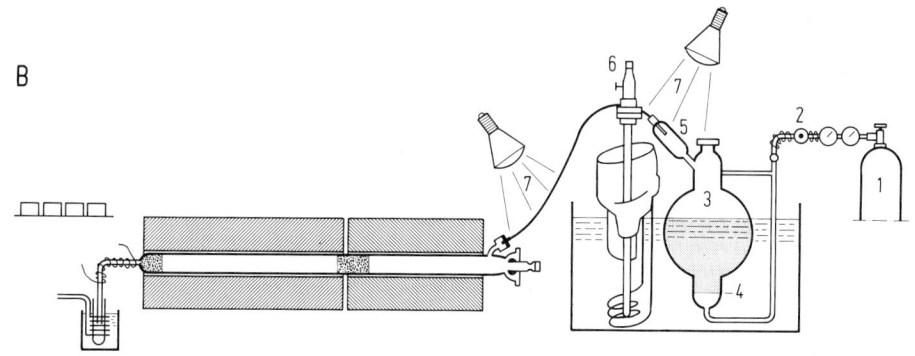

Abb. 54-24. (B) Schematische Darstellung der Apparatur zur Bestimmung von leichtflüchtigen organischen Fluorverbindungen.
1 Sauerstoff-Flasche, *2* Feinregulierventil, *3* Ausgasungsgefäß, *4* Fritte (Nr. 0), *5* Tropfenfänger, *6* Eintauchthermostat, *7* Glühbirne (75–100 W, verspiegelt).

Zur Bestimmung von *Organofluorverbindungen in Wässern* (EOF-extractable organic fluorine) werden nach KUSSMAUL und HEGAZI (1977) die *leichtflüchtigen* Komponenten aus dem Wasser mit Sauerstoff ausgetrieben und im Rohr verbrannt. Die *schwerflüchtigen Fluororganika* werden zur Anreicherung mit Diisopropylether extrahiert, der Extrakt eingeengt und davon aliquote Volumina ebenfalls durch eine Rohrverbrennung mineralisiert (s. Abb. 54-24). Das bei der Verbrennung entstehende HF wird in TISAB-I-Lösung aufgefangen und anschließend mit der Elektrode direkt gemessen. In Flußwässern werden nach dieser Methode EOF-Gehalte zwischen 1 bis 20 µg F/l gefunden.

Fluoridbestimmung in Wässern. Fluorid-Ionen kommen in fast allen Grund- und Oberflächenwässern vor. Der Fluoridgehalt natürlicher Wässer hängt hauptsächlich von den hydrogeologischen Verhältnissen ab und liegt in der Regel zwischen 0.5 bis 5 mg/l (BALLCZO und SAGER 1979). Industrielle Abwässer und Schlämme sind mit Fluorid-Ionen häufig höher belastet und enthalten überdies noch wechselnde Mengen fluororganischer Verbindungen. Zur Fluorbestimmung in diesen Matrizes wurde DIN 38405 Teil 4 (1984) erstellt.

Dieses Verfahren ist direkt anwendbar auf Trink- und Oberflächenwässer mit einer Konzentration an gelöstem Fluorid von etwa 0.2 bis 2000 mg/l. Nach Aufstocken sind noch Konzentrationen bis ungefähr 0.02 mg/l erfaßbar. Der gleiche Anwendungsbereich gilt auch für verschiedene technische Abwässer, falls keine störenden Matrixeinflüsse zu erwarten sind und der Gesamtfluorgehalt unter Einschluß auch der fluororganischen Komponenten nicht bestimmt werden muß. In diesen Fällen ist vor der Messung ein Aufschluß mit nachfolgender Destillation (s. Kap. 54.4.1) erforderlich.

Störende Kationen wie Al^{3+}, Fe^{3+}, Ca^{2+} und Mg^{2+}, die sehr stabile Fluorid-Komplexe bilden können, werden beim DIN-Verfahren mit dem Citrat/1,2-Cyclohexyldinitrilo-tetraessigsäure-Puffer (pH 5.8) (TISAB III) dekomplexiert. Nach den Untersuchungen von BALLCZO und SAGER (1979) werden Fluorid-Ionen aus allen Komplexen (Al^{3+}, Fe^{3+}, TiO^{2+}, Mg^{2+}, SiO_2, H_3BO_3) mit Tiron (Dinatrium-brenzcatechin-3,5-disulfonat) bei pH 6.5 freigesetzt und somit die direkte potentiometrische Bestimmung der Fluorid-Ionen auch in Lösungen unbekannter Zusammensetzung ermöglicht.

Fluorbestimmung in Pflanzen. Nach der von VANDEPUTTE et al. (1976) beschriebenen Methode werden die Pflanzen getrocknet, gepulvert, und dann mineralisiert:

- durch Verbrennung in der O_2-Flasche. Dazu werden 50 mg der pulverisierten Pflanzenprobe, evtl. mit einem Zuschlag von 20 mg $KClO_3$, wie beschrieben, in Sauerstoffatmosphäre verbrannt oder

- die Probe wird durch eine Ätznatronschmelze aufgeschlossen. Diesen Aufschluß empfiehlt auch EYDE (1982) zur Fluoridbestimmung in Pflanzenmaterial. Dabei werden 3 g Probe im Tiegel (Nickel, Silber- oder Glaskohlenstoff) mit 10 ml 67%iger NaOH benetzt und 2 h bei 150°C getrocknet, 2 h bei 650°C aufgeschmolzen, die Schmelze in H_2O gelöst, filtriert, mit Essigsäure auf pH 5.2 gestellt und nach Zusatz von TISAB-Lösung (Citratpuffer) die Fluoridkonzentration nach der Standard-Addition-Methode gemessen.

In verschiedenenen Pflanzenspezies wurden Fluorgehalte im Bereich von 5 bis 1000 ppm F gefunden.

Bestimmung in Blut und Blutseren (Gehalte von 0.1 bis 1.0 µg F/ml). Nach BOURBON und BALSA (1983) werden in einem 5 ml fassenden Platintiegel 0.5 bis 1.0 ml Blutplasma zur Fixierung der Fluorkomponenten mit 0.1 ml Magnesiumacetatlösung (fluoridfrei) versetzt, zur Trockene eingedampft, erst 10 min bei 270°, dann 30 min bei 650°C aufgeschlossen. Die Asche im Tiegel wird in 1 ml 10 Vol.-%iger Essigsäure gelöst und nach Zugabe von 0.1 ml TISAB-III die Fluoridkonzentration nach Aufstockung mit einer bekannten Fluoridmenge (known-Addition) gemessen. Die zugesetzte Aufstocklösung (20 µl) soll eine Potentialänderung (ΔE) von 20 bis 30 mV, entsprechend der 2–3fachen Fluoridmenge in der Originallösung, bewirken.

Bestimmung in Umweltstandards (Fluorgehalte 20 bis 2000 ppm). Zur Fluorbestimmung in diesen vorwiegend anorganischen Materialien (NBS 1633 und 1633a Kohleflugaschen; NBS 1632 und 1635 Kohleproben; NBS 1645 Flußsediment; Eurostandard 681-1 Eisenerz) eignet sich zum Substanzaufschluß die Schnellverbrennung im Hochfrequenz-Induktionsofen (BETTINELLI 1983).

Dieses Verbrennungssytem hat sich auch zur serienmäßigen Bestimmung anderer Heteroelemente in festen mineralischen Rohstoffen bewährt (s. Kap. 41.3).

Ausführung. Die Proben (0.5 bis 1 g) werden im schnellen Sauerstoffstrom (600 ml/min) im Induktionsofen spontan bei etwa 1500°C aufgeschmolzen, das dabei freigesetzte Fluorid in Lauge absorbiert und anschließend in der Absorptionslösung durch direkte Potentialmessung, oder bei geringen Gehalten nach der Standard-Addition-Methode, bestimmt. In Abb. 54-25 ist die Verbrennungseinheit, in Abb. 54-26 die gesamte Meßeinheit schematisch dargestellt.

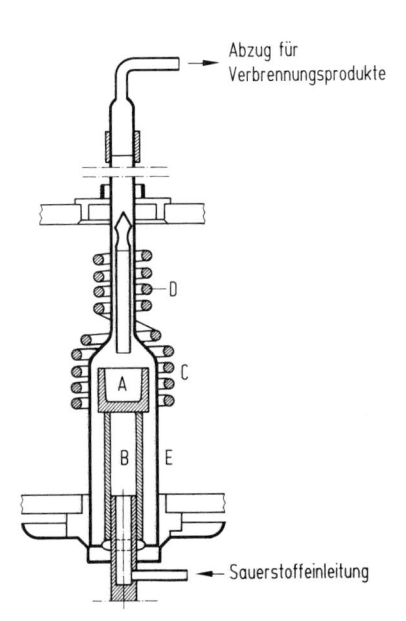

Abb. 54-25. Hochfrequenz-Induktionsofen.
A Schmelztiegel, *B* Keramiksockel, *C* Hochfrequenz-Induktionsspule, *D* Zündung, *E* Quarzverbrennungsrohr (LECO Modell 632000).

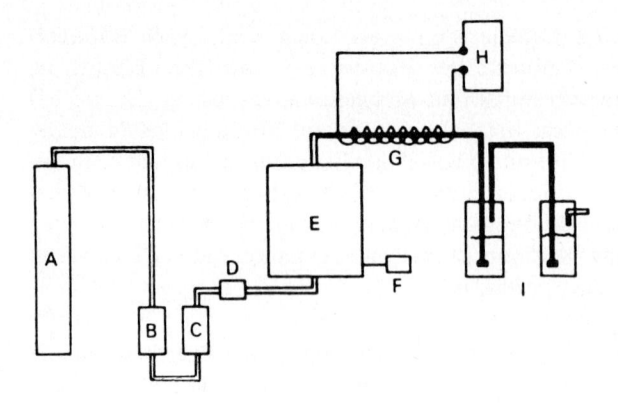

Abb. 54-26. Meßapparatur.
A Sauerstoffgasflasche, *B* Gasreinigung, *C* Durchflußmesser, *D* Druckregler, *E* Heizung, *F* Timer, *G* Heizspirale, *H* Variac-Transformer, *I* Waschflaschen mit Adsorptionslösungen.

Bestimmung in Klärschlämmen (mit Fluorgehalten von 100 bis 2000 mg/kg). Nach REA et al. (1979) werden in einem Tiegel (aus Nickel, Silber oder Glaskohlenstoff) 500 mg der getrockneten Schlammprobe vorsichtig verascht, die Asche mit 800 mg Kaliumhydroxid aufgeschmolzen, die Schmelze in H_2O/verd. HCl gerade gelöst, zur nun etwa 1.5 ml betragenden, annähernd neutralen Lösung 25 ml Pufferlösung (Citratpuffer, pH 5.8) zugesetzt und die Lösung im Meßkolben auf 50 ml aufgefüllt, in das 100-ml-Meßgefäß gegossen und die Fluoridkonzentration, falls diese im linearen Bereich der Eichkurve liegt, direkt gemessen, ansonsten werden nach viermaliger Zugabe von je 1.0 ml Fluorid-Standardlösung (100 mg F^-/l) die nach jeder Zugabe abgelesenen Potentialwerte (mV) in ein Gran's-plot-Papier eingetragen (s. Abb. 54-22) und die Fluoridkonzentration im getrockneten Schlamm berechnet: 500 mg der ursprünglich zur Analyse eingewogenen Probe entsprechen den 50 ml Meßlösung, das entspricht 10 g getrockneten Schlamm/l. Wenn der Fluoridgehalt nach Auswertung über die Standard-Addition-Methode X mg F^-/l beträgt, dann ist der Fluoridgehalt der getrockneten Schlammprobe $100 \cdot X$ mg/kg.

Fluorbestimmung in Gläsern. In silicatischen Proben (Gläsern) war die Bestimmung bislang schwierig und langwierig. Nach dem Schmelzaufschluß war vor der Bestimmung die Abtrennung des Fluorids durch Destillation erforderlich. Durch die fluoridsensitive Elektrode hat sich die Fluorbestimmung in silicatischem Material wesentlich vereinfacht. So schließen TROLL et al. (1977) 50 bis 1000 mg silicatischen Gesteins mit Soda/Pottasche auf, lösen die Schmelze in verdünnter Salzsäure und messen in aliquoten Volumina der stark verdünnten Aufschlußlösung nach Zusatz von TISAB-III die Konzentra-

Tab. 54-2. Zusammensetzung von Opalglas (Standard Sample No. 91 des NSB).

Komponente	%	Komponente	%	Komponente	%
SiO_2	67.53	F	5.72	ZnO	0.08
CaO	10.48	As_2O_3	0.091	P_2O_5	0.022
Na_2O	8.48	As_2O_5	0.102	TiO_2	0.019
K_2O	3.25	Fe_2O_3	0.081	ZrO_2	0.0095
Al_2O_3	6.01	PbO	0.097	Cl	0.014

tion der Fluor-Ionen nach dem Aufstockverfahren. GEBHARDT et al. (1975) schließen zur potentiometrischen Fluorbestimmung in silicatischem Material vorher mit Na_2CO_3/ZnO im Platintiegel auf, die Kieselsäure läßt sich anschließend als wasserunlösliches Natriumzinkmetasilicat entfernen, so daß sie die anschließende Fluoridmessung nicht mehr stören kann. Zur Fluorbestimmung in *Opalglas* (dieses Material steht als Standard Sample No. 91 des NSB zur Verfügung; Zusammensetzung s. Tab. 54-2) werden nach BAST (1972) etwa 30 mg getrocknete Glasprobe mit etwa 400 mg Ätznatron im Graphittiegel (Glaskohlenstoff) aufgeschmolzen, die Schmelze in einer Mischung von 10 ml 1.0 M HCl mit etwa 30 ml Wasser gelöst, die Lösung auf 250 ml verdünnt und dann in aliquoten Volumina nach Puffern mit TISAB-III das Fluorid nach der Aufstockmethode gemessen.

In konzentrierten Schwefelsäuren (Fluoridgehalte zwischen 0.5 und 1000 µg/ml). Der Fluoridgehalt in konzentrierter Schwefelsäure, bisher nach destillativer Abtrennung meist photometrisch bestimmt, kann mit Hilfe der fluoridsensitiven Elektrode auch direkt bestimmt werden, wenn nach BROWN und PARKER (1980) 5 ml Probe mit 45 ml 15%iger Natriumacetatlösung gemischt, mit TISAB-II-Lösung auf 80 ml aufgefüllt, mit 45%iger (m/V) Kaliumhydroxidlösung neutralisiert und auf pH 5.0 bis 5.5 eingestellt werden. Nach Kühlen auf Raumtemperatur wird mit H_2O auf 100 ml verdünnt und die Fluoridkonzentration mit der Elektrode gemessen. Die Auswertung erfolgt über eine Eichkurve, erstellt mit bekannten Fluoridmengen und unter adäquaten Verhältnissen oder nach der Standard-Addition-Methode.

54.6 Ionenchromatographische Fluoridbestimmung

Allgemeines. Liegt Fluor bereits ionogen neben anderen Anionen in wäßriger Lösung vor, z. B. in natürlichen Wässern, in Betriebs-, Brauch- und Abwässern oder im sog. „sauren Regen", dann ist die ionenchromatographische Methode zur Bestimmung von Anionen, auch des Fluorids, besonders rationell, da zahlreiche Anionen gleichzeitig bestimmt werden können. Grundsätzlich kann auch organisch gebundenes Fluor ionenchromatographisch bestimmt werden, wenn es zu Fluorid aufgeschlossen wird, die genauere ionenspezifische Bestimmung nach Substanzaufschluß wird aber im allgemeinen bevorzugt. Die Methode nach WANG et al. (1983) zur ionenchromatographischen Halogenbestimmung in organischen Substanzen nach Substanzaufschluß durch Alkalischmelze wurde bereits in Kap. 51.8 beschrieben; dort finden sich auch nähere Angaben über die ionenchromatographische Bestimmung des Fluorids mit dem Leitfähigkeitsdetektor.

55 Phosphorbestimmung

55.0 Einführende Bemerkungen

Phosphor ist sowohl als konstitutioneller Bestandteil zahlreicher organischer Verbindungen wie auch als Spurenelement weit verbreitet. Phosphor-Organika werden heute großtechnisch erzeugt und u. a. im Pflanzenschutz, der Medizin, der Waschmittel-, Kunstoff-, Dünger- und Futtermittelindustrie in großem Umfang eingesetzt. Im Stoffwechsel von Pflanze und Tier kommen Phosphorverbindungen wichtige Funktionen zu. Die Phosphorbestimmung ist daher nicht nur zur chemischen Reinheits- und Qualitätskontrolle, sondern auch in der Bioanalytik essentiell.

Die verschiedenen Substanzaufschlüsse führen ausschließlich zu *Orthophosphat*, das dann je nach Konzentration gravimetrisch, maßanalytisch oder photometrisch nach einer der nachfolgend beschriebenen Methoden bestimmt wird. In der Routineanalyse erfolgt die Bestimmung gravimetrisch über das Ammoniumphosphormolybdat oder Chinolinphosphormolybdat.

Beide Niederschläge können nach Filtration und Auswaschen mit Lauge auch sehr genau titriert werden. Mit Cer(III)-Lösung kann die Phosphorsäure in der Aufschlußlösung direkt titriert werden, mit Komplexonlösung nach Ausfällung als Ammoniumzinkphosphat. Auch die potentiometrische Bestimmung mit ISE ist heute möglich. In der Mikro- und Spurenanalyse wird die photometrische Bestimmung als Phosphorvanadomolybdat oder Phosphormolybdänblau bevorzugt.

Der Substanzaufschluß

Der *oxidierende Substanzaufschluß zum o-Phosphat-Ion* wurde früher zur Mikrobestimmung fast ausschließlich mit Schwefelsäure und Salpetersäure im offenen Aufschlußkölbchen oder mit Salpetersäure im zugeschmolzenen Carius-Rohr durchgeführt. Heute wird zunehmend mit Schwefelsäure und Perchlorsäure bzw. Perchlorsäure+Salpetersäure aufgeschlossen, wenn, wie im Falle der Spurenbestimmung, größere Substanzmengen benötigt werden. Der Perchlorsäureaufschluß ist sehr viel schneller, wirksamer und läuft bei wesentlich tieferer Temperatur. Allerdings sind dabei die vorgeschriebenen Vorsichtsmaßregeln zu beachten.

Aufgrund ihrer Einfachheit wird auch die Substanzverbrennung im Schöniger-Kolben geschätzt. Universeller dagegen ist der Substanzaufschluß mit Natriumperoxid in der Nickelbombe, da er auch für flüssige und flüchtige Proben geeignet ist.

Zur Bestimmung in technischen Produkten (Waschmittel, Körperpflegemittel, Zusatzstoffe), in denen Phosphor bereits in anorganischer Bindung vorliegt, kann die Probe auch im offenen Platinschiffchen oder -tiegel mit der fünf- bis sechsfachen Menge eines Gemischs aus Kaliumnitrat und Natriumcarbonat (1:1) oder mit der doppelten Menge Magnesiumoxid (KÖNIG und WALLDORF 1979) aufgeschlossen werden. Nach Lösen der Schmelze bzw. der Glühasche in verdünnter Salpetersäure wird o-Phosphat als Molybdat gefällt oder photometrisch bestimmt.

55.1 Aufschluß mit Natriumperoxid in der Nickelbombe

Organische Phosphorverbindungen, die den Phosphor an Kohlenstoff gebunden enthalten, lassen sich naßchemisch oft nur unvollständig aufschließen. So haben bereits BURTON und RILEY (1955) darauf hingewiesen, daß z. B. Triphenylphosphin selbst unter drastischen Bedingungen dem Naßaufschluß widersteht. Sie haben gezeigt, daß zum Aufschluß dieser Verbindungen der Aufschluß mit Natriumperoxid in der Nickelbombe nach WURZSCHMITT und ZIMMERMANN (1950) gut geeignet ist. Die Substanz kann im Mikro- bis Makromaßstab (mit Substanzeinwaagen von 5 bis 300 mg) in der „*Schwefelbombe*" mit Natriumperoxid, Kaliumchlorat und Rohrzucker in der in Kap. 45.1 beschriebenen Weise aufgeschlossen werden.

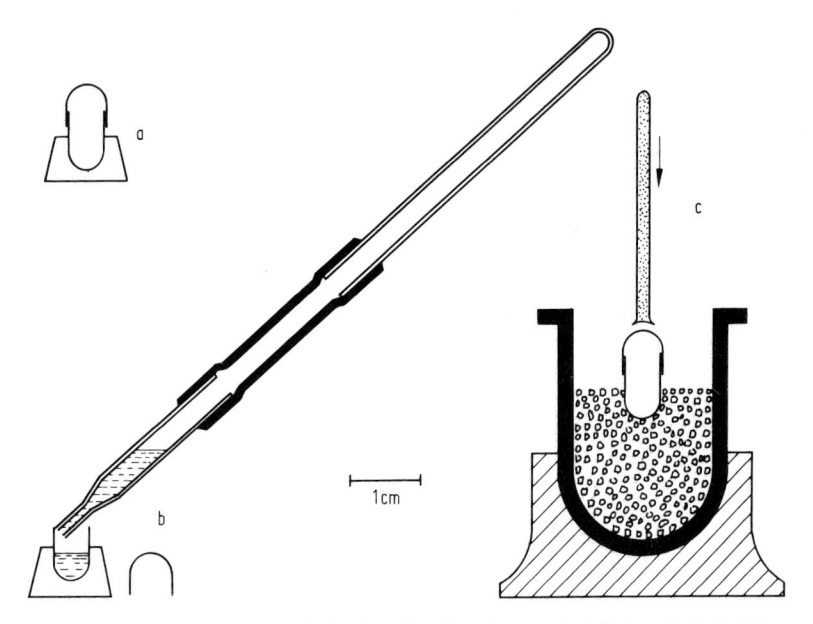

Abb. 55-1. Phosphoraufschluß mit Natriumperoxid in der Nickelbombe, (a–c) Arbeitstechnik bei Verwendung von Gelatinekapseln.
(a) Aluminiumblock zum Aufstellen einer Kapsel in der Waage, (b) Tropfpipette mit auswechselbaren Spitzen, (c) die verschlossenen Kapseln werden mit einem Stempel in den Brei von Natriumperoxid-Ethylenglykol hineingedrückt.

Nach BUSS et al. (1965) ist auch der Aufschluß mit Natriumperoxid und Ethylenglykol evtl. unter Zumischen einer kleinen Menge Kaliumnitrat in der „*Halogenbombe*" bereits quantitativ.

Abb. 55-1 zeigt die von letzteren vorgeschlagene Arbeitsweise.

Flüssige Analysenproben werden mit Gelatinekapseln zur Einwaage gebracht. Auch der Aufschluß mit komprimiertem Sauerstoff in einer Kalorimeterbombe ist nach den Erfahrungen der oben genannten Autoren quantitativ.

Nach dem Bombenaufschluß wird die Reaktionsmasse in Wasser gelöst und die Hauptmenge des sich bildenden Wasserstoffperoxids durch 10minütiges Kochen evtl. unter Einhängen eines Platinnetzes vertrieben. Die alkalische Lösung wird jetzt abgekühlt und mit Salpetersäure (D = 1.4) angesäuert. Zur Entfernung evtl. vorhandener Kieselsäure und noch vorhandenen Wasserstoffperoxids wird zur Trockene eingedampft, diese Trockenmasse wird nochmals mit 5 ml Salpetersäure (D = 1.4) angefeuchtet, wieder zur Trockene eingedampft und 1 h auf 130 °C erhitzt. Der Trockenrückstand wird sodann mit 10 ml Salpetersäure (1 : 1) angefeuchtet und nach kurzem Erwärmen in 100 ml dest. Wasser aufgenommen. Ist die Masse vollständig gelöst, wird die ausgeschiedene Kieselsäure abfiltriert. Ist die Anwesenheit von Kieselsäure auszuschließen, braucht man die Reaktionslösung nicht zur Trockene einzudampfen. In diesem Fall wird die Reaktionslösung nach dem Ansäuern mit Salpetersäure (gegen Methylrot) durch ein Faltenfilter in einen 200-ml-Meßkolben filtriert, zur Marke aufgefüllt, aliquote Teile des Filtrats (z. B. 20 ml) mit schwefelsäurehaltiger Salpetersäure versetzt, auf dem Dampfbad erhitzt und der Phosphor als Ammoniumphosphormolybdat ausgefällt (s. Kap. 56.1).

55.2 Aufschluß im Schöniger-Kolben mit Ammoniumpersulfat als Zuschlag

Die Arbeitstechnik dieser Aufschlußmethode ist in Kap. 44 eingehend beschrieben. Allerdings werden mit dieser Aufschlußmethode (DIRSCHERL und ERNE 1960) durch Bildung resistenter Phosphorkohlenstoffverbindungen (Phosphorkohle) häufig etwas zu niedrige Werte erhalten.

Durch Zuschlag von Ammoniumpersulfat zur Substanz wird die Bildung von Phosphorkohle fast immer vermieden, der Aufschluß ist dann quantitativ. Zur Absorption der Reaktionsgase werden im allgemeinen 2 ml konz. Schwefelsäure und 10 ml dest. Wasser oder nur dest. Wasser vorgelegt. Zur Hydrolyse von mitentstandenen Poly- und Metaphosphorsäuren wird die Aufschlußlösung 10 min gekocht. Da auch der Platinkontakt mitausgekocht werden muß, um die daran haftende Sulfatschmelze abzulösen, ist es zweckmäßig, den Kontakt mit Hilfe eines Adapters aus Teflon mit dem Schliffstopfen zu verbinden. Nach dem Aufschluß wird der Kontakt aus dem Adapter genommen und zum Auskochen in die Reaktionslösung geworfen. Die Phosphorbestimmung erfolgt anschließend photometrisch oder maßanalytisch. BARNEY et al. (1959) haben diese Aufschlußmethode modifiziert und zur Phosphorbestimmung in Motorölen angewendet (s. auch Kap. 58.1). WILHELM (1983) schließt *Getreideprodukte* im Kolben auf und bestimmt Phosphor anschließend photometrisch über Phosphormolybdänblau. MERZ und PFAB

(1969) nutzen den Kolbenaufschluß für Phosphorbestimmungen im Ultramikrobereich (mit Substanzeinwaagen von 0.1 bis 1.0 mg), wobei sie zur Abtrennung von störender Kieselsäure die Phosphormolybdänsäure mit Isobutanol aus saurer Lösung (pH 2.8) extrahieren, auf diese Weise konzentrieren und dann zu Phosphormolybdänblau reduzieren (s. Kap. 58.4).

Zur Phosphorbestimmung in *Erdölprodukten* haben SLIEPČEVIČ et al. (1978) eine weitere Modifikation der Schöniger-Verbrennung beschrieben (s. Abb. 55-2). In dieser ist der als Substanzträger schiffchenförmig geformte Platinkontakt mit einer Heizvorrichtung ausgerüstet, so daß in einem zweiten Aufschlußschritt die in Natriumcarbonat adsorbierte und im ersten Verbrennungsschritt noch nicht vollständig verbrannte Probe elektrisch aufgeschmolzen und Phosphor quantitativ in Phosphat umgewandelt werden kann. Die Bestimmung erfolgt nach *Reduktion mit Hydrazinsulfat* zu P-Molybdänblau photometrisch.

Reagenzien und Apparatives

Ammoniumpersulfat p.a.
Natriumcarbonat, wasserfrei.
Schwefelsäure, etwa 6 N.
Aufschlußkolben aus Quarzglas (Formen s. Abb. 44-1).
Kolbenvolumen je nach Einwaagegröße 120 bis 500 ml.

Ausführung. Die Substanzeinwaage (5–100 mg), mit der zwei- bis dreifachen Menge Ammoniumpersulfat gemischt, wird (s. Kap. 44) in das Filterpapier eingefaltet und im sauerstoffgefüllten Kolben abgebrannt. In der modifizierten Ausführung nach Abb. 55-2

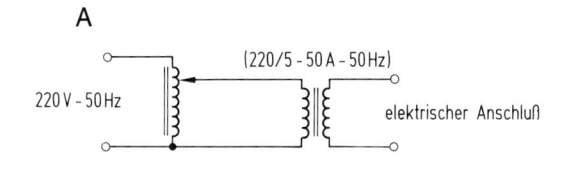

Abb. 55-2. Schömiger-Aufschluß, modifiziert. Elektrische Montage mit zwei Silberstäben mit Platinhalterung für Probenschiffchen und Stromanschluß. (Von vorne gesehen und im Profil mit der Verbrennungsflasche verbunden).
(A) Schaltplan. Stromquelle ist eine Kombination von Transformator (220/5 V, 50 A, 50 Hz) und Regeltransformator, direkt 220 V Wechselstrom angeschlossen.

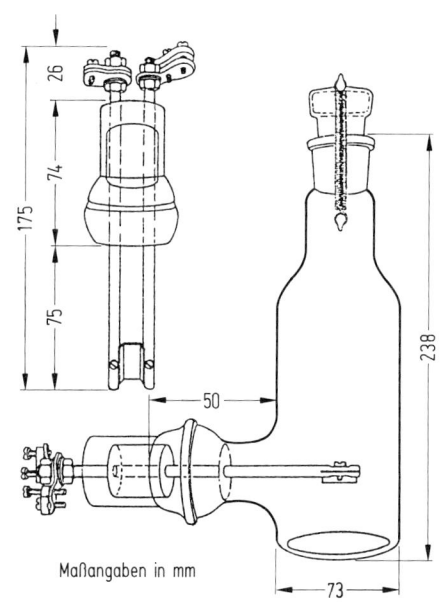

wird die Probe im schiffchenförmigen Platinkontakt in der fünf- bis zehnfachen Menge Natriumcarbonat eingebettet, die Substanz elektrisch gezündet und nach Abklingen der Verbrennung elektrisch schnell auf Rotglut (1 bis 2 min) aufgeschmolzen.

Zur Absorption der Reaktionsgase werden im Kolben 5 bis 10 ml etwa 6 N Schwefelsäure vorgelegt. Nach dem Aufschluß hält man die Aufschlußlösung auf einer Heizplatte bei eingeworfenem oder eingehängtem Platinkontakt etwa 20 min am Sieden, wobei Kolbenwand und Kontakt von rücklaufendem Kondensat in die Aufschlußlösung abgespült werden. Nach Überführen in einen 50- oder 100-ml-Meßkolben wird in der gesamten Aufschlußlösung oder in aliquoten Volumina davon die Phosphorbestimmung vorzugsweise photometrisch oder maßanalytisch bestimmt.

55.3 Substanzverbrennung in komprimiertem Sauerstoff – Der Parr-Bombenaufschluß

Prinzip (YUEN und KELLY 1980). Die Substanz (0.1 bis 0.8 g) mit einer Zumischung von ZnO als Verbrennungsmoderator wird in einer Stahlbombe unter einem Sauerstoffdruck bis zu 25 atm nach elektrischer Zündung spontan abgebrannt und aufgeschlossen. Die in der verdünnten salpetersauren Aufschlußlösung gelösten Phosphatspuren werden photometrisch z. B. nach der Vanadatmolybdat-Methode (Kap. 58.1) bestimmt. Diese schnelle Methode eignet sich zum Aufschluß von *pflanzlichen Produkten*, wie *Ölsaaten* und *pflanzlichen Ölen*.

Reagenzien und Apparatur

Sauerstoff-Aufschlußbombe mit Probenkapsel, Modell 1901.
PARR-INSTRUMENTS (Lieferfirma: KÜRNER ANALYSENTECHNIK).
Salpetersäure konz., mit H_2O 1 : 10 verdünnt.
Zinkoxid p.a.

Aufschlußausführung. In die bei 500 °C ausgeglühte und mit verd. Salpetersäure ausgekochte Probenkapsel werden 0.4 bis 0.8 g der Probe eingewogen, bis zu 0.1 g Zinkoxid zugeschlagen und die Kapsel zur Dispergierung des Zinkoxids kurz auf eine Heizplatte gestellt. Die Probenkapsel wird in die Bombe eingesetzt und wie vorgeschrieben mit den Heizelektroden verbunden. 2 ml dest. Wasser werden vorgelegt, die Bombe gasdicht verschlossen und mit Sauerstoff bis zu 25 atm Druck gefüllt. Nach Einleiten des Aufschlusses durch elektr. Zündung die Bombe in kaltem Wasser kühlen, durch vorsichtiges Öffnen des Bombenventils den Überdruck entweichen lassen, die Bombe öffnen, Schmelze mit 1 ml verd. HNO_3 lösen und mit wenig Wasser das Bombeninnere in einen 25-ml-Meßkolben überspülen. Aliquote Volumina der filtrierten Aufschlußlösung werden mit 5 ml Vanadatmolybdatreagenz versetzt, mit Wasser auf 25 ml aufgefüllt und photometriert, wenn die Phosphorbestimmung nach Methode 58.1 durchgeführt wird.

Analog wird der Blindwert bestimmt. Falls die Substanz keine flüchtigen Phosphorverbindungen enthält, kann die Veraschung mit Zinkoxid bei 500 °C in einem Porzellantiegel auch an der Luft durchgeführt und der Phosphor im Rückstand wie oben bestimmt werden.

55.4 Aufschluß durch Wickbold-Verbrennung

Prinzip (FRIESE 1981). Die Wickbold-Verbrennung (s. Kap. 43) ist auch zur Phosphor-Spurenbestimmung als Aufschlußmethode geeignet, wenn gleichzeitig mit der in Aceton gelösten Probe halogenorganische Substanzen, z. B. Tetrachlorkohlenstoff, mitverbrannt werden. Durch diese werden bei der Verbrennung vermutlich Phosphorhalogenide gebildet, die die heißen Zonen der Apparatur sehr rasch passieren, ohne mit den Quarzwänden zu reagieren.

Ausführungsbeispiel. Die in Aceton gelöste Probe wird mit Tetrachlorkohlenstoff bis zu einer Konzentration von 25 Vol.-% gemischt, alkalihaltige Proben noch zusätzlich mit 10%iger Essigsäure versetzt. Aliquote Volumina dieser Probenlösung mit einem Phosphorgehalt ≤ 3 mg werden in der Wickboldapparatur mit dem „Saugbrenner" verbrannt, als Absorptionslösung werden 20 ml 5%iger HNO_3 vorgelegt. Um restliche Phosphorspuren auszuspülen, werden noch viermal je 10 ml einer 25%igen Lösung von CCl_4 in Aceton nachverbrannt. In aliquoten Volumina der Aufschlußlösung wird der Phosphor photometrisch über Phosphormolybdänblau bestimmt.

55.5 Naßchemischer Phosphoraufschluß

Ist Phosphor über Sauerstoffbrücken an organische Moleküle gebunden, wird er meist bereits durch einfaches Kochen mit Schwefelsäure/Salpetersäure quantitativ in Phosphorsäure gewandelt. Ist Phosphor aber an Kohlenstoff gebunden oder muß wie im Falle einer Spurenbestimmung eine große Probenmenge aufgeschlossen werden, um zu einer bestimmbaren Menge an Phosphor zu gelangen, muß der Auschluß mit Perchlorsäure erfolgen. Der Perchlorsäureaufschluß hat den Vorteil, daß die organische Matrix bei relativ niederen Temperaturen ($\leq 203 \,°C$) schnell und sicher aufgeschlossen wird. Wird der Aufschluß fachgerecht ausgeführt (s. u.), dann ist das Sicherheitsrisiko nicht höher als beim Aufschluß mit anderen Mineralsäuren.

Aufschluß mit Schwefelsäure-Salpetersäure. Je nach zu erwartendem Phosphorgehalt wägt man 2 bis 6 mg Substanz – bei einem Phosphorgehalt unter 2% 10 bis 20 mg – mit Hilfe eines langstieligen Wägeröhrchens in ein Kjeldahl-Aufschlußkölbchen ein, setzt 0.5 ml konz. Schwefelsäure (D = 1.84) und einige Tropfen konz. Salpetersäure (D = 1.40) zu und erhitzt anfangs langsam und vorsichtig bis zum Auftreten von SO_3-Nebel über einer kleinen Flamme. Man wiederholt das Aufkochen noch zweimal nach Zugabe von einigen Tropfen Salpetersäure und fügt, wenn die Lösung nach dem Erkalten nicht farblos ist, 4 bis 5 Tropfen Perhydrol hinzu und erhitzt bis zum Auftreten von dichten SO_3-Nebeln. Man wiederholt die Perhydrolzugabe, bis die Lösung vollkommen klar ist. Nach dem Erkalten wird die Aufschlußlösung mit etwa 3 ml dest. Wasser verdünnt, zur Hydrolyse 2 bis 3 min gekocht, nach dem Abkühlen mit 2 ml schwefelsäurehaltiger Salpetersäure versetzt und der Kölbcheninhalt mit dest. Wasser in einen weithalsigen Fällungszylinder übergespült, zur 15-ml-Marke aufgefüllt und als Ammoniumphosphormolybdat gefällt (s. Kap. 56.1).

Aufschluß mit Salpetersäure und Kaliumnitrat im Carius-Rohr. Flüchtige Phosphorverbindungen, die beim Naßaufschluß im offenen Kölbchen verdampfen, werden nach KIRSTEN (1953) mit 0.5 ml Salpetersäure und einem Körnchen Kaliumnitrat im Carius-Rohr (Methode 45.4) aufgeschlossen.

Aufschluß mit Schwefelsäure-Perchlorsäure/Salpetersäure

Prinzipielles zum Perchlorsäureaufschluß. Perchlorsäure bildet mit Wasser ein aceotropes Gemisch (72.4 Gew.-% $HClO_4$, Kp. von 203 °C), das zusammen mit konzentrierter Schwefelsäure und/oder Salpetersäure zum Naßaufschluß verwendet wird. Der Perchlorsäureaufschluß wurde von KAHANE (1954) und SMITH (1953, 1957) intensiv bearbeitet. Hiernach ist der Perchlorsäureaufschluß risikoarm und universell zum oxidierenden Aufschluß organischer Matrix anwendbar, vorausgesetzt:

– Die Substanz wird erst mit konz. Schwefelsäure vorbehandelt bzw. darin aufgeschlämmt.
– Man läßt die Perchlorsäure nur im Gemisch mit Salpetersäure (1:2) in die auf 180–200 °C erhitzte schwefelsaure Aufschlußlösung zutropfen.
– Man läßt entweichende Perchlorsäure nicht frei in den Abzug abdampfen, sondern absorbiert sie in einer Wasserfalle.

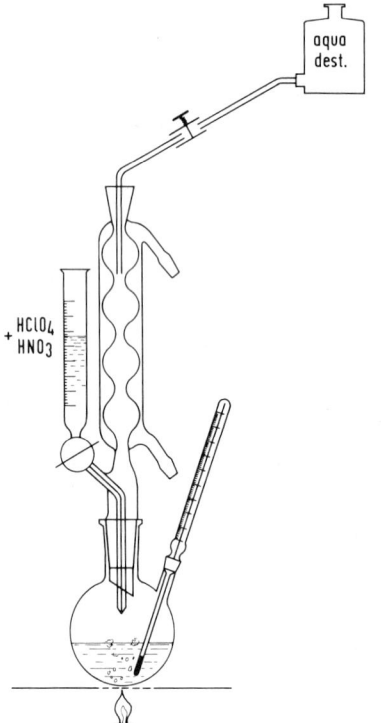

Abb. 55-3. Temperaturkontrollierter Perchlorsäure-Aufschluß.

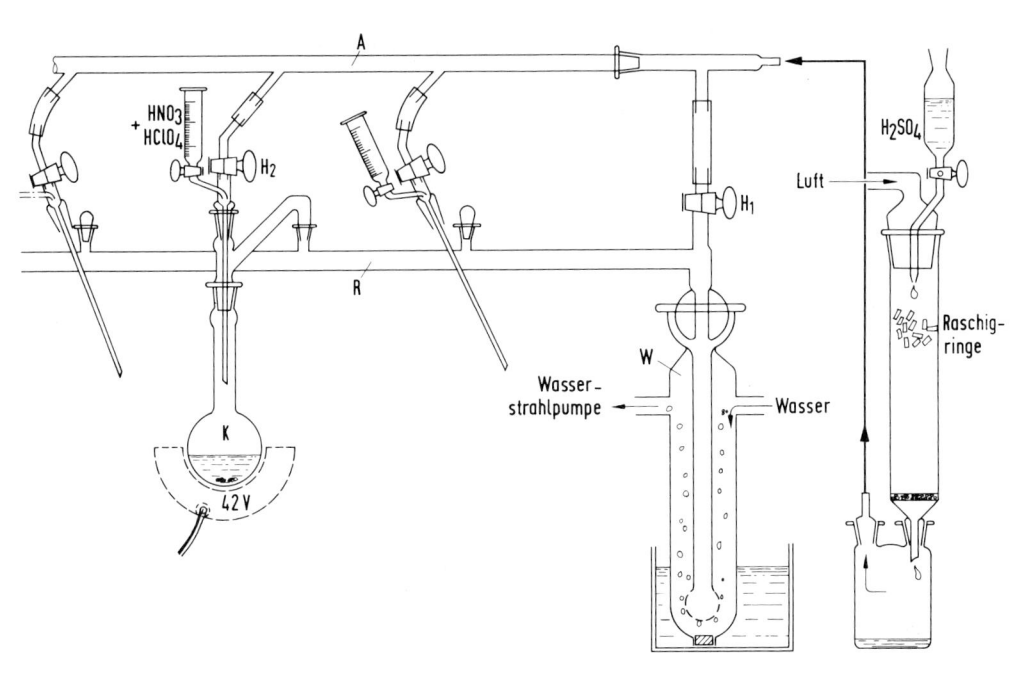

Abb. 55-4. Perchlorsäure-Aufschlußanlage. *A* Luftansaugrohr, *R* Absaugrohr, *W* Wäscher, H_1, H_2 Zweiwegehähne.

Durch die Vorbehandlung mit Schwefelsäure ist ein genügend inertes Milieu gegeben, so daß eine Ansammlung explosiver Gemische von Kohle und Perchlorsäure nicht möglich ist. Jeder einfallende Tropfen Perchlorsäure setzt sich sofort mit stark exothermer Reaktion um. Beim Aufschluß von mehr als 10 g sollte die Temperatur der Aufschlußlösung während der Perchlorsäurezugabe mit einem Thermometer (s. Abb. 55-3), das in die Aufschlußlösung taucht, kontrolliert werden; sie soll dabei 200 °C nicht wesentlich übersteigen. Um die Abzugswände nicht mit Perchlorsäure zu imprägnieren, werden die entweichenden Säuredämpfe durch einen Wäscher geführt. Für den Perchlorsäureaufschluß speziell und für Säureaufschlüsse ganz allgemein kann die in Abb. 55-4 gezeigte Vorrichtung sehr empfohlen werden. Die angeführten Vorsichtsmaßnahmen sind dabei berücksichtigt.

Auch bei handelsüblichen Veraschungsapparaturen (z. B. Scrubber BÜCHI 412) werden die sauren Dämpfe aus dem Reaktionskolben während des Aufschlusses abgesaugt und gefahrlos beseitigt.

Reagenzien (alle p.a., MERCK)

Schwefelsäure   (D = 1.84)
Salpetersäure   (D = 1.40)
Perchlorsäure   (D = 1.67)
Ammoniak
Perhydrol

Ausführungsbeispiele des Perchlorsäureaufschlusses

Aufschluß im Mikro-Kjeldahlkolben: Je nach Substanzeinwaage werden 2 bis 20 Tropfen Perchlorsäure (D = 1.67) der schwefelsauren Aufschlußlösung zugesetzt und auf 190 bis 200 °C erhitzt. Die Perchlorsäure reagiert bei dieser Temperatur sehr stark, die Aufschlußlösung ist nach wenigen Minuten klar. Andernfalls läßt man noch Perchlorsäure tropfenweise entlang der Wand zufließen. Anschließend wird, wie oben beim Schwefelsäure-Salpetersäureaufschluß beschrieben, weitergearbeitet.

Arbeitsvorschrift für den Perchlorsäureaufschluß großer Substanzmengen. 5 bis 10 g Substanz werden in einen 200 bis 250-ml-Kjeldahl-Kolben eingewogen, 20 bis 40 ml konz. Schwefelsäure p.a. und 2 ml konz. Salpetersäure p.a. zugesetzt und durch vorsichtiges Erhitzen die Reaktion eingeleitet. Nach Abklingen der ersten Reaktion wird die Aufschlußlösung auf 190 bis 200 °C erhitzt und mittels Tropftrichter das Säuregemisch Perchlorsäure/Salpetersäure (1:2) tropfenweise zudosiert, bis sich die Aufschlußlösung schließlich aufhellt. Läuft die Reaktion zu heftig (Temperaturanstieg), wird durch Aufspritzen von Wasser die Temperatur wieder auf ≈ 200 °C gesenkt. Die Reaktionslösung wird dann bis zum Entweichen dichter SO_3-Nebel weiter erhitzt, falls die Aufschlußlösung dabei nachdunkelt, werden nochmals einige Tropfen Säuregemisch zugesetzt. Anschließend wird die Schwefelsäure bis auf wenige Milliliter abgeraucht, nach dem Erkalten etwas dest. Wasser aufgespritzt und nochmals bis zum Auftreten von SO_3-Dämpfen erhitzt. Die Aufschlußlösung wird dann nach Erkalten in 10 ml dest. Wasser aufgenommen, 10 min bei Siedetemperatur gehalten, die Lösung in einen 100-ml-Meßkolben übergespült, mit Ammoniak neutralisiert und mit dest. Wasser zur Marke aufgefüllt. In aliquoten Teilen wird der Phosphorgehalt nach einer der beschriebenen Methoden bestimmt. Ein im Blindversuch evtl. gefundener Phosphorwert wird bei der Berechnung berücksichtigt. Als Testsubstanz zur Prüfung der Methode eignet sich Triphenylphosphit.

Vorveraschung mit MgO oder CaO: In der Praxis hat sich gezeigt, daß nicht alle phosphororganischen Substanzen auf nassem Wege quantitativ aufgeschlossen werden können. Vor allem bei, wie in Kap. 55.1 bereits erwähnt, Substanzen, die Phosphor an Kohlenstoff gebunden enthalten, oder Phosphorestern, die flüchtig gehen, bevor die Oxidation mit Perchlorsäure einsetzt, erhält man Minderbefunde an Phosphor.

Dies läßt sich jedoch in den meisten Fällen vermeiden, wenn die Substanz erst zusammen mit Magnesiumoxid (KUNKEL 1965) oder Calciumoxid (ZIMMERMANN et al. 1970) bei etwa 500 °C durch eine Trockenveraschung vorbehandelt wird.

Bei *Polymeren*, z. B. *Polyestern, Polyamiden, Kautschuk* sowie bei schlecht benetzbaren Proben werden 100 bis 500 mg Probe in einem Platintiegel oder Quarzbecherglas (50 bis 100 ml) mit etwa derselben Menge Calciumoxid – oder Magnesiumoxid – überschichtet. Ein Blindversuch ohne Probe wird parallel mitangesetzt. Die Proben werden in einem elektrisch beheizten Muffelofen bei 500 °C verascht; dabei wird zur Beschleunigung des Veraschungsvorganges mittels Wasserstrahlpumpe ein leichter Luftstrom über die Proben gesaugt. Die Veraschung ist sicher beendet, wenn die Probe frei von Kohlenstoff ist, andernfalls wird auf nassem Weg mit Perchlorsäure zu Ende verascht. Nach dem Abkühlen des Veraschungsgutes werden etwa 15 ml dest. Wasser und 1.4 ml Perchlorsäure zugesetzt und die Lösung 30 bis 60 min lang auf Siedehitze erwärmt (Heizplatte), um

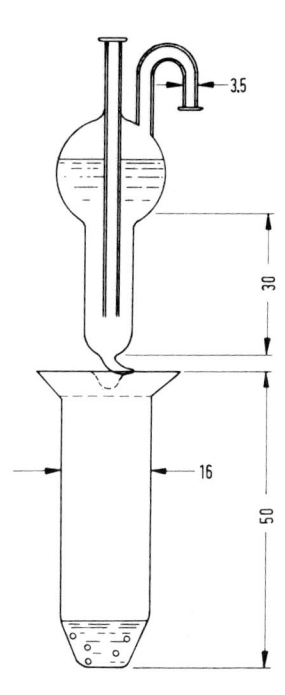

Abb. 55-5. Perchlorsäureaufschluß von kleinsten Substanzmengen im Spitzbecher.

alles Phosphat in Orthophosphat zu überführen. Anschließend wird der Phosphorgehalt nach der Phosphormolybdänblau-Methode (Kap. 58.4) bestimmt.

Phosphorbestimmung im Mikrogrammbereich. Von der Substanz werden 200 bis 600 µg auf einer Ultramikrowaage genau abgewogen und auf den Boden des in Abb. 55-5 gezeigten Aufschlußbechers gebracht. Die Substanz wird mit 10 Tropfen konz. Schwefelsäure und 3 Tropfen konz. Perchlorsäure überschichtet. An der Gefäßwand etwa anhaftende Substanzteilchen werden mit den Säuren nach unten abgespült. Die zu $\frac{2}{3}$ mit Wasser gefüllte Abdeckkugel wird nun auf den Aufschlußbecher aufgesetzt und dieser in die Bohrung eines Heizblockes eingebracht. Erst wird etwa 30 min auf 130 °C, dann 30 min auf 190 °C und schließlich 1 h auf 240 °C erhitzt. Nach Erkalten muß die Aufschlußlösung wasserhell sein, anderenfalls wird nach Zugabe von 1 bis 2 Tropfen reiner Perchlorsäure nochmals 30 min auf 240 °C erhitzt. Nach dem Erkalten werden Abdeckkugel und Wand des Aufschlußbechers mit 4 bis 5 Tropfen Wasser in die Aufschlußlösung vorsichtig abgespült, die Lösung am Heizblock wieder eingeengt und zum Schluß bis zur beginnenden SO_3-Entwicklung erhitzt. Die Aufschlußlösung muß dann frei von Stickoxiden und anderen Reaktionskomponenten sein. Nach dem Erkalten wird die Aufschlußlösung in 2 ml dest. Wasser aufgenommen, 10 min am Sieden gehalten, in einen kleinen Meßkolben (25 oder 50 ml) quantitativ übergespült, mit Ammoniak gegen Phenolphthalein neutralisiert und mit Wasser zur Marke aufgefüllt. Die Endbestimmung erfolgt nach Methode 58.4.

Bestimmung von Phosphorestern in Dünnschichtextrakten. Phosphorester werden mit organischen Lösemitteln aus anorganischem oder organischem Probenmaterial extrahiert

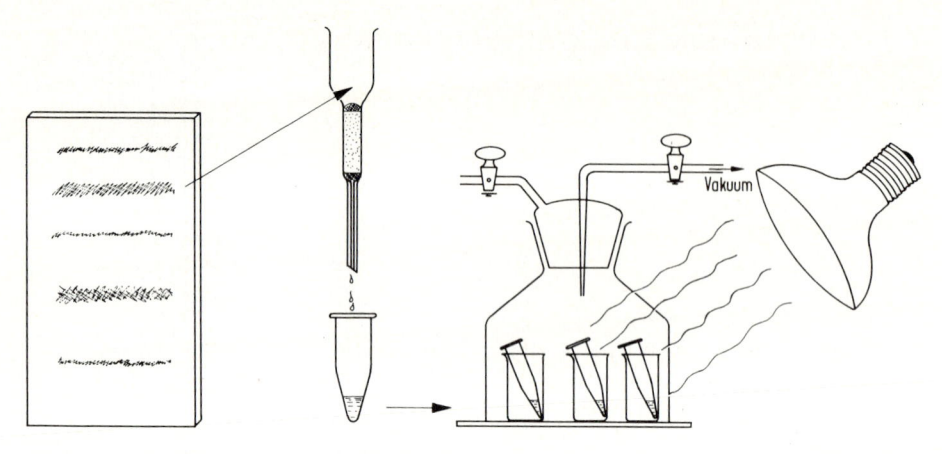

Abb. 55-6. Phosphorbestimmung in Dünnschichtextrakten.

und auf der Dünnschichtplatte aufgetrennt. Auf der Dünnschichtplatte wird erst die Lage der Phosphorester markiert, das Sorptionsmittel aus den lokalisierten Zonen abgeschabt, verlustlos in das Chromatographierohr gebracht, mit Hexan-Aceton die Substanz abgelöst und das Eluat in einem 10-ml-Meßkölbchen gesammelt. Die Eluate werden portionsweise in die Aufschlußbecher pipettiert und daraus die Lösungsmittel unter Vakuum und Rotlichtbestrahlung von außen unter einer Absaugglocke* abgedampft (Abb. 55-6). Die im Rückstand gebliebenen Phosphoresterfraktionen werden, wie im vorhergehenden Abschnitt „Phosphorbestimmung im Mikrogrammbereich" beschrieben, aufgeschlossen und bestimmt. Auf ähnliche Weise werden über *Papierchromatographie* (PFRENGLE 1957) *getrennte kondensierte Phosphate* bestimmt. Eine Trennung des Ortho- vom Pyrophosphat ist auch über Ionenaustauscher (FLEISCH und BISAZ 1962) möglich.

Bestimmung von Spuren-Phosphor in Polymeren. In der Kunststoffproduktion ist es häufig von Interesse, den genauen Gehalt an Spuren-Phosphor der Vor- und Endprodukte zu kennen. Da Phosphor in diesen Produkten zum Teil nur in ppm-Konzentrationen vorliegt, müssen größere Substanzmengen aufgeschlossen werden, um zu einer bestimmbaren Phosphormenge zu kommen. Ein quantitativer Aufschluß ist in diesem Fall nur mit Hilfe von Perchlorsäure zu erreichen, Perchlorsäure oxidiert organische Substanzen sehr wirksam bei Temperaturen über 190 °C. Zum Aufschluß eignen sich die in Abb. 55-3 und 55-4 skizzierten apparativen Vorrichtungen. In dieser Matrix bestimmt man den Phosphor mit Vorteil auch mit Hilfe der RFA (s. Kap. 59).

Phosphorbestimmung in Wasch- und Reinigungsmitteln (GRAFFMANN et al. 1980). Von diesen Produkten werden 2.5 g in Wasser suspendiert und im Meßkolben auf 250 ml aufgefüllt. Aliquote Volumina (20 ml) werden mit einem $H_2SO_4/HClO_4$/Natriummolybdatreagenz bei 190 °C mineralisiert und in der Aufschlußlösung der Phosphor gravimetrisch nach der Chinolinmolybdat-Methode oder photometrisch nach der Vanadatmolybdat-Methode bestimmt.

---

* Lieferfirma: PAUL HAACK.

56 Gravimetrische Phosphorbestimmung

56.1 Gravimetrische Bestimmung von Phosphor als Ammoniumphosphormolybdat

Prinzip (LIEB und WINTERSTEINER 1924). Durch den Aufschluß wird organisch gebundener Phosphor in Phosphorsäure umgewandelt, die mit Ammoniummolybdat ausgefällt wird. Nach dem Filtrieren wird der Phosphorammoniummolybdat-Niederschlag getrocknet und gewogen. Der Niederschlag ist 63mal schwerer als Phosphor, wodurch eine große Genauigkeit erreicht werden kann. Allerdings wurde der Umrechnungsfaktor von LORENZ (1912), LIEB und WINTERSTEINER (1924) und KUHN (1923) empirisch ermittelt; daher ist die unten angegebene Arbeitsvorschrift sehr genau einzuhalten.

Reagenzien

Sulfatmolybdänreagenz: In einem Literkolben 50 g $(NH_4)_2SO_4$ in 500 ml HNO_3 (D = 1.36) und in einem Becherglas 150 g gepulvertes $(NH_4)_2MoO_4$ in 400 ml siedend heißem H_2O lösen, nach Erkalten unter ständigem Schütteln die Ammoniummolybdatlösung in dünnem Strahl langsam zur Ammoniumsulfatlösung gießen und schließlich mit Wasser bis zur Marke auffüllen, nach einigen Tage in eine braune Flasche filtrieren und das Reagenz an einem dunklen Ort gut verschlossen aufbewahren.

Verdünnte Salpetersäure (1:1).

Schwefelsäurehaltige Salpetersäure: 30 ml H_2SO_4 (D = 1.84) zu 1 l HNO_3 (D = 1.19 – 1.20). Letztere erhält man durch Mischen von 420 ml konz. HNO_3, D = 1.40 mit 580 ml Wasser.

2,5%ige Ammoniumnitratlösung, mit HNO_3 ganz schwach angesäuert.

Reiner Ethylalkohol (96%ig).

Ether (alkohol- und wasserfrei): 150 ml Ether sollen bei Raumtemperatur 1 ml Wasser klar lösen.

Aceton, p.a., aldehydfrei.

Arbeitsvorschrift

Fällung: Die annähernd neutrale Aufschlußlösung versetzt man erst mit 2 ml schwefelsäurehaltiger Salpetersäure, ergänzt das Flüssigkeitsvolumen mit Wasser auf 15 ml, stellt das Fällungsgefäß (Abb. 56-1) in ein siedendes Wasserbad und filtriert inzwischen –

Abb. 56-1. Fällungszylinder (M = 1 : 2).

wenn erforderlich – das Molybdatreagenz. Man nimmt zur Fällung den Zylinder aus dem Wasserbad und läßt nach Umschwenken in die Mitte der Lösung 15 ml klares Sulfatmolybdänreagenz in dünnem Strahl aus einer Pipette zulaufen, schwenkt nach 2 bis 3 min noch einmal kräftig um und läßt zur vollständigen Ausscheidung von Ammoniumphosphormolybdat mindestens 6 h in der Kälte stehen. Nach den Erfahrungen von KUHN (1923) sind zur quantitativen Abscheidung des Niederschlages bei weniger als 0.5 mg Phosphor 6 bis 18 h, unter 0.05 mg Phosphor bis zu 36 h Stehen erforderlich.

Filtration: Den Niederschlag saugt man auf das Filterröhrchen von PREGL mit der automatischen Absaugevorrichtung (Abb. 46-1) oder durch einen Porzellan-Filtertiegel mit feinporiger Fritte (Abb. 46-2). Filterröhrchen bzw. Filtertiegel wäscht man vor dem Filtrieren mit Ammoniak, Wasser, verdünnter Salpetersäure, wieder mit Wasser und verdrängt dieses durch zweimaliges Auffüllen mit Alkohol und Ether. Niederschläge von früheren Bestimmungen werden durch Ammoniak gelöst. Das gewaschene Filterröhrchen (Filtertiegel) wischt man mit Flanell- und Rehlederlappen ab, bringt es in einen großen Exsikkator ohne Trockenmittel und evakuiert an der Wasserstrahlpumpe.

Das Filtergefäß bleibt etwa 30 min im Vakuum, bis der Ethergeruch verschwunden ist. Erst unmittelbar vor dem Absaugen des Molybdatniederschlages nimmt man das Filterröhrchen aus dem Exsikkator und wägt nach 3 bis 5 min, ohne die Gewichtskonstanz abzuwarten, auf 0.05 mg genau.

Vor der Filtration wird die im Fällungsgefäß über dem Niederschlag stehende Flüssigkeit mit der Absaugvorrichtung weitgehend abgehebert, der Niederschlag mit 2%iger Ammoniumnitratlösung aufgeschlämmt und dann erst auf das Filter gesaugt. Um die letzten Niederschlagsteilchen auf das Filter zu bringen, spritzt man die Wandung des Fällungszylinders unter Drehen abwechselnd mit Ammoniumnitratlösung und Alkohol ab und verdrängt schließlich das Wasser durch zweimaliges Füllen des Röhrchens mit Alkohol und Ether. Nach dem Wischen und Trocknen wird das Filterröhrchen (oder Filtertiegel) wie vorher gewogen. Wegen der hygroskopischen Eigenschaften des Molybdatniederschlages wird die Gewichtskonstanz nicht abgewartet, sondern nach 30 min Trocknungszeit gewogen.

Berechnung. Das Gewicht des Ammoniumphosphormolybdats, mit dem empirisch ermittelten Faktor $f = 0.014524$ multipliziert, ergibt die Phosphormenge in Milligramm:

$$\% \text{ P} = \frac{\text{mg Niederschlag} \cdot 0.014524 \cdot 100}{\text{mg Einwaage}} .$$

Maßanalytische Kontrollbestimmung. Der Phosphorgehalt im Ammoniumphosphormolybdat kann maßanalytisch kontrolliert und bestimmt werden. Man filtriert die über dem Niederschlag stehende Flüssigkeit durch ein gehärtetes Filter (Durchmesser 5 bis 7 cm), dekantiert einige Male mit wenig eiskaltem 50%igem Alkohol und spült die auf das Filter gelangten Niederschlagsteilchen quantitativ in das Fällungsgefäß zurück. Man versetzt mit 0.1 N Natronlauge bis zur vollständigen Lösung des Niederschlags, fügt noch die gleiche Menge Lauge zu, kocht zum Vertreiben von Ammoniak mindestens 30 min und dampft das Volumen auf etwa 10 ml ein. Den Überschuß der Lauge titriert man dann mit 0.1 N Salzsäure gegen Phenolphthalein als Indikator zurück, indem man 3 bis 5 ml Säureüberschuß zugibt, 10 bis 15 s aufkocht und nach dem Abkühlen auf den rosa Farbton mit Lauge zurücktitriert.

Nach der Reaktionsgleichung von IVERSEN (1920) entspricht 1 Grammatom Phosphor 28 Äquivalenten Lauge. Die Anzahl der verbrauchten ml 0.1 N Natronlauge, mit dem Faktor $f = 0.1107$ multipliziert, ergibt die Phosphormenge in Milligramm.

Enthält die organische Substanz neben Phosphor noch Arsen (KUHN 1923), so liegt in der Aufschlußlösung ein Gemisch von Phosphorsäure und Arsensäure vor. Letztere muß sowohl vor der gravimetrsichen als auch photometrischen Phosphorbestimmung abgetrennt werden. Man reduziert in diesem Fall das fünfwertige Arsen mit Hydrazin in salzsaurer Lösung und destilliert das Arsentrichlorid in einem langsamen Chlorwasserstoffstrom ab (vgl. Kap. 58.4.5 und Kap. 75.1). Bei der Bestimmung von Phosphor neben Barium wird nach ROTH (1938) Barium vor der Molybdatfällung als Sulfat abgetrennt.

56.2 Gravimetrische Bestimmung als Magnesiumpyrophosphat

Prinzip (SCHMITZ 1906). Der als reine Phosphorsäure oder Alkaliphosphatlösung vorliegende Phosphor (Erdalkalien und Metalle stören!) wird mit Magnesiamixtur im Überschuß in der Siedehitze als kristallines Magnesiumammonphosphat $(Mg(NH_4)PO_4 \cdot 6H_2O)$ gefällt, das nach Filtration und Verglühen als Magnesiumpyrophosphat $(Mg_2P_2O_7)$ ausgewogen wird.

Reagenzien

Magnesiamixtur: schwach salzsaure Lösung von 55 g $MgCl_2$ und 105 g NH_4Cl/l H_2O.
Ammoniak, etwa 2.5%ige wäßrige Lösung.

Ausführung. Zur schwach salzsauren Probelösung fügt man einen großen Überschuß Magnesiamixtur und etwa 10 ml gesätt. Ammonchloridlösung zu und erhitzt zum beginnenden Sieden. Dann läßt man unter stetigem Umrühren verdünnte Ammoniaklösung zufließen, bis sich der Niederschlag kristallinisch abzuscheiden beginnt, und läßt weiter Ammoniak zutropfen (etwa 4 Tropfen/min), bis die Fällungslösung deutlich nach Ammoniak riecht. Nach dem Erkalten fügt man noch etwa 1/5 des Flüssigkeitsvolumens konzentrierte Ammoniaklösung zu und filtriert nach kurzem Stehen durch einen Prozellanfiltertiegel oder einen Gooch-Neubauer-Platintiegel. Der Niederschlag wird mit verdünntem Ammoniak dreimal durch Dekantieren, dann auf dem Filter gewaschen, bei 100 °C getrocknet und bei 1100 °C zum $Mg_2P_2O_7$ verglüht und ausgewogen.

$$\% \ PO_4 = \frac{mg \ Mg_2P_2O_7 \cdot 0.85345 \cdot 100}{mg \ Einwaage} \ .$$

57 Maßanalytische Phosphorbestimmung

57.1 Chinolinphosphormolybdat-Methode

Prinzip. Phosphorsäure wird mit Chinolinhydrochlorid in Gegenwart von Molybdat als Chinolinphosphormolybdat gefällt, das nahezu unlöslich ist. Für eine gravimetrische Bestimmung ist der Niederschlag allerdings nicht rein genug, er läßt sich jedoch mit Lauge sehr exakt titrieren:

$$(C_9H_7N)_3H_3(PO_4 \cdot 12\,MoO_3) + 26\,NaOH$$
$$\rightarrow Na_2HPO_4 + 12\,Na_2MoO_4 + 3\,C_9H_7N + 14\,H_2O \ .$$

Die Verunreinigung des Niederschlags ist offenbar neutral und hat keinen Einfluß auf die Titration. Der Niederschlag wird auf einem Filter gesammelt, mit Normallauge im Überschuß gelöst und nichtverbrauchtes Alkali mit Salzsäure zurücktitriert. Der Laugeverbrauch entspricht dem Phosphorgehalt (WILSON 1951). Diese Methode ist für die Elementbestimmung im Milligrammbereich geeignet und wird nach den naßchemischen Aufschlußmethoden angewandt, allerdings dürfen zum Aufschluß nur Salpeter- und Perchlorsäure verwendet werden. Mit Schwefelsäure werden zu hohe Werte erzielt, es wird Molybdänsäure mitgefällt. Salpeter-Perchlorsäure, Alkalisalze, Calcium, Eisen, Magnesium stören die Fällung nicht. Ammonium verursacht zu niedere, Fluor zu hohe Werte, weil es Kieselsäure in Lösung bringt. Die Störung durch Fluor kann durch Zugabe von Borsäure verhindert werden (Bildung von Fluorborsäure).

Reagenzien

Natriummolybdat, 15%ige wäßrige Lösung: in einer Polyethylenflasche aufbewahren, da sie beim längeren Stehen in einer Glasflasche Kieselsäure löst.

Chinolinhydrochlorid: 20 ml redest. Chinolin zu 800 ml heißem Wasser, das mit 25 ml konz. Salzsäure vorher angesäuert wurde, zufügen, durchrühren und auf Raumtemperatur kühlen, einige Gramm Filterfasern einrühren und die Lösungsmischung durch eine Schicht des Filterbreis saugen (ohne Nachzuwaschen), das gesammelte Filtrat mit dest. Wasser auf 1 l auffüllen.

Salzsäure, konz.
Salzsäure, 1:9 verdünnt mit dest. H_2O.
Salzsäure, 0.2 N Lösung.
Borsäure, p.a.
Natronlauge, 0.2 N, in einer Polyethylenflasche aufbewahren.

Mischindikator: 0.1%ige Phenolphthaleinlösung mit einer 0.1%igen Thymolblaulösung im Verhältnis 2:3 mischen. (Beide Indikatoren sind in Ethanol gelöst.)

Arbeitsvorschrift

Bei Abwesenheit von Fluor: Die phosphorhaltige Reaktionslösung – nicht mehr als 25 ml, 1 bis 2 mg Phosphor enthaltend – wird in einem 100-ml-Becherglas mit 5 ml Natriummolybdatlösung und 5 ml konz. Salzsäure zum Sieden erhitzt. Unter Rühren und Kochen werden 5 ml Chinolinlösung tropfenweise zugegeben – mit 2 Tropfen beginnend, bis 8 Tropfen ansteigend, mit ein paar Sekunden Wartezeit zwischen den einzelnen Reagenzzugaben. Sind 3 ml verbraucht, werden die restlichen 2 ml Chinolinlösung schließlich in Anteilen von 0.25 ml zugesetzt. Kochen und Reagenzzugabe in alternierender Folge, verbunden mit intensivem Rühren, lassen einen grobkristallinen Niederschlag entstehen. Die Fällung wird noch 15 min am Dampfbad digeriert und dann unter fließendem Leitungswasser gekühlt. Der Niederschlag wird durch ein Filterröhrchen oder -tiegel abgetrennt. Dabei dekantiert man erst die überstehende Lösung durch das Filter, schlämmt den Niederschlag zweimal mit Anteilen von 4 ml verdünnter Salzsäure (1:9) auf und dekantiert wieder. Der Niederschlag wird mit kaltem Wasser auf das Filter gespült und mit Wasser gewaschen, bis das Waschwasser (gegen Lackmus) säurefrei ist. Der Niederschlag wird vom Filter mit etwa 20 ml Wasser in das ursprüngliche Fällungsgefäß überführt, in 10 ml 0.2 N Natronlauge gelöst, 3 Tropfen Mischindikator zugesetzt und mit 0.2 N Salzsäure die nicht verbrauchte Natronlauge zurücktitriert. In der Nähe des Endpunktes wechselt die Indikatorfarbe von violett nach blaßgrün und schlägt am Ende nach blaßgelb um.

Bei Anwesenheit von Fluor: In diesem Fall wird der Substanzaufschluß mit Natriumperoxid in der Nickelbombe empfohlen (FENNEL et al. 1957) (s. Methode 55.1). Nach dem Aufschluß wird die geöffnete Bombe in eine Platinschale (30 bis 35 ml Inhalt) gelegt, die Schale mit einem Uhrglas abgedeckt und die Schmelze mit Wasser in der Wärme ausgelaugt. Der Bombenbecher wird nun mit einer Nickelpinzette aus der Reaktionslösung genommen und mit Wasser gründlich abgespült. Zum Verkochen des Peroxids wird die Schale einige Minuten auf die Heizplatte gestellt. Nach Abklingen der Reaktion wird gekühlt, ein paar Tropfen Mischindikator zugesetzt und vorsichtig konz. Salzsäure mit einer Pipette tropfenweise eingetragen. Sobald der Indikator von gelb nach rosa umschlägt, spült man die Pipettenspitze mit Wasser in die Schale ab, verkocht das Kohlendioxid auf der Heizplatte, kühlt, spült die Unterseite des Uhrglases mit Wasser über der Schale ab und dampft am Wasserbad bis auf etwa 10 ml ein. Unter Rühren setzt man nun 0.5 g Borsäure zu und filtriert anschließend den Schaleninhalt durch ein Filterröhrchen, wäscht mit heißem Wasser in Anteilen von 5 ml nach und sammelt das Filtrat in einem konischen 100-ml-Becherglas. Die Filtration ist nur erforderlich, wenn vom Aufschluß her Kohleflocken vorhanden sind. In der Reaktionslösung, die jetzt ein Volumen von etwa 30 ml haben soll, wird das Phosphat als Chinolinphosphormolybdat, wie oben beschrieben, ausgefällt und nach Filtrieren und Auswaschen mit Normallauge titriert.

Berechnung

1 ml 0.2 N NaOH = 0.238 mg P .

57.2 Titration mit Cer(III)-Lösung gegen Eriochromschwarz T

Prinzip (PÜSCHEL 1960). Nach Aufschluß der organischen Phosphorverbindung im Schöniger-Kolben (vgl. Kap. 55.2) wird die Phosphorsäure mit Cer(III)-Maßlösung in neutral gepufferter Lösung, in der Siedehitze, gegen Eriochromschwarz T titriert. Der erste überschüssige Tropfen der Cer(III)-Lösung verursacht den Indikatorumschlag von blau nach rot.

Chlorid, Bromid, Iodid und Sulfat (bis zu 5 mg) stören die Titration nicht. Höhere Sulfatmengen verzögern jedoch den Indikatorumschlag und führen zu einem Mehrverbrauch an Maßlösung. In Gegenwart von Fluor, Arsen oder Silicium ist die Titration gestört.

Da der als Indikator verwendete Farbstoff Eriochromschwarz T auf eine Reihe mehrwertiger Metall-Ionen anspricht, müssen die in der Reaktionslösung vorhandenen Fremdkationen maskiert oder mit Hilfe eines Kationenaustauschers abgetrennt werden.

Geringe Mengen von Schwermetallen lassen sich mit Sulfid oder Kaliumcyanid maskieren. Erdalkalien und auch Alkalien lassen sich unter den gegebenen Verhältnissen nicht maskieren, sie werden am besten durch Ionenaustausch abgetrennt.

Zum Abtrennen wird die schwach angesäuerte Reaktionslösung auf eine Säule (10×100 mm) aufgegeben, die mit Kationenaustauscher I (MERCK) in H^+-Form beschickt ist. Durch Nachspülen der Säule mit etwa 20 ml Wasser in kleinen Portionen wird alles Phosphat quantitativ ausgewaschen. Wegen der hohen Empfindlichkeit des Indikators gegenüber Fremdmetallspuren empfiehlt es sich, alle verwendeten Reagenzien einschließlich des dest. Wassers auf Reinheit zu prüfen. Dazu wird dem betreffenden Reagenz etwas Eriochromschwarz T (1 Teil Erio T mit 200 Teilen Hexamethylentetramin) zugesetzt, wobei das pH der Probe zwischen 7 und 10 liegen soll. Das dest. Wasser wird über eine Säule (30×400 mm), gefüllt mit Lewatit PN in Na^+-Form, gereinigt.

Geräte und Reagenzien. Der Aufschluß erfolgt nach Vorschrift 55.2. Zur Absorption wird bidest. oder durch Ionenaustausch gereinigtes Wasser oder alkalische Hypobromitlösung vorgelegt. Bei Verwendung von über Ionenaustauscher gereinigtem Wasser ist darauf zu achten, daß es nicht längere Zeit (über Nacht) mit dem Harz in Kontakt gestanden hat. Die vom Austauschermaterial mit der Zeit abgegebenen, löslichen Anteile können die Titration nachteilig beeinflussen.

Cer(III)-Maßlösung, 0.005 M: 2.75 g Diammonium-Cer(IV)-Nitrat p.a. abwägen, in einen 1000-ml-Maßkolben füllen und etwa 2 ml konz Salpetersäure und etwas Wasser zusetzen, dann spatelweise Hydroxylaminhydrochlorid bis zur Entfärbung der Lösung (Reduktion von Cer(IV) → Cer(III) und noch etwa 1 bis 2 g im Überschuß zugeben, Kolbeninhalt unter weiterem Zusatz von Wasser bis zum völligen Auflösen der Substanz schütteln und mit Wasser zur Marke auffüllen.

Zur Titerstellung der Cerlösung wird eine gemessene Menge 0.01 M EDTA-Lösung mit etwa 1 g festem Hexamethylentetramin versetzt, zum Sieden erhitzt und nach Zusatz von etwas Indikatorpulver mit der Cer-Maßlösung bis zum Farbumschlag nach Rot titriert.

Indikatorpulver: 1 Teil Eriochromschwarz T mit 200 Teilen Hexamethylentetramin feinst verreiben und trocken aufbewahren.

Hexamethylentetramin, p.a.
Hydroxylaminhydrochlorid, p.a.

Arbeitsvorschrift. Der Aufschluß wird nach Vorschrift 55.2 durchgeführt. Die Einwaage wird so bemessen, daß die Menge des zu bestimmenden Phosphors 0.1 bis 0.5 mg beträgt. Zur Absorption der Verbrennungsprodukte werden 10 ml reinstes Wasser oder alkalische Hypobromitlösung vorgelegt. Nach der Verbrennung wird der Kolben kräftig geschüttelt und 20 min verschlossen stehengelassen. Der Kolben wird geöffnet, Stopfen, Halterung und Kolbenhals mit Wasser abgespült, der Kolbeninhalt erhitzt und etwa 10 min am Sieden gehalten. Man fügt dann etwa 1 g festes Hexamethylentetramin und so viel Indikatorpulver zu, bis eine deutliche Blaufärbung auftritt. Ist die Färbung nicht rein blau, ist dies ein Hinweis auf eine Verunreinigung durch mehrwertige Metall-Ionen oder aber auf zu geringe Abpufferung. Im letzten Fall tritt nach weiterem Zusatz von etwas Hexamethylentetramin Blaufärbung auf.

Platinspuren kann man durch Zugabe eines Kriställchens Kaliumcyanid maskieren. Man titriert die siedendheiße Lösung direkt im Verbrennungskolben tropfenweise mit der Cer-Maßlösung. Wird im Verlauf der Titration die Lösung allmählich violett, wird noch etwas Hexamethylentetramin zugesetzt. Bleicht dagegen die Farbe aus, gibt man noch etwas Indikatorpulver zu. Kurz vor Erreichen des Endpunktes tritt eine rasch vorübergehende Rötung auf. Sobald die aufgetretene Rotfärbung bestehen bleibt, ist die Titration beendet.

Berechnung

$$\% \text{ P} = \frac{0.1549 \cdot V \cdot F \cdot 100}{\text{mg Einwaage}}$$

V = ml Verbrauch 0.005 M Cer(III)-Lösung
F = Korrekturfaktor der Cer(III)-Lösung

Bemerkungen zur Maßlösung: Werden in siedendes mit Hexamethylentetramin abgepuffertes Wasser, das mit etwas Indikator versetzt worden war, 1 bis 2 Tropfen Maßlösung zugegeben, tritt im Normalfall augenblicklich Rötung ein. Geht die Rötung aber bald zurück und wird die Lösung schließlich wieder blau, dann war der Zusatz an Reduktionsmittel ungenügend. Die Störung kann durch Zusatz einer Spatelspitze Hydroxylaminhydrochlorid zur Maßlösung wieder behoben werden.

Phosphat kann komplexometrisch auch über Zink bestimmt werden. Dazu wird Phosphat mit Zinksulfatammoniumchlorid als Ammoniumzinkphosphat ausgefällt (s. Kap. 72.1). Der Niederschlag wird abfiltert, in Salzsäure gelöst, die Lösung auf pH 10 abgepuffert, mit einem Überschuß an EDTA versetzt und nach Zugabe von Eriochromschwarz T der Überschuß EDTA mit Zinksulfat zurücktitriert. Die Methode ist zur Phosphorbestimmung in organischem und anorganischem Probenmaterial sowohl im Mikro- als auch Makromaßstab geeignet. Genaue Arbeitsvorschriften zur Phosphorbestimmung in Düngemitteln, Erzen, Schlacken und Gußeisen sowie in organischen Phosphorverbindungen nach diesem Prinzip wurden von BUSS et al. (1963, 1964, 1965) beschrieben.

57.3 Potentiometrische Titration

Prinzip (SELIG 1970, 1976, 1984). Orthophosphat-Ionen werden mit Bleiperchloratlösung mit Hilfe der bleispezifischen Elektrode oder der Silbersulfidelektrode (in boratgepufferter methanolischer Lösung) mit Silbernitratlösung potentiometrisch titriert. Halogenide und Phosphat können in diesem Milieu nacheinander bestimmt werden, Sulfat und Fluorid in begrenztem Überschuß stören die Titration nicht.

Reagenzien und Apparatives

Elektroden: ORION 94-82A Blei-ISE (für die Titration mit Bleiperchloratlösung) oder ORION 94-16 Sulfid-ISE (für die Titration mit Silbernitrat) und Bezugselektrode mit Elektrolytbrücke mit Nitratableitung (1 N KNO_3).

Titrationslösungen: 0.01 N und 0.001 N Bleiperchloratlösung, mit Perchlorsäure auf pH 5.0 einstellen.

Silbernitratlösungen 0.05 N und 0.005 N.

Pufferlösungen: 0.5 N Ammonacetatlösung, mit NH_3 auf pH 8.9 einstellen; Boratpuffer (pH 9.25) mit einem Gehalt von 0.12 M Natriumtetraborat und 0.04 M Borsäure.

Phosphatmaßlösungen aus KH_2PO_4 p.a. hergestellt.

Titriergeräte mit computergesteuerter Titriermittelzugabe (Titroprozessor).

Magnetrührer, thermostatisiert.

Ausführungen

Phosphattitration mit Bleiperchloratlösungen: Zur wäßrigen annähernd neutralen Probelösung gibt man 2 ml Ammonacetatpuffer und verdünnt mit Wasser auf 50 ml. Phosphorgehalte zwischen 100 µg und 2.5 mg P als Orthophosphat werden mit 0.01 N, zwischen 10 und 100 µg P mit 0.005 N Bleiperchloratlösung titriert. Bei der Titration von Phosphorgehalten unter 60 µg mit 0.001 N Bleiperchloratlösung muß der Potentialsprung am Titrationsendpunkt durch Anlegen eines kleinen Polarisationsstromes (0.5 bis 1.5 µA) an die bleispezifische Elektrode verstärkt werden. Die Titrationsreaktion verläuft in diesem Konzentrationsbereich aber nicht mehr exakt stöchiometrisch.

Phosphattitration mit Silbernitratlösung: Die Probelösung wird mit 5 ml Boratpufferlösung versetzt. Phosphatkonzentrationen um 0.01 mmol/l werden mit 0.05 N Silbernitratlösung in 60%iger methanolischer Lösung, Phosphatgehalte um 0.001 mmol/l mit 0.005 N Silbernitratlösung in 70%iger methanolischer Lösung titriert. Das Gesamtvolumen der zu titrierenden Lösung beträgt in jedem Fall 50 ml. Bei der Titration mit 0.005 N Silberlösung wird an die Silbersulfidelektrode ein Polarisationsstrom von 0.5 bis 1.5 µA zur Verstärkung des Potentialsprunges angelegt. Bei der Titration mit der konzentrierteren Silberlösung ist dies nicht erforderlich. Im boratgepufferten methanolischen Medium können Bromid, Chlorid und Phosphat nacheinander, wie Abb. 57-1 zeigt, titriert werden. Fluorid und Sulfat im 300fachen Überschuß stören die Phosphattitration mit Silbernitratlösung noch nicht.

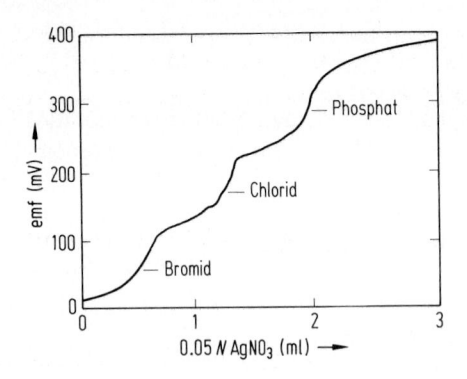

Abb. 57-1. Potentiometrische Titration von Bromid (0.025 mmol), Chlorid (0.0375 mmol) und Phosphat (0.01 mmol) mit 0.05 N AgNO$_3$-Lösung in boratgepuffertem Methanol.

57.4 Ionenchromatographische Bestimmung von Orthophosphat

In wäßrigen Probelösungen können Orthophosphat-Ionen ionenchromatographisch neben anderen Ionen problemlos bestimmt werden. Nach Auftrennen der Ionen über die analytische Austauschersäule und Neutralisation des Puffers über die „Suppressorsäule" werden die eluierten Ionen nacheinander vom Leitfähigkeitsdetektor angezeigt (s. Abb. 57-2). Ausführlich wurde diese Bestimmungsmethode bereits in Kap. 6.3 diskutiert, Anwendungen, auch zur Phosphatbestimmung, werden von SCHÄFER (1988) und den Herstellerfirmen von Ionenchromatographen (z. B. DIONEX, METROHM) beschrieben.

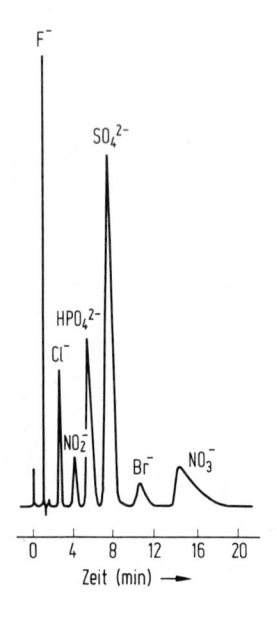

Abb. 57-2. Chromatogramm. Auftrennung: HPIC/AS2; Nachweis: IonChrom/Cond. (Dionex).

58 Photometrische Phosphatbestimmung

58.1 Phosphatbestimmung über den Vanadatmolybdat-Komplex

58.1.1 Vanadatmolybdat-Methode in wäßriger Lösung

Prinzip (MISSION 1908, 1922). Orthophosphat bildet mit Ammoniumvanadat und -molybdat einen gelben Phosphorvanadatmolybdat-Komplex, der bei 410 nm photometrisch gemessen werden kann.

Durch Extraktion des Heteropolykomplexes in 1-Pentanol und Messung der Farbdichte in der organischen Phase bei 308 nm wird die Empfindlichkeit der photometrischen Messung noch erhöht. In der organischen Phase ist das Absorptionsmaximum zu kürzeren Wellenlängen verschoben.

Einführende Bemerkungen. MA und KINLEY (1953) sowie DIRSCHERL und ERNE (1960) haben dieses Prinzip zu einer mikroanalytischen Bestimmungsmethode des Phosphors in organischen Substanzen weiterentwickelt: Die Probe wird in einem modifizierten Schöniger-Kolben verbrannt und die Verbrennungsprodukte in verdünnter Salpetersäure absorbiert. Nach Hydrolyse in der Siedehitze wird die Phosphorsäure photometrisch ebenfalls als Phosphorvanadatmolybdat-Komplex gemessen. Eine spezielle Arbeitsvorschrift für die Phosphorbestimmung in Motorölen und ihren Additiven, die häufig Metallsalze verschiedener organischer Phosphorverbindungen enthalten, haben BARNEY et al. (1959) beschrieben. YUEN et al. (1980) bestimmen nach Substanzaufschluß in der Parr-Sauerstoffbombe Phosphor in pflanzlichen Ölen nach dieser Methode mit einem etwas modifizierten (perchlorsauren) Vanadatmolybdat-Farbreagenz.

Nach Untersuchungen von MA und KINLEY (1953) (s. Abb. 58-1) hat in wäßrigem Medium die Absorptionskurve des Phosphorkomplexes und der Blindlösung bei 410 nm die größte Spreizung. Aus diesem Grunde wird bei dieser Wellenlänge gemessen. Da die Blindlösung schon allein einen schwachen Gelbton zeigt, wird die Dichte des Farbkomplexes am besten gegen die Blindlösung gemessen.

Abb. 58-2 zeigt einige Absorptionskurven verschiedener Phosphorkonzentrationen, die gegen Blindlösung aufgenommen wurden; die Farbdichte des Komplexes bei 410 und 430 nm folgt dem Beer-Gesetz (s. Abb. 58-3). Normalerweise wird bei 410 nm photometriert, nur in Anwesenheit von Eisen(III)-salzen bei etwas längeren Wellenlängen gemessen. Da die Säurekonzentration (KITSON und MELLON 1944), wie Abb. 58-4 zeigt, die

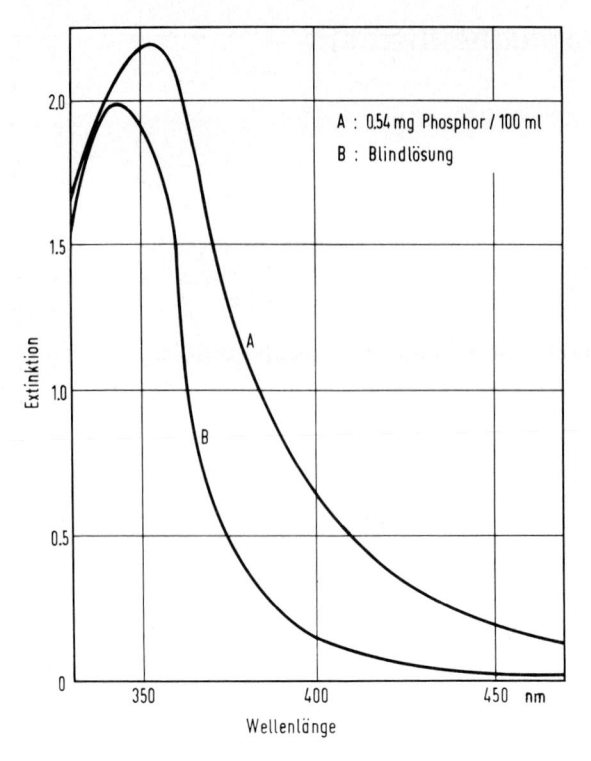

Abb. 58-1. Absorptionsspektrum des Phosphatvanadatmolybdat-Komplexes und der Blindlösung.

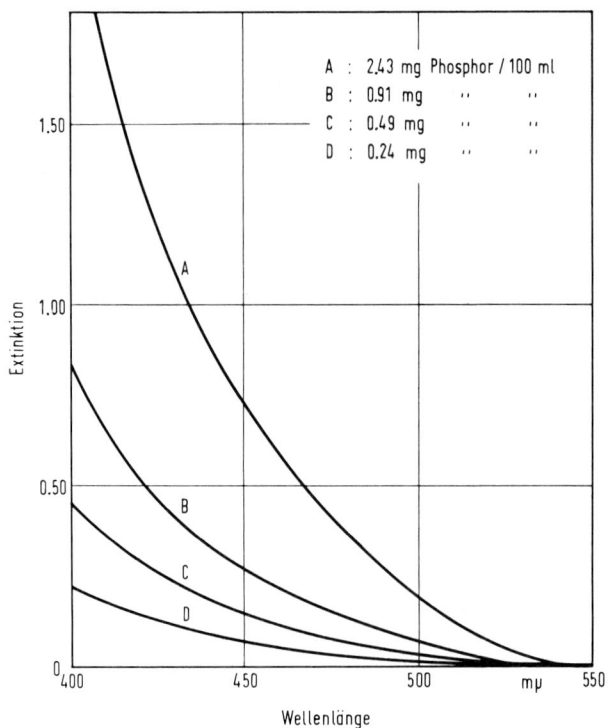

Abb. 58-2. Absorption des Farbkomplexes gegen Blindlösung gemessen.

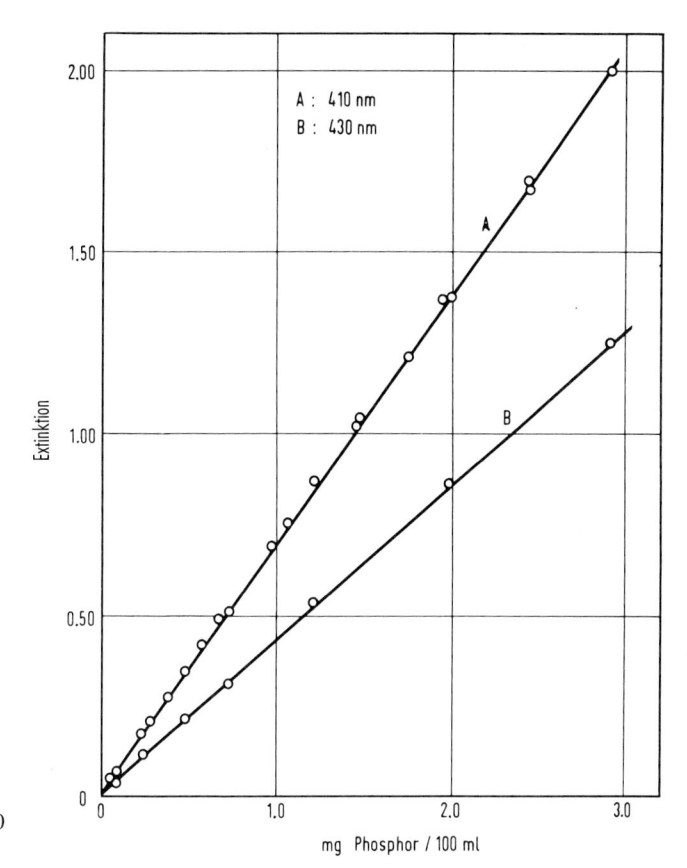

Abb. 58-3. Eichgerade bei 410 und 430 nm.

Farbdichte beeinflußt, muß sie konstant gehalten werden. Daher wird zum Substanzaufschluß, z. B. in der Schöniger-Flasche, immer die gleiche Säuremenge zur Absorption vorgelegt. Große Säuremengen verzögern auch die Bildung des Farbkomplexes. Arsen stört die Bestimmung, wenn es in gleicher oder größerer Konzentration als Phosphor vorliegt.

Reagenzien und Geräte

Schwefelsäure, konz. p.a.

Phosphatstammlösung: 2.196 g KH_2PO_4 p.a. mit dest. H_2O zu 1 l lösen, 1 ml der Stammlösung enthält 0.500 mg Phosphor.

Ammoniumvanadatlösung: 2.35 g Ammoniummonovanadat p.a. in der Siedehitze in 500 ml dest. H_2O lösen, dann 100 ml H_2SO_4, 1:12 mit Wasser verdünnt, zufügen und nach dem Erkalten auf 1 l auffüllen.

58 Photometrische Phosphatbestimmung

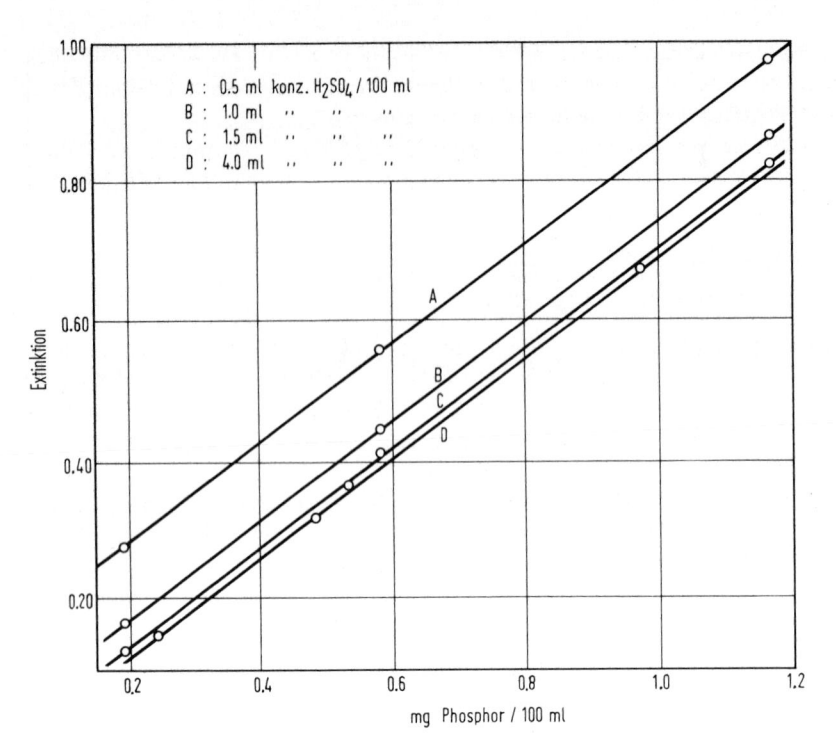

Abb. 58-4. Einfluß der Säurekonzentration auf die Farbdichte.

Kurven:
- A : 0.5 ml konz. H$_2$SO$_4$ / 100 ml
- B : 1.0 ml ,, ,, ,,
- C : 1.5 ml ,, ,, ,,
- D : 4.0 ml ,, ,, ,,

Ammoniummolybdatlösung (10% MoO$_3$): 122 g (NH$_4$)$_2$MoO$_4$ p.a. in 880 ml dest. H$_2$O lösen.

Spektralphotometer.

Schöniger-Kolben: 500 ml Inhalt (vgl. Kap. 44).

Arbeitsvorschrift. Die Reaktionslösung sollte etwa 0.5 mg Phosphor enthalten. Für Phosphorgehalte zwischen 5 und 20% werden daher zwischen 10 und 2.5 mg Substanz in Filterpapier eingewogen, mit 10 bis 20 mg feingepulvertem Ammoniumpersulfat p.a. überschichtet und wie beschrieben aufgeschlossen (s. Kap. 55.2). Flüssigkeiten bringt man in Cellulosekapseln oder „Cellotapes", gemischt mit Ammoniumpersulfat, zum Aufschluß. Zur Absorption der Reaktionsgase werden 10 ml dest. Wasser und 2 ml konz Schwefelsäure p.a. im Aufschlußkolben vorgelegt. Nach dem Aufschluß schüttelt man die Reaktionslösung kräftig durch und spült nach 30 bis 45 min Stehen Stopfen, Platinnetz und Kolbenhals gut mit dest. Wasser ab bzw. zieht den Platinkontakt aus dem Adapter und läßt ihn in die Reaktionslösung gleiten. Die auf 30 bis 40 ml verdünnte Lösung hält man etwa 10 min bei Siedetemperatur und spült sie nach dem Abkühlen quantitativ in einen 100-ml-Meßkolben über. Nun pipettiert man noch 10 ml Ammoniumvanadatlösung und 10 ml Ammoniummolybdatlösung unter kreisförmigem Schwenken des Kolbens zu und füllt mit dest. Wasser zur Marke auf (= Meßlösung). In einem zweiten 100-ml-Meßkolben werden etwa 50 ml dest. Wasser mit genau 1.00 ml (0.500 mg Phosphor) der Phosphatstammlösung, 2 ml konz. Schwefelsäure, 10 ml Vanadat- und 10 ml Molybdatlösung gemischt und ebenfalls zur Marke aufgefüllt (= Eichlösung).

Meß- und Eichlösung werden gegen die Blindlösung (aus dest. Wasser, konz. Schwefelsäure, Vanadat- und Molybdatlösung ad 100 ml) bei 410 nm photometriert. Die Auswertung erfolgt über die Beziehung:

$$\% \ P = \frac{0.500 \ mg \cdot Ext. \ Meßlösung \cdot 100}{Ext. \ Eichlösung \cdot Einwaage \ (mg)} \ .$$

Für die Auswertung über eine Eichgerade: Zehn aliquote Anteile der Phosphorstammlösung, die einen Bereich von 0.10 bis 2.00 mg Phosphor überdecken, in 100-ml-Meßkolben pipettieren, mit dest. Wasser auf 65 ml verdünnen, 2 ml konz. Schwefelsäure und anschließend unter dauerndem Rühren 10 ml Vanadatlösung und noch 10 ml Molybdatlösung zupipettieren. Man füllt die Meßkolben mit dest. Wasser zur Marke auf, läßt sie 30 min stehen und mißt die Farbdichte gegen die gleichzeitig angesetzte Blindlösung. Die in Abb. 58-3 gezeigte Eichkurve A wurde mit dem Beckman-Spektralphotometer DU bei 410 nm mit einer Spaltbreite von 1.0 mm mit 1-cm-Küvetten aufgenommen.

Die Farbdichte bleibt über mehrere Tage konstant. Sie folgt im Bereich zwischen 0 und 3 mg P/100 ml streng dem Beer-Gesetz.

58.1.2 Extraktion der Molybdänvanadinphosphorsäure mit 1-Pentanol und photometrische Messung

Die Empfindlichkeit der Methode 58.1.1 wird noch erhöht, wenn die Molybdänvanadinphosphorsäure aus der wäßrigen Lösung mit 1-Pentanol extrahiert und die Farbdichte in der organischen Phase bei 308 nm gemessen wird (JAKUBIEC und BOLTZ 1969). Die extraktive Trennung ist für die Spuren-Phosphatbestimmung prädestiniert.

Reagenzien

Phosphateichlösung (3.0 µg Phosphor/ml): 0.2203 g KH_2PO_4 p.a. in dest. Wasser zum Liter lösen, einen aliquoten Teil von 60 ml dieser Lösung in einen 1-l-Meßkolben pipettieren und mit dest. Wasser zur Marke auffüllen.

Vanadatstammlösung: 2.34 g Ammoniummonovanadat p.a. in 500 ml dest. Wasser lösen, 28 ml konz. Salzsäure zusetzen und mit dest. Wasser auf 1 l verdünnen (Polyethylenflasche).

Molybdatstammlösung: 3.23 g $(NH_4)_2MoO_4$ p.a. in 100 ml dest. Wasser lösen (Polyethylenflasche).

Salzsäure, p.a., 2.5 N (Polyethylenflasche).

Reagenzgemisch: 6.75 ml Vanadatstammlösung mit 12.50 ml der 2.5 N HCl mischen, anschließend 12.50 ml Molybdatstammlösung zupipettieren und die Lösung mit dest. Wasser auf 1 l verdünnen (die Haltbarkeit der Lösung ist begrenzt; sie wird daher nach etwa 2 Wochen erneuert).

1.2 N Salzsäure p.a. (Polyethylenflasche).

Extraktionslösung: 1-Pentanol p.a.

Arbeitsvorschrift. Die Probelösung (nicht mehr als 15 µg Phosphor als Orthophosphat enthaltend) wird in einen 125 ml fassenden Schütteltrichter gefüllt, der bereits 5.0 ml Reagenzgemisch enthält. Dann werden 10.0 ml 1-Pentanol und 35 ml 1.2 N Salzsäure zugefügt und 30 s intensiv geschüttelt. Man läßt zur Phasentrennung etwa 10 min stehen, zieht die wäßrige Phase dann ab und verwirft sie.

Zur organischen Phase läßt man abermals 35 ml 1.2 N Salzsäure zufließen, schüttelt 30 s, läßt 10 min zur Phasentrennung stehen und verwirft dann die salzsaure Waschlösung. Die organische Phase wird durch trockene Baumwolle in die Meßzelle filtriert, nachdem man die ersten Milliliter Durchlauf verworfen hat. Man mißt die Absorption bei 308 nm gegen die analog, aber ohne Zugabe von Probelösung hergestellte Blindlösung.

Diskussion der Methode. Wird die Farbdichte bei 308 nm gemessen, ist für den Bereich von 0 bis 1.50 ppm Phosphor das Beer-Gesetz streng erfüllt. Der Extinktionskoeffizient $\varepsilon = 24.8 \cdot 10^3 \, \text{l} \, \text{mol}^{-1} \, \text{cm}^{-1}$.

Der Molybdänvanadinphosphorsäure-Komplex bildet sich unmittelbar nach Zugabe des Reagenzgemisches, wenn das pH der Lösung wie hier um etwa 2 gehalten wird. Zur Extraktion wird das pH der Lösung durch Zugabe verdünnter Salzsäure auf 0 gestellt. Durch die Extraktion mit 1-Pentanol wird der Phosphorkomplex vom Überschuß Vanadat und Molybdat in der wäßrigen Phase getrennt. Einmaliges Waschen mit verdünnter Salzsäure genügt, um Spuren-Vanadat und -Molybdat aus der organischen Phase zu entfernen. Die Empfindlichkeit der Messung wird durch Extraktion des Heteropolykomplexes in die organische Phase um etwa 20% erhöht. Außerdem ist das Absorptionsmaximum in der organischen Phase nach kürzeren Wellenlängen verschoben.

58.2 Photometrische Phosphorbestimmung über Phosphormolybdänsäure

Prinzip. Orthophosphat-Ionen reagieren in saurer Lösung unter Bildung der gelbgefärbten, wasserlöslichen Dodekamolybdatophosphorsäure, die in neutraler und schwach saurer Lösung beständig ist, in alkalischer Lösung jedoch hydrolisiert. Über diese Phosphormolybdänsäure − nach RUF (1956) $H_3PO_4 \cdot 12 MoO_3$ − kann Phosphor photometrisch auf drei verschiedenen Wegen bestimmt werden:

− durch Messung der gelben Eigenfarbe der Phosphormolybdänsäure im UV,
− indirekt, indem in der Dodekamolybdatophosphorsäure anstatt des Phosphors das Molybdän (z. B. als Rhodanid) photometrisch bestimmt wird,
− durch Messung als „Phosphormolybdänblau" nach Reduktion der Heteropolysäure.

58.2.1 Photometrische Phosphorbestimmung durch Messung der gelben Eigenfarbe der Phosphormolybdänsäure

Zur photometrischen Phosphorbestimmung ist auch die Messung der gelben Eigenfarbe der Phosphormolybdänsäure geeignet. Um Störungsmöglichkeiten einzuschränken und eine möglichst hohe Empfindlichkeit zu erreichen, muß man hierbei die Heteropolysäure mit einem organischen Lösungsmittel extrahieren und dann im UV die Absorption der in der organischen Phase gelösten Phosphormolybdänsäure messen. WADELIN und MELLON (1953) bestimmten den Phosphor auch in Stählen auf diese Weise. Sie erhielten einen Extinktionskoeffizienten von $\varepsilon = 24.4 \times 10^3 \, l \, mol^{-1} \, cm^{-1}$.

Diese Methode ist allgemein anwendbar, wenn Phosphor als Orthophosphat in einer wäßrigen, annähernd neutralen Lösung vorliegt.

Reagenzien

Molybdatreagenz: 7.5 g $Na_2MoO_4 \cdot 2H_2O$ in etwa 200 ml dest. Wasser lösen, 100 ml Salzsäure (D = 1.19) zufügen und mit dest. Wasser auf 500 ml auffüllen (Polyethylenflasche).

Natriummolybdatlösung (1.5%ige wäßrige Lösung): 1.5 g $Na_2MoO_4 \cdot 2H_2O$ in 100 ml dest. Wasser lösen (Polyethylenflasche).

Ammoniumperoxidisulfatlösung: 2 g Ammoniumperoxidisulfat in 100 ml dest. Wasser lösen (die Lösung wird stets frisch bereitet).

Extraktionslösung: 100 ml Isobutanol mit 400 ml Chloroform mischen.

Phosphatlösung: 0.1098 g KH_2PO_4 p.a./1 l (1 ml = 25 µg Phosphor) (Polyethylenflasche).

Zur Erstellung einer *Eichkurve* werden 0, 0.5, 1.0, 1.5 und 2.0 ml Phosphatlösung der Arbeitsvorschrift entsprechend behandelt.

Arbeitsvorschrift. Die annähernd neutrale (pH 5 bis 9) Probelösung, die bis zu 50 µg P als Orthophosphat enthalten kann, wird mit dest. Wasser auf etwa 15 ml verdünnt, dazu 10 ml Molybdatreagenz pipettiert, diese Lösung in einen 125-ml-Schütteltrichter übertragen, 10 ml Extraktionslösung zugesetzt, 60 s geschüttelt, Phasen trennen lassen und dann die untere (organische) Phase in ein 25-ml-Meßkölbchen abgelassen. Die Extration wird mit weiteren 10 ml Isobutanol/Chloroform wiederholt, die organischen Phasen werden vereinigt und mit Extraktionslösung auf 25 ml aufgefüllt. Die Farbdichte wird gegen reine Extraktionslösung in 1-cm-Meßzellen bei 310 nm gemessen.

Anwendung der Methode zur Phosphorbestimmung in Stahl (WADELIN und MELLON 1953). Etwa 50 mg Stahlprobe werden in 5.0 ml 5 N Salpetersäure gelöst, die salpetersaure Lösung 2 min gekocht, 10 ml Ammoniumperoxidisulfatlösung zugesetzt und nochmals 2 min gekocht. Dann wird auf Raumtemperatur gekühlt und 10 ml Natriummolybdatlösung (1.5%ige, wäßrige Lösung von Natriummolybdatdihydrat) zugegeben. Die Lösung wird mit 10 ml Extraktionslösung in den Schütteltrichter übergespült, 60 s geschüttelt und, wie oben bereits beschrieben, weiterverarbeitet.

In einer späteren Arbeit haben LUECK und BOLTZ (1958) erstmals den Multiplikationsfaktor 12 zur Phosphorbestimmung ausgenützt. Sie extrahierten die Dodekamolybdatophosphorsäure mit Ether-Isobutanol, reextrahierten mit NH_3/NH_4Cl-Puffer in die wäßrige Phase und bestimmten die freigewordene Molybdänsäure durch Messung ihrer Eigenextinktion bei 230 nm. Bezogen auf Phosphor erhielten sie einen Extinktionskoeffizienten $\varepsilon = 57.4 \cdot 10^3 \, l \, mol^{-1} \, cm^{-1}$.

Diese Methode haben UMLAND und WÜNSCH (1965) weiter verfeinert und sie mit einer Molybdänbestimmung kombiniert, die spezifischer und empfindlicher als die Messung der Molybdänsäureextinktion ist und außerdem die technischen Schwierigkeiten von Messungen im fernen UV umgeht.

58.3 Indirekte photometrische Phosphorbestimmung über Molybdänrhodanid

Prinzip. Die Methode nutzt den Multiplikationsfaktor 12, indem in der Dodekamolybdatophosphorsäure Molybdän anstatt Phosphor bestimmt wird. Die Molybdatophosphorsäure wird aus 0.4 N salzsaurer Probelösung mit Ether-Isobutanol (5:1) extrahiert, die organische Phase mit 0.4 N Salzsäure nachgewaschen, um sie von Molybdänsäureresten zu befreien. Dann wird der Molybdatophosphorsäure-Komplex mit 0.1 N NaOH reextrahiert und zerlegt, die Molybdänsäure mit Ammonrhodanid umgesetzt und das Molybdänrhodanid bei 470 nm photometriert (REZNIK et al. 1962). Bestimmbar sind 1 bis 10 µg Phosphor bei einem formalen Extinktionskoeffizienten von $\varepsilon = 105.6 \cdot 10^3 \, l \, mol^{-1} \, cm^{-1}$. Empfindlicher (auf 0.1 µg P) und reproduzierbarer lassen sich Phosphorwerte in wäßrigen Proben nach POTMAN und LUKLEMA (1979) u. a. durch Ersatz von Methanol durch Aceton und der wäßrigen durch acetonische Ammonrhodanidlösung bestimmen.

Reagenzien

Eichlösungen: $(NH_4)_2HPO_4$ p.a.; $Na_2MoO_4 \cdot 2H_2O$ p.a. in bidest. H_2O lösen.
Salzsäure: 2 N und 0.4 N.
Natronlauge: 0.1 N.

Molybdatreagenz: 1.51 g $Na_2MoO_4 \cdot 2H_2O$ p.a. in 250 ml bidest. H_2O lösen (die Lösung ist 0.025 molar).

Extraktionsmittel: Diethyläther und Isobutanol im Verhältnis 5:1 mischen (die Lösungsmittel werden zuvor frisch destilliert).

Kupfersulfatlösung: 0.04%ig, 0.4 g $CuSO_4 \cdot 5H_2O$ p.a. und 1 ml verdünnte H_2SO_4 in 1 l H_2O lösen.

Ammonrhodanid, p.a. 5%ige wäßrige oder acetonische Lösung.
Methanol, frisch destilliert oder Aceton.

Lösungen zur Molybdänbestimmung werden in Glasflaschen aufbewahrt, alle übrigen in Polyethylenflaschen.

Arbeitsvorschrift. 1 bis 10 µg Phosphor als Orthophosphat in höchstens 15 ml neutraler, wäßriger Probelösung werden in einem 100 ml fassenden Schütteltrichter mit 5 ml 2 N Salzsäure, 5 ml 0.025 M Natriummolybdatlösung versetzt und mit Wasser auf 25 ml aufgefüllt. Nach 10 min Stehen wird die Lösung mit 25 ml Ether-Isobutanol-Mischung (5:1) etwa 1 min geschüttelt.

Nach Abtrennen der wäßrigen Phase wird der Schütteltrichter umgeschwenkt, und die sich unten noch sammelnden Reste der wäßrigen Phase gleichfalls sorgfältig entfernt. Diese Nachtrennung ist für die Zuverlässigkeit der Methode wichtig. Die organische Phase wird durch zweimaliges Schütteln (jeweils 1 min) mit je 20 ml 0.4 N Salzsäure nachgewaschen, wobei jedesmal die wäßrige Lösung wie oben möglichst sorgfältig abzutrennen ist. Dann wird die organische Phase einmal mit 10 ml und ein zweites Mal mit 5 ml 0.1 N Natronlauge 1 min geschüttelt. Dadurch wird die Phosphormolybdänsäure zerlegt, und die Molybdänsäure geht in die alkalische wäßrige Phase über.

Die alkalischen Auszüge werden in einem 50-ml-Meßkolben vereinigt, mit 1 ml 0.04%iger Kupfersulfatlösung, 8.5 ml konz. Salzsäure (12 N), 7 ml Methanol und 10 ml 5%iger Ammoniumrhodanidlösung versetzt und mit 3 N Salzsäure zur Marke aufgefüllt. 40 bis 50 min nach Zugabe der Rhodanidlösung wird die Extinktion in 1-cm-Küvetten bei 470 nm gegen eine entsprechende Blindprobe gemessen. Die Auswertung erfolgt über eine Eichkurve.

Diskussion der Methode. Die Verteilung der Phosphormolybdänsäure und der Molybdänsäure zwischen wäßriger Lösung und einigen organischen Lösungsmitteln wurde systematisch von UMLAND und WÜNSCH (1967) untersucht. Sie fanden, daß die Verteilung außer vom pH-Wert der Lösung auch vom Molybdatüberschuß, der Art der angewandten Mineralsäuren, vom Neutralsalzgehalt und der Schüttelzeit beeinflußt wird. Bei direkten Bestimmungsverfahren ist nur die vollständige Extraktion der Heteropolysäure von Interesse, bei der *indirekten Bestimmung* muß mitgerissenes Molybdat quantitativ aus der organischen Phase entfernt werden, daher wird die organische Phase vor der Reextraktion zweimal mit verdünnter Mineralsäure nachgewaschen. Zur Extraktion sind Butylacetat, Isobutanol und Ether-Isobutanol am besten geeignet. Mit letzteren erhält man eine hohe Empfindlichkeit, ausgezeichnete Phasentrennung, aber zum Teil erhöhte Blindwerte.

Bei der Umsetzung der Molybdänsäure mit Ammonrhodanid erfolgt die Reduktion des Mo(VI) durch das Rhodanid selbst; sie wird durch Cu^{2+} katalysiert. Um eine Störung der photometrischen Molybdänbestimmung durch gelöstes Extraktionsmittel zu vermeiden, wird zur Meßlösung noch Methanol zugesetzt.

Störungen: Keine Störungen verursachen 1000fache molare Überschüsse von Al^{3+}, Fe^{3+}, NH_4^+, BO_3^{3-}, F^-, SO_4^{2-}. Vanadat, Silicat und Germanat in 100fachem und Wolframat in 10fachem molaren Überschuß stören. Arsenat wird fast quantitativ mitbestimmt und muß vorher abgetrennt werden.

Eine andere indirekte Methode beschrieben DJURKIN et al. (1966). Sie setzten die Molybdänsäure nach Reextraktion mit Natronlauge mit 2-Amino-4-chlorphenylmercaptan-hydrochlorid um und messen den grünen Farbstoff in Chloroform bei 710 nm. Der Extinktionskoeffizient ist $\varepsilon = 96.9 \cdot 10^3$ bzw. $359 \cdot 10^3 \, l \, mol^{-1} \, cm^{-1}$, wenn die ganze Reextraktionslösung zur Messung eingesetzt wird.

58.4 Die Phosphormolybdänblau-Methode

Prinzip. Durch Reduktionsmittel [Zinn(II)-chlorid, Hydrazinsulfat, Ascorbinsäure etc.] wird Phosphormolybdänsäure, die sich aus Phosphat und Molybdat bildet, zu einer intensiv blau gefärbten Verbindung, dem sog. *Phosphormolybdänblau* reduziert. Die Phosphormolybdänblauverbindung hat in wäßriger oder organischer Phase je nach Reduktionsmittel ein Absorptionsmaximum bei 705 bzw. 830 nm (s. Abb. 58-5), das zur quantitativen Phosphorbestimmung im Mikro- und Spurenbereich ausgenützt wird. Unter den unten beschriebenen Arbeitsbedingungen folgt die Farbdichte im Bereich von 0 bis 100 µg Phosphor/100 ml streng dem Beer-Gesetz (s. Abb. 58-6).

Die Chemie der Phosphormolybdänsäurereduktion zu „Phosphormolybdänblau" konnte noch nicht voll geklärt werden. Um eine Aufklärung haben sich u. a. DENIGES (1929), BERENBLUM und CHAIN (1938), BOLTZ und MELLON (1947), RUF (1956), WADELIN und MELLON (1953) sowie UMLAND und WÜNSCH (1967) bemüht.

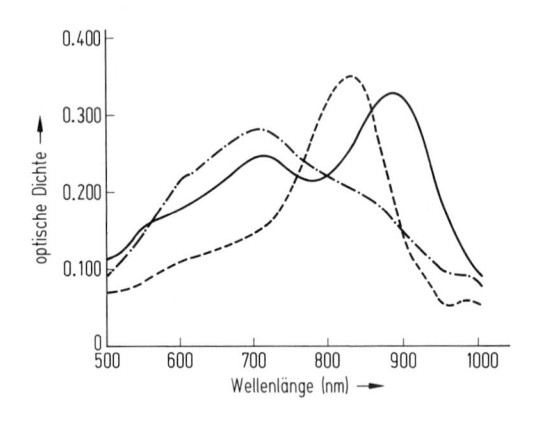

Abb. 58-5. Absorptionskurven von Molybdänblau, erhalten mit verschiedenen Reduktionsmitteln (3.0 µg P als PO_4^{3-} in 50-ml-Kolben, 7.62-cm-Küvetten). -·-·- reduziert mit Zinnchlorid, ···· mit Ascorbinsäure, —— mit Ascorbinsäure und Antimon.

58.4.1 Reduktion der Phosphormolybdänsäure in wäßriger Lösung mit Zinn(II)-Chlorid und Hydrazinsulfat

Geräte und Reagenzien

Spektralphotometer (Wellenlänge 725 nm; Schichtdicke 1 cm; Spalt 0.02 mm).

Natriummolybdatlösung (7.5%ige wäßrige Lösung): 75 g $Na_2MoO_4 \cdot 2H_2O$ in der Kälte in 3 N H_2SO_4 zum Liter lösen und in einer Polyethylenflasche im Dunkeln aufbewahren.

Zinn(II)-Chlorid ($SnCl_2 \cdot 2H_2O$), p.a.

Hydrazinsulfat, p.a.

Zinn(II)-Chlorid-Hydrazinsulfatreagenz: 0.3 g $SnCl_2 \cdot 2H_2O$ und 3 g Hydrazinsulfat zusammen in etwa 300 ml 1 N H_2SO_4 bei 50 °C unter kräftigem Rühren lösen, mit 1 N H_2SO_4 zum Liter auffüllen und diese Lösung in einer dunklen Schliffstöpselflasche bei 4 °C lagern. (Beim Stehen setzt sich langsam ein leichter Niederschlag ab, der aber den

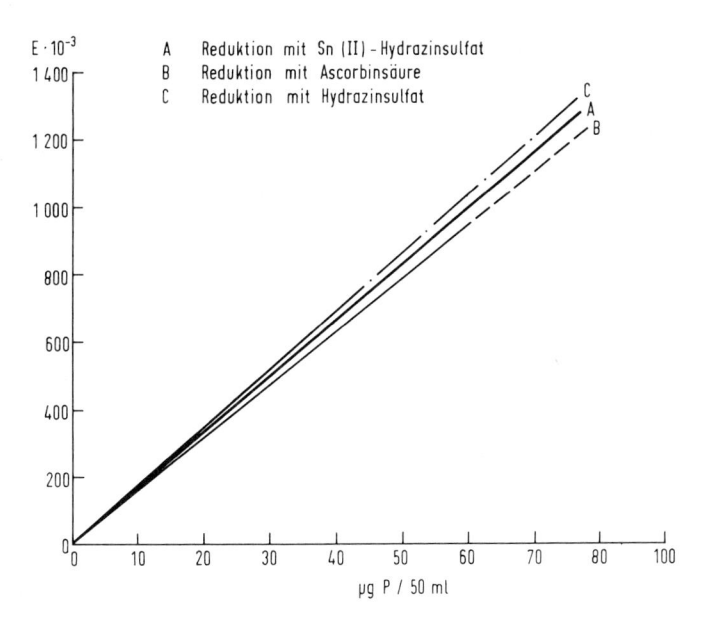

Abb. 58-6. Eichgeraden nach den Arbeitsvorschriften 58.4.1 bis 58.4.4.

Wirkungsgrad der Lösung über einen Monat nicht mindert. Der Wirkwert wird jedoch herabgesetzt, wenn die Lösung häufig mit Luftsauerstoff in Kontakt kommt.)

Schwefelsäure 15 N: 420 ml konz. H_2SO_4 unter Rühren langsam in 500 ml dest. H_2O eintragen, nach dem Abkühlen mit dest. H_2O auf 1000 ml auffüllen.

KH_2PO_4 p.a.

Ammoniak 25%ig (MERCK suprapur).

Arbeitsvorschrift (HURST 1964; HESSE und GELLER 1968). Von der mit Ammoniak gegen Phenolphthalein neutralisierten Probelösung bis zu 35 ml in ein 50-ml-Meßkölbchen pipettieren, 2 ml 15 N Schwefelsäure und 5 ml der 7.5%igen Natriummolybdatlösung zusetzen und gut durchmischen, unter Schütteln 5 ml der auf Raumtemperatur erwärmten Reduktionslösung zupipettieren, mit Wasser zur Marke auffüllen und erneut durchmischen. Man läßt nun die Farbe im Dunkeln bei Raumtemperatur entwickeln. Die Reduktion zum Phosphormolybdänblau setzt unmittelbar nach Zugabe der Reduktionslösung ein. Man läßt die Lösung etwa 20 min stehen und mißt dann die Farbdichte bei 725 nm gegen Wasser oder Blindlösung (Abb. 58-7). Die Färbung ist über 90 min nach Zugabe des Reduktionsmittels stabil. Die Auswertung erfolgt über eine Eichgerade, die bei jeder Analysenserie mit einer Testlösung kontrolliert wird. Die Farbdichte folgt streng dem Beer-Gesetz, so daß auch direkt ausgewertet werden kann:

$$P_A = \frac{(E_A - E_B) \cdot P_S}{E_S - E_B}$$

E_B = Extinktion der Blindlösung gegen Wasser
E_S = Extinktion des Standards gegen Wasser
E_A = Extinktion der Probe gegen Wasser
P_S = Menge des Phosphors in µg im Standard
P_A = Menge des Phosphors in µg in der Probe

Innerhalb von 5 min nach Zugabe des $SnCl_2$/Hydrazinsulfatreagenz erreicht die Extinktion der Meßlösung nahezu ihren konstanten Maximalwert, der sich im Laufe einer Stunde nur noch um etwa 1% erhöht. *Wird die Reduktion bei höherer Temperatur durchgeführt, erhöht sich der Blindwert beträchtlich durch Reduktion der Molybdänsäure zu Molybdänblau.* Die Intensität des Phosphormolybdänblaus wird u. a. auch von Art und Menge der in der Meßlösung vorliegenden Salze beeinflußt. Ammonsulfat, Natriumsulfat, Natriumnitrat, Magnesiumsulfat und Natriumperchlorat, wenn sie in einer Konzentration 0.1 mol/l in der Meßlösung vorliegen, mindern die Farbdichte noch nicht.

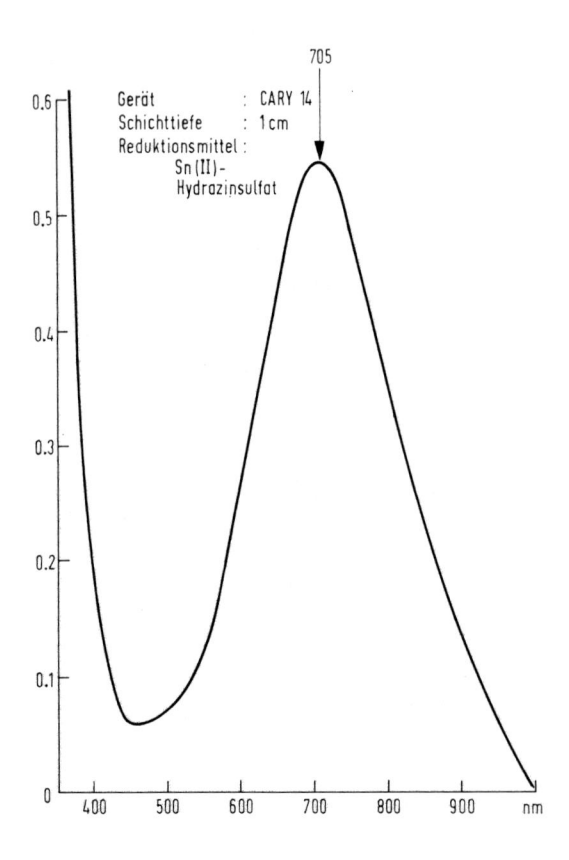

Abb. 58-7. Absorptionsspektrum des Phosphormolybdänblau.

58.4.2 Reduktion der Phosphormolybdänsäure mit Zinn(II)-Chlorid zu Phosphormolybdänblau nach Extraktion mit Isobutanol

Prinzip. Phosphormolybdänsäure wird aus der etwa 1.2 N perchlorsauren Probelösung mit Isobutanol extrahiert und anschließend mit Zinn(II)-Chlorid zu Phosphormolybdänblau reduziert. Das Absorptionsspektrum zeigt ein Maximum bei 625 und 725 nm und unterscheidet sich dadurch von dem in wäßriger Lösung. Die Messung der Farbdichte erfolgt bei 725 nm. Sie folgt im Bereich zwischen 0 bis 50 µg P/50 ml dem Beer-Gesetz; Extinktionskoeffizient $\varepsilon = 22.7 \cdot 10^3 \, l \, mol^{-1} \, cm^{-1}$ (LUECK und BOLTZ 1956).

Geräte und Reagenzien

Spektralphotometer, mit 1-cm-Küvetten.

Phosphat-Testlösung (0.025 mg P/ml): 0.1098 g KH_2PO_4/l.

Natriummolybdatlösung (10%ige wäßrige Lösung): 25 g $Na_2MoO_4 \cdot 2H_2O$/250 ml.

Ein großer Überschuß an Molybat-Ion begünstigt die Bildung der Heteropolysäure. 5 ml 10%ige Molybdatlösung/50 ml Endlösung wurden empirisch als ausreichender Überschuß gefunden.

Zinn(II)-Chloridlösung (0.2%ig): 2.38 g $SnCl_2 \cdot 2H_2O$ in 170 ml konz. HCl lösen, mit dest. H_2O auf 1 l auffüllen und mehrere Zinngranalien zusetzen.

Ist die Zinn(II)-Chloridlösung zu schwach sauer, tritt keine Reduktion ein – ist sie zu sauer, ist die Farbintensität vermindert. Die Reduktionsbedingungen sind optimal, wenn die Endlösung 0.1% Zinn(II)-Chlorid enthält und 1 N salzsauer ist.

Isobutanol (Extrahiert Phosphormolybdänsäure quantitativ) eine Extraktion mit 40 ml Isobutanol reicht aus, wenn die organ. Phase später sorgfältig abgetrennt wird.

Perchlorsäure, 72%ig.

Phosphormolybdänsäure bildet sich sofort im schwach sauren Bereich (RUF 1956, BOLTZ und MELLON 1948, BERENBLUM und CHAIN 1940). Da große Mengen Eisen(III) in Lösungen geringer Acidität eine Fällung mit Molybdat bilden, nicht aber in stärker sauren Lösungen, empfehlen LUECK et al. (1956) in 1.2 N perchlorsaurer Lösung zu arbeiten.

Arbeitsvorschrift. Zur annähernd neutralen Probelösung, die 0.01 bis 0.06 mg Phosphor enthält, werden 5 ml Perchlorsäure zugesetzt, mit dest. Wasser auf 45 ml verdünnt und dann 5 ml Molybdatreagenz zupipettiert. Man schüttelt die Lösung um, läßt 5 bis 10 min stehen und spült die Lösung mit wenig Wasser in einen 125 ml fassenden Schütteltrichter über, gießt 40 ml Isobutanol zu, verschließt den Schütteltrichter mit dem Glasstöpsel und extrahiert 60 s durch intensives Schütteln. Nach Phasentrennung läßt man die wäßrige Phase ablaufen und verwirft sie. Die organische Phase wird durch Schütteln mit 25 ml dest. Wasser zweimal hintereinander gewaschen, die wäßrigen Waschphasen werden verworfen. Die organische Phase wird zum Schluß nochmals umgeschüttelt und sich evtl. unten noch ansammelnde Wassertropfen sorgfältig abgetrennt.

Zur organischen Phase werden 25 ml Zinn(II)-Chloridlösung zugesetzt und dann 15 s geschüttelt. Die wäßrige Phase wird verworfen, die alkoholische Phase läßt man in ein 50-ml-Meßkölbchen ablaufen. Der Schütteltrichter wird mit 10 ml Isobutanol in das Meßkölbchen nachgespült und mit Isobutanol zur Marke aufgefüllt. Die Lösung sollte klar blau sein. Nach dem Umschütteln wird die Farbdichte bei 725 nm gegen den Reagenzienblindwert gemessen.

Ausgewertet wird über eine Eichkurve, die einmal unter denselben Bedingungen mit verschiedenen Mengen Phosphortestlösung erstellt wurde. In der Routinebestimmung genügt die Kontrolle der Eichkurve jeweils durch einen Testwert. Die Eichwerte dürfen sich auch über längere Zeit nicht merklich ändern. Die Farbdichte kann bereits 3 min nach Farbentwicklung gemessen werden. Sie hat eine Ausbleichrate von 3%/h.

58.4.3 Reduktion der Phosphormolybdänsäure mit Ascorbinsäure

Die Reduktion der Phosphormolybdänsäure mit Ascorbinsäure haben AMMON und HINSBERG (1936) als erste versucht. Später wurde die Methode in modifizierter Form von LOWRY et al. (1954) zur Phosphorbestimmung in biologischen Substanzen angewendet und von CHEN et al. (1956) weiter verbessert. Sie wird bevorzugt in der klinischen Analyse zur Phosphorbestimmung im Blut, Serum, Urin und anderen physiologischen Lösungen angewendet. Da Ascorbinsäure in saurer Lösung nicht beständig ist, muß Reagenz C stets frisch bereitet werden. Der Extinktionskoeffizient ε beträgt nach CHEN et al. (1956) etwa $25 \cdot 10^3 \, l \, mol^{-1} \, cm^{-1}$. WILHELM (1983) bestimmt nach Schöniger-Aufschluß auf diese Weise den Phosphorgehalt (400 bis 4000 µg) in Getreideprodukten.

Zur Phosphatbestimmung in natürlichen Wässern (Meerwasser) verwendet STAUFFER (1983) zur Reduktion der Phosphormolybdänsäure eine gemischte Lösung aus Ascorbinsäure und Antimonyltartrat. Das Absorptionsmaximum des damit entstehenden Phosphormolybdänblaus liegt dann, wie Abb. 58-5 zeigt, bei 882 nm.

Geräte und Reagenzien

Spektralphotometer.

Ascorbinsäure (10%ige wäßrige Lösung): 10 g Ascorbinsäure in dest. H_2O lösen und auf 100 ml auffüllen, die Lösung kann bei 2 bis 4 °C etwa 7 Wochen gelagert werden.

Ammoniummolybdat (2.5%ige Lösung): 2.5 g Ammoniumheptamolybdat $(NH_4)_6Mo_7O_{24} \cdot 4H_2O$ p.a. in dest. H_2O lösen und auf 100 ml auffüllen.

Schwefelsäure 6 N. 18 ml konz. H_2SO_4 mit dest. H_2O auf 108 ml verdünnen.

Perchlorsäure, 72%ig p.a.

Reagenz C (Reduktionslösung). Es werden gemischt: 1 Volumteil 6 N Schwefelsäure, 2 Volumteile dest. Wasser, 1 Volumteil Ammoniummolybdatlösung und 1 Volumteil 10%ige Ascorbinsäurelösung. Die Mischung wird gut durchgeschüttelt. Sie muß jeden Tag frisch bereitet werden, da sie beim Stehen vor allem in der Wärme schnell an Wirksamkeit verliert (s. Abb. 58-8).

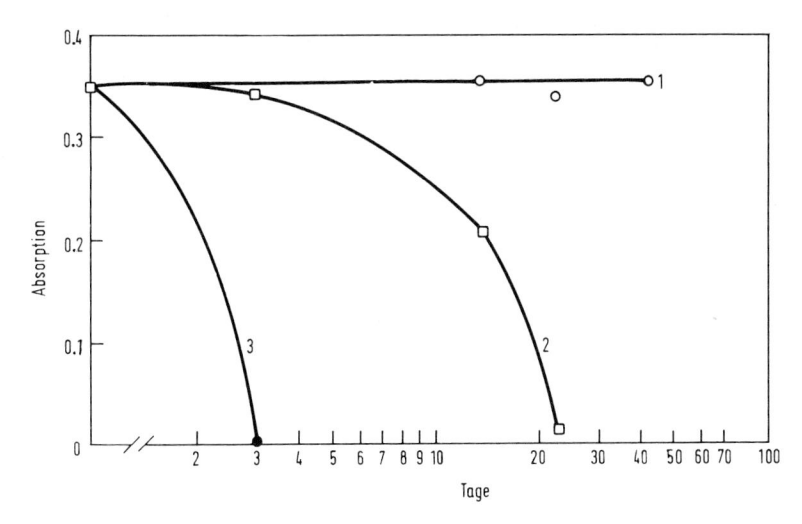

Abb. 58-8. Stabilität der Reduktionslösung. Farbentwicklung nach dem Stehen des Reagenz über die bezeichnete Anzahl von Tagen.
1 Ascorbinsäure bei 4 °C, *2* Reagenz C bei 4 °C, *3* Reagenz C bei 28 °C.

Ammoniak, 25%ig (MERCK suprapur).

Trichloressigsäure 10%ig: Wird vor der Verwendung auf Phosphor geprüft, in der angewandten Verdünnung ist der Phosphorgehalt meist vernachlässigbar.

Arbeitsvorschriften. Aliquote Volumina der Probelösung (Phosphortestlösung, verdünnter Harn, Veraschungslösung von biologischem Material – mit Ammoniak neutralisiert –, Trichloressigsäurefiltrate von Gesamtblut, Plasma oder Serum) mit einem Phosphorgehalt bis zu 8 µg werden in graduierte 15-ml-Zentrifugengläser pipettiert und mit dest. Wasser auf genau 4 ml verdünnt. Zur Blindwertbestimmung werden 4 ml dest. Wasser vorgelegt. In jedes der Zentrifugengläser werden zur Probelösung 4 ml Reagenz C zupipettiert. Nach Verschließen der Zentrifugengläser und Durchmischen der Lösung werden sie $1\frac{1}{2}$ bis 2 h in ein auf 37 °C temperiertes Wasserbad gestellt. Anschließend läßt man auf Raumtemperatur abkühlen und mißt die Farbdichte bei 820 nm gegen die Blindlösung.

Bestimmung in biologischem Material

Harnphosphor: Klarer Harn wird mit dest. Wasser, trüber Harn mit Salzsäure verdünnt. Ist der ungefähre Phosphorgehalt nicht bekannt, werden verschiedene Verdünnungen angesetzt.

Anorgan. Phosphor: Zu 2 ml 1%iger Trichloressigsäure werden 0.5 ml Gesamtblut, Plasma oder Serum zupipettiert, die Lösung durchmischt, zentrifugiert und das überstehende Filtrat mit der Pipette abgezogen. Zur Bestimmung von *anorgan. Phosphor* werden 0.5 ml dieses Filtrats mit Reagenz C versetzt und wie oben weiterbehandelt. Wird nur der *säurelösliche Phosphor* bestimmt, wird erst das Trichloressigsäurefiltrat verascht (s. u.).

Lipidphosphor: Gesamtblut, Plasma oder Serum werden mit Alkohol-Ether (3 : 1) extrahiert. Dazu werden 0.5 ml Blut zu 9.5 ml Alkohol-Ethergemisch pipettiert, in ein 80 °C heißes Wasserbad gestellt und bis zur Siedetemperatur aufgeheizt. Die Lösung wird auf Raumtemperatur gekühlt und mit Alkohol-Ether auf 10 ml ergänzt. Zur Bestimmung von *Lipidphosphor* werden 5 ml des Filtrats oder der überstehenden Lösung, wie nachfolgend beschrieben, verascht.

Veraschung: Zur Bestimmung von *Gesamtphosphor* wird eine Probe des biologischen Materials direkt verascht. Zur Bestimmung von *Lipidphosphor* wird der Alkohol-Etherextrakt eingedampft und dann verascht. Den *säurelöslichen Phosphor* in Gesamtblut, Plasma und Serum bestimmt man durch Veraschen des Trichloressigsäurefiltrats: Die Probe wird in einem 20×150 mm Aufschlußröhrchen aus Borsilicatglas mit 4 Tropfen konz. H_2SO_4 überschichtet (+2 ml konz. HNO_3, wenn Gesamtblut verascht wird) und im Sandbad aufgeheizt bis weiße SO_3-Nebel entstehen. Man fügt dann 2 Tropfen 72%ige $HClO_4$ zu und erhitzt, bis die Aufschlußlösung hell geworden ist. Nach dem Abkühlen wird die Aufschlußlösung mit dest. Wasser verdünnt, in ein 25-ml-Meßkölbchen übergespült, zur Marke aufgefüllt und in aliquoten Volumenanteilen nach Zugabe von Reagenz C das Phosphormolybdänblau entwickelt.

Bestimmung in Grundwässern (Meerwasser). 40 ml der wäßrigen Probe werden in einen 50-ml-Meßkolben pipettiert, 8 ml Reagenz C (gemischt mit Antimonyltartrat; s. STAUFER 1983) zugefügt, mit Wasser zur Marke aufgefüllt und die Lösung gut durchgeschüttelt. Nach 10 min wird die Farbdichte der Lösung bei 882 nm in Meßküvetten entsprechender Länge gemessen. Vorliegendes Arsen wird mitbestimmt oder muß vorher abgetrennt werden.

58.4.4 Reduktion der Phosphormolybdänsäure mit Hydrazinsulfat

Zuverlässig und schnell wird Phosphormolydänsäure auch mit Hydrazinsulfat in der Siedehitze zu Phosphormolybdänblau reduziert (HAGUE und BRIGHT 1941, BOLTZ und MELLON 1947). Vorausgesetzt, Phosphor liegt als Orthophosphat in schwefelsaurer oder perchlorsaurer Lösung vor und Störelemente fehlen. Das trifft z. B. nach Naßaufschluß phosphororganischer Substanzen mit Schwefelsäure und Perchlorsäure oder Substanzaufschluß im „Schönigerkolben" zu. Enthält die Probe viel Erdalkalien oder Blei, arbeitet man besser statt in schwefelsaurer in rein perchlorsaurer Lösung. Im Industrielabor wird Phosphor im Mikro- und Spurenbereich häufig auf diesem Wege routinemäßig bestimmt.

Geräte und Reagenzien

Spektralphotometer.

Natriummolybdatdihydrat, 2,5%ige Lösung in 10 N H_2SO_4.

Hydrazinsulfat, 0.15%ige wäßrige Lösung.

Reduktionslösung: kurz vor Gebrauch 25 ml Molybdatlösung mit 10 ml Hydrazinsulfatlösung in einem 100-ml-Meßkolben mischen und mit dest. H_2O zur Marke auffüllen.

Phosphatstammlösung: 0.2132 g $(NH_4)_2HPO_4$ in H_2O lösen und auf 500 ml auffüllen (1 ml dieser Lösung entspricht 0.100 mg Phosphor), entsprechende Verdünnungen zum Aufstellen der Eichkurve.

Ammoniak, 25%ig (MERCK suprapur).

Arbeitsvorschrift. Die Reaktionslösung enthält nach Substanzaufschluß (Methode 55.2 und 55.5) Phosphor als Orthophosphat. Salpetersäure oder Stickoxide dürfen nicht vorliegen oder müssen erst durch Abrauchen verflüchtigt werden.

Nach Verdünnen mit Wasser und Neutralisieren mit Ammoniak gegen Phenolphthalein wird die Reaktionslösung oder ein aliquoter Teil davon (10 oder 25 ml/100 ml je nach erwarteter Phosphormenge) in einem 50-ml-Meßkolben mit 20 ml frisch bereiteter Reduktionslösung gemischt, mit Wasser zur Marke aufgefüllt, gut durchgeschüttelt, in ein siedendes Wasserbad gestellt und 15 min lang die Farbe des Phosphormolybdänblau entwickelt. Nach schnellem Kühlen auf Raumtemperatur wird die Farbdichte gegen eine Blindprobe bei 830 nm gemessen. Wie Abb. 58-6 zeigt, folgt im Konzentrationsbereich von 0 bis 50 µg Phosphor/50 ml die Eichkurve streng dem Beer-Gesetz. Der Extinktionskoeffizient ist auch für diese Methode etwa $25 \cdot 10^3 \, l \, mol^{-1} \, cm^{-1}$.

Nach Aufschluß mit Natriumperoxid in der Nickelbombe (BURTON und RILEY 1955; s. Kap. 55.1) muß, um den Salzfehler zu eliminieren, die Eichkurve mit demselben Salzgehalt (Na_2SO_4 oder $NaClO_4$) erstellt und zu aliquoten Volumenanteilen der Aufschlußlösung – vor der Zugabe der Reduktionslösung – Natriumsulfitlösung zugesetzt werden. Man arbeitet dann wie folgt: 10 ml der etwa neutralen Aufschlußlösung werden in ein 50-ml-Meßkölbchen pipettiert, 1 ml Perchlorsäure (7%ig), dann 10 ml Natriumsulfitlösung (7.5%ige wäßrige Lösung) unter Schütteln zugegeben, zum Sieden erhitzt und 20 bis 30 s am Sieden gehalten. Dann gibt man 20 ml Reduktionsgemisch hinzu und erhitzt die Lösung wieder bis zur Siedetemperatur (15 min). Man kühlt auf Raumtemperatur, füllt genau zur Marke auf und mißt die Farbdichte. Die Auswertung erfolgt über eine Eichkurve, oder der Phosphorgehalt wird direkt berechnet:

$Ext._{Probe} - Ext._{Blind} = \Delta Ext.$

Nach Messung bei 830 nm mit 1-cm-Küvetten:

$\Delta Ext. \cdot 58.5 = $ µg Phosphor/50 ml.

Diskussion der Methoden. Die verschiedenen Methoden der Phosphormolybdänblaubestimmung stimmen in Empfindlichkeit und Genauigkeit weitgehend überein.

Von Vorteil ist bei der Hydrazinmethode die geringe Störanfälligkeit, bei der Zinn(II)-Chloridmethode die schnelle Farbentwicklung bereits bei Raumtemperatur. Bemerkenswert ist dabei auch die Verschiebung des Absorptionsmaximums nach kürzeren Wellenlängen (830 →705 nm).

Störungen: Wie Orthophosphat reagieren mit Molybdat auch Arsenat, Silicat und Germanat zu komplexen Heteropolysäuren, die sich zum entsprechenden Heteropolyblau reduzieren lassen. Arsenat, Silicat und Germanat können jedes für sich auf diesem Wege

quantitativ bestimmt werden (BOLTZ und MELLON 1947). Nach LUECK et al. (1956) stören nicht oder nur wenig:
Acetat, Bromid, Carbonat, Chlorid, Citrat, Dichromat, Fluorid, Iodat, Nitrat, Nitrit, Oxalat, Permanganat, Sulfat, Ammonium, Aluminium, Barium, Bismut(III), Cadmium, Calcium, Chrom(III), Kobalt(II), Kupfer(II), Eisen(III), Blei(II), Lithium, Magnesium, Mangan(II), Nickel(II), Kalium, Silber, Natrium, Thorium(IV), Uranyl und Zink. Störend wirken:
Arsen(III), Arsen(V), Silicat, Germanat, Cer(IV), Gold(III), Iodid, Quecksilber(I), Quecksilber(II), Rhodanid, Thiosulfat, Zinn(II), Zinn(IV) sowie Wolframat und Vanadat, die beide mit Phosphorsäure ähnliche Heteropolysäurekomplexe bilden wie Phosphorsäure mit Molybdänsäure; nach BERENBLUM und CHAIN (1938) stören auch Substanzen, die die Einstellung des erwünschten pH-Werts beeinträchtigen (Säuren, Basen, Puffer) oder Molybdatkomplexe bilden und dadurch die effektive Molybdatkonzentration vermindern (Fluoride, Citronensäure, Oxalsäure, Pyrophosphate, organische Phosphate, u. U. Chloride und Sulfate).

Ferner stören Stoffe, die mit dem Reduktionsmittel reagieren (Nitrite, Iodate, Hypochlorite).

Gegenüber diesen Störeffekten ist die Extraktionsmethode weniger störanfällig als die direkten Methoden; sie kann meist auch dann noch angewendet werden, wenn die Probelösung trüb oder gefärbt erscheint oder sie Stoffe enthält, die mit Molybdat oder Phosphormolybdat Niederschläge erzeugen (gewisse Alkaloide, Thiaminphosphate u. a.).

58.4.5 Bestimmung von Phosphor als Phosphormolybdänsäure neben Arsen, Silicium und Germanium

Die Phosphorbestimmung über die Molybdatoheteropolysäure wird empfindlich durch Arsenat, Silicat und Germanat gestört. Silicate werden häufig als Verunreinigung der verwendeten Reagenzien in die Versuchslösung eingeschleppt. Daher sollten grundsätzlich alle im Laboratorium benutzten alkalischen Lösungen, auch von schwachen oder verdünnten Alkalien, sowie die Molybdatlösung in Plastikflaschen aufbewahrt werden. Die Störung durch Silicium läßt sich relativ leicht vermeiden, wenn der Substanzaufschluß mit Schwefelsäure und Perchlorsäure durchgeführt wird. Die Kieselsäure scheidet sich dabei in dehydratisierter Form aus und muß, wenn die Phosphormolybdänsäure später extrahiert wird, nicht unbedingt abfiltriert werden. In wäßrigen Lösungen kann Silicium nach Eindampfen zur Trockene aus dem Rückstand auch durch Abfluorieren entfernt werden. Hohe Temperaturen sind dabei zu vermeiden, da sonst Phosphorverluste auftreten können.

Auch bei der destillativen Abtrennung des Siliciums als SiF_5 (s. Kap. 60.4.2) bleibt Phosphat quantitativ im Destillationsrückstand zurück und kann dann darin bestimmt werden. Ebenso können Arsen und Germanium als Halogenide destillativ entfernt werden. So wird nach KUHN (1923) fünfwertiges Arsen mit Hydrazin in salzsaurer Lösung reduziert und Arsentrichlorid im langsamen Chlorwasserstoffstrom abdestilliert. LUECK et al. (1956) trennen Arsen und Germanium als Bromide ab. Beide Elemente werden in einem Gang abgetrennt, wenn sie gleichzeitig in der Probelösung vorliegen.

Phosphorsäure, Kieselsäure und Arsensäure lassen sich auch durch *selektive Extraktion* voneinander trennen und dann einzeln über Heteropolyblau quantitativ bestimmen (BOLTZ und MELLON 1947, CLABAUGH und JACKSON 1959). Arbeitsvorschriften zur gleichzeitigen Bestimmung von Arsen, Germanium, Phosphor und Silicium wurden von PAUL (1965, 1966, 1970) beschrieben. Umfangreiche Untersuchungen über die Verteilung der Molybdatoheteropolysäuren von Phosphor, Silicium, Arsen und Germanium zwischen Wasser und organischen Lösungsmittel wurden auch von UMLAND und WÜNSCH (1967), WÜNSCH und UMLAND (1969, 1970) sowie ALT und UMLAND (1975) durchgeführt.

Bei der indirekten Bestimmung des Phosphors über Molybdänrhodanid (s. Kap. 58.3) stören Vanadat, Silicat und Germanat erst, wenn sie in mehr als 100fachem, Wolframat in mehr als zehnfachem molaren Überschuß vorhanden sind. Arsenat wird allerdings quantitativ mitbestimmt, es muß daher vorher abgetrennt werden.

58.4.6 Phosphorbestimmungen neben Silicium

Einführende Bemerkungen. Dazu nutzt man vorzugsweise die selektive Extraktion, mit der auch sehr kleine Phosphatmengen aus großen Lösungsvolumina in einem organischen Lösungsmittel konzentriert und angereichert werden können (DE SESA und ROGERS 1954). Nach PAUL (1960) wird Phosphormolybdänsäure unter bestimmten Bedingungen mit organischen Estern, Ethern und Alkoholen, am vollständigsten mit Diethylether, aus wäßrigen Lösungen quantitativ extrahiert und kann in der organischen Phase als Phosphormolybdänsäure direkt oder nach Reduktion zu Phosphormolybdänblau photometrisch bestimmt werden. Bei Verwendung dieser Lösungsmittel verbleibt das Silicat als Silicomolybdänsäure quantitativ in der wäßrigen Phase und kann darin über Silicomolybdängelb oder nach Reduktion zu Silicomolybdänblau photometrisch bestimmt werden (Methode B). Auch RUF (1956, 1957) bestimmt, nach selektiver Extraktion der entsprechenden Molybdatoheteropolysäuren mit Isobutanol bei verschiedenen pH-Werten, Phosphor und Silicium gleichzeitig aus einer Lösung photometrisch über das entsprechende Heteropolyblau.

Reagenzien

Phosphattestlösung: 10 bis 200 µg P/ml.

Silicattestlösung: 5–30 µg Si/ml.

Ammonmolybdat: 5%ige wäßrige Lösung.

Reduktionslösung A: 1.3 g Ascorbinsäure in 20 ml dest. H_2O, 1.3 ml Zinn(II)-Chloridlösung (4.0 g Sn(II)-Cl_2 in 10 ml HCl konz.) und 15 ml H_2SO_4 9.0 N (249.3 ml konz. H_2SO_4/l) mit dest. H_2O auf 100 ml auffüllen.

Reduktionslösung B: 0.2 g 1-Amino-2-naphthol-4-sulfonsäure, 2.4 g $Na_2SO_3 \cdot 7H_2O$ und 12.0 g Natriummetabisulfit in H_2O zu 100 ml lösen, in dunkler Flasche lagern, die Lösung wöchentlich frisch herstellen.

Ethylacetat (Siedebereich 76.5 bis 78.5 °C).

A) Phosphorbestimmung in Pflanzennährlösungen (JINTAKANON et al. 1975)

Entsprechend dem zu erwartenden Phosphatgehalt (im Bereich von 0.1 bis 10 µmol/l) werden 50 (200) ml wäßrige Probelösung in einen 100 (250) ml fassenden Schütteltrichter pipettiert, 5 (20) ml 10 N HCl zugesetzt und mit 6 (24) ml Molybdatlösung versetzt. Die Säurekonzentration der Lösung ist dann in beiden Fällen 0.8 N. Nach 3 min Stehen zur Extraktion 13 bzw. 25 ml Ethylacetat zumischen, 1 min schütteln, 5 min stehenlassen und dann die wäßrige Phase abtrennen. Zur organischen Phase werden 3 ml Reduktionslösung zugegeben, 30 s geschüttelt und dann 5 min stehengelassen. Die wäßrige Phase läßt man vollständig ablaufen und überträgt die organische Phase in einen trockenen 25-ml-Meßkolben, spült den Schütteltrichter mit Ethylacetat nach und füllt damit den Meßkolben bis zur Marke auf. Nach Durchmischen und einer Wartezeit von 30 bis 60 min nach Reduktion wird bei 720 nm in 4-cm-Küvetten die Farbdichte gemessen.

B) Photometrische Bestimmung von Phosphor und Silicium als Heteropolyblau nebeneinander

Prinzip (PAUL 1960). Die gelbgefärbte Phosphor- und Silicomolybdänsäure werden mit 1-Amino-2-naphthol-4-sulfonsäure zu Heteropolyblau reduziert. Phosphormolybdänblau wird nach Extraktion mit Diethylether in der organischen Phase bei 660 nm, Silicomolybdänblau, das bei der Extraktion in der wäßrigen Phase verbleibt, bei 690 nm photometrisch gemessen.

Ausführung. Je 2 ml der Phosphat- und Silicattestlösung (20–400 µg P und 10–60 µg Si entsprechend) werden in einen 50 ml fassenden Schütteltrichter pipettiert, 2.0 ml HCl (N) und 1.0 ml $HClO_4$ (72%) zugesetzt, 1 min geschüttelt, dann 4.0 ml Ammonmolyb-

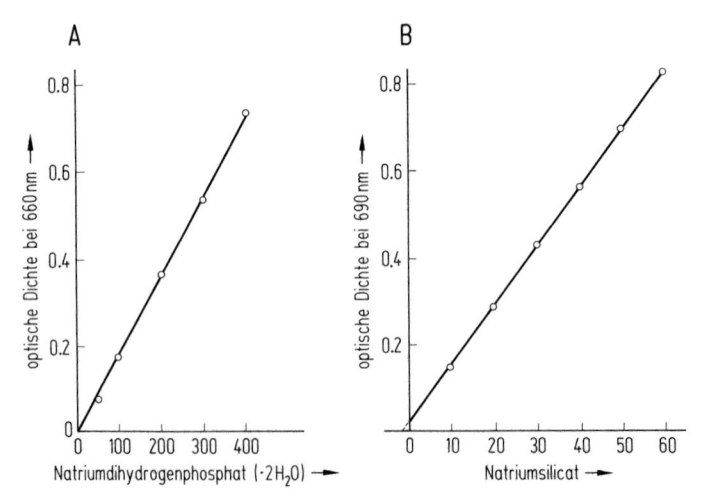

Abb. 58-9. Bestimmung von P und Si als Heteropolyblau nebeneinander. (A) Eichgerade für P, (B) Eichgerade für Si.

datlösung (5%ige wäßrige Lösung) zugemischt, wieder 3 min geschüttelt und schließlich unter Schütteln mit 0.5 ml Amino-naphthol-sulfonsäure-Reagenz versetzt. Man läßt zur Farbentwickung 10 min stehen und schüttelt das Phosphormolybdänblau 30 s mit Diethylether aus. Nach Phasentrennung wird die Farbdichte in der wäßrigen Phase bei 690 nm und die der Etherphase bei 660 nm gegen Blindwert gemessen. Die Eichgeraden in Abb. 58-9 zeigen auch die verschiedene Empfindlichkeit der Phosphor- und Siliciumbestimmung nach der photometrischen Heteropolyblaumethode.

59 Spektrometrische Phosphorbestimmung

Zur Bestimmung von Phosphor im Spurenbereich werden zunehmend auch spektrometrische Methoden genutzt. So bestimmen SIMON und BOLTZ (1975) nach Extraktion der Phosphormolybdänsäure Phosphor in organischen Lösungsmitteln durch AAS über Molybdän.

LEYDEN et al. (1975) beschrieben die Phosphorbestimmung im ppb-Bereich in natürlichen Wässern mit der Röntgenfluoreszenzspektrometrie. Diese gewinnt zunehmend zur Spurenanalyse in verschiedensten Matrizen an Bedeutung: Die Bestimmung kann direkt – ohne vorherigen Aufschluß – durchgeführt werden. Aus diesem Grund ist sie in vielen Fällen gegenüber Konkurrenzmethoden, meist klassischer Art, sogar vorteilhafter.

Nach praktischen Erfahrungen von E. BANKMANN (unveröffentlicht) ist es bei derartigen *Anwendungen* der *Röntgenfluoreszenzmethode auf Elementbestimmungen* z. B. zur Phosphorbestimmung in organischen Polymeren fast unabdingbar, zuerst – in einer heizbaren, temperaturgeregelten, hydraulischen Presse – einwandfrei plane Preßlinge herzustellen, wobei jede Kontamination der Tablettenoberflächen zu vermeiden ist (Fingerabdrücke u. v. a.). Sinnvoll ist eine Tablettendicke von 5–10 mm, wobei man diese für jedes zu analysierende Polymer konstant hält. Die erforderlichen Preßtemperaturen liegen für die gängigen Polymere (Polyäthylen, Polypropylen, Polyäthylenglykolterephthalat, Polystyrol u. a.) bei ca. 80° bis 150°C; hochschmelzende Polymere wie Polyätherketone, Fluorpolymere und ähnliche erfordern besondere Preß- bzw. Sintertechniken. Ein üblicher Tablettendurchmesser ist 31 mm, wodurch sich ein Substanzbedarf von rund 3 g pro Preßling ergibt.

Die röntgenspektrometrischen Meßbedingungen sollten optimiert sein. Vorteilhaft ist ein wellenlängendispersives Röntgenspektrometer (z. B. SIEMENS SRS 303, PHILIPS PW 1480 u. a.) mit Chrom-Anode. Die häufig benutzte Kompromißröntgenröhre mit Rhodium-Anode ist ebenfalls brauchbar, erfährt aber im unteren Spurenbereich durch Überlagerungen mit Rh-Linien eine gewisse Einschränkung. Sinnvolle Anregungsbedingungen sind 50/40 bis 50/50 [kV/mA]. Kollimator: grob; Kollimatorblenden je nach Problemstellung. Strahlengang: Vakuum. Detektor: Durchflußproportionalzählrohr mit dünner (= 1 µ) Zählerfolie. Analysatorkristalle: Pentaerythrit (PE) oder zur Unterdrückung von Linienüberlagerungen durch Reflektionen höherer Ordnung ein Germanium-Kristall (PK_α wird vor allem durch $CaK_{\beta II}$ beeinflußt). Primärstrahlfilter: problemabhängig, hier unnötig. Zählzeiten von 100 sec (bei Probenrotation) sind häufig ausreichend. Schließlich sind die Netto-Zählraten mit den Konzentrationen zu korrelieren (manuell oder via integriertem Computer).

Wie bei allen physikalischen Verfahren der Elementbestimmung (Relativmethoden) muß vor der Messung unbekannter Proben eine Eichung (Kalibrierung) durchgeführt werden. Dies ist meist der schwierigste Teil beim Arbeiten mit der RFA.

Liegen verläßliche Standardproben mit genau bekannter Zusammensetzung und Konzentration des (der) zu bestimmenden Elements(e) vor, treten üblicherweise keine Probleme auf. Ansonsten ist bei der Lösung der Korrelierungsfrage dem Einfallsreichtum und Geschick des Analytikers keine Grenze gesetzt. Eine Lösung bietet sich beispielsweise an durch

a) exakte Elementbestimmung in solchen Proben auf nichtinstrumentellem Weg, also mittels klassischer Verfahren, was mitunter recht schwierig sein kann. Liegen keine Proben mit einem größeren Konzentrationsbereich an dem zu bestimmenden Element vor, sind bei der röntgenspektrometrischen Auswertung Extrapolationen unvermeidlich (zu tieferen Konzentrationen hin wohl zulässig, sofern ein definierter Nullpunkt vorliegt);
b) Dotierung des Polymeren mit definierten Mengen der Additivkomponente(n) und Homogenisierung im Laborextruder. Eine Überprüfung so hergestellter Standardproben ist jedoch unerläßlich, sei es durch Analysentechniken wie unter (a) angeführt oder zumindest durch die röntgenspektrometrische Prüfung auf Linearität zwischen Sollgehalt und gemessener Nettointensität.

Die Problematik wird am nachfolgend beschriebenen praktischen Beispiel aufgezeigt: Die Phosphor-Bestimmung in flammfestem Polyester (PÄT) im Bereich 0,2 bis 0,7% P mit der klassischen, spektralphotometrischen Molybdänblaumethode (nach Aufschluß der Proben mit Schwefelsäure/Salpetersäure allein, ohne Perchlorsäure!) machte große Schwierigkeiten; es wurden stets zu niedrige und stark streuende P-Werte erhalten. Die Ursache lag in Phosphorverlusten durch unvollständigen Naßaufschluß. Diese Erkenntnis gilt grundsätzlich für alle Substanzen, die Phosphor-Kohlenstoff-Bindungen enthalten (Substanzen mit ausschließlich Phosphor-Sauerstoff-Bindungen machen keine Probleme). Die Röntgenmessungen zeigten dagegen von Anfang an eine sehr gute Reproduzierbarkeit der PK_{α}-Intensitäten. Die Kalibrierung gelang schließlich durch den Einsatz des SCHÖNINGER-Aufschlußes (s. Kap. 44), allerdings nicht mit dem üblicherweise verfügbaren PÄT-Granulat, sondern mit Stapelfaserproben bei Einwaagen von 10 bis 30 mg und anschließender, standardisierter spektralphotometrischer P-Bestimmung. Heute wird der P-Gehalt in solchen Materialien ohne Probleme schnell und exakt mittels Röntgenfluoreszenz bestimmt.

60 Silicium

60.0 Allgemeines

Silicium ist teilweise schwierig zu bestimmen, da es in vielen unterschiedlichen Verbindungen vorliegen kann: als Silicid und freies Silicium in Metallschmelzen, als Silicat in Gesteinen, Glas- und Quarzgut, reine Kieselsäure als Füllstoff oder Verunreinigung organisch/technischer Produkte sowie gelöst in zum Teil beträchtlicher Menge in Wässern und wäßrigen Lösungen, zunehmend auch als konstitutioneller Bestandteil organischer Verbindungen.

Im Gegensatz zur Analyse anorganischer Siliciumverbindungen (BENNETT 1977) ist die Analyse siliciumorganischer Verbindungen ein noch relativ junger Forschungszweig. Die Analytik des Siliciums in organischen Verbindungen (SMITH 1960) ist erst in neuerer Zeit intensiv bearbeitet und methodisch entwickelt worden.

Die Hauptschwierigkeit der Siliciumbestimmung liegt im korrekten Aufschluß. Dabei sind zwei Hauptfehler zu vermeiden. Einmal das Einschleppen von Kieselsäure durch Abrieb und Ablösen aus den zur Analyse zu verwendenden Glasgefäßen (z. B. beim Naßaufschluß), zum anderen Verluste durch Verflüchtigung (z. B. beim Aufschluß flüchtiger Siliciumverbindungen).

Silicium, meist als Siliciumdioxid, ist weit verbreitet und als Spurenelement in vielen organischen Probematerialien enthalten. Deshalb sollte vor Beginn einer Elementaranalyse, in jedem Fall bei Ausführung einer Vollanalyse, durch Bestimmung einer Glühasche bzw. Bestimmung des Glührückstandes bei der CHN-Analyse darauf geprüft werden.

Substanzaufschluß in der Siliciumbestimmung. Silicium wird thermisch in strömender oder ruhender Sauerstoffatmosphäre, naßchemisch durch Kochen mit starken Mineralsäuren oder durch alkalische Schmelzaufschlüsse im offenen Tiegel oder in Bomben zu Kieselsäure bzw. Siliciumdioxid aufgeschlossen, das direkt gravimetrisch oder nach Komplexierung mit Molybdat gravimetrisch, maßanalytisch oder photometrisch bestimmt werden kann. Oder Silicium wird mit Flußsäure aus Glühaschen oder Aufschlußlösungen als Kieselfluorwasserstoffsäure abdestilliert.

60.1 Aufschluß durch Trocken- oder Naßveraschung im offenen Tiegel

Der einfachste Substanzaufschluß ist die trockene oder nasse Veraschung in einem offenen Tiegel oder Schiffchen aus Platin oder Porzellan (s. Kap. 5.0 bis 5.3). Vorausgesetzt es liegen *nichtflüchtige Siliciumverbindungen* vor, z. B. Kieselsäureester oder reine Kieselsäure, als Füllstoff oder Verunreinigung in der organischen Matrix.

Ausführung. Die Probe (1 mg SiO_2 enthaltend) wird in einen Platintiegel entsprechender Größe eingewogen, – im Falle der Naßveraschung mit 4 bis 5 Tropfen konz. H_2SO_4 befeuchtet – und dann unter allmählicher Temperatursteigerung über einer offenen Flamme oder im elektrisch beheizten Veraschungsgerät (s. Kap. 5.2) bis 850°C gewichtskonstant geglüht. Nach Abkühlen des Veraschungsgefäßes im Exsikkator wird der Glührückstand, am besten unter Ausschluß der Luftfeuchte durch Einbringen des Tiegels in ein Wägegläschen, gravimetrisch bestimmt. Da der Glührückstand außer SiO_2 oft erhebliche Mengen anderer Oxide enthalten kann, bestimmt man das SiO_2 durch Abrauchen mit HF und H_2SO_4, wobei das Siliciumtetrafluorid flüchtig ist:

$$SiO_2 + 2\,H_2F_2 \rightleftharpoons SiF_4\uparrow + 2\,H_2O \ .$$

Schwefelsäure bindet das entstehende Wasser und führt die gebildeten Metallfluoride in Sulfate über, so daß die Metalle nach erneutem Glühen wie zu Beginn als Oxide vorliegen:

$$Me_2SO_4 \rightleftharpoons SO_3 + Me_2O \ .$$

Ihre Menge ist von der des verunreinigten Siliciumdioxids hernach abzuziehen (s. Kap. 61, Gravimetrische Si-Bestimmung).

60.2 Alkaliaufschluß im offenen Tiegel

Zur Siliciumbestimmung in vorwiegend mineralischen (silicatischen) Proben wird im allgemeinen der Alkaliaufschluß mit entwässerter Soda im Platintiegel oder mit Ätznatron im Glaskohlenstofftiegel favorisiert mit anschließender gravimetrischer Siliciumbestimmung als Siliciumdioxid oder gravimetrischer oder maßanalytischer Siliciumbestimmung als „Oxin-Komplex".

A) Sodaaufschluß

Die feingepulverte Substanz wird im Platintiegel mit der 6 bis 8fachen Menge entwässerten Soda etwa 1 h bei 900 bis 1000 °C aufgeschmolzen. Um ein Übersieden infolge der starken Gasentwicklung zu vermeiden, erhitzt man vorsichtig vom oberen Rand des Platintiegels her und erst in der Schlußphase kräftig vom Boden aus.

Beim Aufschluß kieselsäurereicher Silicate erhält man meist eine klare Schmelze, während sie bei basischen Silicaten stark getrübt erscheint. Setzt man das Glühen vor dem Gebläse fort und findet dabei noch eine nennenswerte CO_2-Entwicklung statt, so rührt diese nicht von der Reaktion noch unzersetzten Silicates mit der Soda her, sondern von der Zersetzung gebildeter Carbonate des Eisens, Mangans oder der Erdalkalimetalle, die übrigens schon beim Glühen mit dem Teclubrenner beginnt. Der Schmelzkuchen wird in einer Schale mit dunkler Innenglasur zuerst mit Wasser vollständig aufgeweicht, bevor man überschüssige Salzsäure zugibt. Vor der Säurebehandlung einer durch Manganat grün gefärbten Schmelze muß der Platintiegel aus der Schale entfernt sein, weil er sonst durch sich entwickelndes Chlor angegriffen wird. Bei aufgelegtem Uhrglas wird die Flüssigkeit erwärmt, bis kein CO_2 mehr entweicht, das Uhrglas abgespült und im übrigen wie bei der Bestimmung der Kieselsäure in säurezersetzlichen Silicaten verfahren.

Dieser Aufschluß gestattet die Bestimmung praktisch aller übrigen Bestandteile des Silicates außer Alkalien. Ist in einem Silicat noch Sulfat zu bestimmen, darf der Aufschluß natürlich nicht mit Salzsäure, sondern nur mit heißem Wasser ausgelaugt werden. Erst nach dem Filtrieren wird das Filtrat mit Salzsäure abgeraucht, der Rückstand mit Salzsäure durchfeuchtet, mit Wasser verdünnt und die Kieselsäure von der Sulfatlösung abfiltriert.

Bei Sodaaufschlüssen von Silicaten läßt sich eine quantitative Trennung der Kieselsäure − z. B. von Calcium − nicht durch Auslaugen der Schmelze mit Wasser erreichen, da Calciumcarbonat mit dem in Lösung gehenden Natriumsilicat unter Rückbildung von Calciumsilicat reagiert. BOCK et al. (1972) untersuchten die Aufteilung der Kieselsäure auf Lösung und Carbonat- bzw. Oxidrückstand verschiedener Elemente.

Im klassischen Gang der Silicatanalyse wird nach dem Sodaaufschluß die Kieselsäure gefällt und gravimetrisch bestimmt. Dabei ergeben sich merkliche Verluste an Kieselsäure; einmal weil diese der zur Fällung verwendeten Porzellanschale anhaftet, zum anderen weil auch in stark sauren Medien merkliche Kieselsäuremengen löslich sind (etwa 100 µg SiO_2/ml). Bei neueren Methoden wird deshalb vorgeschlagen, den Sodaaufschluß in einer größeren und mit Deckel versehenen Platinschale im Muffelofen auszuführen und anschließend die Kieselsäure in der Platinschale selbst zu fällen. Die gefällte Kieselsäure wird dann gravimetrisch, die in Lösung verbliebene Kieselsäure im Filtrat der Kieselsäurefällung spektralphotometrisch bestimmt. Im Filtrat können dann auch Ti, Al, Fe, Ca und Mg spektralphotometrisch bzw. komplexometrisch bestimmt werden.

Siliciumbestimmung in biologischen Proben (Körperflüssigkeiten und tierischen Geweben) nach AUSTIN et al. (1972): Die getrocknete und pulverisierte Probe wird in einem Platintiegel unter milden Bedingungen verascht, der Rückstand mit 200 mg Natriumcarbonat 2 h aufgeschlossen, die Schmelze in 10 N H_2SO_4 gelöst, neutralisiert und in einem 25-ml-Polyethylenmeßkolben zur photometrischen Bestimmung nach der Siliciummolybdänblau-Methode (63.2) bereitgestellt.

B) Ätznatronaufschluß

Durch eine Ätznatronschmelze werden nicht nur Silicate bei relativ tiefen Temperaturen (<500 °C) leicht und schnell aufgeschlossen, sondern auch andere Verbindungen, die von Säuren schwer angegriffen werden, wie Wolframate, Titanate, Rutil, Zinnstein, Flußspat usw. (KÖSTER 1979). NaOH ist sehr rein, aus metallischem Natrium hergestellt, in der für analytische Zwecke besonders bequemen Tropfenform im Handel erhältlich. Das Gewicht des einzelnen Tropfens beträgt etwa 0.2 g und ist sehr konstant, so daß man die erforderliche Menge nicht einwägen muß, wodurch das Anziehen von Feuchtigkeit vermieden wird. Die Probe wird in einem entsprechend großen Tiegel aus Silber, Reinnickel oder − besser − aus Glaskohlenstoff (SIGRI) aufgeschmolzen. Das Natriumhydroxid, für eine mittlere Substanzeinwaage von 50 mg etwa 1.5 g, wird durch kurzes Erwärmen am Tiegelboden festgeschmolzen und auf die erstarrte, aber noch warme Schmelze die Probe eingewogen. Man erwärmt den Tiegel langsam bis zum Sintern des Ätznatrons und steigert dann die Temperatur allmählich bis zum klaren Schmelzfluß. Den oberen Teil des Tiegels hält man, um ein „Klettern" der Schmelze zu verhüten, möglichst kühl. Zum Aufschluß *flüchtiger* oder *wärmeempfindlicher Substanzen* wird die in den Aufschlußtiegel eingewogene Probe, im Mittel 50 mg, mit 3 ml konzentrierter Natronlauge (100 g NaOH in 178 ml dest. H_2O; in einer Kautexflasche gelöst und darin aufbewahrt) versetzt und durch vorsichtiges Erwärmen des abgedeckten Tiegels die Natronlauge entwässert. Erst dann wird die Temperatur allmählich erhöht und der Tiegelinhalt bis zum klaren Schmelzfluß aufgeschmolzen. Nach Abkühlen füllt man den Tiegel bis nahe an den Rand mit Wasser und löst die Schmelze langsam in der Wärme. Wird die Kieselsäure anschließend *gravimetrisch* bestimmt, dann wird in der natronalkalischen Aufschlußlösung die Siliciumbestimmung nach Kap. 61 durchgeführt. Wird die Kieselsäure anschließend *spektralphotometrisch* bestimmt, dann wird der Tiegelinhalt nach KÖSTER (1979) in ein breites 1000-ml-Becherglas, das 400 ml H_2O und genau 20 ml HCl (1:1; aus 32%iger HCl, D = 1.16) enthält, gegossen und quantitativ überspült. Diese Aufschlußlösung wird in einem Meßkolben zu 1 l aufgefüllt, in einer Kautexflasche aufbewahrt und zur photometrischen Siliciumbestimmung nach Kap. 63 bereitgestellt.

Blindlösungen und Testlösungen für die Kieselsäure-(auch Aluminium-)bestimmung werden nach dem gleichen Aufschlußverfahren hergestellt. Besonders wichtig für die anschließende photometrische Kieselsäurebestimmung ist, daß das Mengenverhältnis Natronlauge/Salzsäure genau eingehalten wird.

60.3 Aufschluß mit Natriumperoxid in der Nickelbombe

Der Bombenaufschluß ist zur Siliciumbestimmung in Si-organischen Substanzen im Makro- wie Mikromaßstab gleich gut geeignet und fast universell anwendbar. Zur Technik s. Kap. 45.1. Wegen des hohen Salzgehalts der resultierenden Aufschlußlösung ist die gravimetrische Siliciumbestimmung durch Fällung der Kieselsäure und Auswägen als SiO_2 nachteilig. Deshalb wird die gravimetrische Siliciumbestimmung durch Fällung als „Oxin"-Komplex oder die photometrische Bestimmung als Silicium-Molybdänblau bevorzugt. Letztere Methode ist sehr empfindlich, weshalb bereits weniger als 1 mg zur Analyse, z. B. in der in Abb. 60-1 skizzierten Ultramikrobombe (MERZ und PFAB 1969), mit Natriumperoxid aufgeschlossen werden müssen.

Wird die Bestimmung über die gravimetrische oder maßanalytische „Oxin"-Methode durchgeführt, dann werden 40 bis 50 mg analysenfertiger Probe in der sog. Mikro-Schwefelbombe (s. Abb. 60-1) unter Zusatz von 50 bis 70 mg Glucose als Zündhilfe mit etwa 1.5 g Natriumperoxid aufgeschlossen. Bei ersichtlich unvollständigem Aufschluß oder schweraufschließbaren Substanzen wird nach Öffnen der Bombe und Entfernen von Bombendeckel und Dichtungsring der Inhalt des Bombenbechers über offener Gasflamme kurz und kräftig durchgeschmolzen, dann wird die Bombe gekühlt, außen mit dest. Wasser abgespült, in ein 250 ml fassendes, becherförmiges Gefäß aus Nickel oder Silber gelegt und die Schmelze mit heißem Wasser ausgelaugt, wozu der Nickelbecher abge-

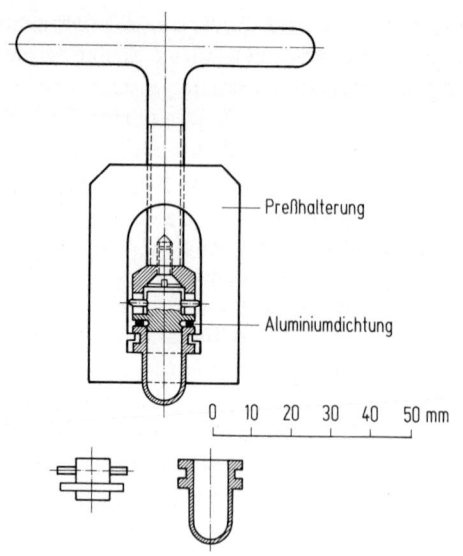

Abb. 60-1. Ultramikrobombe für Peroxidaufschluß.

deckt wird. Der Bombenbecher wird dann aus der Lösung genommen und mit genügend Wasser und einigen Tropfen Salzsäure sorgfältig ausgespült. Die Aufschlußlösung wird auf etwa 125 ml verdünnt, mit Salzsäure gegen Lackmus neutralisiert, in einen 250-ml-Meßkolben übergespült, zur Marke aufgefüllt und zur Siliciumbestimmung nach der „Oxin"-Methode oder auf photometrischem Wege bereitgestellt.

60.4 Flußsäureaufschluß

Silicium und Siliciumdioxid, gebunden in zahlreichen natürlichen Silicaten und technischen Produkten wie Glas und Quarz, werden schnell und leicht durch Flußsäure gelöst. Deshalb wird der Flußsäureaufschluß häufig nicht nur zur Bestimmung des Siliciums, sondern auch zur Bestimmung seiner Begleitelemente in silicatischen Proben angewendet. Der Flußsäureaufschluß wird in verschiedenen Varianten ausgeführt. Entsprechend der Endbestimmung der zu bestimmenden Elemente wird Silicium mit Flußsäure verflüchtigt oder destillativ abgetrennt oder Silicium und Begleitelemente werden in den flußsäurehaltigen Aufschlußlösungen direkt bestimmt. Abtrennen der Kieselsäure mit HF durch Verflüchtigung s. Aschebestimmung (Kap. 5.3) und gravimetrische Siliciumbestimmung (Kap. 61).

60.4.1 Silicataufschluß mit Flußsäure im Teflon-Druckgefäß und anschließender Atomabsorptions-Spektroskopie

Zur Bestimmung der Elemente in natürlichen Silicaten durch Atomabsorptionsmessung (BERNAS 1968) wird die Probe mit HF in einem Teflon-Druckgefäß aufgeschlossen und die Aufschlußlösung nach Komplexierung der überschüssigen Flußsäure mit Borsäure zur atomspektrometrischen Messung der Elementkonzentrationen (Si, Fe, Al, Ti, V, Ca, Mg, Na, K) in die N_2O- bzw. Luft-Acetylenflamme versprüht (Prinzip der AAS-Bestimmung s. Kap. 70).

Ausführung. Von der feingepulverten Probe werden 50 mg in das auf Abb. 60-2 skizzierte Teflon-Aufschlußgefäß eingewogen, mit 0.5 ml Königswasser durchfeuchtet, anschließend mit 3.0 ml HF (48%) versetzt, nach Auflegen des Teflondeckels gasdicht verschraubt und 30 bis 40 min bei 110 °C im Trockenschrank aufgeschlossen. Nach Abkühlen und Öffnen des Aufschlußgefäßes wird die Aufschlußlösung verlustfrei mit 4 bis 6 ml dest. Wasser über den an den Aufschlußbecher angeflanschten Ablaufspund in ein 50 ml fassendes Polystyrolgefäß übergespült. Das Volumen der Lösung sollte 10 ml nicht übersteigen. Man fügt nun 2.8 g Borsäure zu und bringt diese durch magnetisches Rühren mit einem Teflonrührkern schnell in Lösung. Man fügt 5 bis 10 ml dest. Wasser zu und verdünnt weiter bis zur klaren Lösung auf 40 ml. Die Lösung wird in einen 100-ml-Meßkolben übertragen und zur AAS-Bestimmung der Elemente in einem Polyethylengefäß aufbewahrt.

Auch Silicium wird durch AAS bestimmt. Die optimale Konzentration zur Messung liegt im Bereich von 10 bis 100 µg Si/ml Meßlösung. Diese Methode ist für Siliciumgehalte <10% und im Spurenbereich prädestiniert. Bei höheren Gehalten eignet sich die gravimetrische oder maßanalytische „Oxin"-Methode.

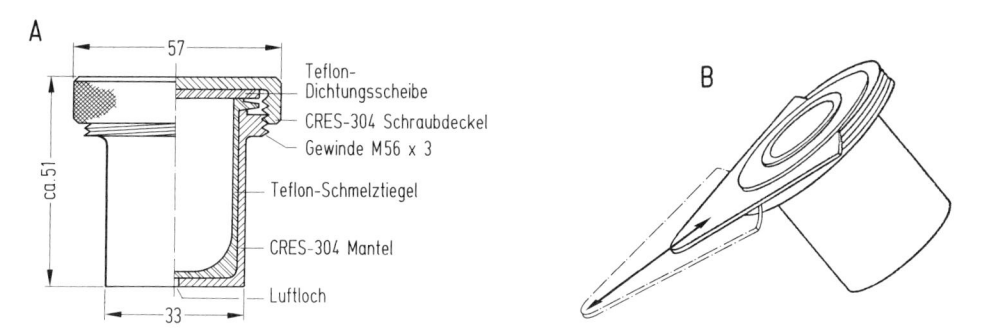

Abb. 60-2. Teflon-Druckgefäß. (A) Aufschlußgefäß, (B) Aufschlußgefäß mit Schnabel.

60.4.2 Aufschluß mit Flußsäure-Perchlorsäure und Isolierung des Siliciums als SiF_4 und H_2SiF_6 durch Destillation

Prinzip (TÖLG 1958; GEILMANN und TÖLG 1960). Das mit Flußsäure aufzuschließende Material (z. B. eine Glasprobe) wird mit $HF/HClO_4$ in einer Destillationsapparatur (Abb. 60-3) aus Platin und Kunststoff aufgeschlossen, die flüchtigen Reaktionsprodukte, H_2SiF_6, SiF_4 und überschüssige HF werden abdestilliert und in der vorgelegten Natronlauge absorbiert. In der Vorlagelösung wird die Kieselsäure, nach Komplexierung der Fluor-Ionen mit Borsäure, als Silicomolybdänsäure photometrisch bestimmt. In der im

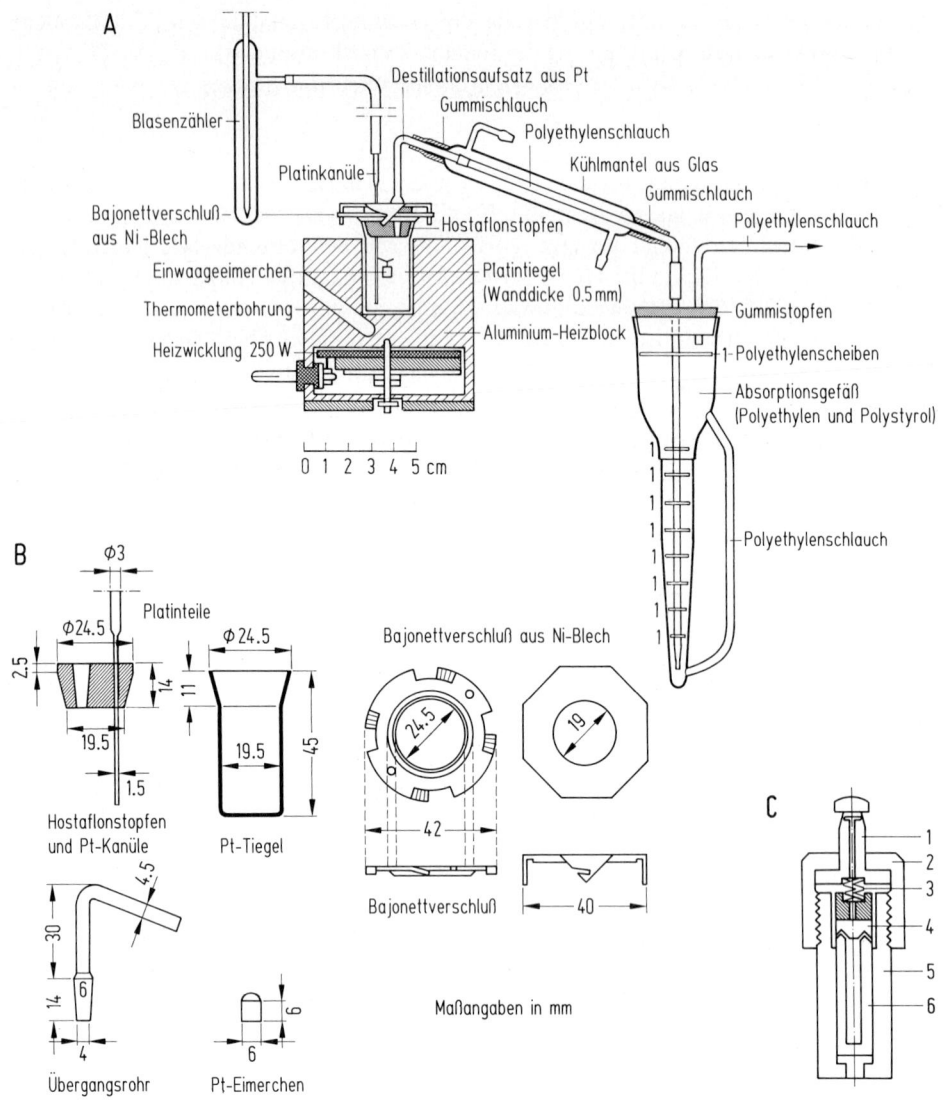

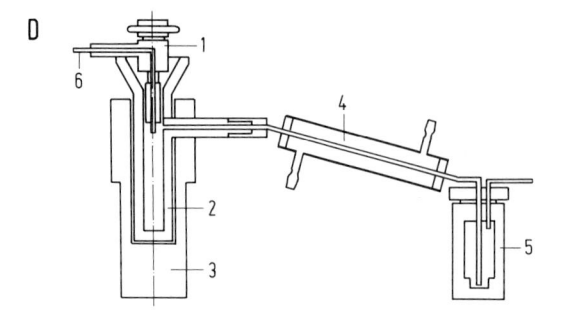

Abb. 60-3. (A) HF-Destillationsapparatur nach TÖLG.
(B) Einzelteile (Maße in mm) zu (A).
(C) Druckaufschluß-Einsatz nach TÖLG (10 ml). *1* Aushebe- und Verschlußteil, *2* Schraubdeckel, *3* Druckfeder, *4* PTFE-Deckel, *5* V-2A Druckbehälter, *6* PTFE-Reaktionsgefäß.
(D) Kombinationszusatz. *1* PTFE-Schliffstopfen mit Inertgaszuführung, *2* Reaktionsgefäß, *3* Metallmantel, Anpassung zum Heizblock, *4* Kühler, *5* Absorptionsgefäß, *6* Argon-Zufuhr.

Aufschlußgefäß zurückgebliebenen Rückstandslösung können Begleitelemente des Siliciums in der Probe, z. B. P_2O_5, Fe_2O_3, MnO, Al_2O_3, MgO, CaO, Na_2O, K_2O u. a., quantitativ, die meisten von diesen spektrometrisch, bestimmt werden.

Ausführung. Als Aufschluß- und Destillationsgefäß dient ein Platintiegel von 10 ml Inhalt, der mit einem doppelt durchbohrten Stopfen aus Teflon verschlossen wird. Durch die eine Bohrung führt ein Destillationsaufsatz aus Platin, durch die andere eine Platinkanüle, durch die ein Luftstrom gesaugt werden kann. An den Destillationsaufsatz wird ein Teflonrohr angeschlossen, über welches ein Kühlermantel aus Glas geschoben wird. Als Vorlage dient ein Zentrifugeneinsatz aus Polyethylen. Die Einwaage von 0.5 bis 20 mg bringt man in ein Platineimerchen, welches an der Platinkanüle lose hängt und beschickt den Platintiegel mit einer Mischung aus 1 ml 40%iger Flußsäure, 1 ml 60 bis 70%iger Perchlorsäure und 2 ml Wasser. Wenn die Apparatur luftdicht ist, neigt man sie so weit, daß das Platineimerchen in das Säuregemisch fällt, leitet einen Luftstrom von etwa 10 Blasen/min hindurch und erhitzt im Laufe von 80 min auf 180 °C. Das entweichende SiF_4 wird in 20%iger Natronlauge aufgefangen. Nach beendeter Destillation saugt man die Absorptionslösung in eine Polyethylenflasche, wäscht gründlich mit Wasser nach und ermittelt das Gewicht der Lösung, etwa 100 g, genau. Zu 5 bis 10 g davon mit höchstens 800 µg SiO_2 gibt man 2 g krist. Borsäure verdünnt mit 50 °C warmem Wasser auf 25 bis 30 ml und versetzt mit 2.25 ml konz. Salpetersäure und 5 ml 2 N Natriumacetatlösung. Die Lösung, deren pH-Wert 1.0 ± 0.2 betragen muß, bringt man in einen 50-ml-Meßkolben, fügt 5 ml 10%ige Ammoniummolybdatlösung, die mit so viel festem NaOH versetzt wird, daß sich Phenolphthalein eben rot färbt, hinzu und füllt zur Marke auf. Die Extinktion der gelben Lösung mißt man nach 15 min in einer 2- oder 5-cm-Zelle bei 400 nm gegen eine ebenso behandelte Blindlösung. Die Werte entnimmt man einer Eichkurve. – Sollen auch die anderen nichtflüchtigen Bestandteile ermittelt werden, so bringt man den Destillationsrückstand zur Trockene und nimmt ihn mit 2 ml 2 N Salzsäure und 2 ml heißem Wasser auf.

Kieselsäure stört die spektralphotometrische, komplexometrische oder flammenspektrometrische Analyse der Begleitelemente und sollte daher nach dem Flußsäureaufschluß destillativ entfernt werden. Die meisten Haupt- und Nebenelemente der Silicate und Silicatgesteine lassen sich in den Aufschlußlösungen von Flußsäureaufschlüssen nebeneinander bestimmen (s. KÖSTER 1979).

60.4.3 Aufschluß siliciumorganischer Verbindungen in der Sauerstoffflasche im statu nascendi

Prinzip (BURROUGHS et al. 1968). Die Probe wird im Gemisch mit pulverförmigen PTFE in großem Überschuß in den Probenträger, ein Stück Filterpapier, eingefaltet und in einem sauerstoffgefüllten *Kolben aus Polyethylen* auf üblichem Wege (s. Kap. 44) abgebrannt. Die bei der Verbrennung entstehenden Reaktionsprodukte, insbesondere der aus PTFE entstehende HF, werden in Natronlauge absorbiert. Das in dieser Reaktionslösung gelöste Silicium wird nach Komplexierung des HF mit Borsäure photometrisch nach der Siliciummolybdängelb-Methode (Kap. 63) bestimmt.

Aufschlußausführung. Zum Aufschluß wird ein 250- bis 500-ml-Polyethylenkolben (FISHER SCIENTIFIC CO. Cat. No. 2-923) verwendet, ausgerüstet mit einem dichtsitzenden Gummistopfen, in dem die Platindrahtnetzhalterung (THOMAS CO. Cat. No. 6471-Q) als Substanzträger so befestigt ist, daß sie nach Einpassen des Stopfens bis in die Mitte des Kolbens reicht. Die Größe der Substanzeinwaage richtet sich nach der zu bestimmenden Siliciummenge, die zwischen 0.2 und 1.5 mg liegen sollte. Zur Probe wird soviel pulverförmiges PTFE (Halon TFE, Type G80, ALLIED CHEMICAL CO.) zugeschlagen, daß PTFE etwa im 50fachen Überschuß zur vorhandenen Siliciummenge vorliegt. Die Probe wird in lockerer Mischung in den Filterpapierstreifen eingefaltet und im Platindrahtnetzkörbchen festgeklemmt. Als Absorptionslösung werden 10 ml 6 N NaOH (kieselsäurefrei) und 2 ml 3%iges H_2O_2 im Polyethylenkolben vorgelegt und der Aufschlußkolben zur Kühlung in einen mit kaltem Wasser gefüllten Metallbehälter getaucht. Nach kurzem und kräftigem Bespülen des Aufschlußkolbens mit Sauerstoff (30 bis 60″) wird die Papierlunte gezündet und der Stopfen mit dem Aufschlußkontakt schnell in den Aufschlußkolben eingepreßt und gasdicht verankert. Nach Abbrennen der Probemischung und einigen Minuten weiterer Kühlung des Kolbens wird dieser aus dem Kältebad genommen, durchgeschüttelt und dabei der Platinkontakt aus dem Adapter gelöst. Bei eingehängtem Stopfen wird der Kolben etwa 30 min in ein siedendes Wasserbad gestellt, wodurch das abperlende Kondenswasser die Kolbenwände in die Aufschlußlösung abspült und die Silicofluoride hydrolysiert werden. Nach Abkühlen des Kolbeninhalts werden zur Vorbereitung der photometrischen Siliciumbestimmung als Siliciummolybdänsäure folgende Reagenzien in der angegebenen Reihenfolge zugesetzt (mit nachfolgendem Durchmischen nach jeder Zugabe): 3 Tropfen 1%ige ethanolische Phenolphthaleinlösung, 20 ml 5 Gew.-%ige Borsäurelösung, 6 N HCl zur Neutralisation der NaOH bis zum Indikatorumschlag des Phenolphthaleins, 15 ml 1 N HCl, 10 ml 10 Gew.-%ige Ammonmolybdatlösung und 2 ml 70%ige $HClO_4$. Die gesamte Lösung wird verlustfrei in einen 100-ml-Meßkolben übergespült und mit dest. Wasser zur Marke aufgefüllt. Nach 5 min Farbentwicklung wird die Farbdichte bei 420 nm gemessen (s. Kap. 63). Phosphor und Arsen stören die Bestimmung nicht. Als Testsubstanz wird Oktaphenylcyclotetrasiloxan (NBS Standard No. 1066; $Si_{theor.} = 14.1\%$) verwendet.

61 Gravimetrische Siliciumbestimmung

61.1 Aufschluß siliciumorganischer Verbindungen durch Rohrverbrennung und gravimetrische Siliciumbestimmung als Siliciumdioxid

Einführende Bemerkungen. Die unten beschriebene Methode geht auf ROCHOW (1941, 1948) zurück. Sie wurde von KAUTSKY et al. (1955) zur Entwicklung einer quantitativen Bestimmungsmethode im Halbmikromaßstab genutzt, nach der Silicium, CH und Chlor in festen, flüssigen und flüchtigen siliciumorganischen Verbindungen simultan bestimmt werden kann. Von WIRZING (1957) wurde diese Methode zur Analyse von Triphenylsilanolen angewendet. Weitere Erfahrungen mit der Siliciumbestimmung in flüchtigen organischen Siliciumverbindungen durch Rohrverbrennung haben BROWN et al. (1958) beschrieben. Die Hauptschwierigkeit liegt nach den Aussagen obiger Autoren in der gezielten Substanzverdampfung. Sie muß so geführt werden, daß sich infolge Sauerstoffmangels kein Siliciumcarbid bilden kann, das schwer wieder in Lösung zu bringen ist und den Siliciumwert verfälschen würde. Außerdem muß dafür Sorge getragen werden, daß sich das bei der Verbrennung in Sauerstoffatmosphäre bildende Siliciumdioxid quantitativ im Verbrennungsrohr abscheidet, in dem es anschließend gravimetrisch durch Rückwägung des Verbrennungsrohres bestimmt wird.

Prinzip (KAUTSKY et al. 1958). Die Substanz wird im Stickstoffstrom verdampft, die Substanzdämpfe verbrennen anschließend im Sauerstoffstrom quantitativ am Platinkontakt bei 850 °C. Die entstehende Kieselsäure, die sich am Ausgang der heißen Verbrennungszone ablagert, wird von der Kontaktfüllung (Platin/Quarzwolle) quantitativ festgehalten und anschließend durch Rückwägen des Verbrennungsrohres gravimetrisch bestimmt. Auch die übrigen Reaktionsgase Kohlendioxid, Wasser und Chlor, wenn in der Probe enthalten, werden an geeigneten Kontaktsubstanzen absorbiert und gleichzeitig gravimetrisch bestimmt. Schwer- oder nichtflüchtige Substanzen werden direkt in das Verbrennungsrohr eingebracht und dort im Sauerstoffstrom verbrannt.

Verbrennungsapparatur für verdampfbare siliciumorganische Verbindungen. Die von KAUTSKY et al. (1958) konzipierte Apparatur (s. Abb. 61-1) ist nicht handelsüblich und muß aus Geräteteilen, wie sie zur gravimetrischen CH-Bestimmung (s. Kap. 11.1) verwendet werden, zusammengestellt und aufgebaut werden. Abb. 61-2 zeigt die Aufteilung in das eigentliche Verbrennungsrohr A und in das äußere Verdampferrohr B, beide Rohre (Quarzglas) sind über Langschliff C gasdicht miteinander verbunden. Im äußeren Verdampferrohr B steckt das innere eigentliche Verdampferrohr D, in das die abgewogene

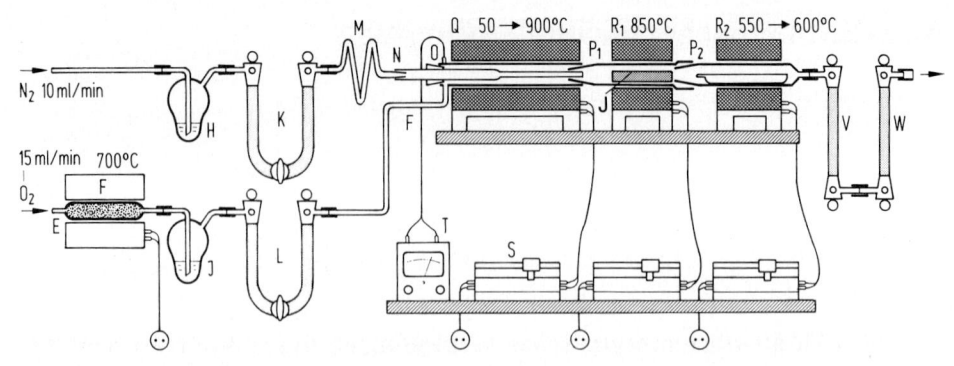

Abb. 61-1. Gesamtapparatur zur Durchführung der Halbmikroanalyse von luftempfindlichen siliciumorganischen Verbindungen.

O, N Verdampfungsrohre, F seitliches Einlaßrohr, P_1 Verbrennungsrohr (SiO_2-Wägerohr), P_2 Halogenabsorptionsrohr, V, W H_2O- und CO_2-Absorptionsröhrchen, M Gasschleife, J Platindrahtnetzrolle, K, L Gasreinigungsröhrchen, H, J Blasenzähler, F, E Sauerstoffvorreinigung, T, S Heizbrennerregelung.

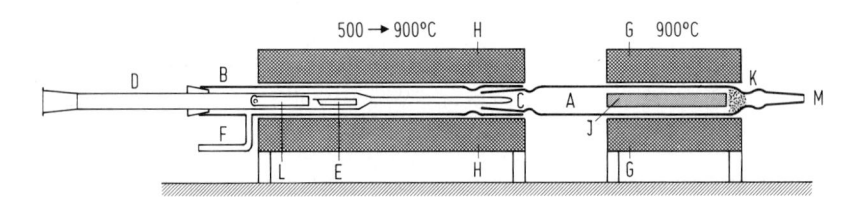

Abb. 61-2. Verdampfungseinrichtung B, D und Verbrennungsrohr A zur Verbrennung sauerstoffempfindlicher, flüchtiger siliciumorganischer Verbindungen.

Verdampfungsrohr D: Länge ohne Spitze 240 mm, ⌀ 12 mm, Länge der Spitze 110 mm, ⌀ 2 mm.
Außenrohr B: Länge mit Schliff 240 mm, ⌀ B: 16 mm, Länge des Schliffes 30 mm. Seitliches Ansatzrohr F ist 35 mm vom Rohrende entfernt.
Verbrennungsrohr A: Länge mit Schnabel und Schliff 240 mm, ⌀ 16 mm, Länge beider Schliffe je 30 mm, Länge des Schnabels mit Schliff 50 mm, ⌀ 5 mm.
Halogenabsorptionsrohr P_2: ⌀ 16 mm, Länge mit Schliffen 190 mm, Länge ohne Schliffe 145 mm.
Heizbrenner Q (H), R_1 (G), R_2, Heizrohr ⌀ 20 mm.
A Verbrennungsrohr (SiO_2-Wägerohr), B Außenrohr, D Verdampferrohr mit Düse C, E Probeschiffchen, F seitliches Einlaßrohr, J Platinkontakt, K Quarzwollebausch, L Sperrkörper aus Glas, M Verbindungsschliff zum H_2O-Röhrchen.

Probe mit Schiffchen oder Phiole (Abb. 61-3 A) eingeschoben wird und das über einen O-Ring mit dem äußeren Verdampferrohr gasdicht verbunden ist. Der zur Verbrennung benötigte Sauerstoff wird durch den seitlichen Einlaßstutzen F in das äußere Verdampferrohr B eingeleitet und mischt sich am verjüngten Ausgang des inneren Verdampferrohres D an der Stelle C mit den im Stickstoffstrom verflüchtigten Probedämpfen, transportiert sie weiter in das Verbrennungsrohr A, wo sie am Platinkontakt verbrennen. Das Verdampferrohr B wird von außen elektrisch beheizt, die im Probeschiffchen E enthaltene Probe im Stickstoffstrom, der in das innere Verdampferrohr D eintritt, verdampft und die Dämpfe mittels Stickstoff in das Verbrennungsrohr A transportiert. Wichtig: Es darf sich in den beiden Verdampferrohren B und D noch kein Siliciumdioxid abscheiden, da

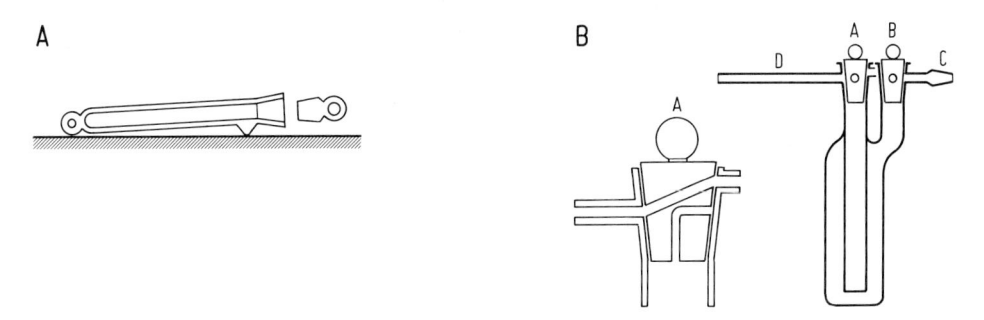

Abb. 61-3. (A) Wägeröhrchen, 56 mm lang, 3.5 mm ⌀; (B) Wägegefäß für flüchtige und gasförmige Substanzen.

zur Siliciumbestimmung nur Rohr *A* gewogen wird. Daher ist Rohr *D* am Ende mit einer Düse *C* versehen, so daß der mit Substanz beladene Gasstrom mit einer erhöhten Strömung in die Verbrennungszone eintritt. Eine innige Durchmischung dieses Gasstroms mit dem Sauerstoff findet erst in einiger Entfernung vom Verdampferrohr statt. Die Temperatur an der Einmündungsstelle *C* darf nicht zu hoch sein. Dieses wird durch einen hinreichenden Abstand der Spitze *C* des Verdampfungsrohres von dem Verbrennungsofen *G* erreicht. Rohr *D* darf nicht innerhalb *B* münden, sondern muß 25 mm in das Verbrennungsrohr *A* hineinreichen, während der Abstand zum Verbrennungsofen *G* 70 mm beträgt. Verbrennungsrohr *A* enthält als Platinkontakt *J* eine feinmaschige Platinnetzrolle (3600 Maschen/cm^2 und 2.5 g Gewicht). Im Schnabel des Verbrennungsrohres befindet sich ein Quarzwollestopfen *K*, der ein Heraustragen von SiO_2 aus dem Verbrennungsrohr durch den Gasstrom vermeidet.

Zur Erzielung einer korrekt verlaufenden Verbrennung ist besonders auf die Strömungsgeschwindigkeit des Stickstoff- und Sauerstoffstroms sowie auf die Temperatur des Verdampfungsofens zu achten. Die Sauerstoffkonzentration muß zu jeder Zeit im Verbrennungsrohr groß genug sein, um eine vollständige Verbrennung zu gewährleisten. Die zugeführte Substanzmenge darf nicht zu groß sein, da sonst Verpuffungen im Verbrennungsrohr auftreten und die Analyse dadurch unbrauchbar wird. Zur Beladung des Stickstoffstromes mit Substanz wird diese im Verdampfungsofen auf eine Temperatur erhitzt, bei der sie einen merklichen Dampfdruck besitzt. Die zur Analyse erforderliche Verdampfungstemperatur kann durch eine Voranalyse ermittelt werden, indem man den Verdampfungsofen langsam erhitzt, bis sich der Beginn der Verbrennung durch Abscheiden von Wassertröpfchen im Ansatz des Wasserabsorptionsröhrchens zu erkennen gibt. Aus vielen verschiedenen Probenanalysen wurde empirisch gefunden, daß die für die angegebenen Strömungsverhältnisse optimale Verdampfungstemperatur 50 bis 100 °C unterhalb der Siedetemperatur der betreffenden Substanz liegt. Der Dampfdruck der Substanz muß 100 bis 200 Torr betragen.

Die Verbrennungsgase werden wie in der gravimetrischen CH-Analyse von Magnesiumperchlorat für Wasser und von Natronasbest für Kohlendioxid absorbiert. Das Nachspülen der Rohre darf nur mit einem der beiden Gase, mit Sauerstoff oder Stickstoff, durchgeführt werden, da Schwankungen in dem Mischungsverhältnis schon merkliche Gewichtsänderungen der Röhrchen und damit Ungenauigkeiten der Analyse ergeben.

Dies gilt ebenfalls für Verbrennungsrohre, die zur Siliciumbestimmung gewogen werden, und Halogenabsorptionsrohr P_2 (Abb. 61-1). Man läßt sie deshalb im Sauerstoffstrom erkalten und bringt sie mit Schliffkappen verschlossen zur Wägung.

Gasförmige Siliciumverbindungen, die bei Zimmertemperatur einen Dampfdruck von ≥ 200 Torr besitzen (Siedetemperatur $\leq 60\,°C$), können in der oben beschriebenen Anordnung nicht erfolgreich verbrannt werden. Um auch die Verbrennung der leichtflüchtigen und gasförmigen siliciumorganischen Verbindungen zu ermöglichen, müssen Einwaage und Zuführung der Substanz in die Verbrennungszone abgeändert werden. Zum Einwägen der Substanz benutzt man anstatt des Wägeröhrchens (Abb. 61-3 A) eine kleine Falle als Wägegefäß (Abb. 61-3 B), die durch 2 Schliffhähne verschlossen ist, mit einem Schliff an das Rohr D in Abb. 61-2 angesetzt und somit in den Stickstoffstrom eingeschaltet werden kann. Zur Verbrennung wird die Substanz durch ein entsprechend eingestelltes Kühlbad im Wägegefäß so abgekühlt, daß ihr Dampfdruck etwa 100 Torr beträgt. Das Wägegefäß ist mit dem Dreiwegehahn A versehen, damit man die in Teil D befindliche Luft mit Stickstoff verdrängen kann, um dann erst durch Drehung des Hahnes den Weg für den Stickstoff in das Wägegefäß zu der zur Analyse kommenden Substanz freizugeben. Auf diese Weise wird eine vorzeitige Oxidation der im Wägegefäß befindlichen Substanz ausgeschlossen.

Analysenausführung (nach Abb. 61-1). Die Bestimmung erfolgt analog der gravimetrischen CH-Bestimmung (Kap. 11.1), zusätzlich werden Verbrennungsrohr P_1 und − falls Halogene mitbestimmt werden − Halogenabsorptionsrohr P_2 mitgewogen.

Nach Einregeln der Heizöfen auf die erforderlichen Arbeitstemperaturen und Einstellung der Gasströmung (Sauerstoff 15 ml/min, Stickstoff 10 ml/min) − beide Gase sind so rein im Handel, daß sie nicht weiter gereinigt werden müssen − wird durch mehrere Blindverbrennungen die Apparatur und die Absorptionsrohre im reinen Sauerstoffstrom mit 25 ml/min (Stickstoffstrom noch weggedreht) vorkonditioniert. Nach jedem Blindlauf nimmt man P_1 und P_2 aus dem Ofen und läßt beide im Sauerstoffstrom erkalten. Mit Schliffen verschlossen werden sie, ebenso wie das CO_2- und das H_2O-Röhrchen, genau nach Zeit gewogen. In den Wägepausen wird die Substanz (30 bis 40 mg) für die Analyse eingewogen. *Feststoffe* wägt man in Schiffchen, *sauerstoffempfindliche* Substanzen in Wägeröhrchen (Abb. 61-3 A) ein. Die Substanz wird in diesem Fall mit Pipetten oder medizinischen Spritzen unter Stickstoffatmosphäre eindosiert. Das Wägeröhrchen wird dann sogleich mit einem Schliffstopfen gegen die Außenluft fest verschlossen. Zum Einwägen *gasförmiger* Substanzen benutzt man Wägegefäße (s. Abb. 61-3 B). Das gefüllte Gefäß wird zur Analyse mittels Schliff anstelle der Gasschleife M in den Stickstoffstrom eingeschaltet. Nach Anschließen der Rohre P_1, P_2 und der Absorptionsröhrchen V und W an die Apparatur läßt man vor der Substanzaufgabe noch 5 min Sauerstoff und Stickstoff durch die Apparatur strömen und beschickt dann das Verdampferrohr N mit der eingewogenen Substanz im Schiffchen oder Wägeröhrchen, indem man den Schliff von M zu N öffnet. Das Wägeröhrchen wird mit einem Platinhaken in das Verbrennungsrohr bei N so eingeschoben, daß seine Öffnung gegen den Stickstoffstrom zeigt. Der Schliff am Wägeröhrchen wird vor dem Einschieben etwas gelockert und mit dem Platinhaken abgezogen, wenn sich das Röhrchen an Ort und Stelle befindet. Der Schliffstöpsel verbleibt im Verdampfungsrohr. Hinter das Wägeröhrchen schiebt man einen Glasstab

(Abb. 61-2) ein, der fast das ganze Verdampfungsrohr ausfüllt, dadurch die Strömungsgeschwindigkeit des Stickstoffstromes an dieser Stelle erhöht und damit Fehler durch Rückdiffusion der Substanz im Verdampfungsrohr vermeidet.

Nach Beschicken des Rohres wird der Schliff N zu M wieder geschlossen, die Gasströme nachkontrolliert und die Substanzvergasung mit dem Verbrennungsofen Q, dessen Heizleistung variabel ist, eingeleitet. Die Substanzverdampfung wird je nach Probe individuell durchgeführt. Ist die Substanz quantitativ aus dem Probegefäß verflüchtigt, verschiebt man den Verbrennungsofen R_1, der den Platinkontakt beheizt, auf der Schiene langsam zum Verdampfungsofen Q und wieder zurück, so daß das gesamte Verbrennungsrohr P_1 einmal durchgeglüht wird. Der Stickstoffstrom wird weggedreht und die Apparatur im erhöhten Sauerstoffstrom (25 ml/min) noch 10 min nachgespült. Dann Verbrennungsrohr P_1, in dem sich das Silicium als Siliciumdioxid abgelagert hat, und Halogenabsorptionsrohr P_2, in dem die Halogene an Silberwolle gebunden sind, aus der Verbrennungsapparatur lösen, im Sauerstoffstrom erkalten lassen und wie im Leerversuch, zusammen mit dem CO_2- und H_2O-Röhrchen, wägen. Aus den Gewichtsdifferenzen und der Einwaage errechnet sich der Prozentgehalt an Silicium, Kohlenstoff, Wasserstoff und Halogen. Beim Fehlen anderer Elemente gibt die Differenz gegen 100 den Sauerstoffgehalt der Verbindung an.

Zur Analyse *gasförmiger Substanzen* bringt man das mit Analysensubstanz gefüllte Wägegefäß (Abb. 61-3 B) an die Stelle der Spirale M, kühlt das Wägegefäß mit flüssiger Luft und spült seine Zuleitungen wie vorher angegeben mit Stickstoff. Dann stellt man Hahn A am Wägegefäß so um, daß Stickstoff in die Falle strömt, bis normaler Druck hergestellt ist. Nun wird der zweite Hahn des Wägegefäßes geöffnet, und man läßt bei Kühlung mit flüssiger Luft etwas Stickstoff durch das Wägegefäß strömen, damit auch die in dem Schliff am Wägegefäß vorhandene Luft herausgespült wird. Danach ersetzt man die flüssige Luft durch ein Bad von der zur Analyse benötigten Verdampfungstemperatur und führt die Verbrennung nun bei einem Stickstoffstrom von 6 ml/min in der vorher geschilderten Weise fort.

Zur Einwaage der leichtflüchtigen Substanz in das Wägegefäß wird dieses zunächst mit einer Quecksilberdiffusionspumpe evakuiert und gewogen. Dann wird es mit dem Schliff C (Abb. 61-3 B) an den Teil einer Apparatur angeschlossen, in dem sich die zu analysierende Verbindung befindet. Im Hochvakuum wird nun die Substanz mit Hilfe eines Kühlbades in das Wägegefäß kondensiert und anschließend die Einwaage ermittelt. Das Wägegefäß wird so dimensioniert, daß Einwaagen von 30 bis 40 mg keinen Überdruck erzeugen, da alle Wägungen bei Zimmertemperatur ausgeführt werden müssen. Die Verwendung des Wägegefäßes empfiehlt sich auch für solche Substanzen, die etwas höher sieden. Das Kühlbad muß dann durch ein entsprechendes Wärmebad ersetzt werden. Auf diese Weise lassen sich Verbindungen bis zu einem Siedepunkt von 100 °C verbrennen.

Werden halogenfreie Substanzen verbrannt, ist das Halogenabsorptionsrohr P_2 mit dem Ofen R_2 überflüssig, man verwendet anstatt des Verbrennungsrohres P_1 das in Abb. 61-2 dargestellte Verbrennungsrohr mit Schnabel, bzw. stellt durch einen entsprechenden Übergangsschliff die Verbindung von P_1 nach V her.

61.2 Siliciumbestimmung als Siliciumdioxid nach Fällung

Zur *Ausfällung der Kieselsäure* (TREADWELL 1949). Wenn diese gravimetrisch bestimmt werden soll, wird die (soda)alkalische Aufschlußlösung (s. Kap. 60.2) in einer Platin- (oder Porzellan-)Schale mit etwa 5 N HCl versetzt und auf dem Wasserbad unter häufigem Umrühren zur staubigen Trockene verdampft. Man befeuchtet den Rückstand mit wenig konz. HCl, nimmt in 100 ml Wasser auf, erhitzt zum Sieden und läßt die Kieselsäure sich absetzen. Anschließend dekantiert man die überstehende Flüssigkeit durch ein Filter, das in einem mit Platinkonus versehenen Trichter sitzt. Den Rückstand wäscht man 3 bis 4mal durch Dekantation mit heißem Wasser, bringt ihn dann aufs Filter und wäscht bis zum Verschwinden der Chlorreaktion aus. Nun erst saugt man den Niederschlag mit der Wasserstrahlpumpe möglichst trocken und stellt den Trichter mit dem Niederschlag beiseite. Die Abscheidung der Kieselsäure nach dem soeben beschriebenen Verfahren ist bei weitem nicht quantitativ; es können im Filtrat noch bis zu 5% der ganzen Kieselsäuremenge vorhanden sein. Um diese zu gewinnen, verdampft man das Filtrat noch einmal im Wasserbad zur Trockene und erhitzt dann 1 bis 2 h bei 110 bis 120° im Trockenschrank, befeuchtet hierauf den trockenen Rückstand mit einigen ccm konzentrierter Salzsäure, läßt höchstens 15 min stehen, fügt dann heißes Wasser hinzu, filtriert durch ein neues, entsprechend kleineres Filter und wäscht vollständig mit heißem Wasser aus. Die nun im Filtrat verbliebene Kieselsäuremenge (<0.15% der gesamten Kieselsäure) kann gewöhnlich vernachlässigt werden. In einigen seltenen Fällen verdampft man das zweite Filtrat ein drittes Mal zur Trockene und gewinnt so die letzten Spuren Kieselsäure. Nun bringt man die zwei (oder drei) Filter samt der Kieselsäure in einen Platintiegel, verbrennt naß, glüht schließlich vor dem Gebläse bis zum konstanten Gewicht und wägt. Der Niederschlag ist nur wenig hygroskopisch.

Prüfung der Kieselsäure auf Reinheit. Die so gewonnene Kieselsäure ist niemals ganz rein, besonders dann nicht, wenn sie aus durch Säuren zersetzbaren Silicaten stammt. Man muß sie daher stets auf Reinheit prüfen: Die geglühte und gewogene Masse wird mit 2 bis 3 ccm Wasser*, übergossen, 1 Tropfen konzentrierte Schwefelsäure und dann 3 bis 5 ccm reine (aus einer Platinretorte destillierte) Flußsäure zugefügt. Hierauf stellt man den Tiegel in einen platinierten Konus (TREADWELL 1949, S. 26, Fig. 16) auf das Wasserbad, verdampft unter gut ziehender Kapelle, bis keine Dämpfe mehr entweichen, und raucht die überschüssige Schwefelsäure durch Erhitzen des schrägstehenden Tiegels über freier Flamme ab. Sobald die Schwefelsäure entfernt ist, steigert man allmählich die Hitze bis zur vollen Temperatur eines guten Teclubrenners, wägt das zurückbleibende Oxid (meist ein Gemenge von Al_2O_3 und Fe_2O_3), zieht dessen Gewicht von der oben erhaltenen Summe ab und erhält die Menge der reinen Kieselsäure.

$$1 \text{ mg } SiO_2 \triangleq 0.4672 \text{ mg Si} .$$

---

* Die Flußsäure darf man keinesfalls auf die trockene Kieselsäure gießen, weil die Masse heftig aufbraust und Verluste entstehen würden.

62 Maßanalytische Siliciumbestimmung

62.1 Bestimmung des Siliciums als „Oxin"-Komplex

Silicium, das nach dem Aufschluß gelöst als Alkalisilicat vorliegt, bildet mit Molybdat wasserlösliche Silicomolybdänsäure, die mit Hydroxychinolinlösung (Oxin-Lösung) als wasserunlöslicher *Oxin-Komplex* ausfällt. Der Niederschlag kann abfiltriert und gravimetrisch bestimmt werden (Methode A), oder im Filtrat wird das überschüssige Hydroxychinolin maßanalytisch mit Bromat titriert und der Siliciumgehalt aus der Differenz bestimmt (Methode B).

A) Gravimetrische Oxin-Methode

Prinzip (WOLINETZ 1936). Nach alkalischem Schmelzaufschluß, z. B. mit Na_2O_2 in der Nickelbombe (Methode 60.3) oder mit Kalium in einer Nickel-Mikrobombe (SCHWARZKOPF und HEINLEIN 1957) (s. Abb. 54-1), wird das in der neutralisierten Aufschlußlösung vorliegende Alkalisilicat mit Molybänsäure komplexiert und anschließend mit salzsaurer 8-Hydroxychinolinlösung als orangefarbener Oxin-Komplex ausgefällt, der sich aus 12 Teilen Molybdänoxid, 4 Teilen Oxin und 1 Teil Silicat zusammensetzt. Nach Filtrieren und Verglühen des Niederschlags besteht der Glührückstand aus 1 Mol SiO_2 und 12 Mol MoO_3.

Reagenzien

Salzsäure, 50 Vol.-%ige Lösung.

Molybdatlösung: 20 g Ammonmolybdat in 80 ml dest. H_2O lösen, das 0.5 ml NH_3 konz. enthält.
Die Zugabe von Ammoniak soll das Ausfallen von Molybdänsäure beim Erhitzen vor dem Ausfällen der Oxin-Verbindung verhindern.

8-Hydroxychinolinlösung, 0.4 N: 14 g Reagenz in 20 ml 50%iger HCl lösen und mit H_2O auf 1 l verdünnen.

Oxin-Waschlösung: 200 ml 0.4 N 8-Hydroxychinolinlösung mit 50 ml HCl konz. versetzen und mit H_2O auf 1 l verdünnen.

Fällung. Von der neutralisierten Aufschlußlösung (250 ml gesamt) werden aliquote Volumina von 50 ml in einen 250-ml-Schliff-Erlenmeyerkolben pipettiert, 15 ml 50%iger HCl,

50 ml Wasser und 15 ml Molybdatlösung zugesetzt. Die Lösung wird durchgeschüttelt und abgedeckt auf einer Heizplatte 10 min auf 70° ± 3 °C erhitzt. Nach Kühlen des Fällungsgefäßes im Kaltwasserstrahl setzt man weitere 20 ml HCl zu und läßt dann unter Schütteln 25 ml 0.4 N 8-Hydroxychinolinlösung aus einer Bürette zulaufen. Der Stopfen wird aufgesetzt und die Flasche nochmals 10 min auf der Heizplatte auf 65° ± 3 °C erhitzt. Der abgekühlte Niederschlag wird abfiltriert, zum Oxidkomplex verglüht und ausgewogen. Zur Filtration und Veraschung verwendet man einen 3 ml-Porzellanfiltertiegel. Nach Vorkonditionieren und Wägen des leeren Tiegels wird der Silicomolybdänsäure-oxin-Niederschlag verlustfrei auf dem Filter des Tiegels gesammelt, 4mal mit Oxin-Waschlösung nachgewaschen, im Filtertiegel bei 110 °C 1 h getrocknet und anschließend 1 h bei 500 °C geglüht. Bei jeder Analyse führt man parallel eine Blindwertbestimmung durch. Der dabei ermittelte Glühblindwert wird vom Gewicht des verglühten Niederschlags abgezogen:

$$1 \text{ mg } SiO_2 \cdot 12 MoO_3 \triangleq 0.0157 \text{ mg Si} .$$

B) Maßanalytische Oxin-Methode

Prinzip (MC HARD et al. 1948). Das Silicat wird, wie bei der gravimetrischen Methode, mit 0.4 N 8-Hydroxychinolinlösung ausgefällt, der Überschuß an 8-Hydroxychinolin mit Kaliumbromat titriert. Der Siliciumgehalt wird wie folgt berechnet: Der Oxin-Niederschlag besteht aus 1 mol Si, 4 mol „Oxin" und 12 mol MoO_3.

1 mol Si entspricht also 4 mol „Oxin", die mit Kaliumbromat nach untenstehender Gleichung reagieren:

$$KBrO_3 + 5 KBr + 6 HCl \rightarrow 3 Br_2 + 6 KCl + 3 H_2O$$
$$C_9H_7ON + 2 Br_2 \rightarrow C_9H_5ONBr_2 + 2 HBr .$$

Demnach sind 4/6 mol $KBrO_3 \cdot KBr$ erforderlich, um 1 mol „Oxin" zu bromieren, 1 mol Si entspricht 16/6 mol $KBrO_3$.

$$1 \text{ mol } 0.1 \text{ N } KBrO_3 \triangleq 0.0175 \text{ mg Si} .$$

Reagenzien (zusätzlich zu den in A aufgelisteten)

Kaliumbromatlösung, 0.2 N wäßrige Lösung: 5.5 g $KBrO_3$ und 20 g KBr (beide p.a.) in vorher ausgekochtem, kaltem dest. H_2O zum Liter lösen, Lösung mit 0.1 N Thiosulfatlösung einstellen.

Natriumthiosulfatlösung, 0.1 N (Bereitung und Titerstellung s. Kap. 53.1).
Kaliumbromid, 20%ige wäßrige Lösung.
Oxalsäure, 8%ige Lösung.
Stärkelösung, 0.5%ig.
Methylrot, 0.1%ige wäßrige Lösung.

Ausführung der Titration. Von der auf 500 ml verdünnten neutralisierten Aufschlußlösung (nach Bombenaufschluß) werden aliquote Volumina von 50 ml in einen graduierten Weithals-Erlenmeyerkolben pipettiert, mit 50 ml Wasser verdünnt, 12.5 ml 50%ige Salzsäure zugesetzt, so daß 100 ml Lösung 2 g Säure enthalten. Dann fügt man 10 ml 20%iger Molybdatlösung zu, spült die Kolbenwand mit 1 ml Wasser in die Lösung ab, setzt den Stopfen auf und stellt das Fällungsgefäß für 10 min in ein 75° ± 3 °C heißes Wasserbad. Der Kolben wird anschließend gekühlt, 21.5 ml 50%ige HCl zugefügt, um den Säuregehalt der 100 ml Ausgangslösung auf 4 g zu erhöhen, dann läßt man unter konstantem Rühren 25.0 ml 0.4 N 8-Hydroxychinolinlösung zufließen. Man setzt den Stopfen auf und erhitzt abermals im Wasserbad 10 min auf 65° ± 3 °C. Nach Abkühlen auf Raumtemperatur wird mit Wasser auf 250 ml verdünnt und der Kolbeninhalt kräftig durchgeschüttelt. Die Fällungslösung wird in einem Filtertrichter durch ein Doppelfilter (WHATMANN No. 42) gegossen und das durchlaufende Filtrat in einem trockenen Enghals-Erlenmeyerkolben gesammelt. Während der Filtration wird der Filtertrichter zur Vermeidung von Verdunstungsverlusten mit einem Uhrglas abgedeckt. Vom aufgefangenen Filtrat wird ein aliquotes Volumen (100 ml) in einen 500-ml-Titrierkolben pipettiert, 50 ml Oxalsäurelösung, 100 ml 50%ige HCl-Lösung, 100 ml Wasser, 5 ml 20%ige Kaliumbromidlösung und einige Tropfen Methylrotindikator (entfärbt sich, sobald Bromat im Überschuß vorliegt) zugesetzt.

Man schüttelt den Kolbeninhalt um und läßt dann 0.2 N Kaliumbromatlösung im Überschuß zufließen, bis sich die Lösung von entstehendem Brom braun färbt. Nach 2 min Stehen gibt man 0.5 g Kaliumiodidkristalle und 5 ml Stärkelösung zu und titriert mit 0.1 N Thiosulfatlösung das freigesetzte Iod gegen Iodstärkeendpunkt. Der im Leerversuch (inklusive Aufschluß) ermittelte Blindwert wird in der Endrechnung berücksichtigt.

1 ml 0.2 N KBrO$_3$ ≙ 0.035 mg Si .

Die nach dieser Methode erhaltenen Siliciumwerte neigen zu leichten Minderbefunden; deshalb sollte der Faktor der Bromatlösung durch Testanalysen von Substanzen mit bekanntem Siliciumgehalt empirisch ermittelt werden.

62.2 Maßanalytische Bestimmung in Organosiliciumverbindungen nach Chromsäureaufschluß

Prinzip (TERENT'EV et al. 1961). Die beim Aufschluß mit Chromsäure ausfallende Kieselsäure wird in Lauge gelöst und nach Umwandlung in Kieselfluorwasserstoffsäure nach ŠIR und KOMERS (1956) maßanalytisch bestimmt.

Ausführung. Von der Siliconprobe werden 20 bis 50 mg in einem weithalsigen Aufschlußkolben mit 10 ml konz. H$_2$SO$_4$ und 2 bis 3 ml Chromsäure (70 g CrO$_3$/100 ml H$_2$O) 30 min auf 150 bis 160 °C erhitzt. Nach Abkühlen werden 30 bis 40 ml Wasser zugesetzt, die Aufschlußlösung 5 min auf 110 bis 120 °C zum Sieden erhitzt. Dann wird auf 60 bis 70 °C abgekühlt, 1 bis 1.5 ml 2%ige Gelatinelösung unter kräftigem Rühren zugegeben und die sich zusammenballende Kieselsäure absetzen lassen. Die Fällung wird durch ein aschefreies Filter (⌀ 7 cm) filtriert und mit heißem Wasser nachgewaschen. Fällung und Filter werden in einen Polyethylenbecher übertragen, zur vollständigen Lösung des Niederschlags 5 bis 7 ml 30%ige NaOH zugegeben, 5 bis 6 Tropfen Methylrot-Indikator

(0.1%ige alkoholische Lösung) zugesetzt, die Lösung erst mit 5 N, dann mit 1 N HCl annähernd neutralisiert, in einen Erlenmeyerkolben überspült und mit 0.1 N HCl exakt auf den Indikatorumschlag neutralisiert; das Lösungsvolumen sollte dabei 40 bis 50 ml nicht überschreiten. Die Lösung wird dann mit neutralem KCl gesättigt (um die Hydrolyse des Fluorsilicats zu verhindern), mit 10 ml neutraler NH_4F-Lösung* versetzt, 20 ml 0.1 N HCl zugesetzt und der Säureüberschuß mit 0.1 N Natronlauge zurücktitriert.

$$\frac{\text{ml } 0.1 \text{ N HCl} \cdot 0.702 \cdot 100}{\text{mg Einwaage}} = \% \text{ Si} .$$

---

* 1%ige NH_4F-Lösung wird in Polyethylenflaschen durch Mischen von 20 ml 2.5%iges NH_4OH und 12.5 ml 40% HF unter Kühlung erhalten. Die Lösung wird mit Wasser auf 500 ml verdünnt und nach annähernder Neutralisation exakt mit 0.1 N HCl bzw. NaOH neutralisiert. Die Neutralität der bereiteten Lösung wird täglich kontrolliert. Dazu werden 20 ml 0.1 N HCl und 10 ml NH_4F mit 0.1 N NaOH in Gegenwart von 4 bis 5 Tropfen Indikator titriert. Wenn der Alkaliverbrauch gegenüber dem Verbrauch für die 20 ml Säure abweicht, wird die NH_4F-Lösung erneut neutralisiert.

63 Photometrische Bestimmung des Siliciums als Siliciummolybdänsäure

63.0 Allgemeines

Kieselsäure bildet mit Molybdänsäure gelbgefärbte 1-Silico-12-Molybdänsäure (Silicomolybdängelb), die mit starken Reduktionsmitteln zu Silicomolybdänblau reduziert werden kann. Beide Siliciummolybdänverbindungen werden zur photometrischen Siliciumbestimmung, vor allem im Mikro- und Spurenbereich, herangezogen. Die Bestimmung ähnelt der photometrischen Phosphorbestimmung über Phosphormolybdängelb und Phosphormolybdänblau und wird am ehesten durch die Anwesenheit von Phosphor gestört. Auch Arsen, Germanium u. a. bilden mit Molybdänsäure Heteropolysäuren, die jedoch seltener zusammen mit Phosphor und Silicium in organischen Proben vorliegen.

Siliciummolybdänsäure tritt in einer α- und einer β-Modifikation auf; die α-Form bildet sich im pH-Bereich zwischen 2.3 und 3.9, die β-Form im pH-Bereich 2.3 (STRICKLAND 1952, RINGBOM et al. 1959). Beiden wird die Formel $H_4SiMo_{12}O_{40}$ zugeschrieben. Die instabile β-Modifikation kann durch kurzes Kochen der Lösung auf 100 °C irreversibel in die stabile α-Modifikation umgewandelt werden. Außerdem kann Kieselsäure kolloidal als höhermolekulare Polykieselsäure vorliegen, was besonders bei der Analyse wäßriger Probelösungen beachtet werden muß. Durch geeignete Arbeitsbedingungen – die kritischen Faktoren der Methode wurden von GOVETT (1961) untersucht – versucht man daher zu erreichen, daß vor der photometrischen Bestimmung Kieselsäure vollständig in monomerer Form vorliegt. Nach Substanzaufschluß durch Alkalischmelze oder nach Flußsäureaufschluß kann man davon ausgehen, daß Silicium als bestimmbares monomeres Silicat vorliegt. Durch alkalische Behandlung in der Wärme kann die Erfassung des „kolloiden" Anteils bzw. die Überführung der Polykieselsäure in die photometrisch bestimmbare monomere Kieselsäure erreicht werden, wenn der Siliciumgehalt in natürlichen Wässern zu bestimmen ist.

63.1 Analyse über Siliciummolybdängelb

Einführende Bemerkungen. Nach STRICKLAND (1952) bildet Kieselsäure mit Molybdänsäure im Bereich pH 3 bis 4 bevorzugt die stabile α-Modifikation der 1-Silico-12-Molybdänsäure. Ihr Absorptionsspektrum zeigt zwischen 270 und 310 nm ein Plateau. Die Absorption ist in diesem Bereich jedoch so stark, daß die Extinktion in sehr stark verdünnten Lösungen gemessen werden müßte, daher wird bevorzugt bei Wellenlängen um

400 nm gemessen. Aufgrund des Anstiegs der Extinktionskurve in diesem Wellenlängenbereich (um 400 nm) müssen jedoch die Probelösungen stets gegen gleichbehandelte Standardlösungen (gleiche Temperatur und Reagenzienkonzentrationen) gemessen werden. Störend wirken Lösungspartner, die selbst eine Gelbfärbung der Lösung hervorrufen, z. B. Metalle wie Fe^{3+}, Ni (aus dem Aufschlußtiegel) oder organische Reststoffe der Probe, die nicht voll aufgeschlossen wurden. Diese Störungen können leicht eliminiert werden, indem gegen eine Blindlösung gemessen wird, die die gleiche Menge Aufschlußlösung ohne Zusatz der Molybdatlösung enthält. Von Elementen, die mit Molybdänsäure analog der Kieselsäure reagieren, sind Störungen vor allem durch Phosphorsäure zu erwarten. Entstandene Phosphatomolybdänsäure kann nach Erniedrigung des pH-Wertes durch Komplexbildner — etwa Weinsäure und Oxalsäure (AUSTIN et al. 1972) — zerstört oder durch selektive Extraktion aus der Meßlösung entfernt werden (s. Kap. 58.4.6).

Reagenzien

Ammonmolybdatlösung (0.03 M an MoO_4^{2-}): 52.07 g $(NH_4)_6Mo_7O_{24} \cdot 4H_2O$ in 1 l Wasser lösen und mit Natronlauge auf pH-Wert >7.0 einstellen.

Schwefelsäure, 1 N.

Chloressigsäure-Pufferlösung (pH 3.6 bis 3.7): 190 g Chloressigsäure p.a. in ca. 800 ml dest. H_2O lösen und mit 120 ml 25%igem NH_3 (D = 0.910) versetzen. Nach Abkühlen auf Zimmertemperatur das pH durch Zugabe von 10%iger Ammoniaklösung auf 3.6 bis 3.7 einstellen (Messung mit Glaselektrode) und die Lösung auf 1000 ml mit dest. Wasser auffüllen. 20 ml dieser Pufferlösung müssen mit 60 ml dest. Wasser und 0.5 ml HCl (1:1) versetzt ein pH von 3.0 bis 3.7 ergeben.

Die in Glasflaschen gelieferte konzentrierte Ammoniaklösung enthält stets größere Mengen SiO_2 gelöst. Einen niedrigeren Reagenzienblindwert der Pufferlösung erhält man, wenn zur pH-Einstellung gasförmiges NH_3 in die Chloressigsäurelösung eingeleitet wird: 190 g Chloressigsäure p.a. in einem Polyethylengefäß in etwa 700 ml dest. Wasser lösen, in die Lösung unter Kühlung und Rühren mit dem Magnetrührer gasförmiges NH_3 einleiten, ist pH 3.6 bis 3.7 erreicht, die NH_3-Zufuhr unterbrechen und die Lösung mit dest. Wasser auf 1000 ml auffüllen.

Silicatstammlösung, Herstellung aus:
a) *Natriummetasilicat:* 1.00 ± 0.01 g $Na_2SiO_3 \cdot 9H_2O$ in 250 ml H_2O unter Zugabe eines Körnchens Ätznatron lösen — die Lösung enthält 0.40 mg Si/ml; sie wird in PE-Flasche aufbewahrt. Nach GOVETT (1961) entsprechende Mengen von $Na_2SiO_3 \cdot 9H_2O$ in dest. Wasser lösen und mit H_2O nach Zugabe von 60 ml 1 N H_2SO_4 zu 1 l auffüllen (pH ≈ 1.5),
b) *durch Alkaliaufschluß von Quarzmehl* nach Methode 60.2A und B,
c) *durch Auflösen von elementarem Silicium* in Natronlauge (KÖSTER 1979): Einige Stückchen eines Siliciumeinkristalles (Abfall von Halbleitermaterial ist hierfür bei weitem rein genug) werden mit konz. HCl behandelt, um metallische Verunreinigungen durch das Zerkleinerungswerkzeug zu entfernen, dann mit dest. Wasser abgespült und bei 110 °C getrocknet. Etwa 75 mg Si-Metall werden in eine 1000 ml fassende Platinschale eingewogen. Durch Mehrfachwägung können die Si-Stückchen sehr genau gewogen werden, ohne daß Wägeverluste wie bei Pulvern zu befürchten sind. In die Platinschale

werden 6 g NaOH p.a. zugewogen und dann die Schale etwa zu $\frac{3}{4}$ mit dest. Wasser gefüllt. Mit einem Platindraht oder Teflonstab wird so lange gerührt bis alles NaOH gelöst ist. Der Draht bzw. Stab wird mit wenig dest. Wasser in die Platinschale abgespült. Das eingewogene Siliciummetall löst sich quantitativ in der konzentrierten Natronlauge während 5 bis 8 h bei 95 °C im Trockenschrank. Die Platinschale darf nicht durch einen Deckel verschlossen werden. Verunreinigungen durch herabfallenden Staub werden am besten durch ein Silberblech verhindert, das durch Teflonstäbchen (nicht Polyethylen) etwa 3 mm über den Rand der Platinschale gehalten wird. Beim Lösen des Siliciums wird vom Inhalt der Schale nichts verspritzt. Ein Anflug versprühter NaOH kann von der Unterseite des Silberbleches mit wenigen ml dest. Wasser in die Lösung zurückgespült werden. Die gewonnene SiO_2-Lösung muß auf ein Volumen von 4 l verdünnt und dabei angesäuert werden. Zweckmäßig geht man so vor: Der Inhalt der Platinschale wird quantitativ in einen 2000-ml-Meßkolben gespült, der schon etwa 1 l dest. Wasser enthält. Dann werden unverzüglich unter Umschwenken 80 ml Salzsäure (1:1, von 32%iger HCl p.a.) zugefügt und der Meßkolben mit dest. Wasser bis zur Eichmarke aufgefüllt und gut umgeschüttelt. Aus dem 2000-ml-Meßkolben werden genau 500 ml Lösung entnommen (mittels 500-ml-Meßkolben), in einen 1000-ml-Meßkolben gebracht und mit dest. Wasser auf 1000 ml verdünnt. Aufbewahrt wird diese Standardlösung dann in einer Polyethylenflasche.

Mit der beschriebenen Arbeitsweise wird erstens verhindert, daß meßbare Mengen SiO_2 durch die Natronlauge aus dem Meßkolben herausgelöst werden, und zweitens, daß beim Ansäuern örtliche Übersättigungen an SiO_2 und dabei Polykieselsäuren entstehen.

Die gewonnene *SiO_2-Standardlösung enthält:* *40* µg SiO_2/ml, wenn genau 74.80 mg Silicium eingewogen werden, und etwa 2.2 mg NaCl/ml. Die NaCl-Konzentration entspricht der Aufschlußlösung nach dem Aufschlußverfahren in Kap. 60.2B.

Zur Herstellung einer Vergleichslösung mit 2.0 µg SiO_2/ml für die Analyse werden der Standardlösung 5 ml mit einer geeichten Vollpipette entnommen und in einen 100-ml-Meßkolben überführt. Weitere Verfahrensweise wie in der Analysenvorschrift.

Ausführungsbeispiel nach Ätznatronaufschluß (GOVETT 1961). Aliquote Volumina der Aufschluß- und Testlösung (0.01 bis 2.0 mg Si enthaltend) werden in einem 50-ml-Meßkolben mit 10 ml 1.0 N H_2SO_4 angesäuert, 10 ml der 0.03 M Molybdatlösung zugesetzt, der Meßkolben mit Wasser zur Marke aufgefüllt und frühestens nach 2, spätestens nach 10 min bei 400 nm die Farbdichte in Küvetten entsprechender Länge (Spaltbreite 0.04 nm) gegen Reagenzienleerwert gemessen. Da die Reagenzien, vor allem die für den Aufschluß verwendeten Alkalien, nennenswerte Kieselsäuremengen enthalten können, werden parallel Blindwertbestimmungen durchgeführt und vom Meßwert abgezogen. Die Auswertung erfolgt über die Eichkurve.

Ausführung nach KÖSTER (1979): Dabei wird mit einem Chloressigsäurepuffer gearbeitet. Nach Silicataufschluß mit Ätznatron (Methode 60.2B) werden von der Aufschlußlösung, wenn die Probe 20 bis 70% SiO_2 enthält, 20 ml in einen 100-ml-Meßkolben pipettiert, in den 20 ml Pufferlösung und 10 ml Ammoniummolybdatlösung vorgelegt wurden.

In einen zweiten 100-ml-Meßkolben, in dem sich 20 ml Pufferlösung und 10 ml Ammoniummolybdatlösung befinden, werden 15 ml Standardlösung und 5 ml Blindlösung mit geeichten Vollpipetten gegeben.

Der erste und zweite Meßkolben werden mit dest. Wasser bis auf etwa 80 ml aufgefüllt, umgeschwenkt und 10 min in einem siedenden Wasserbad erhitzt. Anschließend werden die Meßkolben im Thermostaten auf 20 °C abgekühlt. Diese Temperatur wird nach etwa 15 min erreicht. Dann werden die Meßkolben bis zur Eichmarke mit dest. Wasser von genau 20 °C aufgefüllt.

In einem dritten 100-ml-Meßkolben, in dem sich nur 20 ml Pufferlösung befinden, gibt man die gleiche Menge Aufschlußlösung und füllt mit dest. Wasser gleich zur Eichmarke auf. Gegen diese Blindlösung wird die Analysenlösung später gemessen. Auf diese Weise werden die Analysenstörungen durch gelbfärbende Eisen- und Nickelsalze sowie organische Verbindungen eliminiert.

Die Extinktionen werden in 5-cm-Küvetten bei einer Wellenlänge von 400 nm gegen die Blindlösung gemessen. Die Messung kann sofort oder nach Standzeiten bis zu mehreren Stunden erfolgen, jedoch müssen die Temperaturen aller Meßlösungen übereinstimmen. Die Vergleichslösung (Meßkolben Nr. 2) enthält 0.6 µg SiO_2/ml entsprechend 60% SiO_2 in der Analysensubstanz.

Die verwendeten Reagenzien, vor allem die in Glasgefäßen gelieferte Ammoniaklösung, enthalten merkliche Mengen Kieselsäure. Der Kieselsäureleerwert der Reagenzien muß deshalb analysiert und vom Analysenwert abgezogen werden. Dazu wird folgendermaßen verfahren:

In einen vierten 100-ml-Meßkolben werden 20 ml Pufferlösung und 10 ml Ammoniummolybdatlösung gegeben und etwa bis auf 80 ml mit dest. Wasser aufgefüllt. Dann wird dieser vierte Meßkolben ebenso wie der erste und zweite Meßkolben im Wasserbad erhitzt und unter thermostatischer Kontrolle abgekühlt. Der Reagenzienleerwert wird gegen eine Blindlösung (Meßkolben Nr. 5) gemessen, die lediglich 20 ml Pufferlösung auf 100 ml enthält.

Zu beachten ist ferner, daß bei der angegebenen Wellenlänge von 400 nm u. U. Küvettenkorrekturen notwendig sind. Der verwendete Küvettensatz muß dann vorher mit dest. Wasser gefüllt durchgemessen und so die Abweichungen der Küvetten untereinander bestimmt werden.

Besonders sorgfältig ist nur beim Auffüllen der geeichten Meßkolben und beim Abmessen der Aufschlußlösungen mit der geeichten Vollpipette vorzugehen. Alle anderen Operationen, wie Abmessen von Puffer- und Molybdatlösung, Erhitzungsdauer, Standzeit bis zur Messung u. a., sind unkritisch.

Ausführung nach Flußsäureaufschluß (FRESENIUS und SCHNEIDER 1965). In Flußspaten und mineralischen Proben mit Si-Gehalten von 0.1 bis 50%.

Reagenzien

Flußsäure 40%ig.

Flußsäure-Perchlorsäure-Mischung: 45 ml 40%ige Flußsäure + 45 ml 70%ige Perchlorsäure + 10 ml Wasser. Müssen Säuren anderer Konzentration benutzt werden, ist entsprechend umzurechnen, damit das oben genannte Konzentrationsverhältnis erhalten wird.

Ammoniummolybdatlösung p.a. 10%ig: Lösung mit NaOH bis zum Umschlagspunkt von Phenolphthalein versetzen.

Kieselsäure: Gefällte und geglühte Kieselsäure oder Quarzsand, analysenfein aufreiben, mit HCl extrahieren, waschen und glühen.

Standardlösung: 100 mg SiO_2 im Platintiegel mit 2 g Soda aufschmelzen und in einem Kunststoffbehälter in H_2O lösen, in einen 1000-ml-Meßkolben überführen und zur Marke auffüllen, Lösung nach dem Auffüllen bei 20 °C sofort aus dem Glaskolben entfernen und in einer Kunststoffflasche aufbewahren, 1 ml dieser Lösung enthält 100 µg SiO_2.

Verdünnte Standardlösung: 10 ml der Standardlösung auf 100 ml verdünnen und ebenfalls in eine Polyethylenflasche umfüllen, diese Lösung enthält in 1 ml 10 µg SiO_2.

Benzol-Isobutanol-Gemisch, 1:1.
Natronlauge p.a., 20%ig.
Borsäure p.a.
Salpetersäure p.a. (D = 1.40) (1+1).
Natriumacetatlösung p.a., 2 M.
Natriumcarbonat p.a.
Kieselsäurefreies Austauscherwasser oder *dest. Wasser.*

Für Herstellung und Aufbewahrung der Lösungen sind ausschließlich Kunststoffflaschen zu verwenden.

a) Aufschluß mit Flußsäure-Perchlorsäure: In ein tariertes 100-ml-Polyethylenfläschchen wägt man 2 bis 4 g der Flußsäure-Perchlorsäuremischung auf 0.1 g genau ein. Dazu gibt man 100 mg der analysenfein aufbereiteten Probe. Diese Aufschlußlösung bleibt über Nacht in der Kälte stehen. Am nächsten Tag verdünnt man mit etwa 50 bis 100 ml Wasser und wägt erneut. Durch Wägung entnimmt man einen aliquoten Teil (max. 2.5 mg SiO_2 enthaltend) entsprechend dem zu erwartenden Kieselsäuregehalt und überführt in einen Kunststoffbecher. Zur Abnahme pipettiert man 4 ml 20%ige Natronlauge und setzt noch 2±0.1 g feste Borsäure zu. Nach dem Lösen der Borsäure und einer Standzeit von etwa 15 min fügt man 10 ml Salpetersäure (1+1) und 10 ml 2 M Natriumacetatlösung hinzu. Der pH-Wert soll dann etwa 1 bis 1.2 betragen. Hiernach setzt man mit einer Pipette 10 ml 10%ige Ammoniummolybdatlösung hinzu und überführt die Lösung in einen 100-ml-Meßkolben. Man spült mit kleinen Anteilen Wasser nach, füllt bei 20 °C zur Marke auf, schüttelt um und mißt nach einer Entwicklungszeit von 15 min innerhalb von 10 min mit einem Photometer unter Verwendung einer 1-cm-Küvette die Extinktion bei 400 nm im Spektralphotometer oder in einem Filterphotometer bei der Quecksilberlinie 405 nm. Bei den beiden Wellenlängen werden unterschiedliche Meßwerte erhalten, so daß verschiedene Eichkurven notwendig sind.

b) Aufschluß mit Flußsäure: Der Analysengang ist der gleiche wie unter a), nur werden anstelle von Flußsäure-Perchlorsäure-Aufschlußlösung 2 bis 3 g 40%ige Flußsäure in das Polyethylen-Fläschchen eingewogen. Nach Zugabe der Substanzeinwaage fügt man 2 bis 3 ml Wasser hinzu und verschließt das Polyethylenfläschchen locker mit dem Schraubverschluß. Das Probefläschchen setzt man auf ein siedendes Wasserbad und beläßt es dort bis zum vollständigen Aufschluß der Substanz. Im allgemeinen ist der Aufschluß 10 bis 15 min nach Erreichen einer Temperatur von etwa 80 °C beendet.

Nach vollendetem Aufschluß läßt man den Inhalt des Polyethylenfläschchens erkalten, verdünnt mit etwa 50 bis 100 ml Wasser, wägt und entnimmt einen aliquoten Teil durch Wägung. Im Anschluß hieran wird analog zu a) verfahren.

c) Proben, die sehr viel Eisen (>50%) enthalten, versetzt man nach Entnahme des aliquoten Teiles sofort mit der abgewogenen Menge an Borsäure und verwendet anschließend anstelle von 10 ml Salpetersäure (1+1) 6.6 ml. Dann beendet man die Analyse wie unter a) angegeben.

d) Aufschluß für Proben von Aluminium und Aluminiumlegierungen: In das Polyethylenfläschchen legt man 4 ml 20%ige Lauge vor und fügt die Einwaage hinzu. Nach Zusatz von einigen Milliliter Wasser führt man den Aufschluß gegebenenfalls auf dem Wasserbad zu Ende. Nach Beendigung des Aufschlusses setzt man 4 ml Salpetersäure (1+1) hinzu und kühlt ab. Dann wägt man die Aufschlußlösung und versetzt mit 2 g 40%iger Flußsäure oder mit 2 g Flußsäure-Perchlorsäure-Aufschlußgemisch. Nach einer Standzeit von einigen Stunden verdünnt man mit Wasser auf 50 bis 100 ml und wägt erneut. Durch Wägen entnimmt man einen aliquoten Teil, den man dann nach a) weiter analysiert.

In Gegenwart von Phosphat-Ionen überführt man nach Zugabe der Ammoniummolybdatlösung die erhaltene Flüssigkeit quantitativ in einen Scheidetrichter, der 50 ml Benzol-Isobutanol-Mischung (1+1) enthält. Nach 1 min schüttelt man den Phosphatomolybdato-Komplex in die organische Phase aus. Zur Schichtentrennung läßt man etwa 10 min stehen und trennt dann die wäßrige Phase ab. Diese fängt man in einem 100-ml-Meßkolben auf und ergänzt zur Marke. Nach einer Gesamtentwicklungszeit von 15 min, gerechnet von der Zugabe des Ammoniummolybdates an, photometriert man.

In Mineralwässern (FRESENIUS und SCHNEIDER 1965). In ein gewogenes 100-ml-Polyethylenfläschchen werden etwa 2±0.2 g der Säuremischung eingewogen. Die so vorbereiteten Probenahmeflaschen werden an der Quelle mit 50 ml des Mineralwassers versetzt und verschlossen. Nach der Ankunft im Laboratorium werden die Flaschen erneut gewogen, um die genaue Mineralwassermenge zu ermitteln. Durch genaue Wägung wird dann ein aliquoter Teil von etwa 20±1 g in einen Kunststoffbecher entnommen. Zu dieser Abnahme werden mit einer Pipette 4 ml 20%ige Natronlauge und 2±0.1 g feste Borsäure zugegeben. Nach dem Lösen der Borsäure und einer Standzeit von etwa 15 min werden 10 ml Salpetersäure (1+1) und 10 ml 2 M Natriumacetatlösung hinzugefügt. Der pH-Wert soll dann etwa 1 bis 1.2 betragen. Hiernach werden mit einer Pipette 10 ml 10%ige Ammoniummolybdatlösung hinzugegeben und die Lösung in einen 100-ml-Meßkolben überführt. Mit kleinen Anteilen Wasser wird der Polyethylenbecher nachgespült, und dabei werden noch geringe Reste von ausgeschiedener oder ungelöster Borsäure gelöst und in den Meßkolben überführt. Bei 20°C wird zur Marke aufgefüllt und umgeschüttelt. Nach einer Entwicklungszeit von 15 min wird innerhalb von 10 min mit einem Photometer unter Verwendung einer 1-cm-Küvette gemessen. Es kann sowohl bei 400 nm im Spektralphotometer als auch in einem Filterphotometer bei der Quecksilberlinie 405 nm gemessen werden. Bei diesen beiden Wellenlängen werden jedoch bereits unterschiedliche Meßwerte erhalten, so daß getrennte Eichkurven notwendig sind.

Arbeitsvorschrift bei Gegenwart störender Mengen Phosphat-Ionen. Die Arbeitsvorschrift ist bis nach der Zugabe der Ammoniummolybdatlösung identisch. Die hiernach erhaltene Lösung wird quantitativ in einen Scheidetrichter überführt, der 50 ml Benzol-Isobutanol (1:1) enthält. Nach 1 min wird durch kräftiges Schütteln der Phosphatomolybdatokomplex in die organische Phase überführt. Zur Schichtentrennung läßt man etwa 10 min stehen und trennt dann die wäßrige Phase ab. Das Ablassen der wäßrigen Phase kann sofort in einen 100-ml-Meßkolben erfolgen. Nach dem Auffüllen zur Marke wird nach einer Gesamtentwicklungszeit von 15 min, gerechnet von der Zugabe des Ammoniummolybdates an, photometriert.

Parallel zur Analyse wird der Blindwert gemessen. Hierfür werden alle Reagenzien wie bei der Analyse gemischt, mit Ausnahme des Mineralwassers. Zweckmäßigerweise wird für den Blindwert bereits der aliquote Teil der Aufschlußsäuremischung von 0.8 g in den Polyethylenbecher eingewogen und dann der gleichen Behandlung wie die Analysenlösung unterworfen. Die Eichkurve für die photometrische Bestimmung wird nach der gleichen Arbeitsweise aufgestellt, wie sie zur Analyse verwendet wird. Anstelle des Mineralwassers legt man passende Anteile der Standardlösung oder ihrer Verdünnung mit 0.25 bis 5.0 mg SiO_2 im Aufschlußsäuregemisch in der 100-ml-Polyethylenflasche vor. Dann führt man die Analyse mit jeweils $\frac{2}{5}$ der Gesamtmenge wie oben beschrieben durch.

Die Eichkurve ist sowohl für 400 nm als auch für 405 nm im Bereich zwischen 0 und 1.2 mg SiO_2/100 ml geradlinig.

63.2 Analyse über Siliciummolybdänblau

Einführende Bemerkungen. Die gelbgefärbte 1-Silico-12-molybdänsäure wird durch verschiedene Reduktionsmittel in sog. „Silicomolybdänblau" umgewandelt. Als Reduktionsmittel eignen sich nach MULLIN und RILEY (1955) Zinn(II)-Chlorid, Natriumsulfit, Hydrazinverbindungen, Metol, Ascorbinsäure und 1-Amino-2-naphthol-4-sulfonsäure. Die Wirkung dieser Substanzen ist unterschiedlich: Während Zinn(II)-Chlorid beide Modifikationen der Silicomolybdänsäure reduziert, wird nach MORRISON und WILSON (1963) durch 1-Amino-2-naphthol-4-sulfonsäure nur die instabile β-Modifikation reduziert.

Bei Verwendung von 1-Amino-2-naphthol-4-sulfonsäure als Reduktionsmittel ist schon von STRAUB und GRABOWSKI (1944) eine besonders stabile und gut reproduzierbare Blaufärbung der Lösung erzielt worden. Die Reaktion ist äußerst empfindlich: 0.1 µg SiO_2/ml Lösung können bei 1 cm Schichtdicke der Küvetten noch sicher nachgewiesen werden. Die Kieselsäurebestimmung muß in hochverdünnten Lösungen vorgenommen werden. Mit besonderer Sorgfalt muß deshalb das Einschleppen von Kieselsäure durch Kontamination verhindert werden. Zweckmäßig wird ein besonderer Satz von Meßkolben nur für die Kieselsäureanalyse verwendet. Diese Meßkolben sind häufiger mit konzentrierter Salzsäure (1:3) zu reinigen und werden mit verdünnter Säure oder destilliertem Wasser gefüllt für die Analyse bereit gehalten. Die unten aufgezählten Reagenzien verhindern die Einbringung meßbarer Kieselsäuremengen.

Si-Molybdänblau ist keine stöchiometrische chemische Verbindung, sondern ein Mischoxid von Mo(IV) und Mo(VI), das kolloidal in der Lösung verteilt ist. Abhängig vom Verhältnis der beiden Modifikationen der Silicomolybdänsäure in der Lösung, der

Konzentration von MoO_4^{2-} in der Lösung, vom verwendeten Reduktionsmittel, der Konzentration von Lösungspartnern und besonders dem pH der Lösung ändert sich die Zusammensetzung des Mischoxides und seine kolloidale Verteilung. Entsprechend treten unterschiedliche Absorptionsspektren des Molybdänblaus auf (STRICKLAND 1952).

Molybdänblau zeigt ein erstes Absorptionsmaximum bei 330 nm, ein Minimum bei 420 nm und darauf einen Anstieg mit mehreren Nebenbanden. Ein zweites Absorptionsmaximum liegt im Infrarotbereich bei 820 nm. Die Extinktion wird am besten bei 650 nm der Wellenlänge einer Nebenbande gemessen. Im langwelligeren Bereich ist die Extinktion der Lösung zu groß.

DEBAL (1972) mißt bei 800 nm nach Reduktion mit 1-Amino-2-naphthol-4-sulfonsäure im pH-Bereich 1.2 bis 1.7, RUF (1957) reduziert mit Sn(II)-Chlorid und mißt bei 700 nm. Das Lambert-Beer-Gesetz ist bei 650 nm für Konzentrationen <7 µg SiO_2/ml Meßlösung erfüllt. Jedoch ist bei Konzentrationen über 2.5 µg SiO_2/ml Meßlösung die Reproduzierbarkeit deutlich geringer als bei niedriger konzentrierten Lösungen (THOMANN 1960). Messungen in diesem Bereich sollten daher möglichst vermieden werden.

Wie Kieselsäure reagieren mit Molybdänsäure auch die Elemente P, As, Ge, Se, Ni, Co, W, Cu, Ti und Zr. Ähnlich dem Molybdän bilden W, U, V, Ta und Nb Isopolysäuren, die mit den erstgenannten Elementen zu Heteropolysäuren reagieren. Von allen diesen Elementen kann P gelegentlich in störenden Konzentrationen in Silicaten vorkommen. Citronensäure, Oxalsäure und Weinsäure (AUSTIN et al. 1972) in der Lösung verhindern die Bildung von 1-Phospho-12-molybdänsäure vollständig. Jedoch wird auch die Bildung der Silicomolybdänsäure durch diese organischen Säuren beeinträchtigt; am wenigsten durch Weinsäure. Weinsäure verhindert außerdem durch Komplexbildung mit dem Fe^{3+}-Ion eine Störung der Reaktion durch Eisen. Freie Eisen-Ionen beeinflussen den Redoxvorgang und verändern das Absorptionsspektrum des Molybdänblaus (HEGEMANN und THOMANN 1960).

Aufgrund der komplexen Abhängigkeit der Molybdänblaubildung von den genannten Faktoren müssen besonders folgende Punkte bei der Analyse beachtet werden:

– pH von Analysen- und Vergleichslösungen müssen nach Zugabe der Molybdatlösung übereinstimmen und im Bereich von pH 1.3 bis 1.6 liegen. Unterschiedliche Volumina von Analysen- und Vergleichslösungen müssen durch Zugabe von Blindlösung von gleichem pH und gleicher Neutral-Ionenkonzentration ausgeglichen werden.
– Die Temperatur aller verwendeten Lösungen darf 20°C nicht unterschreiten, und alle Lösungen müssen gleichtemperiert sein (optimal ca. 22°C, unter Verwendung eines Wasserbades einstellen).
– Die Zugabe der Reagenzlösungen zu den Analysen- und Vergleichslösungen muß in gleichen Zeitintervallen, in gleicher Menge und unter raschem Vermischen erfolgen. Einzelheiten enthält die Analysenvorschrift.

Reagenzien

Molybdatlösung: 7.5 g Ammoniummolybdat p.a. $(NH_4) Mo_7O_{24} \cdot 4H_2O$ in 75 ml dest. Wasser lösen, 10 ml H_2SO_4 p.a. (1:1) zugeben und auf 100 ml verdünnen.

Weinsäurelösung: 50 g Weinsäure p.a. $(C_4H_6O_6)$ mit dest. Wasser zu 500 ml lösen.

Reduktionslösung: 0.7 g Na_2SO_3 in 10 ml dest. Wasser lösen, 0.15 g 1-Amino-2-naphthol-4-sulfonsäure zufügen und schütteln, bis alles gelöst ist.

Eine zweite Lösung wird durch Lösen von 8.2 g $Na_2S_2O_5$ (oder 9.0 g $NaHSO_3$) in 90 ml dest. Wasser hergestellt. Beide Lösungen werden gemischt. Die fertige Reaktionslösung ist vor Lichteinwirkung zu schützen und höchstens eine Woche lang haltbar. Am besten wird die Reduktionslösung bei Gebrauch frisch angesetzt und nur 48 h verwendet.

Silicat-Stammlösung: Bereitung wie in Kap. 63.1.

Anwendungsbeispiele. Siliciumbestimmung in Silicaten nach Ätznatronaufschluß (KÖSTER 1979): Von der silicatischen Probe werden 50 mg mit 1.5 g Ätznatron, wie in Kap. 60.2 B) beschrieben, aufgeschlossen und die Schmelze mit verdünnter HCl gelöst und auf 1000 ml aufgefüllt.

Mit einer geeichten Vollpipette werden 10 ml Aufschlußlösung in einen 100-ml-Meßkolben gebracht. In einen zweiten 100-ml-Meßkolben werden 10 ml Blindlösung und in einen dritten 5 ml Standardlösung plus 5 mg Blindlösung gegeben. Falls die Analysensubstanz mehr als 50% SiO_2 enthält, werden in den ersten Meßkolben nur 5 ml Aufschlußlösung, in den zweiten nur 5 ml Standardlösung und in den dritten 5 ml Blindlösung eingesetzt.

Unter Umschwenken der Meßkolben läßt man je 1 ml Molybdatlösung (aus einer Mikrobürette) zufließen. Nach völliger Durchmischung läßt man die Lösungen genau 10 min rasten. Dann werden unter Umschwenken 10 ml Weinsäure (aus einer Schnellbürette) und nach genau 4 min 1 ml Reduktionslösung (aus einer Mikrobürette) zugegeben, wieder durchgemischt und die Meßkolben mit destilliertem Wasser bis zur Eichmarke aufgefüllt und nochmals gut durchgemischt.

Die Lösungen müssen mindestens 30 min stehen. Darauf werden die Extinktionen in 2-cm-Küvetten bei einer Wellenlänge von 650 nm gegen die Blindlösung gemessen.

Anmerkung: Alle verwendeten Lösungen und das destillierte Wasser müssen temperaturgleich (zwischen 20° und 25 °C) sein. Die Temperatur von 20 °C darf keinesfalls unterschritten werden, weil sonst die Zeit von 10 min zur Bildung der Heteropolysäure nicht ausreicht.

Optimale Meßbedingungen: 0.75 bis 2.5 µg SiO_2/ml Meßlösung (mit 2-cm-Küvetten bei 0.03 mm Spaltbreite) = 15 bis 50% SiO_2 in der Analysensubstanz (bei Entnahme von 10 ml aus der Aufschlußlösung)

Bestimmung von Siliciumspuren (>5 ppm) in Urandioxid (RAJKOVIĆ 1971): Silicium wird direkt in der Aufschlußlösung nach Reduktion mit 1-Amin-2-naphtol-4-sulfonsäure als Silicomolybdänblau bestimmt. Nach Säureaufschluß ($HNO_3/H_2SO_4/HF$) der Probe werden zur mit Wasser verdünnten Aufschlußlösung (etwa 25 ml) 40 ml gesätt. Borsäurelösung zugegeben, mit Ammoniak auf pH 1.1 eingestellt, 5 ml 10%ige Ammoniummolybdatlösung zugefügt, nach 15 min Stehen 10 ml 15%ige Weinsäurelösung unter Rühren, anschließend 1 ml Reduktionslösung (27 g $NaHSO_3$, 2 g NaOH und 0.5 g 1-Amino-2-naphtol-4-sulfonsäure werden in Wasser zu 250 ml gelöst. Die Lösung ist einen Monat lang haltbar) zugegeben, der Meßkolben auf 100 ml aufgefüllt. Aufgrund der größeren Empfindlichkeit wird nach 20 min Stehen die Farbdichte bei *815* nm gegen Reagenzienblindwert gemessen.

Siliciumbestimmung in siliconisierten Textilfasern (Cellulose, Polyester; 0.2 bis 7% Si) (BRADLEY und ALTEBRANDO 1974): Ca. 0.1 g der in kurze Stücke geschnittenen Textilfaserprobe werden in einem Porzellantiegel durch allmähliches Erhitzen bis 500°C vorverascht. Nach dem Abkühlen wird nach Zugabe von 0.3 g $KClO_3$ und 5.0 ml HNO_3 konz. durch Erwärmen auf der Heizplatte, evtl. durch wiederholte Zugabe von HNO_3, die Veraschung beendet und dann die Säure quantitativ abgedampft. Der feste (nicht geglühte!) Silicatrückstand wird unter leichtem Erwärmen in 8 bis 10 ml 2%iger Natronlauge gelöst, in ein 50-ml-Meßkölbchen gespült und mit Wasser zur Marke aufgefüllt. Von dieser Aufschlußlösung mit unbekanntem Siliciumgehalt werden 1.0 oder 2.0 ml, parallel dazu 4 aliquote Volumina der Eichlösung (0.05, 0.10, 0.20 und 0.40 mg Si enthaltend) in 25-ml-Meßkölbchen pipettiert, in der angegebenen Reihenfolge 1.0 ml 12%ige KCl-Lösung, 1.0 ml 6%ige Natriumacetatlösung, 3.0 ml 10%ige Essigsäure und 5.0 ml 10%ige Ammoniumolybdatlösung zugegeben. Alle Lösungen werden 3 bis 5 min in ein fast kochendes Wasserbad gesetzt; jedem Kölbchen wird unmittelbar nach Entnahme aus dem Wasserbad 3.0 ml gesättigte *Natriumsulfitlösung* zugefügt. Silicomolybdänblau entwickelt sich sehr schnell. Nach 15 min Stehen an der Luft sind die Lösungen annähernd auf Raumtemperatur abgekühlt, sie werden mit Wasser auf 25.0 ml aufgefüllt, anschließend wird die Farbdichte der – falls erforderlich filtrierten – Lösungen bei 650 nm gegen den Reagenzienblindwert gemessen.

Siliciumbestimmung in biologischen Proben (Körperflüssigkeiten, tierisches Gewebe) in Gegenwart eines *Überschusses an Phosphor* (AUSTIN et al. 1972): Nach Veraschung der biologischen Probe und Sodaaufschluß des Veraschungsrückstandes wird das in der Aufschlußlösung gelöste Silicat mit 1-Amino-2-naphthol-4-sulfonsäure zum Si-Mo-Blau reduziert und bei 650 nm die Farbdichte gemessen. Störungen durch Phosphat werden mit Weinsäure/Schwefelsäure vermieden oder Phosphor und Silicium als Summe gemessen.

Zur photometrischen Bestimmung von Phosphor und Silicium als Heteropolyblau nebeneinander s. Kap. 58.4.6.

64 Spektrometrische Siliciumbestimmung

Silicium in Organosiliconverbindungen kann nach MORROW und DEAN (1969) ohne vorherigen Aufschluß durch Flammenemissions-Spektrometrie bestimmt werden. Die Probe wird als ethanolische Lösung in die Flamme versprüht, die Emissionsintensität bei 251.6 nm gemessen. Die Quantifizierung erfolgt über eine Eichkurve und mit Hilfe der Aufstockmethode. Auch durch Röntgenfluoreszenzanalyse (Prinzip, Nutzen und Anwendung s. Kap. 6.8) kann Silicium, vor allem im Spurenbereich (Bestimmungsgrenze einige µg/g) ebenfalls zerstörungsfrei in den verschiedensten Matrices bestimmt werden.

Praktische Ausführungsbeispiele wurden in den Kap. 59 und 52.3 von E. BANKMANN (unveröffentlicht) bereits zur Phosphor- und Halogen-Spurenbestimmung beschrieben; die dort aufgeführten Analysenbedingungen lassen sich analog auch auf die Siliciumbestimmung anwenden. Auf diesem Weg können mittels Röntgenfluoreszenz Siliciumbestimmungen in siliconisierten Füllfasern (verbunden auch mit der Prüfung auf Gleich- und Ungleichverteilung des Si) oder auch Pigmentierungen von Polymeren auf der Basis sehr feindispersiver Siliciumdioxide oder Silikate in Konzentrationsbereichen unterhalb 0.5% SiO_2 bestimmt werden.

Auf die nützliche Anwendung der RfA zur Bestimmung von Silicium und anderer Elemente in Rückständen und verschiedensten Aschen wurde bereits in Kap. 5.3 (Ascheaufklärung) hingewiesen.

65 Bor

65.0 Allgemeines

Bor ist ein essentielles Element und als Spurenelement in pflanzlichen und tierischen Organismen und in mineralischen Proben (Gestein, Salze, Gewässer, Düngemittel) weit verbreitet.

Bororganische Verbindungen sind heute ein zunehmend an Bedeutung gewinnendes Teilgebiet der Metallorganika. Sie finden vielseitig technische Verwendung z. B. als Bakterostatika, Antioxidantien, Kraftstoffzusätze, Raketentreibstoffe, Neutronenabsorber in der Kerntechnik u. a. In der organischen Synthese werden Borverbindungen (z. B. $BF_3 \cdot$ Etherate) als Katalysatoren, insbesondere bei Friedel-Craft-Reaktionen, bei Isomerisierungen, Veresterungen und Kondensationen eingesetzt, sie finden sich dann in Spurenmengen in den Endprodukten. Fluorboratsalze von Azofarbstoffen sind wichtige Diagnostika.

Zur analytischen Bestimmung wird organisch und auch anorganisch gebundenes Bor zu Borsäure bzw. Borat-Ion, seltener zu Fluorborat-Ion und seinen Salzen aufgeschlossen. Fluorborat-Ionen bilden mit großen organischen Kationen salzartige Verbindungen, die sich zur extraktionsphotometrischen Borbestimmung eignen.

Alle naßchemischen Trenn- und Bestimmungsverfahren gehen von den beiden stabilen *Bor-Anionen BO_3^{3-} und BF_4^-* aus. Liegt Bor in der Probe in genügend hoher Konzentration ($>0.1\%$) vor, titriert man es im allgemeinen als Mannitoborsäure mit visueller oder potentiometrischer Endpunktsanzeige. Spurenmengen werden besser mit Hilfe einer empfindlichen Farbreaktion photometrisch bestimmt.

Bei Anwesenheit von Stör-Ionen (z. B. Fluorid und Nitrat) wird Bor vor der Bestimmung durch Destillation, Extraktion oder Diffusion abgetrennt.

Anmerkungen zum Reaktionsverhalten der Borsäure. Borsäure (H_3BO_3) ist eine sehr schwache Säure – schwächer als Kohlensäure. Aufgrund ihrer geringen Flüchtigkeit zersetzt sie jedoch in Lösungen Carbonate und Sulfide von Alkali und anderen Metallen beim Erhitzen.

$$K_1 = 6 \cdot 10^{-10}$$
$$K_2 = 2 \cdot 10^{-13}$$
$$K_3 = 2 \cdot 10^{-14}$$

Bei erhöhter Borsäurekonzentration erhöht sich auch die Dissoziationskonstante durch Bildung von stärker sauren Polyborsäuren.

65.0 Allgemeines

Die Borsäure hydratisiert in wäßrigen Lösungen:

$$H_3BO_3 + 2H_2O \rightleftharpoons H_3O^+ + B(OH)_4^-.$$

Borsäure verflüchtigt sich mit Wasserdampf. Sie reagiert mit Polyolen (Glycerin, Mannit, Invertzucker, Dulcit, Sorbit) unter Bildung von komplexen Borsäuren, die wesentlich stärkere Borsäuren sind.

Mannit reagiert genügend schnell, der saure Charakter ist am ausgeprägtesten.

Mannitoborsäure: $K = 6 \cdot 10^{-6}$
Glycerinborsäure: $K = 3 \cdot 10^{-7}$

Borsäure kann tetraedrisch koordinierte Esterchelate bilden: In diesen liegen 5- oder 6-gliedrige Ringe vor, welche 1 Boratom und in der Regel 2 O-Atome, seltener 1 O- und 1 N-Atom an Bor gebunden enthalten. Sie entstehen aus Borsäure und mehrwertigen Alkoholen bzw. Chelatbildnern, die zwei benachbarte Sauerstofffunktionen bzw. eine Sauerstoff- und eine Stickstoffunktion enthalten.

Wichtige Reagenzien dieser Art sind – wie bereits erwähnt – aliphatische Diole (z. B. Mannit) sowie Derivate des 1-Hydroxyanthrachinons.

5-Ring-Chelat vom Typ
der Mannitoborsäure

6-Ring-Chelat mit
Hydroxyanthrachinon

Fünfringchelate mit aliphatischen Diolen bilden sich in rein wäßriger Lösung; ihre Stabilitätskonstanten sind jedoch gering (für Mannitoborsäure $pK_2 \approx 5$).

Zu ihrer annähernd quantitativen Bildung sind daher ein großer Reagenzüberschuß und eine nicht zu hohe Acidität (pH ≈ 7) erforderlich. Chelate dieses Typs sind mittelstarke Säuren, was im Falle der Mannitoborsäure für die Verstärkungstitration der Borsäure genutzt wird.

Sechsringchelate mit Doppelbindungen im Ring entstehen im Gegensatz dazu in der Regel im wasserarmen Medium bei Gegenwart starker Säuren wie konz. Schwefelsäure oder Eisessig-Schwefelsäuregemisch. Hier erfolgt zunächst eine Protonisierung des Reagenz:

Das Chelat entsteht dann aus der protonisierten Form, z. B. Chelatbildung von Borsäure mit Curcumin und mit Hydroxyanthrachinonen.

65.1 Der oxidierende Substanzaufschluß zu Borat

Allgemeines. Borgehalt, Art und Zusammensetzung der Probe sind für die Wahl der Aufschlußmethode entscheidend. Zum Aufschluß organischer wie auch anorganischer Matrix haben sich in der Boranalyse im wesentlichen die nachfolgend beschriebenen Methoden bewährt. Anhand von Analysenbeispielen werden die einzelnen Aufschlußmethoden diskutiert.

65.1.1 Trockenveraschung mit Calciumoxid

Pflanzliche Proben (0.1 bis 100 ppm B enthaltend), in denen Bor über Sauerstoff in die organische Matrix eingebunden ist, werden am besten durch Trockenveraschung aufgeschlossen (ROTH und BECK 1954): ca. 1 g der vorher getrockneten und pulverisierten Probe wird in einem Platintiegel mit Kalkwasser (Ca(OH)$_2$-Suspension, etwa 0.1 M) befeuchtet oder mit Calciumlactat überschichtet, zur Trockene gedampft und dann durch allmähliches Erhitzen auf 600 °C der organische Anteil verascht. Im Rückstand, in dem Bor an Calcium gebunden vorliegt, wird Bor entweder direkt oder nach destillativer Abtrennung als Borsäureester photometrisch oder potentiometrisch bestimmt.

Nach BARON (1954) kommt es bei der Veraschung von Pflanzenmaterial bis 600 °C in einer Quarz- oder Platinschale zu keinen Borverlusten.

65.1.2 Naßveraschung

Für flüchtige Borverbindungen ist der Naßaufschluß nur bedingt geeignet. Deshalb ist Vorsicht geboten, wenn Natur und Zusammensetzung der Probe nicht bekannt sind. In manchen Fällen genügt schon das Behandeln mit alkalischen wasserstoffperoxidhaltigen Lösungen oder der Aufschluß mit einer alkalischen Persulfatlösung (DUNSTAN und GRIFFITHS 1961). Andernfalls schließt man im Carius-Rohr mit HNO$_3$ (SHAHEEN und BRAMAN 1961), mit konz. H$_2$SO$_4$ oder einem Gemisch aus HNO$_3$ und HClO$_4$ oder mit einem Gemisch aus HNO$_3$, HClO$_4$ und H$_2$SO$_4$ auf (COGBILL und YOE 1957; FRANCIS et al. 1969). Für die verschiedensten Organoborverbindungen hat PIERSON (1962) geeignete Naßaufschlußmethoden empfohlen.

Zur Bestimmung von Borspuren in Metallen (Mo, W, Zr, Al, Fe, Co) schließen MEZGER et al. (1984) mit Schwefelsäure/Phosphorsäure auf und reichern anschließend die Borspuren aus der Aufschlußlösung durch Destillation oder Extraktion an.

Aufschluß von Polyoxymethylenen mit HNO$_3$ zur Bestimmung von Spuren-Bor und -Fluor. 10 g der pulverförmigen oder granulierten Probe werden in den Destillationskolben (s. Abb. 66-2) gefüllt und mit 4 ml dest. Wasser angefeuchtet. Dann wird langsam konz. Salpetersäure (D = 1.40) zugetropft (Verbrauch etwa 28 ml). Die Probe depolymerisiert unter heftiger Gas- und Wärmeentwicklung. Die entweichenden Gase werden durch Eintauchen des Kühlerendes in dest. Wasser nochmals gewaschen und entweichende Stickoxide abgesaugt. Nach Abklingen der Reaktion wird die Waschlösung mit der

Aufschlußlösung vorsichtig vereinigt. Zur Borbestimmung wird die Aufschlußlösung nach Zugabe einer salzsauren $ZnCl_2/AlCl_3$-Lösung auf 120°C aufkonzentriert und das Bor mit Methanol in 5 ml 1 N Natronlauge überdestilliert und titriert. Kleine Mengen HNO_3 und HCOOH, die mit ins Destillat übergehen, stören die Titration nicht.

65.1.3 Alkalische Schmelzaufschlüsse im offenen Tiegel

Diese Aufschlußform wird schwerpunktmäßig dann gewählt, wenn Bor in mineralischer Form vorliegt. Besonders einfach ist aufgrund der niederen Schmelztemperatur der *Aufschluß mit Ätznatron* in einem Tiegel aus Glaskohlenstoff (SIGRADUR, Lieferfirma: SIGRI); er ist auch zum Aufschluß von Borchelaten, wenn Bor über Sauerstoff an das Molekül gebunden ist, geeignet.

Bor kann anschließend ohne destillative Abtrennung als Mannitoborsäure titriert werden, auch dann, wenn die Probe Fluor enthält; nur darf in diesem Fall nicht mehr stark angesäuert werden, sondern die Aufschlußlösung muß nach schwachem Ansäuern und Austreiben der Kohlensäure sofort titriert werden. Ansonsten empfiehlt sich als Aufschluß eine *Schmelze mit Natriumcarbonat* (ROTH und BECK 1954), mit Natriumcarbonat und Cadmiumoxid (DOERING 1967) oder mit Natriumcarbonat und Zinkoxid (POVONDRA und HEJL 1976), mit Bariumcarbonat oder Calciumoxid (NEGINA et al. 1970) oder mit Pyro- oder Persulfaten (EBERLE et al. 1964) und anschließend die destillative Abtrennung des Bors als Methylborat (RAAPHORST und LINGERAK 1973) oder über Ionenaustauscher, wie POVONDRA und HEJL (1976) zur *Analyse von natürlichen Borsilicaten* empfehlen. Danach wird die silicatische Probe mit Na_2CO_3/ZnO aufgeschlossen, durch Behandlung mit einem Kationenaustauscher von Neutralsalzen getrennt und anschließend das Bor als Mannitoborsäure titriert.

Ausführungsbeispiel. 0.3 g Probe werden im Platintiegel mit 2.5 g Na_2CO_3/ZnO (4:1) gemischt und 30 min bei Dunkelrotglut, schließlich 10 min stärker erhitzt. Die Masse wird in einen Teflonbecher gegeben, bei 80°C mit 50 ml Wasser ausgelaugt und auf 100 ml aufgefüllt. Man filtriert über ein trockenes Filter, verwirft die ersten ml und gibt 50 ml des Filtrats in einen Polypropylenbecher. Dazu gibt man 10 g DOWEX 50-WX8, 50–100 mesh (vorher mit 4 N HCl, dann mit Wasser gewaschen und 12 h bei 80°C getrocknet), läßt 12 h unter gelegentlichem Umrühren stehen, filtriert und wäscht mit Wasser. Aus der schwach angesäuerten Lösung wird durch Erhitzen unter Rückfluß das CO_2 ausgetrieben. Nach Neutralisation und Zusatz von 7 g Mannit wird die Borsäure titriert. Die Zuverlässigkeit der Methode wurde mit der Analyse von Turmalin (Na, Ca) (Li, Mn, Mg, Fe, Al)$_3$ Al$_6$ ((OH, F)$_4$/(BO$_3$)$_3$/Si$_6$O$_{18}$) und Axinit (Ca$_2$(Fe, Mg, Mn) Al$_2$ (OH/BO$_3$/Si$_4$O$_{12}$) bewiesen.

In Mineralen, Gläsern und Metallboriden: 10 bis 100 mg der feingepulverten Probe werden in einem Nickelschiffchen ($\varnothing$ 20 mm, h 20 mm) mit Deckel nach Zugabe von 1.5 g Na_2CO_3 in einem Muffelofen bei 1000°C etwa 30 min aufgeschmolzen. Nach Abkühlen werden 0.5 g Na_2O_2 zugegeben und die Mischung nochmals 10 min aufgeschmolzen. – Die Zugabe von Na_2O_2 erhöht die Löslichkeit der Schmelze. – Die Destillation erfolgt im kontinuierlichen Methanolstrom (ROTH und BECK 1954; RAAPHORST und LINGERAK 1973) oder – wie nachfolgend beschrieben – diskontinuierlich.

65.1.4 Substanzaufschluß mit Natriumperoxid in der Nickelbombe

Zur Borbestimmung in festen und flüssigen Proben, auch bei gleichzeitigem Vorliegen von Fluor, ist dieser Aufschluß im Mikro- und Makrobereich gut geeignet (RITTNER und MA 1972). In aliquoten Volumina der Aufschlußlösung werden Bor und evtl. vorhandenes Fluor bestimmt. Wegen des hohen Salzgehaltes der Aufschlußlösung empfiehlt sich für genaue Bestimmungen die Abtrennung von Bor vorher als Methylborat oder mittels Ionenaustauscher (WOLSZON und HAYES 1957).

Arbeitsvorschrift. Je nach Borgehalt werden 5 bis 250 mg Probe in den Bombenbecher eingewogen, der vorher mit einer Spatelspitze Kaliumnitrat ($\approx$ 150 mg) und 4 bis 8 Tropfen Ethylenglykol (je nach organischem Anteil) beschickt wurde. Rein anorganische Proben (z. B. Fluorborate) werden mit etwa der gleichen Menge Zucker (als Aufschlußhilfe) vermischt.

Dann wird der Bombenbecher mit Natriumperoxid aufgefüllt, der Rand sauber abgepinselt und die Bombe gasdicht verschraubt. Der Aufschluß erfolgt wie unter Methode 45.1 beschrieben. Nach Öffnen der Bombe wird der Bombenbecher in einen Silber- oder Teflonbecher gelegt und mit heißem Wasser übergossen, so daß der Bombenbecher erst bis etwa zur Hälfte und später bis zum oberen Rand eintaucht. Auch der Deckel wird mit dest. Wasser in den Silberbecher abgespült. Nach Abklingen der Reaktion (ca. 10 min) wird der Bombenbecher mit einer Tiegelzange aus der Lösung genommen, sorgfältig abgespült, die Lösung in einen 100-ml-Meßkolben überspült und dieser nach Abkühlen der Reaktionslösung auf Raumtemperatur mit dest. Wasser bis zur Marke aufgefüllt. In aliquoten Teilen der Aufschlußlösung werden Bor und – falls vorhanden – Fluor bestimmt.

Da die Reaktionslösung nach dem Bombenaufschluß einen relativ hohen Salzgehalt aufweist, sollte die *Borsäure als Methylborat destillativ abgetrennt* und im Destillat *als Mannitoborsäure titriert werden*. Die destillative Abtrennung ist in jedem Fall dann erforderlich, wenn Fluorid in der Aufschlußlösung vorliegt oder Spurenmengen Bor photometrisch bestimmt werden sollen.

Zur Bestimmung des Fluor wird ein anderer aliquoter Teil derselben Aufschlußlösung (10, 20 oder 50 ml) in einen 100-ml-Meßkolben pipettiert, mit einem Tropfen Bromkresolpurpurlösung (0.1%ige alkohol. Lösung) versetzt, mit 1 N HCl gerade neutralisiert (die Lösung nicht sauer stellen, sonst bildet sich die Fluorborsäure zurück!), 50 ml TISAB-Pufferlösung zugefügt, mit dest. Wasser zur Marke aufgefüllt und, wie in Methode 54.5 beschrieben, die Fluorkonzentration mit der fluoridsensitiven Elektrode gemessen.

65.1.5 Aufschluß nach SCHÖNIGER

Zur Technik dieses Aufschlusses s. Kap. 44. Diese Methode ist vor allem auf kleine Einwaagen und nichtflüchtige Substanzen begrenzt, außerdem verläuft die Verbrennung er-

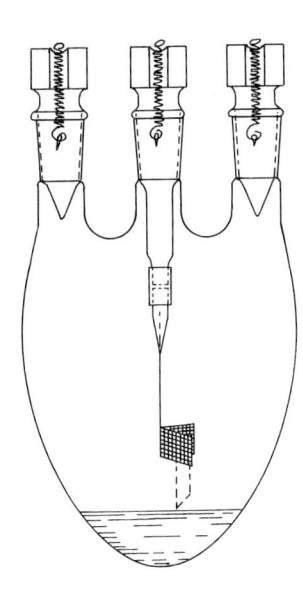

Abb. 65-1. Für die Borbestimmung modifizierter Aufschlußkolben nach SCHÖNIGER.

fahrungsgemäß nicht bei allen Borverbindungen quantitativ (PIERSON 1962). Borcarbid, Bornitrid und Metallboride werden nach YASUDA und ROGERS (1960) so nicht vollständig aufgeschlossen. Ein Zuschlag von festen Oxidationsmitteln oder Verbrennungshilfen (Rohrzucker) ist jedoch nur bei schwer verbrennbaren Substanzen erforderlich. Um die Bildung von Bornitrid beim Aufschluß von Borazolen zu vermeiden, wird die Probe mit der gleichen Menge feingeriebenem Kaliumhydroxid gemischt, in Cellulosefolie eingefaltet und damit in bekannter Weise verbrannt. Nach Absorption der Verbrennungsgase und Eluieren der Schmelze wird mit HCl auf pH 3 gestellt, Kohlendioxid durch kurzes Aufkochen ausgetrieben und dann Bor als Mannitoborsäure titriert.

Störend wirkt Fluor (TERRY und KASLER 1971), weil sich ein Teil des Fluorids und Borats in der Gasphase wieder zum Fluoroborat rekombiniert und sich das gebundene Bor der Bestimmung entzieht; daher muß Bor aus der Aufschlußlösung destillativ (s. Kap. 66.3) abgetrennt werden. Zum Aufschluß empfiehlt sich dann ein birnenförmiger Aufschlußkolben aus Quarzglas (Abb. 65-1), der an die Destillationsapparatur (s. Abb. 66-2) angeschlossen werden kann, so daß nach dem Aufschluß zur Destillation die Reaktionslösung nicht umgespült werden muß.

Reagenzien und Apparatur. Für die normale Borbestimmung verwendet man einen Schöniger-Kolben üblicher Form (am besten aus Quarzglas), zur Borbestimmung in Anwesenheit von Fluor einen birnenförmigen Aufschlußkolben aus Quarzglas, wie ihn Abb. 65-1 zeigt.

Klebeband aus Acetatcellulose (Selux-Band, Nr. 3315; Lieferfirma: W. HECKMANN).

Oxidationszuschlag: Gemisch aus gleichen Teilen feingepulvertem Natriumcarbonat und Natriumperoxid p.a.

Indikatorlösung: 0.1%ige alkohol. Bromkresolpurpur.

Arbeitsvorschrift. In ein Stück (15×20 mm) Celluloseacetatklebeband wird eine Lunte aus Filterpapier (s. Abb. 44-4) eingeklebt, darauf 8 bis 20 mg Substanz eingewogen und evtl. mit einer Spatelspitze voll Oxidationsgemisch überschichtet. Substanz und Oxidationsgemisch werden dicht eingeklebt, in den Platinkontakt eingeschoben, 4 ml 0.1 N Natronlauge im ausgedämpften Aufschlußkolben als Absorptionslösung vorgelegt und dann aufgeschlossen. Nach 15 min Absorptionszeit wird der Stopfen mit wenig dest. Wasser abgespült, der Platinkontakt aus dem Adapter gezogen und in die Lösung geworfen. Nun fügt man 1 Tropfen Indikatorlösung (Bromkresolpurpur) zu, neutralisiert tropfenweise mit 0.1 N HCl und gibt 1 ml im Überschuß zu, spült die Lösung in den Titrierkolben um, kocht die Lösung 10 bis 20 s auf, um die Kohlensäure zu vertreiben, kühlt auf Raumtemperatur und titriert unter Durchleiten von Inertgas und magnetischem Rühren die Borsäure als Mannitoborsäure, empfohlen wird potentiometrische Endpunktsindikation.

Parallel zur Probe wird ein Blindaufschluß durchgeführt und der Blindverbrauch (0 bis 30 µl 0.1 N NaOH) in Rechnung gestellt.

65.1.6 Verbrennung nach WICKBOLD

Zur Technik des Substanzaufschlusses mit den verschiedenen Modifikationen dieser Apparatur s. Kap. 43. Die Verbrennung eignet sich auch in der Boranalyse zum Aufschluß von gasförmigen, flüssigen und festen Proben.

Wie WICKBOLD und NAGEL (1959) empfehlen, werden die organischen Borverbindungen in einem organischen Lösungsmittel (Methanol, Aceton o. ä.) gelöst und dann mit dem sog. „Saugbrenner" in die Knallgasflamme versprüht. Die Flamme färbt sich beim Durchgang der borhaltigen Lösung intensiv grün. Sobald die Lösung aufgesaugt ist, wird mit reinem Lösungsmittel einige Male nachgespült. Dabei verschwindet die grüne Flammenfärbung, wodurch angezeigt wird, daß die gesamte Borverbindung die Flamme passiert hat. Auch Polymere (z. B. Polyacetale) lassen sich nach dieser Methode gut aufschließen. Man verwendet dazu den sog. „Kaskadenbrenner". Um auch die Reste an Bor zu erfassen, die evtl. im Probenschiffchen zurückbleiben, wird es mit in die Vorlagelösung ausgespült, oder der Rückstand wird – unter Verwendung von Platinschiffchen mit wenig Soda/Pottasche – aufgeschmolzen und die Schmelze mit der Reaktionslösung vereinigt. Zur *Borbestimmung in Gläsern und Waschmittel* kombinierte WICKBOLD die Knallgasverbrennung mit der Bordestillation und spülte das entstehende Methylborat zur Verbrennung in die Flamme (s. Abb. 65-2).

Bei Abwesenheit von Fluor kann Bor in der Reaktionslösung direkt titriert werden. Bei Anwesenheit von Fluor wird aus einem aliquoten Volumen das Bor destillativ abgetrennt. Zur Fluoridbestimmung wird ein aliquoter Teil der natronalkalischen Lösung im Silbertiegel erst zur Trockene eingedampft und leicht aufgeschmolzen, um Fluoroboratreste, die sich hinter der Flamme wieder gebildet hatten, in die ionogene Elementform zurückzuführen und die Fluoridmessung dann, wie bekannt, ausgeführt.

Ausführungen. *In der mit der Bordestillation kombinierten Apparatur* (Abb. 65-2). Man erwärmt die Substanz gegebenenfalls zunächst nur mit konzentrierter Schwefelsäure, um störendes Wasser zu entfernen. Dabei ist der Kolben bereits mit der Apparatur, in der die

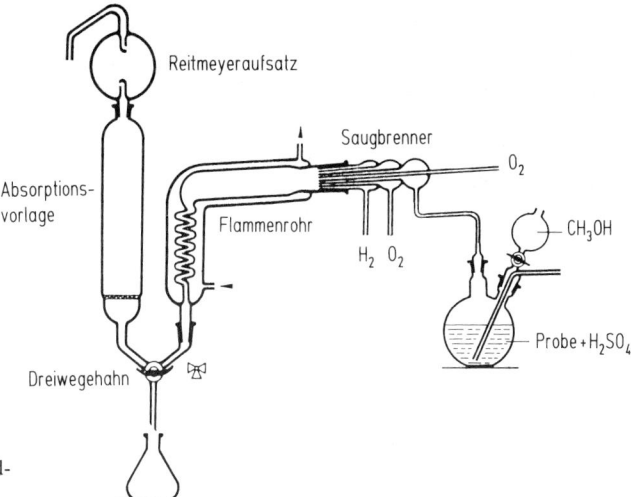

65.1 Der oxidierende Substanzaufschluß zu Borat

Abb. 65-2. Kombinierte Wickbold-Apparatur zur Borbestimmung.

Knallgasflamme brennt, verbunden. Sollte sich also etwas Borsäure verflüchtigen, so gelangt sie in die mit verdünnter Natronlauge gefüllte Vorlage. Ein mäßiger Stickstoffstrom sorgt für den Abtransport des Wassers. Wenn erste Schwefelsäuredämpfe die beendete Entwässerung anzeigen, läßt man einige Minuten abkühlen und gibt sodann Methanol aus dem Tropftrichter zu. Die Flamme wird dabei augenblicklich intensiv grün. Man regelt die Zugabe so, daß die Flamme nicht mehr als die Hälfte des Flammenraumes einnimmt. Ist die erste lebhafte Reaktion vorüber, gibt man 50 ml Methanol in den Kolben und erwärmt ihn mit einem auf etwa 70 °C gehaltenen Wasserbad. Methylester und Methanol destillieren im Stickstoffstrom relativ schnell durch die Flamme und verbrennen darin zu CO_2, H_2O und B_2O_3. Sobald die Esterbildung beendet ist, geht die Flammenfärbung von grün auf gelblich bis fahlblau zurück. Der Zeitpunkt dieser Farbänderung hängt von der Menge des vorhandenen Bors ab. In den meisten Fällen werden weniger als 50 ml Methanol benötigt. Man destilliert zur Sicherheit noch einige Minuten und bricht dann die Verbrennung ab. Sollte ausnahmsweise mehr Methanol benötigt werden, so gibt man es aus dem Tropftrichter portionsweise (10 ml) nach.

Bei der Verbrennung entstehen Kohlendioxid, Wasser und Bortrioxid, das mit den gasförmigen Produkten in die mit wäßriger Natronlauge beschickte Vorlage geht. Nur sehr kleine Anteile setzen sich bereits an den wassergekühlten Wandungen des Flammenrohres ab. Man spült sie nach Beendigung der Verbrennung mit Wasser in die Vorlage. Da die Absorptionslösung auch Kohlendioxid enthält, kocht man sie nach schwachem Ansäuern gegen Methylrot aus. Danach neutralisiert man genau auf Methylrot-Umschlag (gerade gelb), versetzt mit Mannit und titriert mit 0.1 N Natronlauge, die absolut carbonatfrei sein muß, auf Phenolphthalein-Umschlag oder potentiometrisch, wie in Kap. 67 beschrieben.

Ausführungsbeispiel. *Bortrifluorid-, Amin- und Etheratkomplexe,* die aufgrund ihrer Flüchtigkeit schwer zu analysieren sind, verbrennt man mit einem modifizierten Saugbrenner (Abb. 65-3). Man nimmt mit einer gasdichten Spritze (z. B. HAMILTON) etwa

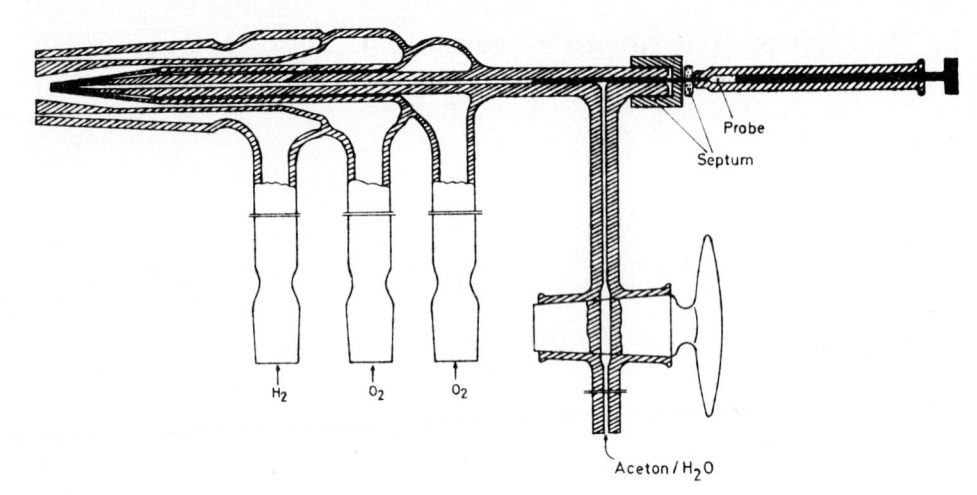

Abb. 65-3. Zur Wickbold-Apparatur – Modifizierter Saugbrenner zum Aufschluß aggressiver BF$_3$-Etherate.

300 mg Probe, verschließt das Nadelende durch Einstechen in ein Stück Septum und wägt die Spritze auf einer Präzisionswaage auf 1 mg genau. Man führt dann die Nadel durch das Septum in den Saugbrenner, dosiert den Inhalt der Spritze von Hand langsam in die Flamme und wägt dann die Spritze zurück. Über den Dosierhahn des Saugbrenners wird mit Wasser oder Aceton nachgespült. Diese Arbeitsweise empfiehlt sich ganz allgemein zum Aufschluß sehr flüchtiger und aggressiver Substanzen.

66 Abtrennen der Borsäure aus der Aufschlußlösung

66.0 Allgemeines

Borsäure bildet bereitwillig mit Alkoholen oder Polyhydroxiverbindungen Ester oder esterartige Verbindungen, dies wird zur Abtrennung der Borsäure aus sauren Aufschlußlösungen genutzt. Die Abtrennung vor der eigentlichen Borbestimmung ist unabdingbar, wenn die Aufschlußlösung (z. B. nach Schmelz- oder Naßaufschlüssen) mit großen Neutralsalzmengen befrachtet ist oder Kationen und Anionen enthält, die die anschließende maßanalytische oder photometrische Borbestimmung stören. Neben *Ionenaustausch, Extraktion* und *Mikrodiffusion* hat sich die *Destillation* zur Abtrennung der Borsäure durchgesetzt.

Zur Abtrennung durch Ionenaustausch (s. Kap. 65.1.3).

66.1 Abtrennen durch Extraktion

Neben Destillation und Diffusion wird auch die Extraktion zur Abtrennung der Borsäure von störender Matrix der Aufschlußlösung genutzt. So extrahierten Ross et al. (1956) Borsäure mit Ethanol/Ether aus fluoridhaltigen Lösungen, GRAFFMANN et al. (1974) mit 2-Ethyl-1,3-hexandiol/Chloroform vor der photometrischen Betimmung des Bor mit Azomethin (s. Kap. 68.4) und MEZGER et al. (1984) zur *Bestimmung von Borspuren in Metallen* durch Emissionsspektrometrie mit ICP-Anregung mit 2-Ethyl-1,3-hexandiol in Chloroform. Die Verteilung des farblosen esterartigen Chelats, das Borsäure mit 2-Ethyl-1,3-hexandiol (EHD) bildet, zwischen wäßrigen Lösungen und organischen Lösungsmitteln ist sehr günstig, so daß EHD gut zur Abtrennung und Anreicherung von Borspuren benutzt werden kann. Bor kann direkt in der organischen Phase (z. B. durch AAS) oder in der wäßrigen Phase nach Rückschütteln des Borsäure-Diolkomplexes aus der organischen in die wäßrige Phase (NaOH) bestimmt werden. Oxidierende Komponenten in der Aufschlußlösung müssen vor der Extraktion zerstört und evtl. anwesendes Fluorid komplexiert werden.

Ausführungsbeispiel der EHD-Extraktion (MEZGER et al. 1984)

EHD-Lösung: 10 Vol.-%ig 2-Ethyl-1,3-hexandiol in $CHCl_3$; 1 ml EHD-Lösung mit 90 ml Chloroform vermischen und zur Reinigung zweimal mit je 20 ml 0.1 N Natronlauge ausschütteln.

4 bis 6 ml der sauren Probenlösung, die 0.02 bis 1 µg Bor enthalten kann, werden in einem PP-Reagenzglas mit 2.0 ml EHD-Lösung versetzt. Nach Verschließen mit einer PE-Kappe wird 5 min geschüttelt und anschließend zur Phasentrennung 1 min zentrifugiert. Die leichtere, wäßrige Phase wird abgehoben und verworfen, die verbleibende organische Phase wird durch 5 min Schütteln mit 6 ml 0.05 N Schwefelsäure von mitextrahierten Matrixbestandteilen befreit. Nach Abtrennung der Waschlösung wird das Bor durch 5 min Schütteln mit 0.75 ml 0.05 N Natronlauge aus der organischen Phase rückgeschüttelt. Nach Zentrifugieren und Trennung der Phasen wird die alkalische Lösung emissionsspektrometrisch gemessen.

66.2 Abtrennen durch Mikrodiffusion

Auch die Diffusion ist ein geeigneter Weg, um Bor von störenden Begleitstoffen wie Silicaten, Phosphaten und Fluoriden zu trennen. Nach UMLAND und JANSSEN (1966) werden jedoch in Gegenwart von Fluorid erhebliche Minderbefunde bei der Diffusion aus schwefelsaurer Lösung erhalten. Durch Diffusion aus salzsaurer $ZnCl_2/AlCl_3$-Lösung kann diese Störung beseitigt und auch in Gegenwart von Fluorid exakte Borwerte erzielt werden.

Reagenzien und Apparatives

Aufschlußlösung: 50 ml $ZnCl_2$-Lösung (100 g/100 ml), 20 ml 2%ige wäßrige HCl-Lösung und 1 g festes $AlCl_3$ in der Destillationsapparatur (s. Abb. 66-2) auf 110 °C aufkonzentrieren und nach Erkalten in eine Schliffstöpselglasflasche füllen.

Methanol, p.a.

Natriumhydroxid-Plätzchen, p.a.

Parr-Säure-Aufschlußbombe (KÜRNER-ANALYSENTECHNIK) mit „PTFE"-Einsatz, 25 ml (s. Abb. 66.1).

Arbeitsvorschrift (EHRENBERGER 1981). Die feste Probe (≤ 100 mg) wird in den „PTFE"-Becher eingewogen. Wäßrige Probelösungen werden schwach alkalisch gestellt und im Becher unter einer Infrarotlampe zur Trockene eingedampft. Man setzt in die

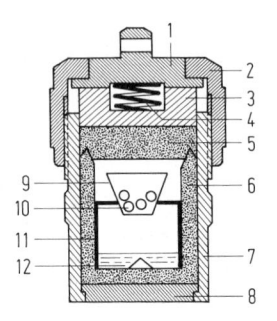

Abb. 66-1. Mikrodiffusionsapparatur zur Trennung der Borsäure von Fluorid. *1* Bombendeckel, *2* Verschraubung, *3* Andruckplatte, *4* Feder, *5* Teflondeckel, *6* Teflonbecher, *7* Bombengehäuse, *8* Bodenplatte, *9* Platinbecher, *10* Ätznatron, *11* Quarzring, *12* Probe+HCl+$ZnCl_2/AlCl_3$+CH_3OH.

Mitte des Bombenbechers einen Ring (⌀ 20 mm) aus Quarzglas ein, auf dem man ein durchbohrtes Platinblech legt, in das ein kleiner Platintiegel eingesetzt wird, der vorher mit einem etwa 100 mg schweren Natriumhydroxid-Plätzchen beschickt wurde. Man pipettiert auf die Probe im „PTFE"-Becher erst 1 ml Aufschlußlösung und dann 1 ml Methanol. Die Bombe wird anschließend mit der Hand fest verschraubt und in einen auf 110 °C beheizten Trockenschrank gestellt. Dort verbleibt die Bombe mindestens 6 h (am besten über Nacht).

Man läßt sie dann abkühlen, öffnet die Bombe und spült den Platintiegel mit Halteblech in den Titrierbecher aus und verfährt weiter wie nach der Destillation. Die Methode gestattet, etwa 0.001 bis 5 mg Bor in festen Proben bis max. 100 mg Substanzeinwaage zu bestimmen. Die Diffusion hat gegenüber der Destillation den Vorteil, daß sehr geringe Substanzmengen (< 1 mg) eingesetzt werden können, ohne daß die erreichbare Analysengenauigkeit darunter leidet.

Soll Bor in *anorganischen Fluorboraten* bestimmt werden, genügt es, diese mit der salzsauren Zink-/Aluminiumchloridlösung am Rückfluß zu kochen, die Lösung bis 120 °C aufzukonzentrieren und dann das Bor durch Diffusion oder Destillation abzutrennen. Fluor bleibt, komplex an Aluminium gebunden, vollständig in der Aufschlußlösung zurück und kann somit die Titration des Bors im Destillat nicht mehr stören.

Auch aus *organischen Fluorboratkomplexen* kann Bor direkt, d. h. ohne vorherigen Aufschluß, als Methylborat abgetrennt werden, wenn sicher ist, daß keine organischen Spaltprodukte mit in das Destillat oder Diffusat übergehen, die die weitere Borbestimmung stören, wie bei der Analyse des Nitrazols, das beim Kochen mit salzsaurer Zink-/Aluminiumchloridlösung Nitrobenzol abspaltet.

Deshalb empfiehlt es sich, organische Fluorboratkomplexe vorher entweder in der Nickelbombe oder thermisch nach SCHÖNIGER oder WICKBOLD aufzuschließen, und aus aliquoten Volumenanteilen das Bor als Methylborat abzutrennen und in einem anderen aliquoten Volumen die Fluoridkonzentration mit der fluoridsensitiven Elektrode zu messen (Methode 54.5), wobei die hohe Salzkonzentration nach dem Bombenaufschluß bei der Eichung berücksichtigt werden muß. Die hohe Salzkonzentration nach dem Peroxidaufschluß erschwert auch die Bordestillation, deshalb werden in der Regel thermische Methoden (SCHÖNIGER, WICKBOLD) bevorzugt. Die sehr flüchtigen *Bortrifluorid-Amin- oder Etherat-Komplexe* verbrennt man mit dem Saugbrenner in der Wickbold-Apparatur oder setzt sie im geschlossenen Gefäß mit Natronlauge um und behandelt sie dann weiter wie die alkalische Aufschlußlösung.

66.3 Abtrennung als Methylborat durch Destillation

Prinzip. Borsäure und Methanol reagieren in Gegenwart eines wasserbindenden Kondensationsmittels (z. B. H_2SO_4, H_3PO_4, $ZnCl_2$) unter Bildung von Borsäuretrimethylester, der zusammen mit überschüssigem Methanol durch Destillation oder Diffusion über die Gasphase abgetrennt und in einer alkalischen Vorlagelösung absorbiert und verseift wird.

Da eine einmalige Destillation zur quantitativen Borabtrennung nicht genügt, muß Methanol wiederholt zugegeben und mehrfach destilliert werden (*diskontinuierliche Me-*

thode), oder das Methanol wird bei der Destillation im Kreis geführt (*kontinuierliche Methode*), dieses Verfahren ist zur Spurenbestimmung prädestiniert, da nur kleine Destillatvolumina anfallen.

a) Diskontinuierliche Borsäuredestillation

In der unten beschriebenen Ausführung (EHRENBERGER 1981) wird Bor unter milden Bedingungen aus einer salzsauren Zinkchlorid-/Aluminiumchloridlösung (SCHULEK et al. 1965) als Methylborat quantitativ von Fluorid abgetrennt. Fluorid wird dabei in der Aufschlußlösung komplex an Aluminium gebunden.

Reagenzien

Konz. $ZnCl_2$-Lösung (100 g/100 ml Lösung).
Aluminiumchlorid p.a. (HCl-Entwicklung beim Flaschenöffnen!).
Methanol p.a.
Salzsäure: a) 2%ige wäßrige Lösung, b) 1:1 verdünnt, c) 0.1 N.
Natronlauge: a) 0.1 N, b) 0.01 N.
Kalkmilch: $Ca(OH)_2$-Aufschlämmung 0.1 M.
Mannit, pelletiert, säurefrei, p.a.
Methylorange, 0.1%ige wäßrige Lösung.
Bromkresolpurpur (Dibrom-o-kresol-sulfophthalein, pH: 5.2 bis 6.8) 0.1%ige alkoholische Lösung.
Heliumgas oder Stickstoff.

Apparatur

Destillationsapparatur aus Quarzglas (Abb. 66-2).
Metrohm-Potentiograph E 536 oder Knick-mV/pH-Meter.
Multidosimat (METROHM E 535. 5 ml/0.001 ml).
pH-Einstabmeßkette mit Platindiaphragma (SCHOTT & GEN. Typ H 61 K 1A, Bestellnummer 83256120).
Magnetrührer.

Arbeitsvorschrift. Nach Substanzaufschluß wird die alkalische Aufschlußlösung oder aliquote Teile davon in den Destillationskolben pipettiert, gegen Methylorange (1 Tropfen) mit Salzsäure (1:1) neutralisiert, 5 ml 2%ige Salzsäure und 10 ml Zinkchloridlösung sowie eine Spatelspitze Aluminiumchlorid (etwa 100 mg) zugesetzt, Gaseinleitrohr mit Trichteraufsatz, Thermometer und Rückflußkühler aufgesetzt und mittels „Heizpilz" dann der Kolben beheizt. Nach Anstellen des Kühlwassers (im absteigenden Ast des Kühlers) und Einregeln des Heliumgasstromes auf etwa 300 ml/min wird die Reaktionslösung im Destillierkolben aufkonzentriert, bis die Temperatur 120°C erreicht hat. Nun wird die Beheizung des Kolbens unterbrochen, 5 ml 0.1 N Natronlauge mit 1 Tropfen Bromkresolpurpurlösung im Titrierkolben vorgelegt und dieser so unter dem Kühlerende angebracht, daß dieses eben unter die Oberfläche der Absorptionslösung taucht. Über den Hahntrichter läßt man 10 ml Methanol langsam in die Reaktionslösung einfließen

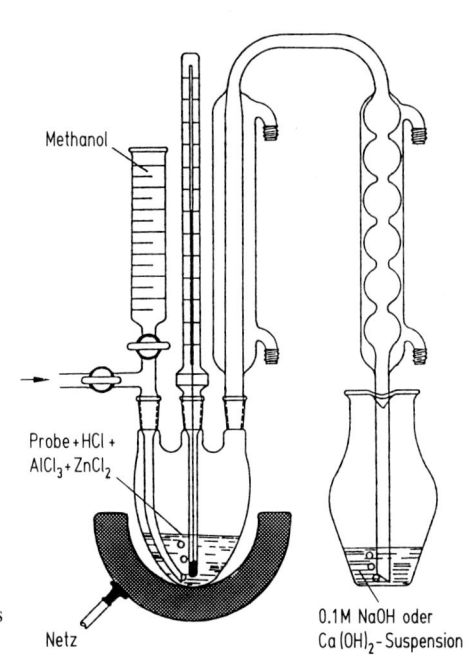

Abb. 66-2. Destillative Abtrennung der Borsäure aus fluoridhaltigen Lösungen.

und destilliert das Bor mit dem Methanol in die Vorlage über. Sobald die Temperatur der Reaktionslösung wieder 110 °C (nicht höher!) erreicht hat, läßt man erneut 10 ml Methanol zufließen und destilliert wieder ab, bis die Siedetemperatur 110 °C erreicht hat und wiederholt den Vorgang noch dreimal. Nachdem die insgesamt 50 ml Methanol abdestilliert sind, senkt man die Vorlage ab und spült mit wenig dest. Wasser das Kühlerende in die Vorlagelösung ab. Am Ende der Destillation sollte die Vorlagelösung noch immer alkalisch sein. Die Destillation kann auch kontinuierlich durchgeführt werden (ROTH und BECK 1954). Nach Ansäuern der Vorlagelösung mit 5 ml 0.1 N Salzsäure und kurzem Ausblasen des Kohlendioxids mit Helium kann das Bor als Mannitoborsäure in der methanolischen Lösung direkt titriert werden (RAAPHORST und LINGERAK 1973). Die Ansprechempfindlichkeit der Elektrode ist jedoch höher und der Endpunkt schärfer, wenn das Methanol aus der alkalischen Vorlagelösung vorher abgedampft wird. Dazu stellt man den Titrierkolben mit der alkalischen, methanolischen Vorlagelösung in den „Heizpilz" und dampft unter Durchleiten von Helium (300 ml/min) das Methanol ab, pipettiert dann zur heißen Lösung 5 ml 0.1 N Salzsäure zu, leitet zum Austreiben des Kohlendioxids noch 2 min Helium durch, kühlt die Lösung auf Raumtemperatur ab (unter Ausschluß der Luftkohlensäure), taucht anschließend die pH-Einstabmeßkette in die Lösung – das pH-Meter müßte jetzt einen pH-Wert zwischen 2 und 3 anzeigen – und dosiert unter magnetischem Rühren langsam 0.1 N Natronlauge zu, bis das pH-Meter einen Wert von 6.5 anzeigt. Man stellt nun die Bürette auf „0" zurück, löffelt etwa 5 g Mannit-Pellets zu und titriert mit 0.1 N Natronlauge auf einen pH-Wert von 7.6 bis 7.8. Im pH-Bereich von 7 bis 8 wird sehr langsam titriert und die Lauge nur in Mikroliteranteilen zudosiert (s. auch Abb. 66-3).

Analog wird der Blindwert bestimmt und bei der Berechnung berücksichtigt.

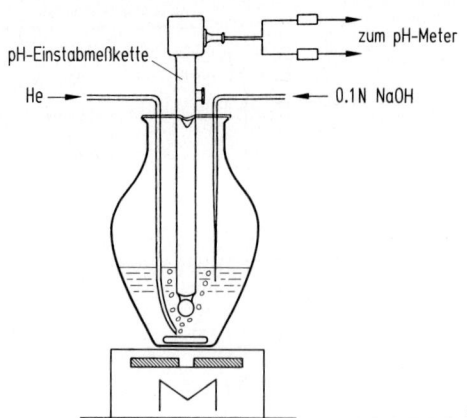

Abb. 66-3. Potentiometrische Titration von Borsäure mit 0.1 N NaOH in Gegenwart von Mannit.

Berechnung

$$w = \frac{(V_2 - V_1) \cdot f \cdot 100}{M_0}.$$

w = Borgehalt
V_2 = ml 0.1 N NaOH
V_1 = Blindverbrauch
f = Faktor für Bor (1.082)
M_0 = Einwaage in mg

b) Kontinuierliche Borsäuredestillation

Nach dem Kreislaufdestillationsverfahren in der in Abb. 66-4A skizzierten Apparatur aus Quarzglas (MEZGER et al. 1984) lassen sich die abgetrennten Borspuren auf ein kleines, weitgehend konstantes Volumen konzentrieren.

Apparatur. *Kreislaufdestillationsapparatur aus Quarzglas* (Abb. 66-4A), bestehend aus Reaktionsgefäß (1), Vorlagegefäß (6) und Kühler (9), die jeweils miteinander verbunden sind. Das Reaktionsgefäß (1), Volumen ca. 40 ml, ist oben mit einer Öffnung (NS 10) zum Einfüllen von Probenlösung und Reagenzien versehen und kann durch einen Hahn mit PTFE-Küken (4) entleert werden. Ester und Methanoldampf gelangen über das Verbindungsstück (5) in die Vorlage mit alkalischer Absorptionslösung. Das Vorlagegefäß (6), Volumen ca. 20 ml, ist so dimensioniert, daß das Destillatvolumen einschließlich der zum Spülen notwendigen Flüssigkeit unter 10 ml gehalten werden kann. Der im Vorlagegefäß erzeugte Methanoldampf wird über Verbindungsrohr (8) in den Kühler (9) geführt, dort kondensiert und durch Verbindungsrohr (12) dem Reaktionsgefäß von unten zugeleitet. Dadurch ist eine gute Durchmischung des Methanols mit der spezifisch schwereren Reaktionslösung gewährleistet, was durch das Einleiten von Stickstoff (50 bis 60 Blasen/min) durch das Gaseinleitungsrohr (3) noch gefördert wird. Alle Öffnungen an

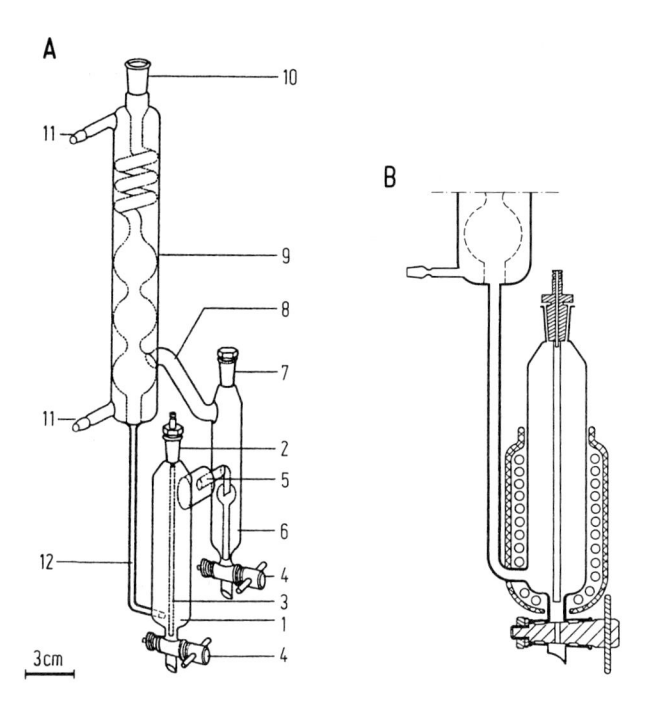

66.3 Abtrennung als Methylborat durch Destillation

Abb. 66-4. (A) Kreislaufdestillationsapparatur zur Abtrennung von Bor als Borsäuremethylester.
1 Reaktionsgefäß (RG), 130 mm × 25 mm a. $\varnothing$; *2* PTFE-Stopfen (NS 10); *3* Gaseinleitungsrohr aus PTFE, 3 mm a. $\varnothing$; *4* Hahnküken (PTFE); *5* Verbindungsstück RG/VG; *6* Vorlagegefäß (VG), 130 × 18 mm a. $\varnothing$; *7* PTFE-Stopfen (NS 10); *8* Verbindungsstück VG/Kühler, 10 mm a. $\varnothing$; *9* Kühler, 200 mm × 33 mm a. $\varnothing$; *10* NS 14.5, zum Aufsetzen eines Absorptionsrohres mit $CaCl_2$; *11* Kühlflüssigkeit Zu- und Ablauf; *12* Verbindungsrohr Kühler/RG, Länge 130 mm, 3 mm i. $\varnothing$. *Bemerkung:* Verbindungsrohr Kühler/RG sowie Verbindungsstück RG/VG und Gaseinleitungsrohr (*3*) sollen möglichst nah am Hahn enden. (B) Reaktionsgefäß mit Heizmantel (Längsschnitt).

Reaktions- bzw. Vorlagegefäß sind mit Stopfen oder Hahnküken aus PTFE versehen. Wegen des höheren Wärmeausdehnungskoeffizienten von PTFE gegenüber Quarzglas passen sich diese Teile beim Erwärmen den Schliffhülsen gut an und sorgen für eine optimale Abdichtung, die mit den entsprechenden Quarzteilen nicht zu erreichen war.

Heizschnüre von 120 bzw. 60 W (Electrothermal Typ HC1, Fa. R. Brandt), mit denen Reaktions- und Vorlagegefäß umwickelt sind, dienen zum Heizen der Gefäße (Abb. 66-4B). Die Heizwicklungen sind zur Isolierung mit Band aus Glasgewebe und Aluminiumfolie ummantelt. Die Regelung der Heizleistung erfolgt durch Proportionalregler mit Heißleitern als Temperaturfühler, die zwischen der Heizwicklung und dem Isoliermantel angebracht sind. Der Kühler (9) wird mit Wasser-Isopropanol-Gemisch von ca. 4 °C aus einem Umwälzthermostaten (Typ K 2 RD, MGW Lauda, LAUDA) versorgt. Die Kühleröffnung (10) ist mit einem Absorptionsrohr mit $CaCl_2$ verschlossen.

Ausführung der Kreislaufdestillation. In das Vorlagegefäß werden 0.10 ml 2 N Natronlauge und 2 ml Methanol gegeben. In das Reaktionsgefäß wird 1 ml Methanol-Schwefelsäure-Mischung (10+1) vorgelegt, die schwefel-phosphorsaure, annähernd wasserfreie

Probenlösung (max. 5 ml) über einen Trichter eingebracht und maximal 15 ml Methanol-Schwefelsäure-Mischung hinzugefügt, mit denen Probengefäß und Trichter gespült werden. Dabei soll das Volumenverhältnis von Probelösung und Methanol-Schwefelsäure-Mischung 1:3 nicht überschritten werden. Nach Verschließen der Stopfen leitet man zunächst mehrere Minuten zur Durchmischung der Reaktionslösung einen kräftigen Stickstoffstrom ein, den man dann auf etwa 1 Blase/s reduziert. Man schaltet nun die Heizung des Reaktionsgefäßes ein und bei beginnendem Sieden der Lösung auch die Heizung des Vorlagegefäßes. Die Heizleistung der Gefäße wird durch die Regler so vorgegeben, daß beide Lösungen gleichmäßig und stark sieden, ohne daß sich ihre Volumina während der Destillationszeit von 15 min wesentlich verändern. Etwa 3 min nach Abschalten der Heizungen läßt man die Absorptionslösung durch den Hahn des Gefäßes zur weiteren Aufarbeitung ab.

67 Titration der Borsäure als Mannitoborsäure

Wie aus Gleichgewichtsuntersuchungen von BOESEKEN et al. (1930) und später von SCHÄFER et al. (1941) hervorgeht, wird der sehr schwachsaure Charakter der Borsäure durch Komplexbildung mit Polyalkoholen verstärkt, so daß sie sich wie eine einbasige, mittelstarke Säure (gegen Phenolphthalein) gut titrieren läßt.

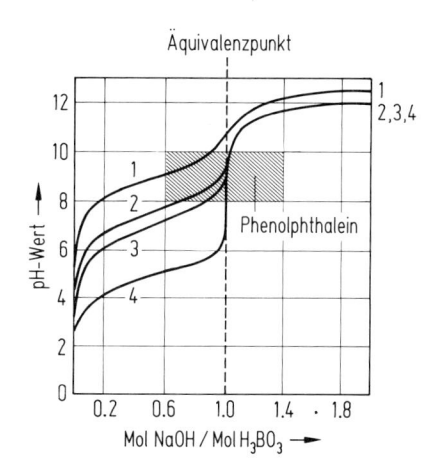

Abb. 67-1. Titration einer 0.1 N Borsäurelösung mit 0.2 N NaOH in Gegenwart von je 4 Mol Polyalkohol je Mol Borsäure (nach MELLON und MORRIS 1924). *1* Borsäure allein, *2* Borsäure und Glycerin, *3* Borsäure und Erythrit, *4* Borsäure und Mannit.

Wie Abb. 67-1 veranschaulicht, zeigt Mannit den stärksten Effekt. Zur Formel der Mannitoborsäure s. Abb. 67-2. Der Umschlagspunkt verschiebt sich zu um so kleineren pH-Werten, je größer die Diolkonzentration im Verhältnis zur Borsäurekonzentration ist. Man gibt deshalb Mannit in schwachem Überschuß (etwa 1 g/10 ml der zu titrierenden Lösung) zu, so daß noch ein Teil ungelöst bleibt.

Abb. 67-2. Formelbild der Mannitoborsäure.

Bei der alkalimetrischen Titration von 0.1 mol Borsäure und in Gegenwart von 1 mol Mannit liegt der Äquivalenzbereich nach NAZARENKO (1969) bei pH 7.75 bis 7.90.

Im Vergleich zur reinen Borsäure liegt also der Umschlagspunkt um mehrere pH-Einheiten niedriger, der Umschlagsbereich ist wesentlich größer, die Wahl der Indikatoren ist daher weniger kritisch. Zur Titration sind auch Indikatoren geeignet, die im pH-Bereich 7 bis 10 umschlagen. In den häufigsten Fällen wird Phenolphthalein, α-Naphtholphthalein auch Bromkresolpurpur als Indikator verwendet.

Für genaue Bestimmungen ist die *potentiometrische Endpunktsanzeige* den Indikatormethoden vorzuziehen. Man registriert die Änderung des H^+-Ionenpotentials während der Titration an zwei geeigneten Elektroden, z. B. Glas-/Kalomelelektrode, mit Hilfe eines pH-Meßgerätes entweder schrittweise oder kontinuierlich durch einen Schreiber; man erhält so klassische, gut auswertbare Titrationskurven.

Zur Analyse wird auf einen pH-Wert von 6.5 vorneutralisiert, dann Mannit zugegeben und auf einen pH-Wert von 7.6 bis 7.8 titriert.

Man titriert normalerweise mit 0.01 N, 0.02 N oder mit 0.1 N Natronlauge unter Verwendung einer 5 ml-Motorkolbenbürette mit einer Ablesegenauigkeit von 1 µl. Die Titration muß unter sorgfältigem Ausschluß von CO_2 durchgeführt werden.

Die Stabilität der komplexen Borsäure nimmt mit steigender Verdünnung ab, deshalb muß das Titrationsvolumen möglichst gering gehalten werden, und die Titration mit relativ konzentrierter Natronlauge erfolgen.

Zur potentiometrischen Messung dient ein mV/pH-Meßgerät oder ein Potentiograph, wenn die Titrationskurve graphisch ausgewertet werden soll.

68 Photometrische Borbestimmung über Borat

68.0 Einführende Bemerkungen

Einige Reagenzien reagieren mit Borat-Ionen zu Farbkomplexen. Sie werden vorwiegend zur Borspurenbestimmung genutzt. Am empfindlichsten wirken *Hydroxi- und Aminoderivate des Anthrachinons*. Sie bilden in konzentriert-schwefelsaurem Medium mit Borat-Ionen Esterchelate, die meist im Verhältnis Reagenz : B = 1 : 1 zusammengesetzt sind. Typische Vertreter dieser Verbindungsklasse sind *Chinalizarin, Diaminochrysazin, Carminsäure* und *1,1'-Dianthrimid* (s. Formeln). Von diesen Reagenzien werden zur photometrischen Borbestimmung hauptsächlich *Carminsäure* und das *1,1'-Dianthrimid* eingesetzt. Zur Borbestimmung im unteren Mikrogramm- und im Nanogrammbereich ist als Reagenz auf Borat wegen seiner Empfindlichkeit noch *Curcumin* interessant. Allerdings bilden sich diese Farbchelate (mit Ausnahme von Azomethin) nur in konzentrierter Schwefelsäure. Fluorid- und Nitrat-Ionen stören die Farbreaktionen am stärksten. Dies läßt sich am zuverlässigsten durch Abtrennen der Borsäure umgehen (s. die in Kap. 66-1 bis 66.4 beschriebenen Trennmethoden).

68.1 Bestimmung mit Carminsäure

Die in konz. Schwefelsäure gelöste Carminsäure (s. Strukturformel) ändert in Gegenwart von Borat ihre Farbe von leuchtendrot nach blau. Das Extinktionsmaximum des Farbkomplexes liegt bei 585 bis 600 nm, während das Reagenz, wie Abb. 68-1 zeigt, bei 520 nm ein Maximum aufweist. Die größte Sensitivität erreicht man, wenn man bei 610 nm mißt. Ein steigender Wassergehalt verkürzt zwar die Dauer der Farbstoffentwick-

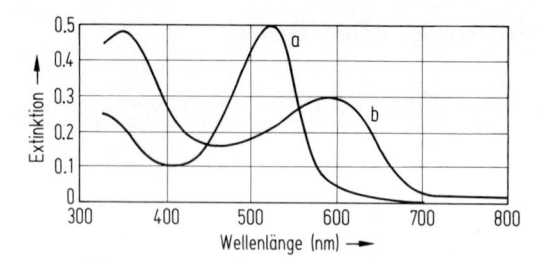

Abb. 68-1. Spektren von: *a* Carminsäure, *b* Carminsäure-Borchelat.

lung, setzt aber zugleich auch die Empfindlichkeit herab. Der Wassergehalt muß daher sehr konstant gehalten werden. Der Extinktionskoeffizient des Chelats Borsäure-Carminsäure liegt in der Größenordnung $e = 5 \cdot 10^3$ ($l \cdot mol^{-1} \cdot cm^{-1}$).

Störungen. Fluoride stören bereits in Spuren und ergeben deutliche Minderbefunde (LÄMMKE 1974). Ebenfalls stören Nitrat und Nitrit; diese können (HATCHER und WILCOX 1950) durch Zusatz von Salzsäure beseitigt werden. Bei hohen Nitratgehalten, wie in Pflanzennährlösungen und Abwässern, reicht die Zugabe von Salzsäure nicht aus, sondern die Probe muß (ROSS und WHITE 1960) vor der Umsetzung des Bor mit der Carminsäure am Rückfluß mit Ameisen-/Schwefelsäure gekocht werden. ROSENFELD und OLSEN (1979) beseitigen die Störung durch Nitrat, auch wenn große Nitratgehalte vorliegen, durch Zusetzen entsprechender Mengen von Hydrazinhydrat.

Chlorid-, Ammonium- und Phosphat-Ionen stören die Bestimmung nicht.

Ausführungsbeispiel (ROSENFELD und SELMER-OLSEN 1979). 2 ml der wäßrigen Probelösung werden in ein PP-Becherglas übertragen, 2 Tropfen (0.1 ml) Hydrazinhydrat ($N_2H_4 \cdot H_2O$ p.a.) und 10 ml H_2SO_4 konz. und anschließend 10 ml Carminsäurereagenz (125 mg Carminsäure/l konz. H_2SO_4) zugegeben. Unter Ausschluß von Luftfeuchte wird die Lösung durchmischt und nach 90 min Stehen die Farbdichte bei 610 nm in 10- bis 50-mm-Küvetten gemessen.

Im Bereich von 0 bis 40 µg ist das Beer-Gesetz erfüllt.

68.2 Bestimmung mit Dianthrimid

Dianthrimid (1,1'-Bisanthrachinolylamin − s. Abb. 68-2) bildet mit Borat-Ionen beim Erhitzen in konzentriert schwefelsaurer Lösung einen blauen Farbkomplex. Das Reagenz wurde von ELLIS et al. (1949) eingeführt. Die Reaktionsbedingungen wurden von LANGMYHR et al. (1959, 1961, 1963) untersucht. Im Gegensatz zur älteren Formulierung (ELLIS et al. 1949) eines 1:1-Komplexes schreiben LANGMYHR und ARNESEN (1963) dem von ihnen erhaltenen Komplex die Formel I zu (2:2-Verbindung). In Analogie zu den Borsäurecurcuminchelaten (s. Kap. 68.5) und aufgrund der in den meisten Borchelaten vorliegenden tetraedrischen Koordination des Bors (UMLAND et al. 1965, 1968) kommt auch die salzartige Formel II in Betracht, diese vermag im Gegensatz zu Formel I das Auftreten der langwelligen Bande bei 600 bis 630 nm zu erklären.

Formel I   Formel II

Abb. 68-2. Dianthrimid-Borchelat.

Das Borsäure-Dianthrimidchelat bildet sich auch in der Hitze nur langsam. Zur quantitativen Farbbildung sind 1 bis 1.5 h bei 100 °C, 3 h bei 90 °C oder 5 h bei 70 bis 80 °C erforderlich.

Zunehmender Wassergehalt des Reaktionsmediums beschleunigt zwar die Komplexbildung, vermindert jedoch gleichzeitig die Empfindlichkeit. Eine nur geringe Abhängigkeit der Empfindlichkeit vom Wassergehalt des konzentriert schwefelsauren Reaktionsmediums besteht nur für Wassergehalte unter 5%. Nach OTTING (1952) nimmt die Empfindlichkeit bei 10% Wassergehalt um 9%, bei 16% Wassergehalt um 50% ab.

Das Borsäure-Dianthrimidchelat weist ein breites Absorptionsmaximum im Bereich von etwa 600 bis 630 nm auf (ELLIS et al. 1949; s. Abb. 68-3) und nach BURKE und ALBRICHT (1966) bei 620 nm einen Extinktionskoeffizienten von $e = 18 \cdot 10^3$ (l·mol^{-1}·cm^{-1}). Im Bereich von 0.5 bis 5 µg B/10 ml H_2SO_4 folgt die Farbdichte streng dem Beer-Gesetz.

Störungen. Gestört werden Borbestimmungen mit Dianthrimid vor allem durch Fluor-Ionen und Oxidationsmittel wie NO_3^- und Fe^{3+}, aber auch durch einige Schwermetall-

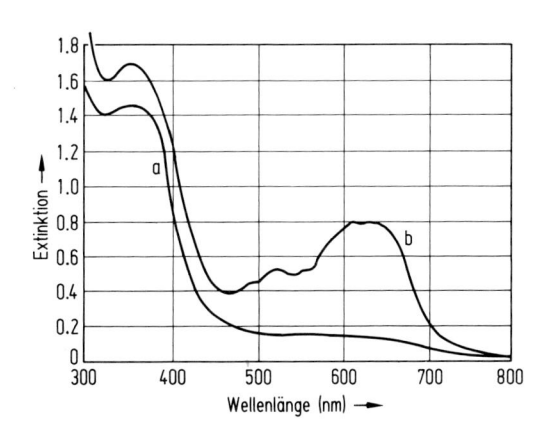

Abb. 68-3. Spektren von: *a* Dianthrimid, *b* Dianthrimid-Borchelat.

Ionen und große PO_4^{3-}-Mengen. Störeinflüsse wurden von LANGMYHR und SKAAR (1961) untersucht; die Störung durch Nitrat konnten sie durch Erhitzen mit Hydrazinsulfat ausschalten.

Am besten lassen sich Störungen durch destillative Abtrennung der Borsäure umgehen. Nach HNO_3-Aufschluß ist eine zweifache Destillation erforderlich.

Zur Absorption des Borsäuremethylesters werden bei der Destillation 10 ml 0.1 M Calciumhydroxidsuspension vorgelegt, die beim evtl. notwendigen Konzentrieren des Destillates (bei borarmen Proben) die Dianthrimidreaktion nicht beeinflussen, während größere Mengen Alkali-(Na,K)sulfate den Farbkomplex aufhellen.

Reagenzien

Boratstandard: 0.5716 g Borsäure p.a. (RIEDEL DE HAEN) in 1 l dest. H_2O lösen, 1 ml dieser Lösung entspricht 0.1 mg Bor.

Dianthrimidstammlösung: 400 mg 1,1'-Dianthrimid (p.a. MERCK) in 100 ml konz. H_2SO_4 lösen, die Lösung ist im Kühlschrank monatelang haltbar.

Dianthrimidgebrauchslösung: 5 ml Stammlösung mit konz. H_2SO_4 auf 200 ml verdünnen, diese Lösung ist alle zwei Wochen zu erneuern.

Schwefelsäure konz. (D = 1.84).

Kalkwasser $Ca(OH)_2$ 0.1 M Suspension, verschlossen in Polyethylen- oder Quarzgefäßen aufbewahren.

Arbeitsvorschrift. Das in Kalkwasser aufgefangene Borsäureesterdestillat oder aliquote Volumina der Aufschlußlösung (WICKBOLD oder SCHÖNIGER) – je nach Borgehalt – werden nach Zusatz von 10 ml Kalkwasser in einem Quarzkolben (s. z. B. Abb. 65-1) am Wasserbad zur Trockene eingedampft. Der Rückstand wird im Trockenschrank auf 150 °C erhitzt und dann mit 10 oder 20 ml Dianthrimidgebrauchslösung gelöst, der Quarzkolben wird verschlossen und zur Farbentwicklung genau 3 h in einen auf 90 °C beheizten Trockenschrank gestellt. Nach dem Abkühlen auf Raumtemperatur wird die Farbdichte der Lösung bei 620 nm gemessen. Die Auswertung erfolgt über die Eichkurve unter Berücksichtigung des Blindwerts.

68.3 Bestimmung mit Curcumin

Curcumin bildet mit Borat Komplexe verschiedener Zusammensetzung, die sich alle von seiner protonisierten, chinoiden Form ableiten (SPICER und STRICKLAND 1952, 1958; UMLAND und POTTKAMP 1968), s. Strukturformel in Abb. 68-4).

Analytisch genutzt werden „Rosocyanin", ein kationischer (2:1)-Komplex, und „Rubrocurcumin", ein (1:1)-Komplex, der zusätzlich Oxalsäure enthält (Abb. 68-5). Vor der Komplexbildung muß Curcumin durch starke Säuren in wasserarmen Medium protonisiert werden. Die protonisierte, benzoide Form steht mit einer protonisierten, chinoiden im Gleichgewicht, von der sich die Borchelate ableiten. Die chinoide Form wird durch Phenol stabilisiert.

Abb. 68-4. Curcumin.

Abb. 68-5. Rosocyanin; Rubrocurcumin

Rubrocurcumin bildet sich in Anwesenheit von Oxalsäure (NAFTEL 1939), enthält im Gegensatz zu Rosocyanin nur ein Molekül Curcumin und ein Molekül Oxalsäure je Boratom und weist demzufolge eine geringere Nachweisempfindlichkeit auf ($e = 4 \cdot 10^4$). Das analytisch bedeutendere Rosocyanin enthält je B-Atom 2 Moleküle Curcumin und bietet daher etwa die 4fache Nachweisempfindlichkeit ($e = 18 \cdot 10^5$), wie von HAYES und METCALFE (1963) beschrieben.

Beide Farbkomplexe haben ein Extinktionsmaximum (Abb. 68-6) bei 555 nm. Das Beer-Gesetz ist im Bereich von 0.005 bis 0.2 µg B/ml (Rubrocurcumin) bzw. 0.0014 bis 0.06 µg B/ml (Rosocyanin) erfüllt.

Eine Farbreaktion zwischen Bor und Curcumin findet nur statt, wenn letzteres durch starke Säuren (HCl, H_2SO_4, H_3PO_4) protonisiert ist (Farbumschlag gelb → rot). Die

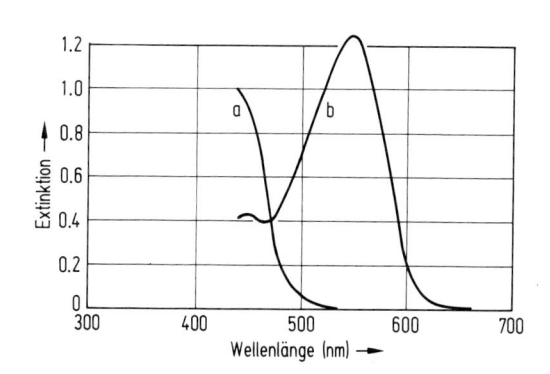

Abb. 68-6. Extinktionskurven von Curcumin (*a*) und B+Curcumin (*b*).

Protonisierung — und damit die Bildung des Farbkomplexes — erfolgt nur bei weitgehender Abwesenheit von Wasser; bis zu 0.3 ml Wasser/100 ml Endvolumen stören noch nicht, bei 0.5 ml Wasser sinkt die Farbintensität um 20%, bei 1.0 ml Wasser um 70%. Ein Überschuß an freiem Wasser läßt sich nach HARRISON und COBB (1966) durch Zusatz von Essigsäureanhydrid beseitigen. Das protonisierte Curcumin ist wenig stabil und zersetzt sich rasch beim Erhitzen (DRYSSEN et al. 1972). Die zur Farbentwicklung angewandten Eindampfmethoden erfordern deshalb eine exakte Einhaltung der Arbeitsbedingungen. Dies kann nach HAYES und METCALFE (1963) durch Farbentwicklung in H_2SO_4/CH_3COOH-Lösung umgangen werden. Aus wäßriger H_2SO_4/CH_3COOH-Lösung läßt sich der Farbkomplex als $(B(Curc)_2^+(HSO_4)^-) \cdot 2H_2O$ mit Methylethylketon/Chloroform/Phenol oder mit Cyclohexanon/Phenol extrahieren und im organischen Extrakt photometrieren.

Störungen. Auch diese Methode wird durch Fluorid, Nitrat und andere Oxidationsmittel gestört.

Reagenzien

Curcumin, kristallin (Lieferfirmen: BDH; HOPKINS & WILLIAMS).
Curcumin-Lösung: 0.125%ig in Eisessig.
H_2SO_4/CH_3COOH, unter Kühlung vorsichtig 50 ml konz. H_2SO_4 (D = 1.84) zu 50 ml Eisessig füllen.
Natronlauge, 10%ige wäßrige Lösung.
Ethanol, wasserfrei.
Phenol/Methylethylketon/Chloroform (PMC), 10%ige Phenollösung in Methylethylketon/Chloroform (5:2).
Phenol/Cyclohexanon (PC): 1%ige Phenol-Lösung in Cyclohexanon.

A) Bestimmung als Rosocyanin ohne Extraktion des Farbkomplexes
(HAYES und METCALFE 1963)

Liegt kein Nitrat vor, versetzt man die Probelösung oder das Borsäure/Methanol-Destillat in einer Platinschale mit 1 ml Natronlauge, dampft auf dem Wasserbad zur Trockene ein, fügt 3.0 ml Curcumin-Lösung hinzu und löst den Rückstand unter Erwärmen (5 min auf 60°C). Nach dem Abkühlen auf Raumtemperatur werden 3.0 ml H_2SO_4/CH_3COOH zugesetzt, durchgerührt, 20 min bei etwa 25° stehengelassen und mit Ethanol unter Rühren auf 30 ml verdünnt. Man führt die Suspension unter Nachwaschen mit Ethanol in einen 100-ml-Meßkolben über, füllt mit Ethanol zur Marke auf, filtriert je nach Bormenge in eine 1-cm- oder 4-cm-Küvette und photometriert bei 555 nm gegen den Blindwert.

Ist in der Probelösung *Nitrat anwesend* (≤ 30 mg), löst man den nach dem alkalischen Eindampfen erhaltenen Rückstand mit 1.5 ml Eisessig, fügt 1.5 ml H_2SO_4 (D = 1.84) zu, erhitzt bis zum Rauchen, raucht 2 min ab, entfernt von der Heizplatte und versetzt die heiße Lösung mit 0.15 ml Anilinsulfat-Lösung (2%ig in H_2SO_4) und fährt mit der Farbentwicklung, wie oben beschrieben, fort.

B) Die Bestimmung als Rosocyanin mit Extraktion des Farbkomplexes
(THIERIG und UMLAND 1965)

Extraktion mit PMC: Man verfährt analog zu A) bis zu dem Zeitpunkt, an dem nach Zusatz von 3.0 ml H_2SO_4/CH_3COOH 20 min bei etwa 25°C stehengelassen wird. Man fügt dann 20 ml Wasser hinzu, mischt und führt mit 80 ml Wasser in einen Schütteltrichter über. Zum Auswaschen von Farbkomplexresten werden 10 ml PMC zuerst in die Platinschale gegeben, dann in den Schütteltrichter überführt und 1 min extrahiert. Nach der Phasentrennung wiederholt man die Extraktion mit weiteren 6 ml PMC, füllt den vereinigten organischen Extrakt in einem 10-ml-Meßkolben (etwa 7 ml PMC gehen in die wäßr. Phase) mit PMC zur Marke auf, filtriert bei Bedarf und photometriert in einer 1-cm-Küvette bei 555 nm gegen PMC.

Bei der *Extraktion mit Phenol/Cyclohexan* wird erst mit 15 ml PC, dann nochmals mit 4 ml PC extrahiert, der vereinigte organische Extrakt mit 1 ml Aceton versetzt, mit PC auf 10 ml aufgefüllt und wie oben photometriert.

68.4 Bestimmung mit Azomethin H

Borsäure bildet mit Azomethinen, z. B. Azomethin H, *in wäßriger Lösung* bei pH 3.8 bis 7.8 (optimal pH 5.2) *ein gelbes Chelat* (Abb. 68-7), das zur Borbestimmung genützt werden kann (CAPELLE 1960, 1961; HOFER et al. 1971; SHANINA 1967; BASSON et al. 1969; MELTON et al. 1969).

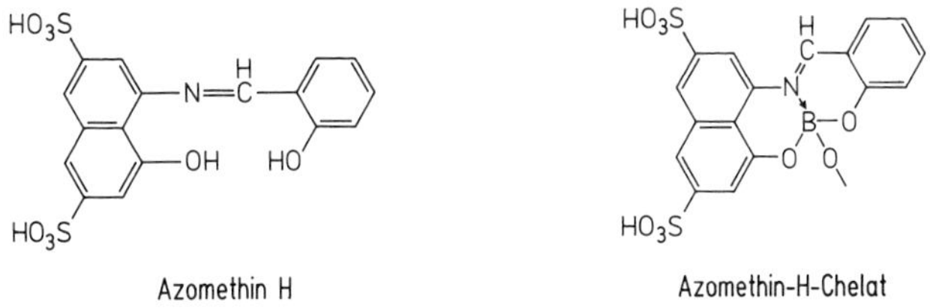

Abb. 68-7. Azomathin H; Azomethin-H-chelat

Die Spektren von Chelat und Reagenz sind pH-abhängig. Bei pH 5 besitzt ersteres ein Maximum bei $\lambda = 415$ nm, während die Reagenzabsorption von 460 bis 400 nm nur langsam ansteigt. Die Extinktion des Chelats bei 415 nm ist im Bereich pH 4.8 bis 5.6 praktisch konstant.

Die Extinktion einer borhaltigen Lösung steigt mit der Konzentration an Azomethin H, so daß diese möglichst hoch und vor allem streng konstant gehalten werden muß. Die Temperatur ist im Bereich (20 ± 5)°C ohne Einfluß.

Um kleine Mengen Bor (20 bis 100 μg B/100 ml wäßriger Lösung) rasch und selektiv von großen Überschüssen einer Reihe von Anionen und Kationen abzutrennen, wird die Borsäure aus der Probelösung (ca. 0.1 N HCl) durch zweimaliges Ausschütteln mit

20%iger 2-Ethyl-1,3-hexandiol-Lösung in Methylisobutylketon oder Chloroform isoliert. Anschließend wird sie mit 0.5 N Natronlauge in die wäßrige Phase zurückgeschüttelt und mit Azomethin H spektralphotometrisch bei 415 nm bestimmt.

Reagenzien

Natronlauge, 0.5 N.

2-Ethyl-1,3-hexandiol, 20 Vol.-%ig in Methylisobutylketon oder Chloroform (AHD-Lösung).

Pufferlösung (pH 5.9): 540 g Ammoniumacetat und 220 g Natriumacetat·3 H_2O durch Erwärmen in 800 ml dest. H_2O lösen, abkühlen, mit 20 ml Eisessig versetzen und auf 1000 ml auffüllen.

Azomethin-H-Lösung: 0.6 g Azomethin H mit 2 g Ascorbinsäure in 100 ml H_2O lösen (Die Lösung täglich frisch bereiten!).

Borstammlösung: 5.7157 g H_3BO_3/l H_2O (entsprechend 1 mg Bor/ml).

Azomethin H-Synthese: 18 g H-Säure (8-Amino-1-naphthol-3,6-disulfonsäure) in 1 l H_2O bei 45 bis 50 °C lösen. In die auf Raumtemperatur abgekühlte Lösung gibt man unter Kontrolle mit einer Glaselektrode unter starkem Rühren zunächst tropfenweise 10%ige KOH, bis ein pH-Wert von 7.0 erreicht ist, dann tropfenweise konz. HCl bis pH 1.5. Nach langsamer Zugabe von 20 ml Salicylaldehyd wird die Glaselektrode entfernt und 1 h im Wasserbad (65 °C) heftig gerührt. Der Niederschlag wird nach 16 h Stehen bei Raumtemperatur abfiltriert, 5mal mit je 30 ml 95%igem Ethanol gewaschen und 3 h bei 100 °C getrocknet. Azomethin H ist etwas hygroskopisch und muß gut verschlossen, am besten in einem Exsikkator, aufbewahrt werden. Azomethin H ist ein leichtes, hellorangefarbenes Pulver, das sich bei 300 °C zersetzt. Es ist löslich in Wasser, wenig in Ethanol und unlöslich in Ether, Benzol, Chloroform, Aceton oder Tetrachlorkohlenstoff.

Ausführungsbeispiele

Borbestimmung in Komplexdüngern: Nach HOFER et al. (1971) lassen sich noch 0.03% Bor nach Extraktion störungsfrei wie folgt bestimmen: Man bringt 10.0 g der zu untersuchenden PEC-Komplexdüngerprobe in ein trockenes 250-ml-Platikfläschchen mit Schraubverschluß, setzt mit einer Vollpipette 100.0 ml dest. Wasser zu und schüttelt 1 h kräftig. Anschließend filtriert man unter Verwendung eines Kunststofftrichters durch ein trockenes Weißbandfilter in einen trockenen Kunststoffbecher. Einen aliquoten Teil des Filtrats, der zwischen 10 und 90 µg Bor enthalten soll, pipettiert man in einen Plastikscheidetrichter, verdünnt mit dest. Wasser auf 20 ml und stellt mit Salzsäure (1+1) einen pH-Wert von etwa 1 ein. Nun fügt man 20 ml Extraktionsmittel zu und schüttelt 1 min kräftig. Nach Trennung der Schichten wird die untere wäßrige Schicht in einen zweiten Plastikscheidetrichter abgelassen und nochmals 1 min mit 20 ml des Extraktionsmittels geschüttelt. Nach abermaliger Trennung der Schichten wird die wäßrige Schicht verworfen. Die organischen Phasen werden vereinigt und 1 min mit 20 ml 0.5 N Natronlauge geschüttelt. Man wartet die Phasentrennung ab, läßt die untere wäßrige Phase in einen 100-ml-Plastikschüttelzylinder ab und neutralisiert die Lösung mit 2 N Salzsäure gegen

Phenolphthalein. Nun setzt man 10 ml Pufferlösung und 10.0 ml Azomethin H-Lösung zu, füllt mit dest. Wasser zur Marke auf und schüttelt um. Den Schüttelzylinder läßt man 2 h im Kühlbecken (Wassertemperatur zwischen 10 und 15 °C) stehen. Danach wird die Extinktion der Lösung bei 415 nm in einer 10-mm-Küvette gegen den Reagenzienblindwert als Vergleichslösung gemessen. Die quantitative Auswertung erfolgt an Hand einer gleichzeitig im Bereich von 0 bis 100 µg B/100 ml analog erstellten Eichkurve.

Borspurenbestimmung in Oberflächen- und Trinkwässern (GRAFFMANN et al. 1974): Sofern das zu untersuchende Wasser (Abwässer!) stark zum Schäumen bzw. zur Emulsionsbildung mit AHD/$CHCl_3$ neigt, extrahiert man das ca. 1.5fache des zur Analyse benötigten Volumens ein- bis zweimal mit $CHCl_3$ vor und verwirft die $CHCl_3$-Phase einschließlich Emulsion.

Je nach Borgehalt (5 bis 250 µg B) werden 50 bis 1000 ml (evtl. vorextrahiertes) Wasser mit HCl auf pH 1 (Indikatorpapier) eingestellt.

Danach extrahiert man kräftig zweimal mit je 50 ml AHD-Lösung (20 bis 30 s) und läßt nach guter Phasentrennung die organische (untere) Phase in einen zweiten Scheidetrichter (250 ml) ab. Eine evtl. zurückbleibende Emulsion wird durch Filtrieren durch etwas Filterflockenmasse in einem kleinen Trichter zerstört. Man spült mit wenig $CHCl_3$ nach. Aus den vereinigten organischen Phasen wird Bor mit 50 ml Natronlauge reextrahiert (Schütteldauer: ca. 20 s). Nach guter Phasentrennung wird die organische (untere) Phase abgelassen und verworfen. (Durch leichtes Schwenken lassen sich auch die letzten Reste AHD/$CHCl_3$ gut entfernen.)

Der Reextrakt wird durch Nachwaschen mit wenig destilliertem H_2O in einen 100-ml-Meßkolben übergespült und mit HCl (6 N) gegen Phenolphthalein neutralisiert. Nach Zugabe von ca. 15 ml Pufferlösung und 10.00 ml Azomethin-H-Lösung wird der Meßkolben aufgefüllt, gut gemischt und direkt in ein Kühlbecken mit fließendem Wasser (14 bis 15 °C) gestellt. Nach 60 min mißt man im Verlauf der nächsten 10 min die Extinktion in 1-cm-Küvetten bei 415 nm gegen H_2O. Der Mittelwert aus zwei Blindproben wird rechnerisch abgezogen.

Eine evtl. mitextrahierte Färbung der Probelösung wird in einer Parallelprobe ohne Azomethin-H-Zusatz photometriert und die Extinktion vom Meßwert der Probe abgezogen.

Bei Änderung des Endvolumens müssen alle Reagenzzusätze entsprechend geändert werden. Bei einem Endvolumen von 100 ml errechnet sich der darin befindliche Borgehalt nach der Beziehung

µg B $\triangleq$ ca. 165 × Extinktion (Meßwert minus Blindwert) .

Der Umrechnungsfaktor muß für jede frisch angesetzte Azomethin-H-Lösung durch zwei Eichproben (ohne Extraktion) mit 1 mg B/l ermittelt werden. Er schwankt etwa zwischen 150 und 200.

69 Photometrische Borbestimmung über Fluoroborat

69.0 Allgemeines

Zur Borbestimmung in Matrizes, die sich gut in flußsäurehaltigen Säuregemischen auflösen, haben sich Trenn- und Anreicherungsverfahren bewährt, bei denen die Bildung des BF_4-Anions ausgenutzt wird.

Organische Kationen z. B. von Thiazin- und Oxazinfarbstoffen bilden mit Tetrafluoroborat-Ionen salzartige Verbindungen, die in Wasser schwer löslich, in bestimmten pH-Bereichen durch organische Lösungsmittel aber extrahierbar sind.

Die in den Extrakten vorliegenden „Ionenassoziate" haben fast durchweg die Zusammensetzung Kation: BF_4 = 1 : 1 (PASZTOR et al. 1960).

Sofern das Kation genügend intensive Absorptionsbanden besitzt, kann die Konzentration des Assoziats photometrisch gemessen und zur Borbestimmung genutzt werden. Im Gegensatz zu den Chelaten ist das chromophore System des Kations durch die Assoziatbildung kaum verändert; die Absorptionsmaxima von Assoziat und freiem Reagenz liegen bei fast identischen Wellenlängen. Können überschüssiges Reagenz und seine Assoziate mit in der Probelösung noch anwesenden Anionen (besonders F^-, OH^-, Cl^-, NO_3^-, u. ä.) nicht oder nur schlecht extrahiert werden, dann sind solche Systeme analytisch geeignet. Wegen der nie vollständig auszuschließenden Mitextraktion weisen solche Methoden hohe Reagenzienblindwerte auf, die die Empfindlichkeit der Methoden begrenzen (PASZTOR und BODE 1960, 1961).

Die Empfindlichkeit wird auch durch die geringen Stabilitätskonstanten dieser Assoziate limitiert. Für niedere BF_4-Konzentrationen ist daher das Beer-Gesetz nicht erfüllt. Die Eichkurven sind mehr oder weniger gekrümmt (PASZTOR et al. 1960).

In Systemen mit hohem Verteilungskoeffizienten für die BF_4-Assoziate werden auch die Assoziate mit anderen Anionen gut extrahiert und bewirken hohe Blindwerte wie Abb. 69-1 am System von Methylenblaufluoroborat/1,2-Dichlorethan zeigt.

Man benutzt deshalb zuweilen weniger wirksame Lösungsmittel und nimmt in Kauf, daß BF_4-Assoziat nicht quantitativ ausgeschüttelt wird, z. B. Methylenblau. BF_4 nur zu 80 bis 85% (DUCRET 1957).

Auch bei unvollständiger Extraktion sind die Bestimmungen gut reproduzierbar; jedoch müssen die Arbeitsbedingungen penibel eingehalten werden.

Als Kationen zur Bildung des Ionenassoziats mit BF_4^- werden am häufigsten Methylenblau, Azur C und Nilblau A eingesetzt (Formeln s. Abb. 69-2). Die Extinktionskoeffizienten dieser Thiazin- und Oxazinfarbstoffe liegen sehr hoch (z. T. $e > 50\,000$). Die damit zu erwartende hohe Nachweisempfindlichkeit läßt sich jedoch nicht voll nutzen, da hohe

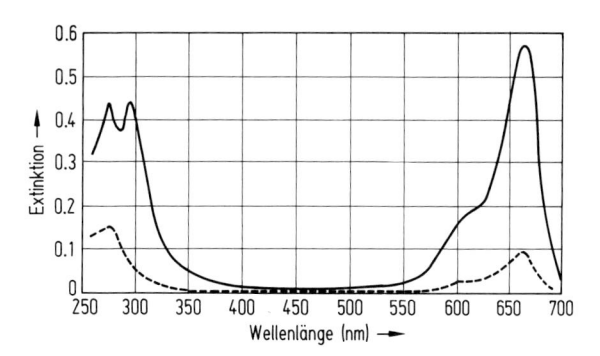

Abb. 69-1. Extinktionskurven von Methylenblaufluoroborat/1,2-Dichlorethan (———) und Methylenblaufluorohydrat/1,2-Dichlorethan (– – –) (VELEKER und MEHALCHNIK 1961).

Blindwerte eine Verdünnung des Extrakts erfordern. Bei Verwendung von Nilblau A läßt sich durch Zusatz von Fe^{3+} vor der Extraktion überschüssiges Fluorid binden und der Blindwert stark herabsetzen (GAGLIARDI und WOLF 1972).

Diese Methoden sind zur Spurenborbestimmung in Gegenwart von Fluoriden prädestiniert. Die Borabtrennung durch Destillation bei Anwesenheit von Fluor in der Probe kann so umgangen werden.

Abb 69-2. Methylenblau; Azur C; Nilblau.

69.1 Bestimmung mit Methylenblau

Prinzip. Aus flußsaurer Lösung wird der BF_4-Methylenblaukomplex unmittelbar mit Dichlorethan extrahiert und bei 660 nm photometriert ($e = 65\,000$). Die Abhängigkeit der Extinktion von der Borkonzentration ist bis 3 µg B/25 ml Dichlorethan linear (DUCRET 1957). Bei höheren Konzentrationen tritt eine Abknickung der Kurve ein, die Werte streuen. Die Methode wird zur Borbestimmung in Stählen bevorzugt (PASZTOR et al. 1960, BLAZEJAK und DITGES 1969), sie ist aber ebenso zur Bestimmung von Borspuren in organischen Substanzen nach Substanzaufschluß geeignet.

Reagenzien

Schwefelsäure 5 N: 139 ml H_2SO_4 (D = 1.84) mit H_2O zu 1 l verdünnen.
Flußsäure 5%ig: 125 ml 40%ige HF mit H_2O zu 1 l verdünnen.
Borstammlösung: 0.571 g H_3BO_3 mit H_2O zu 1 l verdünnen, nach Verdünnung 1 : 10 enthält die Lösung 10 µg B/ml.
Azur C.
Nilblau (Lfa.: F. SMITH, CHEMICAL CO.).
Methylenblaulösung 0.001 M: 0.3739 g Methylenblau mit H_2O zu 1 l lösen.
Dichlorethan.

Eichkurve. In einen Kunststoffscheidetrichter werden der Reihe nach pipettiert: 5 ml Schwefelsäure (5 N), 0.5 bis 5 ml Borlösung (5 bis 50 µg B entsprechend), 20 ml Wasser, und 5 ml HF (5%), gut durchgemischt und 1 h bei Raumtemperatur stehengelassen. Danach wird mit Wasser auf 50 ml aufgefüllt, erst mit 10 ml Methylenblaulösung, dann mit exakt 25 ml Dichlorethan versetzt. Nach intensivem Schütteln (1 min) und Trennung der Schichten wird die organische Phase über einen Wattebausch im Trichterhals abgezogen. Genau 5 ml davon werden in einen 25-ml-Meßkolben überführt und mit Dichlorethan aufgefüllt, die Farbdichte wird bei 660 nm gegen Wasser gemessen. Analog wird eine aus den Reagenzien bestehende Referenzlösung angesetzt und gemessen. Die Differenz der beiden Extinktionswerte ergibt die korrigierte Extinktion. Zur eigentlichen Analyse werden statt der Bortestlösung aliquote Volumina der annähernd neutralen oder schwach mineralsauren Aufschlußlösung zupipettiert.

Bestimmung in Pflanzenmaterial (DOUGALL und BIGGS 1952). 0.1 bis 2 g der feingepulverten Probe werden mit CaO trocken verascht (Methode 65.1.1). Der Ascherückstand in der Platinschale wird mit 10 ml Schwefelsäure (5 N) in der Wärme ausgezogen, die Lösung in den Kunststoffscheidetrichter filtriert, mit 5 ml Flußsäure versetzt und dann wie oben beschrieben weiterbearbeitet.

69.2 Bestimmung mit Azur C

Von den Thiazinfarbstoffen ist neben dem meistbenutzten Methylenblau nur noch Azur C erwähnenswert; es weist bei 25 bis 30% höherer Empfindlichkeit einen etwa 20% niedrigeren Blindwert auf; die Eichkurve ist jedoch stark gekrümmt (PASZTOR und BODE 1960).

69.3 Bestimmung mit Nilblau A

Oxazinfarbstoffe weisen gegenüber Thiazinen keine wesentlichen Vorteile auf (SKAAR 1965). Allerdings ergibt Nilblau A bei Extraktion mit Mono- und Dichlorbenzol einen sehr niederen Blindwert (GAGLIARDI und WOLF 1968, 1972), Nitrat-Ionen stören stark. Aus nitrathaltigen Düngemitteln werden die nitrosen Gase aus schwefelsaurer Lösung ausgeblasen oder mit Cadmiumgries reduziert.

70 Metalle und Metalloide in organischen Verbindungen

Neben den Hauptelementen, deren Bestimmung in den vorangehenden Kapiteln beschrieben wurde, können auch Metalle oder Metalloide konstitutioneller oder begleitender Bestandteil organischer Moleküle sein. Die Metallorganik ist ein sehr vielfältiges und in neuerer Zeit stark expandierendes Teilgebiet der chemischen Forschung. Metalle oder Metalloide können salzartig, als Teil einer organischen Säure oder komplex an das organische Molekül gebunden sein. Am bekanntesten von letzteren sind der Eisenkomplex des Blutfarbstoffes und der Magnesiumkomplex Chlorophyll oder auch das Kobalt als Zentralatom von Vitamin B12. Zahlreiche organische Verbindungen reagieren selektiv mit einzelnen Metall-Ionen und sind zu deren analytischer Bestimmung geeignet (z. B. 8-Hydroxychinolin, Dimethylglyoxim, Diethyldithiocarbaminat, Komplexone u. a.).

Liegt nur ein Metall oder Metalloid im organischen Molekül vor, kann es bei der Elementaranalyse der Hauptelemente in vielen Fällen im Glührückstand oder in der Aufschlußlösung gleich quantitativ mitbestimmt werden. Zur Analyse der meisten Metalle und Metalloide ist aber ein separater Substanzaufschluß erforderlich: am einfachsten eine Glüh- oder Sulfataschebestimmung (s. Kap. 5.1 bis 5.3) oder der Naßaufschluß mit H_2SO_4, HNO_3, H_2O_2 oder $HClO_4$, in Kombination und Variation der einzelnen Säuren untereinander. Der Perchlorsäure-Aufschluß (s. Kap. 55.5) ist am wirksamsten und schnellsten. Auch der Aufschluß in der O_2-Flasche ist in modifizierter Form zur Bestimmung zahlreicher Metalle geeignet. Sind in einer Probe mehrere Metalle vorhanden, werden die einzelnen Metall-Ionen entweder selektiv bestimmt, oder müssen getrennt werden. Mehrere metallische Elemente nebeneinander werden bevorzugt mit Hilfe instrumenteller Methoden, im einfachsten Falle *spektrophotometrisch im UV/VIS-Bereich*, bestimmt. Den heutigen Stand der Gerätetechnik auf diesem Gebiet hat erst kürzlich GAUGLITZ (1989) beschrieben und die marktüblichen Spektrometer mit ihren entsprechenden Spezifikationen in einer Tabelle übersichtlich aufgelistet. Ungleich leistungsfähiger und vielseitiger, apparativ aber auch aufwendiger, sind zur Bestimmung metallischer Elemente die verschiedenen Methoden der *Atomspektroskopie* (AAS). Viele dieser Elemente in den verschiedensten Matrizes, vorallem wenn sie in kleinen Konzentrationen bzw. Substanzmengen vorliegen, werden heute routinemäßig auf diesem Wege bestimmt. Zahlreiche Metalle und Metalloide (As, Bi, Ge, Pb, Sb, Se, Fe, Cd, Hg) werden dazu in die Gasphase (Kaltdampf- und Hydridtechnik) übergeführt. Über den technischen Stand und Trends in dieser Meßmethodik informiert ausführlich SCHLEMMER (1989), STOEPPLER (1989), sowie BROEKAERT (1989). Dort finden sich auch tabellarische Übersichten der heute auf dem Markt befindlichen Atomabsorptionsgeräte.

Flammen-AAS

Prinzip. Bei der Flammen-AAS wird die Probe in einer Flamme zerstäubt, die Lösemittel verdampft und die Probe atomisiert. Diese Atome werden durch elementspezifisches Licht durch Resonanzabsorption – ein Atom absorbiert im Grundzustand Licht derselben Wellenlänge, die es emittiert – angeregt. Das elementspezifische Licht wird entwe-

Zur *Atomisierung* der weitgehend metallischen Elemente bedient man sich in der AAS verschiedener Techniken, deren Prinzipien unten kurzgefaßt (aus ÖChemZ 1990/4, S. 141) beschrieben werden.

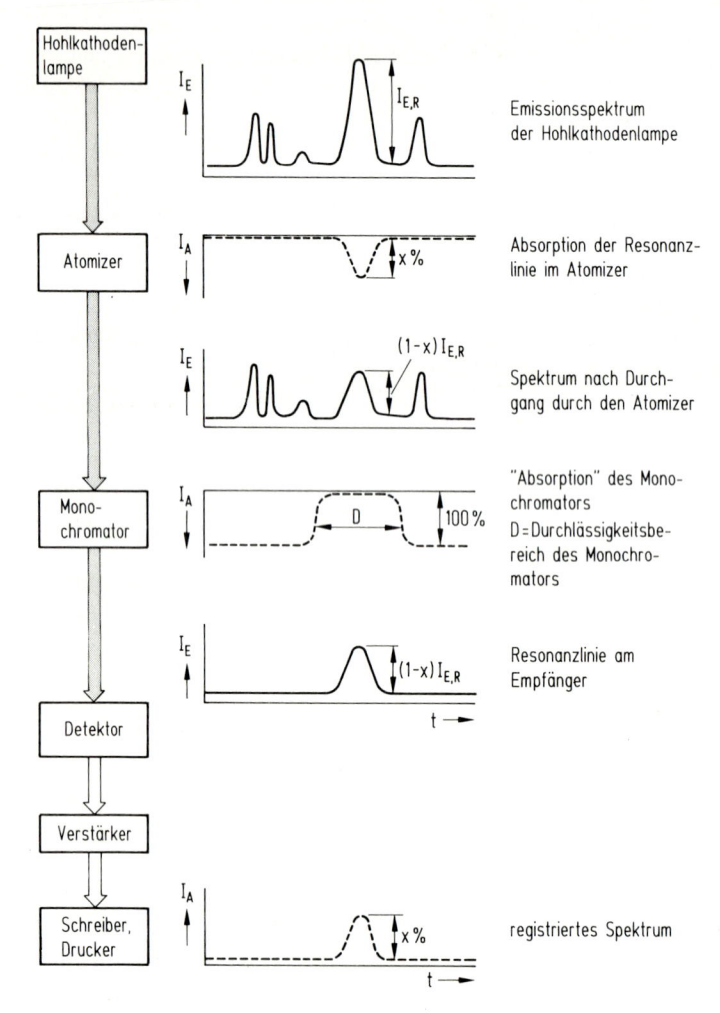

Abb. 70-1. Prinzip der Atomabsorptionsspektroskopie.

PMD Mikrowellen-Druckaufschlußsystem

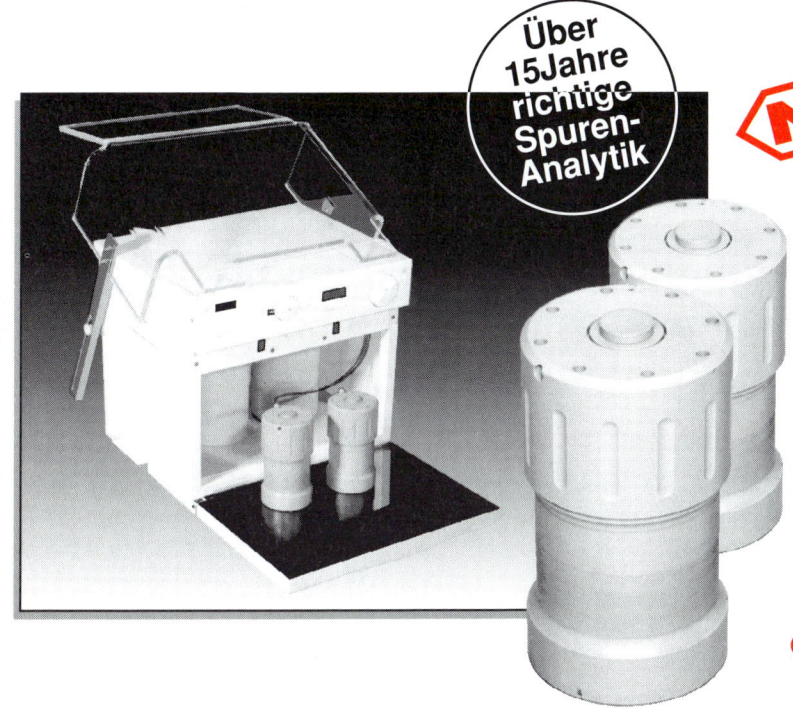

Über 15 Jahre richtige Spuren-Analytik

Neu

- **Schnell**
- **Sicher**
- **Preiswert**
- **Leistungsstark**

…so, wie Sie sich schon immer ein Mikrowellenaufschlußgerät gewünscht haben.

Druckaufschlüsse in Quarzglasgefäßen mit hohen Betriebstemperaturen und -drücken gelten zunehmend als beste Methode für die Probenvorbereitung zur Elementspurenanalyse.

Ergänzend zum konventionell beheizten Hochdruckverascher HPA bieten wir jetzt ein **Druckaufschlußsystem mit druckgesteuerter Mikrowellenheizung zum raschen und sicheren Aufschluß** der verschiedensten Proben **in Gefäßen aus Quarzglas** an. Für Flußsäure sind Einsätze aus Fluorkunststoff PFA verfügbar.

das aufschlußreiche Programm

HANS KÜRNER Analysentechnik
Postfach 100 437 · D-8200 Rosenheim · Tel. (0 80 31) 88 0 88 · Fax (0 80 31) 17 0 34

PMD
Mikrowellen-
Druckaufschlußsystem

Reduziert die Aufschlußzeiten beträchtlich.

Mehrstufiges »Sicherheitspaket durch druckbeständiges Quarzglasgefäß, optoelektonische Überdruckabschaltung, Berstscheibe, Druckmantel, Schutzmantel, zusätzliches Schutzschild aus Plexiglas.

Handfestes Verschrauben gewährleistet Dichtigkeit bis zum maximalen Betriebsdruck.

Druckfeste Gefäße aus Quarzglas (80 bis 100 bar). Hohe Aufschlußtemperatur (bis 300° C). Weitgehend vollständiger, verlust- und kontaminationsarmer Aufschluß (PFA-Gefäße für Flußsäure!)

Preiswerte komplette Grundausstattung erleichtert Einstieg in die Mikrowellen-Aufschlußtechnik.

- **Schnelligkeit**
- **Sicherheit**
- **Einfache Bedienung**
- **Leistungsstärke**
- **Niedrigpreis**

Welche Vorteile bietet Ihnen unser aufschlußreiches Programm?

Wo, außer bei **Kürner** bekommen Sie bei einer Firma praktisch alle altbewährten und ausgereiften neuen Aufschlußgeräte?! Wo, außer bei **Kürner**, werden Sie daher ausschließlich problembezogen beraten?! **Seit über 15 Jahren** sind wir auf dem Gebiet der Aufschlußmethoden tätig. Dies ist unser Vorzug und **Ihr Vorteil!**

Nur wer Ihnen alle in Frage kommenden Aufschlußmethoden anbieten kann, ist in der Lage, für Ihr jeweiliges analytisches Problem die bestgeeigneteste Aufschluß-Apparatur anzubieten.

Unser seit 1973 aufgebautes, inzwischen in über 70 Ländern aller 5 Kontinente erfolgreich angewandtes Konzept, ist nicht die angeblich universelle Lösung Ihrer Aufschlußprobleme mit einer zufällig verfügbaren Apparatur, sondern das Anpassen der auszuwählenden Aufschlußmethode und damit Apparatur an Ihre analytischen Probleme.

Unser aufschlußreiches Programm:

■ Aufschlußbomben mit PTFE-Einsatz ■ Mikrowellen-Druckaufschlußbomben ■ Mikrowellenaufschlußsystem MDS ■ **NEU** Mikrowellenaufschlußsystem PMD ■ Hochdruck-Verascher HPA ■ Sauerstoffbombe mit Quarzauskleidung ■ **NEU** Verbrennungsautomat TRACE-O-MAT II ■ **NEU** Kalt-Plasma-Verascher CPA-4 ■ Naßveraschungsautomat VAO ■ Quarzdestille für Säurereinigung/Reinstwasser ■ Ausdämpf-Apparaturen ■ Besteck zur Probenhandhabung (Ti, Quarzglas u. a.) ■ **NEU** UV-Aufschlußgerät ■ **NEU** Elementanreicherung TRAC-CON ■ **NEU** Fluor-Aufschlußgerät

HANS KÜRNER Analysentechnik
Postfach 100 437 · D-8200 Rosenheim · Tel. (0 80 31) 88 0 88 · Fax (0 80 31) 17 0 34

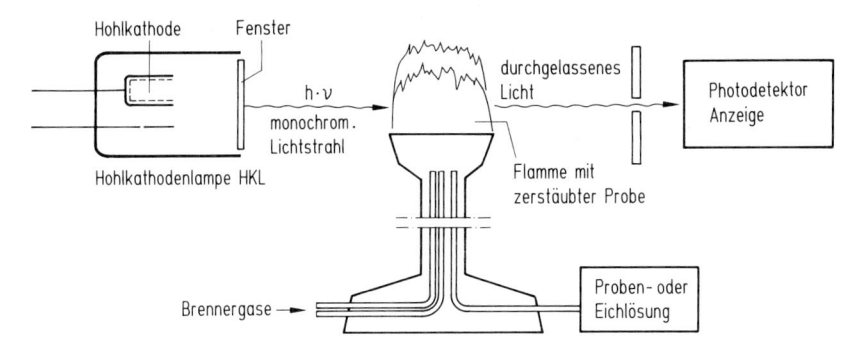

Abb. 70-2. Aufbau eines Flammen-AAS.

der durch eine Hohlkathodenlampe oder elektrodenlose Entladungslampen erzeugt (s. Abb. 70-1 und 70-2). Die Hohlkathodenlampe enthält als Kathode das Element, das bestimmt werden soll. Wird sie elektrisch beheizt, sendet sie das spezifische Linienspektrum der Kathodensubstanz aus. Die durch die Probenatome erfolgte Schwächung dieses Strahls wird als Analytisches Signal verwendet. Die Flamme übernimmt keine Anregungsfunktion, sie dient lediglich zur „Probenvorbereitung" bzw. als „Küvette".

Flammenlose AAS

Graphitrohrtechnik. An Stelle der Flamme wird hier ein kleines Graphitrohr (Länge 3–5 cm, Durchmesser rd. 6 mm) in den Strahleneingang gebracht. Das Graphitrohr wird von einem Schutzgas umspült und auf rd. 3000 °C erhitzt, wobei Aufheizgeschwindigkeiten von rd. $2000° \, s^{-1}$ erreicht werden. Über eine kleine Öffnung wird die Probe (fest, flüssig oder gasförmig) eingebracht. Durch den gegenüber der Flamme verlängerten Aufenthalt der Probe im Graphitrohr wird eine Empfindlichkeitssteigerung um den Faktor 1000 erreicht. Auf Grund der geringen notwendigen Probemenge (manchmal reichen 5 µl) handelt es sich um eine ausgesprochene Mikromethode. Durch die erhöhte Empfindlichkeit ergeben sich jedoch Probleme. So ist eine spezielle Untergrundkorrektur notwendig: Im einfachsten Fall eine Deuteriumuntergrundkompensation, aufwendigere AAS-Geräte benutzen den Zeeman-Effekt (Zeeman-AAS) bzw. das Smith-Hieftje-Prinzip, was das Verfahren jedoch deutlich verteuert. Weiterentwicklungen stellen der Einsatz von Rohrbeschichtungen mit pyrolytischem Kohlenstoff bzw. der Einsatz einer Plattform (L'Vov-Plattform) und dem damit veränderten Atomisierungsvorgang im Graphitrohr dar.

Hydridtechnik. Elemente wie z. B. As, Sb, Te, Bi und Sn bilden mit H_2 gasförmige Hydride (mit Hilfe von $NaBH_4$), die in eine Quarzküvette eingebracht werden. Hier werden die Hydride thermisch zerlegt (rd. 1000 °C) und die Atome bestimmt. Hier ist leicht durch eine mögliche vorgeschaltete Kühlfalle ein Anreicherungsschritt vorschaltbar, was zu einer erhöhten Empfindlichkeit führt.

Kaltdampftechnik (s. dazu Kap. 72.2.5). Quecksilbersalze werden mit Zinn(II)chlorid zu metallischem Hg reduziert und das dampfförmige Hg in die Küvette übergeführt und mit einer Hohlkathodenlampe angeregt. Speziell bei diesem Verfahren ist eine Anreicherung (Amalgambildung an einem Goldnetz) leicht durchführbar, was zu einer extrem niedrigen Nachweisgrenze führt.

Multielementtechnik. Nachteilig bei allen beschriebenen Verfahren ist, daß in der Regel jeweils nur ein Element erfaßt werden kann. Außerdem ist bis auf wenige Ausnahmen für jedes Element eine eigene Hohlkathodenlampe notwendig. Dadurch ist die Stellung der AAS zunehmend durch Konkurrenzmethoden, die ein Multielementpotential besitzen (z. B. ICP-AES) gefährdet (s. Tab. 70-1). Ein Versuch der Einführung der Multi- (bzw. zumindest Oligo-(elementbestimmung stellt die Lichtleitertechnik dar. Das Licht von bis zu 12 Hohlkathodenlampen wird mit Lichtleitern und einem Linsensystem gebündelt durch die Flamme und danach durch eine bzw. 2 Polychromotoren geleitet. Jeder Polychromator ist mit etwa 20 Austrittsspalten sowie den entsprechenden, der jeweiligen Wellenlänge angepaßten Photomultipliern ausgerüstet. Dieses System ist jedoch bis jetzt auf die Flammen-AAS beschränkt. Der Versuch einer Multielement-AAS mit einem Kontinuumstrahler ist derzeit kommerziell nicht erhältlich.

Tab. 70-1. Vergleich der Empfindlichkeit verschiedener Analysensysteme.

Element	Flamme	AAS-Graphittechnik	AAS-Hydridtechnik	AAS-Kaltdampftechnik	AES-ICP
Arsen	0.14	0.0002	0.00002	–	0.05
Cadmium	0.0005	0.000003	–	–	0.0004
Molybdän	0.03	0.00002	–	–	0.008
Nickel	0.01	0.00005	–	–	0.008
Kupfer	0.001	0.00002	–	–	0.003
Quecksilber	0.17	0.002	–	0.000001	–
Schwefel	–	–	–	–	0.05
Silber	0.002	0.000004	–	–	0.003
Titan	0.05	0.005	–	–	0.002

Nachweisgrenze in mg/l = ppm.

Feststoffanalytik. Die Einführung der Graphitrohrtechnik ermöglicht die Bestimmung fester Proben ohne aufwendige Aufbereitungsschritte. Bei der direkten Metallbestimmung in leitenden Proben wurde ein System entwickelt, bei dem durch Ionenbeschuß das zu analysierende Material in den Strahlengang verdampft. Meist erfordert die Feststofftechnik jedoch die Zeeman-Untergrundkorrektur. Ebenso ist die Möglichkeit der automatischen Probenaufgabe noch sehr eingeschränkt.

Die Röntgenfluoreszenzanalyse ist, wie in vorhergehenden Kapiteln an Beispielen schon beschrieben, nicht nur zur Heteroelementbestimmung (Schwefel, Halogene, Phosphor),

colora

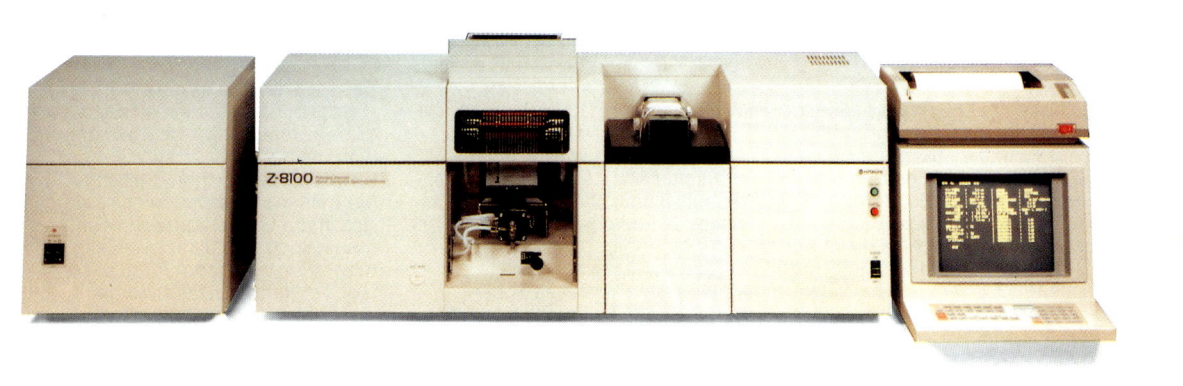

Instrumentelle Analytik
in Forschung, Produktion,
Medizin und Umweltschutz

Hitachi Zeeman Atomabsorption Modell Z-8100. Ein vollautomatisches System mit Tandemanordnung von Flamme und Graphitrohr

colora

ZAAS

Dem Wunsch nach Automatisierung hat nun Hitachi auch auf dem Gebiet der Atomspektrometrie Rechnung getragen und ein AAS-Gerät entwickelt, das sequentiell 8 Elemente vollautomatisch sowohl in der Flamme als auch mit der empfindlicheren Graphitrohr-Atomisierung bestimmen kann. Sowohl für die Flamme als auch für die Graphitrohr-Atomisierung kommt die inverse DC-Zeeman-Technik mit Permanentmagnet mit 9 bzw. 10 kG zum Einsatz. Dies garantiert auch bei nichtspezifischen Absorptionen von kleinen Molekülen eine richtige Untergrundkorrektur im Gegensatz zu AC-Zeemangeräten (1).

Auch ist es nur hiermit möglich für die Flamme die Zeeman-Technik einzusetzen, was bei gepulsten AC-Zeeman-Systemen durch die Dimensionen des Elektromagneten ausgeschlossen ist. Für die Graphitrohrofen-Technik bietet das DC-Zeeman-Verfahren mit Permanentmagnet einen großen Vorteil bei der Methodenentwicklung. Sowohl während der Trocknung als auch während der Veraschung mißt das Z-8100 im Zweistrahlverfahren mit Untergrundkorrektur. So kann der Anwender leicht das Temperaturprogramm kontrollieren und optimieren. Elementverluste während der Veraschung können beobachtet werden, und eine einwandfreie Trocknung der Probe ist ebenso zu kontrollieren (wichtig für die Reproduzierbarkeit!).

Eine leistungsfähige Optik ist Garant für stabile und empfindliche Messungen. Die Energie der Hohlkathodenlampe wird darum direkt auf den Brenner bzw. das Graphitrohr fokussiert um jeglichen Lichtverlust zu vermeiden. Über einen Umlenkspiegel gelangt das Licht in den Hochleistungsmonochromator mit 450 mm Brennweite.

Das Gitter hat 1800 Striche/mm und eine effektive Fläche von 64×64 mm^2.
Die Dispersion beträgt 1.2 nm/mm. Nach dem Austrittsspalt ist der feststehende Polarisator angeordnet. Da hier der Lichtstrahl sehr schmal ist, kann ein kleiner Polarisator eingesetzt werden und es treten keine Lichtverluste auf (2).

Ein wesentlicher Bedienungskomfort ergibt sich aus der Tandemanordnung von Brenner und Graphitrohr, die permanent eingebaut sind. Zwischen beiden Atomisierungstechniken wird einfach von der Datenstation aus umgeschaltet. Optische Justagen und ähnliches sind nicht erforderlich.
Wie bei Hitachi Geräten üblich, ist das Z-8100 vollständig ausgerüstet. Der motorgetriebene Lampenhalter bietet Platz für 8 konventionelle Hohlkathodenlampen. Die optimale Feinpositionierung der Lampen erfolgt computergesteuert auf 0.1 mm genau. Die Datenstation besteht aus der alphanumerischen Folientastatur und einem hochauflösenden, amber Bildschirm. Der Schnelldrucker mit einem parallelen Druckwerk dokumentiert Ergebnisse und Graphiken in hervorragender Qualität.
Über 7 Bildschirmseiten wird der Anwender durch die verschiedenen Menues geführt. Das Z-8100 macht zu allen angezeigten Meßparametern Vorschläge, so daß der Anwender nach Eingabe der zu analysierenden Elemente nur noch die Starttaste betätigen muß.

Über den Programm-Bildschirm stellt sich der Analytiker sein Meßprogramm mit bis zu acht Elementen zusammen. Für 44 Elemente schlägt das Z-8100 Standardmeßbedingungen vor. Sie können direkt übernommen werden oder man kann sie den Probenbedürfnissen anpassen. Auf Tastendruck stellt sich das Z-8100 auf diese Meßparameter ein: Wellenlänge, Spalt, Verstärkung, Lampenstrom und optimale Lampenposition alles wird automatisch justiert. Der Anwender kann sich durch Kontrolle des Lampenspektrums vom richtigen Abgleich überzeugen.

Besonderes Augenmerk legt Hitachi auf die Betriebssicherheit der Gasversorgung, da auch die Flamme unbeaufsichtigt mit einem automatischen Probengeber betrieben werden kann. In der gesamten Gasversorgung benutzt man keinerlei Schläuche. Alle Leitungen sind in einem Aluminiumblock eingefräst. Die motorgetriebenen Ventile sind direkt dort angeflanscht. Drucksensoren kontrollieren das Brenn- und Oxidantgas. Den Betriebszustand der Flamme prüft das Z-8100 mit einem UV-Sensor. Das Drainagesystem, auch resistent gegenüber organischen Lösemitteln, wird mit einem elektronischen Levelsensor überwacht. Durch den eingebauten Gastank ist sichergestellt, daß auch die Lachgasflamme bei allen Betriebsbedingungen vorschriftsmäßig arbeitet.

Literatur
(1) H. Massman, Talanta 29, 1051 (1982)
(2) Hitachi AA Data Sheet Nr. 19

Colora Messtechnik GmbH
Postfach 12 40 · 7073 Lorch, Württ.
Telefon (0 71 72) 18 30 · Telex 7 248 886
Telefax (0 71 72) 1 83 51

sondern auch zur Bestimmung von Metallen und Metalloiden eine leistungsstarke und vielseitig anwendbare Methode (s. Meßprinzip 6.9). Den heutigen Stand dieser Meßtechnik und eine Marktübersicht gegenwärtig verwendeter Röntgenfluoreszenzspektrometer beschreibt JANSSEN (1989) ausführlich.

Zur Trennung und Bestimmung von Metall-Ionen hat sich in jüngster Zeit auch die *Ionenchromatographie* in den analytischen Laboratorien einen festen Platz erobert.

Zur Bestimmung der wichtigsten und in organischer Matrix häufig vorkommenden metallischen Elemente wurde in den nachfolgenden Kapiteln eine Methodenauswahl getroffen und zusammengestellt. Nach Mineralisierung der organischen Matrix werden zur Endbestimmung im wesentlichen nur klassische Methoden beschrieben und auf die Bestimmung mit instrumentellen Methoden nur stichwortartig hingewiesen. Wenn auch die klassischen Methoden in der täglichen Routine zunehmend durch letztere verdrängt werden, so haben sie als „Absolutmethoden" weiterhin ihren Wert, insbesondere in der praktischen analytischen Ausbildung. Ihre Kenntnis, vorallem die der verschiedensten Aufschlußtechniken, sollte bei der Einschulung auf die verschiedenen instrumentellen Methoden und Techniken vorausgesetzt werden.

Die Meßprinzipien spektroskopischer Methoden werden auch von R. BOCK (1980) in seiner Monographie „Methoden der Analytischen Chemie, Bd. 2/Teil 1 und 2" exakt abgeleitet und ausführlich beschrieben.

71 Periodensystem Gruppe 1: Alkalimetalle und Kupfergruppe

71.1 Alkalimetalle

Vor allem Natrium und Kalium liegen in organischen Verbindungen häufig als Salze vor. Sind Alkalimetalle über Sauerstoff mit dem Molekül verbunden, bleiben sie bei der CH-Verbrennung als Carbonate im Probeschiffchen zurück – Daher wird bei der CH-Bestimmung, um Carbonatbildung zu verhindern, die Probe mit einem sauren Zuschlag versehen und das Alkalimetall auf diese Weise als Vanadat, Sulfat oder Wolframat im Schiffchen gebunden – Ist Alkali an eine Phosphorsäure- oder Sulfosäuregruppe gebunden, bleibt es als Alkalisulfat oder Alkaliphosphat im Glührückstand. Liegt das Alkalimetall einzeln vor, bestimmt man es quantitativ am besten durch eine Sulfatasche (Methode 5.2). Phosphor stört hier allerdings. Falls Phosphor und mehrere Alkalimetalle gleichzeitig vorliegen, schließt man die Probe am besten naßchemisch auf und bestimmt die Alkalimetalle in der Aufschlußlösung quantitativ simultan flammenspektroskopisch (HERRMANN und ALKEMADE 1960, 1979). Auch mit Ionenchromatographie (Abb. 71-1) können Alkalimetalle in wäßriger Lösung nebeneinander bestimmt werden. Über Anwen-

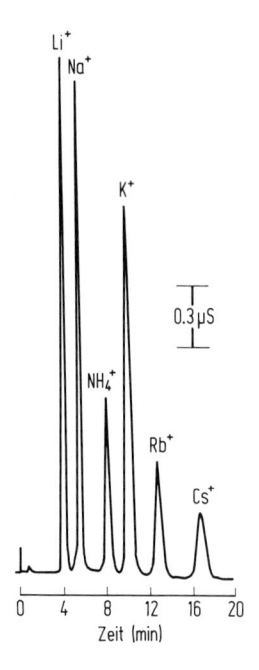

Abb. 71-1. Einwertige Kationen mit Kationen-Faser-Suppressor. Tetramethylammoniumhydroxid, regeneriert (0.02 M) 2–3 ml/min. Eluent: 2.5 ml/min 5 mM HCl. Detektor: IonChrom/Cond. (DIONEX).

dungsmöglichkeiten dieser Methode informieren die Hersteller (z. B. DIONEX) von Ionenchromatographen (s. auch Kap. 6.3).

71.2 Kupfer

Nach Trockenveraschung im Rohr in strömenden Sauerstoff kann Kupfer als Oxid (CuO) ausgewogen und daraus der Kupfergehalt errechnet werden. Nach einer Sulfatasche liegt Kupfer als Sulfat vor, das durch Glühen bei Temperaturen von 850 bis 900 °C in Kupfer(II)-Oxid übergeführt wird. Nach Reduktion im CO- oder He/H_2-Gasstrom (250–300 °C) kann es auch als Metall ausgewogen werden (s. auch Kap. 5). Nach einem Naßaufschluß (KJELDAHL) oder Aufschluß in der O_2-Flasche kann Kupfer exakt z. B. chelatometrisch, bromatometrisch als Oxinato-Komplex, iodometrisch nach HAEN-LOW oder mit Diethyldiethiocarbamat gegen Dithizon als Indikator (WICKBOLD 1956) (vorausgesetzt andere Metalle, die ebenfalls mit Dithizon oder Carbamat reagieren, sind abwesend) titriert werden. Genaue Titrationsvorschriften s. Jander-Jahr „Maßanalyse". Mikromengen Kupfer können aus der Aufschlußlösung auch elektrolytisch abgeschieden und gravimetrisch bestimmt werden (ROTH 1948). Spurenmengen Kupfer mißt man u. a. flammenspektroskopisch (AAS) oder photometrisch mit 2,2'-Bichinolyl (Cuproin); s. KÖSTER (1979).

71.2.1 Bestimmung als Kupferoxinat (SAKLA et al. 1974)

Die Probe wird in einer 500 ml fassenden Schöniger-Flasche mit einer Quarzspirale als Probenhalterung mit 5 ml 6 N HCl als Absorptionslösung aufgeschlossen. Nach dem Aufschluß 15 min gut schütteln, Stopfen mit Probenhalterung in die Lösung abspülen, in den Flaschenhals lose einhängen, 3 bis 5 min kochen, Stopfen abspülen und entfernen, Lösung auf etwa 5 ml eindampfen. Nach Abkühlen der Reaktionslösung 2 ml 20%ige (w/v) Weinsäurelösung, 2 ml 20%ige (w/v) Ammonacetatlösung und 1 ml 1%ige (w/v) Oxinlösung in 1 M Essigsäure zusetzen. Das Volumen der Lösung soll dann nicht mehr als 15 ml betragen. Unter Schütteln Ammoniaklösung (1:1) zutropfen, bis die Fällung einsetzt und noch 1 Tropfen Ammoniaklösung im Überschuß zusetzen. Die Fällung wird etwa 30 min bei 60 bis 80 °C auf dem Wasserbad digeriert und nach Abkühlen das Kupferoxinat (CuQ_2) durch einen G4-Filtertiegel filtriert, mit 3-ml-Portionen je 2× mit Ammoniaklösung (1+99) und heißem Wasser nachgewaschen, der Niederschlag im Filtertiegel bei 110 °C bis zur Gewichtskonstanz getrocknet, als Kupferoxinat ausgewogen und daraus der Kupfergehalt errechnet. Alternativ kann die Bestimmung auch bromatometrisch erfolgen. Es wird entweder der Oxinatniederschlag nach Lösen in konz. HCl oder der nicht verbrauchte Oxinüberschuß mit Bromatlösung titriert und aus der Differenz der Metallgehalt errechnet (s. JANDER-JAHR 1986, S. 183).

71.3 Silber

Silber, liegt es allein in einer organischen Matrix vor, wird nach Naßveraschung mit HNO_3, vorzugsweise potentiometrisch bestimmt. Man titriert es dann entweder mit Halogenidmaßlösungen (wie in Kap. 51.2 für die Chlorid/Bromidbestimmung beschrieben) oder wie Quecksilber (s. Kap. 72.3.4 B) mit Thioacetamid nach BUSH et al. (1959). Nach Rohrverbrennung bleibt Silber entweder als Metall oder an Anionen gebunden als Salz im Verbrennungsschiffchen zurück und kann dann anschließend darin bestimmt werden. Es läßt sich nach WICKBOLD (1956) auch gut visuell mit Diethyldithiocarbamat, mit Dithizon als Indikator titrieren. Silbernitrat wird dabei als Titersubstanz zum Einstellen der Carbamatlösungen verwendet.

71.4 Gold

Gold bleibt nach dem Veraschen der organischen Matrix im Platintiegel oder -schiffchen als Metall zurück und kann als solches ausgewogen werden. Nach mehrmaligem Glühen ist auf Gewichtskonstanz zu prüfen. Auch chlorhaltige Goldverbindungen können bei vorsichtigem Veraschen durch Glühen im Platintiegel genau analysiert werden. Bei schwer veraschbaren Substanzen wird evtl. mehrmals der Rückstand mit H_2SO_4 und/oder HNO_3 durchfeuchtet, die Säuren vorsichtig abgeraucht, der metallische Rückstand durchgeglüht und ausgewogen. Aus sauren Aufschlußlösungen wird das Gold (löst sich gut in Königswasser) durch Reduktionsmittel als Metall ausgefällt oder elektrolytisch abgeschieden und dann gravimetrisch bestimmt. Die Goldbestimmung in Metallegierungen wird zusammen mit der Analyse der Platinmetalle in Kap. 78 beschrieben.

72 Periodensystem Gruppe 2: Erdalkalimetalle und Zinkgruppe

72.1 Erdalkalimetalle

Liegen einzelne *Erdalkalimetalle* allein als konstitutioneller Bestandteil in einer organischen Matrix vor, können sie leicht durch eine Sulfatasche (s. Kap. 5.2) bestimmt werden – vorausgesetzt Phosphor und andere störende Begleitelemente fehlen. Barium analysiert man nach Substanzaufschluß (mit Na_2O_2 in der Nickelbombe oder mit $HClO_4$) am besten gravimetrisch als $BaSO_4$ (s. Kap. 46.1 und 46.2). Sehr exakt können Erdalkalimetalle, insbesondere Calcium und Magnesium, mit Komplexon titriert werden; eine Analysenmethode, die SCHWARZENBACH und FLASCHKA (1965) in die analytische Praxis eingeführt haben. Genaue Titrationsvorschriften für die obengenannten und andere Elemente findet man bei JANDER-JAHR (1986) und KÖSTER (1979), bei Letzterem auch Hinweise zur flammenspektrometrischen (Emission und Absorption) Analyse der Erdalkalien, die häufig zur Spurenbestimmung dieser Elemente herangezogen wird. Auch die Röntgenfluoreszenzanalyse ist eine wertvolle Alternative, die direkt (zerstörungsfrei) oder zur Bestimmung in der (Glüh-)Asche angewendet wird. In neuerer Zeit gewinnt die Ionenchromatographie zunehmend an Bedeutung. Abb. 72-1 illustriert exemplarisch die elegante Trennung aller Erdalkalimetalle in einem Analysengang mit dieser neuen Analysentechnik.

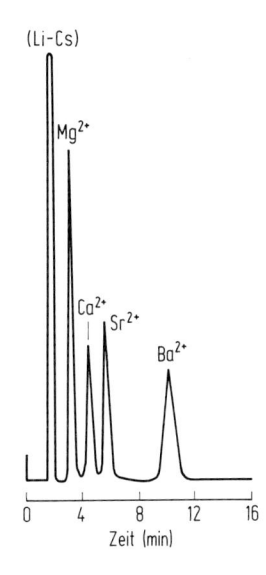

Abb. 72-1. Trennung der Erdalkalimetalle. Trennung: HPIC/CS1; Detektion: IonChrom/Cond. (DIONEX).

72.1.1 Beryllium

Organoberylliumverbindungen verascht man erst naß mit HNO_3 allein und beendet die Veraschung mit H_2SO_4 (Berylliumhalogenide sind flüchtig). Durch wiederholtes Abrauchen vertreibt man letzte Salpetersäure- bzw. Stickoxidspuren und kann dann Beryllium störungsfrei photometrisch als Salicylsäurekomplex im UV-Bereich bestimmen (MEEK und BANKS 1950).

Aus wäßrigen Salzlösungen kann Beryllium mit Ammoniak als $Be(OH)_2 \cdot 2H_2O$ ausgefällt werden, das beim Glühen bei 440 °C in BeO übergeht.

Die analytischen Möglichkeiten zur Bestimmung des Berylliums hat SMYTHE (1961) in einer Übersicht beschrieben.

72.1.2 Magnesium und Calcium

Aus organischer Bindung werden beide Erdalkalien am besten durch einen Säureaufschluß (KJELDAHL) oder durch einen Aufschluß in der O_2-Flasche gelöst, mit EDTA titriert (MACDONALD und SIRICHANYA 1969) oder als Oxinat gefällt (SAKLA et al. 1974). Letztere Methode wird kurz beschrieben.

Fällung von Calcium und Magnesium als Oxinat: Aufschluß der Probe in einem etwa 500 ml fassenden Schöniger-Kolben mit Platinhalterung in üblicher Weise, die Reaktionsprodukte werden in 5 ml 1 N HCl absorbiert. Die Probehalterung wird mit bidest. Wasser in die Lösung abgespült, diese auf etwa 5 ml eingedampft, gekühlt und anschließend mit 1 ml einer 1%igen ethanolischen Oxinlösung versetzt; die Reaktionslösung sollte dann 10 ml nicht übersteigen. Unter Schütteln wird Ammoniaklösung (1:1) zugetropft bis eine Fällung auftritt, dann noch 1 Tropfen Ammoniaklösung im Überschuß. Die Fällung wird einige Minuten geschüttelt, danach läßt man den Niederschlag 3 h absetzen. Magnesiumoxinat kann im Gegensatz dazu gleich filtriert werden. Den Niederschlag filtriert man durch einen G4-Filtertiegel, wäscht 3× mit je 3 ml kaltem Wasser nach, trocknet den Oxinatniederschlag bei 100 °C bis zur Gewichtskonstanz, wägt aus und errechnet aus dem Gewicht des Ca- bzw. Magnesiumoxinats ($Ca(C_9H_6ON)_2$ bzw. $Mg(C_9H_6ON)_2 \cdot 2H_2O$) den Metallgehalt. Alternativ zur gravimetrischen Bestimmung kann die Bestimmung auch bromatometrisch erfolgen.

72.2 Zink und Cadmium

Zink- und cadmiumorganische Verbindungen schließt man, wie bereits für Calcium und Magnesium beschrieben, naß oder in der O_2-Flasche auf und titriert die beiden Metalle am besten chelatometrisch (BELCHER et al. 1958) oder bromatometrisch als Oxinato-Komplexe (JANDER-JAHR 1986, S. 183). Zur Spurenalyse haben sich Photometrie über Dithizonat und AAS (KÖSTER 1979) bewährt. IMAEDA et al. (1977) bestimmen in *cadmiumorganischen Verbindungen* Sauerstoff und Cadmium in einem Analysengang. Nach klassischer Sauerstoffbestimmung wird Cadmium aus dem Pyrolyserückstand thermisch ausgetrieben und in HNO_3 gelöst, mit Glyoxal-bis-(2-hydroxyanil) umgesetzt, der Komplex mit Chloroform/Pyridin extrahiert und bei 610 nm photometriert.

Cadmium läßt sich nach WICKBOLD (1956) auch gut mit Diethyldithiocarbamatlösung, mit Dithizon als Indikator, visuell titrieren.

Zink läßt sich vortrefflich, auch im Mikromaßstab, gravimetrisch als Phosphat bestimmen (TREADWELL 1949).

Bestimmung als Zinkammoniumphosphat oder Zinkpyrophosphat: Nach Naßveraschung neutralisiert man die Aufschlußlösung mit Ammoniak, bis sie nur noch schwach sauer reagiert, verdünnt mit Wasser auf 100 bis 150 ml und setzt in der Siedehitze etwa 10mal soviel Ammonphosphat, wie Zink in die Lösung vorhanden ist, zu. Man läßt den Niederschlag, der bald vom amorphen in einen fein kristallinen Zustand übergeht, auf der Heizplatte absetzen. Diese Umwandlung findet um so rascher statt, je mehr Ammonsalze in der Lösung enthalten sind. Man filtriert den Niederschlag in der Siedehitze durch einen Filtertiegel, wäscht mit heißem Wasser chloridfrei, trocknet 2 h bei 100 bis 105 °C und wägt aus ($f = 0.3664$).

Zur Bestimmung als Pyrophosphat erhitzt man den Tiegel mit dem getrockneten Zinkammoniumphosphat langsam zur hellen Rotglut (900 bis 1000 °C) und wägt als Pyrophosphat aus ($f = 0.4290$).

72.3 Quecksilber

Einführende Bemerkungen. Quecksilber zählt zu jenen Metallen, die nicht bei der CH-Bestimmung als Rückstand im Probeschiffchen bestimmt werden können – es destilliert mit dem Gasstrom durch die Rohrfüllung. Diese Eigenschaft macht man sich zunutze, wenn es als Metall bestimmt werden soll; es wird am Ende des Verbrennungsrohres an Goldwolle niedergeschlagen und kommt als Goldamalgam zur Wägung (BOETIUS 1938). Elemente und Verbindungen (Halogene, Schwefel und Stickoxide), die beim Austritt aus dem Verbrennungsrohr mit Gold reagieren, müssen von der Rohrfüllung absorbiert oder so zerlegt werden, daß sie die Analysengenauigkeit nicht beeinflussen. Auf diese Weise bestimmen SAKLA et al. (1978) mit klassischer Rohrverbrennung (s. Kap. 11.1) Quecksilber parallel mit CH, Cl, Br und S gravimetrisch.

Das an Gold niedergeschlagene Quecksilber kann auch gravimetrisch oder potentiometrisch mit „Oxin" bestimmt werden.

72.3.1 Bestimmung von Quecksilber als Oxinat

Nach thermischer Umsetzung der quecksilberorganischen Verbindung im Rohr und Auswägen des Goldröhrchens wird das an Gold niedergeschlagene Quecksilber im N_2-Strom thermisch ausgetrieben und in 5 ml konz. HNO_3 absorbiert. Nach Verdünnen mit Wasser und Austreiben der Stickoxide wird die Lösung gekühlt, anschließend 2.00 ml 1%ige (w/v) Oxin-Lösung in 95%igem Ethanol zugesetzt und dann Ammoniak zugetropft, bis eine dichte Fällung auftritt. Durch Zusatz von 1 ml einer 10%igen (w/v) Ammonacetat-

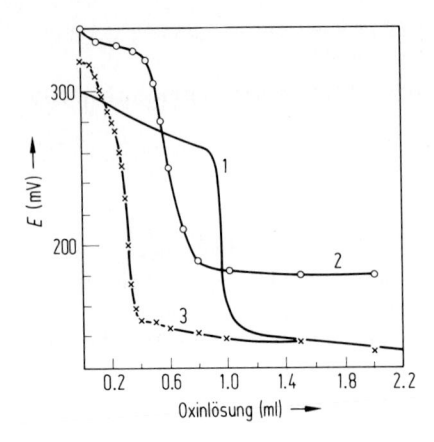

Abb. 72-2. Potentiometrische Titration einer 10^{-3} M Hg(II)-Lösung mit (1) 0.01 M, (2) 0.02 M, (3) 0.03 M Oxin-Lösung.

lösung stellt man den pH-Wert auf 6 bis 7 ein, erhitzt die Lösung auf 50 °C und rechnet 20 min für die Sedimentierung. Der Niederschlag wird abfiltriert, mit 25 ml 95%igem Ethanol nachgewaschen, bei 90 °C bis zur Gewichtskonstanz getrocknet und als $(C_9H_6ON)HgOH$ ausgewogen.

Das in Lösung befindliche Quecksilbernitrat kann im pH-Bereich zwischen 6 und 7 mit „Oxin"-Lösung, wie Abb. 72-2 veranschaulicht, auch potentiometrisch titriert werden – unter Verwendung einer Silberamalgamelektrode und als Bezug eine gesättigte Kalomelelektrode mit Elektrolytbrücke.

72.3.2 Gravimetrische Bestimmung als Reineckat

Prinzip. *Zur Quecksilberbestimmung in festen und flüssigen organoquecksilberhaltigen Fungizidformulierungen* (1 – 2.5% Hg) nach HOFER und HEIDINGER (1974) wird die Probe entweder in der Wickbold-Apparatur (s. Kap. 43) in Gegenwart eines Chlorüberschusses (durch Einspeisen von CCl_4 in den Sauerstoffstrom der Verbrennungsapparatur) nach KUNKEL (1972) oder modifiziert in der Verbrennungsapparatur nach GROTE und KREKELER (s. Kap. 42-2C) verbrannt. In aliquoten Volumina der Aufschlußlösung wird Quecksilber mit Reineckesalzlösung ausgefällt, der rote Niederschlag filtriert, getrocknet und ausgewogen ($f = 0.2395$).

Geräte und Reagenzien

Verbrennungsapparatur nach GROTE und KREKELER, Makroausführung gemäß DIN 51758 mit Verbrennungsrohr nach WURZSCHMITT und ZIMMERMANN für leicht verpuffende Substanzen.
Absorptionsvorlage, beide Geräte (JENAER GLASWERK, SCHOTT & GEN) (s. Abb. 72-3).
Tetrachlorkohlenstoff, p.a.
Kieselgur, p.a.
Kaliumpermanganatlösung, etwa 0.1 N.
Hydroxylammoniumsulfatlösung, etwa 25%ig.

Ammoniaklösung, 1+1.
Salzsäure, etwa 2 N.
Ethanol, p.a.

Reineckesalzlösung, 0.5 g/20 ml: 0.5 g $NH_4[Cr(NH_3)_2(SCN)_4] \cdot H_2O$ in ein 50 ml fassendes Becherglas geben, 20 ml dest. H_2O und 3 Tropfen HCl (1:1) zusetzen und auf dem Sandbad erwärmen, bis eine klare Lösung vorliegt. Die Reagenzlösung ist stets unmittelbar vor der Verwendung herzustellen, weil mit gealterten Lösungen gelegentlich unvollständige Fällungen erhalten werden.

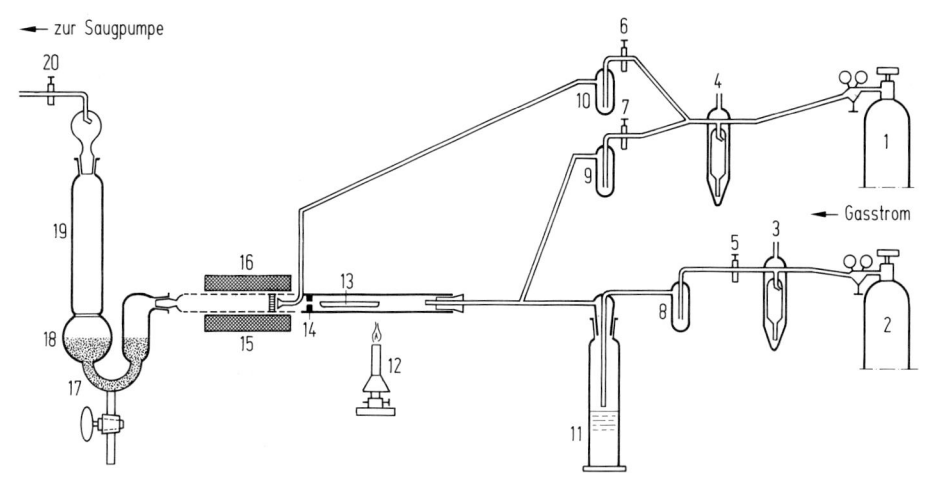

Abb. 72-3. Anordnung zur Quecksilberbestimmung. *1* Sauerstoffstahlflasche; *2* Stickstoffstahlflasche; *3, 4* Tauchungen; *5–7, 20* Schraubquetschhähne; *8–10* Blasenzähler; *11* Drechsel-Gaswaschflasche (TETRA); *12* Bunsenbrenner; *13* Verbrennungsrohr; *14* Lochblende; *15* Quarzfilterplatte; *16* elektrischer Röhrenofen; *17* Glaskugeln; *18* Fritte; *19* Absorptionsvorlage mit Tropfenfänger.

Ausführung. Es wird jeweils 1.0 g bzw. 1.0 ml eingesetzt. Feste Proben werden direkt in Prozellanschiffchen eingewogen, Flüssigkeiten in Porzellanschiffchen pipettiert, die etwa 0.5 g Kieselgur enthalten. Nach dem Aufsaugen werden diese Proben noch mit etwa 0.5 g Kieselgur abgedeckt.

Um richtige Ergebnisse zu erzielen, muß die Verbrennung korrekt durchgeführt werden: Sobald der elektrische Röhrenöfen (16) die Arbeitstemperatur von etwa 900 °C erreicht hat, verbindet man das Verbrennungsrohr (13) mit der Absorptionsvorlage (19) und beschickt diese mit 50 ml dest. Wasser. Anschließend öffnet man die Hauptventile der Stahlflaschen für Sauerstoff (1) und Stickstoff (2), worauf man mittels der Reduzierventile die beiden Gasströme so einstellt, daß die Tauchungen (3 und 4) kräftig durchschlagen. Nun bringt man das Schiffchen mit der Einwaage in das Verbrennungsrohr (13) und schiebt es bis knapp an die Lochblende (14) vor, schließt die Stickstoffleitung am Rohrende an, verbindet den Tropfenfänger mit der Absorptionsvorlage (19), schaltet die Saugpumpe (Wasserstrahlpumpe) ein und reguliert durch Schraubquetschhahn (20) deren Leistung. Wichtig für ein einwandfreies Funktionieren der Apparatur ist die richtige

Einstellung der beiden Gasströme. In der ersten Phase der Verbrennung ist der Sauerstoffstrom etwa 4 bis 5mal so rasch einzustellen wie der Stickstoffstrom, was mit Hilfe der Schraubquetschhähne (5) und (6) und der Blasenzähler (8) und (10) leicht möglich ist. Nun zersetzt man die quecksilberorganische Verbindung im Inertgasstrom, indem man das Verbrennungsrohr (13) vorsichtig mit der eben entleuchteten Flamme eines Bunsenbrenners erwärmt und zwar in jener Zone, in der sich das Schiffchen mit der Einwaage befindet. Die Zersetzungsprodukte werden nach Passieren der Lochblende (14) mit dem durch das seitliche Zuführungsrohr eingeleiteten Sauerstoff unmittelbar vor der Quarzfilterplatte (15) verbrannt. Sobald die Hauptmenge des organischen Materials zerstört ist, erhitzt man etwas stärker, zuletzt mit rauschender Flamme. In der Endphase der Verbrennung leitet man auch vom Rohrende her Sauerstoff ein − durch Öffnen des hierfür vorgesehenen Schraubquetschhahnes (7). Man glüht nun, bis der gesamte während des Pyrolysevorganges entstandene Kohlenstoff verbrannt ist, und heizt schließlich das Verbrennungsrohr (13) aus, wobei man den Röhrenofen (16) schrittweise an den Verbindungsschliff von Verbrennungsrohr (13) und Absorptionsvorlage (19) heranschiebt. Nach Beendigung der Verbrennung − Zeitbedarf etwa 30 bis 45 min − hebt man das Vakuum auf, trennt die Vorlage von der Apparatur, spült deren Inhalt quantitativ in einen 100-ml-Meßkolben über und füllt mit dest. Wasser zur Marke auf.

Bestimmung von Quecksilber durch Fällung als Reineckat (WILSON und WILSON 1972): Dazu pipettiert man ein Aliquot der obigen Auffüllung, das etwa 10 mg Quecksilber enthalten sollte, in einen 300-ml-Schliff-Erlenmeyer-Kolben, setzt 3 Tropfen Permanganatlösung zu, läßt 2 min reagieren und entfärbt sodann die Lösung durch Zugabe von 3 Tropfen Hydroxylammoniumsulfatlösung. In der Folge fügt man 25 ml 2 N Salzsäure zu, verdünnt mit dest. Wasser auf etwa 100 ml, verbindet den Kolben mit einem Rückflußkühler, erhitzt zum Sieden, läßt etwas abkühlen, wäscht den Kühler mit wenig dest. Wasser, trennt dann den Kolben vom Kühler und versetzt den Kolbeninhalt mit 4 ml frisch bereiteter heißer Reagenzlösung, die man aus einer Meßpipette tropfenweise unter ständigem Schwenken des Kolbens zufließen läßt. Nach 10 min filtriert man durch einen gewogenen 1G4-Glassintertiegel, wäscht 6mal mit heißem dest. Wasser, einmal mit Ethanol, trocknet 45 min bei 110 °C, läßt im Exsikkator erkalten und wägt ($f = 0.2395$).

Halogene stören die Bestimmung nicht.

72.3.3 Maßanalytische Bestimmung mit Carbat

Prinzip. Die organische Quecksilberverbindung wird zuerst in einem Mikrobombenrohr mit Salpetersäure zersetzt oder im „Schöniger-Kolben" aufgeschlossen. Anschließend titriert man das Quecksilbernitrat mit Natrium-diethyldithiocarbaminat nach WICKBOLD (1956).

$$2\ (C_2H_5)_2NC(=S)-S-Na + Hg(NO_3)_2 =$$

$$= (C_2H_5)_2NC(=S)-S-Hg-S-C(=S)N(C_2H_5)_2 + 2\,NaNO_3$$

Die Titration wird dadurch möglich, daß aus einer ammoniakalischen Lösung (pH ≈ 9), die Quecksilber- und Kupfer-Ionen enthält, bei Zugabe einer Natrium-diethyldithiocarbaminat-Lösung zufolge des geringen Löslichkeitsproduktes des Quecksilbercarbates zuerst dieses quantitativ ausfällt und erst dann das gelbbraune Kupfercarbat gebildet wird. Zur Titration werden ein Kupfersalz als Indikator und einige Milliliter Chloroform zugesetzt. Sobald beim Titrieren mit der Natriumcarbatlösung alles Quecksilber als weißer Niederschlag ausgefallen und teilweise in Chloroform farblos gelöst ist, tritt schon mit dem nächsten Tropfen einer 0.005 N Natriumcarbatlösung die gelbbraune Färbung des Kupfercarbates auf, die besonders gut in Chloroform zu erkennen ist.

Apparatives und Reagenzien

Salpetersäure: 65%ig (D = 1.40).
Weinsäure: 10%ige wäßrige Lösung.
Ammoniak: 25%ig.
Schwefelsäure: 20%ig.
Kupfer(II)-Acetatlösung: 0.1 g Kupferacetat in einen 100-ml-Meßkolben mit 2.5 ml 20%iger Schwefelsäure lösen und mit dest. Wasser bis zur Marke ergänzen.

0.01 N Quecksilbersulfatlösung: In einen 1-l-Meßkolben 1.4834 g $HgSO_4$ einwägen, in 20 ml 20 Vol.-%iger H_2SO_4 lösen und mit dest. Wasser bis zur Marke auffüllen. Mit dieser Lösung wird täglich der Faktor der nicht titerbeständigen Carbatlösung bestimmt.

Etwa 0.01 N Natriumdiethyldithiocarbamatlösung: 2.253 g Carbat ($C_5H_{10}NS_2Na \cdot 3H_2O$) in einem 1-l-Meßkolben mit dest. H_2O lösen und mit diesem bis zur Marke ergänzen. Da die Carbatlösung infolge Zersetzung nur 1 bis 2 Tage titerfest ist, bestimmt man ihren Faktor vor jeder Analysenreihe mit 0.01 N-Quecksilbersulfatlösung unter den bei der Ausführung der Analyse beschriebenen Titrationsbedingungen, d. h. mit sämtlichen Reagenzien einschließlich der für den Substanzaufschluß erforderlichen 0.5 ml Salpetersäure.

Emulgatorlösung, 10%iges Arcopal.
Schöniger-Aufschlußkolben aus Quarzglas, etwa 250 ml fassend, mit 29 mm Kugelschliffschale.
Stopfen mit Teflonadapter zum Befestigen des Platinkontakts.

Ausführung. Beim *Carius-Aufschluß* werden in das Mikrobombenrohr, wie bei der Chlor- und Brombestimmung beschrieben (Kap. 50.5.2), 2 bis 5 mg Substanz eingewogen und 0.5 ml konz. Salpetersäure zugegeben. Das zugeschmolzene Rohr wird 5 h in einem Heizofen oder Aluminiumblock auf 250 °C erhitzt. Nach dem Abkühlen wird aus dem schräggestellten Rohr zuerst durch Fächeln mit schwacher Flamme die Flüssigkeit aus der Spitze getrieben. Dann läßt man den Innendruck ab, indem man das Glas am Ende der Spitze mit einer kräftigen Flamme erweicht. Nun wird die Spitze des Bombenrohres abgesprengt. Man setzt sie wie einen Trichter auf das Bombenrohr und wäscht sie mit etwa 5 ml dest. Wasser aus. Die Spitze wird entfernt und der Inhalt des Bombenrohres mit 20 bis 30 ml dest. Wasser in einen 250-ml-Erlenmeyer-Kolben mit Schliffstopfen quantitativ übergespült.

Beim *Schöniger-Aufschluß* sollte die Substanzeinwaage 30 mg nicht übersteigen und nicht mehr als 10 mg Hg oder 3.5 mg Chlor enthalten. 15 min nach Aufschluß wird der

Stopfen mit 2 ml HNO₃ abgespült, der Platinkontakt aus dem Adapter gelöst, in die Absorptionslösung geworfen, 15 min am Rückfluß gekocht, abgekühlt und dann der Rückflußkühler sowie der Stopfen mit dem Teflonadapter mit dest. Wasser in die Reaktionslösung abgespült.

Zur *Titration* werden zur Lösung in den Erlenmeyer-Kolben der Reihe nach zugegeben: 10 ml Weinsäurelösung, 1 ml Kupferacetatlösung, Ammoniak bis zur deutlich alkalischen Reaktion (ein geringer Überschuß schadet nicht) und 5 ml Chloroform. Bei Zugabe der Natriumcarbatlösung beobachtet man, wie mit jedem Tropfen weißes Quecksilbercarbat ausfällt, das beim Umschütteln eine Emulsion bildet, die teilweise von dem Chloroform aufgenommen wird. Das sich nach dem Durchschütteln absetzende Chloroform bleibt dabei farblos. Gegen Ende der Titration kann man an der Eintropfstelle vorübergehend gelbbraune Färbung feststellen, die aber rasch verschwindet, solange noch Quecksilber-Ionen in der Lösung sind. Sobald alles Quecksilber reagiert hat, bleibt die gelbbraune Farbe bestehen, die besonders gut im Chloroform sichtbar ist. Bei etwas Übung ist der Farbumschlag auf 1 Tropfen 0.005 N Natriumcarbat genau festzustellen.

Berechnung. 1 ml 0.01 N Natriumdiethyldithiocarbatlösung entspricht 1.003 mg Quecksilber

$$\% \text{ Hg} = \frac{\text{ml } 0.01 \text{ N } C_5H_{10}NS_2Na \cdot 1.003 \cdot 100}{\text{mg Substanzeinwaage}}.$$

Bemerkungen. Chlor, Brom, Iod in Mengen, wie sie in organischen Substanzen vorkommen, stören die Bestimmung nicht. Auch bei der Oxidation mit Salpetersäure eventuell gebildetes Bromat und Iodat beeinflussen die Titration des Quecksilbers nicht. Gleichzeitig vorliegendes Silber sollte vor der Titration ausgefällt und abgetrennt werden. Die von WICKBOLD empfohlene Titration mit Hilfe eines Emulgators bringt bei der beschriebenen Ausführung keine Vorteile.

Nach GOUVERNEUR und HOEDEMAN (1964) kann Chlor neben Quecksilber titriert werden, wenn das Hg-Carbamat vorher abfiltriert wird; dann wird mit HNO₃ angesäuert und das Chlorid mit Silbernitrat potentiometrisch titriert.

72.3.4 Potentiometrische Bestimmung

A) Mit Iodidlösung (CAMPIGLIO 1977)

Prinzip. Die Substanz wird im „Schöniger"-Kolben verbrannt und die Reaktionsprodukte in 4 ml konz. Salpetersäure absorbiert. Die Absorptionslösung wird dann 6 min gekocht, wobei quantitativ zu Quecksilber(II) oxidiert wird. Dieses wird mit 0.005 N Kaliumiodidlösung potentiometrisch titriert. Zur Endpunkt-Indikation wird eine Meßkette aus einer ionenselektiven Elektrode für Iodid und einer Referenzelektrode mit KNO₃-Zwischenelektrolyt verwendet. Die Resultate liegen innerhalb der üblichen Fehlergrenze von ±0.30%. Auch in Anwesenheit von Chlor kann die Methode angewendet werden; Chlorid verhindert einen scharfen Potentialsprung nicht.

Reagenzien und Geräte

Sauerstoff.
Salpetersäure, D = 1.40 (MERCK).
Kaliumhydroxid, 30%ig (MERCK).
Quecksilber(II)acetat (MERCK).
Kaliumnitratlösung (pH 1): 96 ml HNO_3 mit 840 ml dest. Wasser verdünnen, 270 ml 30%ige Kalilauge zugeben und auf pH 1 einstellen.

$5 \cdot 10^{-3}$ N KI-Lösung, hergestellt mit neutralem KI (MERCK). Der Titer wird entweder durch Verbrennung von 3 bis 5 mg einer Testsubstanz (z. B. Phenlyquecksilberacetat) oder gegen Quecksilber(II)acetat bestimmt. In diesem Fall löst man die QA-Einwaage (3 bis 4 mg) in 50 ml KNO_3 vom pH 1, verdünnt mit dest. Wasser zum Volumen der Anlysenlösungen und titriert.

Schöniger-Aufschlußkolben (300 ml) und dazu passender *Rückflußkühler* mit Normschliff.
Iodidelektrode (ORION, Typ 9453 A).
Referenzelektrode (ORION, Typ 900200).
Potentiometrisches Titriergerät.

Ausführung. Die Probe (3 bis 5 mg) wird im Schöniger-Kolben (s. Kap. 72.2.3) verbrannt und dazu vorher 4 ml konz. HNO_3 als Absorptionslösung vorgelegt. Die Aufschlußlösung wird etwa 6 min am Rückfluß gekocht und nach dem Erkalten mit 20 ml Wasser in einen 150 ml fassenden Titrierbecher übergespült und noch 5mal mit je 10 ml Wasser sorgfältig nachgespült, so daß das Volumen etwa 80 ml beträgt. Unter Rühren werden 8 ml 30%ige KOH zugegeben und damit der pH-Wert der Lösung auf 0.8 bis 1 gebracht. Nach Thermostatisierung der Lösung wird Quecksilber(II) mit $5 \cdot 10^{-3}$ N Kaliumiodidlösung potentiometrisch titriert (der Äquivalenzpunkt ungefähr bei 0 mV). Zur Konditionierung der Elektroden werden vorher 2 bis 5 mg Quecksilber-(II)-Acetat in 50 ml Kaliumnitratlösung bei pH 1 titriert.

B) Mit Thioacetamid (COULTER und BUSH 1970)

Prinzip. Thioacetamid bildet in alkalischer Lösung Sulfid-Ionen, die mit Quecksilber(II)-Ionen extrem unlösliche Sulfide bilden. Die potentiometrische Titration erfolgt in alkalischer Lösung mit Thioacetamid als Titrierlösung nach Bildung des EDTA-Komplexes. Anwesende Halogenide stören nicht.

Reagenzien

Natronlauge, 2 N.
Pufferlösung pH 5: 0.1 M Kaliumbiphthalatlösung mit 0.05 M Trinatriumphosphatlösung (50:24) mischen, in 1 l Puffer werden 0.5 g Thymol gelöst.

Thioacetamid 0.025 M: 1.9 g Thioacetamid in 1 l Pufferlösung pH 5 lösen, der Faktor wird gegen Silbernitrat eingestellt. Die Praxis hat gezeigt, daß der Faktor der Lösung ziemlich konstant bleibt; die Abnahme beträgt ca. 1%/Monat.
Verdünntere Lösungen werden durch Vermischen mit Pufferlösung pH 5 hergestellt.

EDTA 0.1 M: 37.2 g des Dinatriumsalzes der Ethylendiamintetraessigsäure in 1 l dest. Wasser lösen.

Gelatine 1.2%: 12 g Gelatine in heißem Wasser lösen, 0.5 g Thymol zugeben und nach dem Abkühlen auf 1 l auffüllen.

Geräte (METROHM)

Potentiograph E 436 oder E 336 A.

Silbersulfid-Elektrode EA 242-Ag_2S (durch Eintauchen während 15 min der Silberelektrode EA 242 in eine alkalische Thioacetatamidlösung hergestellt).

Kalomel-Bezugselektrode EA 404.

Ausführung. Die nach Schöniger- oder Carius-Aufschluß annähernd neutralisierte Aufschlußlösung wird mit 20 ml EDTA, 20 ml NaOH und 10 ml Gelatine versetzt und sofort mit einer entsprechenden Thioacetamidlösung titriert. Die Titration erfolgt im 1000 mV-Bereich und verläuft von Plus nach Minus. Die alkalische Lösung darf vor der Titration nicht allzulange stehen, da sonst zu niedrige Resultate gefunden werden.

1 ml 0.025 M Thioacetamid entspricht 5.015 mg Hg^{2+} oder 5.394 mg Ag^+.

72.3.5 Bestimmung von Quecksilberspuren in Umweltproben

Die Toxizität von Quecksilber ist allgemein bekannt. Da es in die Nahrungskette übertritt, war die Entwicklung einer empfindlichen Analytik zur Überwachung der verschiedensten Umweltmatrizes auf Quecksilberspuren essentiell. Auf die Methodik wird hier nur stichwortartig hingewiesen. Nach Mineralisierung der Probe — thermisch oder durch Naßaufschluß — wird Quecksilber heute fast ausschließlich durch flammenlose Atomabsorption nach der sog. „Kaltdampf-Methode" (HATCH und OTT 1968) bestimmt.

Meßprinzip. Das in Lösung vorliegende *anorganisch gebundene Quecksilber* wird durch Zugabe einer $SnCl_2$-Lösung zu elementarem Quecksilber reduziert, das dann dampfförmig in eine Quarzküvette mit Hilfe der Atomabsorption bei der für Hg charakteristischen Absorptionslinie im UV bei 253.7 nm gemessen wird. Die Meßanordnung (Hg-Zusatz zum AAS-Gerät) ist als geschlossener Kreislauf aufgebaut. Da nach dieser Methode das *organisch gebundene Quecksilber* nicht oder nur unvollständig erfaßt wird, ist zur Bestimmung des *Gesamt-Quecksilbers* ein Aufschluß bzw. eine Vorbehandlung der auf Quecksilber zu analysierenden Probe notwendig.

Metallspuren schneller und kostengünstiger bestimmen mit der Fließinjektions-AAS

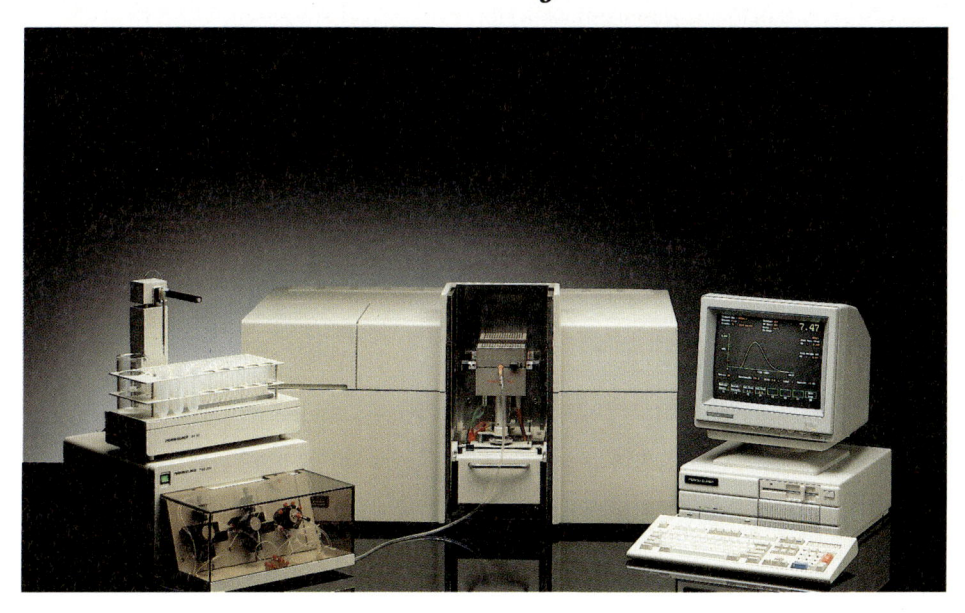

Die Fließinjektions-Technik ist eine ideale Ergänzung zur klassischen AAS für die automatische Probenvorbereitung und -zuführung. Besondere Vorteile sind dabei die hohe Analysengeschwindigkeit und der äußerst geringe Proben- und Reagenzienverbrauch.

Das Perkin-Elmer FIAS-200 ist das erste Hochleistungs-Fließinjektions-System für die Atomspektrometrie. Es eignet sich hervorragend für die sequentielle Multielementanalyse mit der FI-Flammen-AAS und der FI-Quecksilber/Hydrid-AAS.

Im FI-Quecksilber-/Hydrid-Betrieb kann das FIAS-200 pro Stunde bis zu 180 Bestimmungen von Hg, As, Se, Sb, Te, Bi oder Sn im Ultraspurenbereich durchführen.

Mit der FI-Flammen-AAS können Sie zum Beispiel gesättigte Salzlösungen oder Lithiumborat-Lösungen stundenlang direkt analysieren, ohne daß Brenner oder Zerstäuber verstopfen. Das FIAS-200 läßt sich natürlich auch für andere interessante Aufgaben, wie automatische Verdünnung oder Anreicherung und automatische Addition von Pufferlösungen einsetzen.

Unser FIAS-Literaturservice bietet Ihnen die kostenlose Zusendung unserer verfügbaren und zukünftigen FIAS-Anwendungsschriften. Wenn Sie in den Verteiler aufgenommen werden wollen, schreiben Sie uns bitte.

Weitere Informationen erhalten Sie von
Bodenseewerk Perkin-Elmer GmbH
Postfach 10 11 64, D-7770 Überlingen
Telefon (07551) 81 35 41
Telex 733902, Telefax (07551) 16 12

PERKIN ELMER

Literaturhinweise zur Quecksilber-Spurenbestimmung in den verschiedensten Matrizes.

Wasser und Lebensmittel (JÖRISSEN 1974): reduzierender Aufschluß, Zwischenanreicherung als Silberamalgam, flammenlose AAS.

Wasser und Abwasser (DUJMOVIC und WINKLER 1974): UV-Oxidation, AAS.

Feststoffe, Flüssigkeiten (Umweltproben) und Gase (KUNKEL 1972): Wickbold-Verbrennung, AAS.

Harn (WÜLFERT 1966): $H_2SO_4/KMnO_4$-Aufschluß, Dithizon/Chloroform-Extraktion, Photometrie.

Nahrungsmittel (NABRZYSKI 1973): H_2SO_4/HNO_3HClO_4-Aufschluß, Dithizon/Chloroform-Extraktion, Photometrie.

Sedimente (AGEMIAN und CHAU 1975): $H_2SO_4/HNO_3/KMnO_4/K_2S_2O_8$-Aufschluß, AAS.

Organische Proben (FELDMAN 1974): $HNO_3/HClO_4$-Aufschluß, AAS.

Erdölprodukte (KNAUER und MILLIMAN 1975): Wickbold-Verbrennung, AAS.

Feststoffe, Flüssigkeiten und Gase (Bureau INTERNATIONAL TECHNIQUE DU CHLORE-Methode = BITC-Methode): Wickbold-Verbrennung, AAS.

Fungizidformulierungen (HOFER und HEIDINGER 1974): Grote-Krekeler-Verbrennung, AAS.

Umweltproben (AGEMIAN 1976): Naßaufschluß, AAS.

Natürliche Wässer (KIEMENEIJ und KLOOSTERBOER 1976) UV-Oxidation, AAS.

Quecksilberbestimmung durch flammenlose Atomabsorption und Fluoreszenz-Spektrometrie. A Review. (URE 1975).

Evaluation of Sample Pretreatment for Mercury Determination (LITMAN et al. 1975).

Quecksilberverluste aus Lösungen durch adsorptive Prozesse (BAIER et al. 1975).

73 Periodensystem Gruppe 3: Aluminium und Seltene Erden

73.0 Allgemeines

Von den Elementen der 3. Hauptgruppe im Periodensystem sind in der Elementaranalyse vor allem aluminiumorganische Verbindungen von Bedeutung. Von den Seltenen Erden werden Lanthan- und Cersalzlösungen in der Fluor- und Phosphoranalyse häufig als Titersubstanzen verwendet.

73.1 Aluminium

Bei der thermischen Umsetzung aluminiumorganischer Verbindungen bleibt Aluminium im günstigsten Fall quantitativ als Al_2O_3 im Probeschiffchen zurück. Da es hygroskopisch ist, muß es auf 1000 °C geglüht werden und unter Ausschluß von Luftfeuchte ausgewogen werden. Genauere Aluminiumwerte erhält man, wenn man das Oxid, wie unten beschrieben, löst, als Oxinat fällt und bestimmt.

Von den aluminiumorganischen Verbindungen haben die Aluminiumalkylverbindungen bei weitem die größte Bedeutung erlangt; sie werden großtechnisch zur Polymerisation von Polyolefinen eingesetzt. Aluminiumspuren finden sich in den Glühaschen dieser Polymere, in denen sie röntgenfluoreszenzanalytisch oder photometrisch (KÖSTER 1979) bestimmt werden können. Aluminiumalkylverbindungen – in der Regel in aromatischen Kohlenwasserstoffen gelöst – sind sehr luft- und feuchtigkeitsempfindlich (selbstentzündlich!), sie lassen sich nur unter streng kontrollierten Arbeitsbedingungen befriedigend analysieren.

73.1.1 Die Bestimmung von Aluminium als Oxinat

Prinzip. Nach Naßaufschluß und Fällung des Aluminiums als Oxinat wird nach BISHARA et al. (1974) der Oxinüberschuß polarographisch bestimmt. SAKLA et al. (1974) schließen im Schöniger-Kolben auf und analysieren Aluminium anschließend als Oxinat gravimetrisch.

Ausführung bei Naßaufschluß. 3 bis 7 mg der aluminiumorganischen Probe werden in einem 50 ml fassenden Erlenmeyerkölbchen mit 10 mg Natriumbisulfit und 5 ml 6 N

HCl bis zur vollständigen Lösung gekocht und noch 5 min aufgeschlossen. Nach dem Abkühlen setzt man der Aufschlußlösung 2 Tropfen Methylrot (0.1%ig in H_2O) zu, neutralisiert bis zum Indikatorumschlag nach Gelb, gibt 2.00 ml Oxinlösung (0.025 M) zu und stellt erst dann (Aluminiumhydroxidfällung muß vermieden werden) mit Ammoniak/Ammoniumchlorid-Pufferlösung (142 ml NH_3 konz. mit 17.5 g NH_4Cl werden mit H_2O auf 250 ml verdünnt) auf pH 9.25 ein. Um die quantitative Ausfällung des Aluminiumoxinats sicherzustellen, wird noch 5 min digeriert. Man füllt die Fällungslösung in einen 100-ml-Meßkolben, füllt mit Wasser zur Marke auf und läßt den Niederschlag sich absetzen. In einem aliquoten Volumen der Fällungslösung wird das nichtverbrauchte Oxin polarographisch bestimmt.

Ausführung bei Schöniger-Aufschluß. Die feste Probe wird mit 5 bis 10 mg Natriumbisulfit gemischt, in einem etwa 500 ml fassenden Schöniger-Kolben, mit einer Quarzspirale als Probenhalterung, in bekannter Weise aufgeschlossen. Zur Absorption der Reaktionsprodukte werden 5 ml 6 N HCl vorgelegt. Nach dem Aufschluß wird 15 min geschüttelt, Stopfen mit Halterung 2mal in die Lösung abgespült, lose in den Kolbenhals eingehängt und anschließend die Aufschlußlösung 3 bis 5 min gekocht. Nach Abspülen und Entfernen der Probenhalterung wird die Reaktionslösung auf etwa 5 ml eingedampft und auf Raumtemperatur gekühlt. Nun pipettiert man der Reihe nach 2 ml 20 Gew.-%ige Weinsäurelösung, 2 ml 20 Gew.-%ige Ammoniumacetatlösung und 1 ml 1 Gew.-%ige Oxinlösung in 1 M Essigsäure zu. Das Lösungsvolumen soll dann 15 ml nicht überschreiten. Man läßt unter Rühren Ammoniaklösung (1:1) zutropfen, bis die erste Fällung auftritt und gibt noch 1 Tropfen Ammoniaklösung im Überschuß zu, wartet den Niederschlag – 30 min bei 60 bis 80°C auf dem Wasserbad – ab und filtriert nach Abkühlen durch einen G4-Filtertiegel, wäscht je 2× mit 3-ml-Portionen Ammoniaklösung (1:99), heißem und noch mit kaltem Wasser nach. Der Niederschlag im Filtertiegel wird bei 140°C bis zur Gewichtskonstanz getrocknet, dann als $Al(C_9H_6ON)_3$ ausgewogen und daraus der Aluminiumgehalt errechnet. Alternativ kann das Aluminiumoxinat nach Lösen in konz. HCl oder das bei der Fällung nicht verbrauchte Oxinreagenz bromatometrisch titriert und aus dem Verbrauch der Bromatlösung der Metallgehalt errechnet werden (JANDER-JAHR 1986).

73.1.2 Chelatometrische Titration

Aluminium kann durch Rücktitration chelatometrisch bestimmt werden. Dazu wird EDTA-Lösung im Überschuß zugegeben und mit Zinksulfat- oder Bleinitratlösung gegen Erio T oder besser gegen Xylenolorange als Indikator zurücktitriert (JANDER-JAHR 1986, S. 219).

73.1.3 Bestimmung in reaktiven Aluminiumalkylverbindungen (Ziegler-Katalysatoren)

Prinzip (HEIL, unveröffentlicht). Die mit Wasser und Sauerstoff äußerst reaktiven Al-organischen Verbindungen vom Typ AlR_3 (R = $-CH_3$ → C_4H_9), AlR_2H, $AlRH_2$, AlR_2Cl und $AlRCl_2$ (sog. „Sesquichloride"), die zur Olefinpolymerisation verwendet werden, werden zur Analyse erst stark mit Sinarol verdünnt, dann mit einem Alkohol/Benzolgemisch zersetzt und in überschüssiger verdünnter Schwefelsäure gelöst. In dieser Lösung wird das Aluminium mit Fluorid komplexiert, die bei der Reaktion:

$$2\,Al(OH)_3 + 6\,H^+ + 12\,KF \rightleftharpoons 2\,K_3AlF_6 + 6\,K^+ + 6\,H_2O$$

verbrauchte Säure durch Rücktitration mit Natronlauge bestimmt und aus dem Säureverbrauch der Aluminiumgehalt errechnet. Die bei der Umsetzung der „Sesquichloride" entstehenden Chlorid-Ionen werden argentometrisch titriert. Gasförmige Reaktionsprodukte, die ein Maß für die Aktivität des Katalysators sind, werden gaschromatographisch getrennt und bestimmt.

Reagenzien

1 N H_2SO_4.
1 N NaOH.
Alkohol/Benzol-Gemisch, 1:1.
Kaliumfluoridlösung (21 g KF·$2\,H_2O$ p.a./l).
Phenolrotlösung (gesättigte wäßrige Lösung).

Stickstoffreinigung: Man verwendet handelsüblichen Stickstoff („reinst") aus Bomben. Letzte Spuren von Sauerstoff und sauerstoffhaltigen Verbindungen werden in einer Waschflasche mit einer ca. 10%igen Lösung einer Al-organischen Verbindung in Sinarol entfernt.

Probenahme. Zur Probenahme wird das 500-ml-Vorratsgefäß A (Abb. 73-1) mit dem Schliffaufsatz B versehen und gewogen. Man spült durch Rohr C bei geöffneten Hähnen H_1 und H_2 15 min mit gereinigtem Stickstoff (s. o.), dann wird die Flasche durch Schliff E etwa zur Hälfte mit über Natriumdraht getrocknetem Sinarol gefüllt. Der Stickstoffstrom wird abgeschaltet, Hähne H_1 und H_2 werden geschlossen. Man wiegt jetzt die Flasche mit Inhalt und erhält das Gewicht des eingefüllten Sinarols. Zur Abfüllung der Probe wird Blasenzähler F an Schliff J angesetzt und über Stickstoffzuleitung G bei geöffnetem Hahn H_2 Stickstoff durchgeleitet. Dann setzt man das Gefäß mittels Schliff E an

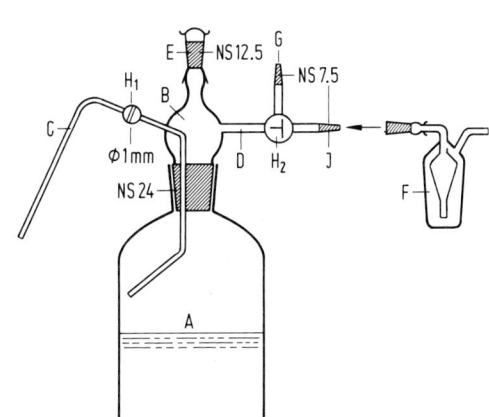

Abb. 73-1. Vorratsgefäß für Aluminiumalkylverbindungen.
A Vorratsgefäß (500 ml), *B* Aufsatz, *C* Entnahmerohr, *D* Stickstoffeinleitungsrohr, *E* Schliff mit Stopfen, *F* Blasenzähler, *G* Stickstoffzuführung, H_1 Hahn, H_2 Dreiwegehahn, *J* Ansatz für Blasenzähler.

einen passenden Hahn der technischen Syntheseapparatur an. Nunmehr wird die aluminiumorganische Verbindung in das Sinarol einfließen gelassen, wobei das Vorratsgefäß dauernd mit Stickstoff gespült wird, der über Blasenzähler F entweicht. Zur Analyse chlorfreier Al-organischer Verbindungen stellt man so eine ca. 30%ige Lösung, bei chlorhaltigen eine ca. 10%ige Lösung in Sinarol her. Nach Abfüllen und Verschließen von Hahn H_2 und Schliff E wird durch erneutes Auswägen die genaue Menge an Al-organischer Verbindung im Gefäß bestimmt.

Einwaage. Aus dem Vorratsgefäß werden wie folgt einzelne Anteile zur Einwaage entnommen: Schliff G mit Stickstoffzuleitung verbinden, Hähne H_1 und H_2 öffnen und Entnahmerohr C kurz mit Stickstoff durchspülen. Nunmehr kippt man die Flasche so, daß die Sinarollösung vom Stickstoff durch Entnahmerohr C herausgedrückt wird. Die ersten Anteile verwirft man, dann können einzelne Portionen in die mit Stickstoff gefüllten Reaktionsgefäße überführt werden.

Ausführung der Chlorbestimmung. 4 bis 5 g Sinarollösung der Al-organischen Verbindung werden aus dem Vorratsgefäß unter Stickstoffspülung in einen gewogenen 100-ml-Erlenmeyerkolben mit Schliffstopfen (Abb. 73-2) überführt. Man wägt aus und errechnet die genaue Menge an Al-organischer Verbindung; diese wird dann mit 10 ml Sinarol verdünnt und unter Eiskühlung durch tropfenweise Zugabe des Alkohol/Benzol-Gemisches zersetzt. Man fügt etwa 50 ml Wasser und 10 ml verdünnte H_2SO_4 zu, spült die Lösung in ein Becherglas und titriert das Chlor potentiometrisch mit $AgNO_3$-Lösung.

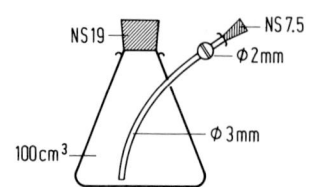

Abb. 73-2. Probenahmegefäß.

Ausführung der Aluminiumbestimmung. Eine Portion der Vorratslösung der Al-organischen Verbindung wird, wie oben beschrieben, in einen 100-ml-Erlenmeyerkolben (Abb. 73-2) überführt und darin gewogen. Bei chlorfreien Verbindungen soll die Einwaage an Sinarollösung etwa 2 bis 3 g, bei chlorhaltigen etwa 6 bis 8 g betragen.

Man verdünnt die Einwaage mit etwa 10 ml Sinarol und zersetzt die Aluminiumverbindung unter Eiskühlung durch tropfenweisen Zusatz des Alkohol/Benzol-Gemisches. Dann werden 20 ml H_2O und 40.0 ml 1 N H_2SO_4 zugefügt, wobei sich der zuerst ausgefallene Aluminiumhydroxid-Niederschlag wieder auflöst. Man spült diese Lösung quantitativ in einen 1000-ml-Erlenmeyerkolben und gibt einen Überschuß KF-Lösung (für je 1 mg erwartetes Al ca. 1.3 ml) zu. Bei chlorfreien Al-organischen Verbindungen legt man 80.0 ml 1 N H_2SO_4 vor.

Schließlich titriert man unter Umschwenken den H_2SO_4-Überschuß mit 1 N NaOH zurück.

Berechnung

a) $\dfrac{(\text{ml H}_2\text{SO}_4 - \text{ml NaOH}) \cdot 0.900}{\text{Einwaage}} = \%$ Al (bei chlorfreien Verbindungen)

b) $\dfrac{\text{ml H}_2\text{SO}_4 - \text{ml NaOH}) \cdot 0.900}{\text{Einwaage}} + \%$ Chlor $\cdot\, 0.2535 = \%$ Al

(bei chlorhaltigen Verbindungen) $\dfrac{\text{ml 0.1 N AgNO}_3\text{-Lösung} \cdot 0.355}{\text{Einwaage}} = \%$ Cl

73.2 Lanthan

Bei der thermischen Umsetzung lanthanorganischer Verbindungen bleibt Lanthan als beständiges Oxid (La_2O_3) quantitativ im Glührückstand. Nach Substanzaufschluß im O_2-Kolben oder Naßaufschluß mit $HNO_3/HClO_4$ kann es nach TALEB (1980) auch als Oxinat gefällt und dann gravimetrisch oder iodometrisch bestimmt werden. Von den Lanthanorganikas ist vor allem Lanthanalizarinkomplexan als Reagenz zur photometrischen Fluoridbestimmung (Kap. 54.3.2) sehr bekannt geworden. Mit Lanthannitratlösung werden mittels der fluorid-sensitiven Elektrode Fluorid-Ionen potentiometrisch titriert (Kap. 54.5).

73.3 Cer

Ähnlich wie Lanthan reagiert auch Cer mit Fluorid- und Orthophosphat-Ionen. So werden Fluorid und Orthophosphat quantitativ mit Cer(III)-Salzlösungen – wie in Kap. 54.2.2 bzw. in Kap. 57.2 ausführlich beschrieben – chelatometrisch titriert. Wie La-Alizarin-Komplexan wird auch Ce-Alizarin-Komplexan zur photometrischen Fluoridbestimmung (Kap. 54.3.2) genutzt.

74 Periodensystem Gruppe 4: Germanium, Zinn, Blei, Titan, Zirconium und Thorium

74.1 Germanium

Germaniumorganische Verbindungen können quantitativ im Rohr umgesetzt und wie Zinn (s. 74.2.2) gravimetrisch als Oxid bestimmt werden. Auch der Aufschluß in der O_2-Flasche führt bei nichtflüchtigen Verbindungen zu verlustfreier Mineralisierung, wonach SANINA (1974) und MASSON (1976) Germanium photometrisch, Letzterer als Germaniummolybdänblau, bestimmten. Beim Naßaufschluß können Minderbefunde auftreten, da Germaniumhalogenide flüchtig sind ($GeCl_4$-Sdp. 83 °C). Diese Eigenschaft wird gerne zur destillativen Abtrennung des Germaniums und anderer die Endbestimmung störender anorganischer (von z. B. Phosphat) Matrix genutzt. Auf diese Weise trennte SAGER (1984) Germanium aus Erzen und Gestein ab und bestimmte es dann photometrisch mit Phenylfluoron (2,3,7-Trihydroxy-9-phenyl-3H-xanthen-3-on) – ein Reagenz, das zur Germanium-Spurenbestimmung häufig eingesetzt wird.

74.2 Zinn

Aus der Glühasche. In *nichtflüchtigen organischen Zinnverbindungen* kann Zinn durch direktes Glühen im Platintiegel oder -schiffchen, wenn nötig unter Zusatz von HNO_3, als SnO_2 bestimmt werden. Zur Bestimmung, vor allem von Spurenmengen, in tierischem und pflanzlichem Material wird der Naßaufschluß mit HNO_3 und HCl oder HNO_3 und $HClO_4$ – mit HNO_3 allein bleibt es als unlöslicher Niederschlag (Metazinnsäure) in der Aufschlußlösung zurück! – bevorzugt und Zinn dann, evtl. nach destillativer Abtrennung als Halogenid, photometrisch z. B. als Dithizonat bestimmt (BÜRGER 1961, JANITSCH und MAUTERER 1983) oder – bei Vorliegen größerer Konzentrationen – iodometrisch, potentiometrisch (JANDER-JAHR 1986) oder komplexometrisch (HEIMES 1971) titriert. *Flüssige und flüchtige Organozinnverbindungen* werden quantitativ am besten durch Rohrverbrennung oder mit Peroxid in der geschlossenen Nickelbombe aufgeschlossen und direkt als Oxid oder nach Fällung als Cupferat und Verglühen zum Zinnoxid bestimmt.

74.2.1 Gravimetrische Bestimmung nach Fällung als Cupferat

Prinzip (MA und RITTNER 1980). Nach Substanzaufschluß mit Natriumperoxid in der Nickelbombe wird Zinn in saurer Lösung mit Cupferron, entsprechend untenstehender

Gleichung gefällt, der Niederschlag abfiltriert, verglüht und das Zinn als Oxid ausgewogen.

$$4 \ \underset{N=O}{\underset{|}{C_6H_5-N-ONH_4}} + Sn^{4+} \rightarrow \left(\underset{N=O}{\underset{|}{C_6H_5-N-O-}} \right)_4 Sn + 4 NH_4^+ .$$

Reagenzien

Cupferron (Ammoniumsalz von Nitrosophenyl-hydroxylamin).

Cupferron-Reagenz, 10%ige wäßrige Lösung: In einem Becherglas das eingewogene Cupferron mit etwas Wasser zu einer Paste anrühren und dann mit der entsprechenden Menge Wasser verdünnen. Die Lösung wird ggf. filtriert und im Kühlschrank aufbewahrt. Sobald sich die farblose bis schwach gelbe Lösung verdunkelt, wird sie verworfen.

Waschlösung: 10%ige HCl- oder H_2SO_4-Lösung 1% Cupferron enthaltend.

Ausführung. Eine Probenmenge, die zur Endbestimmung schätzungsweise 20 bis 30 mg Zinnoxid ergibt, wird genau in die Mikrobombe eingewogen, mit etwa 0.1 g KNO_3 Zuckergemisch (2:1) überschichtet, mit ca. 1.5 g Na_2O_2 der Bombenbecher aufgefüllt und aufgeschlossen (s. Kap. 45.1). Nach Auslaugen der Schmelze mit Wasser in einem Nickelbecher, wird die Aufschlußlösung gekühlt, mit HCl oder H_2SO_4 neutralisiert und dann auf 5 bis 10% sauer gestellt. Aufschlußlösung und Cupferronreagenz werden auf 5 bis 15°C gekühlt. Unter Rühren werden 5 ml der Cupferronlösung in die Probelösung getropft. Die Fällung läßt man 20 bis 30 min im Eisbad stehen, gießt dann durch einen Filtertiegel und wäscht den Niederschlag mit der gekühlten Waschlösung nach. Der Niederschlag im Tiegel wird vorsichtig erhitzt, am besten mit einem Föhn, da sich das Cupferat bereits bei Trocknungstemperaturen zersetzt. Nach Verflüchtigung der Zersetzungsgase wird der restliche Kohlenstoff verglüht und der Tiegelinhalt noch 1 h bei 800 bis 900°C geglüht. Nach Abkühlen auf Raumtemperatur wird das Zinnoxid im Tiegel ausgewogen:

$$\% \ Sn = \frac{mg \ SnO_2 \cdot 0.7877 \cdot 100}{mg \ Einwaage} .$$

Störungen. Die Metalle Bi, Sb, Ga, Hf, Fe, Mo, Nb, Pd, Po, Ta, Ti, W, V und Zr werden mit Cupferron fast ebenso vollständig ausgefällt; Teilfällungen ergeben die Metalle Ac, Cu, La und andere Seltene Erden, Pa, Tl, Th. Uran wird nur ausgefällt, wenn es in vierwertiger Form vorliegt. Salpetersäure und andere Oxidantien stören, da sie Cuperron zersetzen; Phosphor bildet unlösliche Phosphate mit Titan und Zirconium; Silicium kann als Kieselsäure mitausfallen.

74.2.2 Gravimetrische Bestimmung von Zinn und Germanium als Metalloxide nach Rohrverbrennung

Prinzip (BROWN und FOWLES 1958). Analog zu Silicium (s. Kap. 61) werden auch Zinn und Germanium in ihren flüchtigen und flüssigen metallorganischen Verbindungen durch Rohrverbrennung und Auswaage der Oxide im Rohr bestimmt.

Apparatives. Die Apparatur (Abb. 74-1), die im Prinzip der zur Siliciumbestimmung gleicht, besteht aus:

- *Verbrennungsrohr A* (Quarzglas), Länge 30 cm, Innendurchmesser 8 mm, mit Schliffhülse B14 (14/20) am Eingang, zu 2/3 mit Asbestwolle (800 °C) gefüllt,
- *Ausgangsrohr G*, Innendurchmesser 1 mm,
- *Proberöhrchen B* mit Neoprenverbindungsstücken (E und F) mit aufgesetzten Schraubenquetschhähnen und (zur Verbindung mit dem Verbrennungsrohr) Schliffkern B14 (14/20).

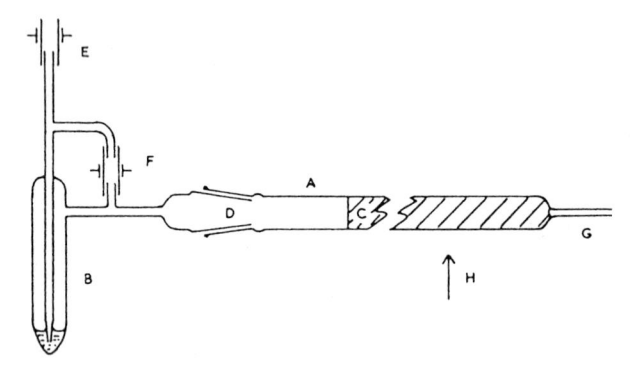

Abb. 74-1. Verbrennungseinrichtung zur Bestimmung von Si, Ge und Sn in ihren flüchtigen organischen Verbindungen.

Ausführung (Kurzfassung). Proberohr B wird bei geschlossenen Schraubenquetschhähnen leer gewogen, sein Boden mittels Pipette mit 0.1 bis 0.4 g Substanz beschickt, zurückgewogen und in den Sauerstoffstrom eingeschaltet.

Um dabei Substanzverluste zu vermeiden, wird die Probe in flüssigem Sauerstoff tiefgefroren. Nach Verbinden des Proberöhrchens mit dem Verbrennungsrohr wird Verbindungsstück E geöffnet, Bypass F geschlossen und die Substanzdämpfe zur Umsetzung vom Sauerstoffstrom (20 bis 30 ml/min) in das vorher tarierte mit Asbestwolle C gefüllte Verbrennungsrohr A gespült.

Durch Kühlung oder Erwärmung des Proberöhrchens wird die Verdampfungsgeschwindigkeit der Substanz gesteuert. Durch Rückwaage des Verbrennungsrohres nach der Umsetzung wird das Gewicht der Metalloxide (Si, Sn, Ge) erhalten.

Weniger flüchtige Proben werden in Glaskapseln (s. Abb. 74-2) eingewogen und damit ins Rohr gebracht.

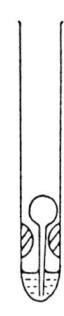

Abb. 74-2. Abfüllen flüssiger Proben in Glasampullen.

74.3 Blei

74.3.1 Bestimmung aus der Sulfatasche

Blei in nichtflüchtigen organischen Proben wird durch Abrauchen mit Schwefelsäure und Salpetersäure im Platintiegel in Sulfat übergeführt. Salpetersäure ist unabdingbar, da sonst der Tiegel durch elementares Blei beschädigt wird. Man wiederholt die tropfenweise Zugabe von konz. Salpetersäure, bis der Rückstand rein weiß ist, glüht bei 600 bis 700 °C und wägt als $PbSO_4$ aus.

74.3.2 Titration mit Diethyldithiocarbaminat

Blei kann mit Diethyldithiocarbaminatlösungen und Dithizon als Indikator im Mikro- bis Makrobereich sehr genau titriert werden (WICKBOLD 1956). Bleispurenmengen werden als Dithizonat nach Extraktion photometrisch bestimmt (SANDELL 1937).

Titration mit „Carbat"-Lösungen. Man puffert die Lösung unter Zusatz eines Komplexbildners auf pH 5 bis 6, setzt einige Milliliter sehr verdünnter Dithizonlösung in Chloroform hinzu und titriert unter starkem Schütteln mit eingestellter Carbatlösung. Dabei beobachtet man zunächst die Reaktion des großen Bleiüberschusses mit Dithizon: Die organische Phase färbt sich rot. Beim Umschwenken erscheint die ganze Lösung rot. Nähert man sich dem Äquivalenzpunkt, erkennt man an der Einfallstelle bereits eine Umfärbung nach Grün. Noch aber ist genügend Blei in Lösung, so daß die rote Farbe beim Umschwenken wiederkehrt. Erst im Äquivalenzpunkt schlägt die gesamte Lösung scharf von Rot nach Grün um.

Hg, Ag, Cu, Ni und Co werden miterfaßt, Elemente wie Bi, Cd, Tl und Zn stören, da sie mit Dithizon reagieren.

Reagenzien

Carbatmaßlösungen (s. Kap. 72.3.3).
Weinsäure, 10%ige wäßrige Lösung.

Pufferlösung: 136 g Natriumacetat krist. ($CH_3COONa \cdot 3H_2O$) und 26 g Eisessig mit dest. Wasser lösen und auf 1 l auffüllen.
Ammoniak, konz. rein, 25%ig.
Salzsäure, chem. rein, 20%ig.
Indikatorlösung: 5 mg Dithizon in 1 l Chloroform p.a. lösen.
Chloroform.
Reinstes Blei, 99.99%ig.
Salpetersäure, p.a. (D = 1.2).
Lackmuspapier (rot oder blau).

Ausführung der Titrationen

Vorbemerkung:

    0.1 – 5 mg Pb werden mit 0.001 N Lösung nach b) titriert
    5 – 50 mg Pb werden mit 0.01 N Lösung nach a) titriert
    50 – 500 mg Pb werden mit 0.1 N Lösung nach a) titriert

a) Titration mit 0.1 N bzw. 0.01 N Lösung: Die saure Bleilösung (nach Naßaufschluß) wird in einem 500-ml-Weithals-Titrierkolben mit 10 ml Weinsäurelösung versetzt und auf ein Volumen von etwa 100 ml gebracht. Man gibt ein Stückchen Lackmuspapier dazu, stellt mit Ammoniak und Salzssäure auf Farbumschlag nach Rot und setzt sodann 10 ml Pufferlösung und 5 ml Indikatorlösung zu. Die sich beim Umschwenken sofort rötende Mischung wird mit Carbatmaßlösung unter starkem Schwenken titriert.

    Sobald sich die Lösung umzufärben beginnt, wird das Reagenz nur noch tropfenweise zugesetzt und jedesmal kräftig umschwenkt. Der Umsatz findet unter Phasentransfer (Wasser und Chloroform) statt und benötigt daher jeweils einige Sekunden Zeit. Verfährt man wie angegeben, ist der Äquivalenzpunkt auf einen Tropfen genau zu fassen. Gelegentlich wird bei einem Tropfen, vorher eine violette Mischfarbe beobachtet. Man titriert auf rein Grün.

b) Titration mit 0.001 N Lösung: Anstatt des Titrierkolbens wird ein 250-ml-Scheidetrichter mit Stopfen verwendet. Die Lösung wird analog zu a) vorbehandelt: Man setzt Weinsäurelösung zu, verdünnt auf etwa 100 ml, neutralisiert mit Ammoniak und Salzsäure auf den Umschlag von Lackmuspapier nach Rot und gibt 10 ml Pufferlösung zu. Die Indikatormenge wird auf 2 ml begrenzt. Außerdem werden 5 ml Chloroform p.a. zugesetzt. Nach kräftigem Schütteln erscheint die Lösung rot. Man titriert zunächst wie unter a) unter gutem Umschwenken und beobachtet die Farbe der Mischung. Bei Annäherung an den Äquivalenzpunkt – vorübergehende Grünfärbung der Mischung – wird tropfenweise weitertitriert und nach jedem Tropfen unter Verschließen des Schütteltrichters kräftig durchgeschüttelt. Man beobachtet dabei die Farbe der sich schnell absetzenden Chloroformphase. Im Äquivalenzpunkt erscheint sie rein grün.

c) Titerstellung der Maßlösungen: Etwa 250 mg reines Blei werden genau eingewogen und in 25 ml Salpetersäure unter Erwärmen gelöst. Man kocht auf, um nitrose Gase zu entfernen, setzt zu ihrer restlosen Zerstörung noch etwa 1 g Harnstoff zur heißen Lösung hinzu, kühlt ab und verfährt bei der Einstellung von 0.1 N Carbatlösungen wie unter a) beschrieben. Sollen 0.01 N Carbatlösungen kontrolliert werden, füllt man eine analog gelöste Einwaage im Meßkolben auf 250 ml auf und verwendet davon zur Titration 25 ml. Für die Kontrolle von etwa 0.001 N Carbatlösungen wird die Einwaagelösung – ca. 250 mg Pb – auf 1000 ml aufgefüllt. Daraus entnimmt man 10 ml und titriert nach Vorschrift b).

$$\frac{\text{mg Pb gegeben}}{\text{ml Verbrauch}} = F$$

F = Titer der Lösung, [mg Pb/ml].

74.3.3 Bestimmung als Oxinat

Für *bleiorganische Substanzen* ist der Aufschluß im O_2-Kolben nur bedingt geeignet, da Blei leicht Legierungen bildet; man schließt besser mit konzentrierten Mineralsäuren im offenen Kjeldahl-Kolben auf und fällt dann Blei als Oxinat.

Ausführung (BISHARA et al. 1974). 2 bis 5 mg der bleiorganischen Substanz werden in einem 50 ml fassenden Erlenmeyerkölbchen in der Siedehitze mit 5 ml 1 N HCl aufgeschlossen, bis die Substanz sich klar gelöst hat. Nach Abkühlen der Aufschlußlösung werden zur Fällung als Bleioxinat 2 ml 0.025 M Oxinlösung (in 50% Ethanol) zupipettiert und dann erst – um eine Fällung als Hydroxid zu vermeiden – mit Ammoniak/Ammonchloridpuffer (142 ml NH_3 konz. und 17.5 g NH_4Cl, mit H_2O auf 250 ml verdünnt) auf pH 9.25 eingestellt. Zur vollständigen Ausfällung wird noch 5 min digeriert, die Fällungslösung in einen 100-ml-Meßkolben überspült und zur Marke aufgefüllt. In Aliquots wird der Überschuß nichtverbrauchter Oxinlösung polarographisch bestimmt.

74.4 Titan

Titanalkylverbindungen werden in Kombination mit den entsprechenden Aluminiumverbindungen als Mischkatalysatoren zur Polymerisation von Olefinen technisch in großen Mengen eingesetzt. Titanspuren werden in den Glühaschen dieser Polymere röntgenfluoreszenzanalytisch oder photometrisch bestimmt. Die äußerst reaktiven und an der Luft selbstentzündlichen Alkylverbindungen analysiert man analog zu Aluminium (Kap. 73.1.3) nach vorsichtiger Zersetzung.

Für beständige Titanorganika, wie *Titansilicium-* oder *Siliciumtitanphosphor-Verbindungen*, ist der Naßaufschluß mit $H_2SO_4/K_2S_2O_8$ prädestiniert, nach KRESKOV et al. (1965) und LUSKINA et al. (1965) kann das Titan anschließend gravimetrisch, komplexometrisch oder photometrisch bestimmt werden. Nach Aufschluß mit $HNO_3/HClO_4/H_2O_2$ im offenen Aufschlußröhrchen bestimmt TALEB (1980) Titan gravimetrisch oder iodometrisch als Oxinat. Sehr empfindlich ist die Titanbestimmung mit Tiron, dem Dinatriumsalz der Brenzkatechin-3,5-disulfonsäure, mit dem es einen intensiv zitronengelb gefärbten Komplex bildet und optimal bei 410 nm photometriert wird (KÖSTER 1979).

74.5 Zirconium

Bei der Veraschung im O_2-Strom bleibt Zirconium als beständiges Oxid im Glührückstand und kann als ZrO_2 ausgewogen werden. Nach Säureaufschluß organischer Zirconiumverbindungen im offenen Kjeldahl-Kolben kann es mit Ammoniak als Hydroxid oder mit Tetrachlorphthalsäure gefällt und gravimetrisch bestimmt werden. Da Zirconiumverbindungen meist Aluminiumspuren enthalten, die mitgefällt werden, erhält man dadurch zu hohe Zirconiumwerte. Zuverlässige Resultate erzielt man durch Fällung mit Dinatriumphoshat aus etwa 1%iger schwefelsaurer Lösung, Verglühen des Niederschlags zu ZrP_2O_7 und gravimetrischer Auswertung.

74.6 Thorium

Thoriumorganische Verbindungen werden nach TALEB (1980) im geschlossenen O_2-Kolben aufgeschlossen, in 5 ml 2 N HNO_3 absorbiert und dann als Oxinat bestimmt. Thoriumnitratlösung wird auch zur Fällungstitration von Fluorid-Ionen angewendet (s. Kap. 54.2.1).

75 Periodensystem Gruppe 5: Arsen, Antimon und Bismut

75.1 Arsen

Allgemeines. Nach oxidierendem Naßaufschluß zu Arsenat oder Aufschluß in der O_2-Flasche wird Arsen in organischen Verbindungen meist gravimetrisch als Magnesiumpyroarsenat oder – schneller – iodometrisch oder photometrisch als Arsenomolybdänblau bestimmt. Nach MASSON (1976) kann man es auch potentiometrisch mit Silbernitrat titrieren oder nach SELIG (1973), nach Fällung des Arsenats mit Lanthannitrat, das überschüssige Lanthan mit einer Fluoridstandardlösung unter Verwendung einer fluoridspezifischen Elektrode titrieren. MCCALL et al. (1971) beschrieben zur Arsenbestimmung in organischen Substanzen die Röntgenfluoreszenz. *Arsenspuren* in organischer Matrix bestimmt man nach oxidierendem Naßaufschluß der Matrix (SEILER 1979, BAJO et al. 1983) und destillativer Abtrennung als Arsentribromid (ANALYTICAL METHODS COMMITTEE 1975) am besten photometrisch als Arsenmolybdänblau oder hydriert das Arsenat mit Natriumborhydrid in salzsaurer Lösung zu Arsenwasserstoff und mißt es anschließend durch AAS (GODDEN et al. 1980, WELZ und MELCHER 1981).

75.1.1 Iodometrische Methode

Prinzip. Arsen kann iodometrisch als Arsen(V) oder Arsen(III) exakt bestimmt werden.

Titration von Arsen(V) in salzsaurer 3.3 N Lösung: Das bei der Reduktion des fünfwertigen Arsens mit Kaliumiodid freiwerdende Iod wird mit Thiosulfatlösung titriert:

$$H_3AsO_4 + 2HI \rightleftharpoons H_3AsO_3 + I_2 + H_2O$$

$$I_2 + 2Na_2S_2O_3 \rightarrow Na_2S_4O_6 + 2NaI \ .$$

Titration von Arsen(III) in gesätt. bicarbonatalkalischer Lösung (um HI und überschüssige HCl zu binden) mit Iodlösung:

$$H_3AsO_3 + I_2 + H_2O \rightleftharpoons H_3AsO_4 + 2HI \ .$$

Die kritische Phase dieser Methode ist die quantitative Überführung von Arsen nach dem Aufschluß in Arsen(III) oder Arsen(V).

Reagenzien

Schwefelsäure (30%ig).
Salpetersäure (D = 1.4).
Perhydrol, MERCK (absolut säurefrei).

Salzsäure konz.: In einem 100-ml-Erlenmeyer-Kölbchen mit Schliffstopfen werden etwa 25 ccm konz. HCl zur Entfernung von freiem Chlor und gelöster Luft genau 2 min am mäßigen Sieden gehalten, danach der Schliffstopfen sofort aufgesetzt, um Eindringen von Luft zu vermeiden, und das Kölbchen unter fließendem Leitungswasser gekühlt. Die kalte Salzsäure wird zur Entnahme für die Bestimmungen in eine Makrobürette gefüllt.

Bei der maßanalytischen Methode muß die richtige Salzsäurekonzentration stets eingehalten werden, da nur dann die Reaktion (s. o.) streng quantitativ verläuft.

Iodkaliumlösung (4%ig) wird am besten immer frisch hergestellt, zur Entnahme dient eine 2-ccm-Pipette.

0.01 N Thiosulfatlösung: In einen 250-ccm-Meßkolben 25 ccm gealterte 0.1 N-Thiosulfatlösung und 2.5 ccm Amylalkohol p.a. geben und mit ausgekochtem Wasser zur Marke auffüllen. Die Lösung bewahrt man in einer braunen Flasche auf und bestimmt gegen 0.02 N Chromsäure oder gegen Kaliumbiiodat nach 1 bis 2 Tagen den Faktor (s. Kap. 53.1). Man säuert nicht mit Schwefelsäure, sondern mit 3 ccm konz. Salzsäure an.

Iodtitrierlösung, 0.01 N: 1.27 g kristallisiertes (durch Sublimation gereinigtes) Iod in einer Lösung von 4 g KI in 4 ml dest. Wasser auflösen, nach 30 min Stehen die konzentrierte Lösung in einen 1-l-Meßkolben mit frisch ausgekochtem dest. Wasser spülen und damit zur Marke auffüllen. Die Titerstellung erfolgt jeweils vor Gebrauch gegen 0.01 N Natriumthiosulfatlösung.

Natriumsulfit/Weinsäure/Natriumcarbonat/Natriumbicarbonat, je eine gesätt. Lösung.
Stärkelösung (s. Kap. 53.1).

Ausführung (WINTERSTEINER 1926). 7 bis 12 mg Substanz werden in ein trockenes Kjeldahl-Kölbchen eingewogen und etwa an der Wand haftende Substanzteilchen mit 1 ccm 30%iger Schwefelsäure in die Kugel des Kölbchens hinabgespült. Nach Zusatz von 4 bis 5 Tropfen konz. Salpetersäure wird das Kölbchen mittels einer Holzklammer über einer klein-gestellten Flamme erhitzt. Für Serienbestimmungen oxidiert man auf dem Veraschungsgestell, das bei der Kjeldahl-Bestimmung beschrieben ist. Sobald weiße Schwefeltrioxidschwaden auftreten, wird dieser Vorgang mit der gleichen Menge Salpetersäure wiederholt. Schließlich werden noch 5 Tropfen Perhydrol zugegeben. Im allgemeinen wird die Lösung nach dem Erkalten klar sein. Bei sehr schwer aufschließbaren Substanzen wird die Perhydrolzugabe so lange wiederholt, bis die Lösung farblos ist.

Nach dem Abkühlen gibt man zur quantitativen Zersetzung des Wasserstoffsuperoxids und der entstandenen Sulfomonopersäure, 2- bis 3mal je 1 ccm Wasser zu und verdampft jedesmal bis zum Auftreten der Schwefeltrioxiddämpfe und des „Siederinges" der Schwefelsäure. Nach neuerlichem Zusatz von 1 ccm Wasser kocht man einmal kurz auf und gießt den Inhalt in ein Pulvergläschen oder besser in ein weithalsiges Erlenmeyer-Kölbchen mit Schliffstopfen. Zum quantitativen Ausspülen benützt man 5 ccm ausgekochte Salzsäure.

Zur Titration fügt man 2 ccm Kaliumiodidlösung zu, schwenkt um und läßt 10 min verschlossen im Dunkeln stehen. Das ausgeschiedene Iod wird mit 0.01 N Thiosulfat aus einer 10-ccm-Mikrobürette titriert. Ist die Lösung nur noch schwach gelb gefärbt, ergänzt man ihr Volumen mit ausgekochtem Wasser auf 20 ccm (Marke), gibt 4 bis 5 Tropfen Stärkelösung hinzu und titriert vorsichtig weiter. Als Endpunkt gilt ein „schwach rötlicher" Farbton; Nachbläuen tritt erst nach etwa 5 bis 10 min ein.

Iod- und bromhaltige Arsenverbindungen ergeben infolge Iodsäurebildung zu hohe Arsenwerte. Zur Entfernung der Iodsäure füllt man nach beendeter Oxidation und Zerstörung der Sulfomonopersäure in das Kjeldahl-Kölbchen 0.3 ccm 4%ige Iodkaliumlösung und 1 ccm Wasser und erhitzt, bis das ausgeschiedene Iod verflüchtigt ist. Anschließend muß man zur Oxidation der teilweise gebildeten arsenigen Säure noch einmal mit Perhydrol bis zum Auftreten der Schwefeltrioxidschwaden erhitzen und zur Zerstörung des Perhydrols mit der Sulfomonopersäure wiederum zweimal nach Zugabe von je 1 ccm Wasser abdampfen.

Blindwertbestimmung: Obgleich nur mit ausgekochtem dest. Wasser hergestellte Lösungen verwendet werden, findet man doch meist einen kleinen Iodüberschuß, der auf die oxidierende Wirkung von Luftsauerstoff auf die Reagenzien zurückzuführen ist. Vor jeder Reihe von Bestimmungen sollte daher mit den zu verwendenden Reagenzien der Blindwert bestimmt werden: In einem Reagenzglas erhitzt man 1 ccm 30%ige Schwefelsäure und 1 ccm Wasser zum Sieden und spült den Inhalt mit 5 ccm ausgekochter Salzsäure in das Titriergefäß, fügt 2 ccm 4%iger Iodkaliumlösung hinzu und läßt 10 min verschlossen stehen. Dann füllt man gleich bis zur Marke (20 ccm) mit ausgekochtem Wasser auf, setzt Stärke zu und titriert mit 0.01 N Natriumthiosulfat auf „schwach rötlich".

Der Thiosulfatverbrauch im Leerversuch schwankt zwischen 0.04 bis 0.08 ccm und ist vom Thiosulfatverbrauch bei der Analyse abzuziehen.

Berechnung. Nach der angegebenen Reaktionsgleichung scheidet 1 Atom Arsen 2 Atome Iod aus. 1 ccm 0.01 N Thiosulfat entspricht daher 0.37455 mg Arsen.

Iodometrische Bestimmung nach destillativer Abtrennung als Arsentrichlorid. Bei Anwesenheit von Störelementen muß zur iodometrischen Bestimmung Arsen eventuell vorher als Arsentrichlorid aus der Aufschlußlösung destillativ abgetrennt werden. CORNER (1959) nutzt diese Möglichkeit nach Substanzaufschluß in der Schöniger-Flasche – diese Aufschlußmethode wird verschiedentlich zur Arsenbestimmung in organischen Verbindungen empfohlen, aufgrund Legierungsbildung muß die Kontakthalterung statt aus Platin aus Quarzglas gefertigt sein oder nach CELON et al. (1976) Verbrennungshilfen (z. B. Benzoylperoxid) zugegeben werden, die die Legierungsbildung minimieren. CAMPBELL und CHOONG-PAK (1980) schließen im Schöniger-Kolben an einem Nickeldrahtnetz auf, absorbieren in Lauge und titrieren Arsen anschließend iodometrisch oder bestimmen es nach Reduktion zu Arsenmolybdänblau.

Ausführung (CORNER 1959). Aufschluß und Destillation erfolgen in der in Abb. 75-1 skizzierten Apparatur. Von der Probe werden 4 bis 6 mg in ein kleines Filterpapierstück eingefaltet und mit der Papierlunte nach unten in Quarzspirale F eingeschoben, die dann am Glashäkchen, das am unteren Ende des Luftkühlers A angebracht ist, aufgehängt

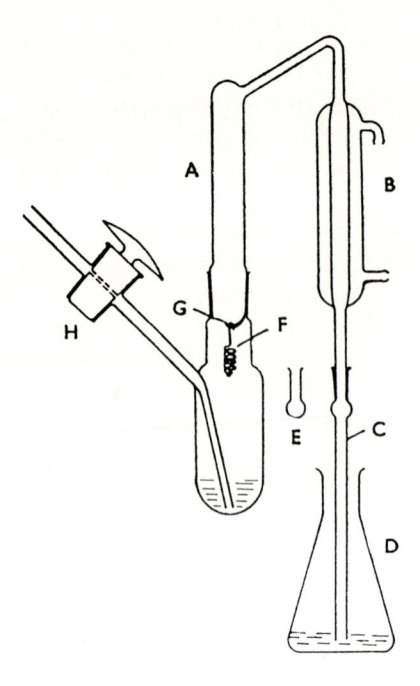

Abb. 75-1. Apparatur zum Aufschluß arsenorganischer Verbindungen und destillativer Abtrennung als Arsentrichlorid (CORNER 1959).

wird. Das etwa 100 ml fassende Aufschlußkölbchen wird mit 2 ml 1 N Natronlauge beschickt und über den seitlichen Einlaßstutzen H mit Sauerstoff durchgespült. Nach Abstellen der Sauerstoffzufuhr wird der Ausgang des Kühlers B mit Schliffkappe E verschlossen. Die Papierlunte wird entzündet und sofort Aufschlußkölbchen mit Kühlerteil gasdicht verbunden, während die Probe abbrennt. Nach ca. 10 min Absorptionszeit wird Schliffkappe E durch Kapillarrohr C ersetzt, die dann im Vorlagekölbchen D in gesättigte Bicarbonatlösung taucht. Das Aufschlußkölbchen wird erhitzt und die Aufschlußlösung am Rückfluß gekocht, so daß Spirale F und Innenwände von A in die Aufschlußlösung rückgespült werden. Nach Neutralisation mit konz. HCl gegen Phenolphthalein werden seitlich über Hahn H 3 ml 0.1 g Hydrazindiydrochlorid, 0.03 g KBr enthaltende wäßrige Lösung und 5 ml konz. HCl eingeleitet. Nach Schließen des Hahns wird die Lösung zum Sieden erhitzt und das Arsentrichlorid (Siedep. 130 °C) in die gesättigte bicarbonatalkalische Vorlagelösung überdestilliert, in der das Arsen dann mit 0.01 N Iodlösung (1 ml $\triangleq$ 0.3746 mg As) bis zum Auftreten des blauen Iodstärkeendpunktes titriert wird:

$$AsCl_3 + 2\,HCl + I_2 \rightleftharpoons AsCl_5 + 2\,HI \ .$$

Während der Titration wird festes Natriumbicarbonat zugesetzt, um die entstehende Iodwasserstoffsäure zu binden. Die Destillation wird nach Zugabe von weiteren 5 ml konz. HCl fortgesetzt, um evtl. noch restliche Arsenmengen überzutreiben, was sich an der Entfärbung der Vorlagelösung zeigt. Dann wird weiter Iodlösung bis zum Iodstärkeendpunkt zugegeben.

75.1.2 Bestimmung als Pyroarsenat

Prinzip (INGRAM 1962). Nach oxidativem Naßaufschluß der Probe wird das Arsenat mit Magnesiamixtur als Magnesiumammoniumarsenat quantitativ ausgefällt. Dieses wird nach Filtration und Trocknung zum Magnesiumpyroarsenat verglüht und ausgewogen.

Reagenzien

Ammoniaklösung, 2 N.
Magnesiamixtur: 5.5 g kristall. $MgCl_2$ und 10.5 g NH_4Cl in H_2O zu 100 ml lösen.

Aufschluß und Fällung. Nach Aufschluß mit HNO_3 im Carius-Mikrobombenrohr oder mit $H_2SO_4/HNO_3/H_2O_2$ im offenen Kjeldahl-Kölbchen wird die Aufschlußlösung in ein 25 ml fassendes Abdampfschälchen aus Glas gespült und die Lösung auf dem Wasserbad zur Trockene eingedampft. Der Rückstand wird in 4 ml 2 N Ammoniaklösung aufgenommen und mit 1 ml Magnesiamixtur versetzt. Die Fällung läßt man mindestens 6 h stehen, am günstigsten über Nacht, dekantiert dann durch einen Mikro-Filtertiegel aus Platin, filtriert, spült mit 2 N Ammoniaklösung und Ethanol letzte Reste auf das Filter und wäscht nach. Der Filtertiegel mit dem gesammelten Niederschlag wird abgedeckt in die Glühmuffel gebracht und das Magnesiumammoniumarsenat zum entsprechenden Pyroarsenat verglüht und nach dem Erkalten ausgewogen.

1 mg $Mg_2As_2O_7$ ≙ 0.4827 mg As .

75.1.3 Bestimmung als Arsenomolybdänblau

Prinzip. Arsenat bildet mit Molybdat eine Heteropolysäure, die durch Reduktionsmittel (Hydrazinsulfat, Ascorbinsäure, Zinn(II)-Chlorid) zu intensiv blaugefärbtem „Arsenomolybdänblau" reduziert wird. Die Farbdichte folgt im Bereich von 0 bis 3 µg As/ml Farblösung streng dem Beer-Gesetz, sie wird bei 660 oder 840 nm gemessen.

Liegen Phosphor, Silicium oder Germanium vor, die mit Molybdat ebenfalls Heteropolysäuren bilden und sich zum entsprechenden Molybdänblau reduzieren lassen, wird Arsen vor seiner Bestimmung durch selektive Extraktion oder als Arsentrichlorid destillativ abgetrennt (s. dazu 75.1.1).

Eine Übersicht über die unterschiedlichen in der Literatur angegebenen Reaktionsbedingungen für die Bildung von Arsenmolybdänblau wurde von BOGDANOVA (1984) veröffentlicht.

Reagenzien

Absorptionslösung (Aufschluß in der O_2-Flasche), 0.01 N Iodlösung: 1.27 g Iod und 4 g KI in H_2O zum Liter lösen (dunkel aufbewahren!).

Benzoylperoxid (als Verbrennungshilfe): aus $CHCl_3/CH_3OH$ umkristallisiert.

Arsenstammlösung: 0.1320 g Arsentrioxid, vorher 2 h bei 100 °C getrocknet, in 50 ml Wasser unter Zugabe von 4 ml 20%iger NaOH lösen, die Lösung mit verdünnter H_2SO_4 neutralisieren und mit H_2O auf 100 ml auffüllen (1 ml ≙ 1.0 mg As).

Arseneichlösung: 1 ml Arsenstammlösung mit Wasser auf 100 ml verdünnen (1 ml ≙ 10 µg As), die Lösung vor Gebrauch frisch herstellen.

Testsubstanz: p-Arsanilsäure (34.52% As).
Hydrazinsulfatlösung (2 Gew.-%).
Ammoniummolybdatlösung (2 Gew.-% in 5 N H_2SO_4).
Schwefelsäure, 1 N.

Ausführung

Halogene sind abwesend: 3 bis 5 mg Probe werden im Kjeldahl-Kölbchen mit H_2SO_4/HNO_3 (s. dazu 75.1.1) oder nur mit H_2SO_4 aufgeschlossen. Nach Klarwerden der Aufschlußlösung wird erst mit Natronlauge, dann mit Natriumbicarbonat neutralisiert, auf 100 ml verdünnt und in aliquoten Volumina von 5.00 oder 10.00 ml nach Zugabe von 2 ml Bromwasser, um die Oxidation zu As(V) zu vervollständigen, die Bestimmung ausgeführt.

Halogene sind anwesend: Der Aufschluß von 3 bis 5 mg Probe sollte dann im geschlossenen System (Carius-Rohr) mit 0.5 ml konz. HNO_3 und Zusatz von 10 bis 15 mg KCl bei 300 °C erfolgen. Die Aufschlußlösung wird auf 100 ml aufgefüllt und zur photometrischen Arsenbestimmung aliquotiert. Als Alternative bietet sich der *Aufschluß in der O_2-Flasche* unter Verwendung von Verbrennungshilfen an, um Minderbefunde durch Legierungsbildung zu vermeiden (CELON et al. 1976): 3 bis 5 mg Probe werden zusammen mit etwa 10 mg Benzoylperoxid in L-förmig geschnittenes Filterpapier (2.7 × 3 cm) eingefaltet – zur Absorption werden 10 ml 0.01 N Iodlösung vorgelegt – und aufgeschlossen (s. Kap. 44). Nach verlustfreier Überführung der Aufschlußlösung in einen 100-ml-Meßkolben werden aliquote Volumina (50 bis 250 µg Arsen enthaltend) in ein 100-ml-Meßkölbchen pipettiert, mit 10 ml 1 N Schwefelsäure, 2 ml Ammonmolybdatlösung und 1 ml Hydrazinsulfatlösung versetzt, dazwischen jeweils gut durchmischt, 10 min in ein kochendes Wasserbad gestellt, auf Raumtemperatur gekühlt und zur Marke aufgefüllt. Die Farbdichte wird bei 835 nm in 1-cm-Küvetten gegen den Blindwert gemessen. Analog wird mit unterschiedlichen Volumina Arseneichlösung die Eichkurve erstellt.

75.2 Antimon

Prinzip. Durch oxidierenden Naßaufschluß wird organisch gebundenes Antimon zu Sb(V) mineralisiert, das anschließend mit Hydrazinsulfat in der Siedehitze oder mit Natriumsulfit zu Sb(III) reduziert und dann in salzsaurer Lösung bromatometrisch (JANDER-JAHR 1986) oder besser in bicarbonatalkalischer Lösung iodometrisch titriert wird. Antimonspuren in organischer Matrix werden wie Arsen nach Reduktion mit Natriumborhydrid zum Hydrid mit AAS bestimmt (GODDEN et al. 1980).

Reagenzien (s. dazu 75.1).

Ausführung. 4 bis 8 mg Probe werden genau in ein kurzes Kjeldahl-Kölbchen eingewogen (Flüssigkeiten unter Verwendung einer Gelatinekapsel), mit 15 Tropfen konz. H_2SO_4 versetzt und mit HNO_3 und H_2O_2 je 2mal aufgeschlossen. In die erkaltete Aufschlußlösung gibt man, um alles Sb(V) in Sb(III) umzuwandeln, etwa 100 mg Natriumsulfit oder durch ein Trichterrohr (ohne Berührung der Wandung!) eine Spatelspitze chlorfreies Hydrazinsulfat zu und erhitzt zunächst vorsichtig. Nachdem die Hauptmenge Hydrazinsulfat zersetzt ist, wird bis zum Siedepunkt der H_2SO_4 erhitzt und diese Temperatur 8 bis 10 min beibehalten. SO_2 ist dann quantitativ ausgetrieben. Sollte etwas H_2SO_4 abdestilliert sein, kann sie durch frische Säure ergänzt werden. Die kalte Aufschlußlösung wird mit 1 ml H_2O und 5 Tropfen HCl versetzt und in einen kleinen 50-ml-Erlenmeyer-Kolben übergespült. Dann fügt man 0.2 g KBr und 0.1 g Weinsäure (zur Komplexierung von Sb(III), um die Fällung des Sb_2O_3 zu verhindern) zu und versetzt mit $NaHCO_3$ im Überschuß. Nach Zugabe von 5 Tropfen 1%iger Stärkelösung wird mit 0.01 N Iodlösung bis zum stabilen blauen Iod-Stärkeendpunkt titriert.

$$Sb(III) + I_2 \rightleftharpoons Sb(V) + 2 I^-$$

$$\% \text{ Sb} = \frac{\text{ml } 0.01 \text{ N } I_2 \times f(\text{Iodlsg.}) \times 60.88}{\text{mg Einwaage}} .$$

Antimon neben Arsen: Liegen beide Metalle gleichzeitig in organischen Verbindungen und Gemengen vor, wird nach Substanzaufschluß mit H_2SO_4/H_2O_2 Arsen destillativ abgetrennt und Antimon in der zurückbleibenden Reaktionslösung bromatometrisch bestimmt (SCHULEK und WOLSTADT 1937).

In dem Verfahren, das für 2 bis 8 mg Antimon und 1 bis 4 mg Arsen konzipiert ist, lassen sich beide Elemente in einer Einwaage bestimmen: Nach dem Aufschluß der Substanz mit Schwefelsäure und Perhydrol wird das mit Hydrazin reduzierte Arsen in salzsaurer Lösung abdestilliert. Antimon wird nach Zugabe von Kaliumbromid mit 0.01 N Kaliumbromat unter Verwendung von α-Naphtholflavon (0.5%ige alkoholische Lösung) als Indikator titriert. Nach Oxidation des im Destillat befindlichen Arsentrichlorids mit Schwefelsäure und Perhydrol kann Arsen iodometrisch oder auch, wie Antimon, bromatometrisch bestimmt werden.

75.3 Bismut

Prinzip. Bismut(III), das nach Naßaufschluß der organischen Matrix mit $H_2SO_4/HNO_3/H_2O_2$ in der Aufschlußlösung vorliegt, wird mit Pyrogallollösung als Phenolat ($Bi(C_6H_3O_3)_3$) gefällt und nach Filtration und Trocknung ausgewogen (STREIBINGER und FLASCHNER 1926). Alternativ kann es nach Substanzaufschluß in der O_2-Flasche als Oxinat entweder gravimetrisch oder indirekt bromatometrisch über den Hydroxychinolinkomplex bestimmt werden (SAKLA et al. 1974). Liegt das Bismut allein als Nitrat in Lösung vor, kann man es auch quantitativ als basisches Carbonat abscheiden (Zugabe von Ammoncarbonat in geringem Überschuß) und durch Glühen in Oxid (Bi_2O_3) umwandeln. Enthält die Lösung noch weitere Säuren, fällt man es besser als Sulfid und bestimmt es gravimetrisch als solches (Bi_2S_3) (TSENG und WANG 1937) oder auch als Tetraiodobismuthat-Thiocaprolactamkomplex (SIKORSKA und TOMICKA 1968).

75.3.1 Bestimmung als Phenolat

Reagenzien

Aufschlußsäuren wie in 75.1.
Pyrogallol p.a.
Ammoniumhydroxidlösung, 0.5 N.

Ausführung. Eine kleine Probenmenge (1 bis 3 mg Bi enthaltend) wird im Mikro-Kjeldahlkolben mit 1 ml HNO_3 und 3 Tropfen H_2SO_4 bis zum Klarwerden der Lösung nach mehrmaligem und vorsichtigem Zutropfen von Perhydrol aufgeschlossen. Nach Verkochen der flüchtigen Säuren nimmt man die Aufschlußlösung in 2 ml dest. Wasser auf, läßt 0.5 N Ammoniaklösung bis zum Auftreten einer leichten Opaleszenz zutropfen und mischt nach Zugabe von 100 mg Pyrogallol die Lösung gut durch. Die Fällungslösung wird im kochenden Wasserbad 15 min erhitzt, dann läßt man den Niederschlag absetzen. Fällung durch einen tarierten Glasfiltertiegel gießen, Niederschlag mit Wasser und Benzin waschen, Filtertiegel mit den gelben Bi-Phenolatkristallen bei 100 °C bis zur Gewichtskonstanz trocknen und auswägen

$$\% \text{ Bi} = \frac{\text{mg Bi}(C_6H_3O_3)_3 \times 0.6294 \times 100}{\text{mg Einwaage}} \ .$$

75.3.2 Bestimmung als Oxinat

5 bis 10 mg Probe werden mit etwa der gleichen Menge Natriumbisulfit gemischt, in einem 500 ml fassenden Schöniger-Kolben unter Verwendung einer Quarzspirale als Probenhalterung und nach Vorlage von 5 ml 6 N HCl als Absorptionslösung aufgeschlossen. Nach dem Aufschluß wird 15 min geschüttelt, Stopfen und Halterung in die Lösung abgespült, diese lose in den Kolbenhals eingehängt und 3 bis 5 min gekocht. Nach Abspülen und Entfernen der Halterung wird die Lösung auf 5 ml eingeengt und auf Raumtemperatur gekühlt. Zur Ausfällung von Bismut als Oxinat werden in der angegebenen Reihenfolge 2 ml 20 Gew.-%ige Weinsäurelösung, 2 ml 20 Gew.-%ige Ammoniumacetatlösung und nach Erwärmen zur Siedehitze 1 ml 1-Gew.-%ige Oxinlösung in 1 M Essigsäure zupipettiert. Das Gesamtvolumen der Lösung sollte dann 15 ml nicht übersteigen. Unter Rühren wird anschließend Ammoniaklösung (1:1) zugetropft, bis die Fällung einsetzt und noch 1 Tropfen Ammoniaklösung im Überschuß. Nach 30 min Digerieren der Fällungslösung bei 60 bis 80 °C auf dem Wasserbad filtriert man nach Abkühlen auf Raumtemperatur den Oxinatniederschlag durch einen G4-Glasfiltertiegel. Der Niederschlag wird 2mal mit je 3 ml Ammoniaklösung (1:99) und anschließend noch je 2mal mit 3 ml heißem und dann kaltem Wasser gewaschen. Bismutoxinat (BiQ_3) wird bei 140 °C bis zur Gewichtskonstanz getrocknet und dann ausgewogen. Der Metallgehalt kann alternativ auch durch bromatometrische Titration des überschüssigen Oxins oder – nach Auflösen des Bismutoxinats – des freigesetzten Oxins ermittelt werden. Da jedes Mol Oxin 4 Äquivalente Brom verbraucht, verbraucht Bismutoxinat (BiQ_3) bei der bromatometrischen Bestimmung 12 Äquivalente Brom (Ausführung s. Kap. 62 oder JANDER-JAHR 1986, S. 183).

76 Periodensystem Gruppe 6:
Selen, Tellur, Chrom, Molybdän, Wolfram und Uran

76.1 Selen

Einleitung. Selen verbrennt an der Luft mit kornblumenblauer Flamme zu SeO_2. Durch Kochen mit konz. H_2SO_4/HNO_3 oder Königswasser wird es zu H_2SeO_3 oxidiert, durch Schmelzen mit Soda/Salpeter entsteht Na_2SeO_4. In wäßriger Lösung erfolgt die Aufoxidation von seleniger Säure zur Selensäure nur mit stärkeren Oxidationsmitteln, wie Chlor oder Brom.

Selenorganische Substanzen werden entweder im Pregl-Perlrohr (WREDE 1920, MEIER und SCHALTIEL 1960, STEFANAČ und RAKOVIĆ 1965, ALBER und HARAND 1939) oder im „Schöniger"-Kolben (MEIER und SCHALTIEL 1960, IHN et al. 1962, CAMPIGLIO 1979) verbrannt. Auch der Naßaufschluß (FREDGA 1929, GOULD 1951, DINGWALL und WILLIAMS 1961) mit Schwefelsäure und Salpetersäure evtl. im „Carius"-Rohr (DREW und PORTER 1929) sowie der Aufschluß mit Natriumperoxid in der Nickelbombe (KAINZ und RESCH 1952, SHAW und REID 1927) wurden für den Aufschluß selenorganischer Verbindungen empfohlen. Letztere Methode ist auch bei Vorliegen von Halogenen und Quecksilber geeignet.

In den Aufschlußlösungen liegt Selen als selenige Säure, Selensäure oder als Salz dieser Säuren vor. Nach Reduktion z. B. mit Ascorbinsäure, Hydrazin, Schwefeldioxid oder Dimethylsulfit (NARAYANA und RAJU 1982) oder Tetraethylthiuramdisulfid (MICHAL und ZYKA 1954) – letzteres hat den Vorteil, daß gleichzeitig vorliegendes Tellur nicht reduziert wird – wird es als Metall *gravimetrisch* bestimmt. Da die Filtration von elementarem Selen arbeitsaufwendig ist und dabei leicht Verluste entstehen, wird heute die *iodometrische* Endbestimmung (VAN DER MEULEN 1934) meist vorgezogen. Kleine Selengehalte (0.01 bis 0.15 mg) werden mit der „dead stop"-Methode potentiometrisch (WERNIMONT und HOPKINSON 1940) titriert. Nach Reduktion der selenigen Säure zum Selensol kann Selen nach DINGWALL und WILLIAM (1961) auch photometrisch bestimmt werden.

Selenspuren analysieren MEYER et al. (1976) durch Umsetzen von Selendioxid mit 4-Nitro-o-phenylendiamin zu 5-Nitro-benzo-2-selena-1,3-imidazol und nach Ausschütteln in Toluol direkt gaschromatographisch. Selen wird vorher aus der Probe z. B. aus Reinstkupfer im Sauerstoffstrom bei 1100 bis 1150 °C abdestilliert. In einer Übersicht hat MASSON (1976) die Bestimmung von Selen und Tellur in organischen Verbindungen und organischem Material ausführlich beschrieben.

76.1.1 Maßanalytische Selenbestimmung

Acidimetrisch. Natriumhydrogenselenit reagiert in Lösung neutral gegen Methylorange und kann daher (z. B. nach Perlrohrverbrennung) – falls keine anderen säurebildenden Elemente in der Probe vorliegen – direkt mit Lauge titriert werden. Ca. 5 ml der selenigen Säurelösung werden nach Indikatorzusatz (0.2%ige Methylorangelösung) mit 0.01 N Natronlauge bis zum Indikatorumschlag nach gelb titriert.

1 ml 0.01 N NaOH ≙ 0.3948 mg Selen .

Iodometrisch. Enthält die Probe noch weitere säurebildende Elemente (N, S, X), ist die iodometrische Endbestimmung Methode der Wahl. Nach oxidierendem Substanzaufschluß liegt Selen als Selenit (oder Selenat) vor, das mit Kaliumiodid zu metallischem Selen unter Ausscheidung der entsprechenden Iodmenge (s. Reaktionsgleichungen) reduziert wird. Das ausgeschiedene Iod wird mit Thiosulfatlösung gegen Iodstärkeendpunkt titriert:

$$H_2SeO_3 + 4\,I^- + 4\,H^+ = Se + 2\,I_2 + 3\,H_2O$$

$$I_2 + 2\,Na_2S_2O_3 = 2\,NaI + Na_2S_4O_6$$

$$\%\ Se = \frac{\text{ml } 0.01\ N\ Na_2S_2O_3 \times 0.197 \times 100}{\text{mg Einwaage}} .$$

Nach Verbrennung im Perlrohr. Die Substanz wird, wie in Kap. 53.1 beschrieben, verbrannt. Als Verbrennungskontakt wird eine 12 cm lange Rolle aus feinem Platindrahtnetz (zur Aktivierung vor jeder Analyse mit Königswasser angeätzt) im heißen Teil (950 °C) des Verbrennungsrohres angeordnet. Die Perlen im Absorptionsteil werden mit dest. Wasser oder verd. NaOH angefeuchtet. Die Substanz (4 bis 12 mg) wird in ein Platinboot eingewogen und dieses ins Rohr bis 4 cm an den (möglichst aufklappbaren) Langbrenner (25 cm lang) herangeschoben. Die Verbrennung bzw. Verdampfung der Substanz erfolgt mittels eines Wanderbrenners (960 °C) im O_2-Strom (8 ml/min), der durch den durchbohrten Gummistopfen am Ende des Rohres eingeleitet wird; die Verbrennungsdauer beträgt etwa 20 min. Die selenige Säure setzt sich als weißer Belag im kalten Teil des Verbrennungsrohres ab. Nach der Umsetzung nimmt man das Rohr aus dem Ofen, läßt es abkühlen und spült das Rohr aus, indem man mehrmals heißes Aqua dest. über den mit Perlen gefüllten Teil des Rohres und den Platinkontakt aufsaugt und dann ausbläst. Man spült mit der Spritzflasche noch mehrmals von oben nach. Die gesammelten Waschwässer werden mit 10 ml 2 N H_2SO_4 versetzt, etwa 50 mg KI zugegeben, umgeschüttelt, 5 min verschlossen stehengelassen und mit 0.02 N Thiosulfatlösung bis zum Iodstärkeendpunkt titriert. Die austitrierte Lösung ist vom ausgefallenen Selensol schwach rosa gefärbt.

Bei der Verbrennung im Perlrohr dürfen sich im Absorptionsteil weder rotes Selen noch Kohle bzw. infolge unvollständiger Verbrennung entstandene Crackprodukte abscheiden. Erfolgt die Verbrennung quantitativ, scheidet sich nur selenige Säure in weißen glänzenden Kristallen im kalten Teil des Verbrennungsrohres ab.

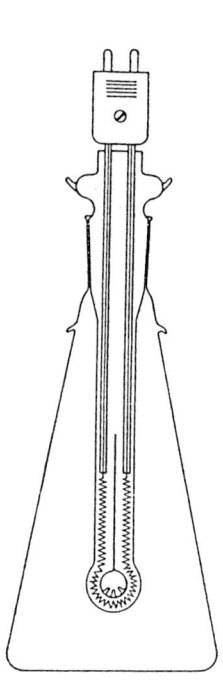

Abb. 76-1. Schöniger-Aufschluß zur Selenbestimmung.

Nach Substanzverbrennung im „Schöniger-Kolben". Der untere Teil des Verbrennungseinsatzes aus Quarzglas (s. Abb. 76-1) ist zu einem Körbchen ausgebildet, in dem die Probe verbrennt. Die Zündung des Papiers erfolgt durch eine im Quarzrohr befindliche Heizspirale von 500 W, die kurzzeitig über einen Regeltrafo mit einem Strom von 6 A geheizt wird. Am Verbrennungsort ist die Stärke der Quarzwandung möglichst gering zu halten, damit keine Verschwelung von Substanz und Papier auftreten kann.

Eine sofortige Zündung erfolgt, wenn man in das Quarzkölbchen unter die in Papier eingewickelte Probe etwas Watte legt. Zum Aufschluß werden 3 bis 6 mg Substanz in aschefreies Filterpapier eingewogen und in einem mit Sauerstoff gefüllten 500-ml-Kolben elektrisch gezündet. Zur *Absorption* werden im Kolben 10 ml Wasser und 10 Tropfen *gesättigtes Bromwasser* vorgelegt. Nach Abkühlung auf Zimmertemperatur und 10 min Schütteln spült man Verbrennungseinsatz und Innenschliff mit 20 ml H_2O und 20 ml konz. HCl ab und kocht nach Zusatz von 2 Tropfen Methylrotlösung unter Einleitung von CO_2 15 bis 20 min am Rückfluß. Das durch Brom zerstörte Methylrot wird beim Kochen laufend ersetzt, so daß die Lösung stets schwach rot gefärbt ist. Kohlendioxid wird über ein in den Rückflußkühler eingelegtes Glasrohr eingeleitet. Ebenso tropft man die Methylrotlösung durch den Kühler zu. Man spült Kühler und Kolben mit insgesamt 100 ml Wasser ab und versetzt nach dem Kühlen des Kolbens im Eisbad die Titrationslösung vorsichtig mit 1 g Natriumhydrogencarbonat, 0.5 g KI und 2 ml 1%iger Stärkelösung und titriert sofort mit 0.02 N Natriumthiosulfatlösung bis zum durchsichtigen Rot. 1 ml 0.02 N Natriumthiosulfatlösung entspricht 0.3948 mg Selen.

CAMPIGLIO (1979) titriert nach „Schöniger-Aufschluß" Selen mit Bleinitrat potentiometrisch unter Verwendung einer bleiselektiven Indikatorelektrode. Da die Titration des

Selenits mit Blei(II) nicht stöchiometrisch abläuft, muß die Maßlösung gegen eine ähnlich konzentrierte Se(IV)-Menge standardisiert werden, um genaue Resultate zu erhalten.

76.1.2 Gravimetrische Selenbestimmung

Prinzip. Nach Trocken- (Rohr, O_2-Flasche) oder Naßaufschluß (KJELDAHL oder CARIUS) wird das in der Aufschlußlösung vorliegende Selenit bzw. Selenat mit Hydrazinsulfat oder schwefeliger Säure zum Selen reduziert, filtriert und als Metall ausgewogen.

Ausführung. Nach Verbrennung der Probe im „Perlrohr" spült man das Rohr mit Wasser gut aus, säuert mit HCl an und reduziert die selenige Säure mit Hydrazinsulfat zu metallischem Selen. Nach dem Absetzen des Niederschlags filtriert man durch einen Mikrofrittentiegel, wäscht mit Wasser und Alkohol aus, trocknet den Niederschlag bei 105 °C und wägt ihn nach Erkalten im Exsikkator aus.

Bestimmung neben Tellur (NARAYANA und RAJU 1982)

Prinzip. Nach thermischer oder naßchemischer Umsetzung werden Selen und Tellur aus homogener methanolischer Lösung mit Dimethylsulfit als dichter leichtfiltrierbarer metallischer Niederschlag ausgefällt. Dimethylsulfit hydrolysiert (mit Methanol als Lösungsvermittler) unter Abspaltung von Schwefeldioxid:

$$CH_3OSOOCH_3 + H_2O \rightarrow SO_2 + 2CH_3OH \ .$$

In Gegenwart von Tellur wird erst Selen aus 9 N salzsaurer Lösung ausgefällt (in diesem pH-Bereich fällt Tellur nicht mit aus), dann das Filtrat mit Wasser verdünnt, bis es 3 N salzsauer ist und auch Tellur quantitativ als Metall ausfällt.

76.2 Tellur

Prinzip (MA und ZOELLER 1971). Tellur in organischer Matrix wird wie Selen durch einen oxidierenden Aufschluß z. B. mit Schwefelsäure/Salpetersäure im Kjeldahl-Kolben zu Te(IV) mineralisiert, nach Entfernen der Stickoxide durch Zugabe von Harnstoff in schwefelsaurer Lösung mit 0.02 N Dichromatlösung im Überschuß zu Te(VI) oxidiert. Das überschüssige Dichromat wird entweder mit Eisen(II)-Lösung zurücktitriert oder photometrisch bestimmt. Aus dem Dichromatverbrauch entsprechend der untenstehenden Gleichung wird der Tellurgehalt berechnet:

$$3\,Te(IV) + Cr_2O_7^{2-} + 14\,H^+ = 3\,Te(VI) + 2\,Cr^{3+} + 7\,H_2O \ .$$

Reagenzien

Schwefelsäure (D = 1.84).
Salpetersäure (D = 1.43).

Kaliumdichromatlösung, 0.02 N und 0.01 N: 980.52 mg bzw. 490.26 mg K$_2$Cr$_2$O$_7$ in dest. H$_2$O lösen und auf 1 l auffüllen.
Ferroammoniumsulfatlösung, 0.02 N: Titerstellung gegen *Dichromatlösung* (wie unten beschrieben).
Pufferlösung: Phosphorsäure mit dest. H$_2$O (1 : 1) gemischt.
Indikatorlösung: p-Diphenylaminsulfonsaures Natrium, 3%ige wäßrige Lösung.

Ausführung. Die eingewogene Probe, 1 bis 4 mg Tellur enthaltend, wird in einem Mikro-Kjeldahlkolben mit 0.5 ml HNO$_3$ und 1 ml konz. H$_2$SO$_4$ bis zum Auftreten von Schwefelsäuredämpfen aufgeschlossen. Die Aufschlußlösung wird verlustfrei mit Wasser in ein 50 ml fassendes Titrierkölbchen überspült, so daß das Volumen der Lösung etwa 10 ml beträgt. Nach Zusatz von 60 bis 80 mg Harnstoff wird zum Sieden erhitzt, anschließend gekühlt und dann genau 5.00 ml 0.02 N Dichromatlösung zupipettiert. Zur vollständigen Oxidation von Te(IV) zu Te(VI) läßt man die Reaktionslösung etwa 30 min stehen, dann setzt man unter Rühren genau 5.00 ml 0.02 N Ferroammoniumsulfatlösung, 2.0 ml Phosphorsäurepufferlösung und 2 Tropfen (0.1 ml) Indikatorlösung zu und titriert anschließend den Eisen(II)-Überschuß mit 0.01 N Dichromatlösung bis zum Indikatorumschlag nach grau zurück.

Bei photometrischer Endbestimmung wird die Aufschlußlösung nach Zugabe von Harnstoff und Aufkochen in einen 50-ml-fassenden Meßkolben übergespült, genau 5.00 ml der 0.02 N Dichromatlösung zugesetzt und zur Marke aufgefüllt. Nach Durchmischen der Lösung und 30 min Stehen wird bei 348 nm die Farbdichte gemessen. Analog wird mit Tellurmengen von 0.5 bis 5 mg die Eichkurve erstellt

$$\% \text{ Te} = \frac{\text{Verbrauch ml } 0.01 \text{ N K}_2\text{Cr}_2\text{O}_7 \times 63.8}{\text{mg Einwaage}} \ .$$

76.3 Chrom

Prinzip (MILLER 1936, KÖSTER 1979). Durch oxidierenden Naßaufschluß wird organisch gebundenes Chrom (in Nahrungsmitteln, Textilien, Leder u. a.) zu Chromat oxidiert, das anschließend entweder iodometrisch oder − in Spurenmengen − nach Umsetzung mit Diphenylcarbazid zu einem roten Farbstoff photometrisch (bei 541 nm) bestimmt wird. Molybdän stört. Die Spurenanalytik des Chroms hat HARZDORF (1990) umfassend dargestellt.

76.4 Molybdän

In Organometallverbindungen bestimmt TALEB (1980) Molybdän nach Aufschluß der Probe im O$_2$-Kolben als Oxinat gravimetrisch oder iodometrisch.

76.5 Wolfram

Beim Substanzaufschluß durch Rohrverbrennung im O_2-Strom bleibt Wolfram als gelbgefärbtes WO_3 im Glührückstand.

76.6 Uran

In Organometallverbindungen bestimmt TALEB (1980) Uran nach Säureaufschluß im offenen Aufschlußröhrchen als Oxinat. Bei der trockenen Veraschung im O_2-Strom bleibt Uran als U_3O_8 im Glührückstand. Aus Lösungen fällt man Uran am einfachsten mit Ammoniak als Ammoniumuranat aus, das im Platintiegel durch starkes Glühen an der Luft − besser im O_2-Strom − quantitativ in U_3O_8 übergeführt und ausgewogen wird. Nach Lösen in verdünnter Schwefelsäure kann dieses exakt mit Permanganat titriert werden (TREADWELL 1949, S. 531).

77 Periodensystem Gruppe 7: Mangan

77.1 Mangan

Manganverbindungen, in geringerem Umfang auch organische Manganverbindungen, finden sich in vielen technischen Präparaten als Additive. Bei der Sulfataschebestimmung (s. Kap. 5.2) bleibt Mangan quantitativ als stabiles $MnSO_4$ im Veraschungsrückstand, vorausgesetzt die Veraschungstemperatur von 700 bis 800 °C wird nicht überschritten, da sich sonst Sulfat zersetzt. Nach Auflösen des Ascherückstandes kann Mangan auch durch AAS bestimmt werden. Beim oxidierenden Naßaufschluß manganhaltiger Proben mit $HClO_4/HNO_3/H_2SO_4$ oder Peroxidisulfat in Gegenwart von $AgNO_3$, $HgSO_4$, HNO_3 und H_3PO_4 (NYDAL 1949) wird Mangan zu rotviolettgefärbtem Permanganat aufoxidiert und kann als solches photometrisch bestimmt (KÖSTER 1979, S. 73) oder nach klassischen Methoden titriert werden (JANDER-JAHR 1986, S. 154). Enthält die Aufschlußlösung außer Alkalien keine anderen Metalle, kann Mangan auch als Phosphat gefällt und zu Pyrophosphat verglüht und ausgewogen werden.

Mangan in organischen Verbindungen bestimmten RIEMSCHNEIDER (1960) und MACDONALD et al. (1969) nach Substanzaufschluß in der O_2-Flasche titrimetrisch.

77.1.1 Bestimmung als Manganpyrophosphat

Die schwachsaure Aufschlußlösung versetzt man nach GOOCH und AUSTIN (1898) mit 20 g NH_4Cl, 5 bis 10 ml kaltgesättigter Natriumphosphatlösung und hierauf in der Kälte tropfenweise mit Ammoniak in geringem Überschuß. Die Lösung wird zum Sieden erhitzt und bei Siedetemperatur 3 bis 4 min digeriert, bis der Niederschlag sich seidenglänzend und kristallin abscheidet. Nach Erkalten filtriert man den Niederschlag durch einen *Gooch-Neubauer-Platintiegel* oder Porzellantiegel mit Asbestfilter, wäscht mit kaltem, schwach ammoniakalischem Wasser (etwa 0.5%ig) nach, trocknet, glüht im Muffelofen und wägt als $Mn_2P_2O_7$ aus.

78 Periodensystem Gruppe 8:
Eisen, Kobalt, Nickel, Platinmetalle, Silber und Gold

78.0 Einführende Bemerkungen

Die Elemente und Verbindungen der Gruppe VIII des Periodenystems sind in der Organischen Elementaranalyse und im technischen Bereich wichtige Kontaktsubstanzen und gewinnen als Organometallverbindungen zunehmend an Bedeutung (z. B. Metallocene). Eisen, Kobalt und Nickel sind in ihren Eigenschaften nahe verwandt und essentielle Spurenelemente in pflanzlichen und tierischen Organismen.

Bei der thermischen Umsetzung eisenorganischer Verbindungen im O_2-Strom bleibt Eisen als Fe_2O_3 im Glührückstand und kann so ausgewogen werden. Nickel und Kobalt bilden dagegen Mischoxide. Organische Verbindungen dieser Elemente verascht man daher nach Befeuchten der Probe mit HNO_3 im O_2-Strom, spült mit Helium oder Kohlendioxid das Veraschungsrohr luftfrei, reduziert anschließend im He/H_2-Strom die Mischoxide zum entsprechenden Metall und wägt sie aus. Ähnlich werden auch Platinmetalle über Glühaschen bestimmt (s. Kap. 5). Nickel wird besser selektiv als Dimethylglyoxim-Komplex bestimmt (BELCHER et al. 1970). Eisen, Kobalt und Nickel können exakt komplexometrisch titriert (s. JANDER-JAHR 1986, S. 214) oder über Oxinat bestimmt werden (SAKLA et al. 1974).

78.1 Bestimmung von Eisen als Oxinat

5 bis 10 mg organischer Probe werden mit etwa der gleichen Menge Natriumbisulfit gemischt und in einem 500 ml fassenden Schöniger-Kolben nach Vorlage von 5 ml 6 N HCl als Absorptionslösung aufgeschlossen. Nach dem Aufschluß 15 min schütteln, Stopfen mit Halterung abspülen und diese lose in den Kolbenhals einhängen. Reaktionslösung 3 bis 5 min kochen, Stopfen mit Halterung in die Lösung abspülen und entfernen, Reaktionslösung auf ca. 5 ml eindampfen.

Zur vollständigen Lösung evtl. noch ungelöster Oxidanteile HCl und einige Tropfen HNO_3 zugeben, die Lösung zur Trockene eindampfen, den Rückstand in bidest. Wasser aufnehmen und auf Raumtemperatur kühlen. Man pipettiert der Reihe nach 2 ml 20%ige Weinsäurelösung, 2 ml 20%ige Ammonacetatlösung und 1 ml 1%ige Oxinlösung in 1 M Essigsäure zu – alle Reagenzien Gew.-%ig. Das Volumen der Lösung soll dann 15 ml nicht übersteigen. Unter Rühren läßt man bis zur beginnenden Fällung Ammoniaklösung (1:1) und noch 1 Tropfen Ammoniaklösung im Überschuß zutropfen. Die Fällungslösung wird auf dem Wasserbad bei 60 bis 80 °C 30 min digeriert und dann abgekühlt. Der Oxinatniederschlag (FeQ$_3$) wird durch einen G4-Filtertiegel filtriert, je 2mal mit 3-ml-Portionen Ammoniaklösung (1:99), heißem und kaltem Wasser nachgewaschen, bei 120 °C bis zur Gewichtskonstanz getrocknet und dann ausgewogen. Der Metallgehalt kann alternativ über Oxin bromatometrisch bestimmt werden (s. JANDER-JAHR 1986, S. 183).

78.2 Bestimmung von Nickel als Oxinat

Nach Aufschluß der Probe mit konzentrierten Mineralsäuren oder, wie oben für die Eisenbestimmung beschrieben, im Schöniger-Kolben, kann Nickel analog als Oxinat gefällt und nach Trocknung bei 230 °C bis zur Gewichtskonstanz als Nickeloxinat (NiQ$_2$) gravimetrisch bestimmt werden.

78.2.1 Komplexometrische Titration von Kobalt, Nickel oder Palladium in Organometallkomplexen

Prinzip. Organometallkomplexe, die Kobalt, Nickel oder Palladium enthalten, werden naß mit H$_2$SO$_4$/HNO$_3$ aufgeschlossen, die Metall-Ionen mit EDTA-Lösung im Überschuß komplexiert und das überschüssige EDTA mit Zinkchloridmaßlösung gegen Eriochromschwarz T als Indikator im pH-Bereich zwischen 9 und 10 zurücktitriert.

Reagenzien (p.a. MERCK)

EDTA-Lösung, 0.01 M: 3.723 g Na$_2$EDTA·2H$_2$O mit dest. H$_2$O lösen und auf 1 l auffüllen.

Zinkchloridmaßlösung, 0.01 M: 0.6538 g Zinkstaub p.a. in einem 1-l-Maßkolben mit wenig konz. HCl lösen und mit dest. H$_2$O zur Marke auffüllen.

Ammoniakpufferlösung: 67.6 g NH$_4$Cl in 572 ml konz. NH$_4$OH-Lösung eintragen und mit H$_2$O zum Liter auffüllen.

Carbonatpufferlösung: 70 g Na$_2$CO$_3$ in 500 ml dest. H$_2$O lösen, mit HCl konz. auf pH 10 einstellen und auf 1 l verdünnen.

Eriochromschwarz T-Indikator: 1 g Farbstoff mit 90 g NaCl fein verreiben.

Ausführung. Die eingewogene Probe (0.05 bis 0.09 Milliäquivalente des Metalls enthaltend) wird in einem Kjeldahl-Kölbchen mit 1 ml konz. H$_2$SO$_4$ und 10 Tropfen konz. HNO$_3$ bis zum Aufklaren der Lösung aufgeschlossen, in einen Titrierbecher übergespült und auf etwa 150 ml verdünnt. Dann werden exakt 10.00 ml EDTA-Lösung zupipettiert und mit der Pufferlösung ein pH von 9 bis 10 eingestellt; für Nickel oder Kobalt mit Ammoniakpuffer, für Palladium mit dem Carbonatpuffer. Man setzt wenige mg Indikator zu – die Lösung färbt sich blau bis grün – und titriert den EDTA-Überschuß mit Zinkchloridmaßlösung bis zum Indikatorumschlag nach Rosa.

$$\% \text{ Metall} = \frac{(\text{ml EDTA} - \text{ml Zn}^{2+}) \times f_{\text{Me}^{2+}} \times 100}{\text{mg Einwaage}}$$

($f_{\text{Ni}} = 0.5871$, $f_{\text{Co}} = 0.5893$, $f_{\text{Pd}} = 1.064$).

78.3 Einführende Bemerkungen zu Platinmetallen

Bei der Trockenveraschung organischer Platinmetallkomplexe verbleiben bei entsprechender Verbrennungsführung (s. Kap. 5) die Platinmetalle quantitativ im Substanzboot zurück und können als Metall ausgewogen werden. Bei Dekrepitation der Substanz durch thermische Behandlung ist der Probenaufschluß auf nassem Wege unumgänglich. Dabei können Platinmetalle z. T. bereits metallisch ausfallen, lösen sich jedoch mit HNO_3/HCl (Königswasser) wieder quantitativ. Zur Oxidation der organischen Matrix muß der Aufschluß mit stärker oxidierenden Säuren ($H_2SO_4/HNO_3/HClO_4$ – s. Perchlorsäureaufschluß Kap. 55.5) beendet werden. Beim oxidierenden Naßaufschluß gehen Osmium und Ruthenium, die leichtflüchtige Tetroxide bilden, teilweise verloren. Daher werden sie vorher durch Destillation abgetrennt und im Destillat bestimmt.

78.4 Ruthenium

Rutheniumorganische Verbindungen werden am besten nur mit H_2SO_4 mineralisiert. Mit HNO_3 und/oder $HClO_4$ entstehen auch Nitro- und Chlorokomplexe. Das beim Aufschluß entstehende Rutheniumtetroxid (RuO_4 Kp. 108 °C) wird in eine alkalische Hypochloritlösung übergetrieben. Es entsteht Perruthenat, in dem Ru(VII) anschließend photometrisch gemessen wird (LARSEN und ROSS 1959).

78.5 Osmium

Auch beim Aufschluß osmiumorganischer Verbindungen kann sich Osmiumtetroxid (OsO_4) bereits bei niederen Temperaturen (Kp. 130 °C) verflüchtigen. Zur Osmiumbestimmung veraschen SCHWARZKOPF et al. (1969) die Probe im Rohr im strömenden Sauerstoff, fangen Osmiumtetroxid in einer Kältefalle auf und bestimmen es iodometrisch. Die destillative Abtrennung von Ruthenium und Osmium beschrieb auch PAYNE (1960). Weitere Hinweise zu ihrer Bestimmung sind im unten beschriebenen Trennungsgang zu finden.

78.6 Palladium und Platin

Die organischen Komplexe dieser Platinmetalle werden häufig auch therapeutisch verwendet. Man mineralisiert sie schnell und sicher mit $H_2SO_4/HNO_3/HClO_4$ oder Königswasser, neutralisiert die Aufschlußlösung, puffert mit Ammonacetat und fällt Palladium bzw. Platin in der Siedehitze mit Hydrazin aus. Der metallische Niederschlag wird durch ein Papierfilter oder einen Platinfiltertiegel filtriert, das Filter verascht, der metallische Rückstand im H_2-Strom geglüht, im N_2- oder He-Strom abgekühlt und ausgewogen.

78.6.1 Trennung und analytische Bestimmung von Platinmetallen, Silber und Gold

Einleitung. Die Trennung und analytische Bestimmung der Platinmetalle Rhodium, Palladium, Iridium und Platin sind heute ein wichtiges Teilgebiet der Analytik, da sie in chemischen Prozessen als Katalysatoren und technisch in breitem Ausmaß verwendet werden. Damit verbunden ist auch die Trennung und Bestimmung der sog. „Edelmetalle" Silber und Gold, die mit den Platinmetallen meist vergesellschaftet anzutreffen sind z. B. in Kiesabbränden.

Bei der Analyse von Platinmetallen in heterogener Matrix geht man meist von Vorkonzentraten aus, die durch einen speziellen Schmelzaufschluß (fire assay) aus der Matrix gewonnen werden. Die Probe wird dabei mit einem Flußmittel wie Bleioxid (PbO) und einem Gemisch aus Soda/Pottasche, Borax, Kieselsäure, Kaliumnitrat und Stärke aufgeschmolzen und die Platin- und Edelmetalle so im Blei angereichert. Die Anreicherung durch Schmelzextraktion wird teilweise auch mit Zinn-, Eisen-, Nickel- oder Kupferoxiden durchgeführt; moderne Verfahren verwenden Nickelsulfid als Kollektor*. Die Schmelzextraktion ist zur Zeit die wirkungsvollste Methode, um Milligramm- und Mikrogrammengen von Au, Ag und Platinmetallen aus heterogener und komplexer Matrix zu extrahieren und anzureichern. Durch weitere oxidierende oder chlorierende und hydrierende Schmelzbehandlungsmethoden können die meisten unedlen Metalle (UEM) aus diesen Vorkonzentraten abgetrennt werden. Die zurückbleibenden Edelmetalle oder eine homogene Probe davon werden durch oxidierenden Naßaufschluß gelöst und in der Reaktionslösung die einzelnen Metallkomponenten anschließend bestimmt. Zur Trennung der Platinmetalle − inklusive der Edelmetalle Silber und Gold − und analytischen Bestimmung der Einzelmetalle werden auch heute noch häufig klassische Methoden benutzt, allerdings kombiniert mit neuen instrumentellen analytischen Methoden wie RFA, AAS** und ICP-AAS (KALLMANN 1984).

In der Regel werden für den Platinmetall-Trenngang die selektive Fällung und die Flüssig/Flüssig-Extraktion bevorzugt. Diese Trennungsgänge wurden in den Grundzügen

---
* The use of Lithium Tetraborate in the Fire-Assay Procedure with Nickel Sulphide as the Collector; report No. M324.
** The Interfacing of a Microcomputer with a Simultaneous Atomic-Emission Spectrometer; report No. M322 MINTEK, Private Bag X3015, 2125 Randburg, S.A. SOUTH-AFRICAN COUNCIL FOR MINERAL TECHNOLOGY.

von HASENPUSCH (1987) beschrieben und werden unten – auszugsweise – wiedergegeben.

Probenvorbehandlung. Dem eigentlichen Trennungsgang gehen eine Reihe von Anreicherungsstufen voraus, besonders wenn die Platinmetalle direkt aus Erzen und Edelmetallschrott gewonnen werden. Über Flotation, Schmelzprozesse und Elektrolyse erreichen die Platinmetalle, ausgehend von wenigen ppm, zweistellige Prozentbereiche (Erz-Konzentrate).

Die Anodenschlämme aus Elektrolysen werden direkt zum Säureaufschluß verwendet, während z. B. kompaktes Recycling-Metall wie Barren, Ronden und Platten noch einer Vorbehandlung bedürfen.

Solche Vorbehandlungsstufen sind Spanen, Walzen, die Kombination von Chlorierung und Wasserstoff-Reduktion bei höheren Temperaturen sowie das Legierungsschmelzen in beispielsweise Aluminium, Zink oder Eisen und anschließende Behandlung mit verdünnter Salzsäure. Damit lassen sich Vorprodukte erzielen, die in dem nachfolgenden Aufschlußprozeß fast rückstandsfrei in Lösung gehen. Bei Trägerkatalysatoren, die Platinmetalle in niedriger Konzentration enthalten, wird zunächst der Träger abgetrennt: Kohlekatalysatoren werden behutsam verbrannt, Platforming-Katalysatoren auf Basis von Aluminiumoxid werden mit Schwefelsäure oder Natronlauge unter Druck bearbeitet, bevor die Rückstände in den Edelmetall-Aufschluß gehen. Je weitgehender die übrigen Elemente des Periodensystems von den Edelmetallen frühzeitig abgetrennt werden können, desto problemloser verläuft der weitere Trennungsgang.

Aufschluß. Im wesentlichen haben sich Aufschlüsse in oxidierenden Mineralsäuren durchgesetzt. Die Lösereaktionen verlaufen nach folgenden Gleichungen:

$$Pt + 8\,HCl + 2\,HNO_3 \xrightarrow{H_2O} H_2\,[PtCl_6] + 4\,H_2O + 2\,NOCl$$
(Königswasser-Aufschluß)

$$Pt + 2\,HCl + 2\,Cl_2 \xrightarrow{H_2O} H_2\,[PtCl_6]$$
(Salzsäure/Chlor-Aufschluß)

Während Königswasser (Salzsäure mit Salpetersäure) deutlich schneller reagiert, ist der Einsatz von Salzsäure und Chlorgas in einigen Fällen deutlich wirtschaftlicher, weil das Verkochen der Salpetersäure entfällt.

Das Lösen in Königswasser unter Rückfluß empfiehlt sich besonders bei höheren Gehalten an Rhodium und Iridium. Die optimale Lösetemperatur unter Verwendung von chlorgesättigter konzentrierter Salzsäure liegt für reines Platin bei ca. 90 °C. In geschlossenen Systemen (Druckgefäß) kann die Lösegeschwindigkeit ab etwa 140 °C noch gesteigert werden (Abb. 78-1) (RENNER 1979).

Zwei weitere Aufschlüsse für trockene, pulverförmige Platinmetall-Konzentrate, auch mit höheren Anteilen an Ruthenium und Osmium, sind üblich:

– Kochsalzschmelze mit Chlor und
– Natriumperoxidschmelze.

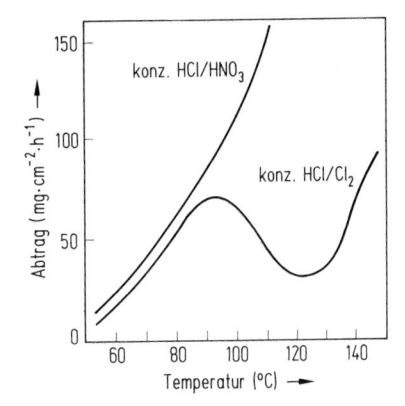

Abb. 78-1. Lösegeschwindigkeit von Platin in Königswasser (molares Verhältnis HCl/HNO$_3$ = 3 : 1) und konz. HCl/Cl$_2$; Testzeit: 1 h/Messung.

Viele Edelmetall-Materialien, die zu den Scheidereien gebracht werden, enthalten noch Unedelmetalle, mitunter mehr als 20 Elemente. Durch Kationenaustauscher (BEAMISH und VAN LOON 1972) oder Hochtemperatur-Chlorierung (HOLMSTRÖM 1951, 1985) können die Unedelmetalle weitgehend vor dem Platinmetall-Trennungsgang entfernt werden.

Silber- und Goldabtrennung. Abgesehen von Erzkonzentraten enthalten auch viele Platinmetall-Rückstände aus der Industrie Silber- und Goldanteile. Zumindest beim Silber ähneln sich viele der beschriebenen Edelmetall-Trennprozesse. Silber wird stets als Chlorid aus verdünnten Lösungen gefällt, nachdem Eindampfschritte die Aufschlußsäuren weitgehend entfernt haben. Das abgetrennte Silberchlorid ist mit Soda leicht einschmelzbar, wobei Silber mit hoher Reinheit (999‰) anfällt.

Für Gold werden in der Literatur sowohl Fällungen mit Eisen(II), Oxalsäure, Schwefeldioxid und Ascorbinsäure (Vitamin C) als auch Flüssig-Flüssig-Extraktionen mit längerkettigen Alkoholen, Ketonen oder Ethern und anschließende Reduktion direkt aus der organischen Phase beschrieben.

In den Aufschlußlösungen mit oxidierenden Mineralsäuren werden Gold und Silber neben den klassischen Methoden heute auch mit modernen instrumentellen Methoden (AAS, PES), vor allem im Spurenbereich, mit 1 bis 2% relativer Genauigkeit bestimmt.

Ruthenium- und Osmiumbestimmung. Auch zur Abtrennung der seltenen Platinmetalle Ruthenium und Osmium dominiert sowohl im Fällungs-Trennungsgang als auch bei der Flüssig-Flüssig-Extraktion die oxidative Destillation der Tetroxide. Die flüchtigen Metall(VIII)-Oxide werden in Salzsäure gelöst, wobei sich die entsprechenden Hexachloro-Säuren bilden.

Das Mengenverhältnis der beiden Metalle zueinander entscheidet, ob beide Tetroxide gemeinsam destilliert werden oder zunächst nur Osmium nach Zusatz von Salpetersäure. Mit Salpetersäure bilden sich nämlich stabilere Ruthenium-Nitro-Komplexe, die das Durchreagieren bis zur letzten Oxidationsstufe verhindern.

Gemeinsame Destillationen laufen mit Hypochlorit, Bromat oder Peroxodisulfat in hohen Ausbeuten ab. Im Hinblick auf die Sicherheit bei diesen Destillationen ist unbedingt darauf zu achten, daß weder Ammoniumverbindungen noch organische Stoffe in die Apparatur gelangen. Ferner muß ein Luftstrom die Konzentration der Tetroxide so weit verdünnen, daß sie an den kälteren Stellen nicht zu großen Tröpfchen kondensieren. Über Explosionen in diesem Zusammenhang wird des öfteren berichtet.

Spuren von Osmium lassen sich auch mittels Extraktion durch höhere Alkyl- und Arylammonium-Kationen in organische Phasen bringen, geringe Mengen von Ruthenium durch Diphenylthioharnstoff oder 2,4-Diphenylthiosemicarbazid (GEILMANN und NEEB 1957). Beide Metalle bilden als Ammoniumhexachloro-Komplexe hinreichend schwerlösliche Salze, aus denen die reinen Metalle durch thermische Zersetzung darstellbar sind. Auch die Fällung mit Hydrazin ist möglich, während Operationen mit Natriumboranat ($NaBH_4$) und Rutheniumlösungen verschiedentlich zu Explosionen an getrockneten Metallpulvern führten.

Trennungsgang der Platinmetalle (Rh, Pd, Ir, Pt). Zunächst seien einige Trennungs-Kriterien erläutert:

Ladung der Anionenkomplexe: Die meisten Trennungsgänge nutzen die unterschiedlichen Oxidationsstufen der Platinmetalle. Die Wertigkeit des Zentralatoms der Hexachlorosysteme entscheidet über die Ladung der Anionenkomplexe.

Zweifach negativ geladene Hexachlorokomplexe, wie $[PtCl_6]^{2-}$ oder $[IrCl_6]^{2-}$, lassen sich leicht mit Ammonium-Ionen fällen bzw. mit organischen „Onium-Ionen" als Ionenpaar in organische Lösungsmittel drängen, z. B. $(R_4N)_2[PtCl_6]$, R = Alkyl- oder Arylrest. Dieses Verhalten ermöglicht das Abtrennen der Komplexe $[PtCl_6]^{2-}$ und $[IrCl_6]^{2-}$ von $[PdCl_4]^{2-}$ und $[RhCl_6]^{3-}$.

Wechsel der Oxidationsstufe: Zur Trennung äußerst nützlich erweist sich die Fähigkeit der Platinelemente, mehr oder weniger in unterschiedliche Oxidationsstufen überzugehen (Abb. 78-2). Die Redox-Potentiale, gemessen in salzsauren Lösungen, zeigen die Einsatzmöglichkeiten von Reduktionsmitteln. Reduktionsmittel mit einem Potential knapp oberhalb von 0.74 V reagieren, wie aus Abb. 78-2 hervorgeht, nicht mit Platin im Hexachlorokomplex. Eisen(II)-Chlorid und Ascorbinsäure sind hier üblicherweise verwendete Reduktionsmittel. $[PtCl_6]^{2-}$ ist nach dieser Reduktion selektiv fällbar oder extrahierbar. Iridium wäre in ähnlicher Weise − Oxidation zu Ir(IV) und spezifische Reduktion des

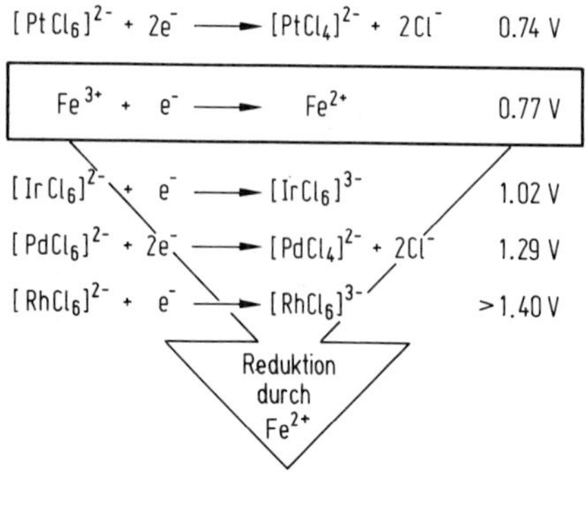

$$[PtCl_6]^{2-} + 2e^- \longrightarrow [PtCl_4]^{2-} + 2Cl^- \quad 0.74\ V$$

$$Fe^{3+} + e^- \longrightarrow Fe^{2+} \quad 0.77\ V$$

$$[IrCl_6]^{2-} + e^- \longrightarrow [IrCl_6]^{3-} \quad 1.02\ V$$

$$[PdCl_6]^{2-} + 2e^- \longrightarrow [PdCl_4]^{2-} + 2Cl^- \quad 1.29\ V$$

$$[RhCl_6]^{2-} + e^- \longrightarrow [RhCl_6]^{3-} \quad >1.40\ V$$

Reduktion durch Fe^{2+}

Abb. 78-2. Redoxpotentiale bei der Pt-Abtrennung.

Palladiums – abtrennbar. Bei Palladium ist Wärme ausreichend, um es in die zweiwertige Oxidationsstufe zu bringen:

$$[PdCl_6]^{2-} \xrightarrow{60\,°C} [PdCl_4]^{2-} + Cl_2 \;.$$

Ein Reduktionsmittel ist überflüssig. Das freiwerdende Chlor sorgt dafür, daß Iridium vollständig in die Oxidationsstufe IV übergeht. Liegt relativ wenig Palladium in der Lösung vor, ist zusätzlich Oxidationsmittel erforderlich. $[IrCl_6]^{2-}$ kann dann ebenfalls gefällt oder als Onium-Ionenpaar in organische Lösungsmittel extrahiert werden.

Um Palladium vom Rhodium zu trennen, sind weder die Fällung mit Ammoniumchlorid aus Cl_2-haltiger Lösung noch die Flüssig-Flüssig-Extraktion mittels Thioether geeignet. Zurück bleibt eine Rh-Lösung, aus der noch verbliebene Spuren anderer Edelmetalle herausextrahiert werden.

Auswahl der Trennungsgänge: Aus der Vielzahl beschriebener Trennungsgänge, die zum Teil noch ihre Bedeutung haben oder bereits durch moderne Alternativen verdrängt sind, seien nachfolgend die effektivsten vorgestellt:

– Analysen-Trennungsgang
– Fällungs-Trennungsgang
– Trennungsgang mittels Flüssig-Flüssig-Extraktion.

Über das Verfahren der Wahl entscheiden jeweils wirtschaftliche Aspekte. Die Reagenzienkosten spielen dabei nur eine untergeordnete Rolle. Extrem quantitative Ergebnisse rechtfertigen auch einen höheren Personaleinsatz. Schließlich sind tolerierbare Umweltbelastungen und Sicherheitsrisiken im Mikro-Maßstab anders als in der Produktion. Ob Fällungs-Trennungsgang oder Flüssig-Flüssig-Extraktion installiert werden, hängt von verschiedenen Gegebenheiten ab, beispielsweise von Menge und Verhältnis der Edelmetalle sowie Gleichmäßigkeit der chemischen Zusammensetzung.

Die Trennungsgänge sind in den Fließschemata (Abb. 78-3 bis 78-5) dargestellt.

Analysen-Trennungsgang. Nach BEAMISH (1966) s. Fließschema in Abb. 78-3. Eine Edelmetallösung, aus der die seltener vorkommenden Elemente Ruthenium und Osmium bereits destillativ isoliert und Silber als Silberchlorid aus verdünnter Lösung abgetrennt wurden, enthält neben Unedelmetallen die Edelmetalle Gold, Palladium, Rhodium, Iridium und Platin.

Gold- und Unedelmetallabtrennung: Das Verfahren macht sich die starke Komplexierung der Platinmetalle mit Nitrit zunutze. Der Nitritokomplex von Palladium ist jedoch teilweise instabil, so daß ein Teil mit den Unedelmetallen verlorengehen kann: Erwärmen auf 60 °C, Natriumnitritlösung im Überschuß zugeben, bis die Gasentwicklung beendet ist, aufkochen, bis das Gold koaguliert (15 bis 30 min), auf 60 °C abkühlen, 10%ige Sodalösung bis pH 9 zugeben, nach weiterem Erhitzen auf 60 °C (15 min) abfiltrieren und mit $NaNO_2$-Lösung und Wasser neutral waschen.

Aus dem Filterrückstand lassen sich die Unedelmetalle mit stark verdünnter Salpetersäure (0.1 mol/l) herauslösen. Übrig bleibt Gold in 99%iger Reinheit.

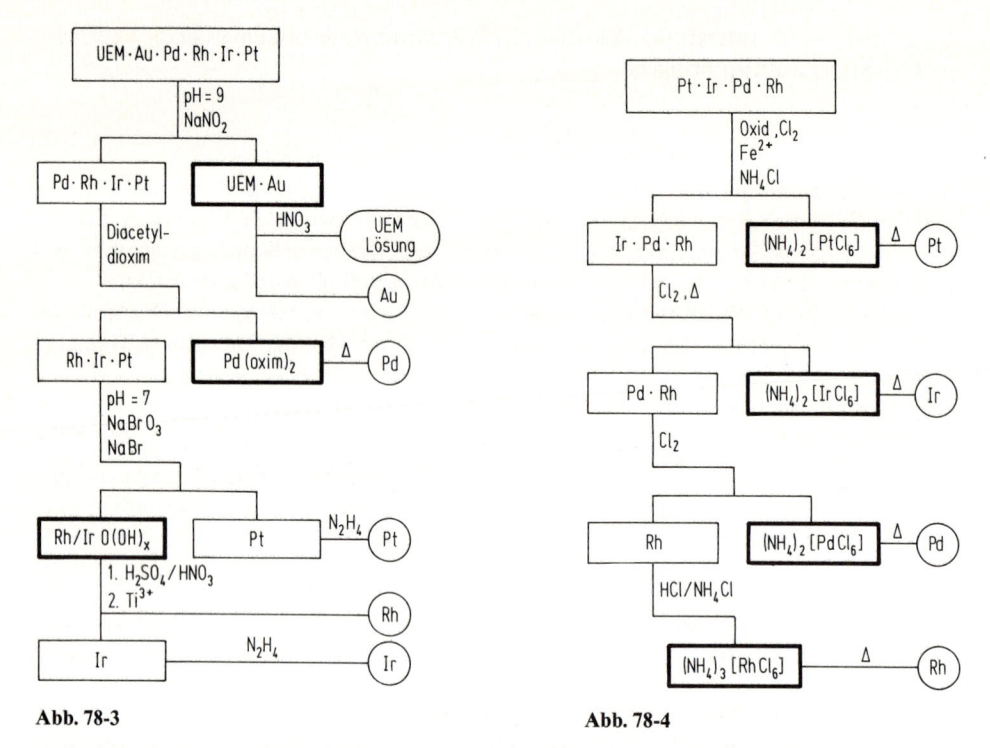

Abb. 78-3. Analytische Platinmetall-Trennung (Niederschläge stärker umrandet).

Abb. 78-4. Fällungstrennungsgang der Platinmetalle, nach üblicher Vorabtrennung von Ru, Os, Ag und Au (Niederschläge stärker umrandet).

Palladiumabtrennung: durch Fällung mit Diacetyldioxim als Dinatrium-Salz: Verkochen des Nitrits mit Salzsäure, bis sich keine braunen Stickoxidgase mehr bilden, einige Tropfen H_2O_2 zugeben, um Platin quantitativ in Platin(IV) umzuwandeln. Nach Erwärmen auf 60 °C wird eine in Wasser gesättigte Lösung von Diacetyldioxim zugegeben, der Niederschlag abfiltriert, getrocknet und geglüht; alternativ dazu kann mit Chloroform extrahiert und direkt photometrisch bestimmt werden.

Rhodium- und Iridiumabtrennung: Rhodium und Iridium werden von Platin häufig durch oxidative Hydrolyse abgetrennt: Organische Reste (Diacetyldioxim aus der Pd-Fällung) werden durch Kochen mit H_2O_2 zerstört, dann wird mit Soda auf pH 7 neutralisiert, 10%ige Natriumbromat-Lösung zu der weiter mit Wasser verdünnten Lösung zugegeben, auf 70 °C erwärmt, 10%ige Natriumbromid-Lösung (gleiches Volumen wie Bromat-Lösung) zugegeben, 30 min gekocht, weiter Bromat und Bromid zugegeben, die Oxidhydrate abfiltriert und mit 1%iger heißer NH_4NO_3-Lösung gewaschen.

Zur Trennung der beiden Platinmetalle aus dem Niederschlag wird nach dem Aufschluß mit konzentrierter Schwefelsäure und Salpetersäure Rhodium alternativ selektiv reduziert:

- Titan(III)-Chloridlösung
- Kupferpulver oder
- Antimonstaub

Iridium kann durch Hydrazinreduktion gefällt werden (90 °C bei pH 9).

Platinabtrennung: Durch Kochen mit Salzsäure wird zunächst Brom aus dem verbleibenden Filtrat ausgetrieben. Kationen aus der vorhergehenden Reduktion lassen sich über Ionenaustauscherharz entfernen oder mit Kupferron (N-Nitroso-N-phenylhydroxylamin Ammoniumsalz) maskieren. Dazu ist mit Soda zu neutralisieren und mit Hydrazin das Platin in der Wärme niederzuschlagen.

Fällungs-Trennungsgang. Nach RENNER (1979) s. Fließschema in Abb. 78-4. In der Literatur wird oft die Fällungskristallisation der Ammonium-hexachloro-Komplexe vom Typ $(NH_4)_2[PtCl_6]$ erwähnt. Reine Platinmetalle können aus diesen Salzen durch Reduktion mit Hydrazin oder thermische Zersetzung bei 900 °C erhalten werden.

Diese Methode, die in wirtschaftlichen Dimensionen weltweit von mehreren Scheidereien angewandt wird, besitzt vor allem in den Feinreinigungsschritten eine Reihe von Varianten, die zum Teil von den Scheiderei-Betrieben als Geheimnisse gehütet werden. Denn wie einfach es auch aussehen mag, quantitative Resultate zu erzielen, die Entfernung auch der letzten hundert ppm edlerer Beimetalle ist zum Teil noch sehr aufwendig. Spuren an Unedelmetallen stören nicht, abgesehen von Metall-Ionen wie Kalium und Barium, die auch schwerlösliche Hexachlorokomplex-Salze bilden, z. B. $Ba[PtCl_6]$. Der entsprechende Trennungsgang ist nur bei geringen Rhodiumgehalten in der nachfolgend skizzierten Form sinnvoll. Silber und Gold werden als Silberchlorid oder durch Reduktion vor dem Platinmetall-Trennungsgang abgetrennt, der im Bedarfsfall mit der oxidativen Destillation von Ruthenium und Osmium beginnt.

Platinabtrennung: Beim Verkochen des Chlors zersetzt sich gleichzeitig Hexachloropalladat(IV), $[PdCl_6]^{2-}$, unter Reduktion zu Tetrachloropalladat(II), $[PdCl_4]^{2-}$. Die Lösung wird mit Chlor oxidiert, verkocht, Iridium mittels Fe^{2+} selektiv reduziert, Platin mit Ammoniumchlorid im Überschuß (100 °C) ausgefällt und der Niederschlag mit kalter gesättigter NH_4Cl-Lösung gewaschen.

Iridiumabtrennung: Iridium wird mit Cl_2 oxidiert und mit Ammoniumchlorid im Überschuß (100 °C) ausgefällt.

Palladiumabtrennung: Mit Chlor wird in der Kälte oxidiert, dann wird mit Ammoniumchlorid in der Kälte gefällt, der rotbraune Niederschlag $(NH_4)_2[PdCl_6]$ schnell abfiltriert und mit konz. NH_4Cl-Lösung, gesättigt mit Chlor, gewaschen.

Rhodiumabtrennung: Mit dem letzten Platinmetall haben sich mitunter auch Unedelmetalle angereichert, so daß ein Kationen-Ionenaustauch gegen Wasserstoff-Ionen ratsam sein kann. Die gute Löslichkeit des $(NH_4)_3[RhCl_6]$ erfordert sowohl hohe Säurekonzentration als auch hohen Ammoniumchloridüberschuß. Die Lösung wird durch Eindampfen aufkonzentriert und Rhodium mit NH_4Cl im Überschuß ausgefällt.

Reduktion zum Metall. Die Ammoniumsalze lassen sich durch thermische Zersetzung (Kalzination) bei Temperaturen um 900 °C in schwammartiges graues Metall überführen, wenn die Kristallisationsoperationen vorher hinreichend saubere Salze erbrachten.

Der thermische Zerfall der Ammoniumhexachloro-Komplexe verläuft nach folgender Gleichung:

$$3\,(NH_4)_2\,[PtCl_6] \xrightarrow{\Delta} 3\,Pt + 2\,NH_4Cl + 16\,HCl + 2\,N_2 \ .$$

Manche Scheidereien praktizieren die chemische Reduktion der Salze, mitunter auch der Kalium- statt der Ammoniumkomplexe, in heißer Suspension mittels Hydrazin. Dieses Vorgehen liefert ein äußerst feines Edelmetallpulver („Metall-Mohr"):

$$(NH_4)_2\,[PtCl_6] + N_2H_4 + 6\,NaOH \xrightarrow{90\,°C} Pt + 6\,NaCl + 2\,NH_3 + N_2 + 4\,H_2O \ .$$

Gutes Auswaschen der Edelmetall-Mohre ist ebenso notwendig, wie ein kurzes Nachtempern empfehlenswert ist; denn besonders das Palladium-Mohr ist so pyrophor (selbstentzündlich), daß es in Verbindung mit organischem Material zu Bränden kommen kann.

Trennungsgang durch Flüssig-Flüssig-Extraktion (s. Schema in Abb. 78-5) (INCO 1980, 1983; BARNES und EDWARDS 1982). Während in fast allen Platinmetall-Scheidereien die Extraktion von Verunreinigungen im Spurenbereich mit organischen Lösungen seit Jahrzehnten als Technik mehr oder weniger eingeführt ist, arbeiteten die großen Platin-Erzaufbereiter in den 70iger Jahren, passend für ihre jeweiligen Erzkonzentrate, entsprechende Extraktionsverfahren aus.

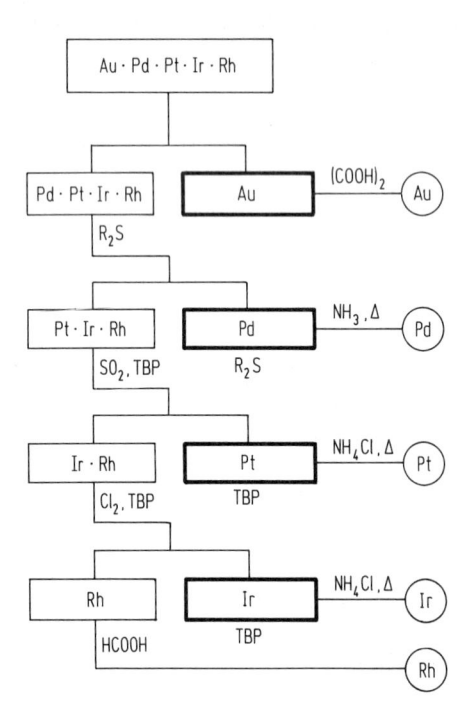

Abb. 78-5. Flüssig-Flüssig-Extraktion der Platinmetalle (organische Phasen stärker umrandet).

Die einzelnen Trennungsschritte basieren fast ausschließlich auf länger bekannten Operationen, die den Platinmetall-Konzentrationen angepaßt wurden. Mit steigenden Edelmetall-Produktionszahlen um 1970 machten sich auch die Verluste, die durch Mitfällen bei Fälloperationen – besonders Hydroxidfällungen – entstanden, spürbar bemerkbar. Diese waren auch durch Waschen nicht vollständig zu eliminieren.

Das Verfahren der INCO (1980, 1983) sei beispielhaft beschrieben. Es ist im Konzept international patentrechtlich geschützt. Die Abtrennung von Osmium und Ruthenium erfolgt mit Chlorat und hohem Bromatüberschuß. Der gemeinsamen Abtrennung folgt eine weitere Destillation mit Salpetersäure, wobei nur Osmium als Tetroxid flüchtig ist.

Goldabtrennung: Als Extraktionsmittel eignet sich fast jeder mit Wasser nicht mischbare Alkohol (R-OH) sowie Ether und Ketone. Gebräuchlich sind Methylisobutylketon oder Diethylenglykoldibutylether.

Goldsalze werden mit Methyl-isobutylketon (bis unter 1 ppm) mehrfach aus HCl-Lösung (3 bis 4 mol/l) extrahiert, mit HCl (1 bis 2 mol/l) gewaschen und mit Oxalsäure direkt aus organischer Lösung reduziert.

Das Extraktionsmittel wird dabei kaum durch Fremdchemikalien belastet:

$$2\,[ROH_2^+ AuCl_4^-] + 3\,(COOH)_2 \rightarrow 2\,ROH + 2\,Au + 8\,HCl + 6\,CO_2 \;.$$

Palladiumabtrennung: Organische Reste werden durch Aufkochen entfernt. Als Extraktionsmittel dienen Di-n-oktylsulfid oder Di-n-hexylsulfid, ($= R_2S$), als 1:1-Mischung mit Benzin: Im Rührwerkskessel wird (diskontinuierlich, da die Reaktion zum $[PdCl_2(R_2S)_2]$ relativ langsam verläuft) extrahiert, mit verdünnter HCl gewaschen, mit Ammoniak, als $[Pd(NH_3)_4]^{2+}$, reextrahiert, mit HCl, $[PdCl_2(NH_3)_2]$, gefällt und thermisch zu Pd zersetzt. Reinheit: 999.9‰.

Platinabtrennung: Platin wird kontinuierlich mittels Tributylphosphat, $(BuO)_3PO$ (abgekürzt: TBP), in Benzin (1:1) aus HCl-Lösung (6 mol/l) isoliert. Das Extraktionsmittel ist vor dem Einsatz mit Salzsäure zu sättigen. Mit SO_2 wird zu Pt(II) reduziert, mit Tributylphosphat extrahiert, dann mit 0.1 N HCl und SO_2-Gas reextrahiert, mit NH_4Cl ausgefällt und thermisch zu Pt zersetzt. Reinheit: 999.5‰.

Iridiumabtrennung: Lösungsmittelreste verdampfen bei kurzzeitigem Aufkochen. Oxidation durch Chlor zu Ir(IV) bis Redox-Potential 100 mV, Extraktion des Iridiums analog zu Platin mit Tributylphosphat, Reextraktion mit HCl/SO_2, Eindampfen und Fällung mit NH_4Cl.

Rhodiumabtrennung: Rhodium fällt mit Ameisensäure oder Zinkpulver als feiner schwarzer Niederschlag aus. Er ist meist noch verunreinigt und muß nach bekannten Verfahren (Umfällung oder Extraktion) weiterbearbeitet werden.

Die Trennungsgänge können hier nur grob vereinfacht beschrieben werden. Bereits die Betriebsvorschriften eines einzigen Trennverfahrens füllen mehrere Aktenordner. Zudem arbeitet eine Platinmetall-Scheiderei ständig an der Edelmetall-Abtrennung aus den verschiedensten Industrie-Rückläufen. Sie muß Schritt halten mit der Aufarbeitung neuer

Edelmetallkatalysatoren, weiterentwickelter Platinmetall-Legierungen sowie Konzentraten in veränderter Zusammensetzung. Und wer weiß schon, aus welchen neuen Industrie-Abfällen – vielleicht auch aus Umweltproben – die Platinmetalle in 10 und 20 Jahren zu isolieren und analytisch zu bestimmen sind! Auf jeden Fall aber soll die Trennung der Platinmetalle dann schneller, quantitativer und kostengünstiger sein.

Literaturverzeichnis

Literatur zu Kap. 1 bis 5

Amsler R (1983). *Z Anal Chem* **320**, 290.
Dirscherl A, Erne F **(1962)**. *Mikrochim Acta (Wien)*, 794.
Eberius E (1954). *Wasserbestimmung mit Karl Fischer-Lösung*, 1 Aufl. Verlag Chemie, Weinheim.
Eberius E (1958). *Wasserbestimmung mit Karl Fischer-Lösung*, 2 Aufl. Verlag Chemie, Weinheim.
Eberius E (1961). *Z Anal Chem* **181**, 172.
Fischer K (1935). *Angew Chem* **48**, 394.
Gabler F (1955). *Mitt Chem Forschungsinst Wirtsch Österr* **9**, 57.
Gorsuch TT (1962). *Analyst* **87**, 112.
Herrmann AG (1975). *Praktikum d Gesteinsanalyse*. Springer, Berlin.
Kaiser G, Tschöpel P, Tölg G (1971). *Z Anal Chem* **253**, 177.
Kelker H, Heil E (1980). *Berichtsband vom 9. Metallurgischen Seminar des GDMB-Fachausschusses für metallhüttenmännische Ausbildung*. Verlag Chemie, Weinheim.
Koch-Dedic (1986). *Handbuch d Spurenanalyse*. Springer, Berlin.
Kofler L (1942). *Mikro-Methoden zur Kennzeichnung organischer Substanzen*. Beih Z Ver dtsch Chemiker **46**.
Kofler L (1950). *Chem Ing Techn*, 289.
Kofler L, Kofler A (1954). *Thermo-Mikromethoden zur Kennzeichnung organischer Stoffe und Stoffgemische*. Verlag Chemie, Weinheim.
Köster HM (1979). *Die Chemische Silicatanalyse*. Springer, Berlin.
Laarse van der JD, Lädrach W (1981). Priv Mittg
Macdonald AMG (1960). *Ind Chemist* **36**, 292.
Mitchell J, Smith DM (1948). *Aquametry, Application of the KF-Reagent to Quantitative Analysis, Including Water.* Interscience, New York.
Raptis SE, Knapp G, Schalk AP (1986). Firmenmittlg. Kürner-Analysentechnik, Rosenheim.
Roth H (1958). *Quantitative Organische Mikroanalyse*, 8 Aufl. Springer, Wien.
Schleiermacher A (1891). *Ber Dtsch Chem Ges* **24**, 944.
Schneider M (1980). *Berichtsband vom 9 Metallurgischen Seminar des GDMB-Fachausschusses für metallhüttenmännische Ausbildung*, S 311. Verlag Chemie, Weinheim.
Scholz E (1984). *Karl Fischer-Titration. Methoden zur Wasserbestimmung*. Springer, Berlin.
Tausz J, Rumm H (1926). *Z Angew Chem* **39**, 155.
Walisch W, Eberle N **(1967)**. *Mikrochim Acta (Wien)*, 1031.
Wiesenberger E **(1955)**. *Mikrochim Acta (Wien)*, 962.
Wilrich PTh, Leers KJ (1974). *Ber Dtsch Keram Ges* **51**, 266.

Literatur zu Kap. 6

Bock R (1980). *Methoden der Analytischen Chemie*, Band 2. 1 Aufl. Verlag Chemie, Weinheim.
Brodkorb E, Scherer H (1969). *Glas Instrum Techn*, 1039.
Broekaert JAC, Schrader B (1989). Nachr Chem Techn Lab **37**, 3.

Cammann K (1977). *Das Arbeiten mit ionenselektiven Elektroden,* 2 Aufl. Springer, Berlin.
Cammann K (1982). *Instrument und Forschung* Nr 9.
Cammann K (1985). *Fresenius Z Anal Chem* **320**, 740.
Coulson DM, Cavanagh LA (1960). *Anal Chem* **32**, 1245.
Ebel S, Reyer B (1982). *Fresenius Z Anal Chem* **312**, 346.
Gassner Th, Geil JV, Weichbrodt G (1979). *Systematische Untersuchungen zur Genauigkeit von Titrationen.* METROHM-Monographie.
Gauglitz G (1989). *Nachr Chem Techn Lab* **37**, 127.
Grisar G, Freier H (1983). *Techn Messen* 50 Jg, Heft 11, 411.
Goddu RF, Hume DM (1954). *Anal Chem* **26**, 1740.
Höfert HJ (1964). *Ärztl Lab* **10**, 101.
Jansen KH (1978). *Labor-Praxis,* Heft 3, 1–6. *Glas Instrum Techn,* Heft 12, 1062–1071.
Jentsch D, Otte E (1970). *Detektoren in der Gas-Chromatographie.* Akad Verlagsges, Frankfurt.
Johnson EL (1982). *Int Lab,* 110–115. *Glas Instrum Tech* **26**, 241–243.
Kaiser R (1980). in: *Analytiker Taschenbuch,* (Hrsg Kienitz H, Bock R, Fresenius W, Huber W, Tölg G) Springer, Berlin.
Killer FCA (1977). in: Belcher R (Ed). *Instrumental Organic Elemental Analysis.* Academic Press, London.
Luft KF, Kessler G, Zörner KH (1937). *Chem. Ing Techn* **39**, 937.
Oehme F (1961). *Angewandte Konduktometrie.* Hüthig, Heidelberg.
Oehme F (1974). *Elektrolytische Leitfähigkeitsmessung,* Kap 3. In: Profos P, *Handbuch der industriellen Meßtechnik.* Vulkan-Verlag, Essen.
Oehme F, von Werra H (1977). *ABC der Potentiometrie* Separatdruck. Chemische Rundschau, Polymetron, CH-8634 Hombrechtikon.
Schäfer J (1988). *Glas Instrum Techn* **32**, 221.
Schmidts W, Bartscher W (1961). Fresenius Z Anal Chem **181**, 54.
Schunk G (1976). *Dechem Monographien* **80**, Teil 2. Sonderdr Nr 43-SO1, 1.
Ševčík J (1976). *Detectors in Gas Chromatography.* Elsevier, Amsterdam.
Siggia S (1959). *Continuous Analysis of Chemical Process Systems,* pp. 76–110. Wiley, New York.
Small H, Stevens TS, Baumann WC (1975). *Anal Chem* **47**, 1801.
Spreitzhofer E (1978). *Glas Instrum Techn,* Heft 2, 117–126.
Weiß J (1983). *Chem Labor Betr* 34 Jg, 293, 342, 494.
Weiß J (1984). *Chem Labor Betr* 35 Jg, 59.
Weiß J (1985). *Handbuch der Ionenchromatographie.* VCH, Weinheim.
Wildanger W (1974). *Z Lebensm Unters Forsch* **155**, 321.

Literatur zu Kap. 7

Berg C (1990). Nachr Chem Techn Lab **38** (3), M3.
Cahn L (1962). *DECHEMA-Monographien* Nr 709–733 **44** 45–58. Verlag Chemie, Weinheim.
CRC (1986–87). *Handbook for Physics and Chemistry* (ed Weast RC) Tabellen F-8 bis F-10.
DIN 8120 (1981). Teil 3. *Begriffe im Waagenbau. Meß- und eichtechnische Benennungen und Definitionen.* Berlin.
DIN 1319 (1985–87). Teil 1–4. *Grundbegriffe der Meßtechnik.* Berlin.
Eichordnung (EO) vom 15 Januar 1975 (1983). Anlage 8. *Gewichtsstücke.* Braunschweig.
Gast T (1949). *Feinwerktechnik* **53**, 167.
Mettler (1982). *Wägelexikon.* METTLER Instrumente, CH-Greifensee.
Mettler (1987). *METTLER mass comparators ME-720, 616 und 617.* METTLER Instrumente, CH-Greifensee.
Jenemann HR (1982). *Chem Labor Betr* **33**, 315, 356.
Jenemann HR (1982). *Technikgeschichte* **49**, 89.
Jenemann HR (1983). *Chem Labor Betr* **34**, 560.
Jenemann HR (1984). *Chem Labor Betr* **35**, 390.
Jenemann HR (1985). *Chem Labor Betr* **36**, 393.

Jenemann HR (1987). *Chem Labor Betr* **38**, 240.
Jenemann HR (1988). *Acta Metrologiae Historicae.* Linz.
Römpp (1985). *Chemie-Lexikon* **4**, 2688.
Sartorius (1985). *Über die Komparatorwaage von SARTORIUS* in *Wägen und Dosieren* **16**, 216.

Literatur zu Kap. 8

Analytical Methods Committee of the Society for Analytical Chemistry (1972). *Analyst* **97**, 740.
Barger G (1904). *J Chem Soc (London)* **85**, 286.
Barger G (1904). *Ber Dtsch Chem Ges* **37**, 1754.
Berl E, Hefter O (1930). *Ann Chem* **478**, 235.
Beynon JH (1960). *Mass Spectrometry and its Applications to Organic Chemistry.* Elsevier, New York.
Breitenbach JW, Gabler H (1961). *Ullmanns Encyclopädie der Techn Chemie,* 3 Aufl. **II/I**, 790.
Buis WJ, Griepink B, Haemers L, LeDuigou Y, Sels F (1981). *Mikrochim Acta (Wien)* **1981 I**, 39.
Cantow HJ (1961). *Ullmanns Encyclopädie der Techn Chemie,* 3 Aufl. **II/I**, 799, 816.
Derge K (1966). *GIT* **10**, 881 II, 247.
Fajans K, Wüst J (1935). *Physikalisch Chemisches Praktikum.* Akad Verlagsges, Leipzig.
Kienitz H (1968). *Massenspektrometrie.* Verlag Chemie, Weinheim.
Rast K (1921). *Ber Dtsch Chem Ges* **54**, 1979.
Rast K (1953). in: Pregl-Roth, *Quantitative organische Mikroanalyse,* 7 Aufl. S 325. Springer, Wien.
Signer R (1930). *Ann Chem* **478**, 246.
Simon W, Tomlinson C (1960, 1962). *Chimia* **14**, 301; **16**, 316.
Tomlinson C (1961). *Mikrochim Acta (Wien),* 457.
Wiedemann E (1961). *Ullmanns Encyclopädie der Techn Chemie,* 3 Aufl. **II/I**, 808.

Literatur zu Kap. 9

Autorenkollektiv (1971). *Analytikum.* VEB Deutscher Verlag für Grundstoffindustrie, Leipzig.
David HA (1951). *Biometrika* **38**, 393–409.
Dean RB, Dixon WJ (1951). *Anal Chem* **23**, 636.
Deutsche Forschungsgemeinschaft (1972). *Rückstandsanalytik.* 1 Ergänzungslieferung. Verlag Chemie, Weinheim.
DIN 51401 Teil 1 (1983). *Atomabsorptionsspektrometrie Begriffe.*
DIN-AChT, Unterausschuß 5 (Informationsverarbeitung in der Analytik (1987). *vorläufiges Beratungsergebnis.*
Dixon WJ (1951). *Ann Math Stat* **22**, 68–78.
Doerffel K (1957). *Z Anal Chem* **157**, 195, 241.
Doerffel K (1962). *Z Anal Chem* **185**, 1–98.
EWG (1987). *Amtsblatt der Europäischen Gemeinschaften L 223* vom 11 August (87/410/EWG). S 21, Abschnitt IV.
Funk W, Dammann V, Vonderheid C, Oehlmann G (1985). *Statistische Methoden in der Wasseranalytik.* VCH, Weinheim.
Gottschalk G, Dehmel P (1958). *Z Anal Chem* **160**, 161–169.
Grubbs FE, Beck G (1972). *Technometrics* **14**, 847–854, s. a. Din 53804, Teil 1, *Statistische Auswertungen, Meßbare (kontinuierliche) Merkmale,* S 9.
Gutermann HE (1962). *Technometrics* **4**, 134, 135.
Kaiser H, Specker H (1956). *Z Anal Chem* **149**, 46.
Lord E (1950). *Biometrika* **37**, 64.
Mücke M (1985). *Z Anal Chem* **320**, 635–641.
Pillai KCS, Buenaventura AR (1961). *Biometrika* **48**, 195.
Sachs L (1984). *Angewandte Statistik.* Springer, Berlin.

Literatur zu Kap. 10 bis 19

Abrahamczik E, Groh G, Huber W, Kraus Fr (1970). *Vom Wasser* **37**, 82.
Abresch K, Claassen I (1961). *Die coulometrische Analyse.* Monographie. Verlag Chemie, Weinheim.
Alicino JF (1965). *Microchem J* **9**, 22.
Allain A, Le Francois T (1982). *Mikrochim Acta (Wien)* **1982 I**, 97.
Amsler R (1983), *Fresenius Z Anal Chem* **320**, 290.
Bacanti M, Colombo B (1989). Fresenius Z Anal Chem **334**, 721.
Bartelmus G, Ketterer R (1977). *Fresenius Z Anal Chem* **286**, 161.
Belcher R, Spooner CE (1943). *J Chem Soc (London)* **1943**, 313.
Belcher R, Goulden R (1951). *Mikrochem* **36/37**, 679.
Bernert J, Engstfeld R (1968). *Wasser Luft Betr* **12**, 281.
Bernert J, Engstfeld R (1969). *Wasser Luft Betr* **13**, 215.
Bernert J, Engstfeld R (1971). *Wasser Luft Betr* **15**, 177.
Biandrate P, Colombo B. *CARLO ERBA Elemental Analyzermodel 1106. Manual.*
Blom L, Edelhausen L (1955). *Analyt Chim Acta* **13**, 120.
Blom L, Kraus MH (1964). *Fresenius Z Anal Chem* **205**, 50.
Blom L, Stijntjes JA, van de Viervoet JA, Beeren AJ (1962). *Chim Analyt (Paris)* **44**, 302.
Borda PP (1989). Fresenius Z Anal Chem **334**, 715.
Brodkorb E, Scherer H (1969). *GIT* **1969**, 1039.
Bürger K (1953). *Mikro-Elementaranalyse mit dem HERAEUS-Mikroverbrennungsofen „STANDARD".* Firmenschrift der W.C. HERAEUS, Hanau.
Campiglio A (1969). Farmaco Ed Sci **24**, 748.
Clerc JT, Dohner R, Sauter W, Simon W (1963). *Helv Chim Acta* **46**, 2369.
Condon RD (1966). *Microchem J* **10**, 408.
Culmo RF (1968). *Mikrochim Acta (Wien)* **1968**, 811.
Culmo RF (1972). *Microchem J* **1972**, 17.
Culmo RF (1980). *IMS-Graz. Symposiumsberichte.*
Culmo RF (1981). *Pittsburgh Conference.* Proceedings.
Culmo RF, Swanson KJ (1987). *Pittsburgh Conference* Proceedings paper No 1083.
DeBot SA, Sadek FS, Bacanti M, Colombo B (1989). American Lab **1989**.
Dennstedt M (1903). *Fresenius Z Anal Chem* **40**, 611.
Dirscherl A (1982). *Mikrochim Acta (Wien)* **1982 II**, 253.
Duswalt AA, Brand WW (1960). *Anal Chem* **32**, 272.
Ehrenberger F (1960). *Mikro-Elementaranalyse mit dem HERAEUS-Verbrennungsofen „Mikro-U".* Firmenschrift W.C. HERAEUS.
Ehrenberger F, Gorbach S, Mann W (1963). *Fresenius Z Anal Chem* **198**, 242.
Ehrenberger F (1965). *Fresenius Z Anal Chem* **210**, 424.
Ehrenberger F, Kelker H, Weber O (1966). *Fresenius Z Anal Chem* **222**, 260.
Ehrenberger F, Gorbach S (1973). *Methoden der organischen Elementar- und Spurenanalyse.* Verlag Chemie, Weinheim.
Ehrenberger F (1973). *Fresenius Z Anal Chem* **267**, 17.
Ehrenberger F (1975). *Fresenius Z Anal Chem* **274**, 283.
Ehrenberger F (1975). *Z Wasser Abwasser Forsch* **8**, 75.
Ehrenberger F (1979). *GIT* **23**, 370, 738.
Ehrenberger F (1980). *GIT* **24**, 24.
Flaschenträger B (1926). *Z Angew Chem* **39**, 717.
Fraisse D, Cousin B, Muller C (1978). *Mikrochim Acta (Wien)* **1978 II**, 9.
Francis HJ jr, Minnick EJ (1964). *Microchem J* **8**, 245.
Funk H, Schauer H (1954). *Chem Techn* **6**, 432.
Futekov L, Kütschukov D, Specker H (1977). *Fresenius Z Anal Chem* **284**, 197.
Gawargious YA, MacDonald AMG (1962). *Anal Chim Acta* **23**, 119.
Giorgi C, Natale AM, Bacanti M, Colombo B (1989). Fresenius Z Anal Chem **334**, 717.
Gorbach S, Ehrenberger F (1961). *Fresenius Z Anal Chem* **181**, 100.
Grallath E, Bühler F, Meyer A, Tölg G (1981). *Erzmetall* **34**, 591.

Haber HS, Gardiner KW (1962). *Microchem* **6**, 83.
Holmes TF, Lauder A (1965). *Analyst* **90**, 307.
Horaček J, Körbl J (1958). *Chem Ind (London)* **1958**, 101.
Hozumi K (1966). Microchem J **10**, 46.
Ingram G (1948). *Analyst* **73**, 548.
Ingram G (1961). *Analyst* **86**, 411.
Ixfeld H, Buck M (1966). *Brennstoff-Chemie* **47**, 79.
Ixfeld H, Buck M (1969). *Brennstoff-Chemie* **50**, 28.
Kainz G, Mayer J (1961). *Mikrochim Acta (Wien)* **1961**, 693.
Kainz G, Mayer J (1962). *Mikrochim Acta (Wien)* **1962**, 241.
Kainz G, Mayer J (1963). *Mikrochim Acta (Wien)* **1963**, 481.
Kainz G, Mayer J (1963). *Mikrochim Acta (Wien)* **1963**, 542.
Kainz G, Mayer J (1963). *Mikrochim Acta (Wien)* **1963**, 601.
Kainz G, Mayer J (1963/64). *Mikrochim Acta (Wien)* **1963/64**, 628.
Kainz G, Mayer J (1962). *Fresenius Z Anal Chem* **191**, 30.
Kainz G (1959). *Fresenius Z Anal Chem* **166**, 427.
Kainz G, Horwatitsch H (1963/64). *Mikrochim Acta (Wien)* **1963/64**, 720.
Kainz G, Horwatitsch H (1962). *Fresenius Z Anal Chem* **187**, 87.
Kainz G, Scheidl G (1963). *Mikrochim Acta (Wien)* **1963**, 902.
Karlsson R, Karrman KJ (1971). *Talanta* **18**, 459.
Karlsson R (1972). *Talanta* **19**, 1639.
Karlsson R (1974). *Mikrochim Acta (Wien)* **1974**, 963.
Keidel FA (1959). *Anal Chem* **31**, 2043.
Kirsten WJ (1979). *Anal Chem* **51**, 1173.
Koch W, Eckhard S, Malissa H (1958). *Arch Eisenhüttenwes* **29**, 543.
Körbl J (1956). *Mikrochim Acta (Wien)* **1956**, 1705.
Kuck JA, Berry JW, Andreatch AJ, Lentz PA (1962). *Anal Chem* **34**, 403.
Kübler R (1974). *Mikrochim Acta (Wien)* **1974**, 213.
Kübler R (1977). Belcher R (ed). *Instrumental Organic Elemental Analysis,* Chap 4. Academic Press, London.
Laarse JD van der, van Leuven HCE (1966). *Anal Chim Acta* **34**, 370.
Leuven van HCE (1973). *Fresenius Z Anal Chem* **264**, 220.
Malissa H (1961). *Fresenius Z Anal Chem* **181**, 39.
Malissa H, Puxbaum H, Pell E (1976). *Fresenius Z Anal Chem* **282**, 109.
Müller H, Fischer E (1980). *Fresenius Z Anal Chem* **302**, 199.
Merz W (1968). *Fresenius Z Anal Chem* **237**, 272.
Merz W (1969). *Anal Chim Acta* **48**, 381.
Merz W, Pfab W (1966). *Microchem J* **10**, 346.
Mizukami S, Jeki T (1963). *Microchem J* **7**, 485.
Mlinko S, Fischer E, Diehl JF (1972). *Fresenius Z Anal Chem* **261**, 203.
Monar I (1965). *Mikrochim Acta (Wien)* **1965**, 208.
Monar I (1966). *Mikrochim Acta (Wien)* **1966**, 934.
Newmann DG, Tomlinson C (1964). *Mikrochim Acta (Wien)* **1964**, 1023.
Nicolson PC, Puzio F (1970). *IMS-Graz Symposiumsbericht* A 41, 231.
Oelsen W, Göbbels P (1949). *Stahl Eisen* **69**, 33.
Oelsen W, Graue G, Haase H (1951). *Arch Eisenhüttenwes* **22**, 225.
Oelsen W, Graue G, Haase H (1951). *Angew Chem* **63**, 557.
Oelsen W, Graue G (1952). *Angew Chem* **64**, 24.
Oelsen W, Haase H, Graue G (1952). *Angew Chem* **64**, 76.
Oita IJ, Babcock RF (1980). *Anal Chem* **52**, 1007.
Pella E, Colombo B (1973). *Mikrochim Acta (Wien)* **1973**, 697.
Pella E, Colombo B (1978). *Mikrochim Acta (Wien)* **1978 I**, 271.
Pella E, Bedoni L, Colombo B, Giazzi G (1984). *Anal Chem* **56**, 2504.
Pella E, Bacanti M, Colombo B (1989). Fresenius Z Anal Chem **334**, 717.
Pfab W, Merz W (1964). *Fresenius Z Anal Chem* **200**, 385.
Pieters H, Buis WJ (1964). *Microchem J* **8**, 383.

Precioso AN (1966). *Microchem J* **10**, 516.
Pregl F (1917). *Die Quantitative Organische Mikroanalyse.* Springer, Berlin.
Puxbaum H, Reindl J (1983). *Mikrochim Acta (Wien)* **1983 I**, 263.
Reijnders HFR, Römer FG, Griepink B (1977). *Fresenius Z Anal Chem* **285**, 21.
Rezl V, Kaplanová B (1975). *Mikrochim Acta (Wien)* **1975 I**, 493.
Rezl V, Uhdoevá J (1976). *Int Lab* **1976**, 11.
Riemer W, Röss R (1980). *GIT* **24**, 310.
Rittner RC, Culmo R (1962). *Anal Chem* **34**, 673.
Römer FG, van Osch GWS, Griepink B (1971). *Mikrochim Acta (Wien)* **1971**, 772.
Römer FG, van Ginkel CJW, Griepink B (1973/4). *Mikrochim Acta (Wien)* **1973**, 957; **1974**, 1.
Römer FG, van Rossum PH, Griepink B (1975). *Mikrochim Acta (Wien)* **1975 I**, 337, 345.
Römer FG, van Schaik JW, Brunt K, Griepink B (1974/5). *Fresenius Z Anal Chem* **272** 97, **273**, 109.
Roth H (1958). in: Pregl-Roth, *Quantitative Organische Mikroanalyse,* 7 Aufl, S 64. Springer, Wien.
Sakla AB, Rashid M, Karim O, Barsoum BN (1978). *Anal Chim Acta* **98**, 121.
Salzer F (1961). *Fresenius Z Anal Chem* **181**, 59.
Salzer F (1962). *Mikrochim Acta (Wien)* **1962**, 835.
Salzer F (1964). *Fresenius Z Anal Chem* **205**, 66.
Schmidts W, Bartscher W (1961). *Fresenius Z Anal Chem* **181**, 54.
Schoch P, Grallath E, Tschöpel P, Tölg G (1974). *Fresenius Z Anal Chem* **271**, 12.
Simon W, Sommer PF, Lissy GH (1962). *Microchem J* **6**, 239.
Snoek OI, Gouverneur P (1967). *Anal Chim Acta* **39**, 463.
Sundberg OE, Maresch Ch (1960). *Anal Chem* **32**, 272.
Tanner RL, Gaffney JS, Phillips MF (1982). *Anal Chem* **54**, 1627.
Thürauf W, Assenmacher H (1972). *Fresenius Z Anal Chem* **262**, 263.
Trutnovsky H (1966). *Fresenius Z Anal Chem* **222**, 254.
Trutnovsky H (1967). *Fresenius Z Anal Chem* **232**, 116.
Vecera M, Snobl D (1960). *Coll Czechoslov Chem Commun* **25**, 2013.
Walisch W (1961). *Chem Ber* **94**, 2314.
Weser G (1983). *LABO* Oktober-Heft 2.
White TT, Campanile VA, Agazzi EJ, TeSelle LD, Tait PC, Brooks FR, Peters ED (1958). *Anal Chem* **30**, 409.
Wojnowski W, Olszewska-Borkowska A (1972). *Fresenius Z Anal Chem* **262**, 353.
Wood PR (1960). *Analyst* **85**, 764.
Young RS (1982). *Analyst* **107**, 1276.

Literatur zu Kap. 20 bis 29

Belcher R, Dauies DH, West TS (1965). *Talanta* **12**, 43.
Belcher R, Ingram G, Mayer JR (1968). *Mikrochim Acta (Wien)* **1968**, 418.
Boys FL, Dworak DD (1964). *Developments in Appl Spectros* **4**, 369.
Bürger K (1953). *Mikro-Elementaranalyse mit dem HERAEUS-Mikroverbrennungsofen „STANDARD"* Firmenschrift W.C. Heraeus, Hanau.
Calme P, Keyser M (1969). *Mikrochim Acta (Wien)* **1969**, 1248.
Colombo B, Bacanti M (1987). Proceedings 2nd EPOA Conference Rome.
Culmo R (1968). *Mikrochim Acta (Wien)* **1968**, 811.
Dixon JP (1958). *Anal Chim Acta* **19**, 141.
Ehrenberger F (1962). *Mikrochim Acta (Wien)* **1962**, 265.
Ehrenberger F, Mann W, Gorbach S (1963). *Fresenius Z Anal Chem* **198**, 242.
Ehrenberger F, Weber O (1967). *Mikrochim Acta (Wien)* **1967**, 513.
Ehrenberger F (1973). *Fresenius Z Anal Chem* **267**, 21.
Ehrenberger F (1977). *Mikrochim Acta (Wien)* **1977 II**, 39.
Götz A, Bober H (1961). *Fresenius Z Anal Chem* **181**, 92.
Gouverneur P, Schreuders MA, Degens jr PN (1951). *Anal Chim Acta* **5**, 293.
Gouverneur P, Bruijn AC (1969). *Talanta* **16**, 827.

Harris CC, Smith DM, Mitchel jr J (1950). *Anal Chem* **22**, 1297.
Huber W (1959). *Mikrochim Acta (Wien)* **1959**, 751.
Imaeda K, Ohsawa K, Ohgi K (1973). *Jpn Anal* **22**, 1568.
Imaeda K, Kuriki T, Ohsawa K, Ishii Y (1977). *Talanta* **24**, 167.
Merz W (1970). *Anal Chim Acta* **51**, 523.
Kainz G, Scheidl F (1964). *Fresenius Z Anal Chem* **202**, 349, **204**, 8.
Kainz G, Scheidl F (1964). *Mikrochim Acta (Wien)* **1964**, 639.
Karrman KJ, Karlsson R (1974). *Talanta* **21**.
Kuck JA, Andreatch AJ, Mohns JF (1967). *Anal Chem* **39**, 1249.
Maylott AO, Lewis JB (1950). *Anal Chem* **22**, 1051.
Monar I (1965). *Mikrochim Acta (Wien)* **1965**, 208.
Oita IJ (1960). *Anal Chim Acta* **22**, 439.
Oita IJ, Conway HS (1954). *Anal Chem* **26**, 600.
Oliver FH (1955). *Analyst* **80**, 593.
Otting W (1951). *Mikrochem* **38**, 551.
Paesold G (1972). *Balzers Applications-Report Nr KG 3*.
Pella E (1966). *Anal Chim Acta* **35**, 96.
Pella E (1968). *Mikrochim Acta (Wien)* **1968**, 13.
Römer FG, van Osch GWS, Buis WJ, Griepink B (1972). *Mikrochim Acta (Wien)* **1972**, 674.
Roth H (1958). in: Pregl-Roth, *Quantitative Organische Mikroanalyse,* 7 Aufl, S 84. Springer, Wien.
Roboz J (1971). *J Chem Educat* **48**, A9.
Salzer F (1962). *Mikrochim Acta (Wien)* **1962**, 835.
Schmidts W, Bartscher W (1961). *Fresenius Z Anal Chem* **181**, 54.
Smith SK, Krause DW (1968). *Anal Chem* **40**, 2034.
Schütze M (1939). *Fresenius Z Anal Chem* **118**, 241.
Schütze M (1939). *Fresenius Z Anal Chem* **118**, 245.
Schütze M (1944). *Ber Dtsch Chem Ges* **77B**, 484.
Thürauf W, Assenmacher H (1969). *Fresenius Z Anal Chem* **245**, 26.
Thürauf W (1980). *Fresenius Z Anal Chem* **300**, 204.
Unterzaucher J (1940). *Ber Dtsch Chem Ges* **73**, 391.
Unterzaucher J (1951). *Mikrochem* **36/37**, 706.
Unterzaucher J (1962). *Analyst* **77**, 584.
Unterzaucher J (1956). *Mikrochim Acta (Wien)* **1956**, 822.
Wortig D (1985). *CARLO ERBA Symposiumsbericht Bad-Soden* vom 2 April.
Yoshimori T, Shigeta Y, Nakanishi H (1982). *Mikrochim Acta (Wien)* **1982 I**, 297.
Zimmermann W (1939). *Fresenius Z Anal Chem* **118**, 258.

Literatur zu Kap. 30 bis 39

Agterdenbos J (1970). *Talanta* **17**, 238.
Arcand GM, Swifth EH (1956). *Anal Chem* **28**, 440.
Ball IR (1967). *Water Res* **I**, 767.
Bang I (1927). Mikromethoden zur Blutuntersuchung, 6 Aufl, S 27. Bergmann, München.
Bartelmus G, Heußer W (1982). *Fresenius Z Anal Chem* **312**, 221.
Belcher R (1966). *Submikro-Methods of Organic Analysis.* Elsevier, Amsterdam.
Belcher R (1977). *Instrumental Organic Elemental Analysis,* S 149. Academic Press, London.
Berthelot MP (1859). *Rep Chim Appl* **1859**, 284
Bolleter WT, Bushman CJ, Tidwell PW (1961). *Anal Chem* **33**, 592.
Bond GR, Harriz CG (1957). *Anal Chem* **29**, 177.
Bornmann P (1975). *Stickstoffbestimmungsmethoden in Abhängigkeit vom Molekülbau*. Trostberg Süddeutsche Kalkstickstoffwerke.
Boström CA, Cedergren A, Johannson G, Peterson J (1974). *Talanta* **21**, 1123.
Bradstreet RB (1965). *The Kjeldahl Method for Organic Nitrogen.* Academic Press, New York.
Bünnig K (1974). *GIT* **18**, Heft 12.

Burg P, Mook HW (1963). *Clin Chim Acta* **8**, 162.
Burrows RE (1974). *US Br Sport Fish Wildlife Resources Publ* **66**, 12.
Campbell AD, Munro MHG (1963). *Anal Chim Acta* **28**, 574.
Christian GD, Knoblock EC, Purdy WC (1963). *Anal Chem* **35**, 2217.
Christian GD, Jung N (1966). *J Ass Off Anal Chem* **49**, 865.
Colombo B, Giazzi G (1982). Int Lab, Sept 1982, 76.
Conway EJ (1959). *Microdiffusion Analysis,* 4 Aufl. Crosby Lockwood & Son, London.
Crowther AB, Large RS (1956). *Analyst* **81**, 64.
Culmo RF, Swanson KJ (1988). *Proceedings of the Pittsburgh Conference* Paper Number 1002.
Darimont T, Schulze G, Sonneborn M (1983). *Fresenius Z Anal Chem* **314**, 383.
Davis CF, Wise M (1931). *C* **1931** *II*, 3365.
Davison W, Woof C (1978). *Analyst* **103**, 403.
Dewolfs R, Brodin G, Clysters H, Deelstra H (1975). *Fresenius Z Anal Chem* **275**, 337.
Dixon JP (1968). *Modern Methods in Organic Microanalysis.* van Nostrand, London.
Drushel HV (1977). *Anal Chem* **49**, 932.
Eagan ML, Dubois L (1974). *Anal Chim Acta* **70**, 157.
Ehrenberger F (1967). *Fresenius Z Anal Chem* **228**, 106.
Ehrenberger F, Gorbach S (1973). *Methoden der organischen Elementar- und Spurenanalyse.* Verlag Chemie, Weinheim.
Eicken S (1977). *Vom Wasser* **49**, 135.
Flamerz S, Bashir WA (1981). *Analyst* **106**, 243.
Frey G (1948). *Helv Chim Acta* **31**, 709.
Friedrich A (1933). *Z Physiol Chem (Hoppe-Seyler)* **216**, 68.
Gehrke CW, Kaiser FE, Ussary JP (1968). *J Ass Off Anal Chem* **51**, 200.
Geiger E (1942). *Helv Chim Acta* **25**, 1453.
Gottlieb OR, Magalhaes MT (1958). *Anal Chem* **30**, 995.
Gouverneur P (1962). *Anal Chim Acta* **26**, 212.
Grether L, Bruttel P, Inhelder R. *METROHM Applic Bull* Nr A 53 d.
Griess P (1879). *Ber Dtsch Chem Ges* **12**, 427.
Hegedüs J, Forgvo A (1978). *Mikrochim Acta (Wien)* **1978 II** , 315.
Heumann KG, Unger M (1983). *Fresenius Z Anal Chem* **315**, 454.
Hjalmarsson S, Akesson R (1983). *Int Lab* **April** 1983, 70.
Horwitz W (1970). *Official Methods of Analysis of the Ass of Anal Chem,* 11th ed. Ed AOAC, Washington DC.
Huber W (1964). *Methoden der Analyse in der Chemie.* Band I. *Titrationen in nichtwäßrigen Lösungsmitteln.* Akadem Verlagsges, Frankfurt.
Jacobs S (1956). *Analyst* **81**, 502.
Jacobs S (1960). *Analyst* **85**, 257.
Jacobs S (1959). *Nature* **183**, 262.
Johnson EL (1982). *Am Lab* **14** (2), 98.
Jureček M, Bulušek J, Helan V (1980). *Mikrochim Acta (Wien)* **1980 I**, 289.
Jureček M, Bulušek J, Havliková M (1981). *Mikrochim Acta (Wien)* **1981 II**, 361.
Jureček M, Bulušek J, Săfăřovă M, Prokeš B (1983). *Mikrochim Acta (Wien)* **1983 I**, 43, 207.
Kenneth H, Nicholls N (1975). *Anal Chim Acta* **76**, 208.
Kern W, Brauer G (1964). *Talanta* **11**, 1177.
Kinkeldei N (1983). *Bedienungsanleitung ORION Nitratelektrode.* Orion.
Kjeldahl Z (1883). *Fresenius Z Anal Chem* **22**, 366.
Kosina F, Kupec J, Mlădek M, Podešvovă E, Zamazalovă J, Mašlăňovă L (1975). *Coll Czechoslov Chem Commun* **40**, 278.
Krom MD (1980). *Analyst* **105**, 305.
Kübler R (1972). *Mikrochim Acta (Wien)* **1972**, 591.
Küster FW, Thiel A, Fischbeck K. *Logarithmische Rechentafeln.* Walter de Gruyter, Berlin.
Kunkel E, Geldermann H (1980). *Mikrochim Acta (Wien)* 1980 II, 455.
Kupka HJ, Sieper HP (1988). *Bedienungsanleitung zum HERAEUS-macro-N.* W.C. Heraeus, Hanau.
Le Blanc PJ, Sliwinski JF (1973). Int. Lab **1973** (5), 25.
Leithe W (1970). *Fresenius Z Anal Chem* **251**, 185.

Lubochinski B, Zalta JP (1954). *Bull Stĕ Chim Biol* **36**, 1363.
Lunge G (1877). *B B* **10**, 1075.
Mackie H, Speciale SJ, Throop LJ, Yang T (1982). *J Chromatogr* **242**, 177.
Maros L, Szebeni S (1965). *Magi Kĕm Folyŏirat* **71**, 531.
Martin RL (1966). *Anal Chem* **38**, 1209.
Mauss H (1975). *Fresenius Z Anal Chem* **274**, 287.
Merz W (1968). *Fresenius Z Anal Chem* **237**, 272.
Merz W (1970). *GIT* **14**, 617.
Merz W (1972). *Landwirtsch Forsch* **26 I**, 311.
Miller GL, Miller EE (1948). *Anal Chem* **20**, 481.
Milner OI, Zahner RJ, Herner LS, Cowell WH (1967). *Anal Chim Acta* **39**, 413.
Monar I (1965). *Mikrochim Acta (Wien)* **1965**, 208.
Moore S (1968). *J Biol Chem* **243**, 6281.
Niedermaier T (1975). *Fresenius Z Anal Chem* **276**, 75.
Öbrink KJ (1955). *Biochem J* **59**, 134.
Parks RE, Marietta RL (1977). *US Patent* 4018562.
Parnas JK, Wagner R (1921). *Biochem Z* **125**, 253.
Parnas JK, Wagner R (1938). *Fresenius Z Anal Chem* **114**, 261, 275.
Payne GB, Williams P (1961). *J Org Chem* **26**, 651, 659.
Pella E, Bedoni L, Colombo B, Giazzi G (1984). *Anal Chem* **56**, 2504.
Rommers PJ, Visser J (1969). *Analyst* **94**, 653.
Roth H (1944). *Mikrochem* **31**, 287.
Roth H (1960). *Mikrochim Acta (Wien)* **1960**, 663.
Schluter EC (1959). *Anal Chem* **31**, 1576.
Schöniger W, Lieb H, El Din Ibrahim MG (1954). *Mikrochim Acta (Wien)* **1954**, 96.
Schöniger W, Haack A (1956). *Mikrochim Acta (Wien)* **1956**, 1369.
Searle PL (1984). *Analyst* **109**, 549.
Sheridan RC, Brown EH (1965). *J Org Chem* **30**, 668.
Small H (1983). *Anal Chem* **55**, 235 A.
Spitzy H, Reese M, Skrube H (1958). *Mikrochim Acta (Wien)* **1958**, 488.
Streuli CA (1958). *Anal Chem* **30**, 997.
Streuli CA (1959). *Anal Chem* **31**, 1652.
Ter Meulen H, Heslinga J (1927). *Neue Methoden der organisch chemischen Analyse*. Akadem Verlagsges, Leipzig.
Tetlow JA, Wilson AL (1964). *Analyst* **89**, 453.
Thaler H, Sturm W (1970). *Fresenius Z Anal Chem* **251**, 30.
Tingvall P (1978). *Analyst* **103**, 406.
Thürauf W, Assenmacher H (1970). *Fresenius Z Anal Chem* **250**, 111.
Ugrinovits N (1982). *Int Lab* **1982** (4), 55.
Vondenhof T, Schulte K (1979). *Dtsch Lebensm Rundsch* **75**, 187.
Wall LL, Gehrke CW, Neuner TE, Cathey RD, Rexroad PR (1975). *J Ass Off Anal Chem* **58**, 811.
Wall LL, Gehrke CW, Neuner TE, Cathey RD, Rexroad PR (1976). *J Ass Off Anal Chem* **59**, 219.
Weatherburn MW (1967). *Anal Chem* **39**, 971.
Werner W (1980). *Fresenius Z Anal Chem* **304**.
Werner W, Tölg W (1975). *Fresenius Z Anal Chem* **276**, 10.
Weser G (1983). *LABO* **1983** (10), 2.
White DC (1971). *Analyst* **96**, 728.
Withehurst DH, Johnson JB (1958). *Anal Chem* **30**, 133.
Zeen PJ, VanGrondelle MC (1980). *Anal Chim Acta* **118**, 277.

Literatur zu Kap. 40 bis 49

Archer EE (1956). *Analyst 81*, 181.
Bacanti M, Colombo B (1989). Fresenius Z Anal Chem **334**, 717.

Ballczo H, Mondl G (1951). *Mikrochim Acta (Wien)* **36/37**, 997.
Bartels U, Thi tam Pham (1982). *Fresenius Z Anal Chem* **310**, 13.
Bartscher W (1979). *Fresenius Z Anal Chem* **299**, 194.
Belcher R, Ingram G (1952). *Anal Chim Acta* **7**, 319.
Bock R, Puff HJ (1968). *Fresenius Z Anal Chem* **240**, 381.
Budesinsky B, Krumlova L (1967). *Anal Chim Acta* **39**, 375.
Budesinsky B (1965). *Anal Chem* **37**, 1159.
Budesinsky B, Vrzalova D (1965). *Fresenius Z Anal Chem* **210**, 161.
Bürger K (1940). *Chem Fabr* **13**, 218.
Bürger K (1941). *Angew Chem* **54**, 479.
Bürger K (1942). *Die Chemie* **55**, 245.
Cedergren A (1973). *Talanta* **20**, 621.
Cedergren A (1975). *Talanta* **22**, 967.
Chakraborti D, Adams F (1979). *Anal Chim Acta* **109**, 307.
Corner M (1959). *Analyst* **84**, 41.
Culmo RF (1972). *Microchem J* **17**, 499.
Dirscherl A (1957). *Mikrochim Acta (Wien)* **1957**, 421.
Dirscherl A, Erne F (1961). *Mikrochim Acta (Wien)* **1961**, 866.
Drushel HV (1978). *Anal Chem* **50**, 76.
Dugan G, Carre JF (1972). *Hercules Research Center* Report N 27201.
Ehmann DL (1976). *Anal Chem* **48**, 918.
Ehrenberger F, Gorbach S, Hommel K (1965). *Fresenius Z Anal Chem* **210**, 349.
Ehrenberger F (1977). *GIT* **1977** (11), 944.
Fajans K, Hassel O (1923). *Z Elektrochem* **29**, 495.
Fajans K, Wolff H (1924). *Z Anorg Chem* **137**, 221.
Fernandez T, Garcia Luis A, Garcia Montelongo F (1980). *Analyst* **105**, 317.
Fischer E (1883). *Chem Ber* **16**, 2234.
Florence TM, Farrar YJ (1980). *Anal Chim Acta* **116**, 175.
Fritz JS, Yamamura SS (1955). *Anal Chem* **27**, 1461.
Fritz JS, Yamamura SS, Richard MJ (1957). *Anal Chem* **29**, 158.
Giesselmann G, Hagedorn I (1960). *Mikrochim Acta (Wien)* **1960**, 390.
Granatelli L (1959). *Anal Chem* **31**, 434.
Griepink B, Slanina J, Schoonman J (1967). *Mikrochim Acta (Wien)* **1967**, 984.
Grondelle MC, Craats F, Laarse JD (1977). *Anal Chim Acta* **92**, 267.
Grondelle MC, Zeen PJ, Craats F (1978). *Anal Chim Acta* **100**, 439.
Grondelle MC, Zeen PJ (1980). *Anal Chim Acta* **116**, 335.
Grote W, Krekeler H (1933). *Angew Chem* **46**, 106.
Gustafson L (1960). *Talanta* **4**, 227, 236.
Ingram G (1951). *Mikrochim Acta (Wien)* **36/37**, 690.
Kainz G, Scheidl F (1964). *Mikrochim Acta (Wien)* **1964**, 998.
Kirsten WJ (1964). *Mikrochim Acta (Wien)* **1964**, 486.
Kissa E (1982). *Anal Chem* **54**, 1450.
Kunkel E (1972). *Fresenius Z Anal Chem* **258**, 337.
Kunkel E (1976). *Mikrochim Acta (Wien)* **1976 II**, 1.
Kupka HJ, Stremming H, Spitaler M (1989). Labor-Praxis, Heft 4, 270.
Lädrach W, Laarse JD (1977). *Anal Chim Acta* **94**, 213.
Lindgren M, Cedergren A, Lindberg J (1982). *Anal Chim Acta* **141**, 279.
Lücke N (1985). *Fresenius Z Anal Chem* **320**, 663.
MacDonald AMG (1965). *The Oxygen-Flask Method* in: Reilly CN (ed) *Advances in Analytical Chemistry and Instrumentation.* **4**, 103. Interscience, New York.
Malissa H, Puxbaum H, Pell E (1976). *Fresenius Z Anal Chem* **282**, 109.
Mascini M, Liberti A (1970). *Anal Chim Acta* **51**, 231.
Matheson NA (1974). *Analyst* **99**, 577.
Merz W, Pfab W (1966). *Microchem J* **10**, 346.
Mitsui T, Sato H (1956). *Mikrochim Acta (Wien)* **1956**, 1603.
Moore RT (1980). *Anal Chem* **52**, 760.

Moest RR (1975). *Anal Chem* **47**, 1204.
Naumann R, Weber Ch (1971). *Fresenius Z Anal Chem* **253**, 111.
Nuti V, Ferrarini PL (1969). Farmaco Ed Sci **24**, 930.
Oita IJ (1983). *Anal Chem* **55**, 2434.
Padowetz W, Kästli H (1988). Fresenius Z Anal Chem **332**, 61.
Pearson CD, Hines WJ (1977). *Anal Chem* **49**, 123.
Pella E, Colombo B (1978). *Mikrochim Acta (Wien)* **1978 I**, 271.
Pella E (1961). *Mikrochim Acta (Wien)* **1961**, 473.
Pietrogrande A, Dalla Fini G, Guerrato A (1983). *Mikrochimica Acta (Wien)* **1983 I**, 325.
Pitt EEH, Rupprecht WE (1964). *Fuel (London)* **43**, 417.
Puxbaum H, Reindl J (1983). *Mikrochim Acta (Wien)* **1983 I**, 263.
Roth H (1951). *Mikrochim Acta (Wien)* **36/37**, 379.
Schöniger W (1955). *Mikrochim Acta (Wien)* **1955**, 123.
Schöniger W (1956). *Mikrochim Acta (Wien)* **1956**, 869.
Schöniger W (1968). *Analysenvorschriften und Literaturnachweise zur Kolben-Verbrennungsapparatur Mikro K.* Firmenschrift der Fa. W.C. HERAEUS, Hanau.
Schoch P, Grallath E, Tschöpel P, Tölg G (1974). *Fresenius Z Anal Chem* **271**, 12.
Selig W (1974). *Mikrochim Acta (Wien)* **1974**, 515.
Selig W, Frazer JW, Kray AM (1975). *Mikrochim Acta (Wien)* **1975 II**, 581, 665, 675.
Siemer DD (1980). *Anal Chem* **52**, 1971.
Small H, Stevens TS, Baumann WC (1975). *Anal Chem* **47**, 1801.
Soep H, Demon P (1960). *Microchem J* **4**, 77.
Sorensen DL, Kneib WA, Porcella DB (1979). *Anal Chem* **51**, 1870.
Sunden T, Lindgren M, Cedergren A (1983). *Anal Chem* **55**, 2.
Thürauf W, Assenmacher H (1981). *Fresenius Z Anal Chem.*
Vaeth E, Grießmayer E (1980). *Fresenius Z Anal Chem* **303**, 268.
Vecera M (1955). *Mikrochim Acta (Wien)* **1955**, 90.
Vohl H (1863). *Dinglers Poyltechn J* **168**, 49.
Wagner H, Bühler F (1951). *Mikrochim Acta (Wien)* **36/37**, 641.
Wagner H (1957). *Mikrochim Acta (Wien)* **1957**, 19.
Wintersteiner O (1924). *Mikrochem* **2**, 14.
Wintersteiner O (1942). *Ind Eng Chem Anal Ed* **9**, 491.
Watson A, Grallath E, Kaiser G, Tölg G (1978). *Anal Chim Acta* **100**, 413.
White DC (1959). *Mikrochim Acta (Wien)* **1959**, 254.
White DC (1960). *Mikrochim Acta (Wien)* **1960**, 282.
White DC (1961). *Mikrochim Acta (Wien)* **1961**, 449.
White DC (1962). *Mikrochim Acta (Wien)* **1962**, 807.
Wickbold R (1952). *Angew Chem* **64**, 133.
Wickbold R (1954). *Angew Chem* **66**, 173.
Wickbold R (1957). *Angew Chem* **69**, 530.
Wurzschmitt B, Zimmermann W (1938). *Fresenius Z Anal Chem* **114**, 321.
Wurzschmitt B, Zimmermann W (1950). *Fortschr Chem Forsch* **1**, 485.
Wurzschmitt B (1951). *Mikrochim Acta (Wien)* **36/37**, 769.
Zimmermann W (1944). *Mikrochim Acta (Wien)* **31**, 15.
Zimmermann W (1948). *Mikrochim Acta (Wien)* **33**, 122.
Zimmermann W (1950). *Mikrochim Acta (Wien)* **35**, 80.
Zimmermann W (1952). *Mikrochim Acta (Wien)* **40**, 162.
Zinnecke F (1951). *Fresenius Z Anal Chem* **132**, 175.

Literatur zu Kap. 50 bis 52

Autenrieth W (1902). *Ber Dtsch Chem Ges* **35**, 2057.
Baubigny H, Chavanne G (1903). *C R Acad Sci Paris* **136**, 1197.
Belcher R, MacDonald AMG, Nutten AJ (1954). *Mikrochim Acta (Wien)* **1954**, 104.

Bergmann JG, Sanik J (1957). *Anal Chem* **29**, 241.
Binkowski J, Lešniak E (1979). *Mikrochim Acta (Wien)* **1979 II**, 383.
Bock R (1980). *Methoden der Analytischen Chemie,* Band 2. 1 Aufl. Verlag Chemie, Weinheim.
Borda B (1980). *Microchem J* **25**, 72.
Cammann K (1977). *Das Arbeiten mit ionenselektiven Elektroden,* 2 Aufl. Springer, Berlin.
Cammann K (1982). *Instrument und Forschung* Nr 9.
Cammann K (1985). *Fresenius Z Anal Chem* **320**, 740.
Campiglio A, Traverso G (1980). *Mikrochim Acta (Wien)* **1980 I**, 485.
Campiglio A (1982). *Mikrochim Acta (Wien)* **1982 II**, 347.
Campiglio A (1982). *Mikrochim Acta (Wien)* **1982 I**, 355.
Cheng FW (1959). *Microchem J* **3**, 537.
Cheng FW (1980). *Microchem J* **25**, 86.
Chung-Yu Wang, Tarter JG (1983). *Anal Chem* **55**, 1775.
Corliss JM, Miller JB (1963). *Microchem J* **7**, 5.
Dirscherl A, Erne F (1961). *Mikrochim Acta (Wien)* **1961**, 866.
Dirscherl A (1980). *Mikrochim Acta (Wien)* **1980 I**, 307.
Ehrenberger F (1959). *Mikrochim Acta (Wien)* **1959**, 192.
Ehrenberger F (1961). *Mikrochim Acta (Wien)* **1961**, 590.
Ehrenberger F (1981). *Fresenius Z Anal Chem* **306**, 24.
Ehrenberger F, Gorbach S, Hommel K (1965). *Fresenius Z Anal Chem* **210**, 349.
Falcon JZ, Love JL, Gaeta LJ, Altenau AG (1975). *Anal Chem* **47**, 171.
Grondelle MC, Zeen PJ (1980). *Anal Chim Acta* **116**, 397.
Harzdorf C (1966). *Fresenius Z Anal Chem* **215**, 246.
Herrmann M (1961). *Fresenius Z Anal Chem* **181**, 122.
Heumann KG, Hoffmann R (1978). *Adv Mass Spectrom* **7**, 610.
Heumann KG, Beer F, Kifmann R (1980). *Talanta* **27**, 567.
Heumann KG, Schindlbauer W (1981). *Fresenius Z Anal Chem* **306**, 245.
Heumann KG, Schindlbauer W (1982). *Fresenius Z Anal Chem* **312**, 595.
Heumann KG, Schrödl W, Weiß H (1983). *Fresenius Z Anal Chem* **315**, 213.
Horaček J, Sir Z (1976). *Coll Czechoslov Chem Commun* **41**, 2015.
Hozumi K, Tanaka Y (1989). Fresenius Z Anal Chem **334**, 716.
Hunter G, Goldpink AA (1954). *Analyst* **79**, 467.
Kainz G, Scheidl F (1964). *Mikrochim Acta (Wien)* **1964**, 998.
Kirsten W (1953). *Anal Chem* **25**, 74.
Kolthoff IM, Yutzy H (1937). *Ind Eng Chem, Anal Ed* **9**, 75.
Kunkel E (1968). *Mit Ver Großkesselbesitzer* **48**, 355.
Leipert T (1929). *Mikrochem Pregl-Festschrift* **1929**, 266.
Lingane JJ (1962). *Electroanal Chem.* Interscience, New York.
Malmstadt HV, Winefordner JD (1960). *Anal Chem* **32**, 281.
Pflaum RT, Frohlinger JO, Berge DG (1962). *Anal Chem* **34**, 1812.
Pietrogrande A, Zancato M (1989). Freseninus Z Anal Chem **334**, 716.
Pregl F (1935). *Die Quantitative Organ Mikroanalyse,* 4 Aufl, S 117. Springer, Berlin.
Potman W, Dahmen EAMF (1972). *Mikrochim Acta (Wien)* **1972**, 303.
Prokopov TS (1968). *Mikrochim Acta (Wien)* **1968**, 401.
Roger H, Zimmermann G, Strohm G (1988). Labor-Praxis 12 Jg, Heft 11.
Roth H (1958). *Pregl-Roth Quantitative Organische Mikroanalyse,* 7 Aufl, S 121. Springer, Wien.
Schnitzler N, Levay N, Kühn N, Sontheimer N (1983). *Vom Wasser* **61**, 263, 274.
Seel FOH (1970). *Grundlagen der Analytischen Chemie,* 7 Aufl. Verlag Chemie, Weinheim.
Unterzaucher J, Röscheisen P (1935). *Mikrochem* **18**, 312.
Vieböck F, Brecher C (1930). *Chem Ber* **63**, 3207.
Volhard J (1874). *J Prakt Chem* **117**, 217.
White LM, Kilpatrick MD (1950). *Anal Chem* **22**, 1049.
White LM, Secor GE (1950). *Anal Chem* **22**, 1047.
Wickbold R (1952). *Angew Chem* **64**, 133.
Wickbold R (1957). *Angew Chem* **69**, 530.
Winefordner JD, Tin M (1963). *Anal Chem* **35**, 382.

Wolfbeis OS, Posch W, Gübitz G, Tritthart P (1983). *Anal Chim Acta* **147**, 405.
Zacherl MK, Krainick HG (1932). *Mikrochem* **11**, 61.

Literatur zu Kap. 53

Berraz G, Delgado O (1960). *Rev Fac Ing Quim* **28**, 53.
Cheng FW (1980). *Microchem J* **25**, 86.
Coerdt W, Mainka E (1985). *Fresenius Z Anal Chem* **320**, 656.
Crecelius EA (1975). *Anal Chem* **47**, 2034.
Ehrenberger F (1961). *Mikrochim Acta (Wien)* **1961**, 590.
Fischer PWF, L'Abbé MR (1981). *J Ass Off Anal Chem* **64**, 71.
Gran G (1952). *Analyst* **77**, 661.
Gestrein H, Maichin B, Eustachio P, Knapp G (1979). *Mikrochim Acta (Wien)* **1979 I**, 291.
Heumann KG, Schindlmeier W (1982). *Fresenius Z Anal Chem* **312**, 595.
Heumann KG, Hoffmann R (1978). *Adv Mass Spectrom* **7**, 610.
Heumann KG, Schindlmeier W (1981). *Fresenius Z Anal Chem* **306**, 245.
Jones SD, Spencer CP, Truesdale VW (1982). *Analyst* **107**, 1417.
Kainz G (1950). *Mikrochim Acta (Wien)* **35**, 466.
Lalancette RA, Lukazewski DM, Steyermark A (1972). *Microchem J* **17**, 665.
Lang R (1926). *Z anorg allg Chem* **152**, 206.
Leipert T (1929). *Mikrochem* **1929** *Pregl-Festschrift* 266.
Liberti A, Mascini M (1969). *Anal Chem* **41**, 676.
Montag A, Grote B (1981). *Z Lebensm Unters Forsch* **172**, 123.
Sandell EB, Kolthoff IM (1937). *Mikrochim Acta (Wien)* **1**, 9.
Schulze G, Simon J (1986). in: Jander-Jahr, *Maßanalyse*. Walter de Gruyter, Berlin.
Spitzy H, Reese M, Skrube H (1958). *Mikrochim Acta (Wien)* **1958**, 488.
Steyermark A, Lalancette RA (1973). *J Ass Off Anal Chem* **56**, 888.
Sucman E, Šucmanová M, Synek O (1978). *Z Lebensm Unters Forsch* **167**, 5.
Vieböck F, Brecher C (1930). *Ber Dtsch Chem Ges* **63**, 3207.
Wiechen A, Kock B (1984). *Fresenius Z Anal Chem* **319**, 569.
Wooster WS, Farrington PS, Swift EH (1949). *Anal Chem* **21**, 1457.
Zimmermann W (1944). *Mikrochim Acta (Wien)* **31**, 15.

Literatur zu Kap. 54

Abrahamczik E, Merz W (1959). *Mikrochim Acta (Wien)* **1959**, 445.
Ballczo H, Doppler G, Lanik A (1957). *Mikrochim Acta (Wien)* **1957**, 809.
Ballczo H, Sager M (1979). *Fresenius Z Anal Chem* **298**, 382.
Bäumler J, Glinz E (1964). *Mitt Lebensm Unters Hyg* **55**, 250.
Bast O (1972). *Chem Ztg* **96**, 108.
Belcher R, Leonard MA, West TS (1959). *Talanta* **2**, 92.
Belcher R, Leonard MA, West TS (1959). *J Chem Soc* **1959**, 3577.
Belcher R, MacDonald AMG (1956). *Mikrochim Acta (Wien)* **1956**, 899.
Belcher R, MacDonald AMG (1957). *Mikrochim Acta (Wien)* **1957**, 510.
Belcher R, West TS (1961). *Talanta* **8**, 853.
Belcher R, Tatlow JC (1951). *Analyst* **76**, 593.
Bellack E, Schuboe PJ (1958). *Anal Chem* **30**, 2032.
Bettinelli M (1983). *Analyst* **108**, 404.
Bock R, Strecker S (1968). *Fresenius Z Anal Chem* **235**, 322.
Bourbon P, Balsa C (1983). *Anal Chim Acta* **148**, 311.
Brown KD, Parker GA (1980). *Analyst* **105**, 1208.
Buck M (1963). *Fresenius Z Anal Chem* **193**, 101.

Buck M, Stratmann H (1965). *Brennst-Chem* **46**, 231.
Chang CW, Thompson CR (1964). *Microchem J* **8**, 407.
Chapmann FW Jr, Marvin GG, Tyree SY Jr (1949). *Anal Chem* **21**, 700.
Cheng FW (1967). *Mikrochim Acta (Wien)* **1967**, 1105.
Chung-Yu Wang, Tarter JG (1983). *Anal Chem* **55**, 1775.
Clements RL, Sergeant GA, Webb PJ (1971). *Analyst,* **96**, 51.
Deane SF, Leonard MA, McKee V, Svehla G (1978). *Analyst* **103**, 1134.
Dirscherl A (1980). *Mikrochim Acta (Wien)* **1980 I**, 307.
Durst RA, Taylor JK (1967). *Anal Chem* **39**, 1483.
Ehrenberger F (1959). *Mikrochim Acta (Wien)* **1959**, 192.
Ehrenberger F (1981). *Fresenius Z Anal Chem* **305**, 181.
Ehrlich P, Pietzka G (1951). *Fresenius Z Anal Chem* **133**, 84.
Eyde B (1982). *Fresenius Z Anal Chem* **311**, 19.
Fäßler A (1969). *Erzmetall* **22** (4), 175.
Frant MS, Ross JW (1966). *Science* **154**, 1553.
Frere FJ (1962). *Microchem J* **6**, 167.
Gebhardt O, Horn O, Stephan O (1975). *Glastechn Ber* **48**, 63.
Gran G (1952). *Analyst* **77**, 661.
Hall RJ (1963). *Analyst* **88**, 76.
Harzdorf C (1969). *Fresenius Z Anal Chem* **245**, 67.
Harzdorf C, Steinhauser O (1966). *Fresenius Z Anal Chem* **218**, 96.
Horáček J, Pechanec V (1966). *Mikrochem Acta (Wien)* **1966**, 17.
Kainz G, Schöller F (1956). *Mikrochim Acta (Wien)* **1956**, 843.
Kissa E (1983). *Anal Chem* **55**, 1445.
Kußmaul H, Hegazi M (1977). *Vom Wasser* **48**, 143.
Leonard MA, West TS (1960). *J Chem Soc* **1960**, 4477.
Leonard MA, Murray GT (1974). *Analyst* **99**, 645.
Leonard MA (1975). *Analyst* **100**, 275.
Leonard MA, Deane SF (1977). *Analyst* **102**, 340.
Liberti A, Mascini M (1969). *Anal Chem* **41**, 676.
Lingane JJ (1967). *Anal Chem* **39**, 881.
Ma TS, Gwirtsman J (1957). Anal Chem **29**, 140.
Martin F, Floret A, Dillier MC (1961). *Bull Soc Chim France* **1961**, 460.
Megregian S (1954). *Anal Chem* **26**, 1161.
Miller JF, Hunt H, McBee ET (1947). *Anal Chem* **19**, 148.
Nardozzi MJ, Lewis LL (1961). *Anal Chem* **33**, 1261.
Öbrink KJ (1959). *Biochem J* **59**, 134.
Oelschläger W (1962). *Fresenius Z Anal Chem* **191**, 408.
Pavel J, Kübler R, Wagner H (1970). *Microchem J* **15**, 192.
Peters O, Ladd O (1971). Priv. Mittg.
Pickhardt O, Brown O (1980). Analyst **105**, 1208.
Quentin KE (1962). *Vom Wasser* **29**, 98.
Quentin KE, Rosopulo A (1968). *Fresenius Z Anal Chem* **241**, 241.
Raby BA, Sunderland WE (1967). *Anal Chem* **39**, 1304.
Rea RE (1979). *Wat Pollut Control* **1979**, 139.
Rechnitz S (1968). *Anal Chem* **40**, 509.
Rittner RC, Ma TS (1972). *Mikrochim Acta (Wien)* **1972**, 404.
Schwarzkopf O, Heinlein R (1956). *WADC Technical Report* 56-19 *Astia Document* No AD 130855 und 130781.
Seel F, Steigner E, Burger J (1964). *Angew Chem* **76**, 532.
Selig W (1973). *Mikrochim Acta (Wien)* **1973**, 87.
Selig W (1974). *Mikrochim Acta (Wien)* **1974**, 515.
Singer L, Armstrong D (1954). *Anal Chem* **26**, 904.
Shearer DA, Morris GF (1970). *Microchem J* **15**, 199.
Steinhauser O, Fragstein P (1971). *Talanta* **18**, 779.
Troll T, Farzaneh N, Cammann K (1977). *Chem Geo* **20**, 295.

Valach R (1962). *Talanta* **9**, 341.
Valach R (1964). *Talanta* **11**, 973.
Vandeputte M, Dryon L, Rackelboom EL, Istas JR, Massart DL (1976). *Fresenius Z Anal Chem* **282**, 215.
Vogel GL, Chow LC, Brown WE (1980). *Anal Chem* **52**, 375.
Wharton HW (1962). *Anal Chem* **34**, 1296.
Wickbold R (1954). *Angew Chem* **66**, 173.
Willard HH, Winter OB (1933). *Ind Eng Chem Anal Ed* **5**, 7.

Literatur zu Kap. 55 bis 59

Alt O, Umland F (1975). *Fresenius Z Anal Chem* **274**, 103.
Ammon R, Hinsberg K (1936). *Z Physiol Chem* **239**, 207.
Barney JE, Bergmann JG, Tuskan WG (1959). *Anal Chem* **31**, 1394.
Berenblum I, Chain E (1938). *Biochem J* **32**, 286.
Berenblum I, Chain E (1940). *Biochem J* **34**, 858.
Boltz DF, Mellon MG (1947). *Anal Chem* **19**, 873.
Boltz DF, Mellon MG (1948). *Anal Chem* **20**, 749.
Burton JD, Riley JP (1955). *Analyst* **80**, 391.
Buss H, Kohlschlütter HW, Preiss M (1963). *Fresenius Z Anal Chem* **193**, 264, 326.
Buss H, Kohlschlütter HW, Risch A (1964). *Fresenius Z Anal Chem* **204**, 97.
Buss H, Kohlschlütter HW, Preiss M (1965). *Fresenius Z Anal Chem* **214**, 106.
Chen PS, Toribara TY, Huber W (1956). *Anal Chem* **28**, 1756.
Clabaugh WS, Jackson A (1959). *J Res Nbs* **62**, 201.
Deniges G (1929), *Mikrochem Pregl-Festschrift* **1929**, 27.
DeSesa MA, Rogers LB (1954). *Anal Chem* **26**, 1381.
Dirscherl A, Erne F (1960). *Mikrochim Acta (Wien)* **1960**, 775.
Djurkin V, Kirkbright GF, West TS (1966). *Analyst* **91**, 89.
Fennel TRFW, Robberts MW, Webb JR (1957). *Analyst* **82**, 639.
Fleisch H, Bisaz S (1962). *Am J Physiol* **203**, 671.
Friese HJ (1981). *Mikrochim Acta (Wien)* **1981 I**, 265.
Graffmann G, Schneider W, Dinkloh L (1980). *Fresenius Z Anal Chem* **301**, 364.
Hague O, Bright O (1941). *J Res Nbs* **26**, 505.
Hesse G, Geller K (1968). *Mikrochim Acta (Wien)* **1968**, 526.
Hurst RO (1964). *Can J Biochem* **42**, 287.
Iversen P (1920). *Biochem Z* **104**, 22.
Jakubiec R, Boltz DF (1969). *Mikrochim Acta (Wien)* **1969**, 181.
Jintakanon S, Keven GL, Edwards DG, Asher CJ (1975). *Analyst* **100**, 408.
Kahane E (1954). *Österr Chem Ztg* **55**, 209.
Kitson RE, Mellon MG (1944). *Ind Eng Chem Analyt Ed* **16**, 379.
König O, Walldorf O (1979). *Fresenius Z Anal Chem* **299**, 8.
Kuhn R (1923). *Z Physiol Chem* **129**, 64.
Kunkel E, unveröffentlicht.
Leyden DE, Nonidez WK, Carr PW (1975). *Anal Chem* **47**, 1449.
Lieb H, Wintersteiner O (1924). *Mikrochem* **2**, 78.
Lorenz N (1912). *Fresenius Z Anal Chem* **51**, 161.
Lowry OH, Roberts NR, Leiner KY, Wu ML, Farr AL (1954). *J Biol Chem* **207**, 1.
Lueck CH, Boltz DF (1956). *Anal Chem* **28**, 1168.
Lueck CH, Boltz DF (1958). *Anal Chem* **30**, 183.
Ma TS, McKinley JD (1953). *Mikrochim Acta (Wien)* **1953**, 4.
Merz W, Pfab W (1969). *Mikrochim Acta (Wien)* **1969**, 905.
Mission G (1908). *Chem Ztg* **32**, 633.
Mission G (1922). *Ann Chim Analyt Chim Appl* **4**, 267.
Paul J (1960). *Anal Chim Acta* **23**, 178.
Paul J (1965). *Mikrochim Acta (Wien)* **1965**, 830, 836.

Paul J (1966). *Anal Chim Acta* **35**, 200.
Paul J (1970). *Microchem J* **15**, 446.
Pfrengle O (1957). *Fresenius Z Anal Chem* **158**, 81.
Potman W, Luklema L (1979). *Water Research* **13**, 801.
Püschel R (1960). *Mikrochim Acta (Wien)* **1960**, 352, 670.
Reznik BE, Ganzburg GM (1962). *Ukrain Chim Z* **28**, 115.
Reznik BE, Ganzburg GM, Sacko VV (1962). *Zavod Lab* **28**, 289.
Roth H (1938). *Angew Chem* **51**, 120.
Ruf E (1956). *Fresenius Z Anal Chem* **151**, 169.
Ruf E (1957). *Fresenius Z Anal Chem* **161**, 1.
Schäfer J (1988). *Glas Instr Techn* **32**, 221.
Schmitz B (1906). *Fresenius Z Anal Chem* **45**, 512.
Selig W (1970). *Mikrochim Acta (Wien)* **1970**, 564.
Selig W (1976). *Mikrochim Acta (Wien)* **1976 II**, 9.
Selig W (1984). *Int Lab* **14** (3), 510.
Simon SJ, Boltz DF (1975). *Anal Chem* **47**, 1758.
Sliepčevič Z, Široki M, Štefanac Z (1978). *Mikrochim Acta (Wien)* **1978 I**, 233.
Smith GF (1953). *Anal Chim Acta* **8**, 397.
Smith GF (1957). *Anal Chim Acta* **17**, 175.
Staufer RE (1983). *Anal Chem* **55**, 1205.
Umland F, Wünsch G (1965). *Fresenius Z Anal Chem* **213**, 18.
Umland F, Wünsch G (1967). *Fresenius Z Anal Chem* **225**, 362.
Wadelin C, Mellon MG (1953). *Anal Chem* **25**, 1668.
Wilhelm E (1983). *Fresenius Z Anal Chem* **316**, 793.
Wilson HN (1951). *Analyst* **76**, 65.
Wünsch G, Umland F (1969). *Fresenius Z Anal Chem* **247**, 287.
Wünsch G, Umland F (1970). *Fresenius Z Anal Chem* **250**, 248.
Wurzschmitt B, Zimmermann W (1950). *Fortschr Chem Forsch* **1**, 485.
Yuen WK, Kelly PC (1980). *JAOCS* **57**, 359.
Zimmermann H, Hoyme H, Tryonadt A (1970). *Faserforsch Textiltech* **21**, 33.

Literatur zu Kap. 60 bis 64

Austin JH, Rinehart RW, Ball E (1972). *Microchem J* **17**, 670.
Bennett H (1977). *Analyst* **102**, 153.
Bernas B (1968). *Anal Chem* **40**, 1682.
Bock R, Seyd Laik All (1972). *Fresenius Z Anal Chem* **258**, 1.
Bradley A, Altebrando D (1974). *Anal Chem* **46**, 2061.
Brown MP, Fowles GWA (1958). *Anal Chem* **30**, 1689.
Burroughs JE, Kator WG, Attia AI (1968). *Anal Chem* **40**, 657.
Debal E (1972). *Talanta* **19**, 15.
Fresenius W, Schneider W (1965). *Fresenius Z Anal Chem* **207**, 16, 341.
Geilmann W, Tölg G (1960). *Glastechn Ber* **33**, 245.
Govett GJS (1961). *Anal Chim Acta* **25**, 69.
Hegemann F, Thomann H (1960). *Ber Dtsch Keram Ges* **37**, 127.
Kautsky H, Fritz G, Siebel HP, Siebel D (1955). *Fresenius Z Anal Chem* **147**, 327.
Köster HM (1979). *Die chemische Silikatanalyse*, S 29/30 und 43. Springer, Berlin.
McHard JA, Servais PC, Clark HA (1948). *Anal Chem* **20**, 325.
Merz W, Pfab W (1969). *Mikrochim Acta (Wien)* **1969**, 905.
Morrison IR, Wilson AL (1963). *Analyst* **88**, 88, 100, 446.
Morrow RW, Dean JA (1969). *Anal Lett* **2**, 133.
Mullin JB, Riley JP (1955). *Anal Chim Acta* **12**, 162.
Rajkovič D (1971). *Fresenius Z Anal Chem* **255**, 190.
Ringbom A, Ahlers PE, Siitonen S (1959). *Analyt Chim Acta* **20**, 78.

Rochow EG, Giliam WF (1941). *J Am Chem Soc* **63**, 798.
Rochow EG, Giliam WF (1948). *J Am Chem Soc* **70**, 2170.
Ruf E (1957). *Fresenius Z Anal Chem* **161**, 1.
Schwarzkopf O, Heinlein R (1957). *Weight and Development Center Technical Report* 56-19, Part II.
Šir Z, Komers R (1956). *Chem Listy* **50**, 88.
Smith JCB (1960). *Analyst* **85**, 465.
Straub FG, Grabowski HA (1944). *Ind Eng Chem Anal Ed* **16**, 574.
Strickland JDH (1952). *J Am Chem Soc* **74**, 862.
Terent'ev AP, Syavtsillo SV, Luskina BM (1961). *Zhur Anal Khim* **16**, 83.
Tölg G (1958). *Diss Univ Mainz.*
Thomann H (1960). *Diplomarbeit TH München.*
Treadwell FP, Treadwell WD (1949). *Lehrbuch d Anal Chem,* II Band, S 414. Deuticke, Wien.
Wirzing G (1957). *Diss TH Darmstadt.*
Wolinetz MI (1936). *Ukr Khim Zhr* **11**, 18.

Literatur zu Kap. 65 bis 69

Baron H (1954). *Fresenius Z Anal Chem* **143**, 339.
Basson WD, Böhmer RG, Stanton DA (1969). *Analyst* **94**, 1135.
Blazejak O, Ditges D (1969). *Fresenius Z Anal Chem* **247**, 20.
Boeseken J, Vermaas N, Küchlin AT (1930). *Recl Trav Chim Pays-Bas* **49**, 711.
Burke KE, Albright CH (1966). *Talanta* **13**, 49.
Capelle R (1960). *Anal Chim Acta* **24**, 555.
Capelle R (1961). *Anal Chim Acta* **25**, 59.
Cogbill EC, Yoe JH (1957). *Anal Chem* **29**, 1251.
Doering K (1967). *Silicattechnik* **18**, 112.
Dougall D, Biggs DA (1952). *Anal Chem* **24**, 566.
Dryssen DW, Novikov YP, Uppström LR (1972). *Anal Chim Acta* **60**, 139.
Ducret L (1957). *Anal Chim Acta* **17**, 213.
Dunstan L, Griffiths JV (1961). *Anal Chem* **33**, 1598.
Eberle AR, Lerner MW (1964). *Anal Chem* **36**, 674, 1282.
Ehrenberger F (1981). *Fresenius Z Anal Chem* **305**, 181.
Ellis GH, Zook EG, Baudisch O (1949). *Anal Chem* **21**, 1345.
Francis HJ jr, Deonawine JH, Persing DD (1969). *Microchem J* **14**, 580.
Gagliardi E, Wolf E (1968). *Mikrochim Acta (Wien)* **1968**, 140.
Gagliardi E, Wolf E (1972). *Mikrochim Acta (Wien)* **1972**, 136.
Graffmann G. Kuzel P, Nösler H, Nonnenmacher G (1974). *Chem Ztg* **98**, 499.
Harrison TS, Cobb WD (1966). *Analyst* **91**, 576.
Hatcher JT, Wilcox LV (1950). *Anal Chem* **22**, 567.
Hayes MR, Metcalfe J (1963). *Analyst* **88**, 471.
Hofer A, Brosche E, Heidinger R (1971). *Fresenius Z Anal Chem* **253**, 117.
Lämmke A (1974). *Holz- Roh- und Werkstoff* **32**, 450.
Langmyhr FJ, Skaar OB (1959). *Acta Chem Scand* **13**, 2107.
Langmyhr FJ, Skaar OB (1961). *Anal Chim Acta* **25**, 262.
Langmyhr FJ, Arnesen RT (1963). *Anal Chim Acta* **29**, 419.
Mellon MG, Morris VM (1924). *Ind Eng Chem* **16**, 123.
Melton JR, Hoover WL, Howard PA (1969). *J Ass Off Anal Chem* **52**, 950.
Mezger G, Grallath E, Stix U, Tölg G (1984). *Fresenius Z Anal Chem* **371**, 765.
Naftel JA (1939). *Ind Eng Chem Anal Ed* **11**, 407.
Nazarenko VA, Ermak LD (1969). *Fresenius Z Anal Chem* **248**, 70.
Negina VR, Kozyeeva EA, Sokolova MA, Balakshina AV (1970). *Zav Lab* **36**, 543.
Otting W (1952). *Angew Chem* **64**, 670.
Pasztor L, Bode JD, Fernando Q (1960). *Anal Chem* **32**, 277, 1530.
Pasztor L, Bode JD (1961). *Anal Chim Acta* **24**, 467.

Pierson RH (1962). *Anal Chem* **34**, 1642.
Povondra P, Hejl V (1976). *Coll Czech Chem Commun* **41**, 1343.
Raaphorst JG, van Lingerak WA (1973). *Fresenius Z Anal Chem* **267**, 26.
Rittner RC, Ma TS (1972). *Mikrochim Acta (Wien)* **1972**, 404.
Rosenfeld HJ, Selmer-Olsen AR (1979). *Analyst* **104**, 983.
Ross WJ, White JC (1960). *Talanta* **3**, 311.
Schäfer H (1941). *Z Anorg Allg Chem* **247**, 96.
Schulek E, Szakács M (1965). *Fresenius Z Anal Chem* **151**, 1.
Shaheen DG, Braman RS (1961). *Anal Chem* **33**, 893.
Shanina TM, Gelman NE, Michailovskaya WS (1967). *Z Anal Chim* (russ) **22**, 782.
Skaar OB (1965). *Anal Chim Acta* **32**, 508.
Spicer GS, Strickland JDH (1958). *Anal Chim Acta* **18**, 231, 523.
Terry MB, Kasler F (1971). *Mikrochim Acta (Wien)* **1971**, 569.
Thierig D, Umland F (1965). *Fresenius Z Anal Chem* **211**, 161.
Umland F, Janssen A (1966). *Fresenius Z Anal Chem* **219**, 121.
Umland F, Pottkamp F (1968). *Fresenius Z Anal Chem* **241**, 223.
Umland F, Poddar BK (1965). *Angew Chem* **77**, 1012.
Veleker TJ, Mehalchnik EJ (1961). *Anal Chem* **33**, 767.
Wickbold R, Nagel F (1959). *Angew Chem* **71**, 405.
Wolszon JD, Hayes JR (1957). *Anal Chem* **29**, 829.
Yasuda SK, Rogers RN (1960). *Microchem J* **4**, 155.

Literatur zu Kap. 70 bis 78

Agemian H, Chau ASY (1975). *Anal Chim Acta* **75**, 297.
Agemian H, Chau ASY (1976). *Analyst* **101**, 91.
Alber HK, Harand PR (1939). *J Franklin Inst* **228**, 243.
Analytical Methods Committee (1975). *Analyst* **100**, 54.
Baier RW, Wojnowich L, Petrie L (1975). *Anal Chem* **47**, 2464.
Bajo O, Suter O, Aeschliman O (1983). *Anal Chim Acta* **149**, 321.
Barnes JE, Edwards JD (1982). *Chem Ind (London)* **1982**, 151.
Beamish FE, van Loon JC (1972). *Recent Advances in the Analytical Chemistry of the Noble Metals.* Pergamon Press, **1972**, 6.
Beamish FE (1966). *The Analytical Chemistry of the Noble Metals.* Pergamon Press **1966**, 99.
Belcher R, MacDonald AMG, West TS (1958). *Talanta* **1**, 408.
Belcher R, Crossland B, Fennell TRW (1970). *Talanta* **17**, 639.
Bishara SW, Sakla AB, Attia ME, Hassan HNA (1974). *Mikrochim Acta (Wien)* **1974**, 257.
Bock R (1980). *Methoden der Analytischen Chemie.* Band 2/Teil 1, 1. Aufl S 114, Verlag Chemie.
Boetius M (1938). *J Prakt Chem* **151**, 279.
Bogdanova O (1984). *Mikrochim Acta (Wien)* **1984 II**, 317.
Broekaert JAS (1989). *Nachr Chem Tech Lab* **37**, 125 (Sonderheft).
Brown O, Fowles O (1958). *Anal Chem* **30**, 1689.
Bürger K (1961). *Z Lebensm Unters Forsch* **114**, 10.
Bush DG, Zuehlke CW, Ballard AE (1959). *Anal Chem* **31**, 1368.
Campell O, Choong-Pak (1980). *Mikrochim Acta (Wien)* **1980 I**, 139.
Campiglio A (1977). *Mikrochim Acta (Wien)* **1977 II**, 71.
Campiglio A (1979). *Mikrochim Acta (Wien)* **1979**, 245.
Celon O, Degetto O, Marangoni O, Sindellsri (1976). *Mikrochim Acta (Wien)* **1976 I**, 113.
Corner M (1959). *Analyst* **84**, 41.
Coulter B, Bush DG (1970). *Anal Chim Acta* **51**, 431.
Dingwall D, Williams WD (1961). *J Pharm Pharmacol* **13**, 12.
Drew HDK, Porter CR (1929). *J Chem Soc* **11**, 2091.
Dujmovic M, Winkler HA (1974). *Chem Ztg* **93**, 233.
Feldman C (1974)., *Anal Chem* **46**, 1606.

Fredga A (1929). *J Prakt Chem* **121**, 56.
Gauglitz G (1989). *Nachr Chem Tech Lab* **37**, 125 (Sonderheft).
Geilmann W, Neeb R (1957). *Fresenius Z Anal Chem* **156**, 420.
Godden RG, Thomerson DR (1980). *Analyst* **105**, 1137.
Gooch O, Austin M (1898). *Z Anorg Chem* **18**, 339.
Gould ES (1951). *Anal Chem* **23**, 1502.
Gouverneur P, Hoedeman W (1964). *Anal Chim Acta* **30**, 519.
Hasenpusch W (1987). *Chem Lab Betr* **38** (9), 454.
Hatch WR, Ott WL (1968). *Anal Chem* **40**, 2085.
Heimes O (1971). *Fresenius Z Anal Chem* **254**, 21.
Herrmann R, Alkemade CThJ (1960). *Flammenphotometrie*, 2 Aufl. Springer, Berlin.
Hofer A, Heidinger R (1974). *Fresenius Z Anal Chem* **271**, 192.
Holmström A (1951, 1985). in: Gmelins Handbuch *Platin* (A) Nr 68 (1951) 318, *Extraction Metallurgy Symposium* (1985), 935.
Ihn W, Hesse G, Neuland P (1962). *Mikrochim Acta (Wien)* **1962**, 628.
Imaeda K, Kuriki T, Ohsawa K, Ishii Y (1977). *Talanta* **24**, 167.
INCO (1980, 1983). GB 8028662, US 4390366.
Ingram G (1962). *Methods of Organic Elemental Analysis*, p 297. Reinhold, New York.
Jander-Jahr (1986). *Maßanalyse*, 14 Aufl. Walter de Gruyter, Berlin.
Janitsch O, Mauterer O (1983). *Fresenius Z Anal Chem* **314**, 681.
Jörissen O (1974). *Dissertation Univ Münster*.
Kainz G, Resch A (1952). *Mikrochim Acta (Wien)* **40**, 332.
Kallmann S (1984). *Anal Chem* **56**, 1020 A.
Kiemeneij AM, Kloosterboer JG (1976). *Anal Chem* **48**, 575.
Knauer HE, Milliman GE (1975). *Anal Chem* **47**, 1263.
Köster HM (1979). *Die chemische Silicatanalyse*. Springer, Berlin.
Kreshkov AP, Myshlyaeval V, Kuchkarev EA, Shatunova TG (1965). *Zh Anal Khim* **20**, 1325.
Kunkel E (1972). *Fresenius Z Anal Chem* **258**, 337.
Larsen RP, Ross LE (1959). *Anal Chem* **31**, 176.
Litman R, Finston HL, Williams ET (1975). *Anal Chem* **47**, 2364.
Luskina BM, Terentev AP, Gradskova NA (1965). *Z Anal Chim* (russ.) **20**, 990.
Ma TS, Rittner RC (1979). *Modern Organic Elemental Analysis*. Dekker, New York.
Ma TS, Zoellner WG (1971). *Mikrochim Acta (Wien)* **1971**, 329.
MacDonald MG, Sirichanya P (1969). *Microchem J* **14**, 199.
Meier E, Shaltiel N (1960). *Mikrochim Acta (Wien)* **1960**, 580.
Masson MR (1976). *Mikrochim Acta (Wien)* **1976 I**, 385, 419.
McCall JM, Leyden DE, Blount CW (1971). *Anal Chem* **43**, 1324.
Meek HV, Banks SV (1950). *Anal Chem* **22**, 1512.
Meulen van der JH (1934). *Chem Weekbl* **31**, 333.
Meyer A, Grallath E, Kaiser G, Tölg G (1976). *Fresenius Z Anal Chem* **281**, 201.
Michal J, Zyka J (1954). *Chem Listy* **48**, 1338.
Miller O (1936). *The Chemist Analyst* **25**, 5.
Nabrzyski M (1973). *Anal Chem* **45**, 2438.
Narayana BV, Raju NA (1982). *Analyst* **107**, 392.
Nydahl F (1949). *Anal Chim Acta* **3**, 144.
Payne ST (1960). *Analyst* **85**, 698.
Renner H (1979). *Ullmanns Encyklopädie der Technischen Chemie*, 4 Aufl, S 687. Verlag Chemie, Weinheim.
Riemschneider O (1960). *Fresenius Z Anal Chem* **176**, 401.
Roth H (1958). in: Pregl-Roth: *Quantitative Organische Mikroanalyse*, 7 Aufl. Springer, Wien.
Sager O (1984). *Mikrochim Acta (Wien)* **1984 II**, 381.
Sakla AB, Bishara SW, Hassan RA (1974). *Anal Chim Acta* **73**, 209.
Sakla AB, Raschid M, Karim O, Barsoum BN (1978). *Anal Chim Acta* **98**, 121.
Sandell EB, Kolthoff IM (1937). *Mikrochim Acta (Wien)* **1**, 9.
Sanina O (1974). *Fresenius Z Anal Chem* **274**, 408.
Schlemmer M (1989). *Nachr Chem Tech Lab* **37** (Sonderheft), 1138f.

Schulek E, Wolstadt R (1937). *Fresenius Z Anal Chem* **108**, 400.
Schulze G, Simon J (1986). Jander-Jahr *Maßanalyse,* 14 Aufl. Walter de Gruyter, Berlin.
Schwarzenbach G, Flaschka H (1965). *Die Komplexometrische Titration,* 5 Aufl. Ferdinand Enke, Stuttgart.
Schwarzkopf O, Schwarzkopf F (1969). Tsutui M (ed) *Characterization of Organometallic Compounds*, Vol 1. Wiley, New York.
Seiler O (1979). *Labor-Praxis* Heft 6.
Selig W (1973). *Mikrochim Acta (Wien)* **1973**, 349.
Shaw EH, Reid EE (1927). *J Am Chem Soc* **49**, 2330.
Sikorska-Tomicka H (1968). *Chem Anal (Warsaw)* **13**, 1279.
Smythe O (1961). *Analyst* **86**, 83.
Stefanač Z, Rakovič Z (1965). *Mikrochim Acta (Wien)* **1965**, 81.
Stoeppler M (1989). Nachr Chem Techn Lab **37** (Sonderheft), 27f.
Streibinger O, Flaschner O (1927). *Mikrochemie* **5**, 12.
Taleb SAA (1980). *J Indian Chem Soc* **57**, 56.
Treadwell FP, Treadwell WD (1949). in Lehrbuch der Analyt Chemie. II Band. *Quantitative Analyse*, 11 Aufl. Deuticke, Wien.
Tseng CL, Wang L (1937). *J Chin Chem Soc (Peiping)* **5**, 3.
Ure AM (1975). *Anal Chim Acta* **76**, 1.
Welz B, Melcher O (1981). *Anal Chim Acta* **131**, 17.
Wernimont G, Hopkinson FJ (1940). *J Ind Eng Chem, Anal Ed* **12**, 308.
Wickbold R (1956). *Fresenius Z Anal Chem* **152**, 259, 262, **266**, 338, 342.
Wickbold R (1956). *Fresenius Z Anal Chem* **153**, 21, 25.
Wilson CL, Wilson DW (1962). *Comprehensive Analytical Chemistry.* Vol Ic, p 414. Princeton Elsevier, Amsterdam.
Wintersteiner O (1926). *Mikrochem* **4**, 155.
Wrede F (1920). *Z Physiol Chem* **109**, 272.
Wülfert K (1954). *Methode des gewerbehygienischen Institutes des Norwegischen Staates.*

Adressen von Hersteller- und Lieferfirmen*

Abimed
Raiffeisenstr. 3
D-4018 Langenfeld

Aldrich Europa
D-4054 Nettetal

Antek Instruments
Wacholderstr. 7
D-4000 Düsseldorf

Auriema
Uhdestr. 33
D-7100 Heilbronn

Baker Chemikalien
D-6080 Groß-Gerau

Balzers AG
FL-9496 Balzers
Fürstentum Liechtenstein

Beckmann Instruments
D-8000 München 40

Berliner Porzellan-Manufaktur
Wegelystr. 1
D-1000 Berlin 12

British Drug Houses Ltd.
Poole, Dorset BH 12 4NN
Great Britain

Rudolf Brand
D-6980 Wertheim/Main

Büchi Analysensysteme
Esslingerstr. 8
D-7320 Göppingen

Canberra Packard
Hahnstr. 70
D-6000 Frankfurt

Carlo Erba Instruments
Nordring 30
D-6238 Hochheim/Ts.

CEC
(Consolidated Electrodynamics Corp.)
Pasadena, California
USA

Colora Meßtechnik
Barbarossastr. 3
D-7073 Lorch

Commission of the
European Communities
Community Bureau of Reference (BCR)
200, Rue de la Loi
B-1049 Brussels

Desaga
D-6900 Heidelberg 1

Deutsche Metrohm
In den Birken
D-7024 Filderstadt

---

* Adressen von Firmen, die im Text genannt werden.

Dionex
Richard-Klingerstr. 15
D-6270 Idstein

EGA-Chemie
D-7924 Steinheim

Eppendorf
D-2000 Hamburg 65

Euroglas BV
NL-2614 GS Delft
Vertretung in Deutschland:
LHG
Schwetzingerstr. 90
D-7500 Karlsruhe-Hagsfeld

Finnigan Mat
Barckhausenstr. 2
D-2800 Bremen 14

Fluka
Industriestr. 25
CH-9470 Buchs

Fluka Feinchemikalien
D-7910 Neu-Ulm

Foss Heraeus
Donaustr. 7
D-6450 Hanau 1

Fritsch
Industriestr. 8
D-6580 Idar-Oberstein

Gerhardt
Bornheimerstr. 100
D-5300 Bonn

Paul Haack
Garnisongasse 3
A-1096 Wien

Haake
D-7500 Karlsruhe 41

Heckmann
D-5000 Köln-Niehl

W. C. Heraeus
Elektrowärme/Edelmetalle
Heraeusstr. 12–14
D-6450 Hanau 1

Heraeus Quarzglas
Reinhard-Heraeus-Ring 29
D-8752 Kleinostheim

Heraeus Quarzschmelze
Quarzstr. 1
D-6450 Hanau 1

Hewlett-Packard
Hewlett-Packard-Str.
D-6380 Bad Homburg

Hitachi Scientific Industries
in Deutschland über Colora Meßtechnik
Barbarossastr. 3
D-7073 Lorch

Hopkin & Williams
Freshwater Road
Dagenham, Essex RM8 IQj
Great Britain

Huth
Etzelstr. 10
D-7120 Bietigheim

Ingold
Siemensstr. 9
D-6374 Steinbach/Ts.

Janke & Kunkel
Neumagenerstr. 27
D-7813 Staufen/Breisgau

Dr. Herbert Knauer
Heuchelheimerstr. 9
D-6380 Bad Homburg

Knick
D-1000 Berlin 37

Kohlensäurewerk Deutschland
D-5462 Bad Hönningen

Kontron Instruments
Oskar-von-Millerstr. 1
D-8057 Eching

Hans Kürner Analysentechnik
Bayerstr. 5
D-8200 Rosenheim

L'Air Liquide
D-4000 Düsseldorf

Dr. Bruno Lange
Willstätterstr. 11
D-4000 Düsseldorf

Lauda
D-6970 Lauda-Königshofen

Leco Instruments
Benzstr. 5b
D-8011 Kirchheim b. München

Leybold AG
Bonnerstr. 498
D-5000 Köln

Leybold-Heraeus
(Gasanalysentechnik der
Fa. Leybold-Heraeus,
jetzt Rosemount)
D-6450 Hanau 1

LKB Instruments
D-8032 Gräfelfing

Loba-Chemie
Schwarzenbergplatz 3
A-1015 Wien

Macherey & Nagel
D-5160 Düren

Maihak
Semperstr. 38
D-2000 Hamburg 60

Manostat Corp.
20-26N. Moore Street
New York, USA

E. Merck
Frankfurterstr. 250
D-6100 Darmstadt 1

Messer Griesheim
Hombergerstr. 12
D-4000 Düsseldorf

Metrohm AG
CH-9101 Herisau

Mettler Instruments
Ockerweg 30
D-6300 Gießen
und Grabenstr.
CH-8606 Nänikon-Uster

Miethke Glasapparatebau
Kyllstr. 11
D-5090 Leverkusen-Bürrig

Mitsubishi Chemical Industries
in Deutschland über Abimed
Analysentechnik
Ludwigshafenerstr. 26
D-4000 Düsseldorf

Normag
D-6238 Hofheim/Ts.

Orion Research Inc.
in Deutschland über Colora Meßtechnik
D-7073 Lorch

Anton Parr KG
A-8054 Graz

Pascher Mikroanalytisches Labor
An der Pulvermühle 3
D-5480 Remagen-Bandorf

Perkin Elmer Bodenseewerk
D-7700 Überlingen

Philips
Miramstr. 87
D-3500 Kassel

Radiometer Deutschland
Am Nordkanal 8
D-4156 Willich 3

Reichert-Jung
Hernalser Hauptstr. 219
A-1171 Wien

Retsch
Rheinische Str. 36
D-5657 Haan 1

Riedel-de Haen
Wunstorfer Str. 40
D-3016 Seelze 1

Rosemount Analysentechnik
(früher Leybold-Heraeus)
Wilhelm-Rohnstr. 51
D-6450 Hanau 1

Rosemount Analytical/
Dohrmann Division
Frankfurter Ring 115
D-8000 München

Carl Roth
Schoemperlenstr. 1–5
D-7500 Karlsruhe 21

Dr. Rumm
Adenauerallee 57
D-8900 Augsburg 1

Sartorius
Weender Landstr. 94–100
D-3400 Göttingen

Schleicher & Schüll
D-3354 Dassel

Schott-Geräte
Am Langgewann 5
D-6238 Hofheim/Ts.

Schunk & Ebe
D-6300 Gießen

Shimadzu Europa
Albert-Hahn-Str. 6–10
D-4100 Duisburg

Siemens AG
Siemensallee 84
D-7500 Karlsruhe 21

Sigri Elektrographit
Werner v. Siemensstr. 18
D-8901 Meitingen

Ströhlein
Girmeskreuzstr. 55
D-4044 Kaarst 1

Tecator
Ludwigstr. 24–26
D-6054 Rodgau 1

Technicon
D-6368 Bad Vilbel

A.H. Thomas Comp.
Philadelphia, Pennsylvania,
USA

Tracor Analytical Instruments
Austin, Texas, USA

Varian
Alsfelder Straße 6
D-6100 Darmstadt 11

Wissenschaftlich Technische
Werkstätten (WTW)
D-8120 Weilheim

Wösthoff
Hagenerstr. 30
D-4630 Bochum

Zeiss
D-7082 Oberkochen

Register

Abfluorieren 43, 711
Absaugvorrichtung
- für Ammoniumphosphormolybdat 678
- für Bariumsulfat 452
- für Silberhalogenid 570
Absorptionsapparate 148 f
Achatmörser 8
Alizarinkomplexan, Reagenz, Fluoridbestimmung 629
Alizarin-S, Reagenz, Fluoridtitration 623
Alkalimetalle, Bestimmung 41, 776
Aluminium
-, Bestimmung 791
 - in Al-Alkylverbindungen 792
Aluminium-Chromazurol, photometrische Fluoridbestimmung 633
Ammoniak (Ammonium)
-, Abtrennung 361
 - durch Destillation 361
 - Mikrodiffusion 364
-, Bestimmung
 -, acidimetrisch 368
 -, ionenchromatographisch 385
 -, mikrocoulometrisch nach Hydrierung 379
 - mit Hypobromit 369
 - mit ISE 386
 - mit Ninhydrin 377
 -, photometrisch mit NESSLER 371
 - über Indophenolblau 374
Ammoniak-ISE 387
Ammoniummolybdat, Reagenz, P-Bestimmung 677
Ammoniumrhodanid, -lösung, VOLHARD-Titration 567
Ammoniumvanadat, Reagenz, P-Bestimmung 689
Analysenergebnisse
-, Auswertung 113
-, statistische Beurteilung 115
Analysenvorbereitung 3

Anhydroiodsäure, Herstellung 270
Antimon, Bestimmung 808
Arsen
-, Bestimmung 803
-, destillative Abtrennung 805
Arsensäure, iodometrische Bestimmung 586, 803
Asche
-, Bestimmung 33
-, Glühasche 39
-, Sulfatasche 41
Ascheaufklärung 43
Ascorbinsäure, Reagenz, Spuren-P-Bestimmung 700
Atomspektroskopie
-, Bestimmung der Metalle und Metalloide durch 774
-, Prinzipien und Techniken 771
 -, Graphitrohrtechnik 773
 -, Hydridtechnik 773
 -, Kaltdampftechnik 773, 788
Ätznatron-Aufschluß 712, 743
Ausfrierfalle
- für CO_2 und H_2O 180, 187
- für H_2O 180, 187
Auswertung von Analysenergebnissen 113
Azeotrop-Destillation 35
Azid, ionenchromatographische Bestimmung 386
Azomethin H, Borbestimmung über 765
Azotomat 318
Azotometer 309, 317
Azur C, Borbestimmung über 770

Barium, Bestimmung 450, 779
Bariumperchlorat, -lösung, Bereitung, Titration mit 457
Bariumsulfat 450
- -fällung, makroanalytisch 453
- -fällung, mikroanalytisch 452

BAUBIGNY, Halogenbestimmung nach 513
Beer-Gesetz 59
Beryllium, Bestimmung 780
BINOS, Funktionsprinzip 68
Bismut, Bestimmung 809
Blei, Bestimmung 799
Bleihalogenidfluoridmethode 613
Bleinitrat, -lösung, Sulfattitration 456
Blindwerte, statistische Beurteilung 133
Blindwertekorrektur N-DUMAS 312
Bombenaufschluß
-, Fluorbestimmung 619
-, Halogen- und Schwefelbestimmung 441, 508
-, Phosphorbestimmung 667
Bombenrohr und -ofen, CARIUS-Aufschluß 516
Bor
-, Bestimmung neben Fluor und Silicium 621
-, CH-Analyse in organischen Verbindungen 159
Bor, Bestimmungsmethoden 757
-, photometrisch über Borat 759
  - mit Azomethin H 765
  - mit Carminsäure 759
  - mit Curcumin 762
  - mit Dianthrimid 760
-, photometrisch über Fluorborat 768
  - mit Azur C 770
  - mit Methylenblau 769
  - mit Nilblau A 770
-, Titration als Mannitoborsäure 757
Bor, Substanzaufschluß 740
-, Abtrennen der Borsäure 749
  - durch Destillation 752
  - durch Extraktion 749
  - durch Mikrodiffusion 750
-, oxidierend zu Borat 742
Borsäuremethylester 752
BRAGG-Beziehung 75
Brom, Reagenz, Iodometrie 598
Bromatometrie, maßanalytische Si-Bestimmung 726
Bromid (Chlorid)-Bestimmung
  - durch MS-IVA 575
  - durch Röntgenfluoreszenz 581
-, iodometrisch 579
-, mercurimetrisch 555
  - nach Chromsäuredestillation 510
-, potentiometrisch 531
-, Quecksilberoxicyanidtitration 558
-, selektiv neben Chlor und Iod 556

C, H und N
-, Bestimmung durch Verwendung gaschromatischer Prinzipien 189
  - mit dem CARLO-ERBA-Analyzer 202
  - mit dem FOSS HERAEUS-CHN-Rapid 211

  - mit dem PERKIN-ELMER-Analyzer 189
-, IR-spektrometrisch 216
-, LECO-CHN-Determinator 216
  - mit spezifischen Detektoren 218
C, N und S, mit CE-Analyzer 204
Cadmium, Bestimmung 780
Cadmiumacetat, Reagenz, Schwefelbestimmung 473
Calcium, Bestimmung 780
Carbonat, Bestimmung in Feststoffen und Lösungen 234
CARIUS-Aufschluß
  - zur Halogen- und Schwefelbestimmung 516
  - zur Stickstoffbestimmung nach KJELDAHL 349
Carminsäure, Borbestimmung über 759
Cäsium, Bestimmung 39, 776
Cer, Bestimmung 795
CH-Analyse
-, coulometrisch 165, 173
-, gravimetrische Bestimmung 141
  - in Erdöldestillaten 154
  - in fluororganischen Substanzen 157
  - in metallorganischen Substanzen 158
  - in phosphororganischen Substanzen 160
  - modifizierte PREGL-Methode 141
  - nach Flash-Verbrennung 162
-, THOMAS-Mikro-CH-Analyzer 163
  - Verbrennung im „leeren" Rohr 161
- in C* markierten Substanzen 183
-, konduktometrisch 165
-, manometrisch 186
-, photoelektrische Kohlendioxidtitration 179
-, potentiometrisch 173
-, thermokonduktometrisch 189
Chemilumineszenz, Stickstoffbestimmung durch 382
Chemischer Sauerstoffbedarf s. CSB
Chlorid (Bromid)-Bestimmung
-, argentometrisch 553
  - durch MS-IVA 575
-, ionenchromatographisch 572
-, mercurimetrisch 555
-, mikrocoulometrisch 521
-, mikrogravimetrisch 569
  - nach VOLHARD 567
-, nullpotentiometrisch 539
-, photometrisch 560
-, potentiometrisch 531
-, verseifbares Chlor (Seitenkettenbestimmung) 553
Chrom, Bestimmung 815
Chromazurol, Reagenz, Fluoridbestimmung 633
Chromsäureaufschluß
-, Cl-, Br-Bestimmung 510
-, maßanalytische Si-Bestimmung 727

C-Kennzahlen
-, Analysengeräte zur Bestimmung 234
-, Bestimmung 231
Coulomat
-, AOS-Bestimmung 498
-, Chloridbestimmung 524
-, Kohlendioxidtitration 174
-, Sulfattitration 461
CSB, Bestimmung 235
Curcumin, Borbestimmung über 762
Cyanid, Bestimmung nach Kjeldahlaufschluß 352

Datenverarbeitung in der OEA 108
Destillation
-, Ammoniak- 361
-, Bor- 751
-, Fluor- 632
-, Sulfid- 482
Detektoranzeige, thermokonduktometrische CHN-Analyse
-, dynamische Meßanzeige 58, 208, 210
-, statisches Meßprofil 57, 200
Dianthrimid, Borbestimmung über 760
Dichlorfluoreszein, Reagenz, Halogenbestimmung 460
Diethyldithiocarbamat
-, Reagenz, Bleititration 799
-, Reagenz, Quecksilbertitration 784
Diffusionszelle, Palladium-Silber, Wasserstoffreinigung 432
Diphenylcarbazon, mercurimetrische Halogenidtitration 555
Dissolved organic carbon s. DOC
Dithizon
-, Reagenz, Sulfattitration 466
-, Reagenz, Sulfidtitration 491
DOC, Bestimmung 235
-, thermokonduktometrisch in Reinstwässern 238

EDTA 683, 792, 819
Einwägen von festen und flüssigen Proben (Kapseltechnik) 200
Eisen, Bestimmung 39, 818
Eisenrhodanid
-, Reagenz, Halogentitration nach VOLHARD 567
 - Spuren-Chloridbestimmung 564
Elektroden 71
- zweiter Art 531
Erdalkalimetalle, Bestimmung 39, 779
Eriochromschwarz, Reagenz, komplexometrische Phosphortitration 683
Ethylendiamintetraessigsäure s. EDTA

Extinktion, Ableitung 59
Extinktionskoeffizient, dekadischer, molarer 60
Extraktion
 - der Molybdänvanadiumphosphorsäure 691
 - der Molybdatphosphorsäure 699
 - des AK-Lanthanfluoridkomplexes 631

Faraday-Gesetz 48
Fehler, statistischer 115
Ferriammoniumalaun, Reagenz, VOLHARD-Titration 567
Filter
 - -becher nach EMICH 571
 - -röhrchen 452, 570
 - -tiegel 451
Filtrieren von
 - Bariumsulfat 455
 - Halogensilber 570
 - Phosphorammoniummolybdat 677
Flash-Verbrennung in der CH-Analyse 162
Fluor(id), Abtrennung durch
 - Mikrodiffusion 644
 - Pyrohydrolyse 643
 - Wasserdampfdestillation 632
Fluor(id), Analysenmethoden 617
Fluor(id), Bestimmung
 - als PbClF nach K-Aufschluß 618
 - durch Titration mit Thoriumnitrat 622
  - mit Cer(III)-Nitrat 626
 -, ionenchromatographisch 665
 -, photometrisch 627
  - mit Lanthan-Alizarin-Komplexan 629
  - mit Zirkonmethoden 628
 -, potentiometrisch mit Fluorid-Elektroden 649
Fluorid-ISE 649
Fluorimetrie, Halogenidbestimmung durch 565
Fluorimmission, Bestimmung 635
Fluororganische Substanzen
-, CH-Analyse 157
-, Sauerstoffbestimmung 298
Flüssige Proben, Abfüllen und Analyse 195
Flüssigkeitsszintillationsmessung 183
Flußsäuredestillation, Siliciumabtrennung durch 715

Gas-Reduktionstabelle, N-DUMAS 313
Gasruß, Pyrolysekontakt, O-Bestimmung, Herstellung 244, 248
Germanium, Bestimmung 796
Glas s. Opalglas
Glaselektrode, Prinzip 72
Gleichspannungssignale, TC-Meßzelle, Auswertung 57

Gold
-, Bestimmung 39, 778, 818
-, Trennung von Platinmetallen 828
Goldwolle, Reagenz, CH-Analyse 143, 144
Gran (Gran's-Plot) 658

Halogenanalyse
-, CARIUS-Aufschluß 516
-, Substanzaufschluß in der 501
  - durch Chromsäureoxidation 510
  - durch Knallgasverbrennung 502
  - durch Peroxidaufschluß 508
  - durch Rohrverbrennung 501
  - durch Sauerstoffflasche 508
Halogene
-, Bestimmungsmethoden 521
-, Summenkennzahlen 522
Halogenid-ISE 600
Hämatoxylin, Reagenz, Fluoridbestimmung 622
Hydranale 27
Hydrazinsulfat, Reagenz, P-Bestimmung 702
Hydrierung
-, N-Bestimmung durch 379
-, S-Bestimmung durch 479
Hydroxychinolin, Fällungsreagenz 725, 777, 781, 791, 801, 810, 818 f.

Indophenolblau, Ammoniakbestimmung über 374
Infrarotabsorption
-, Absorptionsspektrum 64
-, NDIR-Gasanalysator, Prinzip 64
Iod, Bestimmung
  - als Iodid-Ion 594
  - durch RFA 607
  - durch Thermionen-MS 614
-, iodometrisch nach Aufschluß 586
-, ionenchromatographisch 605
-, katalytisch (SANDELL-KOLTHOFF) 609
-, mercurimetrisch 604
-, mikrocoulometrisch 603
-, potentiometrisch 594
Iod-ISE 596
Iodkohle, Reagenz, N-DUMAS 308
Iodometrie, Grundprinzip 585
Iodpentoxid, Reagenz, O-Bestimmung 247, 270
Iod-Stärke-Lösung 553
Iodwasserstoffsäure
-, Reagenz, N-Bestimmung 348
-, Reagenz, Sulfiddestillation 482
Ionenchromatographie, Theorie, Anwendung 55
Ionensensitive Elektroden s. ISE
Iridium, Abtrennung von Platinmetallen 826
ISE
-, Ammoniak- 387
-, Chlor-, Brom-, Iod- 600

-, Fluorid- 649
-, Nitrat- 391
-, Sulfid- 493
Isotopen-Verdünnungsanalyse s. auch Thermionen-MS 379, 575

Kalilauge, N-DUMAS, Bereitung 307
Kalium, Kaliumaufschluß
-, Fluorbestimmung 619
-, Iodbestimmung 592
-, Schwefelbestimmung 472
Kalomel-Elektrode 71
Kaltveraschung 38
Kapillaren
  - aus Quarz mit Nickelkern 147
-, Transportvorrichtungen für 506
Kapseltechnik
-, Einwägen von Proben in Metallhülsen 200
  - in Umweltproben 211
KEIDEL-Zelle 169
-, coulometrische CH-Bestimmung 172
-, coulometrische H-Bestimmung 169
KF, KARL FISCHER-Titration 26
KJELDAHL-Aufschluß 336
-, automatisiert 349
-, Bestimmung von Spuren-Stickstoff nach 356
-, oxidativ mit Mischkatalysator 345
  - in Mischdüngern 355
  - in Nitrilverbindungen 352
-, reduktiv mit HI 348
Knallgasverbrennung
-, Mikro-Apparatur SK 480-A 503
-, Wickbold-Apparatur II, III, V 424
Kobalt, Bestimmung 39, 818
KOFLER-Heizbank 16
KOFLER-Mikro-Schmelzpunktapparat 16
Kohlendioxid s. auch CH
Kohlendioxidabsorptionsröhrchen, gravimetrische CH-Bestimmung 148
-, Bestimmung 140
  -, coulometrisch 174
  -, gravimetrisch 141
  -, konduktometrisch 165
  -, manometrisch 186
  -, photoelektrisch 179
  -, potentiometrisch 175
  -, thermokonduktometrisch 226, 236
  - reinst, Trägergas, N-DUMAS 310
Kohlenstoff
-, Bestimmung des -Immissions-Emissionswertes 151
  - in C*-markierten Substanzen 183
-, Kennzahlen in Wässern 231
Kohlenstoff, Bestimmung in wäßrigen Lösungen 230
-, s. auch CH-Analyse und Kohlendioxid

Kohlenstoff-Spurenbestimmung, Methoden
- des gelösten, in Wässern 232
- in Feststoffen 225
- in Wässern 230
Kolorimetrie 59
Komplexon s. EDTA
Konduktometrie
-, konduktometrische Titration 54
-, Meßprinzip 52
Kontakte
-, BTS-, Gasreinigung 247, 227
-, Kohle-, Bereitung, O-Bestimmung 244
-, Nickelgasruß- 299
-, Platingasruß-, Bereitung 288
-, SCHÜTZE-, O-Bestimmung 247
-, Silber- 142
Krönigscher Glaskitt, Herstellung 248
Kühlfalle
-, Ausfrieren von CO_2 und H_2O 187
-, Ausfrieren von H_2O 180
Kupfer
-, Bestimmung 39, 777
-, Herstellung, aktives Präparat (Verbrennungsanalyse) 193
Kupferoxid, Oxidationskontakt, CHN-Analyse 142, 248
Kupferron, Zinnbestimmung mit 797

Lambert-Beer-Gesetz 59
Lanthan, Bestimmung 795
Lanthan-Alizarinkomplexan, Reagenz, Fluoridbestimmung 629
Leitfähigkeitsdetektor 54
Leitfähigkeitsmessung, Meßzelle 53
Lithasorb, Reagenz, CHN-Analyse 194
Lithium, Bestimmung 39, 776

Magnesium, Bestimmung 780
Magnesiumoxid, Reagenz, CHN-Analyse 158
Magnesiumperchlorat, Reagenz, CHN-O-Analyse 142
Mangan, Bestimmung 817
Mangandioxid, Reagenz, Stickoxidabsorption 150
Mannitoborsäure, Titration als 757
Massenspektrometer, Funktionsprinzip 77
Massenspektrometrie
-, Massenspektrometer als Detektor in der OEA 221
-, Meßprinzip 77
Massenspektrometrie-Isotopenverdünnungsanalyse s. Thermionen-MS
Meßprinzipien, physikalische, Anwendung bei der CHN-Analyse 164
Meßverfahren, physikalische, Grundprinzipien 45

Metalle und Metalloide
-, Bestimmung in der Asche 39
-, Bestimmung in organischen Verbindungen 771
Metalle, unedle, Trennung von den Platinmetallen 821
Methylenblau
-, Borbestimmung über 769
-, Sulfidbestimmung über 488
Mikrocoulometer 49
Mikrocoulometrie, Prinzip, Theorie 47
Mikrodiffusion
-, Abtrennen von Ammoniak durch 364
-, Abtrennen von Bor durch 750
-, Abtrennen von Fluor-Ionen durch 644
-, Abtrennen von Iod durch 611
Mikro-Handmörser 7
Mittelwert 116
Molare Masse, Bestimmung 114
Molekulargewicht, Bestimmung 114
Molekülsieb, gaschromatographische O-Bestimmung 227, 280
Molybdän, Bestimmung 815
Molybdänrhodanid, Spuren-Phosphorbestimmung über 694
Molybdänvanadinphosphorsäure, Phosphorbestimmung, Extraktion der 691
Mörsermühle 9
MS-IVA s. Thermionen-MS
Multielementbestimmung mit MS als Detektor 221

Nachweisgrenze in der Spurenanalyse 133
Naßveraschung 38
Natriumhypochlorit, Reagenz, Brombestimmung 375, 579
Natriumhypophosphit, Reagenz, Sulfiddestillation 482
Natriummolybdat, Reagenz, Phosphorbestimmung 693
Natriumperoxid, -aufschluß, Halogen- und Schwefelbestimmung 446
Natriumthiosulfatlösung, Bereitung, Titerbestimmung 589
Nernst-Gleichung 70
Nessler, Ammoniakbestimmung über 371
Nickel, Bestimmung 39, 818
Nickelbombe
-, Fluorbestimmung 619
-, Halogen- und Schwefelbestimmung 442
Nickelboote, -drahtnetz, -pulver, -gasruß 248
Nilblau A, Borbestimmung über 770
Ninhydrin, Ammoniakbestimmung 377
Nitrat, Bestimmung
- maßanalytisch 393
- mit ISE 391

- mit MS-IVA 396
- photometrisch 395
Nitrat-ISE 391
Nitril-N, Bestimmung nach KJELDAHL 352
Nitrit, Bestimmung
- ionenchromatographisch 385
- maßanalytisch 393
- mit ISE 386
- photometrisch 395
Nitrometer s. auch Azotometer 309
Normalverteilung 118
Nullpotentiometrie, Spuren-Halogenbestimmung 539

Opalglas, Zusammensetzung 664
Osmium
-, Bestimmung 820, 823
-, Trennung von den Platinmetallen 823
Oxin s. auch Hydroxychinolin 725

Palladium
-, Bestimmung 819, 821
-, Diffusionszelle, H_2-Reinigung 432
Perchlorsäureaufschluß 672
Peroxidisulfat 236
Phenolphtalein, Borsäuretitration gegen 757
Phosphor, Analysenmethoden 660
-, Substanzaufschluß zur Bestimmung
  -, Aufschluß im Schöniger-Kolben 668
  - in der Wickbold-Apparatur 671
  - in der Parr-Bombe 671
  -, naßchemisch (Perchlorsäure-) 672
  -, Peroxidaufschluß 667
Phosphor, Bestimmungsmethoden
-, gravimetrisch als Ammonphosphormolybdat 674
-, gravimetrisch als Magnesiumpyrophosphat 679
-, ionenchromatographisch 686
-, komplexometrisch mit Cer(III) 683
-, maßanalytisch über Chinolinphosphormolybdat 681
-, photometrisch
  - als Phosphormolybdänblau 696
  - als Phosphormolybdänsäure 687
  - als Vanadatmolybdat 687
  - in Anwesenheit von As, Si, Ge 704
  - über Molybdänrhodanid 694
-, potentiometrisch mit ISE 685
-, röntgenfluoreszenzanalytisch 708
Phosphor-organische Substanzen
-, CH-Bestimmung 160
-, O-Bestimmung 301
Phosphorpentoxid, Reagenz, Gastrocknung 32

Photometrie, Meßprinzip 58
- photometrische Analyse mit Hilfe der IR-Absorption 63
Phototrode 63
Platin, Bestimmung 821
Platingasruß, Herstellung, Kontakt, O-Bestimmung 287
Platinmetalle
-, Trennung und analytische Bestimmung 821
-, Trennungsgang 824
  -, Analysen-Trennungsgang 825
  - durch Flüssig-Flüssig-Extraktion 828
  -, Fällungs-Trennungsgang 827
Potentiometrie
-, Meßprinzip 69
-, potentiometrische Titration 72
potentiometrisch
- Fluoridbestimmung 649, 653
- Halogenbestimmung 531
- Sulfidbestimmung 493
- Titration 72
Probengeber, automatischer 195, 205, 212
Probennahme 4
- von Dünnschichtextrakten 676
Probenvorbereitung 6
Pyrolyse
- in der Halogen- und Schwefelanalyse 479
- in der Sauerstoffbestimmung 243, 259

Quarzeinwägegefäße 147
Quarzgrieß, Quarzwolle 144, 248, 419
Quecksilber
-, Bestimmungsmethoden 781
- in Umweltmatrizes 788
Quecksilbermanometer 187
Quecksilber-organische Substanzen, CH-Analyse in 160
Quecksilberoxicyanid, Reagenz, Halogenbestimmung 558
Quecksilberrhodanid, Reagenz, Chloridspurenbestimmung 564

Reaquant (KF-Titration) 27
Rechner, Anwendung in der OEA 111
Referenzsubstanzen 114
Reinheitsprüfungen von Substanzen 12
Rhodanid, Halogenidtitration nach VOLHARD 567
Rhodium, Abtrennung von Platinmetallen 826
Rohrverbrennung
- im „leeren" Rohr, CH-Bestimmung 161, 420
- im Perlenrohr in der Halogen- und Schwefelanalyse 418, 586
- mit Hilfsflamme, Knallgasverbrennung 424, 502
- ohne Hilfsflamme 501

Röntgenfluoreszenz
-, Bestimmung der Aschebestandteile durch 43
-, Chlor/Brom- 581, 583
-, Iod- 607
-, Meßprinzip 74
-, Metalle und Metalloide 774
-, Phosphor- 708
-, Platinmetalle 821
-, Schwefelbestimmung mit 497
-, Siliciumbestimmung mit 739
Rubidium, Bestimmung 39, 776
Rußbestimmung in Polymeren 42
Rußkontakt in der Sauerstoffbestimmung 244, 248
Ruthenium
-, Abtrennung von Platinmetallen 823
-, Bestimmung 820

SAOB (Sulfid Antioxidant Buffer), Pufferlösung Sulfidbestimmung 494
Sauerstoff, Bestimmung 242
-, coulometrisch 254
- durch Heißextraktion 296
- durch Vakuum-Heißextraktion 298
-, gravimetrisch 247
- in anorganischen Feststoffen 298
- in fluor- und phosphororganischen Substanzen 298
- in organischen Substanzen 242–305
-, iodometrisch 269
-, iodometrisch-coulometrisch 276
-, iodometrisch-potentiometrisch 276
-, IR-spektroskopisch 290, 296
-, konduktometrisch 258
-, photoelektrisch 266
-, potentiometrisch 254
-, Spurenbestimmung 303
-, thermokonduktometrisch
    - als Kohlendioxid 284
    - als Kohlenmonoxid 279
Sauerstoffflasche, Aufschluß nach SCHÖNIGER in der 436
Schleusengabel 249, 316
-, Proben-, automatische 196, 205, 212
Schmelzpunktbestimmung
-, fotoelektrisch 18
- im Kapillarröhrchen 12
- mit dem KOFLER-Mikro-Schmelzpunktapparat 16
-, thermoelektrisch im Kapillarröhrchen 15
SCHÜTZE-Kontakt zur O-Bestimmung 247
Schwefel, Bestimmung
-, als Schwefeldioxid 401–417
    -, NDIR-spektroskopisch 408
    -, oxidative Mikrocoulometrie 412
    -, thermokonduktometrisch 403

-, als Sulfat, Bestimmung
    -, acidimetrisch 461
    -, argentometrisch 461
    - durch Trübungstitration 468
    -, gravimetrisch 450
    - ionenchromatographisch 470
    -, potentiometrisch 465
    -, Thorintitration 456
-, als Sulfat, nach Aufschlußmethode
    -, Bombenaufschluß 441
    -, Knallgasverbrennung 424
    -, Naßaufschluß 449
    -, Rohrverbrennung 418
    -, SCHÖNIGER-Aufschluß 436
-, als Sulfid, Bestimmung
    -, Dithizonattitration 491
    -, iodometrisch 472
    - mit Sulfid-SE 493
    - nach Hydrierung mit Houston-Atlas-S-Analyzer 479
    -, photometrisch als Methylenblau 488
-, als Sulfid, nach Aufschlußmethode
    -, Kaliumaufschluß 472
    - nach Hydrierung 479
    -, Reduktion mit HI/H_3PO_2 483
- durch Röntgenfluoreszenz 497
- in organischen Substanzen 401
Schwefel-Kennzahlen 498
Schwefelwasserstoff, -bestimmung in wäßrigen Lösungen 492
Selen, Bestimmung 811
Siedepunktbestimmung
-, fotoelektrisch 18
- in kleinen Substanzmengen 18
-, thermoelektrisch 15
Signalauswertung 108
Silber
-, Bestimmung 39, 777
-, Trennung von Platinmetallen 823
Silberelektroden, Halogenbestimmung 531
-, Beschichten von 532
Silbernitratlösung, Halogenbestimmung 537
Silberperchloratlösung, Halogenbestimmung 460
Silberpermanganat, Oxidationskontakt, CH-Analyse 142
Silicium, Analysenmethoden 710
-, Substanzaufschluß zur Bestimmung
    - durch Alkalischmelze 711
    - im offenen Tiegel 710
    - in der Sauerstoffflasche 717
    - mit Flußsäure 714
    - mit Peroxid 713
Silicium, Bestimmungsmethoden
-, gravimetrisch als Oxin-Komplex 725

–, gravimetrisch als SiO$_2$
  – nach Fällung 724
  – nach Rohrverbrennung 719
–, maßanalytisch 725
  – nach Chromsäureaufschluß 727
  – nach der Oxin-Methode 726
–, photometrisch 729
  – über Siliciummolybdänblau 735
  – über Siliciummolybdängelb 729
–, spektrometrisch, durch RFA 739
Silikagel, CHN-Bestimmung 211
Silikat, Trennung von Phosphat 715, 734
Spurenanalyse, Nachweis- und Bestimmungsgrenzen in der 133
Stärkelösung, Reagenz in der Iodometrie 589
Statistik
–, Beurteilung von Analysenergebnissen 115, 134
–, Fehler 115
–, Mittelwert 116
–, Nachweisgrenze 133
–, Normalverteilung 118
–, Sicherheit statistischer Aussagen 127
–, Standardabweichung 115
Stickoxide, Entfernen, Zerlegung in der CH-Analyse 141
Stickstoff
–, Basentitration in nicht wäßrigem Medium 398
–, Bestimmung in organischen Substanzen 306
 – durch Pyrolyse und Chemilumineszenz 382
–, gasvolumetrische Bestimmung 307
  – nach DUMAS-PREGL 307
  – nach Verbrennung im O$_2$-Strom 314
–, manometrische Bestimmung 186
–, Reduktionstabelle 313
–, Spurenbestimmung durch Hydrierung 379
–, thermokonduktometrische Bestimmung 325
  mit dem CARLO ERBA-N-Analyzer 325
  – mit dem Foss HERAEUS-Rapid-N 328
  – mit dem LECO NP-28-Proteinanalysator 331
  – mit dem PERKIN-ELMER 2410 N-Analyzer 330
  – mit dem STRÖHLEIN-Dinimat 333
Stickstoff, Bestimmung nach KJELDAHL 336
–, Abtrennung des NH$_3$ 361
–, Ammoniakbestimmung 368
–, der Aufschluß 336
–, Erfahrungswerte nach BORNMANN 337
–, Spuren-Stickstoff nach 356
Strontium, Bestimmung 39, 779
Substanztrocknung 21
  – in Kombination mit der KARL-FISCHER-Titration 23
Sulfid-ISE 493

Sulfit, Bestimmung
–, ionenchromatographisch 470
–, Thorintitration nach Sulfitdestillation 459
Summenformel, Aufstellung 113

TC, Bestimmung in Umweltproben 226
Tellur, Bestimmung 814
Testsubstanzen, Lieferfirmen 114
Thermionen-Massenspektrometrie
–, Bestimmung von Nitrat mit 397
–, Bromid- 575
–, Chlorid- 575
–, Iodid- 614
Thermogravimetrie 23
Thermokonduktometrie, Meßprinzip 56
Thiocyanat, Titration nach VOLHARD mit 567
Thorin, Reagenz, Schwefelsäuretitration 456
Thorium, Bestimmung 802
Thoriumnitratlösung, Fluoridtitration 623
Thymolphtalein-Indikator, CO$_2$-Titration, Absorptionskurve 182
TISAB (Total Ionic Strength Adjustor), Pufferlösung, Fluoridbestimmung 653
Titan, Bestimmung 801
Titantrichloridlösung, Reagenz zur Schwefelbestimmung 473
Titration
–, photometrisch 61
–, potentiometrisch 45, 69
Titrationskurven, graphische Auswertung 73
Titrationstechnik, moderne 45
TOC (Total Organic Carbon), Bestimmung 232
Transmission, Photometrie 60
Trockengehalt, Bestimmung mit computerkontrollierter Thermogravimetrie 23
Trockenverlust, Bestimmung
–, gravimetrisch 21
–, mit computerkontrollierter Thermigravimetrie 23
Tropfpunkt, Bestimmung nach UBBELOHDE 19
Trübungsmessung zur Spuren-Chloridbestimmung 560
Trübungstitration, Spurenbestimmung für Sulfat und Chlorid 468, 560

Umkehrspülung, O-Bestimmung 272
UNOR, Funktionsprinzip 67
Uran, Bestimmung 816

Vanadiumpentoxid, Reagenz, CH-Analyse 159
Veraschung 38
Verbrennung, CH-Analyse 158
Verbrennungsrückstand, Zusammensetzung 39
Verschlußvorrichtung für Aluminiumkapseln 201

Vertrauensbereich 128
VOC (Volatile Organic Carbon), Bestimmung in Wässern 231, 240
VOLHARD, Halogentitration 567

Waage und Wägung 79
-, Anforderungen an die verwendbaren Waagen 81
-, Auftriebskorrektur 99
-, Gewichtsstücke 97
-, Konstruktion der verwendeten Waagen 83
-, Terminologie bei Wägungen 103
-, Wägefehler 101
-, Wägeverfahren an der Hebelwaage 82
Wärmeleitfähigkeitsdetektor 57
Wasserabsorptionsröhrchen, gravimetrische CH-Bestimmung 148
Wasserbestimmung
-, gravimetrisch 21
- nach KARL FISCHER 26
  -, coulometrisch 30
  -, dead-stop 29
  -, visuell 28
- nach TAUSZ und RUMM 35
-, thermokonduktometrisch 32

Wasserdampfdestillation, Fluoranalyse 633
Wasserstoffbestimmung s. auch CH-Bestimmung 141
-, coulometrisch 169
Wasserstoffreinigung mit der Palladium-Silber-Diffusionszelle 432
Wheatstonesche Brücke 53, 55
WICKBOLD-Apparaturen 424
Wolfram, Bestimmung 816
Wolframoxid, Reagenz, CH-Analyse 206
WURZSCHMITT-Aufschluß, -Bombe 442

X-Kennzahlen (X = Cl, Br, I), Bestimmung in wäßrigen Systemen 522

Zerkleinerungsgeräte 10
Zersetzungspunkt, Bestimmung 13
Zink, Bestimmung 780
Zinn, Bestimmung 796
Zinn(II)-Chlorid, Reagenz, P-Bestimmung 696, 699
Zirkon-Eriochromcyanin, Fluorbestimmung 628
Zirkonium, Bestimmung 801

Analytik mit Merck

Für zuverlässige Resultate in
Forschung – Qualitätskontrolle – Industrie

Es war schon immer unser Bestreben, für die Analytik ein umfassendes Sortiment an hochreinen Reagenzien anzubieten. Über 2000 Produkte für folgende Anwendungsbereiche sind das Ergebnis unserer Bemühungen:

Probenvorbereitung
- Laugen und Säuren
- Lösungsmittel
- Komplexbildner
- Aufschlußmittel
- Ionenaustauscher

Titrimetrie
- Volumetrische Lösungen Titrisol®
- CSB-Bestimmungen
- Karl-Fischer-Lösungen
- Urtitersubstanzen
- Indikatoren

Spektrometrie
- Element- und Ionenstandards
- Lösungsmittel für UV-, IR- und Szintillationsmessungen
- Photometersystem Spectroquant®

Screening
- Schnell- und Fertigtests für
- Wasser
- Böden
- Lebensmittel
- Feststoffe

Chromatographie
- Sorbentien
- Lösungsmittel LiChrosolv®
- DC Platten
- HPLC-Säulen
- HPLC-Geräte

Mikrobiologie
- Trockennährböden in Granulatform
- Nährbodengrundlagen
- Präparate für die Anaerobiose
- Hilfsmittel für die Mikrobiologie

Zu allen Themen gibt es ausführliche Unterlagen, die wir Ihnen gerne zur Verfügung stellen.

E. Merck, Frankfurter Straße 250, D-6100 Darmstadt 1   **MERCK**

Analytik für Mensch und Umwelt

Angerer, J. / Geldmacher-von Mallinckrodt, M. (Hrsg.)
Analytik für Mensch und Umwelt
1990. X, 188 Seiten mit 27 Abbildungen und 33 Tabellen.
Broschur. DM 58,-. ISBN 3-527-27407-3 (VCH)

Henschler, D. (Hrsg.)
Analytische Methoden zur Prüfung gesundheitsschädlicher Arbeitsstoffe
Loseblattwerk
Band 1: Luftanalysen
Lieferungen 1-6 fertig eingeordnet DM 590,-.
Band 2: Analysen in biologischem Material
Lieferungen 1-9 fertig eingeordnet DM 939,-.
Weitere Lieferungen folgen. (VCH)

Gibitz, H. / Geldmacher-von Mallinckrodt, M. (Hrsg.)
Klinisch-toxikologische Analytik bei akuten Vergiftungen und Drogenmißbrauch
1989. XIII, 248 Seiten mit 103 Abbildungen und 35 Tabellen.
Broschur. DM 74,-. ISBN 3-527-27406-5 (VCH)

Brown, M.A. (ed.)
Liquid Chromatography/Mass Spectrometry
Applications in Agricultural, Pharmaceutical, and Environmental Chemistry
1990. 312 pages. Hardcover. DM 129,-. ISBN 0-8412-1740-8 (ACS)*

Hall, S. / Strichartz, G. (eds.)
Marine Toxins
Origin, Structure, and Molecular Pharmacology
1990. 365 pages. Hardcover. DM 149,-. ISBN 0-8412-1733-5 (ACS)*

Umweltrelevante Alte Stoffe
Stofflisten und Stoffberichte (VCH)
Auf Anforderung schicken wir Ihnen gerne unseren ausführlichen Prospekt zu.

* Die ACS-Publikationen werden im deutschsprachigen Raum sowie Polen von VCH vertrieben.

Stand der Daten: November 1990
Preisänderung vorbehalten

MIKROANALYTISCHES LABOR PASCHER
gegründet 1950

Wir analysieren für Sie mit modernen Analyseverfahren organische, metallorganische und anorganische Substanzen -von luftempfindlichen bis zu keramischen Stoffen- im Makro-, Mikro- und Spurenbereich.

Kohlenstoff/Wasserstoff: Verbrennung bis zu 1350°C - Konduktometrie/IR-Spektroskopie

Stickstoff: nach Dumas, Kjeldahl und dem Chemolumineszenzverfahren

Halogene und Schwefel: Mikroverbrennung, Wickboldverbrennung-Ionenchromatographie

Sauerstoff: nach Unterzaucher, Vakuumschmelzextraktion nach Ehrenberger

Metalle: ICP, AAS, FES und andere Methoden - nach leistungsfähigen Aufschlußverfahren wie Hochdruckaufschluß in Quarzgefäßen, Druckaufschluß in Teflongefäßen, Bombenrohraufschluß, Schmelzaufschluß, Plasmaveraschung, Acido-Rapid

Molmassen: durch Osmometrie und Kryoskopie

Ionenchromatographie

In Zusammenarbeit mit industriellen und staatlichen Forschungslabors lösen wir zahlreiche weitere analytische Aufgaben.

Postanschrift:
Mikroanalytisches Labor Pascher
Postfach 21 29
W-5480 Remagen 2

Preisliste auf Anfrage
Ergebnisse per Telefax
Telefon: (0 22 28) 18 21
Telefax: (0 22 28) 83 17

Vier Klassische von VCH

Angewandte Chemie
Fortschrittsberichte aus allen Teilbereichen der Chemie, in denen Ergebnisse aktueller Forschungsarbeiten kritisch auswählend zusammengefaßt, ungelöste Probleme diskutiert und zukünftige Entwicklungen erörtert werden.

Erscheint monatlich zum Jahresbezugspreis von DM 815,-*

Berichte der Bunsen-Gesellschaft für Physikalische Chemie - An International Journal of Physical Chemistry
Originalarbeiten aus der physikalischen Chemie. Organ der Bunsen-Gesellschaft.

Erscheint monatlich zum Jahresbezugspreis von DM 850,-*

Liebigs Annalen der Chemie
Originalarbeiten aus der experimentellen organischen Chemie und der Chemie der Naturstoffe.

Erscheint monatlich zum Jahresbezugspreis von DM 860,-*

Chemische Berichte
Veröffentlicht werden die Ergebnisse neuer Forschungsarbeiten in vollem Umfang, besonders auf dem Gebiet der organischen und anorganischen Chemie.

Erscheint monatlich zum Jahresbezugspreis von DM 1215,-*

**Fordern Sie Ihr kostenloses Probeheft an bei:
VCH, Postfach 10 11 61, D-6940 Weinheim**

*alle Preise einschließlich Porto und Versandkosten. Preise für Mitglieder der GDCh auf Anfrage.

C, H, N, O, S - Elementaranalysatoren

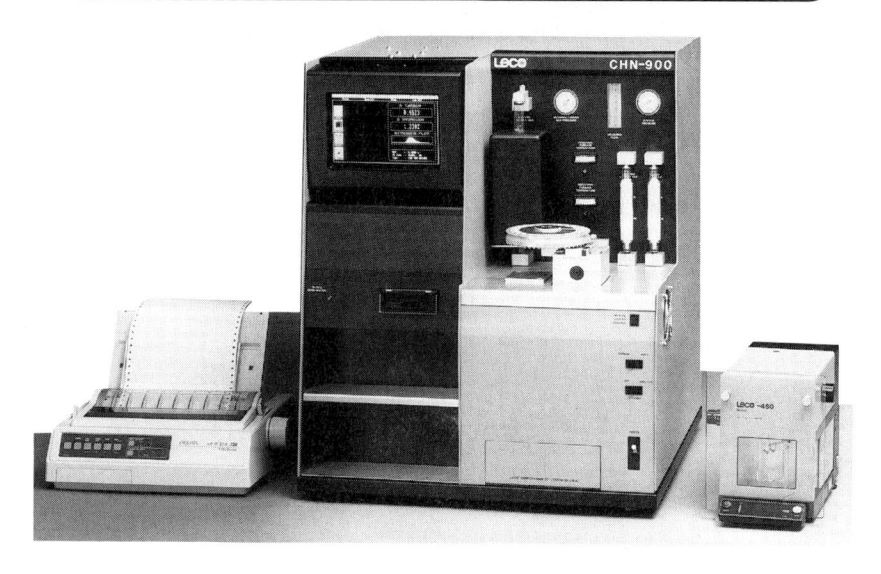

leco

Micro + Macro-Elementaranalyse der 90er Jahre

Microeinwaage	**CHN-900/** **CHNS-932**	Probenmenge: Analysenzeit:	0,1 mg - 10 mg ca. 100 Sek.
Halbmicroeinwaage	**CHN-800**	Probenmenge: Analysenzeit:	3 mg - 100 mg ca. 150 Sek.
Macroeinwaage	**CHN-600/** **CSN-700**	Probenmenge: Analysenzeit:	10 mg - 1,0 g ca. 4,5 Min.
O-Analysator	**RO-478**	Probenmenge: Analysenzeit:	0,1 mg - 10 mg ca. 60 Sek.
Protein/Stickstoff- Analysatoren	**FP-228/** **FP-428**	Probenmenge: Analysenzeit:	10 mg - 1,5 g ca. 150 SeK.
C-Analysator S-Analysator	**CR-12** **SC-432**	Probenmenge: Analysenzeit:	5 mg - 0,5 g ca. 120 Sek.

LECO® INSTRUMENTE GMBH
Bereich CHNOS-Element-Analysatoren
Benzstr. 5b • D-8011 Kirchheim bei München
Bundesrepublik Deutschland
Telefon (089) 9 09 02 -0
Telex 52 81 06 • Fax (089) 9 09 02 50

Analytisches Praktikum

Reihe: Die Praxis der Labor- und Produktionsberufe
herausgegeben von U. Gruber und W. Klein

Band 2a

Qualitative Analyse

F.-J. Hahn und G. Haubold

1988. XIV, 182 Seiten mit
31 Abbildungen und 15 Tabellen.
Gebunden. DM 54,–.
ISBN 3-527-26496-5

Dieser Band führt in die praktischen und theoretischen Grundlagen der qualitativen Analyse ein und beschreibt Arbeitsgeräte und deren Anwendung. Das praxisnahe und vor allem für Chemie-, Physik- und Biologielaboranten gedachte Buch gliedert sich in einen anorganischen und einen organischen Teil. Es führt im anorganischen Teil von den einfachen Einzelnachweisen zum schwierigeren Trennungsgang und im organischen Teil von den Nachweisen der Elemente zur Bestimmung der funktionellen Gruppen einer Verbindung. Zu allen Aufgabengebieten werden am Ende der Kapitel Verständnis- und Wiederholungsfragen gestellt, die eine selbständige Lernkontrolle ermöglichen.

Band 2b

Quantitative Analyse

T. Gübitz, G. Haubold und Ch. Stoll

1989. XII, 196 Seiten mit
46 Abbildungen und 19 Tabellen.
Gebunden. DM 58,–.
ISBN 3-527-26970-3

Aufbauend auf der „Neuordnung der naturwissenschaftlichen Berufe" geben die Autoren hier eine praxisorientierte Einführung in die praktischen und theoretischen Grundlagen der quantitativen Analyse einschließlich einer Beschreibung der Arbeitsgeräte und deren Anwendung. Das Buch gliedert sich in die beiden Hauptgebiete der quantitativen Analyse, die Volumetrie und die Gravimetrie, wobei zu Beginn jedes Teils die grundlegende Theorie beschrieben wird. Wiederholungs- und Verständnisfragen am Ende jedes Kapitels ermöglichen auch hier eine selbständige Lernkontrolle.

VCH

Postfach 10 11 61
D-6940 Weinheim

Reinhaltung von Wässern, Böden etc.

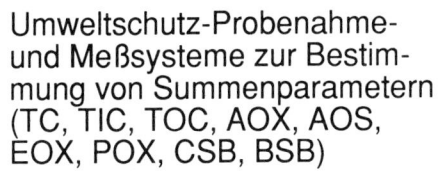

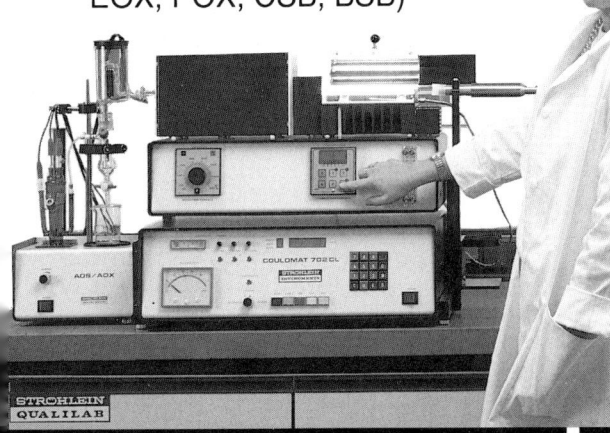

Umweltschutz-Probenahme- und Meßsysteme zur Bestimmung von Summenparametern (TC, TIC, TOC, AOX, AOS, EOX, POX, CSB, BSB)

Gegründet, established, fondé en 1892

STRÖHLEIN

Labor-, Meß- und Umwelttechnik

Stammhaus
STRÖHLEIN GmbH & Co.
Girmeskreuzstraße 55
D-4044 Kaarst 1

Tel. (02101)* 6 06-0
Tlx. 8 517 505
Fax (02101)* 606.166/7
*1991:< (02131) >

Niederlassungen in Hamburg, Stuttgart, Wien, Mailand, Paris